Pflanzenbiochemie

Hans-Walter Heldt, Birgit Piechulla

Pflanzenbiochemie

5. überarbeitete Auflage

unter Mitarbeit von Fiona Heldt

Springer Spektrum

Prof. Dr. Hans-Walter Heldt
Göttingen, Deutschland
HansWalterHeldt@aol.com

Prof. Dr. Birgit Piechulla
Universität Rostock
Institut für Biowissenschaften
Biochemie
Rostock, Deutschland
birgit.piechulla@uni-rostock.de

ISBN 978-3-662-44397-2 ISBN 978-3-662-44398-9 (eBook)
DOI 10.1007/978-3-662-44398-9

Die Deutsche Nationalbibliothek verzeichnet diese Publikation in der Deutschen Nationalbibliografie; detaillierte bibliografische Daten sind im Internet über http://dnb.d-nb.de abrufbar.

Springer Spektrum

Planung und Lektorat: Merlet Behncke-Braunbeck, Martina Mechler

Gedruckt auf säurefreiem und chlorfrei gebleichtem Papier.

Springer-Verlag GmbH Berlin Heidelberg ist Teil der Fachverlagsgruppe Springer Science+Business Media (www.springer.com)

Gewidmet meinem (H.-W.H.) Lehrer Martin Klingenberg

Gewidmet meinem (B.P.) Lehrer Hans-Walter Heldt

Vorwort zur ersten Auflage

Die Pflanzenwissenschaften wie auch andere Wissenschaftsdisziplinen kranken daran, dass die Lernenden wie auch die wissenschaftlich Tätigen sich immer mehr spezialisieren und oft nur noch über ihr Teilgebiet umfassend informiert sind. Bei der Pflanzenbiochemie kommt hinzu, dass die vielen vorhandenen allgemeinen Lehrbücher der Biochemie sich zumeist auf den Stoffwechsel der Tiere und der Mikroorganismen konzentrieren und selbst fundamentale Aspekte der Pflanzenbiochemie oft unerwähnt bleiben. Dies mag auch ein Grund dafür sein, dass über die biochemischen Abläufe in einer Pflanze – letztlich die Grundlage des Lebens auf unserem Planeten – das Wissen nur wenig verbreitet ist. Diesem abzuhelfen, ist ein Ziel meines vorliegenden Buches.

Ich selbst habe sowohl über die tierische als auch die pflanzliche Biochemie gelehrt und geforscht. Dabei habe ich die Überzeugung gewonnen, dass es für eine fruchtbare Anwendung der Pflanzenbiochemie sehr wichtig ist, über den „Zaun zu gucken", um zu sehen, dass bestimmte Stoffwechselprozesse sehr oft in sehr ähnlicher, wenn nicht sogar gleicher Weise in Tieren oder Mikroorganismen ablaufen. Da die biochemischen Prozesse der Tiere oder Mikroorganismen oft stärker erforscht sind als die der Pflanzen, ist es deshalb unverzichtbar, dass ein Student der Pflanzenbiochemie sich auch gründliche Kenntnisse der allgemeinen Biochemie aneignet.

Da es sehr viele hervorragende Lehrbücher der allgemeinen Biochemie gibt, habe ich bewusst darauf verzichtet, Grundlagen wie beispielsweise die Struktur und Funktion von Aminosäuren, Kohlenhydraten und Nukleotiden, die Funktion der Nukleinsäuren als Träger der genetischen Information, die Struktur und Funktion von Proteinen und die Grundlagen der Enzymkatalyse zu behandeln. Nur dann, wenn es mir zum unmittelbaren Verständnis notwendig erschien, habe ich auch Gegenstände der allgemeinen Biochemie dargestellt. Dadurch ist dieses Buch letztlich ein Kompromiss zwischen einem allgemeinen und einem speziellen Lehrbuch.

Bei der Auswahl des Stoffes ging es mir darum, dass der Leser bestimmte Grundreaktionen der Pflanzenbiochemie, wie beispielsweise die Photosynthese, auch gedanklich durchdringt. Auf die verständliche Darstellung der Prinzipien des Stoffwechsels habe ich deshalb besonders Wert gelegt.

Die Stoffauswahl habe ich so getroffen, dass der Leser einen Überblick über das gesamte Gebiet der Pflanzenbiochemie erhält. Ich habe versucht, wirtschaftliche Anwendungen aufzuzeichnen und hier vor allem auch die Molekularbiologie mit einzubeziehen. Es geht mir darum, dass jeder Student, der sich für Pflanzenbiochemie interessiert, auch darüber informiert ist, welche

Schritte erforderlich sind, um eine transgene Pflanze zu erzeugen, und über die Ziele der pflanzlichen Gentechnik unterrichtet ist.

Sehr viele Kolleginnen und Kollegen haben mich in Gesprächen und durch Übersendung von Sonderdrucken über ihr Fachgebiet informiert, was mir überhaupt erst ermöglichte, dieses Buch zu schreiben, und wofür ich ihnen sehr dankbar bin. Eine ganz besondere Hilfe war es für mich, dass die im Nachfolgenden aufgelisteten Kolleginnen und Kollegen sich die große Mühe machten, ein oder mehrere Kapitel kritisch durchzusehen, mich auf Fehler aufmerksam machten und viele Verbesserungsvorschläge beisteuerten. Ohne diese Mithilfe hätte ich es nicht wagen können, dieses Buch allein zu schreiben. Hierfür danke ich allen sehr. Ich danke Studentinnen und Studenten unseres Faches sowie Mitarbeiterinnen und Mitarbeitern unseres Instituts dafür, dass sie mich auf Fehler und auf Unverständlichkeiten des Textes aufmerksam gemacht haben. Mein Dank gilt auch den vielen Kollegen, die mir Abbildungen für dieses Buch zur Verfügung stellten und die in den Legenden namentlich erwähnt sind. An dieser Stelle besonders erwähnen möchte ich Prof. David Robinson, dem ich die meisten der in dem Buch gezeigten elektronenmikroskopischen Aufnahmen verdanke.

Das Schreiben dieses Buches wurde durch die Lektorin des Spektrum-Verlages, Frau Karin von der Saal, angeregt. Ich möchte ihr an dieser Stelle für die intensive fachliche Betreuung während der Entstehung dieses Buches herzlich danken. Ihre konstruktive Kritik und ihre Ratschläge haben mir beim Schreiben des Buches sehr geholfen. Mein besonderer Dank gilt auch der Grafikerin, Frau Christiane von Solodkoff, welche die von mir konzipierten Stoffwechselschemata so gut realisiert hat, wie ich es mir besser nicht hätte wünschen können. Herrn Wolfgang Zettlmeier danke ich für die mustergültige Zeichnung der chemischen Formeln. Dem Spektrum-Verlag mit seinen Mitarbeiterinnen und Mitarbeitern danke ich für die mir sehr zusagende Gestaltung des Buches.

Schließlich danke ich ganz besonders meiner Mitarbeiterin und Ehefrau Fiona Heldt. Ohne ihre intensive Unterstützung wäre es mir nicht möglich gewesen, dieses Buch zu schreiben.

Ich habe mich bemüht, Fehler in diesem Buch möglichst auszumerzen, was mir sicher nicht vollständig gelungen ist. Für Hinweise und Kommentare aus der Leserschaft bin ich deshalb dankbar.

Hans-Walter Heldt
Göttingen, im Juni 1996

Vorwort zur 5. überarbeiteten Auflage

Die letzte Auflage des Lehrbuchs Pflanzenbiochemie stammte aus dem Jahr 2008. Seitdem haben sich neue wissenschaftliche Erkenntnisse etabliert, die eine Überarbeitung des Lehrbuchs forderten. Alle Kapitel sind überarbeitet und auf den neuesten Wissensstand gebracht. Wegen des raschen Fortschritts auf den Gebieten wurden besonders viele Änderungen in den Kapiteln Photosynthetischer Elektronentransport (3), Phytohormone und Lichtsensoren (19) und Proteinbiosynthese und -abbau (21) vorgenommen.

Bei der Überarbeitung dieser Auflage haben Fachkollegen ihre Expertise eingebracht und Aktualisierungs- und Ergänzungsvorschläge unterbreitet. Wir möchten uns ganz herzlich bei diesen Kollegen bedanken, dass sie sich die Zeit genommen und die Mühe gemacht haben, das Lehrbuch zu aktualisieren und zu verbessern. Folgende Kollegen waren an der Überarbeitung beteiligt:

Kapitel 1: Ekkehard Neuhaus, Kaiserslautern
Kapitel 2: Ulf-Ingo Flügge, Köln
Kapitel 3: Dario Leister, München
Kapitel 5: Hans-Peter Braun, Hannover
Kapitel 6: Karl-Josef Dietz, Bielefeld
Kapitel 7. Martin Hagemann, Rostock
Kapitel 8, 20: Peter Westhoff, Düsseldorf
Kapitel 9: Raymund Tenhaken, Salzburg
Kapitel 10, 11: Katharina Pawlowski, Stockholm
Kapitel 12: Rüdiger Hell, Heidelberg
Kapitel 13: Gertrud Lohaus, Wuppertal
Kapitel 15: Ingo Heilmann, Halle und Ivo Feussner, Göttingen
Kapitel 16, 18: Jutta Ludwig-Müller, Dresden
Kapitel 19: Günther Scherer, Hannover
Kapitel 21: Michael Schroda, Kaiserslautern
Kapitel 22: Renate Horn, Rostock

Die Literaturangaben in jedem Kapitel haben wir aktualisiert und dabei vornehmlich Übersichtsartikel genannt, um dem Leser eingehendere Informationen zu den im Lehrbuch kompakt dargestellten Zusammenhängen zu ermöglichen.

Erstmalig erscheint das Lehrbuch in einem ebook-Format, was der heutigen digitalisierten Welt Rechnung trägt. Dieses Format erleichtert es den Lesern, insbesondere den Studierenden, den schnellen Zugriff zum Lehrbuch und zu einzelnen Kapiteln. Leider mussten wir in diesem Zusammenhang auf unser Wiedererkennungsmerkmal „Sonnenblume“ auf dem Cover verzichten.

An dieser Stelle gilt unser Dank dem Team des Springer Spektrum-Verlags, insbesondere Merlet Behncke-Braunbeck und Martina Mechler. Die professionelle und unkomplizierte Zusammenarbeit trägt sehr zum Gelingen des Lehrbuchs bei. Frank Hippauf (Universität Rostock) danken wir für das Korrekturlesen des in das neue Format umgesetzten Lehrbuchs.

Rostock und Göttingen, im Mai 2014

Inhalt

Einleitung

Die Pflanzenbiochemie untersucht molekulare Mechanismen des pflanzlichen Lebens. Einen Schwerpunkt bildet dabei die Photosynthese, die bei höheren Pflanzen hauptsächlich in den Blättern lokalisiert ist. Mithilfe der Sonnenenergie werden dabei aus Wasser, Kohlendioxid, Nitrat und Sulfat Kohlenhydrate und Aminosäuren erzeugt. Ein großer Teil dieser Produkte wird dann von den Blättern über die Leitgefäße durch die Stängel in andere Teile der Pflanze transportiert, wo sie beispielsweise für den Aufbau und die Energieversorgung der Wurzeln benötigt werden. Man bezeichnet daher Blätter auch als Source (Quelle) und Wurzeln als Sink (Abfluss). Zu den Sink-Geweben zählen auch die Speicher in Samen, in denen je nach Spezies Kohlenhydrate, Proteine und Fette gelagert werden und zu denen viele wichtige Agrarprodukte gehören.

Im Vergleich zu Tieren besitzen Pflanzen sehr große Oberflächen, wobei sie häufig sehr dünne Blätter haben, um die Diffusionswege für das CO_2 gering zu halten und um das Licht gut einfangen zu können. Die fein verästelten Wurzelhaare ermöglichen eine effiziente Extraktion von Wasser und von anorganischen Nährstoffen aus dem Boden. Durch diese großen Oberflächen sind Pflanzen aber auch den Änderungen ihrer Umwelt besonders stark ausgesetzt. Sie müssen extreme Bedingungen wie Trockenheit, Hitze, Kälte oder sogar Frost sowie oft ein Übermaß von eingestrahlter Lichtenergie aushalten. Täglich findet in den Blättern ein Wechsel zwischen dem Photosynthesestoffwechsel tagsüber und dem oxidativen Stoffwechsel während der Nacht statt. Die Pflanze begegnet diesen extremen Wechseln der Außenbedingungen durch eine erstaunliche Flexibilität des Stoffwechsels, an der eine Fülle von Regulationsprozessen beteiligt sind. Da Pflanzen sich ihren Feinden nicht durch Flucht „entziehen“ können, haben sie ein vielfältiges Arsenal von Abwehrsubstanzen entwickelt, die sie vor Fraß schützen.

Die pflanzliche Agrarproduktion bildet die Grundlage der menschlichen Ernährung. Um dem bei dem starken Wachstum der Weltbevölkerung sich abzeichnenden globalen Nahrungsmangel zu begegnen, leistet die pflanzliche Gentechnik, die als ein Teilgebiet der Pflanzenbiochemie betrachtet werden kann, einen Beitrag. Die Vermeidung von Ernteverlusten durch Einsatz umweltverträglicher Herbizide sowie durch gentechnisch erzeugten Schutz gegen den Befall durch Viren und Pilze oder den Fraß von Insekten ist von großer wirtschaftlicher Bedeutung. Außerdem liefert die Pflanzenbiochemie Werkzeuge für die Züchtung ertragreicher Sorten.

Pflanzen sind eine Quelle wichtiger Industrierohstoffe, zum Beispiel von Fetten und Stärke, sie bilden aber auch Ausgangsstoffe für die Erzeugung von

Pharmaka. Es ist zu erwarten, dass durch den Einsatz der Gentechnik die Verwendung von Pflanzen für die Produktion erneuerbarer Rohstoffe für die Industrie in der Zukunft stark ausgeweitet wird.

Diese kurze Aufzählung soll zeigen, dass die Pflanzenbiochemie nicht nur eine wichtige Grundlagenwissenschaft ist, die auf molekularer Ebene erklärt, wie eine Pflanze funktioniert, sondern zugleich auch eine anwendungsbezogene Wissenschaft darstellt, die sich zur Zeit in einer revolutionären Phase befindet und zur Lösung wirtschaftlich bedeutsamer Fragen beiträgt.

Um dieses Ziel zu erreichen, ist es notwendig, dass Teilgebiete der Pflanzenbiochemie, wie beispielsweise die Bioenergetik, die Biochemie des Intermediärstoffwechsels und der sekundären Pflanzenstoffe sowie die Molekularbiologie miteinander und auch mit anderen Teildisziplinen der Pflanzenwissenschaften, wie beispielsweise die Pflanzenphysiologie und die pflanzliche Zellbiologie, eng kooperieren. Jedes dieser Gebiete für sich isoliert wird auf die Dauer unfruchtbar sein. Erst die Synthese der Erkenntnisse und Arbeitsweisen der verschiedenen Teildisziplinen der Pflanzenwissenschaften führt uns dem Ziel näher, die Funktion einer Pflanze zu verstehen und dieses Wissen auch möglicherweise wirtschaftlich zu nutzen. Dies darzustellen ist das Anliegen des vorliegenden Buches.

Um Stoffwechselreaktionen übersichtlich darzustellen, wurden in den Abbildungen die reaktiven Gruppen von Molekülen vorwiegend nach links ausgerichtet. Dadurch entspricht die Darstellung von L-Aminosäuren und L-Hydroxysäuren nicht der Chiralität.

Da es so sehr viele gute allgemeine Lehrbücher der Biochemie gibt, wurde hier darauf verzichtet, die Grundlagen der allgemeinen Biochemie zu behandeln. Es wird erwartet, dass der Leser dieses Buches sich das Grundwissen über die allgemeine Biochemie aus einem anderen Lehrbuch erwirbt.

1 Eine Blattzelle ist in mehrere metabolische Kompartimente unterteilt

In höheren Pflanzen erfolgt die Photosynthese hauptsächlich im **Mesophyll**, dem chloroplastenreichen Gewebe der Blätter. Abbildung 1.1 zeigt das elektronenmikroskopische Bild von Mesophyllgewebe und Abbildung 1.2 eine schematische Darstellung des Aufbaus einer Mesophyllzelle. Diese Zelle ist von einer **Plasmamembran** umgeben, die auch als Plasmalemma bezeichnet wird, und außerdem von einer **Zellwand**. Im Innern enthält die Zelle verschiedene charakteristisch geformte Organellen, durch welche die Zelle in verschiedene Räume (subzelluläre Kompartimente) unterteilt wird, wobei jeder dieser Räume für bestimmte Funktionen des Stoffwechsels spezialisiert ist. Tabelle 1.1 zeigt einen Überblick über die jeweiligen Funktionen, welche in den nachfolgenden Kapiteln ausführlich besprochen werden. Die größte Organelle ist die Vakuole, die etwa 80 % des gesamten Zellvolumens einnehmen kann. Das nächst größte Kompartiment bilden die Chloroplasten. Der Rest der Zelle verteilt sich auf die Mitochondrien, Peroxisomen, den Zellkern, das endoplasmatische Reticulum, den Golgi-Apparat und das Zellplasma außerhalb dieser Organellen, das

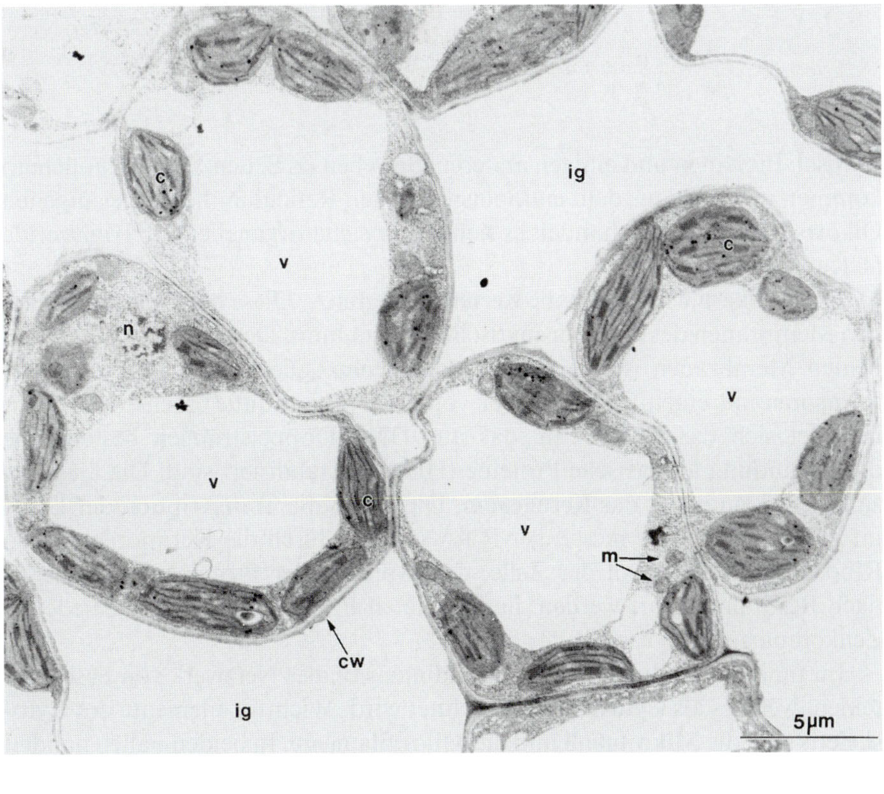

Abb. 1.1 Übersichtsbild aus dem Mesophyllgewebe von Tabak. In den meisten Zellen erkennt man die große Zentralvakuole (v). Zwischen den Zellen befinden sich die interzellulären Gasräume (ig), die durch den Schrumpfungsprozess bei der Fixierung etwas vergrößert wurden. c: Chloroplast, cw: Zellwand, n: Zellkern, m: Mitochondrium. Aufnahme von D. G. Robinson, Göttingen.

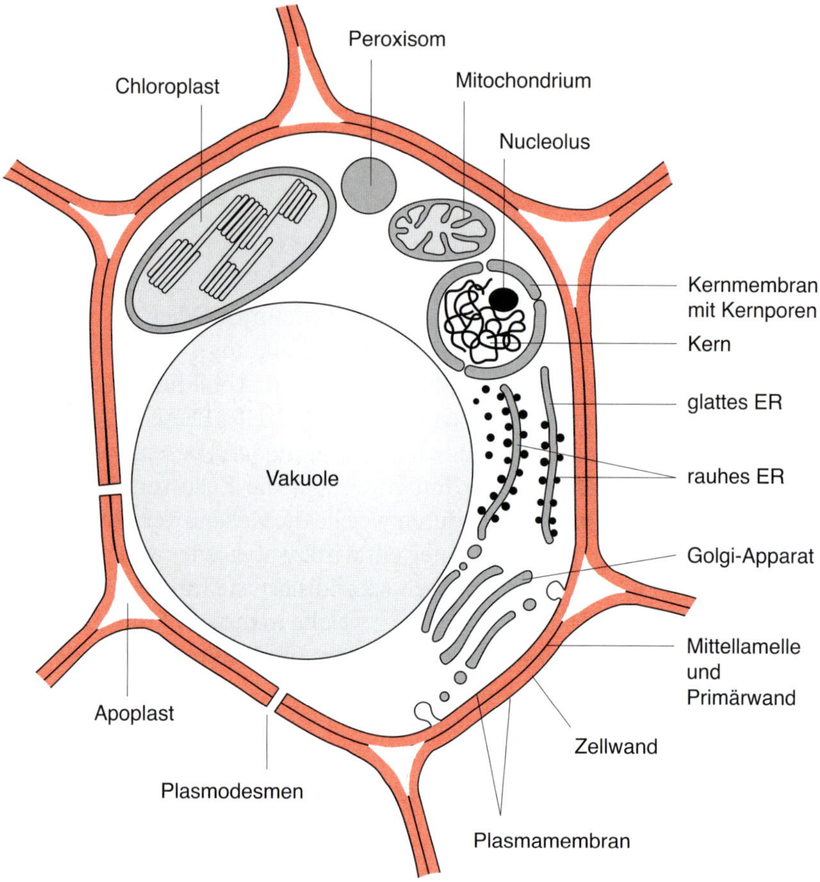

Abb. 1.2 Schematische Darstellung einer Mesophyllzelle. Die schwarzen Linien zwischen den rot markierten Zellwänden markieren die Verklebung benachbarter Zellwände durch Pectine.

Cytosol. In Samen und einigen anderen Geweben (z. B. den Wurzelknöllchen) kommen noch die aus dem endoplasmatischen Reticulum hervorgegangenen Ölkörper hinzu. Dabei handelt es sich um Speicherorganellen für Triglyceride (s. Kapitel 1.6).

Der **Zellkern** wird durch die **Kernhülle** begrenzt. Diese besteht aus den beiden Membranen des endoplasmatischen Reticulums. Der Raum zwischen den beiden Membranen ist der **perinukleare Raum**. Die Kernhülle wird durch **Kernporen** mit einem Durchmesser von etwa 50 nm unterbrochen. Im Kern befindet sich das Chromatin, das aus DNA-Doppelsträngen besteht, die durch Bindung an basische Proteine (Histone) stabilisiert sind. Die Gesamtzahl der Gene bildet das **Kerngenom**. Die durch die Transkription der DNA im Zellkern gebildete messenger-RNA gelangt durch die Kernporen zu den Ribosomen im Cytosol der Zelle, den Apparat der Proteinbiosynthese. Je nach Bestimmungsort werden die gebildeten Proteine auf die verschiedenen Zellkompartimente verteilt.

Im Innern enthält die Zelle ein dreidimensionales Netzwerk von Faserproteinen, welches als **Cytoskelett** bezeichnet wird. Wichtige Elemente des Cytoskeletts sind die **Mikrotubuli** und die **Mikrofilamente**. In beiden Fällen handelt

Tabelle 1.1: Subzelluläre Kompartimente in einer Mesophyllzelle und ihre wesentlichen Funktionen

	Volumenanteil in Prozent des Gesamtzellvolumens*)	Funktionen (nicht vollständig)
Vakuole	79	Aufrechterhaltung des Zellturgors Funktionen als Speicher für z. B. Nitrat, Saccharose, Glucose und Speicherproteine, Zwischenlager für sekretorische Proteine, Reaktionsort für lytische Enzyme und Abfalldeponie für entsorgte Fremdstoffe
Chloroplasten	16	Photosynthese, Synthese von Stärke, Fettsäuren und Aminosäuren
Cytosol	3	allgemeines Stoffwechsel-Kompartiment, Synthese von Saccharose
Mitochondrien	0,5	Zellatmung und damit ATP-Regeneration
Zellkern	0,3	enthält Genom der Zelle
Peroxisomen		Reaktionsort für den Ablauf von Prozessen, bei denen toxische Zwischenprodukte, wie z. B. H_2O_2 und Glyoxylat, entstehen und dort entsorgt werden
endoplasmatisches Reticulum		Speicherung von Ca^{2+}-Ionen, Beteiligung am Transport von neu synthetisierten Proteinen in die Vakuole und deren Sekretion aus der Zelle, Lipidsynthese, Speicherproteinsynthese
Ölkörper		Ölspeicher
Golgi-Apparat		Verarbeitung und Sortierung von für den Export aus den Zellen oder für den Transport in die Vakuole bestimmten Proteinen

*) Mesophyllzellen von Spinat; Daten von Winter, Robinson und Heldt, 1994

es sich um Makromoleküle, die durch die Aggregation löslicher (globulärer) Proteine gebildet werden. Mikrotubuli sind röhrenförmige Strukturen, zusammengesetzt aus **α- und β-Tubulin**-Monomeren. Die Mikrotubuli sind mit einer Vielzahl unterschiedlicher Motorproteine verbunden, die unter ATP-Verbrauch an ihnen gebundene Organellen entlang der Mikrotubuli transportieren. Mikrofilamente sind Ketten aus polymerisiertem **Actin**, welche zur Auslösung von Bewegungen mit **Myosin** zusammenwirken. Actin und Myosin sind auch Bestandteile des Muskels von Tieren. Das Cytoskelett hat viele wichtige Funktionen beim Zellgeschehen. So bewirkt es die räumliche Organisation der Organellen innerhalb der Zelle, sorgt für thermische Stabilität und spielt eine wichtige Rolle bei der Zellteilung. Wie in Abschnitt 1.1 besprochen, hat das Cytoskelett auch eine Funktion bei der Zell-Zell-Kommunikation.

1.1 Die Zellwand verleiht der Pflanzenzelle mechanische Stabilität

Pflanzenzellen unterscheiden sich von tierischen Zellen dadurch, dass sie eine Zellwand besitzen. Die Zellwand verhindert, dass eine Pflanzenzelle über das durch die Wand vorgegebene Volumen anschwellen kann. Das durch Osmose aufgenommene Wasser drückt die Plasmamembran an die Innenseite der Zellwand, die so der Zelle mechanische Stabilität verleiht. Darüber hinaus bieten Zellwände Schutz gegen Infektionen. Die Zellwände sind äußerst komplexe Gebilde; an ihrer Synthese sind in *Arabidopsis* etwa 1000 Gene beteiligt.

Die Zellwand besteht hauptsächlich aus Kohlenhydraten und Proteinen

Die Zellwand einer höheren Pflanze besteht zu etwa 90 % aus Kohlenhydraten und zu 10 % aus Proteinen. Der hauptsächliche Kohlenhydratbestandteil ist **Cellulose**. Cellulose ist ein unverzweigtes Polymer aus D-Glucosemolekülen, die durch glycosidische β-1,4-Bindung miteinander verknüpft sind (Abb. 1.3 A). Jede Glucoseeinheit ist gegenüber der nächsten um 180° verdreht. Dies ermöglicht die Ausbildung sehr langer gerader Ketten mit einer Kettenlänge von 2000 bis 25 000 Glucoseresten. Durch Wasserstoffbrücken lagern sich etwa 36 Celluloseketten in einer kristallinen Gitterstruktur zu einer **Mikrofibrille** zusammen. Diese kristallinen Bereiche sind wasserundurchlässig. Die Mikrofibrillen haben eine ungewöhnlich hohe Reißfestigkeit und sind sehr widerstandsfähig gegen chemische und biologische Angriffe. Sie sind so stabil, dass sie nur sehr schwer durch hydrolytische Enzyme spaltbar sind. Es gibt Bakterien und Pilze, die cellulosespaltende Enzyme (Cellulasen) bilden. Einige Tiere (z. B. Wiederkäuer) enthalten derartige Bakterien in ihrem Verdauungstrakt und können sich dadurch von Gras und Stroh ernähren. Cellulose ist die am häufigsten vorkommende organische Substanz in der Biosphäre. Man schätzt, dass etwa die Hälfte des gesamten organisch gebundenen Kohlenstoffs auf der Erde als Cellulose vorliegt.

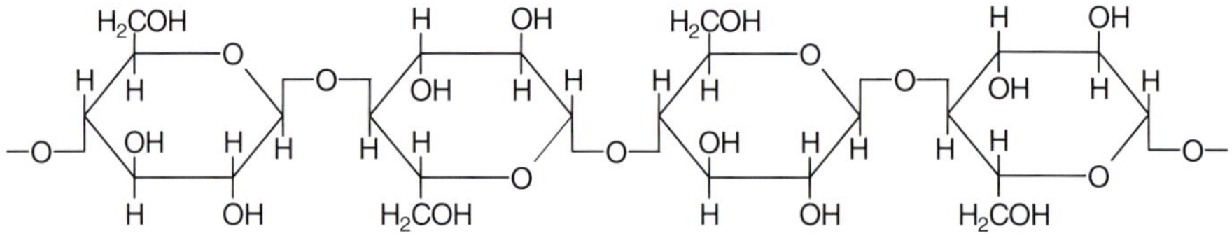

A

Abb. 1.3 Wichtige Bestandteile der Zellwand. **A** β-1,4-D-Glucose (Cellulose)

Wichtiger Bestandteil der Zellwände sind auch die **Hemicellulosen**. Sie sind definiert als eine Gruppe von Polysacchariden, die sich durch Alkalilaugen extrahieren lassen. Sie wurden so benannt, weil man angenommen hatte, dass

Hemicellulosen die Vorstufen der Cellulose wären, was sich später aber als falsch erwiesen hat. Die Hemicellulosen umfassen eine Vielfalt verzweigter Polysaccharide, die neben D-Glucose unter andern die Hexosen D-Mannose, D-Galactose, D-Fucose und die Pentosen D-Xylose und L-Arabinose enthalten. Als Beispiel wird in Abbildung 1.3 B Xyloglycan gezeigt. Das Grundgerüst ist eine β-1,4-Glucankette, an die in α-1,6-Verknüpfung Xylosereste glycosidisch gebunden sind, die zum Teil mit D-Galactose und D-Fucose verknüpft sind. Zudem sind L-Arabinosereste an die 2′-OH-Gruppe der Glucose gebunden.

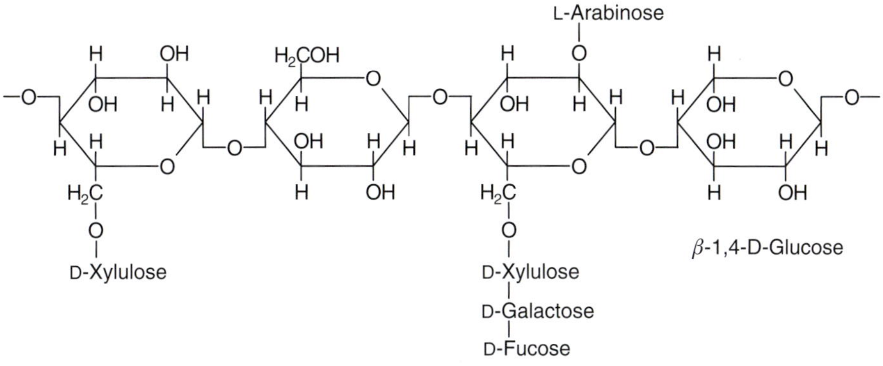

B

Xyloglucan (Hemicellulose)

1.3 B Xyloglucan

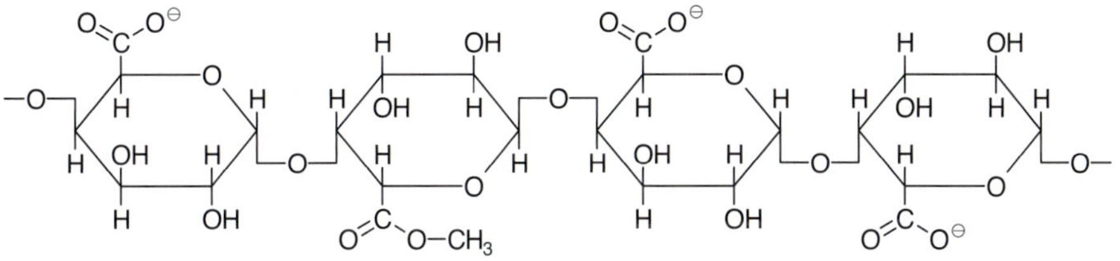

C

poly-α-1,4-D-Galacturonsäure, Grundbaustein des Pektins

Abb. 1.3 C poly-α-1,4-D-Galacturonsäure

Ein weiterer Hauptbestandteil der Zellwand ist **Pektin**, ein Gemisch von Polymerisaten aus Zuckersäuren. Wichtigstes Monomer ist D-Galacturonsäure, die α-1,4-glycosidisch verknüpft ist (Abb. 1.3 C). Ein Teil der Carboxygruppen ist durch Methylgruppen verestert. Die freien Carboxygruppen werden durch Ca^{2+}- und Mg^{2+}-Ionen zusammengehalten (Abb. 1.4). In Abwesenheit von Mg^{2+}- und Ca^{2+}-Ionen ist Pectin eine lösliche Verbindung. Als natives Ca^{2+}/Mg^{2+}-Salz bildet Pectin ein amorphes, plastisch verformbares und sehr quellungsfähiges Gel. Diese Eigenschaften des Pectins nutzt man bei der Herstellung von Fruchtgelees und Marmeladen. Pectine bilden den Klebstoff, der benachbarte Zellen zusammenhält, wobei die Klebstellen bei einem Zellwachstum auch wieder gelöst werden können.

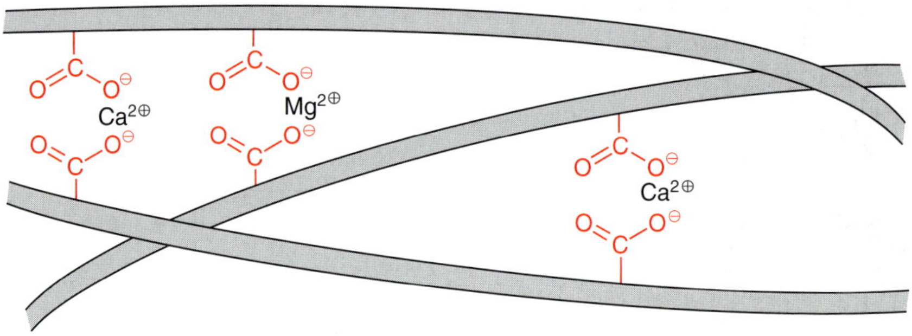

Abb. 1.4 Ca^{2+}- und Mg^{2+}-Ionen vermitteln elektrostatische Wechselwirkungen zwischen Pektinsträngen.

Die Strukturproteine der Zellwand sind über glycosidische Bindungen mit zum Teil sehr langen und verzweigten Polysaccharidketten verknüpft, sie zählen daher zu der Gruppe der **Glycoproteine**. Der Kohlenhydratanteil dieser Glycoproteine variiert von 50 % bis über 90 %. Dazu enthalten Zellwände Wachse (Kapitel 15) sowie Cutin und Suberin (Kapitel 18). Damit die Zelle wachsen kann, muss die sehr rigide Zellwand in sehr kontrollierter Weise gelockert werden. Dies geschieht durch das Protein **Expansin,** welches in wachsenden Geweben von allen Blütenpflanzen zu finden ist. Seine Wirkung beruht wahrscheinlich auf einem Aufbrechen von Wasserstoffbindungen zwischen Cellulose-Mikrofibrillen und den diese vernetzenden Polysacchariden.

Die **Primärwand**, das heißt, die während des Zellwachstums anfänglich gebildete Wand, besteht in einer monocotylen Pflanze aus 20 bis 30 % Cellulose, 25 % Hemicellulose, 30 % Pectin und 5 bis 10 % Glycoprotein. Die Wand ist durchlässig für Wasser. Das Pectin verleiht der Wand elastische Eigenschaften und bildet zusammen mit den Glycoproteinen und den Hemicellulosen die Matrix für die Einbettung der Cellulosemikrofibrillen. Wenn die Zelle ihre endgültige Größe und Gestalt erreicht hat, wird auf die Primärwand eine weitere Schicht aufgelagert, die **Sekundärwand**. Diese besteht vorwiegend aus Cellulose. Die Mikrofibrillen sind in einer **Schichtungstextur** (Abb. 1.5), vergleichbar mit der Struktur von Sperrholz, angeordnet.

Die Einlagerung von **Lignin** in die Sekundärwand führt zu einer „Verholzung“ der Zelle. Danach stirbt die Zelle ab, und die Zellwand besitzt nur noch Stützfunktion, zum Beispiel zur Ausbildung der Stämme und Zweige von Bäumen oder von Stängeln bei krautigen Pflanzen. Wie in Abschnitt 18.3 ausführlich beschrieben wird, entsteht Lignin durch dehydrierende Polymerisation der **Phenylpropanderivate** Cumarylalkohol, Coniferylalkohol und Sinapylalkohol. Es bildet sich so ein festes, hartes Netzwerk aus. Trockenes Holz besteht aus 30 % Lignin, 40 % Cellulose und 30 % Hemicellulose. Lignin ist nach Cellulose der zweithäufigste Naturstoff auf der Erde.

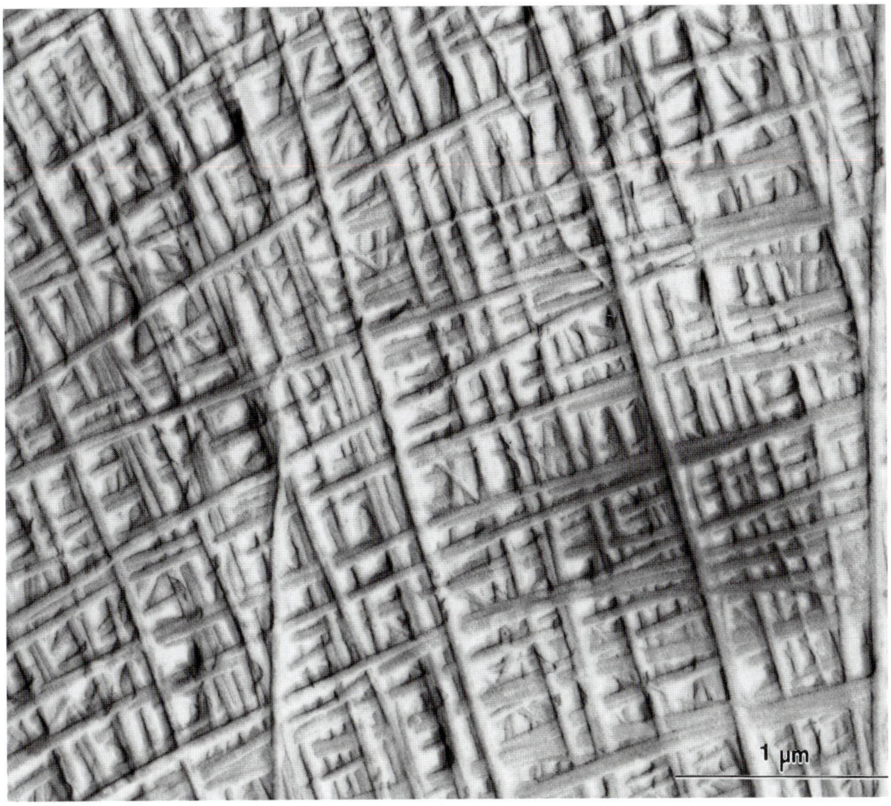

Abb. 1.5 Zellwand der Grünalge *Oocystis solitaria*. Die Cellulosemikrofibrillen liegen dabei parallel in mehreren Schichten zueinander. Aufnahme von D.G. Robinson.

Plasmodesmen stellen eine Verbindung zwischen benachbarten Zellen her

Die Zellwände zwischen zwei benachbarten Zellen sind normalerweise durch **Plasmodesmen** unterbrochen. Oft findet man in einer Pflanzenzelle 1000–10 000 Plasmodesmen. In ihrer Grundstruktur erlauben sie den Durchtritt von Molekülen von einer Größe bis zu 800–1200 Dalton, sie können aber durch noch zu besprechende Mechanismen so stark aufgeweitet werden, um Moleküle bis zu einer Größe von 40 000 Dalton passieren zu lassen. Durch die Plasmodesmen sind Pflanzenzellen in einem Gewebe zu einem großen Stoffwechselkompartiment verbunden, in dem Substrate und Produkte des Stoffwechsels durch einfache Diffusion zwischen den einzelnen Zellen ausgetauscht werden können. Dieses zusammenhängende Zellkompartiment der Pflanzenzellen (Abb. 1.6) wird als **Symplast** bezeichnet. Ein Gegenstück hierzu ist das zusammenhängende extrazelluläre Kompartiment, der so genannte **Apoplast**, der durch die Gesamtheit der Zellwände, vorzugsweise an den Verzweigungsstellen (Abb. 1.2) gebildet wird.

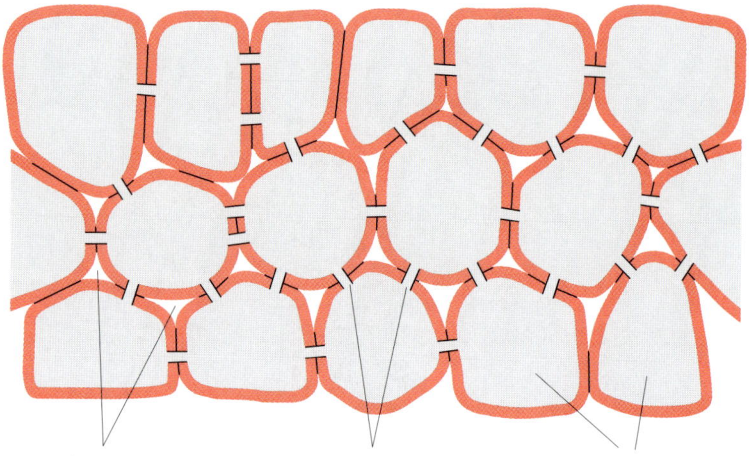

Abb. 1.6 Plasmodesmen verbinden benachbarte Zellen zu einem Symplasten. Die extrazellulären Räume zwischen den Zellwänden bilden den Apoplasten. Schematische Darstellung. Jede der gezeigten Verbindungen besteht tatsächlich aus sehr vielen benachbarten Plasmodesmen.

Abbildung 1.7 zeigt ein Plasmodesmos in schematischer Darstellung. Die röhrenförmige Öffnung der Zellwand wird durch die Plasmamembran ausgekleidet, welche die benachbarten Zellen verbindet. Im Innern dieser Röhre befindet sich eine weitere röhrenförmige Membranstruktur, die Teil des endoplasmatischen Retikulums (ER) der benachbarten Zellen ist. Dadurch stellt das ER-System des gesamten Symplasten ein Kontinuum dar. Der manschettenförmige Raum zwischen Plasmamembran und der ER-Membran bildet den Diffusionsweg zwischen dem Cytosol der benachbarten Zellen. In die Plasmamembran und in die ER-Membran sind Proteine eingebettet, die miteinander verbunden sind. Sie bilden so ein Netz, dessen Maschen die Öffnungsweite der Plasmodesmen im Grundzustand für Moleküle bis zu 800–1200 Dalton bestimmen. Für eine Erhöhung der Durchlässigkeit gibt es offenbar zwei verschiedene Mechanismen. Durch einen **„gated pathway“** werden Plasmodesmen so stark aufgeweitet, daß Moleküle von 20 000 Dalton unspezifisch hindurch diffundieren können. Sie brauchen dazu keine Erkennungsmerkmale. Über die Regulation des „gated pathway“ bestehen noch Unklarheiten. Bei dem sog. **„selective trafficking“** geschieht die Aufweitung durch Helferproteine, die an Makromoleküle, wie z. B. RNAs, in spezifischer Weise andocken und diese durch die Plasmodesmen geleiten. Man hat dies erstmalig bei Virusbewegungsproteinen (engl. *virus movement proteins*) beobachtet, welche von Viren codiert werden und Virus-RNA Komplexe bilden, die die Plasmodesmen passieren können und so die Ausbreitung der Viren über den gesamten Symplasten ermöglichen. Es sind eine Fülle derartiger Virusbewegungsproteine identifiziert worden. Dabei nutzen die Viren nur einen in der Pflanze bestehenden Mechanismus aus. Man hat dann auch bei Pflanzen Bewegungsproteine gefunden die RNAs und andere Makromoleküle durch Plasmodesmen schleusen können. Es wird diskutiert, dass auf diese Weise Transkriptionsfaktoren als Signale zwischen den Pflanzenzellen übertragen werden, was für Abwehrreaktionen gegen Pathogenbefall von Bedeutung sein könnte.

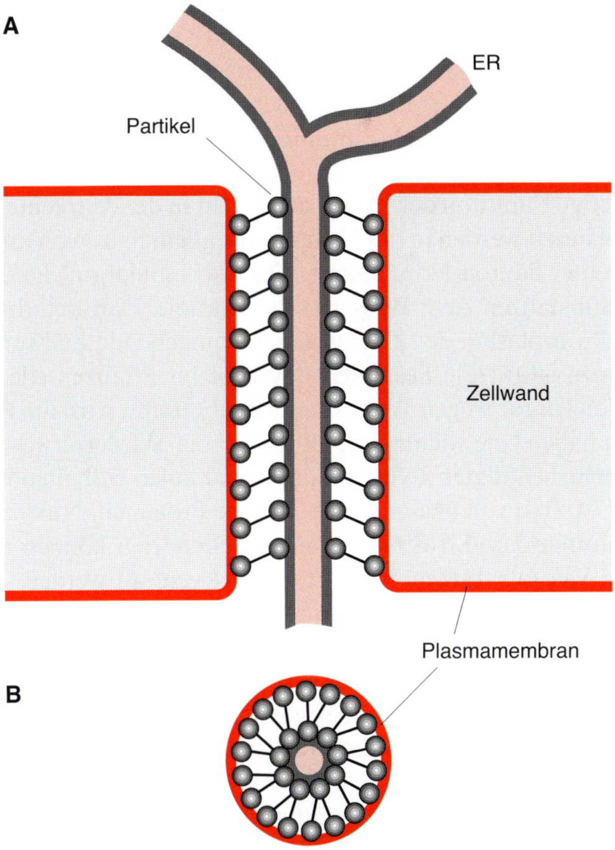

Abb. 1.7 Schematische Darstellung eines Plasmodesmos. Die Plasmamembranen der benachbarten Zellen sind durch eine röhrenförmige Struktur miteinander verbunden. Durch diese Röhre zieht sich das endoplasmatische Reticulum. Eingebettet in die Membran des ER und die Plasmamembran befinden sich Proteinpartikel, die miteinander verbunden sind. Die Zwischenräume zwischen den Partikeln bilden den Diffusionsweg der Plasmodesmen.
A. Querschnitt von Membran; B. Aufsicht

Durch cellulose- und pectinspaltende Enzyme, die aus Mikroorganismen gewonnen werden, lässt sich die Zellwand von Pflanzenzellen auflösen. Nach einer Inkubation von Blattstücken mit den genannten Enzymen können auf diese Weise Pflanzenzellen ohne umgebende Zellwand, die so genannten **Protoplasten**, gewonnen werden. Diese Protoplasten sind allerdings nur in einem **isotonischen Medium** haltbar, das heißt, einem Medium, dessen Osmolarität der Osmolarität der Zellflüssigkeit entspricht. In reinem Wasser würden die Protoplasten, da sie keine Zellwand besitzen, so stark anschwellen, dass sie platzen. In Zellkultur in geeignetem Medium sind die Protoplasten lebensfähig, sie können eine neue Zellwand bilden, und aus einem Protoplasten kann sich eine vollständige Pflanze **regenerieren**. Dies gelingt bislang aber nur bei einem Teil der Pflanzen.

1.2 Vakuolen haben vielfältige Funktionen

Die Vakuole wird von einer als **Tonoplast** bezeichneten Membran umgeben. In verschiedenen Pflanzenzellen sind Anzahl und Größe der Vakuolen sehr unterschiedlich. Junge Zellen enthalten eine größere Anzahl kleinerer Vakuolen, die insgesamt aber nur einen geringeren Teil des Zellvolumens einnehmen. Beim Reifen der Zellen vereinigen sich einzelne Vakuolen zu einer **Zentralvakuole** (Abb. 1.1, 1.2). Die Größenzunahme der Zelle beruht dann hauptsächlich auf einer Vergrößerung der Vakuole. Bei Zellen in Speicher- oder Epidermisgeweben besteht mitunter fast der gesamte Zellraum aus der Vakuole.

Eine wichtige Funktion der Vakuolen besteht in der Aufrechterhaltung des **Zellturgors**. Hierzu werden in der Vakuole vor allem Salze von anorganischen und organischen Säuren akkumuliert. Die Akkumulation dieser osmotisch wirksamen Substanzen zieht Wasser in die Vakuole. Dadurch drückt der Tonoplast das Protoplasma der Zelle gegen die umgebende Zellwand. Der Turgor der Pflanze ist für die Festigkeit unverholzter Pflanzenteile verantwortlich. Wenn der Turgor wegen Wassermangels abnimmt, wird die Pflanze welk.

Vakuolen haben eine wichtige Funktion bei der **Wiederverwertung** defekter oder nicht mehr benötigter Zellbestandteile. Vakuolen enthalten hydrolytische Enzyme zum Abbau von Makromolekülen wie Proteinen, Nukleinsäuren und vielen Polysacchariden. Strukturen wie Mitochondrien können durch Endocytose in die Vakuole aufgenommen und dort verdaut werden. Man spricht dann von **lytischen Vakuolen**. Die dabei entstandenen Abbauprodukte wie Aminosäuren, Zucker usw. stehen dann der Zelle wieder zur Verfügung. Dieser Vorgang ist besonders bei der **Seneszenz** (siehe Abschn. 19.5) wichtig, wenn vor dem Absterben der Blätter deren Zellbestandteile teilweise mobilisiert werden, um z. B. die Entwicklung und das Wachstum von Samen zu unterstützen. Schließlich dienen Vakuolen auch als **Abfalldeponie**. Mit Ausnahme von gasförmigen Substanzen können Blätter Abfallprodukte oder Fremdstoffe nicht ausscheiden. Diese werden daher in der Vakuole endgelagert (Kapitel 12).

Zudem haben Vakuolen die Funktion eines **Speichers**. Viele Pflanzen speichern in den Vakuolen eine Reserve an Nitrat und Phosphat. Wie in Abschnitt 8.5 besprochen, findet in einigen Pflanzen im Tag-Nacht-Verlauf eine vorübergehende Speicherung von Apfelsäure in der Vakuole statt. In Speichergeweben werden in Vakuolen Saccharose (siehe Abschn. 13.3), aber auch Speicherproteine (Kapitel 14) gelagert. Manche Pflanzenzellen enthalten verschiedene Typen von Vakuolen, z. B. lytische Vakuolen und Proteinspeichervakuolen, nebeneinander.

Die Speicherfunktion der Vakuolen kann in Zukunft eine große industrielle Bedeutung gewinnen: Forschergruppen weltweit versuchen Pflanzen in natürliche Proteinfabriken zu verwandeln. Ökonomisch bedeutsame Proteine (z. B. Antigene zur Gewinnung von Antiseren, oder direkt Antikörper) werden gentechnisch in Nutzpflanzen eingebracht und dort in großen Mengen akkumuliert. Dabei könnten die Speichervakuolen eines der möglichen intrazellulären Speicher-Kompartimente sein. Die Pflanzen könnten mit herkömmlichen Techniken angebaut und geerntet werden; die Proteine würden anschließend gereinigt. Diese Technik hätte den Vorteil, dass Proteine in sehr großen Mengen, ohne großen technischen Aufwand und sehr kostengünstig produziert werden könnten.

1.3 Plastiden stammen von Cyanobakterien ab

Plastiden sind Zellorganellen, die nur in Pflanzenzellen vorkommen. Sie vermehren sich durch Teilung und werden zumeist **mütterlich vererbt**. Dies bedeutet, dass alle Plastiden einer Pflanze von den **Proplastiden** in der mütterlichen Eizelle abstammen. Bei der Zelldifferenzierung erfolgt eine Umwandlung der Proplastiden in grüne **Chloroplasten**, verschiedenfarbige **Chromoplasten** oder farblose **Leukoplasten**. Plastiden besitzen ein eigenes Genom, das in mehrfachen Kopien pro Plastid vorkommt und Komponenten der Maschinerie der Genduplikation, der Genexpression und der Proteinsynthese codiert. Dieser genetische Apparat der Plastiden hat die Eigenschaften eines prokaryontischen Systems, wie es auch in Cyanobakterien vorkommt. Allerdings codiert das plastidäre Genom (Plastom) nur einen kleinen Teil der plastidären Proteine. Die Mehrzahl wird im Kern codiert und nach Synthese im Cytosol in die Plastiden importiert. Es wird in nachfolgenden Abschnitten gezeigt werden, dass ein Teil der Proteine des photosynthetischen Elektronentransports und der damit verbundenen ATP-Synthese in den Chloroplasten codiert wird. Der weitaus größte Teil der plastidären Proteine wird jedoch im Zellkern codiert.

Bereits 1883 postulierte der Botaniker Andreas Schimper, dass Plastiden Abkömmlinge intrazellulärer Symbionten sind. Er hat damit die Grundlage für die Endosymbionten-Hypothese gelegt. Nach dieser Hypothese stammen Plastiden von Cyanobakterien ab. Diese wurden ursprünglich durch Phagocytose in eine Wirtszelle aufgenommen (Abb. 1.8) und lebten mit dieser in Symbiose. Im Lauf der Zeit verloren sie die Fähigkeit zum Eigenleben, indem ein großer Teil der genetischen Information vom Plastidengenom in den Zellkern übertragen wurde. Diese Endosymbionten-Hypothese wurde durch den Vergleich von Proteinsequenzen aus Chloroplasten und von als Vorläufer angesehenen Cyanobakterien inzwischen eindeutig bestätigt, sodass es jetzt gerechtfertigt ist, von einer **Endosymbionten-Theorie** zu sprechen. Aus vergleichenden DNA-Sequenzanalysen wurde geschlossen, dass alle Chloroplasten des Pflanzenreiches auf ein singuläres symbiotisches Ereignis zurückzuführen sind.

Proplastiden (Abb. 1.9 A) sind sehr kleine Organellen (Durchmesser 1 bis 1,5 µm). Sie sind nichtdifferenzierte Plastide und finden sich in Meristemzellen von Spross und Wurzel. Wie alle anderen Plastiden sind sie von zwei Mem-

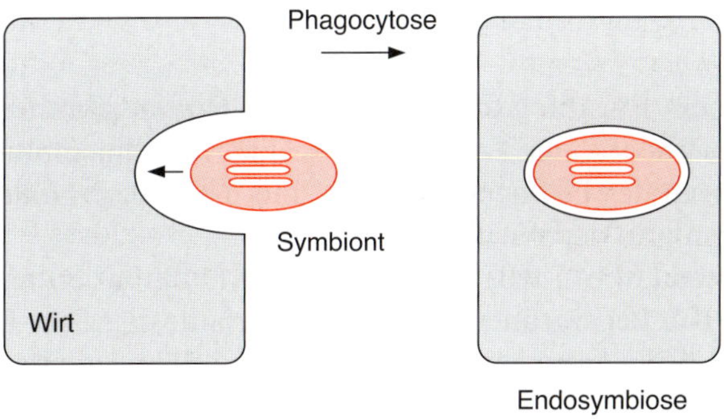

Abb. 1.8 Ein Cyanobakterium geht mit einer Wirtszelle eine Endosymbiose ein.

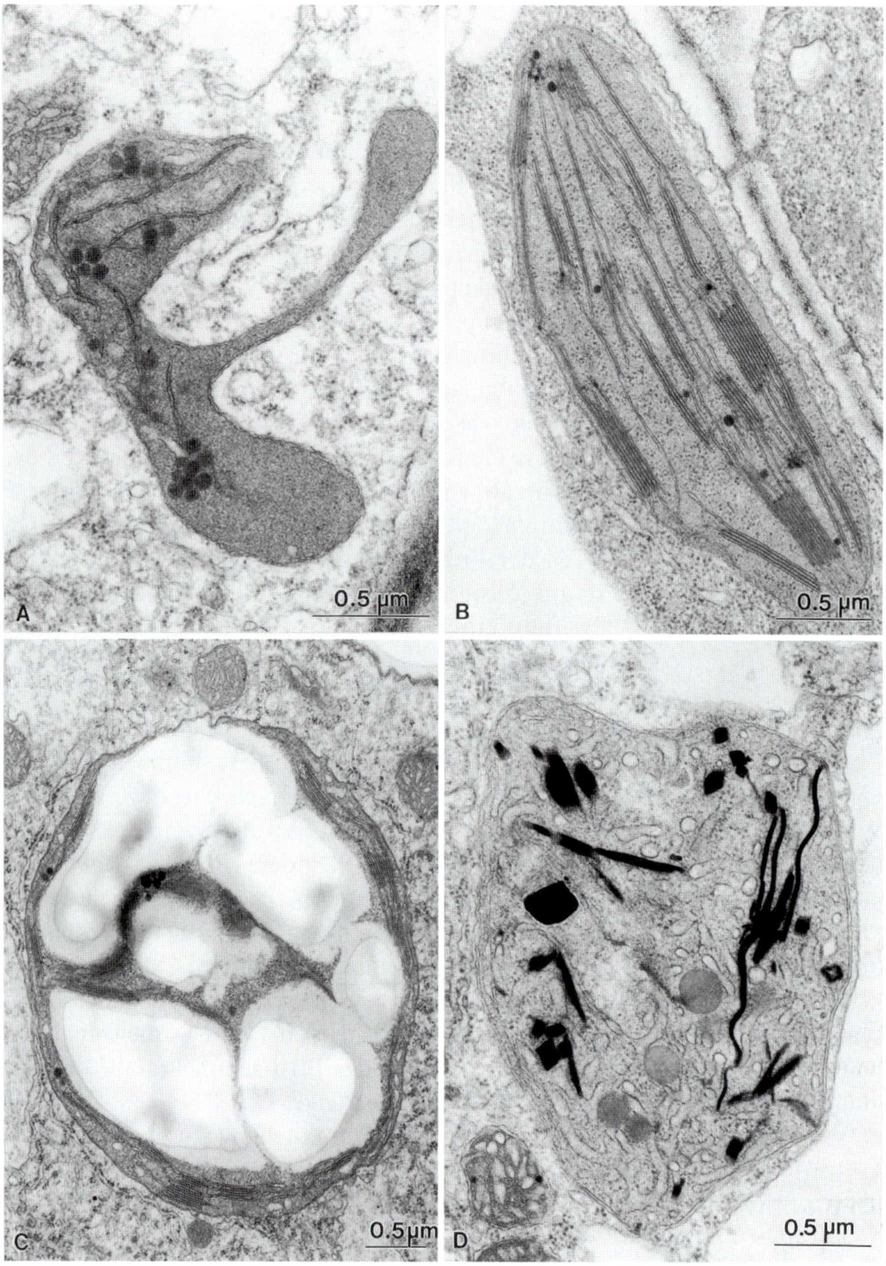

Abb. 1.9 Plastiden kommen in verschiedenen Differenzierungsformen vor. **A**. Proplastid aus jungen Primärblättern von *Cucurbita pepo* (Zucchini); **B**. Chloroplast aus Mesophyllzellen von Tabakblättern, fixiert am Ende der Dunkelperiode; **C**. Leukoplast: Amyloplast aus der Wurzel von *Cestrum auranticum* (Hammerstrauch); **D**. Chromoplast aus Blütenblättern gleichfalls von *C. auranticum*. Aufnahmen von D. G. Robinson.

branen umgeben. Für die Existenz der beiden Hüllmembranen gibt die Endosymbionten-Theorie eine Erklärung: Die innere Hüllmembran stammt von der Zellmembran des Protochlorophyten und die äußere Hüllmembran von der Plasmamembran der Wirtszelle.

Chloroplasten (Abb. 1.9 B) entstehen durch Differenzierung der Proplastiden (Abb. 1.10). Bei ergrünenden Blättern verläuft dies über **Etioplasten** als Zwischenform. Eine ausgewachsene Mesophyllzelle enthält etwa 50–100 Chloroplasten. Per Definition enthalten Chloroplasten Chlorophyll. Sie sind

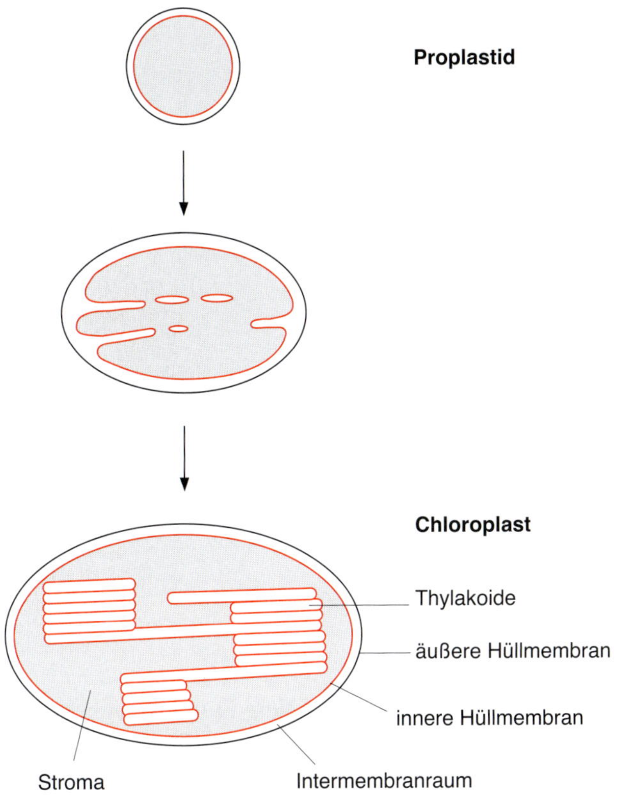

Abb. 1.10 Schematische Darstellung der Differenzierung eines Proplastiden zu einem Chloroplasten.

aber nicht immer grün. In Rot- und Braunalgen wird die grüne Farbe des Chlorophylls durch andere Pigmente maskiert. Die linsenförmigen Chloroplasten richten sich in der Zelle nach dem Licht aus. In höheren Pflanzen beträgt ihre Länge 3 bis 10 µm. Die beiden oben genannten **Hüllmembranen** umgeben das **Stroma**. Im Innern liegt ein System aus Membranen, die als flache Säckchen angeordnet sind (Abb. 1.11) und 1960 von Wilhelm Menke als **Thylakoide** (griech. „sackartig") bezeichnet wurden. Die Thylakoide entstehen bei der Chloroplastendifferenzierung aus der inneren Hüllmembran durch Einstülpungen und anschließende Abschnürung. Es wird so eine große Membranfläche erzeugt. Diese ist Träger der in Kapitel 3 besprochenen Komponenten des Photosyntheseapparats. Da die Thylakoide durch röhrenförmige Strukturen miteinander verbunden sind, entsteht ein zusammenhängender Raum. An vielen Stellen sind die Säckchen gestapelt. Diese Stapelungen sind durch das Lichtmikroskop als Körnchen zu erkennen. Man hat sie daher als **Grana** bezeichnet.

Es gibt demnach in Chloroplasten drei verschiedene Räume, und zwar den **Intermembranraum** zwischen äußerer und innerer Hüllmembran, den **Stromaraum** zwischen innerer Hüllmembran und der Thylakoidmembran und das **Thylakoidlumen**. Während die **innere Hüllmembran** eine Permeationsschranke für Metabolite und Nukleotide darstellt, für deren Überwindung spezifische Translokatoren (siehe Abschn. 1.9) erforderlich sind, ist die **äußere Hüllmembran** für Metabolite und Nukleotide (aber nicht für Makromoleküle wie Pro-

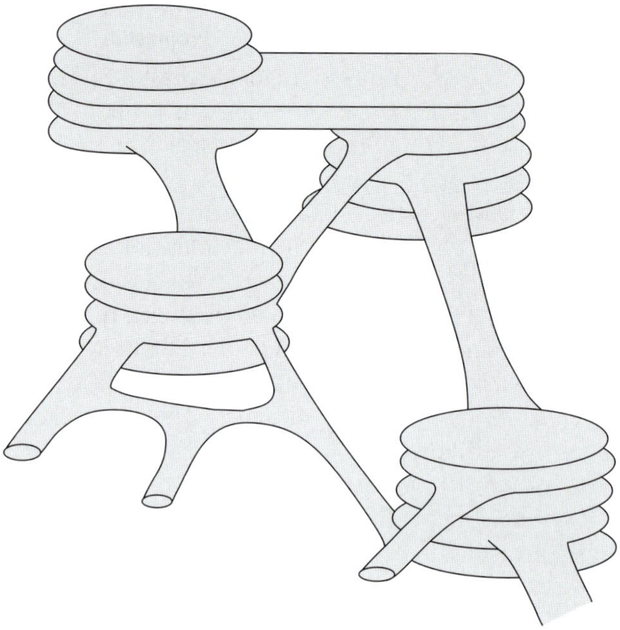

Abb. 1.11 Die Granastapel der Thylakoidmembranen sind durch Röhren (die Stromathylakoide) zu einem zusammenhängenden Thylakoidraum verbunden. Sinngemäß nach Weier und Stocking, 1963.

teine oder Nukleinsäuren) durchlässig. Diese Durchlässigkeit beruht auf spezifischen Membranproteinen, den so genannten **Porinen**, die in der äußeren Hüllmembran Poren bilden, die für Substanzen unterhalb einer Molekulargröße von 10 000 Dalton durchlässig sind (siehe Abschn. 1.11). Daher bildet die innere Hüllmembran die eigentliche Grenze des chloroplastidären Stoffwechselkompartiments. Das Stroma ist als „Protoplasma" des Plastiden zu betrachten. Im Vergleich dazu ist das Thylakoidlumen als ein Außenraum anzusehen. Er dient der Bildung eines Protonengradienten (siehe Kapitel 3).

Chloroplasten enthalten im Stroma **Stärkekörner**. Die Ablagerung der Stärke in den Chloroplasten dient meist als diurnaler Speicher. Die tagsüber gebildete Stärke dient als Reserve für die folgende Nacht (Kapitel 9). Daher sind die Stärkekörner am Ende des Tages sehr groß und verkleinern sich in der Nacht. In Pflanzen erfolgt die Bildung von Stärke stets in Plastiden. Innerhalb des Stroma findet man häufig **Plastoglobuli**, die nicht von einer Membran umgeben sind. Sie enthalten unter anderem Lipide und Plastochinon. Besonders viele Plastoglobuli beobachtet man in Plastiden während der Seneszenz. Es handelt sich dabei um Abbauprodukte der Thylakoide. In einer spezifischen Region des Stroma, dem **Nukleoid**, sind etwa 10–100 identische Genome lokalisiert. Die Ribosomen in den Chloroplasten befinden sich entweder frei im Stroma oder auch gebunden an den Oberflächen der Thylakoidmembranen.

Im Dunkeln gewachsene (etiolierte) Blätter z. B. die sich in der Erde entwickelnden Keimblätter, enthalten **Etioplasten**. Es handelt sich um Plastiden, die viele, aber nicht alle Chloroplastenproteine enthalten. Sie besitzen lipidhaltige Prolamellarkörper als pseudokristalline Strukturen und Vorstufen der Chlorophyllsynthese. Durch den Gehalt an Carotinoiden haben Etioplasten eine gelbliche Farbe. Belichtung löst den Übergang zum Chloroplasten aus.

Chlorophyll wird aus den Vorstufen synthetisiert und die Thylakoide werden ausgebildet.

Leukoplasten (Abb. 1.9 C) umfassen eine Vielfalt von ausdifferenzierten, ungefärbten Plastiden mit den unterschiedlichsten Funktionen. Dazu zählen die **Amyloplasten**, welche die Funktion als Stärkespeicher (Kapitel 9) in nichtgrünen Geweben, wie Wurzeln, Knollen oder Samenkörnern, haben. Leukoplasten sind auch Ort vermehrter Fettsäuresynthese in nichtgrünen Geweben. In Pflanzen ist die Lipidsynthese stets in Plastiden lokalisiert. Auch die Reduktion von Nitrit zu NH_3, ein Teilschritt der Nitratassimilation (Kapitel 10), ist stets an Plastiden gebunden. In den Fällen, in denen die Nitratassimilation in der Wurzel abläuft, sind Leukoplasten Ort der Nitritreduktion.

Chromoplasten (Abb. 1.9D) sind Plastiden, die durch ihren Gehalt an Carotinoiden (siehe Abschn. 2.4) rot, orange oder gelb gefärbt sind. Chromoplasten haben die Größe von Chloroplasten. Sie sind neben dem Cytosol Ort der Isoprenoid-Synthese (Kap. 17), es werden dort Carotinoide gebildet. Auch sind Chromoplasten an der Farbgebung von Früchten und manchen Blüten beteiligt. So beruht die Rotfärbung der Tomaten auf der Synthese von Lycopin in den Chromoplasten.

1.4 Auch Mitochondrien sind durch Endosymbiose entstanden

Mitochondrien sind der Ort der Zellatmung. In ihnen findet die Oxidation von Substraten zur Gewinnung von ATP statt (Kapitel 5). Wie schon für Plastiden gezeigt, vermehren sich auch Mitochondrien durch Teilung und werden mütterlich vererbt. Sie haben wie Plastiden ein eigenes Genom, welches aus einem großen DNA-Zirkel und oft aus mehreren kleinen DNA-Zirkeln besteht, welches u. a. mitochondriale Enzyme für die Genduplikation, Genexpression und Proteinsynthese codiert. Wie in Kapitel 20 besprochen wird, codiert die mitochondriale DNA einige weitere mitochondriale Proteine, der weitaus größte Teil wird jedoch im Zellkern codiert. Auch Mitochondrien sind endosymbiontischer Herkunft. Phylogenetische Untersuchungen basierend auf dem Vergleich von DNA-Sequenzen sprechen dafür, dass alle Mitochondrien auf ein **Proteobakterium**, welches mit einem anaeroben **Archaebakterium** eine Endosymbiose eingegangenen ist, zurückzuführen sind.

Die endosymbiontische Herkunft der Mitochondrien erklärt (Abb. 1.8), dass die Mitochondrien von zwei Membranen umgeben sind (Abb. 1.12). Die **mitochondriale Außenmembran** ist ähnlich wie die der Chloroplasten durch die Anwesenheit von **Porinen** (siehe Abschn. 1.11) für Moleküle unterhalb einer Größe von 4000 bis 6000 Dalton und damit für Metabolite und freie Nukleotide durchlässig. Die Permeationsschranke für diese Substanzen und der Träger spezifischer Translokatoren ist die **mitochondriale Innenmembran**. Daher ist der **Intermembranraum** zwischen innerer und äußerer Membran als ein Außenraum anzusehen. Das „Protoplasma" der Mito-

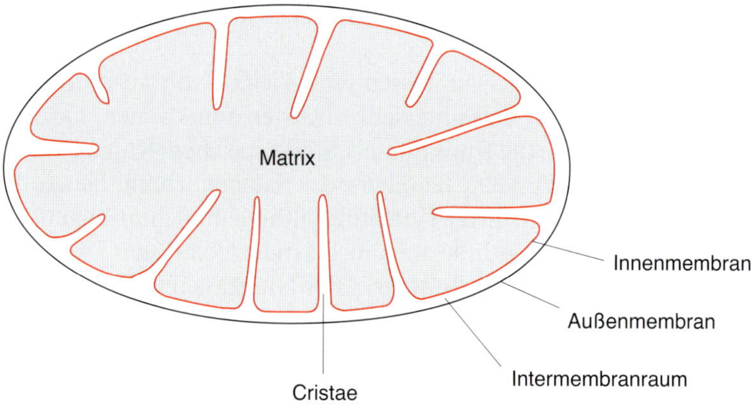

Abb. 1.12 Schematische Darstellung der Struktur eines Mitochondriums.

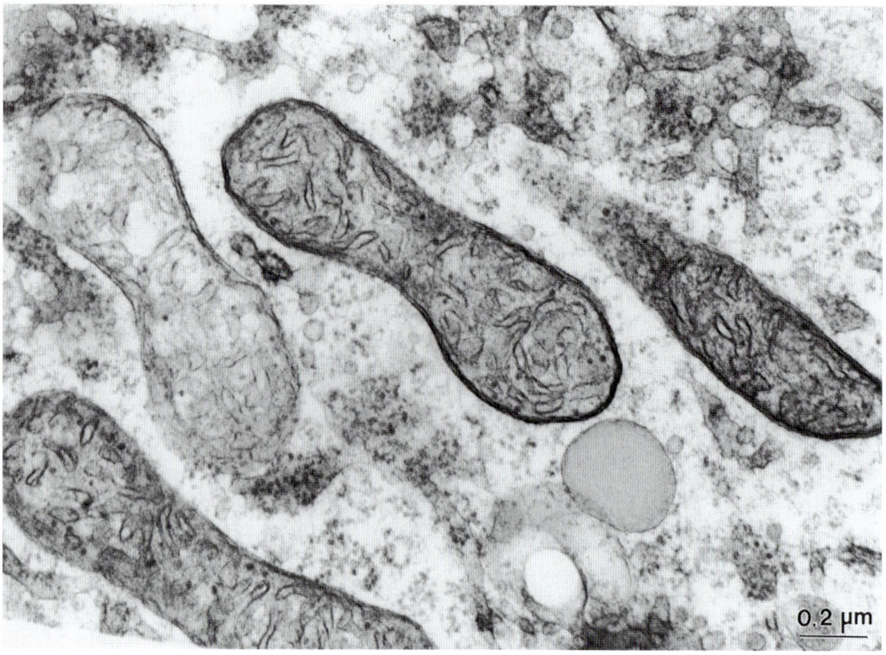

Abb. 1.13 In Mitochondrien führen Einstülpungen der inneren Membran zu einer Vergrößerung der Fläche. Die Abbildung zeigt Mitochondrien in einer Gerste-Aleuron-Zelle. Aufnahme von D. G. Robinson.

chondrien, das von der Innenmembran umschlossen wird, bezeichnet man als **mitochondriale Matrix**. Die mitochondriale Innenmembran enthält den Enzymapparat der Atmungskette (siehe Abschn. 5.5). Zur Vergrößerung der Membranoberfläche ist die Innenmembran in Form von Röhren (Tubuli, Abb. 1.13) oder Membranfalten (Cristae mitochondriales) in die Matrix eingestülpt. Die Struktur dieser Membraneinstülpungen entspricht den Thylakoiden mit dem Unterschied, dass in den Mitochondrien die Einstülpungen nicht zu einem gesonderten Kompartiment abgeschnürt sind. Auch die mitochondriale Innenmembran dient dem Aufbau eines Protonengradienten. Daher sind aus funktioneller Sicht der mitochondriale Intermembranraum und der chloroplastidäre Thylakoidraum vergleichbare Kompartimente.

1.5 In den Peroxisomen laufen besondere Stoffwechselwege ab

Peroxisomen, die auch als Microbodies bezeichnet werden, sind kugelförmige kleine Organellen mit einem Durchmesser von 0,5 bis 1,5 µm (Abb. 1.14), die im Gegensatz zu Plastiden und Mitochondrien nur von einer Membran umgeben sind. Die peroxisomale Matrix ist ein spezielles Kompartiment für den Ablauf von Reaktionen, bei denen toxische Zwischenprodukte entstehen. So enthalten Peroxisomen Enzyme, die Substanzen unter Bildung von H_2O_2 oxidieren, und Katalase, welche dieses H_2O_2 direkt am Ort der Entstehung sofort abbaut (siehe Abschn. 7.4). Peroxisomen sind ein allgemeiner Bestandteil eukaryontischer Zellen. In Pflanzen gibt es unter anderem zwei wichtige Differenzierungsformen, die **Blattperoxisomen** (Abb. 1.14A), die an der Photorespiration (Kapitel 7) beteiligt sind, und die **Glyoxysomen** (Abb. 1.14B), die in fettreichen Samenkörnern vorhanden sind und eine Rolle bei der Synthese von Kohlenhydraten aus Fett spielen (Kapitel 15). Peroxisomen vermehren sich durch Teilung, es gibt aber auch Befunde, dass sie *de novo* aus Vesikeln des

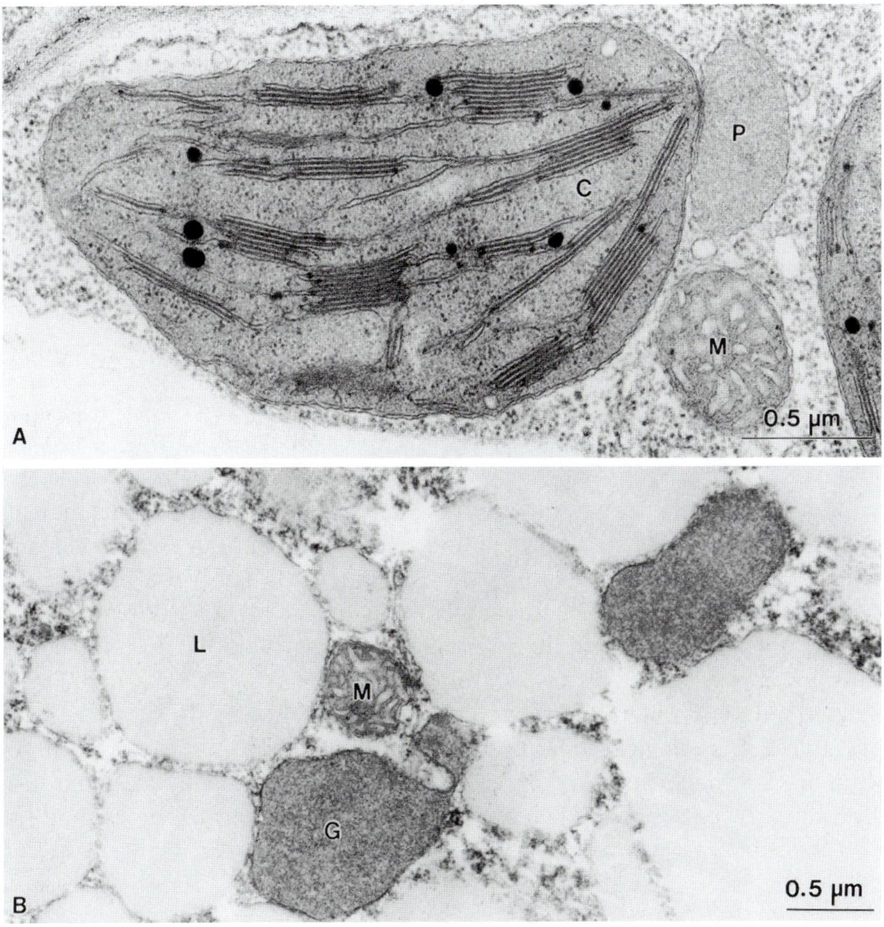

Abb. 1.14 Peroxisomen. A. Blattperoxisom aus Mesophyllzellen eines Tabakblatts. Die räumliche Nähe von Peroxisom (P), Mitochondrium (M) und Chloroplast (C) zueinander illustriert den regen Metabolitaustausch zwischen diesen Organellen im Rahmen der in Kapitel 7 besprochenen Photorespiration.
B. Glyoxysom aus keimenden Kotyledonen von *Cucurbita pepo* (Zucchini). Der in Kapitel 15 beschriebene Lipidabbau und die damit verbundene Gluconeogenese erklärt die Zusammenlagerung von Lipidtröpfchen (L), Glyoxysom (G) und Mitochondrium (M). Aufnahmen von D. G. Robinson.

endoplasmatischen Reticulums gebildet werden können. Da Peroxisomen keinen eigenen genetischen Apparat besitzen, ist es eher unwahrscheinlich, dass sie wie Mitochondrien oder Plastiden von prokaryotischen Endosymbionten abstammen. Phylogenetische Analysen sprechen dafür, dass Peroxisomen aus dem endoplasmatischen Reticulum eines frühen Eukaryoten entstanden sind.

1.6 Endoplasmatisches Reticulum und Golgi-Apparat bilden ein Netzwerk zur Verteilung von Biosyntheseprodukten

Das **endoplasmatische Reticulum** (**ER**) erscheint im elektronenmikroskopischen Bild als ein Labyrinth, das die Zelle durchzieht (Abb. 1.15). Vom Erscheinungsbild lassen sich zwei Strukturtypen des ER unterscheiden: die rauhe und die glatte Form. Das **rauhe ER** besteht aus flachen Säckchen, die mitunter zu lockeren Stapeln angeordnet sind, wobei die Außenseite der Membranen mit **Ribosomen** besetzt ist. Das **glatte ER** besteht vorwiegend aus verästelten Röhren, die nicht mit Ribosomen besetzt sind. Obwohl rauhes und glattes ER sich morphologisch unterscheiden, handelt es sich hier doch nur um verschiedene Erscheinungsformen eines zusammenhängenden Membransystems.

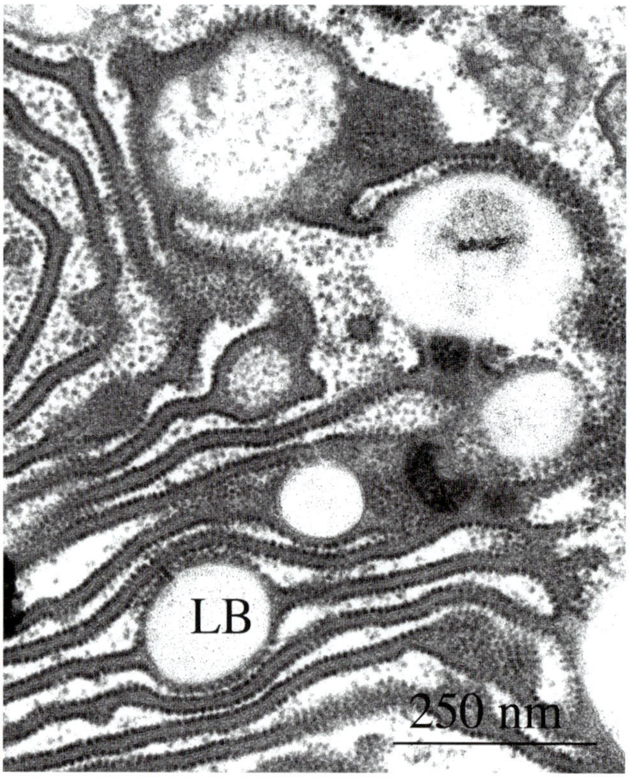

Abb. 1.15 Rauhes endoplasmatisches Reticulum (ER) in einem keimenden Pollen von *Lilium longiflorum.* Die Oberfläche des ER ist dicht mit Ribosomen besetzt. Zwischen zwei Lipid-Monoschichten ist ein Triacylglycerid-haltiger Ölkörper (lipid body, LB) sichtbar (siehe auch Abb.15.6). Aufnahme von D.G. Robinson.

Die Anwesenheit der Ribosomen auf der Oberfläche des ER ist temporär. Ribosomen befinden sich nur dann auf der ER-Membran, wenn das durch sie gebildete Protein für das ER, die Vakuolen oder den Export aus der Zelle bestimmt ist. Diese Vorstufen-Proteine besitzen einen Sequenzabschnitt (Signalsequenz), durch den die Peptidkette schon zu Beginn der Synthese über die ER-Membran in das Lumen des ER gelangt (siehe Abschn. 14.5). Der Ribosomenbesatz des ER zeigt daher in einer Momentaufnahme nur die Ribosomen, die zum Zeitpunkt der Fixierung des Gewebes an der Synthese von Proteinen beteiligt sind, die für die Einschleusung in das ER bestimmt sind. Zudem erfolgt in den Membranen des ER die Synthese von Membranlipiden. Die dazu erforderlichen Fettsäuren werden von den Plastiden bereitgestellt.

In Samen und anderen Geweben, wie etwa den Wurzelknöllchen, entwickeln sich aus der Membran des ER spezielle Ölspeicherorganellen: die **Ölkörper**, auch als **Oleosomen** bezeichnet. Die Ölkörper speichern Triglyceride und sind von großer ökonomischer Bedeutung, da die aus den Ölpflanzen gewonnenen Öle (z. B. Rapsöl) in diesen Ölkörperchen gespeichert werden. Die Ölkörper sind als einziges Organell nur mit einer halben Biomembran umgeben. Die hydrophoben Fettsäurereste der Membranlipide ragen in das Öl hinein, die hydrophilen Molekülteile in das Cytosol (siehe Abschn. 15.2).

Das ER eignet sich auch als Speicherort für **gentechnisch erzeugte Proteine**. Eine Möglichkeit besteht darin, die gewünschten Proteine mit einer Signalsequenz und dem aminoterminalen ER-Retentionssignal KDEL (Lys Asp Glu Leu) zu versehen. In dem ER von Blättern können sich solche Fremdproteine in sehr großen Mengen anhäufen (bis zu 5% des Blattproteins). Interessanterweise wird das ER selbst durch diese großen Mengen an Fremdprotein nicht in seiner Funktion beeinträchtigt.

Im Lumen des ER werden Proteine häufig durch N-Glycosylierung (Anknüpfung von Hexoseketten an Aminosäurereste, siehe Abschn. 17.7) modifiziert. Der Transfer von Proteinen in die Vakuolen kann auf unterschiedliche Weise erfolgen. Es gibt zum einen den **direkten Transfer** über Vesikel zwischen dem ER und den Vakuolen. Überwiegend werden jedoch Proteine aus dem ER durch Vesikel zunächst in die *cis*-Seite des **Golgi-Apparats** (Abb 1.16) übertragen, um erst nach einem Prozessieren und Konzentrieren durch den Golgi-Apparat in die Vakuolen transferiert oder auch als sekretorische Proteine aus der Zelle ausgeschieden zu werden. Das Abschnüren der mit Proteinen beladenen Vesikel erfolgt an bestimmten Regionen der ER-Membran, die als **ERES** (*ER export sites*) bezeichnet werden. Die Vesikel sind an der Außenseite der umgebenden Membran mit einem Hüllprotein **COPII** (*coat protein*) besetzt. Die Fusion der Vesikel mit den Membranen des Golgi-Apparats wird durch sog. **SNARE**-Proteine (*soluble N-ethylmaleinimide sensitive attachment protein receptors*) bewirkt. Für den Rückfluss entleerter Vesikel zum ER sind diese mit einem anderen Hüllprotein besetzt (**COPI**), die Fusion mit dem ER erfordert wiederum ein SNARE-Protein. Man hat in *Arabidopsis* insgesamt 15 Gene für SNARE-Proteine gefunden.

Der **Golgi-Apparat**, 1898 von dem Italiener Camillo Golgi mit dem Lichtmikroskop an Nervenzellen entdeckt, besteht aus bis zu 20 parallel ange-

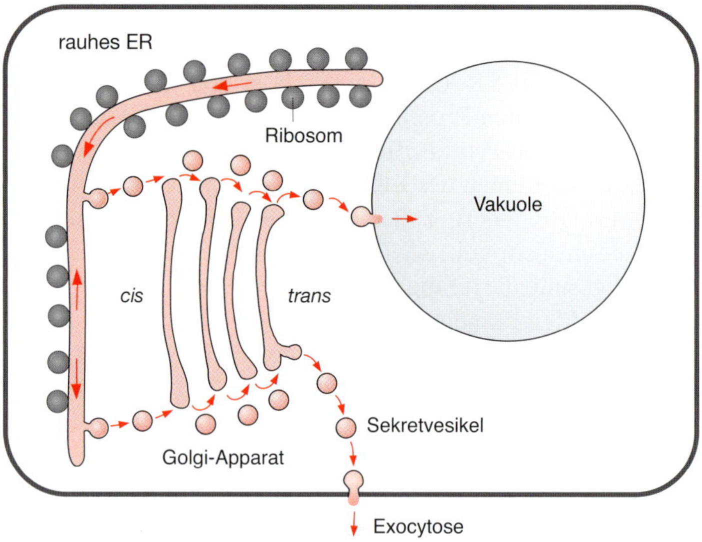

Abb. 1.16 Schematische Darstellung des Zusammenspiels von endoplasmatischem Reticulum und Golgi-Apparat beim Transfer von Proteinen aus dem ER in die Vakuolen und bei der Sekretion von Proteinen aus der Zelle.

ordneten gekrümmten Scheiben, den sog. Golgi-Zisternen oder Dictysomen, die von glatten Membranen (nicht von Ribosmen besetzt) umgeben sind (Abb. 1.17). Zu beiden Enden der Scheiben lassen sich Abschnürungen in Form von Vesikeln verschiedener Größe erkennen. Man unterteilt den Golgi-Apparat in das *cis*-Kompartiment, das mittlere Kompartiment sowie das *trans*-Kompartiment. Während des Transports durch den Golgi-Apparat werden die Proteine häufig durch O-Glycosylierung (Anknüpfung von Hexoseketten an Serin- und Threoninreste) und weiterhin durch Fortsetzung der N-Glycosylierung modifiziert.

Für den Transport der Proteine durch den Golgi-Apparat werden zwei Mechanismen diskutiert. a) Bei dem **Vesikel-Shuttle-Modell** (Abb. 1.16) wer-

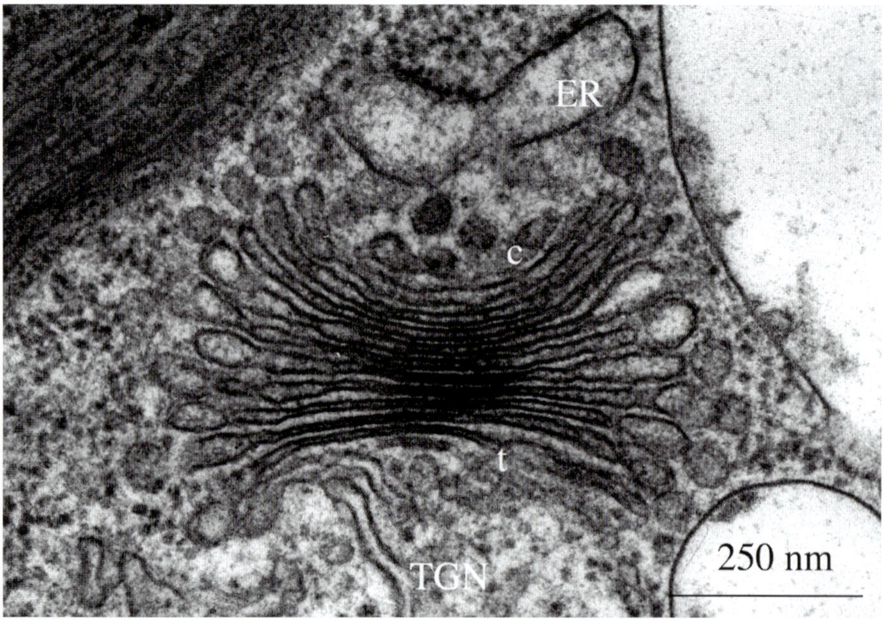

Abb. 1.17 Ein einzelner Golgi-Apparat (Dictyosom) aus der Grünalge *Chlamydomonas noctigama.* c = *cis*-Seite, t = *trans*-Seite. In Nachbarschaft zur *cis*-Seite befindet sich ein Segment des Endoplasmatischen Reticulum (ER). Die sich von der *trans*-Seite ausbreitenden Membranen sind Teil des *trans*-Golgi-Netzwerks (TGN). Aufnahme von D. G. Robinson.

den die Proteine durch die Abschnürung und Anlagerung von Vesikeln von einer Zisterne zur anderen transferiert. Dabei hat jede Zisterne ihren festen Platz. b) Bei dem Modell der **Zisternenprogression** werden an der *cis*-Seite ständig Zisternen durch Vesikelfusion neu gebildet, die dann an der *trans*-Seite wieder in Vesikel zerfallen. Nach bisherigen Ergebnissen wirken beide Mechanismen wahrscheinlich nebeneinander.

Durch den Golgi-Apparat werden Proteine sortiert, für eine Ausschleusung aus der Zelle durch Exocytose (Sekretion) einerseits, oder den Transfer in lytische Vakuolen oder Speichervakuolen (Abschn. 1.2) andererseits. Als Sortierungssignal für eine Zielsteuerung in die vakuolären Kompartimente dienen Sequenzabschnitte der Proteine. Die für die lytischen Vakuolen bestimmten Proteine werden in Vesikel mit einer **Clathrin-haltigen Hülle** (engl. *clathrin coated vesicles*) sortiert und zu den Vakuolen transportiert. **Clathrin** ist ein Protein bestehend aus zwei verschiedenen Untereinheiten (α-UE 180 000 Dalton, β-UE 35-40 000 Dalton). 3 α- und 3 β-Untereinheiten bilden einen Komplex aus 3 Armen (Triskelion), diese polymerisieren zu hexagonalen Gittern, welche das Vesikel umgeben (Abb. 1.18). Der Transport in die Speichervakuolen erfolgt über andere Vesikel, diese enthalten kein Clathrin.

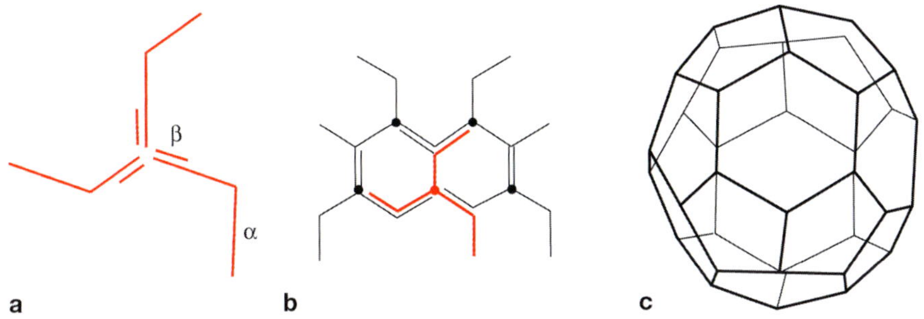

Abb. 1.18 Modell der Struktur einer Clathrin-haltigen Hülle von Vesikeln. a. 3 α- und 3 β-Untereinheiten des Clathrin bilden einen dreiarmigen Komplex. b. Durch Polymerisation bildet sich daraus ein hexagonales und pentagonales Gitter (letzteres nicht gezeigt), welches c. die Hülle ausbildet. Nach Kleinig und Sitte.

Sekretorische Proteine, die außer der ER-Eintrittssequenz kein weiteres Sortierungssignal aufweisen, gelangen über Sekretvesikel, die keine Proteinhülle aufweisen, an die Plasmamembran und werden dort über Exocytose sezerniert.

Die ER-Membran und die daraus entstandenen Membranen des Golgi-Apparats, der Transfervesikel und auch der Kernhülle bezeichnet man zusammen als **Endomembranen**.

1.7 Aus Pflanzenzellen lassen sich funktionell intakte Zellorganellen gewinnen

Zur Isolierung von Zellorganellen ist ein **Zellaufschluss** erforderlich. Dazu wird das Pflanzengewebe mechanisch so zerkleinert, dass die einzelnen Zellen aufgebrochen werden und die darin enthaltenen Organellen in das Aufschlussmedium gelangen. Man bekommt so ein **Zellhomogenat**. Damit die freigesetzten Organellen nicht schwellen und schließlich platzen, muss das Aufschlussmedium isotonisch sein, das heißt, es muss durch die Anwesenheit eines **Osmoticums** (z. B. Saccharose) im Medium ein osmotischer Druck erzeugt werden, der dem osmotischen Druck der wässrigen Lösung innerhalb der Organellen entspricht. Dazu benutzt man in der Regel Aufschlussmedien mit etwa 0,3 M Saccharose oder Sorbit, einem Zuckeralkohol.

Abbildung 1.19 zeigt beispielhaft die Versuchsanordnung zur Gewinnung isolierter Chloroplasten. Für den Aufschluss werden kleine Blattstückchen im Aufschlussmedium für wenige Sekunden durch einen Mixer zerkleinert. Es ist wichtig, dass die Aufschlusszeit kurz ist, andernfalls werden die im Aufschlussmedium vorhandenen Organellen zerstört. Dieser Aufschluss gelingt jedoch nur bei Blattmaterial mit weichen Zellwänden, wie Spinatblättern. Bei Blättern mit festen Zellwänden, zum Beispiel von Getreidepflanzen, stellt man wie in Abschnitt 1.1 beschrieben, aus Blattstückchen zunächst Protoplasten her. Diese Protoplasten werden dann aufgebrochen, indem die Protoplastensuspension durch ein Netz gedrückt wird, dessen Maschenweite viel geringer ist als die Größe der Protoplasten.

Aus dem Zellhomogenat können die gewünschten Organellen durch Zentrifugation vom Rest abgetrennt werden. Bei der **Differentialzentrifugation** erfolgt die Zentrifugation in einem Medium, dessen Dichte viel geringer ist als

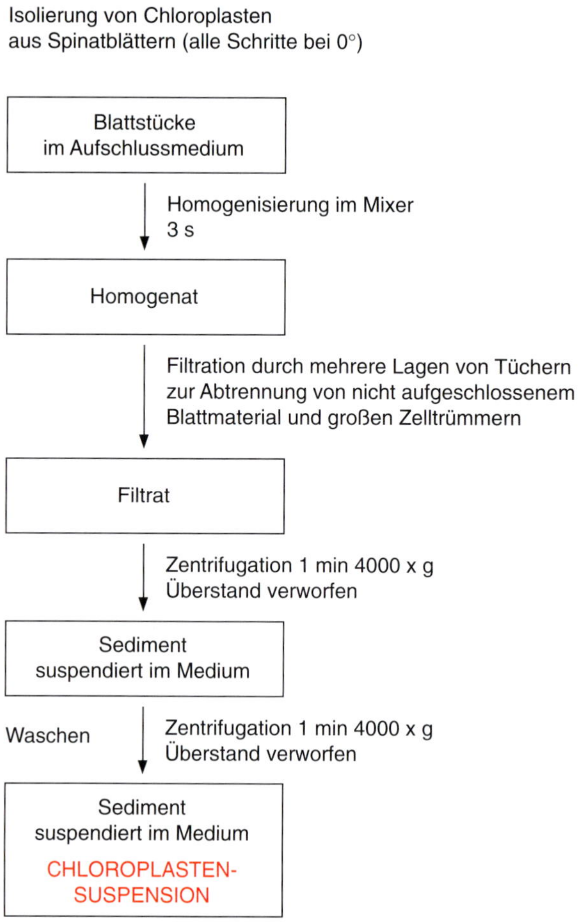

Abb. 1.19 Beispiel für die Isolierung von funktionell intakten Zellorganellen.

die der Organellen. Im Schwerefeld der Zentrifuge ist dann die Sedimentationsgeschwindigkeit der Zellbestandteile in erster Linie von der Partikelgröße abhängig (die großen Partikel sedimentieren schneller als die kleinen Teilchen). Wie in Abbildung 1.19 am Beispiel der Isolierung von Chloroplasten gezeigt, lassen sich durch aufeinander folgende Zentrifugationen mit steigender Drehzahl innerhalb kurzer Zeit relativ reine Organellen-Präparationen erhalten.

Bei der **Gleichgewichtszentrifugation** werden die Organellen nach ihrer **Dichte** getrennt. Dazu werden in einem Zentrifugenröhrchen Medien verschiedener Dichte übereinander geschichtet, sodass die Dichte von unten nach oben abnimmt. Um die Osmolarität des Mediums nicht zu ändern, benutzt man zur Erzeugung der Dichte schwere Makromoleküle wie Percoll (ein Kieselgel). Der in dem Zentrifugenröhrchen vorbereitete **Dichtegradient** wird mit dem Zellhomogenat überschichtet, und es wird so lange zentrifugiert, bis alle Partikel des Homogenats die Zone ihrer Dichte erreicht haben (Abb. 1.20). Diese Gleichgewichtszentrifugation erfordert hohe Umdrehungszahlen und lange Zentrifugationszeiten und wird daher oft nur als letzter Reinigungsschritt im Anschluss an die Trennung durch Differentialzentrifugationen benutzt.

Durch die beschriebenen Techniken ist es möglich, funktionell intakte Chloroplasten, Mitochondrien, Peroxisomen und Vakuolen in hoher Reinheit zu erhalten, um deren Stoffwechseleigenschaften im Reagensglas zu studieren.

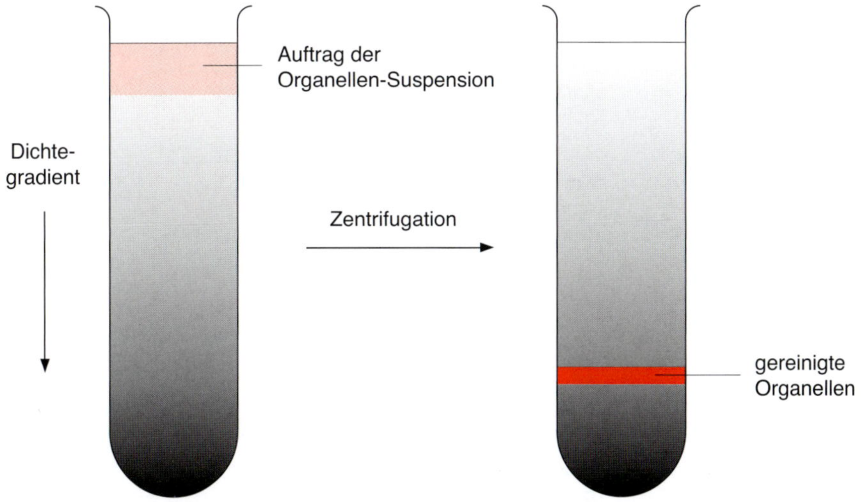

Abb. 1.20 Mit der Dichtegradienten-Zentrifugation werden Partikel aufgrund ihrer verschiedenen Dichte voneinander getrennt.

1.8 Unterschiedliche Transportmechanismen vermitteln einen Stoffaustausch zwischen verschiedenen Stoffwechselräumen

Die im vorangehenden besprochenen Organellen haben jeweils spezifische Funktionen im Zellstoffwechsel. Das Zusammenspiel der Stoffwechselprozesse in den verschiedenen Räumen erfordert einen Stoffaustausch über die Membranen der Organellen sowie auch zwischen den verschiedenen Zellen. Dieser Stoffaustausch erfolgt in vielfacher Weise: durch spezifische Translokatoren, Kanäle und Poren, über Vesikeltransport und in einigen Fällen (z. B. CO_2 oder O_2) als unspezifische Membrandiffusion. Der Vesikeltransport und die Funktion der Plasmodesmen wurden bereits erwähnt. Der Besprechung weiterer Transportmechanismen sollen einige grundsätzliche Überlegungen zur Einteilung der Transportvorgänge vorangestellt werden.

Abbildung 1.21 zeigt die Einteilung verschiedener Transportvorgänge nach formalen Kriterien. Ein Transport, bei dem ein Molekül unabhängig vom Transport anderer Moleküle über die Membran bewegt wird, nennt man **Uniport** und einen Gegentausch **Antiport**. Der gleichzeitige Transport von zwei Substanzen in die gleiche Richtung wird als **Symport** bezeichnet. Ein Transport über Uniport, Antiport oder Symport, bei dem gleichzeitig auch eine Netto-Ladung bewegt wird, bezeichnet man als **elektrogenen Transport**. Als **aktiven** oder auch **primär-aktiven** Transport bezeichnet man einen vektoriellen (gerichteten) Transport, der mit einer chemischen oder photochemischen Reaktion gekoppelt ist. Beispiele für primär-aktiven Transport sind der Transport von Protonen gegen einen Konzentrationsgradienten, der durch

Abb. 1.21 Formale Einteilung von Membrantransportprozessen.

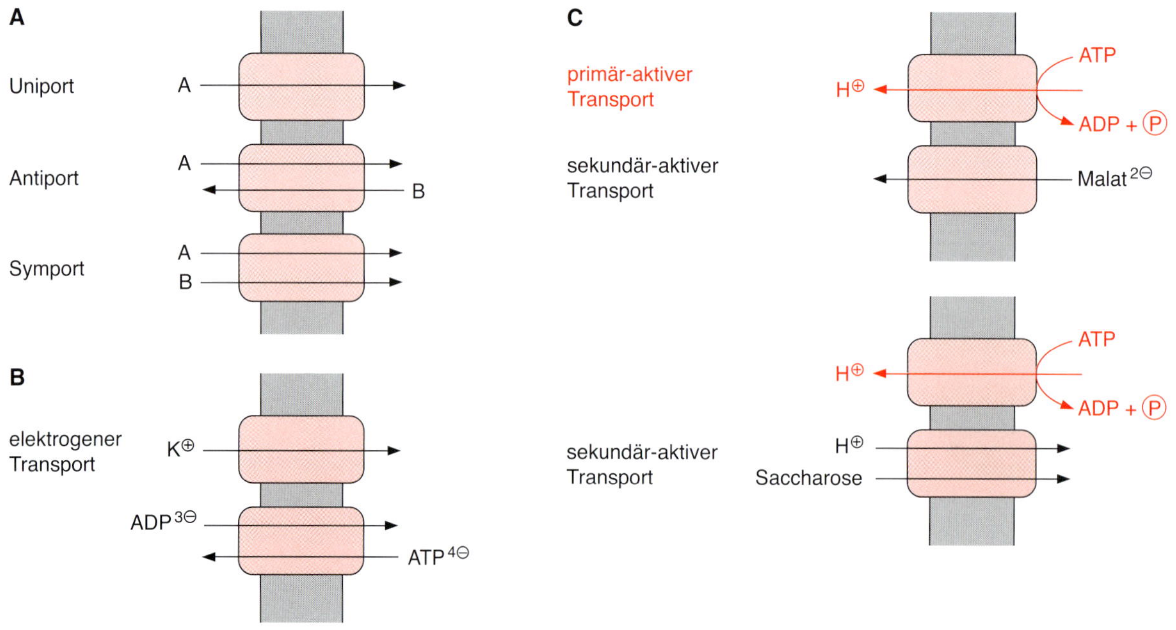

den Elektronentransport der Photosynthesekette (Kapitel 3) oder der Atmungskette (Kapitel 5) beziehungsweise unter Verbrauch von ATP (Abb. 1.21C) getrieben wird. Ein derartiger Protonentransport ist elektrogen. Die Verschiebung einer positiven Ladung führt zur Ausbildung eines Membranpotenzials. Ein weiteres Beispiel für einen primär-aktiven Transport ist der ATP-abhängige Transport von Glutathionkonjugaten in Vakuolen (siehe Abschn. 12.2).

Bei einem **sekundär-aktiven** Transport ist die einzige Triebkraft ein elektrochemisches Potenzial über eine Membran. Bei einem elektrogenen Uniport kann ein Membranpotenzial die treibende Kraft sein, durch die das Substrat gegen einen Konzentrationsgradienten über die Membran befördert wird. Ein Beispiel hierfür ist die Akkumulation von Malat in einer Vakuole (Abb. 1.21C, siehe auch Kapitel 8). Ein weiteres Beispiel für einen sekundär-aktiven Transport ist der Transport von Saccharose über einen H^+-Saccharose-Symport, bei der ein durch primär-aktiven Transport gebildeter Protonengradient die Akkumulation von Saccharose treibt (Abb. 1.21C). Dieser Transport spielt bei der Beladung der Siebröhren mit Saccharose eine wichtige Rolle (Kapitel 13).

Translokatoren katalysieren den spezifischen Transport von Substraten und Produkten des Stoffwechsels

Spezielle Membranproteine vermitteln einen spezifischen Transport durch die Membranen. Man hat diese Proteine in der Vergangenheit als „Carrier“ bezeichnet, weil man von der Vorstellung ausging, dass sie nach Bindung eines Substrats durch die Membran diffundieren und das Substrat an der anderen Seite freisetzen. Wir wissen heute, dass dieses Bild nicht zutrifft; der Transport besteht vielmehr darin, dass eine Substanz in spezifischer Weise durch eine Pore „hindurchgereicht“ wird. Aus diesem Grunde bezeichnet man Proteine, die einen spezifischen Membrantransport vermitteln, als **Translokatoren**. Wir werden sehen, dass eine Vielzahl unterschiedlicher Translokatoren sich in ihrem Aufbau und ihrer Wirkungsweise gleichen. Daher sollen hier Struktur und Funktion eines Translokators am Beispiel des chloroplastidären Triosephosphat-Phosphat-Translokators besprochen werden. Dieser Translokator bewirkt durch einen Gegentausch von Phosphat mit Triosephosphat (Dihydroxyacetonphosphat oder Glycerinaldehydphosphat) den Export der Photoassimilate aus den Chloroplasten und ist mengenmäßig gesehen wohl das häufigste Transportprotein in einer Pflanze.

Zur Messung der Aufnahme von Substraten in Chloroplasten oder andere Organellen ist die **Silikonöl-Filtrationszentrifugation** eine geeignete Methode (Abb. 1.22). Man startet die Transportmessung durch Zugabe des betreffenden Substrats zu einer Suspension von isolierten Chloroplasten und beendet die Messung, indem die Chloroplasten von dem umgebenden Medium durch Zentrifugation durch eine Silikonölschicht abgetrennt werden. In den abgetrennten Chloroplasten wird dann die Menge des aufgenommenen Substrats quantitativ bestimmt.

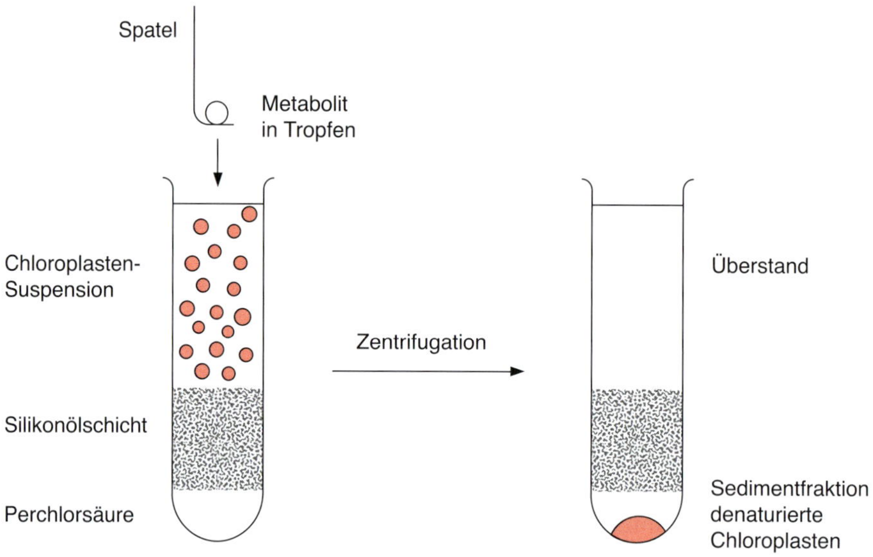

Abb. 1.22 Silikonöl-Filtrationszentrifugation: Messung der Aufnahme von Substanzen in isolierte Chloroplasten. Für die Messung enthält ein Zentrifugenröhrchen in der Spitze Perchlorsäure, die mit Silikonöl überschichtet ist. In die darüber befindliche Suspension, zum Beispiel von Chloroplasten, wird mit einem kleinen Spatel der zu transportierende Metabolit eingerührt. Zum leichteren Nachweis werden hierzu vorzugsweise durch die Isotope ^{32}P oder ^{14}C radioaktiv markierte Metabolite verwendet. Die Aufnahme der Metabolite in die Chloroplasten wird durch Zentrifugation in einer sehr schnell anlaufenden Zentrifuge gestoppt. Die Chloroplasten wandern dabei innerhalb weniger Sekunden durch die Silikonölschicht in die Perchlorsäurephase und werden dort denaturiert. Der Anteil der Metabolite, der nicht aufgenommen wurde, bleibt im Überstand. Man ermittelt die Menge der in die Chloroplasten aufgenommenen Metabolite durch die Messung der Radioaktivität in der Sedimentfraktion. Die Menge an Metaboliten, die unspezifisch an der Plastidenoberfläche oder im Raum zwischen äußerer und innerer Hüllmembran durch die Silikonölschicht mitgerissen wurde, lässt sich in einem Kontrollexperiment bestimmen, bei dem eine Substanz eingesetzt wird, zum Beispiel Saccharose, von der bekannt ist, dass sie die innere Hüllmembran nicht durchdringt.

Misst man auf diese Weise die Aufnahme von Phosphat in die Chloroplasten in Abhängigkeit von der Außenkonzentration des Phosphats, so beobachtet man einen hyperbolen Kurvenverlauf (Abb. 1.23). Bei niedrigen Phosphatkonzentrationen steigt die Aufnahmegeschwindigkeit zunächst proportional mit der Außenkonzentration an, die Kurve flacht dann aber ab und erreicht einen Sättigungswert, die **Maximalgeschwindigkeit** (V_{max}). Der Transport zeigt demnach die gleiche Charakteristik wie die Enzymkatalyse. Bei der Enzymkatalyse wird das Substrat (S) zunächst an das Enzym (E) gebunden. Dort erfolgt die katalytische Umwandlung zum Produkt (P), welches dann vom Enzym freigesetzt wird:

$$E + S \rightarrow ES \xrightarrow{\text{Katalyse}} EP \rightarrow E + P$$

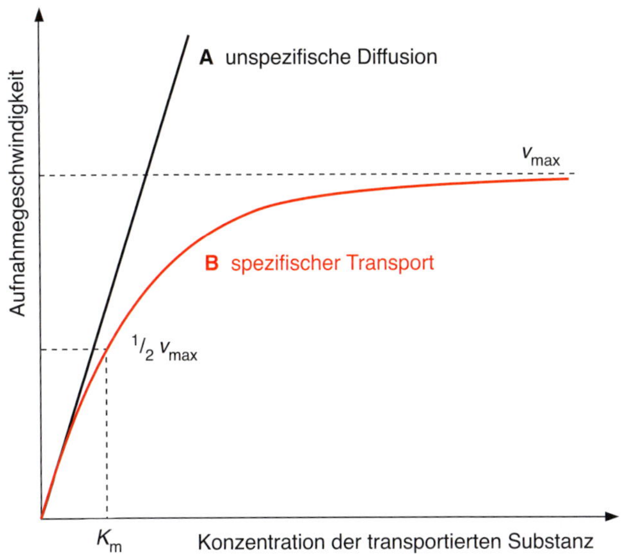

Abb. 1.23 Durch die Messung der Aufnahmegeschwindigkeit für eine Substanz in Abhängigkeit von seiner Außenkonzentration lässt sich entscheiden, ob die Aufnahme durch unspezifische Membrandiffusion (A) oder durch spezifischen Transport (B) erfolgt.

Der Transport durch einen spezifischen Translokator lässt sich in analoger Weise formulieren:

$$S + T \rightarrow ST \xrightarrow{\text{Transport}} TS \rightarrow T + S$$

Das Substrat wird an eine spezifische Bindungsstelle des Translokatorproteins (T) gebunden, durch die Membran transportiert und vom Translokatorprotein wieder gelöst. Die Maximalgeschwindigkeit V_{max} entspricht einem Zustand, in dem die Bindungsstellen des Translokators mit Substrat gesättigt sind. Wie für ein Enzym lässt sich auch für einen Translokator ein K_m-Wert angeben, welcher der Substratkonzentration entspricht, bei der der Transport mit halbmaximaler Geschwindigkeit verläuft. In Analogie zur Enzymkatalyse besitzt auch der katalysierte Transport eine **Spezifität** für die zu transportierenden Substanzen. So werden durch den chloroplastidären Triosephosphat-Phosphat-Translokator von C_3-Pflanzen (siehe Abschn. 9.1) neben Phosphat, Sulfat, Dihydroxyacetonphosphat und Glycerinaldehydphosphat auch 3-Phosphoglycerat transportiert, nicht aber 2-Phosphoglycerat. Die einzelnen Substrate konkurrieren um die Bindungsstelle. Dadurch ist ein Substrat, etwa Phosphat, ein **kompetitiver Inhibitor** für den Transport eines anderen Substrats, wie 3-Phosphoglycerat. Der chloroplastidäre Triosephosphat-Phosphat-Translokator ist ein Antiporter. Für jedes eintransportierte Molekül (z. B. Phosphat) wird ein anderes Molekül (z. B. Dihydroxyacetonphosphat) aus den Chloroplasten austransportiert. Ein anderes Beispiel für einen Antiporter ist der mitochondriale ATP/ADP-Translokator (siehe Abschn. 5.6) der ATP und ADP, nicht aber AMP, Phosphat oder andere Nukleotide transportiert.

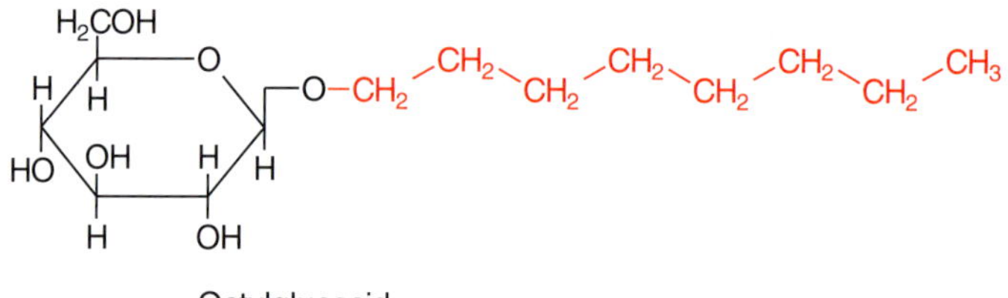

Abb. 1.24 Octylglucosid, ein Glycosid, das aus α-D-Glucose und Octylalkohol besteht, ist ein mildes, nicht-ionisches Detergens, das Membranproteine ohne Denaturierung aus der Membran herauslöst.

Der Metabolittransport wird durch Konformationsänderungen bewirkt.

Translokatoren bilden als **integrale Membranproteine** einen Teil der Membran. Auf Grund ihrer hohen Hydrophobie sind Membranproteine in Wasser nicht löslich, was ihre Erforschung so sehr erschwert hat. Um diese Proteine aus der Membran zu lösen, bedient man sich schonender nichtionischer Detergentien, wie zum Beispiel Octylglucosid (Abb. 1.24). Die hydrophobe Kohlenwasserstoffkette des Detergens lagert sich um das hydrophobe Protein und die so gebildete Micelle ist durch den Glucoserest des Octylglucosids wasserlöslich. Bei der Entfernung des Detergens würden die Membranproteine zu einer klebrigen Masse aggregieren, die nicht wieder in Lösung gebracht werden kann.

Translokatoren durchdringen die Lipiddoppelschicht der Membran in Form von **α-Helices**, deren nach außen gerichtete Aminosäureseitenketten hydrophob sind. Daher enthalten transmembrane α-Helices hydrophobe Aminosäuren wie Alanin, Valin, Leucin, Isoleucin oder Phenylalanin. Als ein Beispiel hierfür zeigt Abb. 1.25 das Modell der Struktur des Monomers des mitochondrialen ATP/ADP-Translokators. Sechs transmembrane α-Helices durchspannen die innere Mitochondrienmembran, die nach innen gerichteten schleifenartigen Sequenzabschnitte (engl. loops) bedingen die Spezifität des Transports. Der mitochondriale ATP/ADP-Translokator liegt in der Membran als **dimeres Molekül mit identischen Monomeren** vor. Mit der Röntgen-

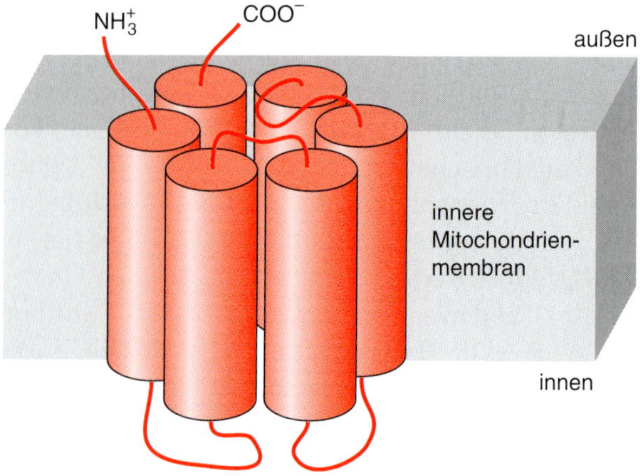

Abb. 1.25 Strukturmodell des mitochondrialen ATP/ADP-Translokators. Sechs transmembrane α-Helices durchqueren die innere Mitochondrienmembran.

strukturanalyse (Abschn. 3.3) des mitochondrialen ATP/ADP-Translokators gelang die Aufklärung der Raumstruktur eines Metabolittranslokators. Es zeigte sich, dass die sechs transmembranen α-Helices des Monomers in einer Fass-artigen Struktur (engl. barrel) eine Translokationspore bilden. Demnach bilden die oben genannten Dimere **zwei benachbarte identische Poren**. Auch der chloroplastidäre Triosephosphat-Phosphat-Translokator liegt als Dimer identischer Monomere vor, wobei es aber bislang noch unsicher ist, wieviele transmembrane Helices das Monomer aufweist.

Wie schon früher gezeigt, sind die Translokationsporen verschlossen (engl. gated pore) und besitzen jeweils nur eine Substratbindungsstelle, die entweder von außen oder von innen zugänglich ist, wobei die Zugänglichkeit durch die **Konformation** des Translokatorproteins bestimmt wird (Abb. 1.26). Der Transportprozeß ähnelt so einer Schleuse. Er besteht in der Bindung eines Substrats (A) an die von außen zugängliche Substratbindungsstelle; es erfolgt dann eine Konformationsänderung und das Substrat wird schließlich an der Innenseite freigesetzt. An die nun frei gewordene Bindungsstelle kann ein anderes Substrat (B) binden und so nach außen transportiert werden. Ein ob-

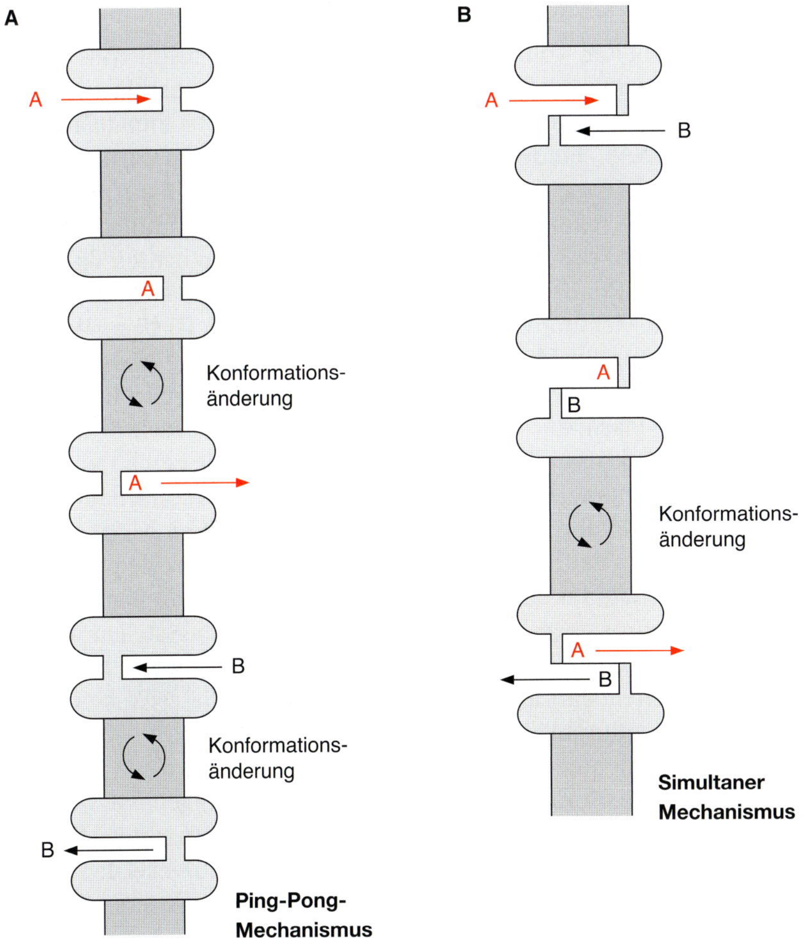

Abb. 1.26 Antiport. Schematische Darstellung der beiden Möglichkeiten für den Gegentausch zweier Substratmoleküle (A, B). **A**) Ping-Pong-Mechanismus: Ein Translokator-Molekül katalysiert den Transport von A und B nacheinander. **B**) Simultaner Mechanismus: A und B werden gleichzeitig durch zwei miteinander gekoppelte Translokator-Moleküle transportiert.

ligater Gegentausch erklärt sich dadurch, dass ein Umklappen der Bindungsstellen durch Konformationsänderung nur dann erfolgt, wenn die Bindungsstelle durch ein Substrat besetzt ist. Bei dieser Art von Antiport spricht man von einem **Ping-Pong-Mechanismus** (Abb. 1.26A). Nach diesem Mechanismus transportiert offenbar der chloroplastidäre Triosephosphat-Phosphat-Translokator. In vielen Fällen, z.B. bei dem mitochondrialen ATP/ADP-Translokator, erfolgt ein Gegentausch jedoch nach einem **simultanen Mechanismus** (Abb. 1.26B), bei dem die benachbarten Poren in jeweils verschiedenen Konformationen vorliegen. Eine Pore ist nach innen geöffnet und die andere nach außen, wobei die **entgegengesetzten Konformationsänderungen** bei beiderseits besetzten Bindungsstellen immer simultan erfolgen und so einen obligatorischen Gegentausch bewirken.

Eine Pflanze enthält eine große Anzahl derartiger Metabolittranslokatoren. Bislang wurden etwa 20 plastidäre Translokatoren identifiziert. Die Analyse des *Arabidopsis* Genoms lässt vermuten, dass es in dieser Pflanze insgesamt etwa 150 plastidäre und 60 mitochondriale Translokatoren gibt.

Aquaporine machen Zellmembranen für Wasser durchlässig

Das osmotische Verhalten von Zellen und Zellorganellen zeigt, dass deren Membranen in sehr unterschiedlichem Maße für Wasser durchlässig sind. Hingegen ist die Wasserpermeabilität reiner Lipid-Doppelschichten relativ gering. Peter Agre (USA) entdeckte in Nieren und Blutzellen Proteine, die Membrankanäle für Wasser und in einigen Fällen auch für Glycerin bilden, und gab ihnen die Bezeichnung **Aquaporine**. Für diese wichtige Entdeckung erhielt er 2003 den Nobel-Preis für Chemie. Es stellte sich dann heraus, dass diese Aquaporine auch in Pflanzen vorkommen, u.a. in der Plasmamembran und den Vakuolen. Beide Membranen spielen eine besondere Rolle beim Wasserhaushalt einer Pflanzenzelle. Man hat in der Modellpflanze *Arabidopsis thaliana* (Abschn. 20.1) etwa 35 verschiedene Gene der Aquaporin-Genfamilie gefunden, allein für die Plasmamembran wurden 13 Aquaporine identifiziert.

Durch Röntgenstrukturanalyse (siehe Abschn. 3.3) wurde gezeigt, dass die Untereinheiten der Aquaporine jeweils sieben transmembrane Helices besitzen. Sie bilden in der Membran Tetramere, von denen aber jedes Monomer einen Kanal bildet, der in der Sekunde 10^9 bis 10^{11} Wassermoleküle befördert. Der **Wasserkanal** besteht aus einer sehr engen, vorwiegend **hydrophoben Pore** mit Bindungsstellen für sieben H_2O Moleküle. Diese Bindungsstellen wirken als **Selektionsfilter** für einen spezifischen Wassertransport. Zudem lässt sich aus der Struktur ableiten, dass aus energetischen Gründen dieser Wasserkanal für Protonen relativ undurchlässig ist.

Durch eine Regulation der Öffnung der Aquaporine kann die Wasserleitfähigkeit der Plasmamembran den Umweltbedingungen angepasst werden. Die Aquaporine von Pflanzen besitzen eine in das Innere gerichtete **Peptidschleife** (loop) die bei einer Konformationsänderung wie **ein Deckel den Kanal verschließen kann**. Auf diese Weise können sowohl bei Trockenstress wie auch bei Überflutung die Wasserkanäle verschlossen werden. Bei Trockenstress wird der Verschluss durch die Dephosphorylierung von zwei hochkonservierten Serinresten bewirkt. Bei Überflutung oder Staunässe wird durch die dabei auftretende Anoxie (Sauerstoffmangel) der pH-Wert des Cytosols erniedrigt, wodurch die Protonierung eines Histidinrestes erhöht wird. Dies führt zu einer Konformationsänderung des Kanalproteins, der Deckel klappt zu und die Wasserpore wird dadurch verschlossen.

Die inzwischen allgemein benutzte Bezeichnung Aquaporin ist unglücklich gewählt, da sich die Aquaporine in ihrer Struktur von den in Abschnitt 1.11 behandelten Porinen grundsätzlich unterscheiden. Während die Aquaporine ebenso wie Translokatoren und die im Folgenden besprochenen Ionenkanäle aus transmembranen Helices aufgebaut sind, bestehen die Porine aus β-Faltblättern.

Ionenkanäle haben eine sehr hohe Transportkapazität

Der zuvor besprochene chloroplastidäre Triosephosphat-Phosphat-Translokator hat bei 25 °C eine Wechselzahl von 80 s^{-1}, das heißt, ein Translokatorprotein befördert in der Sekunde 80 Substratmoleküle. Die Wechselzahlen anderer Translokatoren liegen im Bereich von 10 bis 1 000 s^{-1}. Dagegen gibt es andere Ionentransportsysteme, die so genannten **Ionenkanäle** in den verschiedenen Membranen, die 10^6 bis 10^8 Ionen pro Sekunde durch die Membran befördern. Sie unterscheiden sich von den Translokatoren dadurch, dass ihre Pore zu gleicher Zeit nach beiden Seiten geöffnet ist. Der Ionenfluss der Ionenkanäle ist so hoch, dass es möglich ist, die Transportleistung eines einzelnen Kanals als elektrische Leitfähigkeit zu messen.

Die Arbeitsweise für derartige Einzelkanalmessungen, die so genannte ***patch clamp*-Technik**, wurde von den deutschen Wissenschaftlern Erwin Neher und Bert Sakmann entwickelt, die dafür 1991 mit dem Nobelpreis für Medizin oder Physiologie ausgezeichnet wurden. Die Messanordnung (Abb. 1.27) besteht aus einer Glaspipette, die eine Elektrode enthält und mit Elektrolytflüssigkeit gefüllt ist. Die sehr feine Spitze dieser Pipette (Durchmesser ≈1 µm) ist mit dem Flecken (engl. *patch*) einer Membran dicht abgeschlossen. Die Menge der pro Zeiteinheit durch das *patch* transportierten Ionen lässt sich durch die Messung des elektrischen Stromes bestimmen. Sie wird gewöhnlich als Leitfähigkeit in Siemens (S) angegeben. Abbildung 1.28 zeigt ein Beispiel für die Messung von Einzelkanalströmen an der Plasmamembran von Schließzellen der Ackerbohne. Die Registrierung der Strommessung zeigt, dass ein Kanal unterschiedlich lange öffnet (leitet) und schließt (nicht leitet). Dieses Prinzip stochastischen Schaltens zwischen einem nichtleitenden Zustand und einem definierten leitenden Zustand ist eine typische Eigenschaft von Ionenkanälen. Verschiedene Kanäle haben im geöffneten Zustand jeweils unterschiedliche Leitfähigkeiten, die zwischen wenigen pS und mehreren 100 pS liegen können. Zum anderen haben verschiedene Kanäle charakteristische mittlere Zeiten, in denen sie geöffnet beziehungsweise geschlossen sind. Je nach Kanal können diese von wenigen Millisekunden bis zu Sekunden andauern. Die Transportleistung des Kanals pro Zeiteinheit ist

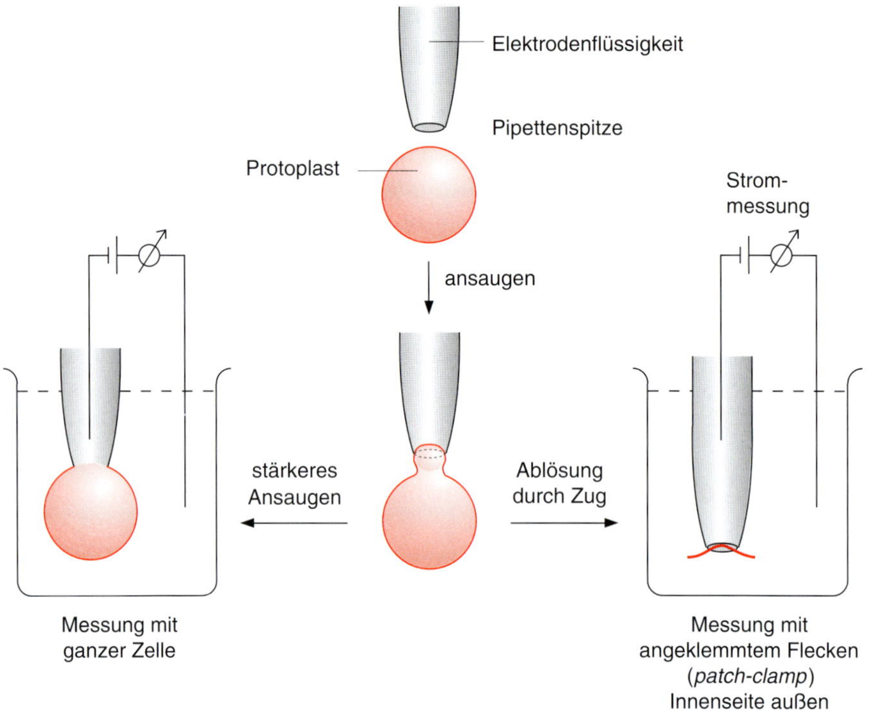

Abb. 1.27 Messung von Ionenkanalströmen durch die *patch clamp*-Technik. Eine Glaspipette, mit einem Durchmesser an der Spitze von etwa 1 µm, die im Inneren eine Elektrode und Elektronenflüssigkeit enthält, wird mit der Membran eines Protoplasten oder einer Organelle (z. B. Vakuole) in Kontakt gebracht. Durch ein leichtes Ansaugen wird die Oberfläche der Pipettenspitze mit der Membran versiegelt. Durch ein etwas stärkeres Ansaugen bricht die über der Pipettenöffnung liegende Membranfläche auf, die Elektrode in der Pipettenspitze steht jetzt in direkter Verbindung mit dem Innenraum der Zelle. Es können so die Kanalströme aller in der Membran vorhandenen Kanäle gemessen werden (Messungen mit ganzer Zelle). Alternativ kann die Pipettenspitze durch leichten Zug von den Protoplasten oder der Vakuole entfernt werden, wobei der an der Spitze anhaftende Membranflecken von dem Rest abreißt. In dieser Messanordnung werden nur die Ströme der Kanäle gemessen, die sich in dem Membranflecken (*patch*) befinden. Zur Messung der Kanalströme wird eine Spannung angelegt und der Strom nach Verstärkung gemessen.

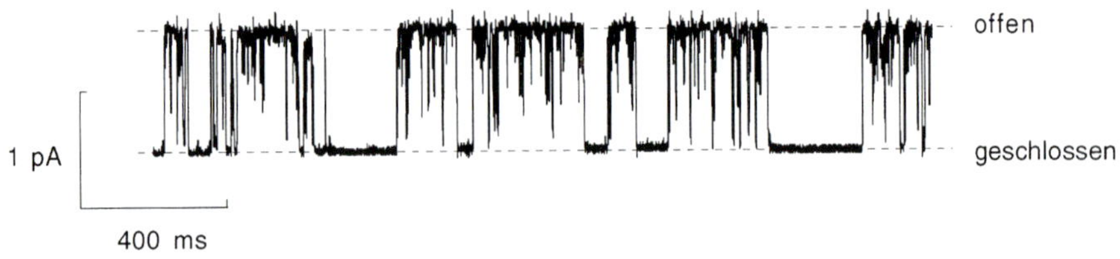

Abb. 1.28 Messung der Einzelkanalströme des K^+-Auswärtskanal in einem angeklemmten Flecken (*patch*, Abbildung 1.27) der Plasmamembran von Schließzellen aus *Vicia faba.* (Außenmedium 50 mM K^+, cytoplasmatische Seite 200 mM K^+, Spannung + 35 mV) Daten von Prof. G. Thiel, Darmstadt.

dann sowohl von der Leitfähigkeit des offenen Kanals als auch von der mittleren Öffnungszeit abhängig.

Man kennt inzwischen eine Fülle von Ionenkanälen, die für bestimmte Ionen mehr oder minder spezifisch sind. Es gibt in Pflanzen hochselektive Kationenkanäle für H^+, K^+, Na^+ und Ca^{2+} und entsprechend selektive Anionenkanäle für Cl^- und Dicarboxylate wie Malat. Die Öffnung vieler Ionenkanäle wird durch das elektrische Membranpotenzial, das an der betreffenden Membran anliegt, gesteuert. Ionenkanäle haben dadurch eine sehr wichtige Funktion bei der elektrischen Regulation von Ionenflüssen. So wird in Schließzellen (siehe Abschn. 8.1) bei einer Hyperpolarisierung der Plasmamembran auf > -100 mV verstärkt ein Kanal geöffnet, durch den K^+-Ionen in die Zelle einströmen (K^+-Einwärtskanal), und bei einer Depolarisierung ein anderer Kanal geöffnet, durch den K^+-Ionen aus der Zelle austreten (K^+-Auswärtskanal). Außerdem wird die Öffnung vieler Ionenkanäle auch durch Liganden wie Ca^{2+}-Ionen, Protonen oder auch durch Phosphorylierung des Kanalproteins kontrolliert. Es wird dadurch sowohl eine Steuerung der Kanalaktivität durch metabolische Vorgänge als auch durch Botenstoffe (siehe Kapitel 19) ermöglicht.

Von vielen Kanalproteinen wurden in letzter Zeit die Aminosäure-Sequenzen ermittelt. Dabei zeigte sich, dass bestimmte Kanäle, z. B. für K^+-Ionen, in Bakterien, Tieren und Pflanzen sehr ähnlich sind. Roderick MacKinnon und Mitarbeiter von der Rockefeller Universität in New York ist es gelungen, die dreidimensionale Struktur des K^+-Kanals aus dem Bakterium *Streptomyces lividans* mithilfe der Röntgenstrukturanalyse (Abschn. 3.3) aufzuklären. Durch diese bahnbrechenden Ergebnisse war es erstmalig möglich, die molekulare Funktion eines Ionenkanals zu erkennen. Man wusste schon seit längerer Zeit, dass das Kanalprotein aus identischen Untereinheiten aufgebaut ist, wobei jede dieser Untereinheiten zwei transmembrane Helices aufweist, die durch eine Sequenz von etwa 30 Aminosäuren (Loop) verbunden sind (Abb. 1.29A). Dieser Loop ist für die Ionenselektivität des Kanals verantwortlich. Die Strukturanalyse zeigte nun, dass ein K^+-Kanal aus vier der genannten Untereinheiten aufgebaut ist (Abb. 1.29B,C). Von jeder Untereinheit ist eine Helix nach Innen gerichtet und kleidet den Kanal aus, während die andere nach außen zur Lipidmembran gerichtet ist. Im Inneren der Pore befindet sich ein wassergefüllter Kanal, der durch einen Selektivitätsfilter nach außen abgegrenzt wird. Dieser Filter wird aus den oben erwähnten Loops der vier Untereinheiten gebildet. Die Pore dieses Filters ist so klein, dass die K^+-Ionen ihre Hydrathülle abstreifen müssen, um hindurch zu gelangen. Um den hohen Energiebedarf der Dehydratisierung der K^+-Ionen zu kompensieren, ist die Pore des Filters mit einem Kranz von Sauerstoff-Atomen ausgekleidet, die als „Wasserersatz" die K^+-Ionen komplexieren. Zudem besitzt die Pore negative Ladungen zur Bindung des Kations. Durch nachfolgende K^+-Ionen werden die in der Pore gebundenen K^+-Ionen zur anderen Seite des Filters herausgedrängt. Na^+-Ionen sind zu klein, um in der Pore des Selektivitätsfilters komplexiert zu werden, sie können daher ihre Hydrathülle nicht abstreifen; ihr Weg durch den Filter ist so versperrt. Dies erklärt die Ionenselektivität des K^+-Kanals. Es sei erwähnt, dass der untersuchte K^+-Kanal

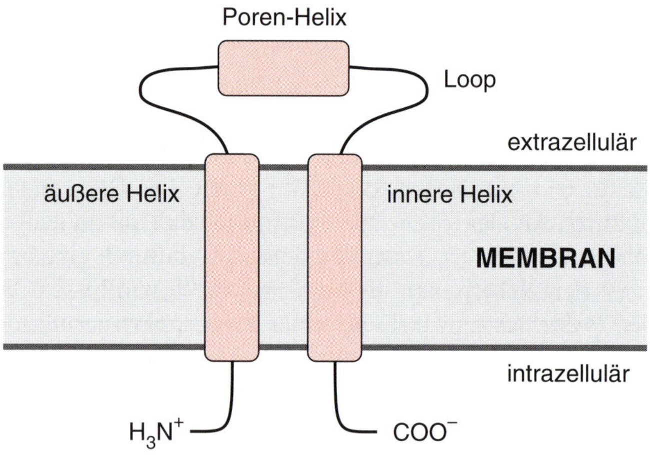
Poren-Helix
Loop
extrazellulär
äußere Helix
innere Helix
MEMBRAN
intrazellulär
H_3N^+
COO^-

A

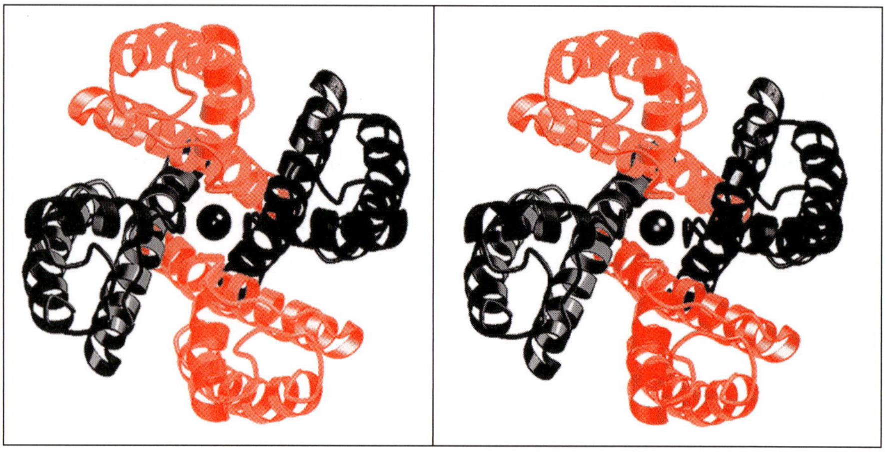

B

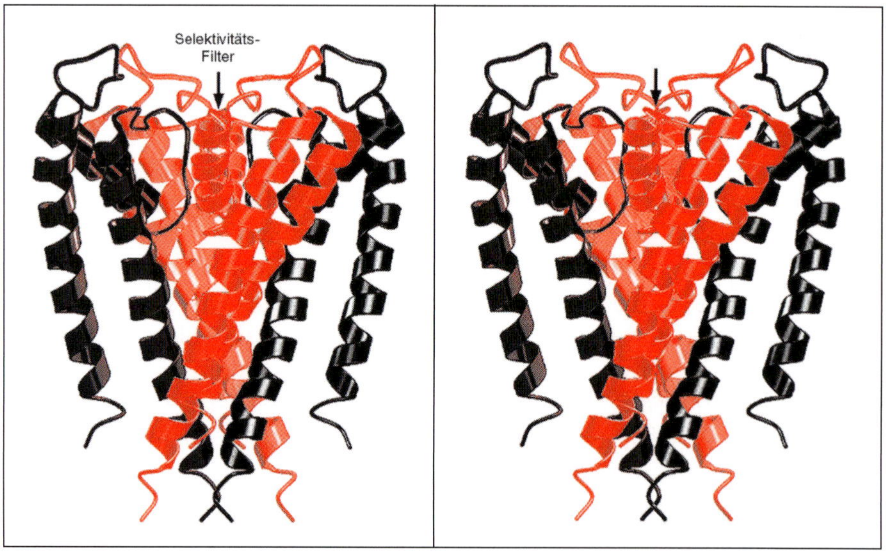
Selektivitäts-
Filter

C

aus *Streptomyces* in seiner Aminosäuresequenz dem K^+-Einwärts-Kanal von Pflanzen sehr ähnelt, sodass die durch Röntgenstrukturanalyse erhaltenen Ergebnisse als allgemeingültig auch für pflanzliche K^+-Kanäle betrachtet werden können.

Eine nachfolgende Aufklärung der Raumstruktur der Chloridkanäle, welche zu einer großen Familie von in Prokaryoten und Eukaryoten vorkommenden Anionenkanälen gehören, ergab analoge Ergebnisse. Auch diese Kanäle werden durch transmembrane α Helices gebildet und enthalten in der Translokationspore Loops, die als Selektionsfilter wirken, in dem sie das Chloridanion zwischenzeitlich koordinativ binden. Somit zeigen die Eigenschaften des K^+-Kanals aus *Streptomyces* ein Grundprinzip der Funktion eines spezifischen Ionenkanals.

Zwischen den Grundstrukturen von Ionenkanälen und Translokatoren bestehen Ähnlichkeiten. So wurde gezeigt, dass Translokatoren, wie der chloroplastidäre Triosephosphat-Phosphat-Translokator, durch Reaktion mit chemischen Agentien in beidseitig geöffnete Kanäle umgewandelt werden können, deren Ionenleitfähigkeit ähnlich groß ist wie die der hier besprochenen Ionenkanäle. Die funktionellen Unterschiede zwischen Translokatoren und Ionenkanälen lassen sich durch eine unterschiedliche Ausfüllung der Poren durch Peptidketten erklären. Bei Translokationsporen ist die Substratbindungsstelle jeweils nur von einer Seite zugänglich und der Transport erfordert eine Konformationsänderung, wodurch der Translokatorkanal den Charakter eine Schleuse erhält. Der geöffnete Ionenkanal besteht hingegen aus einer wässrigen Pore, die nach beiden Seiten geöffnet ist.

◀ **Abb. 1.29** Strukturmodell des K^+-Kanals aus *Streptomyces lividans*.
A) Überblicksschema eines Kanalprotein-Monomers. Das Protein bildet zwei transmembrane Helices aus, die durch einen Loop verbunden sind. In diesem Loop befindet sich eine weitere Helix, die jedoch nicht durch die Membran reicht.
B) Stereopaar einer Aufsicht auf den K^+-Kanal von der extrazellulären Seite der Membran. Der Kanal wird durch vier Untereinheiten gebildet (alternierend schwarz und rot markiert), von denen jeweils eine transmembrane Helix den Kanal auskleidet (innere Helix). Die Kugel symbolisiert ein K^+-Ion.
C) Stereopaar einer Seitenansicht des K^+-Kanals. Die acht transmembranen Helices bilden einen Kanal in der Gestalt eines stumpfen Kegels, der an der breiten Öffnung durch einen Selektivitätsfilter abgeschlossen wird.
Ergebnisse der Röntgenstrukturanalyse von Doyle *et al.* (1998) mit freundlicher Genehmigung.
Ein Tipp für das richtige Betrachten des Stereobildes. Man setze sich an ein Fenster, schaue in die Ferne und schiebe dann rasch die Abbildung vor die Augen, ohne die Ferneinstellung der Augen zu verändern. Man sieht dann – zunächst verschwommen – drei Bildfelder. Man fokussiert nun die Augen so, dass das mittlere Feld die gleiche Größe hat wie die Felder zu beiden Seiten, und stellt dann die Augen scharf auf das mittlere Feld ein. Plötzlich sieht man dort die räumliche Anordung der Moleküle in sehr plastischer Weise.

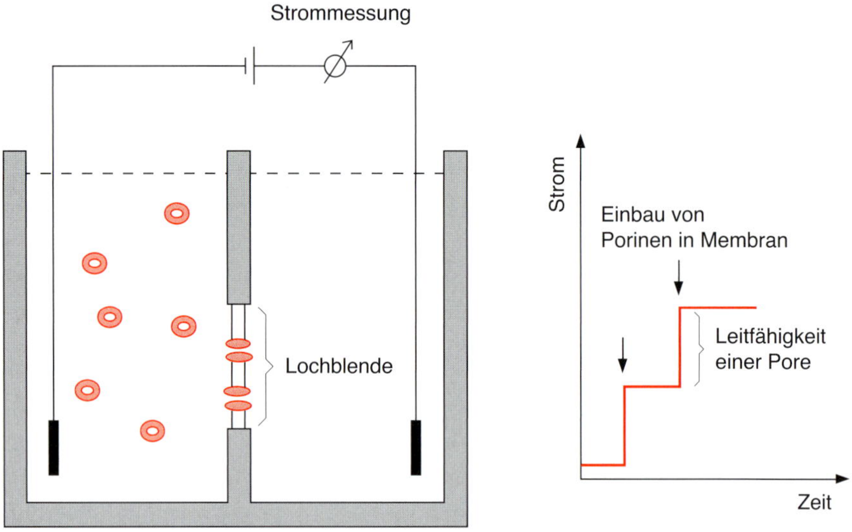

Abb. 1.30 Messung der Öffnungsweite von Porinen. Eine mit zwei Elektroden und einer Elektrolytflüssigkeit gefüllte Kammer ist durch eine mit einer Lochblende versehenen Zwischenwand unterteilt. Über die Lochblende wird mit einem Pinsel ein Tropfen aufgetragen, der ein in einem Lösungsmittel gelöstes Membranlipid enthält. Das Lösungsmittel wird in die wässrige Phase aufgenommen, und das verbleibende Lipid bildet eine Doppelschicht, eine künstliche Membran. Nach Zugabe von in Detergens solubilisiertem Porin in eine Kammer findet nacheinander ein spontaner Einbau der einzelnen Porinmoleküle in die künstliche Membran statt. Die so in der Lipidmembran gebildeten wässrigen Kanäle führen bei jedem Einbau zu einer stufenweisen Erhöhung der Leitfähigkeit.

Porine sind aus β-Faltblattstrukturen aufgebaut

Es wurde bereits besprochen, dass die äußeren Membranen von Chloroplasten und Mitochondrien für Metabolite wie z. B. Mononukleotide und Zuckerphosphate unspezifisch permeabel sind. Dies wurde an isolierten Organellen gemessen. Diese relativ unspezifische Permeabilität wird auf die Anwesenheit von porenbildenden Proteinen, so genannte **Porine** zurückgeführt.

Die Öffnungsweite durch Porin gebildeter Poren lässt sich durch Einbau des Porins in eine künstliche Lipidmembran, die zwei mit einem Elektrolyt gefüllte Kammern trennt, bestimmen (Abb. 1.30). Dazu gibt man in Detergentien gelöste Membranproteine in eine der beiden Kammern. Wegen ihrer Hydrophobizität lagern sich die Porinmoleküle nacheinander in die Lipidmembran ein. Sie bilden dabei jeweils einen neuen Kanal, wie man durch einen stufenweisen Anstieg der Leitfähigkeit erkennen kann. Da jede stufenförmige Leitfähigkeitserhöhung der Leitfähigkeit einer einzelnen Pore entspricht, lässt sich so unter Berücksichtigung der Leitfähigkeit der Elektrolytlösung die Öffnungsweite einer Pore ermitteln. So wurde die Öffnungsweite

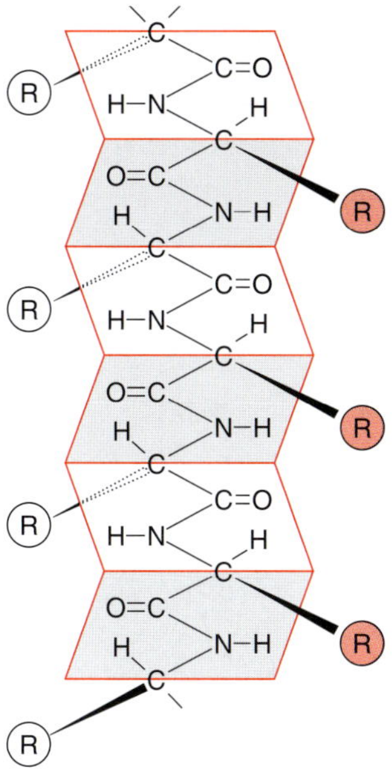

Abb. 1.31 Bei der β-Faltblattkonformation sind die Aminosäurereste der Peptidkette abwechselnd vor und hinter der Fläche des Faltblatts angeordnet.

der Porinpore von Mitochondrien mit 1,7 nm und die von Chloroplasten mit etwa 3 nm abgeschätzt.

Man hat Porine erstmalig in der äußeren Membran von gram-negativen Bakterien, wie z. B. *E. coli*, nachgewiesen. Inzwischen kennt man mehrere Klassen von Porinen, die sich stark voneinander unterscheiden. **Allgemeine Porine** bilden **unspezifische Diffusionsporen** mit einem wassergefüllten Kanal, der eine weitgehend unspezifische Diffusion von Substratmolekülen erlaubt. Diese Porine bestehen aus Untereinheiten mit einer molekularen Masse von etwa 30 000 Dalton. Oft kommen Porine in der Membran als Trimere vor, bei denen jede der drei Untereinheiten eine Pore bildet. Porine unterscheiden sich in ihren Eigenschaften ganz wesentlich von den bisher behandelten Translokatorproteinen, indem sie keine Sequenzbereiche besitzen, die ausschließlich hydrophob und dadurch zur Bildung von transmembranen Helices befähigt sind. Die Analyse der Raumstruktur eines bakteriellen Porins durch Röntgenstrukturanalyse (siehe Abschn. 3.3) ergab, dass die Wände der Poren durch **β-Faltblattstrukturen** (Abb. 1.31) gebildet werden. Ein Porinmolekül bildet insgesamt 16 Faltblätter, bestehend aus jeweils etwa 13 Aminosäuren. Diese 16 miteinander durch Wasserstoffbrücken verbundenen Faltblätter bilden die Pore (Abb. 1.32A). Der Aufbau ähnelt einem Fass (engl. barrel), wobei die einzelnen Faltblätter den Fassdauben entsprechen. In den β-Faltblättern sind die Aminosäuren abwechselnd hydrophil und hydrophob. Dadurch ist die eine Seite des Faltblattes mit hydrophoben Aminosäureseitenketten besetzt. Diese Seite ist der Lipidmembran zugewandt. Die andere Seite mit den hydrophilen Resten ist gegen die wässrige Phase gerichtet (Abb. 1.32B). Die Porine sind im Vergleich zu den Ionenkanalproteinen relativ „sparsam" aufgebaut; durch ein Porinmolekül wird ein viel größerer Kanal gebildet als durch ein Kanalprotein mit doppelter Masse. Neben den allgemeinen Porinen

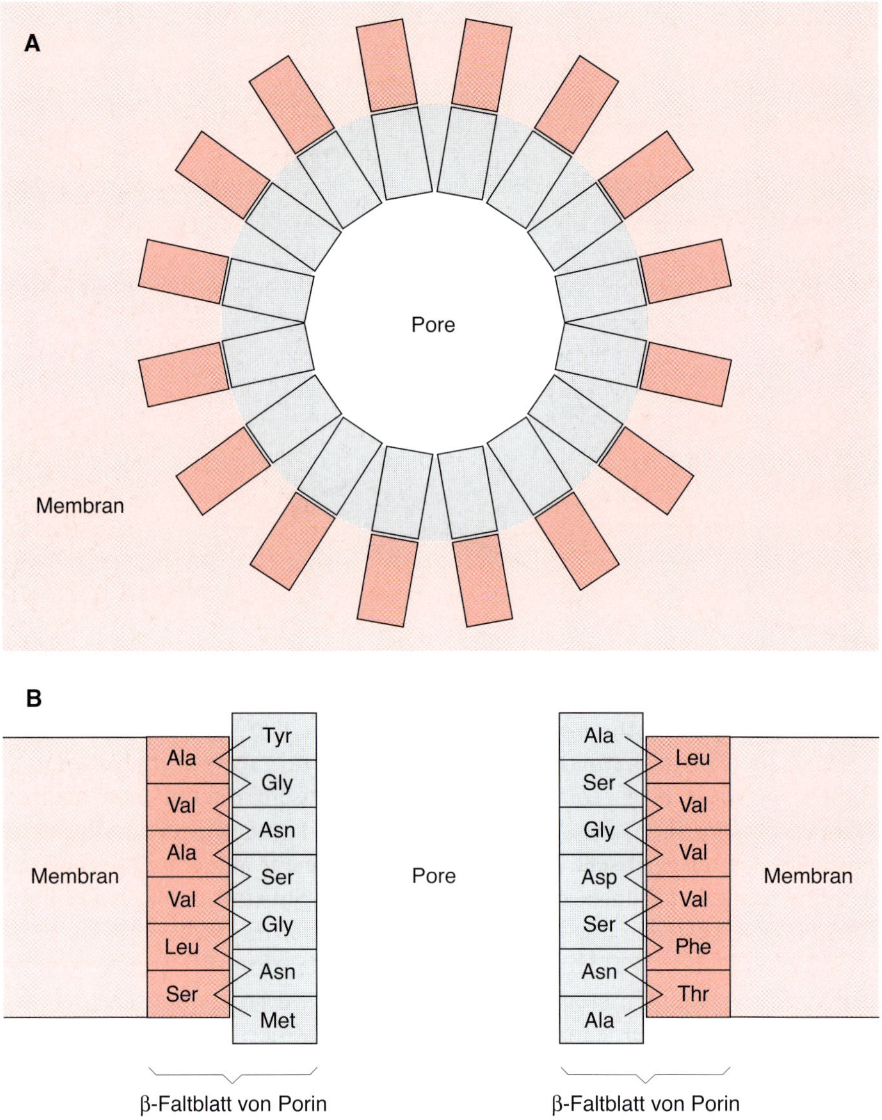

Abb. 1.32 Strukturschema einer durch Porin gebildeten Membranpore. **A** zeigt die Aufsicht auf die Membranfläche, und **B** einen Schnitt durch die Membran. 16 β-Faltblattsequenzen des Porinmoleküls, jeweils 13 Aminosäuren lang, bilden die Pore. Die zur Membranseite gerichteten Aminosäurereste haben hydrophoben Charakter, die zur wässrigen Pore gerichteten Aminosäuren sind hydrophil.

wurden in Bakterien **selektive Porine** nachgewiesen, die Bindungsstellen für Ionen und auch nichtionische Substrate, wie Zucker, enthalten. So wurde in *E. coli* ein Maltodextrin-bindendes Porin identifiziert, welches einen Kanal bestehend aus 16 β-Faltblättern bildet, wobei Schleifen zwischen den Faltblättern in das Kanalinnere hineinragen und die entsprechenden Bindungsstellen liefern.

Die **mitochondrialen Porine** entsprechen in ihrer Struktur den oben genannten allgemeinen Porinen, indem sie ebenfalls aus 16 β-Faltblättern aufgebaut sind. Messungen in künstlichen Lipidmembranen zeigen eine leichte Anionen-Selektivität der geöffneten Pore. Durch Anlegen einer Spannung von 30 mV wird die Pore hingegen weitgehend geschlossen und zeigt dann eine Kationen-Selektivität. Daher wird das mitochondriale Porin auch als *voltage-dependent anion selective channel* (**VDAC**) bezeichnet. Die Bedeutung dieser spannungsabhängigen Regulation der Porenöffnung für den Mitochondrienstoffwechsel ist aber noch umstritten.

In der äußeren Hüllmembran von **Chloroplasten** wurde ein porenbildendes Protein mit einer molekularen Masse von 24 000 Dalton (*outer envelope protein*, **OEP 24**) nachgewiesen, welches eine unspezifische Diffusionspore bildet. OEP24 entspricht in seiner Funktion dem oben genannten mitochondrialen VDAC, weist aber zu diesem keine erkennbare Sequenzhomologie auf. Offenbar handelt es sich bei OEP24 um einen neuen Typ eines Porins. OEP24 erlaubt in geöffnetem Zustand die Diffusion von z. B. Phosphat, Triosephosphat, 3-Phosphoglycerat, Hexosephosphaten und ATP.

Dazu gibt es in der äußeren Hüllmembran von Chloroplasten aber noch ein weiteres porenbildendes Protein (OEP21), welches Anionen-selektiv ist, und in besonderem Maße die Diffusion der oben genannten phosphathaltigen Metabolite ermöglicht. Die Öffnung der OEP21-Pore wird durch die Bindung von Substraten verändert. Es wird derzeit untersucht, inwieweit der Fluss von Metaboliten über die äußere Hüllmembran der Chloroplasten durch eine Regulation der Öffnung von OEP24 und OEP21 reguliert wird. Auf ein Porenbildendes Protein in der Grenzmembran von Peroxisomen wird in Abschn. 7.4 eingegangen.

Literatur

Block, M.A., Douce, R., Joyard, J., Rolland, N. Chloroplast envelope membranes: a dynamic interface between plastids and the cytosol. Photosynthesis Research 92, 225-244 (2007)

Casieri, L., Doidy, J., Grace, E., Kühn, C., Simon-Plas, F., Wipf, D. Sugar transporters in plants and in their interactions with fungi. Trends in Plant Science 17, 413–422 (2012)

Christmann, A., Grill, E., Huang, J. Hydraulic signals in long-distance signaling. Current Opinion in Plant Biology 16, 293–300 (2013)

Flynn, C.R., Mullen, R.T., Smith, S.M., Trelease, R.N. When is a peroxisome not a peroxisome? Trends in Plant Science 13, 522–525 (2008)

Gabaldón, T., Snel, B., van Zimmeren, F., Hemrika, W., Tabak, H., Huynen, M.A. Origin and evolution of the peroxisomal proteome. Biology Direct 1, 8-28 (2006)

Hanton, S.L., Matheson, L.A., Brandizzi, F. Seeking a way out: export of proteins from the plant endoplasmatic reticulum. Trends in Plant Science 11, 335-343 (2006)

Howe, C.J., Larkum, A.W.D., Lockhart, P.J. Shopping for plastids. Trends in Plant Science 12, 189–195 (2007)

Johanson, U., Johansson, I., Karlsson, M., Kjellbom, P., Larsson, C. Aquaporins and water homeostasis in plants. Trends in Plant Science 4, 308–314 (1999)

Kaldenhoff, R., Bertl, A., Otto, B., Moshelion, M., Uehlein, N. Characterization of plant aquaporins. Methods Enzymology 428. 505-531 (2007)

López-Juez, E. Plastid biogenesis, between light and shadows. Journal Experimental Botany 58, 11-26 (2007)

Lucas, W.J., Lee, J.-Y. Plasmodesmata as a supracellular control network in plants. Nature Reviews. Molecular Cell Biology 5, 712-726 (2004)

Lunn, J.E. Compartmentation in plant metabolism. Journal Experimental Botany 58, 35-47 (2007)

Luu, D.T., Maurel, C., Santoni, V., Verdoucq, L., Wudick, M.M. The cellular dynamics of plant aquaporin expression and functions. Current Opinion in Plant Biology 12, 690–698 (2009)

Maple, J., Moeller, S.G. An emerging picture of plastid division in higher plants. Planta 223, 1-4 (2005)

Martinez-Ballesta, M.del C., Silva, C., Lopez-Berenguer, C., Cabanero, F.J., Carvajal, M. Plant aquaporins: new perspectives on water and nutrient uptake in saline environment. Plant Biology 8, 535-546 (2006)

Mullen, R.T., Trelease, R.N. The ER-peroxisome connection in plants: development of the "ER semiautonomous peroxisome maturation and replication" model for plant peroxisome biogenesis. Biochimica Biophysica Acta 1763, 1655-1668 (2006)

Picault, N., Hodges, M., Palmieri, L., Palmieri F. The growing family of mitochondrial carriers in *Arabidopsis.* Trends in Plant Science 9, 138-146 (2004)

Pimpl, P., Robinson, D.G. Clathrin and post-Golgi trafficking: a very complicated issue. Trends in Plant Science 19, 134–139 (2014)

Pracharoenwattana, I., Smith, S.M. How are peroxisomes formed? The role of the endoplasmic reticulum and peroxins. Trends in Plant Science 6, 256–261 (2001)

Robinson, D.G., Herranz, M.-C., Bubeck, J., Pepperkok, R., Ritzenthaler, C. Membrane dynamics in the early secretory pathway. Critical Reviews in Plant Science 26, 199-225 (2007)

Sato, N., Was the evolution of plastid genetic machinery discontinuous? Trends in Plant Science 6, 151–155 (2001)

Schlueter, A., Fourcade, S., Ripp,R., Mandel, J.L., Poch, O., Pujol, A. The evolutionary origin of peroxisomes: an ER-peroxisome connection. Molecular Biology Evolution 23, 838-845 (2006)

Toernroth- Horsefield, S., *et al.* Structural mechanisms of plant aquaporin gating. Nature 439, 688-694 (2006)

Visser,W.F., Roermund, C.W.T., Ijlst, L., Waterham, H.R., Wanders, J.A. Metabolite transport across the peroxisomal membrane. Biochemical Journal 401, 365-375 (2007)

Weber, A.P.M., Schwacke, R., Flügge, U.-I. Solute transporters of the plastid envelope membrane. Annual Reviews Plant Biology 56, 133-164 (2005)

Weber, A.P.M., Fischer, K. Making the connections – The crucial role of metabolite transporters at the interface between chloroplast and cytosol. FEBS Letters 581, 2215-2222 (2007)

Winter, H., Robinson, D.G., Heldt, H.W. Subcellular volumes and metabolite concentrations in spinach leaves. Planta 193, 530-535 (1994)

2 Die Nutzung der Energie des Sonnenlichtes durch die Photosynthese ist die Grundlage für das Leben auf der Erde

Pflanzen und Cyanobakterien fangen das Licht der Sonne ein und nutzen dessen Energie, um aus anorganischen Ausgangssubstanzen wie CO_2, Nitrat und Sulfat ihre Zellsubstanz durch Photosynthese selbst herzustellen: Sie sind **photoautotroph**. Bei der Photosynthese wird durch die Energie der Photonen Wasser in Sauerstoff und Wasserstoff, der in Form von NADPH gebunden wird, gespalten. Dieser als **Lichtreaktion** bezeichnete Prozess findet in den so genannten photosynthetischen Reaktionszentren statt, die in einer Membran eingebettet sind; er beinhaltet einen Transport von Elektronen, der mit der Synthese von ATP gekoppelt ist. Das auf diese Weise durch die Lichtreaktion bereitgestellte NADPH und ATP wird in einer so genannten **Dunkelreaktion** verbraucht, um zum Beispiel aus CO_2 Kohlenhydrate zu synthetisieren (Abb. 2.1). Durch die Photosynthese der Pflanzen und Cyanobakterien wurde die gesamte Biomasse auf der Erde, einschließlich der Lager fossiler Brennstoffe, aber auch der Sauerstoff in der Atmosphäre gebildet. Tiere sind dagegen auf die Zufuhr von Kohlenhydraten und anderen organischen Substanzen durch die Nahrung angewiesen. Sie sind also **heterotroph**.

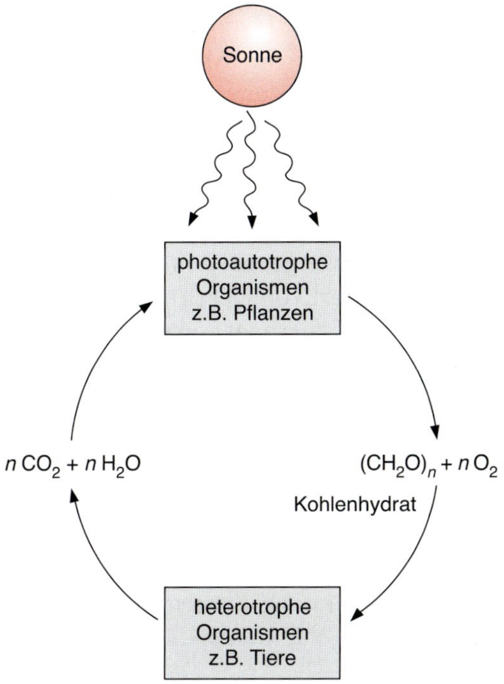

Abb. 2.1 Das Leben auf der Erde führt zu einem Kreislauf des CO_2.

Sie gewinnen die für die Lebensprozesse erforderliche Energie durch die Oxidation der letztlich durch die Pflanzen gebildeten Biomasse; unter Verbrauch von Sauerstoff wird CO_2 zurückgebildet. Die von den Pflanzen eingefangene Sonnenenergie bildet so auch die Energiequelle für den Ablauf der Lebensprozesse der Tiere.

2.1 Wie hat es mit der Photosynthese angefangen?

Aus Messungen der Verteilung von Radioisotopen wurde berechnet, dass die Erde vor 4,6 Milliarden Jahren entstanden ist. Die frühesten fossilen Funde bakterienähnlicher Strukturen wurden auf ein Alter von 3,5 Milliarden Jahren datiert. Als das Leben auf der Erde entstand, gab es keinen Sauerstoff in der Atmosphäre. Man schließt das unter anderem aus der Tatsache, dass in sehr frühen Sedimentgesteinen das Eisen als Fe^{2+} vorliegt. In Gegenwart von Luftsauerstoff wird das mineralische Eisen zu Fe^{3+} oxidiert. Nach heutigen Erkenntnissen enthielt die Erdatmosphäre damals vor allem Kohlendioxid, molekularen Wasserstoff, Methan, Ammoniak, Blausäure und Wasser.

Der russische Wissenschaftler Alexander Oparin stellte 1922 die viel beachtete Hypothese auf, dass in dieser so genannten Uratmosphäre durch die Einwirkung von Energie, zum Beispiel in Form von ultravioletter Strahlung (damals gab es noch keine schützende Ozonschicht), von elektrischen Entladungen (Blitzen) oder vulkanischer Hitze, sich die Bausteine für das entstehende Leben spontan bildeten und in den Urmeeren anhäuften. Die 1953 ausgeführten Experimente der amerikanischen Wissenschaftler Stanley Miller und Harold Urey haben diese Hypothese erhärtet. Die beiden Forscher simulierten die postulierte **präbiotische Synthese** organischer Substanzen, indem sie ein Gasgemisch aus Komponenten der Uratmosphäre, also H_2O, CH_4, NH_3 und H_2 etwa eine Woche bei 80 °C elektrischen Blitzentladungen aussetzten. In dem Kondensat dieses Versuchsansatzes ließen sich tatsächlich Aminosäuren nachweisen, darunter Glycin und Alanin, und andere Carbonsäuren, wie Ameisensäure, Essigsäure, Milchsäure und Bernsteinsäure. Untersuchungen anderer Forschergruppen mit modifizierten Versuchsansätzen, unter anderem in Gegenwart von CO_2, HCN und Formaldehyd, zeigten, dass bei Energieeinwirkung auf eine angenommene Uratmosphäre eine große Anzahl von Substanzen der belebten Materie, wie Zucker, Fettsäuren, Tetrapyrrole und die Nukleinbasen Adenin, Guanin, Cytosin und Uracil, spontan gebildet wurden.

Es gibt die Hypothese, dass vor der Entstehung des Lebens die durch abiotische Prozesse gebildeten organischen Substanzen sich in den Meeren, Seen und Tümpeln über sehr lange Zeiträume anhäuften. Es gab keinen Sauerstoff, durch den diese akkumulierten Substanzen oxidiert werden konnten, und auch keine Bakterien oder andere Organismen, die sie abgebaut hätten. Schon Oparin spekulierte, dass sich so eine **Ursuppe** bildete, welche die Bausteine für die Entstehung des Lebens lieferte. Da Sauerstoff damals noch nicht vorhanden war, müssen die ersten Organismen **Anaerobier** gewesen sein.

Viele Forscher nehmen heute an, dass frühe Organismen einen anaeroben chemolithotrophen Stoffwechsel hatten, beispielsweise durch die Reaktion:

$$FeS + H_2S \rightarrow FeS_2 + H_2 \quad (\Delta G^{\circ\prime}\ \text{-}\ 42\ kJ/mol).$$

Es ist denkbar, dass schon zu einem frühen Zeitpunkt der Evolution die Katalyse dieser Reaktion mit der Bildung einer protonenmotorischen Kraft gekoppelt war (Abschn. 4.1), welche ihrerseits durch die Katalyse einer primitiven ATP-Synthase (Abschn. 4.3) die Energie für eine Synthese von ATP lieferte. Archaebakterien, welche unter extremen Bedingungen, wie z.B. in der Umgebung heißer Quellen in der Tiefsee, zu leben vermögen und die als die nächsten noch lebenden Verwandten der frühesten Lebewesen auf der Erde angesehen werden, sind in der Lage die oben genannte Reaktion zur Bildung von ATP zu nutzen. Sicherlich war es ein Durchbruch für die Ausbreitung des Lebens auf der Erde, als es gelang, zur Bestreitung der Lebensprozesse die Energie der Sonnenstrahlung zu nutzen. Dies ist höchstwahrscheinlich schon in einem sehr frühen Stadium geschehen. Die heute verbreiteten **Purpurbakterien** und **Grünen Schwefelbakterien** können als Relikte aus der Frühzeit der Evolution der Photosynthese angesehen werden.

Vor der Behandlung der Photosynthese in Kapitel 3 wird in dem vorliegenden Kapitel zunächst besprochen, auf welche Weise das Licht von den Pflanzen eingefangen und die Energie dieses Lichtes in den Photosyntheseapparat geleitet wird.

2.2 Die Energie des Sonnenlichtes wird durch Farbstoffe eingefangen

Der Energiegehalt des Lichtes hängt von seiner Wellenlänge ab

Seit den bahnbrechenden Arbeiten der beiden Nobelpreisträger Max Planck und Albert Einstein, die in Berlin Anfang des 20. Jahrhunderts durchgeführt wurden, wissen wir, dass das Licht eine Doppelnatur hat. Man kann es sowohl als elektromagnetische Welle als auch als Strahl von Teilchen, die als **Lichtquanten** oder **Photonen** bezeichnet werden, auffassen.
Die Energie eines Photons ist seiner Frequenz ν proportional:

$$E = h \cdot \nu = h \cdot \frac{c}{\lambda} \qquad (2.1)$$

h ist das Plancksche Wirkungsquantum ($6{,}6 \cdot 10^{-34}$ J s), eine fundamentale Naturkonstante der Quantenphysik, und c die Lichtgeschwindigkeit ($3 \cdot 10^8$ m/s). λ bedeutet die Wellenlänge.

So wie man als chemisches Maß für die Anzahl von Molekülen die Einheit mol benutzt, kann man die Menge von Photonen in mol (Einstein) angeben, entsprechend $6 \cdot 10^{23}$ Teilchen (Avogadro-Zahl N_A). Dieses Maß braucht man für die folgende Beziehung zwischen der Photonenenergie und der freien Reaktionsenthalpie. Die Energie eines mol Photonen beträgt:

$$E = h \cdot \frac{c}{\lambda} \cdot N_A \tag{2.2}$$

Damit die Energie eines Photons im thermodynamischen Sinn nutzbringend verwendet werden kann, muss sie mindestens gleich der freien Enthalpie der photochemischen Reaktion sein, die sie auslöst. (In Wirklichkeit geht bei der Energieübertragung viel Energie verloren, wie wir in Abschnitt 3.5 sehen werden. Die Energie des Photons muss somit größer sein.) Wir können daher die freie Reaktionsenthalpie ΔG mit der Energie des absorbierten Lichts gleichsetzen:

$$\Delta G = E = h \cdot \frac{c}{\lambda} \cdot N_A \tag{2.3}$$

Setzt man die Zahlenwerte für die Konstanten h, c und N_A ein, erhält man:

$$\Delta G = 6{,}6 \cdot 10^{-34}\,\mathrm{J} \cdot \mathrm{s} \cdot \frac{3 \cdot 10^{8}\,\mathrm{m}}{\mathrm{s}} \cdot \frac{1}{\lambda\,\mathrm{m}} \cdot \frac{6 \cdot 10^{23}}{\mathrm{mol}} \tag{2.4}$$

$$\Delta G = \frac{119\,000}{\lambda\,\mathrm{nm}}\ [\mathrm{kJ/mol\ Photonen}]\ (\text{siehe Tabelle 2.1}) \tag{2.5}$$

Für einen Vergleich photosynthetischer Reaktionen mit Redoxreaktionen, die wir in Kapitel 3 besprechen, ist es oft praktisch, statt der Energie das elektrische Potenzial (ΔE) der Strahlung anzugeben. Elektrisches Potenzial und Energie sind über die Faraday-Konstante (F = Ladungsmenge pro mol = 96485 A · s/mol) miteinander verknüpft.

$$\Delta E = -\frac{\Delta G}{F} \tag{2.6}$$

$$\Delta E = -\frac{N_A \cdot h \cdot c}{F \cdot \lambda\,\mathrm{nm}} = \frac{1231}{\lambda\,\mathrm{nm}}\ [\mathrm{Volt}] \tag{2.7}$$

Aus dem weiten Spektrum der elektromagnetischen Wellen (Abb. 2.2) nimmt das menschliche Auge nur den kleinen Bereich zwischen etwa 400 und 700 nm wahr. In diesem Bereich ist die Intensität der Sonnenstrahlung besonders hoch, und dies ist auch der Lichtbereich, der bei der pflanzlichen Photosynthese genutzt wird. Allerdings kann die bakterielle Photosynthese auch Licht im Infrarotbereich nutzen.

Nach Gleichung 2.3 ist die Energie des eingestrahlten Lichtes umgekehrt proportional zur Wellenlänge. In Tabelle 2.1 sind die Lichtenergien pro mol Photonen für Licht verschiedener Farbe zusammengestellt. Demnach besitzt violettes Licht eine Energie von etwa 300 kJ/mol Photonen. Dunkelrotes Licht mit einer Wellenlänge von 700 nm – das ist das langwelligste Licht, welches von der pflanzlichen Photosynthese noch genutzt wird – hat mit

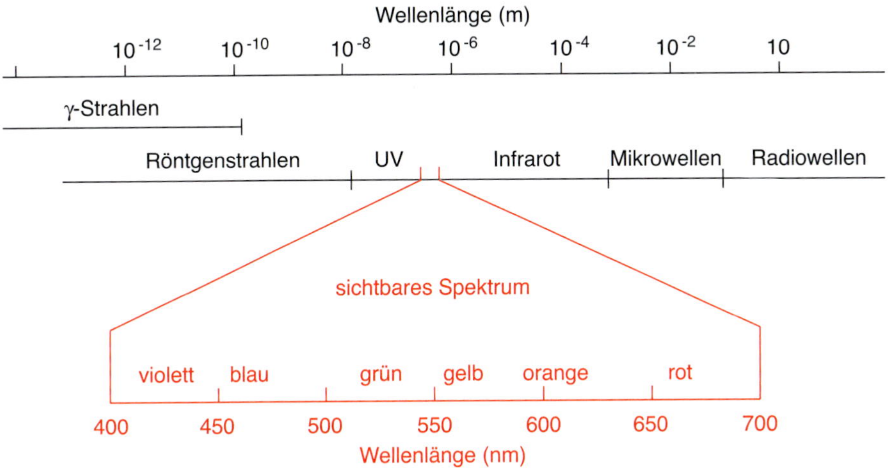

Abb. 2.2 Spektrum der elektromagnetischen Strahlung. Der Ausschnitt zeigt das sichtbare Spektrum.

Tabelle 2.1: Abhängigkeit des Energiegehaltes und der elektrochemischen Potenzialdifferenz von Photonen verschiedener Wellenlänge

Wellenlänge	Lichtfarbe	Energiegehalt [kJ/mol Photonen]	ΔE [eV]
700	rot	170	1,76
650	hellrot	183	1,90
600	gelb	199	2,06
500	blaugrün	238	2,47
440	blau	271	2,80
400	violett	298	3,09

170 kJ pro mol Photonen nur noch etwas mehr als den halben Energieinhalt des violetten Lichtes.

Chlorophyll ist der zentrale Photosynthesefarbstoff

Bei der Photosynthese einer grünen Pflanze erfolgt die Absorption des Lichtes in erster Linie durch die Chlorophylle. Es handelt sich dabei um Farbstoffe (Pigmente), die Licht in einem Wellenlängenbereich unterhalb 480 nm und zwischen 550 und 700 nm absorbieren (Abb. 2.3). Wenn weißes Sonnenlicht auf eine Schicht von Chlorophyll einstrahlt, wird das grüne Licht des Wellenlängenbereiches von 480 bis 550 nm nicht absorbiert, sondern durchgelassen bzw. reflektiert. Daher haben diese Chlorophylle und die Blätter, in denen sie enthalten sind, eine grüne Farbe.

Die Strukturaufklärung des grünen Blattfarbstoffes **Chlorophyll** durch Richard Willstätter und seine Mitarbeiter, die zwischen 1905 und 1913 in Zürich und Berlin durchgeführt wurde, ist ein Meilenstein in der Geschichte der Chemie. Das Aufsehen, das diese Entdeckung machte, war so groß, dass Richard Willstätter dafür bereits 1915 der Nobelpreis für Chemie verliehen wurde. Es gibt verschiedene Chlorophyllklassen. Abbildung 2.4 zeigt die Strukturformel von Chlorophyll-*a* und -*b*. Die Grundstruktur ist ein Ring aus vier Pyrrolen, ein **Tetrapyrrol**, das auch als **Porphyrin** bezeichnet wird. Im Zentrum des Ringes befindet sich als Zentralatom ein Mg^{2+}-Ion, das mit zwei N-Atomen kovalent verbunden ist, und mit den anderen beiden N-Atomen eine koordinative Bindung eingeht. Am Ring c schließt sich ein Cyclopentanon an. Chlorophyll-*a* (Chl-*a*) und -*b* (Chl-*b*) unterscheiden sich lediglich darin, dass im Ring b Chl-*a* einen Methylrest und Chl-*b* einen Formylrest besitzt. Dieser geringe Unterschied hat jedoch einen großen Einfluss auf die Lichtabsorption. Abbildung 2.3 zeigt, dass sich die Absorptionsspektren von Chl-*a* und -*b* deutlich voneinander unterscheiden. Eine Propionylgruppe am Ring d ist mit dem Alkohol Phytol verestert. Phytol besteht aus einer langen verzweigten Kohlenwasserstoffkette mit einer Doppelbindung. Es leitet sich von einem Isoprenoid ab (diese Stoffklasse wird in Kapitel 17 näher besprochen), das aus vier Isopreneinheiten gebildet wurde. Dieser lange hydrophobe Kohlenwasserstoffschwanz verleiht dem Chlorophyll eine hohe Lipidlöslichkeit und begünstigt damit die Anwesenheit in der Membranphase. Chlorophylle kommen stets in Verbindung mit Proteinen vor.

In Pflanzen beträgt das Verhältnis Chl-*a* zu Chl-*b* etwa drei zu eins. Nur Chl-*a* ist Bestandteil der photosynthetischen Reaktionzentren (Kapitel 3) und kann als zentrales Photosynthesepigment angesehen werden. Chl-*a* absorbiert

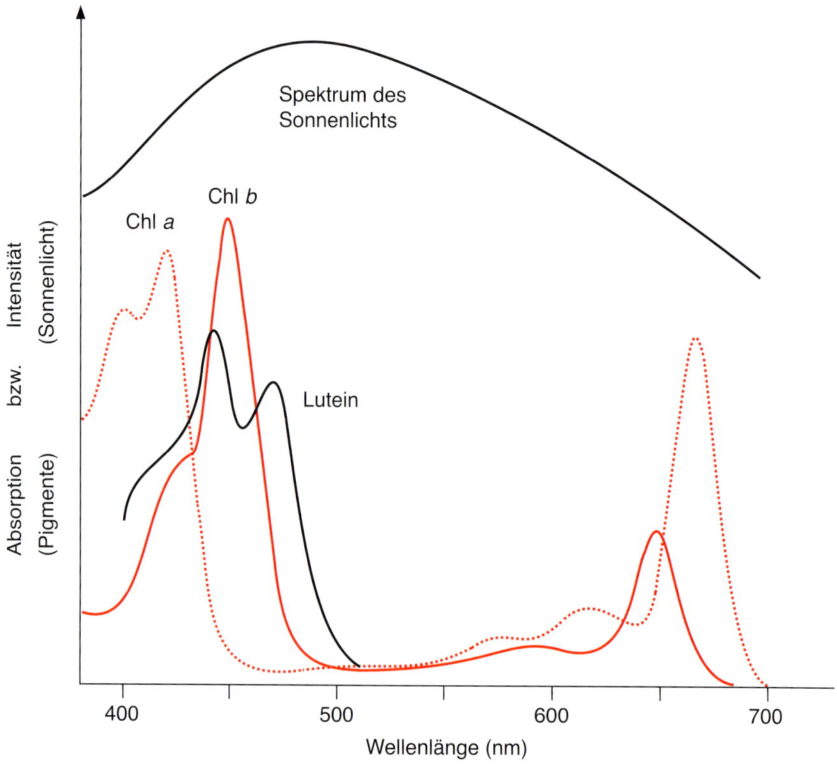

Abb. 2.3 Absorptionsspektrum von in Aceton gelöstem Chl-*a* und Chl-*b* sowie dem Xanthophyll Lutein. Als Vergleich ist die Stärke der Sonnenstrahlung in Abhängigkeit von der Wellenlänge angegeben.

jedoch in einem weiten Bereich des sichtbaren Spektrums kein Licht. Man spricht von einer **Grünlücke**. Zumindest zu einem Teil wird diese Lücke durch die Absorption des Chl-*b* ausgefüllt. Wie in Abschnitt 2.4 gezeigt, kann die vom Chl-*b* absorbierte Lichtenergie wirksam auf Chl-*a* übertragen werden. So erhöht die Anwesenheit des Chlorophyll-*b* die Effizienz der Nutzung der Sonnenenergie für die Pflanze.

Die Chlorophylle haben sich während der Evolution erstaunlich wenig verändert. Die möglicherweise schon vor mehr als drei Milliarden Jahren entstandenen Purpurbakterien haben als Photosynthesepigment ein Bakteriochlorophyll-*a*, das sich von dem in Abbildung 2.4 gezeigten Chlorophyll-*a* nur durch die Änderung einer Seitengruppe und das Fehlen einer Doppelbindung unterscheidet. Dies hat allerdings einen großen Einfluss auf die Lichtabsorption: Die beiden Absorptionsmaxima sind nach beiden Seiten verschoben, und die Grünlücke ist dadurch verbreitert. Purpurbakterien können daher für die Photosynthese auch noch Licht im Infrarotbereich nutzen.

Der Tetrapyrrolring im Chlorophyll hat im Verlauf der Evolution aber auch noch ganz andere Funktionen erhalten. Mit Nickel als Zentralatom ist er an der Methanbildung durch Bakterien beteiligt, mit Kobalt (Co) bildet er **Cobalamin** (Vitamin B_{12}), das an Umlagerungsreaktionen beteiligt ist, bei denen Wasserstoff und organische Gruppen ihren Platz wechseln. Mit Fe^{2+} statt Mg^{2+} als Zentralatom bildet der Tetrapyrrolring die Grundstruktur des **Häms** (Abb. 3.24), das zum einen in Cytochromen als Redoxüberträger bei Elektronentransportprozessen dient (Abschn. 3.7 und 5.5) und zum anderen im Myoglobin oder Hämoglobin bei Aerobiern Sauerstoff speichert beziehungsweise transportiert. Der Tetrapyrrolring im Hämoglobin eines Tieres unterscheidet sich nur geringfügig von dem Tetrapyrrolring von Chlorophyll-*a*.

Es ist bemerkenswert, wie die Natur eine Substanz, die während der Evolution ursprünglich für eine bestimmte Rolle ausgewählt wurde, dann in

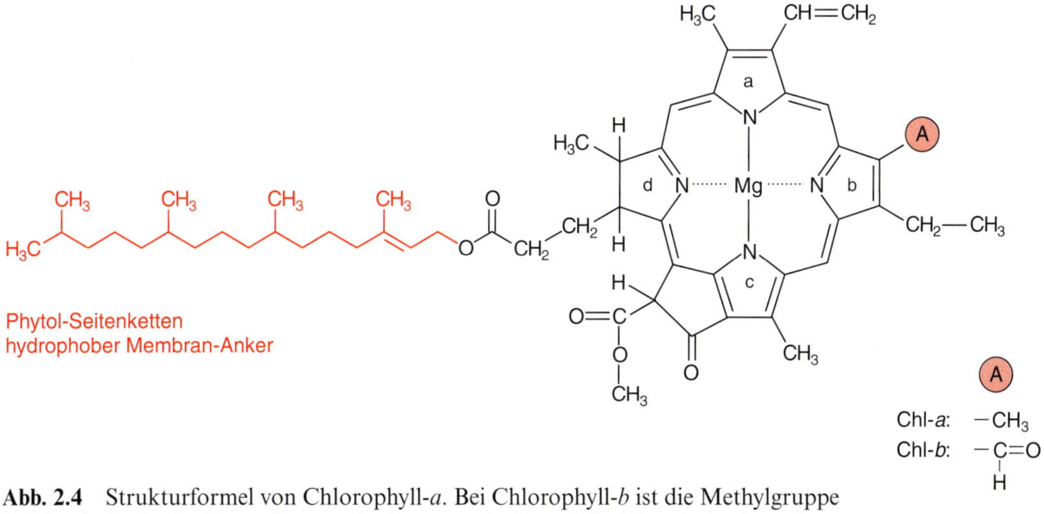

Abb. 2.4 Strukturformel von Chlorophyll-*a*. Bei Chlorophyll-*b* ist die Methylgruppe in Ring b durch eine Formylgruppe (rot) ersetzt. Aufgrund der Phytolseitenkette ist Chlorophyll lipophil.

fast unveränderter Form auch für gänzlich andere Funktionen einsetzt. Ein Grund für die Variabilität der Funktion einer Substanz wie Chlorophyll oder Häm liegt darin, dass deren Reaktivität von den umgebenden Proteinen wesentlich mitbestimmt wird.

Die Chlorophyllmoleküle befinden sich in Komplexen mit chlorophyllbindenden Proteinen. Im Proteinkomplex kann sich ihr Absorptionsspektrum, verglichen mit dem freier Chlorophylle, verschieben. Das gleiche gilt auch für die in den nächsten Abschnitten behandelten anderen lichtabsorbierenden Substanzen, wie Carotinoide, Xanthophylle und Phycobiline, die ebenfalls gebunden an Proteinen vorkommen. Zur besseren Unterscheidung wird im Folgenden für die freien Substanzen die Bezeichnung **Chromophor** (griech. „Farbträger") und für die Chromophor-Protein-Komplexe der Begriff **Pigment** benutzt. Die Bezeichnung des Pigmentes richtet sich oft nach der Wellenlänge des Absorptionsmaximums. Chl-a_{700} bedeutet ein Pigment des Chl-*a* mit dem Absorptionsmaximum 700 nm. Eine andere ebenfalls gebräuchliche Bezeichnung wäre P_{700}, diese lässt die Natur des Chromophors offen.

2.3 Die Absorption von Licht führt zur Anregung eines Chlorophyllmoleküls

Was geschieht, wenn ein Chromophor ein Photon absorbiert? Treffen Photonen auf ein Chromophormolekül, das Licht der entsprechenden Wellenlänge absorbieren kann, so wird die Photonenenergie von anregbaren Elektronen des Moleküls aufgenommen. Dies geschieht nach dem Alles-oder-Nichts-Prinzip. Wegen des Erhaltungssatzes der Energie wird dabei die Energie des Chromophormoleküls genau um die Energie des Photons erhöht, das Molekül geht in einen **angeregten Zustand** über. Die Energie wird nur in diskreten Quanten absorbiert. Daraus resultieren diskrete Anregungszustände. Die Energie, die erforderlich ist, um ein Molekül anzuregen, ist von dessen Struktur abhängig. Es ist ein Charakteristikum von Chromophoren, dass sie viele **konjugierte Doppelbindungen** enthalten. Im Tetrapyrrolring von Chlorophyll-*a* befinden sich zehn Doppelbindungen. Wie in Abbildung 2.5 gezeigt, sind zwei Resonanzformen möglich. Die zehn Doppelbindungen sind delokalisiert.

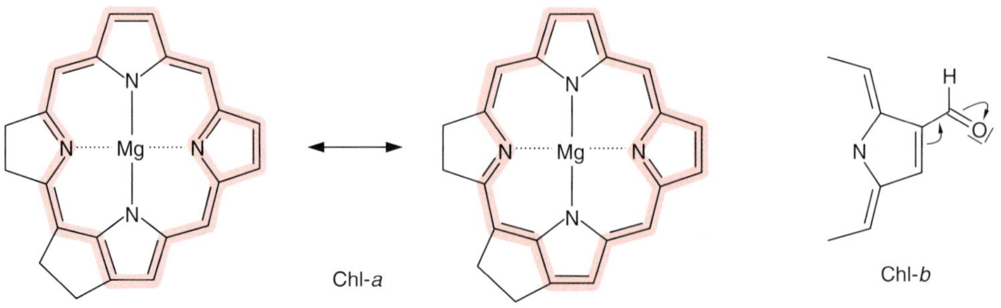

Abb. 2.5 Resonanzstrukturen von Chlorophyll-*a*. Tatsächlich sind in dem rot markierten Bereich die Doppelbindungen nicht zu lokalisieren. Die π-Elektronen sind als gemeinsame Elektronenwolke über alle Doppelbindungen verteilt. Der Formylrest von Chlorophyll-*b* wirkt elektronenziehend und beeinflusst so die π-Elektronenwolke.

Nach Energieaufnahme kann ein Elektron des konjugierten Systems in ein höheres Orbital angehoben werden. Man bezeichnet diesen Anregungszustand auch als **Singulett**. Abbildung 2.6 zeigt diesen Vorgang in einer schematischen Darstellung. Die Energie, die erforderlich ist, um das erste Singulett zu erreichen, ist in der Regel um so geringer, je größer die Anzahl der Doppelbindungen des konjugierten Systems ist. Während zum Beispiel Butadien mit nur zwei konjugierten Doppelbindungen energiereiches ultraviolettes Licht zur Anregung benötigt, reicht für die Anregung des Chlorophylls bereits das sehr viel energieärmere, dunkelrote Licht aus. Die Eigenschaften des konjugierten Systems des Tetrapyrrolringes werden durch Seitengruppen beein-

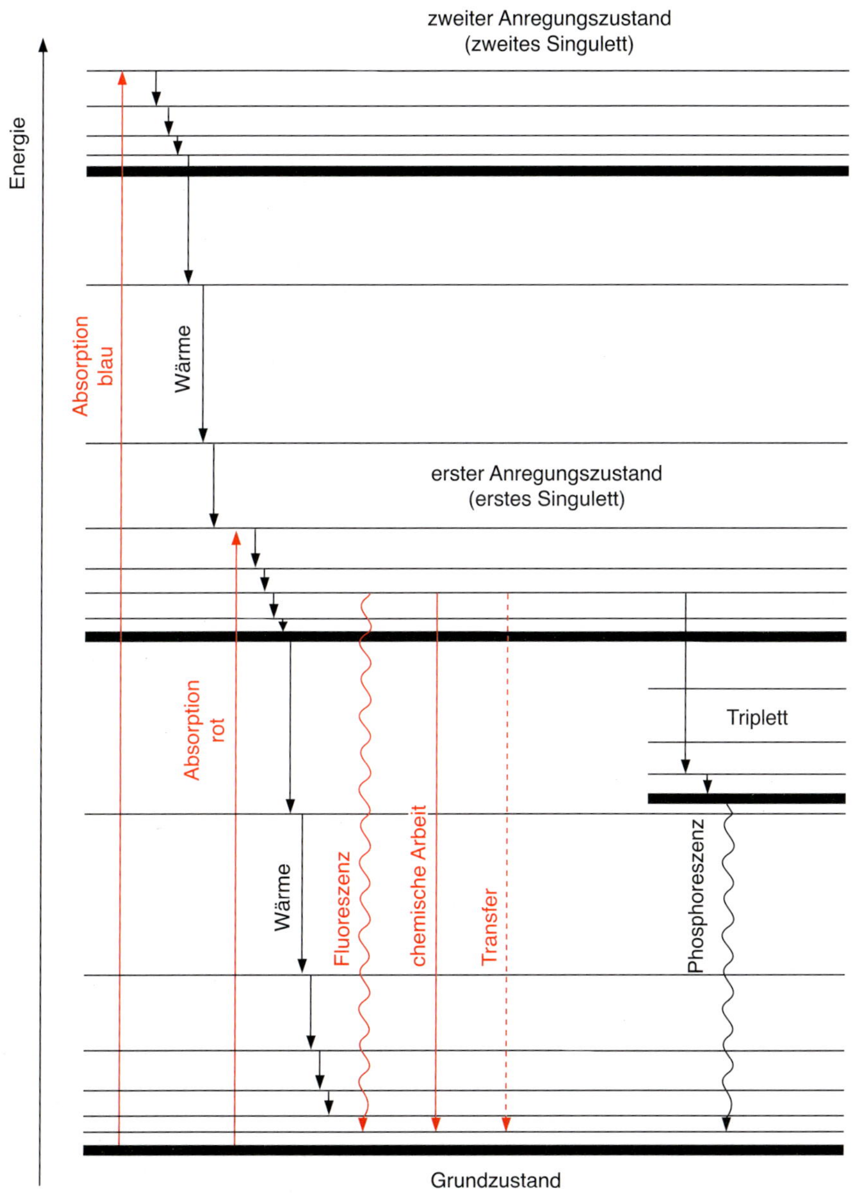

Abb. 2.6 Schematische Darstellung der Anregungszustände von Chlorophyll-*a* und der möglichen Übergänge durch Lichtabsorption, photochemische Arbeit, Energietransfer, Dissipation durch Wärmeabgabe und Phosphoreszenz. Bei dieser vereinfachten Darstellung sind nur die Anregungszustände der beiden Hauptabsorptionsbanden berücksichtigt. Der gezeigte zweite Anregungszustand ist streng genommen das dritte Singulett.

flusst. So lassen sich die im vorigen Abschnitt besprochenen Unterschiede in der Lage der Absorptionsmaxima von Chl-*a* und Chl-*b* durch die elektronenziehende Wirkung der Carbonylseitenkette am Ring b von Chl-*b* erklären (Abb. 2.5).

Die Absorptionsspektren von Chl-*a* und Chl-*b* in Abbildung 2.3 enthalten jeweils zwei Absorptionsmaxima, die weit voneinander entfernt sind. Dies zeigt, dass es für jedes Chlorophyll zwei hauptsächliche Anregungszustände gibt. Kleinere Absorptionsmaxima zeigen, dass es noch weitere Anregungszustände gibt, auf die hier der Einfachheit halber aber nicht eingegangen werden soll. Im Folgenden werden die beiden Hauptanregungszustände als erstes und zweites Singulett bezeichnet (Abb. 2.6). Beim Betrachten der Absorptionsspektren fällt zudem auf, dass die Absorptionsmaxima sehr breit sind. Bei einer hohen Auflösung der Messung würde man sehen, dass sie eine Feinstruktur aufweisen. Sie bestehen aus sehr vielen, dicht nebeneinander liegenden Absorptionslinien. Diese Feinstruktur ist dadurch bedingt, dass die Chlorophyllmoleküle sowohl im Grundzustand als auch in den angeregten Zuständen sich in verschiedenen **Rotations**- und **Schwingungszuständen** befinden können. Im Energie-Diagrammschema von Abbildung 2.6 sind diese verschiedenen Niveaus der Rotations- und Schwingungsenergien als feine Linien eingezeichnet und die jeweiligen Grundzustände als dicke Linien.

Wie in dem Schema in Abbildung 2.6 dargestellt, überlappen die Energieniveaus der verschiedenen Rotations- und Schwingungszustände des Grundzustandes mit dem niedrigsten Energieniveau des ersten Singuletts. Analog gibt es auch eine Überlappung des ersten Singuletts mit dem zweiten Singulett. Absorbiert ein Chlorophyllmolekül Licht im Bereich seines Absorptionsmaximums im blauen Licht, wird eines seiner Elektronen in den **zweiten Singulettzustand** angehoben. Dieser zweite Singulettzustand ist mit einer Halbwertszeit von 10^{-12} s zu instabil, als dass seine Energie für chemische Arbeit abgeschöpft werden könnte. Das angeregte Molekül verliert über Rotationen und Schwingungen Energie in Form von Wärme, bis der **erste Singulettzustand** erreicht ist. Dieser erste Singulettzustand kann alternativ auch durch die Absorption eines energieärmeren Photons (Licht aus dem roten Bereich des Spektrums) erreicht werden. Der erste Singulettzustand ist wesentlich beständiger als der zweite, seine Halbwertszeit beträgt circa $4 \cdot 10^{-9}$ s.

Die Rückkehr des Chlorophyllmoleküls vom ersten Singulettzustand in den Grundzustand kann auf verschiedenen Wegen erfolgen

1. Der wichtigste Weg für die Umsetzung der bei der Rückkehr in den Grundzustand abgegebenen Energiedifferenz ist die Nutzung für **chemische Arbeit**. Das Chlorophyll überträgt das angeregte Elektron aus dem ersten Singulettzustand auf einen Elektronenakzeptor. Es bleibt ein positiv geladenes Chlorophyllradikal $Chl^{\dot{+}}$ zurück. Dies ist möglich, da angeregte Elektronen weniger stark gebunden sind als im Grundzustand. Wie in Abschnitt 3.5 ausführlich besprochen wird, kann das auf den Akzeptor übertragene Elek-

tron über eine Elektronentransportkette auf das $Chl^{\overset{+}{\cdot}}$-Radikal unter Abschöpfung seiner Energie für chemische Arbeit zurückübertragen werden. Damit kehrt das Chlorophyllmolekül in den Grundzustand zurück. Es ist aber auch möglich, dass die Elektronenlücke des $Chl^{\overset{+}{\cdot}}$-Radikals durch einen anderen Elektronendonor, zum Beispiel Wasser, aufgefüllt wird (Abschn. 3.6).

2. Das angeregte Chlorophyll kann in den Grundzustand zurückkehren, indem es die Anregungsenergie in Form von Licht abgibt. Man nennt diese Lichtstrahlung **Fluoreszenz**. Ein Teil der Anregungsenergie geht gewöhnlich vorher über Schwingungen und Rotationen als Wärme verloren, weshalb das Fluoreszenzlicht energieärmer (langwelliger) ist als die Energie des Anregungslichtes, die zur Erreichung das ersten Singuletts erforderlich war (Abb. 2.7).

3. Es ist grundsätzlich auch möglich, dass die Rückkehr aus dem ersten Singulett in den Grundzustand durch einen Abstieg über die mit dem Grundzustand überlappenden Niveaus der Rotations- und Schwingungsenergien erfolgt, wobei die Energiedifferenz vollständig als Wärme abgegeben wird.

4. Durch Abgabe eines Teils der Anregungsenergie als Wärme kann das Chlorophyllmolekül in einen anderen Anregungszustand niedrigeren Energiegehaltes übergehen, den so genannten ersten **Triplettzustand**. Dieser Zustand kann nur vom Singulett aus erreicht werden, nicht durch Anregung vom Grundzustand her. Dabei wird der Spin (der Eigendrehimpuls) des angeregten Elektrons umgekehrt. (Das Wort **Triplett** rührt daher, dass der ungepaarte **Elektronenspin** drei Richtungen haben kann.) Wegen der geringen Wahrscheinlichkeit einer Spinumkehr wird der Triplettzustand zwar seltener erreicht, aber insbesondere bei starker Anregung kann ein Teil des Chlorophylls diesen Zustand annehmen. Aus dem Triplettzustand kann das Chlorophyllmolekül unter Aussendung des so genannten **Phosphoreszenzlichtes** wieder in den Grundzustand zurückkehren. Dabei ist auch das Phosphoreszenzlicht energieärmer (langwelliger) als das Anregungslicht für den ersten Singulettzustand. Die Rückkehr aus dem Triplettzustand in den Grundzustand erfordert eine Spinumkehr des Elektrons. Da diese wiederum sehr unwahrscheinlich ist, hat der Triplettzustand im Vergleich zum ersten Singulettzustand eine relativ große Lebensdauer (Halbwertszeit 10^{-4} bis 10^{-2} s.). Der Triplettzustand von Chlorophyll hat keine Bedeutung für die Photosynthese *per se*. Jedoch kann Chlorophyll im Triplettzustand Sauerstoff zu einem Singulettzustand anregen, wodurch der Sauerstoff sehr reaktiv **(ROS, reac-**

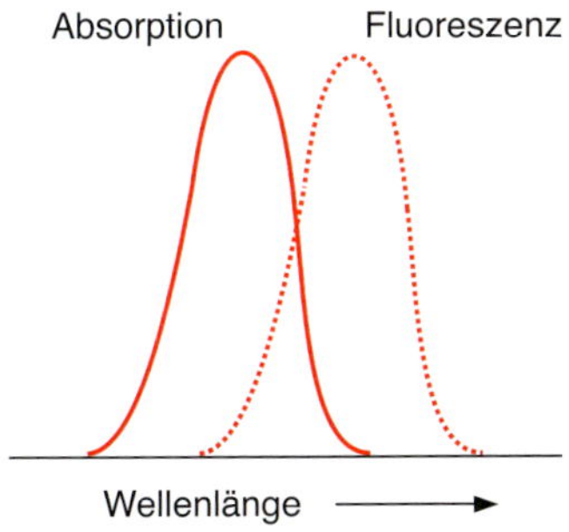

Abb. 2.7 Das Fluoreszenzlicht hat meist eine längere Wellenlänge als das Anregungslicht.

tive oxygen species) wird und dadurch Zellbestandteile schädigt. Wie sich die Pflanze davor schützt, wird in Abschnitt 3.10 besprochen.

5. Die Rückkehr in den Grundzustand kann mit der Anregung eines benachbarten Chromophormoleküls gekoppelt sein. Dieser Transfer wird für die Antennenfunktion benötigt und im Folgenden näher besprochen.

2.4 Für das Einfangen von Licht ist eine Antenne erforderlich

Für die Anregung des photosynthetischen Reaktionszentrums muss ein Photon mit bestimmtem Energieinhalt mit dem Chlorophyllmolekül im Reaktionszentrum reagieren. Die Wahrscheinlichkeit, dass ein Photon genau an dem Ort des Chlorophylls im Reaktionszentrum – und dann noch mit der richtigen Energie – auftrifft, ist äußerst gering. Eine effiziente Photosynthese ist daher nur möglich, wenn die Energie von Photonen verschiedener Wellenlänge über eine gewisse Fläche durch eine so genannte **Antenne** (Abb. 2.8) eingefangen wird. Auch Radio- oder Fernsehapparate können ja ohne eine vergleichbare Antenne nicht funktionieren.

Die Antenne der Pflanzen besteht aus einer großen Anzahl von an Protein gebundenen Chlorophyllmolekülen, die Photonen absorbieren und deren Energie in die Reaktionszentren weiterleiten. Von den im Blatt vorkommenden Chlorophyllmolekülen sind nur wenige Tausendstel Bestandteil der eigentlichen Reaktionszentren, der Rest ist in den Antennen angeordnet. Dass die meisten Chlorophyllmoleküle sich nicht in den Reaktionszentren befinden, geht bereits aus 1932 von Robert Emerson und William Arnold in den USA gemachten Beobachtungen hervor. Die beiden Forscher belichteten eine Suspension der Grünalge *Chlorella* mit Lichtblitzen von 10 μs Dauer, unter-

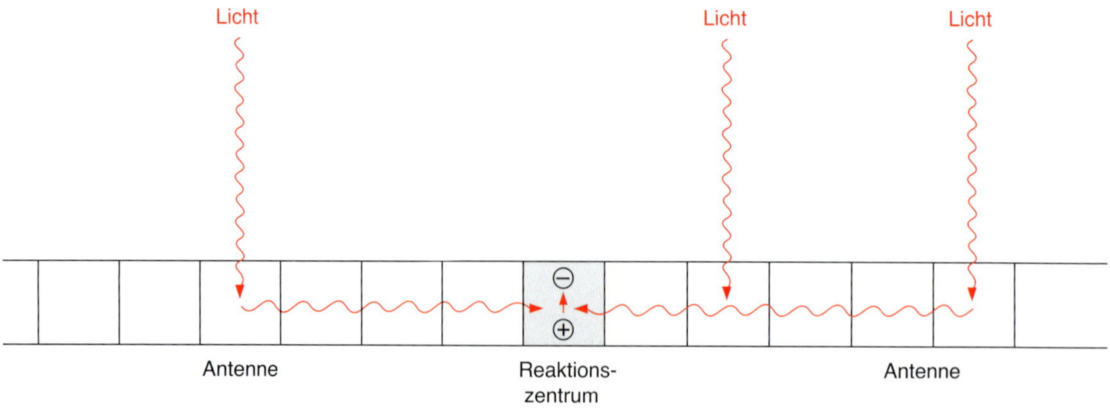

Abb. 2.8 Durch eine Antenne werden Photonen gesammelt und deren Energie in das Reaktionszentrum geleitet. In der schematischen Darstellung symbolisieren die Kästen Chlorophyllmoleküle. Die in das Reaktionszentrum geleiteten Excitonen bewirken dort eine Ladungstrennung (siehe Abschn. 3.4).

brochen von Dunkelintervallen von 20 ms. Als Maß für die Photosysnthese wurde die Sauerstoffentwicklung untersucht. Die Blitzdauer war so kurz bemessen, dass das Chlorophyll nur einmal einen photosynthetischen Anregungszyklus durchlaufen konnte, und die Lichtintensität wurde so hoch gewählt, dass die Sauerstoffbildung ein Maximum erreichte. Offenbar war der Photosyntheseapparat jetzt mit Photonen gesättigt. Die Analyse des Chlorophyllgehalts der Algensuspension ergab jedoch, dass bei der Sauerstoffentwicklung unter Sättigungsbedingungen nur ein Molekül O_2 pro 2400 Chlorophyllmoleküle gebildet wurde.

Die weitere Verfeinerung dieser Experimente durch Emerson in den folgenden Jahren zeigte aber noch ein Weiteres: Bei Blitzen mit sehr niedriger Lichtintensität stieg die Menge an gebildetem Sauerstoff proportional mit der Lichtintensität an. Daraus wurde ein minimaler Quantenbedarf von etwa acht Photonen für die Freisetzung von einem Molekül Sauerstoff ermittelt. Damit war ein langer wissenschaftlicher Streit mit Otto Warburg entschieden, der aus seinen Experimenten einen Quantenbedarf von nur vier Photonen pro entwickeltem Molekül O_2 gefordert hatte. Bei dem ermittelten Quantenbedarf von acht Photonen pro gebildetem O_2 und der erst später bekannten Tatsache, dass bei der O_2-Bildung zwei Reaktionszentren jeweils vier Photonen benötigen, lässt sich aus diesen Ergebnissen von Emerson und Arnold schließen, dass zu einem Reaktionszentrum insgesamt etwa 300 weitere Chlorophyllmoleküle gehören. Diese sind Bestandteil der Antennen.

Zur besseren spektralen Ausnutzung der Photonenenergie in der Grünlücke (Abb. 2.3) enthalten die Antennen noch weitere, so genannte akzessorische Pigmente. Bei höheren Pflanzen sind dies die Carotinoide, vor allem die **Xanthophylle**. Dazu gehören Lutein, das verwandte Violaxanthin, Neoxanthin sowie **Carotin** mit β-Carotin als Hauptvertreter (Abb. 2.9). Eine sehr wichtige Funktion dieser Carotinoide in der Antenne besteht zudem in dem Schutz gegen die Ausbildung des schädlichen Triplettanregungszustandes des Chlorophylls (siehe Abschn. 3.10). Wie am Ende dieses Abschnitts besprochen wird, sind in Cyanobakterien **Phycobiline** wichtige Bestandteile der Antennen.

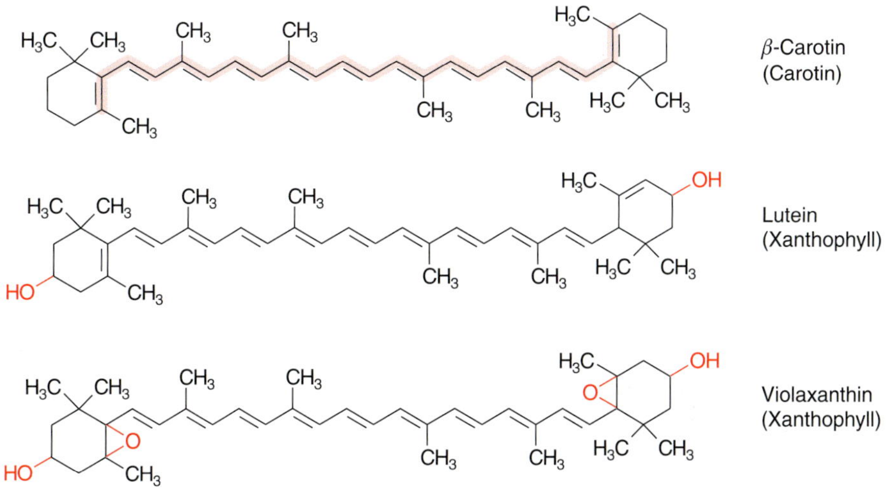

Abb. 2.9 Strukturformel eines Carotins (β-Carotin) und von zwei Xanthophyllen (Lutein und Violaxanthin). Durch die konjugierte Isoprenoidkette sind diese Moleküle Farbstoffe und haben zugleich Eigenschaften eines Lipids.

Wie wird die Anregungsenergie der in der Antenne eingefangenen Photonen in die Reaktionszentren geleitet?

Für die Energieleitung in den Antennen lässt sich die Möglichkeit eines Transports von Elektronen von Chromophor zu Chromophor im Sinne von Redoxprozessen, wie er im Prinzip in den Elektronentransportketten der Photosynthese und der mitochondrialen Atmung realisiert ist, ausschließen. Ein derartiger Transport wäre mit einer erheblichen Aktivierungsenergie verbunden. Tatsächlich lässt sich eine Weiterleitung der Anregungsenergie in der Antenne auch noch bei der Temperatur von 1 K messen. Lichtabsorption und Fluoreszenz finden bei einer derartig tiefen Temperatur noch statt, während enzymatisch katalysierte chemische Prozesse völlig eingefroren sind. Es ist daher naheliegend, dass der Energietransfer in der Antenne nach einem Mechanismus abläuft, der der Lichtabsorption und Fluoreszenz verwandt ist.

Wenn Chromophore, die durch Strahlungsabsorption in angeregte Zustände überführt werden können, räumlich dicht beieinander liegen, besteht die Möglichkeit, dass das Energiepaket des eingestrahlten Photons von einem Chromophor zu einem nächsten Chromophor weiter gereicht wird. So wie ein Quant Strahlungsenergie Photon heißt, bezeichnet man ein Quant Anregungsenergie, das von Molekül zu Molekül weiter gegeben wird, als **Exciton**. Eine Übertragung von Excitonen setzt voraus, dass die daran beteiligten Chromophoren in spezifischer Weise zueinander ausgerichtet sind. Diese Ausrichtung wird durch Proteine bewirkt. Daher kommen die Chromophore der Antennen auch stets als Proteinkomplexe vor.

Die Antenne bei Pflanzen besteht aus einem äußeren und aus einem inneren Teil (Abb. 2.10). Der äußere Antennenteil, der durch so genannte **Lichtsammelkomplexe** (engl. *light harvesting complexes*, **LHC**) gebildet wird, sammelt das Licht ein. Der innere Teil der Antenne, der aus so genannten **Core-Komplexen** besteht, ist integraler Bestandteil der Reaktionszentren, er

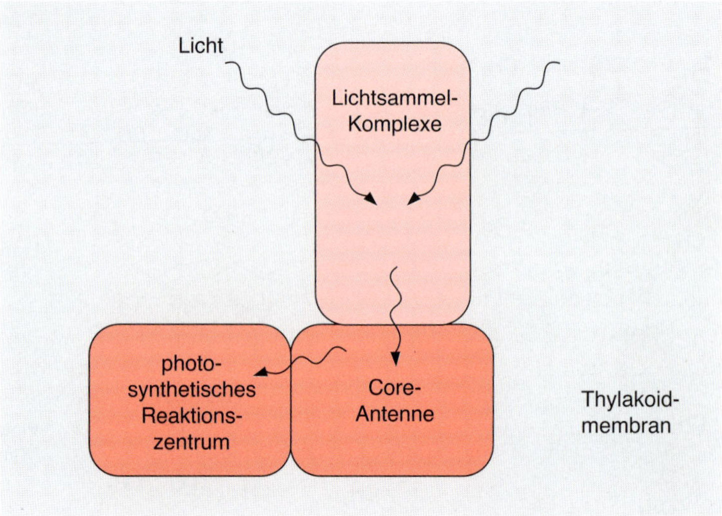

Abb. 2.10 Schematische Darstellung des Funktionsprinzips einer Antenne. Aufsicht auf die Thylakoidmembran.

sammelt ebenfalls Licht und leitet die durch den äußeren Antennenteil gesammelten Excitonen in die Photosynthesereaktion.

Die Lichtsammelkomplexe werden durch Polypeptide gebildet, die Chl-*a*, Chl-*b* und Xanthophylle beziehungsweise Carotin binden. Diese Proteine – als **LHC-Polypeptide** – werden im Kern codiert. In einer Pflanze gibt es eine große Vielfalt an LHC-Polypeptiden. Man hat z. B. in der Tomate mindestens 19 verschiedene Gene für LHC-Polypeptide gefunden, die sich untereinander sehr ähnlich sind. Sie sind homolog, das heißt, sie stammen alle von einer gemeinsamen Urform ab. Man spricht von einer Multigenfamilie.

Wie im nächsten Kapitel besprochen wird, enthalten Pflanzen zwei hintereinander geschaltete Reaktionszentren, das Reaktionszentrum von Photosystem II (PSII), welches ein Absorptionsmaximum bei 680 nm hat, und das von Photosystem I (PSI) mit einem Absorptionsmaximum bei 700 nm. Die Funktion dieser Reaktionszentren wird in den Abschnitten 3.6 und 3.8 beschrieben. Beide Photosysteme haben unterschiedliche Lichtsammelkomplexe.

Die Funktion einer Antenne lässt sich besonders gut am Beispiel der Antenne des Photosystems II zeigen

Die Antenne des PSII-Reaktionszentrums enthält hauptsächlich vier Lichtsammelkomplexe: LHC-II*a* bis LHC-II*d*. Hauptkomponente ist LHC-II*b*. Es enthält 67 % des gesamten Chlorophylls der PSII-Antenne und ist das am häufigsten vorkommende Protein der Thylakoidmembran überhaupt. Es wurde daher besonders eingehend untersucht. LHC-II*b* kommt in der Membran als Trimer vor. Das Monomer (Tab. 2.2) besteht aus einem Polypeptid, das u. a. vier Xanthophyllmoleküle (Tab. 2.2) enthält. Das Polypeptid enthält einen Threoninrest, der unter Vermittlung einer Proteinkinase durch ATP phosphoryliert werden kann. Wie in Abschnitt 3.10 besprochen wird, wird die Aktivität des LHC-II durch Phosphorylierung reguliert.

Tabelle 2.2: Zusammensetzung des Lichtsammelkomplexes LHC-II*b*-Monomer

Peptid:	232 Aminosäuren
Lipide:	1 Phosphatidylglycerin, 1 Digalactosyldiacylglycerin
Chromophore:	8 Chl-*a*, 6 Chl-*b*, 2 Lutein, 1 Violaxanthin, 1 Neoxanthin

Es ist gelungen, an dünnen kristallinen Schichten von LHC-II*b*-Trimeren mithilfe der Elektronen-Cryo-Mikroskopie bei einer Temperatur von 4 K die räumliche Struktur des LHC-II*b* aufzuklären (Abb. 2.11). Das Peptid bildet drei transmembrane Helices. Quer durch die Membran ziehen sich überkreuz die Isoprenoidketten der beiden Luteinmoleküle. Die anderen beiden Xanthophyllmoleküle sind in dem isolierten LHC-Komplex nicht sichtbar. Die Chl-*b*-Moleküle, deren Absorptionsmaximum im roten Spektralbereich bei einer kürzeren Wellenlänge liegt als das von Chl-*a*, sind am Rande des Kom-

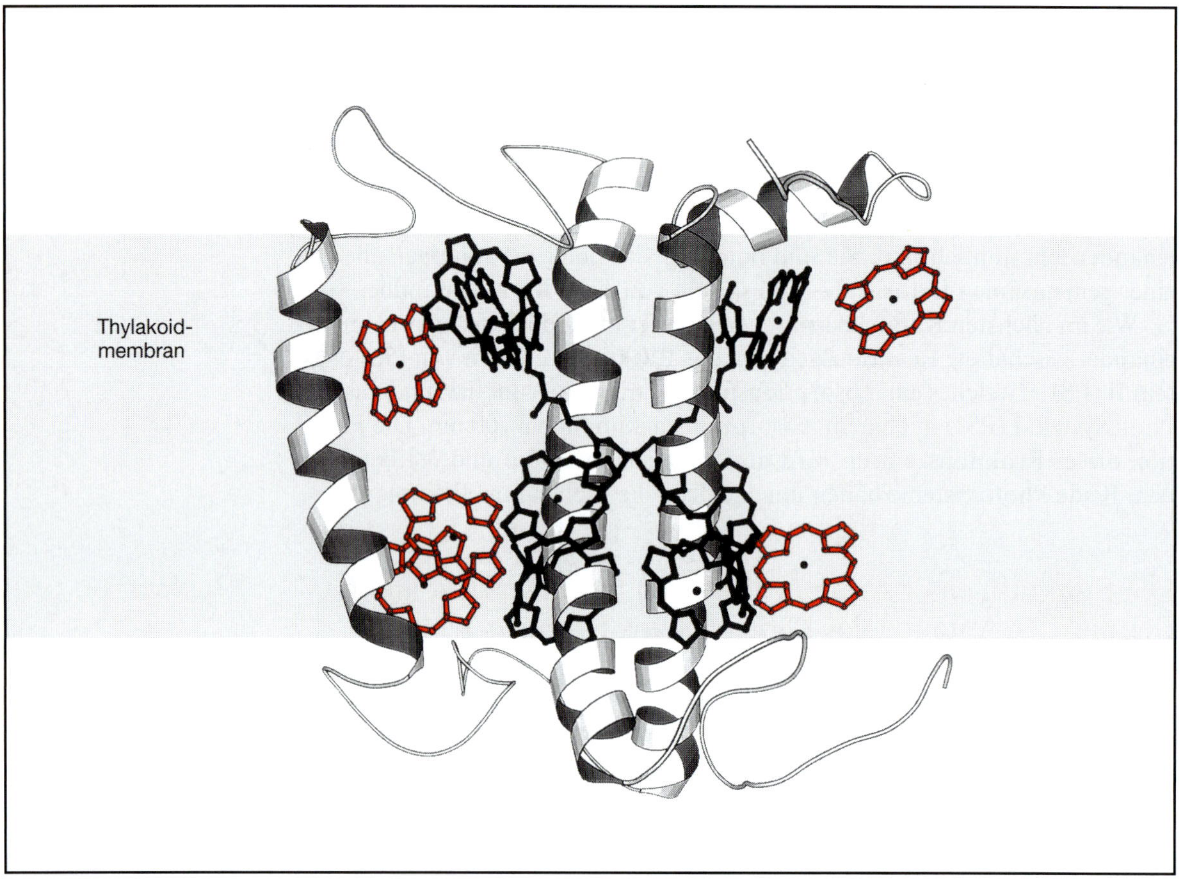

Abb. 2.11 Räumliche Anordnung des LHC-II*b*-Monomers in der Thylakoidmembran. Das Protein durchspannt die Membran mit drei Helices. Die Chlorophyllmoleküle (Chl-*b* rot, Chl-*a* schwarz) sind fast senkrecht zur Membranfläche ausgerichtet. Die beiden Luteinmoleküle im Zentrum (schwarz) durchqueren überkreuz die Membran. (Mit freundlicher Genehmigung von W. Kühlbrandt, Frankfurt.)

plexes angeordnet. Von den Chl-*a*-Molekülen hingegen befindet sich nur eines am Rand und die anderen im Zentrum. Abbildung 2.12 zeigt in einer Aufsicht die Anordnung der Monomere zu einem Trimer. Das randständige Chl-*a* vermittelt die Energieübertragung auf benachbarte Trimere oder Reaktionszentren. Diese Trimere sind in der Membran als Oligomere angeordnet, und bilden so die Antenne zur Leitung der eingefangenen Exitonen. In LHC-II*a* und LHC-II*c* ist das Chl-*a*/Chl-*b*-Verhältnis viel höher als in LHC-II*b*. Man nimmt an, dass LHC-II*a* und -*c* zwischen LHC-II*b* und dem Reaktionszentrum angeordnet sind.

Abbildung 2.13 zeigt in einem Schema den Aufbau der PSII-Antenne. Die äußeren Komplexe, die aus LHC-II*b* bestehen, sind in der Peripherie der Antenne angeordnet. Die durch Chl-*b* in LHC-II*b* eingefangenen Excitonen werden auf Chl-*a* im Zentrum der LHC-II*b*-Monomeren, und dann weiter über Chl-*a*-Kontakte zwischen den Trimeren in die nahen Antennenkomplexe geleitet. Die nahen Komplexe sind über kleinere chlorophylltragende Untereinheiten mit den Core-Komplexen verbunden, welche die Antennenproteine CP 43 und CP 47 enthalten (Abb. 3.22), von denen jedes etwa 15 Chlorophyll-*a*-Moleküle trägt. Da das Absorptionsmaximum von Chl-*b* bei einer niedrigeren Wellenlänge liegt als das von Chl-*a*, ist der Transfer von Excitonen von Chl-*b* nach

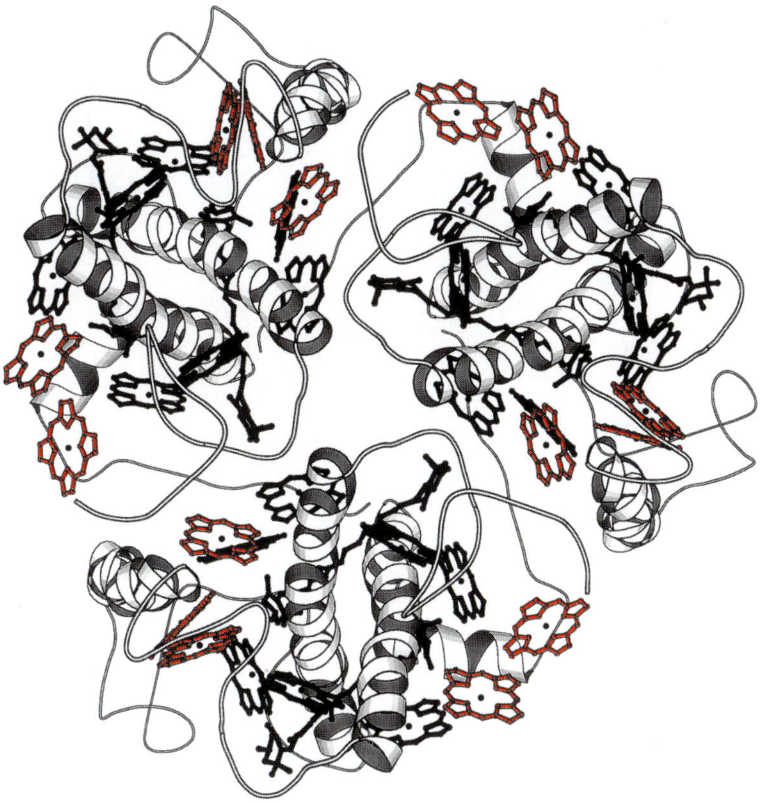

Abb. 2.12 Aufsicht auf ein LHC-II-Trimer in der Thylakoidmembran von der Stromaseite aus. In jedem Monomer bilden die beiden zentralen Helices zusammen eine linksgängige Superhelix, die von den Chlorophyll-Molekülen umgeben ist. Die Chl-*b*-Moleküle (rot) befinden sich am Rand der Monomere. (Mit freundlicher Genehmigung von W. Kühlbrandt, Frankfurt.)

Chl-*a* mit einem Verlust an Energie in Form von Wärme verbunden. Dies begünstigt den Excitonenfluss von der Peripherie in das Reaktionszentrum. Durch Phosphorylierung (Abschn. 3.10) kann die Verbindung zwischen den äußeren Lichtsammelkomplexen (LHC-II*b*) und dem PSII gelöst werden. Wie in Abschnitt 3.10 behandelt wird, kann so die effektive Größe der Antenne den Lichtverhältnissen angepasst werden.

Photosystem I enthält weniger Lichtsammelkomplexe als Photosystem II (Abschn. 3.8), da dort die Core-Antenne größer ist als in PS II. Die LHC von PSI sind denen von PSII sehr ähnlich.

Es gibt zwei Mechanismen der Excitonenleitung. Je nach den Eigenschaften und der Anordnung der betreffenden Chromophoren kann es entweder dazu kommen, dass sich der Energiegehalt eines angeregten Zustandes über eine ganze Gruppe von Molekülen verteilt (man spricht dann von delokalisierten Excitonen), oder das Exciton ist zwar einem Molekül zugeordnet, kann aber von einem Molekül zu einem etwas entfernteren springen. Man bezeichnet letzteren Vorgang auch als **Förster-Mechanismus**. Möglicherweise erfolgt die Excitonenleitung zwischen den eng benachbarten Chlorophyllmolekülen innerhalb der Lichtsammelkomplexe über delokalisierte Elektronen und zwischen den einzelnen Lichtsammelkomplexen über den genannten

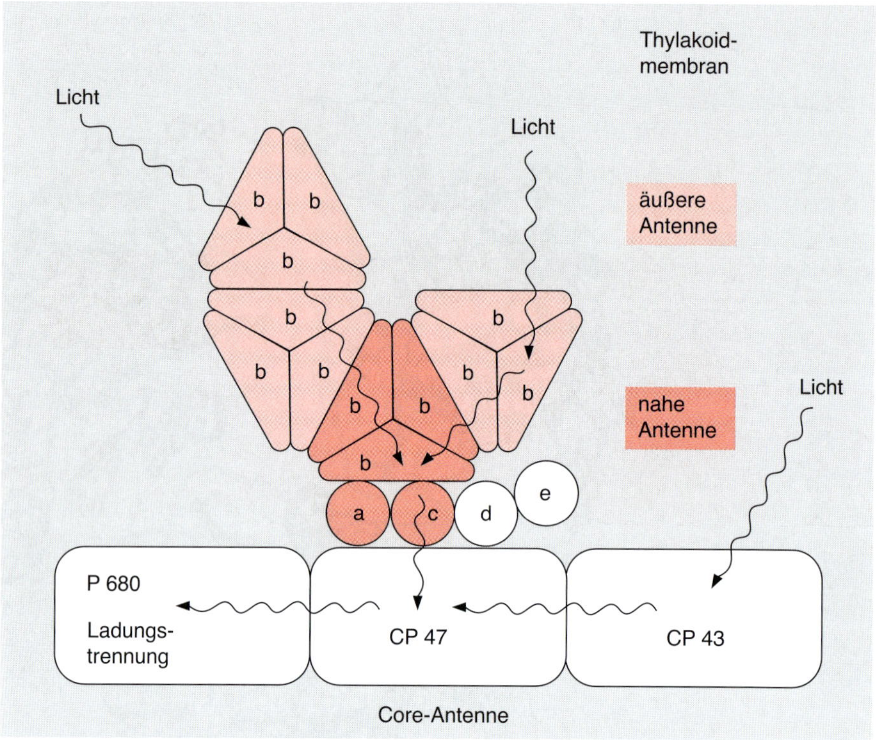

Abb. 2.13 Schematische Darstellung der Anordnung der Lichtsammelkomplexe in der Antenne des Photosystems II in Pflanzen, dargestellt als Aufsicht auf die Membran sinngemäß in Anlehnung an Thornber. a bedeutet LHC-II*a* usw. Die nahen Antennenkomplexe sind über die LHC-II*a*- und LHC-II*c*-Momomere an den Core-Komplex angeheftet. Die Funktion der LHC-II*d*- und LHC-II*e*-Monomere ist noch nicht eindeutig geklärt.

Förster-Mechanismus. Absorptionsmessungen mit ultraschneller Lasertechnik haben gezeigt, dass der Excitonentransfer zwischen zwei Chlorophyllmolekülen im Zeitraum von etwa 0,1 ps (10^{-13} s) erfolgt. Die Geschwindigkeit des Excitonentransfers in der Antenne ist damit viel schneller als die durch die Excitonen (Abschn. 3.4) bewirkte Ladungstrennung im Reaktionszentrum ($\approx$ 3,5 ps). Die Reaktionszentren wirken als Energiefalle für die in der Antenne befindlichen Excitonen.

Durch Phycobilisomen können Cyanobakterien und Rotalgen auch noch bei geringer Lichtintensität Photosynthese betreiben

Cyanobakterien und Rotalgen besitzen Antennenstrukturen, die das Einsammeln sehr geringer Lichtintensitäten ermöglichen. Diese Antennen sind in Form von Partikeln in der Nähe der Reaktionszentren des Photosystems II auf der Membran angeordnet (Abb. 2.14). Diese Partikel, die so genannten **Phycobilisomen**, bestehen aus Proteinen (**Phycobiliproteine**), die kovalent an die Phycobiline gebunden sind. **Phycobiline** sind offenkettige Tetrapyrrole und dadurch strukturell mit den Chlorophyllen verwandt. Der Name -bilin leitet sich davon ab, dass diese offenkettigen Tetrapyrrole zu den Gallenfarbstoffen gezählt werden (Gallenflüssigkeit, engl. *bile*). Die Verknüpfung der Phycobiline mit den Proteinen erfolgt über eine Thioetherbindung zwischen einer SH-

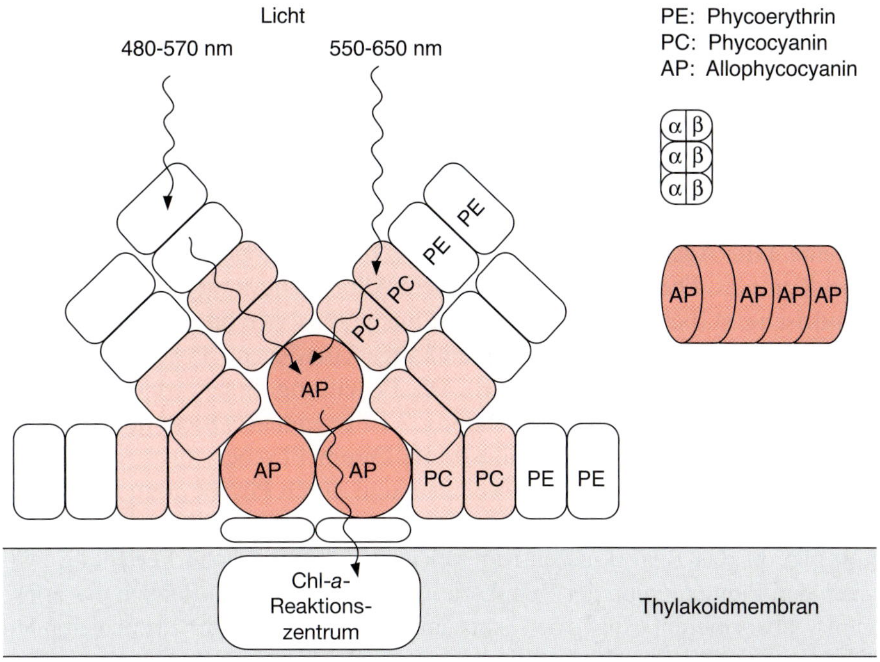

Abb. 2.14 Schema der Seitenansicht des Aufbaus von Phycobilisomen. Die gezeigten Bausteine bestehen jeweils aus drei α- und drei β-Untereinheiten. Schema sinngemäß in Anlehnung an Bryanth.

Gruppe des Proteins und der Vinylseitenkette der Phycobiline. Das Protein **Phycoerythrin** ist mit dem Chromophor **Phycoerythrobilin** verknüpft, die Proteine **Phycocyanin** und **Allophycocyanin** mit dem Chromophor **Phycocyanobilin** (Abb. 2.15).

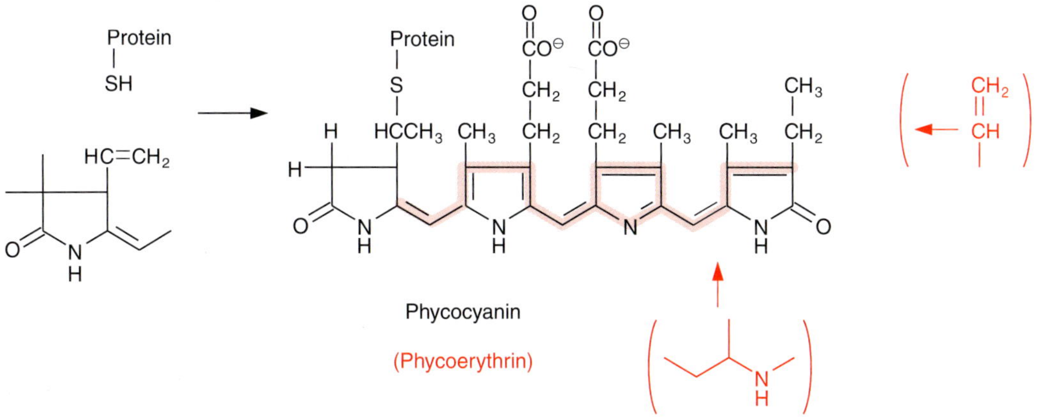

Abb. 2.15 Strukturformeln der in den Phycobilisomen vorkommenden Biliproteine Phycocyanin (schwarz) und Phycoerythrin (Austausch durch rote Strukturelemente). Die entsprechenden Chromophore Phycocyanobilin und Phycoerythrobilin sind über Thioetherbrücken (die durch die Addition der SH-Gruppe eines Cysteinrestes des Proteins an eine Vinylgruppe des Chromophors gebildet wurden) kovalent an das Protein gebunden. Die konjugierten Doppelbindungen (rot markiert) sind für die Pigmenteigenschaften verantwortlich.

Bei den Phycobiliproteinen besteht die Grundstruktur aus einem Heterodimer, αβ. Jede dieser Untereinheiten besitzt ein bis vier Phycobiline als Chromophor. Drei dieser Heterodimere aggregieren zu einem Trimer $(\alpha\beta)_3$ und bilden so die eigentlichen Bausteine der Phycobilisomen. So genannte Linker-Polypeptide wirken als „Mörtel“ zwischen den Bausteinen.

Betrachten wir die Struktur eines Phycobilisoms in Abbildung 2.14: Die Anheftung des Phycobilisoms an die Membran erfolgt durch Verankerungsproteine. Drei Aggregate aus jeweils vier bis fünf $(\alpha\beta)_3$-Einheiten bilden einen Core-Komplex. Dieser enthält das Pigment Allophycocyanin (AP). Daran sind zylindrische, stäbchenartige Strukturen aus jeweils vier bis sechs Bausteinen angeheftet. Die inneren Bausteine enthalten vorwiegend Phycocyanin (PC) und die äußeren Phycoerythrin (PE). Die Bedeutung dieser strukturellen Organisation wird durch die in Abbildung 2.16 gezeigten Absorptionsspektren der verschiedenen Biliproteine illustriert. Durch Phycoerythrin wird in der Peripherie der Stäbchen das kurzwelligere und durch Phycocyanin im inneren Bereich der Stäbchen das langwelligere Licht absorbiert und über den Core-Komplex in das Reaktionszentrum geleitet. Eine räumliche Verteilung zwischen den Pigmenten an der Peripherie, die im kurzwelligen Bereich des Spektrums absorbieren, und den im langwelligen Bereich absorbierenden Pigmenten im Zentrum hatten wir ja auch schon bei den PSII-Antennen höherer Pflanzen im vorigen Abschnitt kennengelernt.

Die Besonderheit der Phycobilisomen liegt darin, dass durch die Phycobiliproteine besonders gut grünes Licht absorbiert werden kann (Abb. 2.16).

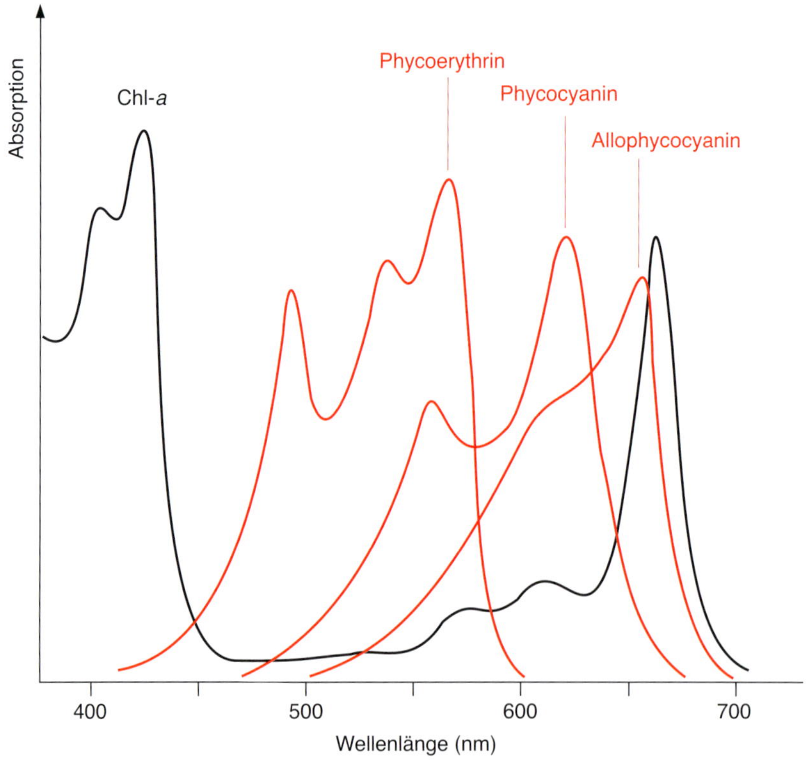

Abb. 2.16 Absorptionsspektren der Phycobiliproteine Phycoerythrin, Phycocyanin und Allophycocyanin und, als Vergleich, auch von Chlorophyll-*a*.

Die Phycobilisomen ermöglichen es dadurch den Rot- und Blaualgen, auch noch tiefere Wasserschichten zu besiedeln, in die nur noch grünes Licht gelangt, das aufgrund der Grünlücke der in den oberen Schichten lebenden Grünalgen nicht absorbiert wurde. Um bei den sehr niedrigen Lichtintensitäten in den unteren Wasserschichten noch Photosynthese betreiben zu können, investieren diese Algen einen sehr hohen Anteil ihrer Zellsubstanz in die Phycobilisomen. Biliproteine können 40 % des gesamten Zellproteins der Algen ausmachen. Diese Organismen müssen also einen außerordentlichen Aufwand für das Sammeln des Lichtes betreiben, um überhaupt noch Licht abzubekommen.

Literatur

Adir, N. Elucidation of the molecular structures of components of the phycobilisome: Restructuring a giant. Photosynthesis Research 85, 15-32 (2005)

Aro, E.-M., Grieco, M., Tikkanen, M. Novel insights into plant light-harvesting complex II phosphorylation and 'state transitions. Trends in Plant Science 16, 126–131 (2011)

Buhr, F., El Bakkouri, M., Fujita, Y., Kurisu, G., Muraki, N., Nomata, J., Reinbothe, C., Reinbothe, S. Chlorophyll biosynthesis: spotlight on protochlorophyllide reduction. Trends in Plant Science 15, 614–624 (2010)

Grimm, B., Masuda, T., Mochizuki, N., Moulin, M., Smith, A.G., Tanaka, A., Tanaka, R., Terry, M.J. The cell biology of tetrapyrroles: a life and death struggle. Trends in Plant Science 15, 488–498 (2010)

Horton, P., Ruban, A. Molecular design of the photosystem II light harvesting antenna: Photosynthesis and photoprotection. Journal Experimental Botany 56, 365-373 (2005)

Komenda, J., Nixon, P.J., Sobotka, R. Assembling and maintaining the Photosystem II complex in chloroplasts and cyanobacteria. Current Opinion in Plant Biology 15, 245–251 (2012)

Liu, L.-N., Scheuring, S. Investigation of photosynthetic membrane structure using atomic force microscopy. Trends in Plant Science 18, 277–286 (2013)

Minagawa,J., Takahashi, Y. Structure, function and assembly of photosystem II and its light-harvesting proteins. Photosynthesis Research 82, 241-263 (2004)

Niyogi, K.K., Truong, T.B. Evolution of flexible non-photochemical quenching mechanisms that regulate light harvesting in oxygenic photosynthesis. Current Opinion in Plant Biology 16, 307–314 (2013)

Tanaka, A., Tanaka, R. Chlorophyll metabolism. Current Opinion in Plant Biology 9, 248–255 (2006)

Wormit, M., Dreuw, A. Quantum chemical insights in energy dissipation and carotenoid radical cation formation in light harvesting complexes. Physical Chemistry, Chemical Physics 9, 2917-2931 (2007)

3 Die Photosynthese ist ein Elektronentransportprozess

Im vorigen Kapitel wurde beschrieben, wie Photonen durch eine Antenne eingefangen und als Excitonen in die Reaktionszentren geleitet werden. Dieses Kapitel beschäftigt sich mit der Funktion dieser Reaktionszentren. Es soll diskutiert werden, auf welchem Weg die Energie der Photonen in für die Zelle nutzbare chemische Energie umgewandelt wird. Wie im letzten Kapitel gezeigt wurde, hat sich die pflanzliche Photosynthese im Lauf der Evolution aus der bakteriellen Photosynthese entwickelt. Die Grundmechanismen von Photosynthesereaktionen in Bakterien und Pflanzen sind daher sehr ähnlich. Da jedoch bakterielle Reaktionszentren einfacher aufgebaut sind als pflanzliche, und sich zudem auch leichter isolieren lassen, sind Bakterien besonders gut geeignet, um Prinzipien der Photosynthese zu studieren. Wegen ihres Modellcharakters wird bei der Beschreibung der pflanzlichen Photosynthese die bakterielle Photosynthese daher miteinbezogen.

3.1 Photosyntheseapparate sind aus Modulen aufgebaut

Die Photosyntheseapparate von Bakterien sind aus definierten Komplexen zusammengesetzt, die auch als Bausteine des pflanzlichen Photosyntheseapparates auftreten. Wie in Kapitel 5 besprochen wird, sind einige dieser Komplexe auch Bausteine des mitochondrialen Elektronentransports. Manche dieser Komplexe haben zudem eine allgemeine Funktion im bakteriellen Stoffwechsel. Man kann diese Komplexe als Module auffassen, die zu einem frühen Zeitpunkt der Evolution entstanden sind und zu verschiedenen Zwecken in unterschiedlicher Weise kombiniert wurden. Zum besseren Überblick sollen hier zunächst die Funktionen dieser Module bei der Photosynthese summarisch als *black boxes* behandelt werden. Ihre Struktur und Funktion werden in den nachfolgenden Abschnitten detailliert beschrieben.

Purpurbakterien enthalten nur ein Reaktionszentrum (Abb. 3.1). Durch die Energie des Excitons wird in dem Reaktionszentrum ein Elektron angeregt, das heißt, es wird auf ein höheres Niveau angehoben, wodurch es stärker reduzierend wirkt. Über eine Elektronentransportkette, die aus einem Cytochrom-b/c_1-Komplex besteht, gelangt das Elektron wieder in den Grundzustand. Seine Energie wird in Form von chemischer Energie zum Aufbau von Biomasse (Proteine, Kohlenhydrate) genutzt. Die Energiegewinnung beruht darauf, dass mit dem Elektronentransport ein Transport von Protonen über eine Membran gekoppelt ist. Die Energie wird so in Form eines elektroche-

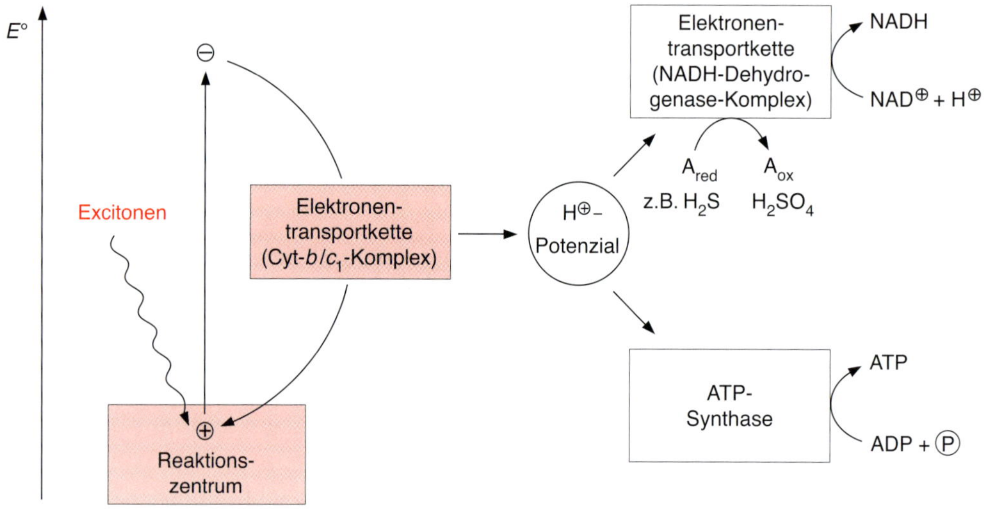

Abb. 3.1 Schematische Darstellung des Photosyntheseapparates von Purpurbakterien. Durch die Energie eines eingefangenen Photons, eines Excitons, wird im Reaktionszentrum ein Elektron auf ein stärker negatives Niveau angehoben und kehrt dann über eine Elektronentransportkette (Chinon-Cytochrom-*b*/*c*$_1$-Komplex, Cytochrom-*c*) in die Ausgangslage zurück. Die dabei freiwerdende Energie wird zur Bildung eines H^+-Potentials abgeschöpft. Dieses wird zum Teil für die Synthese von ATP und zum anderen Teil zum Treiben eines Elektronenflusses für die Reduktion von NAD^+ mittels Elektronendonoren, wie H_2S, genutzt.

mischen H^+-Potenzials über der Membran gespeichert. Aus diesem Grunde sind photosynthetisches Reaktionszentrum und die Hauptkomponenten des Elektronentransports stets in einer Membran lokalisiert.

Durch eine ATP-Synthase wird die Energie des H^+-Potenzials genutzt, um aus ADP und Phosphat ATP zu synthetisieren. Da bei den Purpurbakterien die durch Licht angeregten Elektronen wieder in das Reaktionszentrum zurückfließen, spricht man von einem **cyclischen Elektronentransport** und einer cyclischen Photophosphorylierung. Die Reduktion von NAD^+ erfolgt in den Purpurbakterien durch eine weitere Elektronentransportkette, den NADH-Dehydrogenase-Komplex. Unter Verbrauch von Energie des H^+-Potenzials werden Elektronen von einem Substrat – dies kann eine organische Säure, aber auch Schwefelwasserstoff sein – auf NAD^+ übertragen. Das so gebildete NADH dient zusammen mit ATP der Synthese von Biomasse. Eine besondere Bedeutung hat dabei die Synthese von Kohlenhydraten aus CO_2 unter Verbrauch von ATP und NADH durch den Calvin-Cyclus (Kapitel 6).

Das Reaktionszentrum der **Grünen Schwefelbakterien** (Abb. 3.2) ist homolog zu dem der Purpurbakterien, das heißt, dass beide während der Evolution aus einem gemeinsamen Vorläufer gebildet wurden. Auch in den Grünen Schwefelbakterien wird ATP durch cyclischen Elektronentransport gebildet. Die dabei beteiligte Elektronentransportkette (Cytochrom-*b*/*c*$_1$-Komplex) und die ATP-Synthase sind denen der Purpurbakterien sehr ähnlich. Ein wesentlicher Unterschied besteht darin, dass in den Grünen Schwefelbakterien NADH durch **nichtcyclischen Elektronentransport** gebildet wird. Die angeregten Elektronen werden in diesem Fall in den Ferredoxin-NAD-Reduktase-Komplex geleitet. NAD^+ wird über Ferredoxin zu NADH reduziert. Da bei diesem nichtcyclischen Weg das angeregte Elektron nicht in den Ausgangszustand zurückkehrt, bleibt im Reaktionszentrum ein Elektronendefizit bestehen, das durch Elektronendonoren, wie H_2S, (das dabei letztendlich zu Sulfat oxidiert wird) aufgefüllt wird.

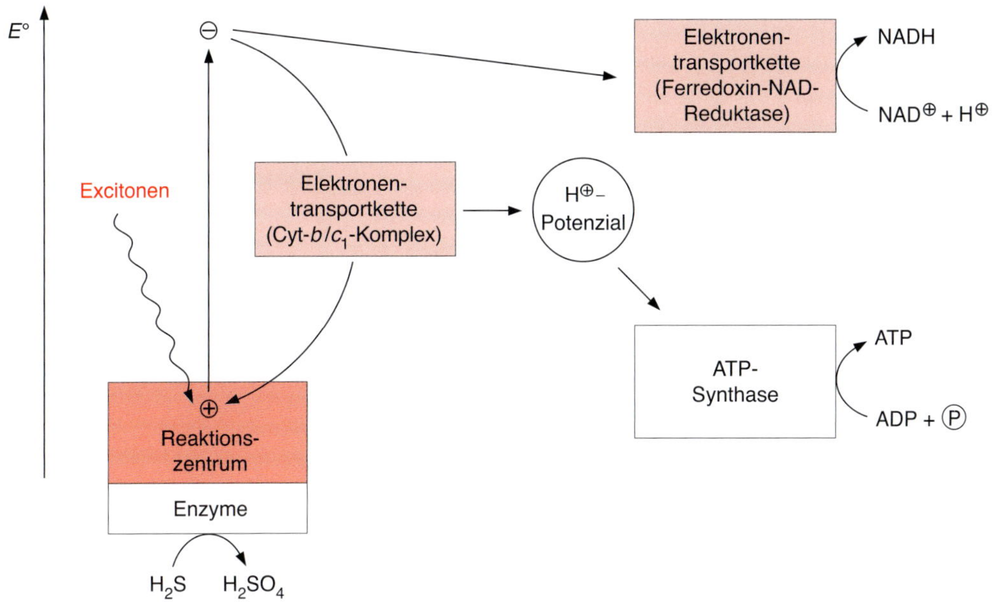

Abb. 3.2 Schematische Darstellung des Photosyntheseapparates von Grünen Schwefelbakterien. ATP wird wiederum in einem cyclischen Prozess gebildet. In Abwandlung des Schemas von Abbildung 3.1 wird für die Bildung von NADH ein Teil der auf ein stärker negatives Niveau angehobenen Elektronen über eine Elektronentransportkette (Ferredoxin-NAD-Reduktase) auf NAD^+ geleitet. Das dadurch entstehende Elektronendefizit im Reaktionszentrum wird durch Elektronendonoren, wie H_2S, aufgefüllt.

Cyanobakterien und Pflanzen verwenden Wasser als Elektronendonor (Abb. 3.3). Da dabei Sauerstoff freigesetzt wird, spricht man von **oxygener Photosynthese**. Dabei sind zwei Photosysteme, die man mit I und II bezeichnet, als Tandem angeordnet. Der Apparat der oxygenen Photosynthese ist aus Modulen aufgebaut, die wir bereits bei der bakteriellen Photosynthese besprochen haben. Das Reaktionszentrum von Photosystem II entspricht in seiner Struktur dem Reaktionszentrum aus Purpurbakterien, und das von Photosystem I dem Reaktionszentrum der Grünen Schwefelbakterien. Die ATP-Synthase und die Ferredoxin-NADP-Reduktase sind den bakteriellen Systemen sehr ähnlich. Die Elektronentransportkette des Cytochrom-b_6/f-Komplexes hat die gleiche Grundstruktur wie der Cytochrom-b/c_1-Komplex in Bakterien.

Bei der oxygenen Photosynthese sind vier Excitonen erforderlich, um ein Molekül Wasser zu spalten:

$$H_2O + NADP^+ \xrightarrow{\text{4 Excitonen}} 1/2\ O_2 + NADPH + H^+$$

Dabei werden die Elektronen auf $NADP^+$ übertragen. Der nichtcyclische Elektronentransport ist mit dem Transport von Protonen gekoppelt. Der so gebildete Protonengradient treibt die Synthese von ATP. Dadurch werden für jedes bei der oxygenen Photosynthese produzierte NADPH gleichzeitig etwa 1,5 Moleküle ATP (siehe Abschn. 4.4) synthetisiert. Dieses ATP und NADPH dient hauptsächlich als Substrat für die photosynthetische CO_2-Fixierung zur Bildung von Kohlenhydraten. In Pflanzen findet die oxygene Photosynthese im Chloroplasten statt, einer Zellorganelle, die zu den Plastiden gerechnet wird (siehe Abschn. 1.3).

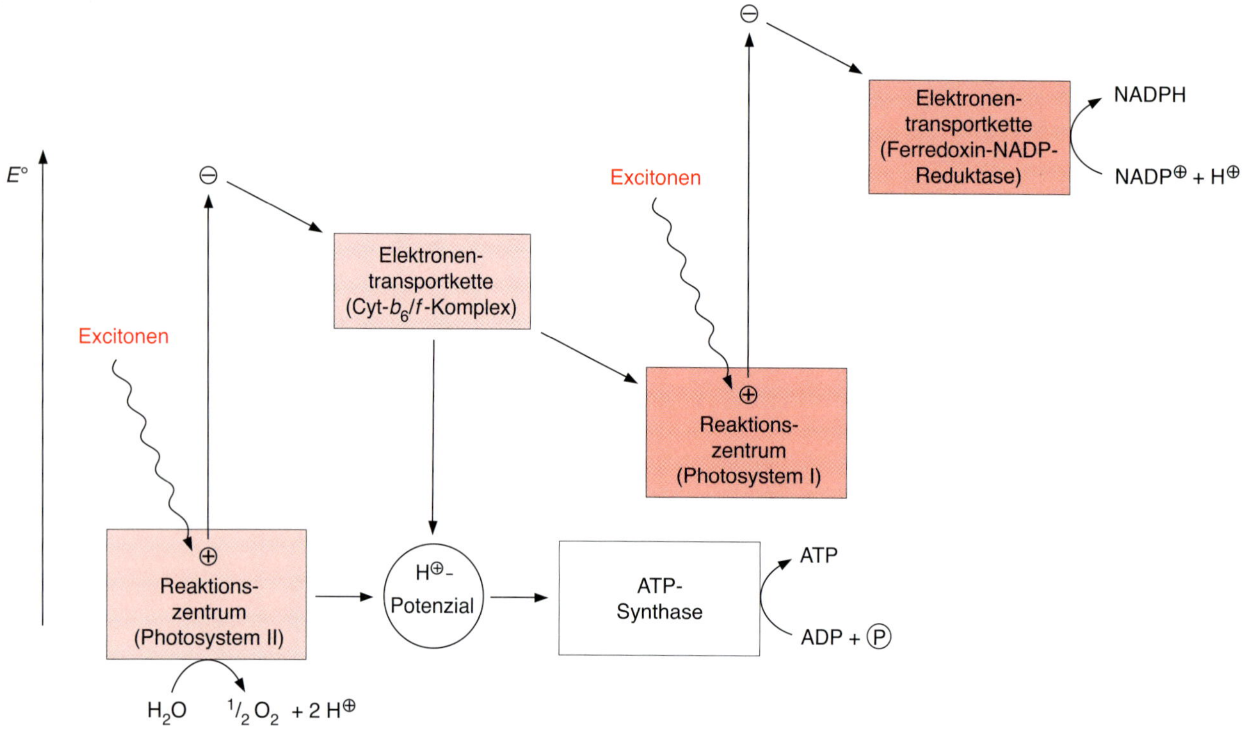

Abb. 3.3 Im Photosyntheseapparat von Cyanobakterien und Pflanzen sind zwei Einheiten hintereinandergeschaltet, die den in den beiden vorigen Abbildungen gezeigten Photosyntheseapparaten von Purpurbakterien und Grünen Schwefelbakterien entsprechen.

3.2 Bei der Photosynthese entstehen ein Reduktionsmittel und ein Oxidationsmittel

In der Photosyntheseforschung galt bis Ende der zwanziger Jahre die von Otto Warburg verfochtene Theorie, dass die Energie des Lichtes direkt auf CO_2 übertragen wird, und dieses so angeregte CO_2 mit Wasser unter Freisetzung von Sauerstoff zu einem Kohlenhydrat reagiert. Otto Warburg postulierte, dass der bei der Photosynthese freigesetzte Sauerstoff aus dem CO_2 stammt. Dagegen vertrat der Niederländer Cornelis van Niel 1931 die Ansicht, dass bei der Photosynthese zunächst ein **Reduktionsmittel** gebildet wird, das in einer nachfolgenden Reaktion (einer Reaktionskette, wie wir heute wissen) mit CO_2 reagiert. Van Niel stellte die allgemeine Photosynthesegleichung auf:

$$CO_2 + 2\,H_2A \xrightarrow{\text{Licht}} [CH_2O] + H_2O + 2\,A \quad ([CH_2O] = \text{Kohlenhydrat}) \tag{3.1}$$

Er erkannte damit die Grundreaktion der Photosynthese: Durch Licht erfolgt eine Spaltung einer Substanz H_2A in eine reduzierende Komponente (2H) und eine oxidierende Komponente (A). Für die oxygene Photosynthese der Cyanobakterien und Pflanzen gilt:

$$CO_2 + 2\,H_2O \xrightarrow{\text{Licht}} [CH_2O] + H_2O + O_2 \tag{3.2}$$

Demnach stammt der bei der Photosynthese freigesetzte Sauerstoff aus dem Wasser.

Dass bei der Photosynthese tatsächlich ein Reduktionsmittel gebildet wird, bewies Robert Hill 1937 in Cambridge. Es war ihm damals erstmalig gelungen, aus Blättern Chloroplasten zu isolieren, die allerdings keine intakte Hüllmembran besaßen. Sie bestanden also nur aus Thylakoidmembranen. Beim Belichten dieser aufgebrochenen Chloroplasten in Gegenwart von Fe^{3+}-Verbindungen (ursprünglich Ferrioxalat, später Ferricyanid, $[Fe(CN)_6]^{3-}$) beobachtete er eine Reduktion zu den entsprechenden Ferro-Verbindungen, bei gleichzeitiger Bildung von Sauerstoff:

$$H_2O + 2\,Fe^{3+} \xrightarrow{\text{Licht}} 2\,H^+ + 1/2\,O_2 + 2\,Fe^{2+} \tag{3.3}$$

Da an dieser **„Hill-Reaktion"** CO_2 nicht beteiligt ist, war damit bewiesen, dass die photochemische Spaltung des Wassers von der Reduktion des CO_2 getrennt werden kann. Der Gesamtprozess der photosynthetischen CO_2-Assimilation lässt sich so in zwei Teilreaktionen trennen:

1. die so genannte **Lichtreaktion**, bei der durch die Energie der Excitonen unter Spaltung von Wasser Reduktionskraft und chemische Energie (in Form von ATP; siehe Kapitel 4) gewonnen wird, und
2. die so genannte **Dunkelreaktion** (siehe Kapitel 6), bei der mithilfe dieser Reduktionskraft und des ATP CO_2 assimiliert wird.

Eine Beobachtung des Niederländers Louis Duysens im Jahre 1952 erwies sich für die Aufklärung des Photosynthesemechanismus als sehr wichtig: Bei der Bestrahlung von isolierten Membranen der Purpurbakterien *Rhodospirillum rubrum* mit kurzen Lichtblitzen fand er eine Abnahme der Lichtabsorption bei 890 nm, wobei sich bei Verdunkeln sofort die ursprüngliche Absorption wieder einstellte. Bei dem Purpurbakterium *Rhodobacter sphaeroides* fand man diesen Effekt bei 870 nm. Ein derartiges **„Ausbleichen"** eines Pigmentes wurde später auch an Chloroplasten bei 700 nm von Bessel Kok in den USA und bei 680 nm von Horst Witt in Berlin beobachtet. Dieses Ausbleichen wurde als **Primärreaktion der Photosynthese** erkannt. Die entsprechenden Pigmente der Reaktionszentren bezeichnete man damals P_{870} (bei *R. sphaeroides*) und P_{680} und P_{700} (bei Chloroplasten). Ein derartiges Ausbleichen konnte auch im Dunkeln durch die Zugabe eines Oxidationsmittels, wie $[Fe(CN)_6]^{3-}$ erreicht werden. Daraus war zu entnehmen, dass die durch das Ausbleichen erkennbare Absorptionsänderung der Pigmente auf einem **Redoxvorgang** beruhte. Dies war ein wichtiger erster Hinweis, dass Chlorophyll oxidiert wird. Durch Elektronenspinresonanz-Messungen wurde gezeigt, dass bei dem Ausbleichen organische **Radikale**, das heißt Verbindungen mit ungepaarten Elektronen entstehen. Der Ausbleichvorgang war auch noch bei der tiefen Temperatur von 1 K nachweisbar. Dies zeigte, dass bei der Elektronenübertragung, die zur Bildung von Radikalen führt, die Reaktionspartner in so enger Nachbarschaft zueinander angeordnet sind, dass thermische Bewegungen der Reaktionspartner – normalerweise die Voraussetzung für eine chemische Reaktion – für die Reaktion nicht erforderlich sind. Dagegen war die chemische Weiterreaktion der so gebildeten Radikale bei 1 K nicht mehr nachweisbar. Es gab weiterhin Hinweise aus spektroskopischen Messungen, dass an dem primären Redoxvorgang zwei eng benachbarte Chlorophyllmoleküle beteiligt sind, die als ***special pair*** bezeichnet wurden.

3.3 Das Konstruktionsprinzip eines photosynthetischen Reaktionszentrums wurde durch Röntgenstrukturanalyse an Purpurbakterien aufgeklärt

Purpurbakterien erwiesen sich als besonders geeignete Untersuchungsobjekte, um Struktur und Funktion eines Photosyntheseapparates aufzuklären. Entscheidend für eine eingehendere Untersuchung bakterieller Reaktionszentren war eine von Roderick Clayton 1970 in den USA ausgearbeitete Methode zur Isolierung der Reaktionszentren aus Purpurbakterien. Die Analyse der Bestandteile der Reaktionszentren verschiedener Purpurbakterien – gezeigt in Tabelle 3.1 am Beispiel von *Rhodobacter sphaeroides* – ergab bei allen Purpurbakterien einen prinzipiell gleichen Aufbau. Die Minimalstruktur eines bakteriellen Reaktionszentrums besteht aus den drei Untereinheiten L, M und H (*light, medium, heavy*). Die Untereinheiten L und M sind Peptide mit ähnlicher Aminosäuresequenz, sie sind homolog. Das Reaktionszentrum von *R. sphaeroides* enthält vier Bacteriochlorophyll *a* (BChl-*a*, Abbildung 3.4) sowie zwei Bacteriophaeophytin *a* (BPhe-*a*). Phaeophytine unterscheiden sich von Chlorophyllen nur darin, dass sie kein Magnesium als Zentralatom enthalten. Ferner enthält das Reaktionszentrum ein Eisenatom, das nicht Bestandteil eines Häms ist. Man spricht daher von einem Nichthäm-Eisen. Dazu besitzt das Reaktionszentrum zwei Ubichinonmoleküle

Tabelle 3.1: Zusammensetzung des Reaktionszentrums aus *Rhodobacter sphaeroides* (P_{870})

	Molekulargewicht
1 Untereinheit L	21 kDa
1 Untereinheit M	24 kDa
1 Untereinheit H	28 kDa
4 Bacteriochlorophyll *a*	
2 Bacteriophaeophytin *a*	
2 Ubichinon	
1 Nichthäm-Fe-Protein	
1 Carotinoid	

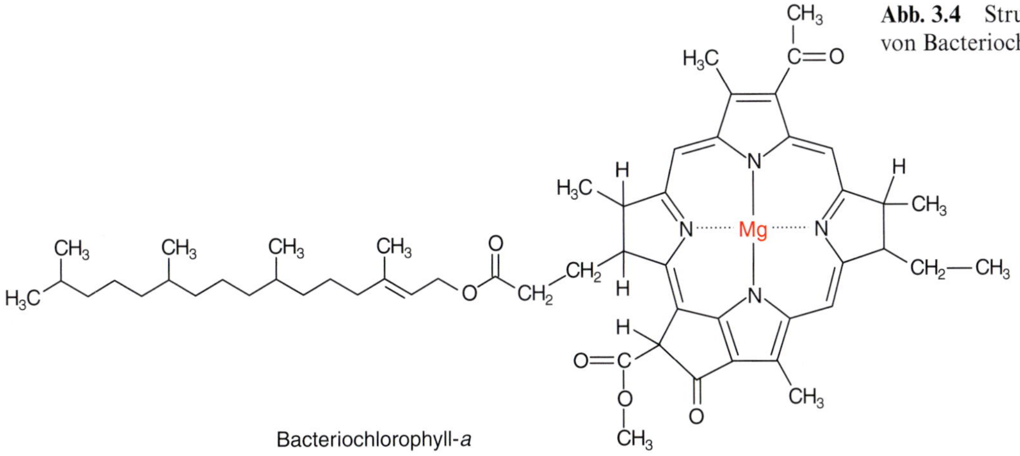

Abb. 3.4 Strukturformel von Bacteriochlorophyll-*a*

(Abb. 3.5), die als Q_A und Q_B bezeichnet werden (Q ist die Abkürzung von *quinone*, der englischen Bezeichnung von Chinon). Q_A ist stets fest an das Reaktionszentrum gebunden, Q_B nur lose assoziiert.

Röntgenstrukturanalyse

Wenn es gelingt, von einem Protein geordnete Kristalle herzustellen, kann man durch **Röntgenstrukturanalyse** den räumlichen Aufbau des Proteinmoleküls ermitteln. In ähnlicher Weise kann durch Elektronen-Cryo-Mikroskopie eine Strukturanalyse auch an kristallinen Molekülschichten durchgeführt werden (Abschn. 2.4). Allerdings ist hier der experimentelle Aufwand viel höher. Bei der Röntgenstrukturanalyse wird ein Proteinkristall mit einer Röntgenquelle bestrahlt. Die Elektronen der einzelnen Atome der Moleküle bewirken eine Beugung der auftretenden Röntgenstrahlen. Durch die regelmäßig im Kristall angeordneten Moleküle findet eine Interferenz der gebeugten Röntgenstrahlen statt. Das entsprechende Interferenzmuster, das aus vielen Einzelreflexen besteht, wird mithilfe eines hinter dem Kristall befindlichen Röntgenfilms oder eines anderen Detektors gemessen. Abbildung 3.6 zeigt das Prinzip. Um möglichst viele Reflexe zu messen, wird der Kristall, der in einer Kapillare montiert ist, gedreht. Für einen „Datensatz“ werden je nach Kristallform und Größe des Kristallgitters wenige Dutzend bis einige Hundert Rotationsaufnahmen benötigt. Zur Ermittlung einer neuen Protein-

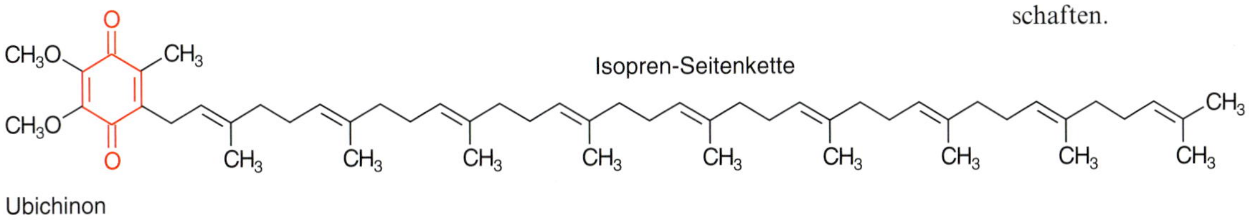

Abb. 3.5 Strukturformel von Ubichinon. Die langen Isoprenoid-Seitenketten verleihen der Substanz lipophile Eigenschaften.

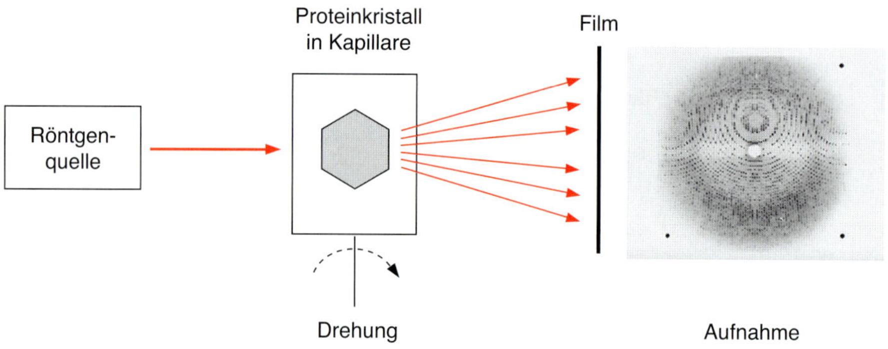

Abb. 3.6 Schematische Darstellung der Röntgenstrukturanalyse eines Proteinkristalls. Die Kapillare mit dem darin zusammen mit der Mutterlauge befindlichen Kristall wird in eine langsame Drehung versetzt und das Interferenzmuster auf einem Film registriert. Die Röntgenfilme sind inzwischen durch wesentlich empfindlichere Detektorsysteme (*image platers*) ersetzt worden. Das gezeigte Röntgenbeugungsmuster wurde bei der Strukturaufklärung des Reaktionszentrums von *R. sphaeroides* erhalten. (Mit freundlicher Genehmigung von H. Michel, Frankfurt.)

struktur werden zusätzlich mehrere Datensätze, bei denen das Protein durch Einbau oder Bindung eines Schweratoms verändert worden ist, herangezogen. Aus der Kenntnis der Regeln der Beugung der Röntgenstrahlen an Atomen verschiedener Elektronendichte lässt sich aus den Aufnahmen mithilfe aufwendiger Computerprogramme die räumliche Struktur des bestrahlten Moleküls rekonstruieren.

Wenngleich die Röntgenstrukturanalyse einen sehr großen technischen Aufwand und dazu auch noch einen sehr großen Zeitaufwand erfordert, so ist bei der Analyse von Proteinmolekülen in der Regel die Gewinnung **brauchbarer Einkristalle** ein begrenzender Faktor. Dies gilt in besonderem Maße für Membranproteine. Bis 1980 hatte man es für unmöglich gehalten, dass man aus hydrophoben Membranproteinen für die Strukturanalyse brauchbare Kristalle herstellen kann. Einen Durchbruch brachte die Verwendung des Detergens ***N,N'*-Dimethyldodecylamin-*N*-oxid** (Abb. 3.7), das mit Membranproteinen wasserlösliche Protein-Detergens-Mizellen bildet, die beispielsweise durch Aussalzen mit Ammoniumsulfat oder Polyethylenglycol zur Kristallisation gebracht werden können. In diesen Kristallen sind die Mizellen regelmäßig angeordnet (Abb. 3.8). Da die hydrophoben Bereiche der Membranproteine, die normalerweise an die hydrophobe Membranphase grenzen, in diesen Kristallen mit den hydrophoben Ketten des Detergens besetzt sind, bewahrt das Protein im Kristall seinen nativen Zustand.

Es gelang so Hartmut Michel am Max-Planck-Institut für Biochemie in München, Kristalle von dem Reaktionszentrum des Purpurbakteriums *Rhodopseudomonas viridis* zu gewinnen und zusammen mit seinem Kollegen Johann Deisenhofer aus der Abteilung Robert Hubers die Röntgenstrukturanalyse durchzuführen. Den immensen Aufwand dieser Untersuchungen illustriert die Tatsache, dass allein die Auswertung der gespeicherten Daten der Aufnahmen zweieinhalb Jahre in Anspruch nahm. Die Aufklärung der Struktur eines photosynthetischen Reaktionszentrums, und damit des ersten

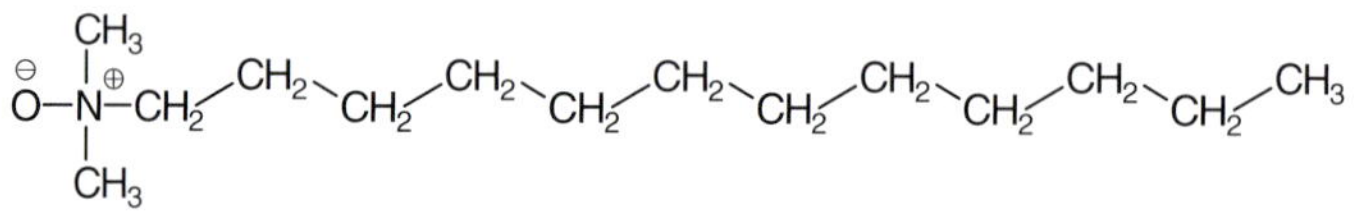

N,N-Dimethyldodecylamin-*N*-oxid

Abb. 3.7 Strukturformel des Detergens *N,N'*-Dimethyldodecylamin-*N*-oxid.

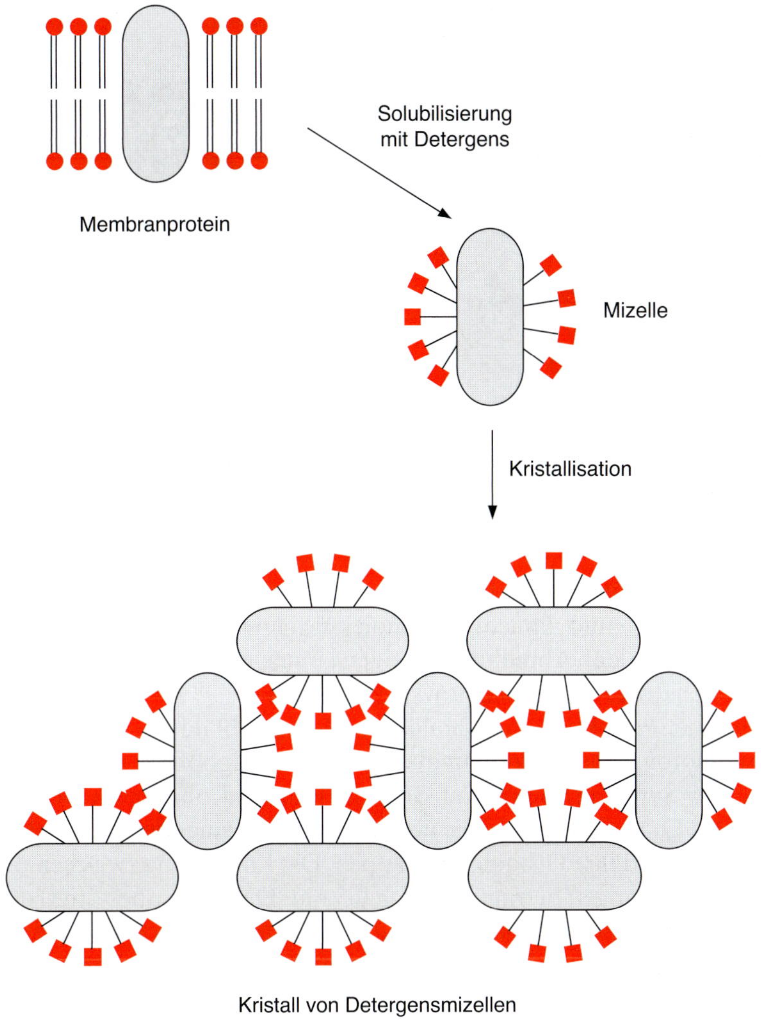

Abb. 3.8 Nach Solubilisierung eines Membranproteins bildet sich eine Detergensmizelle. Die hydrophoben Bereiche des Membranproteins, der Membranlipide und des Detergens sind schwarz markiert und die hydrophilen Bereiche rot. Durch Zusammenlagerung der hydrophilen Bereiche der Detergensmizellen kann sich eine Kristallstruktur bilden.

Membranproteins überhaupt, durch das Münchener Team hat sehr große Beachtung gefunden. Die drei Forscher wurden für diese Leistung 1988 mit dem Nobelpreis für Chemie ausgezeichnet. Als mit der gleichen Methode die Struktur des Reaktionszentrums von *Rhodobacter sphaeroides* analysiert wurde, zeigte sich, dass die Grundstruktur der beiden Reaktionszentren eine erstaunliche Ähnlichkeit aufweist.

Das Reaktionszentrum von *Rhodopseudomonas viridis* ist symmetrisch aufgebaut

Abbildung 3.9 zeigt die räumliche Struktur des Reaktionszentrums des Purpurbakteriums *Rhodopseudomonas viridis.* Das Molekül hat eine längliche Form. Die Länge beträgt 8 nm. Die homologen Untereinheiten L (rot) und M (schwarz) lassen sich durch eine Drehung von 180° um eine Symmetrieachse

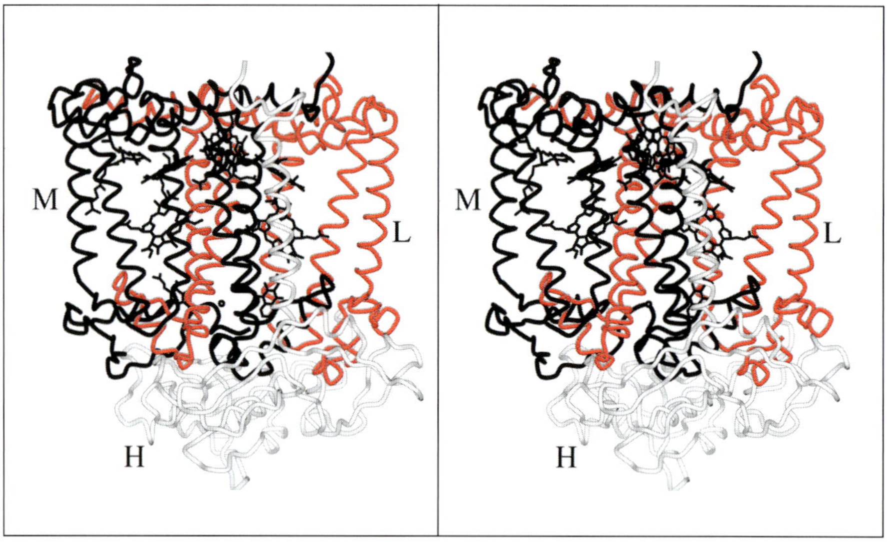

Abb. 3.9 Stereopaar der dreidimensionalen Struktur des Reaktionszentrums von *Rp. viridis*. Die Peptidkette von Untereinheit L ist rot und von Untereinheit M schwarz markiert. Die Polypeptidketten sind als Bänder, die Chromophore (Chlorophylle, Phaeophytine) und die Chinone werden als Drahtmodelle gezeigt. Der obere Teil des Reaktionszentrums grenzt an den periplasmatischen Raum, und der untere Teil an das Cytoplasma. (Mit freundlicher Genehmigung von H. Michel und R.C.R.D. Lancaster, Frankfurt.) *Tipp für das richtige Betrachten des Stereobildes, siehe Abb. 1.29.*

ineinander überführen. Sie bilden zusammen eine Tasche und umschließen die Chlorophyll- und Phaeophytinmoleküle. Diese Chromophore sind als Drahtmodelle in der Abbildung gezeigt. An der unteren Seite des Zylinders befindet sich die H-Untereinheit wie ein Deckel.

In gleicher Projektion wie Abbildung 3.9 zeigt Abbildung 3.10 die Lage der Chromophoren in dem Proteinmolekül. Alle Chromophore treten paarweise entlang der Symmetrieachse auf. In dem Bild sind oben zwei BChl-*a*-Moleküle (D_M, D_L) zu erkennen. Sie liegen so nahe beieinander, dass sich im angeregten Zustand ihre Orbitale überlappen. Die Entfernung zwischen den beiden Tetrapyrrolringen beträgt lediglich 0,3 nm. Damit war bestätigt, dass das ***special pair*** der Chlorophyllmoleküle, das aufgrund spektroskopischer Untersuchungen als Ort des primären Redoxvorganges bei der Photosynthese postuliert worden war, auch tatsächlich existiert. Unter diesem Chlorophyllpaar

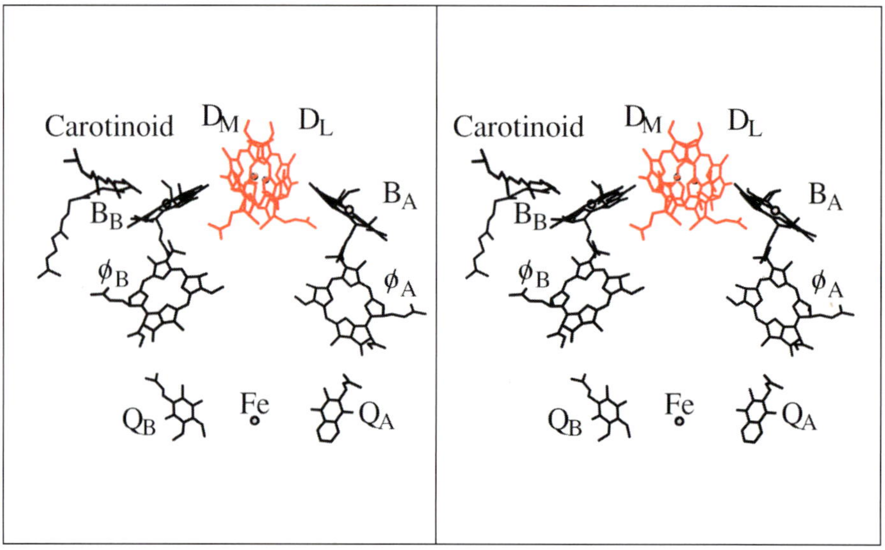

Abb. 3.10 Stereopaar der dreidimensionalen Anordnung der Chromophore und Chinone im Reaktionszentrum von *Rp. viridis.* Die räumliche Darstellung entspricht der in Abbildung 3.9 gezeigten Struktur. Das BChl-*a*-Paar D_MD_L (siehe Text) ist rot markiert. (Mit freundlicher Genehmigung von H. Michel und R.C.R.D. Lancaster, Frankfurt. Die Herstellung der Abbildungen 3.9 und 3.10 erfolgte durch P. Kraulis, Uppsala, mit dem Programm MOLSCRIPT.)

sind die Chromophore in zwei annähernd symmetrischen Ästen angeordnet. Dicht unter dem Paar befinden sich zu beiden Seiten die restlichen beiden BChl-*a*-Moleküle (B_A, B_B) als Monomere, unter diesen dann jeweils ein Bacteriophaeophytin (Φ_A, Φ_B). Während das Chlorophyllpaar (D_M, D_L) von den Untereinheiten L und M gemeinsam gebunden wird, sind Chlorophyll B_A und Phaeophytin Φ_A vorwiegend mit der Untereinheit L, und B_B und Φ_B mit der Untereinheit M assoziiert. Der Chinonring von Q_A wird durch Wasserstoffbrücken und hydrophobe Wechselwirkungen an die Untereinheit M gebunden, während sich die Bindungsstelle für das lose assoziierte Q_B an der Untereinheit L befindet.

3.4 Wie funktioniert das Reaktionszentrum?

Aus der Kenntnis der Struktur des Reaktionszentrums und dem Ergebnis umfangreicher kinetischer Untersuchungen des Reaktionszentrums, zu denen unter anderem Absorptions- und Fluoreszenzspektroskopie nach Lichtblitzen im Bereich von bis zu weniger als 10^{-13} s, sowie Kern- und Elektronenspin-Resonanz-Messungen herangezogen wurden, können wir uns jetzt ein Bild über die Funktion des bakteriellen Reaktionszentrums machen. Obgleich das Reaktionszentrum eine Symmetrie mit zwei fast identischen Ästen aufweist, verläuft der Elektronentransfer nur über den rechten Ast in Abbildung 3.10. Das Chlorophyllmonomer B_B auf der M-Seite steht in engem Kontakt mit einem **Carotinoidmolekül**. Dadurch kann ein durch Fehlfunktion gebildeter **Triplettzustand** des Chlorophyllpaares wieder in den Grundzustand übergehen (siehe Abschn. 2.3 und 3.7). Die Bedeutung des Phaeophytins (Φ_B) im linken Ast und auch die Funktion des Nichthäm-Eisens sind noch unklar.

Abbildung 3.11 zeigt die Funktion des Reaktionszentrums in einer schematischen Darstellung, bei der die Partner ungefähr nach ihrem elektrochemischen Potenzial angeordnet sind. Die primäre Reaktion des Reaktionszentrums mit dem durch die Antenne angelieferten Exciton (Abschn. 2.4) besteht in einer Anregung des Chlorophyllpaares. Dieser primäre Zustand hat eine nur sehr kurze Lebensdauer, innerhalb von drei Picosekunden wird durch das Phaeophytin (BPhe) über eine große Potenzialdifferenz ein Elektron „abgesaugt".

$$
\begin{aligned}
(\mathrm{BChl})_2 + 1\ \text{Exciton} &\rightarrow (\mathrm{BChl})_2^* \\
(\mathrm{BChl})_2^* + \mathrm{BPhe} &\rightarrow (\mathrm{BChl})_2^{+\bullet} + \mathrm{BPhe}^{-\bullet}
\end{aligned}
\tag{3.4}
$$

Wahrscheinlich wird das Elektron zunächst auf das BChl-Monomer (B_A) übertragen und erst dann auf das Phaeophytinmolekül (Φ_A). Der zweite Elektronentransfer erfolgt mit einer Halbwertszeit von 0,9 ps etwa viermal so schnell wie der zu B_A und wurde daher lange nicht erkannt. Das so gebildete **Phaeophytinradikal** tendiert dazu, dieses Elektron wieder zurückzugeben. Um dem zuvorzukommen, wird – ausgelöst durch eine hohe Potenzialdifferenz – das Elektron des Phaeophytinradikals innerhalb von 200 ps auf ein Chinon

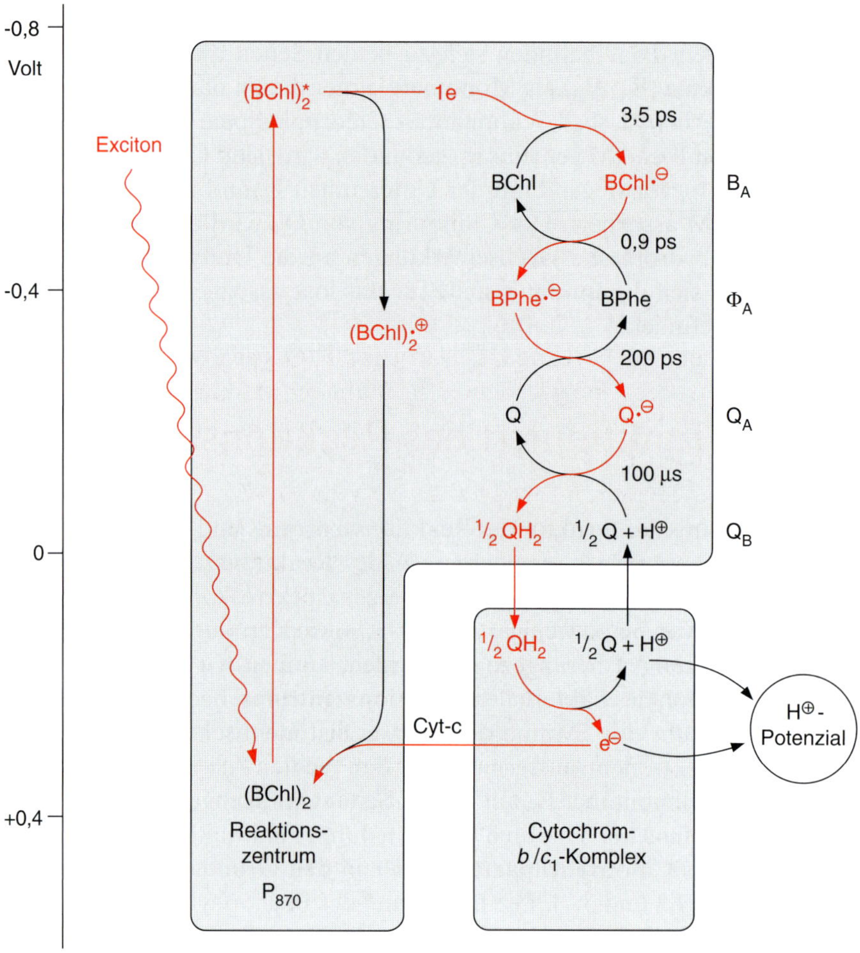

Abb. 3.11 Schematische Darstellung des cyclischen Elektronentransports der Photosynthese bei *R. sphaeroides*. Der durch einen Stern symbolisierte angeregte Zustand führt zu einer Ladungstrennung, es wird ein Elektron über Phaeophytin, die Chinone Q_A, Q_B und den Cyt-*b*/*c*$_1$-Komplex zu dem positiv geladenen Chlorophyllradikal geleitet. Q: Chinon, $Q^{\cdot-}$: Semichinonradikal, QH_2: Hydrochinon.

(Q_A) (Abbildung 3.11) abgezogen. Das daraus resultierende **Semichinonradikal** überträgt durch eine weitere Potenzialdifferenz sein Elektron auf das lose gebundene Ubichinon (Q_B) (Abb. 3.12). Q_B kann im Gegensatz zu Q_A zwei Elektronen aufnehmen. Es wird zunächst durch ein Elektron zu **Ubisemichinon** reduziert und nach erneuter Anregung des Reaktionszentrums und die erneute Bildung eines Semichinonradikals durch ein weiteres Elektron unter Aufnahme von Protonen weiter zu **Ubihydrochinon** reduziert. Die Bildung des Ubihydrochinons dauert insgesamt 100 µs. Ubihydrochinon ist im Gegensatz zu den sehr instabilen radikalischen Zwischenprodukten des bislang besprochenen Weges ein **stabiles Reduktionsmittel**. Diese Stabilität hat aber auch ihren Preis: Für die Bildung des Ubihydrochinons als erstes stabiles Produkt aus dem primären Anregungsstand des Chlorophylls sind mehr als die Hälfte der Energie der Excitonen als **Wärme** verloren gegangen.

Ubichinon trägt eine Isoprenoidseitenkette (Abb. 3.5). Ubichinon ist daher lipophil und in der Lipidphase der Photosynthesemembran sehr gut löslich. Diesen Effekt einer Isoprenoidseitenkette haben wir bereits bei Chlorophyll (Abschn. 2.2) kennengelernt. Im Gegensatz zu Chlorophyll, Phaeophytin und Q_A, die in der Membran fest an Proteine gebunden sind, kann das

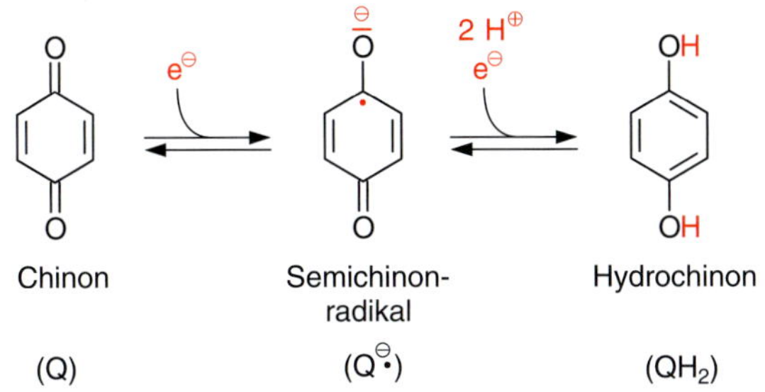

Abb. 3.12 Bei der Ein-Elektronen-Reduktion eines Chinons entsteht ein Semichinonradikal und nach weiterer Reduktion und Übertragung von zwei Protonen Hydrochinon.

im Reaktionszentrum liegende Ubihydrochinon (Q_B) gegen Ubichinon ausgetauscht werden. Das Ubihydrochinon bleibt in der Membranphase und kann sich darin durch Diffusion bewegen. Es dient so als Transportmetabolit für Reduktionsäquivalente in der Membranphase. Es speist die Elektronen in den ebenfalls in der Membran liegenden **Cytochrom-*b*/*c*$_1$-Komplex** ein, durch den die Elektronen über Cytochrom-*c* in das Reaktionszentrum zurückgeleitet werden. Dabei wird Energie zur Ausbildung eines Protonenpotenzials (siehe Abschn. 4.1) abgeschöpft, welches zur ATP-Synthese genutzt wird. Aufbau und Mechanismus des Cytochrom-*b*/*c*$_1$-Komplexes und des Enzymapparates der ATP-Synthese werden im Zusammenhang mit der pflanzlichen Photosynthese in Abschnitt 3.7 und Kapitel 4 besprochen.

Der am Beispiel der Purpurbakterien gezeigte cyclische Elektronentransport der Photosynthese lässt sich durch ein einfaches Schaltschema zusammenfassen (Abb. 3.13). Das Chlorophyllpaar und das Phaeophytin, zwischen

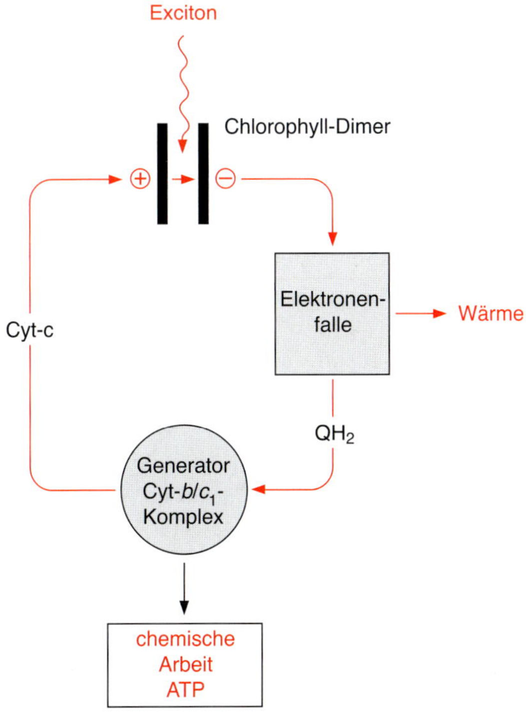

Abb. 3.13 Der cyclische Elektronentransport der Photosynthese lässt sich als ein elektrischer Stromkreis darstellen, der Arbeit leistet.

denen durch Lichtenergie ein Elektron übertragen wird, verhalten sich wie die Platten eines geladenen Kondensators, zwischen denen eine Spannung aufgebaut wird. Diese Spannung treibt einen Elektronenfluss, einen Strom. Der Spannungsabfall erfolgt zunächst über einen Widerstand, bei dem ein sehr großer Teil der Elektronenenergie irreversibel in Wärme umgewandelt wird. Dieser erste Spannungsabfall wirkt als Elektronenfalle: Er sorgt dafür, dass die Elektronen schnell von dem Kondensator abgezogen werden. Nach diesem Widerstand ist ein Generator geschaltet, der die verbleibende Spannung zur Leistung von Arbeit ausnutzt.

Bei der Photosynthese in Algen und Pflanzen sind zwei photosynthetische Reaktionszentren hintereinandergeschaltet

Wie in Abschnitt 2.4 besprochen, wurde für die photosynthetische Wasserspaltung durch Grünalgen ein **Quantenbedarf** (absorbierte Photonen pro gebildetem Molekül O_2) von etwa acht ermittelt. Statt dem Begriff Quantenbedarf benutzt man auch den reziproken Begriff **Quantenausbeute** (produzierte Moleküle O_2 pro absorbiertem Photon). Bei der Untersuchung der Abhängigkeit der Quantenausbeute von der Farbe des eingestrahlten Lichtes – man bezeichnet dies als Wirkungsspektrum – zeigte es sich, dass mit rotem Licht oberhalb einer Wellenlänge von 680 nm die Quantenausbeute sehr steil abfällt (Abb. 3.14). Dieser als ***red drop*** bezeichnete Effekt blieb zunächst rätselhaft, da in den Algen Chlorophylle vorhanden sind, die bei 700 nm Licht absorbieren. Der Amerikaner Robert Emerson und seine Mitarbeiter beobachteten 1957, dass die Quantenausbeute im Spektralbereich oberhalb von 680 nm dramatisch zunimmt, wenn zusätzlich zu dem langwelligen Rotlicht auch hellrotes Licht von 650 nm eingestrahlt wurde. Die Quantenausbeute bei gemeinsamer Einstrahlung war höher als die Summe der Ausbeuten, die man erhält, wenn man beide Wellenlängen separat einstrahlt.

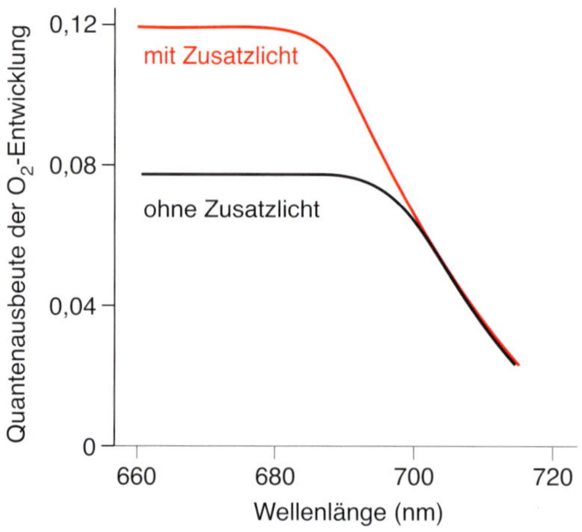

Abb. 3.14 Quantenausbeute der O_2-Freisetzung in Grünalgen (*Chlorella*) in Abhängigkeit von der Wellenlänge des eingestrahlten Lichtes. Bei der oberen Kurve wurde zusätzlich Licht von 650 nm eingestrahlt. Nach Emerson und Rabinowitch.

Aus diesem **Emerson-Effekt** wurde geschlossen, dass an der Photosynthese der Grünalgen (und auch der Cyanobakterien und Pflanzen) zwei verschiedene Photosysteme, die aus Antennen und Reaktionszentren bestehen, beteiligt sind. Robert Hill und Fay Bendall postulierten 1960 ein Reaktionsschema (Abb. 3.15), bei dem **zwei Photosysteme in Serie** geschaltet sind, die durch eine Elektronentransportkette mit den **Cytochromen-b_6** und dem **Cytochrom-*f*** (einem Cytochrom des *c*-Typs) verbunden sind (Abschn. 3.7). Für die Anregung des einen Reaktionszentrums sind Antennen verantwortlich, die noch bei 700 nm absorbieren, während für die Anregung des anderen Reaktionszentrums vorwiegend Antennen verantwortlich sind, die höher energetisches, also kurzwelligeres Licht (unter 680 nm) absorbieren. Die Auftragung der Reaktionsfolge nach den Redoxpotenzialen ergibt einen Zick-Zack-Verlauf, man spricht daher von einem **Z-Schema**. Die Nummerierung der Photosysteme wurde nach der Reihenfolge ihrer Entdeckung vorgenommen. Das **Photosystem II** (PS II) hat sein Wirkungsoptimum bei einer Wellenlänge von **680 nm**, und **Photosystem I** bei **700 nm**. Die Hintereinanderschaltung der beiden Photosysteme sorgt dafür, dass am PS II ein **sehr starkes Oxidationsmittel** zur Oxidation des Wassers und am PS I ein **sehr starkes Reduktionsmittel** zur Reduktion des $NADP^+$ erzeugt wird.

Abbildung 3.16 gibt einen Überblick über den Elektronentransport der Photosynthesekomplexe, wobei die Trägersubstanzen (Carrier) des Elektronentransports wie in Abbildung 3.11 nach den elektrischen Potenzialen angeordnet sind. Abbildung 3.17 zeigt die Anordnung der Photosynthesekomplexe in der Thylakoidmembran. Zwischen der Oxidation des Wassers und der Reduktion des $NADP^+$ besteht eine Potenzialdifferenz von etwa 1,2 Volt. Die zwei absorbierten Photonen von 680 und 700 nm entsprechen insgesamt einer Potenzialdifferenz von 3,45 Volt (Abschn. 2.2, Gleichung 2.7). Es wird also nur etwas mehr als ein Drittel der Energie des in den Photosystemen absorbierten

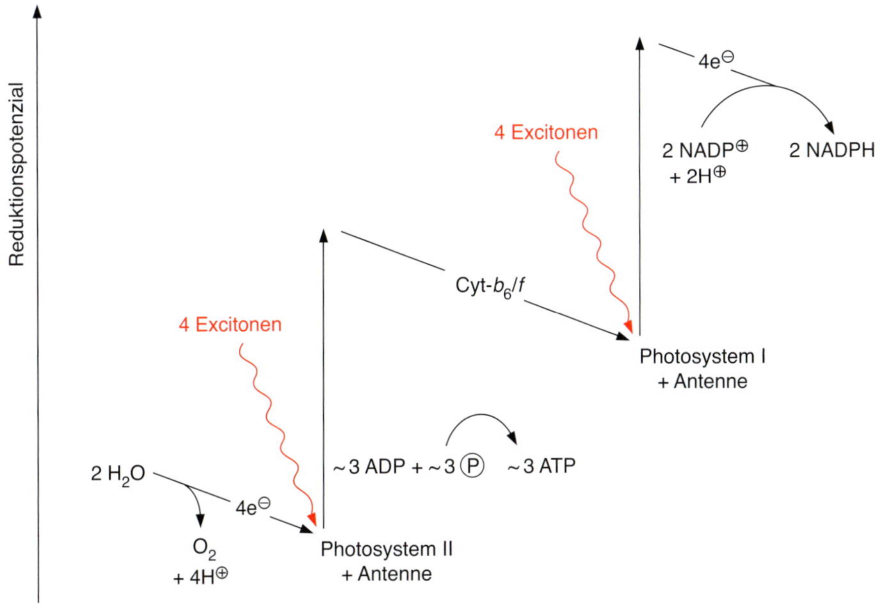

Abb. 3.15 Das Z-Schema der Photosynthese in Pflanzen. Durch zwei hintereinandergeschaltete Photosysteme werden Elektronen vom Wasser auf $NADP^+$ übertragen, dabei wird gleichzeitig über einen zwischengeschalteten Protonengradienten ATP gebildet. Die Menge des dabei gebildeten ATP ist umstritten, sie liegt wahrscheinlich zwischen 2 und 3 ATP pro 2 H_2O (siehe Abschnitt 4.4).

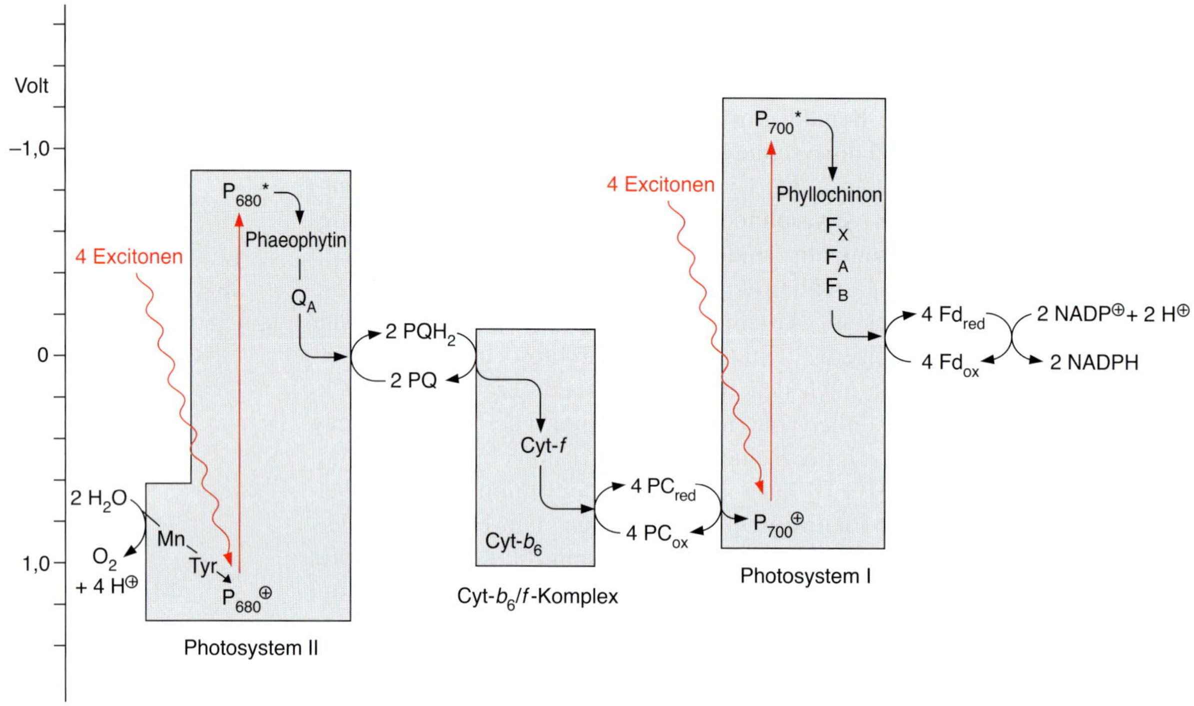

Abb. 3.16 Schematische Darstellung des nichtcyclischen Elektronentransports in Pflanzen. Die Reaktionspartner sind nach ihrem Redoxpotenzial und nach ihrer Zugehörigkeit in den drei am Elektronentransport beteiligten Komplexen aufgetragen. Ein Stern symbolisiert einen angeregten Zustand. Der Elektronentransport zwischen dem Photosystem-II-Komplex und dem Cyt-b_6f-Komplex erfolgt durch Plastohydrochinon (PQH_2), das dabei zum Plastochinon (PQ) oxidiert wird und dann weiter zum Photosystem-I-Komplex durch Plastocyanin (PC). Dieses Reaktionsschema gilt auch für Cyanobakterien mit der Änderung, dass Plastocyanin durch Cytochrom-*c* ersetzt ist. Einzelheiten siehe Abb. 3.18 und 3.31.

Lichtes dazu genutzt, um Elektronen vom Wasser auf $NADP^+$ zu übertragen. Zusätzlich wird etwa ein Achtel der von beiden Photosystemen absorbierten Lichtenergie dazu verwendet, um über PS II und den Cytochrom-b_6/f-Komplex (Abb. 3.17) Protonen in das Lumen der Thylakoide zu pumpen. Dieser Protonentransport führt zur Bildung eines Protonengradienten zwischen dem Lumen und dem Stromaraum. Eine H^+-ATP-Synthase, die ebenfalls in der Thylakoidmembran lokalisiert ist, nutzt die Energie des Protonengradienten zur Synthese von ATP.

Demnach wird etwa die Hälfte der Energie der von beiden Reaktionszentren übernommenen Excitonen nicht zur Leistung von Arbeit genutzt, sondern geht als Wärme verloren. Im vorigen Abschnitt wurde die Bedeutung dieses Wärmeüberganges bei der Photosynthese am Beispiel der Purpurbakterien ausführlich besprochen.

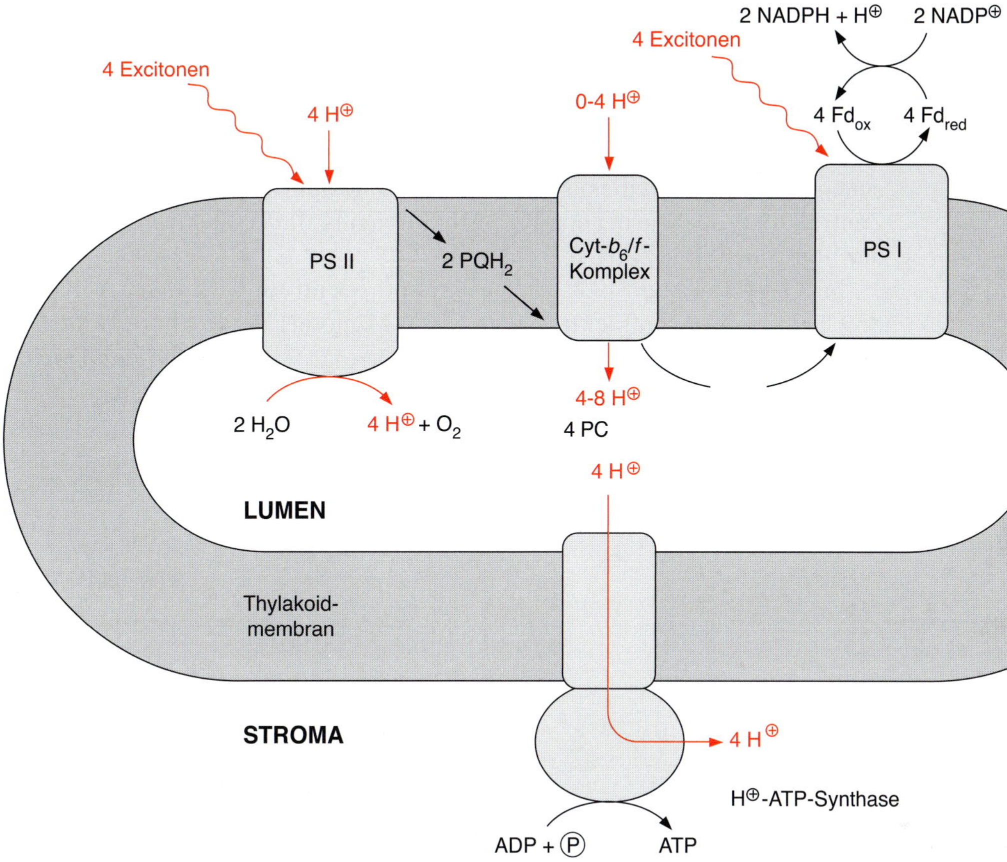

Abb. 3.17 Schematische Darstellung der Anordnung der Photosynthesekomplexe und der H+-ATP-Synthase in der Thylakoidmembran. Der Transport der Elektronen zwischen PS II und dem Cytochrom-b_6/*f*-Komplex erfolgt durch Plastohydrochinon (PQH_2) und der zwischen dem Cytochrom-b_6/*f*-Komplex und PS I durch Plastocyanin (PC). Die Spaltung des Wassers erfolgt an der Lumenseite, die Bildung des NADPH und des ATP an der Stromaseite. Der Gradient der in das Lumen transportierten Protonen treibt die ATP-Synthese (siehe Abschnitt 4.4).

3.5 Durch Photosystem II wird Wasser gespalten

Die dreidimensionale Struktur des PSII wurde erstmalig von den Arbeitsgruppen Horst Witt und Wolfram Saenger (beide in Berlin) durch eine hochauflösende Röntgenstrukturanalyse von Kristallen des PSII aus dem thermophilen Cyanobakterium ***Thermosynechococcus elongatus*** aufgeklärt. Es zeigt sich dabei, dass PSII, und wie später gezeigt auch PSI, nach dem gleichen Grundprinzip aufgebaut sind wie das in Abschnitt 3.4 besprochene Reaktionszentrum der Purpurbakterien. Hieraus, und auch aus Sequenzanalysen der beteiligten Proteine geht klar hervor, dass alle diese Photosysteme von einer **gemeinsamen Urform** abstammen. So befindet sich auch in PSII ein Chl-*a*-Paar im Zentrum, wobei allerdings der Abstand zwischen den beiden Molekülen so groß ist, dass bei der Anregung durch ein Exciton wahrscheinlich nur eines der beiden Chl-*a*-Moleküle allein reagiert. Von diesem zentralen Paar leiten sich wie in Abbildung 3.19 zwei Arme mit je einem Chl-*a* und einem Phaeophytin (einem spezialisierten Chlorophyllmolekül ohne Mg^{2+} als Zentralatom) ab. Wie bei den Purpurbakterien läuft der Elektronentransport nur über einen dieser Arme.

Im Gegensatz zum bakteriellen Reaktionszentrum wird nach Anregung durch ein Exciton ein Elektron vom Chl-*a*-Monomer des Reaktionszentrums auf Phaeophytin (Phe) abgegeben. Phe überträgt sein Elektron dann weiter auf ein festgebundenes Plastochinon (Q_A) (Abb. 3.18). Dabei entsteht ein Semichinonradikal. Das Elektron wird dann auf ein locker gebundenes Plastochinon (Q_B) übertragen. Dieses Plastochinon (PQ) (Abb. 3.19) nimmt nacheinander insgesamt zwei Elektronen sowie zwei Protonen auf und wird

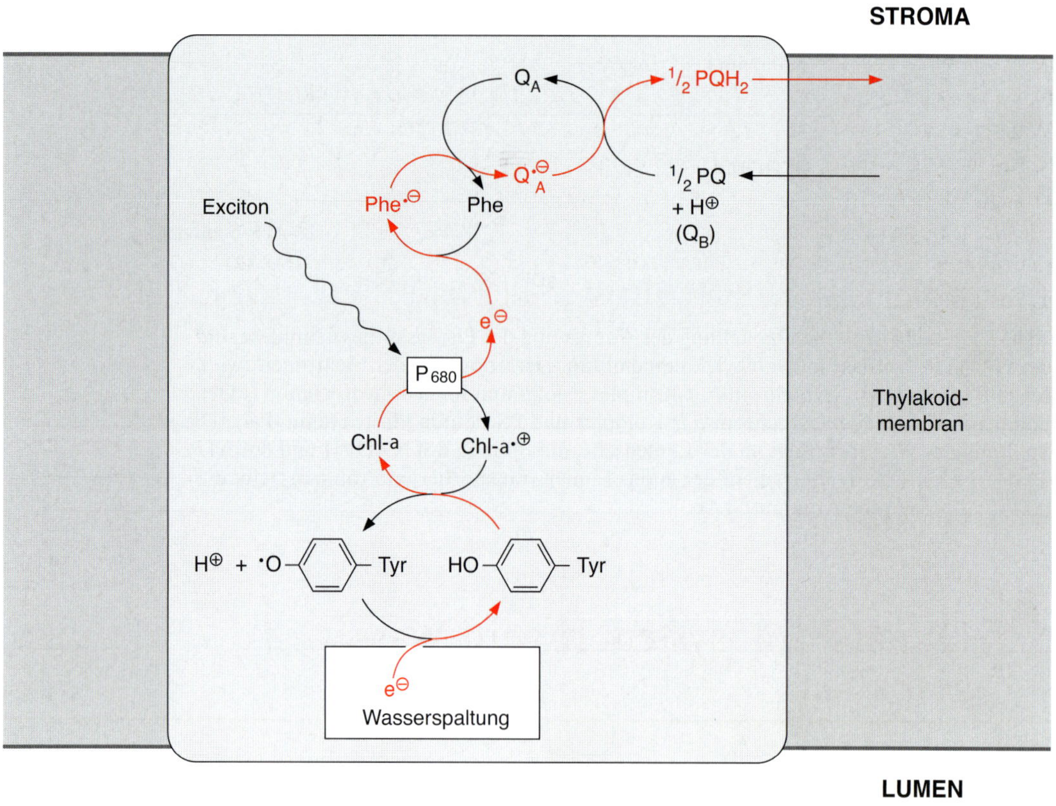

Abb. 3.18 Reaktionsschema des photosynthetischen Elektronentransports im Photosystem-II-Komplex. Die Anregung durch ein Exciton führt zu der Abgabe eines Elektrons. Das verbleibende positiv geladene Chlorophyllradikal wird durch einen Tyrosinrest reduziert und Letzteres durch einen Cluster von wahrscheinlich vier Manganatomen (Abb. 3.20), der seinerseits die Oxidation des Wassers bewirkt. Das negativ geladene Chlorophyllradikal überträgt sein Elektron über Phaeophytin und ein Chinon Q_A schließlich auf Plastochinon (PQ).

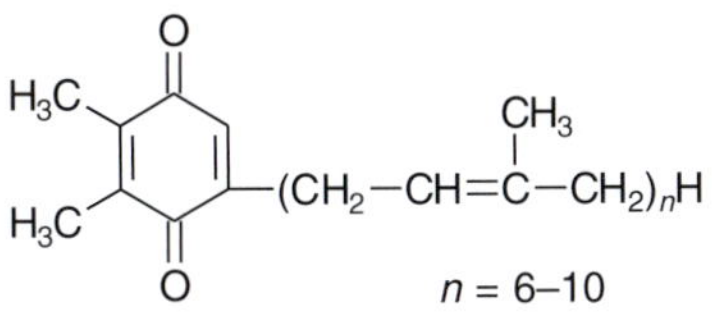

Abb. 3.19 Plastochinon.

dadurch zu einem Hydrochinon (PQH_2) reduziert. Das Hydrochinon wird von dem Photosynthesekomplex freigesetzt und bildet so das eigentliche Produkt des Photosystems II. Dieser Übergang von der Einzelelektronenübertragung zwischen dem (Chl-*a*)$_2$ und Q_A und der Zweielektronenübertragung zwischen Q_A und Q_B entspricht dem Reaktionsablauf bei *R. sphaeroides* mit dem Unterschied, dass die Chinone in den Bakterien Ubichinon oder Menachinon und im PS II Plastochinon sind.

Die Ähnlichkeit des Reaktionsablaufes im PS II und im Photosystem der Purpurbakterien betrifft aber nur den Elektronenakzeptorbereich. Die Elektronendonorfunktion im PS II ist anders als bei Purpurbakterien. Die durch den nichtcyclischen Elektronentransport entstehende Elektronenlücke in (Chl-*a*)$_2^{+\cdot}$ wird durch Elektronen, die vom Wasser abgezogen werden, aufgefüllt. Es wird so Wasser zu O_2 oxidiert. Am Transport der Elektronen von Wasser auf Chlorophyll sind Mangan-Ionen und ein **Tyrosinrest** beteiligt. Das (Chl-*a*)$_2^{+\cdot}$-Radikal mit einem Redoxpotenzial von etwa +1,1 Volt ist ein so starkes Oxidationsmittel, dass es einem Tyrosinrest des Reaktionszentrums ein Elektron entreißen kann. Es entsteht ein Tyrosinradikal. Dieser reaktive Tyrosinrest wird in der Literatur auch mit Z bezeichnet. Die Elektronenlücke im Tyrosinradikal wird durch die Oxidation eines Mangan-Ions aufgefüllt (Abb. 3.20). Der PS-II-Komplex enthält mehrere Mn-Ionen – wahrscheinlich vier –, die dicht nebeneinander angeordnet sind. Man spricht von einem

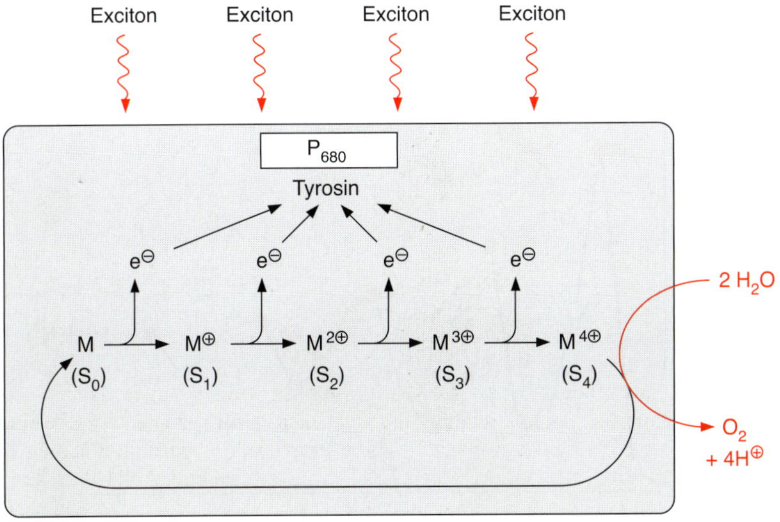

LUMEN

Abb. 3.20 Funktionsschema des Wasserspaltungsapparates von Photosystem II. M bedeutet ein Cluster von wahrscheinlich 4 Manganatomen. Die Manganatome können in verschiedenen Oxidationszuständen vorliegen. Der Cluster wirkt als eine Redoxeinheit und speist nacheinander insgesamt vier Elektronen in das Reaktionszentrum des PS II ein. Das Defizit dieser vier Elektronen wird durch die Spaltung von 2 H_2O zu O_2 und 4 H^+ wieder aufgefüllt. Es bedeuten M = $(4\ Mn)^{n+}$, $M^+ = (4\ Mn)^{(n+1)+}$ usw.

Mn-Cluster. Das Mn-Cluster stellt ein Redoxsystem dar, das insgesamt vier Elektronen aufnehmen und wieder abgeben kann. Dabei wechseln die Mn-Ionen wahrscheinlich zwischen den Oxidationsstufen Mn^{3+} und Mn^{4+}.

Die Freisetzung von einem Molekül O_2 aus Wasser erfordert die Abgabe von vier Elektronen und damit das Einfangen von vier Excitonen. Je nach Belichtungsstärke sind die Zeitabstände zwischen dem Eintreffen der Excitonen im Reaktionszentrum unterschiedlich. Wenn die Oxidation des Wassers schrittweise erfolgte, würden insbesondere bei niedrigen Lichtintensitäten **Sauerstoffradikale** als Zwischenprodukte entstehen. Sauerstoffradikale wirken auf Biomoleküle wie Proteine und Lipide stark zerstörend. Der Wasserspaltungsapparat des Mn-Clusters minimiert die Bildung radikalischer Zwischenstufen des Sauerstoffs, indem von dem Cluster nach Bedarf zunächst vier Elektronen nacheinander über das Tyrosin in das Reaktionszentrum abgegeben werden (Abb. 3.20). Das Mn-Cluster durchläuft dabei nach dem Grundzustand vier verschiedene Oxidationsstufen (diese werden auch als S_0 und S_1 bis S_4 bezeichnet).

Das Vorhandensein dieser fünf verschiedenen Oxidationsstufen des Wasserspaltungsapparates geht aus Experimenten von Pierre Joliot und Bessel Kok hervor (Abb. 3.21). Bei der Belichtung von vorher dunkel gehaltenen Chloroplasten durch eine Serie von Lichtblitzen wurde eine Oszillation der O_2-Freisetzung beobachtet. Während nach den ersten beiden Blitzen fast kein O_2 freigesetzt wird, erfolgt die größte O_2-Freisetzung nach drei Blitzen, dann nach weiteren vier Blitzen und so weiter. Allerdings wird bei steigender Blitzzahl die Oszillation immer stärker gedämpft. Diese Dämpfung lässt sich dadurch erklären, dass manche Blitze keine Anregung des PS II verursachen und so die Oszillation desynchronisiert wird. Der Wasserspaltungsapparat in den Chloroplasten liegt im Dunkeln offenbar im Zustand S_1 vor. Nach Erreichen der vierten Oxidationsstufe (S_4) wird O_2 in einer Reaktion freigesetzt, und das Mn-Cluster kehrt wieder in den Grundzustand zurück. Bei diesem Prozess

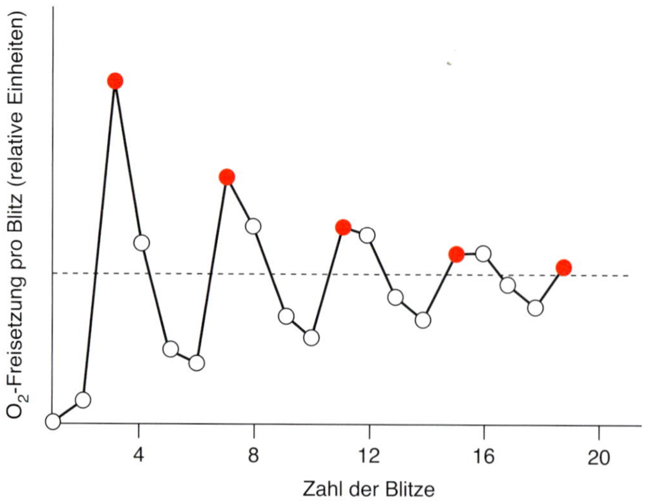

Abb. 3.21 Ausbeute des freigesetzten Sauerstoffs durch Chloroplasten in Abhängigkeit von der Zahl der Lichtblitze. Die zuvor verdunkelten Chloroplasten wurden durch Lichtblitze von 2 µs Dauer, unterbrochen von 0,3 s Pausen, belichtet. Nach Forbush, Kok und McGoild (1971).

werden die aus dem Wasser gebildeten Protonen in das Lumen der Thylakoide abgegeben. Formal kann die Reaktion wie folgt beschrieben werden:

$$\begin{aligned} 2\,H_2O &\longrightarrow 4\,H^+ + 2\,O^{2-} \\ 2\,O^{2-} + M^{4+} &\longrightarrow O_2 + M \end{aligned} \qquad (3.5)$$

Bildlich gesprochen wird durch den Mn-Cluster der Bedarf von vier Elektronen im Reaktionszentrum vorfinanziert, um dann in einem Schlag durch die Oxidation des Wassers beglichen zu werden. Dadurch dürfte das Mn-Cluster einen wichtigen Beitrag zur Verringerung der Bildung von O-Radikalen bei der Photosynthese liefern. Trotz dieser Verminderung ist die Bildung von O-Radikalen im PS-II-Komplex jedoch immer noch groß genug, um eine schädigende Wirkung auf Proteine des Komplexes zu haben. Die Auswirkungen dieser Schädigung werden in Abschnitt 3.10 näher besprochen.

Der Photosystem-II-Komplex ist dem Reaktionszentrum in Purpurbakterien sehr ähnlich

Der Enzymapparat des PS II ist in einem Komplex angeordnet, der aus mindestens 20 verschiedenen Untereinheiten zusammengesetzt ist (Tabelle 3.2), von denen zwei das eigentliche Reaktionszentrum darstellen. Das in Abb. 3.22 gezeigte Schema des PS-II-Komplexes beschränken sich daher auf nur einige

Tabelle 3.2: Proteinkomponenten des Photosystems II (Aufstellung nicht vollständig)

Protein	Molekularmasse (kDa)	Lokalisation	codiert in	Funktion
D_1	32	in Membran	Chloroplast	Bindung von P_{680}, Phe, Q_B, Tyr_Z, Mn-Cluster
D_2	34	"	"	Bindung von P_{680}, Phe, Q_A, Mn-Cluster
CP 47	47	"	"	Core-Antenne, bindet periphere Antenne (LHC)
CP 43	43	"	"	"
Cyt-$b_{559\alpha}$	9	"	"	bindet Häm, Schutz von PS II vor Lichtschädigung
Cyt-$b_{559\beta}$	4	"	"	"
MSP (Manganstabilisierendes Protein)	33	peripher: Lumen	Kern	Stabilisierung von Mn-Cluster
P	23	"	"	"
Q	16	"	"	"

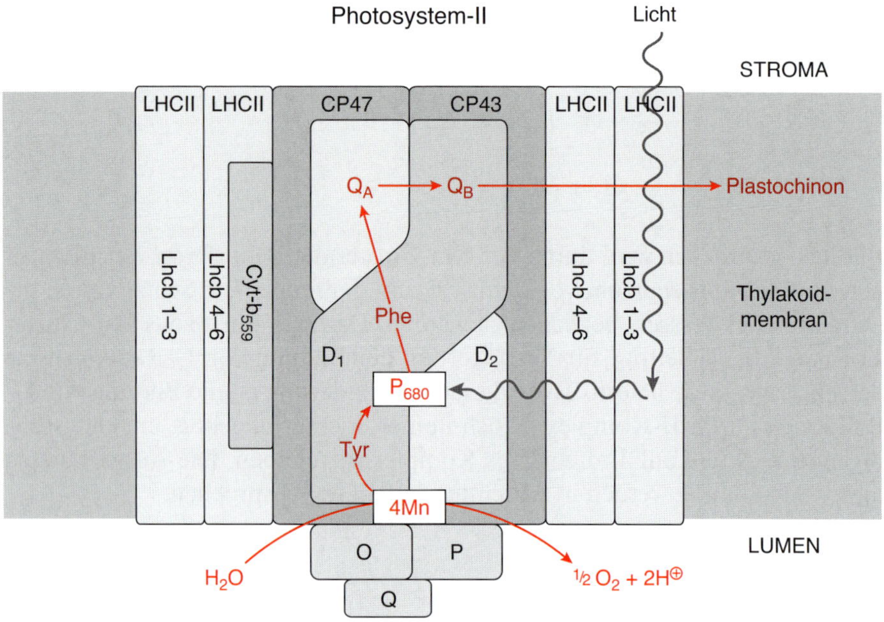

Abb. 3.22 Vereinfachtes Strukturschema des Photosystem-II-Komplexes. Grundlage für das Schema sind die von den Arbeitsgruppen Witt und Saenger (Berlin) durchgeführten Strukturanalysen und auch Untersuchungen zur Chinonbindung an die Untereinheiten D_1 und D_2 welche zu den Untereinheiten L und M in Purpurbakterien homolog sind. Es zeigt sich, dass die Struktur des PS II der Struktur des Reaktionszentrums in Purpurbakterien im Wesentlichen entspricht. Siehe auch Tabelle 3.2. Die beiden Core-Antennen CP 43 und CP 47 sind zu beiden Seiten des D_1-D_2-Komplexes angeordnet. Die inneren und äußeren Lichtsammelkomplexe LHC II befinden sich in der Peripherie. (Frei nach Rögner)

Untereinheiten (Tabelle 3.2). Der PS-II-Komplex ist von einer Antenne, bestehend aus Lichtsammelkomplexen (Abb. 2.13) umgeben.

Das Zentrum des PS-II-Komplexes ist ein Heterodimer aus den Untereinheiten $\mathbf{D_1}$ und $\mathbf{D_2}$. An diesem Heterodimer findet man sechs Chl-*a*-Moleküle, zwei Phaeophytine, zwei Plastochinone und ein bis zwei Carotinoide gebunden. D_1- und D_2-Protein sind zueinander und auch zu den L- und M-Proteinen aus den Reaktionszentren der Purpurbakterien (Abschn. 2.4) homolog. Wie bei den Purpurbakterien ist auch beim PS II nur das an D_1-Protein gebundene Phaeophytinmolekül am Elektronentransport beteiligt. Q_A ist hingegen an das D_2-Protein gebunden und Q_B wiederum an das D_1-Protein. Das Mn-Cluster wird wahrscheinlich von den D_1- und D_2-Proteinen zusammengehalten. Das bei der Elektronenübertragung reaktive Tyrosin ist ein Bestandteil von D_1. Die Untereinheiten O,P,Q stabilisieren den Mn-Cluster. Die beiden Untereinheiten CP 43 und CP 47 (CP steht für **C**hlorophyll-**P**rotein) binden jeweils etwa 15 Chlorophyllmoleküle und bilden den in Abbildung 2.10 gezeigten **Core-Komplex der Antenne**. CP 43 und CP 47 flankieren beide Seiten des D_1-D_2-Komplexes. Cyt-b_{559} ist für den Elektronentransport im PS II nicht essenziell, möglicherweise besitzt es eine Schutzfunktion gegen eine Lichtschädigung des PS-II-Komplexes. In der Peripherie sind die Lichtsammelkomplexe des LHC II angeordnet, nämlich die Chlorophyllbindenden Proteine Lhcb 4-6 und Lhcb 1-3.

Das D_1-Protein unterliegt einem hohen Turnover, es wird ständig neu synthetisiert. Offenbar verschleißt das D_1-Protein während seiner Funktion, möglicherweise verursacht durch Sauerstoff-Radikale, die trotz aller Schutzmechanismen immer noch auftreten. Man hat überschlagen, dass ein D_1-Protein im Mittel nach 10^6–10^7 katalytischen Zyklen des Reaktionszentrums von PSII ersetzt wird.

Eine Reihe von Substanzen, deren Struktur dem Plastochinon ähnlich ist, binden an das D_1-Protein und verursachen dadurch eine Hemmung der Photosynthese. Diese Substanzen finden Verwendung als Herbizide. Vor einer Besprechung dieser Substanzen wollen wir kurz auf die Anwendung von Herbiziden eingehen.

Maschinelle Landwirtschaft erfordert zumeist den Einsatz von Herbiziden

Von den weltweit produzierten Pflanzenschutzmitteln entfallen umsatzmäßig etwa die Hälfte auf **Herbizide** – Mittel zur Bekämpfung von Unkräutern. Die Unkrautbekämpfung in der Landwirtschaft dient nicht nur der Eindämmung von Ertragsverlusten durch Unkrautkonkurrenz. Unkrautfreie Äcker sind auch Voraussetzung für eine mechanisierte Landwirtschaft, da bei hohem Unkrautbesatz eine maschinelle Ernte stark behindert ist oder sogar unmöglich sein kann. Einer der wesentlichen Gründe für die große Bedeutung der Herbizide in der Landwirtschaft der Industrieländer sind die Kosten der menschlichen Arbeitskraft. Ein Feld lässt sich billiger mit Herbiziden als mit menschlicher Arbeitskraft unkrautfrei halten.

Man verwendet als Herbizide verschiedenartige Substanzen, die essenzielle Reaktionen des Pflanzenstoffwechsels blockieren und eine möglichst geringe toxische Wirkung gegenüber Tieren (und damit auch gegenüber den Menschen) aufweisen. Eine große Anzahl von Herbiziden (Beispiele werden am Ende dieses Abschnitts gegeben) wirken dadurch, dass sie als Plastochinon-Antagonisten das Photosystem II hemmen. Um hierbei eine Wirkung zu erzielen, muss das Herbizidmolekül an die Mehrzahl der sehr vielen Photosynthesezentren gebunden werden. Die Aufwandmenge für diese Herbizide beträgt zwischen 125 und 4000 g pro Hektar.

Im Bestreben, den Eintrag von Herbiziden möglichst gering zu halten, haben sich in zunehmendem Maße Herbizide durchgesetzt, die in Biosynthesereaktionen, wie der Synthese von Fettsäuren, bestimmter Aminosäuren, Carotinoiden oder Chlorophyll, eingreifen. Auch gibt es Herbizide, die als Phytohormonanalogon oder als Mitosehemmer wirken. Bei diesen Herbiziden kann die Bindung von relativ wenigen Molekülen bereits eine starke Wirkung erzielen, bei manchen reicht eine Auftragsmenge von nur 5 g pro Hektar aus. Es gibt Herbizide, die nur durch die Wurzeln, und andere, die über die Blätter aufgenommen werden.

Zur Verwendung von Herbiziden gibt es verschiedene Strategien. Um beispielsweise Gleiskörper der Bahn unkrautfrei zu halten, verwendet man **Totalherbizide**, das heißt, Herbizide, die die gesamte Vegetation vernichten. In diesem Fall benutzt man oft Herbizide, die nur langsam abgebaut und über die Wurzeln aufgenommen werden. Totalherbizide werden aber auch in der Landwirtschaft verwendet, um beispielsweise Citrusplantagen unkrautfrei zu halten. Hierbei werden jedoch Herbizide verwendet, die nur durch die Blätter aufgenommen werden. Von ganz besonderem Interesse sind **selektive Herbizide**, die nur die Unkräuter und möglichst nicht die Kulturpflanzen treffen (Abschn. 12.2, 15.3, 19.1). Eine Selektivität kann unterschiedliche Ursachen haben, zum Beispiel Unterschiede zwischen der Aufnahme der Herbizide in die verschiedenen Pflanzen, zwischen der Empfindlichkeit des Stoffwechsels gegenüber den Herbiziden oder auch zwischen der Fähigkeit der Pflanzen, diese Fremdstoffe zu entgiften. Wichtige pflanzliche Mechanismen zur Entgiftung von Herbiziden und anderen Fremdstoffen (Xenobiotica) sind die Einführung von Hydroxylgruppen durch P_{450}-Monooxigenasen (Abschn. 18.2) und die Bildung von Glutathionkonjugaten (Abschn. 12.2). Selektive Herbizide haben unter anderem den Vorteil, dass man die Unkräuter je nach Bedarf erst zu einem späteren Wachstumsstadium der Nutzpflanzen vernichtet, und dass so die abgestorbenen Unkräuter eine wassersparende und erosionsvermeidende Mulchschicht bilden können.

Wie an einem Beispiel in Abschnitt 10.4 gezeigt wird, ist es nach spontan auftretenden Mutationen mit klassischen Züchtungstechniken gelungen, herbizidresistente Kulturpflanzen zu erhalten. Im Gegensatz zu diesen zufallsbedingten Ergebnissen ermöglicht es die Gentechnik, gezielt Kulturpflanzen zu erzeugen, die gegen ein bestimmtes Herbizid resistent sind. Dies eröffnet die Möglichkeit, Herbizide, die besonders schnell in umweltverträgliche Produkte abgebaut werden oder in besonders geringen Mengen wirken, als selektive Herbizide zu verwenden. Beispiele hierfür werden in den Abschnitten 10.1 und 10.4 besprochen.

Abb. 3.23 Hemmstoffe des Photosystems II, die als Herbizide verwendet werden.

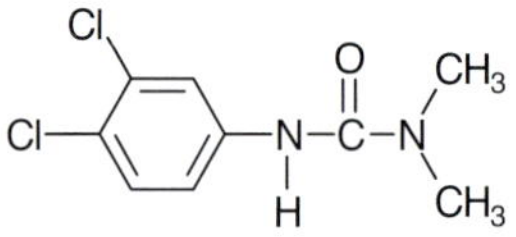

Diuron (DuPont)
3-(3,4-Dichlorphenyl)-1,1-dimethylharnstoff (DCMU)

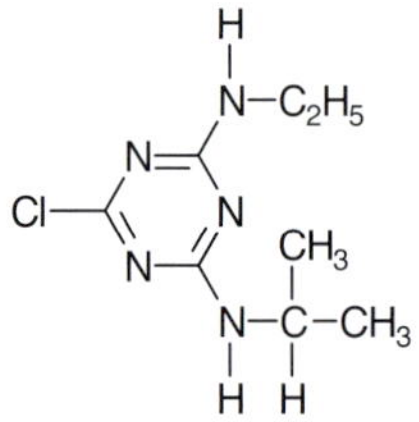

Atrazin

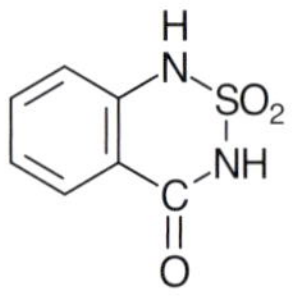

Bentazon
(BASF)

Eine große Anzahl von Herbiziden hemmt die Photosynthese: Das Harnstoffderivat **DCMU** (Diuron, DuPont), das Triazin **Atrazin** (früher Ciba Geigy), **Bentazon** (BASF) (Abb. 3.23) sowie viele ähnliche Substanzen wirken als Herbizide, indem sie an die Plastochinonbindungsstelle am D_1-Protein binden und so eine Blockierung der Photosynthese verursachen. Allerdings wird DCMU wegen der erforderlichen hohen Dosis und des langsamen Abbaus nur noch wenig verwendet. Man benutzt es häufig im Labor, um die Photosynthese von beispielsweise Blättern oder isolierten Chloroplasten zu hemmen. Atrazin wirkt selektiv: Maispflanzen sind gegen dieses Herbizid relativ unempfindlich, da sie einen besonders effizienten Mechanismus zu dessen Entgiftung besitzen. Wegen des relativ langsamen Abbaus im Boden ist der Gebrauch von Atrazin in Deutschland nicht mehr erlaubt. Auf Feldern, in denen Herbizide kontinuierlich viele Jahre verwendet wurden, konnte bei einigen Unkräutern die Entwicklung einer Herbizidresistenz beobachtet werden. In einigen Fällen wurde als Ursache dieser Resistenz ein durch Mutation verursachter Austausch einer Aminosäure im D_1-Protein nachgewiesen. Diese Mutation hatte nur geringen Einfluss auf die Photosynthese der betreffenden Unkräuter, verhinderte aber die Bindung des Herbizids.

3.6 Der Cytochrom-b_6/*f*-Komplex vermittelt den Elektronentransport zwischen Photosystem II und Photosystem I

Eisenatome in Cytochromen und Eisen-Schwefel-Zentren haben eine zentrale Funktion als Redoxüberträger

Cytochrome kommen in allen Organismen, mit Ausnahme einiger obligater Anaerobier, vor. Es sind Proteine, die einen bis vier **Tetrapyrrolringe** gebunden enthalten. Diese Tetrapyrrole sind strukturell den Chromophoren der Chlorophylle sehr ähnlich. Während jedoch die Chlorophylle Mg^{2+} als Zentralatom im Tetrapyrrol enthalten, besitzen Cytochrome dort ein Eisenatom (Abb. 3.24). Der Tetrapyrrolring der Cytochrome mit Eisen als Zentralatom wird als **Häm** bezeichnet. Das gebundene Eisenatom kann durch Aufnahme oder Abgabe eines Elektrons zwischen den Oxidationsstufen **Fe^{3+}** und **Fe^{2+}** wechseln. Cytochrome wirken daher als Einelektronenüberträger, die im Gegensatz zu Chinonen, $NADP^+$ und FAD (Abb. 5.16) nicht gleichzeitig Protonen übertragen. Man teilt die Cytochrome nach der Struktur des gebundenen Häms in drei Hauptgruppen ein, die Cytochrome-*a*, -*b* und -*c*. Diesen sind jeweils Häm *a*, *b* und *c* entsprechend zugeordnet. Abbildung 3.24 vergleicht die Strukturen von Häm-*b* und -*c*. Häm-*b* ist als Grundstruktur anzusehen. Bei Häm *c* wurde an die beiden Vinylgruppen des Häm-*b* jeweils die SH-Gruppe eines **Cysteins** addiert. Über die so gebildeten Thioetherbindungen ist das Häm-*c* mit dem Protein des Cytochroms kovalent verknüpft. Eine derartige Verknüpfung haben wir schon beim Phycocyanin (Abb. 2.15) kennengelernt, und tatsächlich gibt es auch eine strukturelle Verwandtschaft der entsprechenden Apoproteine. Beim Häm-*a* ist an eine der Vinylgruppen des Häm-*b* eine **Isoprenoidseitenkette**, die aus drei Isopreneinheiten besteht, angeknüpft. Diese Seitenkette dient als hydrophober Membrananker, wie wir es bereits bei den Chinonen gesehen haben (Abb. 3.5, 3.19). Das Häm-*a* wird

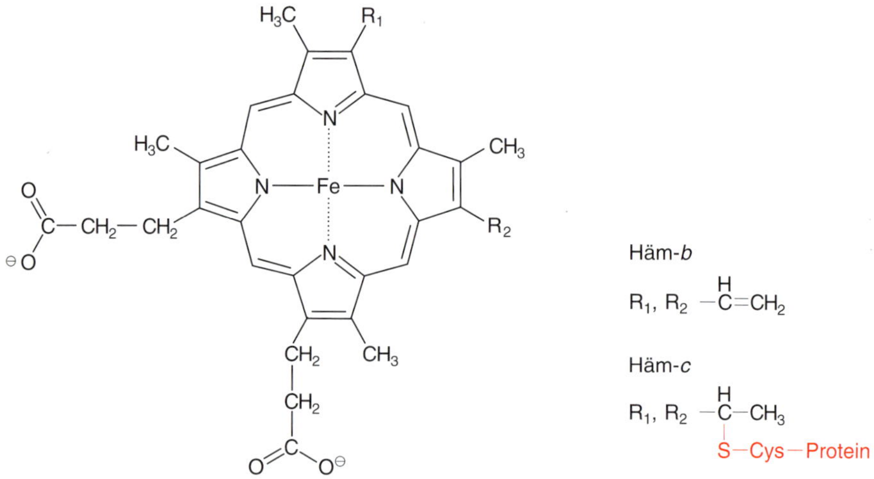

Abb. 3.24 Häm-*b* und -*c* als prosthetische Gruppen der Cytochrome. Häm-*c* ist mit dem Apoprotein des Cytochroms durch eine Addition von zwei Cysteinresten des Apoproteins an die beiden Vinylgruppen von Häm-*b* kovalent verknüpft.

hier nur der Vollständigkeit halber erwähnt, es spielt bei der Photosynthese keine Rolle. Wir werden uns mit dieser Substanz erst bei der Besprechung der mitochondrialen Atmung (Abschn. 5.6) wieder befassen.

Das Fe-Atom im Häm kann insgesamt sechs koordinative Bindungen eingehen. Vier dieser Bindungen sind durch den Tetrapyrrolring, der annähernd eine Ebene bildet, abgesättigt. Die verbleibenden zwei koordinativen Bindungen zum Fe-Atom werden beim Cyt-*b* durch zwei sich senkrecht zur Ebene gegenüberliegende Histidinreste geknüpft (Abb. 3.25). Cyt-*f* (*f* = foliar, in Blättern) enthält wie das Cyt-*c* ein Häm-*c* und wird daher zu den *c*-Typ-Cytochromen gezählt. Beim Cyt-*f* wird eine koordinative Bindung des Fe-Atoms durch die terminale Aminogruppe des Proteins und die andere durch einen Histidinrest abgesättigt.

Auch **Eisen-Schwefel-Zentren** haben eine allgemeine Bedeutung als Elektronenüberträger in Elektronentransportketten, und so auch beim photosynthetischen Elektronentransport. In Eisen-Schwefel-Zentren (Abb. 3.26) sind Cysteinreste von Proteinen mit Fe-Atomen verknüpft. Mehrere solcher Fe-Atome sind durch S-Brücken miteinander verbunden. Bei Ansäuern

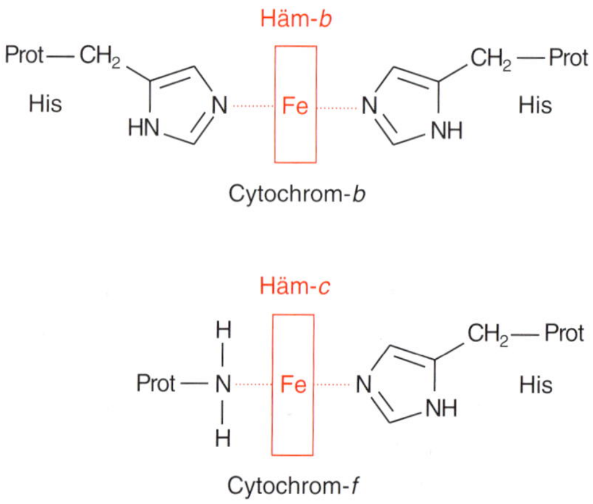

Abb. 3.25 Axiale Liganden der Fe-Atome in den Hämgruppen von Cytochrom-*b* und -*f*. Von den sechs koordinativen Bindungen, die das im Häm vorhandene Fe-Atom eingehen kann, sind vier durch die im planaren Tetrapyrrolring vorhandenen N-Atome (vorige Abbildung) abgesättigt. Die restlichen zwei koordinativen Bindungen werden mit den jeweils im rechten Winkel zur Ebene des Tetrapyrrol stehenden Histidinresten beziehungsweise der terminalen Aminogruppe des Proteins und einem Histidinrest gebildet. Prot = Protein

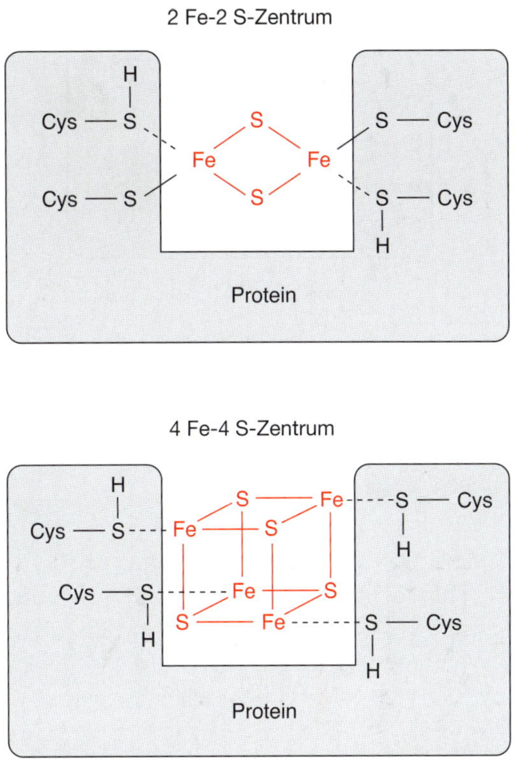

Abb. 3.26 Struktur der Metallcluster von Eisen-Schwefel-Proteinen.

der Proteine entweicht der Schwefel zwischen den Fe-Atomen als H_2S. Man bezeichnet daher die Schwefelatome zwischen den Fe-Atomen als labilen Schwefel. Eisen-Schwefel-Zentren kommen vorwiegend als 2Fe-2S- oder 4Fe-4S-Zentren vor. In den Zentren liegen die Fe-Atome in der Oxidationsstufe Fe^{2+} und Fe^{3+} vor. Unabhängig von der Anzahl der Fe-Atome in einem Zentrum unterscheiden sich der oxidierte und reduzierte Zustand nur durch eine Ladung. Dadurch können Eisen-Schwefel-Zentren immer nur ein Elektron aufnehmen und wieder abgeben. Eisen-Schwefel-Zentren haben je nach dem umgebenden Protein sehr unterschiedliche Redoxpotenziale.

Der Elektronentransport durch den Cytochrom-b_6/f-Komplex ist mit einem Transport von Protonen gekoppelt

Das durch PS II gebildete Plastohydrochinon (PQH_2) diffundiert durch die Lipidphase der Thylakoidmembran und überträgt seine Elektronen auf den Cytochrom-b_6f-Komplex (Abb. 3.17). Dieser Komplex wiederum überträgt die Elektronen auf **Plastocyanin**, das dabei reduziert wird. Der Cyt-b_6f-Komplex kann so auch als **Plastohydrochinon-Plastocyanin-Oxidoreduktase** bezeichnet werden. Plastocyanin ist ein Protein mit einer Molekularmasse von 10,5 kDa, das ein **Kupferatom** enthält, welches von einem Cystein-, einem Methionin- und zwei Histidinresten des Proteins koordinativ gebunden ist (Abb. 3.27). Dieses Kupferatom wechselt zwischen den Oxidationsstufen Cu^{2+}

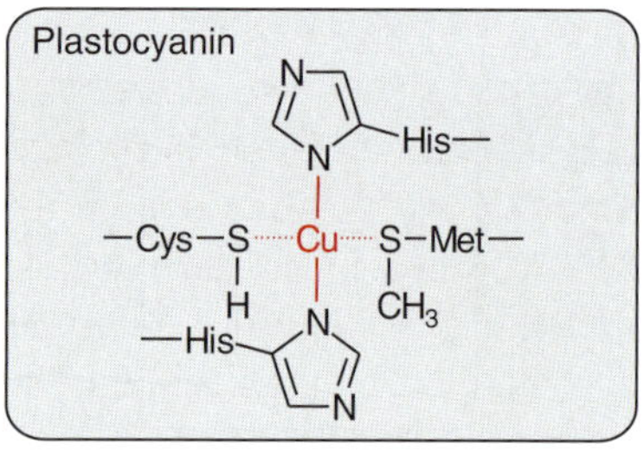

Abb. 3.27 Aktives Zentrum des Plastocyanin: Zwei Histidin-, ein Methionin- und ein Cysteinrest dieses Proteins binden ein Cu-Atom, das durch Abgabe und Aufnahme eines Elektrons zwischen Cu^+ und Cu^{2+} wechseln kann.

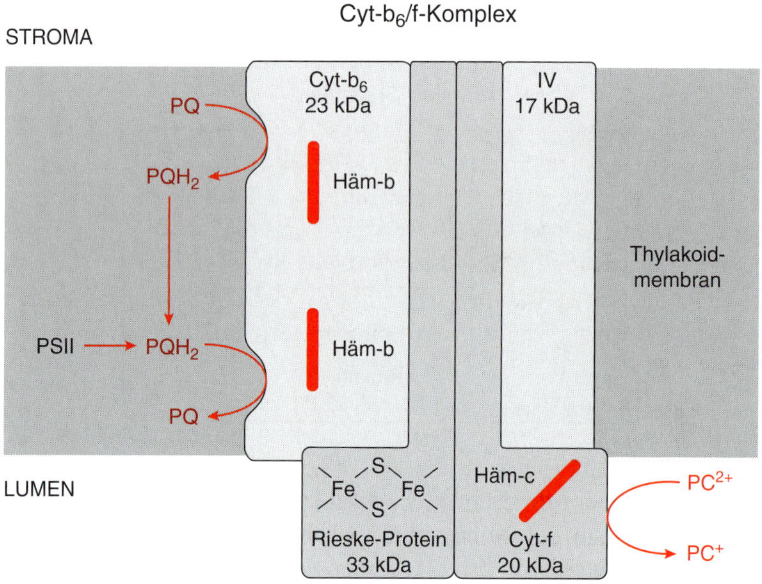

Abb. 3.28 Strukturschema des Cytochrom-b_6/*f*-Komplexes. Grundlage des Schemas sind die aus Aminosäuresequenzen vorausgesagten Molekülformen der Untereinheiten.

und Cu^+, wobei es ein Elektron aufnehmen und wieder abgeben kann. Plastocyanin ist in Wasser löslich und befindet sich im Lumen der Thylakoide. Der Elektronentransport durch den Cyt-b_6*f*-Komplex verläuft über eine Potenzialdifferenz von etwa 0,4 Volt (Abb. 3.16). Die bei diesem Redoxgefälle freiwerdende Energie wird genutzt, um Protonen in das Lumen der Thylakoide zu befördern.

Der Cyt-b_6*f*-Komplex ist ein aus mindestens acht Untereinheiten bestehendes Membranprotein. Die Hauptkomponenten dieses Komplexes sind vier Untereinheiten; Cyt-b_6, Cyt-*f*, ein Eisen-Schwefel-Protein, das nach seinem Entdecker allgemein als **Rieske-Protein** bezeichnet wird, und eine Untereinheit IV. Dazu kommen einige kleinere Peptide, sowie ein Chlorophyll und ein Carotinoid unbekannter Funktion. Das Rieske-Protein ist ein 2Fe-2S-Zentrum mit einem für ein Eisen-Schwefel-Zentrum ungewöhnlich positiven Redoxpotenzial von + 0,3 Volt. Dies beruht möglicherweise darauf, dass die Fe-Atome des Zentrums teilweise auch von Histidinresten koordiniert sind.

Der Cyt-b_6*f*-Komplex hat einen **asymmetrischen Aufbau** (Abb. 3.28). Cyt-b_6 und die Untereinheit IV durchspannen die Membran. Cyt-b_6 enthält zwei Häm-*b*-Moleküle die übereinander annähernd senkrecht zur Membranebene angeordnet sind und eine durch die Membran gerichtete Redoxkette bilden. Darüber hinaus enthält Cyt-*b* ein Häm-*c*, dessen Funktion noch nicht eindeutig geklärt und in der Abbildung nicht berücksichtigt ist. Cyt-b_6 besitzt zwei Bindungsstellen für PQH_2/PQ, eine in der Lumenregion und eine in der Stromaregion der Membran. Auf die Funktion dieser Bindungsstellen wird in den Reaktionsschemata in Abb. 3.29 und 3.30 eingegangen. In das Lumen ragt ein Eisen-Schwefel-Protein, das nach seinem Entdecker als **Rieske-Protein** bezeichnet wird, und in enger Nachbarschaft dazu befindet sich das **Cyt-*f*,** welches ein Häm-*c* enthält und die Bindungsstelle für die Reduktion von Plastocyanin enthält. Rieske-Protein und Cyt-*f* sind mit einem Membran-Anker versehen.

Der Cyt-b_6f-Komplex entspricht in seinem Aufbau dem Cyt-b/c_1-Komplex in Bakterien und in Mitochondrien. Tabelle 3.3 gibt eine Zusammenfassung der Funktionen dieser Cyt-b_6f- beziehungsweise Cyt-b/c_1-Komplexe. Alle diese Komplexe besitzen ein Eisen-Schwefel-Protein. Die Aminosäuresequenz des Cyt-*b* im Cyt-b/c_1-Komplex von Bakterien und Mitochondrien entspricht der Summe der Sequenzen von Cyt-b_6 und der Untereinheit IV im Cyt-b_6f-Komplex. Offenbar ist während der Evolution eine Spaltung des Cyt-*b*-Gens in die beiden Gene für Cyt-b_6 und die Untereinheit IV erfolgt. Während der Cyt-b_6f-Komplex in Pflanzen Plastocyanin reduziert, wird durch den Cyt-b/c_1-Komplex von Bakterien und Mitochondrien Cyt-*c* reduziert. Cyt-*c* ist ein sehr kleines Cytochrom-Molekül, das wasserlöslich ist und, ähnlich wie Plastocyanin, Redoxäquivalente (e^-) über die wässrige Phase zum nächsten Komplex transportiert. Cyanobakterien und Algen können Plastocyanin oder Cyt-c_6 als Elektronenakzeptor nutzen, Pflanzen jedoch nur Plastocyanin. Das pflanzliche Cyt-c_6, das vor einigen Jahren entdeckt wurde, kann Plastocyanin nicht ersetzen. Die große Ähnlichkeit zwischen dem Cyt-b_6f-Komplex in Pflanzen mit den Cyt-b/c_1-Komplexen in Bakterien und Mitochondrien lässt erwarten, dass diese Komplexe sowohl bei der Photosynthese als auch bei der mitochondrialen Oxidation eine prinzipiell gleiche Funktion haben: Sie sind Protonentranslokatoren, die durch eine Hydrochinon-Plastocyanin (bzw. -Cyt-*c*)-Reduktase getrieben werden.

Durch das Zusammenwirken von PS II und dem Cyt-b_6f-Komplex werden beim Elektronentransport Protonen vom Stromaraum in den Thylakoidraum gepumpt. Das Übersichtsschema in Abb. 3.29 soll auf der Grundlage des

Tabelle 3.3: Funktion von Cytochrom-*b*/*c*-Komplexen

Purpurbakterien	Cyt-b/c_1	Reduktion von Cyt-*c*	Protonenpumpe
Grüne Schwefelbakterien	"	"	"
Mitochondrien	Cyt-b/c_1	"	"
Cyanobakterien	Cyt-b_6f	"	"
Chloroplasten	Cyt-b_6f	Reduktion von Plastocyanin	"

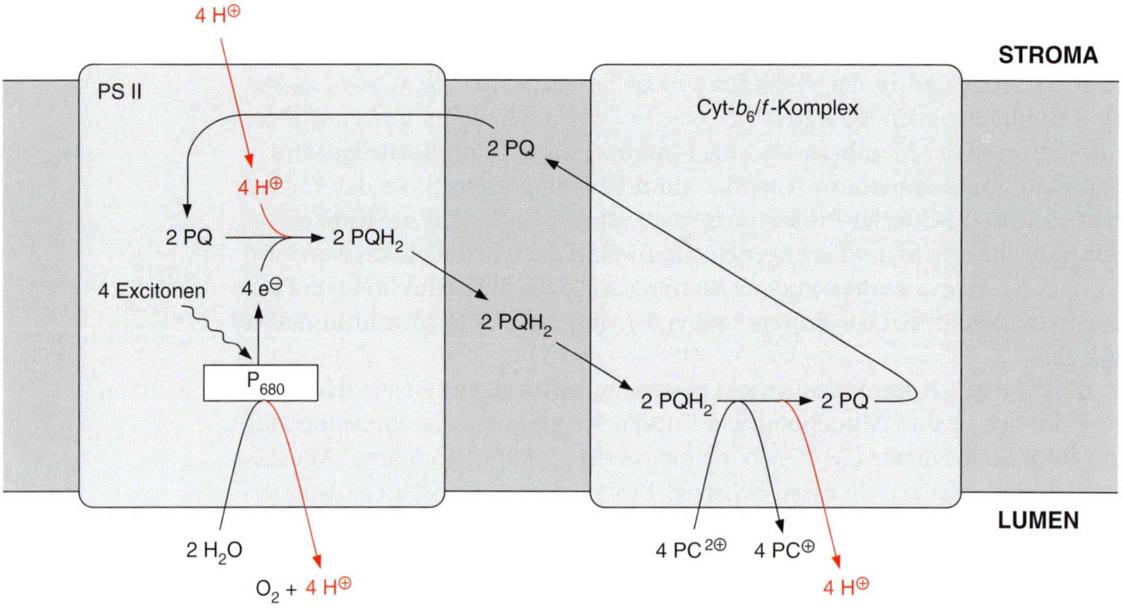

Abb. 3.29 Übersichtsschema für den Elektronentransport-gekoppelten Protonentransport durch den PS-II- und den Cyt-b_6f-Komplex in Abwesenheit des Q-Cyclus. Grundlage für das Schema ist, dass die Oxidation des Wassers im PS II und die Oxidation des Plastohydrochinons (PQH_2) im Cyt-b_6f-Komplex an der Lumenseite der Thylakoidmembran erfolgt. PQH_2 reagiert an der Bindungsstelle in der Lumenregion, es findet keine Wanderung innerhalb des Komplexes statt.

Strukturschemas in Abb. 3.28 das Prinzip dieses Protonentransports erklären. Entscheidend dabei ist, dass die Reduktion und Oxidation des Chinons an verschiedenen Seiten der Thylakoidmembran erfolgt. Für die Reduktion des PQ (Q_B) im PSII-Komplex werden die erforderlichen Protonen aus dem Stromaraum aufgenommen. Das PQH_2 gelangt an die Bindungsstelle in der Lumenregion des Cyt-b_6f-Komplexes, wo es über das Rieske-Protein und Cyt-*f* unter Reduktion von Plastocyanin oxidiert wird. Die dabei anfallenden Protonen werden in das Lumen freigesetzt. Nach diesem Schema werden nach der Aufnahme von vier Excitonen im PS-II-Komplex vier Protonen vom Stromaraum in das Lumen überführt. Hinzu kommen die vier Protonen, die bei der Wasserspaltung durch PS II in das Lumen abgegeben werden.

Durch einen Q-Cyclus kann die Anzahl der durch den Cytochrom-b_6/*f*-Komplex gepumpten Protonen verdoppelt werden

Untersuchungen an Mitochondrien haben aber gezeigt, dass beim Elektronentransport durch den Cyt-b/c_1-Komplex die Anzahl der gepumpten Protonen pro transportiertem Elektron größer ist als nach dem in Abbildung 3.29 gezeigten Mechanismus zu erwarten. Peter Mitchell, dem wir die chemiosmotische Hypothese der Energiekonservierung verdanken (siehe Abschn. 4.1), hat einen so genannten **Q-Cyclus** postuliert, durch den die Menge der pro Elektron im Cyt-b/c_1-Komplex transportierten Protonen verdoppelt wird. Es zeigte sich dann, dass der Q-Cyclus auch beim photosynthetischen Elektronentransport eine Rolle spielt.

Abbildung 3.30 zeigt das Prinzip eines im Detail noch nicht geklärten Q-Cyclus bei der chloroplastidären Photosynthese. Der Cyt-b_6f-Komplex enthält zwei verschiedene Bindungsorte für die Umsetzung der Chinone, von denen sich einer an der Stroma- und der andere an der Lumenseite der Thylakoidmembran befindet (siehe Abb. 3.28). Das im PS-II-Komplex gebildete Plastohydrochinon (PQH_2) wird an der Lumenseite durch das Rieske-Eisen-Schwefel-Zentrum zu Semichinon oxidiert. Durch sein sehr positives Redoxpotenzial entreißt das Rieske-Protein dem Plastohydrochinon ein Elektron. Das verbleibende Semichinon ist durch sein sehr negatives Redoxpotenzial instabil und überträgt sein Elektron auf das erste Häm-*b* des Cyt-b_6 (b_p) und von dort auf das zweite Häm-*b* (b_n). Es wird so das Redoxpotenzial des Häm-b_n um etwa –0,1 Volt angehoben. Dabei werden insgesamt vier Protonen pro zwei Plastohydrochinon in das Thylakoidlumen transportiert. Von den

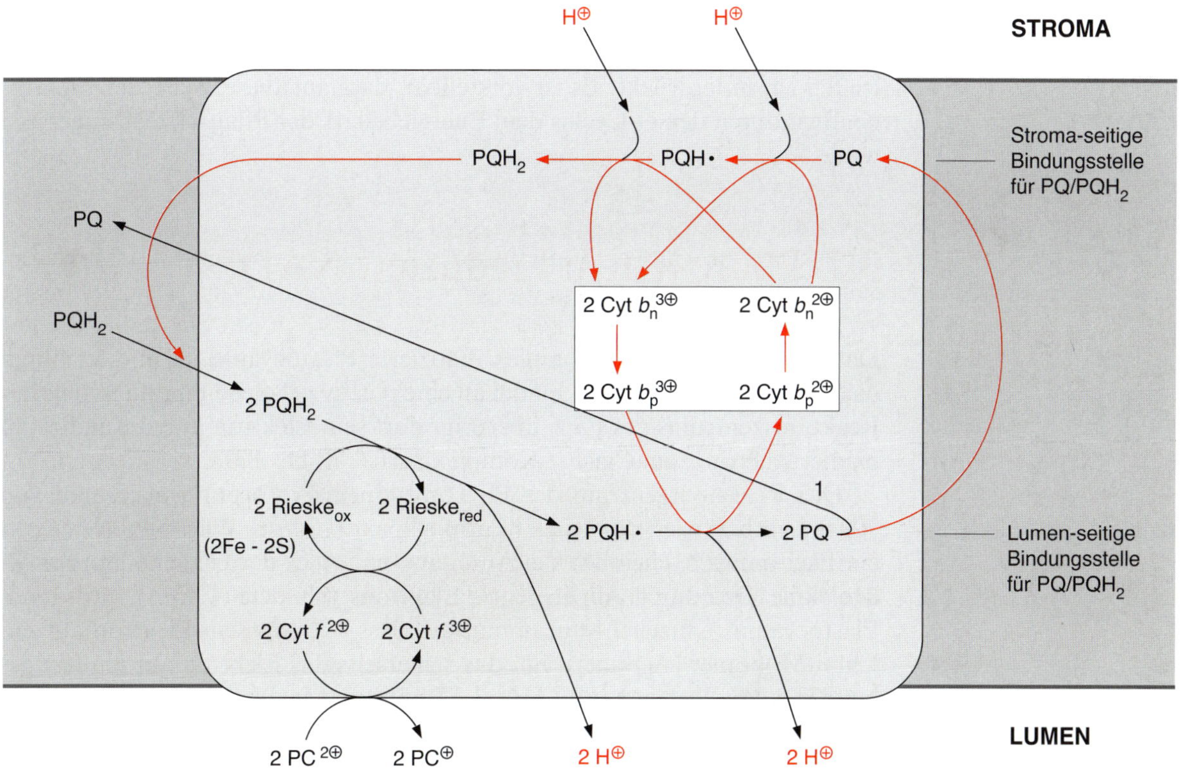

Abb. 3.30 Durch den Q-Cyclus wird die Anzahl der durch den Cyt-b_6f-Komplex transportierten Protonen im Endeffekt verdoppelt. Die Grundlage des Cyclus besteht darin, dass die Oxidation des PQH_2 an der Bindungsstelle in der Lumenregion und die Reduktion des PQ an der Bindungsstelle der Stromaregion der Thylakoidmembran erfolgt (siehe Abb. 3.28). Zur Erklärung des Cyclus siehe Text.

zwei gebildeten Plastochinonmolekülen (PQ), die Teil eines über die Membran verteilten Plastochinonpools darstellen, kehrt zunächst nur ein Molekül zu dem PS-II-Komplex zurück. Das andere PQ diffundiert in der Lipidphase der Membran außerhalb des Cyt-b_6f Komplexes von der Lumen-seitigen zu der Stroma-seitigen Bindungsstelle, wo es durch das Häm-*b* von Cyt-b_6 mit seinem hohen Reduktionspotenzial über Semichinon zu Hydrochinon reduziert wird. Dabei werden sequenziell zwei Protonen aus dem Stromaraum aufgenommen. Das so rückgebildete PQH_2 diffundiert nun durch die Membran zurück zu der Lumen-seitigen Bindungsstelle um dort oxidiert zu werden, und es schließt sich erneut ein Q-Cyclus an, und so weiter. Insgesamt wird so durch den Q-Cyclus die Zahl der transportierten Protonen verdoppelt ($1/2 + 1/4 + 1/8 + 1/16 + 1/n = 1$). Bei vollständig operierendem Q-Cyclus würden beim Transport von vier Elektronen durch den Cyt-b_6f-Komplex insgesamt acht Protonen in das Lumen transportiert. Die Gültigkeit des hier skizzierten Q-Cyclus ist für die in Abschnitt 5.5 behandelte mitochondriale Atmung inzwischen nicht mehr umstritten. Aus der Analogie des Cyt-b_6f-Komplexes mit dem Cyt-b/c_1-Komplex ist zu erwarten, dass der Q-Cyclus auch in Chloroplasten eine wichtige Rolle spielt. In Pflanzen wurde ein Ablauf des Q-Cyclus vorzugsweise unter Bedingungen mit geringer Lichtintensität beobachtet. Möglicherweise wird der Q-Cyclus durch einen hohen Protonengradienten über der Thylakoidmembran, wie er bei Bedingungen mit hoher Lichtintensität anzutreffen ist, unterdrückt. Es ist vorstellbar, dass auf diese Weise der Elektronenfluss durch den Q-Cyclus dem Energiebedarf der Pflanzenzelle angepasst wird.

3.7 Photosystem I reduziert $NADP^+$

Das durch den Cyt-b_6f-Komplex reduzierte Plastocyanin diffundiert durch das Lumen der Thylakoide, bindet an eine positiv geladene Bindungsstelle des Reaktionszentrums des PS I, überträgt dort sein Elektron und diffundiert in oxidierter Form zum Cyt-b_6f-Komplex zurück (Abb. 3.31).

Das Reaktionszentrum des PS I mit einem Absorptionsmaximum von 700 nm enthält wiederum ein Chlorophyllpaar (Chl-$a)_2$. Wie im PS II bewirkt ein Exciton wahrscheinlich die Anregung nur eines der beiden Chlorophyll-Moleküle. Das durch Abgabe eines Elektrons gebildete (Chl-$a)_2^{\dot{+}}$ wird durch Plastocyanin reduziert. Man nimmt an, dass (Chl-$a)_2$ sein Elektron auf ein Chl-*a*-Monomer (A_0) überträgt, das seinerseits das Elektron auf ein fest gebundenes **Phyllochinon** (Q) (Abb. 3.32) weiterleitet. Phyllochinon besitzt die gleiche Phytylseitenkette wie Chl-*a* und entspricht in seiner Funktion dem Q_A im Photosystem-II. Von der Semichinonform des Phyllochinons wird das Elektron auf ein Eisen-Schwefel- Zentrum, in diesem Fall als $\mathbf{F_X}$ bezeichnet, übertragen.

F_X ist ein 4Fe-4S-Zentrum mit einem sehr negativen Redoxpotenzial. Es überträgt ein Elektron auf zwei weitere 4Fe-4S-Zentren (F_A, F_B), durch die schließlich **Ferredoxin**, ein 11 kDa großes, lösliches Protein mit einem 2Fe-

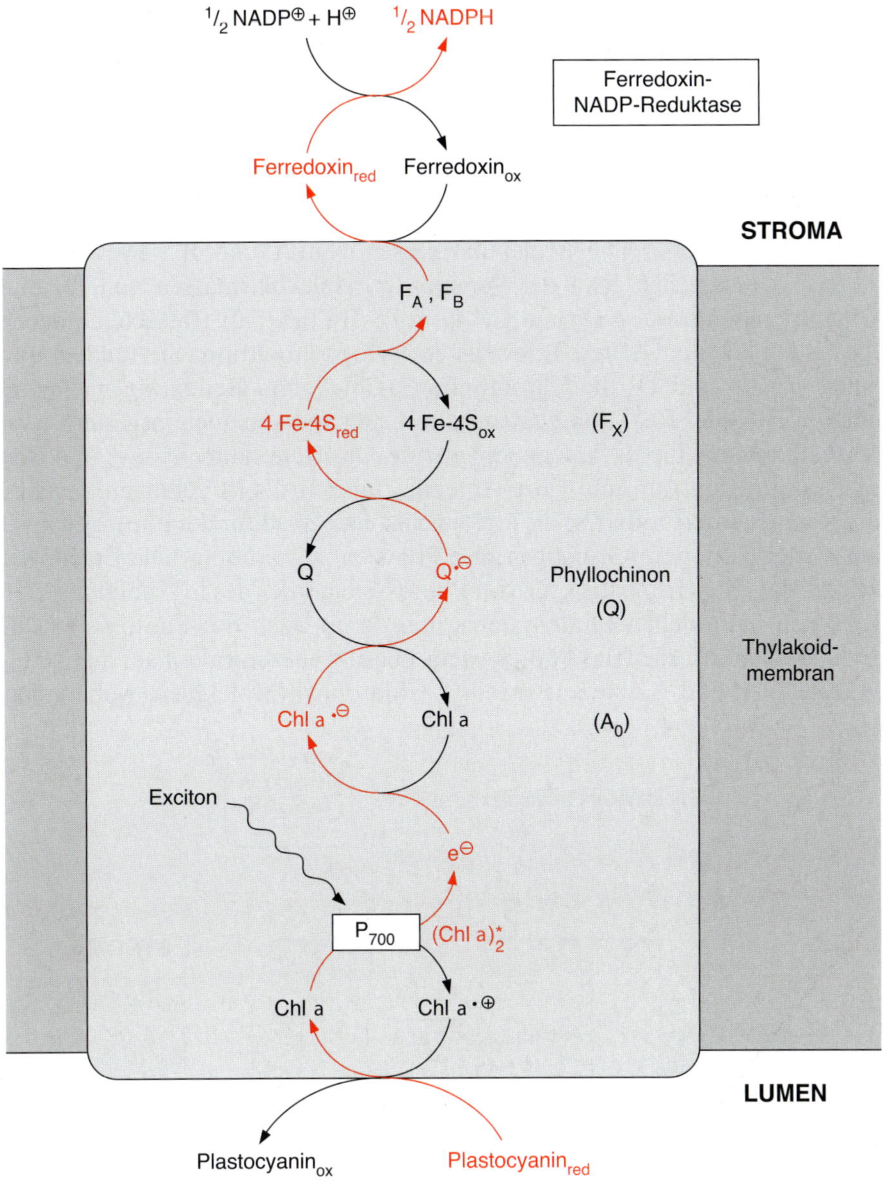

Abb. 3.31 Photosystem I; Reaktionsschema des Elektronentransports. Das nach Anregung eines Chlorophyllpaares gebildete negativ geladene Chl-*a*-Radikal (A_0) führt unter Vermittlung von Phyllochinon (Q) und drei 4Fe-4S-Zentren (F_x, F_A, F_B) zur Reduktion von NADP. Die Elektronenlücke im positiv geladenen Chlorophyllradikal wird durch ein vom Plastocyanin angeliefertes Elektron aufgefüllt.

2S-Zentrum reduziert wird. Ferredoxin nimmt ebenfalls nur ein Elektron auf. Die Reduktion erfolgt auf der Stromaseite der Thylakoidmembran. Das Ferredoxin bindet dazu an eine positiv geladene Bindungsstelle der Untereinheit D von PS I (Abb. 3.33). Durch die Reduktion von $NADP^+$ durch Ferredoxin, katalysiert durch die **Ferredoxin-NADP-Reduktase**, entsteht NADPH als Endprodukt des photosynthetischen Elektronentransports; in diesem Schritt wird wiederum ein Proton pro Elektron aus dem Stroma aufgenommen.

Der PS-I-Komplex besteht aus mindestens 17 verschiedenen identifizierten Untereinheiten (Tab. 3.4). Auch das Zentrum des PS-I-Komplexes ist ein **Heterodimer** (wie das Zentrum von PS II) bestehend aus den Untereinheiten A

Abb. 3.32 Phyllochinon.

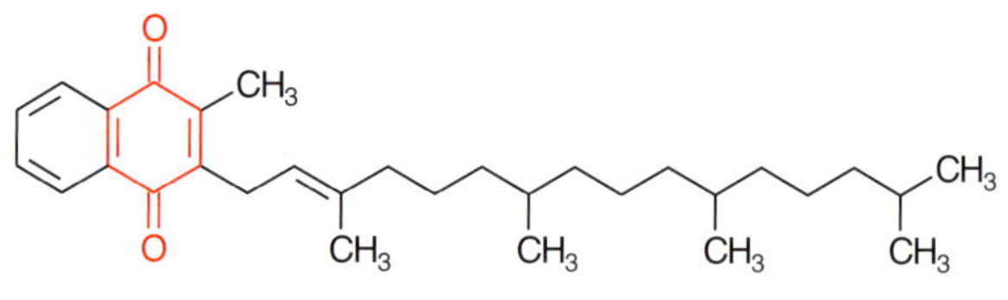

und **B** (Abb. 3.33). Die Molekularmassen von A und B (jeweils 82 bis 83 kDa) entsprechen etwa der Summe der Molekularmassen von D_1 und CP 43 beziehungsweise D_2 und CP 47 in PS II (Tab. 3.2). Tatsächlich haben die Untereinheiten A und B jeweils eine Doppelfunktion. Sie binden zum einen wie D_1 und D_2 die Chromophore (Chl-*a*) und Redoxträger (Phyllochinon, FeX) des Reaktionszentrums und zum anderen auch insgesamt etwa 100 Chl-*a*-Moleküle als Antennenpigmente. Das Heterodimer von A und B ist so Reaktionszentrum und Core-Antenne zugleich. Es ist gelungen, mithilfe der Röntgenstrukturanalyse die dreidimensionale Struktur des Photosystems I aus Cyanobakterien, Grünalgen und Pflanzen zu ermitteln. Die Ergebnisse zeigen, dass die Grundstruktur von Photosystem I der des in Abbildung 3.10 gezeigten bakteriellen Photosystems und damit auch des Photosystems II recht ähnlich ist. Auch das Photosystem-I besitzt ein zentrales Paar aus 2 Chl-*a*-Molekülen und 2 Äste aus jeweils 2 Chlorophyll-Molekülen, wobei aller-

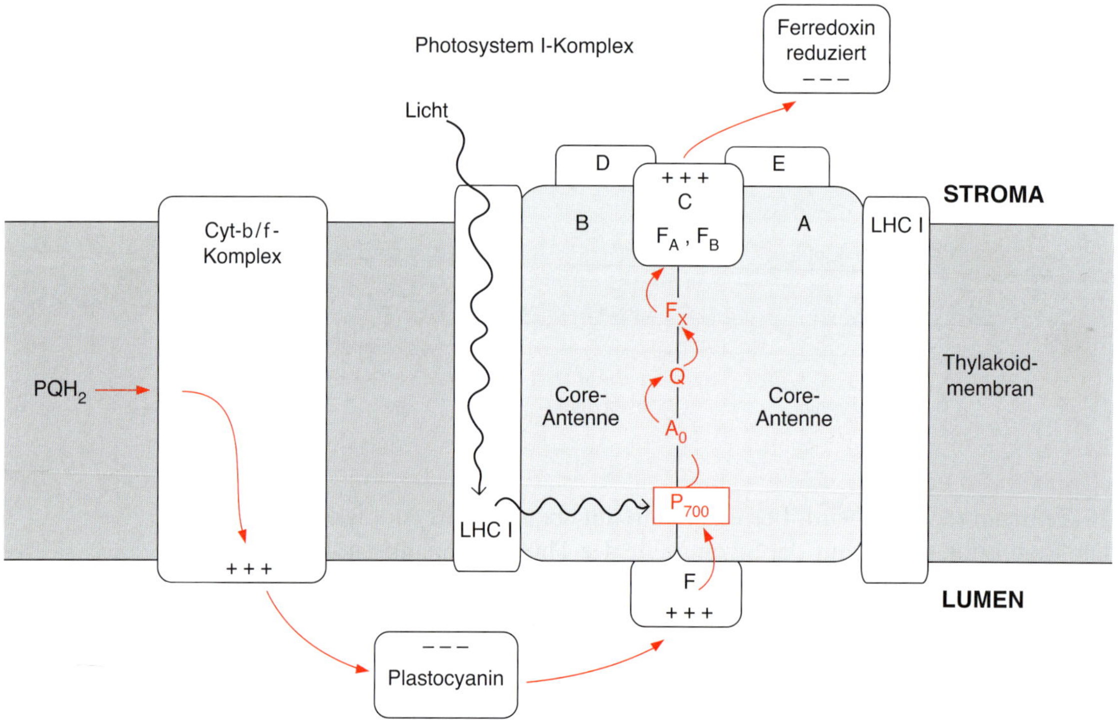

Abb. 3.33 Strukturschema des Photosystem-I-Komplexes. Grundlage des Schemas sind Ergebnisse der Röntgenstrukturanalyse. Die Grundstruktur des Photosystem-I-Komplexes ist dem des Photosystem-II-Komplexes ähnlich.

Tabelle 3.4: Proteinkomponenten des Photosystems I (Aufstellung nicht vollständig)

Protein	Molekulargewicht (kDa)	Lokalisation	codiert in	Funktion
A	83	in Membran	Chloroplast	Bindung von P_{700}, Chl-*a*, A_O, Q, F_X, Antennenfunktion
B	82	"	"	(wie bei Protein A)
C	9	peripher: Stroma	"	Bindung von F_A, F_B, Ferredoxin
D	17	"	Kern	"
E	10	"	"	"
F	18	peripher: Lumen	"	Bindung Plastocyanin
H	10	peripher: Stroma	Kern	Bindung von LHC-II

dings nicht eindeutig geklärt ist, ob beide oder nur einer dieser Äste am Elektronentransport beteiligt sind. Der Untereinheit C werden die Fe-S-Zentren F_A und F_B zugeschrieben, und die Untereinheit F wird als Bindungsstelle für Plastocyanin diskutiert.

Beim cyclischen Elektronentransport über PS I wird die Lichtenergie nur zur Synthese von ATP genutzt

Neben dem bisher besprochenen nichtcyclischen Elektronentransport ist bei der Photosynthese auch ein cyclischer Elektronentransport möglich, bei dem Elektronen aus dem angeregten Photosystem I in den Grundzustand des PS I zurückfließen. Die dabei freiwerdende Energie wird zur Synthese von ATP genutzt. Man spricht wie bei den Purpurbakterien von **cyclischer Photophosphorylierung**. Unzweifelhaft ist, dass in Bündelscheiden-Chloroplasten bestimmter C_4-Pflanzen (siehe Abschn. 8.4), die neben einem sehr stark ausgeprägten Photosystem I nur sehr geringe Mengen an Photosystem II aufweisen und die dazu einen sehr hohen ATP-Bedarf haben, die cyclische Photophosphorylierung mit sehr hoher Aktivität ablaufen muss. Wahrscheinlich wird der cyclische Elektronenfluss durch den Redoxzustand des Akzeptors von Photosystem I bestimmt, indem ein erhöhter Reduktionsgrad des $NADP^+$-Systems die Ableitung der Elektronen in den Cyclus fördert. Der cyclische Elektronentransport dient offenbar dazu, die Raten der Bereitstellung von ATP und NADPH jeweils dem Bedarf anzupassen.

Man hat in Thylakoidmembranen von Chloroplasten überraschenderweise Untereinheiten des NADH-Dehydrogenase-Komplexes der mitochondrialen Atmungskette (Abschn. 5.5) nachgewiesen, deren Funktion in Chloroplasten nicht sicher ist. Bisherige Untersuchungen zeigen, dass die Proteine dieses Komplexes besonders häufig in Chloroplasten der Bündelscheidenzellen von C_4-Pflanzen vorkommen, die eine besonders hohe Aktivität der cyclischen Photophosphorylierung aufweisen.

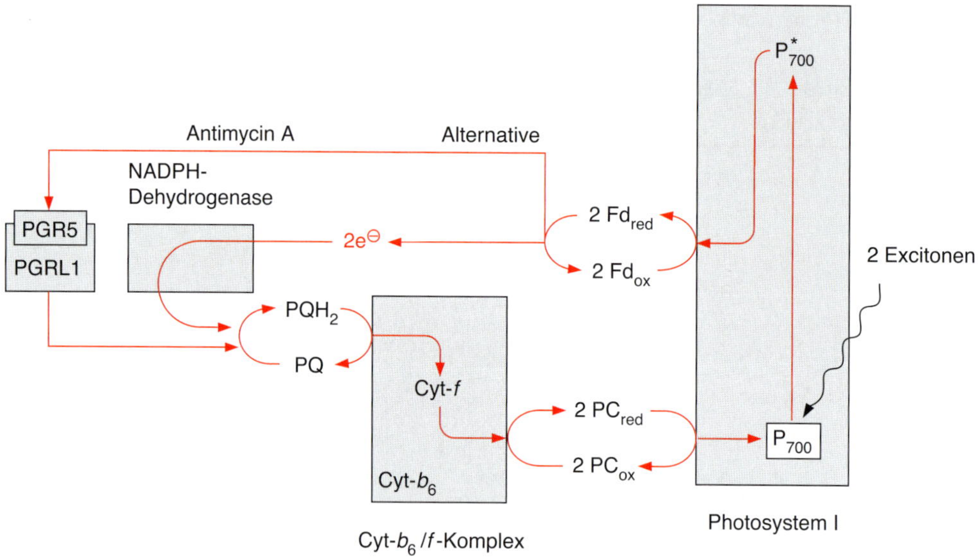

Abb. 3.34 Zwei alternative Wege des cyclischen Elektronentransports. Der Weg der Elektronen vom angeregten PS I zum Cyt-b_6f-Komplex ist einerseits über die NADPH-Dehydrogenase möglich oder alternativ über den Antimycin A sensitiven Weg über den PGR5/PGRL1-Komplex.

Nach neueren Erkenntnissen sind zwei Wege des cyclischen Elektronentransports zu postulieren. Beide nutzen die angeregten Elektronen des Photosystem I und transferieren sie auf oxidiertes Ferredoxin. Reduziertes Ferredoxin gibt die Elektronen entweder an eine NADPH-Dehydrogenase oder an einen PGR5/PGRL1-Komplex ab. Der NADPH-Dehydrogenase abhängige Weg ist Antimycin unabhängig. Die Elektronen werden von der Dehydrogenase über Plastoquinon, Cyt-b_6f und Plastocyanin zum Photosystem I zurückgeschleust. Der andere Weg, der durch das Antibiotikum **Antimycin A** blockiert werden kann, leitet die Elektronen von PGR5/PGRL1 zum Plastoquinon, Cyt-b_6f, Plastocyanin zum Photosystem I. In der Alge *Chlamydomonas reinhardtii* existieren auch PGR5/PGRL1 homologe Proteine jedoch im Gegensatz zu den Landpflanzen ist PGRL1 Teil eines Photosystem I/ Cyt-b_6f-Superkomplexes.

Durch das Photosystem I werden Elektronen auf Sauerstoff übertragen, wenn andere Akzeptoren fehlen

Bei einem hohen Reduktionsgrad des Ferredoxins besteht die Möglichkeit, dass Elektronen von PS I unter Bildung des **Superoxidradikals** ($\cdot O_2^-$) auf Sauerstoff übertragen werden (Abb. 3.35). Dieser Vorgang wird als **Mehler-Reaktion** bezeichnet. Das Superoxidradikal reduziert in der Zelle vorhandene Metall-Ionen, wie Fe^{3+} und Cu^{2+} (M^{n+}):

$$\cdot O_2^- + M^{n+} \longrightarrow O_2 + M^{(n-1)+} \qquad (3.6)$$

Durch **Superoxid-Dismutase** erfolgt die Disproportionierung von $\cdot O_2^-$ zu H_2O_2 und O_2 unter Aufnahme von zwei Protonen:

$$2 \cdot O_2^- + 2\,H^+ \longrightarrow O_2 + H_2O_2 \qquad (3.7)$$

$\cdot O_2^-$, H_2O_2 und $\cdot OH$ werden unter der Bezeichnung **ROS** (*reactive oxygen species*) zusammengefasst. Das H_2O_2 kann durch die Reaktion mit den durch Superoxid reduzierten Metall-Ionen Hydroxylradikal bilden:

$$H_2O_2 + M^{(n-1)+} \longrightarrow OH^- + \cdot OH + M^{n+} \qquad (3.8)$$

Das Hydroxylradikal ist eine überaus agressive Verbindung. Durch seine Oxidationswirkung schädigt es Enzyme und Lipide. Gegen $\cdot OH$ besitzt die Pflanzenzelle keine Schutzenzyme. Ein Schutz besteht nur in einer Verhinderung der $\cdot OH$-Bildung. Dafür ist es vor allem wichtig, dass durch eine schnelle Entfernung des $\cdot O_2^-$ über die Superoxid-Dismutase eine Reduktion der Metall-Ionen unterdrückt wird. Aber auch H_2O_2 hat eine schädigende Wirkung auf viele Enzyme. H_2O_2 wird durch eine in den Thylakoidmembranen vorhandene **Ascorbat-Peroxidase** eliminiert. **Ascorbat**, ein wichtiges Antioxidans in Pflanzenzellen (Abb. 3.36), wird dabei zu dem radikalischen **Monodehydroascorbat** oxidiert, das spontan durch Photosystem I über reduziertes Ferredoxin wieder zu Ascorbat umgesetzt wird. Monodehydroascorbat kann auch durch eine NAD(P)H-abhängige Monodehydroascorbat-Reduktase, die im Chloroplastenstroma und im Cytosol vorkommt, zu Ascorbat reduziert werden.

Alternativ können zwei Moleküle Monodehydroascorbat zu Ascorbat und Dehydroascorbat disproportionieren und letzteres unter Beteiligung von Glutathion als Reduktionsmittel wieder zu Ascorbat reagieren (Abb. 3.37). **Glutathion** (GSH), ein in allen Pflanzenzellen vorkommendes Antioxidans (Abschn. 12.2), ist ein Peptid aus den Aminosäuren Glutamat, Cystein und

Abb. 3.35 Durch die Mehler-Reaktion werden bei einem hohen Reduktionsgrad von Ferredoxin Elektronen auf Sauerstoff übertragen, dabei bildet sich Superoxid. Die Eliminierung dieses aggressiven Radikals erfordert ein Zusammenspiel von Superoxid-Dismutase und Ascorbat-Peroxidase.

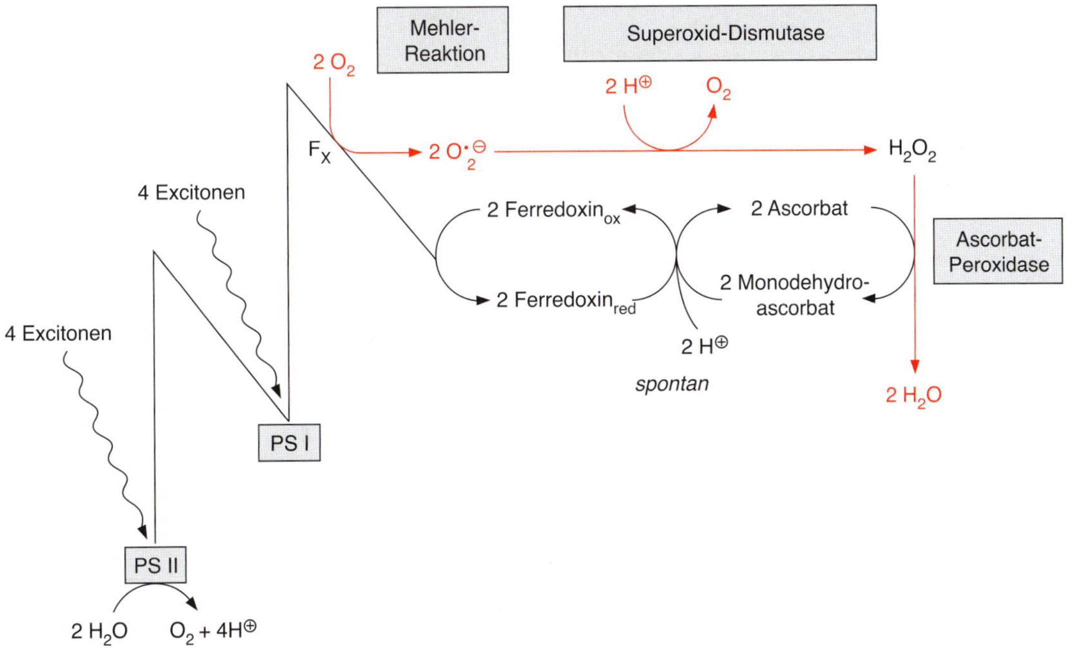

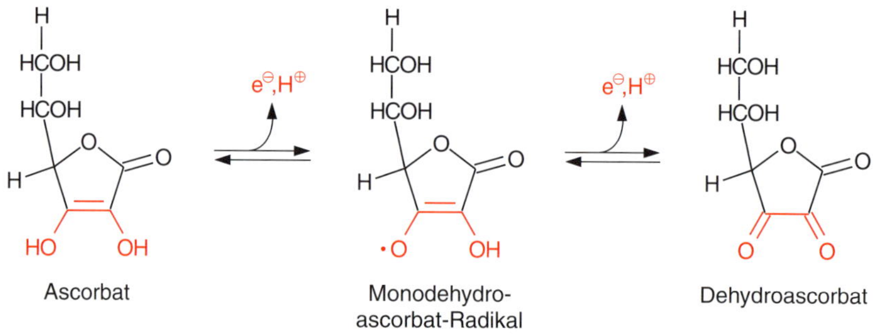

Abb. 3.36 Die Oxidation des Ascorbat verläuft über die Bildung des Monodehydroascorbat-Radikals.

Glycin (Abb. 3.38). Bei der Oxidation bildet sich zwischen den S-Atomen von zwei Cysteinresten ein Disulfid (GSSG). Die Reduktion des GSSG erfolgt durch NADPH über eine **Glutathion-Reduktase** (Abb. 3.37).

Abbildung 3.35 zeigt die Bilanz eines Mehler-Ascorbat-Peroxidase-Cyclus, dessen Hauptfunktion darin liegt, dass überschüssige Anregungsenergie des Photosystems I in Wärme, die leicht abgegeben werden kann, dissipiert wird. Die Absorption von insgesamt acht Excitonen führt am PS I zur Bildung von zwei Superoxidradikalen und zwei Molekülen reduziertem Ferredoxin. Letzteres dient als Reduktant zur Eliminierung des H_2O_2. Durch die Übertragung von Elektronen auf Sauerstoff durch die Mehler-Reaktion wird letztlich die Spaltung des Wassers durch das Photosystem II wieder rückgängig gemacht. Wie im folgenden Abschnitt besprochen, erfolgt die Mehler-Reaktion bei einer übermäßigen Reduktion des Ferredoxins. Der einzige Gewinn bei dieser Reaktion ist die Bildung eines Protonengradienten beim Transport von Elektronen durch Photosystem II und den Cyt-b_6f-Komplex. Dieser Protonengradient kann zur Synthese von ATP genutzt werden, falls ADP vorhanden

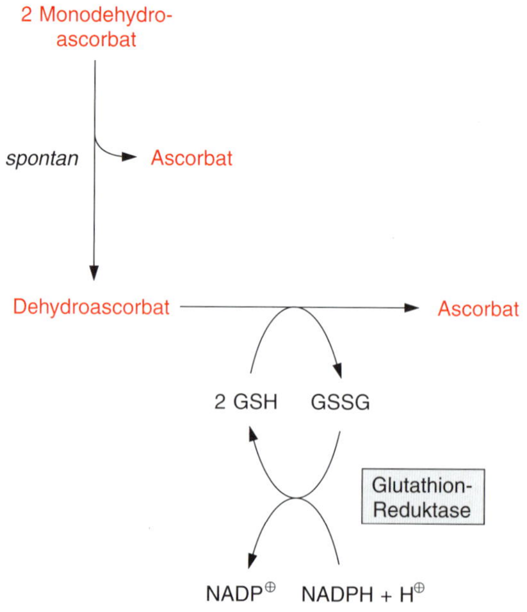

Abb. 3.37 Dehydroascorbat kann durch das Zusammenspiel von Glutathion und Glutathion-Reduktase zu Ascorbat reduziert werden.

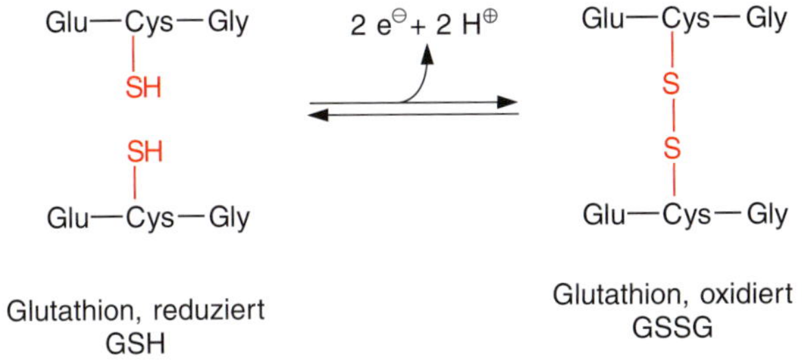

Abb. 3.38 Redoxreaktion des Glutathions.

ist. Da jedoch meist unter den Bedingungen der Mehler-Reaktion ADP-Mangel herrscht, wird durch die Mehler-Reaktion oft ein hoher pH-Gradient gebildet. Der Mehler-Reaktion-Ascorbat-Peroxidase-Cyclus ähnelt dem cyclischen Elektronentransport darin, dass $NADP^+$ nicht reduziert wird. Man hat daher diesen Cyclus auch als **pseudocyclischen Elektronentransport** bezeichnet.

Es wurde in Pflanzen eine weitere Klasse von Antioxidantien entdeckt, die so genannten **Peroxiredoxine**. Es handelt sich dabei um Proteine, die schon länger im Tierreich bekannt sind, und SH-Gruppen als Redoxüberträger besitzen. In der Modellpflanze *Arabidopsis* hat man 10 verschiedene Peroxiredoxin-Gene nachgewiesen. Peroxiredoxine sind in Chloroplasten, aber auch in anderen Zellkompartimenten lokalisiert. Sie zeichnen sich gegenüber den bislang besprochenen Antioxidantien Glutathion und Ascorbat dadurch aus, dass sie ein besonders breites Spektrum von Peroxiden, wie **H_2O_2, Alkylperoxide** und **Peroxinitrite**, reduzieren. In Chloroplasten werden oxidierte Peroxiredoxine durch photosynthetischen Elektronentransport des Photosystem I unter Vermittlung von Ferredoxin und Thioredoxin reduziert.

Photosystem I kann anstatt Ferredoxin auch Methylviologen – als Herbizid unter dem Namen **Paraquat** bekannt (Abb. 3.39) – reduzieren. Die Herbizidwirkung beruht darauf, dass durch reduziertes Paraquat Sauerstoff zu Superoxid reduziert wird. Zudem konkurriert Paraquat mit Dehydroascorbat um die durch Photosystem I bereitgestellten Reduktionsäquivalente. Dadurch wird in Gegenwart von Paraquat alles Ascorbat in Dehydroascorbat umgewandelt, und die Reaktion der Ascorbat-Peroxidase kann nicht mehr ablaufen. Durch die vermehrte Bildung von Superoxid und die verminderte Entgiftung des H_2O_2 führt Paraquat zu sehr schweren Schäden der Mesophyllzellen durch Oxidation, wie man durch das Ausbleichen der Blätter erkennen kann. Man hat Paraquat in Südamerika benutzt, um Marihuanafelder zu vernichten.

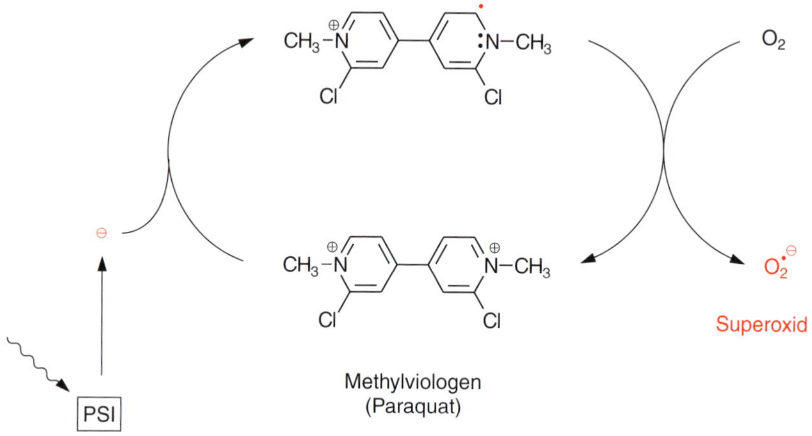

Abb. 3.39 Methylviologen (Paraquat), ein Herbizid, wird durch die Übertragung eines Elektrons aus dem angeregten PS I zu einer radikalischen Substanz reduziert. Diese überträgt das Elektron auf Sauerstoff unter Bildung des chemisch agressiven Superoxidradikals. Paraquat wird unter anderem von der Firma ICI unter dem Handelsnamen Gramoxone® als Herbizid vertrieben.

3.8 Regulationsvorgänge sorgen dafür, dass die eingefangenen Photonen zwischen den beiden Photosystemen verteilt werden

Der lineare photosynthetische Elektronentransport über die zwei hintereinander geschalteten Photosysteme macht es erforderlich, dass die als Excitonen eingefangenen Photonen auf beide Photosysteme gleichmäßig verteilt werden. In Abschnitt 2.4 wurde besprochen, dass die Excitonen vorzugsweise zu dem Chromophor geleitet werden, der die niedrigste Energie zur Anregung benötigt. Die Energie zur Anregung von Photosystem I (P_{700}) ist niedriger als die zur Anregung von Photosystem II (P_{680}). Bei einer ungehinderten Konkurrenz der beiden Photosysteme um die Excitonen würden letztere vorwiegend in das PS I geleitet werden. Man erkennt hieraus, dass die Verteilung der Excitonen auf beide Photosysteme reguliert werden muss. Ein wichtiges Element dieser Regulation ist eine räumliche Trennung der Antennen von PS I und PS II in den Thylakoidmembranen.

In einem Chloroplasten liegen die Thylakoidmembranen in zwei verschiedenen Anordnungen vor. Bei den **ungestapelten Membranen** hat die Außenseite einen freien Zugang zum Stromaraum, man spricht von **Stromalamellen** (Abb. 3.40). Die **gestapelten Membranen** sind im Lichtmikroskop als Körnchen (Grana) zu erkennen und werden daher auch als **Granalamellen** bezeichnet. Sie bestehen aus unabhängigen Grana-Scheiben. Nach neuen Erkenntnissen winden sich freie Stromalamellen mit einer rechtsgängigen Helix um die Grana-Scheiben und verbinden so die individuellen Grana-Scheiben (Helix-Modell). Da auch andere Grana-Modelle diskutiert werden kann daraus geschlossen werden, dass das exakte Bild über Entstehung und Ausprägung der Grana-Struktur noch nicht bekannt ist.

Die ATP-Synthase, der PS-I-Komplex und Cyt-b_6f-Komplex sind in den Stromalamellen und bieten dadurch ADP und $NADP^+$ einen freien Zugang. Der PS-II-Komplex befindet sich dagegen hauptsächlich in den Granalamellen. An den PSII-Komplex assoziierte LHC-II-Untereinheiten (Abschn. 2.4) besitzen eine aus der Membran herausragende Proteinkette, die wahrscheinlich mit den LHC-II-Untereinheiten benachbarter Membranen interagieren kann und so eine enge Membranstapelung bewirkt. Die gestapelten Membranen enthalten sonst nur noch PGRL1-Homodimere. PS-I und die F-ATP-Synthase passen wegen ihrer in den Stromaraum herausragenden Proteine in

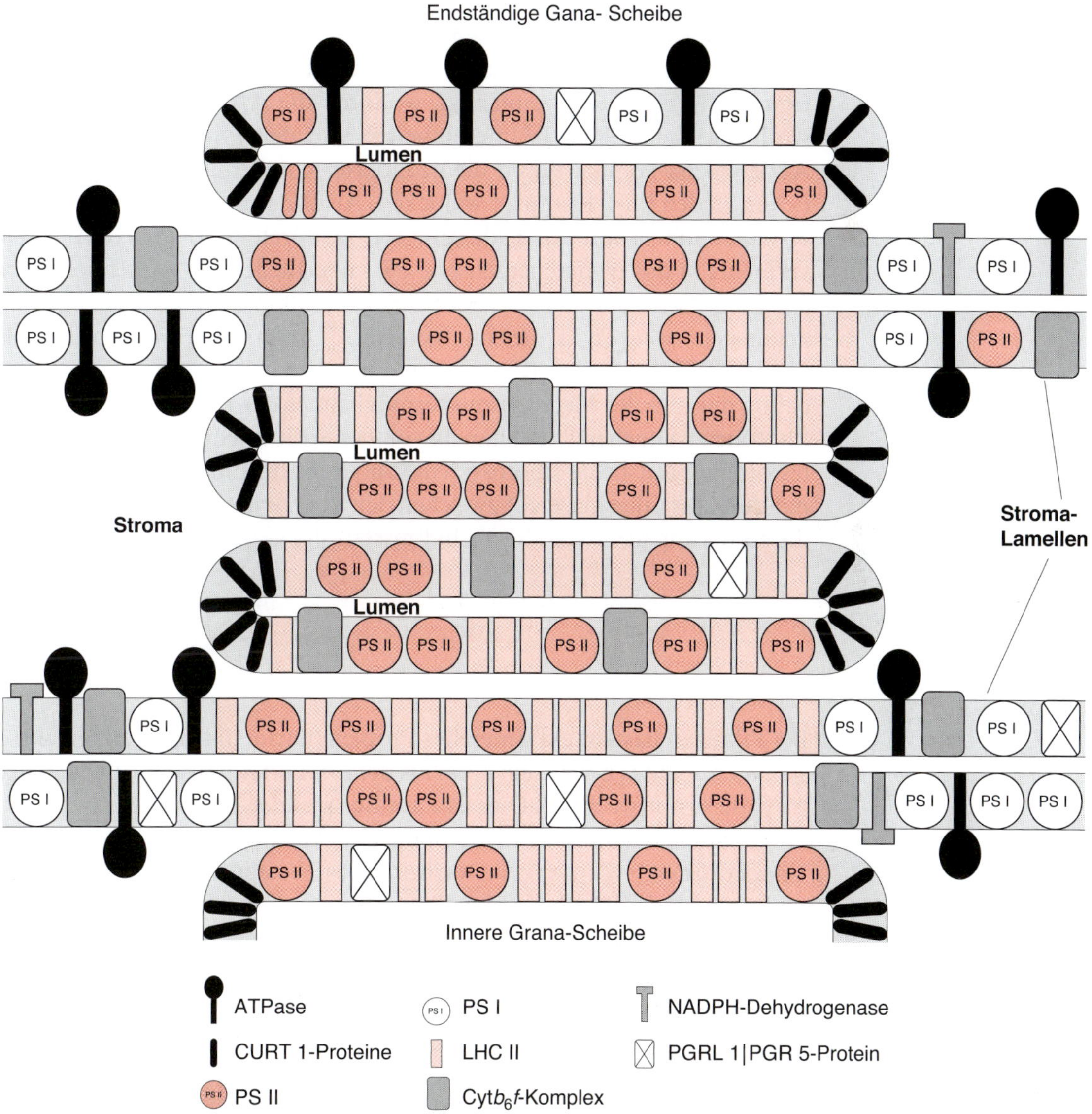

Abb. 3.40 Verteilung der photosynthetischen Proteinkomplexe zwischen den gestapelten und ungestapelten Bereichen der Thylakoidmembranen. Die Stapelung wird wahrscheinlich durch den Lichtsammelkomplex II (LHC II) bewirkt.

den Zwischenraum der gestapelten Membranen nicht hinein. Die in den gestapelten Membranen vorhandenen PS-II-Komplexe sind somit von den PS-I-Komplexen in den ungestapelten Membranen isoliert. Man nimmt an, dass so ein unkontrolliertes Überfließen der Excitonen (*spillover*) von PS II zu PS I vermieden wird.

Jedoch kann die räumliche Trennung der beiden Photosysteme und damit auch das *spillover* der Excitonen von PS II nach PS I reguliert werden. Ist die Anregung von PS II größer als von PS I, so führt dies zu einem Anstau von Plastohydrochinon, da dieses nicht in ausreichendem Maße über den Cyt-b_6f-Komplex durch das PS I oxidiert werden kann. Unter diesen Bedingungen wird eine Protein-Kinase (STN7) aktiviert, durch welche OH-Gruppen in Threoninresten der peripheren LHC-II-Untereinheiten durch ATP phosphoryliert werden. Durch diese Phosphorylierung ändert sich die Konformation der LHC-II-Untereinheiten, wodurch die Affinität zu PS II erniedrigt wird, und sich LHC-II-Untereinheiten von den PS-II-Komplexen ablösen. Andererseits können durch die geänderte Konformation LHC-II-Untereinheiten an den PS-I-Komplex andocken. Als Bindungsstelle wurde kürzlich die H-Untereinheit von PS-II identifiziert. Dadurch können LHC II Excitonen vermehrt in das niederenergetische PS I überfließen. So würde bei einem Anstau von Plastohydrochinon über eine Proteinkinase die Anregung von PS II zugunsten von PS I heruntergeregelt. Durch eine Protein-Phosphatase (TAP38/PPH1) ist eine Rückregelung möglich. Der hier in starker Vereinfachung dargestellte Mechanismus ermöglicht es der Pflanze, die eingestrahlten Photonen weitgehend unabhängig von den spektralen Eigenschaften des Lichtes optimal auf beide Photosysteme zu verteilen. Ein langfristiger Mechanismus, um das Gleichgewicht zwischen den Photosystem wieder herzustellen, ist die Änderung des PSII/PSI-Verhältnisses.

Überschüssige Lichtenergie wird in Form von Wärme abgegeben

Bei Pflanzen besteht ein generelles Problem darin, dass die Energie des eingestrahlten Lichtes höher sein kann als der NADPH- und ATP-Bedarf des Photosynthesestoffwechsels. Dies ist zum Beispiel der Fall bei sehr hohen Belichtungsstärken, wenn der Metabolismus nicht nachkommt, bei hohen Temperaturen, wenn zur Vermeidung des Wasserverlustes die Stomata geschlossen sind, oder bei tiefen Temperaturen, wenn aufgrund verminderter Enzymaktivitäten der Stoffwechsel verlangsamt ist. Eine überschüssige Anregung der Photosysteme könnte zu einer übermäßigen Reduktion der Komponenten des photosynthetischen Elektronentransports führen.

Bei PS II kann eine übermäßige Anregung, die sich durch einen Anstau von Plastohydrochinon zu erkennen gibt, zu einer Schädigung des Photosyntheseapparates führen, die als **Photoinhibition** bezeichnet wird. Ein Grund für diese Schädigung ist, dass übermäßig angeregte Chlorophyllmoleküle der Reaktionszentren in den **Triplett-Zustand** übergehen, wodurch chemisch sehr aggressiver **Singulett-Sauerstoff** erzeugt wird (Abschn. 2.3). Die schädliche

Wirkung des Chlorophylls lässt sich in einem Tierversuch demonstrieren: Bringt man eine kleine Menge Chlorophyll unter die Haut und belichtet diese, so sind schwere Hautschäden die Folge. Man nutzt dieses so genannte photodynamische Prinzip in der Medizin für eine selektive Krebstherapie u. a. in Hautbereichen.

Carotinoide (z. B. β-Carotin, Abb. 2.9) haben die Eigenschaft, sowohl den Triplettzustand des Chlorophylls wie auch den Singulettzustand des Sauerstoffes wieder in die entsprechenden Grundzustände zu überführen. Es entsteht dabei angeregtes Triplettcarotinoid, dessen Energie nicht mehr zur Bildung von Singulettsauerstoff ausreicht, und das seine Energie als Wärme abgibt. Dadurch haben Carotinoide eine wichtige Schutzfunktion. Es wird diskutiert, dass bei übermäßiger Anregung des PS II die Schutzfunktion der Carotinoide nicht ausreicht, und der vermehrt gebildete Singulettsauerstoff den PS-II-Komplex schädigt. Ein Angriffsort für die Schädigung ist wahrscheinlich das D_1-Protein des photosynthetischen Reaktionszentrums in PS II, das unter normalen Photosynthesebedingungen bereits einen hohen Turnover hat (siehe Abschn. 3.6). Eine Photoinhibition liegt vor, wenn die Geschwindigkeit der Schädigung des D_1-Proteins so hoch ist, dass dessen Neusynthese nicht nachkommt.

Zur Verminderung derartiger Lichtschäden des Photosyntheseapparates besitzen Pflanzen Schutzmechanismen, welche die Energie überschüssiger Excitonen als Wärme ableiten. Man spricht von einer **nichtphotochemischen Löschung** der Excitonenenergie. Nach bisherigen Untersuchungen bewirkt Zeaxanthin (Abb. 3.41) durch Interaktion mit Chlorophyll-bindenden Proteinen des Photosystem-II die Umwandlung der Excitonenenergie in Wärme. Zeaxanthin wird über Reduktion durch Ascorbat aus dem Diepoxid **Violaxanthin** über das Monoepoxid Antheraxanthin als Zwischenprodukt gebildet, und kann durch Epoxidbildung mit NADPH und O_2 wieder zu Violaxanthin umgesetzt werden (Abb. 3.41). Die Bildung von Zeaxanthin über die De-Epoxidase erfolgt an der Lumenseite der Thylakoidmembran bei einem pH-Optimum von pH 5,0, während die Rückbildung des Violaxanthins durch die Epoxidase auf der Stromaseite der Thylakoidmembran bei etwa pH 7,6 erfolgt. Die Zeaxanthinbildung erfordert demnach einen hohen pH-Gradienten über der Thylakoidmembran. Wie bei der Mehler-Reaktion (Abschn. 3.9) besprochen wurde, kann ein sehr hoher pH-Gradient ein Indiz für eine erhöhte Anregung des Photosystems II sein. Bei einem Überschuss an Excitonenenergie wird über den erhöhten pH-Gradienten die Synthese von Zeaxanthin ausgelöst und dadurch überschüssige Excitonenenergie im PS-II-Komplex durch den Übergang in Wärmeenergie unschädlich gemacht. Bei den meisten Pflanzen werden auf diese Weise bei vollem Sonnenlicht 50–70 % aller absorbierten Photonen in Wärme überführt. Diese nichtphotochemische Löschung der Excitonenenergie bildet den Hauptweg, durch den sich die Pflanze vor einem Überangebot von Lichtenergie schützt. Im Vergleich dazu haben die Mehler-Reaktion (Abschn. 3.9) und die in Abschnitt 7.7 behandelte Photorespiration unter den meisten Bedingungen einen geringeren Anteil an der Beseitigung überschüssiger Anregungsenergie.

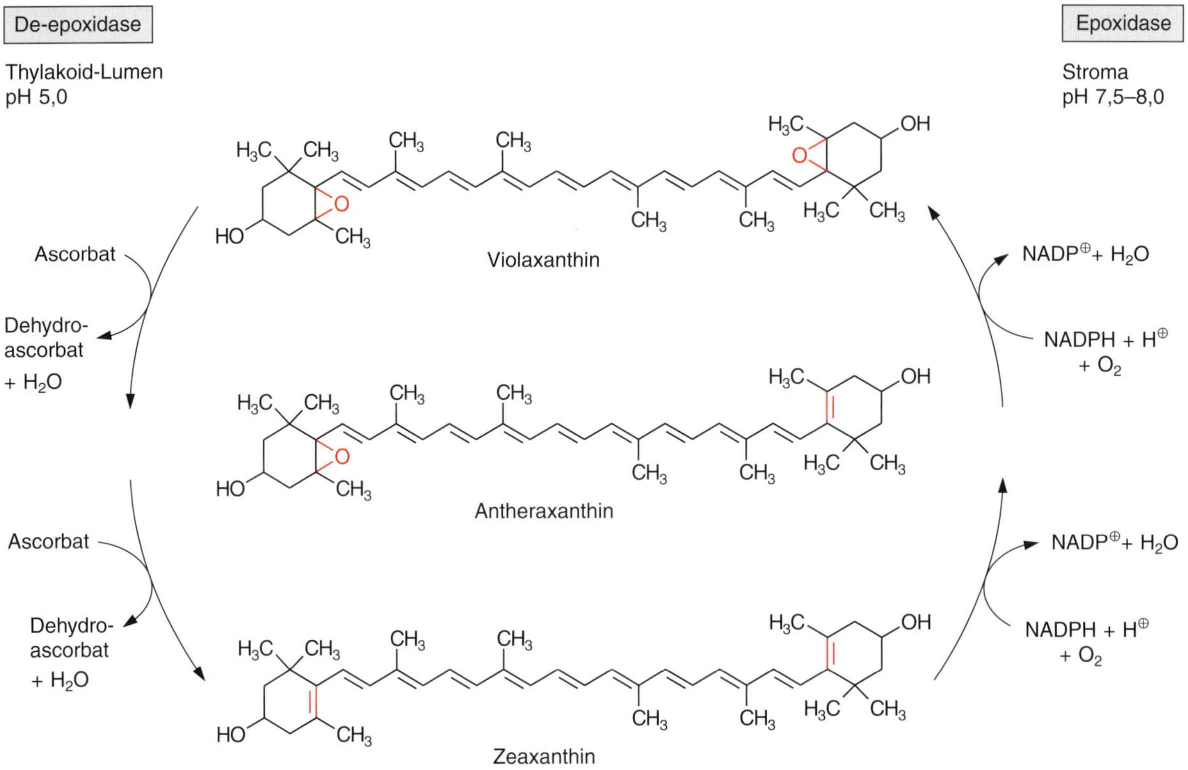

Abb. 3.41 Der Zeaxanthin-Cyclus (nach Demmig-Adams).

Literatur

Allen, J.F. Cyclic, pseudocyclic and non cyclic photophosphorylation: new links in the chain. Trends in Plant Science 8, 15-19 (2003)

Amunts, A., Drory,O., Nelson, N. The structure of a plant photosystem I supercomplex at 3.4 Å resolution. Nature 447, 58-63 (2007)

Aro, E.M., Grieco, M., Tikkanen, M. Novel insights into plant light-harvesting complex II phosphorylation and 'state transitions'. Trends in Plant Science 16, 126–131 (2011)

Asada, K. Production and scavenging of reactive oxygen species in chloroplasts and their function. Plant Physiology 141, 391-396 (2006)

Benz, J.P., Bölter, B., Lintala, M., Mulo, P., Soll, J. A new concept for ferredoxin–NADP(H) oxidoreductase binding to plant thylakoids. Trends in Plant Science 15, 608–613 (2010)

Bonardi,V., Pesaresi, P., Becker,T., Schleiff, E., Wagner, R., Pfannschmidt, T., Jahns., Leister, D. Photosystem II core phosphorylation and photosynthetic acclimation require two different protein kinases. Nature 437, 1179-1182 (2005)

Cramer, W.A., Zhang, H., Yan, J., Kurisu, G., Smith, J.L. Transmembrane traffic in the cytochrome b6f complex. Annual Review Biochemistry 75, 769-790 (2006)

Dietz, K.J. The dual function of plant peroxiredoxins in antioxidant defence and redox signaling. Subcellular Biochemistry 4, 267-294 (2007)

Halliwell, B. Reactive species and antioxidants. Redox biology is a fundamental theme of aerobic life. Plant Physiology 141, 312-322 (2006)

Holzwarth, A.R., Müller, M.G., Reus, M., Novaczyk, J., Sander, J., Rögner, M. Kinetics and mechanism of electron transfer in intact photosystem II and in the isolated reaction center: Pheophytin is the primary electron acceptor. Proceedings of the National Academy of Science USA 103, 6895-6900 (2006)

Iverson, T.M. Evolution and unique bioenergetic mechanisms in oxygenic photosynthesis. Current Opinion Chemistry Biology 10, 91-100 (2006)

Joliot, P., Joliot, A. Cyclic electron flow in C3 plants. Biochim Biophysica Acta 1757, 362-368 (2006)

Komenda, J., Sobotka, R., Nixon, P.J. Assembling and maintaining the photosystem II complex in chloroplasts and cyanobacteria. Current Opinion in Plant Biology 15, 245–251 (2012)

Leister, D., Shikanai, T. Complexities and protein complexes in the antimycin A-sensitive pathway of cyclic electron flow in plants. Frontiers in Plant Science 4, 1–4 (2013)

Loll, B., Kern, J., Saenger, W., Zouni, A., Biesiadka, J. Towards complete cofactor arrangement in the 3.0 Å resolution structure of photosystem II. Nature 438, 1040-1044 (2005)

Murray, J.W., Duncan, J., Barber, J. CP43-like chlorophyll binding proteins: structural and evolutionary implications. Trends in Plant Science 11, 152-158 (2006)

Nelson,N., Yocum, C.F. Structure and function of photosystems I and II. Annual Review of Plant Biology 57, 521-565 (2006)

Niyogi, K.K., Truong, T.B. Evolution of flexible non-photochemical quenching mechanisms that regulate light harvesting in oxygenic photosynthesis. Current Opinion in Plant Biology 16, 307–314 (2013)

Pribil, M., Labs, M., Leister, D. Structure and dynamics of thylakoids in land plants. Journal of Experimental Botany (2014)

Renger, G. Oxidative photosynthetic water splitting: energetics, kinetics and mechanism. Photosynthesis Research 92, 407-425 (2007)

Shikanai, T. Cyclic electron transport around photosystem I: Genetic approaches. Annual Review Plant Biology 58, 199-217 (2007)

Vieira Dos Santos, C., Rey, P. Plant thioredoxins are key actors in the oxidative stress response. Trends in Plant Science 11, 329-334 (2006)

4 Bei der Photosynthese wird ATP erzeugt

Im vorigen Kapitel wurde beschrieben, dass beim photosynthetischen Elektronentransport Protonen über die Thylakoidmembran transportiert werden und so ein elektrochemischer Gradient aufgebaut wird. Dieses Kapitel beschäftigt sich damit, wie dieser Protonengradient genutzt wird, um ATP zu synthetisieren.

Daniel Arnon entdeckte im Jahre 1954 in Berkeley, dass bei Belichtung von suspendierten Thylakoidmembranen aus ADP und Phosphat ATP gebildet wird. Dieser Vorgang wird als **Photophosphorylierung** bezeichnet. Weitere Experimente ergaben, dass die Photophosphorylierung mit der photosynthetischen Bildung von NADPH gekoppelt ist. Dies war damals ein unerwarteter Befund. Bis zu diesem Zeitpunkt hatte man geglaubt, dass die Synthese von ATP wie bei den Mitochondrien durch einen Elektronentransport vom NADPH zum Sauerstoff erfolgt. Es zeigten sich dann aber doch Parallelen zwischen der mit dem photosynthetischen Elektronentransport gekoppelten Photophosphorylierung und der mit dem Elektronentransport der mitochondrialen Atmungskette gekoppelten ATP-Synthese, der **oxidativen Phosphorylierung** (siehe Abschn. 5.6). Peter Mitchell (Edinburgh) postulierte 1961 in seiner **chemiosmotischen Hypothese**, dass bei der Elektronentransport-gekoppelten ATP-Synthese beider Prozesse ein Protonengradient über die Membran als energiereicher Zwischenzustand gebildet wird, dessen **protonenmotorische Kraft** zum Antrieb der ATP-Synthese dient. Diese damals revolutionäre Theorie stieß zunächst auf sehr großen Widerstand, ist dann aber in ihren Grundzügen voll bestätigt worden. Peter Mitchell wurde dafür 1978 der Nobelpreis für Chemie verliehen.

4.1 Ein Protonengradient dient als energiereicher Zwischenzustand bei der ATP-Synthese

Wieviel Energie ist erforderlich, um ATP zu synthetisieren?

Die freie Enthalpie zur Synthese von ATP aus ADP und Phosphat kann man nach der van't Hoffschen Gleichung berechnen:

$$\Delta G = \Delta G^{0\prime} + RT \ln \frac{[\mathrm{ATP}]}{[\mathrm{ADP}] \cdot [\mathrm{P}]} \qquad (4.1)$$

Die freie Standardenthalpie für die Synthese von ATP beträgt:

$$\Delta G^{0\prime} = +30{,}5\ \text{kJ/mol} \tag{4.2}$$

Die Konzentrationen von ATP, ADP und Phosphat im Chloroplastenstroma sind sehr stark vom Stoffwechsel abhängig. Typische Konzentrationen sind: ATP = $2{,}5 \cdot 10^{-3}$ mol/L, ADP = $0{,}5 \cdot 10^{-3}$ mol/L, P = $5 \cdot 10^{-3}$ mol/L. Eingesetzt in Gleichung 4.1 ($R = 8{,}32$ J/mol · K, $T = 298$ K) erhält man für die ATP-Synthese einen Energiebedarf von:

$$\Delta G = +47{,}8\ \text{kJ/mol} \tag{4.3}$$

Dieser Wert ist natürlich variabel und sehr stark von der Stoffwechsellage abhängig, da die aktuellen Konzentrationen der Reaktanten mit in die Gleichung eingehen. Für die weiteren Überlegungen können wir für ΔG_{ATP} einen Richtwert von 50 kJ/mol verwenden.

Der Transport von Protonen über eine Membran kann verschiedene Auswirkungen haben. Falls die Membran für ein Gegen-Ion des Protons, zum Beispiel für das Chlorid-Ion, durchlässig ist (Abb. 4.1A), erfolgt ein Ladungsausgleich, indem für jedes importierte Proton ein Chlorid-Ion nachgezogen wird. Es kann sich so ein Konzentrationsgradient der Protonen bilden, ohne dass eine elektrische Spannung aufgebaut wird. Die freie Enthalpie für den Transport von Protonen von A nach B beträgt:

$$\Delta G = RT \ln \frac{[H^+]_B}{[H^+]_A} \tag{4.4}$$

Falls die Membran für Gegen-Ionen undurchlässig ist (Abb. 4.1B), kann ein Ladungsausgleich für das transportierte Proton nicht stattfinden. Die Verschiebung einiger Protonen über die Membran führt in diesem Falle zur Bildung eines Membranpotenzials $\Delta\Psi$, die als Spannungsdifferenz über die Membran in Volt gemessen wird. Konventionsgemäß gilt dabei: Wenn ein Kation in Richtung des positiveren Bereiches transportiert wird, ist $\Delta\Psi$ positiv. Spannung und freie Enthalpie sind über folgende Beziehung miteinander verbunden:

$$\Delta G = m\, F \cdot \Delta\Psi \tag{4.5}$$

Dabei ist m die Ladung des Ions (1 im Fall des Protons) und F die Faraday-Konstante, 96485 A · s/mol.

Beim Transport von Protonen über biologische Membranen werden sowohl ein Protonenkonzentrationsgradient als auch ein Membranpotenzial aufgebaut. Die freie Enthalpie für den Gesamtvorgang des Transports von Protonen von A nach B ergibt sich daher aus der Summe der freien Enthalpien zum Aufbau des H^+-Konzentrationsgradienten und des Membranpotenzials:

$$\Delta G = RT \ln \frac{[H^+]_B}{[H^+]_A} + F\Delta\Psi \tag{4.6}$$

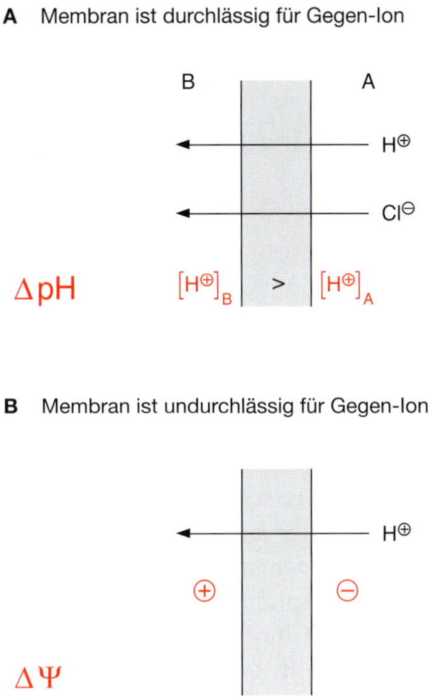

Abb. 4.1 **A**) Der Protonentransport durch eine zum Beispiel für Chlorid-Ionen durchlässige Membran führt zur Bildung eines Konzentrationsgradienten der Protonen. **B**) Ist die Membran für ein Gegen-Ion undurchlässig, führt ein Protonentransport zur Bildung eines Membranpotenzials.

Die Arbeitsfähigkeit des Protonengradienten entspricht der Änderung der freien Enthalpie beim Fluss der Protonen vom Lumen in das Stroma.

$$\Delta G = RT \ln \frac{[H^+]_S}{[H^+]_L} + F\Delta\Psi \qquad (4.7)$$

S = Stroma, L = Lumen, $\Delta\Psi$ = Spannungsdifferenz zwischen Stroma und Lumen.

Wandelt man den natürlichen in den dekadischen Logarithmus um, so erhält man:

$$\Delta G = 2{,}3 \cdot RT \lg \frac{[H^+]_S}{[H^+]_L} + F\Delta\Psi \qquad (4.8)$$

Der logarithmische Faktor ist die negative pH-Differenz zwischen Lumen und Stroma:

$$\lg[H^+]_S - \lg[H^+]_L = -\Delta pH \qquad (4.9)$$

Durch Umformen ergibt sich:

$$\Delta G = -2{,}3 \cdot RT \cdot \Delta pH + F\Delta\Psi \qquad (4.10)$$

Bei 25 °C beträgt die Enthalpiedifferenz 5700 J/mol. Es ergibt sich:

$$\Delta G = -5700\ \Delta pH + F\Delta\Psi \qquad (4.11)$$

Den Ausdruck $\frac{\Delta G}{F}$ nennen wir **protonenmotorische Kraft**, PMK. Ihre Einheit ist Volt.

$$\frac{\Delta G}{F} = \text{PMK} = -2{,}3\,\frac{RT}{F} \cdot \Delta\text{pH} + \Delta\Psi \qquad (4.12)$$

Bei 25 °C erhält man:

$$2{,}3\,\frac{RT}{F} = 0{,}059\ \text{V}$$

Es ergibt sich:

$$\text{PMK} = -0{,}059 \cdot \Delta\text{pH} + \Delta\Psi \qquad (4.13)$$

Gleichung 4.13 hat eine allgemeine Bedeutung für die Elektronentransport-gekoppelte ATP-Synthese. Die relativen Anteile des Membranpotenzials und des H^+-Konzentrationsgradienten an der protonenmotorischen Kraft sind bei verschiedenen biologischen Systemen unterschiedlich. Während bei der mitochondrialen oxidativen Phosphorylierung das Membranpotenzial den Hauptanteil ausmacht, ist bei Chloroplasten der Anteil des Membranpotenzials klein. Dafür findet man in belichteten Chloroplasten über der Thylakoidmembran ein ΔpH von etwa 2.5. Nach Einsetzen in Gleichung 4.11 ergibt dies unter Vernachlässigung des sehr kleinen ΔΨ:

$$\Delta G = -14.3\ \text{kJ/mol} \qquad (4.14)$$

Vergleicht man diesen Wert mit ΔG für die Bildung von ATP (50 kJ/mol), so erkennt man, dass für die ATP-Synthese aus ADP und Phosphat mindestens vier Protonen erforderlich sind.

4.2 Entkoppler bewirken die Dissipation des elektrochemischen Protonengradienten in Wärme

Der photosynthetische Elektronentransport vom Wasser zum $NADP^+$ ist mit der Photophosphorylierung gekoppelt. Der Elektronentransport erfolgt nur dann, wenn ADP und Phosphat als Ausgangssubstrate für die ATP-Synthese vorhanden sind. Durch Zugabe von **Entkopplern** kann der Elektronentransport mit hoher Geschwindigkeit auch in Abwesenheit von ADP ablaufen, der Elektronentransport ist dann von der ATP-Synthese entkoppelt. Es findet dann auch in Gegenwart von ADP und Phosphat keine ATP-Synthese mehr statt.

Die chemiosmotische Hypothese erklärt die Wirkung der Entkoppler (Abb. 4.2) auf die ATP-Synthese. Entkoppler verursachen durch ihre Fähigkeit, Protonen beziehungsweise Alkali-Ionen über biologische Membranen zu

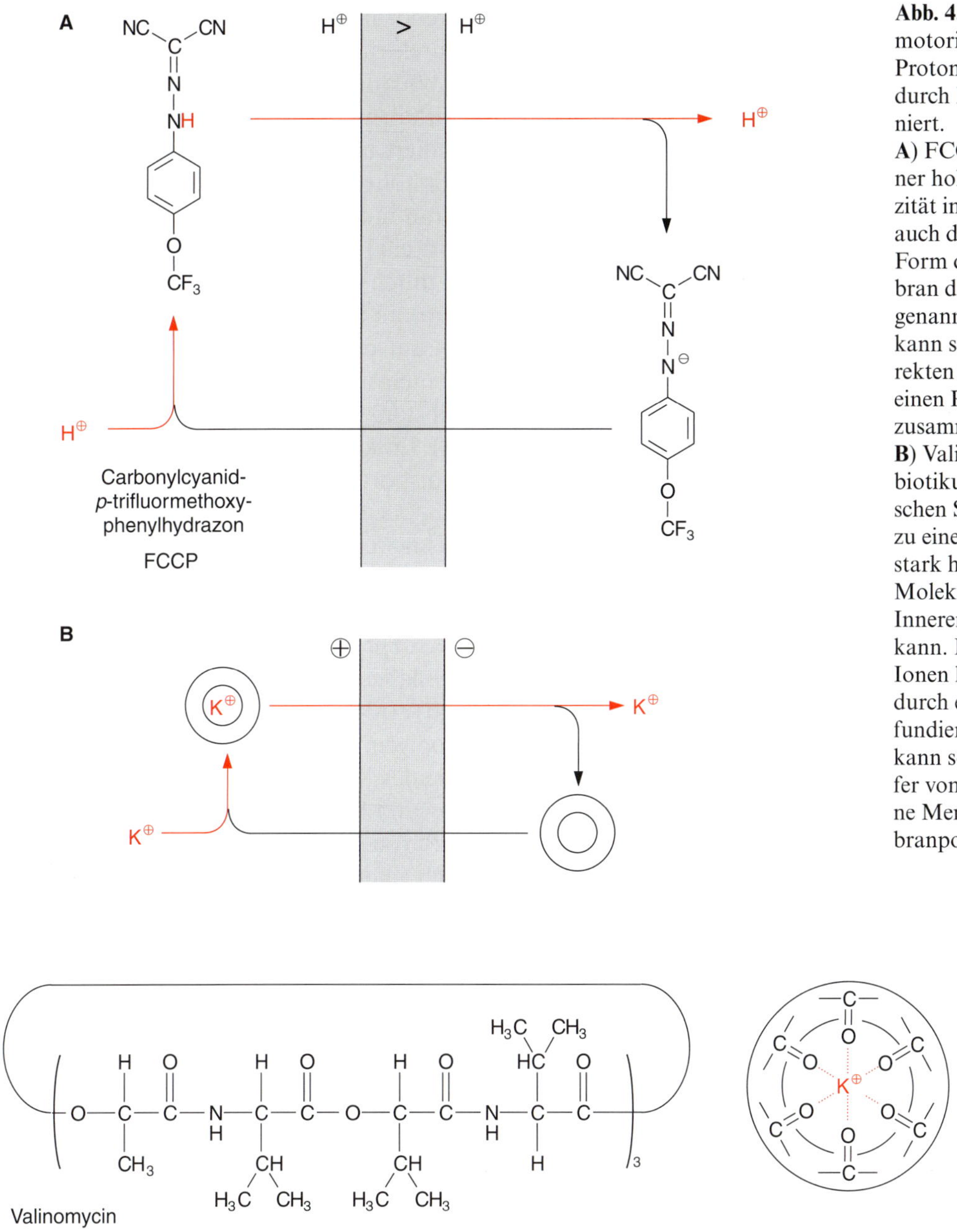

Abb. 4.2 Die protonenmotorische Kraft eines Protonengradienten wird durch Entkoppler eliminiert.
A) FCCP kann wegen seiner hohen Hydrophobizität in protonierter wie auch deprotonierter Form durch eine Membran diffundieren. Der genannte Entkoppler kann so durch einen indirekten Protonentransport einen Protonengradienten zusammenbrechen lassen.
B) Valinomycin, ein Antibiotikum mit einer cyclischen Struktur, faltet sich zu einem kugelförmigen, stark hydrophoben Molekül, das in seinem Inneren K^+-Ionen binden kann. Beladen mit K^+-Ionen kann Valinomycin durch eine Membran diffundieren. Valinomycin kann so durch den Transfer von K^+-Ionen über eine Membran ein Membranpotenzial abbauen.

befördern, ein Zusammenbrechen des H^+-Konzentrationsgradienten beziehungsweise des Membranpotenzials. Dies bewirkt eine hohe Rate des Elektronentransports. Da kein Protonengradient vorhanden ist, werden durch die ATP-Synthase (Abb. 3.17) unter Spaltung von ATP in ADP und Phosphat Protonen aus dem Stroma in das Lumen der Thylakoide transportiert. Es findet so in Umkehrung der ATP-Synthese eine ATP-Hydrolyse statt (ATPase).

Entkoppler sind amphiphile Substanzen, die sowohl in Wasser als auch in Lipiden löslich sind. Diese Eigenschaft ermöglicht es ihnen, die Lipidphase ei-

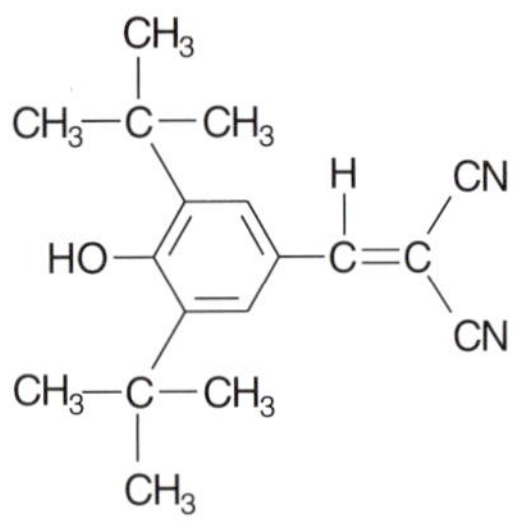

SF 6847

Abb. 4.3 Di(*tert*-butyl)-4-hydroxybenzylmalononitril (SF 6847) ist ein besonders wirkungsvoller Entkoppler. Bereits 10^{-9} mol/L dieser Substanz führen zu dem Zusammenbrechen des Protonengradienten über einer Membran. Der Mechanismus der Entkopplung beruht wie bei FCCP auf einer Passage des protonierten und deprotonierten Moleküls durch die Membran.

ner Membran durch Diffusion zu durchdringen. Die Entkopplerwirkung beruht darauf, dass Entkoppler beim Durchtritt durch die Membran ein Proton oder ein Alkali-Ion transportieren. Abbildung 4.2A zeigt die Wirkungsweise des Entkopplers Carbonylcyanid-*p*-trifluormethoxyphenylhydrazon (FCCP), einer schwachen Säure. FCCP diffundiert in der undissoziierten (protonierten) Form von dem Kompartiment mit hoher Protonenkonzentration (in Abbildung 4.2A links) durch die Membran in das Kompartiment mit niedriger Protonenkonzentration; es erfolgt dort eine Dissoziation. Das Proton bleibt zurück, und das FCCP-Anion kehrt durch Diffusion in das Ausgangskompartiment zurück, in dem es wieder protoniert wird. Bereits eine FCCP-Konzentration von nur $7 \cdot 10^{-8}$ mol/L führt auf diese Weise zu dem vollständigen Zusammenbruch des Protonengradienten über einer Membran. Eine noch höhere Entkopplerwirkung hat die Substanz SF 6847 (3,5-Di(*tert*-butyl)-4-hydroxybenzyldimalononitril) (Abb. 4.3). Entkoppler wie FCCP oder SF 6847, die Protonen über eine Membran transportieren, werden auch als **Protonophore** bezeichnet.

Neben den Protonophoren gibt es eine weitere Klasse von Entkopplern, die **Ionophoren**. Diese können Alkali-Kationen über eine Membran transportieren und führen so zur Dissipation eines Membranpotenzials. Ein solches Ionophor ist **Valinomycin**, ein Antibiotikum aus *Streptomyces* (Abb. 4.2B). Valinomycin ist ein cyclisches Molekül, das in dreimaliger Wiederholung die Sequenz (L-Lactat)-(L-Valin)-(D-Hydroxyisovalerat)-(D-Valin) enthält. Aufgrund seiner hydrophoben Außenseite kann Valinomycin durch eine Membran diffundieren. Sauerstoffatome, die in das Innere des Moleküls gerichtet sind, sind eine Bindungsstelle für dehydratisierte Rb^+- und K^+-Ionen. Na^+-Ionen werden nur sehr schwach gebunden. In Gegenwart von K^+-Ionen führt die Anwesenheit von Valinomycin zum Zusammenbruch eines Membranpotenzials. Das Ionophor **Gramicidin**, das hier nicht näher behandelt wird, ist ebenfalls ein Polypeptid. Dieses bildet einen transmembranen Ionenkanal, der die Diffusion sowohl von Alkali-Kationen als auch von Protonen durch die Membran erlaubt.

Die chemiosmotische Hypothese wurde experimentell bestätigt

Ein wichtiger Beweis für die Gültigkeit der chemiosmotischen Hypothese für die Photophosphorylierung der Chloroplasten wurde 1966 von dem amerikanischen Wissenschaftler André Jagendorf geliefert (Abb. 4.4). Er inkubierte Thylakoidmembranen in einem sauren Medium von pH 4, um durch eine unspezifische Aufnahme von Protonen den Wasserraum des Lumens auf pH 4 anzusäuern. Er gab anorganisches Phosphat und ADP zu der Thylakoidsuspension und erhöhte dann durch Zugabe eines alkalischen Puffers den pH-Wert des Mediums auf pH 8. Er erzeugte so plötzlich über der Thylakoidmembran einen Protonengradienten von $\Delta pH = 4$. Hierbei beobachtete er eine kurzzeitige Synthese von ATP. Da diese Experimente im Dunkeln ausgeführt wurden, war damit bewiesen, dass die Synthese von ATP in Chloroplas-

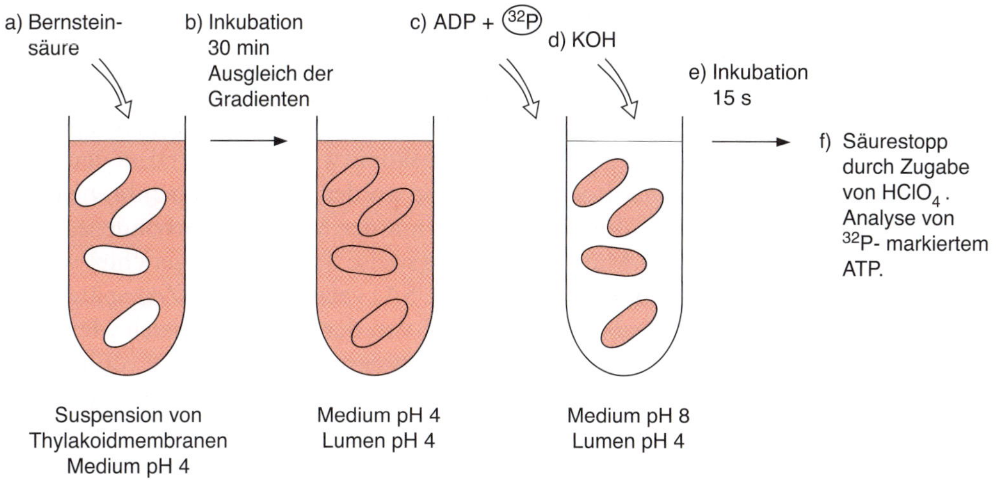

Abb. 4.4 Durch einen künstlich gebildeten Protonengradienten können Thylakoidmembranen auch im Dunkeln ATP synthetisieren. In einer Suspension von Thylakoidmembranen in einem Medium wird durch Zugabe von Bernsteinsäure (a) der pH im Medium auf 4,0 gesenkt. Nach Inkubation von etwa 30 min (b) gleicht sich durch langsame Permeation von Protonen der pH im Thylakoidlumen dem pH des Mediums an. Danach werden ADP und Phosphat, das radioaktiv mit dem Isotop ^{32}P markiert wurde, zugesetzt (c). Es wird dann durch Zugabe von KOH der pH im Medium auf 8,0 erhöht (d). Dadurch entsteht ein pH-Gradient von 4,0 zwischen dem Thylakoidlumen und dem Medium, dieser Gradient treibt die Synthese von ATP aus ADP und Phosphat. Nach kurzer Reaktionszeit (e) wird der Ansatz durch Zugabe von Perchlorsäure denaturiert und in dem Extrakt die Menge des gebildeten radioaktiv markierten ATP bestimmt. Nach Jagendorf, 1966.

ten allein durch einen pH-Gradienten über der Thylakoidmembran getrieben werden kann.

4.3 H^+-ATP-Synthasen in Bakterien, Chloroplasten und Mitochondrien besitzen eine einheitliche Grundstruktur

Auf welchem Weg wird die Energie, die in dem vorher besprochenen Protonengradienten gespeichert ist, genutzt, um ATP zu synthetisieren?

Eine protonengekoppelte ATP-Synthase (H^+-ATP-Synthase) ist keine Besonderheit der Chloroplasten, sondern wurde schon im sehr frühen Verlauf der Evolution gebildet und kommt in praktisch gleichem Aufbau sowohl in Bakterien und Chloroplasten als auch in Mitochondrien vor. In Bakterien bewirkt dieses Enzym nicht nur die durch einen Protonengradienten getriebene ATP-Synthese, sondern auch in umgekehrter Weise den ATP-abhängigen Transport von Protonen gegen einen Konzentrationsgradienten. Möglicherweise war dies die ursprüngliche Funktion dieses Enzyms. In manchen Bakterien werden durch ein prinzipiell gleich aufgebautes Enzym unter Verbrauch von ATP auch Na^+-Ionen transportiert und umgekehrt.

Unser heutiges Wissen über den Aufbau der H^+-ATP-Synthase basiert auf den Untersuchungen an Mitochondrien, Chloroplasten und Bakterien. Durch Fortschritte der Elektronenmikroskopie wurden um 1960 an den inneren Membranen der Mitochondrien und an den Thylakoidmembranen von Chloroplasten kleine, durch einen Hals mit der Membran verbundene Partikel entdeckt, die zum Matrix- beziehungsweise Stromaraum gerichtet waren. Ephraim Racker (Cornell Universität, USA) gelang es kurze Zeit später, diese Partikel durch Zugabe von Harnstoff von der mitochondrialen Membran abzulösen. Diese abgelösten Partikel katalysierten die Hydrolyse von ATP zu ADP und Phosphat und wurden von Racker als **F_1-ATPase** bezeichnet.

Aus den Innenmembranen intakter Mitochondrien ließen sich Vesikel herstellen, deren Membran die F_1-Partikel enthielten. Diese Membranvesikel waren zur atmungsgekoppelten ATP-Synthese befähigt. Wie bei intakten Mitochondrien (Abschn. 5.6) bewirkte die Zugabe von Entkopplern eine hohe ATPase-Aktivität. Ebenfalls wie in intakten Mitochondrien wurden bei diesen Vesikeln sowohl die ATP-Synthese als auch die Entkoppler-abhängige ATPase durch das Antibiotikum **Oligomycin** gehemmt. Mitochondriale Vesikel, von denen die F_1-Partikel zuvor abgelöst worden waren, zeigten keine ATPase-Aktivität, aber eine hohe Durchlässigkeit für Protonen. Diese Durchlässigkeit wurde durch Oligomycin aufgehoben. Dagegen wurde die ATPase-Aktivität der abgelösten F_1-Partikel durch Oligomycin nicht beeinflusst. Aus diesen und anderen Ergebnissen wurde geschlossen, dass die H^+-ATP-Synthase der Mitochondrien aus zwei Teilen besteht, einem löslichen **Faktor 1 (F_1)**, der die Synthese von ATP katalysiert, und einem membrangebundenen Faktor, der für den Fluss der Protonen und die Bindung des Oligomycins verantwortlich ist und von Racker als **F_o** (O für Oligomycin) bezeichnet wurde (Abb. 4.5). Gleiche Ergebnisse hat man dann auch für die H^+-ATP-Synthasen von Chloroplasten und Bakterien gefunden. Allerdings wirkt Oligomycin bei der H^+-ATP-Synthase von Chloroplasten nicht hemmend. Man hat dennoch die Bezeichnung F_o auch für den Membranteil der chloroplastidären und bakteriellen ATP-Synthasen beibehalten. Die H^+-ATP-Synthasen von Chloroplasten, Mitochondrien und Bakterien sowie entsprechende H^+- und Na^+-ATPasen von Bakterien bezeichnet man daher auch mit dem Sammelbegriff **F-ATP-Synthasen** oder **F-ATPasen**. Außerdem ist noch die Bezeichnung F_oF_1-Synthase beziehungsweise -ATPase gebräuchlich.

F_1 ist nach Abtrennung von der Membran ein lösliches, oligomeres Protein mit der Zusammensetzung $\alpha_3\beta_3\gamma\delta\varepsilon$ (Tab. 4.1). Diese Zusammensetzung wurde sowohl in Chloroplasten, Bakterien als auch in Mitochondrien gefunden.

F_o ist ein stark hydrophober Proteinkomplex, der nur durch den Einsatz von Detergentien aus der Membran herausgelöst werden kann. Dicyclohexylcarbodiimid (DCCD) (Abb. 4.6), ein Hemmer der F-ATP-Synthasen, bindet an das in die Membran eingebettete F_o. Durch diese Bindung wird der Protonenkanal geschlossen und so die ATP-Synthese gehemmt. Als Hauptbestandteile von F_o wurden in den verschiedenen Organismen vier unterschiedliche Untereinheiten nachgewiesen, die mit a, b, b', und c bezeichnet werden.

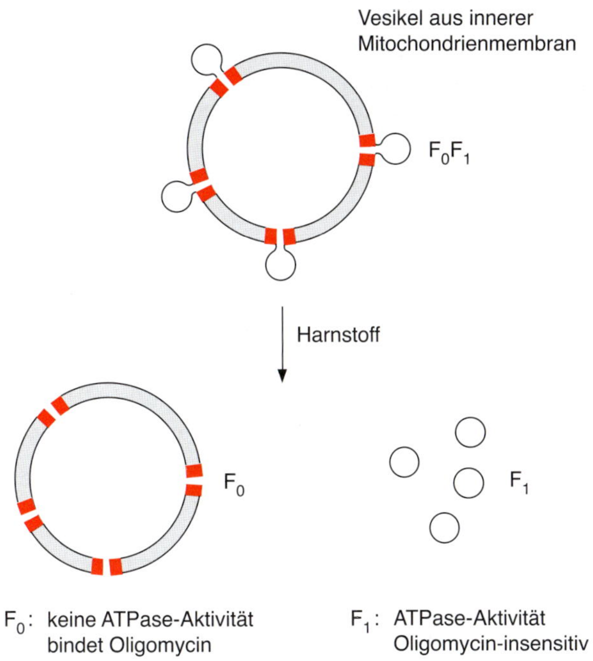

Abb. 4.5 Vesikel, die durch Ultraschallbehandlung von Mitochondrien hergestellt werden, enthalten funktionell intakte H^+-ATP-Synthase. Durch Harnstoffbehandlung wird der lösliche Faktor F_1 abgelöst. Dieser hat ATPase-Funktion. In der Membran bleibt der Oligomycin-bindende Faktor F_0.

Untereinheit c, welche bei Chloroplasten in 12–14 Kopien vorkommt, enthält zwei transmembrane Helices und ist der Bindungsort für DCCD. Nach bisherigen Erkenntnissen bilden die c-Untereinheiten einen Zylinder, der die Membran durchspannt (Abb. 4.7, Tabelle 4.1). In der Membran, an der Außenseite des Zylinders, sind die Untereinheiten a, b, b' angeordnet, wobei die letzteren beiden über die Untereinheit δ Kontakt mit dem F_1-Teil haben.

Tabelle 4.1: Komponenten der F-ATP-Synthase aus Chloroplasten. Nomenklatur wie bei *E. coli*-F-ATP-Synthase.

Protein	Anzahl in F_0F_1-Molekül	Molekularmasse (kDa)	codiert in
F_1: α	3	55	Plastidengenom
β	3	54	Plastidengenom
γ	1	36	Kerngenom
δ	1	21	Kerngenom
ε	1	15	Plastidengenom
F_0: a	1	27	Plastidengenom
b	1	16	Kerngenom
b'	1	21	Plastidengenom
c	12	8	Plastidengenom

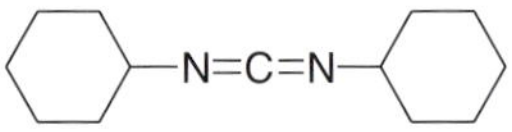

Abb. 4.6 Dicyclohexylcarbodiimid (DCCD), ein Hemmer des F_o-Teils der F-ATP-Synthase.

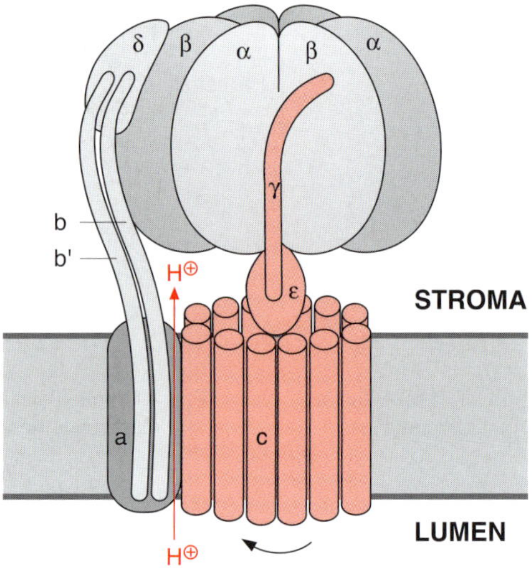

Abb. 4.7 Strukturschema einer F-ATP-Synthase. Die Struktur der F_1-Untereinheit entspricht den im Text behandelten Ergebnissen der Röntgenstrukturanalyse. Nach Junge.

Die Untereinheiten γ und ε stellen eine zentrale Verbindung zwischen dem F_1- und F_O-Teil her.
Wie bereits besprochen, sind die F_1-Teile im Elektronenmikroskop als Partikel sichtbar. Zwar sind wegen der geringen Größe der Partikel auf einem einzelnen elektronenmikroskopischen Bild Einzelheiten der Struktur nicht zu erkennen. Führt man jedoch mit einer sehr großen Anzahl derartiger Bilder eine **computergestützte Bildanalyse** durch, so werden Details der Struktur sichtbar. Abbildung 4.8 zeigt gemittelte Bilder der F-ATPase aus Chloroplasten. In der Seitenansicht ist der Stiel, der den F_1-Teil mit der Membran verbindet, deutlich zu sehen. Bei einer weiteren Verfeinerung der Bildanalyse (hier nicht gezeigt) hat man sogar zwei Stiele zwischen F_1 und F_o gefunden, einen dicken und einen dünnen. In der Aufsicht des F_1-Teils erkennt man einen hexagonalen Aufbau, der einer alternierenden Anordnung von α- und β-Untereinheiten entspricht. Aus Untersuchungen am isolierten F_1-Protein ging hervor, dass ein F_oF_1-Protein drei katalytische Bindungsstellen für ADP oder ATP besitzt. Jeweils eine dieser Bindungsstellen enthält ATP sehr fest gebunden, seine Ablösung erfolgt nur nach Zufuhr von Energie, die von dem Protonengradienten bereitgestellt wird.

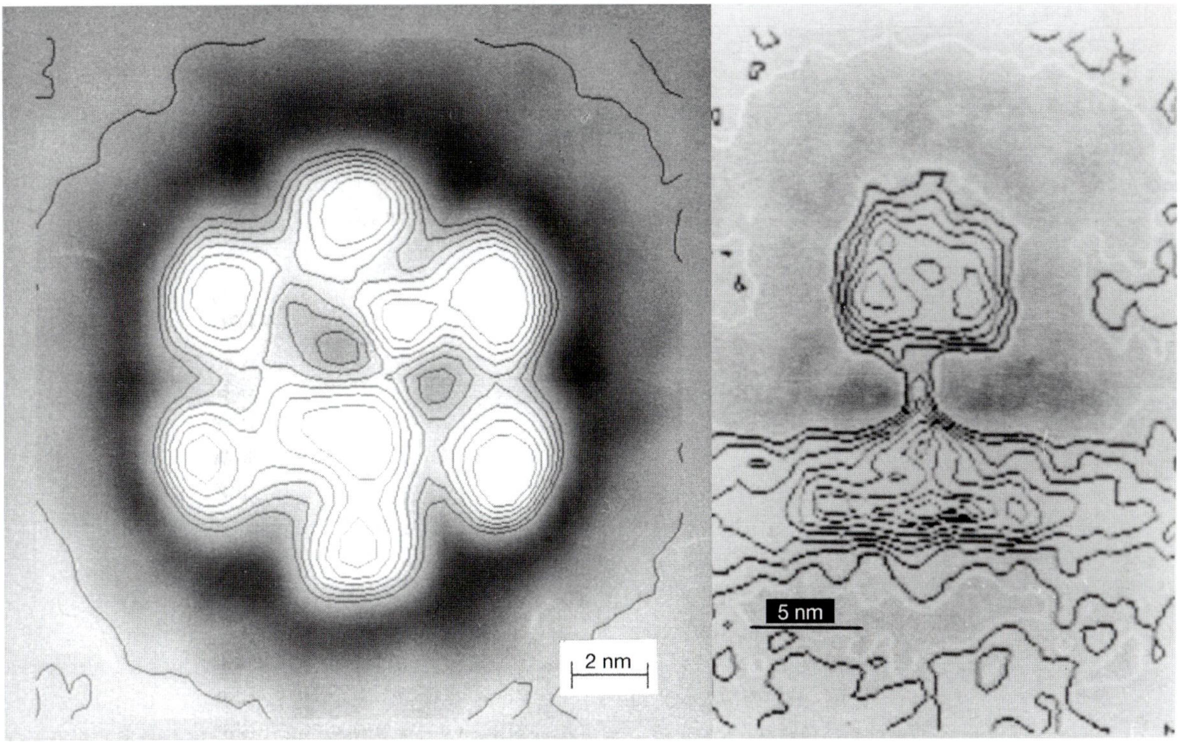

Abb. 4.8 Gemittelte Bilder aus 483 elektronenoptischen Aufnahmen der F-ATP-Synthase von Chloroplasten aus Spinat.
links: Aufsicht des F_1-Teils. Man erkennt alternierend angeordnete α- und β-Untereinheiten.
rechts: Seitenansicht. Man erkennt den Stiel, welcher den F_1-Teil mit dem in der Membran befindlichen F_o-Teil verbindet. Aufnahmen von P. Gräber, Stuttgart.

Die Röntgenstrukturanalyse des F_1-Teils der ATP-Synthase liefert einen Einblick in die ATP-Synthese

Erst 1994 ist es der Gruppe von John Walker in Cambridge (England) gelungen, die räumliche Struktur des F_1-Teils durch Röntgenstrukturanalyse aufzuklären. Für diese Analyse wurden Kristalle von F_1 aus Rinderherz-Mitochondrien verwendet. Die untersuchte F_1-Präparation wurde vor der Kristallisation mit einem Gemisch aus ADP und einem ATP-Analogon (5′-Adenylyl-imidodiphosphat, AMP-PNP) beladen. (Dieses ATP-Analogon unterscheidet sich von ATP dadurch, dass die letzten beiden Phosphate durch ein N-Atom verbunden sind. Es bindet an die ATP-Bindungsstelle wie ATP, wird aber nicht durch ATPase gespalten.) Die Strukturanalyse bestätigte die alternierende Anordnung der α- und β-Untereinheiten (Abb. 4.7, 4.9). Jeweils eine α- und eine β-Untereinheit bilden zusammen eine Einheit mit der Bindungsstelle für ein Adeninnukleotid, wobei an der Katalyse vor allem die β-Untereinheit beteiligt ist. In dem untersuchten F_1-Kristall trug eine $\alpha+\beta$-Einheit ein ADP, die zweite das ATP-Analogon, während die dritte $\alpha+\beta$-Einheit un-

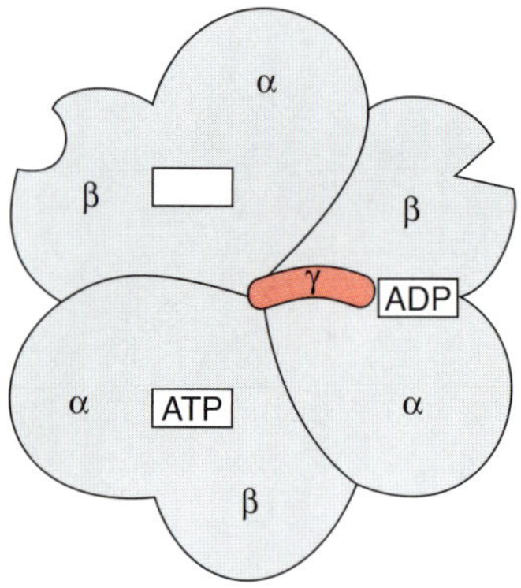

Abb. 4.9 Schematische Aufsicht auf den F_1-Teil der F-ATP-Synthase. Jeweils eine α- und eine β-Untereinheit bilden eine Nukleotidbindungsstelle, von denen jede unterschiedlich besetzt ist. Jede der drei β-Untereinheiten nimmt eine unterschiedliche Konformation ein. Die im Zentrum senkrecht zum Betrachter angeordnete γ-Untereinheit ist im Innern zu den mit ADP beladenen α- und β-Untereinheiten geneigt. Diese Darstellung entspricht sinngemäß den im Text behandelten Ergebnissen der Röntgenstruktur-Analyse von Walker *et al.*

besetzt war. Diese drei β-Untereinheiten lagen auch in deutlich verschiedenen Konformationen vor. In Abbildung 4.9 sind diese strukturellen Unterschiede der β-Untereinheiten symbolisch markiert. Eine weitere Asymmetrie betrifft die Anordnung der γ-Untereinheit; diese zieht sich durch das Zentrum des F_1-Teils und ist nach der Seite der mit ADP beladenen $\alpha+\beta$-Einheit geneigt (Abb. 4.7, 4.9). Die beobachteten Asymmetrien geben wichtige Einblicke in die Funktionsweise des F_1-Teils der ATP-Synthase. Bevor darauf näher eingegangen wird, sollen zunächst einige grundsätzliche Überlegungen zur ATP-Synthese vorangestellt werden.

4.4 Die Synthese des ATP wird durch eine Konformationsänderung des Proteins bewirkt

Für die Hydrolyse von ATP gilt:

$$\text{ATP} + H_2O \rightleftarrows \text{ADP} + \text{Phosphat} \qquad \Delta G^{0\prime} = -30{,}5\ \text{kJ/mol}. \qquad (4.15)$$

Aufgrund der hohen freien Enthalpie der Hydrolyse ist ATP eine energiereiche Substanz. Es sei jedoch betont, dass der Standardwert $\Delta G^{0\prime}$ für eine wässrige Lösung von 1 mol/L ATP ermittelt wurde, dies entspricht einer Wasserkonzentration von 55 mol/L. Hätte man eine Wasserkonzentration von nur 10^{-4} mol/L, dann wäre für die ATP-Hydrolyse ein ΔG gleich +2,2 kJ/mol. Das bedeutet, dass bei sehr niedrigen Wasserkonzentrationen die Reaktion in Richtung ATP-Synthese abläuft. Wir sehen aus diesem Beispiel: *Bei Abwesenheit von Wasser benötigt die Synthese von ATP keine Energiezufuhr.*

Ein Reaktionsort unter Ausschluss von Wasser könnte das katalytische Zentrum eines Enzyms sein. Katalytische Zentren liegen häufig in einem hydrophoben Bereich des Enzymproteins, in dem Substrate unter Wasserausschluss gebunden werden. Bei einer festen Bindung von ADP und Phosphat an das Enzym könnte die ATP-Synthese freiwillig, das heißt ohne Verbrauch von Energie erfolgen (Abb. 4.10). Dies ist für die H^+-ATP-Synthase auch ex-

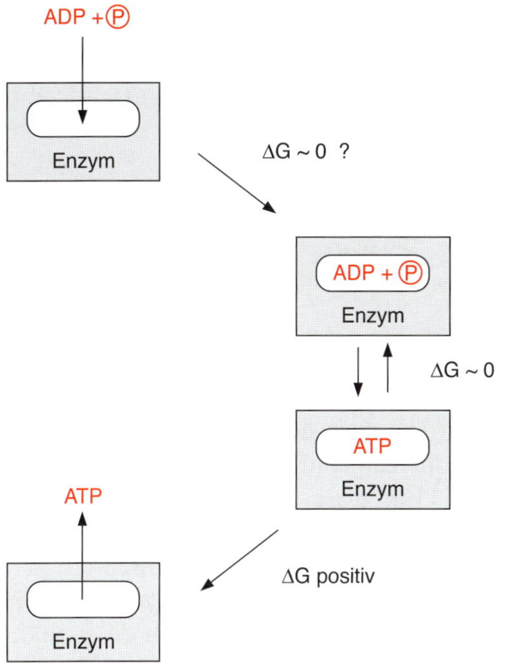

Abb. 4.10 In Abwesenheit von H_2O verläuft die eigentliche ATP-Synthese ohne Energiezufuhr. In diesem Fall muss Energie, die für die ATP-Synthese in wässriger Lösung erforderlich ist, jedoch für die Bindung des ADP und Phosphat und/oder die Ablösung des gebildeten ATP aufgewendet werden, wobei Letzteres wahrscheinlicher ist.

perimentell bewiesen worden. Wenn die eigentliche ATP-Synthese keine Energie verbraucht, muss der Energiebetrag, der in der wässrigen Phase für die Bildung von ATP aus ADP und Phosphat erforderlich ist, an anderer Stelle aufgewendet werden – wahrscheinlich für die Ablösung des festgebundenen, neusynthetisierten ATP von der Bildungsstelle. Dies könnte durch eine energieabhängige Konformationsänderung geschehen.

Paul Boyer (USA) stellte 1977 die Hypothese auf, dass in einem F_1-Protein drei identische **katalytische Bindungsstellen** für ADP oder ATP in ihrer Funktion **alternieren** (Abb. 4.11). Zu jedem Zeitpunkt liegt eine der Bindungsstellen in der L-Form vor, die ADP und Phosphat locker bindet, aber katalytisch nicht aktiv ist. Eine zweite Bindungsstelle T bindet ADP und ATP sehr fest (engl. *tight*) und ist katalytisch aktiv. Die dritte Bindungsstelle O ist offen, sie bindet ADP und ATP nur sehr schwach und ist katalytisch inaktiv. Nach dieser ***binding-change*-Hypothese** wird bei der Synthese von ATP ein Cyclus durchlaufen: Als erstes werden ADP und Phosphat Ⓟ an die leichte Bindungsstelle L gebunden. Durch eine Konformationsänderung des F_1-Proteins wird die Stelle L in eine Bindungsstelle T verwandelt, an der unter Ausschluss von Wasser aus ADP und Phosphat ATP synthetisiert wird, wobei das gebildete ATP sehr fest gebunden ist. Durch eine weitere Konformationsänderung wird die Bindungsstelle T in eine offene Bindungsstelle O umgewandelt, und das gebildete ATP wird freigesetzt. Ein entscheidender Punkt bei dieser Hypothese ist, dass bei jedem durch die Energie des Protonengradienten getriebenen Konformationswechsel von F_1 die Konformation der drei Zentren gleichzeitig in die jeweils nächste Konformation übergeht (L→T, T→O,

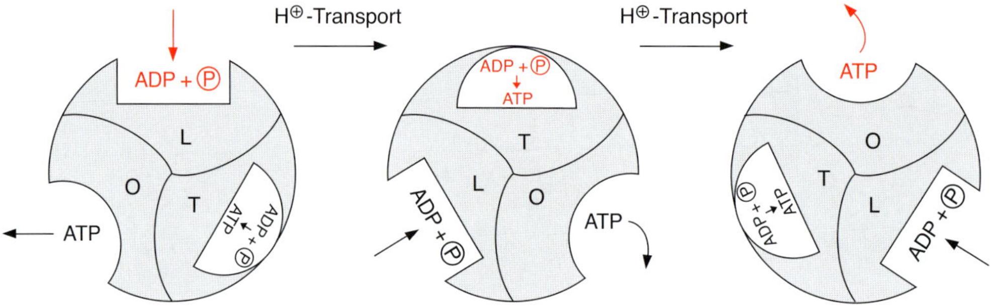

Abb. 4.11 ATP-Synthese durch den von Boyer vorgeschlagenen Bindungswechselmechanismus. Bei diesem Mechanismus geht man davon aus, dass in einem F_1-Komplex die ATP-Synthese durch drei Nukleotidbindungsstellen erfolgt, die in jeweils drei verschiedenen Konformationen vorliegen: Konformation **L** bindet ADP und Ⓟ locker; **T** bindet ADP und Ⓟ fest und katalysiert die ATP-Bildung, das gebildete ATP ist dabei gebunden; **O**, offen, entlässt gebildetes ATP. Zu jedem Zeitpunkt liegt jede der drei Bindungsstellen in einer anderen Konformation vor. Der Durchtritt von Protonen, getrieben durch die protonenmotorische Kraft, bewirkt eine konzertierte Konformationsänderung der drei Bindungsstellen.

O→L). Die besprochenen Ergebnisse der Röntgenstrukturanalyse unterstützen diese Hypothesen. Die nach der „binding-change"-Hypothese geforderten, jeweils unterschiedlichen Konformationen der drei katalytischen Zentren wurden nachgewiesen. Für diese Ergebnisse wurden Paul Boyer und John Walker 1997 mit dem Nobelpreis für Chemie ausgezeichnet. Allerdings sind Details dieses Mechanismus immer noch umstritten.

Aus den Strukturanalysen wurde gefolgert, dass die zentrale γ-Untereinheit eine Drehbewegung ausführt. Dabei bilden die γ- und ε-Untereinheiten mit den c-Untereinheiten von F_o einen Rotor (in Abb. 4.7 rot markiert) der sich in einem Stator, bestehend aus den Untereinheiten a, b, b', δ und $(\alpha\beta)_3$, dreht. Nach diesem Modell dreht sich innerhalb des starr an die Membran gekoppelten F_1-Teils die von dem Rotor angetriebene γ-Untereinheit und bewirkt mit jeder vollständigen Umdrehung die in Abb. 4.11 gezeigten Konformationsänderungen zur Bildung von drei ATP-Molekülen.

Dieses Modell wurde durch ein Aufsehen erregendes Experiment von Masasuka Yoshida und Kazohiko Kinosita aus Japan bestätigt. Die Forscher hefteten bei einem in einer Membran befindlichen F_o-Teil an das obere Ende der γ-Untereinheit ein großes fluoreszierendes Molekül und zeigten durch spezielle Video-Mikroskopie, dass sich, durch die Hydrolyse von ATP angetrieben, die γ-Untereinheit tatsächlich drehte. Somit kann der F_o-Teil als ein sehr kleiner Nano-Motor angesehen werden. Für die F-ATP-Synthese der Chloroplasten wurde eine Drehgeschwindigkeit von maximal 160 Umdrehung pro Sekunde errechnet.

Es stellt sich die Frage, wie dieser Nano-Motor durch einen Protonengradienten angetrieben wird. Zur Erklärung wurde von Wolfgang Junge (Osnabrück) auf Grund bekannter Strukturdaten das in Abb. 4.12 gezeigte Modell entwickelt. Hierbei besitzt die a-Untereinheit des Stators (in grau) einen Kanal durch welchen Protonen von der Außenseite der Membran an eine Bindungsstelle einer c-Untereinheit des Rotors, möglicherweise ein Glutamat-Rest, gelangen können. An einer anderen Stelle des Stators befindet sich ein weiterer Kanal, durch welchen an die c-Untereinheit gebundene Protonen in den Innenraum entlassen werden. Durch eine Drehung des Rotors (in rosa), hervorgerufen durch Brownsche Bewegung, können so Protonen von außen nach innen geleitet werden. Wie kommt es aber, dass die Drehung nur in einer Richtung erfolgt? Hierfür sind zwei Faktoren verantwortlich, die seitliche Versetzung der beiden Zugangskanäle und ein positiv geladener Argininrest

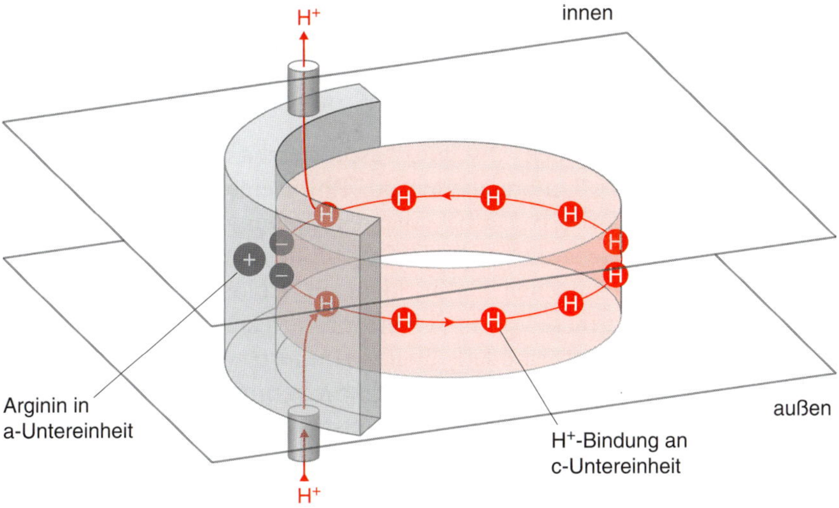

Abb. 4.12 Modell für die durch Protonen getriebene Umdrehung des aus c-Untereinheiten bestehenden Rotors des F_o-Teiles der ATP-Synthase (nach Junge 1997).

der Untereinheit a des Stators, der die mit Protonen beladenen c-Untereinheiten abstößt, wodurch eine Rückwärtsdrehung des Rotors verhindert wird und dadurch eine Drehung durch Brownsche Bewegungen nach nur einer Richtung möglich ist. Getrieben durch den angelegten Protonengradienten, der eine Beladung und Entladung der Protonenbindungsstellen an den betreffenden Kanälen bewirkt, dreht sich der Nano-Motor nach dem Modell einer Ratsche Schritt für Schritt in einer Richtung und bewirkt so mit einer vollständigen Umdrehung die Konformationsänderungen im F_1-Teil welche die Synthese von 3 Molekülen ATP bewirken. Wenngleich dieses Modell in seinen Details noch experimentell überprüft werden muss, vermittelt es doch eine plausible Vorstellung, wie der Nano-Motor der ATP-Synthase durch einen Protonengradienten angetrieben wird.

Wie bereits erwähnt, gibt es in manchen Bakterien eine F-ATP-Synthase, die durch einen Na^+-Gradienten getrieben wird. Das hier geschilderte Modell lässt sich auch auf einen Na^+-Gradienten übertragen, wobei die beiden partiellen Ionenkanäle Na^+ leiten und die Untereinheit-c Na^+ bindet.

Es besteht immer noch Unsicherheit darüber, aus wie vielen c-Untereinheiten der Rotor besteht. Wahrscheinlich ist diese Zahl variabel. Bisherige Untersuchungen der Anzahl der c-Untereinheiten pro F-ATP-Synthase Molekül, die allerdings noch mit Unsicherheiten behaftet sind, ergaben Werte von 12–14 für Chloroplasten, 10 für Hefemitochondrien und 12 für *E. coli*. Da sich in verschiedenen Organismen die Anzahl der c-Untereinheiten im Rotor von F_o unterscheidet, ist entsprechend auch eine unterschiedliche Anzahl von Protonen für eine Umdrehung, und damit pro drei ATP gebildet, erforderlich.

Beim photosynthetischen Elektronentransport ist die Stöchiometrie zwischen der Bildung von NADPH und ATP noch nicht endgültig geklärt

Nach dem im vorangehenden Abschnitt besprochenen Rotormodell würde in Chloroplasten mit 14 c-Untereinheiten pro Rotor eine vollständige Umdrehung 14 Protonen erfordern. Da bei einer Umdrehung 3 Moleküle ATP gebildet werden, entspräche dies einer H^+/ATP-Stöchiometrie von 4,7. Unabhängige Messungen sprechen dafür, dass in Chloroplasten mindestens 4 Protonen für die Synthese von 1 ATP erforderlich sind, was mit der Protonenstöchiometrie des Rotormodells übereinstimmen würde. Es ist noch unklar, in welchem Maße der Q-Cyclus am Protonentransport beteiligt ist. Beim linearen (nicht-cyclischen) Elektronentransport werden pro gebildetes NADPH ohne Q-Cyclus vier (PSII $2H^+$, Cyt-b_6/f-Komplex $2H^+$), mit Q-Cyclus (Cyt-b_6/f-Komplex $4H^+$) sechs Protonen in das Lumen transportiert (siehe Abschn. 3.7). Bei einer Stöchiometrie H^+/ATP = 4,7 würden im nicht-cyclischen Elektronentransport mit Q-Cyclus pro NADPH 1,3 ATP gebildet werden, ohne Q-Cyclus nur 0,9. Für die in Kapitel 6 behandelte CO_2-Assimilation werden 1,5 ATP pro 1 NADPH gebraucht. Die Frage der Stöchiometrie der Photophosphorylierung ist noch nicht endgültig beantwortet.

Die H^+-ATP-Synthase der Chloroplasten wird durch Licht reguliert

Die H^+-ATP-Synthase katalysiert eine im Prinzip reversible Reaktion. In Chloroplasten wird ein pH-Gradient über die Thylakoidmembran nur bei Belichtung aufgebaut. Eine Reversibilität der ATP-Synthase würde daher im Dunkeln dazu führen, dass dann die ATP-Synthese in umgekehrter Richtung operiert und unter Spaltung von ATP Protonen in den Thylakoidraum transportiert. Um diese „verlustreiche“ Rückreaktion auszuschalten, wird die chloroplastidäre ATP-Synthase strikt reguliert. Hierfür gibt es zwei Wege. Wenn der pH-Gradient über der Thylakoidmembran unter einen Schwellenwert absinkt, werden die katalytischen Zentren auf den β-Untereinheiten augenblicklich abgeschaltet und bei Belichten wieder eingeschaltet. Der Mechanismus dieses Weges wird noch nicht verstanden. Außerdem unterliegt die chloroplastidäre ATP-Synthase einer Modulation durch ein Thiol. Durch diesen Vorgang, den wir in Abschnitt 6.6 noch ausführlich besprechen, wird unter Lichteinwirkung eine S–S-Brücke in der γ-Untereinheit von F_1 durch Ferredoxin unter Vermittlung von Thioredoxin zu zwei SH-Gruppen reduziert und dadurch F_1 eingeschaltet. Im Dunkeln werden die beiden SH-Gruppen durch Luftsauerstoff wieder zu dem Disulfid oxidiert und so die katalytischen Zentren in den β-Untereinheiten abgeschaltet. Die Überlagerung der zwei Regulationsmechanismen erlaubt eine effiziente Kontrolle der ATP-Synthase in Chloroplasten.

Eine V-ATPase ist mit der F-ATP-Synthase verwandt

Vakuolen enthalten eine protonentransportierende **V-ATPase** (V = Vakuole). Diese ist in allen Eukaryoten konserviert; manche V-ATPasen transportieren auch anstatt von Protonen Na^+-Ionen. Die V-ATPase hat die gleiche Grundstruktur wie die F-ATP-Synthase. Sie enthält einen in das Cytosol hineinragenden Kopf, bestehend aus 3 A- und 3 B-Untereinheiten (die wie die α- und β-Untereinheiten der F-ATP-Synthase alternierend angeordnet sind), einen Stiel sowie einen F_0-Teil in der Membran. F-ATP-Synthase und V-ATPase stammen offensichtlich von einem gemeinsamen Vorläufer ab. Die Anzahl von Protonenen, die pro verbrauchtem ATP transportiert werden, hängt davon ab, wie viele c-Untereinheiten der Rotor im F_0-Teil enthält. In Pflanzen kommt die V-ATPase in Membranen der Vakuole und des Golgi-Apparates vor. Hauptfunktion dieser Protonenpumpe ist die Ansäuerung der Vakuole und die Erzeugung eines Protonengradienten für den Transport von Ionen. Sie kann in Vakuolen titrierbare Protonenkonzentrationen von bis zu 1,4 mol/L erzeugen (siehe Abschn. 8.5). Daneben enthalten Vakuolenmembranen eine **H^+-Pyrophosphatase,** die unter Spaltung von einem Molekül Pyrophosphat zu Phosphat ein Proton in die Vakuole pumpt, dabei aber nicht so hohe Gradienten erzielt wie die V-ATPase. Die H^+-Pyrophosphatase besteht nur aus einem einzigen Protein mit wahrscheinlich 16 transmembranen Helices. Über die Arbeitsteilung zwischen der H^+-Pyrophosphatase und der V-ATPase beim Pumpen von Protonen in die Vakuole wird derzeit intensiv geforscht. Die Frage ist noch nicht beantwortet, warum es in der Vakuolenmembran zwei H^+-transportierende Enzyme gibt. In Plasmamembranen gibt es eine protonentransportierende **P-ATPase,** auf die in Abschnitt 8.2 eingegangen wird.

Literatur

Boekema, E.J., Braun, H.P. Supramolecular structure of the mitochondrial oxidative phosphorylation system. Journal Biological Chemistry 282, 1-4 (2007)

Drory, O., Nelson, N. The emerging structure of vacuolar ATPases. Physiology (Bethesda) 21, 317-325 (2006)

Gaxiola,R.A., Palmgren, M.G., Schuhmacher, K. Plant proton pumps. FEBS Letters 581, 2204-2214 (2007)

Hilbers, F., Junge, W., Sielaff, H. The torque of rotary F-ATPase can unfold subunit gamma if rotor and stator are cross-linked. PLoS One. e53754 (2013)

Junge, W., Lill, H., Engelbrecht, S. ATP synthase, an electrochemical transducer with rotary mechanics. Trends in Biochemical Science 22, 420-423 (1997)

Junge, W. Photophosphorylation. In: (G. Renger, Hrsg.) Primary Processes of Photosynthesis: Principles and Applications. Royal Society of Chemistry, Cambridge, UK, Vol. 2, 447–467 (2008)

Inoue, T., Wang, Y., Jefferies, K., Qi, J., Hinton, A., Forgac, M. Structure and regulation of the V-ATPases. Journal Bioenergetics Biomembranes 37, 393-398 (2005)

Kramer, D.M., Cruz, J.A., Kanazawa, A. Balancing the central roles of the thylakoid proton gradient. Trends in Plant Science 8, 27–32 (2003)

Schumacher, K., Krebs, M. The V-ATPase: small cargo, large effects. Curr Opin Plant Biol 13, 724–730 (2010)

Serrano, A., Pérez-Castiñeira, J.R., Baltscheffsky, M., Baltscheffsky, H. H^+-PPases: yesterday, today and tomorrow. IUBMB Life 59, 76-83. (2007)

Sze, H., Schumacher, K., Mueller, M.L., Padmanaban, S., Taiz, L. A simple nomenclature for a complex proton pump: VHA genes encode the vacuolar H^+-ATPase. Trends Plant Science 7, 157–161 (2002)

Walker, J.E., Dickson, V.K. The peripheral stalk of the mitochondrial ATP synthase. Biochimica Biophysica Acta 1757, 286-296 (2006)

5 Mitochondrien sind die Kraftwerke der Zellen

Bei der biologischen Oxidation werden Substrate, wie zum Beispiel Kohlenhydrate, durch Luftsauerstoff oxidiert, es entstehen dabei Wasser und CO_2. Die biologische Oxidation stellt somit eine Umkehrung der Photosynthesereaktion dar. Sie hat sich ja auch erst nach der Entstehung des Sauerstoffs in der Atmosphäre durch die Photosynthese entwickelt. Die biologische Oxidation dient ebenso wie die Photosynthese der Erzeugung von Energie in Form von ATP. Sie verläuft über einen Transport von Elektronen durch eine mitochondriale Elektronentransportkette. Diese weist auffallende Ähnlichkeiten mit der in Kapitel 3 besprochenen photosynthetischen Elektronentransportkette auf. Wie in diesem Kapitel dargestellt wird, ist sie ebenfalls bausteinartig aus drei Komplexen zusammengesetzt, von denen der mittlere Komplex in Struktur und Funktion dem im vorigen Kapitel beschriebenen Cytochrom-b_6/f-Komplex der Chloroplasten entspricht. Wie bei der Photosynthese sind auch bei der mitochondrialen Oxidation Elektronentransport und ATP-Synthese über die Bildung eines Protonengradienten miteinander gekoppelt. Die Synthese des ATP erfolgt über eine F-ATP-Synthase, wie sie bereits bei der Behandlung der Photosynthese im vorigen Kapitel besprochen wurde. Bei der Behandlung der mitochondrialen Oxidation können wir daher in einigen wesentlichen Teilen auf die Beschreibung der betreffenden Reaktionen im Rahmen der Photosynthese in den Kapiteln 3 und 4 zurückgreifen.

5.1 Vor der biologischen Oxidation werden die Substrate in gebundenen Wasserstoff und Kohlendioxid zerlegt

Die biologische Oxidation entspricht in ihrer Gesamtreaktion einer Verbrennung. Im Gegensatz zur Verbrennung erfolgt jedoch die biologische Oxidation in vielen Teilschritten, wodurch der größte Teil der dabei umgesetzten freien Enthalpie für die Synthese von ATP genutzt werden kann.

Das Prinzip der biologischen Oxidation wurde 1932 von dem Nobelpreisträger Heinrich Wieland formuliert:

$$XH_2 + \tfrac{1}{2}O_2 \longrightarrow X + H_2O \qquad (5.1)$$

Demnach wird von einem Substrat XH_2 zunächst Wasserstoff abgespalten und dieser dann zu Wasser oxidiert. So erfolgt bei der Oxidation von Kohlenhydraten $[CH_2O]_n$ zunächst unter Verbrauch von Wasser eine Zerlegung des Substrats in CO_2 und gebundenen Wasserstoff [H], letzterer wird dann zu Wasser oxidiert:

$$\begin{aligned} &[CH_2O] + H_2O \longrightarrow CO_2 + 4\,[H] \\ &4\,[H] + O_2 \longrightarrow 2\,H_2O \end{aligned} \tag{5.2}$$

Otto Warburg (Nobelpreisträger für Medizin 1931) zeigte 1934, dass die Übertragung dieses Wasserstoffs vom Substrat zum Sauerstoff in gebundener Form über **NADH** erfolgt. Anhand von Untersuchungen an Homogenaten aus Taubenmuskel formulierte Hans Krebs 1937 den **Citratcyclus** (der auch als Krebs-Cyclus bezeichnet wird) als einen Mechanismus der Substratzerlegung, der bei der biologischen Oxidation die Reduktionsäquivalente für die Reduktion von Sauerstoff liefert. Er erhielt dafür 1953 den Nobelpreis für Medizin. Der Ablauf des Citratcyclus wird in Abschnitt 5.3 ausführlich behandelt.

5.2 Zellatmung findet in den Mitochondrien statt

Um die Mitte des 19. Jahrhunderts wurden durch lichtmikroskopische Studien in vielen verschiedenen Zellen kleine Granula, die in ihrer Form Bakterien ähnelten, nachgewiesen. Der Botaniker C. Benda prägte um 1900 für diese Granula die Bezeichnung **Mitochondrien**, das heißt fadenförmige Körper. Die Funktion dieser Mitochondrien blieb jedoch lange ungeklärt.

Otto Warburg erkannte bereits 1913, dass die Zellatmung an granuläre Zellbestandteile gebunden ist. Es gelang ihm, aus Hefe ein „Atmungsferment" zu isolieren, das die Oxidation durch Sauerstoff katalysiert, außerdem erkannte er die wichtige Funktion des Eisens bei dieser Katalyse. David Keilin aus Cambridge (England) entdeckte 1925 die Cytochrome und ihre Beteiligung an der Zellatmung. Mit Hilfe eines Handspektroskops identifizierte er die Cytochrome-*a*, -a_3, -*b* und -*c* (Abb. 3.24). Otto Warburg zeigte 1928, dass das von ihm isolierte „Atmungsferment" Cytochrom-a_3 enthält. Ein weiterer Meilenstein für die Aufklärung der Zellatmung war die Beobachtung von Hermann Kalckar im Jahre 1937, dass in aeroben Systemen die Bildung von ATP vom Sauerstoffverbrauch abhängig ist. Damit wurde das Zusammenspiel zwischen Zellatmung und ATP-Synthese, die **oxidative Phosphorylierung**, erkannt. Eugene Kennedy und Albert Lehninger gelang 1948 der Nachweis, dass Mitochondrien die Träger der Enzyme des Citratcyclus und der oxidativen Phosphorylierung sind. Seit dieser Zeit wissen wir, dass die Mitochondrien die **Kraftwerke der Zelle** sind.

Mitochondrien bilden ein eigenes Stoffwechselkompartiment

Wie die Plastiden, so bilden auch Mitochondrien ein eigenes Stoffwechselkompartiment. Die Struktur des mitochondrialen Kompartiments wird in Abschnitt 1.4 ausführlich behandelt. Abbildung 5.1 zeigt den mitochondrialen Stoffwechsel in einem Überblick. Die Fragmentierung von Substraten zu CO_2 und Wasserstoff (gebunden an den Transportmetaboliten NADH) erfolgt in der mitochondrialen Matrix. Das gebildete NADH gelangt durch die Matrix an die Innenseite der mitochondrialen Innenmembran und wird durch die in dieser Membran lokalisierte **Atmungskette** oxidiert. Die Atmungskette besteht aus einer Sequenz von Redoxreaktionen, durch die Elektronen vom NADH auf Sauerstoff übertragen werden. Ebenso wie beim photosynthetischen Elektronentransport wird auch beim mitochondrialen Elektronentransport die freiwerdende Energie zur Bildung eines Protonengradienten genutzt, der dann die Synthese von ATP treibt. Das so gebildete ATP wird aus den Mitochondrien exportiert und dient der Zelle als Energiequelle für alle energieverbrauchenden Prozesse. Diese Bereitstellung von ATP für die Zelle ist die universelle Funktion der Mitochondrien aller eukaryontischen Zellen.

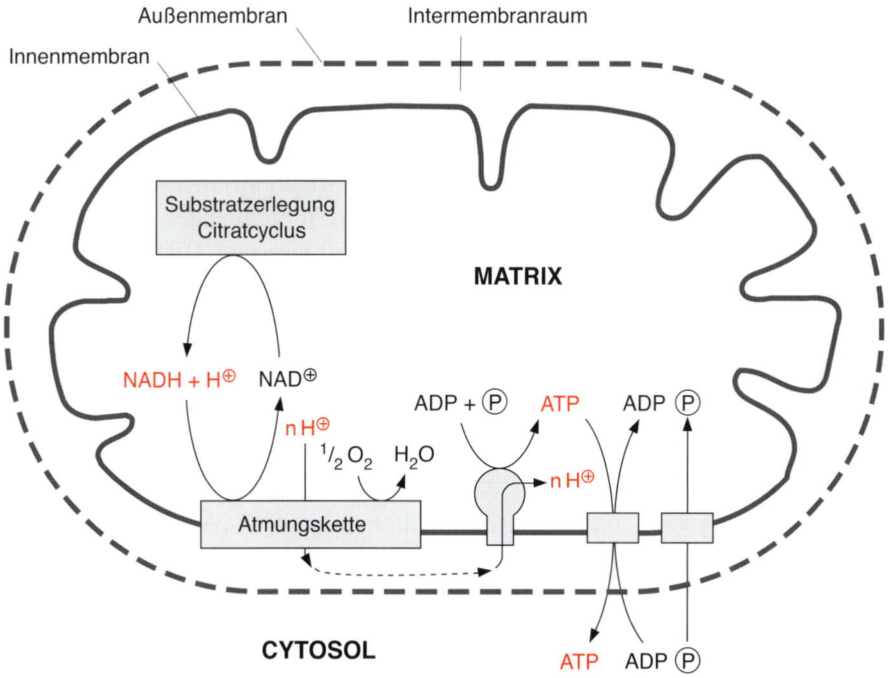

Abb. 5.1 Schematische Darstellung des mitochondrialen Energiestoffwechsels.

5.3 Die Substrate für die biologische Oxidation werden im Matrixraum fragmentiert

Ein Ausgangsprodukt für die Substratfragmentierung durch den Citratcyclus ist Pyruvat, das durch den glycolytischen Abbau der Glucose im Cytosol gebildet wird. Abbildung 5.2 zeigt eine Bilanz des Vorganges. Das Pyruvat wird zunächst zu Acetat (in Form von Acetyl-Coenzym A) oxidiert, im eigentlichen Cyclus erfolgt dann der vollständige Abbau zu CO_2. Dabei werden insgesamt zehn reduzierende Äquivalente [H] gebildet, deren Oxidation durch Sauerstoff zur Synthese von ATP genutzt wird. Abbildung 5.3 zeigt die Reaktionsschritte des Citratcyclus in einer Übersicht.

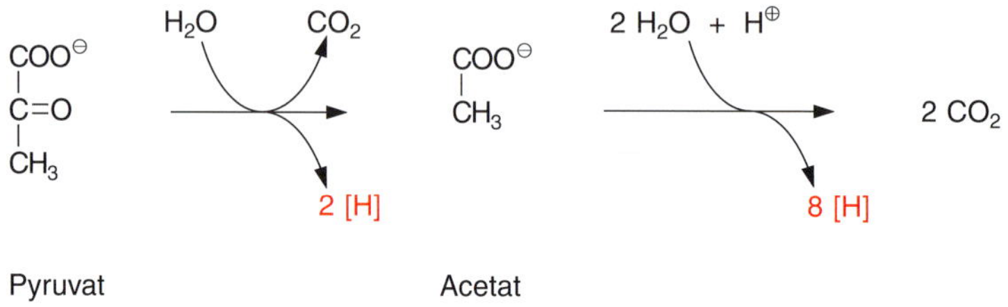

Abb. 5.2 Bilanz der Pyruvat-Oxidation durch Mitochondrien. Das Acetat liegt als Acetyl-Coenzym A vor. [H] bedeutet gebundener Wasserstoff in Form von NADH beziehungsweise $FADH_2$.

Pyruvat wird durch einen Multienzymkomplex oxidiert

Die Oxidation des Pyruvats wird durch den **Pyruvat-Dehydrogenase-Komplex** katalysiert, einen Multienzymkomplex in der mitochondrialen Matrix. Dieser besteht aus drei verschiedenen katalytischen Untereinheiten, die man als **Pyruvat-Dehydrogenase**, **Dihydrolipoyl-Transacetylase** und **Dihydrolipoyl-Dehydrogenase** bezeichnet (Abb. 5.4). Die Pyruvat-Dehydrogenase-Untereinheit enthält **Thiaminpyrophosphat** (TPP, Abb. 5.5A) als prosthetische Gruppe (der Teil eines Proteins, der keine Aminosäuren enthält). Reaktive Gruppe des TPP ist der Thiazolring. Aufgrund des positiv geladenen N-Atoms enthält der Thiazolring ein azides C-Atom. Nach Abspaltung eines Protons bildet sich ein Carbanion, das sich an den Carbonylkohlenstoff des Pyruvats anlagert. Das positiv geladene N-Atom des Thiazolringes fördert die Decarboxylierung des gebundenen Pyruvats, es entsteht so Hydroxyethyl-TPP (Abb. 5.4). Die Hydroxyethylgruppe wird nun auf Liponsäure übertragen. Die **Liponsäure** ist eine prosthetische Gruppe der Dihydrolipoyl-Transacetylase-Untereinheit. Sie ist über die Carboxygruppe als Säureamid an einen Lysinrest des Enzymproteins kovalent gebunden (Abb. 5.5B). Der Liponsäurerest hängt dadurch praktisch an einer langen Kette und kann so mit verschiedenen Reaktionsorten innerhalb des Multienzymkomplexes reagieren. Die Liponsäure enthält zwei S-Atome, die durch eine Disulfidbrücke verknüpft sind. Bei der Übertragung des Hydroxyethylrestes auf den Liponsäurerest findet eine Redoxreaktion statt: Die Liponsäure wird zur Dihydroliponsäure reduziert und der Hydroxyethylrest zu einem Acetylrest oxidiert. Letzterer ist als Thioester mit der Dihydroliponsäure verbunden. Auf diese Weise wird die bei der Oxidation der Carbonylgruppe

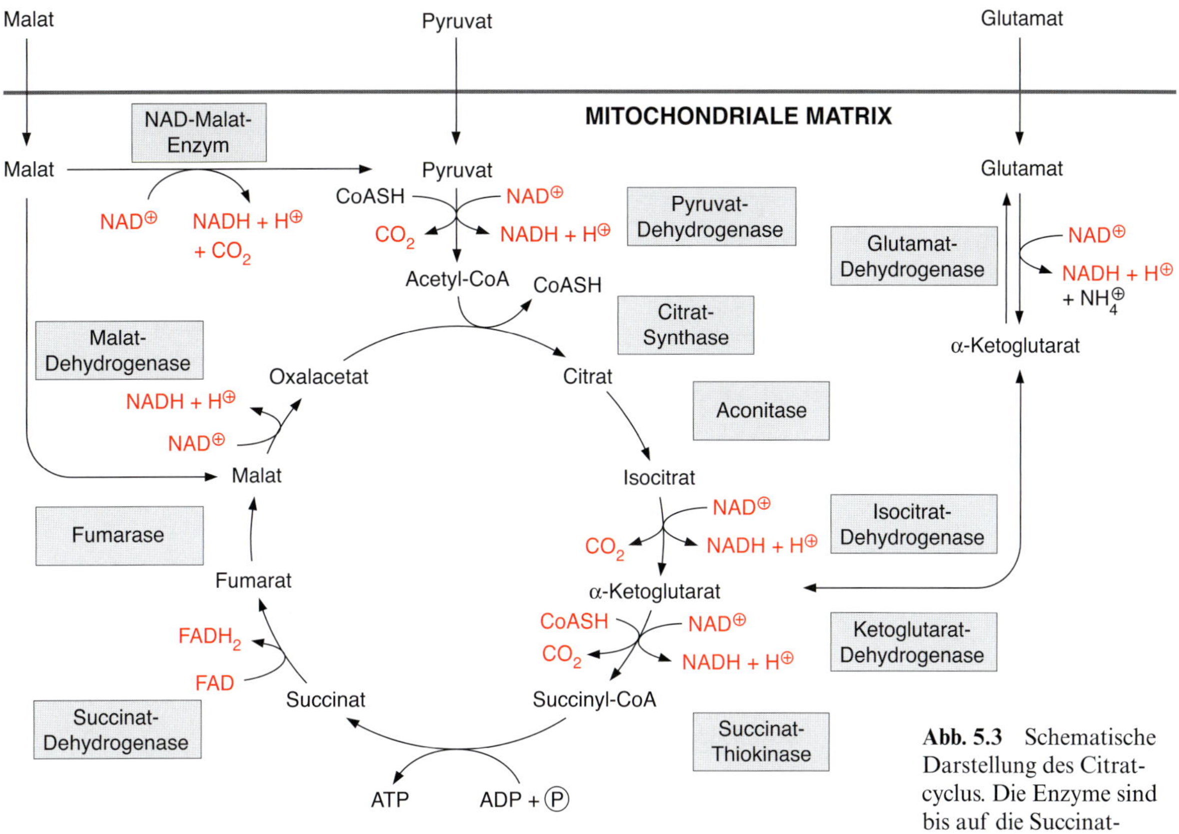

Abb. 5.3 Schematische Darstellung des Citratcyclus. Die Enzyme sind bis auf die Succinat-Dehydrogenase, die in der inneren Mitochondrienmembran lokalisiert ist, alle in der mitochondrialen Matrix vorhanden. Pflanzliche Mitochondrien enthalten als Besonderheit NAD-Malat-Enzym in der mitochondrialen Matrix. Dadurch können Pflanzenmitochondrien Malat (ohne Zusatz von Pyruvat) im Citratcyclus oxidieren. Die Glutamat-Dehydrogenase ermöglicht die Oxidation von Glutamat in den Mitochondrien.

freiwerdende Energie durch die Bildung eines energiereichen Thioesters konserviert. Der Acetylrest wird nun von der Dihydrolipoyl-Transacetylase auf die Sulfhydrylgruppe des Coenzyms A übertragen (Abb. 5.5C), und es entsteht so **Acetyl-Coenzym A**. Acetyl-CoA – das auch als aktive Essigsäure bezeichnet wird – wurde von dem Münchner Feodor Lynen (Nobelpreis für Medizin 1964) entdeckt. Die Dihydroliponsäure wird durch die Dihydrolipoyl-Dehydrogenase wieder zur Liponsäure oxidiert, dabei wird unter Vermittlung von **FAD** (siehe Abb. 5.16) NAD^+ zu NADH reduziert. Es sei hier erwähnt, dass es einen Pyruvat-Dehydrogenase-Komplex auch in den Chloroplasten gibt, dessen Funktion bei der Lipidbiosynthese in Abschnitt 15.3 besprochen wird.

Im Citratcyclus wird Acetat vollständig oxidiert

Acetyl-Coenzym A tritt nun in den eigentlichen Citratcyclus ein und kondensiert mit Oxalacetat zu Citrat (Abb. 5.6). Diese Reaktion wird durch das Enzym **Citrat-Synthase** katalysiert. Die Thioestergruppe begünstigt die Ablösung eines Protons am Acetylrest, das so gebildete Carbanion bindet an den Carbonylkohlenstoff des Oxalacetats. Die darauf folgende Abspaltung des CoA-SH macht die Reaktion irreversibel. Das Enzym **Aconitase** (Abb. 5.7) katalysiert die reversible Isomerisierung des Citrats zum Isocitrat. Dabei er-

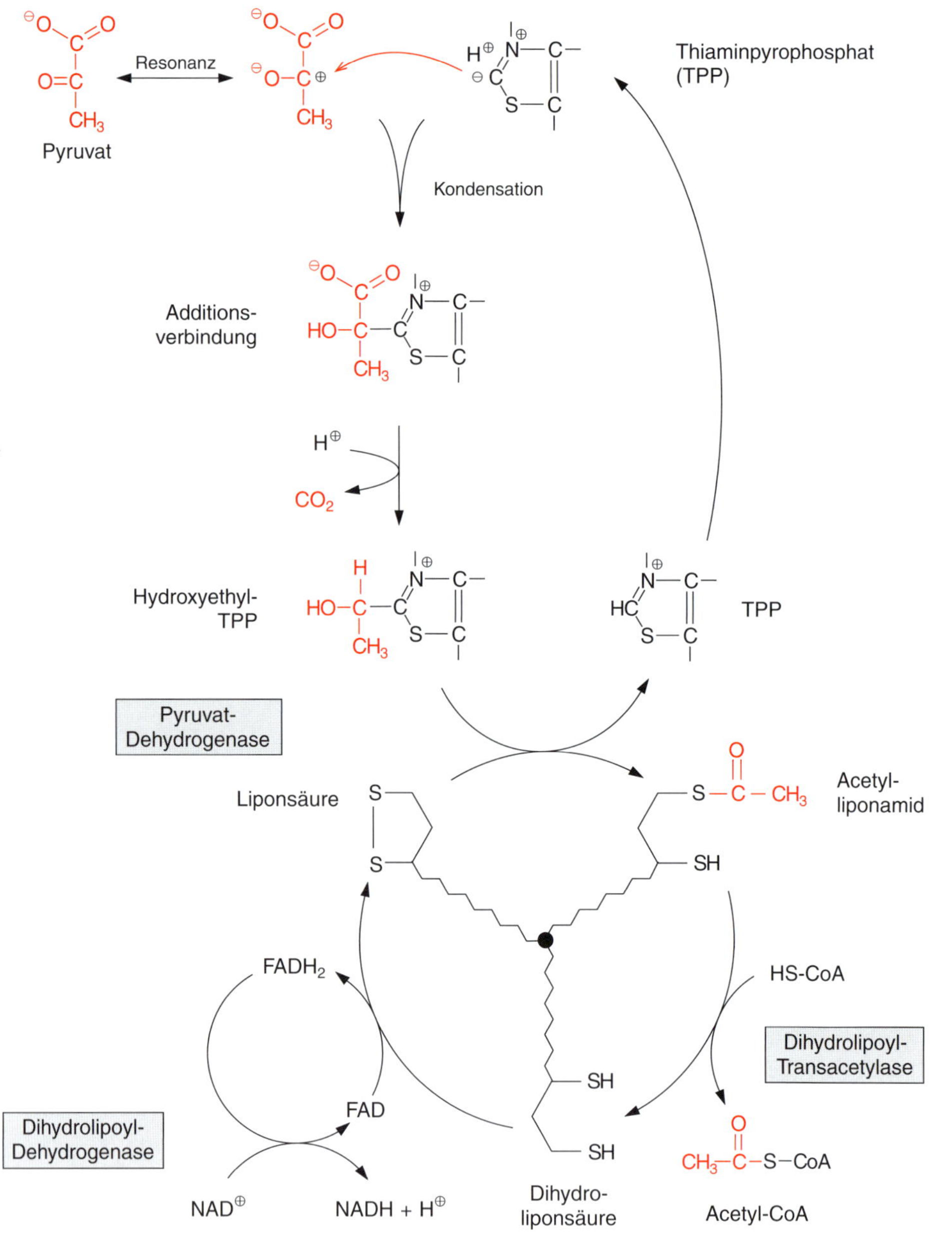

Abb. 5.4 Oxidation des Pyruvats durch den Pyruvat-Dehydrogenase-Komplex, der aus den Untereinheiten Pyruvat-Dehydrogenase (mit der prosthetischen Gruppe Thiaminpyrophosphat), der Dihydrolipoyl-Transacetylase (prosthetische Gruppe Liponsäure) und Dihydrolipoyl-Dehydrogenase (prosthetische Gruppe FAD) besteht. Der Reaktionsablauf wird im Text beschrieben.

folgt zunächst eine Wasserabspaltung, das dabei gebildete *cis*-Aconitat bleibt am Enzym gebunden und reagiert durch Wasseranlagerung zu Isocitrat. Neben der mitochondrialen Aconitase gibt es auch ein Isoenzym der Aconitase im Cytosol.

Die Oxidation des Isocitrats zu α-Ketoglutarat durch die **NAD-Isocitrat-Dehydrogenase** (Abb. 5.8) führt zur Bildung von NADH. Dabei entsteht als Intermediat Oxalsuccinat, das noch am Enzym gebunden zu α-Ketoglutarat decarboxyliert wird. Diese Reaktion ist dadurch irreversibel. Neben der NAD-Isocitrat-Dehydrogenase der Mitochondrien gibt es dort auch ein

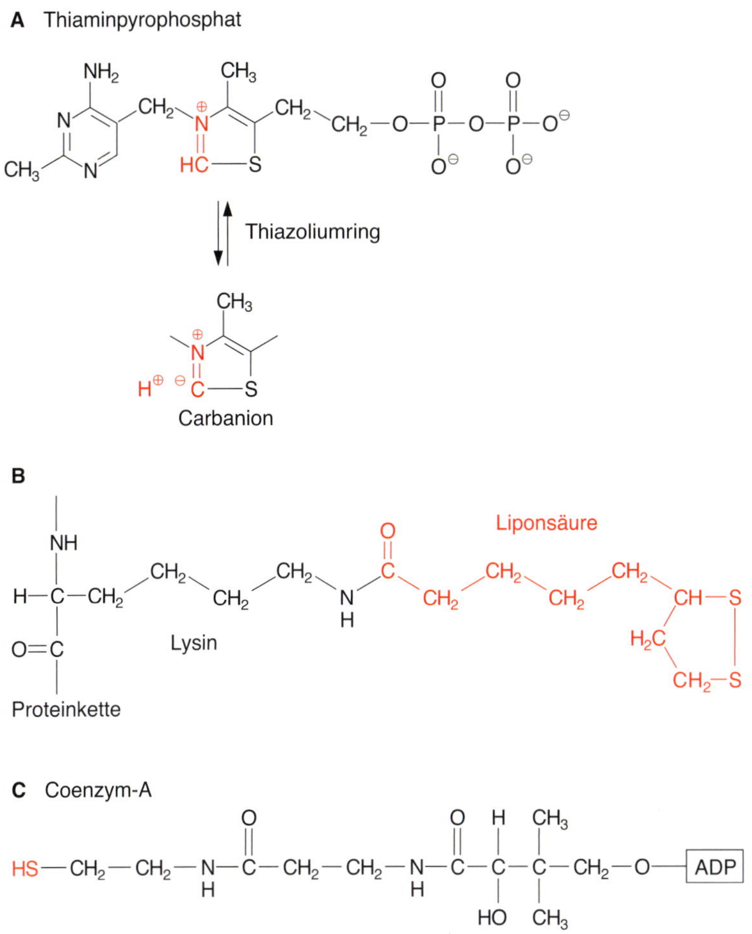

Abb. 5.5 Reaktionspartner der Pyruvatoxidation: **A**) Thiaminpyrophosphat, **B**) Liponsäureamid, **C**) Coenzym A.

NADP-abhängiges Enzym. NADP-Isocitrat-Dehydrogenasen kommen auch im Chloroplastenstroma und im Cytosol vor. Die Funktion letzteren Enzyms wird in Abschnitt 10.4 behandelt.

Die Oxidation des α-Ketoglutarats zum Succinyl-CoA (Abb. 5.8) erfolgt durch den **α-Ketoglutarat-Dehydrogenase-Multienzymkomplex** unter Beteili-

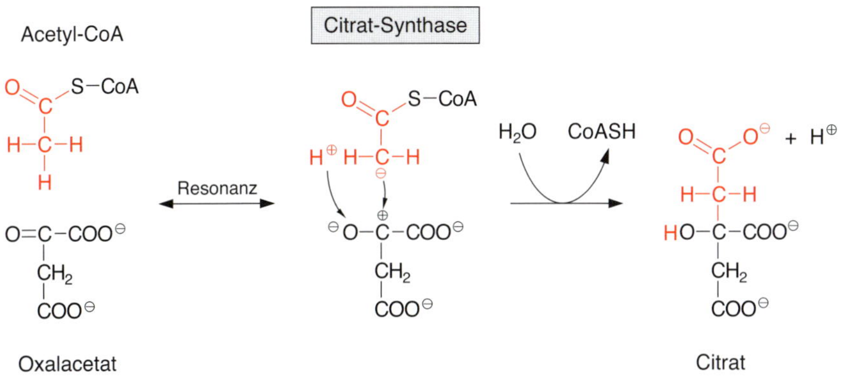

Abb. 5.6 Die Kondensation von Acetyl-CoA mit Oxalacetat zu Citrat.

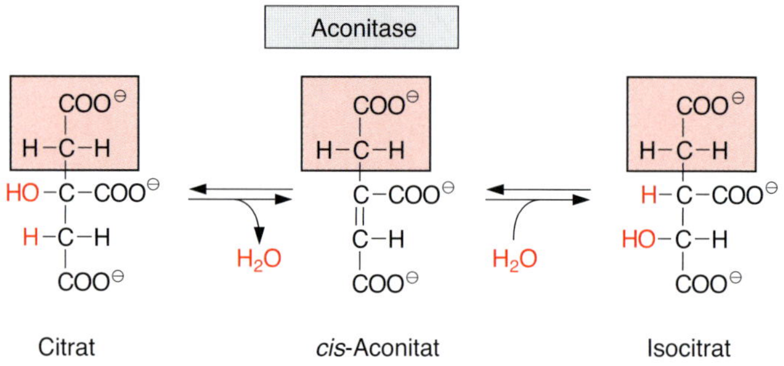

Abb. 5.7 Isomerisierung des Citrats in Isocitrat. Die rot unterlegte Gruppe stammt von Acetyl-CoA.

gung von Thiaminpyrophosphat, Liponsäure und FAD analog zu der oben besprochenen Oxidation des Pyruvats zu Acetyl-CoA.

Die Thioesterbindung des Succinyl-CoA ist eine energiereiche Bindung. Durch die **Succinat-Thiokinase** wird die freie Enthalpie bei der Hydrolyse dieses Thioesters zur Bildung von ATP genutzt (Abb. 5.9). Das gebildete Succinat wird durch die **Succinat-Dehydrogenase** zu Fumarat oxidiert. Die Succinat-Dehydrogenase ist das einzige Enzym des Citratcyclus, das nicht in der Matrix lokalisiert ist, sondern als Komponente der Atmungskette in der mitochondrialen Innenmembran angeordnet ist (siehe Abschn. 5.5). Die bei der Succinatoxidation anfallenden Redoxäquivalente werden auf Ubichinon übertragen. Durch die **Fumarase** wird an die C=C-Doppelbindung des Fumarats in *trans*-Addition Wasser angelagert, und es entsteht dabei L-Malat. Diese Reaktion (Abb. 5.9) ist reversibel. Die **Malat-Dehydrogenase** katalysiert den letzten Schritt des Citratcyclus, unter Reduktion von NAD^+ wird Oxalacetat gebildet (Abb. 5.9). Eine Besonderheit dieser Reaktion ist, dass das Gleichgewicht weit auf der Seite der Edukte liegt:

$$\frac{[\mathrm{NADH}] \cdot [\mathrm{Oxalacetat}]}{[\mathrm{NAD^+}] \cdot [\mathrm{Malat}]} = 2{,}8 \cdot 10^{-5}\ (\mathrm{pH}\ 7) \qquad (5.3)$$

Für den Ablauf des Citratcyclus ist es daher entscheidend, dass (wie oben besprochen) die Citratsynthase-Reaktion irreversibel ist. Es kann so das

Abb. 5.8 Oxidation des Isocitrats zu Succinyl-CoA. Die rot unterlegte Gruppe stammt von Acetyl-CoA.

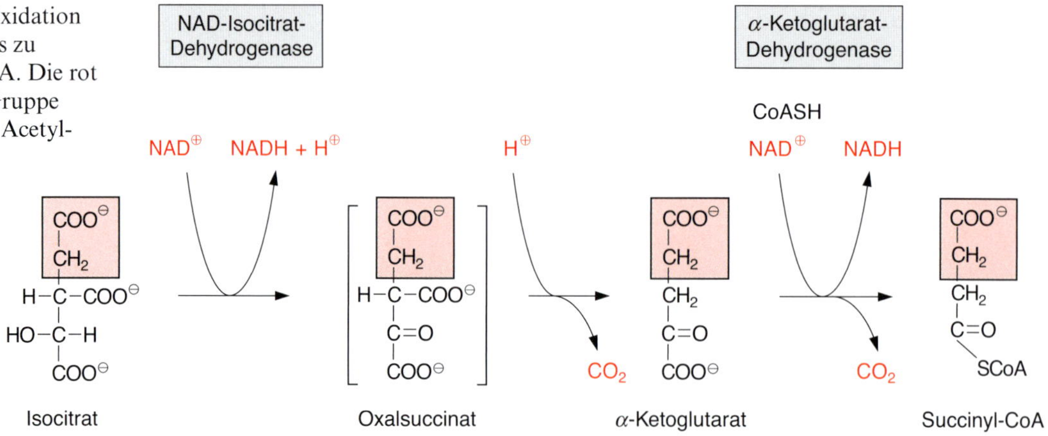

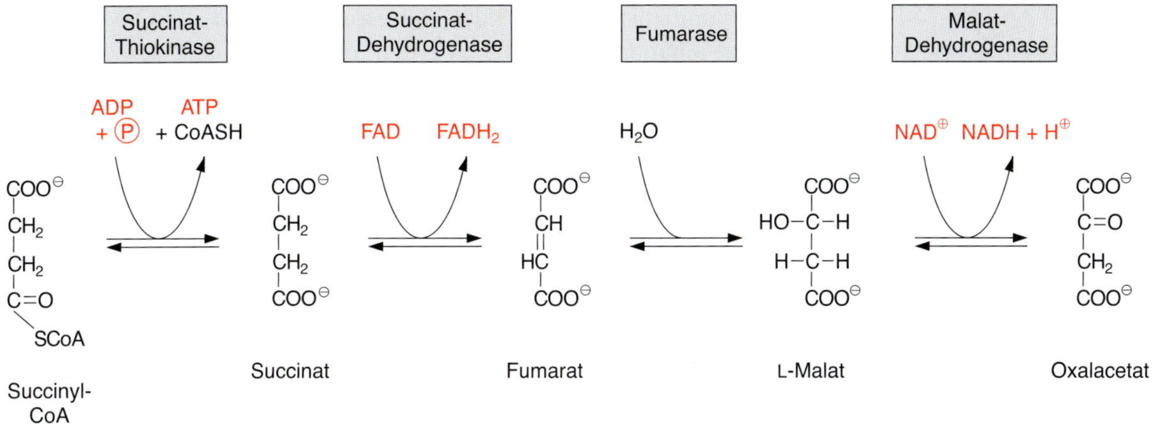

Abb. 5.9 Umsetzung von Succinyl-CoA zu Oxalacetat.

Oxalacetat dem Malat-Dehydrogenase-Gleichgewicht entzogen werden, um im Cyclus weiter zu reagieren. Isoenzyme der Malat-Dehydrogenase kommen auch außerhalb der Mitochondrien vor. Sowohl das Cytosol wie auch die peroxisomale Matrix enthalten NAD-Malat-Dehydrogenase und das Chloroplastenstroma eine NADP-Malat-Dehydrogenase. Die Funktion dieser Enzyme wird in Kapitel 7 behandelt.

Durch anaplerotische Reaktionen wird ein Verlust von Intermediaten des Citratcyclus ausgeglichen

Der Citratcyclus kann nur ablaufen, wenn Oxalacetat als Akzeptor des Acetylrestes vollständig regeneriert wird. Der pflanzliche Citratcyclus läuft insbesondere am Tag oft nicht als Cyclus ab, weil z. B. bei der Nitratassimilation dem Citratcyclus Citrat und α-Ketoglutarat entzogen werden. Ein weiteres Beispiel tritt bei der Mobilisierung von Speicherlipiden zur Synthese von Hexosen während der Samenkeimung auf. Bei diesem Prozess wird den Mitochondrien Oxalacetat entzogen und dem Citratcyclus in Form von Succinat wieder zugeführt. Der Verlust an Intermediaten des Citratcyclus muss daher durch ein Auffüllen ausgeglichen werden. Reaktionen, die solche Zwischenprodukte nachliefern, nennt man **anaplerotische Reaktionen**. Pflanzenmitochondrien können im Gegensatz zu Mitochondrien aus tierischen Geweben Oxalacetat durch einen spezifischen Translokator (Abschn. 5.8) über die innere Mitochondrienmembran transportieren. Durch die Aufnahme von Oxalacetat, das durch Phosphoenolpyruvat-Carboxylase (siehe Abschn. 8.2) im Cytosol gebildet wird, kann so der Citratcyclus aufgefüllt werden. Dies kann auch durch die Oxidation von Malat bewirkt werden. Malat wird in der Vakuole gespeichert (Abschn. 1.2, 8.2) und ist ein wichtiges Substrat für die mitochondriale Atmung. Über **NAD-Malat-Enzym** in der Matrix – eine Besonderheit von Pflanzenmitochondrien – wird Malat unter Reduktion von NAD^+ und Decarboxylierung zu Pyruvat oxidiert (Abb. 5.10). Es kann so durch ein Zusammenspiel von Malat-Dehydrogenase und NAD-Malat-Enzym aus Malat allein Citrat gebildet werden, ohne dass dabei der komplette Citratcyclus abläuft (Abb. 5.3). Es sei hier erwähnt, dass auch ein NADP-abhängiges Malat-Enzym in Chloroplasten vorkommt (Abschn. 8.4).

Abb. 5.10 Oxidative Decarboxylierung von Malat zu Pyruvat.

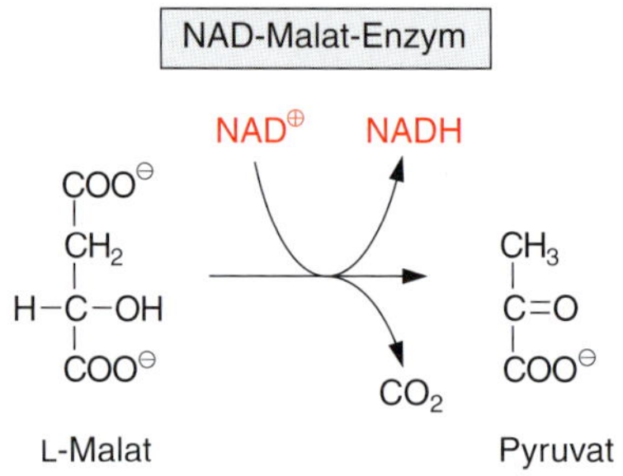

Ein weiteres wichtiges Substrat der mitochondrialen Oxidation ist Glutamat. Glutamat ist ein Hauptprodukt der Nitratassimilation (Abschn. 10.1) und ist in vielen Pflanzenzellen neben Saccharose die am höchsten konzentrierte organische Verbindung. Die Oxidation des Glutamats unter Bildung von NADH wird durch die in der mitochondrialen Matrix lokalisierte **Glutamat-Dehydrogenase** katalysiert (Abb. 5.11). Das Enzym reagiert auch mit $NADP^+$. NADP-Glutamat-Dehydrogenaseaktivität ist auch in Plastiden vorhanden.

Abb. 5.11 Oxidation von Glutamat.

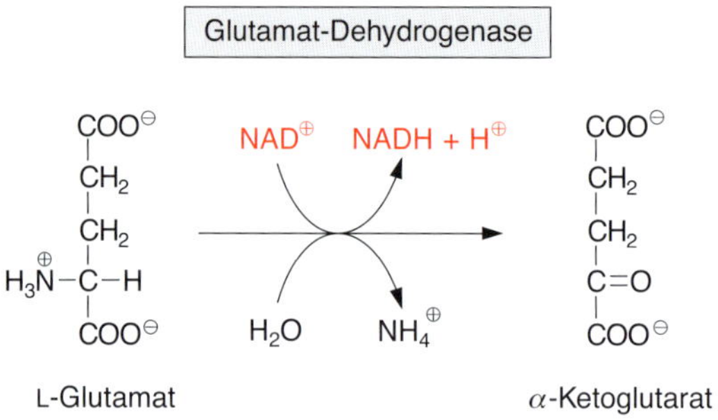

In Mitochondrien aus Mesophyllzellen ist während der Lichtphase vor allem Glycin das Substrat der Atmung. Die Oxidation von Glycin ist ein Teilschritt des Photorespirationsweges und wird in diesem Zusammenhang in Abschnitt 7.1 behandelt.

5.4 Wieviel Energie wird bei der Oxidation von NADH umgesetzt?

Wieviel Energie wird bei der mitochondrialen Atmung frei, oder genauer gesagt, wie groß ist die Änderung der freien Enthalpie bei den ablaufenden Redoxprozessen? Zur Beantwortung dieser Frage ermitteln wir zunächst die Differenz der Potenziale der beteiligten Redoxpaare. Das Potenzial eines Redoxpaares lässt sich aus der Nernstschen Gleichung berechnen:

$$E = E^{0\prime} + \frac{RT}{nF}\ln\frac{\text{oxidierte Substanz}}{\text{reduzierte Substanz}} \quad (5.4)$$

$E^{0\prime}$ = Standardpotenzial bei pH 7, 25 °C,
R (Gaskonstante) = 8,31 J/K · mol, T = 298 K,
n = Anzahl der bei der Reaktion umgesetzten Ladungen,
F (Faraday-Konstante) = 96485 A · s/mol.

Für das Redoxpaar $NAD^+/NADH$ beträgt das Standardpotenzial $E^{0\prime}$ = –0,320 V. Unter bestimmten Stoffwechselbedingungen wurde in Mitochondrien aus Blättern ein Verhältnis $NAD^+/NADH$ = 3 gemessen. Daraus erhält man:

$$E_{NAD^+/NADH} = -0{,}320 + \frac{RT}{2F}\ln 3 = -0{,}306\ \text{V} \quad (5.5)$$

Für das Redoxpaar H_2O/O_2 beträgt das Standardpotenzial:

$$E^{0\prime} = +0{,}815\ \text{V} \qquad ([H_2O]\ \text{in Wasser 55 mol/L}) \quad (5.6)$$

Für das entsprechende erste Potenzial kann für $[O_2]$ der Partialdruck des Sauerstoffs in der Luft eingesetzt werden.

$$E_{H_2O/O_2} = 0{,}815 + \frac{RT}{2F}\ln\sqrt{pO_2} \quad (5.7)$$

Der Partialdruck des O_2 in der Luft (pO_2) beträgt 0,2. Wir erhalten also:

$$E_{H_2O/O_2} = 0{,}805\ \text{V}. \quad (5.8)$$

Die Differenz der Potenziale beträgt:

$$\Delta E = E_{H_2O/O_2} - E_{NAD^+/NADH} = +1{,}11\ \text{V} \quad (5.9)$$

Für die Verknüpfung von freier Enthalpie (ΔG) mit ΔE gilt:

$$\Delta G = -n\,F\,\Delta E \quad (5.10)$$

Da bei der Reaktion zwei Elektronen umgesetzt werden, ergibt sich nach Einsetzen von ΔE in obige Gleichung, dass bei der Oxidation von NADH durch die Atmungskette die Änderung der freien Enthalpie ΔG = –214 kJ/mol beträgt.

Wieviel Energie ist zur Bildung von ATP erforderlich? In Abschnitt 4.1 wurde berechnet, dass die Synthese von ATP bei den im Chloroplastenstroma herrschenden Konzentrationen mit einer Änderung der freien Enthalpie $\Delta G \approx$ + 50 kJ/mol einhergeht. Dieser Wert gilt in etwa auch für das ATP, das von den Mitochondrien für das Cytosol bereitgestellt wird.

Die bei der Oxidation von NADH freiwerdende Energie würde demnach für die Bildung von mehr als vier Molekülen ATP ausreichen. Tatsächlich ist die Menge an gebildetem ATP jedoch wesentlich geringer (siehe Abschn. 5.6).

5.5 Die mitochondriale Atmungskette besitzt Gemeinsamkeiten mit der Elektronentransportkette der Photosynthese

Der Photosynthese der Cyanobakterien verdanken wir den Sauerstoff der frühen Erdatmosphäre und damit die Grundlage des oxidativen Stoffwechsels der Mitochondrien. Viele Cyanobakterien können ihren Energiebedarf sowohl durch Photosynthese als auch durch Oxidationsstoffwechsel decken. Wie in Kapitel 3 besprochen, enthalten Cyanobakterien eine Photosynthesekette, die aus drei Modulen (Komplexen) besteht: Photosystem II, dem Cyt-b_6/f-Komplex und Photosystem I (Abb. 5.12). Diese Komplexe sind in der inneren Membran der Cyanobakterien lokalisiert. In der gleichen Membran enthalten Cyanobakterien aber auch einen Enzymapparat, den sie zur Atmung benötigen, die Atmungskette. Diese besteht wiederum aus drei Modulen: einem NADH-Dehydrogenase-Komplex, der die Oxidation des NADH bewirkt, dem gleichen Cyt-b_6/f-Komplex, der auch Teil der photosynthetischen Elektronentransportkette ist, sowie einem Cyt-a/a_3-Komplex, durch den Sauerstoff zu Wasser reduziert wird. Dabei stellt Plastochinon nicht nur bei der Photosynthese (Abschn. 3.7), sondern auch beim oxidativen Elektronentransport die Verbindung für den Elektronentransport zum Cyt-b_6/f-Komplex her. Gleichermaßen wird durch Cyt-c sowohl die Verbindung vom Cyt-b_6/f-Komplex zum Photosystem I als auch zum Cyt-a/a_3-Komplex hergestellt. Am Beispiel der Cyanobakterien wird die Verwandtschaft zwischen dem photosynthetischen und oxidativen Elektronentransport deutlich: Beide Elektronentransportketten besitzen mit dem Cyt-b_6/f-Komplex das glei-

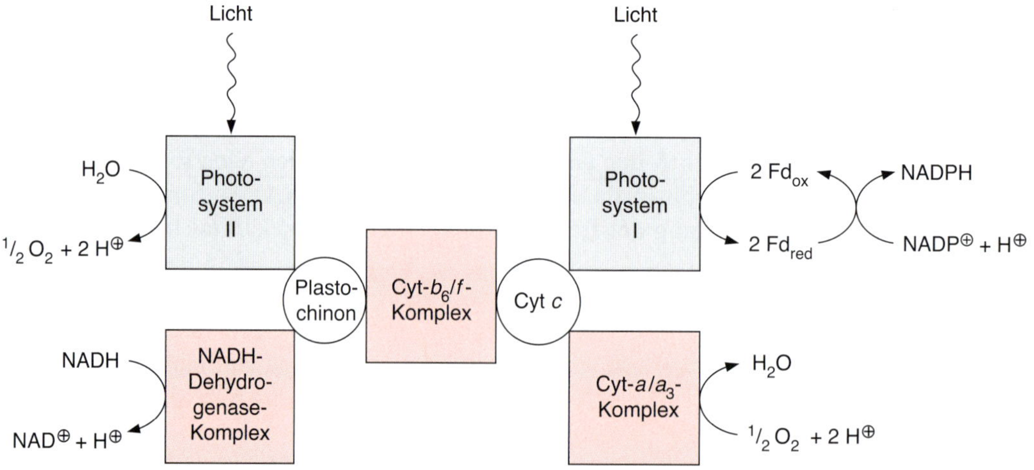

Abb. 5.12 Schematische Darstellung des photosynthetischen und oxidativen Elektronentransports in Cyanobakterien. An beiden Elektronentransportketten ist der Cytochrom-b_6/f-Komplex als Mittelstück beteiligt. Fd = Ferredoxin

che Modul als Mittelteil. In Abschnitt 3.7 wurde beschrieben, dass der Cyt-b_6/f-Komplex einen Transport von Protonen bewirkt, wodurch die beim Elektronentransport freiwerdende Energie zur Bildung eines Protonengradienten genutzt wird. Man erkennt daraus, dass das Prinzip der Energiekonservierung beim photosynthetischen und oxidativen Elektronentransport gleich ist.

Die Atmungskette der Mitochondrien ist analog zur Atmungskette der Cyanobakterien aufgebaut (Abb. 5.13). Sie unterscheidet sich von der der Cyanobakterien lediglich darin, dass Ubichinon anstelle von Plastochinon Redoxüberträger ist und andere geringfügig veränderte Cytochrome beteiligt sind. Statt einem Cyt-b_6/f-Komplex besitzen die Mitochondrien den verwandten Cyt-b/c_1-Komplex. Cyt-*c* und Cyt-*f* enthalten beide Häm-*c*.

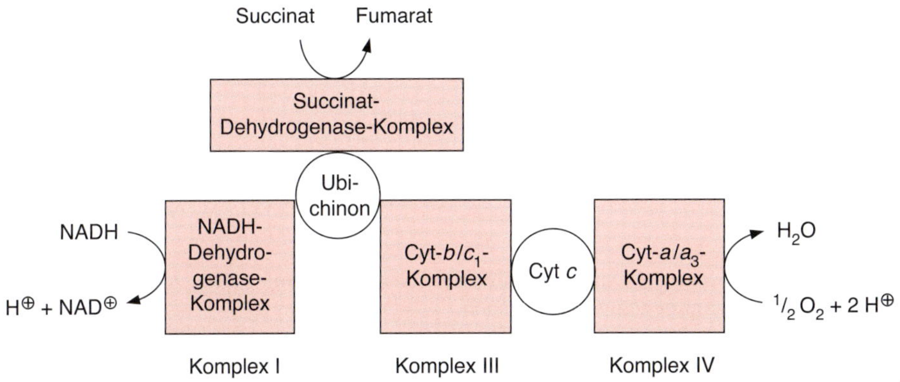

Abb. 5.13 Schematische Darstellung des mitochondrialen Elektronentransports. Die Atmungskette ist aus drei Komplexen zusammengesetzt. Der zentrale Cyt-b/c_1-Komplex entspricht dem Cyt-b_6/f-Komplex der Cyanobakterien und Chloroplasten. Zusätzlich ist der Succinat-Dehydrogenase-Komplex, der einen Schritt im Citratcyclus katalysiert, an der Atmungskette beteiligt.

In Abbildung 5.13 ist als ein weiterer Elektronenakzeptor der mitochondrialen Atmungskette die Succinat-Dehydrogenase aufgeführt. Dieses Enzym (historisch als Komplex II bezeichnet) katalysiert die Oxidation von Succinat zu Fumarat, einem Teilschritt des Citratcyclus (Abb. 5.9).

Die Komplexe der mitochondrialen Atmungskette

Die Untergliederung der Atmungskette in einzelne Komplexe geht auf Arbeiten von Youssef Hatefi zurück, dem es 1962 gelang, aus Rinderherz-Mitochondrien vier verschiedene Komplexe (die von ihm als Komplexe I bis IV bezeichnet wurden) zu isolieren. In den Komplexen I, III und IV ist der Elektronentransport jeweils mit einem Abfall des Redoxpotenzials verbunden (Abb. 5.14), dort wird die freiwerdende Energie zur Bildung eines Protonengradienten genutzt.

Der **NADH-Dehydrogenase-Komplex** (Komplex I) (Abb. 5.15) „füttert" die Elektronen von dem bei der Substratzerlegung in der Matrix gebildeten NADH in die Atmungskette ein. Über ein Flavin und mehrere Eisen-Schwefel-Zentren gelangen die Elektronen von hier auf Ubichinon. Dieser Komplex besitzt von allen mitochondrialen Elektronentransportkomplexen den kompliziertesten Aufbau: Er ist aus insgesamt mehr als 40 verschiedenen Untereinheiten (von denen je nach Organismus 7–9 in den Mitochondrien codiert sind) zusammengesetzt und besteht aus einem Teil, der in die

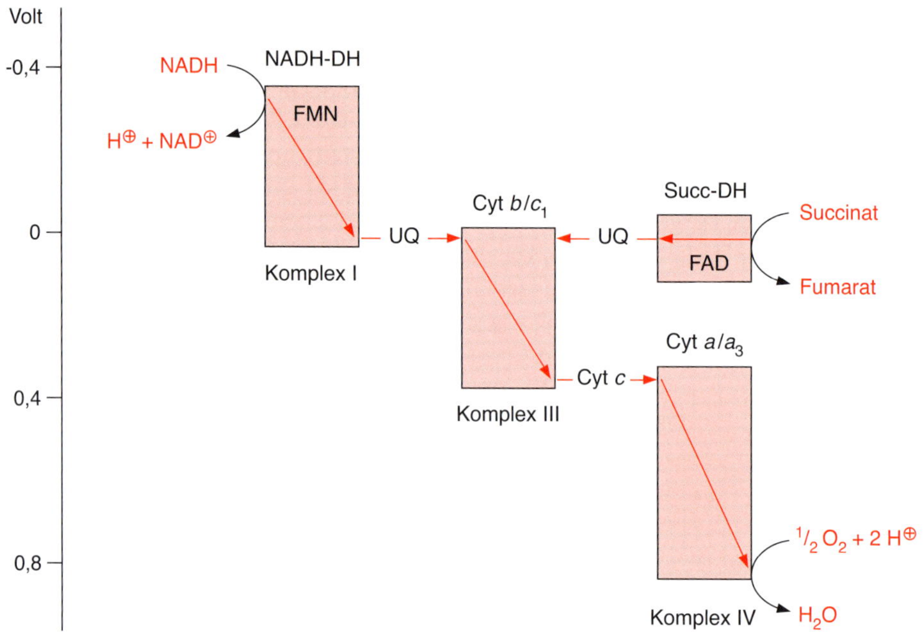

Abb. 5.14 Schematische Darstellung der Komplexe der Atmungskette nach den Redoxpotenzialen der Komponenten aufgetragen.

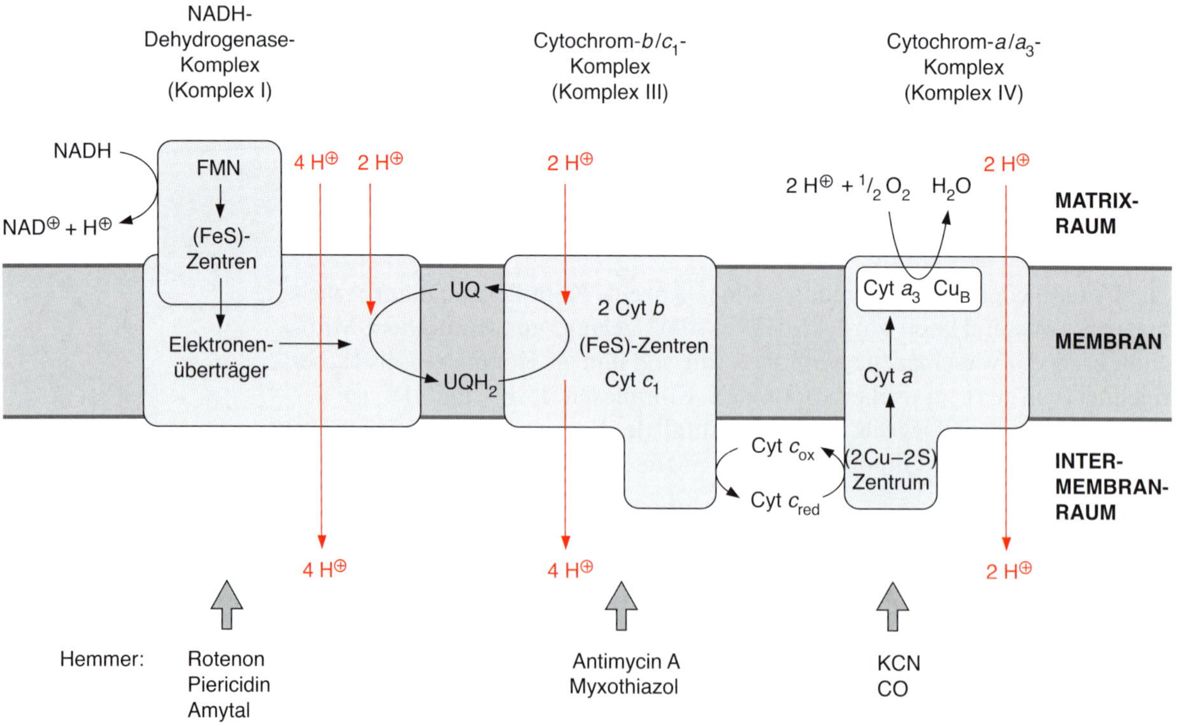

Abb. 5.15 Schematische Darstellung der Anordnung der Komplexe I, III und IV der Atmungskette in der mitochondrialen Innenmembran.

Membran eingebettet ist (**Membranteil**), und einem **peripheren Teil**, der in den Matrixraum hineinragt. Der periphere Teil enthält die Bindungsstelle für NADH, ein gebundenes Flavinmononukleotid (FMN) (Abb. 5.16) sowie mindestens acht Fe-S-Zentren (Abb. 3.26). Der Membranteil enthält einen bislang unbekannten Elektronenüberträger sowie die Bindungsstelle des Ubichinons. Die Bindungsstelle des Ubichinons befindet sich innerhalb des peripheren Teils in der Nähe der Berührungsfläche mit dem Membranteil. Es wird vermutet, dass die Reduktion des Ubichinons Konformationsänderungen im Membranteil induziert, die eine Verschiebung von Protonen aus der mitochondrialen Matrix in den Intermembranraum bewirken. Die Aktivität des Komplex I wird durch eine Vielzahl pflanzlicher oder bakterieller Gifte, beispielsweise **Rotenon** (es schützt Pflanzen vor tierischem Fraß), das Antibiotikum **Piericidin A** sowie durch **Amytal**, ein Barbiturat, gehemmt. Der durch Komplex I katalysierte Elektronentransport ist dabei reversibel. Es ist daher möglich, dass durch die protonenmotorische Kraft des Protonengradienten Elektronen vom Ubichinon auf NAD^+ übertragen werden. Auf diese Weise wird in Purpurbakterien durch einen homologen NADH-Dehydrogenase-Komplex NADH bereitgestellt (siehe Abb. 3.1).

Die **Succinat-Dehydrogenase** (Komplex II) (Abb. 5.9) enthält als Elektronenakzeptor ein Flavinadenindinukleotid (FAD, Abb. 5.16) und als weitere Redoxüberträger mehrere Fe-S-Zentren (Abb. 3.26) sowie ein Cytochrom *b*, dessen Funktion nicht bekannt ist. Der Elektronentransport durch die Succinat-Dehydrogenase erfolgt ohne größeres Redoxgefälle auf Ubichinon. Daher wird beim Elektronentransport vom Succinat zum Ubichinon keine Energie gewonnen.

Das durch den NADH-Dehydrogenase-Komplex, beziehungsweise die Succinat-Dehydrogenase reduzierte Ubichinon wird durch den **Cyt-*b*/*c*$_1$-Komplex** (Komplex III) (Abb. 5.15) oxidiert. Der Komplex besteht in Mitochondrien aus zehn Untereinheiten, von denen eine (die Cyt-*b*-Untereinheit)

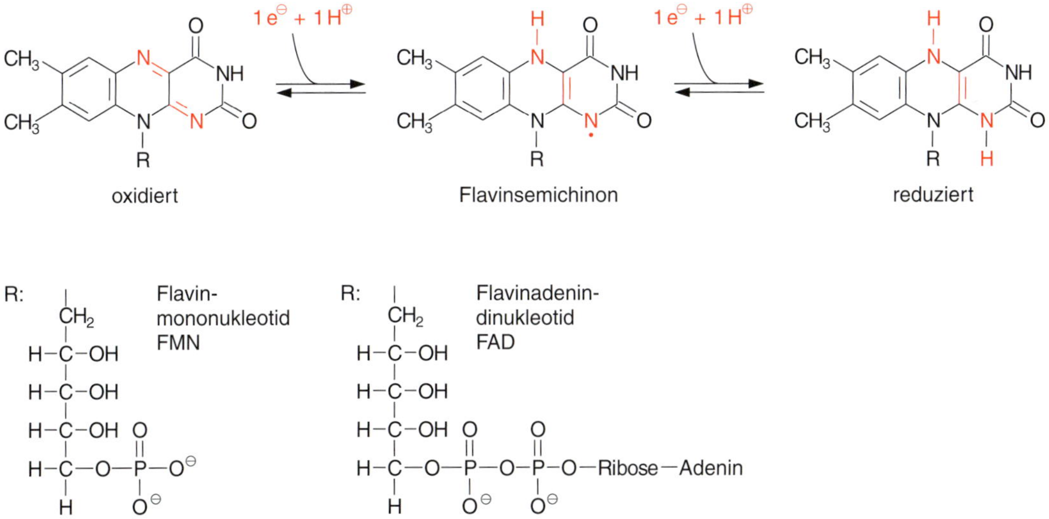

Abb. 5.16 FMN, FAD, reduzierte und oxidierte Form.

in den Mitochondrien codiert ist. In Struktur und Funktion entspricht der Cyt-b/c_1-Komplex im Wesentlichen dem chloroplastidären Cyt-b_6/f-Komplex, der bereits in Abschnitt 3.7 eingehend besprochen wurde. Dabei werden die Elektronen an der zum Intermembranraum gerichteten Seite der Membran schließlich auf **Cyt-*c*** übertragen. Der Elektronentransport durch den Cyt-b/c_1-Komplex wird durch mehrere Antibiotika wie **Antimycin A** und **Myxothiazol** gehemmt.

Das reduzierte Cyt-*c* diffundiert als stark positiv geladenes kleines Protein entlang der Außenseite der Innenmembran der Mitochondrien zum **Cyt-a/a_3-Komplex** (Abb. 5.15), der auch als Komplex IV oder Cytochrom-Oxidase bezeichnet wird. Der Cyt-a/a_3-Komplex enthält dreizehn verschiedene Untereinheiten, von denen drei Untereinheiten in den Mitochondrien codiert sind. Die dreidimensionale Struktur des Cyt-a/a_3 zeigt einen großen hydrophilen Bereich, der in den Intermembranraum hineinragt und die Bindungsstelle für Cyt-*c* trägt. Bei der Oxidation des Cyt-*c* werden Elektronen zunächst auf ein **Kupfer-Schwefel-Zentrum**, das aus zwei Cu-Atomen besteht (die als Cu_A bezeichnet werden), übertragen. Diese beiden Cu-Atome sind durch zwei S-Atome von Cysteinresten des Cyt-a/a_3 miteinander verbunden (Abb. 5.17). Dieses Kupfer-Schwefel-Zentrum nimmt wahrscheinlich ein Elektron auf und überträgt es über Cyt-*a* auf ein so genanntes **binukleares Zentrum**, das aus dem Cyt-a_3 und einem durch Histidin koordiniertem Cu-Atom (Cu_B) besteht. Dieses binukleare Zentrum wirkt als eine Redoxeinheit, in der Cu zusammen mit dem Fe-Atom im Cyt-a_3 insgesamt zwei Elektronen aufnimmt:

$$[Fe^{3+} \cdot Cu_B^{2+}] + 2\,e^- \longrightarrow [Fe^{2+} \cdot Cu_B^{+}] \qquad (5.11)$$

Beim Cyt-a_3 ist im Gegensatz zu Cyt-*a* und den anderen Cytochromen der Atmungskette die sechste Koordinationsstelle des Fe^{3+} nicht durch Aminosäuren des Proteins koordiniert (Abb. 5.18). An diese freie Koordinationsstelle bindet das Sauerstoffmolekül, es liegt dann zwischen Cyt-a_3 und Cu_B. So an das binukleare Zentrum gebunden wird das Sauerstoffmolekül durch Aufnahme von vier Elektronen zu Wasser reduziert:

$$O_2 + 4\,e^- \longrightarrow 2\,O^{2-} + 4\,H^+ \longrightarrow 2\,H_2O \qquad (5.12)$$

Außerdem hat Cu_B wahrscheinlich eine wichtige Funktion bei dem im Folgenden Abschnitt besprochenen Protonentransport des Cyt-a/a_3-Komplexes.

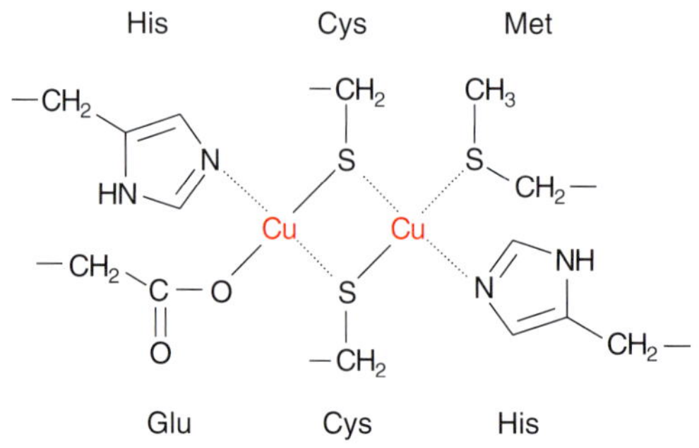

Abb. 5.17 Kupfer-Schwefel-Zentrum des Cyt-a/a_3-Komplexes, das auch als Cu_A bezeichnet wird. Ein Cu^{2+}- und ein Cu^+-Ion sind durch Cysteingruppen des Proteins verknüpft und dazu durch zwei Histidin-, eine Glutamat- und eine Methioningruppe an das Protein gebunden. Wahrscheinlich handelt es sich dabei um einen Ein-Elektron-Überträger. Die Struktur dieses neuartigen Redoxzentrums wurde durch Röntgenstrukturanalyse des Cyt-a/a_3-Komplexes aufgeklärt.

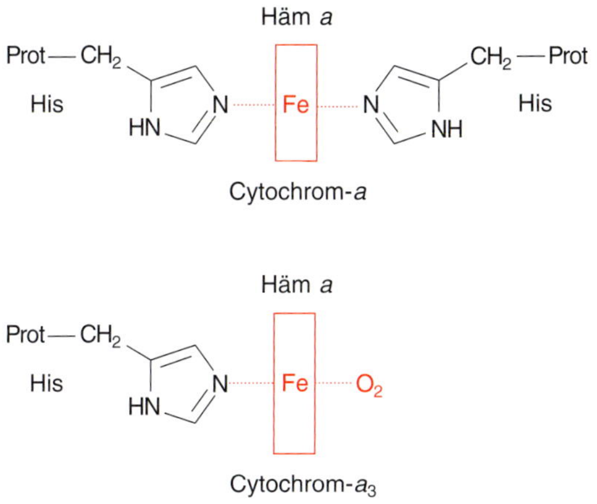

Abb. 5.18 Axiale Liganden der Fe-Atome in den Hämgruppen von Cytochrom-*a* und -a_3. Von den sechs koordinativen Bindungen, die das im Häm vorhandene Fe-Atom eingehen kann, sind vier durch die N-Atome im planaren Tetrapyrrolring abgesättigt. Während im Cytochrom-*a* die beiden restlichen koordinativen Bindungen durch jeweils im rechten Winkel zur Ebene des Tetrapyrrols stehende Histidinreste des Proteins abgesättigt sind, ist im Cytochrom-a_3 eine dieser Bindungen frei und fungiert als Koordinationsstelle für das O_2-Molekül. Prot = Protein

Statt O_2 können auch CO und CN^- an die freie Koordinationsstelle des Cyt-a_3 sehr fest binden, wodurch die Atmung gehemmt wird. Aus diesem Grund sind Kohlenmonoxid und Blausäure sehr starke Atmungsgifte.

In jüngster Zeit wurde durch elektronenmikroskopische und biochemische Untersuchungen gefunden, dass sich die Proteinkomplexe der Atmungskette zu sogenannten respiratorischen Superkomplexen zusammenlagern können. Es wurde ein Superkomplex bestehend aus den Komplexen III und IV beschrieben, ferner ein Superkomplex aus den Komplexen I und III. Ein noch größerer Superkomplex, der die Komplexe I, III und IV enthält, wird auch als „Respirasom" bezeichnet, da er in Gegenwart von Ubichinon und Cytochrom c die Gesamtreaktion der mitochondrialen Atmungskette, die Elektronenübertragung von NADH auf molekularen Sauerstoff, katalysieren kann.

5.6 Der Elektronentransport der Atmungskette ist über einen Protonentransport mit der ATP-Synthese gekoppelt

Der Elektronentransport der Atmungskette ist mit der Bildung von ATP gekoppelt. Dies wird durch ein Experiment in Abbildung 5.19 illustriert, bei dem die Atmungsgeschwindigkeit einer Mitochondriensuspension gemessen wird. Als Maß für die Atmung dient dabei die Abnahme der Sauerstoffkonzentration im Suspensionsmedium. Die Zugabe von Substrat (z. B. Malat) allein bewirkt nur eine geringe Erhöhung der Atmung. Die nachfolgende Zugabe einer begrenzten Menge von ADP führt zu einer hohen Steigerung der Atmungsgeschwindigkeit. Nach einiger Zeit sinkt die Atmungsgeschwindigkeit wieder auf den Wert vor der ADP-Zugabe; zu diesem Zeitpunkt ist das zugefügte ADP vollständig zu ATP umgesetzt worden. Die Atmung in Gegenwart von ADP wird als **aktive Atmung** bezeichnet, die nach Verbrauch von ADP als **kontrollierte Atmung**. Da die Mitochondrien das eingesetzte ADP quantitativ in ATP umwandeln, kann aus dem Quotienten von ADP-Einsatz zu Sauerstoffverbrauch (ADP/O) die Menge

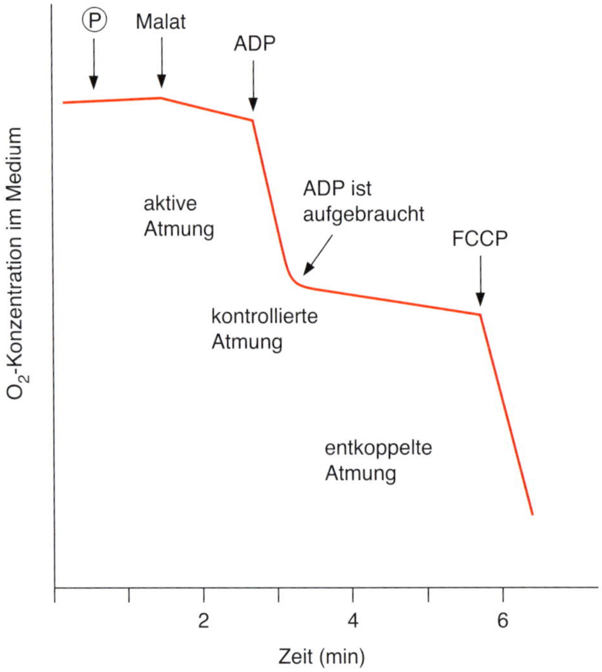

Abb. 5.19 Registrierung des Sauerstoffverbrauchs einer Mitochondrien-Suspension im zeitlichen Verlauf als Maß für die Atmung. Zu den in einem gepufferten Osmotikum suspendierten Mitochondrien werden nacheinander Phosphat und Malat zugegeben. Die weitere Zugabe von ADP führt zu einer hohen Atmungsrate. Das anschließende Abflachen des Sauerstoffverbrauchs signalisiert die vollständige Umsetzung des zugesetzten ADP zu ATP. Nach Zusatz von Entkoppler wird die hohe Atmungsrate auch ohne ADP erreicht, die Atmung ist jetzt entkoppelt.

von ATP bestimmt werden, die bei der Oxidation eines bestimmten Substrats gebildet wird. Für Substrate, die unter Vermittlung von mitochondrialem NADH oxidiert werden (z. B. Malat), werden ADP/O von etwa 2,5 und für Succinat, dessen Reduktionsäquivalente direkt auf Ubichinon übertragen werden, von etwa 1,6 gemessen. Wir werden am Ende dieses Abschnitts auf das Problem der ATP-Stöchiometrie noch einmal zurückkommen.

Wie schon für den photosynthetischen Elektronentransport gezeigt, ist auch der Elektronentransport der Atmungskette mit der Bildung einer protonenmotorischen Kraft (Abb. 5.15) verbunden, die ihrerseits die Synthese von ATP treibt (Abb. 5.20). Daher wirken Substanzen wie FCCP (Abb. 4.2) sowohl als Entkoppler des photosynthetischen als auch des mitochondrialen Elektronentransports. Wie in Abbildung 5.19 gezeigt ist, führt die Zugabe des Entkopplers FCCP zu einer hohen Steigerung der Atmung. Diese Entkopplerwirkung des FCCP beruht auf einem unkontrollierten Rückfluss von Protonen über eine Membran (Abschn. 4.2). Dadurch bricht der durch den Elektronentransport aufgebaute Protonengradient zusammen. Die Atmung ist dann von der ATP-Synthese entkoppelt, und die beim Elektronentransport freiwerdende Energie geht vollständig in Wärme über.

Nach neueren Erkenntnissen wird die Atmungskontrolle durch eine Überlagerung von zwei verschiedenen Mechanismen bewirkt. Der klassische Mechanismus beruht darauf, dass bei einem Anstieg des ATP/ADP-Quotienten die protonenmotorische Kraft ansteigt, und dadurch der Elektronentransport der Atmungskomplexe gedrosselt wird. Es wurde gefunden, dass ATP auch eine direkte Hemmwirkung auf den Elektronentransport ausübt, indem es an eine Untereinheit der Cytochromoxidase bindet und dadurch die Aktivität der Cytochromoxidase vermindert.

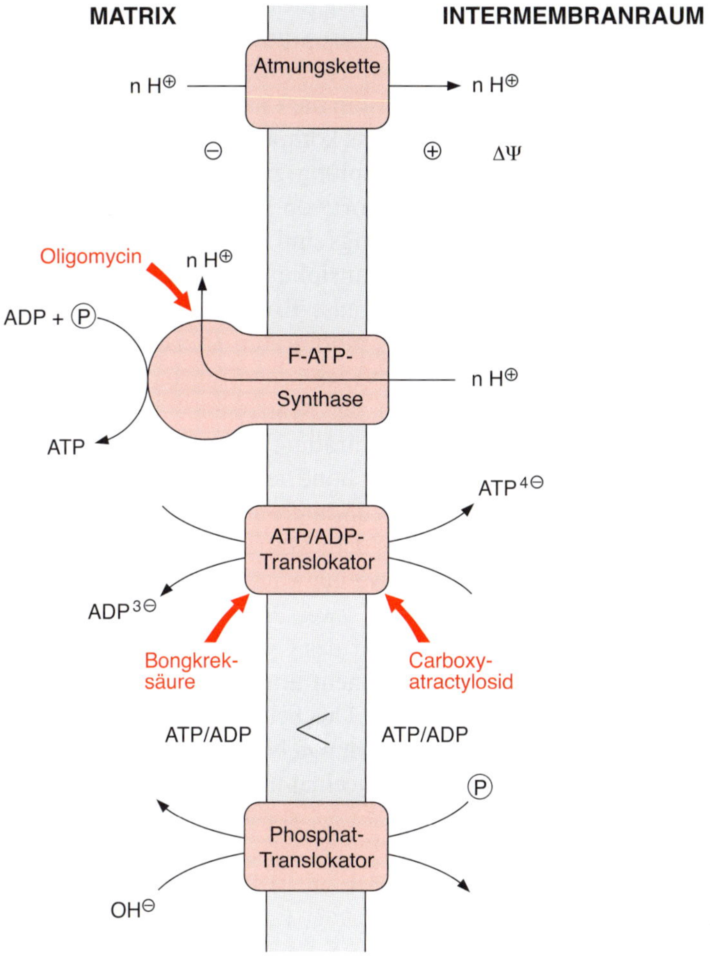

Abb. 5.20 Vor der ATP-Synthese in den Mitochondrien muss Phosphat durch den Phosphat-Translokator im Gegentausch mit OH^--Ionen aufgenommen werden. Der elektrogene Austausch von ADP gegen ATP wird durch den ATP/ADP-Translokator bewirkt. Das durch den Elektronentransport der Atmungskette gebildete Membranpotenzial sorgt dafür, dass ADP bevorzugt im- und ATP bevorzugt exportiert wird; als Folge davon ist das ATP/ADP-Verhältnis in Cytosol höher als in der mitochondrialen Matrix. Der ADP/ATP-Transport wird durch Carboxyatractylosid (wirkt von der Außenseite) und Bongkreksäure (wirkt von der Matrixseite) und die F-ATP-Synthase durch Oligomycin gehemmt.

Der mitochondriale Protonentransport führt zur Bildung eines Membranpotenzials

Mitochondrien besitzen im Gegensatz zu den Chloroplasten keinen abgeschlossenen Thylakoidraum zur Bildung eines Protonengradienten. Stattdessen werden beim mitochondrialen Elektronentransport die Protonen von der Matrix in den Intermembranraum transportiert, wobei dieser über Poren (die durch Porine, siehe Abb. 1.30, gebildet werden) mit dem Cytosol in Verbindung steht. In den Chloroplasten sinkt bei der durch Licht verursachten Bildung eines Protonengradienten von etwa $\Delta pH = 3$ der pH im Thylakoidraum von etwa pH 7,5 auf pH 4,5 ab. Wenn bei Mitochondrien eine derartige starke Ansäuerung im Cytosol aufträte, würde sich dies gravierend auf die Aktivität der sehr vielen im Cytosol vorhandenen Enzyme auswirken. In den Mitochondrien führt der Protonentransport statt dessen zur Ausbildung eines Membranpotenzials von $\Delta\Psi \approx 200$ mV, der pH-Gradient über die innere Mitochondrienmembran im kontrollierten Zustand beträgt lediglich $\Delta pH \approx 0{,}2$.

Mitochondrien können keinen größeren Protonengradienten bilden, da die innere Membran der Mitochondrien für Anionen wie Chlorid impermeabel ist. Wie in Abbildung 4.1 gezeigt, kann ein größerer Protonenkonzentrationsgradient nur dann gebildet werden, wenn die Ladung der transportierten Protonen durch die Diffusion eines Anions kompensiert wird.

Über den Mechanismus der Kopplung zwischen dem mitochondrialen Elektronentransport und dem Transport von Protonen sind inzwischen zahlreiche Informationen bekannt, allerdings sind einige Details noch unklar, insbesondere hinsichtlich der Protonentranslokation am Komplex I. Man nimmt an, dass durch den NADH-Dehydrogenase-Komplex pro zwei Elektronen insgesamt vier Protonen in den Intermembranraum transportiert werden. Zwei Protonen werden wahrscheinlich beim Elektronentransfer durch Ubichinon im NADH-Dehydrogenase-Komplex an der Matrixseite aufgenommen und im Cyt-b/c_1-Komplex in den Intermembranraum freigesetzt (Abb. 5.15). Es ist allgemein akzeptiert, dass in den Mitochondrien der Cyt-b/c_1-Komplex einen **Q-Cyclus** (Abb. 3.30) katalysiert und dadurch beim Transport von zwei Elektronen zwei zusätzliche Protonen aus dem Matrixraum in den Intermembranraum transportiert werden. Zudem werden durch den Cytochrom-a/a_3-Komplex pro zwei Elektronen mindestens zwei Protonen transportiert. Aus der ermittelten dreidimensionalen Struktur des Cytochrom-a/a_3-Komplexes kann man schließen, dass an diesem Protonentransport wahrscheinlich das binukleare Zentrum aus Cytochrom-a_3 und Cu_B beteiligt ist. Falls diese Stöchiometrien stimmen, würden bei der Oxidation von NADH insgesamt zehn Protonen transportiert, bei der Oxidation von Succinat nur sechs.

Die mitochondriale ATP-Synthese dient der Versorgung des Cytosols

Die Nutzung der Energie des Protonengradienten für die Synthese von ATP erfolgt in den Mitochondrien prinzipiell in gleicher Weise wie in den Chloroplasten (siehe Abschn. 4.3) durch eine F-ATP-Synthase (Abb. 5.20). Die F-ATP-Synthase der Mitochondrien hat die gleiche Grundstruktur wie die F-ATP-Synthase der Chloroplasten. Sie unterscheiden sich jedoch bezüglich der Hemmung durch **Oligomycin**, einem Antibiotikum aus *Streptomyces.* Die mitochondriale F-ATP-Synthase wird durch Oligomycin sehr stark gehemmt, während das chloroplastidäre Enzym gegenüber diesem Hemmer unempfindlich ist. Die Hemmbarkeit der mitochondrialen F-ATP-Synthase ist auf das Vorhandensein eines oligomycinbindenden Proteins zurückzuführen. Der Mechanismus der ATP-Synthese ist bei beiden ATP-Synthasen aber sicherlich identisch. Auch bei der mitochondrialen ATP-Synthese ist die Protonen-Stöchiometrie noch nicht eindeutig aufgeklärt worden. Wenn es allgemein zutrifft, dass der Rotor der F-ATP-Synthase bei Mitochondrien 10 c-Untereinheiten besitzt, wären nach dem in Abschnitt 4.4 diskutierten Mechanismus der ATP-Synthese 3,3 Protonen für die Synthese von 1 Mol ATP erforderlich. Dieser Wert entspricht in etwa dem Ergebnis früherer unabhängiger Untersuchungen.

Im Gegensatz zu den Chloroplasten, die ATP hauptsächlich für den Eigenverbrauch synthetisieren, ist in den Mitochondrien das gebildete ATP vorwiegend für den Export in das Cytosol bestimmt. Dies erfordert eine Aufnahme von ADP und Phosphat aus dem Cytosol in die Mitochondrien und eine Abgabe des gebildeten ATP. Die Aufnahme von Phosphat erfolgt durch den **Phosphat-Translokator** im Gegentausch mit OH^--Ionen, die Aufnahme von ADP und der Export von ATP durch den **ATP/ADP-Translokator** (Abb. 5.20). Der mitochondriale ATP/ADP-Translokator wird durch **Carboxyatractylosid**, einem Glucosid aus der Leimdistel *Atractylis gumnifera*, und durch **Bongkreksäure**, einem Antibiotikum aus dem auf Kokosnüssen wachsenden Bakterium *Cocovenerans*, gehemmt. Beide Substanzen sind sehr starke Gifte.

Der ATP/ADP-Translokator katalysiert einen strikten **Gegentausch**: Für jedes austransportierte ATP oder ADP wird ein ADP oder ATP eintransportiert. Da das transportierte ATP eine negative Ladung mehr als ADP enthält, ist der Transport von ATP gegen ADP elektrogen. Das durch den Protonentransport der Atmungskette gebildete Membranpotenzial bewirkt, dass ATP bevorzugt ex- und ADP bevorzugt importiert wird. Dieser asymmetrische Transport von ADP und ATP führt dazu, dass das Verhältnis ATP/ADP außerhalb der Mitochondrien höher ist als in der Matrix. Auf diese Weise kann durch die mitochondriale ATP-Synthese ein hoher cytosolischer ATP/ADP-Quotient aufrechterhalten werden. Mit dem Austausch von ADP gegen ATP wird eine negative Ladung nach außen abgegeben, der notwendige Ladungsausgleich erfordert den Transport von einem Proton aus den Mitochondrien. Daher werden nicht nur für die ATP-Synthese, sondern auch für den Export des gebildeten ATP aus den Mitochondrien Protonen des Protonengradienten verbraucht.

Kommen wir jetzt noch einmal auf die Stöchiometrie der transportierten Protonen und der ATP-Bildung bei der Atmung zurück: Die Komplexe I, III und IV werden häufig auch als Kopplungsstellen der Atmungskette bezeichnet. Man findet in einigen Lehrbüchern die Angabe, dass bei der Oxidation von NADH durch die mitochondriale Atmungskette pro Kopplungsstelle ein ATP gebildet wird, also der ADP/Sauerstoff-Quotient für die Veratmung von NADH drei und von Succinat zwei beträgt. Im Experiment werden jedoch wesentlich geringere Werte gemessen. Man versuchte dies damit zu erklären, dass in den isolierten Mitochondrien H^+-Leckströme durch die Membran auftreten und daher der theoretische ADP/Sauerstoff-Wert nicht erreicht wird. Es spricht heute jedoch vieles dafür, dass auch theoretisch diese ganzzahligen ADP/Sauerstoff-Werte nicht zutreffen. Es wurde oben beschrieben, dass bei der Oxidation von NADH möglicherweise zehn Protonen transportiert werden. Falls 3,3 Protonen für die Synthese von ATP (siehe vorige Seite) und ein weiteres Proton für den Transport verbraucht werden, so würde dies einen ADP/Sauerstoff-Wert von 2,3 bedeuten. Dieser Wert ähnelt den experimentell ermittelten Werten.

Zu Beginn dieses Kapitels haben wir berechnet, dass die Änderung der freien Enthalpie bei der Oxidation von NADH –214 kJ/mol und für die Synthese von ATP etwa +50 kJ/mol beträgt. Ein ADP/Sauerstoff-Quotient von

2,3 bei der Veratmung NADH-abhängiger Substrate würde bedeuten, dass etwa 54 % der bei der Oxidation abgegebenen freien Enthalpie für die ATP-Synthese genutzt wird. Jedoch sind diese Werte immer noch als unsicher zu betrachten.

5.7 Mitochondrien aus Pflanzen haben spezielle Stoffwechselfunktionen

Die bisher besprochene „Kraftwerkfunktion" der Mitochondrien trifft für alle Mitochondrien aus Einzellern, Tieren und Pflanzen zu. In Pflanzenzellen, die Photosynthese durchführen, beschränkt sich die Rolle der Mitochondrien als Energielieferant nicht nur auf die Dunkelphase: Sie haben auch während der Photosynthese eine zentrale Bedeutung für die ATP-Versorgung des Cytosols.

Zusätzlich erfüllen Mitochondrien in Pflanzen aber auch noch spezielle Funktionen. So enthalten sie in der Matrix Enzyme für die Oxidation von Glycin zu Serin, einem wichtigen Schritt des Photorespirationsweges (Abschn. 7.1):

$$2\ \text{Glycin} + NAD^+ + H_2O \quad \rightarrow \quad \text{Serin} + NADH + CO_2 + NH_4^+ \qquad (5.13)$$

Das hierbei anfallende NADH bildet während der Photosynthese den „Hauptbrennstoff" für die mitochondriale ATP-Synthese. Außerdem findet in Mitochondrien die Umwandlung von Oxalacetat und Pyruvat in Citrat als Vorstufe für die Bildung von α-Ketoglutarat statt. Dieser Stoffwechselweg ist für die Bereitstellung von Kohlenstoffgerüsten für die Nitratassimilation wichtig (Abb. 10.11). Desweiteren sind die Mitochondrien bei der Mobilisierung von Reservestoffen indirekt beteiligt (Abschnitt 15.6, Abb. 15.6).

Mitochondrien können überschüssiges NADH auch ohne ATP-Bildung oxidieren

Beim mitochondrialen Elektronentransport werden als Nebenprodukte – u.a. unter Beteiligung von Flavinen und Ubisemichinon – Superoxid-Radikale, H_2O_2 und Hydroxylradikale (zusammengefasst als **ROS**, *Reactive Oxygen Species*) gebildet. Diese verursachen Zellschädigungen. ROS werden gebildet, wenn die Komponenten der Atmungskette stark reduziert sind und dadurch das Membranpotential übermäßig ansteigt. Es besteht daher die Notwendigkeit, eine Überreduktion der Atmungskette zu vermeiden. Andererseits ist es für eine Pflanze erforderlich, dass die Oxidation des bei der Photorespiration (Abschn. 7.1) gebildeten Glycins und der Substratfluss durch den Citratcyclus auch dann ablaufen können, wenn kein ATP-Bedarf der Zelle besteht. Mitochondrien aus Pflanzen besitzen deshalb mehrere so genannte **Überlaufschutzmechanismen**, durch die überschüssiges NADH auch ohne Synthese

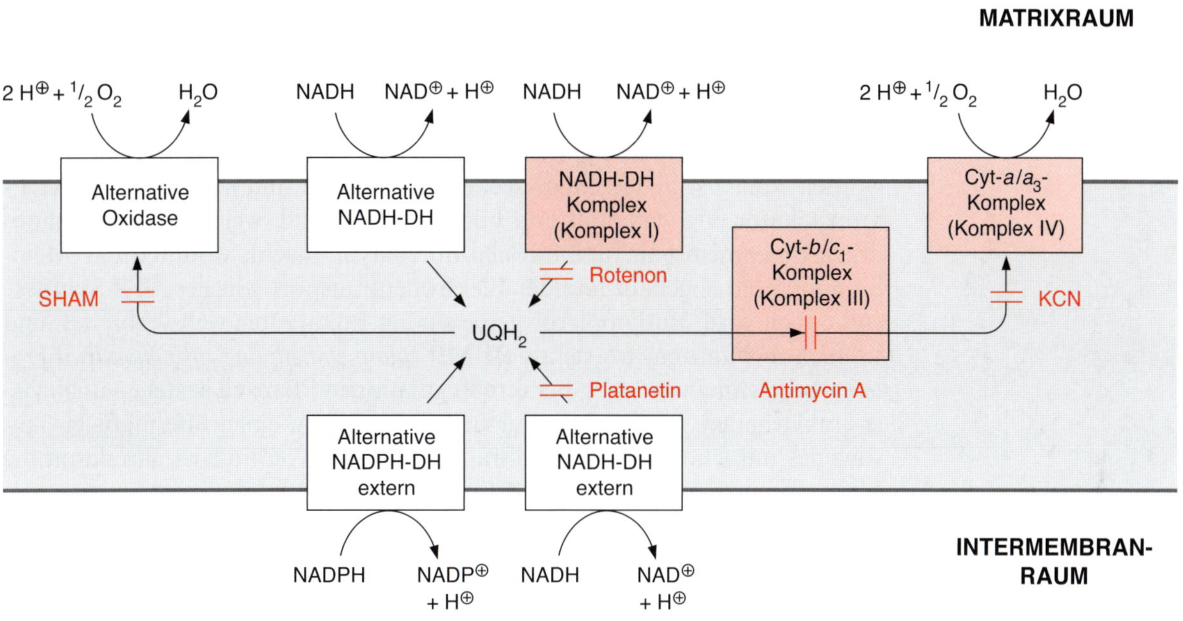

Abb. 5.21 Neben der rotenonempfindlichen NADH-Dehydrogenase gibt es weitere Dehydrogenasen, die Elektronen ohne gekoppelten Protonentransport auf Ubichinon übertragen. Eine alternative Oxidase ermöglicht die Oxidation von Ubihydrochinon ohne gekoppelten Protonentransport. Dieser Weg ist unempfindlich gegen Antimycin A und KCN, wird aber durch SHAM gehemmt. Weiterhin sind alternative NADH- und NADPH-Dehydrogenasen zum Intermembran-Raum gerichtet.

von ATP oxidiert werden kann, um eine Überreduktion der Atmungskette zu vermeiden. Dazu gehören **alternative NADH/NADPH-Dehydrogenasen**, eine **alternative Oxidase** (Abb. 5.21) und **Entkopplerproteine**.

Eine **alternative NADH-Dehydrogenase**, lokalisiert an der Matrixseite der inneren Mitochondrienmembran, überträgt Elektronen von NADH auf Ubichinon, ohne dass daran ein Protonentransport gekoppelt ist. Dieser Weg ist durch Rotenon nicht hemmbar. Eine Oxidation des NADH über diesen rotenonunempfindlichen Weg erfolgt nur, wenn der NADH/NAD$^+$-Quotient in der Matrix besonders hoch ist. Auch gibt es auf der Matrixseite eine alternative NADPH-Dehydrogenase, die in Abb. 5.21 nicht eingezeichnet ist.

Eine **alternative Oxidase** überträgt Elektronen von Ubihydrochinon direkt auf Sauerstoff ohne dass dabei Energie durch Protonentransport konserviert wird. Diese „alternative Oxidation" ist gegenüber **Antimycin-A** und **KCN** unempfindlich, wird hingegen von **Salizylhydroxamat** (SHAM) gehemmt. Die alternative Oxidase ist ein Membranprotein, bestehend aus zwei gleichen Untereinheiten (je 36 kDa). Die Struktur dieses Proteins wurde kürzlich durch Röntgenstrukturanalyse aufgeklärt. Aus der Aminosäuresequenz lässt sich voraussagen, dass jede der beiden Untereinheiten zwei transmembrane Helices ausbildet. Die beiden Untereinheiten bilden zusammen ein **Di-Eisen-Oxo-Zentrum** (wie auch bei der Fettsäure-Desaturase, Abb. 15.16), welches die Oxidation des Ubichinons durch Sauerstoff katalysiert. Der Elektronentransport über die alternative Oxidase ist als ein Kurzschluss zu verstehen. Er erfolgt nur bei einer übermäßigen Reduktion des mitochondrialen Ubichinons. Das Enzym wird durch eine Erhöhung der Pyruvatkonzentration in den Mitochondrien (als Signal für Metabolitüberschuss) aktiviert.

Mitochondriale Entkopplerproteine der inneren Mitochondrienmembran wurden zunächst in Tieren entdeckt. Die Proteine sind mit dem ATP/ADP-Translokator eng verwandt und bilden einen Kanal, welcher die mitochondriale Innenmembran für Protonen durchlässig macht, wodurch das Membranpotential abgebaut und der Elektronentransport von der ATP-Synthese entkoppelt wird. Entkopplerproteine sind in Eukaryoten weit verbreitet, und so auch in Pflanzen, wo sie als **PUMP** (*plant uncoupling mitochondrial proteins*) bezeichnet werden. Über ihre Regulation in Pflanzen bestehen noch viele Unklarheiten. Sie haben offenbar die Funktion, einen übermäßigen Anstieg des mitochondrialen Membranpotenzials zu verhindern, um damit die Bildung von reaktiven Sauerstoff-Spezies (**ROS**) zu minimieren.

Somit bilden die alternativen NADH/NADPH-Dehydrogenasen, die alternative Oxidase und die Entkopplerproteine ein sehr komplexes System, um bei einem hohen Substratangebot eine Oxidation durch die Mitochondrien auch dann zu ermöglichen, wenn kein Bedarf an ATP besteht, wobei die dabei freiwerdende Energie in Wärme übergeht. Die Kapazitäten der einzelnen Komponenten dieses Systems hängen sehr stark von den Spezies, deren Entwicklungszustand und den äußeren Bedingungen ab. So findet man z.B. eine hohe Expression von PUMP in Pflanzen, die einem Kältestress ausgesetzt wurden. Von der alternativen Oxidase befindet sich eine besonders hohe Aktivität in den Blütenkolben der Vodoo-Lilie *Sauromatum guttatum,* einem Aronstabgewächs. Diese Pflanze nutzt zur Bestäubung die alternative Oxidase, um Wärme zu erzeugen. Die Erwärmung der Blütenkolben dient zur Aussendung von aas- und kotähnlichen Gerüchen, die über weite Entfernungen hinweg Insekten anlocken. In diesen Blütenkolben ist die Bildung der alternativen Oxidase mit dem Blühbeginn synchronisiert.

In Pflanzen können durch die mitochondriale Atmungskette auch NADH und NADPH aus dem Cytosol oxidiert werden

Im Gegensatz zu Mitochondrien aus tierischen Zellen können Pflanzenmitochondrien auch externes, das heißt, vom Cytosol angeliefertes NADH und in manchen Fällen auch NADPH oxidieren. Allgemein gilt, dass die innere Mitochondrienmembran für Pyridinnukleotide praktisch undurchlässig ist. Die Oxidation von externem NADH und NADPH erfolgt über zwei spezifische alternative Dehydrogenasen, die an der zum Intermembranraum gerichteten Seite der Membran angeordnet sind. Ebenso wie bei der Succinat-Dehydrogenase werden bei den externen alternativen NADH- und NADPH-Dehydrogenasen die Elektronen auf der Stufe des **Ubichinons** in die Atmungskette eingespeist, daher wird diese Oxidation auch nicht durch Rotenon gehemmt. Da bei der Oxidation von externem NADH und NADPH (wie auch bei der Oxidation von Succinat) der Protonentransport durch Komplex I (Abb. 5.15) entfällt, ist bei der Oxidation der externen Pyridinnukleotide die ATP-Ausbeute geringer als bei der Oxidation des von der Matrix angelieferten NADH über Komplex I. Die Oxidation über die externe alternative NADH-Dehydrogenase läuft nur bei einer sehr hohen Konzentration von NADH ab, wie sie unter normalen Stoffwechselbedingungen im Cytosol nicht vorliegt. Wir können daher auch diesen Weg als „Überlaufschutzmechanismus" betrachten, der nur dann eingeschlagen wird, wenn das NAD-System im Cytosol zu stark reduziert ist. Wie bereits in Kapitel 3 besprochen, kann es bei der Photosynthese zu einem Überangebot an Reduktionskraft kommen, was sich auf die ganze Zelle übertragen kann und zu Zellschädigungen führt. Durch die externe alternative NADH-Dehydrogenase, die alternative Dehydrogenase für NADH in der Matrix sowie die alternative Oxidase kann die Pflanzenzelle überschüssige Reduktionskraft durch „Abfackeln" beseitigen.

5.8 Die Kompartimentierung des mitochondrialen Stoffwechsels erfordert spezifische Membran-Translokatoren

Da die mitochondriale Innenmembran für Metabolite impermeabel ist, enthält diese Membran spezifische Translokatoren für einen geregelten Stoffaustausch zwischen der mitochondrialen Matrix und dem Cytosol (Abb. 5.22). Alle diese Translokatoren katalysieren einen Gegentausch. Die Funktionen des ATP/ADP- und des Phosphat-Translokators (Abb. 5.20) wurden bereits in Abschnitt 5.6 beschrieben. Durch einen **Dicarboxylat-Translokator** werden Malat und auch Succinat im Gegentausch mit Phosphat in die Mitochondrien transportiert. Dieser Transport wird durch **Butylmalonat** gehemmt. Im Gegentausch mit Malat werden über jeweils verschiedene Translokatoren α-Ketoglutarat, Citrat und Oxalacetat transportiert. Die Bedeutung des Citrattransports für die Nitratassimilation wird in Kapitel 10 beschrieben. **Glutamat** wird im Gegentausch mit Aspartat und **Pyruvat** im Gegentausch mit OH^--Ionen transportiert. Durch beide Translokatoren können Metabolite in den Citratcyclus (Abb. 5.3) eingespeist werden. Obwohl alle diese Translokatoren in Pflanzenmitochondrien vorkommen, beruhen unsere heutigen Kenntnisse darüber hauptsächlich auf Untersuchungen an Mitochondrien aus tierischen Geweben. Von den ATP/ADP-, Phosphat-, α-Ketoglutarat-, Citrat- und Glutamat-Translokatoren sind inzwischen die Aminosäuresequenzen bekannt. Der Vergleich der Sequenzen zeigt eine Homologie; die Proteine dieser Translokatoren bilden eine Familie, die auf einen gemeinsamen Ursprung zurückgeht. Sie sind aus 12 transmembranen Helices aufgebaut (siehe Abschn. 1.9).

Der Malat-Oxalacetat-Translokator ist eine Besonderheit pflanzlicher Mitochondrien und hat eine wichtige Funktion für den in Abschnitt 7.3 besprochenen Malat-Oxalacetat-Cyclus. Er ist ebenfalls bei der Bereitstellung der Kohlenstoffskelette für die Nitratassimilation beteiligt (Abb. 10.11). Der

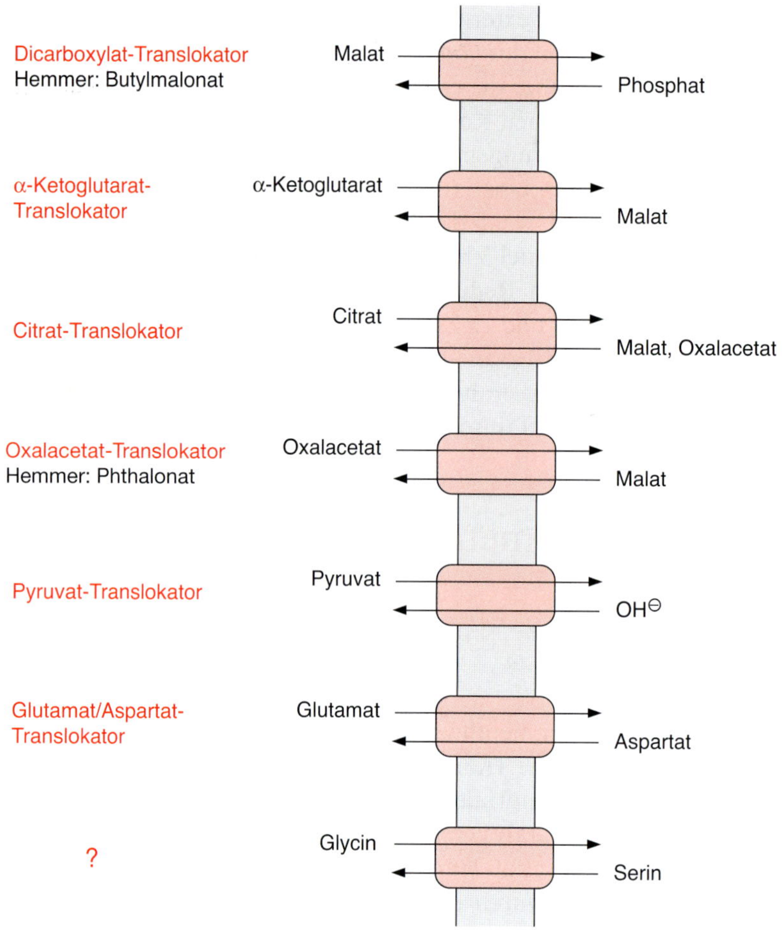

Abb. 5.22 Zusammenstellung wichtiger Translokatoren der inneren Mitochondrienmenbran. Der ATP/ADP- und der Phosphat-Translokator wurden bereits in Abbildung 5.20 gezeigt.

Oxalacetat-Translokator und in geringerem Maß auch der α-Ketoglutarat-Translokator werden durch das Dicarboxylat **Phthalonat** gehemmt. Über den Transport von Glycin und Serin – der für den Stoffwechselweg der Photorespiration (Abschn. 7.1) wichtig ist – ist bislang wenig bekannt. Auch wenn der endgültige Beweis noch aussteht, ist an der Existenz eines oder zweier Translokatoren für den Transport dieser Aminosäuren nicht zu zweifeln.

Literatur

Baradaran R, Berrisford JM, Minhas GS, Sazanov LA. Crystal structure of the entire respiratory complex I. Nature 494, 443–448 (2013)

Braun, H.P., Binder, S., Brennicke, A., Eubel, H., Fernie, A.R., Finkemeier, I., Klodmann, J., König, A.C., Kühn, K., Meyer, E., Obata, T., Schwarzländer, M., Takenaka, M. and Zehrmann, A. The life of plant mitochondrial complex I. Mitochondrion, in press (2014)

Clifton, R., Millar, A.H.,Whelan,J. Alternative oxidases in *Arabidopsis*: a comparative analysis of differential expression in the gene family provides new insights into function on non-phosphorylating bypasses. Biochimica Biophysica Acta 1757, 730-741 (2006)

Dudkina, N.V., Heinemeyer, J., Sunderhaus, S., Boekma, E.J., Braun, H.-P. Respiratory chain supercomplexes in the plant mitochondrial membrane. Trends in Plant Science 11, 232-240 (2006)

Klodmann, J. Sunderhaus, S., Nimtz, M., Jänsch, L. and Braun, H.P. Internal architecture of mitochondrial complex I from *Arabidopsis thaliana*. The Plant Cell 22, 797–810 (2010)

Logan, D.C. The mitochondrial compartment. Journal Experimenal Botany 58, 1225-1243 (2007)

Moore AL, Shiba T, Young L, Harada S, Kita K, Ito K. Unraveling the heater: new insights into the structure of the alternative oxidase. Annu Rev Plant Biol. 64, 637–63 (2013)

Noctor, G., De Paepe, R., Foyer, C.F. Mitochondrial redox biology and homeostasis in plants. Trends in Plant Science 12, 125-134 (2007)

Pebay-Peyroula, E., Dahout-Gonzalez, C., Kahn, R., Trezeguet, V., Lauquin, G.J.-M., Brandolin, G. Structure of mitochondrial ATP/ADP carrier in complex with carboxyatractyloside. Nature 426, 39–44 (2003)

Plaxton, W.C., Podesta, F.E. The functional organization and control of plant respiration. Critical Reviews in Plant Sciences 25, 159-198 (2006)

Rasmusson, A.G., Geisler, D.A., Møller, I.M. The multiplicity of dehydrogenases in the electron transport chain of plant mitochondria. Mitochondrion 8, 47-60 (2008)

Rhoads, D.M., Umbach, A.L., Subbaiah, C.C., Siedow, J.N. Mitochondrial reactive oxygen species. Contribution to oxidative stress and interorganellar signalling. Plant Physiology 141, 357-366 (2006)

Sweetlove, L.J., Fait, A., Nunes-Nesi, A., Williams, T., Fernie, A.R. The mitochondrion: an integration point of cellular metabolism and signaling. Critical Reviews in Plant Sciences 26, 17-43 (2007)

Sweetlove LJ, Beard KF, Nunes-Nesi A, Fernie AR, Ratcliffe RG. Not just a circle: flux modes in the plant TCA cycle. Trends Plant Sci. 15, 462–70 (2010)

Vercesi, A.E., Borecky, J., de Godoy Maia, I., Arruda, P., Cuccovia, I.M., Chaimovich, H. Plant uncoupling mitochondrial proteins. Annual Reviews of Plant Biology 57, 383-404 (2006)

6 Der Calvin-Cyclus ist Reaktionsweg für die photosynthetische CO_2-Assimilation

Wie in den Kapiteln 3 und 4 besprochen, wird durch die in der Thylakoidmembran lokalisierte photosynthetische Elektronentransportkette zusammen mit der ATP-Synthase die Energie des Lichtes genutzt, um chemische Energie in Form von NADPH als reduzierende Äquivalente und ATP als energiereiche Phosphorverbindung bereitzustellen. In diesem Kapitel werden wir diskutieren, wie durch den Verbrauch des so gelieferten NADPH und ATP die Assimilation von CO_2 erfolgt.

6.1 Die CO_2-Assimilation erfolgt durch die Dunkelreaktion der Photosynthese

Mit einer relativ einfachen Methode lassen sich aus Blättern Chloroplasten mit intakten Hüllmembranen isolieren (siehe Abschn. 1.7). Gibt man solche Chloroplasten in ein isotonisches Medium, das neben einem Osmotikum und einem Puffer lediglich Bicarbonat und anorganisches Phosphat enthält, so beobachtet man bei Lichteinstrahlung die Entwicklung von Sauerstoff. Bei der in Kapitel 3 beschriebenen Lichtreaktion der Photosynthese wird Wasser gespalten und mit den dabei verfügbaren Elektronen CO_2 assimiliert (Abb. 6.1). In Abwesenheit von CO_2 oder Phosphat findet keine Sauerstoffentwicklung statt. Man erkennt hieraus, dass in den intakten Chloroplasten die Lichtreaktion mit der CO_2-Assimilation gekoppelt ist und dass das Produkt dieser Assimilation eine phosphathaltige Verbindung ist. Es handelt sich dabei um das phosphorylierte Kohlenhydrat **Dihydroxyacetonphosphat**, ein **Triosephosphat**. Wie die Nettoreaktion der CO_2-Assimilation in Abbildung 6.2 zeigt, erfordert die

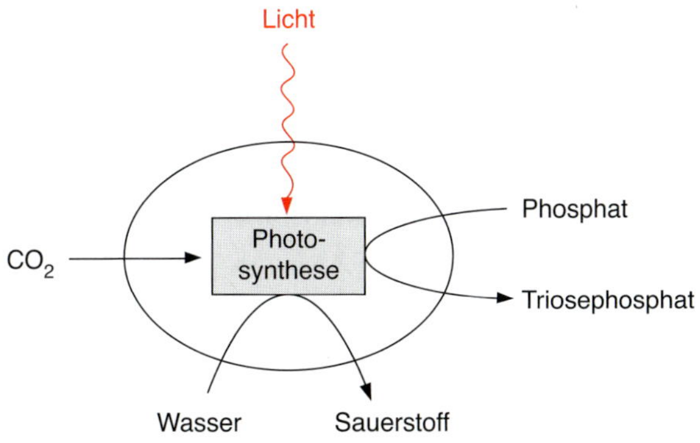

Abb. 6.1 Grundschema der Photosynthese eines Chloroplasten.

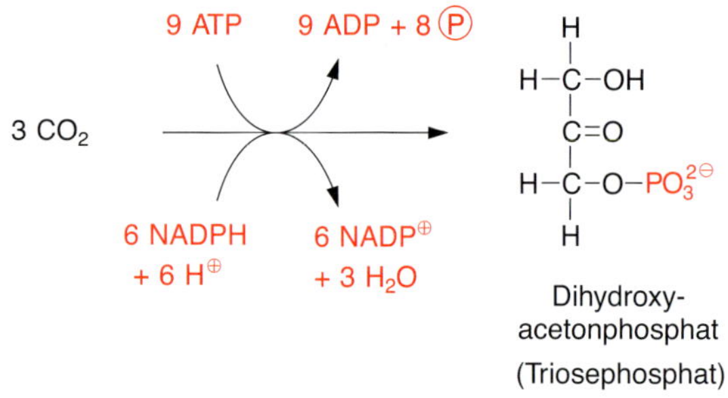

Abb. 6.2 Nettoreaktion der photosynthetischen CO_2-Fixierung.

Synthese von Triosephosphat aus CO_2 Energie in Form von ATP und Reduktionsäquivalente in Form von NADPH, welche durch die bereits besprochene **Lichtreaktion der Photosynthese** geliefert werden. Die Reaktionskette zur Bildung von Dihydroxyacetonphosphat aus CO_2, ATP und NADPH wird, um sie von der genannten Lichtreaktion abzugrenzen, auch als **Dunkelreaktion der Photosynthese** bezeichnet, da sie kein Licht *per se* benötigt und daher theoretisch auch im Dunkeln ablaufen könnte. In Wirklichkeit läuft im Blatt diese Reaktion im Dunkeln nicht ab, da einige der Enzyme der Reaktionskette durch Regulationsvorgänge nur im Licht aktiv sind (siehe Abschn. 6.6).

Der Mechanismus der photosynthetischen CO_2-Assimilation wurde zwischen 1946 und 1953 von Melvin Calvin zusammen mit seinen Mitarbeitern Andrew Benson und James Bassham in Berkeley, Kalifornien, aufgeklärt. Für diese fundamentale Entdeckung erhielt Calvin 1961 den Nobelpreis für Chemie. Eine Voraussetzung für die Aufklärung der CO_2-Fixierung war die Entdeckung des radioaktiven Kohlenstoffisotops ^{14}C im Jahre 1940, das dann ab 1945 als Nebenprodukt von Nuklearreaktoren in den USA in größeren Mengen verfügbar wurde. Calvin wählte für seine Untersuchungen die Grünalge *Chlorella*. Er gab radioaktiv markiertes CO_2 zu belichteten Algensuspensionen, tötete die Algen nach kurzen Zeiten durch Zugabe von heißem Ethanol ab und analysierte die radioaktiv markierten Einbauprodukte mittels Papierchromatographie. Während bei langen Inkubationszeiten sehr viele radioaktiv markierte Produkte auftraten, konnte er durch sukzessive Verkürzung der Inkubationszeiten eindeutig nachweisen, dass 3-Phosphoglycerat als erstes stabiles Produkt der CO_2-Fixierung gebildet wurde. Eingehende Untersuchungen ergaben, dass die CO_2-Fixierung durch einen cyclischen Prozess erfolgt, der nach seinem Entdecker als **Calvin-Cyclus** bezeichnet wird. Ein anderer Name, der an manchen Stellen dieses Buches benutzt wird, ist der des **reduktiven Pentosephosphatweg**: In dem Cyclus tritt eine Reduktionsreaktion auf, und es werden Pentosen gebildet. Abbildung 6.3 gibt einen Überblick über den Cyclus. Dieser lässt sich in drei Phasen untergliedern: die **Carboxylierung** des C_5-Zuckers Ribulose-1,5-bisphosphat unter Bildung von zwei Molekülen 3-Phosphoglycerat, die **Reduktion** des 3-Phosphoglycerats zu Triosephosphat und die **Regeneration** des CO_2-Akzeptors Ribulose-1,5-bisphosphat aus Triosephosphat. Fünf Moleküle Triosephosphat liefern drei Moleküle Ribulose-1,5-bisphosphat. Hinzu kommt der **Transport des Triosephosphats** aus den Chloroplasten. In den folgenden Abschnitten werden diese Teilreaktionen eingehend besprochen.

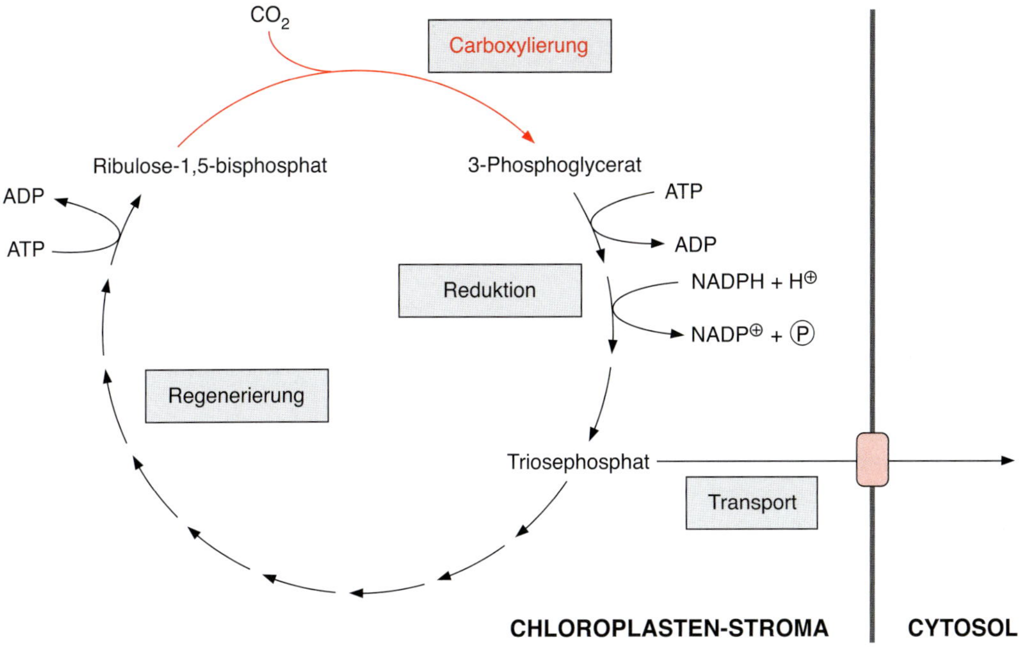

Abb. 6.3 Übersichtsschema des Calvin-Cyclus ohne Stöchiometrien.

6.2 Ribulosebisphosphat-Carboxylase katalysiert die Fixierung von CO_2

Schlüsselreaktion für die photosynthetische CO_2-Assimilation ist die Bindung von CO_2 aus der Atmosphäre an den Akzeptor Ribulose-1,5-bisphosphat (RuBP), eine zweifach phosphorylierte Ketopentose. Die Reaktion ist stark exergonisch ($\Delta G^{o\prime} = -35$ kJ/mol) und daher irreversibel. Das Enzym, das diese Reaktion katalysiert, wird als *Ribu*lose*bis*phosphat-*C*arboxylase/*O*xygenase (abgekürzt **RubisCO**) bezeichnet, da es auch eine Nebenreaktion katalysiert, bei der das RuBP mit O_2 reagiert (Abb. 6.4).

Abbildung 6.5 zeigt den Ablauf der **Carboxylasereaktion** in den einzelnen Schritten. Durch Keto-Enol-Tautomerie der Carbonylgruppe des RuBP bildet sich ein Endiol, welches mit CO_2 zu 2-Carboxy-3-ketoarabinitol-1,5-bisphosphat reagiert, durch dessen Spaltung dann zwei Moleküle 3-Phosphoglycerat gebildet werden.

Der Reaktionsablauf bei der **Oxygenasereaktion**, der bei den vorherrschenden O_2- und CO_2-Konzentrationen unvermeidlichen Nebenreaktion, ist in Abbildung 6.6 dargestellt. O_2 reagiert in ähnlicher Weise wie CO_2 mit dem Endiol unter Bildung eines Peroxids. In der nachfolgenden Spaltung des O_2-Adduktes wird ein Atom des O_2-Moleküls an das Wasser abgegeben, das andere wird in die Carbonylgruppe des 2-Phosphoglycolats eingebaut. Als Produkte der Oxygenase-Reaktionen werden somit 2-Phosphoglycolat und 3-Phosphoglycerat gebildet.

RubisCO ist das einzige Enzym, das die irreversible Fixierung des atmosphärischen CO_2 zum Aufbau von Biomasse ermöglicht; das Vorhandensein dieses Enzyms ist somit eine Grundvoraussetzung für das Bestehen des heuti-

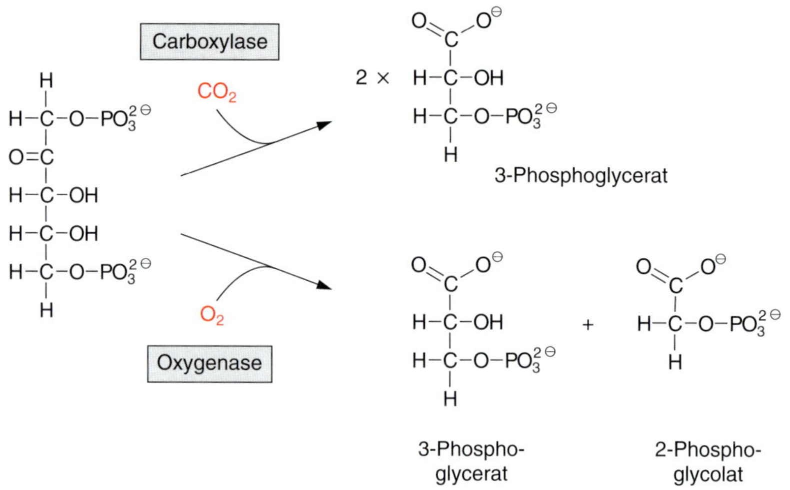

Abb. 6.4 Die Ribulosebisphosphat-Carboxylase katalysiert zwei Reaktionen: die Carboxylierung von RuBP, die eigentliche CO_2-Fixierungsreaktion, sowie die Oxygenierung, eine unvermeidliche Nebenreaktion.

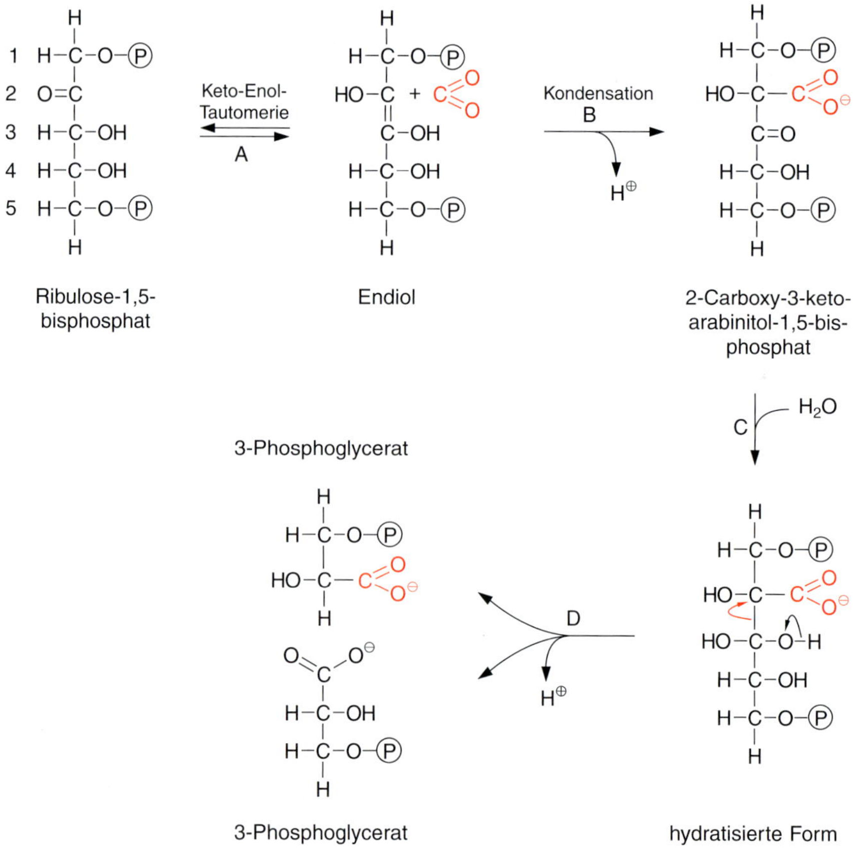

Abb. 6.5 Reaktionsablauf bei der Carboxylierung des RuBP durch die RubisCO. Der Einfachheit halber ist $-PO_3^{2-}$ als –Ⓟ symbolisiert. Ein Endiol, gebildet durch Keto-Enol-Tautomerie der Carbonylgruppe des RuBP (A), ermöglicht eine nucleophile Reaktion von CO_2 mit dem C-2-Atom des RuBP unter Bildung von 2-Carboxy-3-Ketoarabinitol-1,5-bisphosphat (B). Nach Hydratisierung (C) wird die Bindung zwischen C-2 und C-3 gespalten, dabei entstehen 2 Moleküle 3-Phosphoglycerat (D).

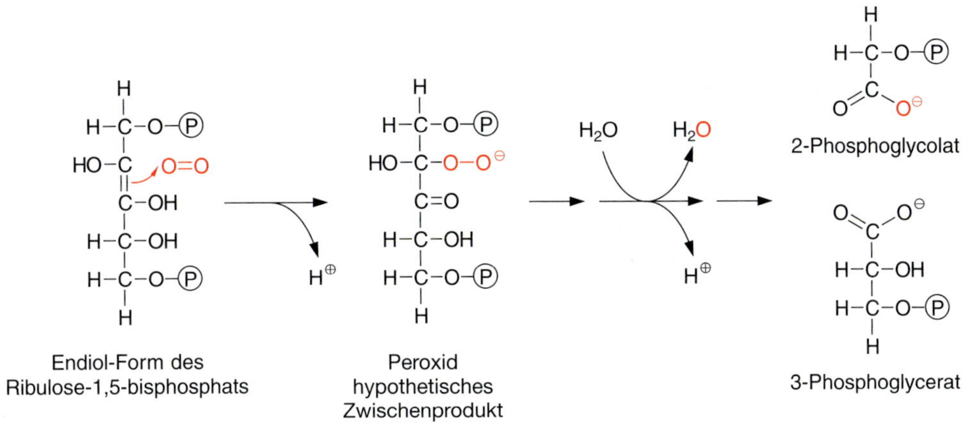

Abb. 6.6 Ausschnitt des Reaktionsablaufes bei der Oxygenierung des RuBP durch die RubisCO.

gen Lebens auf der Erde. Das Enzym ist in Pflanzen und Cyanobakterien aus acht identischen, so genannten großen Untereinheiten (Molekularmasse je nach Spezies 51 000 bis 58 000 Dalton) und acht identischen kleinen Untereinheiten (Molekularmasse 12 000 bis 18 000 Dalton) zusammengesetzt. Mit den 16 Untereinheiten ist RubisCO eines der größten Enzyme in der Natur. In Pflanzen ist die genetische Information für die große Untereinheit im Genom der Plastiden codiert und für die kleine Untereinheit im Zellkern. Jede der großen Untereinheiten enthält ein katalytisches Zentrum. Die Funktion der kleinen Untereinheit ist noch nicht verstanden. Man diskutiert, dass die acht kleinen Untereinheiten den Verband der acht großen Untereinheiten stabilisieren oder als CO_2-Reservoir dienen. Für den Prozess der CO_2-Fixierung *per se* ist die kleine Untereinheit offenbar nicht essenziell. In einigen phototrophen Purpurbakterien kommt RubisCO als Dimer von nur großen Untereinheiten vor, ohne dass sich die katalytischen Eigenschaften der betreffenden bakteriellen Enzyme grundsätzlich von denen der pflanzlichen Enzyme unterscheiden. Allerdings ist bei den nur aus zwei großen Untereinheiten bestehenden bakteriellen Enzymen das Verhältnis zwischen Oxygenase- und Carboxylaseaktivität höher als bei der aus acht großen und acht kleinen Untereinheiten aufgebauten RubisCO.

Die Oxygenierung des Ribulosebisphosphats: Eine kostspielige Nebenreaktion

Die kinetischen Konstanten der RubisCO (Tabelle 6.1) machen deutlich, dass die durch die Oxygenaseaktivität ausgelöste Nebenreaktion sehr häufig ist. Zwar ist die für die 50 %ige Sättigung des Enzyms erforderliche CO_2-Konzentration (K_M [CO_2]) viel niedriger als die von O_2 (K_M[O_2]), da aber die Konzentration von O_2 in der Luft 21 % und die von CO_2 nur 0,04 % beträgt und die CO_2-Konzentration im Gasraum der Blätter außerdem erheblich unter der

Konzentration in der Außenluft liegen kann, beträgt während der Photosynthese in einem Blatt bei 25 °C das Verhältnis von Oxygenierung zu Carboxylierung etwa 1:4 bis 1:2. Dies bedeutet, dass jedes dritte bis fünfte Ribulose-1,5-bisphosphatmolekül für die Nebenreaktion verbraucht wird. Mit steigender Temperatur nimmt die Geschwindigkeit der Oxygenierung stärker zu als die der Carboxylierung. Außerdem nimmt bei steigender Temperatur die im Gleichgewicht mit der Luft stehende Konzentration des im Wasser, und damit auch im Zellwasser, gelösten CO_2 stärker ab als die des O_2. Durch diese beiden Effekte erhöht sich das Verhältnis Oxygenierung/Carboxylierung mit steigender Temperatur. Andererseits wird durch eine Erhöhung der CO_2-Konzentration in der Atmosphäre, z. B. in einem Gewächshaus, die Oxygenierung erniedrigt, was in vielen Fällen ein erhöhtes Pflanzenwachstum zur Folge hat.

Tabelle 6.1: Kinetische Eigenschaften der Ribulosebisphosphat-Carboxylase/Oxygenase (RubisCO) bei 25 °C

Substratkonzentration bei 50 % Sättigung des Enzyms	
$K_M[CO_2]$	9 µmol/L*)
$K_M[O_2]$	535 µmol/L*)
K_M(RuBP)	28 µmol/L
Maximale Wechselzahl (jeweils bezogen auf eine Untereinheit)	
Kcat $[CO_2]$	3,3 s^{-1}
Kcat $[O_2]$	2,4 s^{-1}

$$CO_2/O_2 \text{ Spezifität } = \left(\frac{K\,\text{cat}[CO_2]}{K_M\,[CO_2]} \Big/ \frac{K\,\text{cat}[O_2]}{K_M\,[O_2]} \right) = 82$$

*) Zum Vergleich:
Im Gleichgewicht mit Luft (0.04% CO_2, 21% O_2) beträgt die Konzentration im Wasser bei 25 °C:

CO_2	13 µmol/L
O_2	253 µmol/L

* (Daten von Woodrow und Berry, 1988).

Wie in Kapitel 7 gezeigt wird, ist das „Recycling" des in so großen Mengen anfallenden Nebenproduktes 2-Phosphoglycolat für die Pflanze ein überaus kostspieliger Prozess, der einen sehr hohen „apparativen" Aufwand erfordert. Er benötigt eine Stoffwechselkette, die aus mehr als zehn enzymatischen Reaktionen besteht und über drei verschiedene Organellen (Chloroplasten, Peroxisomen, Mitochondrien) verteilt ist. Hinzu kommt ein hoher Energieverbrauch. Wie in Abschnitt 7.5 im Einzelnen dargelegt wird, werden bei der Photosynthese eines Blattes etwa ein Drittel der absorbierten Photonen dazu benötigt, um die Folgen der Oxygenierung rückgängig zu machen.

Der Anstieg der Sauerstoffkonzentration von ca. 4 % auf die heutigen ca. 21 % im Laufe der letzten ca. 600 Millionen Jahre der Erdgeschichte förderte die Rate der Photorespiration und diese Wirkung konnte anscheinend nicht durch eine molekulare Evolution der RubisCO zur Verringerung der Oxygenierung unterdrückt werden. Zwischen Cyanobakterien und höheren Pflanzen ist das Verhältnis der Aktivitäten von Carboxylase und Oxygenase der RubisCO um den Faktor von weniger als zwei angestiegen. Wir haben es hier mit einem Fall zu tun, bei dem der Grad der Perfektion eines Schlüsselprozesses des Lebens an eine von der Chemie gesetzte Grenze stößt. Ein Grund hierfür liegt wohl darin, dass die Evolution der RubisCO zu einer Zeit erfolgte, als es in der Atmosphäre noch keinen Sauerstoff gab und die CO_2-Konzentration höher als heute war. Ein Vergleich von RubisCO-Proteinen verschiedener Organismen lässt darauf schließen, dass die RubisCO schon vor etwa 3,5 Milliarden Jahren bei der Entwicklung der ersten chemolithotrophen Bakterien entstanden ist. Als mehr als 1,5 Milliarden Jahre später der Sauerstoff in der Atmosphäre durch die Photosynthese in höheren Konzentrationen auftrat, war es wegen der Komplexität des vorhandenen Enzymproteins offenbar nicht mehr möglich, das katalytische Zentrum durch Mutationen so zu verändern, dass die Oxygenaseaktivität wirksam unterdrückt wurde. Experimentelle Ergebnisse unterstützen diese Aussage. Eine sehr große Anzahl von Versuchen, bei denen unter Einsatz molekularbiologischer Techniken gezielte Mutationen der Aminosäuresequenz im Bereich des aktiven Zentrums der RubisCO hervorgerufen wurden, erzielten keine Verbesserung des Verhältnisses der Aktivitäten von Carboxylierung zu Oxygenierung. Eine mögliche Chance, die Oxygenierung durch molekularbiologische Ingenieurskunst zu erniedrigen, mag darin bestehen, mehrere Aminosäuren im aktiven Zentrum der RubisCO gleichzeitig auszuwechseln, ein Prozess, der bei der Evolution ein äußerst unwahrscheinliches Ereignis wäre. Wie in Abschnitt 7.7 besprochen wird, macht die Pflanze aus der Not eine Tugend und nutzt die energieverbrauchende Oxygenierung, um überschüssiges NADPH und ATP, welches durch die Lichtreaktion bereitgestellt wird, zu beseitigen.

Ribulosebisphosphat-Carboxylase/Oxygenase: Besonderheiten

Die Katalyse der Carboxylierung von RuBP durch RubisCO erfolgt sehr langsam (Tab. 6.1): Die Wechselzahl pro Untereinheit beträgt 3,3/s. Es werden also bei der durch völlige Sättigung des Enzyms erzielten maximalen Geschwindigkeit pro Sekunde nur 3,3 Moleküle CO_2 und RuBP in jedem katalytischen Zentrum umgesetzt. Im Vergleich dazu haben Dehydrogenasen Wechselzahlen in der Größenordnung von 10^3/s und die Carboanhydrase von 10^5/s. Wegen der extrem niedrigen Wechselzahl der RubisCO sind daher sehr hohe Mengen an Enzymprotein notwendig, um die bei der Photosynthese erforderlichen Flüsse zu katalysieren, ein Grund warum die RubisCO bis zu 50% des löslichen Proteins der Blätter ausmachen kann. Wegen der großen Verbreitung der Pflanzen ist RubisCO das bei weitem häufigste Protein auf der Erde. Bezogen auf die Zahl der katalytischen großen Untereinheiten findet man im Chloroplastenstroma die ungewöhnliche Enzymkonzentration von 4 bis $10 \cdot 10^{-3}$ mol/L. Vergleicht man diesen Wert mit der Konzentration des im

Gleichgewicht mit der Luft in wässriger Lösung vorhandenen CO_2 (bei 25 °C ca. $11 \cdot 10^{-6}$ mol/L), so zeigt sich hier eine abnorme Situation, in der die Konzentration eines Enzyms um bis zu 1000mal höher ist als die des Substrats CO_2 und ähnlich hoch wie die des Substrats RuBP.

Aktivierung der Ribulosebisphosphat-Carboxylase/ Oxygenase

RubisCO-Proteine verschiedener Herkunft enthalten in der großen Untereinheit in Position 201 ihrer etwa 470 Aminosäuren langen Sequenz ein Lysin. RubisCO ist nur dann aktiv, wenn die ε-Aminogruppe dieses Lysins mit CO_2 ein **Carbamat** (Kohlensäureamid) gebildet hat und zudem ein Mg^{2+}-Ion bindet (Abb. 6.7). Die Aktivierung beruht auf einer Konformationsänderung des Proteins der großen Untereinheit; durch die Komplexierung von Mg^{2+} wird die aktive Konformation stabilisiert. Für alle bekannten RubisCO-Proteine ist diese Carbamoylierung eine Voraussetzung für die Aktivität. Es sei betont, dass sich CO_2, das als Carbamat gebunden wird, von dem CO_2 unterscheidet, das Substrat der Carboxylierungsreaktion der RubisCO ist.

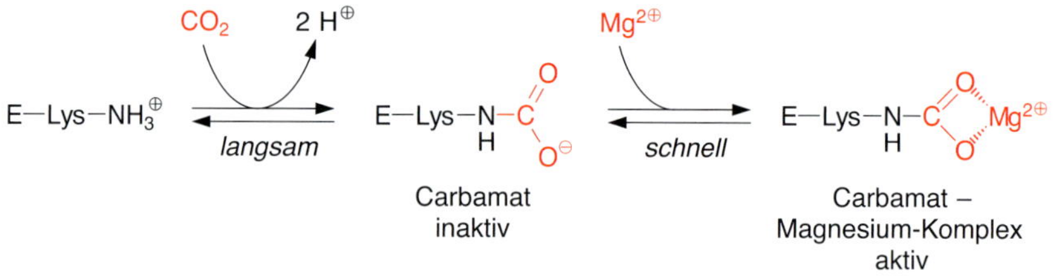

Abb. 6.7 RubisCO wird durch Carbamoylierung eines Lysinrestes aktiviert.

Die Aktivierung der RubisCO erfordert ATP und wird durch das Enzym **RubisCO-Aktivase** katalysiert. Die nicht carbamoylierte, inaktive Form der RubisCO bindet RuBP sehr fest und ist dadurch blockiert. Durch den ATP Verbrauch der Aktivase wird RuBP abgelöst und die Carbamoylierung des freien Enzyms ermöglicht. Die Regulation der RubisCO-Aktivase wird in Abschnitt 6.6 behandelt.

Die RubisCO wird durch eine Reihe von Hexosephosphaten und durch 3-Phosphoglycerat gehemmt. Ein sehr starker Inhibitor ist die Substanz **2-Carboxyarabinitol-1-phosphat** (CA1P) (Abb. 6.8). Diese Substanz hat eine sehr ähnliche Struktur wie das als Zwischenprodukt der Carboxylierung entstehende 2-Carboxy-3-ketoarabinitol-1,5-bisphosphat (Abb. 6.5). CA1P hat eine tausendfach höhere Affinität zur RuBP-Bindungsstelle der RubisCO als RuBP. In einer Reihe von Spezies wird im Blatt während der Nacht CA1P akkumuliert, wodurch ein sehr großer Teil der Bindungsstellen der RubisCO blockiert wird und das Enzym dadurch inaktiv ist. Während des Tages wird dieses CA1P wieder abgebaut. Eine spezifische Phosphatase spaltet den Phosphatrest vom CA1P ab und inaktiviert damit diesen RubisCO-Inhibitor. Da CA1P nicht in allen Pflanzen gebildet wird, ist die allgemeine Bedeutung dieser Substanz für die Regulation der RubisCO derzeit noch umstritten.

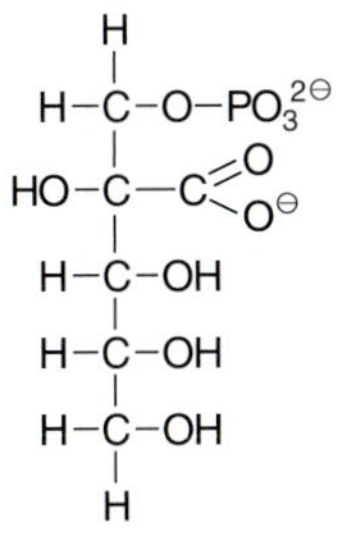

2-Carboxyarabinitol-1-phosphat

Abb. 6.8 2-Carboxyarabinitol-1-phosphat, eine Hemmsubstanz der RubisCO.

6.3 Die Reduktion von 3-Phosphoglycerat führt zu Triosephosphat

Zur Umwandlung des bei der Carboxylierung gebildeten 3-Phosphoglycerats in Dihydroxyacetonphosphat wird 3-Phosphoglycerat zunächst durch das Enzym **Phosphoglycerat-Kinase** zu 1,3-Bisphosphoglycerat phosphoryliert. Dabei entsteht unter ATP-Verbrauch ein gemischtes Anhydrid zwischen dem neuen Phosphatrest und der Carboxygruppe (Abb. 6.9). Da die freie Enthalpie der Hydrolyse dieses Anhydrids ähnlich hoch ist wie die der anhydridischen Phosphatbindung im ATP, ist die Phosphoglycerat-Kinasereaktion reversibel. Ein Isoenzym der chloroplastidären Phosphoglycerat-Kinase ist ja auch an der im Cytosol ablaufenden Glycolyse beteiligt und bewirkt dort die Bildung von ATP aus ADP und 1,3-Bisphosphoglycerat (Kapitel 13.4).

Die Reduktion des 1,3-Bisphosphoglycerats zu D-Glycerinaldehyd-3-phosphat wird durch das Enzym **Glycerinaldehydphosphat-Dehydrogenase** katalysiert (Abb. 6.9). Bei dieser Reaktion wird intermediär durch Austausch des an die Carboxygruppe gebundenen Phosphats mit einer SH-Gruppe eines Cysteinrestes im aktiven Zentrum des Enzyms ein Thioester gebildet (Abb. 6.10). Die freie Energie der Hydrolyse dieses Thioesters ist ähnlich hoch wie die des Anhydrids („energiereiche Bindung"). Bei der Reduktion des Thioesters entsteht ein Thiohalbacetal; die SH-Gruppe ist nun „energiearm" verknüpft. Auf diese Weise wird die Energie des ATP genutzt, um trotz der hohen Redoxpotenzialdifferenz zwischen Aldehyd und Carboxylat die Reduktion von 3-Phosphoglycerat zu Glycerinaldehydphosphat zu erzielen. Diese Reaktion ist im Prinzip reversibel. Eine Glycerinaldehydphosphat-Dehydrogenase ist auch an der umgekehrten Reaktion beteiligt, die während der Glycolyse im Cytosol abläuft. Im Gegensatz zum cytosolischen Enzym, das mit dem Substratpaar NADH/NAD^+ reagiert und in erster Linie die Oxidation des Glycerinaldehydphosphats katalysiert, reagiert das chloroplastidäre Enzym mit NADPH als Wasserstoffdonor.

Dies ist ein Beispiel für die unterschiedlichen Funktionen der NADH- und NADPH-Systeme im Stoffwechsel eukaryontischer Zellen. Während die Funktion des NADH-Systems in erster Linie im Einsammeln von Reduktionsäquivalenten für die Oxidation zur Energiegewinnung besteht, ist die Rolle des NADPH-Systems in der Bereitstellung von Reduktionsäquivalenten für Synthesen zu sehen. Man hat in einem Bild das NADH-System mit einer **Wasserstoff-Niederdruckleitung** verglichen, durch die Reduktionsäquivalente für die Oxidation zur Energiegewinnung abgesaugt werden, und das NADPH-System mit einer **Wasserstoff-Hochdruckleitung**, durch welche Reduktionsäquivalente in Syntheseprozesse gedrückt werden. So ist in der Regel das Verhältnis reduziert/oxidiert beim NADPH-System etwa hundertmal höher als beim NADH-System. Der auch in den Chloroplasten relativ hohe Reduktionsgrad des NADPH-Systems (etwa 50 bis 60 % reduziert) bewirkt, dass die Reduktion von 1,3-Bisphosphoglycerat zu Glycerinaldehyd-3-phosphat mit hoher Effizienz abläuft.

Die **Triosephosphat-Isomerase** katalysiert die Isomerisierung des Glycerinaldehydphosphats zu Dihydroxyacetonphosphat. Diese Umwandlung einer Aldose in eine Ketose erfolgt über ein 1,2-Endiol als Intermediat in prin-

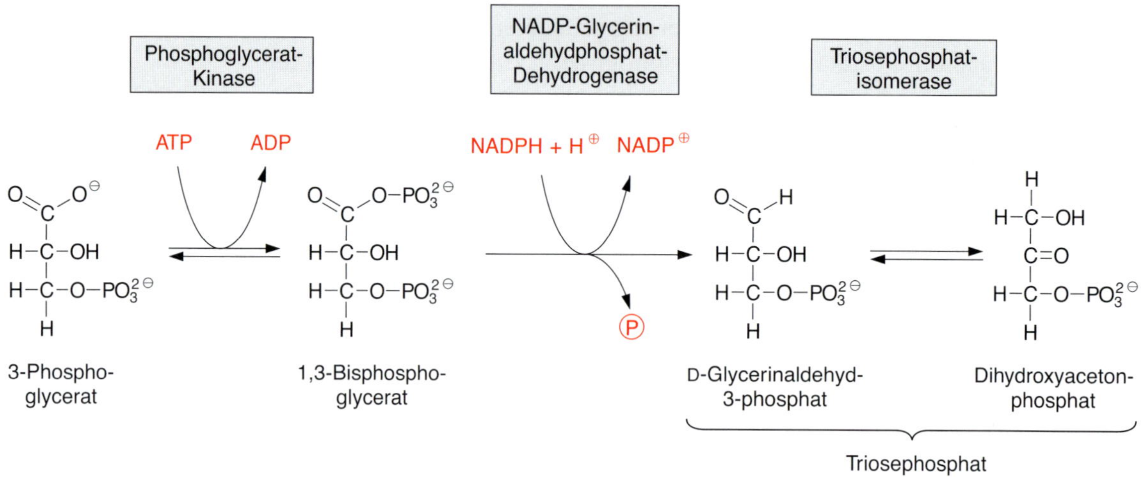

Abb. 6.9 Umsetzung von 3-Phosphoglycerat zu Triosephosphat.

Abb. 6.10 Reaktionsweg der durch die Glycerinaldehydphosphat-Dehydrogenase katalysierten Gesamtreaktion. HS-Enzym symbolisiert die Sulfhydrylgruppe eines Cysteinrestes im aktiven Zentrum des Enzyms.

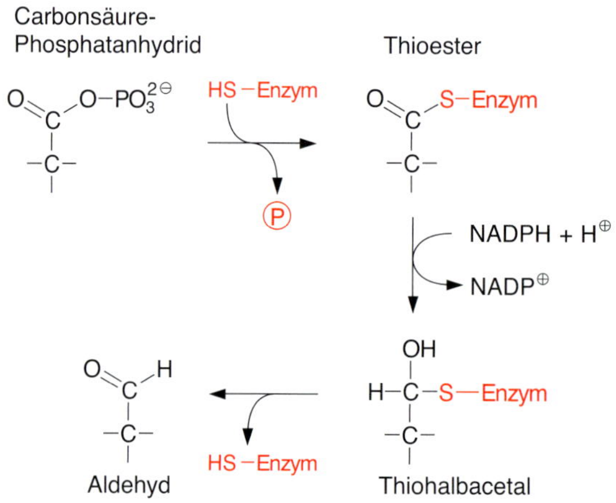

zipiell gleicher Weise wie bei der Ribosephosphat-Isomerase. Das Gleichgewicht der Reaktion liegt weit auf der Seite des Ketons, wobei das Gleichgewicht durch die Temperatur beeinflusst wird. Triosephosphat als Sammelbezeichnung besteht demnach zu etwa 96 % aus Dihydroxyacetonphosphat und nur zu 4 % aus Glycerinaldehydphosphat.

6.4 Aus Triosephosphat wird Ribulosebisphosphat regeneriert

Stellt man die Bilanz der bisher besprochenen Reaktionen der CO_2-Fixierung auf, so ergibt sich, dass bei der Fixierung von drei Molekülen CO_2 sechs Moleküle 3-Phosphoglycerat und daraus sechs Moleküle Triosephosphat entstehen (Abb. 6.11). Von diesen ist nur ein Triosephosphat der eigentliche Gewinn und kann der Zelle anderenorts für Biosynthesezwecke bereitgestellt werden. Die restlichen fünf Triosephosphate sind erforderlich, um die drei Moleküle RuBP zurückzugewinnen, so dass der Calvin-Cyclus erneut fortgesetzt werden kann. Abbildung 6.12 zeigt den Reaktionsweg der fünf Triosen zu drei Pentosen.

Katalysiert durch das Enzym **Aldolase** werden in reversibler Reaktion die beiden Triosen Dihydroxyacetonphosphat und Glycerinaldehydphosphat zu Fructose-1,6-bisphosphat verknüpft (Abb. 6.13). Abbildung 6.14 zeigt den Mechanismus dieser Reaktion. Dihydroxyacetonphosphat bildet mit einer endständigen Aminogruppe eines Lysinrestes des Enzymproteins eine Schiffsche Base. Die positive Ladung am Stickstoff begünstigt die Abspaltung eines Protons an C-3, es bildet sich so ein Carbanion. Es gibt eine Resonanzform des Glycerinaldehydphosphats, bei der das C-Atom der Aldehydgruppe positiv geladen ist. Dies ermöglicht eine Verknüpfung zwischen diesem C-Atom und dem negativ geladenen C-3 des Dihydroxyacetonphosphats. Nach der Kondensation wird die Schiffsche Base durch Hydrolyse wieder gespalten und so Fructose-1,6-bisphosphat freigesetzt. Durch das gleiche Enzym wird durch

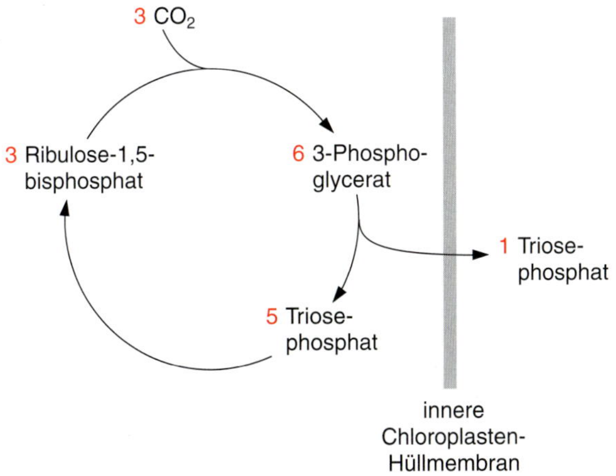

Abb. 6.11 Fünf Sechstel des bei der Photosynthese gebildeten Triosephosphats sind für die Regenerierung von Ribulose-1,5-bisphosphat erforderlich. Ein Triosephosphat ist das eigentliche Produkt und kann von der Zelle z. B. zur Synthese von Pentosephosphaten genutzt werden.

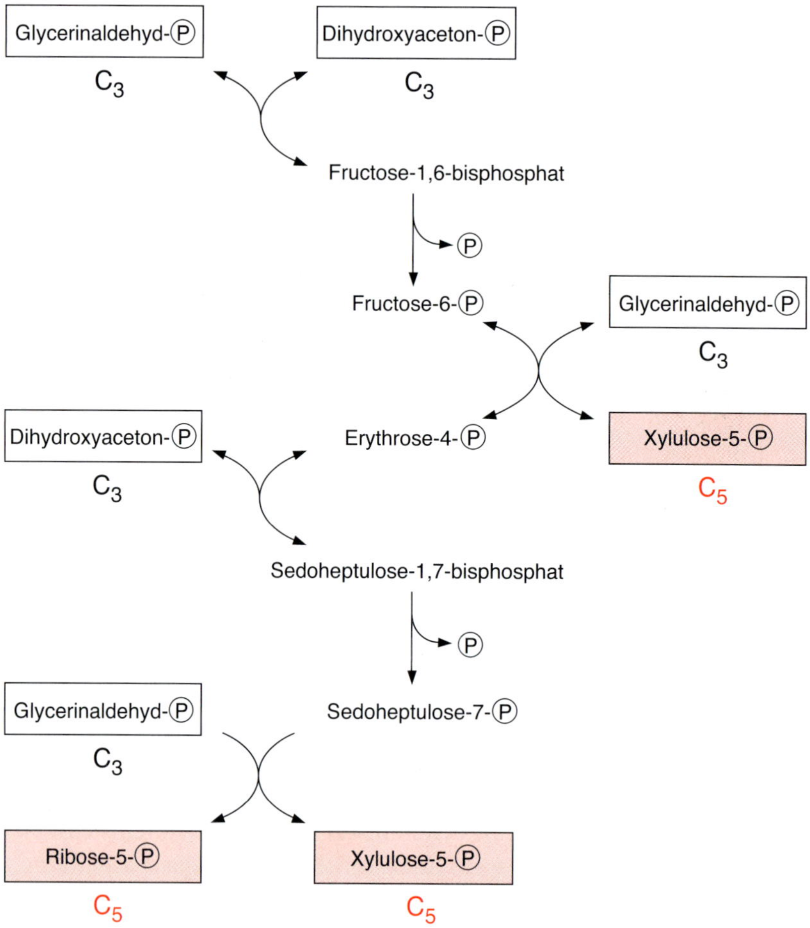

Abb. 6.12 Reaktionskette der Umwandlung von fünf Molekülen Triosephosphat in drei Moleküle Pentosephosphat (reduktiver Pentose-Phosphat-Weg).

entsprechende Reaktion mit Erythrose-4-phosphat Sedoheptulose-1,7-bisphosphat gebildet. Die Gesamtreaktion ist reversibel.

Durch **Fructose-1,6-bisphosphatase** (Abb. 6.15) wird der Phosphatrest in Position 1 durch Hydrolyse abgespalten; dabei entsteht Fructose-6-phosphat. Diese Reaktion ist irreversibel.

Durch das Enzym **Transketolase** wird von Fructose-6-phosphat ein Kohlenhydratrest mit zwei C-Atomen auf Glycerinaldehyd-3-phosphat übertragen; es entsteht dabei in reversibler Reaktion neben der Pentose Xylulose-5-phosphat die Tetrose Erythrose-4-phosphat (Abb. 6.16). An dieser Reaktion ist Thiaminpyrophosphat (Abb. 5.5), das auch Reaktionspartner der Pyruvatoxidation ist (Abschn. 5.3), als prosthetische Gruppe beteiligt. Abb. 6.17 zeigt den Mechanismus der Reaktion. In einer Resonanzstruktur ist das C-Atom der Ketogruppe des Fructose-6-phosphat (bzw. Sedoheptulose-7-phosphat) positiv geladen. Durch Reaktion dieses C-Atoms mit dem negativ geladenen C-Atom des Thiazoliumringes des Thiaminpyrophosphats wird ein Addukt gebildet. Der weitere Mechanismus entspricht dem der Aldolasereaktion (Abb. 6.14). Die positive Ladung des N-Atoms im Thiazoliumring führt dazu, dass wie bei der Aldolase das zweite C-Atom neben diesem N-Atom ne-

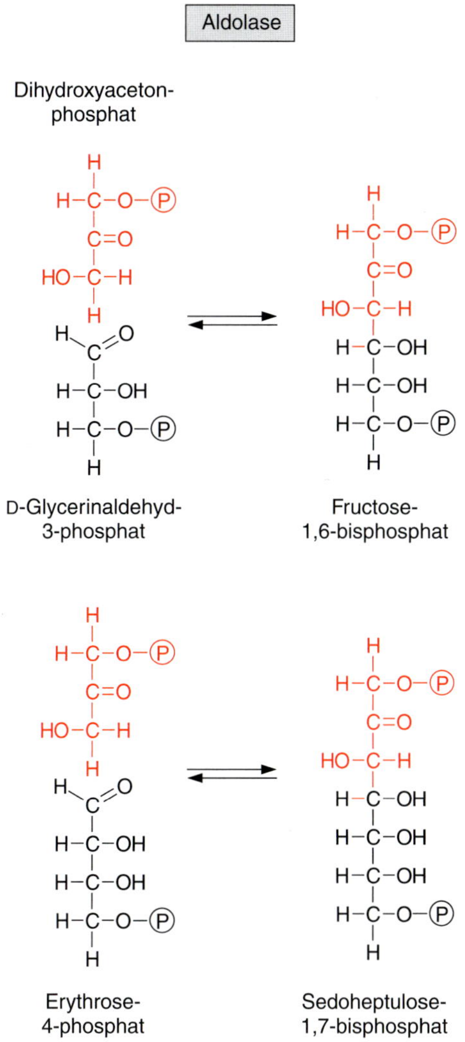

Abb. 6.13 Aldolase katalysiert die Verknüpfungen von Dihydroxyacetonphosphat mit den Aldosen Glycerinaldehyd-3-phosphat oder Erythrose-4-phosphat.

gativ geladen wird. Die dadurch verursachte Spaltung der C-C-Bindung führt zur Ablösung eines am Thiazoliumring gebundenen C_2-Restes, die verbleibende Aldose (Erythrose-4-phosphat bzw. Ribose-5-phosphat) wird freigesetzt. Wie bei der Aldolasereaktion wird auch der C2-Rest mit seinem negativ geladenen C-Atom mit dem positiv geladenen C-Atom der Aldehydgruppe des Glycerinaldehydphosphats verknüpft und danach der Thiazoliumring wieder abgespalten. Die Gesamtreaktion ist reversibel.

Aldolase (Abb. 6.13) katalysiert auch eine Kondensation von Erythrose-4-phosphat mit Dihydroxyacetonphosphat zu Sedoheptulose-1,7-bisphosphat. Danach katalysiert **Sedoheptulose-1,7-bisphosphatase** die irreversible Hydrolyse des Sedoheptulose-1,7-bisphosphats. Die Reaktion verläuft analog der Hydrolyse des Fructose-1,6-bisphosphats; beide Reaktionen werden aber durch unterschiedliche Enzyme katalysiert. Durch **Transketolase** wird dann wieder ein Kohlenhydratrest mit zwei C-Atomen von Sedoheptulose-7-

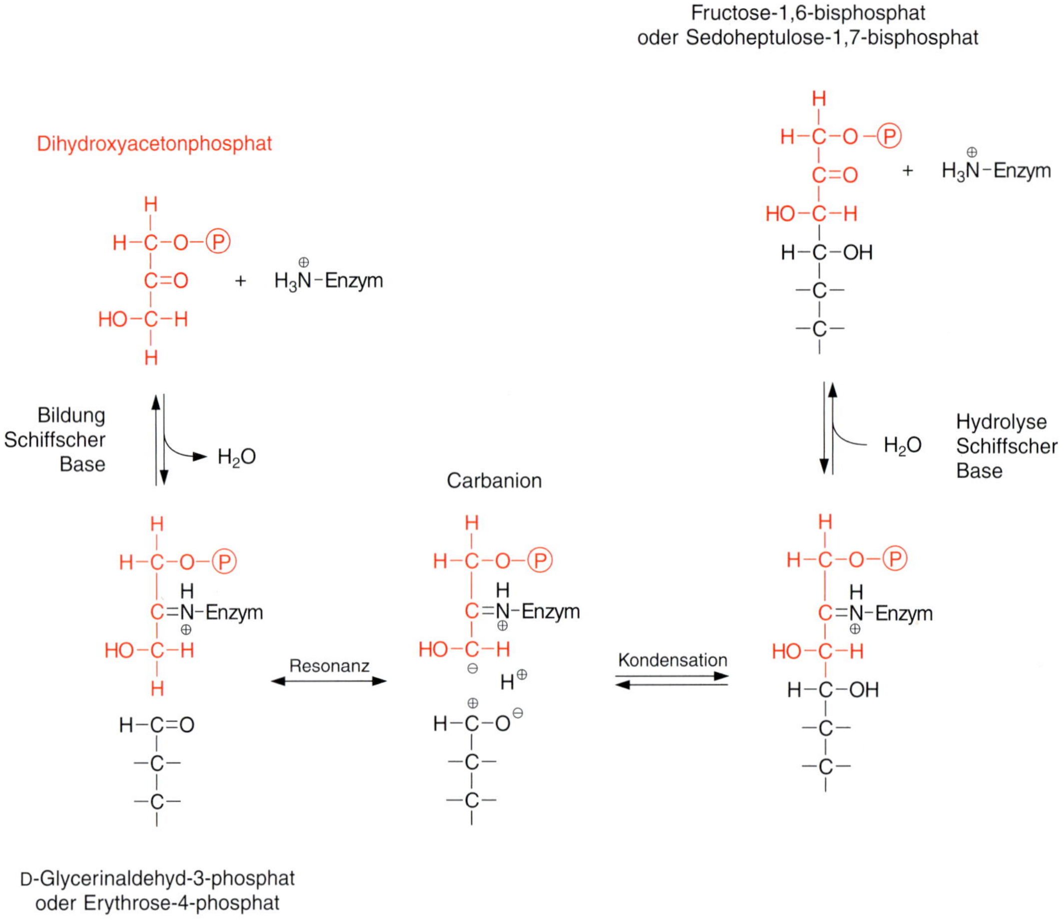

Abb. 6.14 Die Aldolasereaktion im Detail.

phosphat auf Glycerinaldehyd-3-phosphat übertragen; es entstehen dabei die beiden Pentosen Ribose-5-phosphat und Xylulose-5-phosphat.

Die so insgesamt gewonnenen drei Pentosephosphate werden nun zu Ribulose-5-phosphat umgesetzt (Abb. 6.18). Die Umwandlung des Xylulose-5-phosphats wird durch **Ribulosephosphat-Epimerase** katalysiert; diese Reaktion verläuft über eine Keto-Enol-Tautomerie mit einem 2,3-Endiol als Zwischenprodukt. Die Reaktion der Aldose Ribose-5-phosphat zur Ketose Ribulose-5-phosphat benötigt **Ribosephosphat-Isomerase** und verläuft ebenfalls über ein Endiol als Zwischenprodukt, allerdings in 1,2-Position. Die so insgesamt entstandenen drei Moleküle Ribulose-5-phosphat werden unter Verbrauch von ATP durch die **Ribulosephosphat-Kinase** (Abb. 6.19) in den CO_2-Akzeptor Ribulose-1,5-bisphosphat umgewandelt. Da hierbei der Phosphatrest aus einer „energiereichen" Anhydridbindung im ATP zu einem „energiearmen" Phosphatester umgesetzt wird, ist diese Kinasereaktion irreversibel.

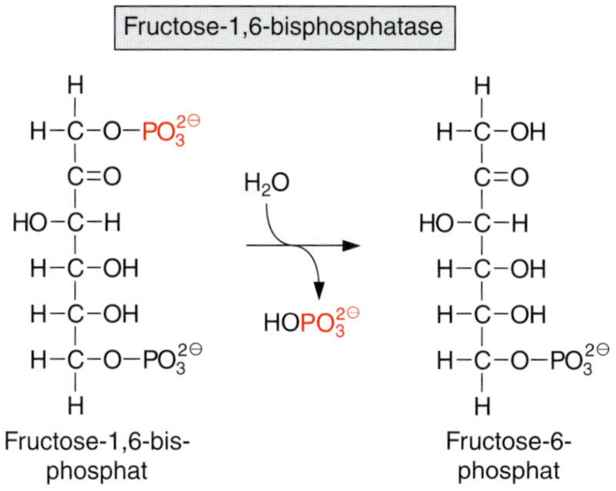

Abb. 6.15 Hydrolyse des Fructose-1,6-bisphosphats durch Fructose-1,6-bisphosphatase.

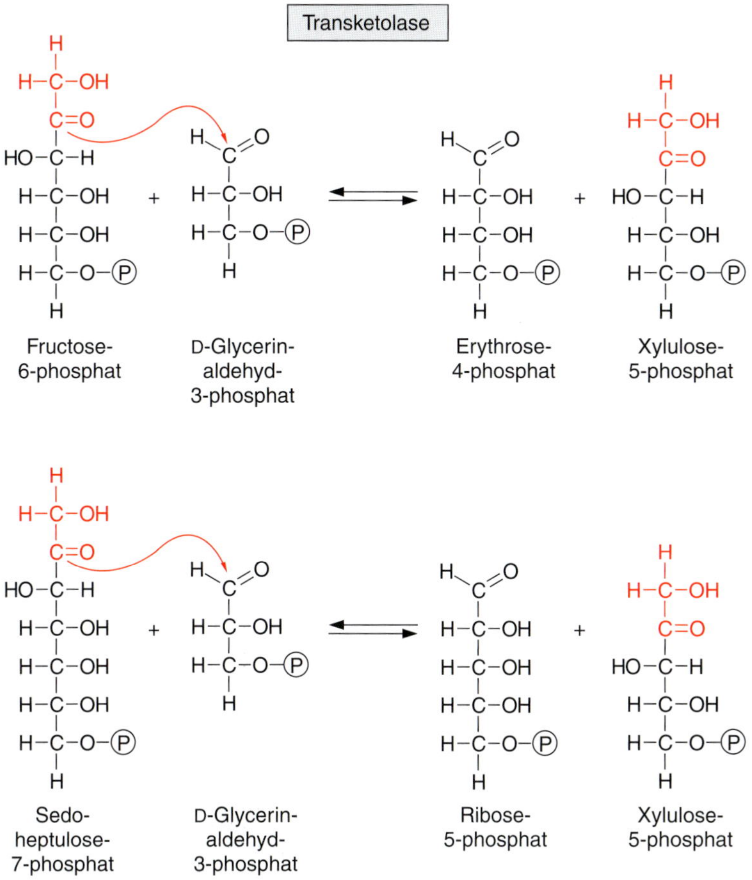

Abb. 6.16 Transketolase katalysiert die Übertragung einer C_2-Einheit von Ketosen auf Aldosen.

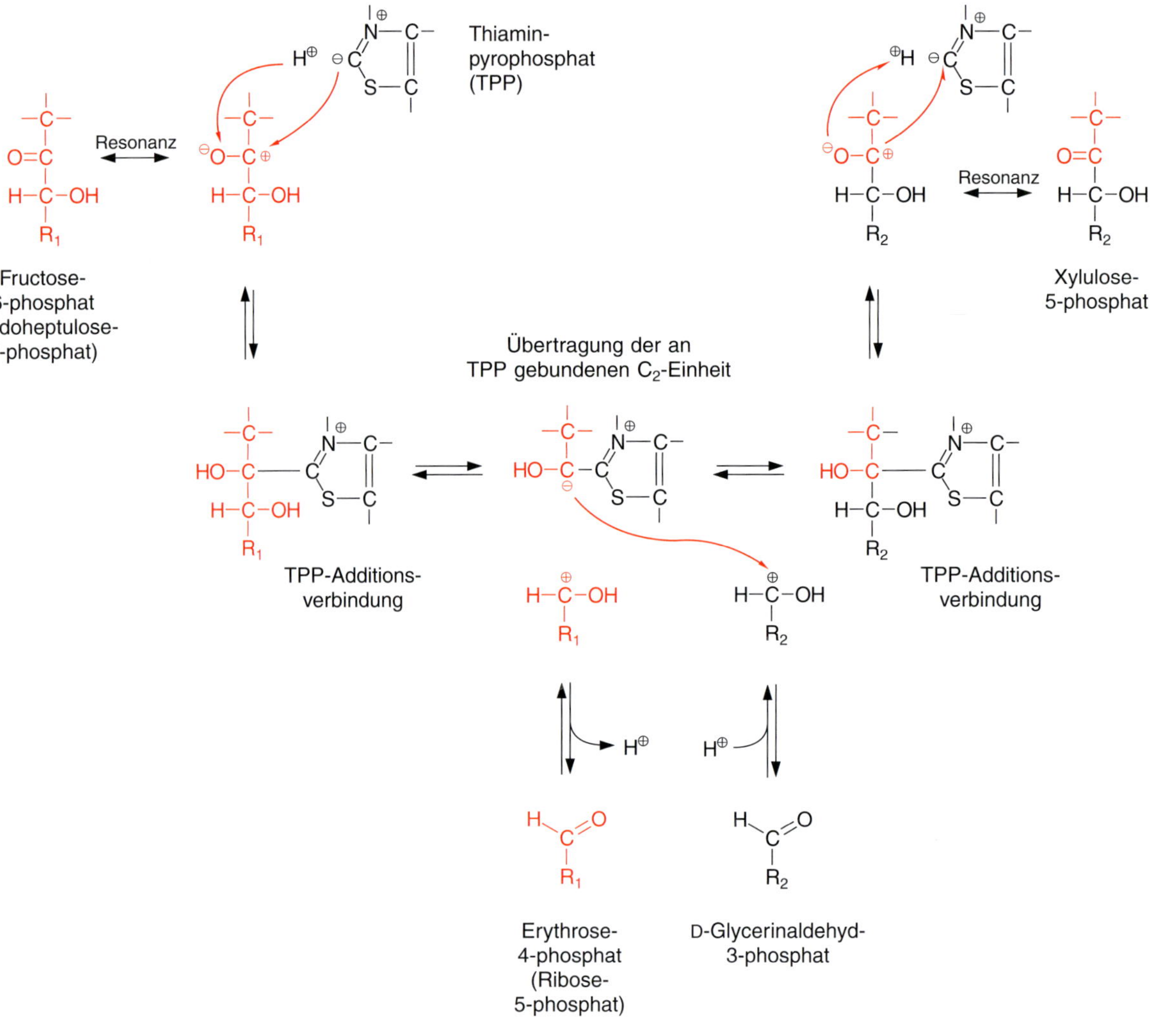

Abb. 6.17 Die Transketolasereaktion im Detail.

In Abbildung 6.20 ist der Calvin-Cyclus in allen Einzelheiten dargestellt. Der Cyclus weist vier irreversible Schritte auf: die Carboxylierung, die Hydrolyse von Fructose- und Sedoheptulosebisphosphat und die Phosphorylierung von Ribulose-5-phosphat. Die Fixierung von einem Molekül CO_2 erfordert insgesamt zwei Moleküle NADPH und drei ATP.

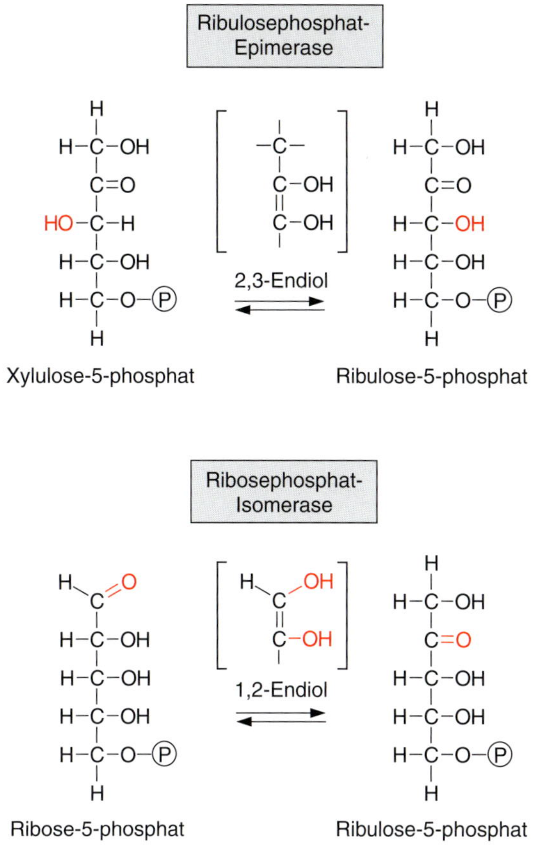

Abb. 6.18 Die Umwandlung von Xylulose-5-phosphat und Ribose-5-phosphat in Ribulose-5-phosphat. In beiden Fällen wird durch Keto-Enol-Tautomerie ein *cis*-Endiol als Zwischenprodukt gebildet.

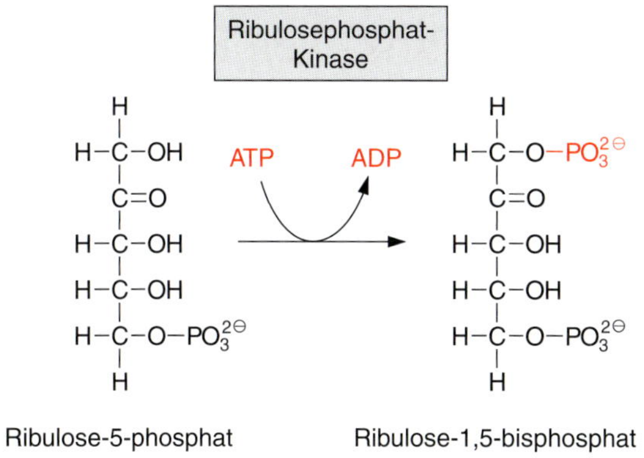

Abb. 6.19 Ribulosephosphat-Kinase katalysiert die irreversible Bildung von Ribulose-1,5-bisphosphat.

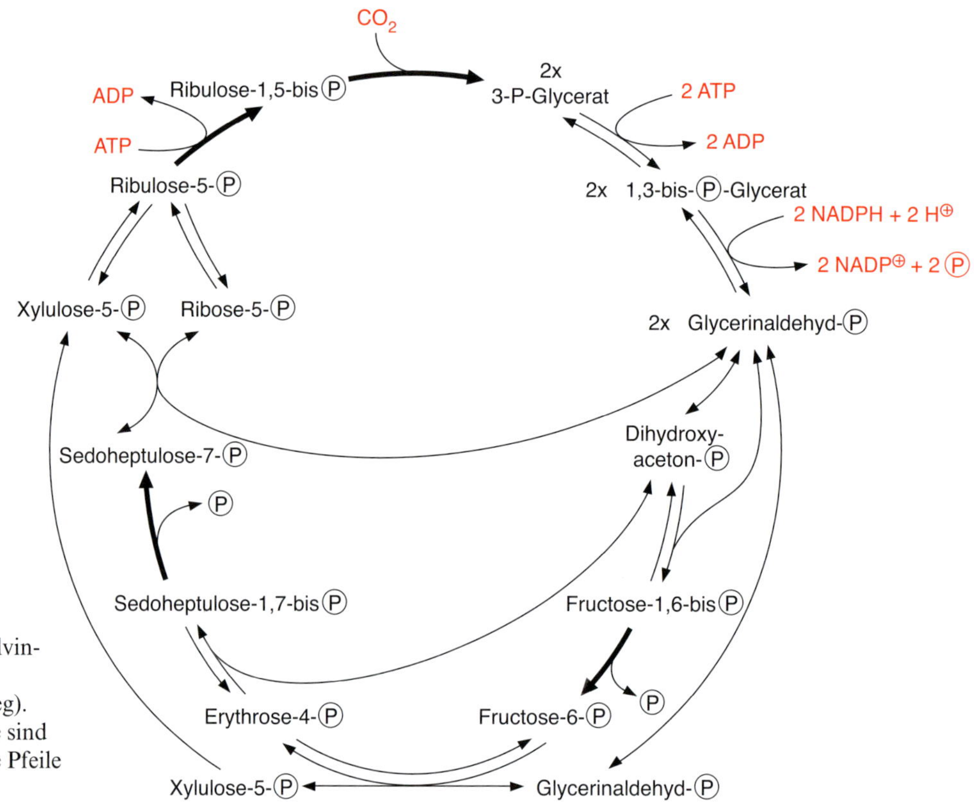

Abb. 6.20 Der Calvin-Cyclus (reduktiver Pentosephosphatweg). Irreversible Schritte sind durch fettgedruckte Pfeile markiert.

6.5 Neben dem reduktiven Pentosephosphatweg gibt es auch einen oxidativen Pentosephosphatweg

Neben dem bislang besprochenen reduktiven Pentosephosphatweg gibt es in den Chloroplasten auch einen oxidativen Pentosephosphatweg. Durch letzteren Stoffwechselweg, der eine allgemeine Funktion in der Pflanzen- und Tierwelt hat, wird ein Hexosephosphat unter Freisetzung von einem Molekül CO_2 zu einem Pentosephosphat oxidiert. Die Bedeutung dieses Reaktionsweges liegt in der Gewinnung von NADPH als „Hochdruckwasserstoff" für Biosyntheseprozesse. Abbildung 6.21 zeigt den Verlauf der Reaktionskette. Glucose-6-phosphat wird zunächst durch das Enzym **Glucose-6-phosphat-Dehydrogenase** zu 6-Phosphogluconolacton oxidiert (Abb. 6.22). Diese Reaktion ist stark exergonisch und daher nicht umkehrbar. 6-Phosphogluconolacton, ein innerer Ester, wird durch **Lactonase** hydrolytisch gespalten. Das so gebildete Gluconat-6-phosphat wird, wiederum unter Bildung von NADPH, durch das Enzym **Gluconat-6-phosphat-Dehydrogenase** zu Ribulose-5-phosphat oxidiert. Dabei wird CO_2 freigesetzt. Isoenzyme der Glucose-6-

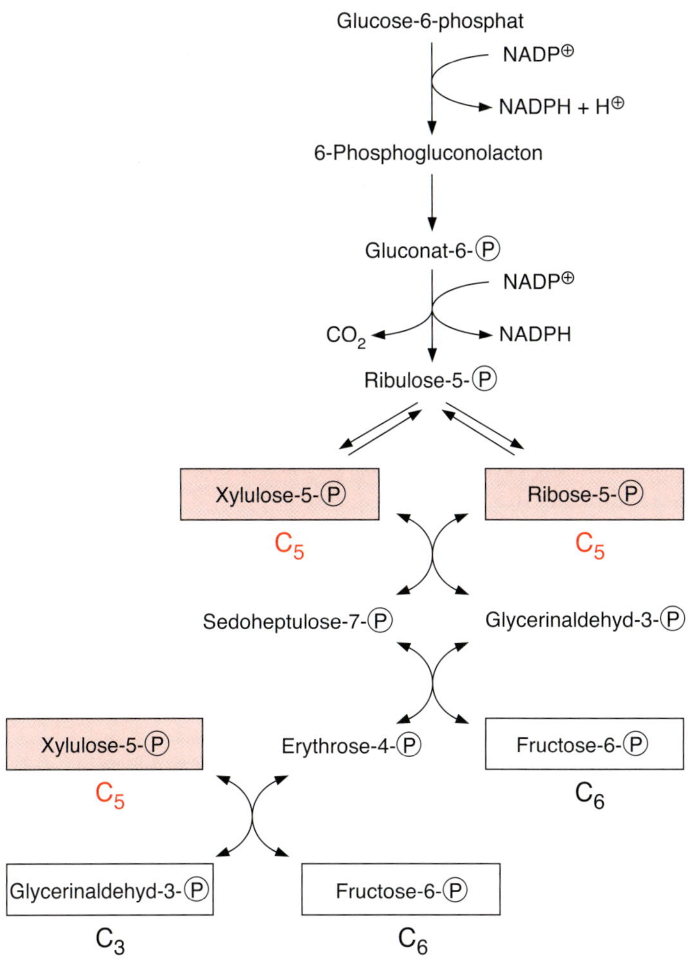

Abb. 6.21 Oxidativer Pentosephosphatweg.

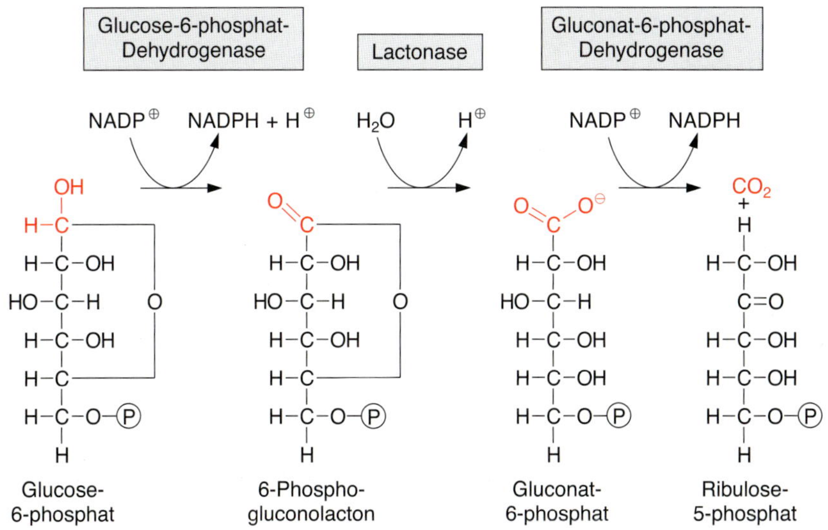

Abb. 6.22 Die beiden Oxidationsschritte des oxidativen Pentosephosphatweges.

phosphat-Dehydrogenase und der Gluconat-6-phosphat-Dehydrogenase gibt es übrigens auch im Cytosol.

In Umkehrung zum reduktiven Pentosephosphatweg entstehen beim oxidativen Weg aus Ribulose-5-phosphat durch **Ribulosephosphat-Epimerase** Xylulose-5-phosphat und durch die **Ribosephosphat-Isomerase** Ribose-5-phosphat; diese beiden Produkte werden durch **Transketolase** zu Sedoheptulose-7-phosphat und Glycerinaldehyd-3-phosphat umgesetzt. Auch diese Transketolase ist TPP-abhängig und überträgt C_2-Einheiten (vergl. Abb. 6.17, 5.4 und 5.5A). Die Weiterreaktion der entstandenen Produkte ist eine Besonderheit des oxidativen Weges. **Transaldolase** überträgt einen nichtphosphorylierten C_3-Rest von Sedoheptulose-7-phosphat auf Glycerinaldehyd-3-phosphat, wobei Fructose-6-phosphat und Erythrose-4-phosphat gebildet werden (Abb. 6.23). Der Reaktionsmechanismus ist prinzipiell der gleiche wie bei der Aldolase (Abb. 6.13) mit dem Unterschied, dass nach der C–C-Spaltung die Verknüpfung des C_3-Restes zunächst mit dem Enzym über die Schiffsche Base erhalten bleibt. Erythrose-4-phosphat reagiert mit einem weiteren Xylulose-5-phosphat durch eine **Transketolase-Reaktion** zu Glycerinaldehyd-3-phosphat und Fructose-6-phosphat. Es entstehen so aus drei Pentosephosphaten (C_5-Ⓟ) zwei Hexosephosphate (C_6-Ⓟ) und ein Triosephosphat (C_3-Ⓟ):

$$3\,C_5\text{-Ⓟ} \rightleftarrows 2\,C_6\text{-Ⓟ} + 1\,C_3\text{-Ⓟ} \qquad (6.1)$$

Diese Reaktionskette ist reversibel. Die Zelle kann so im Bedarfsfall das für die Nukleotidbiosynthese erforderliche Ribose-5-phosphat auch ohne gleichzeitige Gewinnung von NADPH bereitstellen.

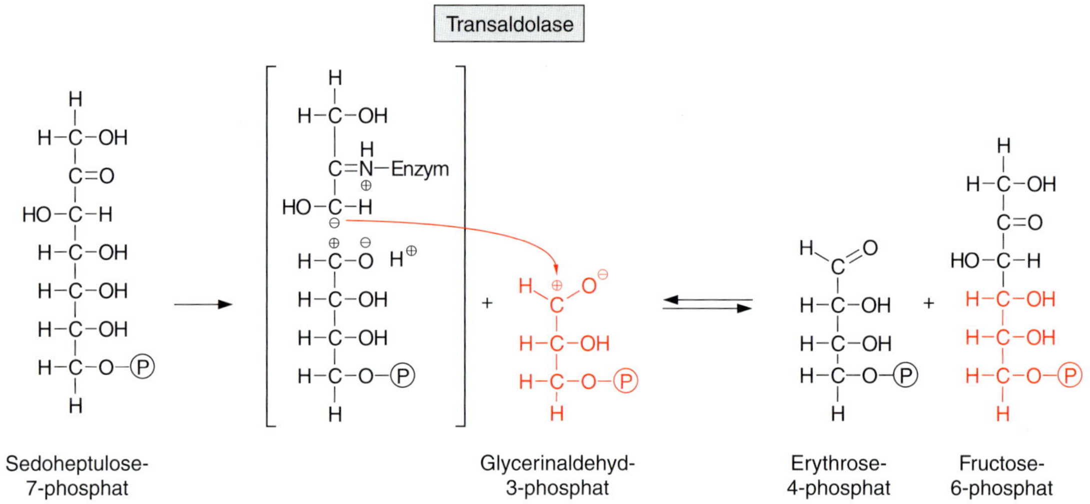

Abb. 6.23 Transaldolase katalysiert die Übertragung eines C_3-Restes eines Ketons auf ein Aldehyd. Der Reaktionsmechanismus ist der gleiche wie bei der Aldolase (siehe Abb. 6.14) mit dem Unterschied, dass nach der Spaltung der C–C-Bindung der C_3-Rest am Enzym gebunden bleibt und erst nach der Übertragung auf Glycerinaldehydphosphat diese Bindung gelöst wird. Die Reaktion ist reversibel.

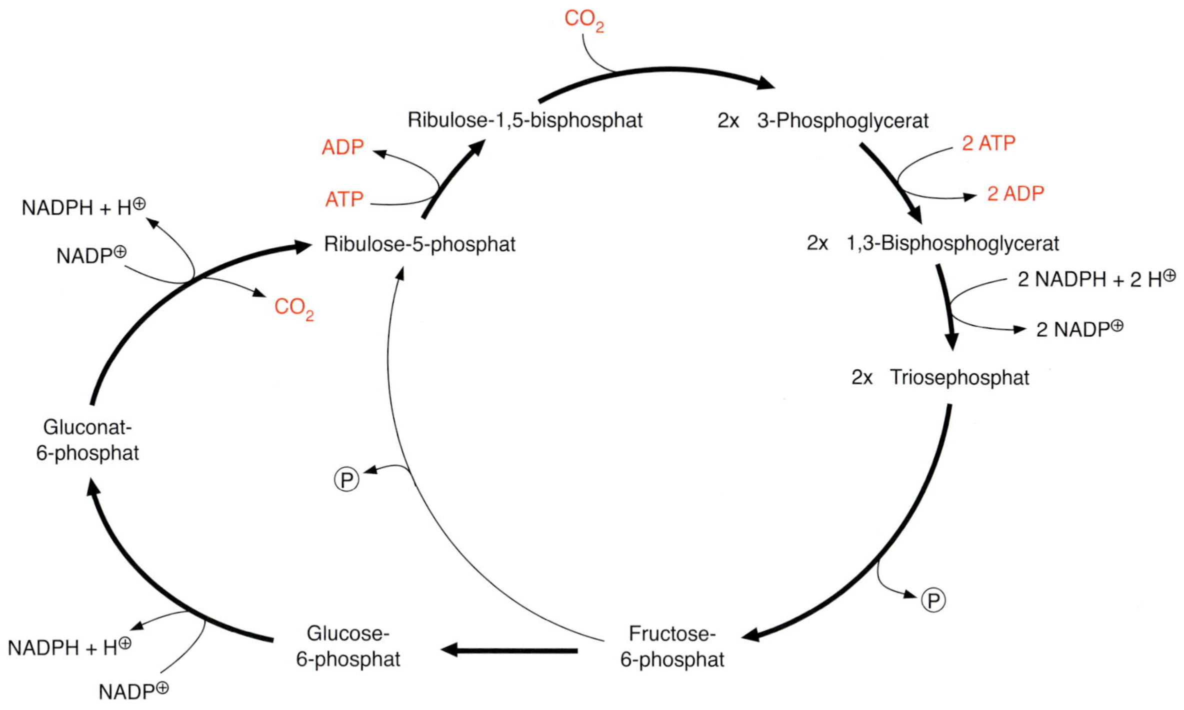

Abb. 6.24 Ein gleichzeitiger Ablauf des reduktiven und des oxidativen Pentosephosphatweges würde zu einem sinnlosen, ATP-verbrauchenden Cyclus führen. Dieses wird durch eine Licht-abhängige Enzymregulation vermieden.

Während im oxidativen Weg bei der Freisetzung von einem Mol CO_2 aus einem Kohlenhydrat zwei Mol NADPH gewonnen werden, müssen im reduktiven Weg für die Fixierung von einem Mol CO_2 neben diesen zwei Mol NADPH auch noch drei Mol ATP aufgewendet werden (Abb. 6.24). Die so aufgewendete Energie macht es möglich, dass der reduktive Pentosephosphatweg mit hoher Flussrate in entgegengesetzter Richtung zum oxidativen Weg ablaufen kann.

Reduktiver und oxidativer Pentosephosphatweg werden reguliert

Im Stroma der Chloroplasten gibt es sowohl die Enzyme des reduktiven als auch die des oxidativen Pentosephosphatweges (Abb. 6.24). Ein gleichzeitiger Ablauf beider Stoffwechselwege, bei dem durch Einsatz von drei ATP und zwei NADPH ein Molekül CO_2 zur Stufe des Kohlenhydrats reduziert würde, um dann anschließend durch Oxidation unter Gewinnung von zwei NADPH wieder zu CO_2 zurück zu reagieren, wäre ein unnützer Cyclus (engl. *futile cycle*), der bei jedem Durchgang drei Mol ATP verbrauchen würde. Spezifische Regulationsprozesse vermeiden dieses, indem Schlüsselenzyme des reduktiven Pentosephosphatweges nur im Licht aktiv sind und im Dunkeln ausgeschaltet sind, während das Startenzym des oxidativen Weges nur im Dunkeln eingeschaltet ist.

Reduzierte Thioredoxine übertragen das Signal für „Belichtung" auf Enzymproteine

Ein wichtiges Signal für den Zustand „Belichtung" besteht in der Bereitstellung von Reduktionsäquivalenten durch den photosynthetischen Elektronentransport in Form von reduziertem Ferredoxin (Abb. 6.25). Katalysiert durch die **Ferredoxin-Thioredoxin-Reduktase,** einem Eisen-Schwefel-Protein des 4Fe-4S-Typ, werden Teile dieser Reduktionsäquivalente vom Ferredoxin auf Thioredoxine übertragen.

Thioredoxine bilden eine Familie kleiner, aus etwa 100 Aminosäuren aufgebauter Proteine, welche als reaktive Gruppe die Sequenz **-Cys-Gly-Pro-Cys-** enthalten. Dieses Aminosäuremotiv liegt an der Außenseite des Proteins. Durch die sterisch benachbarten Cysteingruppen sind beim Thioredoxin zwei Redoxzustände möglich: Das reduzierte Thioredoxin mit zwei SH-Gruppen und das oxidierte Thioredoxin, bei dem die beiden Cysteine durch eine Disulfid-(S–S)-Brücke verknüpft sind.

Thioredoxine sind in der belebten Welt universal verbreitet: Man findet sie in allen Lebenwesen, von den Archaebakterien bis zu Pflanzen und Tieren. Sie wirken als **Proteindisulfid-Oxidoreduktasen**, indem sie einzelne Disulfidbrücken in Zielproteinen zur SH-Form reduzieren und reoxidieren können.

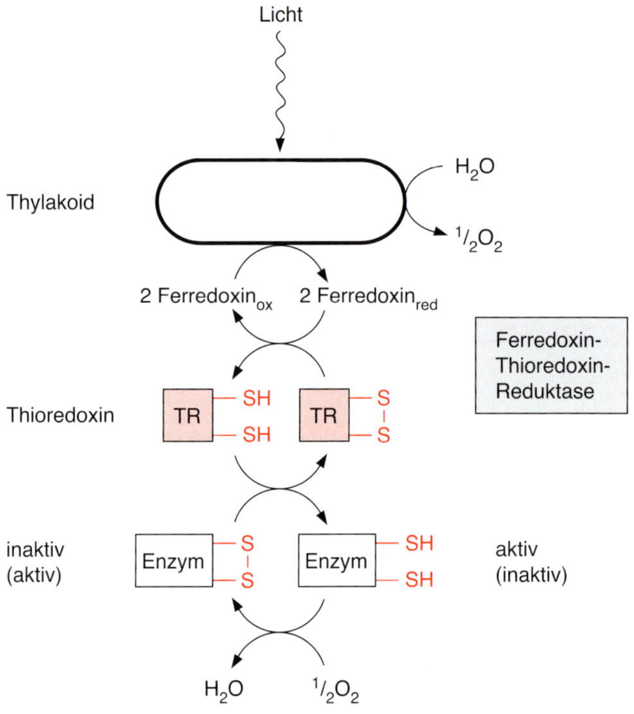

Abb. 6.25 Die Lichtregulation chloroplastidärer Enzyme wird durch reduziertes Thioredoxin vermittelt.

Sie haben dabei trotz ihrer geringen Größe eine hohe Substratspezifität. Sie reagieren mit nur ganz bestimmten Proteinen und dort auch nur mit bestimmten Disulfidbrücken. Thioredoxine können auch als Redoxüberträger an der Reduktion niedermolekularer Substanzen beteiligt sein. So wurde Thioredoxin aufgrund seiner Funktion als Redoxüberträger bei der Reduktion von Ribonukleotiden zu Desoxyribonukleotiden entdeckt. Man kennt heute eine Reihe von Prozessen, von der Assemblierung der Bakteriophagen bis zur Hormonwirkung oder der Blutgerinnung in Tieren, an denen Thioredoxine beteiligt sind. Thioredoxine sind auch an der reduktiven Aktivierung von Samenproteinen bei der Keimung beteiligt. Die Beteiligung der Thioredoxine an der Lichtregulation von chloroplastidären Enzymen ist daher als eine spezielle Funktion zu sehen, welche die Thioredoxine während der Evolution zusätzlich zu ihren allgemeinen Funktionen übernommen haben.

Durch reduziertes Thioredoxin werden die in Chloroplasten vorhandenen Enzyme **Ribulosephosphat-Kinase**, **NADP-Glycerinaldehydphosphat-Dehydrogenase**, **Fructose-1,6-bisphosphatase** und **Sedoheptulose-1,7-bisphosphatase** aus dem inaktiven Zustand in den aktiven Zustand versetzt und so durch Licht eingeschaltet. Dies gilt auch für andere chloroplastidäre Enzyme. So werden über reduziertes Thioredoxin die RubisCO-Aktivase (Abschn. 6.2), die **NADP-Malat-Dehydrogenase** (Abschn. 7.3) und die **F-ATP-Synthase** (Abschn. 4.4) durch Licht eingeschaltet. Andererseits wird durch reduziertes Thioredoxin **Glucose-6-phosphat-Dehydrogenase**, das Startenzym des oxidativen Pentosephosphatweges, ausgeschaltet. Die ungerichtete Suche nach Reaktionspartnern von Thioredoxinen in der Proteomforschung hat hunderte Zielproteine identifiziert, die durch Dithiol-Disulfidübergänge reguliert werden könnten. Die Kandidatenproteine beteiligen sich an verschiedenen zellulären Prozessen wie Transkription, Translation und Signalverarbeitung. Diese experimentellen Daten zusammen mit der Erkenntnis, dass die Thioredoxine in höheren Pflanzen durch große Genfamilien kodiert werden, zeigen, dass Thioredoxin-abhängige Redoxregulationen in Pflanzen eine außerordentlich breite Bedeutung für die Pflanzenentwicklung und Umweltanpassung haben.

Die durch Thioredoxin modulierte Aktivierung chloroplastidärer Enzyme besteht in der Lösung einer eingebauten Sperre

Wichtige Erkenntnisse darüber, wie Thioredoxin auf die oben genannten chloroplastidären Enzyme wirkt, wurden durch den Strukturvergleich mit entsprechenden Isoenzymen aus anderen Zellkompartimenten gewonnen. So existieren von der Fructose-1,6-bisphosphatase, der NADP-Glycerinaldehydphosphat-Dehydrogenase und der Malat-Dehydrogenase Isoenzyme im Cytosol, die nicht durch Thioredoxin reguliert werden. Dies gilt auch für die F-ATP-Synthase in den Mitochondrien. Ein Vergleich der Aminosäuresequenzen zeigt, dass zumindest in einigen Fällen die chloroplastidären Isoenzyme am Ende oder auch im Inneren ihrer Sequenz *zusätzliche Abschnitte* aufweisen

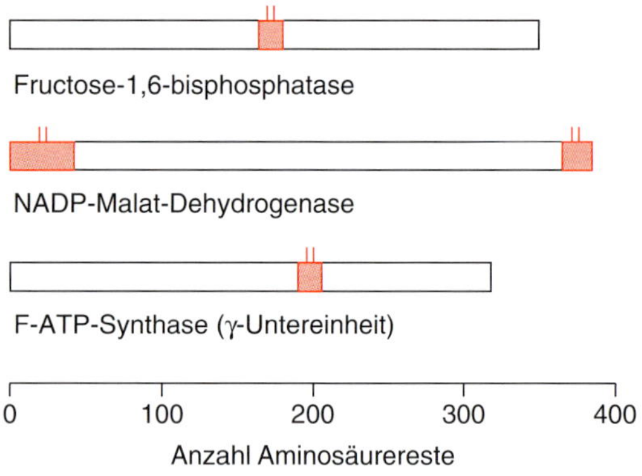

Abb. 6.26 Verglichen mit den nicht-plastidären Isoenzymen enthalten viele Thioredoxin-modulierte chloroplastidäre Enzyme zusätzliche Sequenzabschnitte (rot markiert), in denen sich zwei Cysteinreste befinden. Nach Scheibe, 1990.

(Abb. 6.26). In diesen befinden sich jeweils zwei Cysteinreste, die durch nur vier oder fünf Aminosäuren voneinander getrennt sind. Die SH-Gruppen dieser beiden benachbarten Cysteinreste können durch Oxidation zu einem Disulfid reagieren und bilden so das Substrat für die Protein-Disulfid-Oxidoreduktaseaktivität des Thioredoxins.

Durch den Austausch der an der Regulation beteiligten Cysteine mithilfe gentechnischer Methoden (Kapitel 22) wurden Enzyme erhalten, die auch ohne die Anwesenheit von reduziertem Thioredoxin voll aktiv sind. Den Enzymen, die durch Thioredoxin reguliert werden, wird unter oxidierenden Bedingungen durch die Bildung einer Disulfidbrücke eine Konformation aufgezwungen, bei der das katalytische Zentrum unzugänglich wird. Die Reduktion dieser Disulfidbrücke durch Thioredoxin löst diese Sperre; die Enzymproteine gehen in die entspannte Konformation über, bei welcher das katalytische Zentrum aktiv ist.

Die besprochene Lichtaktivierung ist kein Alles-oder-Nichts-Effekt. Der Aktivierungsgrad der Enzyme spiegelt stattdessen die Balance zwischen der Thioredoxin-vermittelten Reduktion und der Thioloxidation durch oxidierende Reaktionen beispielsweise mit reaktiven Sauerstoffspezies wider. Der Aktivierungsgrad des Enzyms ist eine Funktion der Reduktionsrate. Diese wird nicht nur durch den Redoxzustand des Thioredoxins (und letztlich durch den Redoxgrad des Ferredoxins) bestimmt, sondern auch durch Metabolite. So wird die reduktive Aktivierung der Fructose- und Sedoheptulose-Bisphosphatasen durch die Anwesenheit der betreffenden Zucker-Bisphosphate erhöht. Die Wirkung dieser Effektoren beruht auf einer Herabsetzung der Redoxpotenziale der SH-Gruppen in den betreffenden Enzymen, wodurch die Reduktion der Disulfidgruppen durch Thioredoxin erleichert wird. Auf diese Weise wird die Aktivität der genannten Enzyme erhöht, wenn die Konzentrationen ihrer Substrate ansteigen. Dagegen wird durch $NADP^+$ die reduktive Aktivierung der NADP-Malat-Dehydrogenase vermindert. Dies führt dazu, dass das Enzym nur bei einem hohen NADPH/$NADP^+$-Quotienten aktiv ist (siehe Abschn. 7.3). Andererseits wird die reduktive Inaktivierung der Glucose-6-phosphat-Dehydrogenase durch NADPH verstärkt und so bei ausreichender Versorgung mit NADPH die Aktivität des oxidativen Pentosephosphatweges (Abschn.6.5) im Licht gedrosselt.

Eine Reihe weiterer Regulationsvorgänge sorgt dafür, dass der Cyclus des reduktiven Pentosephosphatweges in den einzelnen Schritten abgestimmt ist

Die Aktivität des Calvinzyklus wird über weitere „feed forward"-Aktivierungsmechanismen mit den Lichtreaktionen koordiniert. Bei Belichtung sinkt im Stroma die Protonenkonzentration (Anstieg des pH-Wertes auf >8) durch H^+-Eintransport in das Thylakoidlumen. Parallel werden zur Ladungskompensation Mg^{2+}-Ionen aus dem Lumen ins Stroma exportiert. Man kann dort beim Dunkel-Licht-Wechsel eine Änderung des pH-Wertes von etwa 7,2 auf 8,0 beobachten. Die CO_2-Fixierung isolierter Chloroplasten zeigt ein Optimum bei etwa pH 8,0 mit einem scharfen Abfall zum sauren Bereich. Eine fast identische pH-Abhängigkeit zeigen die lichtaktivierten Enzyme Fructose-1,6-bisphosphatase und Sedoheptulose-1,7-bisphosphatase. Zudem wird durch den lichtabhängigen Anstieg der Mg^{2+}-Konzentration im Stroma die katalytische Aktivität dieser beiden Enzyme erhöht. Die Lichtaktivierung dieser Enzyme durch das Thioredoxinsystem bildet zusammen mit der Aktivierung durch lichtinduzierte pH- und Mg^{2+}-Änderungen, von denen bereits jede für sich allein zu einer weitgehenden Ausschaltung der oben genannten Enzyme im Dunkeln führt, ein effizientes System, um im Bedarfsfall Enzyme ein- oder auszuschalten.

Hinzu kommt noch eine Regulation der Aktivitäten stromaler Enzyme durch Metabolitspiegel. So werden die chloroplastidäre Fructose-1,6-bisphosphatase und Sedoheptulose-1,7-bisphosphatase durch ihre jeweiligen Produkte Fructose-6-phosphat beziehungsweise Sedoheptulose-7-phosphat gehemmt (Feedback-Hemmung). Dadurch können diese Enzyme in ihrer Aktivität gedrosselt werden, wenn sich ihre Produkte anstauen. Ribulosephosphat-Kinase wird durch 3-Phosphoglycerat und auch durch ADP gehemmt. Letzteres scheint bei der Koordination der beiden Kinasereaktionen des reduktiven Pentosephosphatweges eine Rolle zu spielen. Während Ribulosephosphat-Kinase eine irreversible Reaktion katalysiert, ist die Phosphoglycerat-Kinasereaktion reversibel. Wenn beide Reaktionen ungehindert um das ATP konkurrierten, würde bei einem Mangel an ATP die irreversible Phosphorylierung des Ribulose-5-phosphats die Überhand gewinnen, mit dem Resultat, dass der Cyclus aus der Balance kommt. Eine Drosselung der Ribulosephosphat-Kinase durch ADP mag dies verhindern.

Schließlich beobachtet man eine starke Hemmung der Fructose-1,6-bisphosphatase und der Sedoheptulose-1,7-bisphosphatase durch Glycerat. Wie in Abschnitt 7.1 gezeigt, ist Glycerat ein Zwischenprodukt für die Wiederverwertung des durch die Oxygenaseaktivität der RubisCO gebildeten Phosphoglycolats. Diese Hemmung ermöglicht es, dass bei einem Anstau des Glycerats über eine Verminderung der Bereitstellung von Ribulose-1,5-bisphosphat die Carboxylierung und die begleitende Oxygenierung durch die RubisCO gedrosselt werden.

Auch die RubisCO unterliegt einer Regulation. Es lässt sich am ganzen Blatt zeigen, dass das Ausmaß der Aktivierung der RubisCO mit der Beleuchtungsstärke und der Photosyntheserate korreliert. Der Aktivierungszustand der RubisCO wird über eine Regulation der RubisCO-Aktivase (Abschn. 6.2) eingestellt. Zum einen wird die RubisCO-Aktivase durch reduziertes Thioredoxin aktiviert. Außerdem ist die Aktivität der RubisCO-Aktivase vom ATP/ADP-Quotienten abhängig. Wenn der ATP/ADP-Quotient im Chloroplastenstroma steigt, erhöht sich auch die Aktivaseaktivität. Es wird diskutiert, dass auf diese Weise die Aktivität der RubisCO der Bereitstellung von ATP durch die Lichtreaktion der Photosynthese angepasst wird. Viele Beobachtungen sprechen aber dafür, dass dies nicht der einzige Mechanismus für eine Lichtregulation sein kann. So ist auch vorgeschlagen worden, dass der lichtabhängige H^+-Gradient über die Thylakoidmembran die RubisCO-Aktivase reguliert. Außerdem wird die Aktivität der RubisCO durch ihr Produkt 3-Phosphoglycerat gehemmt. Auf diese Weise könnte die Aktivität der RubisCO bei einem Anstau ihres Produktes gedrosselt werden.

In Abbildung 6.27 sind die verschiedenen Faktoren, welche die Regulation von Enzymen des reduktiven und des oxidativen Pentosephosphatweges beeinflussen, in schematischer Form zusammengestellt. Eine Vielfalt von regu-

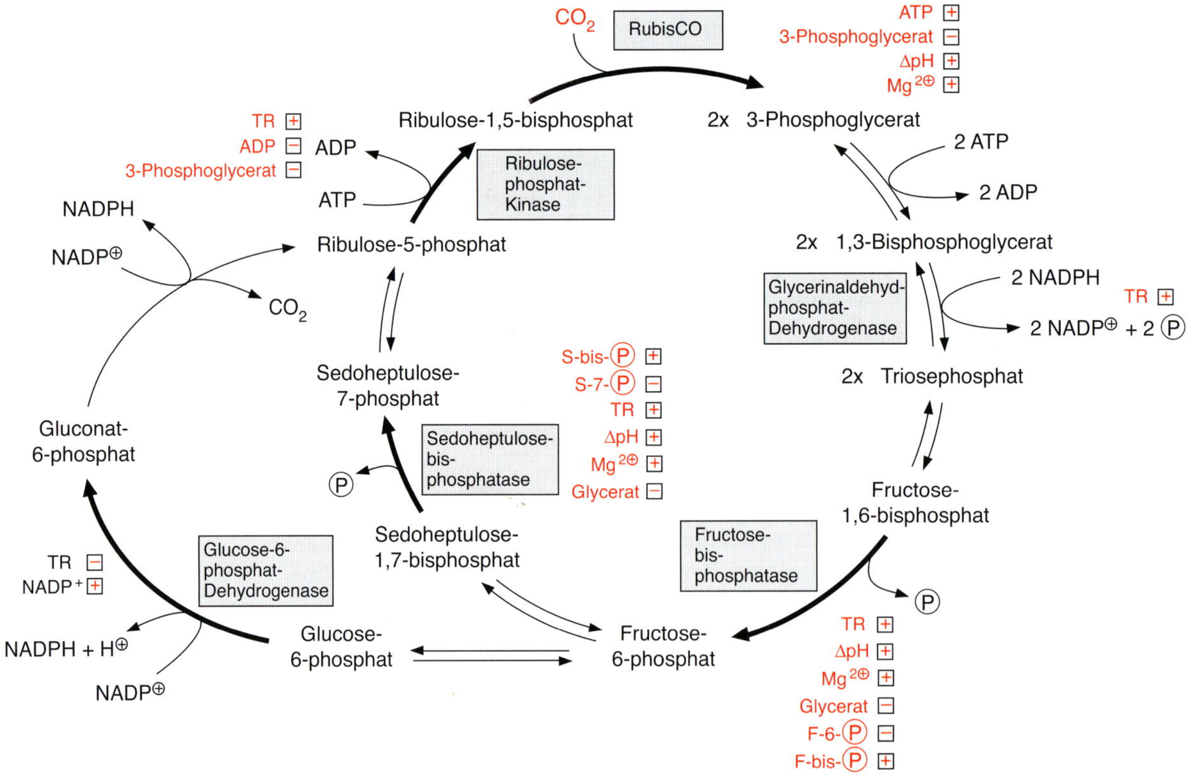

Abb. 6.27 Regulation von reduktivem und oxidativem Pentosephosphatweg in den Chloroplasten. Beide Wege sind vereinfacht dargestellt. Es werden nur die Enzyme namentlich hervorgehoben, deren Regulation besprochen wird. + bedeutet Erhöhung, – Erniedrigung der Aktivität durch die rot bezeichneten Faktoren, wie reduziertes Thioredoxin (TR), lichtabhängige Alkalisierung (ΔpH) und die Erhöhung der Mg^{2+}-Konzentration im Stroma sowie die Anwesenheit von Metaboliten. Die Regulation der RubisCO erfolgt über eine Regulation der RubisCO-Aktivase. S: Seduheptulose, F: Fructose.

latorischen Prozessen sorgt dafür, dass die einzelnen Schritte der beiden Reaktionsketten aufeinander abgestimmt und dem Bedarf angepasst werden.

Literatur

Andersson, I., Backlund, A. Structure and function of Rubisco. Plant Physiology Biochemistry 46, 275–291 (2008)

Foyer, C.H., Noctor, G. Redox regulation in photosynthetic organisms: signaling, acclimation, and practical implications. Antioxid Redox Signal. 11, 861–905 (2009)

Gulliaume, G., Tcherkez, B., Farquhar, G.D., Andrews, T.J. Despite low catalysis and confused substrate specificity, all ribulose bisphosphate carboxylases may be nearly perfectly optimized. Proceedings National Academy of Science USA 103, 7252-7257 (2006)

Jacquot, J.P., Eklund, H., Rouhier, N., Schürmann, P. Structural and evolutionary aspects of thioredoxin reductases in photosynthetic organisms. Trends Plant Sci. 14, 336–343 (2009)

Kruger, N.J., von Schaewen, A. The oxidative pentose phosphate pathway: structure and organisation. Current Opinion Plant Biology 6, 236-246 (2003)

Lemaire, S.D., Michelet, L., Zaffagnini, M., Massot, V., Issakidis-Bourguet, E. Thioredoxins in chloroplasts. Current Genetics 51, 343-365 (2007)

Michelet, L., Zaffagnini, M., Morisse, S., Sparla, F., Pérez-Pérez, M.E., Francia, F., Danon, A., Marchand, C.H., Fermani, S., Trost, P., Lemaire, S.D. Redox regulation of the Calvin-Benson cycle: something old, something new. Front Plant Sci. 4, 470 (2013)

Raines, C.A. Transgenic approaches to manipulate the environmental responses of the C3 carbon fixation cycle. Plant Cell Environment 29, 331-339 (2006)

Spreitzer,R. J., Salvucci, M.E. RubisCO: structure, regulatory interactions and possibilities for a better enzyme. Annual Reviews Plant Biology 53, 449-475 (2002)

Zhang, N., Kallis, R.P. Ewy, R.G., Portis, A.R. Light modulation of Rubisco in *Arabidopsis* requires a capacity for redox regulation of the larger RubisCo activase isoform. Proceedings National Academy of Science USA 99, 3330–3334 (2002)

7 Über den Photorespirationsweg wird das durch die Oxygenase-aktivität der RubisCO gebildete Phosphoglycolat recycelt

Wie in Abschnitt 6.2 besprochen, entsteht bei der CO_2-Fixierung durch RubisCO als Folge der Oxygenierungsaktivität des Enzyms in großen Mengen das Nebenprodukt 2-Phosphoglycolat. In einem Recycling-Prozess wird aus diesem Nebenprodukt über den Calvin-Benson-Zyklus das Intermediat 3-Phosphoglycerat zurückgewonnen. Dieses Recycling erfolgt in einer Reaktionskette, die vor allem von dem amerikanischen Forscher Edward Tolbert 1972 aufgeklärt wurde und als **Photorespirationsweg** bezeichnet wird. Die Bezeichnung stammt daher, dass bei diesem Weg (der nur im Licht abläuft) unter Sauerstoffverbrauch eine Substratoxidation unter Bildung von CO_2 stattfindet. Während jedoch bei der eigentlichen mitochondrialen Respiration, der Zellatmung, die Oxidation von Substraten zu CO_2 zum Zweck der Gewinnung von Energie erfolgt, wird bei der Photorespiration Energie in erheblichem Maße verbraucht.

7.1 Durch das Recycling von 2-Phosphoglycolat wird Ribulose-1,5-bisphosphat zurückgewonnen

Abbildung 7.1 zeigt einen Überblick über die einzelnen Reaktionsschritte des Photorespirationsweges und deren Lokalisation. Die Oxigenierung von 2 Molekülen Ribulose-1,5-bisphosphat ergibt 2 Moleküle 2-Phosphoglycolat und 2 Moleküle 3-Phosphoglycerat. Bei dem im Nachfolgenden behandelten Recycling entstehen aus den 2 Molekülen 2-Phosphoglycolat ein weiteres 3-Phosphoglycerat. Dieser Prozess beginnt mit der hydrolytischen Abspaltung des Phosphatrestes durch das im Chloroplastenstroma vorhandene Enzym **Glycolatphosphat-Phosphatase** (Abb. 7.2). Über einen spezifischen Translokator in der inneren Hüllmembran wird das entstandene Glycolat aus den Chloroplasten ausgeschleust. Der Eintritt in die Peroxisomen erfolgt durch **Poren** in der peroxisomalen Hüllmembran, die wahrscheinlich durch ein **Porin** (Abschn. 1.11) gebildet werden.

In den Peroxisomen wird durch **Glycolat-Oxidase** in irreversibler Reaktion die Hydroxygruppe des Glycolats zu einer Carbonylgruppe oxidiert, dabei entsteht Glyoxylat. Die Reduktionsäquivalente werden unter Bildung von H_2O_2 auf molekularen Sauerstoff übertragen (Abb. 7.2). Wie andere H_2O_2-bildende Oxidasen enthält die Glycolat-Oxidase ein **Flavinmononukleotid**

Abb. 7.1 Kompartimentierung des Photorespirationsweges. In dem Schema sind die äußeren Membranen der Chloroplasten und Mitochondrien, die wegen der Anwesenheit von Porinen für Metabolite permeabel sind, nicht eingezeichnet. T = Translokator. Der Translokator für Glycin und Serin wurde bislang noch nicht eindeutig charakterisiert.

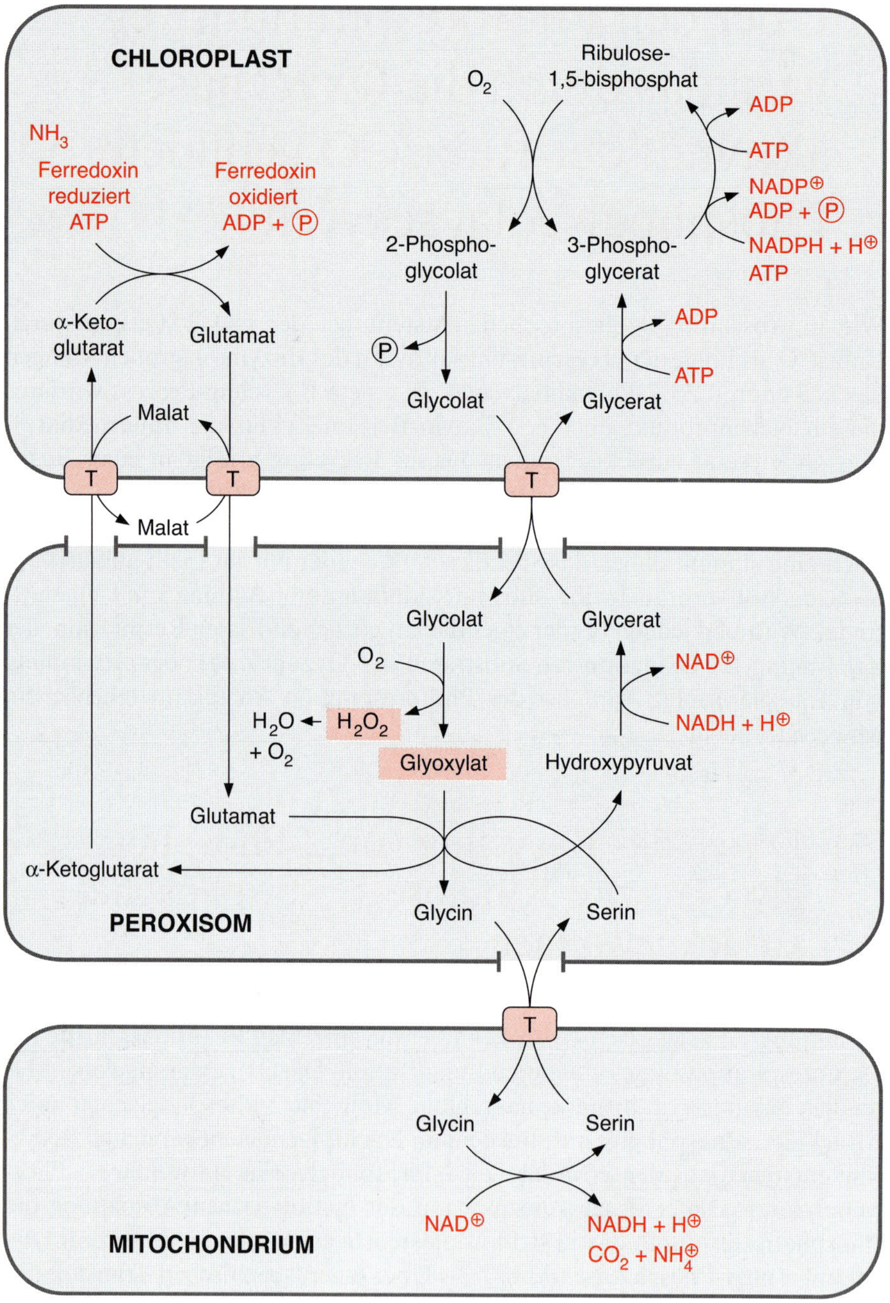

(FMN, Abb. 5.16) als Redoxüberträger zwischen Glycolat und Sauerstoff. Das gebildete H_2O_2 wird durch die ebenfalls in den Peroxisomen vorhandene **Katalase** zu Wasser und Sauerstoff disproportioniert. In der Bilanz werden so für die Oxidation von 1 mol Glycolat zu Glyoxylat 0,5 mol O_2 verbraucht. Für den gesamten Prozess wird 1 mol O_2 benötigt, da die RubisCO auch noch Sauerstoff verbraucht.

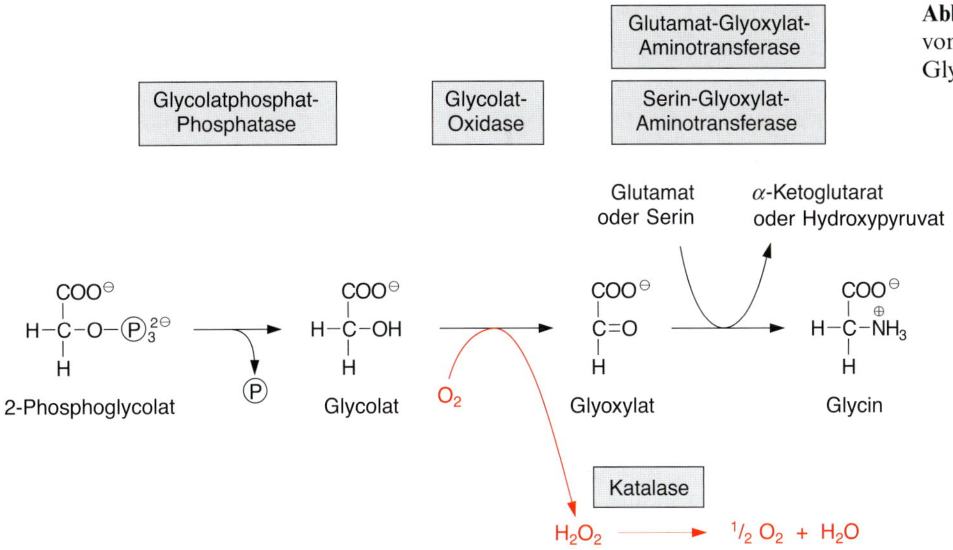

Abb. 7.2 Reaktionsweg von 2-Phosphoglycolat zu Glycin.

Das Glyoxylat wird noch in den Peroxisomen durch Aminotransferasen zu der Aminosäure Glycin umgesetzt. Dies ist über zwei verschiedene Reaktionen möglich, die nebeneinander im Verhältnis 1:1 ablaufen. Durch die **Glutamat-Glyoxylat-Aminotransferase** wird auf Glyoxylat der Aminorest von dem Donor Glutamat übertragen. Dieses Enzym akzeptiert auch Alanin als Aminodonor. Bei der **Serin-Glyoxylat-Aminotransferase** dient Serin als Aminodonor. Diese beiden Enzyme, wie auch andere Aminotransferasen (z.B. Glutamat-Oxalacetat-Aminotransferase, siehe Abschn. 10.4) enthalten gebundenes Pyridoxalphosphat mit einer Aldehydgruppe als reaktiver Gruppe (Abb. 7.3). Abbildung 7.4 zeigt den Reaktionsverlauf. Die Aldehydgruppe bildet mit der α-Aminogruppe der Aminosäure (in diesem Beispiel Glutamat oder Serin) eine Schiffsche Base (A), die durch basenkatalysierte Protonenverschiebung in eine isomere Form übergeht (B). Die Hydrolyse der isomeren Schiffschen Base führt zur Bildung einer α-Ketosäure (α-Ketoglutarat oder Hydroxypyruvat), und freiem Pyridoxamin (C). Die Aminogruppe dieses Pyridoxamins bildet jetzt eine Schiffsche Base mit einer α-Ketosäure (in diesem Fall Glyoxylat), und durch Umkehrung der Schritte C, B und A entsteht Glycin, dabei wird das Pyridoxal zurückgewonnen und steht für den nächsten Reaktionscyclus zur Verfügung.

Das Glycin verlässt die Peroxisomen durch Poren und wird in die Mitochondrien transportiert. Auch wenn dieser Eintritt noch nicht im Detail charakterisiert ist, so kann man davon ausgehen, dass er über einen spezifischen Translokator erfolgt. In den Mitochondrien erfolgt die Oxidation von zwei Molekülen Glycin zu einem Molekül Serin unter Freisetzung von CO_2 und NH_4^+ (Abbildung 7.5). Die dabei anfallenden Reduktionsäquivalente werden auf NAD^+ übertragen. Die Oxidation des Glycins erfolgt durch den **Glycin-Decarboxylase-Komplex**. Dies ist ein Multienzymkomplex aus verschiedenen Untereinheiten, der eine große Ähnlichkeit mit dem bereits besprochenen Pyruvat-Dehydrogenase-Komplex (Abb. 5.4) aufweist. Im Zentrum befindet

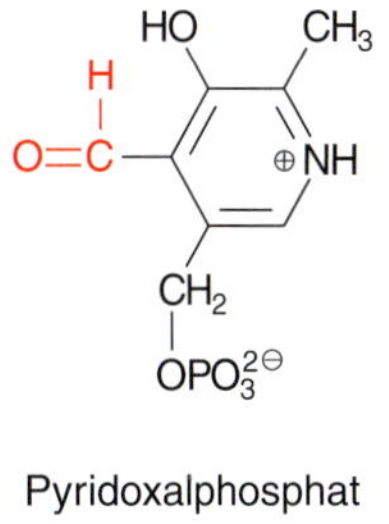

Abb. 7.3 Pyridoxalphosphat.

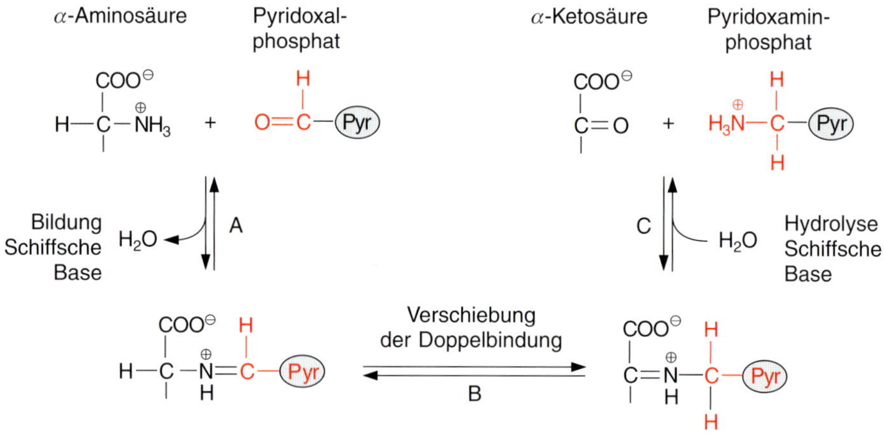

Abb. 7.4 Reaktionsverlauf bei einer Aminotransferasereaktion. Die Carbonylgruppe des Pyridoxalphosphats bildet mit der α-Aminogruppe der Aminosäuren eine Schiffsche Base. Durch Elektronenverschiebung erfolgt eine interne Redoxreaktion. Die anschließende Hydrolyse führt zu einer α-Ketosäure und Pyridoxaminphosphat, Letzteres verbindet sich mit einer anderen α-Ketosäure, und es entstehen auf umgekehrtem Wege wiederum eine Aminosäure und Pyridoxalphosphat. Die Reaktion ist reversibel. Pyridoxal abgekürzt als Pyr.

sich das so genannte **H-Protein** mit der prosthetischen Gruppe **Liponsäureamid** (Abb. 5.5). Um dieses Zentrum herum gruppieren sich das Pyridoxalphosphat-haltige **P-Protein**, das **T-Protein** mit einem **Tetrahydrofolat** (siehe Abb. 7.6) sowie ein **L-Protein**, welches auch **Dihydrolipoat-Dehydrogenase** genannt wird und mit dem L-Protein des Pyruvat- und α-Ketoglutarat-Dehydrogenase-Komplexes identisch ist. Da die Disulfidgruppe des Liponsäureamids im H-Protein am Ende eines flexiblen Polypeptidarms liegt (vgl. Abb 5.4), kann sie mit den anderen drei Untereinheiten reagieren. Eng benachbart zu dem Glycin-Decarboxylase-Komplex ist das Enzym **Serin-Hydroxymethyl-Transferase** lokalisiert.

Abbildung 7.7 zeigt den Reaktionsweg. Die Aminogruppe des Glycins reagiert zunächst mit der Aldehydgruppe des Pyridoxals im P-Protein zu einer Schiffschen Base (A). Der Glycylrest wird decarboxyliert und von dem P-Pro-

Abb. 7.5 Nettoreaktion der Umwandlung von zwei Molekülen Glycin in ein Molekül Serin durch den Glycin-Decarboxylase-Komplex.

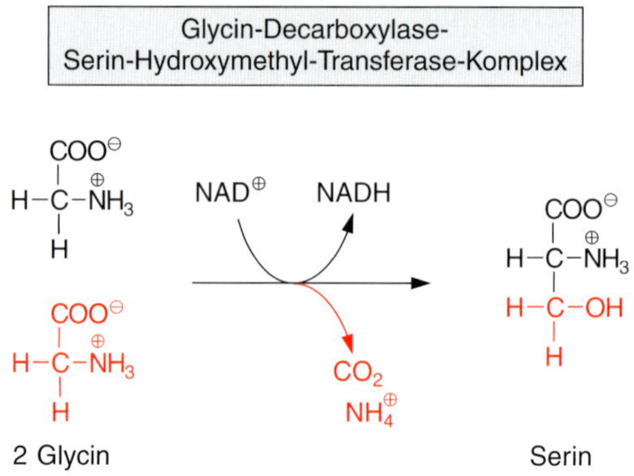

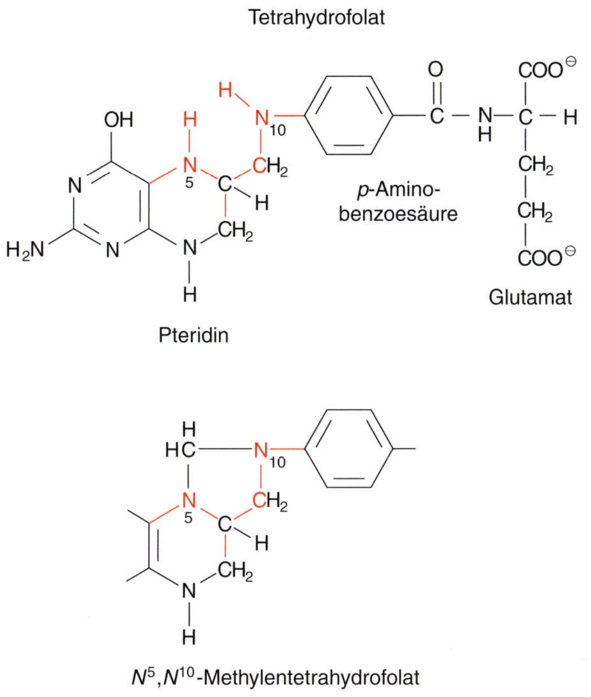

Abb. 7.6 Tetrahydrofolat. Der reaktive Teil ist rot hervorgehoben.

tein auf den Liponsäurerest des H-Proteins übertragen (B). Dies ist zugleich der eigentliche Oxidationsschritt: Der C_1-Rest wird zur Stufe eines Methylenrestes oxidiert und der Liponsäurerest zur Dihydroliponsäure reduziert. Das Dihydroliponsäureaddukt reagiert nun mit dem T-Protein, dabei wird der C_1-Rest unter Freisetzung des Dihydroliponsäurerestes auf Tetrahydrofolat übertragen (C). Über das L-Protein (Dihydrolipoat-Dehydrogenase) wird die Dihydroliponsäure wieder zur Liponsäure oxidiert und dabei NAD zu NADH reduziert (D). Es kann nun ein neuer Reaktionscyclus beginnen. Der an das Tetrahydrofolat gebundene Methylenrest wird durch Serin-Hydroxymethyl-Transferase auf ein zweites Molekül Glycin unter Bildung von Serin übertragen (E).

Die in der mitochondrialen Matrix in Form von NADH anfallenden Reduktionsäquivalente können durch die mitochondriale Atmungskette unter Gewinnung von ATP oxidiert werden. Sie können aber auch, wie in Abschnitt 7.3 besprochen, für die Versorgung anderer Zellkompartimente exportiert werden. Die Kapazität der Glycinoxidation in den Mitochondrien grüner Pflanzenzellen ist sehr hoch. In diesen Mitochondrien können die Proteine des Glycin-Decarboxylase-Komplexes 30 bis 50 % des Gehaltes an löslichen Proteinen ausmachen. In Mitochondrien nicht-grüner Pflanzenzellen findet man die Proteine der Glycinoxidation dagegen nur in sehr geringem Umfang.

Das gebildete Serin verlässt die Mitochondrien – wahrscheinlich über einen spezifischen Translokator. Es könnte sich um den gleichen Translokator handeln, der Glycin importiert. Nach Eintritt in die Peroxisomen durch die bereits besprochenen Poren wird über die schon erwähnte **Serin-Glyoxylat-Aminotransferase** das Serin zu Hydroxypyruvat umgesetzt (Abb. 7.8). Letzteres wird

Abb. 7.7 Reaktionsweg der Umwandlung von zwei Molekülen Glycin in ein Molekül Serin durch den Glycin-Decarboxylase-Komplex. Dieser besteht aus dem H-Protein mit der prosthetischen Gruppe Liponsäure, dem P-Protein mit Pyridoxalphosphat, T-Protein mit Tetrahydrofolat sowie einem L-Protein (Dihydrolipoat-Dehydrogenase). In enger Nachbarschaft befindet sich die Serin-Hydroxymethyl-Transferase. Bei der Glycinoxidation wird NAD+ reduziert. P- und H-Protein sind funktionell ähnlich den entsprechenden Proteinen des α-Ketoglutarat- und Pyruvat-Dehydrogenase-Komplexes, das L-Protein ist im Glycin-Decarboxylase-, dem α-Ketoglutarat- und dem Pyruvat-Dehydrogenase-Komplex identisch.

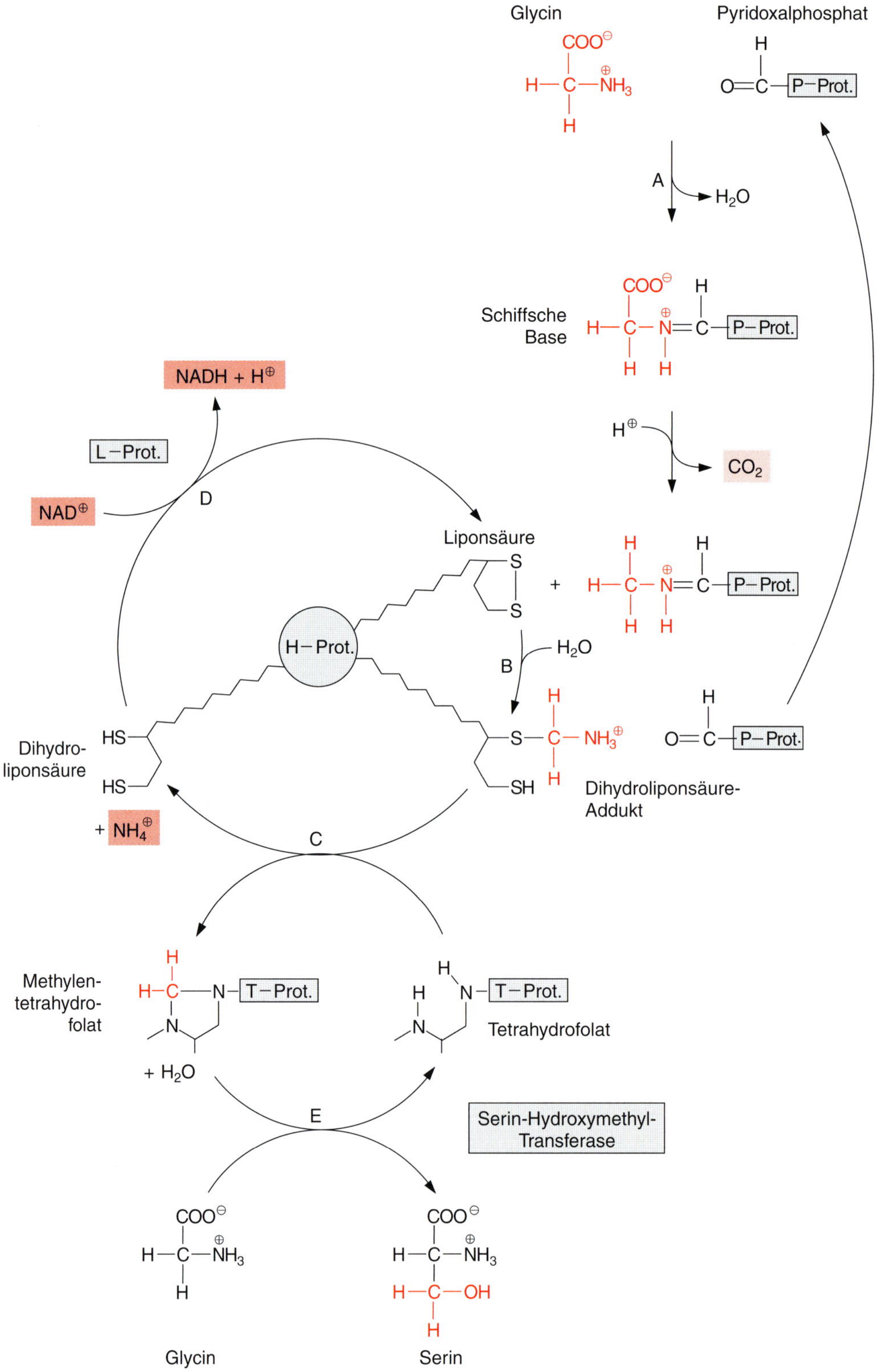

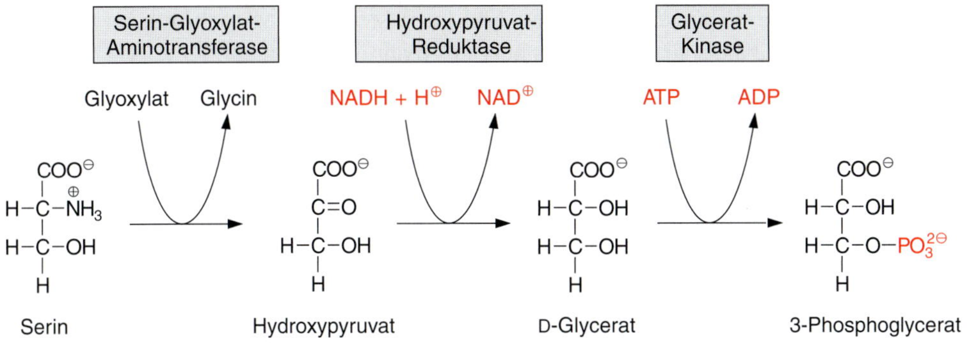

Abb. 7.8 Reaktionsweg vom Serin zum 3-Phosphoglycerat.

unter Verbrauch von NADH zu D-Glycerat reduziert, dies wird durch **Hydroxypyruvat-Reduktase** katalysiert. Das gebildete Glycerat wird aus den Peroxisomen in die Chloroplasten importiert.

Die Aufnahme von Glycerat in die Chloroplasten erfolgt über den gleichen Translokator, über den Glycolat ausgeschleust wird (**Glycolat-Glycerat-Translokator**). Dieser bewirkt sowohl einen Glycolat-Glycerat-Gegentausch als auch einen Co-Transport von Glycolat allein mit einem Proton. So ermöglicht dieser Translokator einen Export von zwei Molekülen Glycolat aus den Chloroplasten gegen den Import von einem Molekül Glycerat. Durch die in den Chloroplasten vorhandene **Glycerat-Kinase** wird das Glycerat unter ATP-Verbrauch zu 3-Phosphoglycerat umgesetzt. Schließlich reagiert 3-Phosphoglycerat unter Verbrauch von ATP und NADPH im Reaktionsweg des reduktiven Pentosephosphatweges (Abschn. 6.3, 6.4) wieder zu Ribulose-1,5-bisphosphat. Damit ist das Recycling des 2-Phosphoglycolats abgeschlossen. Das bei der Glycinoxidation freigesetzte Ammonium-Ion muss aber noch energieaufwendig rückgewonnen werden.

7.2 Das im Photorespirationsweg freigesetzte Ammonium-Ion wird mit hoher Effizienz refixiert

Stickstoff ist für eine Pflanze ein sehr wertvoller Baustein. Das Wachstum wird häufig durch die Stickstoffversorgung begrenzt. Für die Ökonomie des Pflanzenstoffwechsels ist es daher entscheidend, dass das im Photorespirationsweg mit sehr hoher Rate freigesetzte Ammonium wieder vollständig refixiert wird. Diese Refixierung findet in den Chloroplasten statt. Sie wird durch den gleichen Enzymapparat katalysiert, der auch an der Nitratassimilation beteiligt ist (siehe Kapitel 10), wobei die Rate der NH_4^+-Refixierung in der Photorespiration fünf- bis zehnmal mal höher ist als die Rate der NH_4^+-Fixierung bei der Nitratassimilation.

In einer Pflanzenzelle liegen Chloroplasten und Mitochondrien meist in sehr enger Nachbarschaft. Das bei der Glycinoxidation gebildete NH_4^+ passiert die inneren Membranen der Mitochondrien und der Chloroplasten. Ob dies durch eine einfache Diffusion von NH_3 über die Membranen oder zum Beispiel durch einen spezifischen NH_4^+-Kanal erfolgt, ist bislang nicht eindeutig geklärt. Durch die in den Chloroplasten vorhandene **Glutamin-Synthetase** wird das Ammonium-Ion unter ATP-Verbrauch auf die δ-Carboxygruppe des Glutamats übertragen (Abb. 7.9), dabei entsteht das Säureamid Glutamin. Die δ-Carboxylgruppe wird zunächst durch ATP in ein Phosphatanhydrid als aktiviertes Zwischenprodukt umgewandelt. Die Glutamin-Synthetase hat eine hohe Affinität für NH_4^+ und katalysiert einen praktisch irreversiblen Prozess. Das Enzym hat eine Schlüsselfunktion für die Fixierung des NH_4^+ nicht nur in Pflanzen, sondern auch in Bakterien und Tieren.

Der in Form von Glutamin fixierte Aminostickstoff wird durch die **Glutamat-Synthase,** auch als Glutamin-2-Oxoglutarat-Aminotransferase **GOGAT** bekannt, über eine reduktive Aminierung auf α-Ketoglutarat übertragen (Abb. 7.9); bei dieser Reaktion entstehen zwei Moleküle Glutamat. Die dazu erforderlichen Reduktionsäquivalente werden durch reduziertes Ferredoxin,

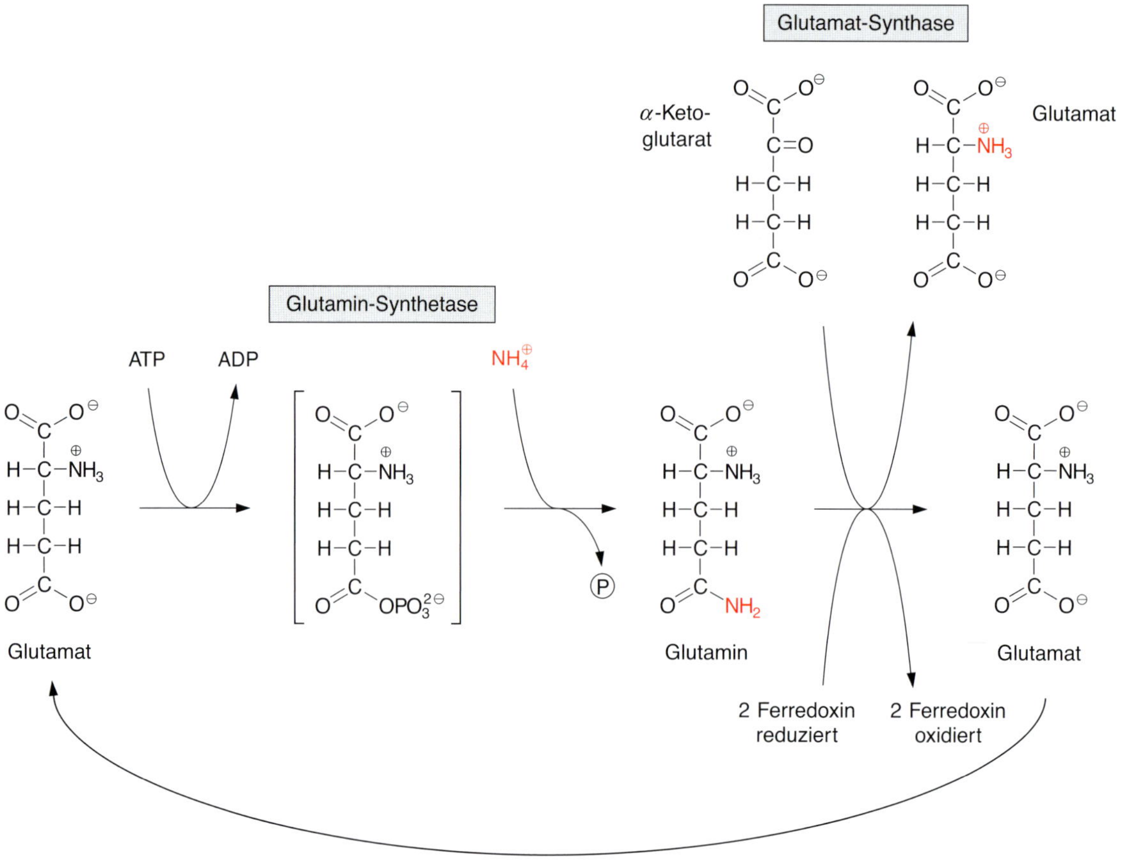

Abb. 7.9 Reaktionsweg der Fixierung von Ammonium mit nachfolgender Bildung von Glutamat aus α-Ketoglutarat.

einem Produkt des photosynthetischen Elektronentransports, angeliefert. Diese Reaktion ist in grünen Pflanzenzellen ausschließlich in den Chloroplasten lokalisiert. Ein Isoenzym der Glutamat-Synthase ist auch in Plastiden von nicht-grünen Geweben, wie z. B. Wurzeln, enthalten, dort allerdings mit NADH als Redoxpartner.

Für *Arabidopsis* wurde gezeigt, dass die Glutamin-Synthetase auch in Mitochondrien vorkommt, demnach findet eine Fixierung des NH_4^+ auch dort statt. Da die Glutamat-Synthase exklusiv in den Chloroplasten lokalisiert ist, muss das in den Mitochondrien als Glutamin fixierte Ammonium in die Chloroplasten transferiert werden. Wie dies geschieht ist noch unbekannt. Eine Möglichkeit für den Transfer wäre ein Glutamin-Glutamat-Shuttle.

Eines der so in den Chloroplasten gebildeten Glutamatmoleküle wird über einen spezifischen Translokator im Gegentausch mit Malat (**Glutamat-Malat-Translokator**) exportiert und steht nach Eintritt in die Peroxisomen als Reaktionspartner für die Transaminierung von Glyoxylat bereit (Abb. 7.1). Das dabei gebildete α-Ketoglutarat wird, ebenfalls im Gegentausch mit Malat, über einen **Malat-α-Ketoglutarat-Translokator** in die Chloroplasten reimportiert.

7.3 Für die Reduktion des Hydroxypyruvats müssen Peroxisomen von außen mit Reduktionsäquivalenten versorgt werden

Wie in Abschnitt 7.1 besprochen, ist bei der in den Peroxisomen erfolgenden Reduktion des Hydroxypyruvats zu Glycerat NADH das Reduktionsmittel. Da die Blattperoxisomen keine Stoffwechselketten besitzen, die das NADH in den erforderlichen hohen Raten bereitstellen können, sind sie von einer Versorgung mit Reduktionsäquivalenten von außen abhängig.

Die Aufnahme von Reduktionsäquivalenten in die Peroxisomen erfolgt über den Malat-Oxalacetat-Shuttle

Im Experiment mit isolierten Peroxisomen ist bei Angebot höherer NADH-Konzentrationen im Außenmedium eine Versorgung der Hydroxypyruvatreduktion zwar möglich. Im Cytosol einer Blattzelle ist jedoch das NADH-System so stark oxidiert ($NADH/NAD^+ = 10^{-3}$), dass die Konzentration des NADH dort im Bereich von nur $1 \cdot 10^{-6}$ mol/L liegt. Diese geringe Konzentration reicht offenbar für den erforderlichen hohen Diffusionsfluss in die Peroxisomen nicht aus. Die Reduktionsäquivalente werden wohl deshalb indirekt über die Aufnahme von Malat und die Freisetzung von Oxalacetat (man bezeichnet dies als Malat-Oxalacetat-Shuttle) in die Peroxisomen importiert (Abb. 7.10).

Eine Schlüsselfunktion hat dabei die Malat-Dehydrogenase (Abb. 5.9), die in reversibler Reaktion die Oxidation von Malat zu Oxalacetat katalysiert.

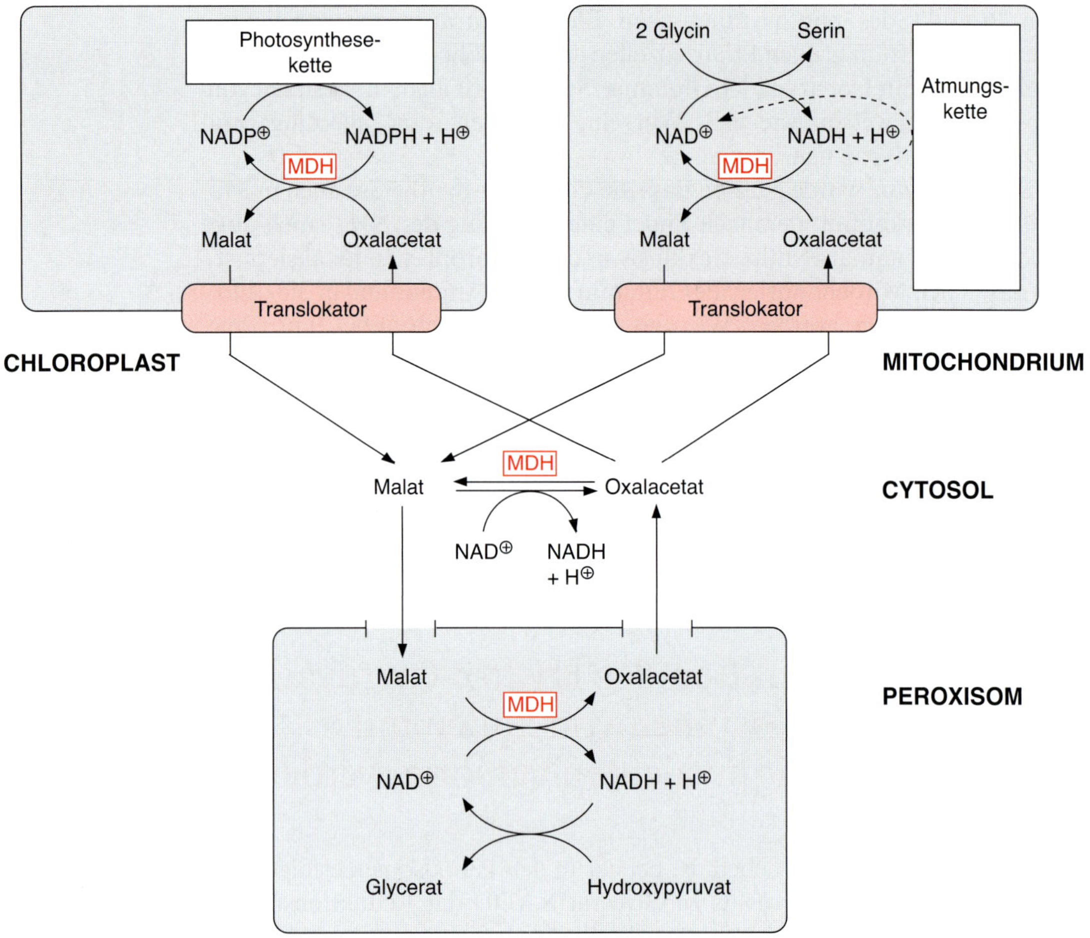

Abb. 7.10 Reaktionsschema über den Transfer von Reduktionsäquivalenten von den Chloroplasten und den Mitochondrien in die Peroxisomen. MDH: Malat-Dehydrogenase.

Man findet hohe Malat-Dehydrogenase-Aktivitäten sowohl im Cytosol als auch in Chloroplasten, Mitochondrien und Peroxisomen. Die Malat-Dehydrogenasen in den verschiedenen Kompartimenten weisen zwar Unterschiede in ihren Strukturen auf und werden auch durch verschiedene Gene codiert (man spricht von Isoenzymen), sie sind aber homolog, das heißt, sie sind verwandte Proteine, die im Verlauf der Evolution aus einem gemeinsamen Vorläufer entstanden sind. Während bei den Malat-Dehydrogenasen im Cytosol, den Mitochondrien und den Peroxisomen das NADH-System Redoxpartner ist, reagiert das chloroplastidäre Isoenzym mit dem NADPH-System.

Mitochondrien exportieren Reduktionsäquivalente ebenfalls über einen Malat-Oxalacetat-Shuttle

Im Gegensatz zu Mitochondrien aus tierischen Geweben, deren innere Membran für Oxalacetat impermeabel ist, besitzen pflanzliche Mitochondrien einen spezifischen **Malat-Oxalacetat-Translokator,** der Oxalacetat und Malat im Gegentausch transportiert. Da in der mitochondrialen Matrix Malat-Dehydrogenase in hoher Aktivität vorhanden ist, kann das in den Mitochondrien bei der Glycinoxidation gebildete NADH für die Reduktion von Oxalacetat abgefangen und durch den Malat-Oxalacetat-Shuttle exportiert werden. Die Kapazität des Shuttles ist sehr hoch. Wie aus Abbildung 7.1 ersichtlich ist, ist die Menge des in den Mitochondrien bei der Glycinoxidation anfallenden NADH gleich der Menge an NADH, das in den Peroxisomen für die Reduktion von Hydroxypyruvat verbraucht wird. Wenn jedes in den Peroxisomen gebildete Oxalacetat-Molekül in die Mitochondrien transportiert werden würde, dann würde das bei der Glycinoxidation anfallende NADH vollständig für die Bildung von Malat verbraucht werden und stände somit für den mit der ATP-Synthese gekoppelten Elektronentransport der Atmungskette nicht mehr zur Verfügung. Die mitochondriale ATP-Synthese ist auch während der Photosynthese für die Energieversorgung des Cytosols der grünen Blattzellen wichtig. Tatsächlich wird normalerweise nur etwa die Hälfte des Bedarfs der Peroxisomen an Reduktionsäquivalenten aus den Mitochondrien abgezogen und der andere Teil von den Chloroplasten gedeckt (Abb. 7.10). So bleibt in den Mitochondrien nach der Oxidation des Glycins noch genügend NADH für die ATP-Synthese durch die Atmungskette.

Der Export von Reduktionsäquivalenten aus den Chloroplasten wird durch das „Malatventil" geregelt

Über einen Malat-Oxalacetat-Shuttle können auch die Chloroplasten Reduktionsäquivalente exportieren. Malat und Oxalacetat werden durch einen spezifischen Translokator im Gegentausch über die innere Hüllmembran der Chloroplasten transportiert. Trotz der sehr hohen Kapazität des chloroplastidären Malat-Oxalacetat-Shuttles besteht zwischen dem chloroplastidären und dem cytosolischen Redoxsystem des Cyclus ein hoher Gradient: Das Verhältnis NADPH/$NADP^+$ in den Chloroplasten ist über 100 mal höher als das entsprechende NADH/NAD^+-Verhältnis im Cytosol. Hierfür ist die chloroplastidäre Malat-Dehydrogenase verantwortlich. Während Malat-Dehydrogenasen normalerweise ein reversibles Gleichgewicht katalysieren, ist die durch die chloroplastidäre Malat-Dehydrogenase katalysierte Reduktion des Oxalacetats weit vom Gleichgewicht entfernt und damit praktisch irreversibel. Dies beruht auf der Regulation der chloroplastidären Malat-Dehydrogenase.

Es wurde bereits in Abschnitt 6.6 beschrieben, dass die chloroplastidäre Malat-Dehydrogenase durch Thioredoxin aktiviert wird und so nur im Licht aktiv ist. Außerdem wird die reduktive Aktivierung des Enzyms durch Thioredoxin durch steigenden $NADP^+$-Spiegel gehemmt. $NADP^+$ erhöht das Redoxpotenzial der SH-Gruppen in dem regulativen Abschnitt der Malat-Dehydrogenase, dadurch wird die reduktive Aktivierung des Enzyms durch Thioredoxin gehemmt. Entgegengesetzte Metaboliteffekte für die Aktivierung von Enzymen des reduktiven Pentosephosphatweges wurden bereits in Abschnitt 6.6 diskutiert. Die chloroplastidäre Malat-Dehydrogenase wird so bei einer Erniedrigung des $NADP^+$-Spiegels (gleichbedeutend mit einer Erhöhung des Reduktionsgrades des $NADPH/NADP^+$-Systems) „angeworfen“. Dieses Enzym hat dadurch die Funktion eines **Überdruckventils**, durch das überschüssige Reduktionsäquivalente aus den Chloroplasten „abgeblasen“ werden können. So kann eine schädliche Überreduktion der Redoxüberträger der Photosynthesekette vermieden werden. Gleichzeitig können auf diese Weise die peroxisomale Hydroxypyruvatreduktion sowie die Prozesse im Cytosol (z. B. Nitratreduktion) mit Reduktionsäquivalenten versorgt werden.

Chloroplasten können reduzierende Äquivalente auch durch einen Triosephosphat-3-Phosphoglycerat-Shuttle in das Cytosol liefern (Abb. 7.11). Durch diesen Shuttle wird dem cytosolischen Kompartiment mit NADH gleichzeitig auch ATP bereitgestellt.

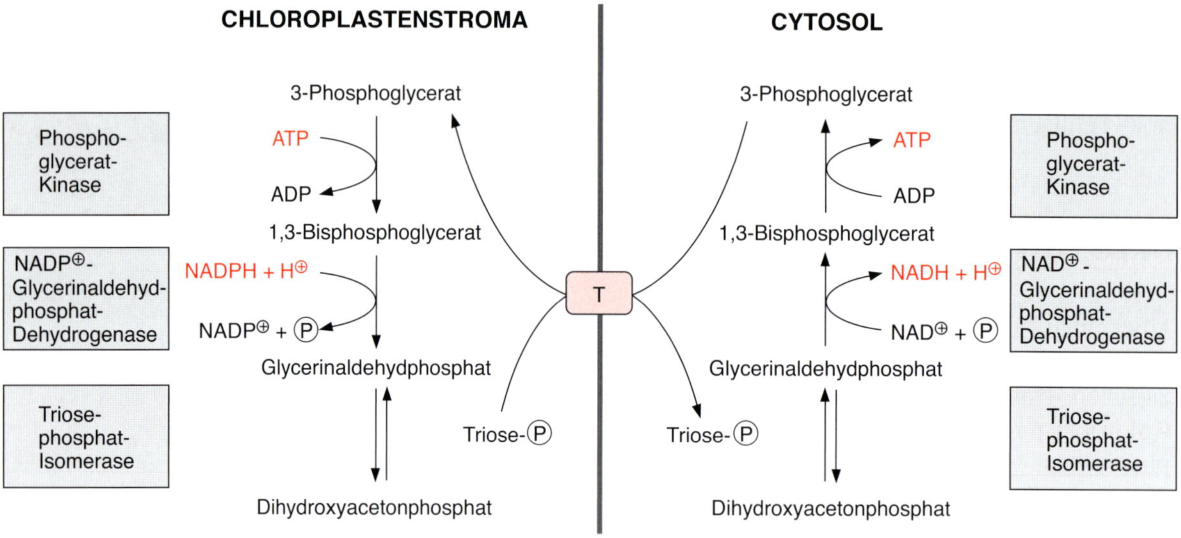

Abb. 7.11 Durch einen Triosephosphat-3-Phosphoglycerat-Shuttle können aus den Chloroplasten reduzierende Äquivalente und ATP zusammen in das Cytosol exportiert werden. In den Chloroplasten wird unter Verbrauch von ATP und NADPH aus 3-Phosphoglycerat Triosephosphat gebildet. Durch den Triosephosphat-Phosphat-Translokator (Abschn. 1.9) wird Triosephosphat in Gegentausch mit 3-Phosphoglycerat in das Cytosol transportiert. Durch die cytosolische NAD^+-Glycerinaldehydphosphat-Dehydrogenase und Phosphoglycerat-Kinase wird unter Bildung von NADH und ATP 3-Phosphoglycerat zurückgebildet.

7.4 Die peroxisomale Matrix ist ein spezielles Kompartiment für die Entsorgung toxischer Produkte

Warum sind an dem Recyclingprozess von 2-Phosphoglycolat neben den Chloroplasten zwei weitere Organellen beteiligt? Die Lokalisation der Umwandlung von Glycin zu Serin in den Mitochondrien erscheint sinnvoll, da so ein Teil des entstehenden NADH über die Atmungskette für die Synthese von ATP genutzt werden kann.

Bei der Umwandlung von Glycolat zu Glycin werden zwei für die Zelle toxische Zwischenprodukte gebildet: Glyoxylat und H_2O_2. In isolierten Chloroplasten wird durch die Anwesenheit geringer Konzentrationen von H_2O_2 oder Glyoxylat die Photosynthese vollständig gehemmt. Die toxische Wirkung von H_2O_2 liegt in der Oxidation der SH-Gruppen in den Thioredoxin-aktivierten Enzymen des reduktiven Pentosephosphatweges. Glyoxylat, eine agressive Carbonylverbindung, die unter anderem mit SH-Gruppen reagiert, hat ebenfalls eine starke Hemmwirkung auf durch Thioredoxin aktivierte Enzyme. Es hemmt aber auch RubisCO. Die Kompartimentierung der Umwandlung des Glycolats in Glycin in den Peroxisomen führt dazu, dass die Zwischenprodukte Glyoxylat und H_2O_2 bereits am Ort ihrer Entstehung mit so hoher Effizienz umgesetzt werden, dass sie nicht in andere Räume der Zelle entweichen können.

Wie ist eine derartige Kompartimentierung möglich?

Die Kompartimentierung von Stoffwechselprozessen in anderen Zellkompartimenten, wie dem Chloroplastenstroma oder der mitochondrialen Matrix, beruht auf der Funktion von trennenden Membranen, die spezifische Translokatoren für den Transport bestimmter Metabolite besitzen und für Intermediate der dort lokalisierten Stoffwechselketten nicht passierbar sind. Dieses Prinzip lässt sich jedoch auf eine Kompartimentierung der Glycolatoxidation nicht anwenden, da Membranen sowohl für H_2O_2 als auch für Glyoxylat so permeabel sind, dass ein Entweichen dieser beiden Substanzen aus den Peroxisomen durch eine umgebende Membran nicht verhindert werden könnte.

Die sehr wirksame Kompartimentierung der Reaktion von Glycolat zu Glycin und von Serin zu Glycerat in den Peroxisomen ist auf besondere Eigenschaften der peroxisomalen Matrix zurückzuführen: Während bei Chloroplasten oder Mitochondrien nach einem Aufbrechen der Grenzmembranen (z. B. durch kurzzeitige Suspendierung in Wasser, einem so genannten osmotischen Schock) die Proteine des Stroma oder der Matrix in Lösung gehen, bleibt nach einem Aufbrechen der peroxisomalen Membran der Verbund der peroxisomalen Matrixproteine in Form von Partikeln in der Größe von Peroxisomen erhalten. Die Kompartimentierung der genannten Reaktionen wird nicht beeinflusst. Dass Glyoxylat, H_2O_2 und Hydroxypyruvat als Intermediate des peroxisomalen Stoffwechsels nicht freigesetzt werden, beruht offenbar auf einem engen Verband der Enzyme in Form eines vernetzten Multienzymkomplexes, wodurch das Produkt einer enzymatischen Reaktion als Substrat für die folgende Reaktion unmittelbar an das nächste Enzym weitergereicht wird.

Dieser mit dem englischen Begriff ***metabolite channelling*** bezeichnete Vorgang ist sicher nicht allein auf die peroxisomale Matrix beschränkt. Es wird seit langem diskutiert, dass Stoffwechselabläufe auch in anderen Kompartimenten, wie zum Beispiel der Calvin-Cyclus in den Chloroplasten (Kapitel 6), ähnlich geordnet ablaufen. Eine Besonderheit bei den Peroxisomen ist jedoch, dass diese spezielle Organisation der Enzyme auch nach dem Aufbrechen der Membran erhalten bleibt. Dies kann eine Schutzfunktion sein, die verhindert, dass nach einer Verletzung der Peroxisomenmembran Glycolat-Oxidase austritt. Als Folge hiervon würde das Glycolat außerhalb der Peroxisomen oxidiert und die Zelle durch eine Anhäufung der Produkte Glyoxylat und H_2O_2 im Cytosol vergiftet.

Für den Anteil des Glyoxylat und Hydroxypyruvat, der trotz des *metabolite channelling* aus den Peroxisomen entweicht, gibt es im Cytosol spezielle Entgiftungsenzyme, die unter Verbrauch von NADPH Glyoxylat in Glycolat (**NADP-Glyoxylat-Reduktase**) und Hydroxypyruvat in Glycerat (**NADP-Hydroxypyruvat-Reduktase**) umwandeln.

7.5 Wie hoch sind die Kosten der Ribulosebisphosphat-Oxygenase-Reaktion für die Pflanze?

Auf der Grundlage der Stoffwechsel-Schemata in Abbildung 6.20 und Abbildung 7.1 sind in Tabelle 7.1 der Aufwand an ATP und NADPH (bzw. dazu äquivalent zwei reduzierte Ferredoxinmoleküle) für Oxygenierung und Carboxylierung von RuBP durch RubisCO zusammengestellt worden. Die Daten illustrieren, dass der Verbrauch an ATP und NADPH, der erforderlich ist, um die Folgen der Oxygenierung rückgängig zu machen, sehr viel höher ist als der entsprechende Aufwand für die Carboxylierung. Während bei der CO_2-Fixierung die Umsetzung von CO_2 zu Triosephosphat drei ATP und zwei NADPH erfordert, kostet die Oxygenierung von RuBP pro Molekül O_2 insgesamt fünf Moleküle ATP und drei Moleküle NADPH. Berücksichtigt man die in Abschn. 7.2 erwähnte NH_3-Refixierung, würde der Energieverbrauch noch erheblich höher sein. Tabelle 7.2 zeigt den Mehraufwand an ATP und NADPH bei verschiedenen Verhältnissen Carboxylierung/Oxygenierung. Da im Blatt die Quotienten Carboxylierung/Oxygenierung zwischen zwei und vier liegen, führt die Oxygenierung gegenüber dem entsprechenden Aufwand der CO_2-Fixierung zu einem Mehraufwand an ATP und NADPH zwischen 40 und 80 %. Die Nebenreaktion der RubisCO kostet die Pflanze demnach insgesamt mehr als ein Drittel der eingestrahlten Photonen.

Tabelle 7.1: Aufwand an ATP und NADPH für die Carboxylierung von Ribulose-1,5-bisphosphat im Vergleich zu dem entsprechenden Aufwand für die Oxygenierung.

	Aufwand (mol) ATP	NADPH bzw. 2 Ferredoxin red
Carboxylierung:		
Fixierung von 1 mol CO_2:		
1 CO_2 → 0,33 Triosephosphat	**3**	**2**
Oxygenierung:		
2 Ribulose-1,5-bisphosphat + 2 O_2 → 2 3-Phosphoglycerat + 2 2-Phosphoglycolat		
2 2-Phosphoglycolat → 3-Phosphoglycerat + 1 CO_2	2	1
1 CO_2 → 0,33 Triosephosphat	3	2
3 3-Phosphoglycerat → 3 Triosephosphat	3	3
3,33 Triosephosphat → 2 Ribulose-1,5-bisphosphat	2	
	Σ 10	6
Oxygenierung durch 1 mol O_2:	**5**	**3**

Tabelle 7.2 Mehrverbrauch für die Oxygenierung gegenüber dem Aufwand für die CO_2-Fixierung.

Verhältnis Carboxylierung/Oxygenierung	Mehrverbrauch ATP	NADPH
2	83 %	75 %
4	42 %	38 %

7.6 Am Kompensationspunkt findet keine Netto-CO_2-Fixierung statt

Bei einem Verhältnis Carboxylierung/Oxygenierung von 0,5 findet keine Netto-CO_2-Fixierung statt, da dann die Menge des durch die Carboxylierung fixierten CO_2 der Menge des nach Oxygenierung im Photorespirationsweg freigesetzten CO_2 entspricht. Dieser Zustand lässt sich experimentell erzeugen, indem eine Pflanze in einer abgeschlossenen Kammer belichtet wird. Dabei sinkt durch die Photosynthese die CO_2-Konzentration ab, bis eine Konzentration erreicht wird, bei der sich CO_2-Fixierung und Freisetzung die Waage halten. Man bezeichnet diesen Zustand als Kompensationspunkt. Auch wenn die CO_2-Freisetzung nicht nur durch den Photorespirationsweg, sondern auch durch andere Reaktionen, wie den Citratcyclus in den Mitochondrien erfolgen kann, so sind letztere Quellen der CO_2-Freisetzung gegenüber dem Photorespirationsweg in belichteten grünen Pflanzenteilen doch vernachlässigbar. Bei den Pflanzen, mit denen wir uns bisher beschäftigt haben, den so genannten **C_3-Pflanzen** (sie heißen so, da das erste Carboxylierungsprodukt die C_3-Verbindung 3-Phosphoglycerat ist), beträgt die CO_2-Konzentration am Kompensationspunkt je nach Spezies und Temperatur zwischen 35 bis 70 ppm, das sind 10 bis 20 % der Konzentration in der Atmosphäre. In der wässrigen Phase, in der RubisCO vorliegt, bedeutet dies bei 25 °C eine CO_2-Konzentration von 1 bis $2 \cdot 10^{-6}$ mol/L. Bei den in Abschnitt 8.4 behandelten C_4-Pflanzen beträgt die CO_2-Konzentration am Kompensationspunkt nur etwa 5 ppm. Der Grund für diesen im Vergleich zu C_3-Pflanzen so niedrigen Wert wird in Abschnitt 8.4 eingehend besprochen.

Entzieht man in dem erwähnten geschlossenen System das CO_2 durch Bindung an KOH und unterschreitet so den Kompensationspunkt, dann erfolgt im Licht durch die Oxygenierung und den nachfolgenden Photorespirationsweg eine Nettofreisetzung von CO_2 auf Kosten der vorhandenen Biomasse, die für die Nachlieferung von Kohlenhydraten zur Regenerierung des Ribulose-1,5-bisphosphats abgebaut wird. Die Pflanze wird so im Licht „ausgezehrt".

7.7 Der energieverbrauchende Photorespirationsweg kann für die Pflanze auch nützlich sein

Wegen des hohen Energiebedarfs der Photorespiration läuft am Kompensationspunkt der Photosynthesestoffwechsel auf hohen Touren, allerdings in bezug auf die CO_2-Fixierung im Leerlauf. Eine derartige Situation liegt vor, wenn die Spaltöffnungen (Abschn. 8.1) bei Blättern unter vollem Licht wegen Wassermangel geschlossen sind und dadurch kein CO_2 aufgenommen werden kann. In diesem Fall wird der energieverbrauchende Photorespirationsweg von der Pflanze genutzt, um das durch die Lichtreaktion bereitgestellte NADPH und ATP, das durch die CO_2-Fixierungs- und Regenerierungs-Reaktionen nicht verbraucht werden kann, zu eliminieren und mit NADP und ADP Akzeptoren für den linearen Elektronentransport zu regenerieren. Es wurde bereits besprochen, dass eine Überreduktion und Überenergetisierung des Photosyntheseapparates in der Zelle schwere Schäden verursacht (Abschn. 3.10). Wie auch in Abschn. 13.4 für den Fall von Sauerstoffmangel in Wurzeln beschrieben, ist es daher für die Pflanzenzelle essentiell, überschüssige Reduktionsäquivalente zu eliminieren. Die Photorespiration als zunächst unvermeidliche Nebenreaktion hat so nachträglich eine Schutzfunktion für die Pflanzen erlangt. Es ist daher durchaus denkbar, dass eine Verminderung der Oxygenasereaktion der RubisCO durch gentechnische Methoden (siehe Kapitel 22), wie sie von vielen Wissenschaftlern, wenn auch bislang vergeblich, versucht wird, nicht nur zu einer gewünschten höheren Lichtausnutzung durch die Pflanze führt, sondern zugleich auch deren Empfindlichkeit gegenüber übermäßiger Belichtung oder Wassermangel (siehe folgendes Kapitel) steigert, da somit eine Schutzfunktion aufgehoben wird.

Literatur

Bauwe, H., Hagemann, M., Fernie, A. R. Photorespiration: players, partners and origin. Trends Plant Science 15, 330–336 (2010)

Christensen, K.E., MacKenzie, R.E. Mitochondrial one-carbon metabolism is adapted to the specific needs of yeast, plants and mammals. Bioessays 28, 595–605 (2006)

Hagemann, M., Fernie, A., Espie, G. S., Kern, R., Eisenhut, M., Reumann, S., Bauwe, H., Weber, A. P. M. Evolution of the biochemistry of the photorespiratory, C2 cycle. Plant Biology 45, 639–647 (2013)

Hayashi, M., Nishimura, M. *Arabidopsis thaliana* – a model organism to study plant peroxisomes. Biochimica Biophysica Acta. 1763, 1382–1391 (2006)

Khan, M.S. Engineering photorespiration in chloroplasts: a novel strategy for increasing biomass production. Trends in Biotechnology 25, 437–440 (2007)

Kunze, M., Pracharoenwattana, I., Smith, S.M., Hartig, A. A central role for the peroxisomal membrane in glyoxylate cycle function. Biochimica Biophysica Acta. 1763, 1441–1452 (2006)

Linka, M., Weber, A.P. Shuffling ammonia between mitochondria and plastids during photorespiration. Trends in Plant Science 10, 461-465 (2005)

Pracharoenwattana, I., Smith, S.M. When is a peroxisome not a peroxisome? Trends in Plant Science 13, 522–525 (2008)

Reumann, S., *et al.* Proteome analysis of *Arabidopsis* leaf peroxisomes reveals novel targeting peptides, metabolic pathways, and defence mechanisms. Plant Cell 19, 3170–3193 (2007)

Reumann, S., Weber, A.P. Plant peroxisomes respire in the light: some gaps of the photorespiratory C2 cycle have become filled, -others remain. Biochimica Biophysica Acta 1783, 1496–1510 (2006)

Visser, W.F., van Roermund, C.W., Ijlst, L., Waterham, H.R., Wanders. R.J. Metabolite transport across the peroxisomal membrane. Biochem Journal 401, 365–375 (2007)

8 Photosynthese ist mit Wasserverbrauch verbunden

In diesem Kapitel wird aufgezeigt, dass bei der Photosynthese sehr viel Wasser verbraucht wird und daher das der Pflanze zur Verfügung stehende Wasser häufig begrenzt ist. Es werden außerdem biochemische Mechanismen behandelt, durch die bestimmte Pflanzen an trockenen und heißen Standorten ihren Wasserverbrauch reduzieren können.

8.1 Bei der Aufnahme von CO_2 in das Blatt geht Wasser aus dem Blatt in Form von Wasserdampf verloren

Pflanzen benötigen für ihr Wachstum viel Wasser, da die Photosynthese mit einem hohen Wasserbedarf gekoppelt ist. Eine C_3-Pflanze (siehe unten) benötigt für die Fixierung von 1 mol CO_2 700 bis 1300 mol Wasser. Hierbei spielt der Wasserverbrauch für die photosynthetische Wasserspaltung mengenmäßig keine nennenswerte Rolle, der Wasserbedarf beruht vielmehr darauf, dass Wasser aus den Blättern in Form von Wasserdampf entweicht. Dieser Wasserverlust durch Verdunstung wird durch die Wasseraufnahme der Wurzeln ausgeglichen. Es findet so während der Photosynthese ein ständiger Strom von Wasser aus den Wurzeln durch die Röhren des Xylems in die Blätter statt, den man als **Transpirationsstrom** bezeichnet.

Um den Wasserverlust durch Verdampfung gering zu halten, ist die Oberfläche der Blätter mit einer gasundurchlässigen Cuticula aus Cutin (Abschn. 18.3) überzogen. Dennoch ist ein Wasserverlust der Blätter während der Photosynthese unvermeidlich, da für die Aufnahme des CO_2 in der Blattoberfläche Öffnungen erforderlich sind, die **Spaltöffnungen** (**Stomata**), durch die das CO_2 aus der Atmosphäre in den Gasraum im Inneren des Blattes und von dort weiter in die Mesophyllzellen diffundieren kann (Abb. 8.1). Durch die Stomata entweicht zwangsweise aber auch Wasser aus dem Blatt in Form von Wasserdampf. Da die Wasserdampfkonzentration im Gasraum des Blattes im Gleichgewicht mit dem Zellwasser (31 000 ppm, 25 °C) um zwei Größenordnungen höher ist als die Konzentration des CO_2 in der Luft (350 ppm), ist bei der Diffusion von CO_2 in die Blätter ein Entweichen einer sehr großen Wassermenge unvermeidlich. Um den Wasserverlust des Blattes zu minimieren, ist die Öffnung der Stomata reguliert. Daher haben Pflanzen bei einer Erhöhung der CO_2-Konzentration in der Atmosphäre einen geringeren Wasser-

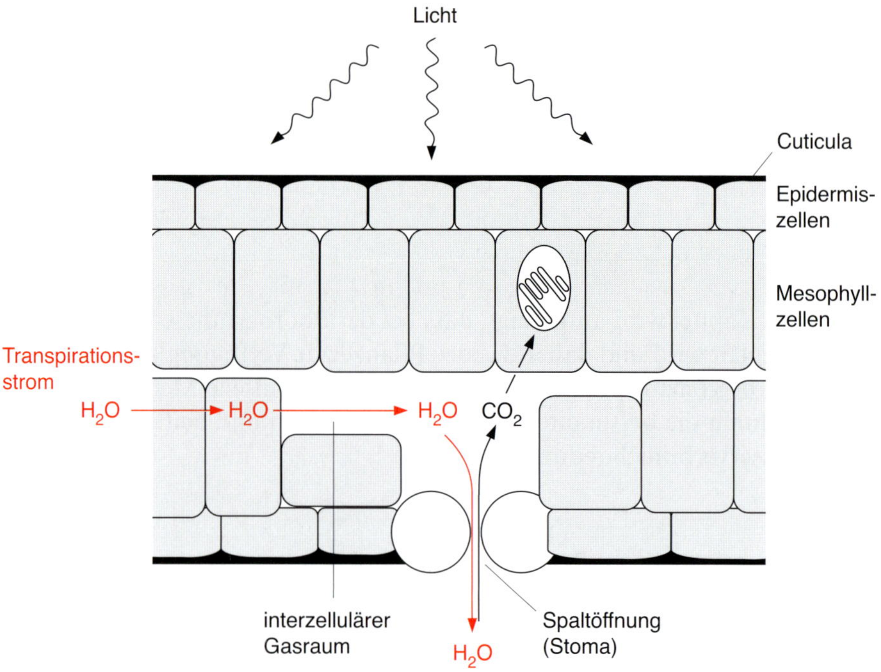

Abb. 8.1 Schematische Darstellung eines Blattquerschnittes. Die Spaltöffnungen sind in einem Blatt oft gehäuft an der Unterseite vorhanden. Durch den hinter den Spaltöffnungen befindlichen interzellulären Gasraum diffundiert CO_2 in die Photosynthese betreibenden Mesophyllzellen. Aus den Zellen entweicht Wasser und diffundiert in Form von Wasserdampf in die Atmosphäre. Das Schema ist sehr stark vereinfacht, in der Realität ist das Blatt aus mehreren Zellschichten aufgebaut, auch ist der interzelluläre Gasraum viel kleiner als gezeichnet.

verlust und damit auch einen geringeren Wasserbedarf. Die biochemischen Reaktionen, auf denen der Öffnungs- und Schließvorgang der Stomata beruhen, werden im nächsten Abschnitt ausführlich besprochen.

Selbst bei genügender Bewässerung der Pflanze sind die Stomata nur so weit geöffnet, wie es für die CO_2-Versorgung des Blattes erforderlich ist. Bei Wassermangel werden zum Schutz vor dem Austrocknen die Stomata teilweise oder vollständig geschlossen und so die Photosynthese gedrosselt oder vollständig ausgeschaltet. Dadurch ist Wassermangel sehr oft ein entscheidender Faktor für das Pflanzenwachstum, insbesondere in den wärmeren und trockneren Regionen der Erde. Begrenzte Wasserverfügbarkeit und höhere Temperaturen haben während der Evolution zur Entwicklung von Pflanzen geführt, die einen geringeren Wasserverlust haben. Wie in Abschnitt 6.2 bereits besprochen, entsteht bei der CO_2-Fixierung als erstes Produkt 3-Phosphoglycerat, eine Verbindung aus drei Kohlenstoffatomen. Man spricht daher von **C_3-Pflanzen.** Wie in Abschnitt 8.4 ausführlich diskutiert wird, gibt es Pflanzen, die das CO_2 zunächst in der C_4-Verbindung Oxalacetat fixieren (um auf diese alternative Weise Wasser zu sparen). Diese Pflanzen werden als **C_4-Pflanzen** bezeichnet.

Stomata regulieren den Gasaustausch in einem Blatt

Die Stomata werden durch zwei **Schließzellen**, die oft von Nebenzellen umgeben werden, gebildet. Abbildung 8.2 zeigt in einer rasterelektronenmikroskopischen Aufnahme den Spaltöffnungsapparat in geschlossenem (a) und geöffnetem (b) Zustand sowie einen medianen Schnitt durch ein Schließzellenpaar (c). Die Öffnung erfolgt durch eine Erhöhung des osmotischen Drucks in den Schließzellen, worauf Wasser einströmt und sich das Zellvolumen erhöht. Die solchermaßen „aufgeblähten" Zellen führen zur Öffnung des Spaltes (Abb. 8.3).

Der Stoffwechsel der Schließzellen unterscheidet sich sehr stark vom Stoffwechsel der Mesophyllzellen. Für Untersuchungen des Mechanismus des Öffnungsvorganges ist daher eine Isolierung der Schließzellen erforderlich. Da im Verhältnis zu den Mesophyllzellen die Schließzellen sehr klein sind und ihre Isolierung nur zu geringen Ausbeuten führt, sind biochemische und physiologische Untersuchungen an diesem Objekt überaus schwierig. Trotzdem zählen die Schließzellen zu den bestuntersuchten Pflanzenzellen. Die Kenntnisse über den Schließvorgang sind aber in vielen Einzelaspekten noch fragmentarisch, wie im nächsten Abschnitt erläutert wird.

Im Stoffwechsel der Schließzellen spielt Malat eine wichtige Rolle

Der Anstieg des osmotischen Drucks bei der Öffnung der Stomata ist vorrangig auf eine Akkumulation von **Kaliumsalzen** in den Schließzellen zurückzuführen, entsprechende Anionen sind dabei je nach Spezies vor allem **Malat**, aber auch **Chlorid**. Abbildung 8.4 zeigt in schematischer Darstellung die Abläufe beim Öffnungsvorgang mit Malat als hauptsächliches Anion. Durch eine **H^+-P-ATPase** werden Protonen über die Plasmamembran in den extrazellulären Raum gepumpt. Die H^+-P-ATPase entspricht dem gleichen Typ wie die Na^+/K^+-ATPase in tierischen Zellen. Das Transportprotein wird intermediär an einem Aspartylrest durch ATP phosphoryliert. Sie ist dadurch grundverschieden von der F-ATPase und V-ATPase (Abschn. 4.4). Man bezeichnet sie daher als P-Typ-ATPase oder kurz P-ATPase. Die durch die H^+-P-ATPase gebildete elektrische Potenzialdifferenz treibt den Einstrom von K^+-Ionen über einen **Kaliumkanal** in die Schließzellen. Dieser Kanal ist nur bei negativen Spannungen geöffnet (siehe Abschn. 1.10) und erlaubt daher nur den Einstrom von K^+-Ionen. Man bezeichnet ihn daher auch als **K^+-Einwärtskanal.** Die in die Zelle aufgenommenen K^+-Ionen werden größtenteils in die Vakuole transportiert. Nach bisherigen Kenntnissen ist an diesem Vorgang eine **vakuoläre H^+-ATPase** (V-ATPase) beteiligt, durch die Protonen in das Innere der Vakuolen gepumpt werden, die dann gegen K^+-Ionen, unter Beteiligung eines Kaliumkanals, ausgetauscht werden. Die V-ATPasen sind entfernt verwandt mit den F-ATPasen (Abschn. 4.4).
Die Akkumulation der Kationen in der Vakuole führt zur Bildung einer Potenzialdifferenz über die Vakuolenmembran, diese treibt den Einstrom von

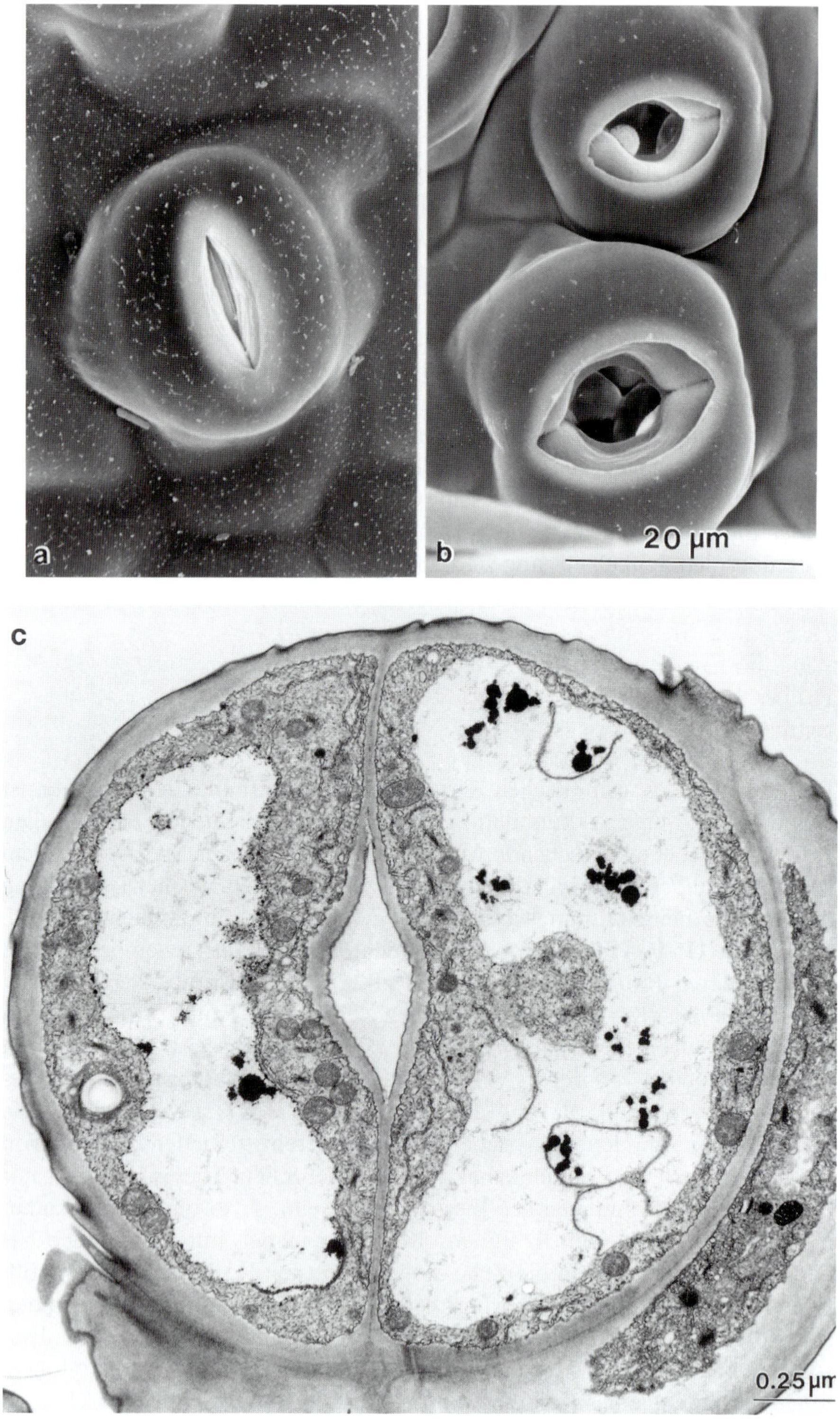

Abb. 8.2 Cryorasterelektronenmikroskopische Abbildung von Spaltöffnungen (Stomata) von der unteren Epidermis eines Haselnuss-Blattes in a. geschlossenem und b. geöffnetem Zustand. Aufnahmen von R. S. Harrison-Murray und C. M. Clay, Horticulture Research International, Wellesbourne, England. c. Medianer Schnitt durch ein Schließzellenpaar aus einem Tabakblatt. Man erkennt die großen Zentralvakuolen und den Spalt zwischen den beiden Schließzellen. Aufnahme von D. G. Robinson.

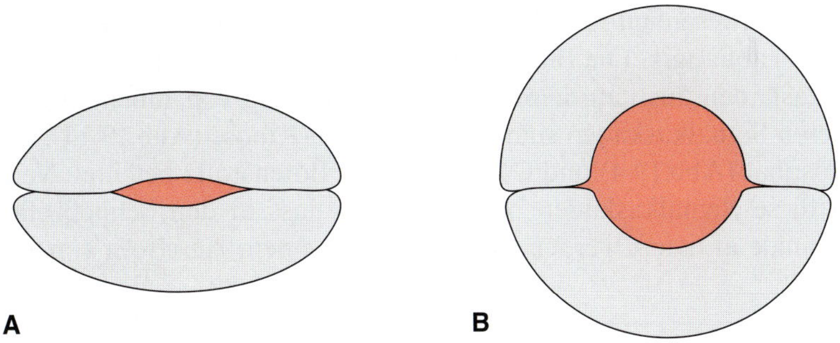

Abb. 8.3 Schematische Darstellung einer Spaltöffnung (Stoma) mit den beiden umgebenden Schließzellen in **A**) geschlossenem und **B**) geöffnetem Zustand.

Malat über einen für organische Anionen spezifischen Kanal. Das erforderliche Malat wird durch den glycolytischen Abbau von Stärke, die in den Chloroplasten gelagert ist, bereitgestellt. Dieser Abbau liefert auf einem hier nicht im Detail behandelten Weg Triosephosphat (Abschn 9.1). Letzteres wird über einen **Triosephosphat-Phosphat-Translokator** im Gegentausch mit anorganischem Phosphat in das Cytosol freigesetzt und dort in Phosphoenolpyruvat umgewandelt (siehe Abb. 10.11). Durch das Enzym **Phosphoenolpyruvat-Carboxylase** (Abb. 8.5) reagiert Phosphoenolpyruvat mit HCO_3^- zu Oxalacetat. Da bei dieser Reaktion ein sehr energiereicher Enolester gespalten wird, ist die Reaktion irreversibel. Das gebildete Oxalacetat wird über einen spezifischen Translokator in die Chloroplasten transportiert, über die dort anwesende **NADP-Malat-Dehydrogenase** zu Malat umgesetzt und letzteres in das Cytosol ausgeschleust (Abb. 8.4). Möglicherweise werden Malat und Oxalacetat über den gleichen Translokator befördert.

Beim Schließen der Stomata wird das Malat zum größten Teil aus den Schließzellen freigesetzt. Da Schließzellen sehr geringe Aktivitäten von RubisCO besitzen, tragen sie insgesamt nur gering zur CO_2-Fixierung bei. Daher wird die Rückbildung der Stärke vor allem durch die Aufnahme von Glucose in die Schließzellen gespeist. Im Gegensatz zu den Chloroplasten aus Mesophyllzellen besitzen Schließzellenchloroplasten einen **Glucosephosphat-Phosphat-Translokator**, der neben Glucose-6-phosphat und Phosphat auch Triosephosphat und 3-Phosphoglycerat transportiert. Diesen Translokator findet man auch in Plastiden nicht-grüner Gewebe, wie zum Beispiel in Wurzeln (siehe Abschn. 13.3).

Die Stomaöffnung unterliegt einer komplexen Regulation

Man kennt eine Reihe von Faktoren, welche die Öffnung der Stomata beeinflussen. So wird die Stomaöffnung unter anderem durch die CO_2-Konzentration im Gasraum und durch Licht über den Blaulicht-Rezeptor **Phototropin** (Abschn.19.9) reguliert. **Abscisinsäure** (engl. *abscisic acid*, **ABA**) (Abschn. 19.6) bewirkt in mikromolaren Konzentrationen ein Schließen der Stomata. Sinkt infolge Wassermangels das Wasserpotenzial unter einen kritischen Punkt, setzt eine verstärkte ABA-Synthese ein. Dabei ist die Wirkung von ABA auf die Stomaöffnung von der interzellulären CO_2-Konzentration und der Anwesenheit der Signalsubstanz Stickstoffmonooxid (NO) (Abschn. 19.9) abhängig. Die Bindung von ABA an einen Membranrezeptor löst Signalkaskaden aus, an deren Ende die Steuerung von Ionenkanälen liegt. An diesen Signalkaskaden sind cyclische ADP-Ribose (Abb. 19.13), Inositol-trisphosphat (Abb. 19.4) und Ca^{++}-Ionen als Botenstoffe beteiligt. Vermittelt durch diese Signalkaskaden bewirkt ABA, dass in den Schließzellen Anionenkanäle aktiviert werden, wodurch es zu einem Ausstrom von Anionen

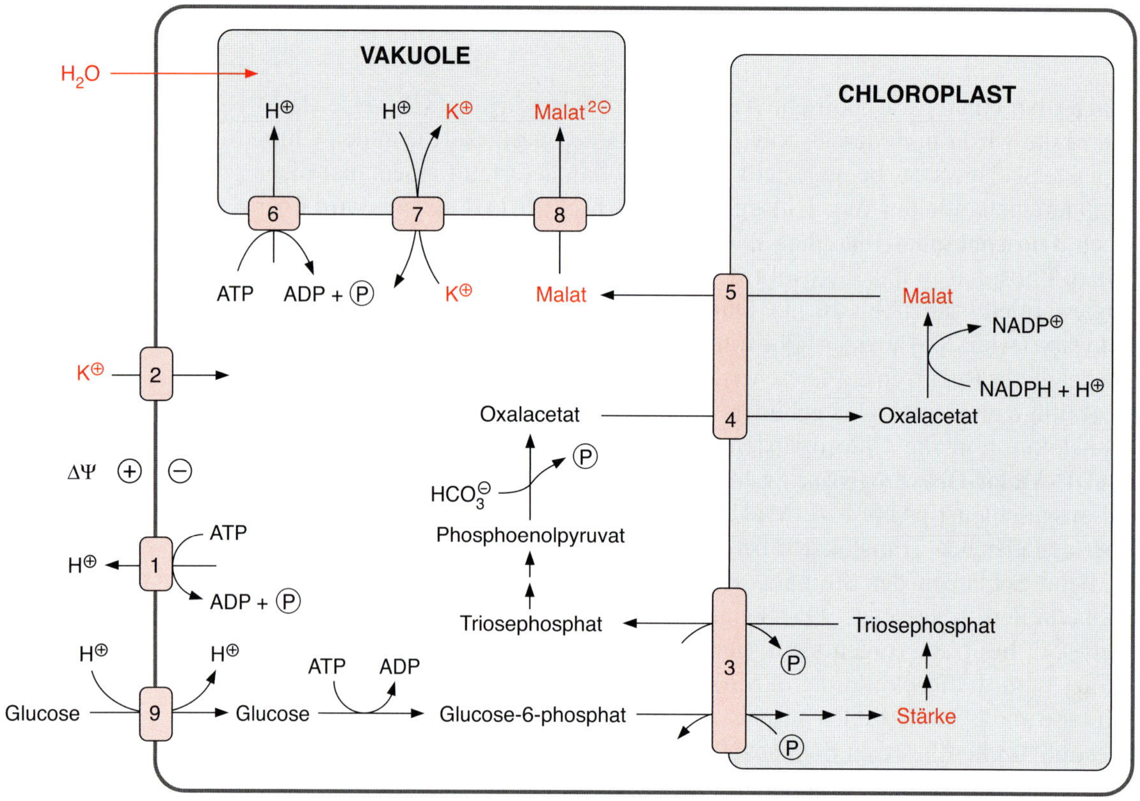

Abb. 8.4 Schematische Darstellung der Vorgänge beim Öffnen der Stomata mit Malat als hauptsächlichem Anion. Der Protonentransport durch die H^+-P-ATPase (1) des Plasmalemma der Schließzelle führt zu einem Anstieg des Protonenpotenzials, die Membran wird hyperpolarisiert. Dadurch wird der spannungsabhängige K^+-Einwärtskanal (2) geöffnet, und das Protonenpotenzial treibt den Einstrom von K^+-Ionen durch diesen Kanal. Zur gleichen Zeit erfolgt ein Abbau der Stärke in den Chloroplasten zu Triosephosphat, dieses wird durch den Triosephosphat-Phosphat-Translokator (3) aus den Chloroplasten freigesetzt und im Cytosol zu Oxalacetat umgesetzt. Oxalacetat wird in die Chloroplasten importiert (4) und das Malat wieder exportiert (5), möglicherweise über den gleichen Translokator. Wahrscheinlich werden durch eine H^+-V-ATPase Protonen in die Vakuole transportiert (6) und diese Protonen gegen K^+-Ionen ausgetauscht (7). Die durch die H^+-V-ATPase gebildete elektrische Potenzialdifferenz treibt den Einstrom von Malat-Ionen über einen Malatkanal (8). Die Akkumulation von Malat als Kaliumsalz (3 Ionen) erhöht das osmotische Potenzial in der Vakuole und führt zu einem Einstrom von Wasser. Für die Neubildung der Stärke wird Glucose über einen H^+-Symport (9) in die Schließzellen aufgenommen, im Cytosol in Glucose-6-phosphat umgewandelt und über den Glucosephosphat-Phosphat-Translokator (3) in die Chloroplasten transportiert.

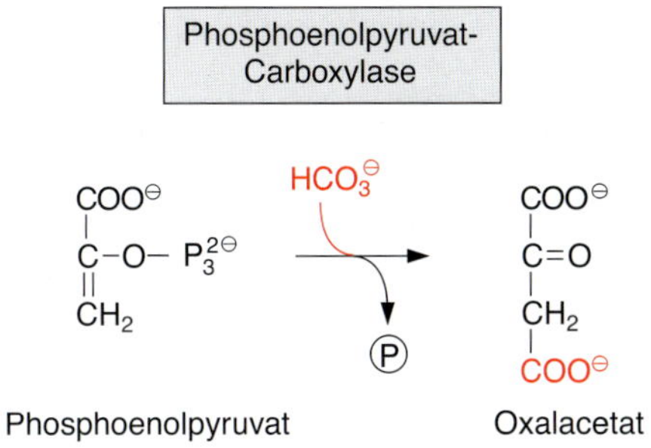

Abb. 8.5 Phosphoenolpyruvat-Carboxylase.

kommt. Dies führt zu einer Depolarisierung des Plasmalemma und dadurch zur Öffnung der **K^+-Auswärtskanäle** (siehe Abschn. 1.10). NO reguliert diese Ca^{2+}-sensitiven Ionenkanäle durch eine Erhöhung der cytosolischen Ca^{2+}-Konzentration über eine Stimulierung der Ca^{2+}-Freisetzung aus den intrazellulären Speichern. Die dadurch bewirkte Freisetzung der K^+-, Malat^{2-}- und Cl^--Ionen aus den Schließzellen führt zu einem Abfall des osmotischen Druckes, damit zu einer Verkleinerung der Schließzellen und so zu einem Schließen des Spaltes. Der Einsatz der Patch-Clamp-Technik (siehe Abschn. 1.10) hat zu revolutionären Erkenntnissen über die Rolle spezifischer Ionenkanäle beim Schließvorgang geführt.

NO kann durch Stickstoffmonooxid-Synthase (Abschn.19.9) oder als Nebenprodukt der Reduktion von Nitrat über die Nitratreduktase (Abschn.10.1) gebildet werden. In Schließzellen wird die Aktivität der Nitratreduktase durch ABA stimuliert. Offenbar ist das Zusammenspiel von NO und ABA bei der Kontrolle der Stomaöffnung sehr komplex.

8.2 Diffusion von CO_2 in eine Pflanzenzelle

Der Weg des CO_2 aus der Atmosphäre bis zum katalytischen Zentrum der RubisCO – durch die Stomata, den interzellulären Gasraum, das Plasmalemma, die Chloroplastenhülle und das Stroma – wird durch Diffusion zurückgelegt.

Nach einer einfachen Ableitung des Fickschen Gesetzes gilt für einen Diffusionsfluss I über eine bestimmte Strecke:

$$I = \frac{\Delta C}{R} \qquad (8.1)$$

I ist als die pro Zeit- und Flächeneinheit diffundierende Substanzmenge definiert. ΔC, der Diffusionsgradient, ist die Differenz der Konzentrationen zwischen Anfangs- und Endpunkt und R der Diffusionswiderstand. Der Diffusionswiderstand R von CO_2 ist in Wasser 10^4 mal größer als in Luft.

Abbildung 8.6A illustriert an einem Modellbeispiel die Diffusion von CO_2 in das Blatt einer C_3-Pflanze bei limitierender Wasserversorgung. Über die Kontrolle der Stomaöffnung wird ein stomatärer Diffusionswiderstand erzeugt, durch den ein Diffusionsgradient von 100 ppm aufrechterhalten wird. Die daraus resultierende CO_2-Konzentration von 250 ppm im interzellulären

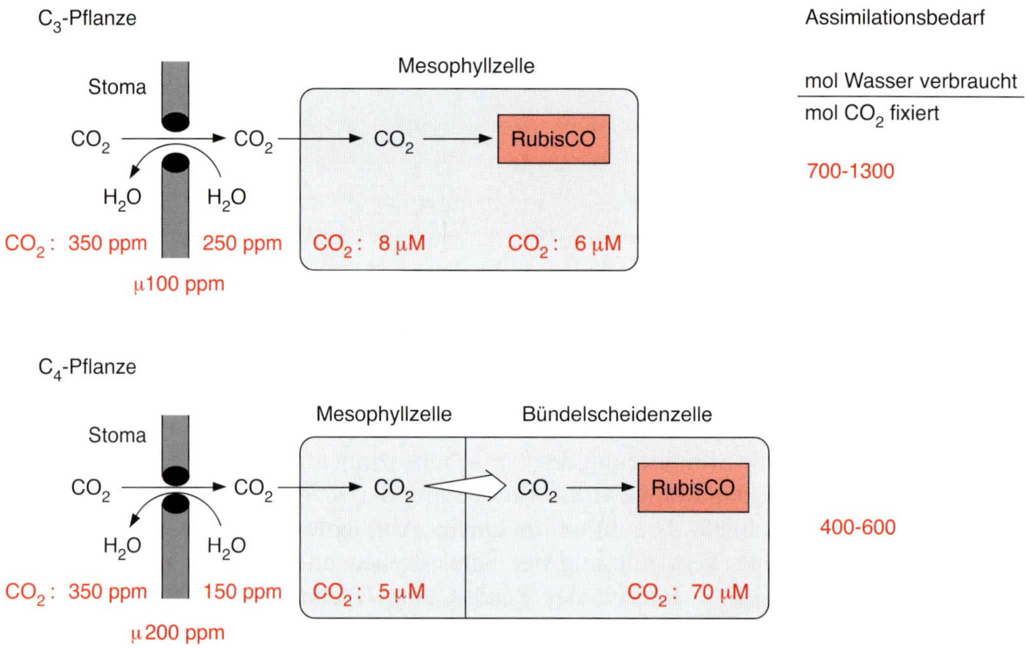

Abb. 8.6 Reaktionsschemata für die Aufnahme von CO_2 in C_3- und C_4-Pflanzen. Die stomatären Widerstände sind typisch für C_3- und C_4-Pflanzen. Die CO_2-Konzentration in der Umgebung der RubisCO für C_4-Pflanzen ist Hatch (1992) entnommen.

Gasraum steht bei 25 °C im Lösungsgleichgewicht mit einer CO_2-Konzentration in wässriger Lösung von 8 µM. In mit Luft (350 ppm) bei 25 °C gesättigtem Wasser beträgt die Konzentration des gelösten CO_2 11,5 µM.

Da die Chloroplasten unter der Oberfläche der Mesophyllzellen angeordnet sind (siehe Abb. 1.1), ist die Hauptdiffusionsstrecke für das CO_2 innerhalb der Mesophyllzelle die Durchquerung des chloroplastidären Stroma bis zum Reaktionsort der RubisCO. Das Chloroplastenstroma enthält zur Erleichterung dieser Diffusion hohe Aktivitäten des Enzyms **Carboanhydrase**. Durch diese wird nach Eintritt des CO_2 in das Stroma ein Gleichgewicht mit HCO_3^- hergestellt (Abb 8.7). Bei pH 8,0 und 25 °C steht 8 µM CO_2 im Gleichgewicht mit 400 µM HCO_3^-. In Gegenwart von Carboanhydrase besteht demnach für HCO_3^- ein 50fach höherer Diffusionsgradient als für CO_2. Auch wenn man berücksichtigt, dass wegen der höheren molaren Masse der Diffusionswiderstand für HCO_3^- um etwa 20 % höher ist als für CO_2, so ist im Carboanhydrase-Gleichgewicht der Diffusionsfluss für HCO_3^- etwa 40fach höher als für CO_2.

Durch die Anwesenheit der Carboanhydrase wird so der Konzentrationsabfall bei der für die CO_2-Fixierung erforderlichen Diffusion des anorganischen Kohlenstoffs durch das Stroma klein gehalten. Die Diffusion von CO_2 aus dem interzellulären Gasraum bis zur RubisCO im Stroma führt insgesamt zu einem Konzentrationsabfall von etwa 2 µM. Am Ort der Carboxylierung wurde eine CO_2-Konzentration von etwa 6 µM ermittelt. In der wässrigen Phase, die im Gleichgewicht mit Luft steht, liegt eine O_2-Konzen-

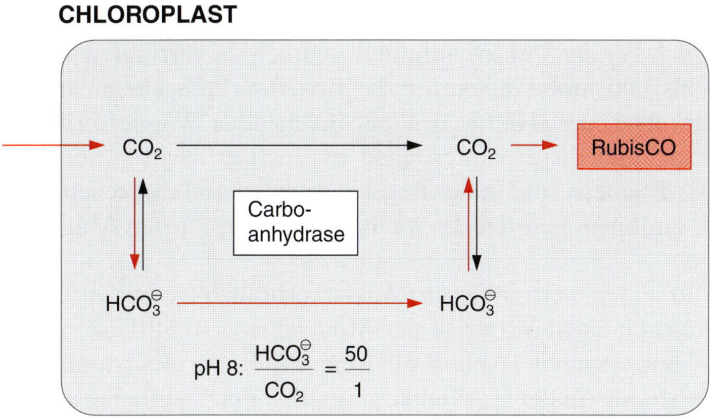

Abb. 8.7 Carboanhydrase katalysiert die rasche Äquilibrierung des CO_2 mit HCO_3^- und ermöglicht dadurch, dass der Diffusionsfluss des anorganischen Kohlenstoffs über den Raum des Chloroplastenstromas sehr stark erhöht wird. Das gewählte Zahlenbeispiel beruht auf der Annahme, dass der pH-Wert 8,0 beträgt. Dissoziationskonstante: $\frac{[HCO_3^-] \cdot [H^+]}{[CO_2]} = 5 \cdot 10^{-7}$.

tration von 250 µM vor. Dies führt zu einem Verhältnis Carboxylierung/Oxygenierung von etwa 2,5.

Kehren wir noch einmal zu Abbildung 8.6 zurück: Da CO_2 und O_2 um die durch RubisCO katalysierte Reaktion mit Ribulose-1,5-bisphosphat konkurrieren, und die CO_2-Konzentration in der Atmosphäre im Verhältnis zur O_2-Konzentration sehr niedrig ist, führt der Konzentrationsabfall des CO_2 bei der Diffusion von der Atmosphäre zum Ort der CO_2-Fixierung zu einer erheblichen Begrenzung der Effizienz der Carboxylierung durch RubisCO. Dies ist auch ein Grund dafür, dass dieses Enzym so hoch konzentriert sein muss, wie in Abschnitt 6.2 besprochen wurde. Natürlich könnte durch eine größere Öffnung der Stomata der stomatäre Diffusionswiderstand beispielsweise halbiert werden, damit bei gleichem Diffusionsfluss auch der Diffusionsgradient halbiert und so die interzelluläre CO_2-Konzentration von 250 auf 300 ppm erhöht werden. Damit würde letztlich auch das Verhältnis Carboxylierung/Oxygenierung durch RubisCO erhöht. Der Preis für die Halbierung des stomatären Diffusionswiderstandes wäre jedoch eine Verdopplung des Wasserverlustes. Da der Diffusionsfluss des Wasserdampfes aus den Blättern zum Diffusionsgradienten proportional ist, bildet die Luftfeuchtigkeit für den Wasserverlust einen entscheidenden Faktor. Diese Betrachtungen illustrieren die überaus wichtige Funktion der Stomata für den Gasaustausch der Blätter. Die Regulation der Stomaöffnung bestimmt letztlich, wie hoch die Rate der CO_2-Fixierung sein darf, ohne dass die Pflanze dabei zuviel von dem lebenswichtigen Wasser verliert.

8.3 C_4-Pflanzen benötigen bei der CO_2-Assimilierung weniger Wasser als C_3-Pflanzen

Da im Gleichgewicht mit flüssigem Wasser die Dichte des Wasserdampfes mit der Temperatur exponentiell ansteigt – bei einem Übergang von 20 °C auf 30 °C erfolgt fast eine Verdopplung der Dichte von Wasserdampf – ist das Problem des Wasserverlustes während der Photosynthese bei hohen Temperaturen besonders prekär. C_4-Pflanzen haben einen Weg gefunden, den Wasserverbrauch bei der Photosynthese wesentlich zu verringern. Sie benötigen nur 400 bis 600 mol Wasser für die Fixierung von einem mol CO_2, dies entspricht etwa der Hälfte des entsprechenden Wasserverbrauches von C_3-Pflanzen, und dieser Unterschied ist noch größer bei höheren Temperaturen. C_4-Pflanzen sind in der Regel in warmen und trockenen Gebieten beheimatet; zu ihnen gehören die wichtigen Kulturpflanzen Mais, Zuckerrohr und Hirse.

Das für einen verminderten Wasserverbrauch verantwortliche Prinzip lässt sich durch einen Vergleich der Modelle einer C_3-Pflanze und einer C_4-Pflanze demonstrieren (Abb. 8.6): Eine Erhöhung des stomatären Diffusionswiderstandes in der C_4-Pflanze gegenüber der C_3-Pflanze um den Faktor zwei vermindert den Diffusionsfluss des Wasserdampfes aus der C_4-Pflanze auf die Hälfte des Flusses aus der C_3-Pflanze.

Um bei der Erhöhung des stomatären Diffusionswiderstandes in der C_4-Pflanze für CO_2 den gleichen Diffusionsfluss wie in der C_3-Pflanze zu erreichen, muss nach dem abgewandelten Fickschen Gesetz (Abschn. 8.3) im Gegenzug der Diffusionsgradient um den Faktor zwei erhöht sein. Dies bedeutet bei einer CO_2-Außenkonzentration von 350 ppm eine Innenkonzentration von nur 150 ppm und damit eine CO_2-Konzentration in der wässrigen Phase von 5 µM. Bei dieser geringen CO_2-Konzentration sind C_3-Pflanzen nahe am Kompensationspunkt (Abschn. 7.6), so dass die CO_2-Fixierung durch die RubisCO nur sehr gering wäre.

Der entscheidende Punkt für den Ablauf der C_4-Photosynthese ist das Vorhandensein einer Pumpe, durch die das CO_2 von der sehr niedrigen Konzentration von etwa 5 µM durch Überführung in ein benachbartes Kompartiment auf eine Konzentration von etwa 70 µM angehoben wird. Der Pumpvorgang benötigt natürlich Energie. Dieser Energieaufwand wird allerdings dadurch wieder ausgeglichen, da bei der sehr hohen CO_2-Konzentration in der Umgebung der RubisCO die Oxygenasereaktion fast völlig unterdrückt ist. Die bei C_3-Pflanzen auftretenden sehr hohen Energieverluste durch den Photorespirationsweg (Abschn. 7.5) werden so in C_4-Pflanzen vermieden. Der C_4-Stoffwechsel verbraucht also in der Regel nicht mehr Energie als der C_3-Stoffwechsel, insbesondere bei höheren Temperaturen ist der C_4-Stoffwechsel sogar energetisch günstiger. Ein Grund hierfür ist, dass bei einem Anstieg der Temperatur die Oxygenase-Aktivität der RubisCO relativ stärker ansteigt als die Carboxylase-Aktivität. Somit besteht bei warmen Klima-Bedingungen der Vorteil der C_4-Pflanzen gegenüber den C_3-Pflanzen sowohl in einem verminderten Wasserbedarf wie auch in einer durch Unterdrückung der Photorespiration bedingten günstigeren Energiebilanz der Photosynthese.

Ein Auslöser für die Entdeckung des CO_2-Konzentrierungsmechanismus war ein unverstandener experimenteller Befund. Nachdem Calvin und Benson gezeigt hatten, dass bei der photosynthetischen CO_2-Fixierung als erstes Produkt 3-Phosphoglycerat erscheint, untersuchte Hugo Kortschak an einem Zuckerrohr-Forschungsinstitut in Hawaii um 1950 den Einbau von radioaktivem CO_2 bei der Photosynthese in Zuckerrohr. Das Ergebnis war überraschend: Als erstes CO_2-Fixierungsprodukt wurden nicht – wie erwartet –

3-Phosphoglycerat, sondern die C_4-Verbindungen **Malat** und **Aspartat** identifiziert. Dieses Ergebnis weckte Zweifel an der allgemeinen Gültigkeit des zu dieser Zeit bereits akzeptierten Calvin-Cyclus. Offenbar wagte Kortschak damals nicht, diese Zweifel zu äußern; die Ergebnisse blieben fast zehn Jahre unveröffentlicht. Ohne von diesen Untersuchungen zu wissen, kam Yuri Karpilov in der Sowjetunion, der zu dieser Zeit mit Mais experimentierte, zu sehr ähnlichen Ergebnissen.

Die beiden Forscher Hal Hatch und Rodger Slack in Australien erfuhren von den unverstandenen Ergebnissen und versuchten diese durch systematische Untersuchungen zu erklären. Sie fanden, dass es sich bei dem Einbau von radioaktivem CO_2 in Malat um einen Prozess handelte, der dem Calvin-Cyclus vorgeschaltet ist. Sie konnten zeigen, dass diese erste Carboxylierungsreaktion der Bestandteil eines Mechanismus zur CO_2-Konzentrierung ist. Dessen Funktion und Bedeutung wurde von den beiden Wissenschaftlern um 1970 aufgeklärt. Der C_4-Stoffwechsel (C_4-Weg) wird daher auch als **Hatch-Slack-Weg** bezeichnet.

Die CO_2-Pumpe in C_4-Pflanzen

Für das Pumpen von CO_2 von einer niedrigen zu einer hohen Konzentration müssen zwei verschiedene Kompartimente vorhanden sein. Dies wird durch die Blattanatomie der C_4-Pflanzen bestätigt. C_4-Pflanzen zeigen eine so genannte **Kranzanatomie** (Abb. 8.8). Die Leitbündel, in denen sich die Siebröhren und die Xylemgefäße befinden, sind kranzartig von einer Scheide von Zellen, den **Bündelscheidenzellen** umgeben. Diese werden durch **Mesophyllzellen** umschlossen, die ihrerseits Kontakt mit dem interzellulären Gasraum der Blätter haben. Gustaf Haberlandt hat bereits 1884 in seinem Buch Physiologische Pflanzenanatomie beschrieben, dass unter anderem in Zuckerrohr und Hirse die Assimilationszellen kranzartig angeordnet sind und diskutiert, ob eine noch unbekannte Arbeitsteilung zwischen den Chloroplasten der Bündelscheiden- und jenen der Mesophyllzellen eine Rolle spielt.

Mesophyll- und Bündelscheidenzellen sind durch eine Zellwand getrennt, die oft, aber nicht immer, eine undurchlässige **Suberinschicht** enthält. Suberin ist ein Polymer phenolischer Substanzen (Abschn. 18.3), in das Wachs eingelagert ist. Die Grenze zwischen Mesophyll- und Bündelscheidenzellen wird durch eine sehr große Anzahl von **Plasmodesmen** (Abschn. 1.1) unterbrochen. Diese Plasmodesmen ermöglichen einen Diffusionsstrom von Metaboliten zwischen den Mesophyll- und Bündelscheidenzellen.

Der Pumpvorgang beruht nicht auf der spezifischen Funktion eines Membran-Transporters, sondern darauf, dass das CO_2 nach Umwandlung in HCO_3^- im Cytosol der Mesophyllzellen durch die Reaktion mit Phosphoenolpyruvat zu Oxalacetat vorläufig fixiert wird. Nach Umwandlung des Oxalacetat in Malat diffundiert das Malat in die Bündelscheidenzellen, in denen das CO_2 wieder freigesetzt wird, um als Substrat der RubisCO zu fungieren. Alternativ kann auch Aspartat als Transportmetabolit dienen (Abb. 8.14). Malat und Aspartat sind stabilere C_4-Säuren als Oxalacetat und

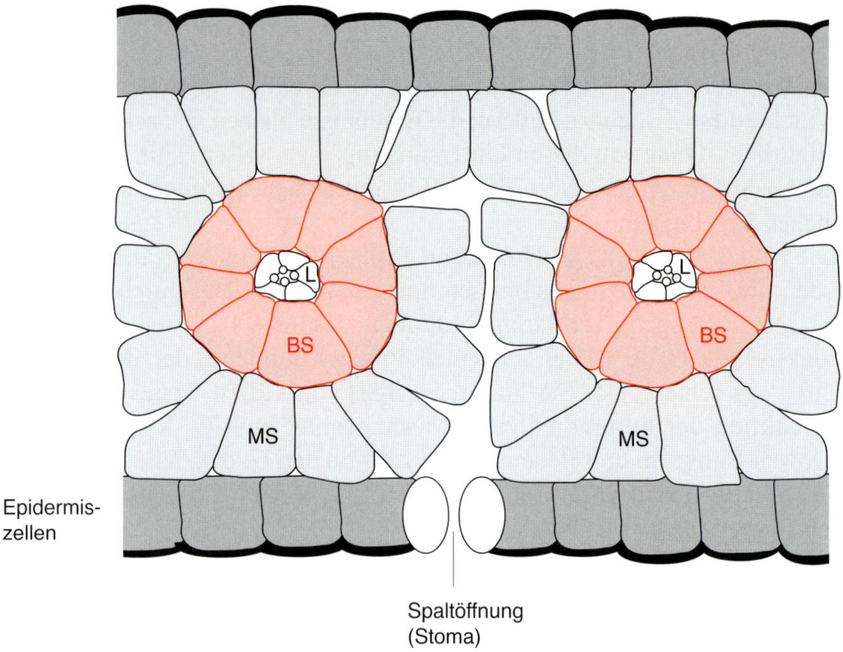

Abb. 8.8 Charakteristische Blattanatomie einer C_4-Pflanze (Kranzanatomie). Schematische Darstellung. L, Leitbündel; BS, Bündelscheidenzellen; MS, Mesophyllzellen.

somit bessere Transportmoleküle. Abbildung 8.9 zeigt ein Schema dieses Vorgangs. Ursache für die Bildung des CO_2-Gradienten bei diesem Pumpvorgang ist letztlich, dass die vorläufige Fixierung von CO_2 (A) und die Wiederfreisetzung von CO_2 (B) in den unterschiedlichen Kompartimenten durch unterschiedliche Reaktionen erfolgen, die jeweils irreversibel ablaufen. Ein entscheidendes Kennzeichen von C_4-Pflanzen ist die ausschließliche Lokalisation der RubisCO in den Chloroplasten der Bündelscheidenzellen.

Die Reaktion von HCO_3^- mit Phosphoenolpyruvat wird durch das Enzym **Phosphoenolpyruvat-Carboxylase** katalysiert. Dieses Enzym wurde bereits beim Stoffwechsel der Schließzellen (Abb 8.4 und 8.5) beschrieben. Die Reaktion ist stark exergonisch und damit irreversibel. Durch die hohe Affinität des Enzyms für HCO_3^- werden mikromolekulare Konzentrationen von Hydrogencarbonat mit hoher Effizienz umgesetzt. Die Bildung des Bicarbonats

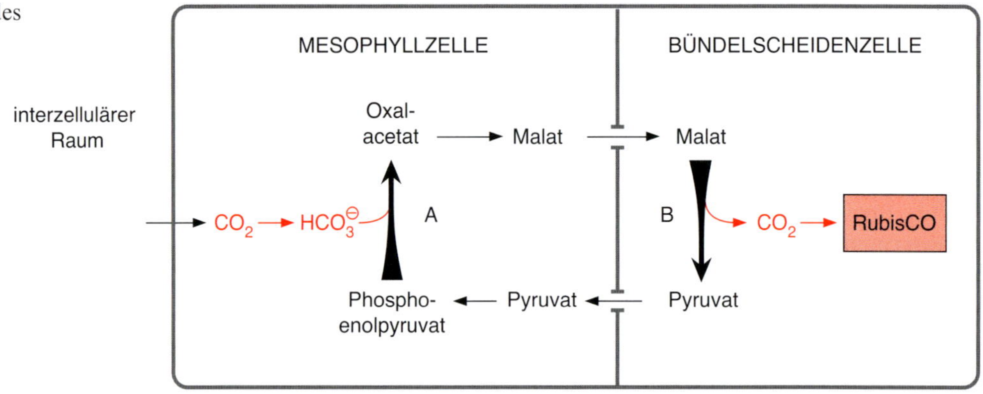

Abb. 8.9 Prinzip des C_4-Stoffwechsels.

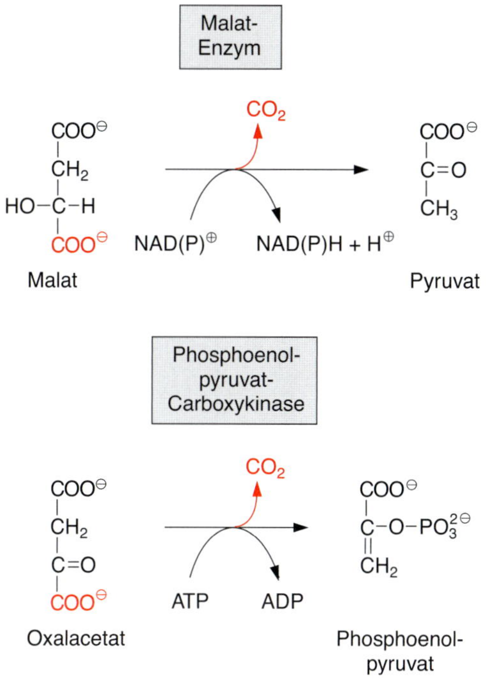

Abb. 8.10 Reaktionen, durch die im C_4-Stoffwechsel das in den Mesophyllzellen vorläufig fixierte CO_2 in den Bündelscheidenzellen wieder freigesetzt werden kann.

aus CO_2 wird durch eine im Cytosol der Mesophyllzellen lokalisierte Carboanhydrase katalysiert.
Für die Freisetzung von CO_2 in den Bündelscheidenzellen werden in verschiedenen C_4-Pflanzen unterschiedliche Wege eingeschlagen (Abb. 8.10):

Durch das **Malat-Enzym** wird eine Decarboxylierung des Malats unter gleichzeitiger Oxidation zu Pyruvat katalysiert. Bei dem **NADP-Malat-Enzymtyp** erfolgt diese CO_2-Freisetzung unter Reduktion von $NADP^+$ in den Bündelscheidenchloroplasten. Bei dem **NAD-Malat-Enzymtyp** findet die Decarboxylierung des Malats unter Reduktion von NAD^+ in den Mitochondrien statt. Bei dem **Phosphoenolpyruvat-Carboxykinasetyp** wird im Cytosol der Bündelscheidenzellen Oxalacetat unter ATP-Verbrauch decarboxyliert, dabei entsteht Phosphoenolpyruvat.

Im folgenden sollen Ablauf und Kompartimentierung des Stoffwechsels dieser drei C_4-Typen kurz besprochen werden.

C_4-Stoffwechsel des NADP-Malat-Enzymtyps

Der C_4-Stoffwechsel in Mais, Zuckerrohr und der Mohrenhirse verläuft nach dem NADP-Malat-Enzymtyp. Abbildung 8.11 zeigt den Ablauf und die Lokalisation der einzelnen Schritte. Das bei der Carboxylierung des Phosphoenolpyruvats im Cytosol der Mesophyllzellen gebildete Oxalacetat wird über einen spezifischen Translokator in die Chloroplasten transportiert, dort durch die NADP-Malat-Dehydrogenase zu Malat reduziert und das Malat aus den Chloroplasten wieder exportiert. Eine derartige Reduktion von Oxalacetat in

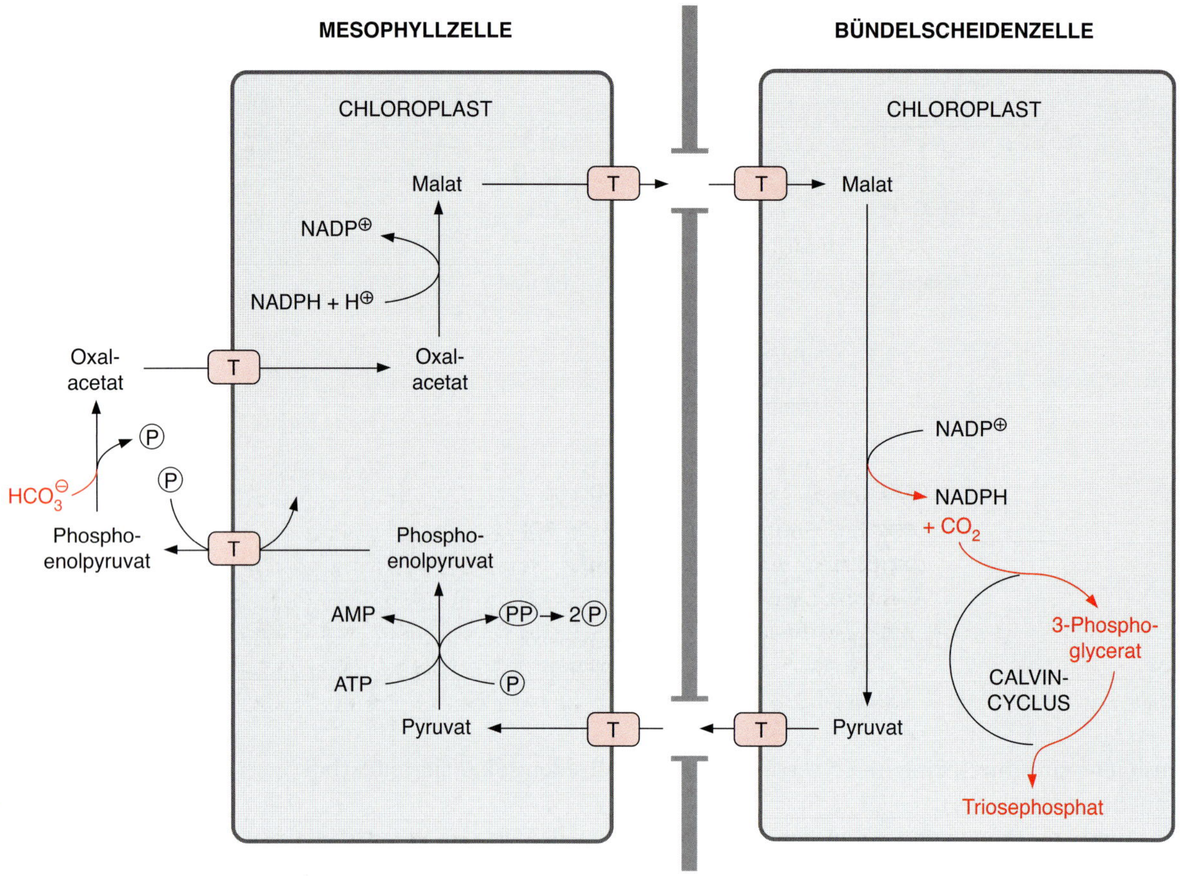

Abb. 8.11 CO_2-Konzentrierungsmechanismus bei Pflanzen vom C_4-NADP-Malat-Enzymtyp (Beispiel Mais). Im Cytosol der Mesophyllzellen wird HCO_3^- durch Reaktion mit Phosphoenolpyruvat gebunden, das entstandene Oxalacetat wird in den Chloroplasten zu Malat reduziert, das Malat diffundiert nach Austritt aus den Chloroplasten in die Bündelscheidenzellen, wird dort unter Bildung von CO_2 oxidativ decarboxyliert und das gebildete Pyruvat in den Chloroplasten der Mesophyllzellen zu Phosphoenolpyruvat phosphoryliert. Der Transport über die Chloroplastenmembranen erfolgt durch spezifische Translokatoren; der Diffusionsfluss zwischen den beiden Zellen wird durch Plasmodesmen ermöglicht. Der Import von Oxalacetat in die Mesophyllchloroplasten und der anschließende Export des Malats wird wahrscheinlich durch den gleichen Translokator bewirkt. T = Translokator.

den Chloroplasten wurde bereits bei der Photorespiration (Abschn. 7.3) beschrieben. Das Malat diffundiert über Plasmodesmen (Abschn. 1.1) in die Bündelscheidenzellen und gelangt durch spezifischen Transport in die Bündelscheidenchloroplasten. Der Diffusionsfluss des Malats zwischen den beiden Zellen erfordert einen Diffusionsgradienten von etwa 2 mM. In den Chloroplasten der Bündelscheidenzellen erfolgt die Freisetzung des CO_2 über das NADP-Malat-Enzym. Dieses CO_2 wird durch die benachbarte RubisCO zur Carboxylierung von Ribulose-1,5-bisphosphat genutzt.

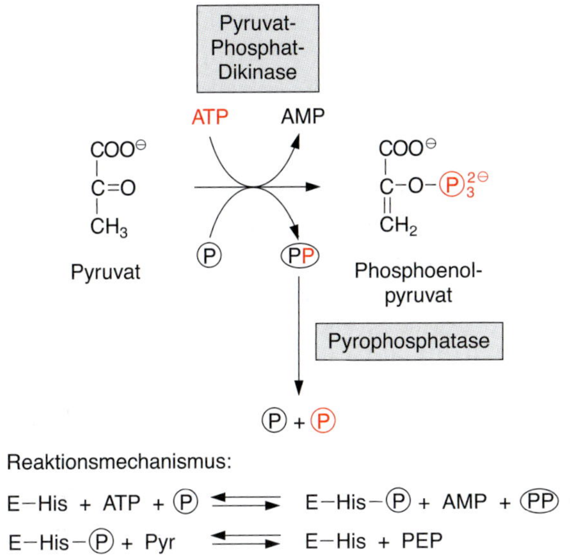

Abb. 8.12 Pyruvat-Phosphat-Dikinase. Bei dieser Reaktion werden von ATP ein Phosphatrest auf anorganisches Phosphat unter Bildung von Pyrophosphat (PP) und ein weiterer Phosphatrest auf einen Histidinrest im katalytischen Zentrum des Enzyms übertragen. Dabei wird ein Phosphorsäureamid ($RHN\text{-}PO_3^{2-}$) gebildet, das sehr energiereich ist und dadurch diesen Phosphatrest auf Pyruvat unter Bildung des sehr energiereichen Phosphoenolpyruvats übertragen kann.

Pyruvat wird über einen spezifischen Translokator aus den Chloroplasten exportiert, diffundiert über Plasmodesmen in die Mesophyllzellen und wird – wiederum über einen spezifischen Translokator – in die Chloroplasten transportiert. Dort wird durch das Enzym **Pyruvat-Phosphat-Dikinase** (Abb. 8.12) in einer sehr ungewöhnlichen Reaktion Pyruvat wieder zu Phosphoenolpyruvat umgesetzt. Die Phosphatdikinase katalysiert eine zweifache Phosphorylierung. Das an dieser Reaktion beteiligte ATP überträgt in reversibler Reaktion einen Phosphatrest auf Pyruvat und einen zweiten auf Phosphat, dabei entsteht anorganisches Pyrophosphat. Durch eine im Chloroplastenstroma vorhandene **Pyrophosphatase** wird das Pyrophosphat gespalten und aus dem Gleichgewicht entfernt, damit wird die Reaktion irreversibel. Dadurch reagiert Pyruvat unter Verbrauch von zwei energiereichen Phosphaten aus dem ATP, das dabei zu AMP umgesetzt wird, irreversibel zu Phosphoenolpyruvat. Das Phosphoenolpyruvat wird durch einen spezifischen **Phosphoenolpyruvat-Phosphat-Translokator** im Gegentausch mit anorganischem Phosphat aus dem Chloroplasten exportiert.

Warum diffundiert bei dem hohen CO_2-Gradienten zwischen den Bündelscheiden- und Mesophyllzellen das CO_2 nicht wieder zurück? Da im Chloroplastenstroma der Bündelscheidenzellen, im Gegensatz zum Stroma der Mesophyllzellen, Carboanhydrase (zur Funktion siehe Abschn. 8.3) nicht vorhanden ist, ist die Diffusion des CO_2 durch die Chloroplasten der Bündelscheidenzellen viel langsamer als durch die Chloroplasten der Mesophyllzellen. Zudem beschränkt eine Suberinschicht zwischen den beiden Zelltypen, wenn vorhanden, die CO_2-Diffusion auf die Plasmodesmen. Man schätzt, dass je nach Spezies zwischen 10 bis 30 % des in die Bündelscheidenchloroplasten beförderten CO_2 durch Rückdiffusion verloren gehen.

In Maisblättern unterscheiden sich die Chloroplasten aus Mesophyll- und Bündelscheidenzellen in ihrer Struktur. Während die Chloroplasten aus Mesophyllzellen ausgeprägte Granabezirke aufweisen, enthalten die Bündelscheidenchloroplasten in erster Linie Stromalamellen, es finden sich dort nur wenige Granabezirke. In Abschnitt 3.10 wurde besprochen, dass das Photosystem II in Stromalamellen oft nur wenig aktiv ist. Tatsächlich besitzen Bündelscheidenchloroplasten eine sehr niedrige Photosystem-II-Aktivität. Ihre Funktion besteht in erster Linie in der Bereitstellung von ATP durch cyclische Photophosphorylierung über das Photosystem I. Das für den reduktiven Pentosephosphatweg erforderliche NADPH muss daher durch linearen photosynthetischen Elektronentransport von den Mesophyllchloroplasten bereitgestellt werden. Dies geschieht zum einen durch das bei der oxidativen Decarboxylierung des Malats gebildete NADPH, das ursprünglich in den Mesophyllzellen für die Reduktion des Oxalacetats aufgewandt wurde. Zum anderen wird NADPH zusammen mit ATP durch einen **Triosephosphat-3-Phosphoglycerat-Shuttle** über Phosphat-Translokatoren in den inneren Hüllmembranen beider Chloroplasten von den Mesophyllchloroplasten in die Bündelscheidenchloroplasten transferiert (Abb. 8.13).

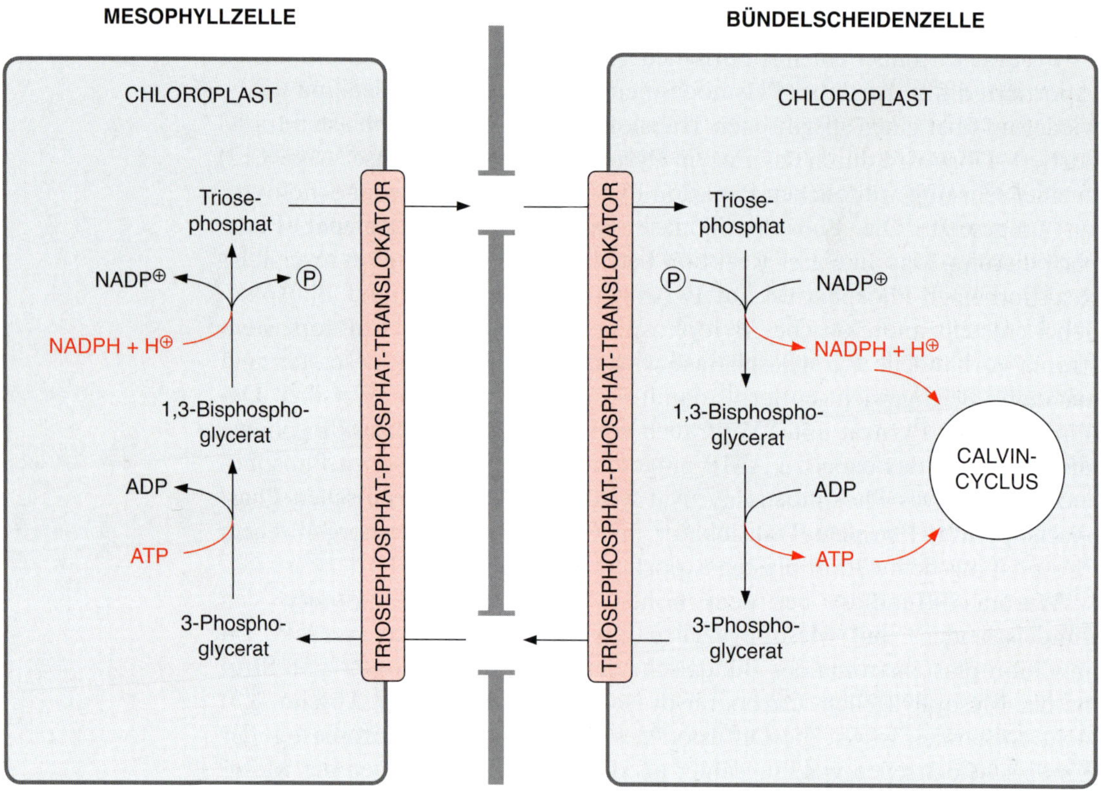

Abb. 8.13 C_4-Stoffwechsel in Maispflanzen. Indirekter Transfer von NADPH und von ATP von den Mesophyllchloroplasten in die Bündelscheidenchloroplasten durch einen Triosephosphat-3-Phosphoglycerat-Shuttle. 3-Phosphoglycerat wird unter Verbrauch von ATP und NADPH in den Mesophyllchloroplasten zu Triosephosphat reduziert und dieses in den Bündelscheidenzellen unter Gewinnung von NADPH und ATP wieder zu 3-Phosphoglycerat umgesetzt. Der Transport über die Chloroplastenmembranen erfolgt jeweils im Gegentausch durch Triosephosphat-Phosphat-Translokatoren.

C_4-Stoffwechsel des NAD-Malat-Enzymtyps

Den NAD-Malat-Enzymtyp, der in dem Stoffwechselschema von Abbildung 8.14 dargestellt ist, findet man unter anderem in der Rispenhirse. Hier wird das durch Phosphoenolpyruvat-Carboxylase gebildete Oxalacetat im Cytosol über Transaminierung durch **Glutamat-Aspartat-Aminotransferase** zu Aspartat umgesetzt. Da die Oxalacetatkonzentrationen in der Zelle im Bereich unterhalb von 0,1 mM liegen, kann Oxalacetat keinen Diffusionsgradienten für einen ausreichend hohen Diffusionsfluss in die Bündelscheidenzellen bilden. Wegen der hohen Konzentrationen des Glutamats in der Zelle können durch die Transaminierung hingegen Aspartatkonzentrationen im Bereich von 5 bis 10 mM aufgebaut werden. Dadurch eignet sich Aspartat sehr gut für einen Diffusionsfluss zwischen den Mesophyll- und Bündelscheidenzellen.

Nach Diffusion in die Bündelscheidenzellen gelangt Aspartat über einen Translokator in die Mitochondrien. Katalysiert durch ein dort vorhandenes Isoenzym der Glutamat-Aspartat-Aminotransferase reagiert das Aspartat wieder zu Oxalacetat, das dann von **NAD-Malat-Dehydrogenase** zu Malat umgesetzt wird. Dieses Malat wird dann durch das **NAD-Malat-Enzym** der Mitochondrien oxidativ zu Pyruvat decarboxyliert; das bei der Malat-Dehydrogenasereaktion gebildete NAD^+ wird so wieder zu NADH reduziert. Das in den Mitochondrien freigesetzte CO_2 diffundiert in die sich in sehr enger Nachbarschaft befindlichen Chloroplasten und steht so als Substrat für die RubisCO zur Verfügung. Das Pyruvat verlässt über den Pyruvattranslokator die Mitochondrien und wird in Cytosol durch eine **Alanin-Glutamat-Aminotransferase** zu Alanin umgesetzt. Da im Gleichgewicht dieser Reaktion die Konzentration von Alanin viel höher ist als die von Pyruvat, erfolgt ein hoher Diffusionsfluss des Alanin in die Mesophyllzellen. Dort wird Alanin durch ein Isoenzym der oben genannten Aminotransferase zu Pyruvat umgesetzt, um nach Eintritt in die Chloroplasten wie beim NADP-Malat-Enzym Typ durch die **Pyruvat-Phosphat-Dikinase** zu Phosphoenolpyruvat zu reagieren.

Wie in Abbildung 8.14 gezeigt, wird das NADH, welches bei der Oxidation des Malats durch das NAD-Malat-Enzym in den Mitochondrien anfällt, vollständig verbraucht, um das Oxalacetat zu Malat zu reduzieren. Für den Elektronentransport der Atmungskette und die damit verbundene ATP-Synthese stehen bei diesem Weg keine Reduktionsäquivalente zur Verfügung. Um dennoch eine mitochondriale ATP-Synthese zu ermöglichen, werden bei dem NAD-Malat-Enzymtyp etwa 10 % des durch Phosphoenolpyruvat-Carboxylase gebildeten Oxalacetats wie bei dem NADP-Malat-Enzymtyp (Abb. 8.11) in den Chloroplasten zu Malat reduziert, das dann zu den Mitochondrien in den Bündelscheidenzellen transportiert wird. Das dort durch das Malat-Enzym gebildete NADH kann von der Atmungskette zur Gewinnung von ATP genutzt werden. In gleicher Weise wird auch bei dem im Folgenden behandelten Phosphoenolpyruvat-Carboxykinasetyp die Malatoxidation durch die Mitochondrien zur ATP-Gewinnung eingesetzt, wie im unteren Teil des Stoffwechselschemas von Abbildung 8.15 skizziert ist.

C_4-Stoffwechsel des Phosphoenolpyruvat-Carboxykinasetyps

Man findet diesen Typ in einigen schnellwachsenden tropischen Gräsern, die als Futterpflanzen von Bedeutung sind. Abbildung 8.15 zeigt ein Schema des Stoffwechselablaufes. Wie bei dem NAD-Malat-Enzymtyp wird in den Mesophyllzellen zunächst aus Oxalacetat Aspartat gebildet und diffundiert in die Bündelscheidenzellen. Die Rückgewinnung des Oxalacetats erfolgt hier durch

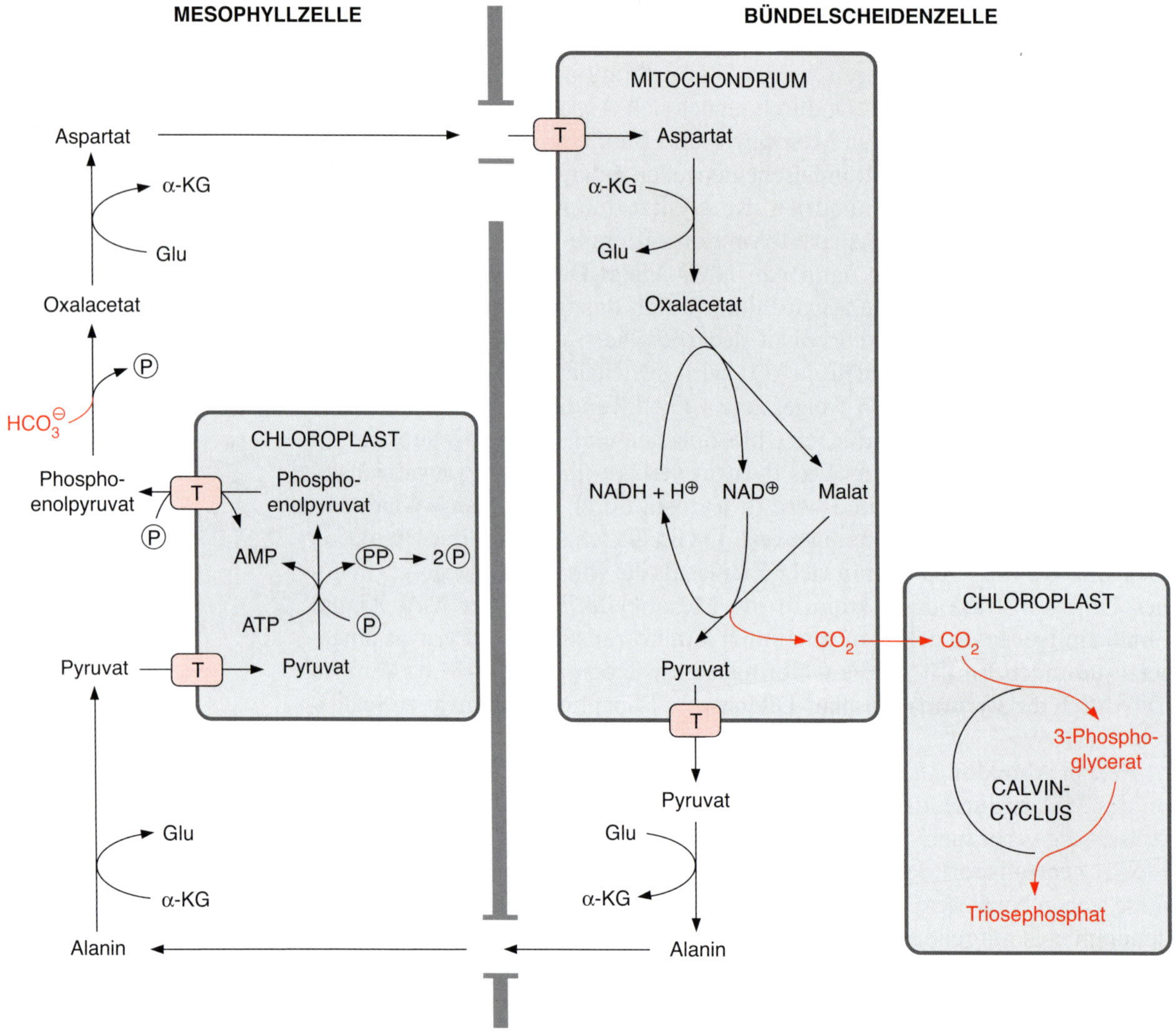

Abb. 8.14 Schema des CO_2-Konzentrierungsmechanismus bei Pflanzen vom C_4-NAD-Malat-Enzymtyp. In Abweichung vom C_4-Stoffwechsel in Abbildung 8.11 wird hier das Oxalacetat im Cytosol zu Aspartat transaminiert. Nach Diffusion über Plasmodesmen wird das Aspartat durch einen spezifischen Translokator in die Mitochondrien der Bündelscheiden transportiert, dort zu Oxalacetat regeneriert, zu Malat reduziert und Letzteres durch NAD-Malat-Enzym unter Freisetzung von CO_2 zu Pyruvat oxidiert. Durch Transaminierung wird im Cytosol Alanin gebildet, das in die Mesophyllzellen diffundiert. Das in den Mitochondrien freigesetzte CO_2 diffundiert in die eng benachbarten Bündelscheidenchloroplasten als Substrat für die RubisCO. T = Translokator.

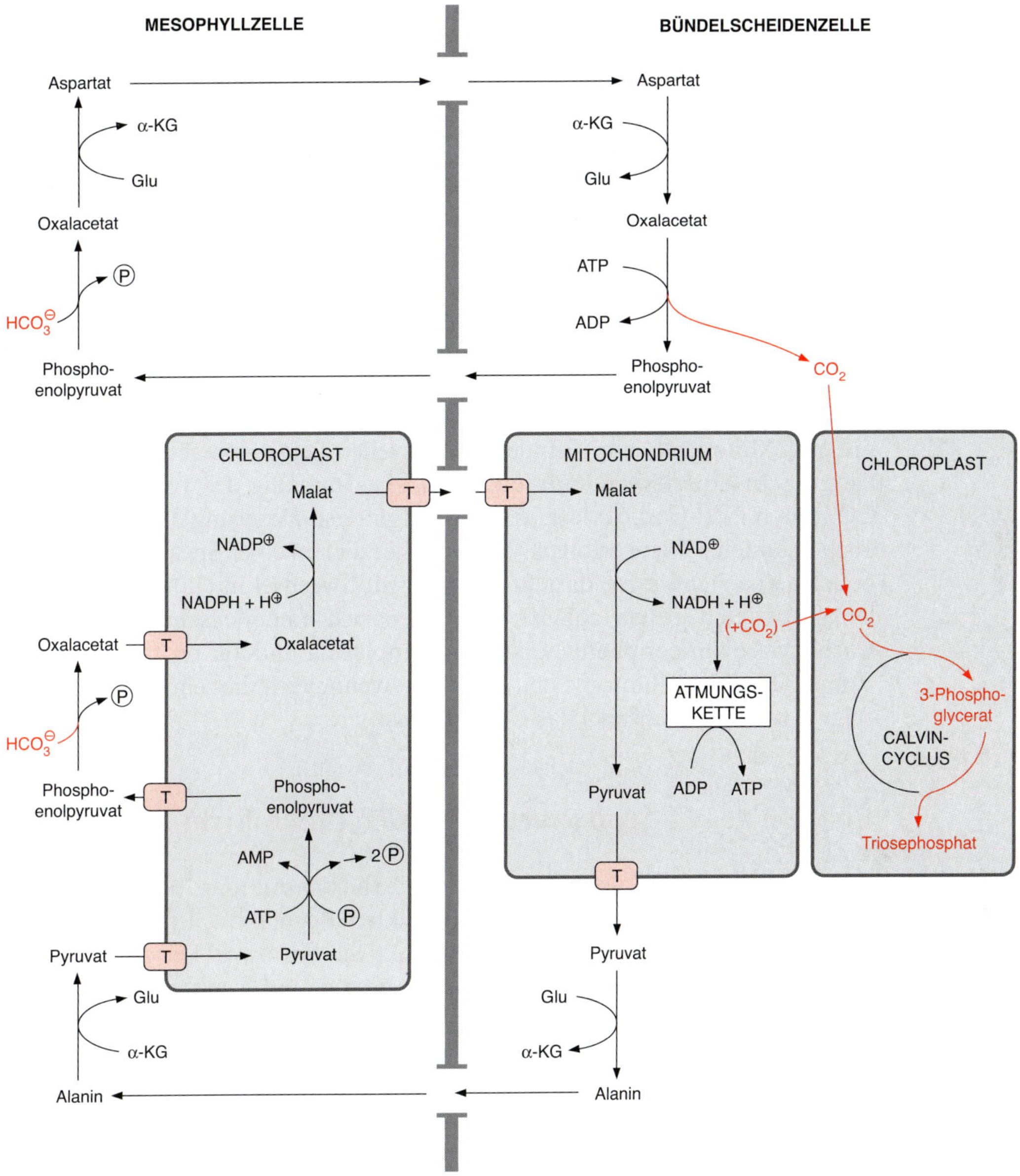

Abb. 8.15 Schema des CO_2-Konzentrierungsmechanismus bei Pflanzen vom C_4-Phosphoenolpyruvat-Carboxykinasetyp. In Abweichung vom C_4-Stoffwechsel in Abbildung 8.14 wird das im Cytosol der Bündelscheidenzellen aus Aspartat wieder gebildete Oxalacetat durch Phosphoenolpyruvat-Carboxykinase unter CO_2-Abspaltung zu Phosphoenolpyruvat umgesetzt, dieses diffundiert dann in die Mesophyllzellen. Gleichzeitig wird aber auch, wie in Abbildung 8.11 gezeigt, in den Mesophyllzellen Malat gebildet, welches wie in Abbildung 8.14 in den Bündelscheidenmitochondrien unter CO_2-Abspaltung zu Pyruvat oxidiert wird. Das dabei gebildete NADH dient als Substrat für die Bildung von ATP durch mitochondriale oxidative Phosphorylierung. Nach dem Export aus den Mitochondrien wird dieses ATP für die Phosphoenolpyruvat-Carboxykinase bereitgestellt. Das im Cytosol sowie in den Mitochondrien freigesetzte CO_2 dient als Substrat für die RubisCO in den Bündelscheidenchloroplasten. T = Translokator.

eine Aminotransferase im Cytosol. Dort findet auch die Freisetzung des CO_2 durch **Phosphoenolpyruvat-Carboxykinase** statt. CO_2 diffundiert in die Chloroplasten. Das verbleibende Phosphoenolpyruvat diffundiert zurück in die Mesophyllzellen.

Bei diesem C_4-Typ liegt der ATP-Verbrauch für die CO_2-Pumpe vor allem bei der Carboxykinasereaktion (Abb. 8.10). Auch hier besitzen die Mitochondrien eine hohe Aktivität an NAD-Malat-Enzym. Die Bereitstellung von Reduktionsäquivalenten für die Atmungskette zur ATP-Synthese erfolgt, wie oben schon für den NAD-Malat-Enzymtyp beschrieben, durch eine Bereitstellung von Malat durch die Mesophyllzellen (Abb. 8.15, unterer Teil). So wird bei dem Phosphoenolpyruvat-Carboxykinasetyp ein Teil des CO_2 auch in den Mitochondrien freigesetzt.

Es sei erwähnt, dass für den C_4-Stoffwechsel die besprochene Kranzanatomie mit Mesophyll- und Bündelscheidenzellen keine zwingende Voraussetzung ist. In Einzelfällen kann die räumliche Trennung der Vorfixierung des CO_2 durch PEP-Carboxylase und der endgültigen Fixierung durch RubisCO auch in anderer Weise erfolgen. Man hat kürzlich in einer Spezies der Chenopodiacae nachgewiesen, dass dort ein C_4-Stoffwechsel in einheitlichen, sehr langgestreckten Zellen abläuft, bei denen sich eine Zellschicht mit PEP-Carboxylase am peripheren Ende im Cytoplasma und am proximalen Ende RubisCO-haltige Chloroplasten befinden. Wenngleich dies ein Sonderfall ist, zeigt es doch, wie variabel das C_4-System ist.

Enzyme des C_4-Stoffwechsels werden durch Licht reguliert

Phosphoenolpyruvat-Carboxylase (PEP-Carboxylase), das Schlüsselenzym des C_4-Stoffwechsels, unterliegt einer strikten Regulation. Im verdunkelten Blatt liegt das Enzym in einer nur wenig aktiven Form vor. Die Affinität dieser Enzymform zum Substrat PEP ist sehr gering, und es wirken schon geringe Konzentrationen von Malat hemmend. Dadurch ist das Enzym im Blatt während der Dunkelphase praktisch inaktiv. Bei Belichten des Blattes wird eine Protein-Serin-Kinase aktiviert, durch welche die OH-Gruppe eines Serinrestes in der PEP-Carboxylase mit einem Phosphat verestert wird; die PEP-Carboxylase wird dadurch aktiviert. Durch eine Protein-Serin-Phosphatase wird das Serinphosphat wieder gespalten und damit inaktiviert (vgl. Abb. 9.18, 10.9). Das durch Phosphorylierung aktivierte Enzym wird ebenfalls durch Malat gehemmt, allerdings erst durch weit höhere Konzentrationen als das nicht phosphorylierte inaktive Enzym. Durch diese Rückkopplungshemmung durch Malat kann die Geschwindigkeit der irreversiblen Carboxylierung des PEP so justiert werden, dass sich ein bestimmter Malatspiegel in der Mesophyllzelle einstellt. Es ist noch nicht bekannt, durch welches Signal bei Belichten die Aktivität der Protein-Kinase ausgelöst wird.

NADP-Malat-Dehydrogenase wird durch Vermittlung von reduziertem Thioredoxin durch Licht reguliert, wie in Abschnitt 6.6 beschrieben.

Pyruvat-Phosphat-Dikinase wird ebenfalls im Licht aktiviert. Dieses Enzym wird durch Phosphorylierung eines Threoninrestes reguliert. Die

Phosphorylierung wird durch ein spezielles Regulatorprotein katalysiert, dabei wirkt ADP in ungewöhnlicher Weise als Phosphatdonor. Bei der Pyruvat-Phosphat-Dikinase ist die dephosphorylierte Form aktiv. Es handelt sich also um einen völlig anderen Regulationsmechanismus als bei der Regulation der PEP-Carboxylase. Die Signalkette von der Belichtung zur Dephosphorylierung des Enzyms ist noch nicht bekannt.

Produkte des C_4-Stoffwechsels können durch Massenspektrometrie identifiziert werden

Über eine Messung der Verteilung des ^{12}C- und des ^{13}C-Isotops in einem Photosyntheseprodukt lässt sich ermitteln, ob dieses durch C_3- oder C_4-Stoffwechsel gebildet wurde. ^{12}C und ^{13}C kommen als natürliche Isotope des Kohlenstoffs in der Atmosphäre zu 98,89 % beziehungsweise 1,11 % vor. Wegen eines Isotopeneffekts reagiert RubisCO mit $^{12}CO_2$ rascher als mit $^{13}CO_2$. Bei den Produkten der C_3-Photosynthese ist daher das Verhältnis $^{13}C/^{12}C$ niedriger als in der Atmosphäre. Das $^{13}C/^{12}C$-Verhältnis kann massenspektrometrisch bestimmt werden und wird als δ-^{13}C-Wert ausgedrückt:

$$\delta\text{-}^{13}C\,[^0/_{00}] = \left(\frac{^{13}C/^{12}C \text{ der Probe}}{^{13}C/^{12}C \text{ im Standard}} - 1\right) \cdot 1000 \qquad (8.2)$$

Als Standard benutzt man die Verteilung in einem definierten Kalkstein. Man findet in Produkten der C_3-Photosynthese δ-^{13}C-Werte um –28‰. Bei der PEP-Carboxylase ist die Präferenz für ^{12}C gegenüber ^{13}C weniger ausgeprägt. Da in C_4-Pflanzen praktisch das gesamte CO_2, das einmal durch die PEP-Carboxylase vorfixiert wurde, in den Bündelscheidenchloroplasten mit der RubisCO weiter reagiert, haben Photosyntheseprodukte von C_4-Pflanzen einen δ-^{13}C-Wert im Bereich von nur –14‰. Man kann so durch massenspektrometrische Analyse des $^{13}C/^{12}C$-Verhältnisses feststellen, ob beispielsweise Saccharose von Zuckerrüben (C_3) oder Zuckerrohr (C_4) gebildet wurde.

Zu den C_4-Pflanzen gehören wichtige Agrarpflanzen, aber auch hartnäckige Unkräuter

Beim C_4-Stoffwechsel wird zwar ATP verbraucht, um CO_2 in den Bündelscheidenzellen zu konzentrieren, dafür werden aber auch die Energieverluste, die bei den C_3-Pflanzen durch Photorespiration entstehen, vermieden. Wie bereits in Abschnitt 6.2 besprochen, steigt bei der RubisCO das Verhältnis Oxygenierung zu Carboxylierung mit der Temperatur an. Bei niedrigen Temperaturen und entsprechend niedriger Photorespirationsrate sind C_3-Pflanzen im Vorteil. Daher gibt es in gemäßigten Klimaten fast keine C_4-Pflanzen als Wildpflanzen. Der Vorteil der C_4-Pflanzen macht sich erst bei Temperaturen oberhalb von 25 °C bemerkbar, bei denen der Energieverbrauch der Photosynthese (gemessen als Quantenbedarf der CO_2-Fixierung) bei C_4-Pflanzen geringer ist als bei C_3-Pflanzen. Grund hierfür ist, dass bei steigender Temperatur das Verhältnis Oxygenierung/Carboxylierung zunimmt und damit auch der Energieverbrauch für die Photorespiration. C_4-Pflanzen haben den weiteren Vorteil, dass sie wegen der hohen CO_2-Konzentration in den Bündelscheidenchloroplasten mit weniger RubisCO auskommen. Da RubisCO das Hauptprotein der Blätter ist, brauchen C_4-Pflanzen weniger Stickstoff zur Bildung des Photosyntheseapparates als C_3-Pflanzen. Daher erreichen viele C_4-Pflanzen bei vergleichsweise niedrigerem Stickstoffgehalt in den Blättern höhere Wachstumsraten als C_3-Pflanzen. Schließlich benötigen C_4-Pflanzen weniger Wasser. Wegen dieser Vorteile eignen sich C_4-Pflanzen in wärmeren Klimazonen als Agrarpflanzen – für die Produktion von Erntefrüchten oder als Futterpflanzen. Elf von zwölf der am schnellsten wachsenden Agrarpflanzen sind C_4-Pflanzen. Man hat abgeschätzt, dass etwa 20 % der terrestrischen Photosynthese durch C_4-Pflanzen erfolgt. Ein Nachteil ist jedoch, dass viele C_4-Agrarpflanzen – darunter Mais, Hirse und Zuckerrohr – kälteempfindlich sind und daher in weiten Teilen der Erde nicht angebaut werden können. Man findet aber unter den C_4-Pflanzen auch besonders hartnäckige Unkräuter. Von den zehn weltweit am schlimmsten eingestuften Unkräutern sind acht C_4-Pflanzen (z. B. Bermudagras (*Cynodon dactylon*), Barnyardgrass (*Echinochloa crusgalli*).

8.4 Durch den Crassulaceensäure-Stoffwechsel können viele Pflanzen auch noch bei sehr großem Wassermangel überleben

Viele Pflanzen, die an sehr trockenen und oft heißen Standorten beheimatet sind, haben eine Strategie entwickelt, um bei sehr großem Wassermangel nicht nur zu überdauern, sondern auch Photosynthese zu betreiben. Zu diesen Pflanzen gehören beispielsweise die dickblättrigen Crassulaceen, wie die Zimmerpflanze Kalanchoe oder die in den Alpen beheimatete Hauswurz, alle Kakteen, aber auch Pflanzen, die als Epiphyten in tropischen Regenwäldern wachsen, darunter die Hälfte der Orchideen. Diese Pflanzen lösen das Problem des Wasserverlustes bei der Photosynthese dadurch, dass sie ihre Stomata nur nachts öffnen, wenn es kühl und die Luftfeuchtigkeit hoch ist. Das zu nächtlicher Zeit aufgenommene CO_2 wird vorfixiert und das Fixierungsprodukt in Form einer Säure bis zum folgenden Tag deponiert. Durch Wiederfreisetzung des CO_2 kann dann tagsüber der Calvin-Cyclus bei geschlossenen Stomata mit CO_2 gespeist werden. Abbildung 8.16 zeigt ein grobes Schema dieses Prozesses. Man beachte die sehr große Ähnlichkeit dieses Reaktionsschemas mit dem Grundschema des C_4-Stoffwechsels in Abbildung 8.9.

Da der genannte Stoffwechsel im Detail zuerst in Crassulaceen (Dickblattgewächsen) aufgeklärt wurde und mit der Speicherung einer Säure verbunden ist, hat man ihn als **Crassulaceensäure-Stoffwechsel** (engl. *crassulace-*

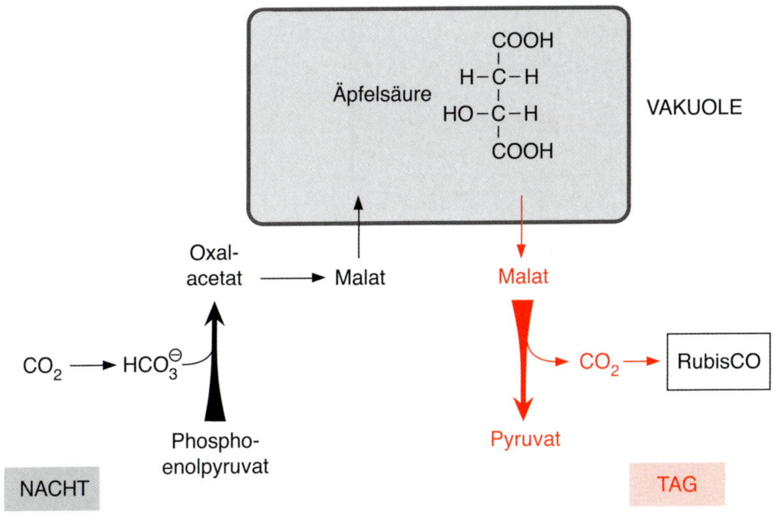

Abb. 8.16 Prinzip des CAM-Stoffwechsels.

an acid metabolism, abgekürzt **CAM**) benannt. Häufig spricht man auch von CAM-Pflanzen. Vom Menschen genutzte CAM-Pflanzen sind Ananas und die Sisalagave zur Gewinnung von Fasern (Sisal-Teppiche).

Erste Beobachtungen von Phänomenen des CAM-Stoffwechsels liegen sehr weit zurück. Im Jahre 1804 beobachtete der französische Naturforscher de Saussure, dass Zweige der Kaktee Opuntia auch in Abwesenheit von CO_2 beim Belichten Sauerstoff produzierten. Er schloss daraus, dass die Pflanze durch Verbrauch eigener Substanzen CO_2 entwickeln kann, das dann in der CO_2-Assimilation genutzt wird. Der Engländer Benjamin Heyne bemerkte in seinem Garten in Indien, dass die Blätter der dort beliebten Zierpflanze *Bryophyllum calycinum* nachmittags einen Kräutergeschmack hatten, zu Beginn des Tages jedoch scheußlich sauer schmeckten. Er fand diese Beobachtung so bemerkenswert, dass er sie nach seiner Rückkehr nach England 1813 der Linnean Society mitteilte.

Das während der Nacht fixierte CO_2 wird als Äpfelsäure gespeichert

Die nächtliche Vorfixierung des CO_2 an PEP erfolgt durch Phosphoenolpyruvat-Carboxylase in prinzipiell gleicher Weise wie beim C_4-Stoffwechsel und auch beim Stoffwechsel der Schließzellen. In vielen CAM-Pflanzen ist die Ausgangssubstanz für die Bereitstellung des Phosphoenolpyruvats Stärke, die in den Chloroplasten vorhanden ist. Aber auch lösliche Zucker, wie Saccharose (Abschn. 9.2) und Fructane (Abschn. 9.5), können in manchen CAM-Pflanzen als Kohlenstoffspeicher für die Bildung von PEP dienen. Abbildung 8.17 zeigt ein Schema des CAM-Stoffwechsels mit Stärke als Kohlenstoffreserve. Die Stärke wird in den Chloroplasten bis zu Triosephosphat abgebaut (siehe Abschn. 9.1). Letzteres wird aus den Chloroplasten über

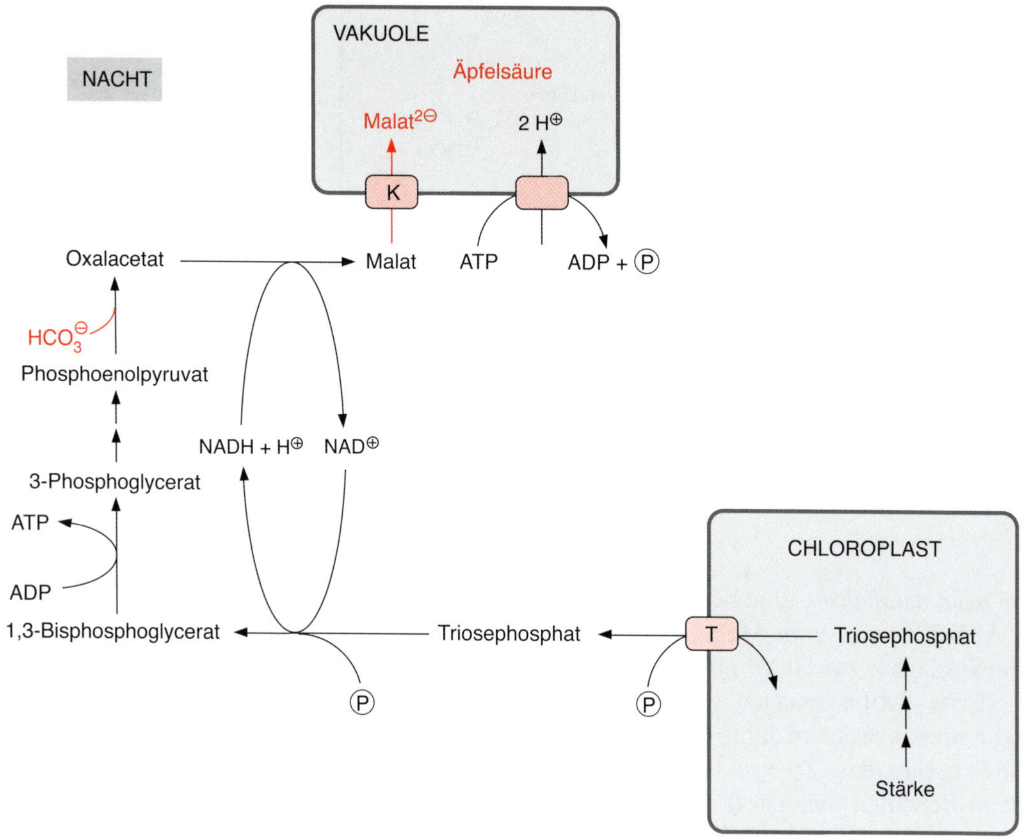

Abb. 8.17 CAM-Stoffwechsel während der Nacht. Der Abbau von Stärke in den Chloroplasten liefert Triosephosphat, das unter Gewinnung von NADH und ATP zu Phosphoenolpyruvat umgesetzt wird, den Akzeptor für HCO_3^-. Das Oxalacetat wird im Cytosol zu Malat reduziert. Eine H^+-V-ATPase in der Vakuolenmembran treibt die Aufnahme von Malat-Anionen in die Vakuolen, die als Äpfelsäure (Malat H_2) gespeichert werden. T = Translokator, K = Kanal.

den Triosephosphat-Phosphat-Translokator (siehe Abschn. 1.9) exportiert und im Cytosol zu Phosphoenolpyruvat umgesetzt.

Das bei der Fixierung des CO_2 gebildete Oxalacetat wird durch eine cytosolische NAD-Malat-Dehydrogenase zu Malat reduziert. Das hierfür erforderliche NADH fällt bei der Oxidation des Triosephosphats an. Das Malat wird unter Verbrauch von Energie in die Vakuolen gepumpt. Wie schon für den Stoffwechsel der Schließzellen besprochen (Abschn. 8.2), besteht der energieverbrauchende Schritt im Transport von Protonen durch die H^+-V-ATPase der Vakuolenmembran. Im Gegensatz zu den Schließzellen erfolgt jedoch kein Austausch der importierten Protonen gegen Kalium-Ionen; das durch das Protonenpotenzial über einen Malatkanal aufgenommene Malat wird in den Vakuolen als Äpfelsäure, der protonierten Form von Malat, gespeichert. Dadurch wird der Vakuoleninhalt nachts sehr azide (etwa pH 3,0). Bei der Äpfelsäure hat die Carboxygruppe in Position 1 einen pK-Wert von

3,4 und die in Position 4 einen pK-Wert von 5,1. Bei pH 3 ist daher die Apfelsäure weitgehend undissoziiert. Bei einer Speicherung von Äpfelsäure wird nur etwa ein Drittel des osmotischen Druckes erzeugt, der bei der Speicherung von Kaliummalat (2 K^+ + $Malat^{2-}$) in den Schließzellen entsteht. In anderen Worten: Bei einem bestimmten osmotischen Druck kann in Form von Äpfelsäure fast dreimal soviel Malat gespeichert werden als in Form von Kaliummalat. Um eine hohe Speicherkapazität zu erzielen, sind in den meisten CAM-Pflanzen die Vakuolen ungewöhnlich groß, dies führt zur Succulenz, der Ausbildung dicker, fleischiger Blätter und Stängel, wie sie beispielsweise bei Kakteen zu beobachten ist. Das für den Stoffwechsel erforderliche ATP wird durch die Veratmung von Malat durch die Mitochondrien bereitgestellt.

Die Photosynthese erfolgt bei geschlossenen Stomata

Das in der Nacht gespeicherte Malat wird während des Tages aus der Vakuole durch einen regulierten Ausfluss über den Malatkanal wieder entlassen. Ebenso wie bei den Schließzellenvakuolen, so ist auch hier der Mechanismus des regulierten Ausflusses noch nicht verstanden. Analog zum C_4-Stoffwechsel erfolgt auch beim CAM-Stoffwechsel die Freisetzung des CO_2 in verschiedenen Pflanzen auf unterschiedliche Weise, entweder über **NADP-Malat-Enzym**, **NAD-Malat-Enzym**, oder auch über die **Phosphoenolpyruvat-Carboxykinase**.

In Abbildung 8.18 wird dieser Stoffwechselablauf für den **NADP-Malat-Enzymtyp** beschrieben. Das Malat wird durch einen spezifischen Translokator in die Chloroplasten aufgenommen und dort unter Bildung von NADPH decarboxyliert; das CO_2 dient als Substrat der RubisCO. Das verbleibende Pyruvat wird durch Pyruvat-Phosphatdikinase zu Phosphoenolpyruvat umgesetzt (siehe Abbildungen 8.11, 8.12, 8.14, 8.15). Da in der Regel Plastiden Phosphoenolpyruvat nicht zu 3-Phosphoglycerat umsetzen können (bei CAM-Chloroplasten ist dies bislang nicht untersucht), ist in dem Schema von Abbildung 8.18 ein Export von Phosphoenolpyruvat und ein Import von 3-Phosphoglycerat eingezeichnet. CAM-Chloroplasten enthalten einen Phosphoenolpyruvat-Phosphat-Translokator, der Phosphoenolpyruvat im Gegentausch mit anorganischem Phosphat transportiert. Das ebenfalls im Gegentausch mit Phosphat importierte 3-Phosphoglycerat wird in den Calvin-Cyclus eingespeist. Das gebildete Triosephosphat dient vorrangig der Auffüllung der in der Nacht verbrauchten Stärke, es entsteht nur ein geringer Überschuss, der den eigentlichen Gewinn der CAM-Photosynthese darstellt.

Da die Photosynthese bei geschlossenen Stomata stattfindet, ist der Wasserverlust beim CAM-Stoffwechsel sehr gering. Der Wasserbedarf der CO_2-Assimilation (vgl. Abb. 8.6) beträgt bei der CAM-Photosynthese nur 5 bis 10 % des entsprechenden Betrages bei der Photosynthese von C_3-Pflanzen. Dafür ist nicht zuletzt wegen der eingeschränkten Speichermöglichkeit für Malat der tägliche Zuwachs an Biomasse bei den CAM-Pflanzen sehr niedrig. Daher wachsen bei CAM-Stoffwechsel Pflanzen nur sehr langsam.

Nicht selten dient der CAM-Stoffwechsel jedoch als Strategie, um ausgedehnte Trockenperioden zu überleben. Es gibt Pflanzen – dazu gehört die „Mittagsblume“ *Mesembryanthemum* –, die bei Verfügbarkeit von Wasser normale C_3-Photosynthese durchführen und erst bei Einsetzen von Trockenheit oder Salzstress durch Enzyminduktion auf den CAM-Stoffwechsel umschalten. Es lässt sich durch massenspektrometrische Analyse des $^{13}C/^{12}C$-Verhältnisses (Abschn. 8.4) nachweisen, ob eine fakultative CAM-Pflanze einen C_3- oder CAM-Stoffwechsel betreibt. Kakteen in Wüstenregionen können für lange Zeit überleben, ohne die Stomata selbst in der Nacht zu öffnen, indem das durch Atmung freigesetzte CO_2 durch CAM-Stoffwechsel wieder der Photosynthese zugeführt wird.

TAG

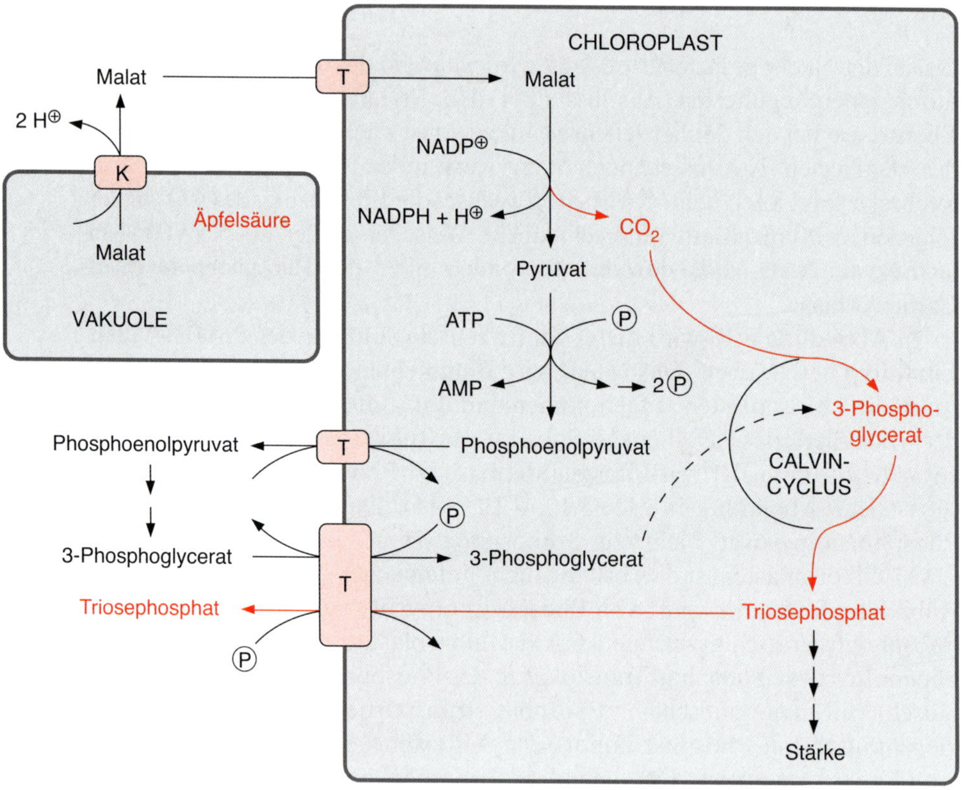

Abb. 8.18 CAM-Stoffwechsel während des Tages. Über einen im Detail noch nicht verstandenen Mechanismus werden Malat und die entsprechenden Protonen aus der Vakuole freigesetzt. In dem vorgestellten Beispiel wird das Malat in den Chloroplasten zu Pyruvat oxidiert und liefert so das CO_2 für die CO_2-Fixierung durch die RubisCO. Das Pyruvat wird durch Pyruvat-Phosphat-Dikinase in Phosphoenolpyruvat umgewandelt, reagiert dann wahrscheinlich im Cytosol zu 3-Phosphoglycerat, das in die Chloroplasten transportiert und in den Calvin-Cyclus eingespeist wird. Das gebildete Triosephosphat wird zu einem großen Teil zur Rückgewinnung der Stärke verbraucht. Der Transport von 3-Phosphoglycerat, Triosephosphat und Phosphat erfolgt über den Triosephosphat-Phosphat-Translokator und der von Phosphoenolpyruvat über den Phosphoenolpyruvat-Phosphat-Translokator. T = Translokator, K = Kanal.

C_4- wie auch CAM-Pflanzen findet man in vielen verwandtschaftlich weit voneinander entfernten Familien mono- und dikotyler Pflanzen. Daraus geht hervor, dass sowohl der C_4- als auch der CAM-Stoffwechsel sich im Verlaufe der Evolution oftmals unabhängig voneinander aus C_3-Vorläufern entwickelt haben, in denen die Strukturelemente und die Enzyme von C_4- und CAM-Pflanzen vorhanden sind (zum Beispiel, wie wir gesehen haben, in den Schließzellen der Stomata).

Literatur

Ainsworth, E.A., Rogers, A. The response of photosynthesis and stomatal conductance to rising [CO_2]: mechanisms and environmental interactions. Plant Cell Environment 30, 258-270 (2007)

Akyildiz, M., *et al.* Evolution and function of a cis-regulatory module for mesophyll-specific gene expression in the C_4 dicot Flaveria trinervia. Plant Cell 19, 3391–3402 (2007)

Bergmann, D.C., Sack, F.D. Stomatal development. Annual Review Plant Biology 58, 163-181 (2007)

Bräutigam, A., Schliesky, S., Külahoglu, C., Osborne, C.P., Weber, A.P.M. Towards an integrative model of C_4 photosynthetic subtypes: insights from comparative transcriptome analysis of NAD-ME, NADP-ME, and PEP-CK C_4 species J. Exp. Bot. doi: 10.1093/jxb/eru100 (2014)

Caird, M.A., Richards, J.H., Donovan, L.A. Nighttime stomatal conductance and transpiration in C_3 and C_4 plants. Plant Physiology 143, 4-10 (2007)

Denton, A.K., Simon, R., Weber, A.P.M. C_4 photosynthesis: from evolutionary analyses to synthetic reconstruction of the trait. Current Opinion Plant Biology 6, 315–321 (2013)

Farquhar, G.D., Cernusak, L.A., Barnes, B. Heavy water fractionation during transpiration. Plant Physiology 143, 11-18 (2007)

Heckwolf, M., Pater, D., Hanson, D.T., Kaldenhoff, R. The *Arabidopsis thaliana* aquaporin AtPIP1;2 is a physiologically relevant CO_2 transport facilitator. The Plant Journal 67, 795–804 (2011)

Lüttge, U. Ecophysiology of Crassulacean Acid Metabolism (CAM). Annals Botany (London) 93, 629-652 (2004)

Martinoia, E., Maeshima, M., Neuhaus, H.E. Vacuolar transporters and their essential role in plant metabolism. Journal Experimental Botany 58, 83-102 (2007)

Osborne, C.P., Beerling, D.J. Nature's green revolution: the remarkable evolutionary rise of C4 plants. Philosophical Transactions Royal Society London B Biological Science 361, 173-194 (2006)

Roelfsema, M.R., Hedrich, R. In the light of stomatal opening: new insights into 'the Watergate'. New Phytologist 167, 665-691 (2005)

Sage, R.F., Kubien, D.S. The temperature response of C_3 and C_4 photosynthesis. Journal Experimental Botany 30, 1086-1106 (2007)

Shimazaki, K., Doi, M., Assmann, S.M., Kinoshita, T. Light regulation of stomatal movement. Annual Review Plant Biology 58, 219-247 (2007)

Westhoff, P., Gowik, U. Evolution of C_4 photosynthesis -looking for the master switch. Plant Physiology 154, 598–601 (2010)

9 Polysaccharide sind Speicher- und Transportform der bei der Photosynthese gebildeten Kohlenhydrate

In höheren Pflanzen werden über die Photosynthese in den Blättern auch die anderen verschiedenartigen heterotrophen Pflanzengewebe versorgt, beispielsweise die Wurzeln. Die von den Blättern angelieferten Substrate werden in den Wurzelzellen durch die vielen dort vorhandenen Mitochondrien unter Gewinnung von ATP oxidiert. Dieses ATP ist unter anderem erforderlich, um die Ionenpumpen der Wurzeln zu betreiben, durch die Mineralien von der Umgebung aufgenommen werden. Daher ist der durch die Blätter versorgte Atmungsstoffwechsel der Wurzeln für die Pflanze von ausschlaggebender Bedeutung. Eine Pflanze stirbt, wenn – beispielsweise durch übermäßige Nässe des Bodens – die Wurzeln nicht mehr ausreichend belüftet werden, und sie so nicht mehr genug Sauerstoff für die Wurzelatmung zur Verfügung haben.

Für die Versorgung der verschiedenen Pflanzenteile durch die Siebröhren dienen zumeist das Disaccharid Saccharose, in manchen Pflanzen aber auch höhermolekulare lösliche Oligosaccharide (z. B. Tri- und Tetrasaccharide) als Transportform für Substrate. Da Kohlenhydrate bei der Photosynthese nur im Licht gebildet werden, müssen sie gespeichert werden, damit die Energieversorgung auch in der Nacht oder bei schlechten Witterungsbedingungen gewährleistet ist. Zudem muss eine Pflanze Kohlenhydratspeicher für die Überbrückung von Winter- oder Trockenperioden oder als Depot in Samen für das Wachstum der folgenden Generation anlegen. Zu diesem Zweck werden Kohlenhydrate sowohl als niedermolekulare Oligosaccharide als auch in Form von hochmolekularen Polysacchariden, insbesondere als Stärke und Fructane gespeichert.

In vielen Pflanzen sind Stärke und Saccharose die Hauptprodukte der CO_2-Assimilation

In den meisten Kulturpflanzen, zum Beispiel den verschiedenen Getreiden, der Kartoffel, Zuckerrübe und Raps, erfolgt die Speicherung der Kohlenhydrate im Blatt als **Stärke** und der Export in andere Pflanzenteile, beispielsweise die Wurzel, in Form von **Saccharose**. Das in den Chloroplasten als Produkt der CO_2-Assimilation gebildete Triosephosphat wird über den in Abschnitt 1.9 besprochenen **Triosephosphat-Phosphat-Translokator** im Gegentausch mit Phosphat in das Cytosol transportiert und dort zu Saccharose umgesetzt (Abb. 9.1). Dabei wird anorganisches Phosphat frei, das wieder in die Chloroplasten über den Triose-P-P-Translokator zurücktransportiert wird. Dieser Rücktransport ist essentiell, bei einem Phosphatmangel würde die Photosynthese zum Still-

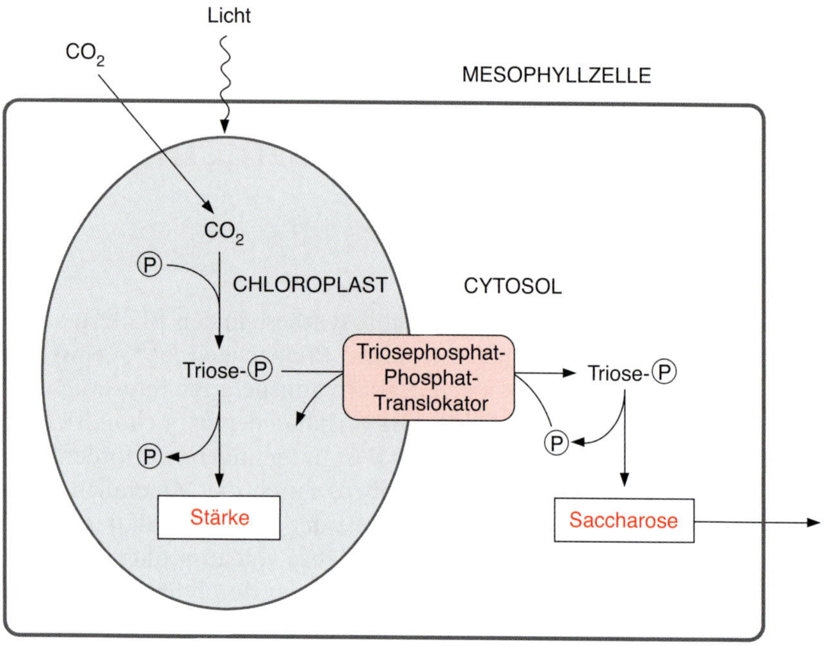

Abb. 9.1 Triosephosphat, das Produkt der photosynthetischen CO_2-Fixierung, wird entweder in den Chloroplasten zu Stärke umgesetzt oder nach Export aus den Chloroplasten zu Saccharose. In dieser Form wird es aus den Mesophyllzellen exportiert.

stand kommen. Ein Teil des durch die Photosynthese gebildeten Triosephosphats wird in den Chloroplasten als Stärke deponiert, diese dient hauptsächlich als Reserve für die folgende Nachtperiode.

9.1 In Form von Stärke können in der Zelle sehr große Kohlenhydratmengen gespeichert werden

Glucose ist eine relativ unbeständige Verbindung, da ihre Aldehydgruppe spontan zu einer Carboxygruppe oxidiert werden kann. Daher ist Glucose als Speicherform der Kohlenhydrate wenig geeignet. Dazu kommt, dass in einer Zelle die Speicherung von Monosacchariden aus osmotischen Gründen stark begrenzt wäre. Durch Polymerisation zu der osmotisch unwirksamen Stärke können in einer Zelle hingegen sehr große Mengen von Glucosemolekülen gelagert werden, ohne dass sich dabei der osmotische Druck des Zellsaftes ändert. Dies soll durch ein Beispiel illustriert werden: In Kartoffelblättern kann man am Ende des Tages einen Stärkegehalt von 10^{-4} mol Glucoseeinheiten pro mg Chlorophyll beobachten. Wenn diese Glucosemenge sich als freie Glucose über die Mesophyllzelle verteilen würde, ergäbe dies eine Glucosekonzentration von 0,25 M. Dies würde einen mehr als 50 %igen Anstieg des osmotischen Druckes des Zellsaftes bewirken.

In der Stärke sind die Glucosemoleküle in erster Linie durch (α1→4)-glycosidische Bindungen verknüpft (Abb. 9.2). Durch diese Verknüpfungen sind die Aldehydgruppen der Glucosemoleküle gegen Oxidation geschützt, lediglich die erste, in Abbildung 9.2 rot markierte Glucose ist ungeschützt. Es wer-

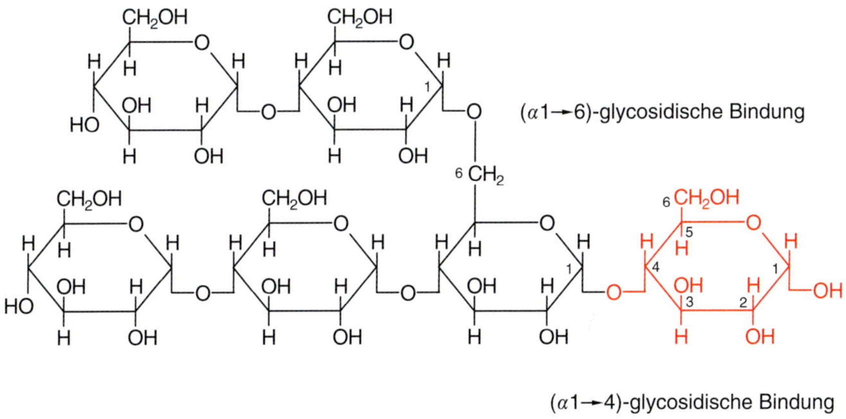

Abb. 9.2 In der Stärke sind Glucosemoleküle durch (α1→4)- und (α1→6)-glycosidische Bindungen miteinander zu einem Polyglucan verknüpft. Nur der rot markierte Glucoserest enthält eine reduzierende Gruppe.

den lange Glucoseketten gebildet, die durch (α1→6)-glycosidische Bindungen verzweigt sein können. Durch die Verzweigungen erhält ein Stärkemolekül viele endständige Gruppen, an denen das Stärkemolekül durch Bindung weiterer Glucosereste vergrößert werden kann.

Die Bildung von Stärke ist in der Pflanze im Wesentlichen auf Plastiden (Abschn. 1.3) beschränkt: **Chloroplasten** in Blättern und grünen Früchten und **Leukoplasten** in heterotrophen Geweben. Die Stärke wird in den Plastiden in Form von Stärkekörnern (**Stärkegranula**) gelagert (Abb. 9.3). In den Chloroplasten eines Blattes sind die Stärkegranula am Ende eines Tages sehr groß und werden im Laufe der Nacht dann weitgehend abgebaut. Man spricht hier

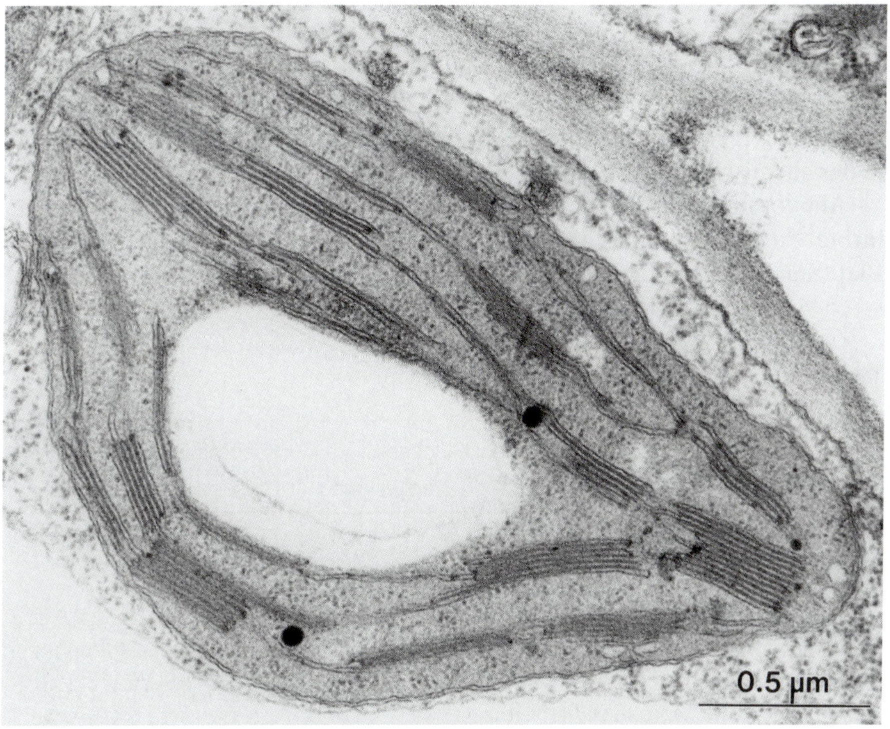

Abb. 9.3 Transitorische Stärke in einem Chloroplasten der Mesophyllzelle eines Tabakblattes am Ende des Tages. Das Stärkekorn im Chloroplasten erscheint als großer weißer Fleck. Aufnahme von D. G. Robinson.

von **transitorischer Stärke**. Hingegen wird die Stärke in Speicherorganen, wie Samen oder Knollen, auf längere Dauer angelegt, man bezeichnet diese Stärke als **Depotstärke**. Die Granula der Depotstärke sind größer als die der transitorischen Stärke. In Getreidekörnern bildet Depotstärke oft 65 bis 75 % und in Kartoffelknollen sogar 80 % des Trockengewichts. Es gibt aber auch kleinere α-Glucane im Cytosol. Wie in einem weiteren Abschnitt dieses Kapitels behandelt, haben die cytosolischen α-Glucane eine Funktion bei der Verstoffwechselung der beim Stärkeabbau entstehenden Maltose.

Stärkegranula bestehen hauptsächlich aus **Amylopectin** und **Amylose.** (Tab. 9.1). Zudem enthalten Stärkegranula Enzyme für die Synthese und den Abbau der Stärke. Diese Enzyme liegen in mehreren Isoformen vor, von denen manche an die Stärkegranula gebunden und andere löslich sind. Die Amylose besteht weitgehend aus unverzweigten Ketten von etwa 1000 Glucosemolekülen. Amylopectin ist mit 10^4 bis 10^5 Glucosemolekülen wesentlich größer als Amylose, es besitzt alle 20 bis 25 Glucosereste eine Verzweigung (Abb. 9.4). Neuere Ergebnisse der Röntgenstrukturanalyse (Abschn. 3.3) zeigen, dass ein Stärkegranulum aus konzentrischen Schichten aufgebaut ist. Die Amylopektinmoleküle sind radial angeordnet (Abb. 9.5). Die reduzierende Glucose (in Abbildungen 9.2 und 9.4 rot markiert) ist nach innen gerichtet und die Enden der Verzweigungen (schwarz markiert) nach außen. Die Einführung der Amylose in diese Strukturen ist weitgehend unbekannt.

Ein Stärkegranulum enthält normalerweise 20 bis 30 % Amylose und 70 bis 80 % Amylopectin. Einen Amyloseanteil von bis zu 80 % haben runzlige Erbsen, die Gregor Mendel bei seinen klassischen Züchtungsversuchen verwendete. Es gibt Mutanten von Mais (so genannte *waxy*-Mutanten), bei denen die Stärkegranula fast nur aus Amylopectin bestehen. Andererseits hat man Amylomais gezüchtet, dessen Stärke zu 50 % aus Amylose besteht. Es ist gelungen, durch gentechnische Methoden transgene Kartoffelpflanzen zu erzeugen, die in ihren Knollen nur noch Amylopectin enthalten. Ein einheitlicher Stärkegehalt ist für die Verwendung der Stärke als vielseitiger Rohstoff in der chemischen Industrie von Bedeutung.

Amylose und Amylopectin bilden mit Iod-Molekülen blau bis violett gefärbte Einschlussverbindungen (Tabelle 9.1). Dadurch lässt sich in einem Blatt Stärke durch einen einfachen **Iodtest** sehr leicht nachweisen.

Tabelle 9.1: Bestandteile der pflanzlichen Stärke

	Zahl der Glucosereste	Anzahl Glucosereste pro Verzweigung	Absorptionsmaximum des Glucan-Iod-Komplexes
Amylose	10^3		660 nm
Amylopectin	10^4–10^5	20–25	530–550 nm

Abb. 9.4 Im Amylopectin haben die Polyglucanketten alle 20 bis 25 Glucosereste eine Verzweigung. Der rot markierte Glucoserest am Anfang enthält eine reduzierende Gruppe. Die schwarz markierten Gruppen am Ende der Verzweigungen sind die Akzeptoren für die Anknüpfung weiterer Glucosereste durch die Stärke-Synthase.

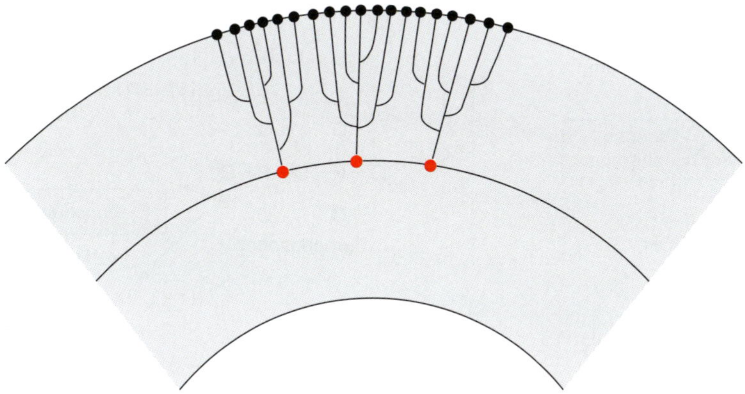

Abb. 9.5 In einem Stärkegranulum sind die Amylopectinmoleküle in übereinanderliegenden Schichten angeordnet. Vgl. Abbildung 9.4.

Die Synthese von Stärke verläuft über ADP-Glucose

Ausgangsprodukt für die Stärkesynthese in Chloroplasten ist Fructose-6-phosphat, ein Intermediat des Calvin-Cyclus (Abb. 9.6). Durch die Hexosephosphat-Isomerase wird Fructose-6-phosphat zu Glucose-6-phosphat isomerisiert, bei dieser Reaktion entsteht als Zwischenprodukt am Enzym ein *cis*-Endiol. Phosphoglucomutase überträgt den Phosphatrest der Glucose von der 6-Position in die 1-Position. Ein entscheidender Schritt für die Stärkesynthese ist die Aktivierung des Glucose-1-phosphats durch die Reaktion mit ATP zu ADP-Glucose unter Freisetzung von Pyrophosphat. Diese durch das Enzym **ADP-Glucose-Pyrophosphorylase** katalysierte Reaktion (Abb. 9.7) ist

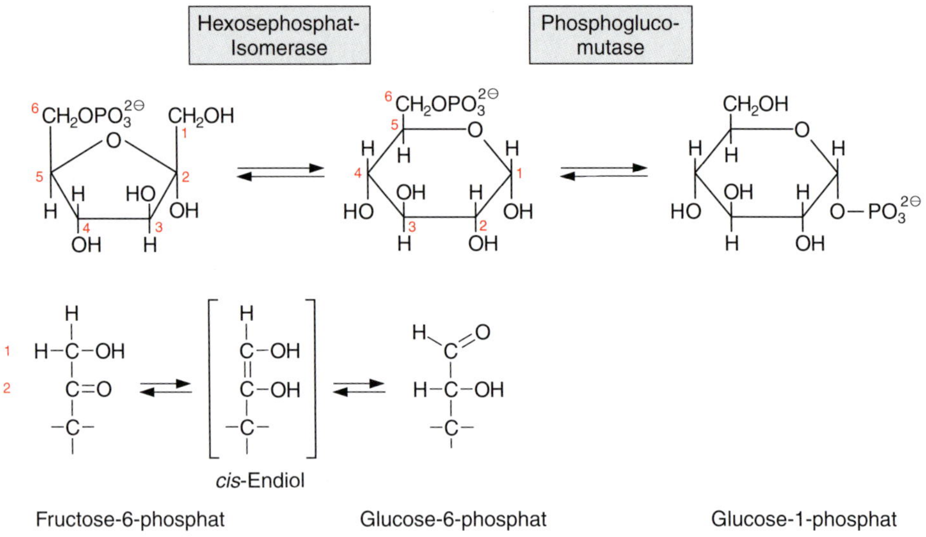

Abb. 9.6 Reaktion von Fructose-6-phosphat zu Glucose-1-phosphat. Bei der Hexosephosphat-Isomerasereaktion wird ein *cis*-Endiol als Zwischenprodukt gebildet.

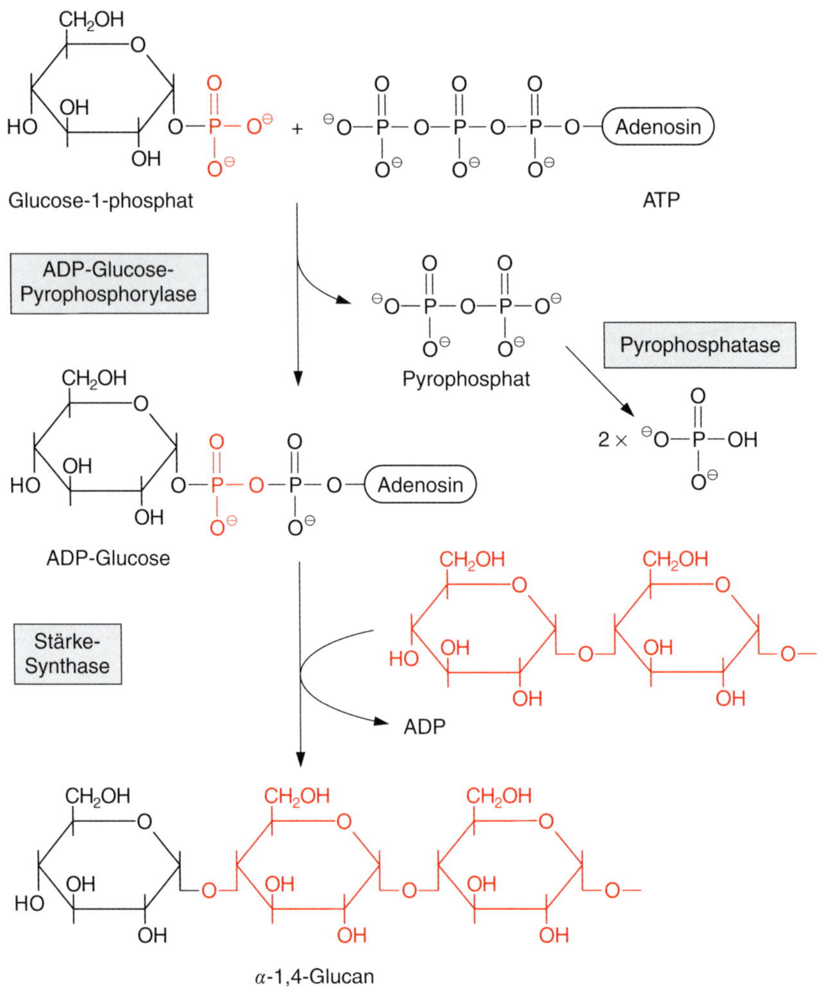

Abb. 9.7 Biosynthese der Stärke. Glucose-1-phosphat reagiert mit ATP zu ADP-Glucose. Das dabei entstehende Pyrophosphat wird durch eine Pyrophosphatase hydrolysiert; dadurch wird die Bildung der ADP-Glucose irreversibel. Durch die Stärke-Synthase wird die durch ADP aktivierte Glucose auf den endständigen Glucoserest in der Glucankette übertragen.

reversibel. Eine hohe Aktivität der Pyrophosphatase im Chloroplastenstroma sorgt jedoch dafür, dass das gebildete Pyrophosphat sofort zu Phosphat hydrolysiert wird. Es wird so dem Gleichgewicht entzogen, dadurch wird die Bildung von ADP-Glucose zu einem irreversiblen Schritt und ist damit für eine Regulation besonders geeignet. Der amerikanische Biochemiker Jack Preiss, der sich eingehend mit der ADP-Glucose-Pyrophosphorylase befasst hat, entdeckte, dass diese durch 3-Phosphoglycerat allosterisch aktiviert und durch Phosphat gehemmt wird. Die Bedeutung dieser Regulation soll uns am Schluss dieses Abschnittes beschäftigen. Von der ADP-Glucose wird der Glucoserest durch **Stärke-Synthasen** auf die OH-Gruppe in 4-Position des endständigen Glucosemoleküls der wachsenden Polysaccharidkette übertragen (Abb. 9.7). Die Ablage von Glucoseresten in einem Stärkekorn erfolgt durch ein Zusammenspiel mehrerer Stärke-Synthase-Isoenzyme. So sind an der Synthese von Amylopectin mindestens 3 Isoenzyme beteiligt, und ein weiteres an der Synthese von Amylose.

Verzweigungen werden durch ein **Verzweigungsenzym** (engl. *branching enzyme*) hergestellt. Bei bestimmten Kettenlängen wird die Polysaccharidkette durch Bruch der ($\alpha 1 \rightarrow 4$)-Verknüpfung gespalten (Abb. 9.8) und der abgespaltene Kettenrest mit einer benachbarten Kette über eine ($\alpha 1 \rightarrow 6$)-Verknüpfung verbunden. Durch Stärke-Synthase findet eine weitere Verlängerung der Ketten statt, bis eine neue Verzweigung gebildet wird. Es werden aber auch während der Stärkesynthese durch das im nachfolgenden Abschnitt besprochene **Entzweigungsenzym** Verzweigungen wieder gelöst. Man nimmt an, dass der Verzweigungsgrad der Stärke auch durch die Aktivitäten von Verzweigungs- und Entzweigungsenzym bestimmt wird. Die bereits erwähnten runzligen Erbsen mit einem hohen Amyloseanteil sind auf eine verminderte Aktivität des Verzweigungsenzyms in diesen Pflanzen (und damit einen insgesamt verminderten Stärkegehalt) zurückzuführen.

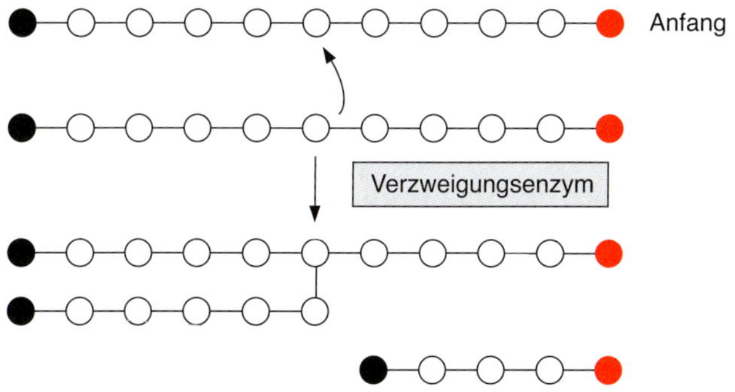

Abb. 9.8 Durch das Verzweigungsenzym wird in einer Polyglucankette eine ($\alpha 1 \rightarrow 4$)-Bindung aufgespalten und die abgespaltene Kette mit einer benachbarten Kette ($\alpha 1 \rightarrow 6$)-glycosidisch verknüpft.

Der Abbau von Stärke erfolgt auf zwei verschiedenen Wegen

Der Abbau der Stärke erfolgt in zwei grundsätzlich verschiedenen Reaktionen (Abb. 9.9). **Amylasen** katalysieren eine hydrolytische Spaltung ($\alpha 1 \rightarrow 4$)-glycosidischer Bindungen. Es gibt verschiedene Amylasen, die jeweils an unterschiedlichen Stellen der Stärkemoleküle angreifen (Abb. 9.10). Die **Exo-**

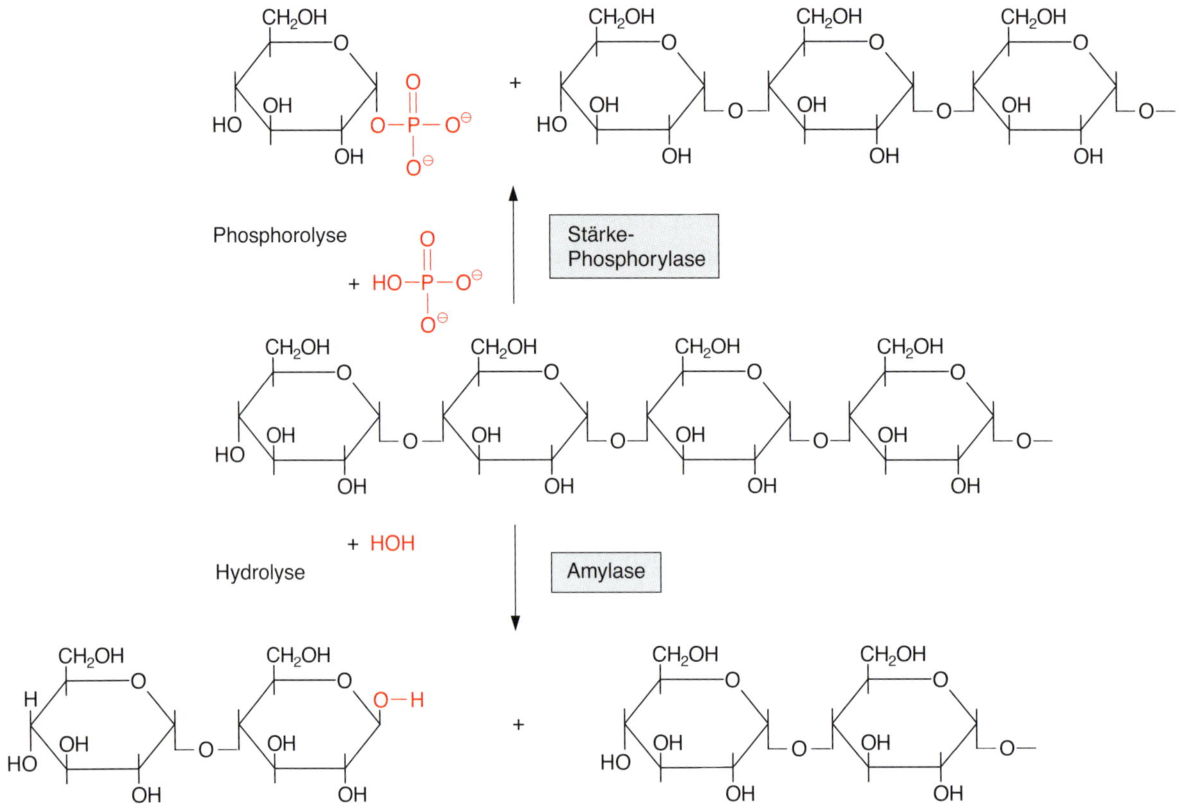

Abb. 9.9 Die (α1→4)-Bindung in einem Stärkemolekül kann durch Hydrolyse oder durch Phosphorolyse gespalten werden.

amylasen spalten vom Ende her. Eine wichtige Exoamylase ist die **β-Amylase**, die sukzessive jeweils zwei Glucosereste in Form des Dissaccharids **β-Maltose** (Abb. 9.11) abspaltet (die OH-Gruppe in 1-Position befindet sich in der β-Konfiguration). Amylasen, die im Innern der Stärkeketten spalten (**Endoamylasen**), führen zu Spaltprodukten, bei denen die OH-Gruppe in 1-Position in α-Stellung vorhanden ist, sie werden entsprechend als **α-Amylasen** bezeichnet. Durch **Entzweigungsenzyme** (engl. *debranching enzymes*) werden die (α1→6)-Verknüpfungen der Verzweigungsstellen hydrolytisch gespalten.

Phosphorylasen (Abb. 9.9) sind Enzyme, die vom Ende her (α1→4)-Verknüpfungen unter Bildung von Glucose-1-phosphat phosphorolytisch spalten. Da hierbei die Energie der glycosidischen Bindung genutzt wird, um einen Phosphatester zu bilden, wird so für die Speicherung eines Glucoserestes als Stärke nur 1 Molekül ATP verbraucht, während bei der Stärkehydrolyse durch Amylasen der ATP-Bedarf verdoppelt ist. Neuere Untersuchungen haben jedoch gezeigt, dass der Abbau der transitorischen Stärke in erster Linie durch β-Amylasen erfolgt.

Plastiden enthalten eine **α-Glucan-Wasser-Dikinase** durch welche Glucosereste der Stärke selektiv in der 6-Position durch ATP phosphoryliert werden. Die Phosphorylierung erfolgt nach dem Typ einer Dikinase-Reaktion (siehe auch Abb. 8.12) in welcher drei Substrate, ein α-Polyglucan, ATP und H_2O in drei Produkte, α-Polyglucan-P, AMP und Phosphat überführt werden.

$$\alpha\text{-Polyglucan} + \text{ATP} + H_2O \xrightarrow{\alpha\text{-Glucan-Wasser-Kinase}} \alpha\text{-Polyglucan-Ⓟ} + \text{AMP} + \text{Ⓟ}$$

Durch eine α-Glucanphosphat-Wasser-Dikinase wird die an C6 phosphorylierte Stärke weiter in der 3-Position phosphoryliert. Diese Phosphorylierung der Stärke erfolgt schon bei der Synthese der Stärke und ist aber für den Abbau der Stärke essentiell. *Arabidopsis*-Mutanten bei denen die α-Glucan-Wasser-Dikinase ausgeschaltet war, zeigten eine starke Störung des Stärkeabbaues.

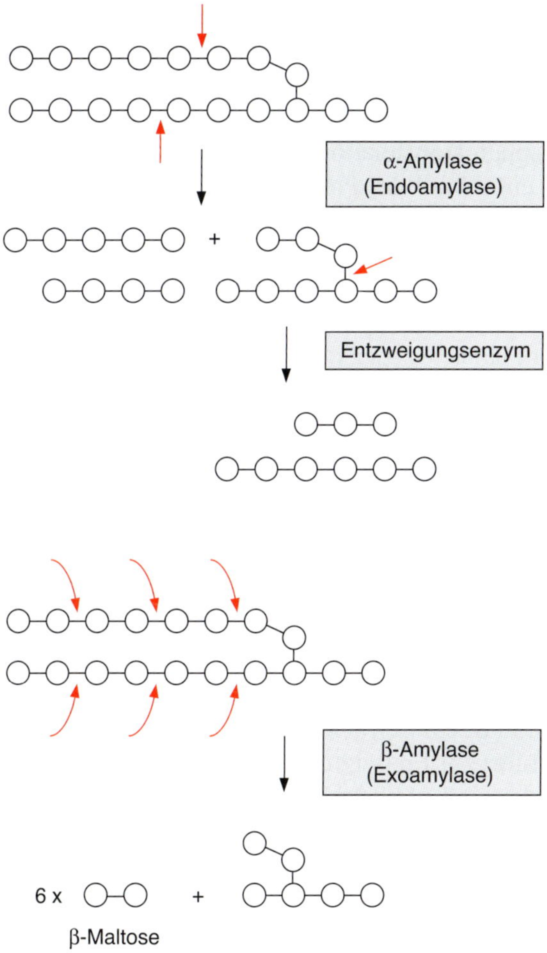

Abb. 9.10 Durch α-Amylasen werden (α1→4)-Bindungen im Innern des Stärkemoleküls hydrolytisch gespalten. Entzweigungsenzyme spalten (α1→6)-Bindungen durch Hydrolyse. Durch β-Amylasen werden vom Ende des Stärkemoleküls sukzessive β-Maltosemoleküle durch Hydrolyse der (α1→4)-Bindung abgespalten.

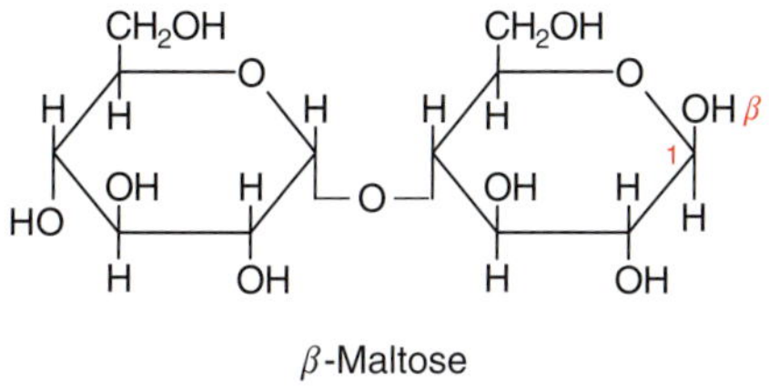

Abb. 9.11 Bei dem Disaccharid β-Maltose hat die OH-Gruppe in Position 1 β-Konfiguration.

Durch die Stärkesynthese können in den Chloroplasten überschüssige Photosyntheseprodukte zwischengelagert werden

Abbildung 9.12 gibt einen Überblick über den Aufbau und den Abbau der transitorischen Stärke in Chloroplasten. Die bereits erwähnte Regulation der ADP-Glucose-Pyrophosphorylase durch **3-Phosphoglycerat** (3-PGA) und **Phosphat** (P) ermöglicht eine Steuerung des Kohlenhydratflusses in die Stärke. Bestimmend für die Aktivität des Enzyms ist der Konzentrationsquotient 3-PGA/P. 3-PGA ist ein Hauptmetabolit im Chloroplastenstroma, seine Konzentration ist aufgrund der Gleichgewichtslage der Phosphoglycerat-Kinase- und der Glycerinaldehydphosphat-Dehydrogenasereaktion (Abschn. 6.3) viel höher als die des Triosephosphats. Da die Gesamtmenge an Phosphat und den phosphorylierten Intermediaten des Calvin-Cyclus im Chloroplastenstroma durch den Phosphat-Translokator (Abschn. 1.9) annähernd konstant gehalten wird, führt ein Abfall des Phosphats zu einem Anstieg des 3-PGA. Der PGA/P-Quotient ist daher ein sehr empfindlicher Indikator für den Metabolitenstatus im Chloroplastenstroma. Wenn durch eine verminderte Saccharosesynthese Phosphat nicht schnell genug wieder freigesetzt wird und durch Phosphatmangel die Photosynthese limitiert wird, bewirkt der erhöhte PGA/P-Quotient einen Anstieg der Stärkebildung, damit so vermehrt Phosphat freigesetzt wird, um die Photosynthese in Gang zu halten. In dieser Hinsicht übernimmt die Stärke eine Pufferfunktion: Die nicht für die Synthese von Saccharose oder anderer Substanzen abgenommenen Assimilate werden in Form von transitorischer Stärke in den Chloroplasten zwischengelagert.

Zu Beginn der Dunkelheit wird auf bislang nicht geklärte Weise die vorhandene Menge an transitorischer Stärke gemessen. Die circadiane Uhr beeinflusst, wie schnell die Stärke abgebaut wird, so dass die Vorräte bis zur nächsten Morgendämmerung ausreichen. Wahrscheinlich wird der Abbau durch einen Anstieg der Phosphatkonzentration im Stroma stimuliert, der Mechanismus hierfür ist jedoch noch unklar. Ein Anstieg der stromalen Phosphatkonzentration ist ein Zeichen für Substratmangel. Der hydrolytische Abbau der Stärke führt zur Freisetzung von Maltose und Glucose, die durch spezifische Translokatoren (Abb.9.12) in das Cytosol transportiert werden. Die Maltose, oft Hauptprodukt des Stärkeabbaus, wird im Cytosol über eine **Transglucosidase** abgebaut. Diese überträgt ein Glucose-Molekül der Maltose auf ein im Cytosol befindliches **α-Glucan**, unter Freisetzung des anderen Glucose-Moleküls. Das cytosolische α-Glucan wird dann durch eine cytosolische Phosphorylase abgebaut. Die Glucose wird im Cytosol über eine Hexokinase durch ATP in Glucose-6-phosphat überführt. Das beim phosphorolytischen Abbau in Chloroplasten entstehende Glucose-1-phosphat wird in Umkehr des Stärkesyntheseweges zu Fructose-6-phosphat umgesetzt, und letzteres reagiert mittels einer Fructose-6-phosphat-Kinase zu Fructose-1,6-bisphosphat. Das durch die Aldolase gebildete Triosephosphat wird durch den **Triosephosphat-Phosphat-Translokator** exportiert. Ein Teil des Triosephosphats wird zu 3-Phosphoglycerat oxidiert und in dieser Form ebenfalls über den Triose-P-P-Translokator abtransportiert. Dadurch sind sowohl der

Triosephosphat-Phosphat-Translokator als auch der Glucose-Translokator für den Abbau der transitorischen Stärke in den Chloroplasten von Bedeutung.

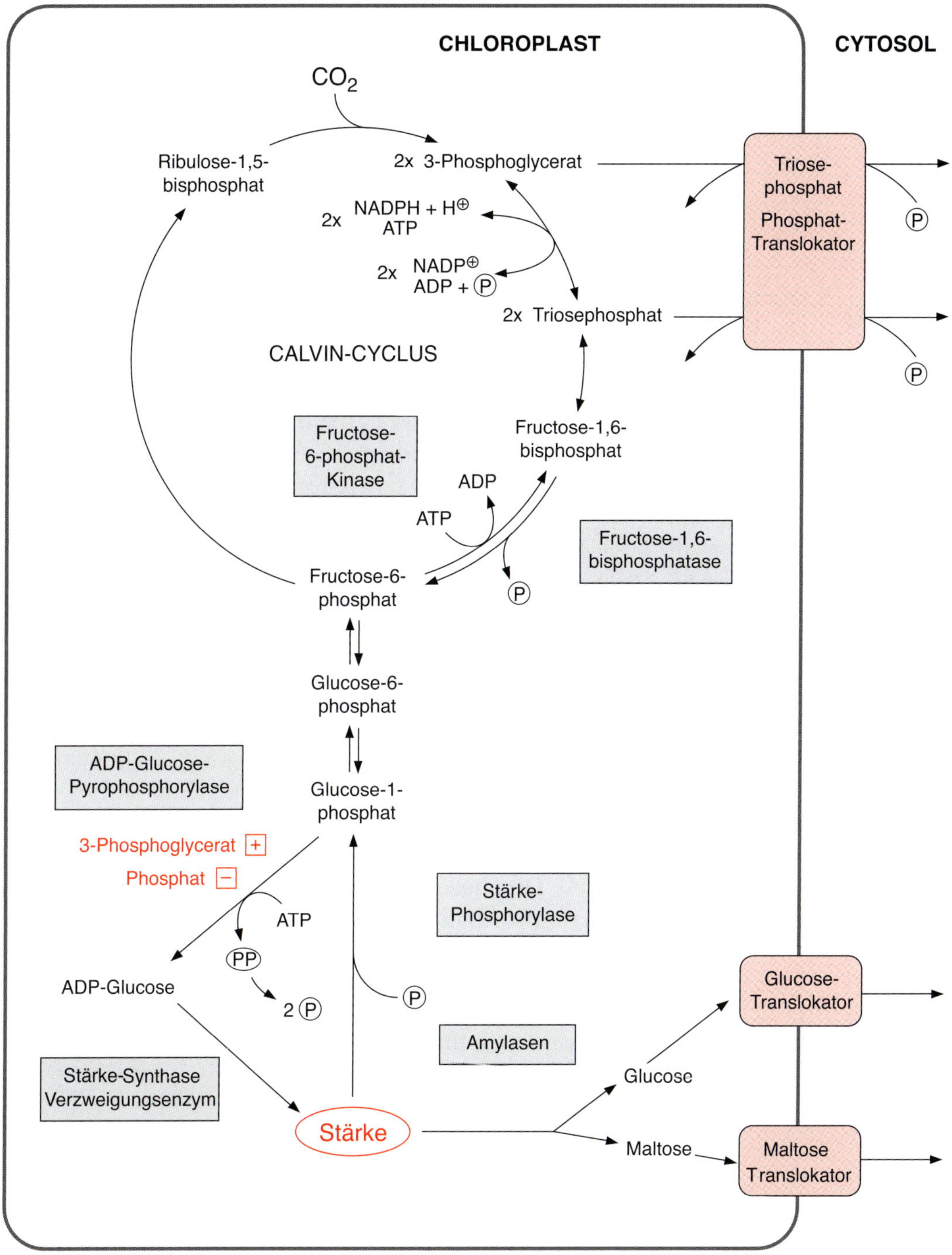

Abb. 9.12 Aufbau und Abbau der Stärke in einem Chloroplasten.

9.2 Die Saccharose wird im Cytosol synthetisiert

Die Synthese von Saccharose, einem Disaccharid aus Glucose und Fructose (Abb. 9.13), findet im Cytosol der Mesophyllzellen statt. Für diese Synthese wird der Glucoserest in analoger Weise wie bei der Stärkesynthese als Nukleosiddiphosphatglucose aktiviert, jedoch im Cytosol über eine **UDP-Glucose-Pyrophosphorylase**:

$$\text{Glucose-1-phosphat} + \text{UTP} \xrightleftharpoons[]{\text{UDP-Glucose-Pyrophosphorylase}} \text{UDP-Glucose} + \text{Pyrophosphat} \qquad (9.1)$$

Das bei der Reaktion frei werdende Pyrophosphat wird durch die H^+-Pyrophosphatase in der Vakuolenmembran rasch abgebaut. Die im Pyrophosphat enthaltene Energie wird somit zur Ansäuerung der Vakuole verwendet. Die Entfernung des Pyrophosphats verschiebt das Gleichgewicht der UDP-Glucose-Pyrophosphorylase-Reaktion stark in Richtung der Synthese von UDP-Glucose. Die **Saccharosephosphat-Synthase** (abgekürzt **SPS**, Abb. 9.13) katalysiert die Übertragung des Glucoserestes aus UDP-Glucose auf Fructose-6-phosphat, es entsteht Saccharose-6-phosphat. Durch die **Saccharosephosphat-Phosphatase,** die zusammen mit der SPS als Enzymkomplex vorliegt, wird Saccharose-6-phosphat hydrolysiert und durch diesen irreversiblen Schritt dem Gleichgewicht der Saccharosephosphat-Synthasereaktion entzogen. Die Bildung der Saccharose ist dadurch ein irreversibler Prozess.

$$\text{Saccharose} + \text{UDP} \xrightleftharpoons[]{\text{Saccharose-Synthase}} \text{UDP-Glucose} + \text{Fructose} \qquad (9.2)$$

Neben der Saccharosephosphat-Synthase gibt es in Pflanzen auch eine **Saccharose-Synthase**:
Diese Reaktion ist reversibel und wird aber im Stoffwechsel nicht zur Saccharosesynthese eingesetzt, sondern zur Verwertung von Saccharose, wobei aus UDP und Saccharose UDP-Glucose und Fructose gebildet werden. Daher findet man dieses Enzym vornehmlich in nicht-photosynthetischen Geweben. Wir werden die Funktion dieses Enzyms bei der Stärkesynthese in den Amyloplasten von Speichergeweben (Abschn. 13.3) oder bei der Cellulosesynthese in Baumwolle-produzierenden Zellen (Abschn. 9.6) kennen lernen. Dort ist das sonst lösliche Enzym membrangebunden.

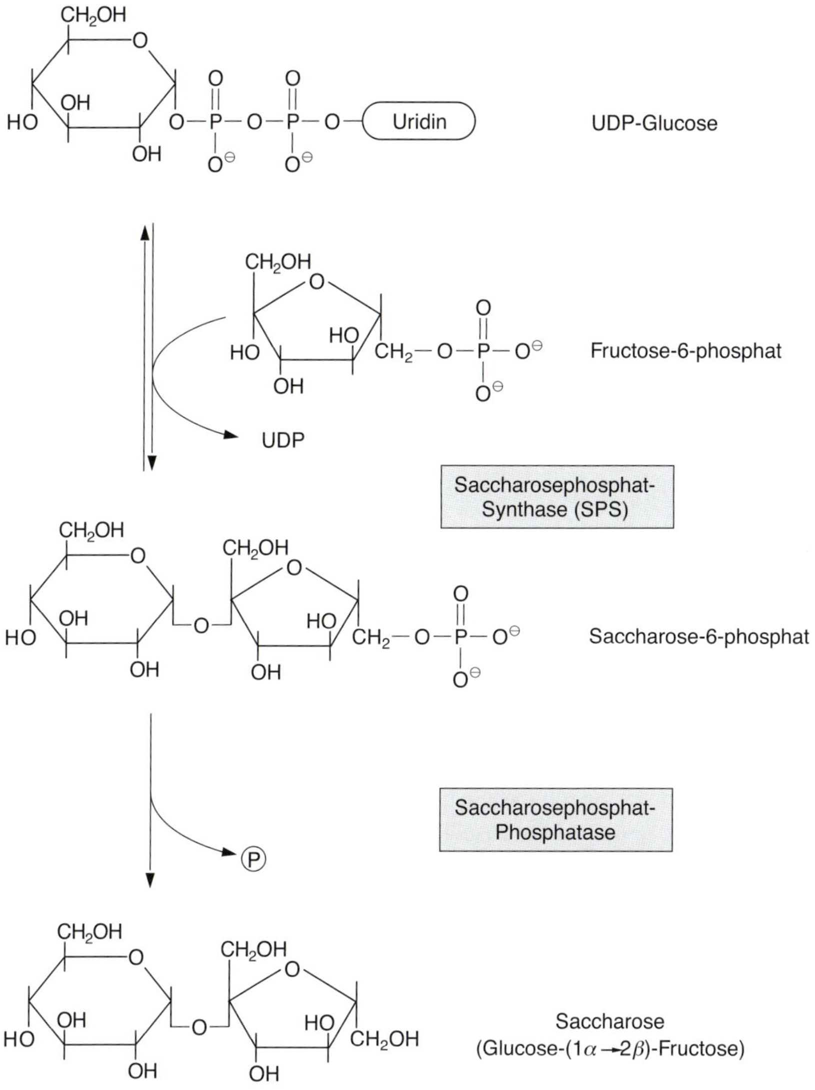

Abb. 9.13 Synthese der Saccharose. Die mit UDP aktivierte Glucose wird auf Fructose-6-phosphat übertragen. Durch Hydrolyse des gebildeten Saccharosephosphats wird die Gesamtreaktion irreversibel.

9.3 Die Verwertung des bei der Photosynthese gebildeten Triosephosphats muss strikt reguliert werden

Wie bereits in Abbildung 6.11 gezeigt, sind fünf Sechstel des bei der Photosynthese im Calvin-Cyclus gebildeten Triosephosphats für die Regenerierung des CO_2-Akzeptors Ribulosebisphosphat erforderlich. Demnach bliebe höchstens ein Sechstel des gebildeten Triosephosphats für den Export aus den Chloroplasten. Wegen der Photorespiration (Kapitel 7) beträgt der Anteil des verfügbaren Triosephosphats tatsächlich nur etwa ein Achtel des in den Chloroplasten gebildeten Triosephosphats. Würde die Entnahme des Triosephosphats aus dem Calvin-Cyclus diesen verfügbaren Betrag überschreiten, könnte der CO_2-Akzeptor Ribulosebisphosphat nicht mehr regeneriert werden, und der Cyclus würde zusammenbrechen. Daher ist es für die Funktion des Calvin-Cyclus entscheidend, dass die Entnahme der Triosephosphate das erlaubte Maß nicht überschreitet. Andererseits kann die Photosynthese in den Chloroplasten nur dann ablaufen, wenn ihr Produkt Triosephosphat auch abgenommen wird und daraus das Phosphat wieder freigesetzt wird. Bei Phosphatmangel würde die Photosynthese gedrosselt werden oder sogar zum Erliegen kommen. Es ist daher wichtig für die Pflanze, dass bei einer Erhöhung der Photosynthese – beispielsweise durch intensive Sonneneinstrahlung – die vermehrt gebildeten Assimilationsprodukte auch entsprechend verwertet werden können.

Die Verwertung des bei der Photosynthese gebildeten Triosephosphats sollte demnach so geregelt sein, dass nicht mehr entnommen wird als erlaubt, aber so viel wie möglich.

Fructose-1,6-bisphosphatase funktioniert als Eingangsventil für die Synthesekette der Saccharose

In den Mesophyllzellen ist normalerweise die Saccharosesynthese der Hauptabnehmer für das bei der CO_2-Fixierung gebildete Triosephosphat. Die Entnahme des Triosephosphats aus den Chloroplasten für die Saccharosesynthese wird nicht auf der Stufe des Exports in das Cytosol reguliert. Die Gesamtreaktion der Saccharosesynthese ist in Abbildung 9.14 gezeigt. Sie ist durch die Hydrolyse des Fructose-1,6-bisphosphats und des Saccharosephosphats ein irreversibler Prozess, der außerdem wegen der vorhandenen hohen Enzymaktivitäten eine sehr hohe Kapazität aufweist. Damit nicht mehr Triosephosphat als erlaubt aus dem Calvin-Cyclus entnommen wird, muss die Saccharosesynthese streng reguliert sein.

Der erste, irreversible Schritt der Saccharosesynthese wird durch die cytosolische **Fructose-1,6-bisphosphatase** katalysiert. Diese Reaktion ist ein wichtiger Kontrollpunkt; sie stellt gewissermaßen das Eingangsventil für die Entnahme von Triosephosphat zur Saccharosesynthese dar. Abbildung 9.15 zeigt, wie dieses Ventil funktioniert. Eine wichtige Rolle spielt dabei **Fructose-2,6-bisphosphat** (Fru2,6BP), eine Regulatorsubstanz, die sich nur in der Stellung einer Phosphatgruppe von dem Metaboliten Fructose-1,6-bisphosphat unterscheidet (Abb. 9.16).

Fru2,6BP wurde als potenter Aktivator der ATP-abhängigen Fructose-6-phosphat-Kinase und als Inhibitor der **Fructose-1,6-bisphosphatase** in der Leber entdeckt. Es stellte sich dann heraus, dass Fru2,6BP ubiquitär ist und für die Kontrolle von Glycolyse und Gluconeogenese in Tieren, Pilzen und Pflanzen generell von Bedeutung ist.

Fru2,6BP ist ein sehr starker Regulator der cytosolischen Fructose-1,6-bisphosphatase in Mesophyllzellen. Bereits mikromolare Konzentrationen von Fru2,6BP, wie sie tatsächlich auch im Cytosol von Mesophyllzellen vorkommen, führen zu einer sehr stark verringerten Affinität des Enzyms zu seinem Substrat Fructose-1,6-bisphosphat. Andererseits aktiviert Fru2,6BP eine im

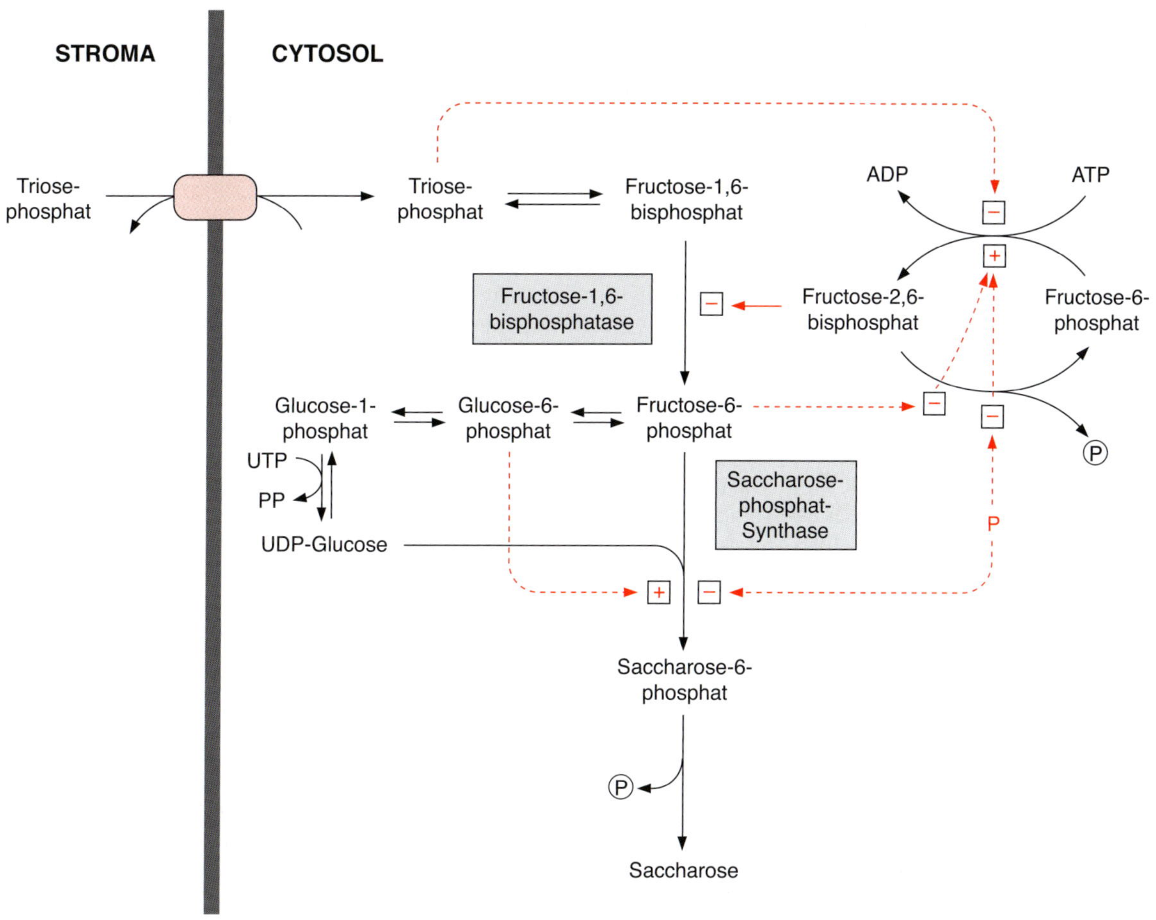

Abb. 9.14 Umsetzung von Triosephosphat zu Saccharose. Die gestrichelten roten Linien sollen die Regulation einzelner Reaktionen durch Metabolite verdeutlichen; – bedeutet Hemmung, + Aktivierung. Die Wirkung der Regulatorsubstanz Fructose-2,6-bisphosphat wird in der folgenden Abbildung näher erläutert.

Cytosol der Pflanzenzellen vorhandene **Pyrophosphat-abhängige Fructose-6-phosphat-Kinase**. Ohne Fru2,6BP ist dieses Enzym inaktiv. Die PP-Fructose-6-phosphat-Kinase kann das bei der UDP-Glucose-Pyrophosphorylasereaktion entstandene Pyrophosphat verwerten.

Fru2,6BP wird durch eine spezielle Kinase, die **Fructose-6-phosphat-2-Kinase**, aus Fructose-6-phosphat gebildet und durch eine spezielle Phosphatase (**Fructose-2,6-bisphosphatase**) wieder zu der Ausgangssubstanz hydrolysiert. Die Konzentration der Regulatorsubstanz wird durch eine Regulation der Geschwindigkeit von Synthese und Abbau eingestellt. Triosephosphat und 3-Phosphoglycerat hemmen die Synthese von Fru2,6BP, während Fructose-6-phosphat und Phosphat die Synthese stimulieren und die Hydrolyse drosseln. Auf diese Weise führt ein Anstieg der Triosephosphatkonzentration zu einer Erniedrigung des Fru2,6BP-Spiegels und damit zu einer gesteigerten

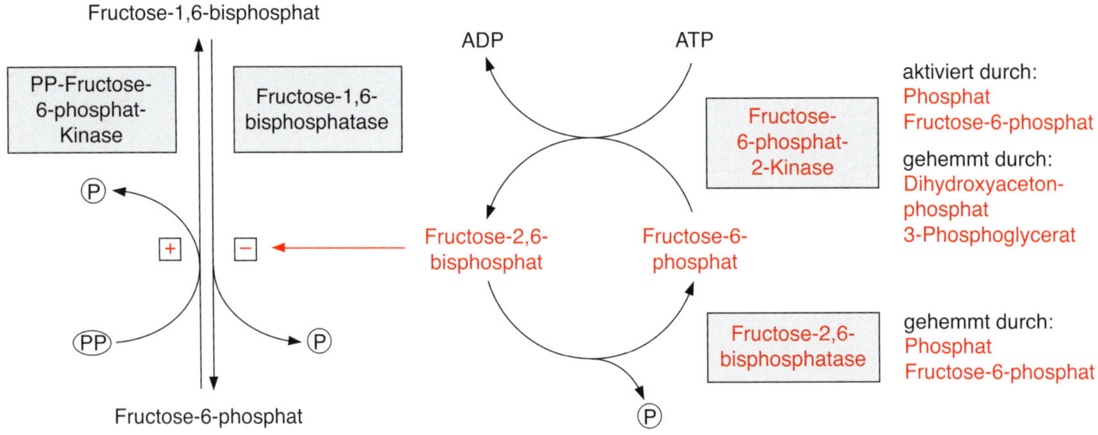

Abb. 9.15 Die Fructose-1,6-bisphosphatase stellt das Eingangsventil für die Umsetzung des CO_2-Assimilats zu Saccharose dar. Das Enzym wird durch die Regulatorsubstanz Fructose-2,6-bisphosphat gehemmt. Die Pyrophosphat-abhängige Fructose-6-phosphat-Kinase, die Fructose-6-phosphat unter Verbrauch von Pyrophosphat wieder zu Fructose-1,6-bisphosphat umsetzt, ist nur in Gegenwart der Regulatorsubstanz Fructose-2,6-bisphosphat aktiv. Die Konzentration dieser Regulatorsubstanz wird durch ständig erfolgende Synthese und Abbau eingestellt. Die Enzyme des Auf- und Abbaus werden durch Metabolite reguliert. Auf diese Weise wird durch die Gegenwart von Triosephosphat und 3-Phosphoglycerat die Konzentration des Fructose-2,6-bisphosphats vermindert und damit die Aktivität der Fructose-1,6-bisphosphatase erhöht.

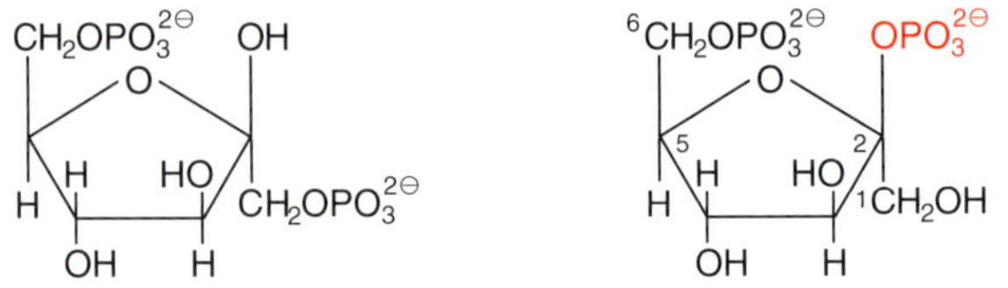

Abb. 9.16 Die Regulatorsubstanz Fructose-2,6-bisphosphat unterscheidet sich von dem Metabolit Fructose-1,6-bisphosphat lediglich durch die Stellung einer Phosphatgruppe.

Affinität der cytosolischen Fructose-1,6-bisphosphatase für ihr Substrat Fructose-1,6-bisphosphat. Zugleich erhöht sich bei einem Anstieg der Triosephosphatkonzentration die Konzentration des über die Aldolasereaktion im Gleichgewicht stehenden Fructose-1,6-bisphosphats. Aus der Erhöhung der Substratkonzentration bei gleichzeitiger Erhöhung der Affinität lässt sich ableiten, dass die Rate der Saccharosesynthese erst bei einer Überschreitung eines Schwellenwertes ansteigt (Abb. 9.17). Hierdurch wird eine effiziente Anpassung der Saccharosesynthese an das Triosephosphatangebot erreicht.

Das Prinzip der Regulation lässt sich mit einem Überfließventil vergleichen. Eine bestimmte Schwellenkonzentration des Triosephosphats muss überschritten werden, damit ein nennenswerter Substratfluss durch die Fructose-1,6-bisphosphatase erfolgt. Dadurch wird gewährleistet, dass ein für den Ablauf des Calvin-Cyclus erforderlicher minimaler Triosephosphatspiegel nicht unterschritten wird. Bei einem Überschreiten der Schwelle führt ein weiterer Anstieg des Triosephosphats zu einer hohen Verstärkung der Enzymak-

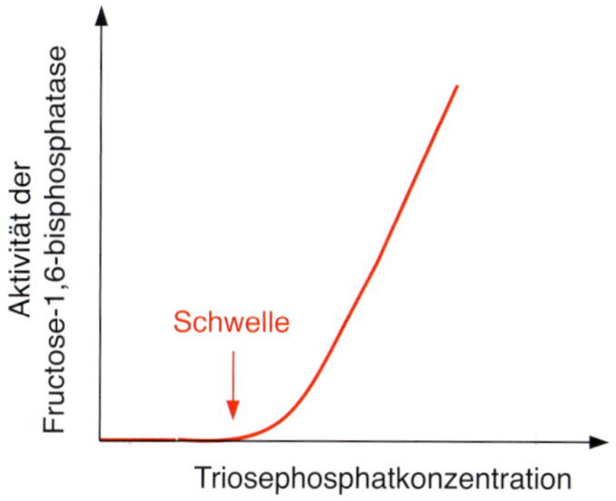

Abb. 9.17 Die cytosolische Fructose-1,6-bisphosphatase als Eingangsventil passt die Saccharosesynthese dem Angebot an Triosephosphat an. Bei einer größeren Triosephosphatkonzentration steigt auch die Menge des damit im Gleichgewicht stehenden Substrats Fructose-1,6-bisphosphat an, parallel dazu nimmt gemäß Abbildung 9.15 die Konzentration der Regulatorsubstanz Fructose-2,6-bisphosphat ab. Erst wenn die Triosephosphatkonzentration einen Schwellenwert erreicht, ist das Enzym aktiv und folgt dann in seiner Aktivität der ansteigenden Triosephosphatkonzentration.

tivität, wodurch der in den Chloroplasten anfallende Überschuss an Triosephosphat in sehr effizienter Weise der Saccharosesynthese zugeleitet werden kann.

Die cytosolische Fructose-1,6-bisphosphatase passt sich in ihrer Aktivität nicht nur, wie hier gezeigt, dem Substratangebot an, sondern auch der Produktnachfrage. Bei einem Anstieg von Fructose-6-phosphat, dem Produkt der Reaktion, wird über eine Stimulierung der Fructose-6-phosphat-2-Kinase und eine Hemmung der Fructose-2,6-bisphosphatase der Spiegel der Regulatorsubstanz Fru2,6BP erhöht und dadurch die Aktivität der cytosolischen Fructose-1,6-bisphosphatase gedrosselt (Abb. 9.15).

Die Saccharosephosphat-Synthase wird sowohl durch Metabolite als auch durch kovalente Modifikation reguliert

Auch die **Saccharosephosphat-Synthase** (vgl. Abb. 9.14) unterliegt einer strikten metabolischen Kontrolle. Dieses Enzym wird durch Glucose-6-phosphat aktiviert und durch Phosphat gehemmt. Der Aktivator Glucose-6-phosphat steht mit Fructose-6-phosphat, dem Substrat der Reaktion, im Gleichgewicht, wobei Glucose-6-phosphat überwiegt. Im Gleichgewicht bewirkt daher eine Konzentrationsänderung des Substrats eine viel größere Änderung der Aktivatorkonzentration. Die Aktivität des Enzyms wird so in wirksamer Weise dem Substratangebot angepasst.

Die Aktivität der Saccharosephosphat-Synthase wird außerdem durch kovalente Modifikation des Enzyms verändert. Das Enzym besitzt in Pos. 158 einen Serinrest, dessen OH-Gruppe durch eine spezielle Protein-Kinase, die Saccharosephosphat-Synthase-Kinase (**SPS-Kinase**), phosphoryliert und durch eine entsprechende **SPS-Phosphatase** dephosphoryliert wird (Abb. 9.18A). Die SPS-Phosphatase wird durch **Ocadainsäure**, einen Inhibitor von Protein-Phosphatasen des so genannten 2A-Typs (auf den wir hier nicht näher eingehen können), gehemmt. Die Aktivität der SPS-Kinase wird wahrscheinlich durch Metabolite wie Glucose-6-phosphat reguliert.

Die so phosphorylierte Form der Saccharosephosphat-Synthase ist weniger aktiv als die dephosphorylierte Form. Durch die relativen Geschwindig-

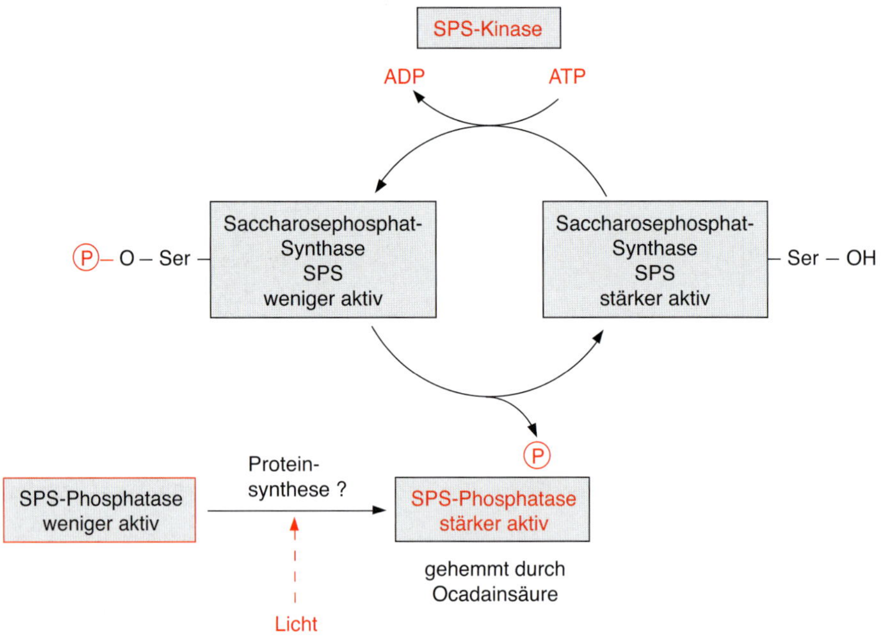

Abb. 9.18A Die Saccharosephosphat-Synthase (abgekürzt SPS) wird durch Phosphorylierung eines Serinrestes über eine spezielle Proteinkinase (SPS-Kinase) zu einer weniger aktiven Form umgesetzt. Die Abspaltung des Phosphatrestes durch eine SPS-Phosphatase führt wieder zu einer Aktivitätserhöhung. Die Aktivität der SPS-Phosphatase wird durch Belichtung – möglicherweise über eine Neusynthese des betreffenden Proteins gesteigert.

keiten von Phosphorylierung und Dephosphorylierung stellt sich eine bestimmte Aktivität des Enzyms ein. Bei Belichtung eines Blattes wird die SPS-Phosphatase in ihrer Aktivität erhöht und dadurch die Saccharosephosphat-Synthase in die aktivere Form umgewandelt. Der Mechanismus hierfür ist nicht bekannt. Es wird diskutiert, dass die Verminderung der SPS-Phosphataseaktivität im Dunkeln auf einer verminderten Syntheserate des Enzyms beruht. Die Saccharosephosphat-Synthase enthält in Pos. 424 einen weiteren Serinrest, der durch eine andere Proteinkinase – diese wird bei osmotischem Stress aktiviert – phosphoryliert wird. Bei der Phosphorylierung dieses Serinrestes wird die Saccharosephosphat-Synthase aktiviert. Man erkennt hieraus die Komplexität der Regulation der SPS. Die Phosphorylierung eines bestimmten Serinrestes durch eine entsprechende Proteinkinase führt zu einer Hemmung, während die Phosphorylierung eines anderen Serinrestes durch eine andere Proteinkinase zu einer Aktivierung führt. Die SPS besitzt sogar noch eine dritte Phosphorylierungsstelle, an die ein 14-3-3 Protein gebunden wird (ähnlich wie bei der Nitratreduktase, Abschn. 10.3). Die physiologische Bedeutung dieser Bindung ist derzeit noch ungeklärt.

Die Verteilung der Assimilate zwischen Saccharose und Stärke beruht auf dem Zusammenspiel mehrerer Regulationsmechanismen

Wir haben gesehen, dass an der Steuerung der Saccharosesynthese verschiedene Regulationsvorgänge beteiligt sind. Durch die Wirkung von Metaboliten, als Hemmer oder Aktivatoren von Enzymen, kann die Geschwindigkeit der Saccharosesynthese unmittelbar den aktuellen Stoffwechselbedingungen angepasst werden. Man spricht hier auch von einer **Feinkontrolle**. Durch die kovalente Modifikation von Enzymen, ausgelöst durch diurnale Faktoren und wahrscheinlich auch durch Phytohormone (Kapitel 19), erfolgt eine **übergeordnete Regulation** gemäß den Stoffwechselbedürfnissen der Pflanze. Dazu gehört die Verteilung der Assimilate (engl. *partitioning*) zwischen Saccharose-, Stärke- und Aminosäuresynthese (siehe nächstes Kapitel). So kann durch eine Drosselung der Saccharosesynthese über einen Anstau von Triosephosphat, und damit auch von 3-Phosphoglycerat, die Synthese der Stärke erhöht werden (Abb. 9.12). Wie bereits besprochen, wird in den Blättern während des Tages ein großer Teil des Photoassimilats in den Chloroplasten als transitorische Stärke zwischengelagert und erst in der folgenden Nacht zu Saccharose umgesetzt, um die Verbrauchsorgane auch während der Nacht mit Saccharose versorgen zu können. In manchen Pflanzen – beispielsweise in Gerste – werden tagsüber in den Blättern große Mengen des Assimilats als Saccharose zwischengelagert. Daher läuft in Blättern verschiedener Pflanzen die Synthese der Saccharose während der Nacht mit sehr unterschiedlicher Geschwindigkeit ab.

Trehalose ist eine wichtige Signalsubstanz

Trehalose (Abb. 9.18B), welches in nur sehr geringen Konzentrationen in Pflanzenzellen vorkommt, wurde lange Zeit für unbedeutend gehalten. In jüngster Zeit gibt es jedoch viele experimentelle Befunde, die zeigen, dass Trehalose bzw. Trehalosephosphat sehr wichtige Signalmetabolite für die Regulation des Pflanzenstoffwechsels sind. Ausgangssubstrate für die Synthese sind Glucose-6-phosphat und UDP-Glucose:

$$\text{Glucose-6-phosphat} + \text{UDP-Glucose} \xrightarrow[\text{Synthase}]{\text{Trehalosephosphat-}} \text{Trehalose-6-phosphat} + \text{UDP}$$

$$\text{Trehalose-6-phosphat} \xrightarrow[\text{Phosphathase}]{\text{Trehalosephosphat-}} \text{Trehalose} + \text{Phosphat}$$

Die Bedeutung der Trehalose lässt sich allein schon dadurch erkennen, dass es in *Arabidopsis* mehr Gene für dessen Synthese gibt als für die Synthese von Saccharose.

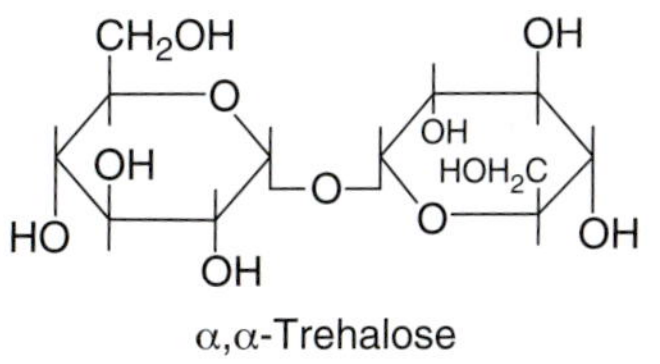

Abb. 9.18B ααTrehalose ist ein Disaccharid bei dem zwei Glucose-Moleküle durch (α1→1α) glucosidische Bindung mit einander verknüpft sind.

9.4 In manchen Pflanzen erfolgt der Export der Assimilate aus den Blättern in Form von Zuckeralkoholen oder von Oligosacchariden der Raffinosefamilie

Saccharose ist nicht in allen Pflanzen die Transportform für die Translokation der Assimilate in die Verbrauchsorgane. In manchen Pflanzen dienen dazu auch Zuckeralkohole (als **Polyole** bezeichnet), zu deren wichtige Vertreter **Sorbit** und **Mannit** (Abb. 9.19) gehören. So erfolgt unter anderem in Rosaceaen (dazu gehören unsere heimischen Obstbäume) der Assimilattransport in die Verbrauchsorgane zu einem großen Teil in Form von **Sorbit** (Abb. 9.19). Andere Pflanzen – wie Kürbisgewächse, heimische Laubbäume (Linde, Haselnuss, Ulme) und Olivenbäume – befördern in ihren Siebröhren Oligosaccharide, bei denen Saccharose mit einem oder mehreren Galactoseresten glycosidisch verknüpft ist (Abb. 9.20). Zu diesen Oligosacchariden der so genannten **Raffinosefamilie** zählen **Raffinose** mit einem, **Stachyose** mit zwei und **Verbascose** mit drei Galactoseresten. Die Oligosaccharide der Raffinosefamilie haben dazu auch eine Funktion als Speicherverbindungen. Sie machen beispielsweise in den Samen von Erbsen und Bohnen 5 bis 15 % der Trockensubstanz aus. Da die α-Galactosidbindung von den menschlichen Verdauungsenzymen nicht gespalten werden kann, sind Zucker der Raffinosefamilie für den Menschen unverdaulich. Sie werden im letzten Abschnitt des Darms durch anaerobe Bakterien unter der Bildung von Verdauungsgasen zersetzt.

Die für die Raffinosesynthese erforderliche Galactose entsteht durch Epimerisierung der durch UDP aktivierten Glucose (Abb. 9.21). Durch die **UDP-Glucose-Epimerase** wird die in Position 4 vorhandene OH-Gruppe vorübergehend oxidiert. Als Oxidationsmittel dient dabei fest an das Enzym gebundenes NAD^+. Bei der sich anschließenden Reduktion entstehen dann sowohl Glucose als auch Galactose. Es stellt sich so ein Epimerasegleichgewicht ein. Durch eine Transferase wird der Galactoserest auf den cyclischen Alkohol myo-Inositol übertragen, dabei entsteht **Galactinol**. Durch myo-

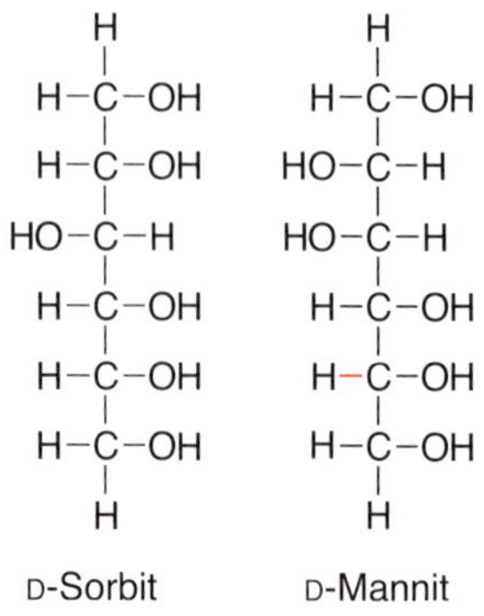

Abb. 9.19 In manchen Pflanzen wird das CO_2-Assimilat in Form von Zuckeralkoholen (Polyolen), wie Sorbit und Mannit, von den Blättern in andere Pflanzenorgane exportiert.

Raffinose

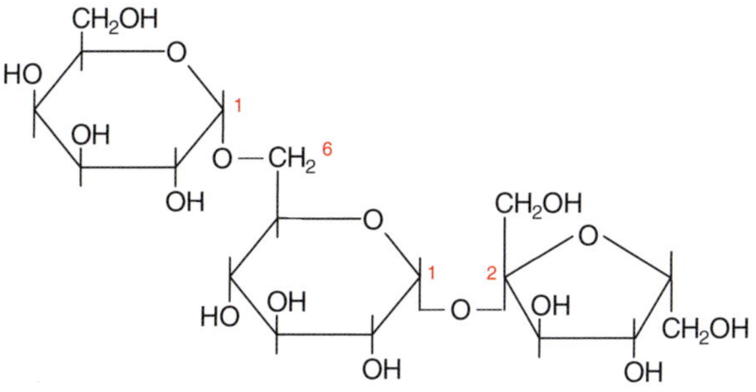

Gal-(1$\alpha \rightarrow$6)-Glc-(1$\alpha \rightarrow$2β)-Fru

Stachyose

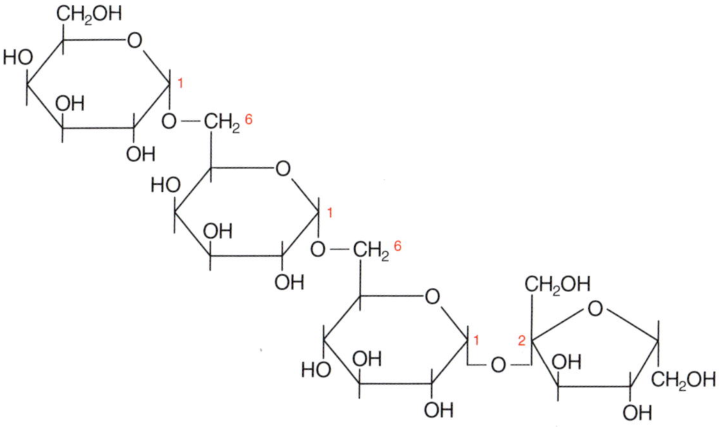

Gal-(1$\alpha \rightarrow$6)-Gal-(1$\alpha \rightarrow$6)-Glc-(1$\alpha \rightarrow$2β)-Fru

entsprechend
Verbascose

Gal-(1$\alpha \rightarrow$6)-Gal-(1$\alpha \rightarrow$6)-Gal-(1$\alpha \rightarrow$6)-Glc-(1$\alpha \rightarrow$2β)-Fru

Abb. 9.20 Bei den Oligosacchariden der Raffinosefamilie sind an den Glucoserest der Saccharose in Position 6 ein bis drei Galactosereste geknüpft.

Inositol-Galactosyl-Transferasen werden durch eine Übertragung des Galactoserestes von Galactinol auf Saccharose Raffinose gebildet und in entsprechender Weise ebenfalls Stachyose und Verbascose.

$$\begin{aligned} \text{Saccharose} + \text{Galactinol} &\longrightarrow \text{Raffinose} + \text{myo-Inositol} \\ \text{Raffinose} + \text{Galactinol} &\longrightarrow \text{Stachyose} + \text{myo-Inositol} \\ \text{Stachyose} + \text{Galactinol} &\longrightarrow \text{Verbascose} + \text{myo-Inositol} \end{aligned} \tag{9.3}$$

9.5 Fructane werden als Speichersubstanz in der Vakuole gelagert

Neben der Stärke haben in vielen Pflanzen auch **Fructane** eine wichtige Bedeutung als Kohlenhydratspeicher. Während die Stärke als unlösliche Polyglucose in den Plastiden gebildet wird, sind Fructane lösliche Polyfructosen,

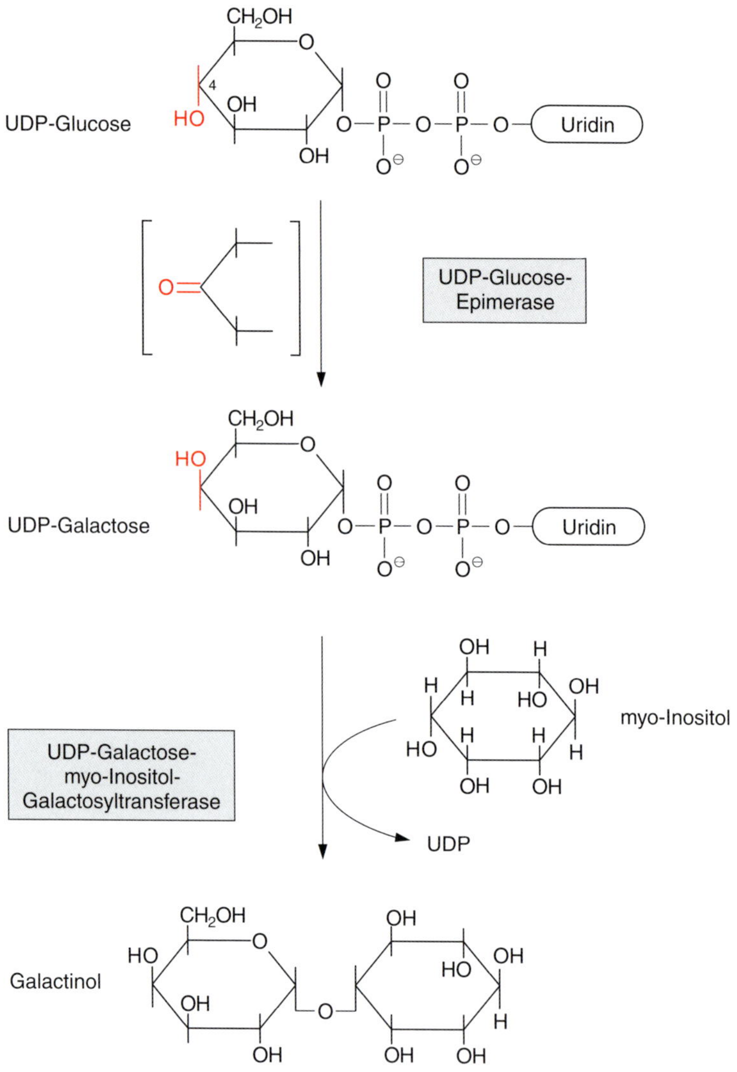

Abb. 9.21 Synthese von Galactinol als Zwischenprodukt der Raffinosesynthese aus UDP-Glucose und myo-Inositol. Die Epimerisierung der UDP-Glucose zu UDP-Galactose erfolgt über eine intermediär gebildete Ketogruppe an C-4.

die in der Vakuole synthetisiert und gelagert werden. Man hat sie zuerst in Knollen von Zierblumen, zum Beispiel Dahlien, gefunden. Zu den Fructan-speichernden Pflanzen gehören viele Gräser aus gemäßigten Klimaten, darunter auch Weizen und Gerste. Die Fructane finden sich dort oft in den Blättern und den Stängeln. Die Kohlenhydrate in der Zwiebel bestehen hauptsächlich aus Fructanen. Sie werden, wie die bereits besprochenen Raffinosezucker, vom Menschen nicht verdaut. Fructane wurden daher wegen ihres süßen Geschmacks insbesondere in Japan als natürliche, kalorienfreie Süßstoffe benutzt. Auch werden Fructane in der Nahrungsmittelindustrie als kalorienfreier Fettersatz benutzt.

Ausgangssubstanz für die Polysaccharidketten der Fructane ist ein Saccharosemolekül, an das weitere Fructosemoleküle geknüpft sind. Die Grundform der Fructane, bei der Saccharose mit nur einem weiteren Fructosemolekül glycosidisch zu einem Trisaccharid verbunden ist, bezeichnet man als **Kestosen**. Abbildung 9.22 zeigt drei Haupttypen der Fructane.

Bei den Fructanen des **6-Kestosetyps** ist der Fructoserest der Saccharose in Position 6 mit einer weiteren Fructose in 2β-Position glycosidisch verknüpft. Durch (6→2β)-Verknüpfungen mit weiteren Fructoseresten werden Ketten mit unterschiedlicher Länge (10 bis 200 Fructoseresten) gebildet. Man bezeichnet Fructane aus 6-Kestosen auch als **Lävantyp**. Man findet diese Fructane häufig in Gräsern.

Bei den Fructanen des **1-Kestosetyps** sind die Fructosereste der Kette mit dem Saccharosemolekül und untereinander in (1→2β)-glycosidischer Bindung verknüpft. Diese Fructane – die man auch als **Inulintyp** bezeichnet – bestehen aus bis zu 50 Fructoseresten. Inulin findet man in den Knollen der Dahlien.

Bei den Fructanen des **Neokestosetyps** gehen zwei Polyfructoseketten von der Saccharose aus, eine ist wie bei der 1-Kestose (1→2β)-glycosidisch mit der Fructose verknüpft, die andere (6→2β)-glycosidisch mit dem Glucoserest. Die Fructane des Neokestosetyps sind mit fünf bis zehn Fructoseresten die kleins-

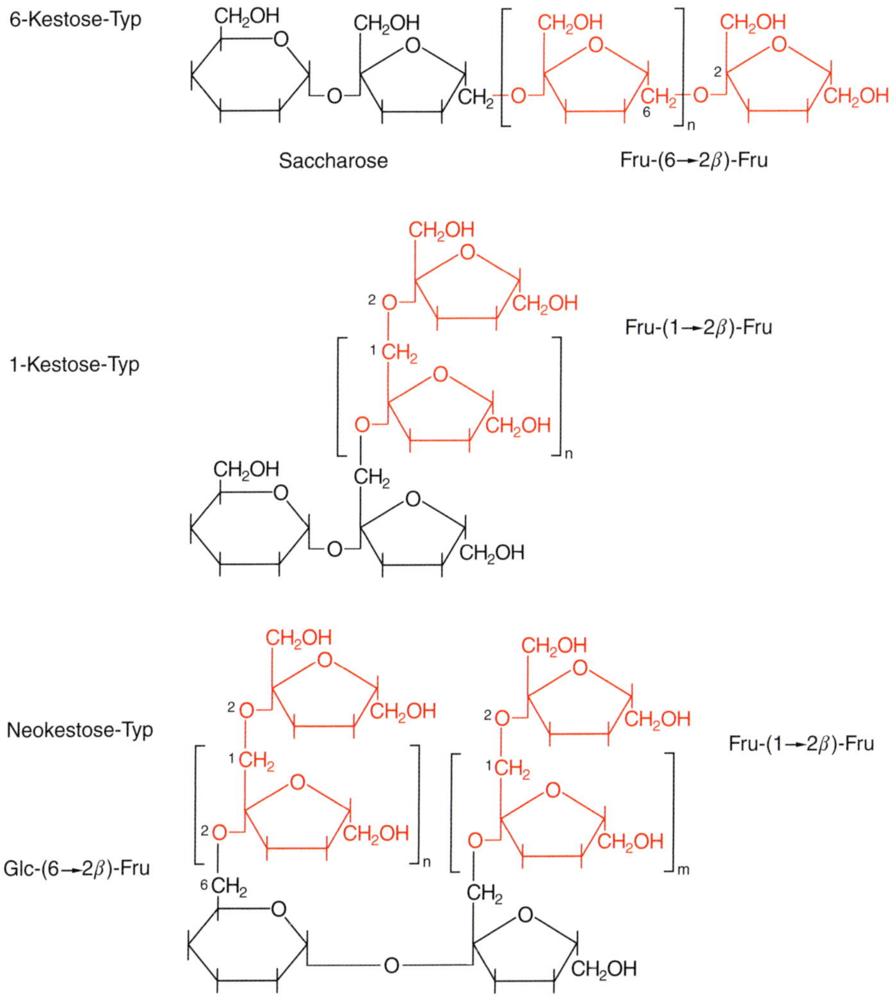

Abb. 9.22 Fructane leiten sich von Kestosen ab. Sie werden durch die Bindung von Fructoseresten an ein Saccharosemolekül gebildet. Bei den Fructanen des 6-Kestosetyps besteht die Kette aus $n = 10 – 200$ und bei denen des 1-Kestosetyps aus $n < 50$ Fructoseresten. In den Fructanen des Neokestosetyps sind n und $m < 10$.

ten Fructane. Verzweigte Fructane, die sowohl (1→2β)- als auch (6→2β)-glycosidisch verknüpft sind, werden auch als **Graminane** bezeichnet. Man findet sie in Weizen und Gerste.

Ausgangssubstanz für die in der Vakuole erfolgende Synthese der Fructane ist Saccharose. Durch das Enzym **Saccharose-Saccharose-Fructosyltransferase** wird der Fructoserest von einer Saccharose auf eine zweite Saccharose übertragen (Abb. 9.23A). Dabei wird eine 1-Kestose gebildet, übrig bleibt Glucose. Für eine Verlängerung der Kestosekette wird der erforderliche Fructoserest nicht von der Saccharose, sondern von einer anderen Kestose übertragen (Abb. 9.23B). Das Enzym **Fructan-Fructan-1-Fructosyltransferase** überträgt bevorzugt den Fructoserest von einem Trisaccharid auf eine längerkettige Kestose. Die Bildung der 6-Kestosen wird entsprechend durch eine **Fructan-Fructan-6-Fructosyltransferase** katalysiert. Zur Bildung der Neokestosen wird durch **6-Glucose-Fructosyltransferase** ein Fructoserest von einer 1-Kestose auf den Glucoseteil einer Saccharose übertragen (Abb. 9.23C). Das so gebildete Trisaccharid ist Ausgangsprodukt für weitere Kettenverlängerungen entsprechend Abbildung 9.23B. Der Abbau der Fructane erfolgt durch eine sukzessive Abspaltung der Fructosereste vom Ende her durch exohydrolytische Enzyme.

In vielen Gräsern werden Fructane für eine bestimmte Zeitdauer in den Blättern und im Stängel angereichert. Sie können dabei bis zu 30 % des Trockengewichtes ausmachen. So werden in manchen Pflanzen vor Blühbeginn Kohlenhydrate als Fructane angesammelt, um nach Befruchtung der Blüten als Reserve für eine schnelle Samenbildung zu dienen. Pflanzen in marginalen Lebensräumen, bei denen sich Perioden der positiven CO_2-Bilanz mit Zeiten abwechseln, in denen keine ausreichende Photosynthese möglich ist,

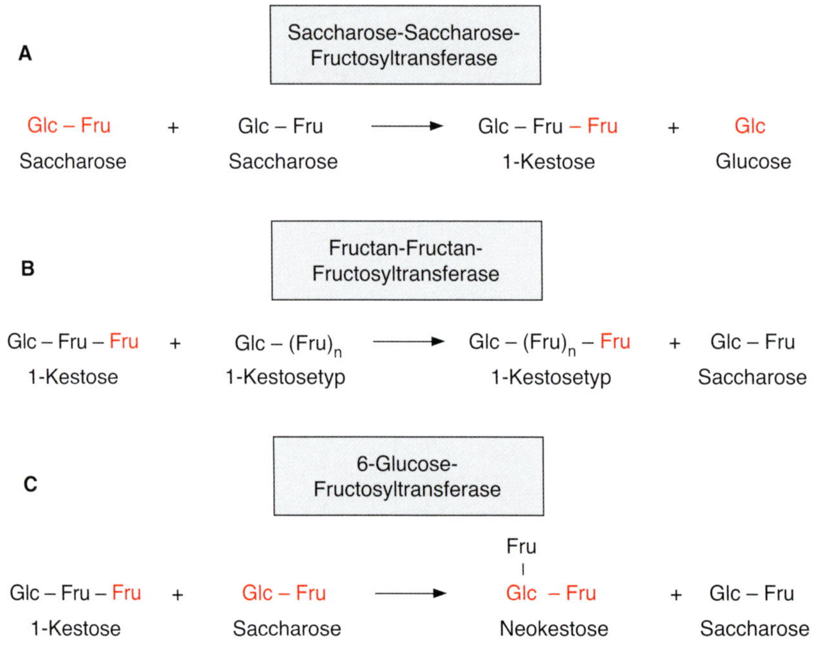

Abb. 9.23 Für die Synthese von Kestosen ist Saccharose das Ausgangssubstrat. Gezeigt werden drei wichtige Reaktionen des in der Vakuole ablaufenden Kestose-Biosyntheseweges.

nutzen Fructane als Reserve für ein Aufrechterhalten des Wachstums auch bei ungünstigen Bedingungen. So werden Fructane auch vermehrt bei Trocken- und Kältestress gebildet.Neben der Rolle der Fructane als Kohlenhydratspeicher wurden in den letzten Jahren weitere Funktionen für diese Polymere in Pflanzen gefunden, insbesondere die Stabilisierung von Membranen unter Frost- und Trockenstress sowie ein erhöhter Schutz vor reaktiven Sauerstoff-Spezies.

Viele Pflanzen, die in ihren Blättern Fructane speichern, lagern dort für gewöhnlich auch Saccharose und Stärke. Fructan ist dann ein zusätzlicher Speicher. Abbildung 9.24 zeigt in einer stark vereinfachten Darstellung die Bildung des Fructans als alternative Speichersubstanz in einem Blatt. Um einen durch die Photosynthese als Fructose-6-phosphat bereitgestellten Fructoserest in Fructan umzuwandeln, muss zunächst Saccharose (Details gezeigt in Abb. 9.14) synthetisiert werden. Die dabei erforderliche UDP-Glucose wird aus der bei der Fructansynthese in der Vakuole freigesetzten Glucose nach Phosphorylierung durch eine Hexokinase durch UDP-Glucose-Pyrophosphorylase bereitgestellt. Somit erfordert die Reaktion des bei der Photo-

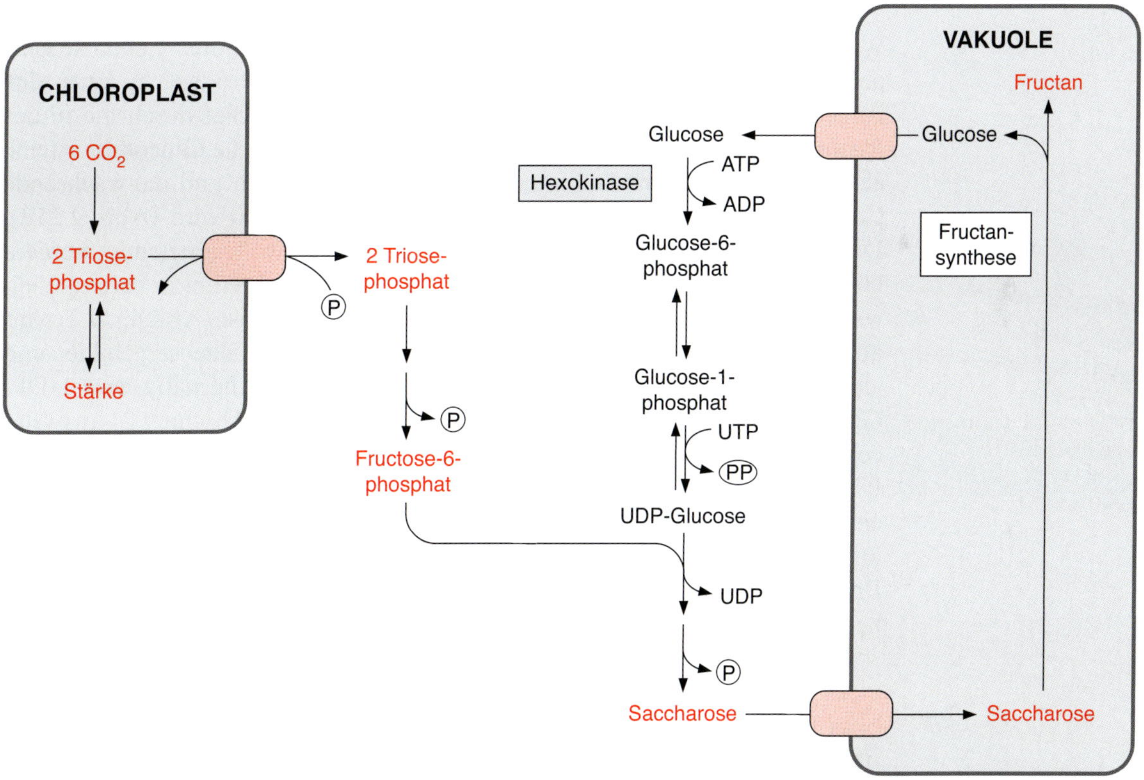

Abb. 9.24 Die Umsetzung des CO_2-Assimilats zu Fructanen. Das als Produkt der Photosynthese im Cytosol anfallende Fructose-6-phosphat reagiert zunächst zu Saccharose. Die dazu erforderliche Glucose fällt bei der Fructansynthese an (siehe vorige Abbildung). Die Phosphorylierung erfolgt durch eine im Cytosol vorhandene Hexokinase. Der Import der Saccharose in die Vakuole und der Export der Glucose werden durch jeweils verschiedene Translokatoren katalysiert.

synthese gebildeten Fructose-6-phosphats zu Fructan insgesamt 2 ATP-Äquivalente pro Molekül, das ist doppelt so viel wie für die Synthese der Stärke in den Plastiden. Ein Grund für diesen Mehraufwand liegt darin, dass die in Plastiden vorkommende Pyrophosphatase, welche die ADP-Glucose-Pyrophosphorylasereaktion irreversibel macht (Abschn. 9.1), im Cytosol nicht vorhanden ist.

Die Speicherung von Kohlenhydraten im Blatt als Fructan in der Vakuole hat den Vorteil, dass durch die Größe der Vakuole (sie nimmt etwa 80 % des Zellvolumens ein) eine sehr hohe Speicherkapazität besteht. In einem Blatt können so, zusätzlich zu den erforderlichen diurnalen Kohlenhydratspeichern in Form von transitorischer Stärke und Saccharose, eine größere Kohlenhydratreserve angelegt werden, zum Beispiel für eine schnelle Samenproduktion oder als Notvorrat.

9.6 Cellulose wird durch Enzyme der Plasmamembran synthetisiert

Wir haben in Abschnitt 1.1 als wichtigen Zellwandbestandteil Cellulose kennengelernt, ein Glucan, bei dem Glucosereste β-1,4-glycosidisch zu einer sehr langen Kette verknüpft sind. Die Cellulosesynthese erfolgt durch die in der Plasmamembran lokalisierte **Cellulose-Synthase,** wobei die Glucosebausteine als **UDP-Glucose** vom Zellinnern her angeliefert werden und die wachsende Cellulosekette in den extrazellulären Raum ausgestoßen wird (Abb. 9.25B). Die Cellulosesynthese konnte besonders gut an Baumwolle untersucht werden. Hierbei zeigte sich, dass auch die UDP-Glucose in der Membran bereitgestellt wird: Durch eine membrangebundene **Saccharose-Synthase** (Abschn. 9.2) wird aus Saccharose, die vom Cytosol geliefert wird, UDP-Glucose gebildet und letztere direkt auf die Cellulose-Synthase übertragen. Alternativ wird UDP-Glucose durch die UDP-Glucose-Pyrophosphorylase (Abschn.9.2) aus Glucose-1-phosphat und UTP gebildet. Die Cellulosesynthese beginnt mit der Übertragung eines Glucoserestes von UDP-Glucose auf **Sitosterol** (Abb. 15.3), einem Lipid der Plasmamembran. Der durch die glycosidische Verknüpfung an die Hydroxylgruppe des Membranlipids gebundene Glucoserest wirkt als Primer für die Cellulosesynthese und bewirkt, dass die wachsende Cellulosekette an der Membran verankert ist. Cellulose kommt nie in einzelnen Ketten, sondern stets in einer als **Mikrofibrille** bezeichneten kristallinen Anordnung vieler Ketten vor (Abschn. 1.1). Man nimmt an, dass durch viele in der Membran benachbarte Cellulose-Synthasen alle β-1,4-Glucanketten einer Mikrofibrille gleichzeitig gebildet werden und sich sofort zusammenlagern.

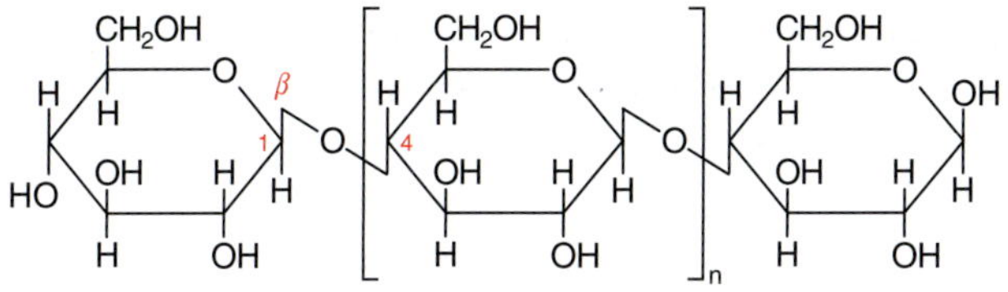

β-1,4-Glucan: Cellulose

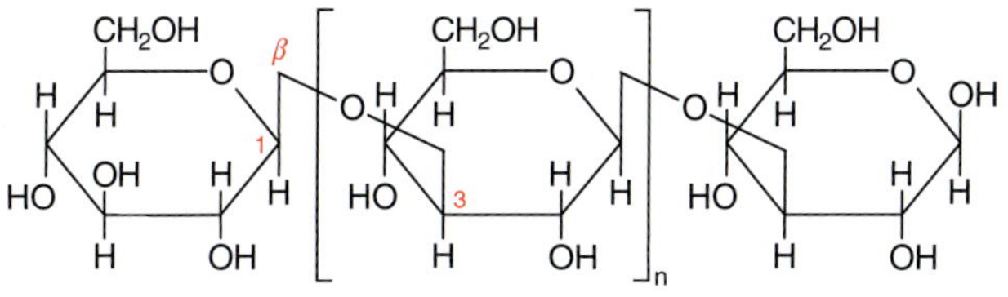

β-1,3-Glucan: Callose

Abb. 9.25A Cellulose und Callose.

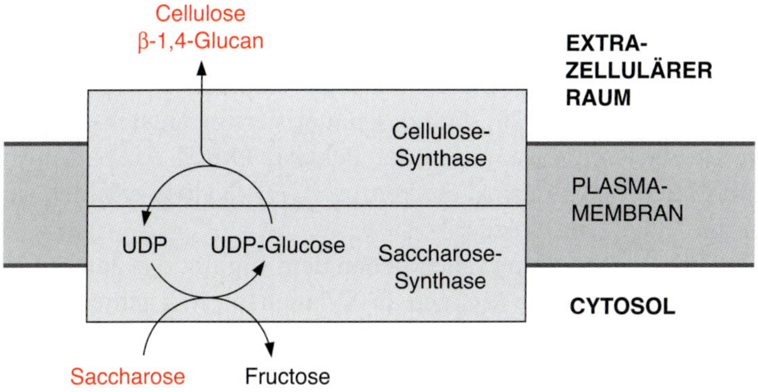

Abb. 9.25B Synthese von β-1,4-Glucanketten durch eine membrangebundene Cellulose-Synthase. Die Bereitstellung der UDP-Glucose erfolgt über eine ebenfalls membrangebundene Saccharose-Synthase unter Verbrauch von Saccharose.

Die Synthese von Callose wird oft durch Gewebsverletzungen ausgelöst

Callose ist ein **β-1,3-Glucan** (Abb. 9.25A) mit einer langen unverzweigten, schraubig gewundenen Kette. Callose bildet ohne weitere Bestandteile sehr kompakte Strukturen und dient der Pflanze als universelles *Abdichtungsmaterial*. Callose kann an der Plasmamembran nach Gewebsverletzung rasch in beträchtlichen Mengen synthetisiert werden. Diese Callosesynthese erfolgt nach bisherigen Untersuchungen in prinzipiell gleicher Weise wie die in Abbildung 9.25B gezeigte Cellulosesynthese, ebenfalls unter Bereitstellung von UDP-Glucose durch Saccharose-Synthase. Die Callosesynthese wird durch einen Anstieg der Ca^{2+}-Konzentration im Cytosol stimuliert. Eine Zellverletzung, die durch Ca^{2+}-Einstrom einen Anstieg der cytosolischen Ca^{2+}-Konzentration bewirkt, löst so die Synthese von Callose als Abdichtungsmaterial aus. Durch Callosebildung werden auch die Plasmodesmen defekter Zellen verschlossen, um eine Gefährdung anderer Zellen des Symplasten (Abschn. 1.1) zu verhindern. Callose dient auch als Kitt, um defekte Siebröhren zu verschließen (Abschn. 13.2).

Zellwand-Polysaccharide werden auch im Golgi-Apparat synthetisiert

Im Gegensatz zu den Synthesen von Cellulose und Callose, die an der Plasmamembran stattfinden, erfolgt die Synthese der Zellwand-Polysaccharide Hemicellulose und Pektin im Golgi-Apparat. Die Glucosyltransferasen im Golgi-Apparat benötigen Zucker, die mit UDP aktiviert wurden, wie schon am Beispiel der UDP-Glucose gezeigt. Manche Hexosen werden als GDP-Derivate aktiviert, z. B. **GDP-Mannose** und **GDP-Fucose**. Der Transfer der im Golgi-Apparat gebildeten Polysaccharidketten zur Zellwand erfolgt über einen exocytotischen Vesikeltransport.

Im Holz befindet sich neben Lignin und Cellulose auch ca. 30% Hemicellulose, in denen die Xylane zumeist stark dominieren. Xylane bestehen aus langen Ketten der Pentose Xylose, die durch Acetylierungen modifiziert werden. Ausgehend von der UDP-Glucose, die aus der Photosynthese stammt, wird diese zunächst am C6-Atom 2-fach oxidiert, so dass UDP-Glucuronsäure entsteht (Abb. 9.26). Durch Epimerisierung entsteht UDP-Galacturonsäure ist ein Hauptbestandteil der Pektine. Durch Abspaltung von CO_2 von UDP-Glucuronsäure wird die Pentose UDP-Xylose gebildet, sie ist Baustein für die Xylane im Holz.

Bei der Papierherstellung fallen neben dem Lignin, das zumeist thermisch verwertet wird, auch große Mengen an Xylanen an. Mit gentechnisch modifizierten Hefen ist es inzwischen gelungen, auch aus Pentosen Bioethanol herzustellen. Normalerweise können Hefen Ethanol nur aus Hexosen vergären.

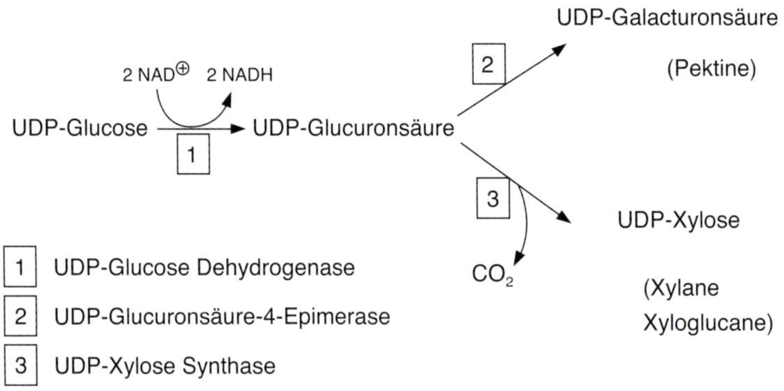

Abb. 9.26 Synthese von UDP-Galacturonsäure und UDP-Xylose.

Literatur

Bieniawska, Z., Barratt, D.H.P., Garlick, A.P., Thole, V., Kruger, N.J., Martin, C., Zrenner, R., Smith, A.M. analysis oft he sucrose synthase gene family in *Arabidopsis*. The Plant Journal 49, 810–828 (2007)

Fettke, J., Hejazi, M., *et al.* Eukaryotic starch degradation: integration of plastidial and cytosolic pathways. Journal of Experimental Botany 60, 2907–2922 (2009)

Ferjani, A., Segami, S., Horiguchi, G., Muto, Y., Maeshima, M., Tsukaya, H. Keep an eye on PPi: the vacuolar-type H^+-pyrophosphatase regulates post-germinative development in *Arabidopsis*. Plant Cell 23, 2895–2908 (2011)

Graf, A., Smith, A.M. Starch and the clock: the dark side of plant productivity. Trends Plant Science 16, 169–175 (2011)

Joshi, C.P., Mansfield, S.D. The cellulose paradox-simple molecule, complex biosynthesis. Current Opinion in Plant Biology 10, 220-226 (2007)

Lloyd, J.R., Kossmann, J., Ritte, G. Leaf starch degradation comes out of the shadows. Trends in Plant Science 10, 130-137 (2005)

Lu, Y., Sharkey, T.D. The importance of maltose in transitory starch breakdown. Plant Cell Environment 29, 353-366 (2006)

Lytovchenko, A., Sonnewald, U., Fernie, A. The complex network of non-cellulosic carbohydrate metabolism. Current Opinion in Plant Biology 10, 227-235 (2007)

Matthew, P. Trehalose-6-phosphate. Current Opinion in Plant Biology 10, 303-309 (2007)

Mohnen, D. Pectin structure and biosynthesis. Current Opinion in Plant Biology 11, 266–277 (2008)

Mutwil, M., Debolt, S., Persson, S. Cellulose synthesis: a complex complex. Current Opinion in Plant Biology 11, 252–257 (2008)

Neuhaus, H.E. Transport of primary metabolites across the plant vacuolar membrane. FEBS Letters 581, 2223-2226 (2007)

Paul, M. Trehalose 6-phosphate. Current Opinion Plant Biology 10, 303-309 (2007)

Popper, Z.E. Evolution and diversity of green plant cell walls. Current Opinion in Plant Biology 11, 286–292 (2008)

Ramon, M., Rolland, F. Plant development; introducing trehalose metabolism. Trends in Plant Science 12, 185-188 (2007)

Reiter, W.D. Biochemical genetics of nucleotide interconversion reactions. Current Opinion in Plant Biology 11, 236–243 (2008)

Ritsema, T., Smeekens, S. Fructans: beneficial for plants and humans. Current Opinion Plant Biology 6, 223-230 (2003)

Smith, A.M., Stitt. M. Coordination of carbon supply and plant growth. Plant Cell Environment 30, 1126-1149 (2007)

Somerville, C. Cellulose synthesis in higher plants. Annual Review Cell Development Biology 22, 53-78 (2006)

Van den Ende, W. Multifunctional fructans and raffinose family oligosaccharides. Frontiers of Plant Science, doi: 10.3389/fpls.2013.00247 (2013)
Zeeman, S.C., Smith, S.M., Smith, A.M. The diurnal metabolism of leaf starch. Biochemical Journal 401, 13-28 (2007)

10 Die Assimilation von Nitrat wird zur Synthese von organischem Material benötigt

Lebende Materie enthält einen hohen Anteil an Stickstoff, der in Proteine, Nukleinsäuren und viele andere Biomoleküle eingebaut ist. Dieser „organische“ Stickstoff liegt in der Oxidationsstufe –III (wie in NH_3) vor. Beim N-autotrophen Wachstum wird der Stickstoffbedarf für die Bildung der Zellmaterie aus anorganischem Stickstoff gedeckt. Hierfür gibt es drei verschiedene Möglichkeiten:

1. Fixierung des molekularen Stickstoffs aus der Luft.
2. Assimilation von Nitrat oder Ammonium, das im Wasser oder im Boden enthalten ist.
3. Aufnahme von Aminosäuren aus dem Boden durch arbuskuläre Mykorrhiza.

Der Stickstoff aus der Luft kann nur von einer beschränkten Anzahl von Bakterien, darunter auch einige Cyanobakterien, fixiert werden. Wie wir in Kapitel 11 ausführlich diskutieren werden, nutzen einige Pflanzen diese Fähigkeit, indem sie eine Symbiose mit N_2-fixierenden Bakterien eingehen, um von ihnen mit organisch gebundenem Stickstoff versorgt zu werden.

Etwa 99 % des organischen Stickstoffs in der Biosphäre stammt jedoch aus der Nitratassimilation. Beim Abbau der organischen Materie, vor allem durch den Stoffwechsel der Tiere und Bakterien, entsteht letztlich NH_4^+, das durch so genannte nitrifizierende Bakterien im Boden wieder zu Nitrat oxidiert wird. Es besteht so ein steter Kreislauf zwischen dem Nitrat im Boden und dem organischen Stickstoff der auf diesem Boden wachsenden Pflanzen. Nur in schlecht belüfteten Böden mit ungenügender Entwässerung, in denen nitrifizierende Bakterien wegen Sauerstoffmangel nicht wachsen können, oder auch in versauerten Böden, reichert sich NH_4^+ an. Insbesondere durch Massentierhaltung kann ein starker NH_3-Eintrag in die Böden sowohl durch die Gülle als auch durch die Luft verursacht werden. Falls verfügbar, können viele Pflanzen auch NH_4^+ statt Nitrat als Stickstoffquelle nutzen.

10.1 Die Reduktion des Nitrat zu NH_3 erfolgt in zwei Teilreaktionen

Die Nitratassimilation findet sowohl in den Wurzeln als auch in den Blättern statt. Bei den meisten ausgewachsenen krautigen Pflanzen tragen die Blätter den Hauptanteil der Nitratassimilation. Hingegen ist bei vielen Holzpflanzen (Bäumen, Sträuchern) die Nitratassimilation auf die Wurzeln konzentriert, dies gilt aber auch für Leguminosen wie die Sojabohne. Bei den meisten Pflanzen ist in einem frühen Wachstumsstadium die Nitratassimilation in den Wurzeln besonders ausgeprägt. Bei schnellwachsenden Baumarten erfolgt Nitratassimilation auch in den Blättern.

Der Transport von Nitrat in die Wurzelzellen erfolgt als Symport mit 2 Protonen (Abb.10.1). Ein Protonengradient über der Plasmamembran, erzeugt durch eine H^+-P-ATPase (Abschn. 8.2), treibt die Aufnahme von Nitrat sogar gegen einen hohen Konzentrationsgradienten. Das für die Bildung des Protonengradienten erforderliche ATP wird zumeist durch mitochondriale Atmung geliefert. Bei der Ausschaltung der mitochondrialen ATP-Synthese in den Wurzeln durch Hemmer oder Entkoppler der Atmung kommt daher in der Regel die Nitrataufnahme zum Erliegen. Nach neueren Ergebnissen enthalten Wurzelzellen mehrere Nitrattransporter, solche mit relativ niedriger Affinität (Halbsättigung > 500 µM Nitrat), die meist konstitutiv (d.h. immer vorhanden) sind und solche mit sehr hoher Affinität (Halbsättigung 20–100 µM Nitrat) die zum Teil erst bei Bedarf induziert werden. Die Effizienz dieser Aufnahmesysteme ermöglicht bereits ein Pflanzenwachstum bei einer Nitratkonzentration von nur 10 µM im Außenraum.

Das in die Zellen der Wurzel aufgenommene Nitrat kann dort in der Vakuole zwischengespeichert werden. Wie in Abschnitt 10.2 ausführlich besprochen, wird Nitrat in den Epidermis- und Cortexzellen der Wurzel unter Beteiligung der Leukoplasten zu NH_4^+ reduziert; letzteres wird vor allem zur Synthese von Glutamin und Asparagin (die in Abb. 10.1 als Amide bezeichnet werden) verwendet. Diese beiden Aminosäuren können durch die Xylemgefäße zu den Blättern transportiert werden. Wenn die Kapazität der Nitratassimilation in den Wurzeln erschöpft ist, wird das Nitrat aus der Wurzel in die Xylemgefäße entlassen und gelangt durch diese in die Blätter. Die Aufnahme des Nitrats in die **Mesophyllzellen** erfolgt wahrscheinlich ebenfalls über einen Protonensymport. Durch Aufnahme in die Vakuole können große Mengen von Nitrat im Blatt gespeichert werden. Mitunter wird dieser Speicher nachts aufgefüllt, um dann tagsüber für die Nitratassimilation genutzt zu werden. So findet man in Spinatblättern den höchsten Nitratgehalt am frühen Morgen.

In den Mesophyllzellen wird das Nitrat durch die im Cytosol vorhandene Nitrat-Reduktase zunächst zu Nitrit und dann durch die Nitrit-Reduktase der Chloroplasten weiter zu NH_4^+ reduziert (Abb. 10.1).

Nitrat wird im Cytosol zu Nitrit reduziert

Bei der Nitratreduktion von Pflanzen wird meist NADH als Reduktionsmittel verwendet. Manche Pflanzen enthalten Nitrat-Reduktasen, die sowohl mit NADH als auch mit NADPH reagieren. Die **Nitrat-Reduktase** der höheren Pflanzen besteht aus zwei identischen Untereinheiten. Die Molekülmasse einer Untereinheit beträgt je nach Spezies 99 bis 104 kDa. Jede der Untereinheiten trägt eine Elektronentransportkette (Abb. 10.2), die aus je einem Molekül Flavinadenindinukleotid (**FAD**), einem Häm des Cytochrom-*b*-Typs

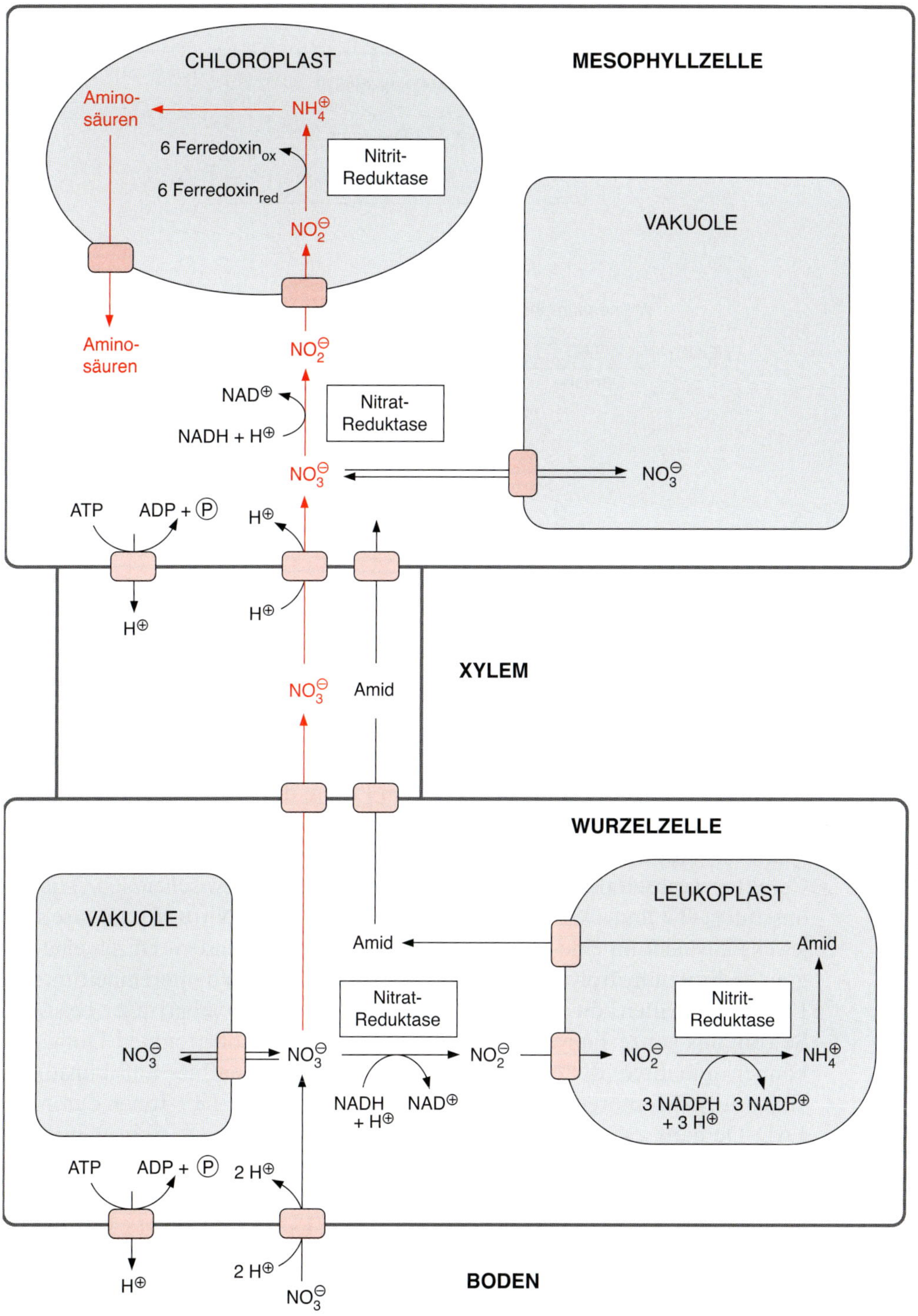

Abb. 10.1 Nitratassimilation in den Wurzeln und den Blättern einer Pflanze. Das Nitrat aus dem Boden wird durch die Wurzel aufgenommen. Es kann dort in der Vakuole der Wurzelzellen gespeichert oder in den Zellen der Wurzelepidermis und -cortex assimiliert werden. Überschüssiges Nitrat gelangt durch die Xylemgefäße in die Mesophyllzellen. Dort kann Nitrat in der Vakuole zwischengespeichert werden. Im Cytosol erfolgt die Reduktion des Nitrats zum Nitrit und in den Chloroplasten dann weiter zum NH_4^+, aus dem in den Chloroplasten Aminosäuren gebildet werden. Der H^+-Transport aus den Wurzelzellen und den Mesophyllzellen erfolgt über eine H^+-P-ATPase.

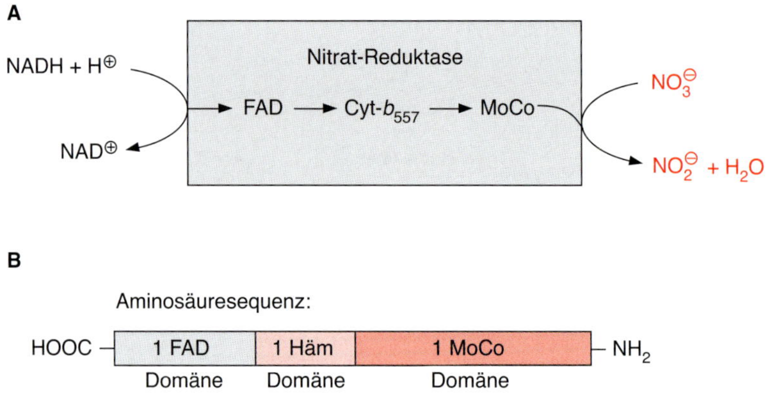

Abb. 10.2 A. Die Nitrat-Reduktase überträgt Elektronen vom NADH auf Nitrat. B. Das Enzym besitzt drei Domänen, und zwar für die Bindung von FAD, Häm und des Molybdän-Cofaktors (MoCo).

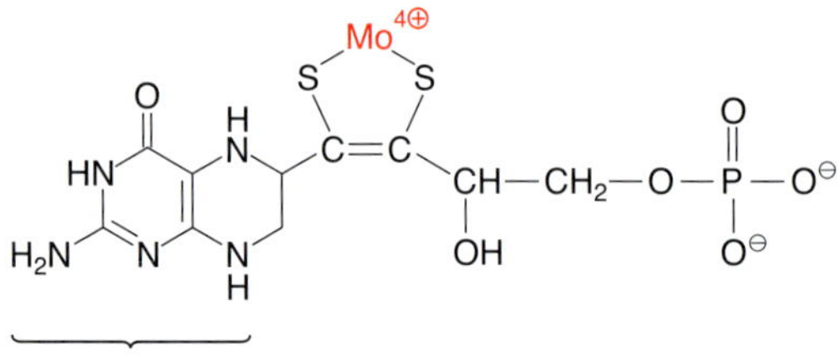

Abb. 10.3 Der Molybdän-Cofaktor (MoCo).

(**Cyt-*b*$_{557}$**) und einem Molybdänatom, das Bestandteil eines Cofaktors ist, besteht (Abb. 10.3). Dieser Cofaktor ist ein Pterin, das eine Seitenkette enthält, mit der das Molybdän über zwei Schwefelbindungen verknüpft ist. Man nennt das Addukt **Molybdän-Cofaktor**, abgekürzt **MoCo.** Gebunden an den Cofaktor wechselt das Molybdänatom wahrscheinlich zwischen den Oxidationsstufen +IV und +VI. Die drei Redoxüberträger der Nitrat-Reduktase sind jeweils kovalent an eine Untereinheit des Enzyms gebunden. Durch eine begrenzte Proteinhydrolyse lässt sich die Proteinkette der Untereinheit in drei Domänen spalten, die jeweils nur einen der drei Redoxüberträger besitzen. Sowohl das ganze Enzym als auch die voneinander abgetrennten Domänen können mit ihren Redoxüberträgern einen Elektronenfluss auf künstliche Elektronenakzeptoren vermitteln (z. B. von NADH auf Fe^{3+}-Ionen durch die FAD-Domäne oder von reduziertem Methylviologen, (s. Abb. 3.39), auf Nitrat durch die Mo-Domäne). Die Nitrat-Reduktase kann auch Chlorat (ClO_3^-) zu Chlorit (ClO_2^-) reduzieren. Chlorat kann über einige Nitrat-Transporter in die Wurzeln aufgenommen werden. Es ist ein sehr starkes Oxidationsmittel und somit für die Pflanzenzelle sehr toxisch. Man hat daher früher Chlorat als billiges Totalherbizid benutzt, um Gleiskörper der Bahn vegetationsfrei zu halten.

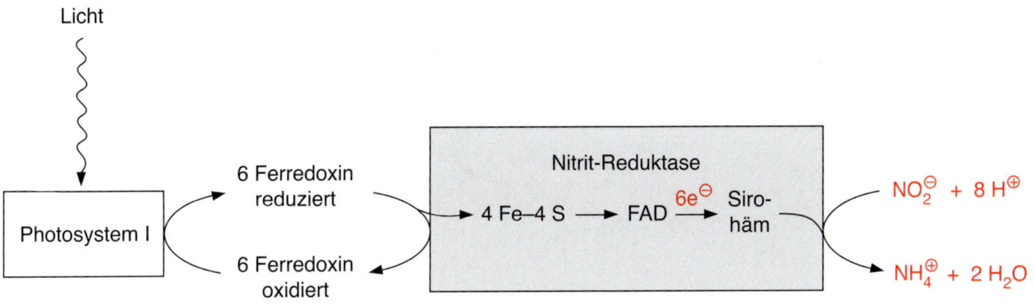

Abb. 10.4 Die Nitrit-Reduktase in den Chloroplasten überträgt Elektronen vom Ferredoxin auf Nitrit. Die Reduktion von Ferredoxin durch Photosystem I wird in Abbildung 3.16 gezeigt.

Die Reduktion von Nitrit zu Ammonium findet in den Plastiden statt

Die Reduktion von Nitrit zu Ammonium erfordert die Aufnahme von sechs Elektronen. Die gesamte Reaktion wird durch nur ein Enzym katalysiert, die ausschließlich in den Plastiden lokalisierte **Nitrit-Reduktase** (Abb. 10.4). Als Elektronendonor dient reduziertes Ferredoxin, das als Produkt des photosynthetischen Elektronentransports von Photosystem I bereitgestellt wird (Abb. 3.16). In geringem Umfang kann das für die Nitritreduktion im Blatt erforderliche Ferredoxin jedoch auch im Dunkeln durch NADPH reduziert werden. NADPH kann in den Chloroplasten im Dunkeln und in den Leukoplasten (Kapitel 1.3) durch den oxidativen Pentosephosphatweg (Abb. 6.22, 10.8) geliefert werden.

Die Nitrit-Reduktase enthält in kovalent gebundener Form ein **4Fe-4S-Zentrum** (siehe Abb. 3.26), ein **FAD** und ein **Sirohäm**. Sirohäm (Abb. 10.5) ist ein cyclisches Tetrapyrrol mit einem Fe-Atom im Zentrum, das sich in seiner Struktur vom Häm sehr unterscheidet: Es enthält noch die aus der Pyrrolsynthese stammenden Essigsäure- und Propionsäurereste (siehe Abschn. 10.5).

Das 4Fe-4S-Zentrum, das FAD und das Sirohäm bilden eine Elcktronentransportkette, durch die Elektronen vom Ferredoxin auf das Nitrit übertragen werden. Die Affinität des Enzyms zu seinem Substrat Nitrit ist ungewöhnlich hoch. Außerdem ist in den Chloroplasten die Kapazität der Nitritreduktion sehr viel höher als die der cytosolischen Nitratreduktion. Aus diesen Gründen kann das durch die Nitrat-Reduktase gebildete Nitrit vollständig zu NH_4^+ umgesetzt werden. Dies ist wichtig, da Nitrit für die Zelle toxisch ist. Es bildet mit Aminogruppen von Nukleinbasen ($-NH_2$) Diazoverbindungen, die unter Stickstoffabspaltung in Alkohole übergehen.

$$\begin{aligned} R{-}NH_2 + NO_2^- &\longrightarrow [R{-}N{=}N{-}OH + OH^-] \\ &\longrightarrow R{-}OH + N_2 + OH^- \end{aligned} \tag{10.1}$$

Abb. 10.5 Sirohäm.

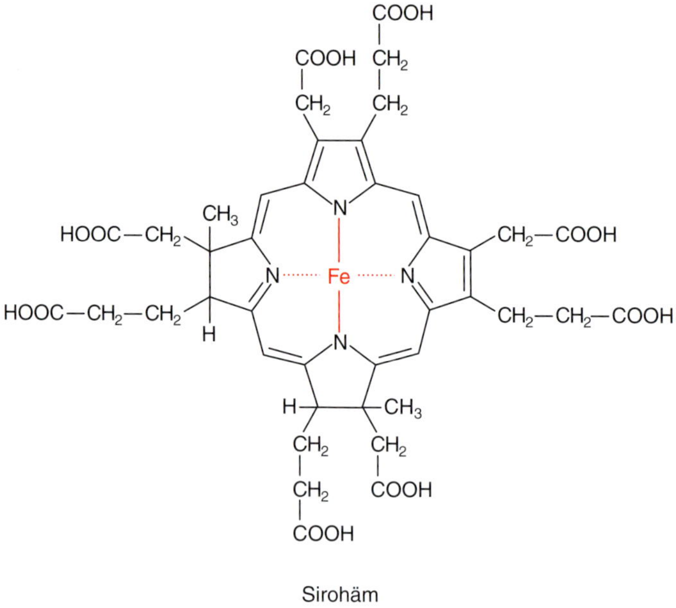

So kann beispielsweise Cytosin zu Uracil umgesetzt werden. Diese Reaktion kann Mutationen auslösen. Durch die sehr effiziente Reduktion des Nitrits in den Chloroplasten wird vermieden, dass sich Nitrit in der Zelle anhäuft.

Die Assimilierung des NH_4^+ erfolgt in gleicher Weise wie bei der Photorespiration

Durch die in den Chloroplasten vorhandene **Glutamin-Synthetase** wird das gebildete NH_4^+ unter Verbrauch von ATP auf Glutamat übertragen, dabei entsteht Glutamin (Abb. 10.6). Die Aktivität der Glutamin-Synthetase und die Affinität des Enzyms zu NH_4^+ ($K_m \approx 5$ µmol/L) sind so hoch, dass das anfallende NH_4^+ quantitativ metabolisch gebunden wird. Durch die gleiche Reaktion wird auch das bei der Photorespiration freigesetzte NH_4^+ fixiert (siehe Abb. 7.9). Wegen der hohen Rate der Photorespiration ist die Menge an NH_4^+, die durch die Oxidation des Glycins entsteht, etwa fünf bis zehnmal höher als die Menge des bei der Nitratassimilation gebildeten NH_4^+. Daher ist für die Glutamin-Synthetase der Blätter die Beteiligung an der Nitratassimilation gewissermaßen nur eine Nebenbeschäftigung, die allerdings allein neuen Stickstoff für die Pflanze verfügbar macht. Der Vollständigkeit halber sei erwähnt, dass es auch ein Isoenzym der Glutamin-Synthetase gibt, das im Cytosol lokalisiert ist.

Durch **Glufosinat** (Abb. 10.7), einem Substratanalogon von Glutamat, lässt sich die Glutamin-Synthetase hemmen. Pflanzen, bei denen durch Zugabe von Glufosinat die Glutamin-Synthetase gehemmt ist, akkumulieren das Zellgift Ammoniak und sterben ab. NH_4^+-Glufosinat wird unter dem Handelsnamen Basta® (Bayer) als Herbizid (Abschn. 3.6) vertrieben. Glufosinat hat den

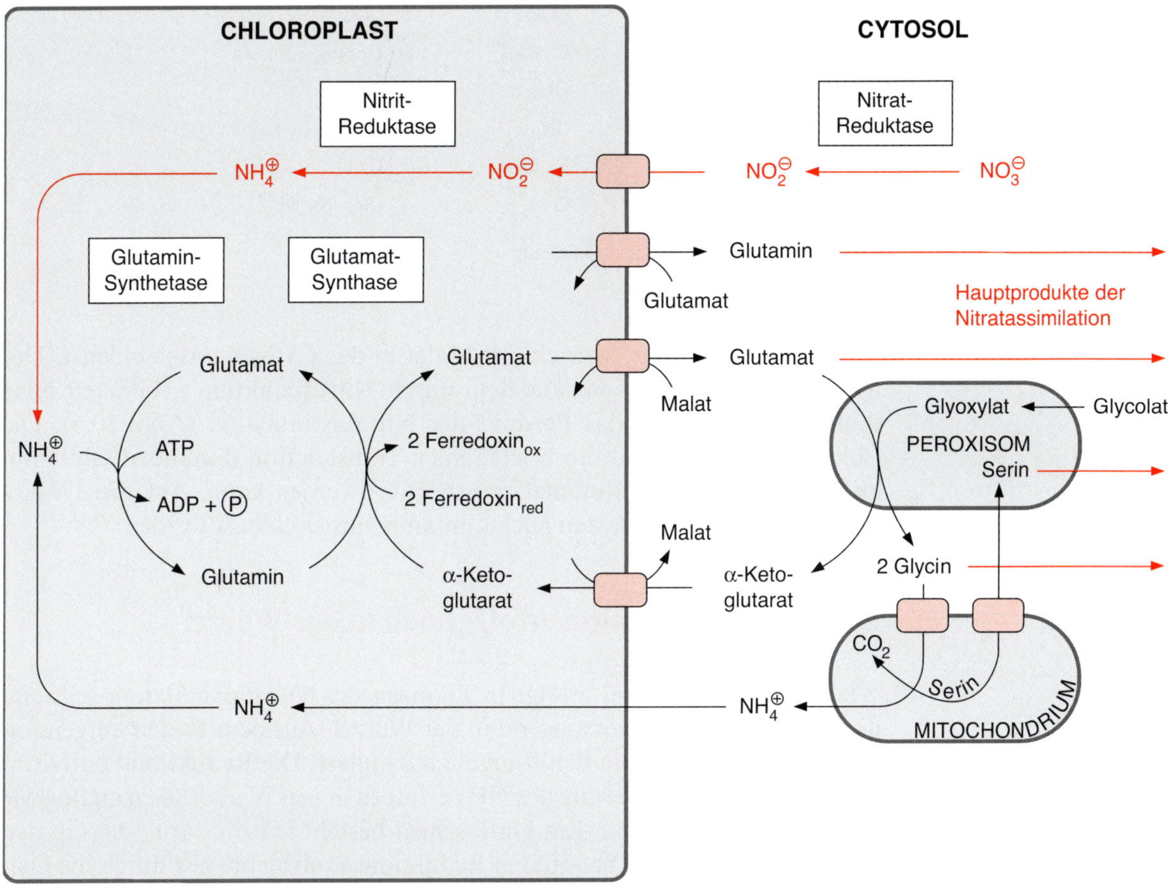

Abb. 10.6 Kompartimentierung von Teilreaktionen der Nitratassimilation und des Photorespirationsweges in Mesophyllzellen. Das im Photorespirationsweg gebildete NH_4^+ ist schwarz und das von der Nitratassimilation gebildete NH_4^+ rot markiert. Hauptprodukte der Nitratassimilation sind mit roten Pfeilen versehen.

Vorteil, dass es im Boden rasch abgebaut wird und die Umwelt nicht mit toxischen Abbauprodukten belastet. Es ist mit gentechnischen Methoden gelungen, Glufosinat-resistente Kulturpflanzen zu erzeugen, so dass Glufosinat als selektives Herbizid zur Unkrautbekämpfung in wachsenden Kulturen eingesetzt werden kann (siehe Abschn. 22.6).

Das in den Chloroplasten gebildete Glutamin wird über die **Glutamat-Synthase** (die auch als Glutamin-Oxoglutarat-Aminotransferase, abgekürzt GOGAT, bezeichnet wird) mit α-Ketoglutarat zu zwei Molekülen Glutamat umgesetzt (siehe Abb. 7.9). Dabei dient reduziertes Ferredoxin als Reduktionsmittel. In manchen Chloroplasten und den Leukoplasten gibt es auch eine NADPH-abhängige Glutamat-Synthase. Glutamat-Synthasen können durch das Substratanalogon **Azaserin** (Abb. 10.7) gehemmt werden. Daher ist diese Substanz für Pflanzen toxisch.

Das für die Glutamat-Synthase erforderliche α-Ketoglutarat wird im Gegentausch mit Malat in die Chloroplasten importiert und das gebildete Gluta-

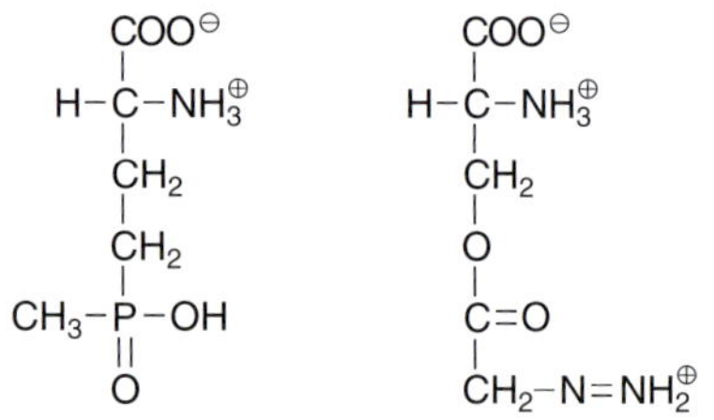

Abb. 10.7 Glufosinat (auch als Phosphinotricin bezeichnet) ist als Substratanalogon von Glutamat ein starker Hemmer der Glutamin-Synthetase. NH_4^+-Glufosinat wird unter dem Handelsnamen Basta® (Bayer) als Herbizid vertrieben. Azaserin ist als Substratanalogon von Glutamat Hemmer der Glutamat-Synthase.

mat ebenfalls im Gegentausch mit Malat in das Cytosol ausgeschleust. Der Anteil des Glutamats, der aus dem durch Nitritreduktion gebildeten NH_4^+ stammt, bildet somit das Produkt der Nitratassimilation (Abb. 10.6). Die Chloroplastenhüllmembran besitzt einen Translokator, durch den Glutamin im Gegentausch mit Glutamat transportiert werden kann. Auf diese Weise kann aus den Chloroplasten auch Glutamin ausgeschleust werden.

Die Nitratassimilation erfolgt auch in der Wurzel

Wie bereits besprochen, erfolgt in Pflanzen die Nitratassimilation teilweise und manchmal sogar vorwiegend in der Wurzel. Aus dem Boden aufgenommenes NH_4^+ wird stets in den Wurzeln assimiliert. Die Reduktion von Nitrat und Nitrit und die Fixierung des NH_4^+ erfolgen in den Wurzelzellen analog wie bei den Mesophyllzellen. Ein Unterschied besteht jedoch darin, dass in den Wurzelzellen die dabei benötigten Reduktionsäquivalente nur durch die Oxidation von Kohlenhydraten geliefert werden. Die Reduktion des Nitrits und die Fixierung des dabei gebildeten NH_4^+ (Abb. 10.8) erfolgen in den Leukoplasten, einer Differenzierungsform der Plastiden (Abschn. 1.3).

Der oxidative Pentosephosphatweg liefert Reduktionsäquivalente

Die für die Reduktion des Nitrits und die Bildung des Glutamats erforderlichen Reduktionsäquivalente werden durch die Oxidation von Glucose-6-phosphat über den in Abschnitt 6.5 besprochenen oxidativen Pentosephosphatweg bereitgestellt (Abb. 10.8). Die Aufnahme von Glucose-6-phosphat erfolgt im Gegentausch mit dem Molekül Triosephosphat. Der **Glucose-6-phosphat-Phosphat-Translokator** der **Leukoplasten** unterscheidet sich von dem Triosephosphat-Phosphat-Translokator der Chloroplasten dadurch, dass er neben Phosphat, Triosephosphat und 3-Phosphoglycerat zusätzlich auch **Glucose-6-phosphat** transportiert. Im oxidativen Pentosephosphatweg werden drei Moleküle Glucose-6-phosphat zu drei Molekülen Ribulose-5-phosphat umgesetzt, dabei werden sechs Moleküle NADPH gebildet und drei Moleküle CO_2 freigesetzt. Die weitere Umwandlung ergibt ein Molekül Triosephosphat und zwei Moleküle Fructose-6-phosphat; letztere reagieren über die Hexosephos-

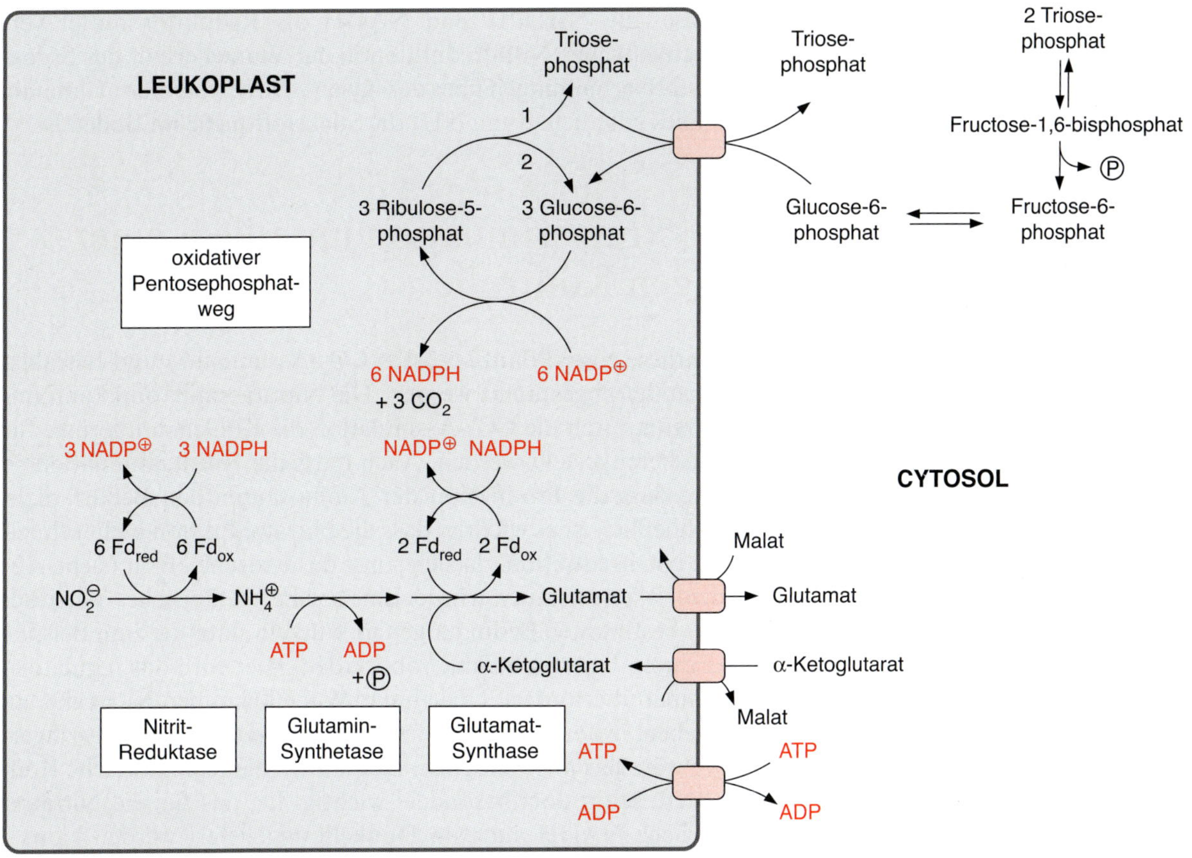

Abb. 10.8 In Plastiden aus nicht-grünen Geweben (Leukoplasten) werden die Reduktionsäquivalente für die Nitritreduktion durch den oxidativen Pentosephosphatweg bereitgestellt. In manchen Plastiden wird Glucose-1-phosphat im Gegentausch mit Triosephosphat transportiert. Fd = Ferredoxin

phat-Isomerase wieder zurück zu Glucose-6-phosphat. Im Cytosol wird über die Aldolase, die cytosolische Fructose-1,6-bisphosphatase und die Hexosephosphat-Isomerase aus zwei Molekülen Triosephosphat Glucose-6-phosphat zurückgewonnen. Auf diese Weise kann Glucose-6-phosphat unter Bildung von NADPH vollständig zu CO_2 oxidiert werden.

Wie in den Chloroplasten, so ist auch in den Leukoplasten reduziertes Ferredoxin das Reduktionsmittel; seine Reduktion erfolgt durch NADPH. Das für die Glutamin-Synthetase erforderliche ATP kann durch die mitochondriale ATP-Synthese gebildet werden und wird durch einen ATP-Translokator im Gegentausch mit ADP in die Leukoplasten aufgenommen. Auch die Glutamat-Synthase der Leukoplasten reagiert mit einem durch NADPH reduzierten Ferredoxin als Redoxpartner. Unter Vermittlung von Ferredoxin kann so das durch den oxidativen Pentosephosphatweg gelieferte NADPH als Reduktionsmittel für die Nitritreduktion und NH_4^+-Fixierung in den Leukoplasten der Wurzeln dienen. Außerdem gibt es in Leukoplasten auch eine

Glutamat-Synthase, die NADPH und NADH als Reduktionsmittel verwendet. Bei ausschließlicher Nitratreduktion in der Wurzel erhält der Spross organische Stickstoffverbindungen über das Xylem. Diese sind meist **Glutamin** und **Asparagin**. Dies gilt auch, wenn NH_4^+ die Stickstoffquelle im Boden ist.

10.2 Die Nitratassimilation unterliegt einer strengen Kontrolle

Bei der Photosynthese einer Pflanze müssen CO_2-Assimilation und Nitratassimilation aufeinander abgestimmt werden. Die Nitratassimilation kann nur dann ablaufen, wenn durch die CO_2-Assimilation die Kohlenstoffgerüste für die Aminosäuren bereitgestellt werden. Auch muss die Nitratassimilation so gesteuert werden, dass die Produktion der Aminosäuren den Bedarf nicht überschreitet. Schließlich ist es wichtig, dass die Nitratreduktion nicht schneller erfolgt als die Nitritreduktion, da sich sonst das toxische Nitrit (siehe Abschn. 10.1) in den Zellen anstauen würde. Eine solche „gefährliche" Nitritbildung findet unter bestimmten Bedingungen in Wurzeln statt, die zum Beispiel bei Hochwasser durch Überfluten anaerob werden. Hier wird das regulatorische System offenbar überfordert. Überflutete Wurzeln können Nitrit aber an das Wasser abgeben, wodurch die Gefahr der Selbstvergiftung verringert wird. In Blättern wäre das nicht möglich. Deshalb ist die regulatorische Kontrolle der Nitratreduktion dort besonders wichtig. Da das für die Nitratreduktion erforderliche NADH auch im Dunkeln angeliefert werden kann – beispielsweise durch glycolytischen Abbau von Glucose – ist die Reduktion des Nitrats zu Nitrit auch ohne Photosynthese möglich. Die in den Chloroplasten ablaufende Reduktion des Nitrits und die Assimilierung des NH_4^+ erfordert hingegen eine Bereitstellung von Reduktionskraft und von ATP, welche während des Tags durch die Photosynthese erfolgt. Eine Bereitstellung von Reduktionsäquivalenten im Dunkeln durch den dann ablaufenden oxidativen Pentosephosphatweg ist in nur sehr beschränktem Umfang möglich. Um einen Anstau des Nitrits zu vermeiden, muss daher in den Blättern die Nitratreduktion im Dunkeln sehr stark reduziert oder sogar abgeschaltet werden. Diese Beispiele sollen verdeutlichen, wie wichtig es für die Pflanze ist, dass die Nitrat-Reduktase, das Startenzym der Nitratassimilation, in ihrer Aktivität streng reguliert wird.

Die Synthese der Nitrat-Reduktase wird auf der Ebene der Genexpression reguliert

Die Nitrat-Reduktase ist ein außergewöhnlich kurzlebiges Protein, seine Halbwertszeit beträgt nur wenige Stunden. Die Rate der Neusynthese dieses Enzyms ist daher außerordentlich hoch. Somit kann durch eine Regulation seiner Synthese die Aktivität der Nitrat-Reduktase innerhalb von Stunden verändert werden.

Die Synthese des Enzyms wird auf der Ebene der Genexpression durch mehrere Faktoren reguliert: Nitrat und Licht stimulieren die Synthese. Ein Teil des Lichteffekts geht möglicherweise auf durch Photosynthese gebildete Kohlenhydrate zurück und die Transkription der Nitrat-Reduktase wird durch Glucose und andere Kohlenhydrate im Dunkeln stimuliert und durch NH_4^+, Glutamin und andere Aminosäuren gehemmt (Abb. 10.9). Welche Metabolite unmittelbar auf die Genexpression einwirken, ist nicht bekannt. Es gibt offenbar Sensoren, die über eine Regulation der Genexpression die Kapazität der Nitrat-Reduktase dem Bedarf an Aminostickstoff und dem Angebot von CO_2-Assimilationsprodukten als Kohlenstoffbausteine für die Aminosäuresynthese anpassen.

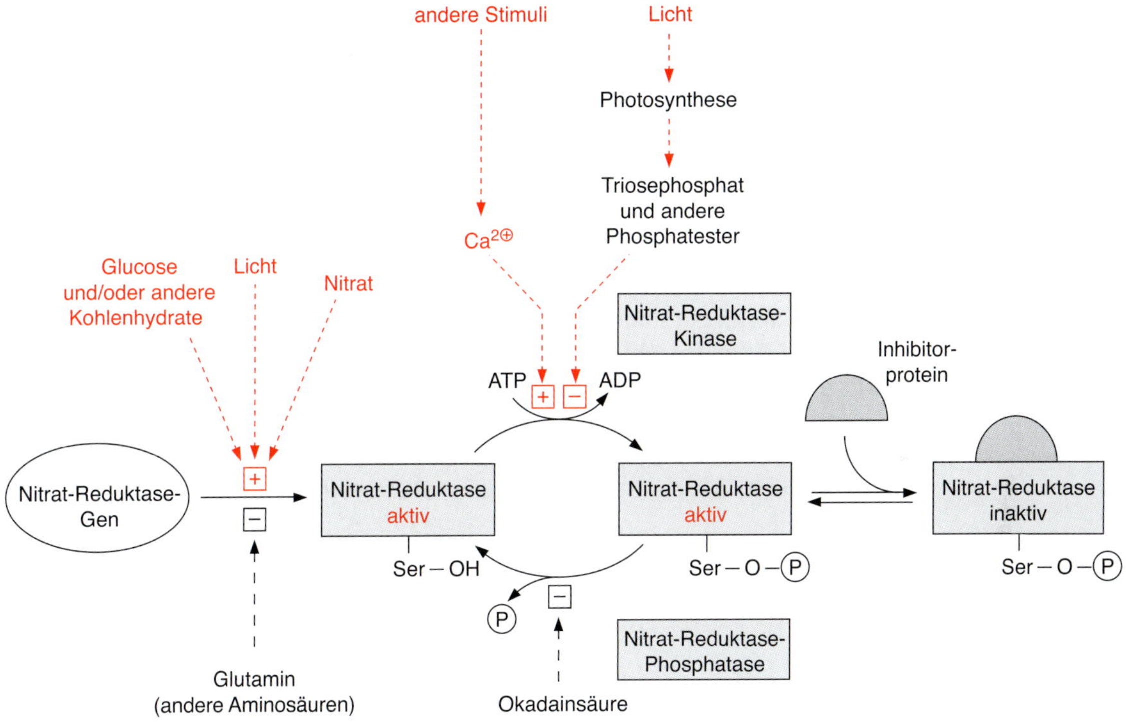

Abb. 10.9 Regulation der Nitrat-Reduktase (NR). Die Synthese des NR-Proteins wird durch noch unbekannte Kohlenhydrate (eventuell Glucose oder deren Stoffwechselprodukte) und Licht stimuliert [+] und durch Glutamin und andere Aminosäuren gehemmt [–]. Das gebildete Enzym wird innerhalb weniger Stunden wieder abgebaut. Durch Phosphorylierung eines Serinrestes und die darauf folgende Interaktion mit einem Inhibitorprotein wird die Nitrat-Reduktase gehemmt, nach hydrolytischer Abspaltung des Phosphatrestes durch eine Nitrat-Reduktase-Phosphatase löst sich das Inhibitorprotein ab und sie erhält ihre volle Aktivität zurück. Zwischen der aktiven und inaktiven Form des Enzyms besteht ein dynamisches Gleichgewicht. Die Aktivität der Nitrat-Reduktase-Kinase wird durch Triosephosphat und andere Phosphatester – Produkte der Photosynthese – gehemmt. Dadurch ist die Nitrat-Reduktase im Licht aktiv. Über die Wirkung von Ca^{2+}-Ionen auf die Nitrat-Reduktase-Kinase können andere, im Detail noch nicht bekannte Faktoren die Aktivität der Nitrat-Reduktase beeinflussen. Okadainsäure, ein Protein-Phosphatasehemmer, verhindert die Aktivierung der Nitrat-Reduktase.

Die Nitrat-Reduktase wird auch durch reversible kovalente Modifikation reguliert

Die bisher besprochene Regulation der Neusynthese der Nitrat-Reduktase (NR) erlaubt nur eine Regulation der Enzymaktivität im Stundenbereich. Sie würde nicht ausreichen, um im Dunkeln einen Anstau des Nitrits in den Pflanzen zu vermeiden. Eine schnelle Inaktivierung der Nitrat-Reduktase innerhalb von Minuten erfolgt über eine **Proteinphosphorylierung** (Abb. 10.9). Nach Verdunkeln wird ein **Serinrest**, welcher sich in dem Nitrat-Reduktase-Protein zwischen der Häm- und der MoCo-Domäne befindet, durch eine Protein-Kinase – die **Nitrat-Reduktase-Kinase** – phosphoryliert. Diese Protein-Kinase wird durch das Photosyntheseprodukt Triosephosphat und andere Phosphatester gehemmt, und durch Ca^{2+}-Ionen – einem Botenstoff vieler Signalketten (Abschn. 19.1) – stimuliert. Die phosphorylierte Nitrat-Reduktase bindet ein **Inhibitorprotein**. Dadurch wird der Elektronentransport zwischen Cytochrom b_{557} und der MoCo-Domäne (Abb. 10.2) unterbrochen und die Nitrat-Reduktase gehemmt. Durch die **Nitrat-Reduktase-Phosphatase** wird das Serinphosphat des Enzyms hydrolysiert, das Inhibitorprotein löst sich vom Enzym und verliert dadurch seine Wirkung: Das Enzym ist wieder aktiv. **Okadainsäure** hemmt die Nitrat-Reduktase-Phosphatase, und damit auch die Reaktivierung der Nitrat-Reduktase. Durch Reversibilität der Phosphorylierung des Serinrestes und der Bindung des Inhibitorproteins besteht ein dynamisches Gleichgewicht zwischen der aktiven und der inaktiven Form der Nitrat-Reduktase. Die Hemmung der Nitrat-Reduktase-Kinase durch Triosephosphat und andere Phosphatester bewirkt, dass die Nitrat-Reduktase nur dann aktiv ist, wenn durch die CO_2-Fixierung die Kohlenstoffskelette für die in folgendem Abschnitt behandelte Synthese von Aminosäuren bereitgestellt werden.

14-3-3-Proteine sind wichtige Regulatoren des Stoffwechsels

Das Nitrat-Reduktase-Inhibitorprotein gehört zu einer im Tier- und Pflanzenreich weit verbreiteten und hoch konservierten Familie von Regulatorproteinen, den so genannten **14-3-3-Proteinen.** 14-3-3-Proteine haben die Eigenschaft, dass sie an eine aus sechs Aminosäuren (Arg-X-X-SerP/ThrP-X-Pro) bestehende spezifische Bindungsstelle des Zielproteins binden, welche in der vierten Position ein Serin- oder Threoninphosphat enthält. Im Falle der Nitratreduktase wurde dies durch ein Experiment bestätigt: Ersetzte man in der 14-3-3-Protein-Bindungsstelle der Nitratreduktase das Serin über eine gezielte Mutagenese durch Alanin, wurde die so veränderte Nitratreduktase durch Phosphorylierung nicht mehr inaktiviert. 14-3-3-Proteine binden an eine Vielfalt von Proteinen und ändern deren Aktivität. 14-3-3 Proteine regulieren in Pflanzen die Aktivität der H^+-P-ATPase (Abschn. 8.2) der Plasmamembran. Sie regulieren die Wirkung von Transkriptionsfaktoren (Abschn. 20.2) sowie den Proteinimport in Chloroplasten (Abschn. 21.3). Es gibt Hinweise dafür, dass 14-3-3 Proteine an Signalketten (Abschn. 19.1) beteiligt sind, indem sie an verschiedene Proteinkinasen binden, und eine Rolle bei den Antworten auf biotischen und abiotischen Stress spielen. Die Aufklärung dieser Zusammenhänge ist derzeit ein sehr aktuelles Forschungsgebiet.

Diese allgemeine Bedeutung der 14-3-3 Proteine für die Stoffwechselregulation nutzt der für Pflanzen pathogene Pilz *Phomopsis amygdalis* (früher: *Fusicoccum*) für seinen Angriff: Er bildet die Substanz Fusicoccin, welche sich spezifisch an die Komplexe zwischen 14-3-3-Proteinen und verschiedenen von ihnen regulierten Zielproteinen anlagert und damit beide Liganden stabilisiert. So wird durch Fusicoccin die H^+-P-ATPase konstant in die aktive Form überführt. Dadurch kann der Stoffwechsel so gestört werden, dass das vom Pilz befallene Pflanzenorgan schließlich abstirbt.

Die Regulation der Nitrat-Reduktase und der Saccharosephosphat-Synthase weisen große Ähnlichkeiten auf

Der hier gezeigte Mechanismus für die Regulation der Nitrat-Reduktase durch Phosphorylierung von Serinresten des Enzymproteins durch spezielle Proteinkinasen und Proteinphosphatasen hat eine auffallende Ähnlichkeit mit der im vorigen Kapitel besprochenen Regulation der Saccharosephosphat-Synthase (siehe Abb. 9.18). Bei beiden Enzymen erfolgt bei Belichtung eine Reaktivierung durch gesteigerte Aktivität der Protein-Phosphatase, und in beiden Fällen wird die Protein-Phosphatase durch Okadainsäure gehemmt. Auch die Saccharosephosphat-Synthase besitzt eine Bindungsstelle für 14-3-3-Proteine, wobei deren Bedeutung für die Regulation des Enzyms noch ungeklärt ist. So spielen 14-3-3-Proteine z.B. bei der Regulation der Saccharosephosphat-Synthase während der Anpassung an geringe Verfügbarkeit von Phosphaten eine Rolle.

10.3 Endprodukt der Nitratassimilation ist die ganze Palette der Aminosäuren

Wie in Kapitel 13 besprochen, werden die als Produkt der CO_2-Assimilation gebildeten Kohlenhydrate nur in ganz bestimmten, artspezifischen Transportformen, zum Beispiel als Saccharose, von den Mesophyllzellen über die Siebröhren zu den Verbrauchsorganen exportiert. Für die Produkte der Nitratassimilation gibt es keine derartig speziellen Exportformen. Alle proteinogenen Aminosäuren werden entsprechend ihrer Bildung in den Mesophyllzellen auch von diesen exportiert. Man kann daher bei Wachstum auf Nitrat die Summe aller gebildeten Aminosäuren als Endprodukt der Nitratassimilation betrachten. Die Synthese dieser Aminosäuren findet hauptsächlich in den Chloroplasten statt. Dabei entfällt – je nach Art und nach Stoffwechselbedingungen – auf die einzelnen Aminosäuren ein unterschiedlicher Anteil. Oft haben **Glutamat** und **Glutamin** einen hohen Anteil an den gebildeten Aminosäuren. Glutamat wird im Gegentausch mit α-Ketoglutarat und Glutamin im Gegentausch mit Glutamat aus den Chloroplasten ausgeschleust (Abb. 10.6). Auch **Serin** und **Glycin**, die beide im Photorespirationsweg als Zwischenprodukte gebildet werden, stellen einen erheblichen Anteil der von den Mesophyllzellen gelieferten Aminosäuren. **Alanin** wird oft in bestimmten C_4-Pflanzen in größeren Mengen gebildet (Abschn. 8.4).

Die CO_2-Assimilation liefert die Kohlenstoffgerüste, die dann in der Endstufe der Nitratassimilation für die Aminosäuresynthese verwendet werden

Für die Synthese der einzelnen Aminosäuren müssen die dazu erforderlichen Kohlenstoffgerüste durch die CO_2-Assimilation bereitgestellt werden. Abbildung 10.10 gibt einen Überblick über die Herkunft der Kohlenstoffgerüste der einzelnen Aminosäuren.

Die wichtigste Kohlenstoffquelle für die Synthese der Aminosäuren ist **3-Phosphoglycerat**. Es wird im Calvin-Cyclus gebildet und im Gegentausch mit Phosphat durch den Triosephosphat-Phosphat-Translokator (Abschn. 1.9) aus den Chloroplasten in das Cytosol transportiert (Abb. 10.11). Durch Phosphoglycerat-Mutase und durch Enolase erfolgt eine Umsetzung zu **Phosphoenolpyruvat** (PEP). Hier verzweigt sich der Weg. Zum einen wird durch die Pyruvat-Kinase **Pyruvat** gebildet, zum anderen durch die PEP-Carboxylase **Oxalacetat**. Schließlich ist PEP zusammen mit Erythrose-4-phosphat Ausgangsprodukt für die Synthese von aromatischen

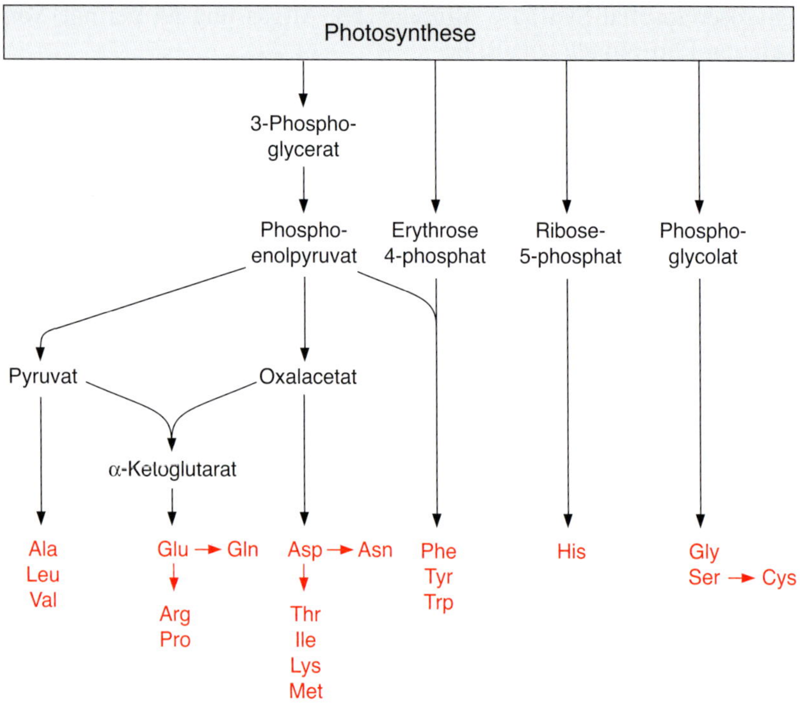

Abb. 10.10 Herkunft der Kohlenstoffgerüste für die einzelnen Aminosäuren.

Aminosäuren über den im Folgenden behandelten Shikimat-Weg. Da der Shikimat-Weg in den Chloroplasten lokalisiert ist, wird das dazu erforderliche PEP über einen spezifischen Phosphoenolpyruvat-Phosphat-Translokator in die Chloroplasten transportiert.

Die PEP-Carboxylasereaktion wurde bereits im Zusammenhang mit dem Stoffwechsel der Schließzellen (Abschn. 8.2) und dem C_4-und CAM-Stoffwechsel (Abschn. 8.4 und 8.5) besprochen. Das gebildete Oxalacetat hat bei der Nitratassimilation zwei Funktionen: 1. Es wird zur Bildung von Aspartat verwendet, einem Ausgangssubstrat für die Synthese von fünf weiteren Aminosäuren (Asn, Thr, Ile, Lys, Met). 2. Zusammen mit Pyruvat ist es Ausgangssubstrat für die Bildung von α-Ketoglutarat, das durch Transaminierung zu Glutamat umgesetzt wird. Von Glutamat leiten sich drei weitere Aminosäuren (Gln, Arg, Pro) ab.

Das bei der Photorespiration gebildete **Phosphoglycolat** ist Ausgangssubstanz für die Bildung von **Glycin** und **Serin** (siehe Abb. 7.1); Serin ist auch Aus-

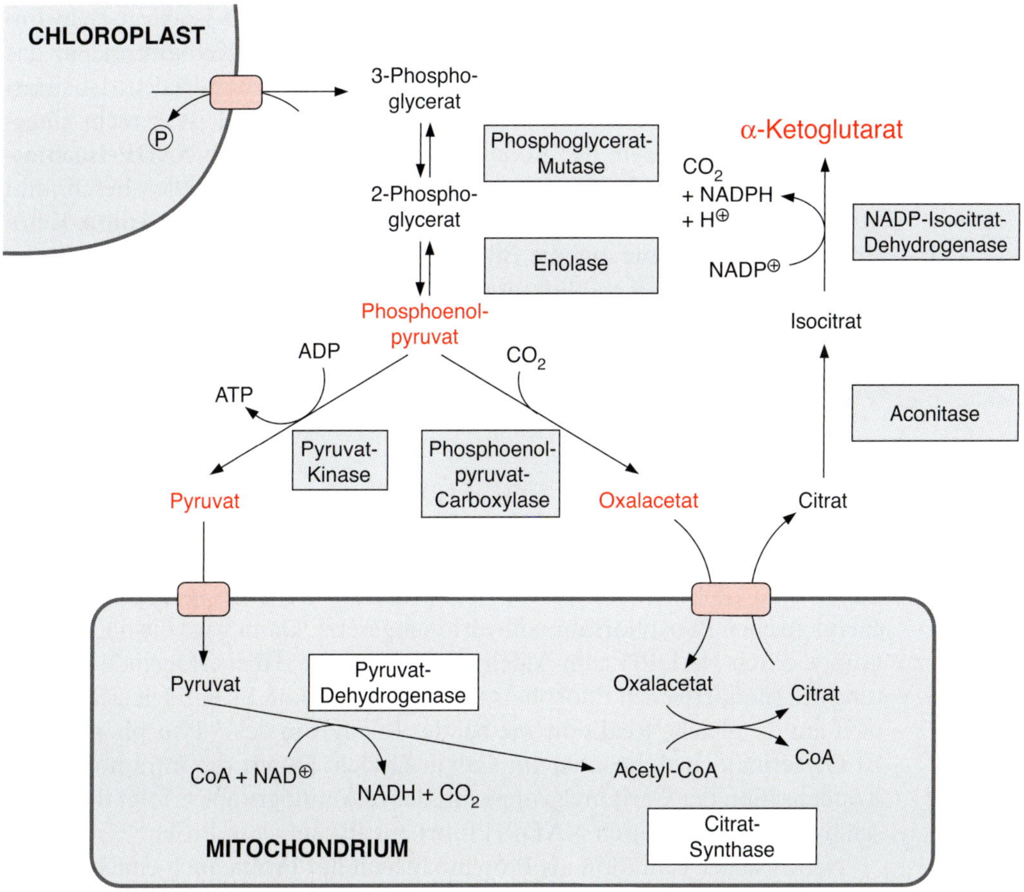

Abb. 10.11 Für die Synthese der Aminosäuren müssen die Kohlenstoffgerüste durch die CO_2-Assimilation bereitgestellt werden. Wichtige Ausgangssubstanzen der Aminosäuresynthese sind rot markiert.

gangsprodukt für die Bildung von **Cystein** (Kapitel 12). In nicht-grünen Zellen können Serin und Glycin auch aus 3-Phosphoglycerat gebildet werden. Auf Einzelheiten können wir hier aber nicht eingehen. **Ribose-5-phosphat** ist die Ausgangsverbindung der Histidinsynthese. Dieser Syntheseweg wurde in Pflanzen noch nicht im Detail aufgeklärt.

Die Synthese von Glutamat erfordert eine Beteiligung der Mitochondrien

Wie in Abbildung 10.6 gezeigt wurde, erfordert die Bildung von Glutamat α-**Ketoglutarat**. An der Bereitstellung des α-Ketoglutarats ist der Stoffwechsel der Mitochondrien beteiligt (Abb. 10.11). Pyruvat und Oxalacetat werden über jeweils spezifische Translokatoren in die Mitochondrien transportiert. Das Pyruvat wird durch den **Pyruvat-Dehydrogenase-Komplex** oxidiert (siehe Abb. 5.4), das dabei gebildete Acetyl-CoA kondensiert mit Oxalacetat zu Citrat (siehe Abb. 5.6). Das Citrat kann in den Mitochondrien über die Citratcyclus-Enzyme **Aconitase** (Abb. 5.7) und eine **NAD-Isocitrat-Dehydrogenase** (Abb. 5.8) oxidiert, und das dabei gebildete α-Ketoglutarat in das Cytosol exportiert werden. Der Umsatz der mitochondrialen Isocitrat-Dehydrogenase ist jedoch oft relativ gering (in Abb. 10.11 ist er nicht eingezeichnet). Ein Isoenzym der Aconitase und außerdem eine **NADP-Isocitrat-Dehydrogenase** sind aber im Cytosol vorhanden. Wahrscheinlich beschränkt sich die Mitwirkung der Mitochondrien bei der Bereitstellung von α-Ketoglutarat in erster Linie auf die Bildung von Citrat, das dann außerhalb der Mitochondrien zu α-Ketoglutarat umgesetzt wird. In diesem Fall wäre nur eine kurze Teilsequenz des Citratcyclus beteiligt. Der Export von Citrat erfolgt im Gegentausch mit dem Import von Oxalacetat über den Oxalacetat-Translokator.

Biosynthese von Prolin und Arginin

Glutamat ist Ausgangssubstanz für die Synthese von **Prolin** (Abb. 10.12). Durch eine **Glutamat-Kinase** wird zunächst die δ-Carboxygruppe zu einem energiereichen Phosphorsäureanhydrid umgesetzt. Dann wird die δ-Carboxygruppe durch NADPH zum Aldehyd reduziert, die dabei erfolgende Abspaltung des energiereichen Phosphats treibt die Reaktion. Es handelt sich prinzipiell um die gleiche Reaktion wie bei der Reduktion des 3-Phosphoglycerats zu Glycerinaldehydphosphat im Calvin-Cyclus. Durch die intramolekulare Kondensation der Carbonylgruppe mit der α-Aminogruppe erfolgt der Ringschluss. Reduktion durch NADPH führt zur Bildung von Prolin.

Neben seiner Funktion als Proteinbaustein hat Prolin auch eine besondere Bedeutung als *Schutzsubstanz gegen Austrocknungsschäden* der Blätter. Man findet in vielen Pflanzen bei starker Trockenheit oder auch bei einer hohen Salzbelastung des Bodens (in beiden Fällen spricht man von osmotischem Stress) in den Blättern eine sehr hohe Akkumulation von Prolin. Der

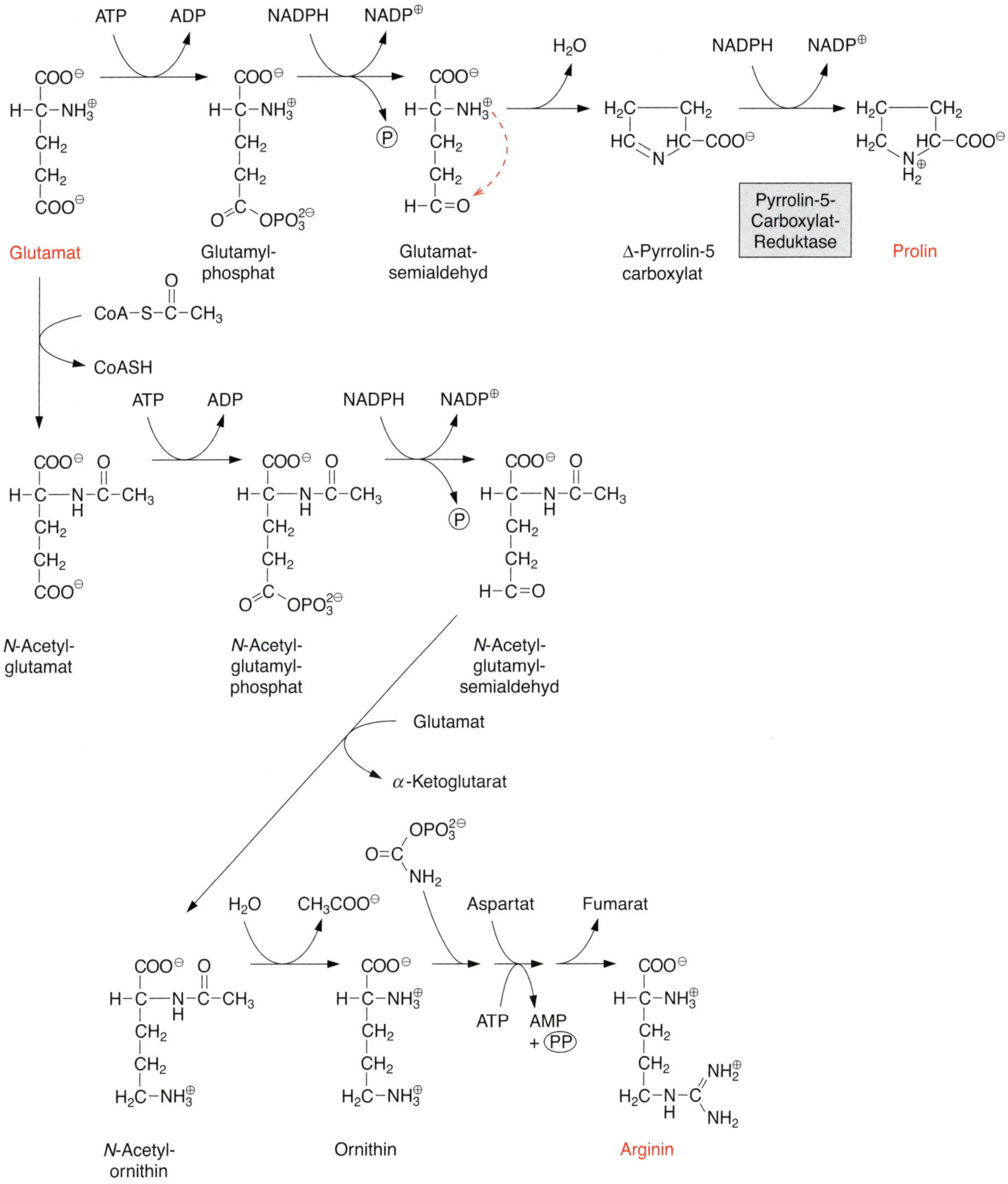

Abb. 10.12 Synthesewege der aus Glutamat gebildeten Aminosäuren.

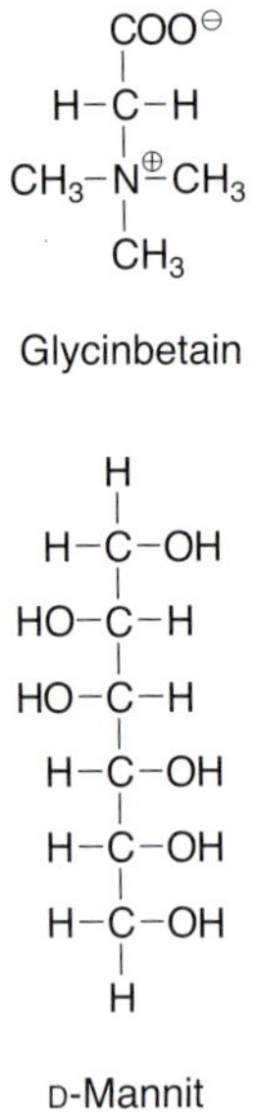

Abb. 10.13 Zwei kompatible Substanzen, die, wie auch Prolin, in Pflanzen als Schutz gegen Trockenheit und Salzbelastung akkumuliert werden.

Prolingehalt, der normalerweise sehr gering ist, kann dann das mehrfache der Summe aller anderen Aminosäuren betragen. Man nimmt an, dass die Akkumulation des Prolins bei Wasserstress auf einer Induktion der Synthese der **Pyrrolin-5-carboxylat-Reduktase** beruht.

Die Wirkungsweise des Prolins beruht darauf, dass es im Gegensatz zu anorganischen Salzen auch in sehr hohen Konzentrationen Enzyme nicht hemmt. Man bezeichnet Prolin daher auch als eine **kompatible Substanz**. Andere wichtige kompatible Substanzen sind Betaine, zwitterionische Aminosäuren mit methylierten Aminogruppen. Dazu gehören Prolin-, Glycin- und Alaninbetaine. Weitere kompatible Substanzen sind Zuckeralkohole wie **Mannit** (Abb. 10.13). Diese werden jeweils in bestimmten Pflanzen als Reaktion auf Wasserstress gebildet. Durch die Akkumulation dieser kompatiblen Substanzen – insbesondere im Cytosol, den Chloroplasten und den Mitochondrien – wird ein durch Trockenheit oder Salzbelastung des Bodens verursachter Wasserentzug aus diesen Kompartimenten vermieden. Zugleich sind diese Substanzen aber auch an der Eliminierung von reaktiven Sauerstoff-Spezies (**ROS**) (Abschn. 3.9) beteiligt. Trockenheit oder Salzbelastung des Bodens führt zu einer Hemmung der CO_2-Assimilation und dadurch zu einer erhöhten Bildung von ROS, wodurch Pflanzen geschädigt werden.

Für die Synthese von **Arginin** wird als erster Schritt die α-Aminogruppe des Glutamats durch Acetyl-CoA acetyliert und dadurch geschützt. Dann wird die δ-Carboxygruppe phosphoryliert und zum Semialdehyd reduziert, dies erfolgt in prinzipiell gleicher Weise wie bei der Prolinsynthese. Da jetzt aber die α-Aminogruppe geschützt ist, kann kein Ringschluss erfolgen. Die Aldehydgruppe wird durch Transaminierung mit Glutamat in eine Aminogruppe umgewandelt, es entsteht dabei nach Abspaltung des Acetylrestes Ornithin. Die Reaktion von Ornithin zu Arginin (in Abb. 10.12 nur summarisch behandelt) erfolgt analog wie beim Harnstoffcyclus der Tiere durch Kondensation mit aktiviertem Kohlensäureamid (Carbamoylphosphat) zu Citrullin; dieses übernimmt eine Aminogruppe von einem Aspartat, das dabei in Fumarat übergeht, und wird selbst zu Arginin umgesetzt.

Aspartat ist die Vorstufe für fünf Aminosäuren

Aspartat wird aus Oxalacetat durch Transaminierung mit Glutamat durch die Glutamat-Oxalacetat-Aminotransferase gebildet (Abb. 10.14).

Die Synthese von **Asparagin** aus Aspartat erfordert ebenso wie die Glutaminsynthese eine vorübergehende Phosphorylierung der entständigen Carboxygruppe durch ATP. Im Unterschied zur Glutaminsynthese dient jedoch bei der Asparaginsynthese in der Regel nicht NH_4^+ als NH_2-Donor, sondern die Amidgruppe des Glutamins. Dadurch ist der Energieaufwand für die Amidierung von Aspartat doppelt so hoch wie bei der von Glutamat. In den Blättern spielt die Asparaginsynthese oft eine eher untergeordnete Rolle. In sehr hohem Maße wird Asparagin in den Wurzeln gebildet, insbesondere wenn NH_4^+ die Stickstoffquelle im Boden ist (siehe Abschn. 10.2).

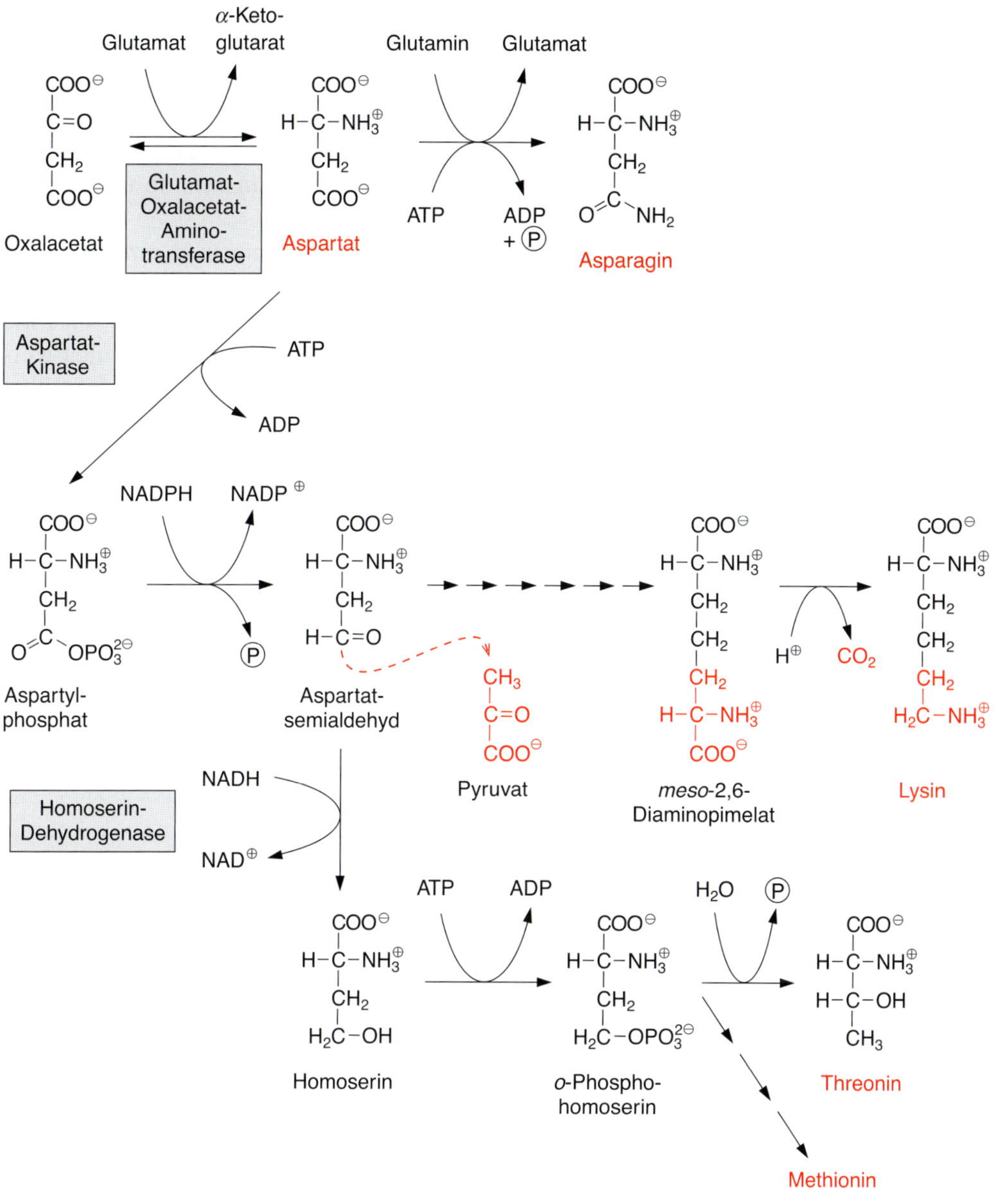

Abb. 10.14 Syntheseweg der aus Aspartat gebildeten Aminosäuren. Aus Threonin wird Isoleucin gebildet (siehe Abb. 10.16B).

Für die Synthese von Lysin, Isoleucin, Threonin und Methionin sind die ersten beiden Schritte prinzipiell die gleichen wie bei der Prolinsynthese:

Nach Phosphorylierung durch eine Kinase wird die γ-Carboxygruppe zu einem Semialdehyd reduziert. Für die Synthese von Lysin (in Abb. 10.14 nicht im Detail gezeigt) kondensiert der Semialdehyd mit Pyruvat. In einer Folge von sechs Reaktionen wird nach Reduktion durch NADPH und Transaminierung durch Glutamat *meso*-2,6-Diaminopimelat gebildet, aus diesem entsteht durch Decarboxylierung **Lysin**.

Für die Synthese von **Threonin** wird der Semialdehyd weiter zum Alkohol reduziert, das Produkt ist **Homoserin**. Nach Phosphorylierung der Hydroxygruppe durch die Homoserin-Kinase erfolgt bei gleichzeitiger Abspaltung des Phosphats durch Isomerisierung der Hydroxygruppe die Bildung von Threonin. Die Synthese von Isoleucin aus Threonin wird im folgenden Abschnitt (Abb. 10.16B), die Synthese von Methionin im Zusammenhang mit der Besprechung des S-Stoffwechsels in Kapitel 12 behandelt.

Die Synthese von Aminosäuren aus Aspartat unterliegt einer starken Rückkopplungskontrolle durch die Endprodukte (Abb. 10.15). Die Aspartat-Kinase als Startventil für die Synthesewege liegt in zwei Isoformen vor. Eine wird durch Threonin und die andere durch Lysin gehemmt. Zusätzlich werden an der Verzweigungsstelle der beiden Reaktionswege jeweils die Startreaktionen des Aspartatsemialdehyds durch die jeweiligen Endprodukte gehemmt.

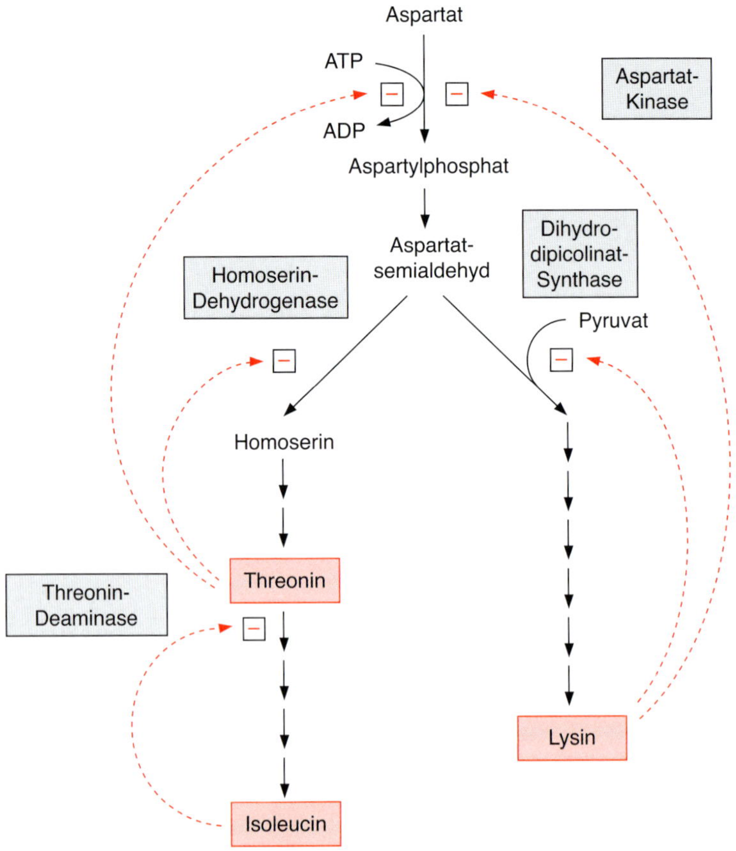

Abb. 10.15 Durch die Rückkopplungshemmung der Endprodukte werden die Startenzyme für die Synthese von Aminosäuren aus Aspartat reguliert und so dem Bedarf angepasst. [–] bedeutet Hemmung. Die Aspartat-Kinase liegt in zwei Isoformen vor.

Die Acetolactat-Synthase ermöglicht die Synthese von hydrophoben Aminosäuren

Durch Transaminierung kann Pyruvat zu **Alanin** reagieren (Abb. 10.16A). Diese Reaktion hat eine besondere Bedeutung in zwei Ausprägungen des C_4-Stoffwechsels (siehe Abb. 8.14 und Abb. 8.15).

Die Synthese von **Valin** und **Leucin** beginnt mit der Bildung von Acetolactat aus zwei Molekülen Pyruvat. Die **Acetolactat-Synthase** (ALS), die diese Reaktion katalysiert, enthält als prosthetische Gruppe **Thiaminpyrophosphat** (TPP), das in gleicher Weise wie bei der Pyruvat-Dehydrogenase (siehe Abb. 5.4) mit Pyruvat unter Abspaltung von CO_2 Hydroxyethyl-TPP bildet. Letzteres überträgt den Hydroxyethylrest auf ein zweites Molekül Pyruvat, dabei entsteht **Acetolactat**. Durch Reduktion, Umlagerung und Wasserabspaltung entsteht α-Ketoisovalerat und bei der nachfolgenden Transaminierung durch Glutamat Valin.

Die Bildung des Leucins aus α-Ketoisovalerat erfolgt in den prinzipiell gleichen Reaktionsschritten wie die in Abbildung 5.3 gezeigte Bildung von

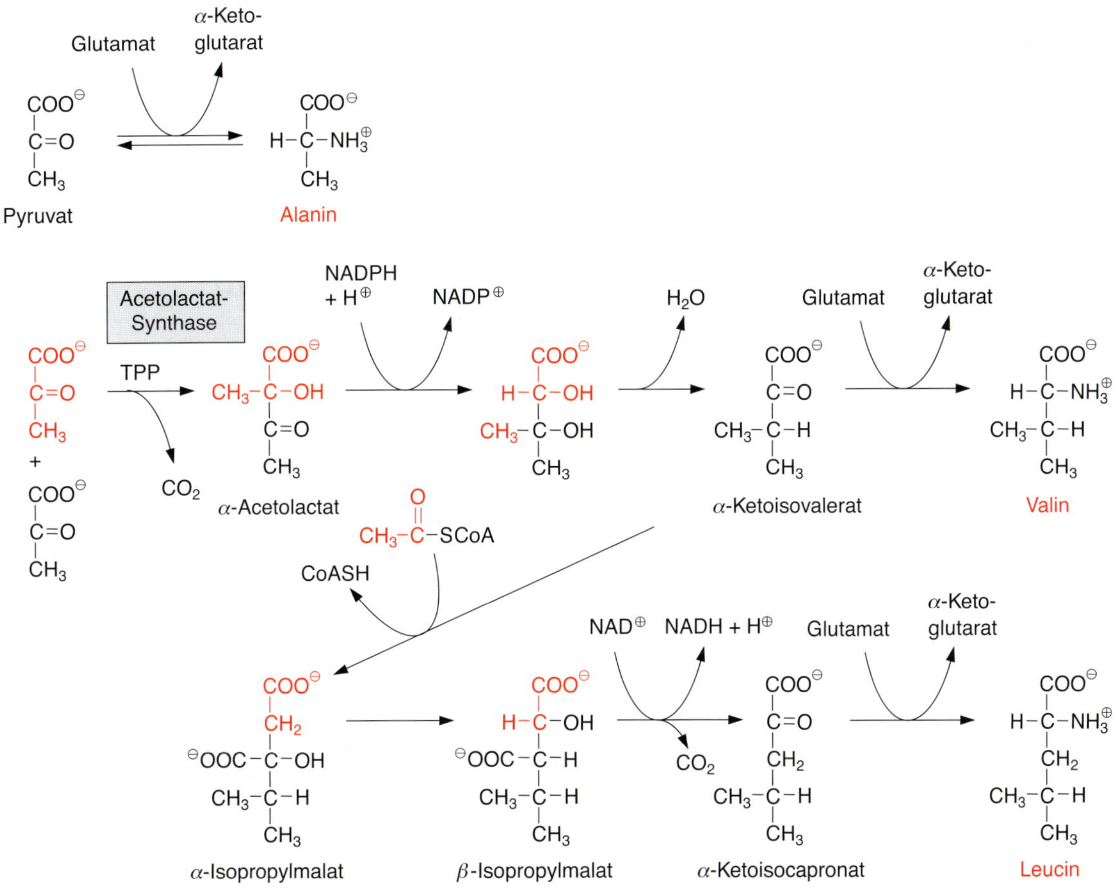

Abb. 10.16A Syntheseweg der aus Pyruvat gebildeten Aminosäuren Alanin, Valin und Leucin.

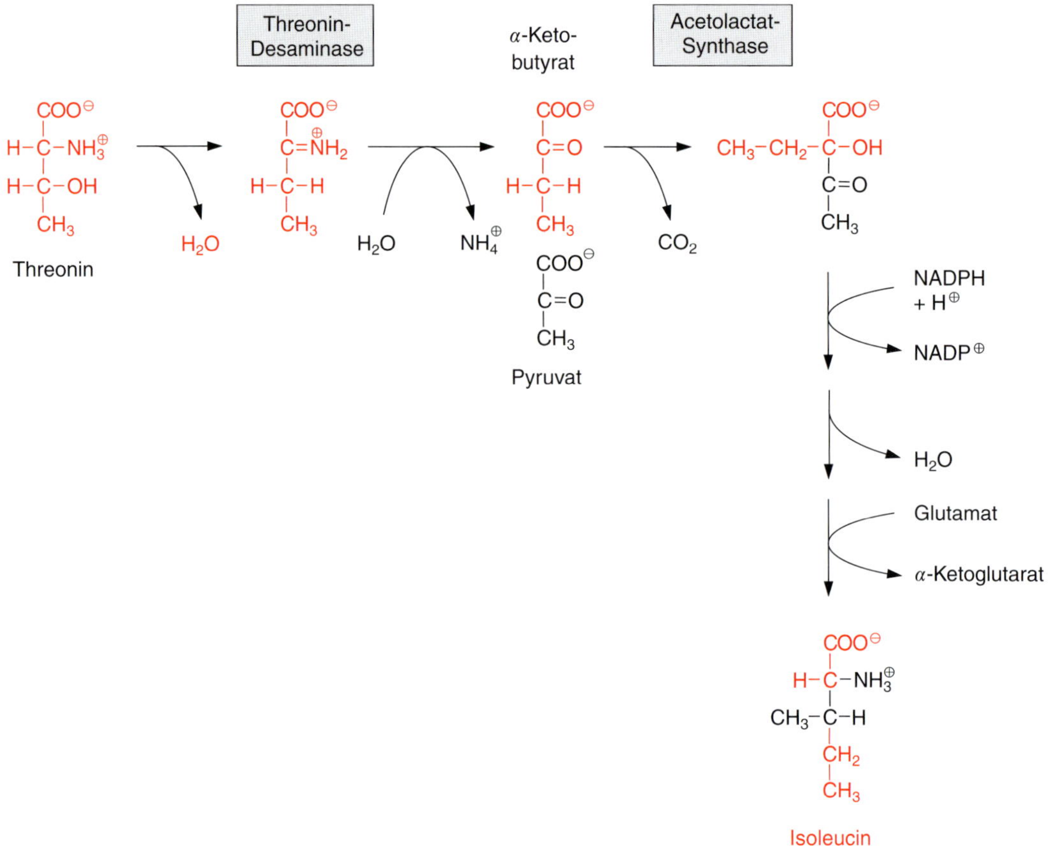

Abb. 10.16B Syntheseweg für das aus Threonin gebildete Isoleucin.

Glutamat aus Oxalacetat. Zunächst kondensiert Acetyl-CoA mit α-Keto-isovalerat (analog zur Bildung von Citrat), das Produkt α-Isopropylmalat isomerisiert (analog zur Isocitratbildung), das so entstandene β-Isopropylmalat wird unter Abspaltung von CO_2 durch NAD^+ zu α-Ketoisocapronat (analog zur Isocitrat-Dehydrogenasereaktion) oxidiert und letzteres zu Leucin transaminiert.

Für die Synthese von **Isoleucin** aus Threonin wird dieses zunächst durch eine Desaminase in α-Ketobutyrat umgewandelt (Abb. 10.16B). Acetolactat-Synthase kondensiert α-Ketobutyrat mit Pyruvat in analoger Weise wie bei der Synthese von Acetolactat aus zwei Molekülen Pyruvat in Abbildung 10.16A. Die weiteren Reaktionsschritte bis zum Isoleucin entsprechen den Reaktionsschritten bei der Synthese von Valin.

Auch die Synthesen von Leucin, Valin und Isoleucin unterliegen einer Kontrolle durch die Endprodukte (Abb. 10.17). Die Isopropylmalat-Synthase wird durch Leucin gehemmt, die Threonin-Desaminase durch Isoleucin (Abb. 10.15). Das Startenzym **Acetolactat-Synthase** (ALS) wird durch Valin und Leucin gehemmt. Sehr starke Inhibitoren der ALS sind Sulfonylharnstoffe, wie Chlorsulfuron, und Imidazolinone, zum Beispiel Imazethapyr

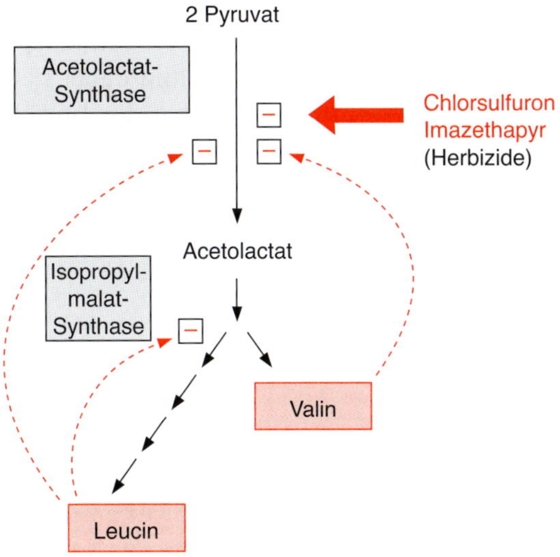

Abb. 10.17 Die Synthese von Valin und Leucin wird durch die Hemmwirkung beider Aminosäuren auf die Acetolactat-Synthase, und die Hemmung der Isopropylmalat-Synthase durch Leucin dem Bedarf angepasst. Die Herbizide Chlorsulfuron und Imazethapyr hemmen die Acetolactat-Synthase. [–] bedeutet Hemmung.

(Abb. 10.18). Diese Hemmstoffe binden an die ALS. Bereits eine Chlorsulfuronkonzentration von 10^{-9} mol/L ist ausreichend, um die ALS zu 50 % zu hemmen. Da es den Syntheseweg für die Bildung von Valin, Leucin und Isoleucin nur in Pflanzen und Mikroorganismen gibt, eignen sich die beiden genannten Hemmsubstanzen, um gezielt Pflanzen abzutöten; man verwendet sie daher als **Herbizide** (Abschn. 3.6). Chlorsulfuron (Handelsbezeichnung Glean®, DuPont) wird als selektives Herbizid für den Anbau von Getreide verwendet, Imazethapyr (Pursuit®, American Cyanamide Co.) für den Anbau

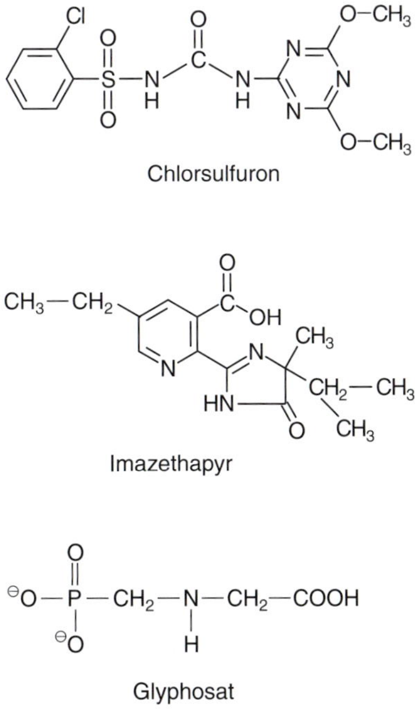

Abb. 10.18 Herbizide: Chlorsulfuron (ein Sulfonylharnstoff) (Handelsnamen Glean®, DuPont) und Imazethapyr (ein Imidazolinon) (Handelsnamen Pursuit®, ACC) hemmen die Acetolactat-Synthase (Abb. 10.16A). Glyphosat (Handelsnamen Round up®, Monsanto) hemmt die EPSP-Synthase (Abb. 10.19).

von Sojabohnen. Einige natürlich entstandene Mutanten von Mais, Sojabohne, Raps und Weizen sind gegen Sulfonylharnstoffe, Imidazolinone oder auch gegenüber beiden Herbiziden resistent. Man fand dabei stets Mutationen in dem Gen für die Acetolactat-Synthase, wodurch das Enzym, ohne in seiner Aktivität beeinflusst zu sein, gegenüber den genannten Herbiziden unempfindlich wird. Durch Einkreuzen dieser Mutationen wurden von den genannten Pflanzen herbizidresistente Sorten gezüchtet und sind zum Teil bereits im Anbau.

Über den Shikimatweg werden aromatische Aminosäuren synthetisiert

Vorläufer für die Bildung aromatischer Aminosäuren sind Erythrose-4-phosphat und Phosphoenolpyruvat. Die beiden Substanzen kondensieren unter Abspaltung der beiden Phosphate zu dem cyclischen Dehydrochinat (Abb. 10.19). Nach Abspaltung von Wasser und Reduktion der Carbonylgruppe entsteht **Shikimat**. Nach Schutz der 3′-Hydroxygruppe durch Phosphorylierung wird die 5′-Hydroxygruppe mit Phosphoenolpyruvat zu dem Enolether 5′-Enolpyruvylshikimat-3-phosphat (EPSP) verknüpft, aus dem durch Abspaltung von Phosphat Chorismat entsteht. Hier verzweigt sich der Weg:

- Über vier hier nicht in Detail behandelten Reaktionen wird Tryptophan gebildet.
- Durch eine Umlagerung, bei der die Seitenkette in die 1′-Position des Ringes verlagert wird, entsteht Prephenat und nach Transaminierung der Ketogruppe Arogenat. Durch Abspaltung von Wasser, die zur Bildung der dritten Doppelbindung führt, und eine Decarboxylierung wird aus Arogenat **Phenylalanin** gebildet. Die Oxidation des Arogenats durch NAD^+ bei gleichzeitiger Decarboxylierung führt zur Bildung von **Tyrosin**. Die Enzyme des Shikimatweges sind nach neueren Ergebnissen ausschließlich in Plastiden lokalisiert.

Auch die Synthese der aromatischen Aminosäuren wird durch die Endprodukte an verschiedenen Schritten des Syntheseweges kontrolliert (Abb. 10.20).

Glyphosat wirkt als Herbizid

Glyphosat (Abb. 10.18) ist ein sehr starker Hemmer der EPSP-Synthase. Wegen seiner ähnlichen Struktur hemmt es kompetitiv zu Phosphoenolpyruvat. Glyphosat wirkt relativ spezifisch auf den Aromatenstoffwechsel, aber nur schwach auf andere Enzyme, die Phosphoenolpyruvat umsetzen (z. B. Pyruvat-Kinase und PEP-Carboxykinase). Eine Unterbrechung des Shikimatweges durch Glyphosat wirkt für die Pflanzen letal. Bei Tieren gibt es keinen Shikimatweg. Daher wird Glyphosat (unter dem Handelsnamen Round up®, Monsanto) als Herbizid (Abschn. 3.6) verwendet. Glyphosat hat den Vorteil,

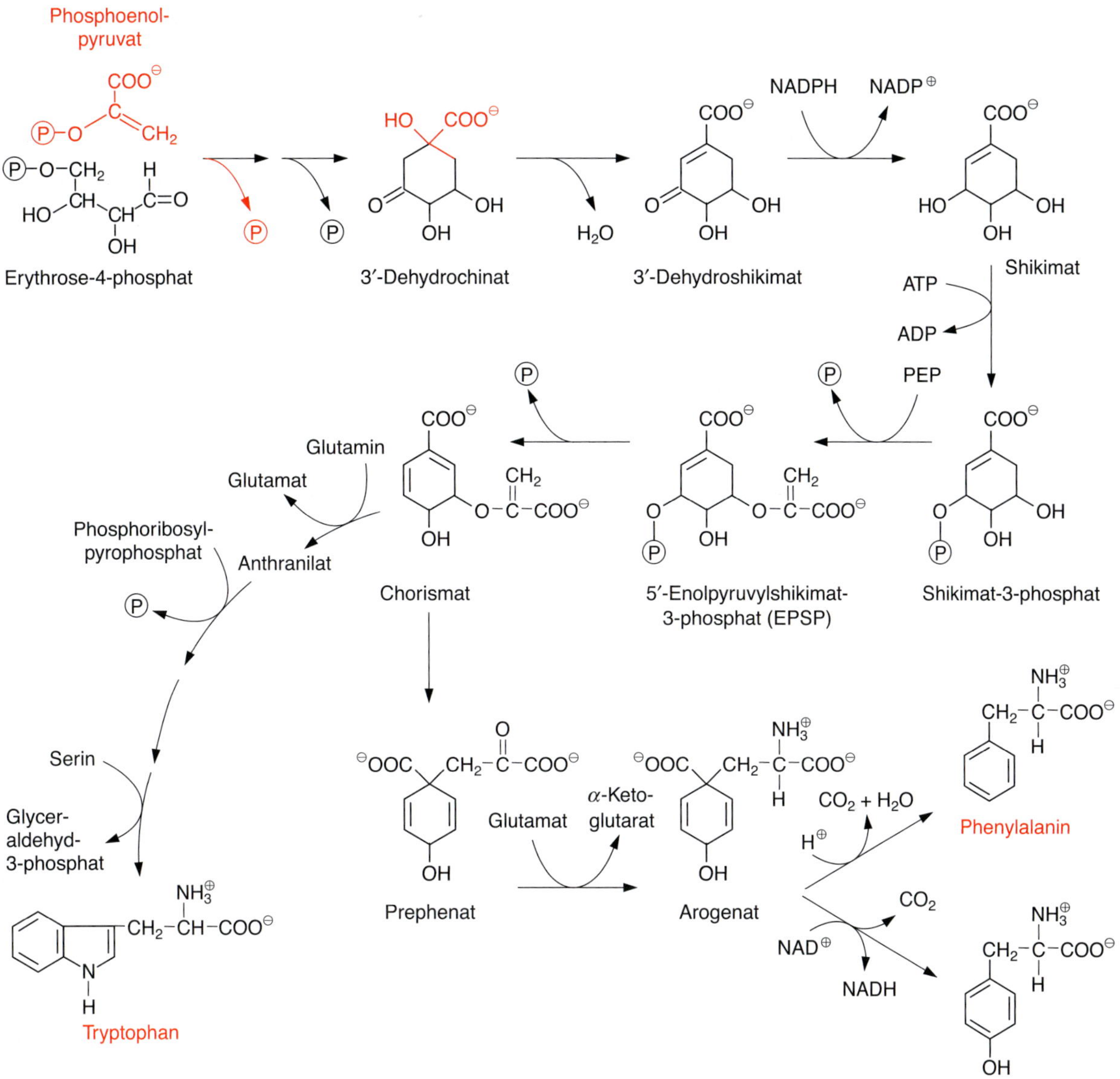

Abb. 10.19 Durch den Shikimatweg werden aromatische Aminosäuren synthetisiert. PEP: Phosphoenolpyruvat

dass es aufgrund seiner einfachen Struktur relativ schnell durch Bodenbakterien abgebaut wird. Von allen Herbiziden erzielt Glyphosat wertmäßig den höchsten Umsatz weltweit. Es ist gelungen, durch molekulargenetische Veränderungen Nutzpflanzen gegen Glyphosat resistent zu machen (siehe Kapitel 22). Es ist so möglich, durch Glyphosat Unkräuter besonders wirksam auch in Gegenwart von Nutzpflanzen zu bekämpfen.

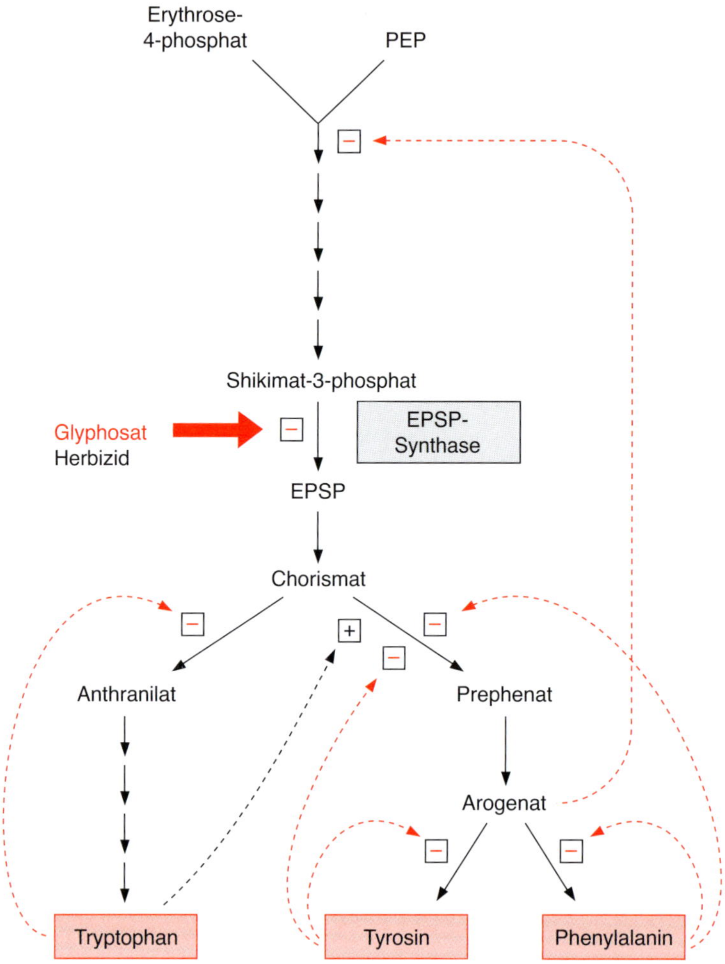

Abb. 10.20 Durch Produkthemmung werden mehrere Schritte der Synthese aromatischer Aminosäuren reguliert und so die Gesamtsynthese dem Bedarf angepasst. Tryptophan stimuliert die Synthese von Tyrosin und Phenylalanin [+]. Das Herbizid Glyphosat (siehe Abb. 10.18) hemmt die EPSP-Synthase [–].

Ein großer Teil der Pflanzensubstanz wird über den Shikimatweg gebildet

Die Bedeutung des Shikimatweges liegt nicht allein in der Bereitstellung von Aminosäuren für die Proteinsynthese, sondern auch für die Synthese einer großen Vielfalt anderer Substanzen (Abb. 10.21), die von Pflanzen in großen Mengen gebildet werden (siehe Kapitel 16 und 18), insbesondere Phenylpropanoide wie Flavonoide und Lignin. Da die Summe dieser Produkte einen hohen Anteil an der Zellsubstanz ausmacht – gewöhnlich entspricht dies einem Viertel bis einem Drittel der Trockenmasse, kann aber bei manchen Bäumen bis zu 50 % sein – ist der Shikimatweg einer der Hauptbiosynthesewege der Pflanzen.

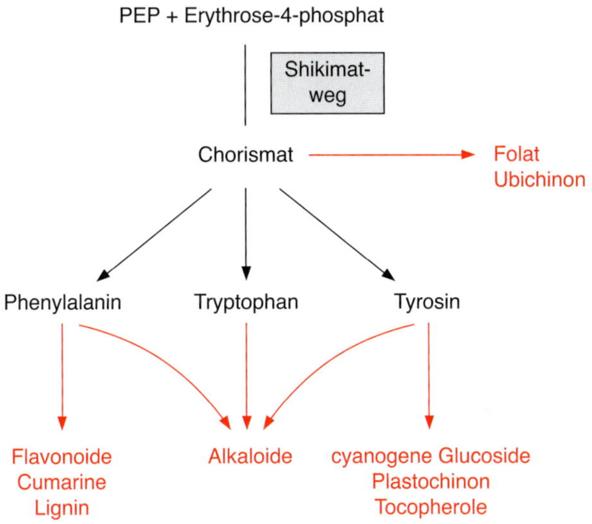

Abb. 10.21 Über den Shikimatweg werden viele andere Naturstoffe synthetisiert.

10.4 Glutamat ist Ausgangssubstanz für die Synthese von Chlorophyllen und Cytochromen

Chlorophyll macht ein bis zwei Prozent der Trockensubstanz der Blätter aus. Seine Synthese erfolgt in den Plastiden. Wie bereits in Abbildung 2.4 gezeigt, besteht Chlorophyll aus einem **Tetrapyrrolring** mit **Magnesium** als Zentralatom und mit einer **Phytolseitenkette** als hydrophoben Membrananker. Ebenfalls ein Tetrapyrrol, aber mit Fe^{2+} als Zentralkation, ist **Häm**, ein Bestandteil von Cytochromen und auch der Katalase.

Baustein für die Synthese von Tetrapyrrolen ist **Porphobilinogen**, das durch Kondensation von zwei Molekülen **δ-Aminolävulinat** gebildet wird. In Tieren, Hefen und manchen Bakterien wird δ-Aminolävulinat aus Succinyl-CoA und Glycin unter Abspaltung von CoASH und CO_2 synthetisiert. Hingegen wird in Plastiden, Cyanobakterien und vielen Eubakterien δ-Aminolävulinat durch Reduktion von **Glutamat** gebildet. Wie bereits in Abschnitt 6.3 besprochen, ist die Redoxpotenzialdifferenz zwischen einem Carboxylat und einem Aldehyd so hoch, dass eine Reduktion der Carboxygruppe durch NADPH nicht möglich ist, es sei denn, diese Carboxygruppe wird zuvor aktiviert, zum Beispiel als Thioester (Abb. 6.10) oder als gemischtes Phosphatanhydrid (Abb. 10.12). Bei der plastidären δ-Aminolävulinatsynthese wird Glutamat auf sehr ungewöhnliche Weise durch kovalente Bindung an eine Transfer-RNA (**tRNA**) aktiviert (Abb. 10.22). Diese tRNA für Glutamat wird in den Plastiden codiert und ist dort sowohl an der δ-Aminolävulinat- als auch der Proteinbiosynthese beteiligt. Wie bei der Beladung für die Translation erfolgt die Bindung der tRNA an die Carboxygruppe des Glutamats unter Verbrauch von ATP. Bei der Reduktion der **Glutamat-tRNA** durch die **Glutamat-tRNA-**

Reduktase wird die tRNA abgespalten; dadurch ist die Reaktion irreversibel. Der dabei entstandene **Glutamat-1-semialdehyd** wird durch eine **Aminotransferase**, die **Pyridoxal-** beziehungsweise **Pyridoxaminphosphat** als prosthetische Gruppe enthält, in δ-Aminolävulinat umgewandelt. Diese Reaktion verläuft nach dem gleichen Mechanismus wie die in Abbildung 7.4 gezeigte Aminotransferasereaktion, mit dem einzigen Unterschied, dass hier der Aminodonor und die Ketogruppe als Aminoakzeptor im gleichen Molekül vorhanden sind.

Zwei Moleküle δ-Aminolävulinat kondensieren zu Porphobilinogen (Abb. 10.22). Durch die **Hydroxymethylbilan-Synthase** werden vier Moleküle Porphobilinogen zu dem offenkettigen Tetrapyrrol **Hydroxymethylbilan** verknüpft (Abb. 10.23). Das Enzym enthält als Cofaktor ein Dipyrrol, das es selbst synthetisiert. Nach Austausch der beiden Seitenketten am Ring d ergibt der Ringschluss **Uroporphyrinogen III**. Daraus entsteht mittels einer Decarboxylase und zwei Oxidasen **Protoporphyrin IX**. Durch **Magnesium-Chelatase** wird Mg^{2+} in den Tetrapyrrolring eingebaut; das Mg-Protoporphyrin IX wird durch drei weitere Enzyme zu **Protochlorophyllid** umgesetzt. Der Tetrapyrrolring des Protochlorophyllids besitzt genausoviele Doppelbindungen wie Protoporphyrin IX. Die Reduktion einer Doppelbindung im Ring d

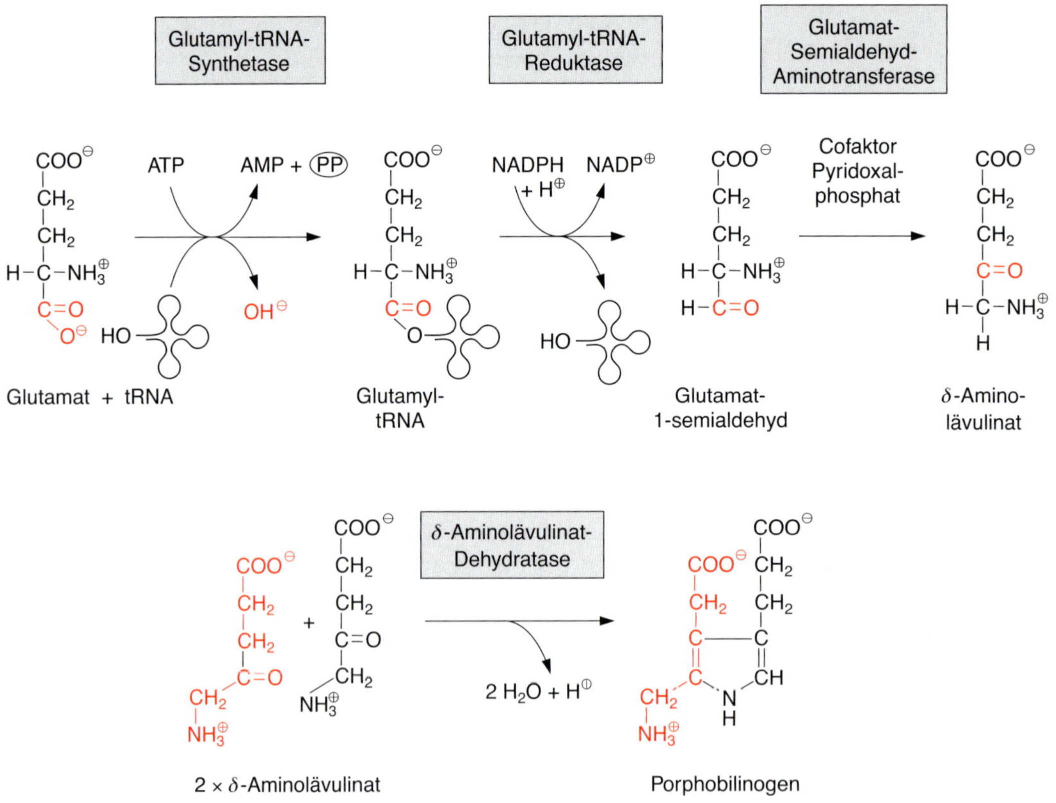

Abb. 10.22 In Chloroplasten ist Glutamat Ausgangssubstanz für die Synthese von δ-Aminolävulinat, das zu Porphobilinogen kondensiert.

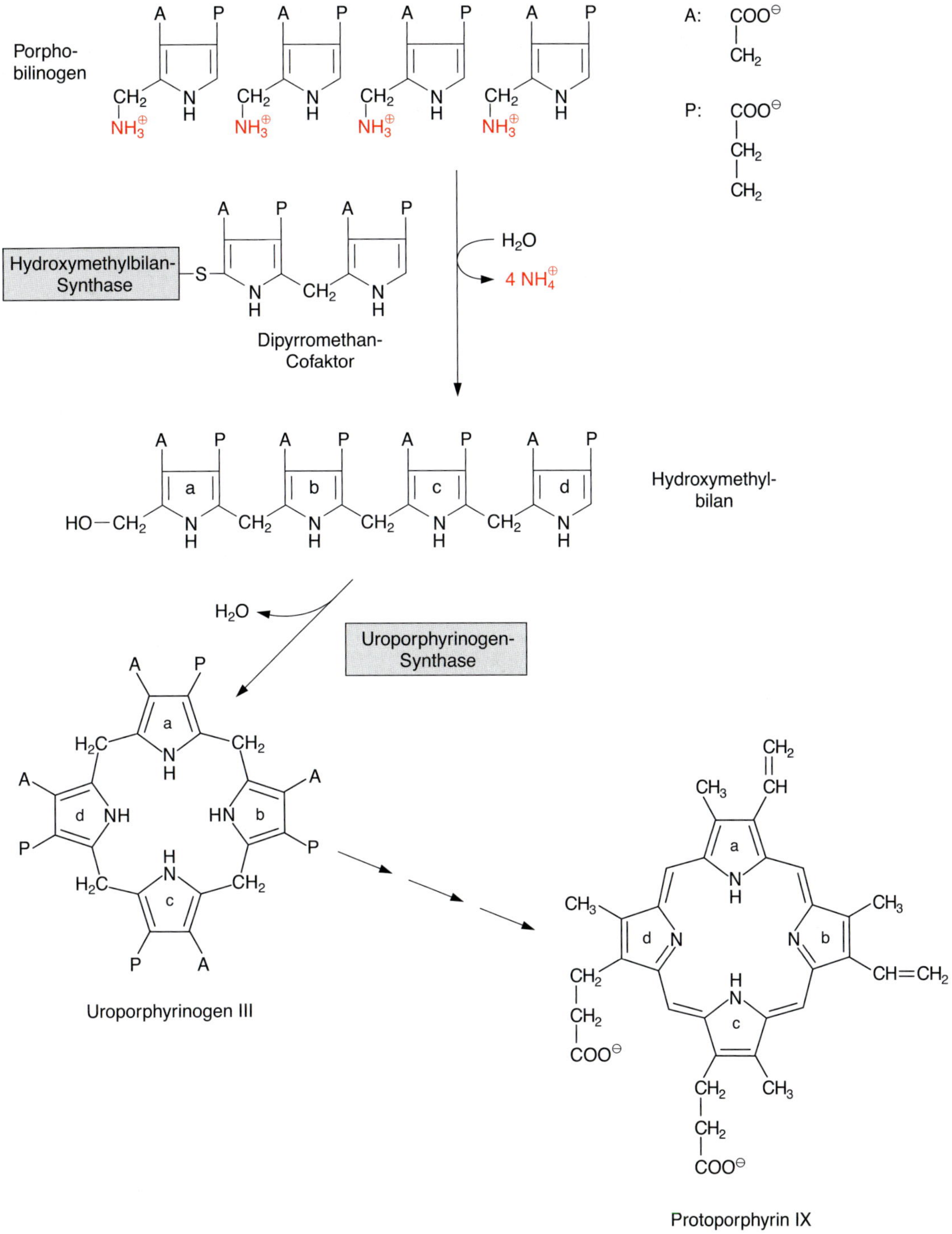

Abb. 10.23 Protoporphyrinsynthese.

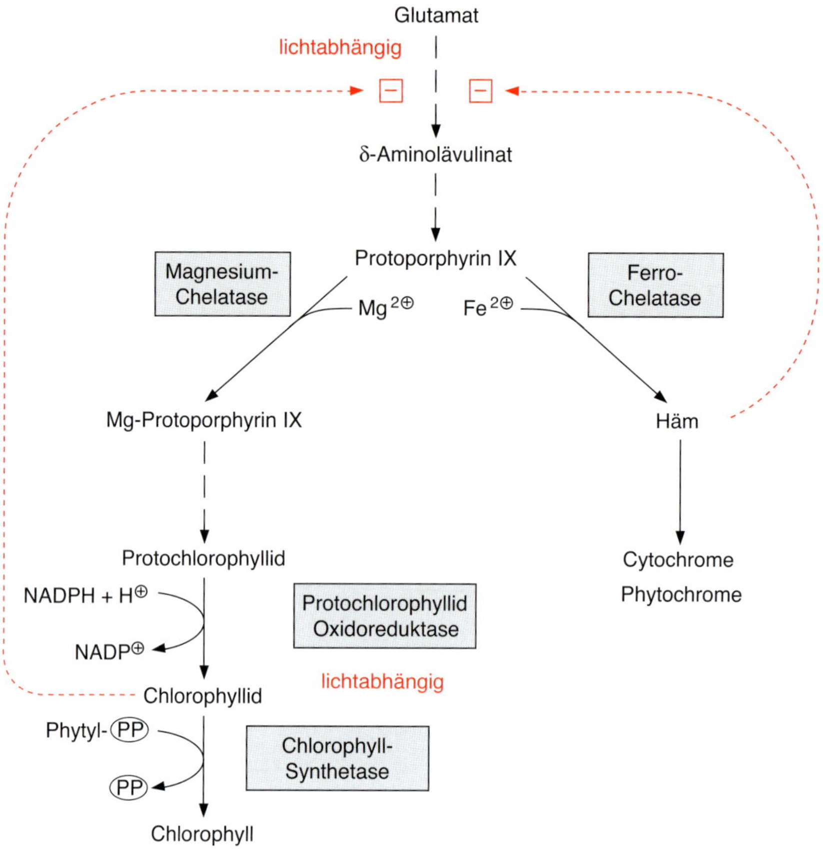

Abb. 10.24 Übersicht der in den Chloroplasten erfolgende Chlorophyll- und Hämsynthese. Die gestrichelten roten Linien markieren die Enzymhemmung durch Produkte der Synthesekette. Enzyme der Reaktionskette vom Protoporphyrin IX zu den Cytochromen befinden sich auch in den Mitochondrien, wobei dort Isoenzyme die Reaktion katalysieren.

durch NADPH ergibt **Chlorophyllid**. Das Enzym **Protochlorophyllid-Reduktase**, die diese Reaktion katalysiert, ist nur aktiv, wenn das Protochlorophyllid durch Absorption von Licht aktiviert wird. Die Übertragung einer durch Pyrophosphat aktivierten **Phytylkette** durch eine als **Chlorophyll-Synthetase** bezeichnete Prenyltransferase (siehe Abschn. 17.2) schließt die Synthese des Chlorophylls ab.

Wegen der Lichtabhängigkeit der Protochlorophyllid-Reduktase werden Keime von Angiospermen erst dann grün, wenn sie direkt dem Licht ausgesetzt werden. Auch die Synthese der chlorophyllbindenden Proteine der Lichtsammelkomplexe ist lichtabhängig. Gymnospermen, Grünalgen, Moose und Farne besitzen zusätzlich noch eine im Dunkeln aktive Protochlorophyll-Reduktase, sodass sowohl die Protochlorophyllid-Reduktion als auch die Synthese der chlorophyllbindenden Proteine im Dunkeln erfolgen.

Porphyrine werden im Licht photooxidiert; dies führt zu photochemischen Zellschädigungen. Es ist daher für die Pflanze wichtig, dass sich Intermediate der Chlorophyllsynthese nicht anstauen. Dies wird zum einen dadurch vermieden, dass die Synthese des δ-Aminolävulinats über eine schnelle posttranslationelle Suppression reguliert wird. Zum anderen unterliegt die δ-Aminolävulinatsynthese einer Endprodukthemmung durch Chlorophyllid und Häm. Die Regulation der Chlorophyllsynthese ist in Abbildung 10.24 zusammengefasst. Schließlich ist Chlorophyll b für den Einbau verschiedener Antennenproteine in die Antennen notwendig (Kapitel 2.4).

Protoporphyrin ist auch Ausgangssubstanz für die Hämsynthese

Der Einbau eines Eisenions in das Protoporphyrin IX durch die Ferro-Chelatase führt zur Bildung des **Häms**. Durch Zusammenbau des Häms mit Apoproteinen werden in Chlororoplasten **Cytochrome** und **Phytochrome** gebildet. Die Hämsynthese findet aber auch in den Mitochondrien statt. Nach dem heutigen Erkenntnisstand wird das Häm für die mitochondrialen Cytochrome in den Mitochondrien gebildet, während die plastidäre Hämsynthese nicht nur für die Versorgung der Plastiden, sondern wahrscheinlich auch für die Bereitstellung von Häm für die Bildung cytosolischer Häm-Proteine zuständig ist.

Literatur

Aducci, P., Fogliano, V., Fullone, M.R., Marra, M. Fusicoccin receptors: perception and transduction of the fusicoccin signal. Journal of Experimental Botany 46, 1463–1478 (1995)

Baluška, F., Kronzucker, H.J., Li, B., Li, G., Shi, W. Ammonium stress in Arabidopsis: signaling, genetic loci, and physiological targets. Trends in Plant Science 19, 107–114 (2014)

Chapman, Lindsey, K., N., Miller, A.J., Whalley, R. Roots, water, and nutrient acquisition: let's get physical. Trends in Plant Science 17, 701–710 (2012)

Curien, G., Biou, V., Mas-Droux, C., Robert-Genthon, M., Ferrer, J.L., Dumas, R. Amino acid biosynthesis: New architectures in allosteric enzymes. Plant Physiology Biochemistry 46, 325–339 (2008)

De Angeli, A., Monachello, D., Ephritikhine, G., Franchisse, J.M., Thomine, S., Gambale, F., Barbier-Brygoo, H. The nitrate/proton antiporter AtCLCa mediates nitrate accumulation in plant vacuoles. Nature 442, 939-942 (2006)

Fernie, A.R., Gupta, K.J., Kaiser, W.M., van Dongen, J.T. On the origins of nitric oxide. Trends in Plant Science 16, 160–168 (2011)

Forde, B.G., Lea, P. Glutamate in plants: metabolism, regulation, and signaling. Journal Experimental Botany 58, 2339-2358 (2007)

Ho, C.H., Tsay, Y.F. Nitrate, ammonium, and potassium sensing and signaling. Current Opinion in Plant Biology 13, 604–610 (2010)

Hsu, P.K., Tsay, Y.F., Wang, Y.Y. Uptake, allocation and signaling of nitrate. Trends in Plant Science 17, 458–467 (2012)

Jia, L., Liang J., Shi, W., Xu, W., Zhang, J. TFT6 and TFT7, two different members of tomato 14-3-3 gene family, play distinct roles in plant adaption to low phosphorus stress. Plant, Cell and Environment 35, 1393–1406 (2012)

Masuda, T. Recent overview of the Mg branch of the tetrapyrrole biosynthesis leading to chlorophylls. Photosynthesis Research 96, 121–143 (2008)

Miller, A.J., Fan, X., Orsel, M., Smith, S.J., Wells, D.M. Nitrate transport and signalling. Journal Experimental Botany 58, 2297-2306 (2007)

Miller, A.J., Shen, Q., Xu, G. Freeways in the plant: transporters for N, P and S and their regulation. Current Opinion in Plant Biology 12, 284–290 (2009)

Savouré, A., Szabados, L. Proline: a multifunctional amino acid. Trends in Plant Science 15, 89–97 (2010)

Seki, M., Umezawa, T., Urano, K., Shinozaki, K. Regulatory metabolic networks in drought stress responses. Current Opinion Plant Biology 10, 296-302 (2007)

Tabuchi, M., Abiko, T., Yamaya, T. Assimilation of ammonium ions and reutilization of nitrogen in rice (*Oryza sativa* L.). Journal Experimental Botany 58, 2319-2327 (2007)

Tanaka, R., Tanaka, A. Tetrapyrrole biosynthesis in higher plants. Annual Review Plant Biology 58, 321-346 (2007)

Zhang, H., Rong, H., Pilbeam, D. Signalling mechanisms underlying the morphological responses of the root system to nitrogen in *Arabidopsis thaliana.* Journal Experimental Botany 58, 2329-2338 (2007)

11 Durch N_2-Fixierung kann der Luftstickstoff für das Pflanzenwachstum genutzt werden

In einem geschlossenen Ökosystem stammt das für das Pflanzenwachstum erforderliche Nitrat aus dem Abbau der Biomasse. Nitrat kann, im Gegensatz zu anderen Pflanzennährstoffen wie Phosphat, nicht durch eine Verwitterung von Gesteinen nachgeliefert werden. Kleinere Mengen von Nitrat werden durch Blitze erzeugt und mit dem Regenwasser eingetragen (in unseren Breiten jährlich circa 5 kg N/ha). Durch menschliche Einflüsse (Autoverkehr, Massentierhaltung etc.) kann heute der jährliche Eintrag von Nitrat, anderen Stickoxiden und NH_3 durch das Regenwasser je nach Verschmutzungsgrad der Luft zwischen 15 bis 70 kg N/ha betragen. Bei der landwirtschaftlichen Produktion muss der durch die Entnahme der Ernteprodukte verursachte Stickstoffverlust durch Düngung ausgeglichen werden. So werden zum Beispiel beim Maisanbau etwa jährlich 200 kg N/ha in Form von Nitrat- und Ammoniumdünger eingebracht. Als Ausgangsstoff wird dafür Ammoniak durch die Haber-Bosch-Synthese aus Stickstoff und Wasserstoff hergestellt:

$$3\,H_2 + N_2 \longrightarrow 2\,NH_3 \quad (\Delta H -92.6\ \text{kJ/mol}) \tag{11.1}$$

Wegen der hohen Bindungsenergie der N≡N-Dreifachbindung hat diese Synthese eine hohe Aktivierungsenergie, sie wird daher trotz Katalysator bei 400 bis 500 °C und bei einem Druck von mehreren hundert Atmosphären durchgeführt. Sie ist somit sehr energieaufwändig. Daher entfallen etwa ein Drittel der für den landwirtschaftlichen Anbau von Mais aufgewendeten Energie auf die Herstellung des erforderlichen Stickstoffdüngers. Ohne die Gewinnung von Stickstoffdünger durch die Haber-Bosch-Synthese könnten heute große Teile der Weltbevölkerung nicht mehr ernährt werden. Während bei einer „biologischen" Kreislauf-Landwirtschaft etwa 10 Personen von dem Ertrag von 1 ha landwirtschaftlicher Fläche ernährt werden können, ist dieser Wert bei der Verwendung von Stickstoff-Kunstdünger um das Vierfache höher.

Nur Cyanobakterien und einige Bakterien können aus dem Stickstoff der Luft NH_3 bilden. Eine Reihe von Pflanzen gehen mit N_2-fixierenden Bakterien **Symbiosen** ein, um sich auf diese Weise mit Stickstoff zu versorgen. Als Gegenleistung übernehmen die Pflanzen die Ernährung der Bakterien. Wichtig für die Landwirtschaft ist dabei die Symbiose von **Leguminosen** mit den **Knöllchenbakterien (Rhizobien)**. Leguminosen, zu denen unter anderen Sojabohne, Bohne, Linse, Erbse, Klee und Lupine gehören, bilden eine sehr große Familie mit etwa 20 000 Spezies. Ein sehr großer Teil der Leguminosen können eine Symbiose mit Rhizobien eingehen. Durch Leguminosen kann in unseren Klimaten eine N_2-Fixierung von 100 bis 400 kg N/ha pro Jahr erzielt werden.

Daher haben Leguminosen als Gründünger eine große Bedeutung: Beim Fruchtwechsel sind sie eine ausgezeichnete Alternative zum Kunstdünger. Für die Stickstoffversorgung von Reisfeldern ist die Symbiose des Wasserfarns *Azolla* mit dem Cyanobakterium *Nostoc* von Bedeutung. Erwähnt sei auch die Symbiose der Gattung *Frankia* mit Gehölzen wie der Erle, oder auch der australischen *Casuarina*, die als Pionierpflanze auf stickstoffarmen Böden wächst.

11.1 Leguminosen bilden eine Symbiose mit Knöllchenbakterien

Die Wurzelknöllchen der Leguminosen (Abb. 11.1) wurden zunächst als Zeichen eines Krankheitsbefalls der Pflanze angesehen, bis sie von H. Hellriegel und H. Wilfarth 1888 mit der N_2-Fixierung in Verbindung gebracht wurden. Sie erkannten, dass Bohnen bei Vorhandensein dieser Knöllchen auch ohne Stickstoffdüngung wachsen können.

Zu den Knöllchenbakterien zählen unter anderem die Gattungen *Rhizobium*, *Bradyrhizobium* und *Azorhizobium*. Arten der Gattung *Rhizobium* bilden Knöllchen unter anderem mit Erbsen, *Bradyrhizobium* mit der Sojabohne und *Azorhizobium* mit der tropischen Leguminose *Sesbania.* Es handelt sich um streng aerobe, Gram-negative Stäbchen, die im Boden leben und mit organischen Verbindungen heterotroph wachsen. Es gibt aber auch Stämme die autotroph durch Photosynthese wachsen können.

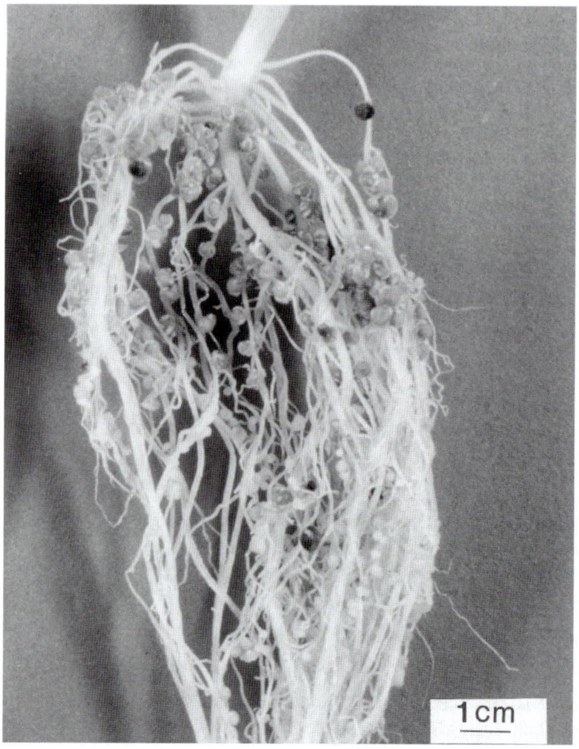

Abb. 11.1 Wurzelsystem von *Phaseolus vulgaris* (Bohne) mit dichter Entwicklung von Knöllchen nach Infektion mit *Rhizobium etli*. (Aufnahme: P. Vinuesa-Fleischmann und D. Werner, Marburg.)

Phylogenetische Untersuchungen haben gezeigt, dass alle zur Wurzelknöllchen-Symbiose befähigten Pflanzen zu einer bestimmten Klade (Evolutionszweig) gehören, bestehend aus den Ordnungen Fabales, Fagales, Curcubitales und Rosales. Alle Vertreter dieser Klade lassen sich auf einen gemeinsamen Vorläufer zurückführen. Allerdings bilden nicht alle Abkömmlinge diese Wurzelknöllchen-Symbiose aus. Es wird danach gesucht, welches die Gene sind, die in diesen Pflanzen die Wurzelknöllchen-Symbiose ermöglichen. Man hofft durch einen gentechnischen Transfer dieser Gene in monokotyle Agrarpflanzen, wie z.B. Mais, Reis und Weizen, diese zur Wurzelknöllchen Symbiose zu befähigen.

Die Aufnahme der Rhizobien in die Wirtspflanze stellt eine kontrollierte Infektion dar. Die molekulare Basis von Spezifität und Erkennung ist bisher nur teilweise bekannt. Die Rhizobien bilden artspezifische Nodulationsfaktoren (**Nod-Faktoren**). Es handelt sich dabei um Lipochitooligosaccharide, Chitin-Oligomere mit einer Fettsäure am nicht-reduzierenden Ende. Durch die verschiedensten chemischen Dekorationen wie Acetylierung, Sulfatierung und Fukosylierung erreichen sie eine hohe strukturelle Spezifität. Wie ein vielzackiger „Schlüssel“ schließen sie das „Haus“ desjenigen Wirts auf, für den die Rhizobien spezialisiert sind. Die Nod-Faktoren binden an spezifische **Rezeptorkinasen** des Wirts, welche Teil einer Signalkette sind (Abschn. 19.1). Die Rhizobien dringen in den meisten Fällen über die Wurzelhaare in die Wurzel ein. Die Erkennung der Nod-Faktoren führt bei wachsenden Wurzelhaaren zu Wachstumsstopp und Reinduktion von Wachstum mit Richtungsänderung. Wenn sich ein Rhizobium an die Wurzelhaarspitze angelagert hat, kann es dabei von einer Krümmung des Wurzelhaars eingeschlossen werden. Dann kommt es zur Bildung eines Infektionsschlauchs (Abb. 11.2) im gekrümmten Wurzelhaar, der in Richtung Wurzelkortex wächst und durch den die Rhizobien in die Wurzel eindringen können. Währenddessen werden durch die Nod-Faktoren in der Wurzelrinde Zellteilungen induziert, die im Endeffekt zur Entstehung eines neuen Organs, eines **Knöllchens** führen. Dessen Morphogenese ist von ähnlicher Komplexität wie die aller anderen Pflanzenorgane, wie Wurzel oder Spross. Die Knöllchen sind durch Leitgefäße mit der Wurzel verbunden und werden so mit Substrat versorgt. Aus der Plasmamembran der infizierten Zelle wird die **Peribakteroidmembran** gebildet, welche die in die Pflanzenzelle aufgenommenen Bakterien umgibt. Dadurch sind die Rhizobien in einem **Symbiosom** vom Cytoplasma der Wirtszelle abgetrennt. Im Symbiosom differenzieren sich die Rhizobien zu **Bakteroiden**. Meist sind mehrere dieser Bakteroide von einer Peribakteroidmembran (auch als Symbiosomenmembran bezeichnet) umgeben (Abb. 11.3).

Die Rhizobien besitzen eine Atmungskette, die prinzipiell wie die mitochondriale Atmungskette aufgebaut ist (siehe Abb. 5.15). Bei einer *Bradyrhizobium*-Art wurde gefunden, dass bei der Differenzierung zu Bakteroiden ein zusätzlicher Elektronentransportweg exprimiert wird. Er zweigt beim Cyt-bc_1-Komplex von der zum Cyt-aa_3 führenden Atmungskette ab zu einer anderen terminalen Oxidase, die eine erhöhte Atmungsrate ermöglicht. Dieser Teil der Atmungskette wird durch symbiosespezifische Gene codiert.

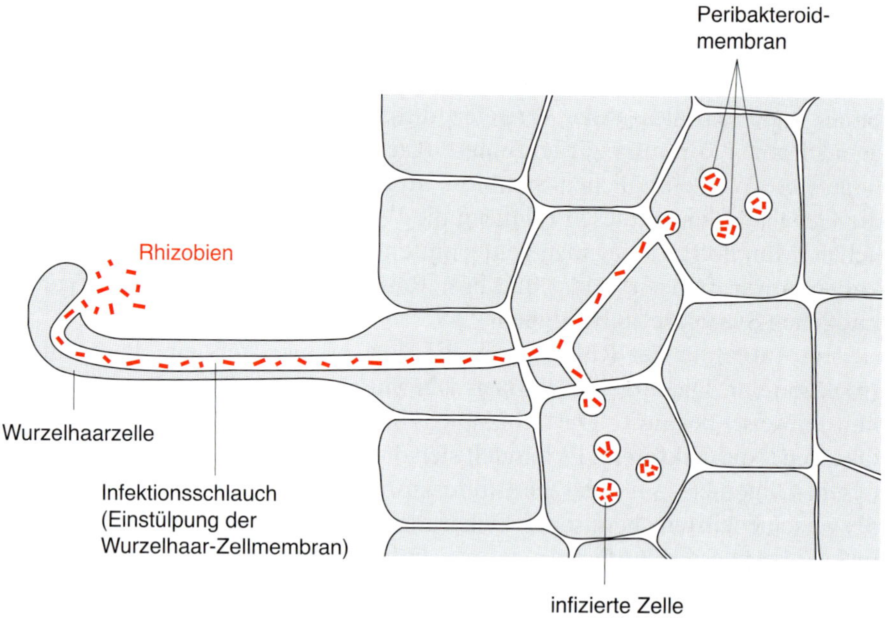

Abb. 11.2 Die Aufnahme von Rhizobien in die Wurzel wird durch eine Interaktion mit den Wurzelhaaren ausgelöst. Diese Interaktion führt auch zur Induktion von Zellteilungen in der Wurzelrinde. Die Rhizobien induzieren die Bildung eines Infektionsschlauchs, der durch Einstülpung der Wurzelhaarzellmembran entsteht und in die Zellen der Wurzelrinde eindringt. Durch einen Endocytose-ähnlichen Prozess werden Rhizobien in Rindenzellen aufgenommen, die soeben durch Teilung neu entstanden sind. Die Rhizobien sind durch die Peribakteroidmembran vom Cytosol des Wirtes abgetrennt. Hier differenzieren sie zu Bakteroiden.

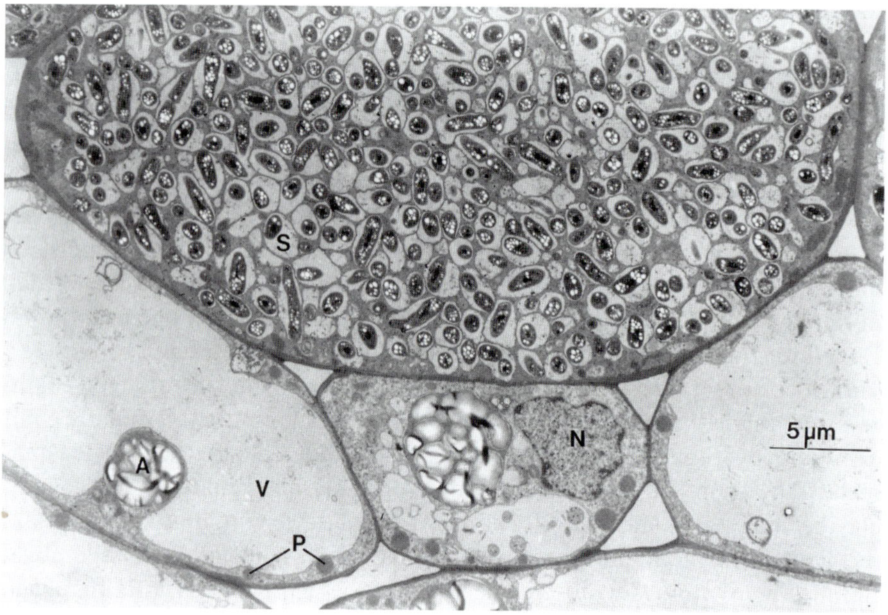

Abb. 11.3 Elektronenmikroskopischer Querschnitt durch ein Knöllchen von *Glycine max* cv. Caloria (Sojabohne), infiziert mit *Bradyrhizobium japonicum*. Die obere große, infizierte Zelle zeigt intakte Symbiosomen (S) mit ein bis zwei Bakteroiden pro Symbiosom. Im unteren Bereich sind drei nichtinfizierte Zellen mit Zellkern (N), zentralen Vakuolen (V) sowie mit Amyloplasten (A) und Peroxisomen (P) zu sehen. (Aufnahme: E. Mörschel und D. Werner, Marburg.)

Die Knöllchenbildung beruht auf einem regulierten Zusammenspiel der Expression spezifischer bakterieller und pflanzlicher Gene

Zur Symbiose fähige Rhizobien enthalten eine große Anzahl von Genen, die bei den frei lebenden Bakterien ausgeschaltet sind und erst nach einer Wechselwirkung mit dem Wirt aktiviert werden und so zur Bildung eines N_2-fixierenden Wurzelknöllchens beitragen. Die bakteriellen Gene für die Proteine zur N_2-Fixierung werden als ***nif***- und ***fix*-Gene** bezeichnet, die zur Induktion der Bildung der Wurzelknöllchen als ***nod-, nol-*** and ***noe*-Gene**.

Die Wirtspflanze scheidet verschiedene **Flavenoide** aus (siehe Abschn.18.5), die als Signalsubstanzen zur chemotaktischen Anlockung der Rhizobien dienen. Diese Flavonoide binden an ein bakterielles Protein, welches die Transkription der anderen *nod-, nol-* and *noe*-Gene aktiviert. Die durch diese *nod*-Gene codierten Proteine sind an der Synthese der bereits erwähnten Nod-Faktoren beteiligt. In fast allen Rhizobien sind vier so genannte „allgemeine" *nod*-Gene vorhanden, *nodD* und *nodABC*. Letztere codieren für die Proteine, die das Chitin-Oligomer mit der Fettsäure am nicht-reduzierenden Ende herstellen, das allen Nod-Faktoren gemeinsam ist. Darüber hinaus sind mehr als zwanzig verschiedene *nod*-Gene bekannt, die für die Wirtsspezifität verantwortlich sind.

Die speziell für die Knöllchenbildung notwendigen Proteine, die im Verlauf der Organbildung von den Wirtspflanzen synthetisiert werden, fasst man unter der Sammelbezeichnung **Noduline** zusammen. Zu diesen Nodulinen zählen das in Abschnitt 11.2 beschriebene Leghämoglobin, Enzyme des Kohlenhydratabbaus (darunter auch die Saccharose-Synthase, siehe Abschn. 9.2), Enzyme des Citratcyclus, der Glutamin-, Asparagin- und gegebenenfalls auch der Ureidsynthese sowie ein Aquaporin der Peribakteroidmembran (siehe folgender Abschnitt). Es handelt sich dabei um Proteine die zur normalen Ausstattung der Wurzeln gehören, aber bei der Knöllchenbildung vermehrt gebildet werden. Die pflanzlichen Gene zur Bildung dieser Proteine werden **Nodulingene** genannt. Man unterscheidet dabei so genannte „frühe" Noduline, die am Infektionsprozess und der Bildung der Knöllchen beteiligt sind. Die Expression der entsprechenden Gene wird unter anderem durch Signalsubstanzen von den Rhizobien induziert. „Späte" Noduline werden erst nach dem Einsetzen der symbiotischen N_2-Fixierung synthetisiert.

Zwischen Bakteroiden und Wirtszelle findet ein Austausch von Stoffwechselprodukten statt

Die Versorgung der Bakteroide mit Substrat erfolgt vielfach über einen Transport von **Malat** (Abb. 11.4). Dieses entsteht in der Wirtszelle durch die Spaltung der durch die Leitgefäße angelieferten Saccharose durch die Saccharose-Synthase (Abb. 13.5), die dann weiter glycolytisch zu Phosphoenolpyruvat abgebaut wird, nachfolgend zu Oxalacetat carboxyliert (siehe Abb. 10.11) und schließlich zu Malat reduziert wird. Knöllchenzellen enthalten hohe Aktivitäten der Phosphoenolpyruvat-Carboxylase. Als Produkt der N_2-Fixierung liefern die Bakteroide über einen spezifischen Transporter der Peribakteroidmembran der Wirtszelle NH_4^+, das dort vor allem zu **Glutamin** (Abb. 10.8) und **Asparagin** (Abb. 10.14) umgesetzt und über die Xylemgefäße der Pflanze zur Verfügung gestellt wird. Inzwischen ist auch ein zusätzlicher Export von Alanin aus Bakteroiden nachgewiesen worden.

Die Knöllchen mancher Pflanzen, zum Beispiel die von Sojabohnen, exportieren den fixierten Stickstoff in Form von Ureiden (Harnsäureabbauprodukten), insbesondere als **Allantoin** und **Allantoat** (Abb. 11.5). Diese Subs-

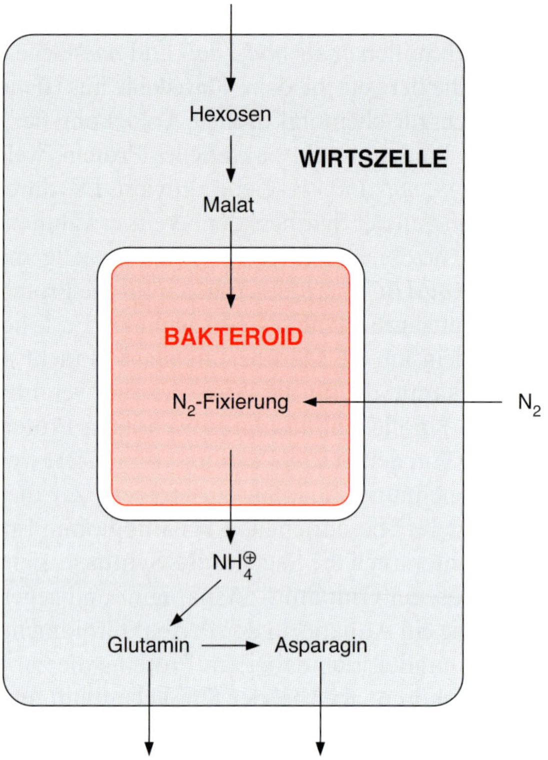

Abb. 11.4 Stoffwechsel von infizierten Zellen in einem Wurzelknöllchen. Als Hauptprodukte der N_2-Fixierung werden Glutamin und Asparagin gebildet (siehe auch nächste Abbildung).

tanzen haben – bezogen auf den Kohlenstoffgehalt – einen besonders hohen Stickstoffgehalt. Die Bildung der Ureide in den Wirtszellen erfordert einen langen Syntheseweg, der nur in infizierten Zellen stattfindet. Zunächst wird über den in allen Zellen zur Synthese von AMP und GMP vorhandenen Purinsyntheseweg Inosinmonophosphat gebildet, welches im Anschluss über Xanthin und Harnsäure zu den Ureiden abgebaut wird.

Das in die Bakteroide aufgenommene Malat (Abb. 11.4) wird durch den Citratcyclus (Abb. 5.3) oxidiert, die dabei anfallenden Reduktionsäquivalente werden zur Fixierung des N_2 verwendet.

Die Dinitrogenase-Reduktase liefert Elektronen für die Dinitrogenasereaktion

Die Stickstofffixierung erfolgt im **Nitrogenasekomplex**, einem hochkomplexen System mit den Hauptkomponenten Dinitrogenase-Reduktase und Dinitrogenase (Abb. 11.6). Dieser Komplex ist hochkonserviert und im Cytoplasma der Bakteroide vorhanden. Aus dem im Citratcyclus gebildeten NADH werden unter Vermittlung eines löslichen Ferredoxins Elektronen auf die **Dinitrogenase-Reduktase** übertragen. Diese ist ein Ein-Elektronen-Überträger und besteht aus zwei identischen Untereinheiten, die gemeinsam ein **4Fe-4S-Zentrum** (siehe Abb. 3.26) bilden und zwei Bindungsstellen für ATP besitzen. Nach der Reduktion binden zwei Moleküle ATP an die Dinitrogenase-Reduktase; dies führt zu einer Konformationsänderung des Proteins, wodurch

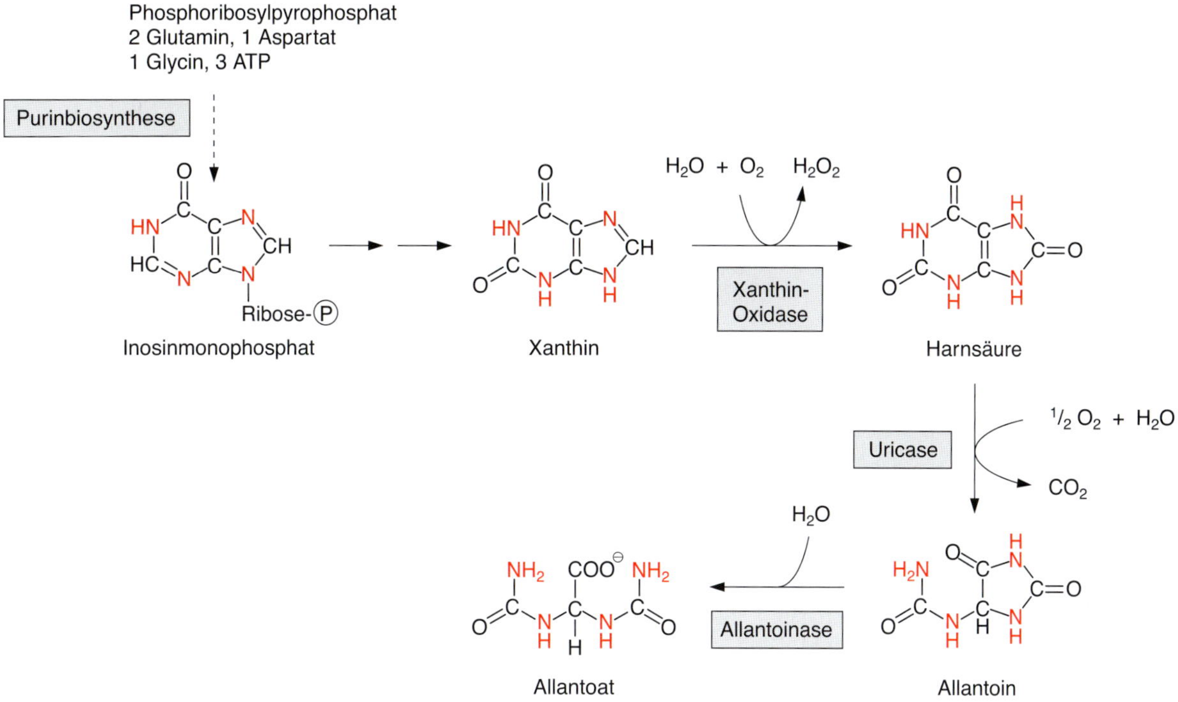

Abb. 11.5 In manchen Leguminosen entstehen Allantoin und Allantoat als Produkte der N_2-Fixierung und werden zunächst in das Knöllchen-Xylem und dann weiter in das Wurzelxylem abgegeben. Ihre Bildung erfolgt zunächst über Inosinmonophosphat durch den Purinsyntheseweg. Inosinmonophosphat wird zu Xanthin und dann weiter zu Harnsäure oxidiert. Durch Hydrolyse und Ringöffnung entstehen schließlich Allantoin und Allantoat.

das Redoxpotenzial des 4Fe-4S-Zentrums von –0,25 auf –0,40 V angehoben wird. Nach Übertragung eines Elektrons auf die Dinitrogenase werden die zwei am Protein gebundenen ATP-Moleküle zunächst in ADP und Phosphat gespalten und dann wieder abgelöst. Dadurch wird die Konformation mit dem niedrigeren Redoxpotenzial wiederhergestellt, und das Enzym kann wieder ein Elektron vom Ferredoxin aufnehmen. Auf diese Weise wird durch die Dinitrogenase-Reduktase unter Verbrauch von zwei Molekülen ATP jeweils ein Elektron vom NADH auf die Dinitrogenase übertragen.

Durch die Dinitrogenase werden sowohl N_2 als auch H^+ reduziert

Die **Dinitrogenase** ist ein $\alpha_2\beta_2$-Tetramer. Die Untereinheiten α und β sind fast gleich groß und auch ähnlich gefaltet. Das Tetramer enthält zwei wahrscheinlich unabhängig voneinander reagierende katalytische Zentren, von denen jedes einen so genannten P-Cluster enthält, der aus jeweils zwei **4Fe-4S-Zentren** sowie einem Eisen-Molybdän-Cofaktor (**FeMoCo**) besteht. Der FeMoCo ist ein großes Redoxzentrum aus Fe_4S_3 und Fe_3MoS_3, die über drei anorganische

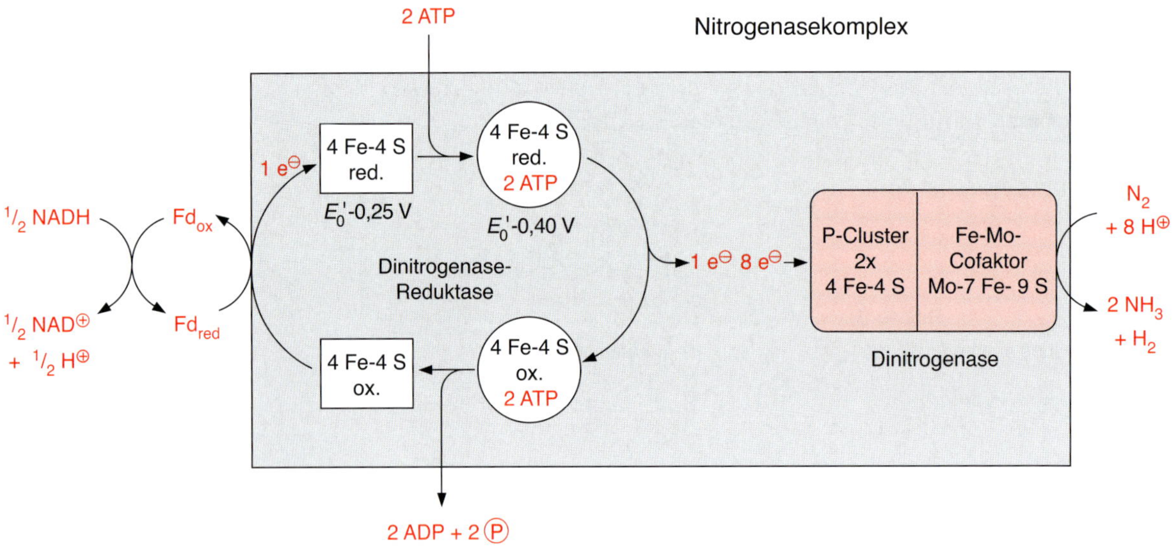

Abb. 11.6 Der Nitrogenasekomplex besteht aus der Dinitrogenase-Reduktase und der Dinitrogenase. Struktur und Funktion werden im Text beschrieben. Die Reduktion von einem Molekül N_2 erfordert die Reduktion von mindestens zwei Protonen zu molekularem Wasserstoff. Fd = Ferredoxin

Sulfidbrücken miteinander verknüpft sind (Abb. 11.7). Ein Bestandteil des Cofaktors ist **Homocitrat**, das über je ein Sauerstoffatom der Hydroxy- und der Carboxygruppe an das Molybdän gebunden ist. Ein weiterer Ligand des Molybdäns ist der Imidazolring eines Histidinrestes des Proteins. Die Funktion des Mo-Atoms ist ungeklärt. Es gibt alternative Dinitrogenasen, bei denen das Mo durch Vanadium oder auch durch Fe ersetzt ist. Diese sind im Vergleich zu der FeMoCo-haltigen Dinitrogenase jedoch deutlich instabiler. Möglicherweise wird durch das Mo-Atom eine günstigere Geometrie und Elektronenstruktur des Zentrums erreicht. Es ist nicht geklärt, wie der Stickstoff mit dem Eisen-Molybdän-Cofaktor reagiert. Möglicherweise wird das N_2-Molekül im Hohlraum des FeMoCo-Zentrums gebunden (Abb. 11.7) und

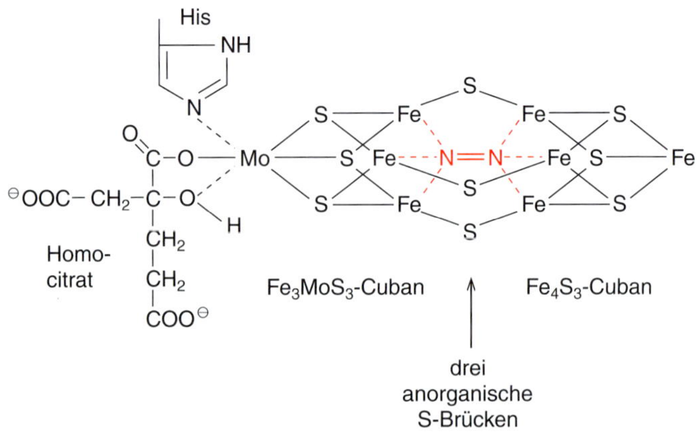

Abb. 11.7 Der Eisen-Molybdän-Cofaktor besteht aus Fe_4S_3 und Fe_3MoS_3, die durch drei anorganische Sulfidbrücken verknüpft sind. Das Molybdän ist außerdem mit Homocitrat und der Histidinseitengruppe des Proteins ligiert. Der Cofaktor bindet ein N_2-Molekül und reduziert es durch die sukzessive Aufnahme von Elektronen zu 2 NH_3. Die Position der N_2-Bindung im Cofaktor ist nicht bewiesen. Nach Karlin.

die für die N_2-Fixierung erforderlichen Elektronen durch den P-Cluster in das FeMoCo-Zentrum übertragen.

Die Dinitrogenase kann neben N_2 auch andere Substrate reduzieren: So werden Protonen zu molekularem Wasserstoff reduziert:

$$2\,H^+ + 2\,e^- \xrightarrow{\text{Dinitrogenase}} H_2 \tag{11.2}$$

In Gegenwart von N_2 wird pro reduziertem N_2 mindestens ein H_2 gebildet, häufig aber mehr.

$$8\,H^+ + 8\,e^- + N_2 \xrightarrow{\text{Dinitrogenase}} 2\,NH_3 + H_2 \tag{11.3}$$

Demnach beträgt die Bilanz der N_2-Fixierung:

$$\begin{aligned} &N_2 + 4\,NADH + 4\,H^+ + 16\,ATP \\ &\rightarrow 2\,NH_3 + H_2 + 4\,NAD^+ + 16\,ADP + 16\,Ⓟ \end{aligned} \tag{11.4}$$

Ist Acetylen in genügend hohen Konzentrationen vorhanden, wird ausschließlich Acetylen zu Ethylen reduziert:

$$HC{\equiv}CH + 2\,e^- + 2\,H^+ \xrightarrow{\text{Dinitrogenase}} H_2C{=}CH_2 \tag{11.5}$$

Man benutzt diese Reaktion zur Messung der Aktivität der Dinitrogenase. Warum bei der N_2-Fixierung stets auch H_2 entwickelt wird – ob dies Teil des katalytischen Mechanismus, eine Nebenreaktion oder eine Reaktion zum Schutz des aktiven Zentrums vor der hemmenden Wirkung des Sauerstoffs, die im folgenden Abschnitt beschrieben wird, darstellt – ist umstritten.

In einem Kleefeld lässt sich die Entstehung des bei der N_2-Fixierung gebildeten molekularen Wasserstoffs nachweisen. Da jedoch viele Rhizobienstämme Hydrogenasen besitzen, wird das H_2 in diesen über einen Elektronentransport wieder oxidiert.

$$2\,H_2 + O_2 \xrightarrow{\text{Hydrogenase}} 2\,H_2O \tag{11.6}$$

In manchen Fällen ist diese Reaktion wie in den sogenannten Knallgasbakterien mit einer ATP-Gewinnung gekoppelt.

11.2 Die N_2-Fixierung kann nur bei sehr niedrigen Sauerstoffkonzentrationen erfolgen

Die Dinitrogenase ist extrem sauerstoffempfindlich. Daher kann die N_2-Fixierung nur bei sehr niedrigen O_2-Konzentrationen ablaufen. Die Bildung der Knöllchen führt dazu, dass für die N_2-Fixierung ein mikroaerobes Kompartiment entsteht. Da die N_2-Fixierung auf eine Zufuhr von Stickstoff aus der Luft angewiesen ist, stellt sich die Frage, wie das Enzym vor dem gleichfalls vorhandenen Luftsauerstoff geschützt wird.

Das in die Knöllchen mit dem N_2 eindiffundierte O_2 wird durch die in der Bakteroidenmembran vorhandene **Atmungskette** verbraucht. Durch eine hohe Affinität des bakteroiden Cytochrom-a/a_3-Komplexes ist eine Atmung bei einer O_2-Konzentration von nur 10^{-9} mol/L möglich. Wir haben gesehen, dass für die Fixierung von einem Molekül N_2 insgesamt 16 Moleküle ATP erforderlich sind. In der mitochondrialen Atmungskette werden bei der Oxidation von einem Molekül NADH etwa 2,5 Moleküle ATP gewonnen (Abschn. 5.6). Bei der bakteriellen Atmungskette, die im Allgemeinen einen niedrigeren Kopplungsgrad hat als die der Mitochondrien, werden entsprechend nur etwa 2 ATP gebildet. Demnach würden für die Bildung von 16 ATP etwa 4 Moleküle O_2 verbraucht (Abb. 11.8). Wenn die Bakteroide eine Hydrogenase besitzen, würde sich der Sauerstoffverbrauch durch die Oxidation des bei der N_2-Fixierung gebildeten H_2 noch um 0,5 O_2 erhöhen. Man erkennt daraus, dass bei der N_2-Fixierung für jedes N_2-Molekül mindestens vier O_2-Moleküle in der bakteriellen Atmung verbraucht werden ($O_2/N_2 \geq 4$). Dagegen beträgt das O_2/N_2-Verhältnis in der Luft etwa 0,25. Die für die N_2-Fixierung erforderliche Luft weist also im Verhältnis zum Stickstoff viel zu wenig Sauerstoff auf.

Die äußere Schicht der Knöllchen bildet in erheblichem Maße ein **Diffusionshindernis** für die eintretende Luft. Der Diffusionswiderstand ist so groß, dass die Zufuhr des Sauerstoffs die Atmung limitiert. So kommt es zu der auf den ersten Blick erstaunlichen Situation, dass die N_2-Fixierung durch die Zufuhr von O_2 zur Bildung des erforderlichen ATP begrenzt ist. Dies wurde durch ein Experiment des Australiers Frazer Bergersen bewiesen: Die Verdopplung des O_2-Gehaltes in der Luft (bei einer entsprechenden Verringerung des N_2-Gehaltes) führte in Sojabohnenknöllchen zu einer Verdopplung der Geschwindigkeit der N_2-Fixierung. Eine weitere Erhöhung des O_2 führte dann allerdings wegen der O_2-Empfindlichkeit des Nitrogenase-Komplexes zu einem steilen Abfall der N_2-Fixierung.

Da die bakterielle Atmungskette in der Plasmamembran lokalisiert ist und die Dinitrogenase im Innern der Bakteroide, wird so in überaus effizienter Weise O_2 von der Dinitrogenase ferngehalten. Der hohe Diffusionswiderstand für O_2, der – wie im Experiment gezeigt – sogar die N_2-Fixierung begrenzen kann, sorgt dafür, dass auch bei tiefen Temperaturen, bei denen die N_2-Fixierung und die bakterielle Atmung gedrosselt sind, der Sauerstoff keinen Kontakt zu dem Nitrogenasekomplex hat.

Ein weiterer Faktor spielt bei der gegebenen Konstellation eine wesentliche Rolle: Die durch Rhizobien infizierten Zellen bilden **Leghämoglobin**. Dieses ist dem Myoglobin der Tiere ähnlich, besitzt aber eine zehnfach höhere Affinität zum Sauerstoff. Die für eine fünfzigprozentige Sättigung des Leghämoglobins erforderliche O_2-Konzentration beträgt lediglich 10 bis $20 \cdot 10^{-9}$ mol/L. Das Leghämoglobin liegt außerhalb der Peribakteroidmembran im Cytosol der Wirtszellen und kommt dort in ungewöhnlich hohen Konzentrationen vor (in Sojabohnen $3 \cdot 10^{-3}$ mol/L). Leghämoglobin kann

25% des löslichen Gesamtproteins der Knöllchen ausmachen und verleiht diesen eine rosa Färbung. Leghämoglobin sorgt dafür, dass der Atmungskette der Bakteroide genügend O_2 angeliefert wird, obwohl die O_2-Konzentration und der -Konzentrationsgradient nur sehr niedrig ist. Damit wird der Elektronentransport in der Atmungskette aufrecht gehalten, was wiederum eine essentielle Voraussetzung für die ATP-Synthese ist.

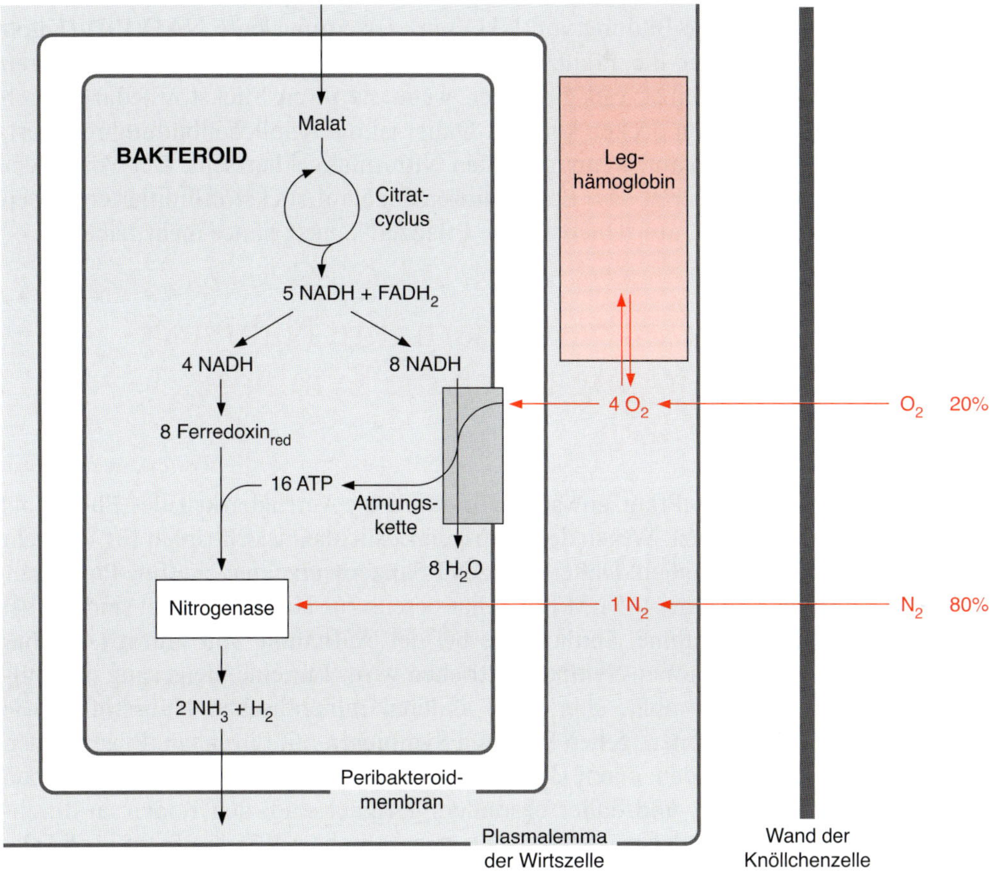

Abb. 11.8 N_2-Fixierung durch Bakteroide. Als Substrat dient Malat, dessen vollständige Oxidation im Citratcyclus fünf NADH-Moleküle und ein $FADH_2$-Molekül liefert (siehe Abb. 5.3). Die Bildung von zwei NH_3-Molekülen aus N_2 und die damit verbundene Reduktion von zwei Protonen zu H_2 erfordert 16 Moleküle ATP. Die Gewinnung dieses ATP durch die in der Bakteroidenmembran lokalisierten Atmungskette erfordert die Oxidation von etwa acht Molekülen NADH. Demnach werden für jedes fixierte Molekül N_2 vier Moleküle O_2 für die Oxidation des NADH in der Atmungskette in der Membran verbraucht.

11.3 Die Energiekosten für die Nutzung des N_2 als Stickstoffquelle sind höher als bei der Nutzung von NO_3^-

Wie in Abbildung 11.8 gezeigt, werden für die Bildung von einem Molekül NH_4^+ mindestens sechs Moleküle NADH verbraucht. Zudem kostet der Aufbau der Knöllchen viel metabolische Energie. Dagegen erfordert die Nitratassimilation für die Bildung von NH_4^+ nur vier Äquivalente NAD(P)H (Kapitel 10). Auch für die Pflanzen, die mithilfe ihrer Symbionten N_2 fixieren können, ist es daher viel günstiger, wenn sie ihren Stickstoffbedarf durch Nitratassimilation decken können. Daher ist die Knöllchenbildung reguliert, sie tritt nur dann auf, wenn im Boden Nitratmangel herrscht. Der Vorteil der Symbiose liegt darin, dass Leguminosen auch auf stickstofflimitierten Böden wachsen können, auf denen andere Pflanzen keine Chance mehr haben.

11.4 Pflanzen verbessern ihre Nährstoff-Versorgung durch die Symbiose mit Pilzen

Häufig wird das Pflanzenwachstum durch die Verfügbarkeit des Phosphats im Boden begrenzt. Wegen der niedrigen Löslichkeit ist Phosphat für Wurzeln oft schwer zugänglich. Daher besitzen Pflanzenwurzeln hochaffine Phosphat-Transporter, die bei 1–5 µM Phosphat bereits zur Hälfte gesättigt sind, wobei die aktive Aufnahme, ähnlich wie bei der Aufnahme von Nitrat (Abschn. 10.1), durch Protonen-Symport getrieben wird. Für eine Steigerung der Aufnahme von Phosphat, aber auch anderen mineralischen Nährstoffen wie Nitrat und K^+-Ionen, gehen Pflanzen Symbiosen mit Pilzen ein. Pilze können ein Mycel ausbilden, deren Hyphen einen viel geringeren Durchmesser haben als Wurzelhaare, und daher besonders geeignet sind, den Boden zu durchdringen und die darin vorhandenen mineralischen Nährstoffe zu mobilisieren. Diese Nährstoffe liefern sie als Mikrosymbionten an die Pflanzenwurzel und werden dafür von der Pflanze mit Substraten zur Bestreitung ihres Stoffwechsels versorgt.

Besonders häufig ist die arbuskuläre Mykorrhiza

Die arbuskuläre Mykorrhiza wurde in mehr als 80 % aller terrestrischen Pflanzenfamilien nachgewiesen. Bei dieser Symbiose dringt der Pilz in einem durch die Pflanze kontrollierten Vorgang in das Cortexgewebe der Pflanzenwurzel ein, und bildet dort ein Netzwerk von Hyphen, die in die Wurzelcortexzellen eindringen, und dabei bäumchenartige Invaginationen bilden, die als **Arbuskel** bezeichnet werden (Abb. 11.9). Dabei bleiben die Grenzmembranen von Pilz und Wirt intakt. Die Arbuskeln bilden eine große Oberfläche, durch

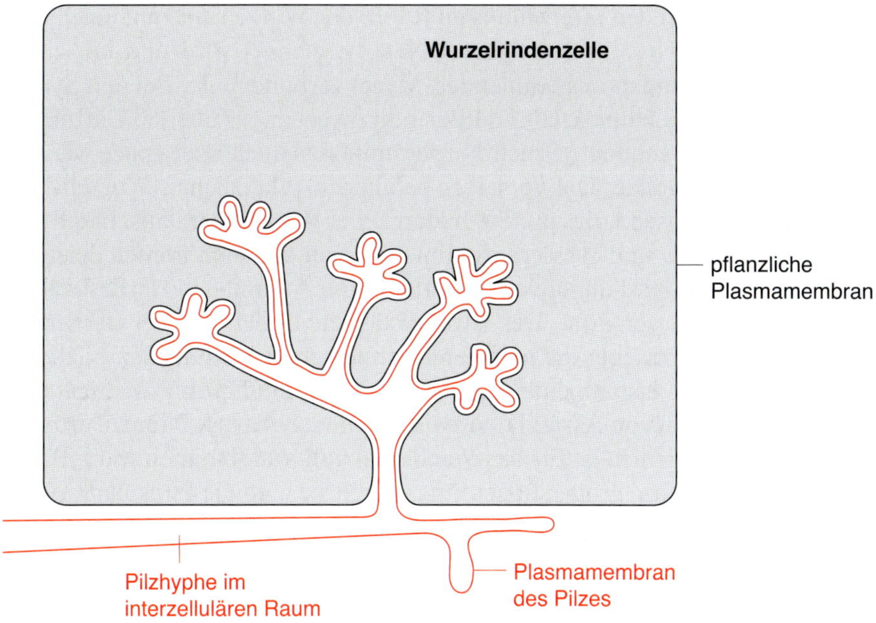

Abb. 11.9 Schematische Darstellung eines Arbuskels. Die Hyphe eines symbiotischen Pilzes durchquert die Rhizodermiszellen und breitet sich im Interzellularraum der Wurzelrinde aus. Von dort bilden sich bäumchenartige Invaginationen in den inneren Schichten der Wurzelrinde aus, bei denen jedoch die pflanzlichen und pilzlichen Plasmamembranen intakt bleiben. Die große Oberfläche der Grenzschicht zwischen Wirt und Symbiont ermöglicht einen intensiven Stoffaustausch.

die der Stoffaustausch zwischen Pilz und Wirt erfolgt. Der Pilz kann Nitrat, Ammonium und Aminosäuren aufnehmen. Er liefert Ammonium an die Pflanze, während der Wirt die Kohlenhydrate bereitstellt. Die Arbuskel haben eine Lebensdauer von nur maximal 2 Wochen, sie degenerieren dann in einer Weise, dass die betroffene Wirtszelle nicht geschädigt wird. Daher ist zur Aufrechterhaltung der Symbiose ständig die Bildungen neuer Arbuskeln erforderlich. Die arbuskuläre Mykorrhiza hat sich schon zu einem sehr frühen Zeitpunkt der Pflanzenevolution (vor etwa 450 Millionen Jahren) herausgebildet. Der sehr großen Anzahl der zu dieser Symbiose befähigten Pflanzen stehen nur 6 Gattungen von Pilzen als Symbionten entgegen.

Die für die Ausbildung der Symbiose erforderliche Infektion der Pflanzenwurzel durch den Pilz wird durch von beiden Organismen ausgesendete Signalsubstanzen kontrolliert, wobei die Details noch weitgehend unbekannt sind. Dabei gibt es offenbar gemeinsame Schritte mit der in Abschnitt 11.1 beschriebenen Infektion durch Rhizobien, denn die pilzlichen Signalfaktoren sind Chitooligosaccharide oder Lipochitooligosaccharide. Die Versorgung der symbiontischen Pilze durch die Pflanze erfordert einen sehr hohen Aufwand an Assimilaten. Daher machen Pflanzen die Ausbildung der arbuskulären Mykorrhiza von der Phosphat-Verfügbarkeit im Boden abhängig.

Ectomykorrhiza versorgt Waldbäume mit Nährstoffen

Viele Waldbäume in gemäßigten und kühlen Klimazonen leben in einer als Ectomykorrhiza bezeichneten Symbiose mit Pilzen, um die Aufnahme mineralischer Nährstoffe zu erhöhen. Bei dieser Form der Symbiose dringen die Pilzhyphen nicht in die Wurzelrindenzellen ein, sondern besiedeln lediglich die Oberfläche und den interzellulären Raum der Wurzelrinde mit einem Hyphengeflecht, welches als **Hartigsches Netz** bezeichnet wird und mit einem sehr weit in den Boden ausstrahlenden Mycel verbunden ist. Bei den Symbionten handelt es sich um Asco- und Basiodiomyceten aus über 60 Gattungen. Von diesen Pilzen gebildete Fruchtkörper umfassen auch Speisepilze wie Pfifferlinge und Steinpilze. Die vom Pilz befallenen pflanzlichen Wurzeln sind verdickt und wachsen langsam. Sie bilden keine Wurzelhaare aus. Die Funktion der Nährstoff- und Wasseraufnahme ist so an den Symbionten delegiert, als Gegenleistung wird dieser von der Pflanze mit Assimilaten zur Bestreitung des Stoffwechsels versorgt. Der Stoffaustausch findet wie bei der arbuskulären Mykorrhiza über die in enger Nachbarschaft befindlichen pilzlichen und pflanzlichen Plasmamembranen statt. Durch die Ectomykorrhiza kann auch ein Austausch von Assimilaten zwischen benachbarten Bäumen erfolgen

Die Ectomykorrhiza ist für das Wachstum von Waldbäumen wie z.B. Buche, Eiche, Fichte von großer Bedeutung, durch sie wird die Phosphataufnahme auf das 3–5-fache erhöht. Es wurde beobachtet, dass sich ein erhöhter Stickstoffgehalt im Boden negativ auf die Ausbildung der Ectomykorrhiza auswirkt, möglicherweise bietet dies auch eine Erklärung für die Schadwirkung, den der durch Luftverschmutzung hervorgerufene NH_3-Eintrag auf Wälder hat (siehe Anfang dieses Kapitels).

Es gibt weitere Formen der Mykorrhiza, wie die Endomykorrhiza bei Orchideen und Ericaceen, auf die hier aber nicht eingegangen wird.

Literatur

Atkins, C.A., Smith, P.M.C. Translocation in legumes: assimilates, nutritients, and signaling molecules. Plant Physiology 144, 550-561 (2007)

Chalot, M., Blaudez, D., Brun, A. Ammonia: a candidate for nitrogen transfer at the mycorrhizal interface. Trends in Plant Science 11, 263-266 (2006)

Karandashov, V., Bucher, M. Symbiotic phosphate transport in arbuscular mycorrhizas. Trends in Plant Science 10, 22-29 (2005)

Lalancette, N., Foster, K.A., Robison, D.M. Quantitative models for describing temperature and moisture effects on sporulation of *Phomopsis amygdali* on Peach. Phytopathology 93, 1165–1172 (2003)

MacLean, A.M., Finan, T.M., Sadowsky, M.J. Genomes of the symbiotic nitrogen-fixing bacteria of legumes. Plant Physiology 144, 615-622 (2007)

Martin, F., Kohler, A., Duplessis, S. Living in harmony in the wood underground: ectomycorrhizal genomics. Current Opinion Plant Biology 10, 204-210 (2007)

Pauly, N., Pucciariello, C., Mandon, K., Innocenti, G., Jamet, A., Baudouin, E., Hérouart, D., Frendo, P., Puppo, A. Reactive oxygen and nitrogen species and glutathione: key players in the legume-Rhizobium symbiosis. Journal Experimental Botany 57, 1769-1776 (2006)

Ott, T., et al. Symbiotic leghemoglobins are crucial for nitrogen fixation in legume root nodules but not for general plant growth and development. Current Biology 15, 531-535 (2005)

Paiardini, A. Aducci, P., Cervoni, L., Cutruzzol, F., Di Lucente, C., Janson, G., Pascarella, S., Rinaldo, S., Visconti, S., Camoni, L. The phytotoxin fusicoccin differently regulates 14-3-3 proteins association to mode III targets. International Union of Biochemistry and Molecular Biology 66, 52–62 (2014)

Prell, J., Poole, P. Metabolic changes of rhizobia in legume nodules. Trends in Microbiology 14, 161-168 (2006)

Samac, D.A., Graham, M.A. Recent advances in legume-microbe interactions: recognition, defense response, and symbiosis from a genomic perspective. Plant Physiology 144, 582-587 (2007)

Sawers, R.J., Gutjahr, C., Paszkowski, U. Cereal mycorrhiza: an ancient symbiosis in modern agriculture. Trends in Plant Science 13, 93-97 (2008)

Sprent, J.I., James, E.K. Legume evolution: where do nodules and mycorrhizas fit in? Plant Physiology 144, 575-581 (2007)

Stacey, G., Libault, M., Brechenmacher, L., Wan, J., May, G.D. Genetics and functional genomics of legume nodulation. Current Opinion Plant Biology 9, 110-121 (2006)

Udvardi, M., Poole, P.S. Transport and metabolism in legume-rhizobia symbioses. Annu. Rev. Plant Biol. 64, 781–805 (2013)

van der Heijden, M.G., Bardgett, R.D., van Straalen, N.M. The unseen majority: soil microbes as drivers of plant diversity and productivity in terrestrial ecosystems. Ecology Letters 11, 296-310 (2008)

Whiteside, M.D., Garcia, M., Treseder K.K. Amino acid uptake in arbuscular mycorrhizal plants. PLOS ONE 7, e47643 (2012)

White, J., Prell, J., James, E.K., Poole, P. Nutrient sharing between symbionts. Plant Physiology 144, 604-614 (2007)

Wuertele, M., Jelich-Ottmann, C., Wittinghofer, A., Oecking, C. Structural view of a fungal toxin acting on a 14-3-3 regulatory complex. The EMBO Journal 22, 987–994 (2003)

12 Die Assimilation von Sulfat ermöglicht die Synthese schwefelhaltiger Verbindungen

Schwefel ist ein essenzieller Bestandteil der lebenden Materie. Er ist in der Oxidationsstufe II Baustein der Aminosäuren Cystein und Methionin, des universellen Entgiftungsmittels Glutathion sowie der bereits mehrfach besprochenen Fe-S-Redoxzentren, Peroxiredoxine und Thioredoxine. Pflanzen, Bakterien und Pilze können diese Stoffe durch die Assimilation von Sulfat aus ihrer Umgebung bilden. Der tierische Stoffwechsel ist auf die Zufuhr schwefelhaltiger Aminosäuren mit der Nahrung angewiesen. Dadurch ist die pflanzliche Sulfatassimilation ebenso wie die bislang besprochene CO_2- und Nitratassimilation eine Voraussetzung für das Leben der Tiere.

Während Nitrat nur in der reduzierten Form von der Pflanze genutzt wird, ist Schwefel auch in Form von Sulfat ein essenzieller Bestandteil. Sulfit ist in Sulfolipiden enthalten, die etwa fünf Prozent der Lipide der Thylakoidmembran ausmachen (siehe Kapitel 15). In den Sulfolipiden ist der Schwefel als Sulfonsäure über eine C–S-Bindung mit einem Kohlenhydrat des Lipids verknüpft.

12.1 Sulfatassimilation erfolgt durch Photosynthese

In Pflanzen erfolgt die Sulfatassimilation vorwiegend in den Chloroplasten und ist dann ein Teil der Photosynthese, aber sie findet auch in den Plastiden von Wurzeln statt. Die Geschwindigkeit der Sulfatassimilation ist vergleichsweise gering, sie beträgt nur etwa fünf Prozent der Rate der Nitratassimilation und nur ein bis zwei Promille der CO_2-Assimilation. Die Aktivitäten der an der Sulfatassimilation beteiligten Enzyme sind daher relativ niedrig. Dies hat die Untersuchung der an der Sulfatassimilation beteiligten Reaktionen in der Vergangenheit sehr erschwert.

Die Sulfatassimilation zeigt Parallelen, aber auch Unterschiede zur Nitratassimilation

Pflanzen nehmen **Sulfat** – ähnlich wie bereits in Kapitel 10 für Nitrat beschrieben – über spezifische Translokatoren in die Wurzeln auf. Es gelangt durch den Transpirationsstrom in die Blätter und wird über einen spezifischen Translokator, wahrscheinlich über einen Symport mit drei Protonen, in die

Mesophyllzellen aufgenommen (Abb. 12.1). Überschüssiges Sulfat wird in die Vakuole transportiert und dort deponiert.

Das Grundschema der in den Mesophyllzellen ablaufenden Sulfatassimilation entspricht dem der Nitratassimilation. Durch die Aufnahme von zwei Elektronen wird zunächst aus Sulfat **Sulfit** gebildet und durch die Aufnahme von weiteren sechs Elektronen **Schwefelwasserstoff**:

$$SO_4^{2-} + 2\,e^- + 2\,H^+ \longrightarrow SO_3^{2-} + H_2O \qquad (12.1)$$

$$SO_3^{2-} + 6\,e^- + 8\,H^+ \longrightarrow H_2S + 3\,H_2O \qquad (12.2)$$

Während das bei der Nitritreduktion gebildete NH_3 durch die Bildung der Aminosäure Glutamin fixiert wird (Abb. 10.6), wird das bei der Sulfitreduktion entstehende H_2S durch Bildung der Aminosäure **Cystein** fixiert. Ein wesentlicher Unterschied zur Nitratassimilation besteht jedoch darin, dass die Sulfatassimilation einen viel höheren Energieaufwand erfordert. Ab-

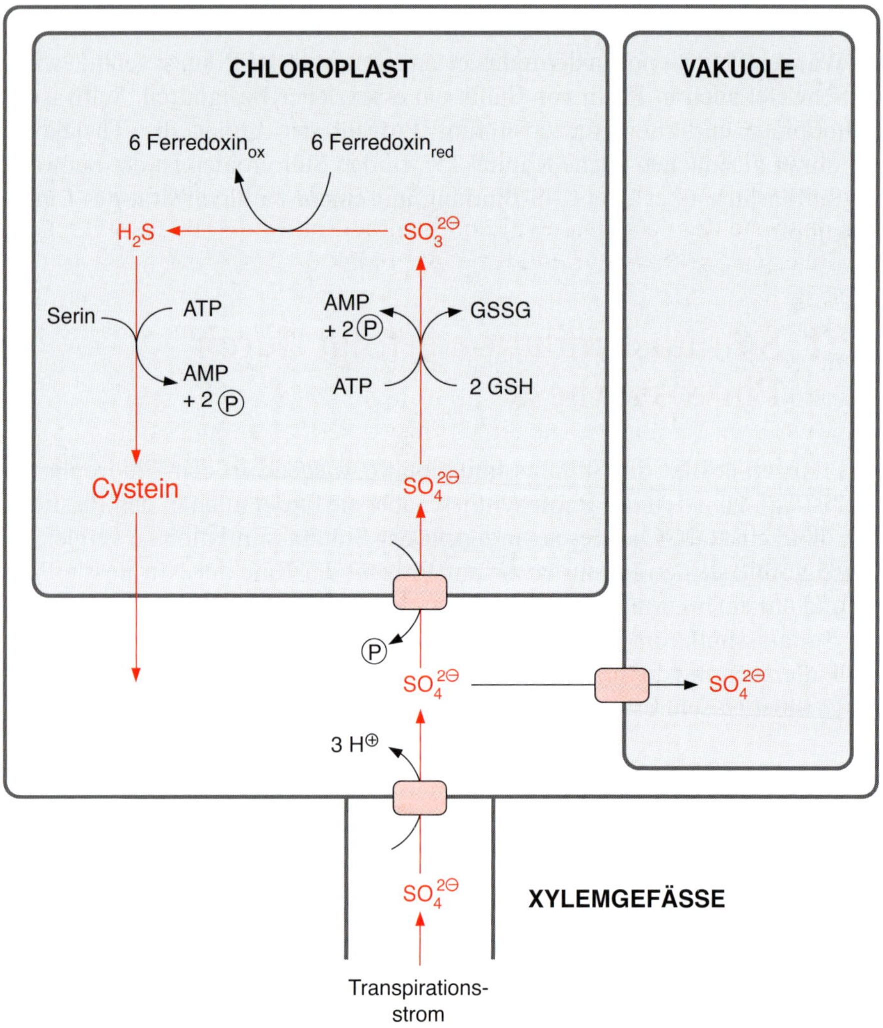

Abb. 12.1 Der Sulfatstoffwechsel des Blattes im Überblick. Sulfat gelangt durch den Transpirationsstrom in die Blätter und wird in die Mesophyllzellen transportiert. Sulfat kann in der Vakuole deponiert oder nach Transport in die Chloroplasten über ein Mitglied der Sulfat-Translokatoren dort zu H_2S reduziert und zu Cystein umgesetzt werden. Vereinfachte Darstellung. Serin wird zu Acetylserin aktiviert, bevor es mit H_2S umgesetzt wird.

bildung 12.1 zeigt dies in einem Überblick. Die Reduktion des Sulfats zum Sulfit, die im Gegensatz zur Nitratreduktion in den Chloroplasten erfolgt, erfordert insgesamt zwei energiereiche Phosphatbindungen und die Fixierung des H_2S im Cystein weitere zwei. Damit ist der ATP-Verbrauch bei der Sulfatassimilation vier mal so hoch wie bei der Nitratassimilation.

Vor der Reduktion wird das Sulfat aktiviert

Nach dem Eintransport des Sulfats in die Chloroplasten (Abschn. 1.9) kann es dort jedoch nicht direkt reduziert werden, da das Redoxpotenzial des Substratpaares SO_3^{2-}/SO_4^{2-} ($\Delta E^{0\prime}$ –517 mV) zu hoch ist. Es gibt in den Chloroplasten kein Reduktionsmittel, das in einem Reaktionsschritt SO_4^{2-} zu SO_3^{2-} reduzieren kann. Um eine Reduktion des Sulfats zu ermöglichen, wird zuvor durch eine Aktivierung des Sulfats die Potenzialdifferenz zum Sulfit abgesenkt.

Wie in Abbildung 12.2A gezeigt ist, erfolgt die Aktivierung des Sulfats über die Bildung einer Anhydridbindung mit einem Phosphatrest des AMP. Durch das Enzym **ATP-Sulfurylase** wird Sulfat gegen einen Pyrophosphatrest im ATP ausgetauscht, es entsteht dabei AMP-Sulfat (**APS**). Da jedoch die freie Enthalpie der Hydrolyse der Sulfat-Phosphat-Anhydridbindung ($\Delta G^{0\prime}$ = –71 kJ/mol) sehr viel höher ist als die der Phosphat-Phosphat-Anhydridbindung im ATP ($\Delta G^{0\prime}$ = –31 kJ/mol), liegt das Gleichgewicht der Reaktion ganz auf der Seite des ATP. Die Reaktion kann nur ablaufen, da durch die hohe Pyrophosphatase-Aktivität in den Chloroplasten das Pyrophosphat dem Gleichgewicht entzogen wird.

Das am APS vorhandene Sulfat wird durch **Glutathion** (Abb. 3.38, 12.5) zu Sulfit reduziert. Die daran beteiligte **APS-Reduktase** katalysiert nicht nur die Reduktion, sondern auch die sich daran anschließende Freisetzung des Sulfits vom AMP. Die Redoxpotenzialdifferenz zwischen Sulfat und Sulfit ist erniedrigt, da durch die Hydrolyse der sehr energiereichen Sulfit-Anhydridbindung die Reduktion des Sulfats getrieben wird. Der genaue Mechanismus der APS-Reduktase-Reaktion ist noch nicht bekannt.

Alternativ wird APS über eine APS-Kinase zu 3-Phospho-AMP-Sulfat (PAPS) phosphoryliert (Abb. 12.2B), wodurch der Sulfat-Rest aktiviert wird. Wegen des hohen Sulfatübertragungs-Potential ist PAPS ein wichtiger Ausgangsstoff zur Einführung von Sulfatgruppen in biologische Moleküle, wie z. B. Glucosinolate (Abschn. 16.4).

Die Sulfit-Reduktase ist der Nitrit-Reduktase sehr ähnlich

Für die Sulfitreduktion in den Chloroplasten sind wie bei der Nitritreduktion sechs Moleküle reduziertes Ferredoxin als Reduktionsmittel erforderlich (Abb. 12.3). Die **Sulfit-Reduktase** ist zu der Nitrit-Reduktase eine homologe Verbindung, sie enthält ebenfalls ein **Sirohäm** (Abb. 10.5) und ein **4Fe-4S-Zentrum**. Das Enzym zeigt 50-prozentige Sättigung bei einer Sulfitkonzentration

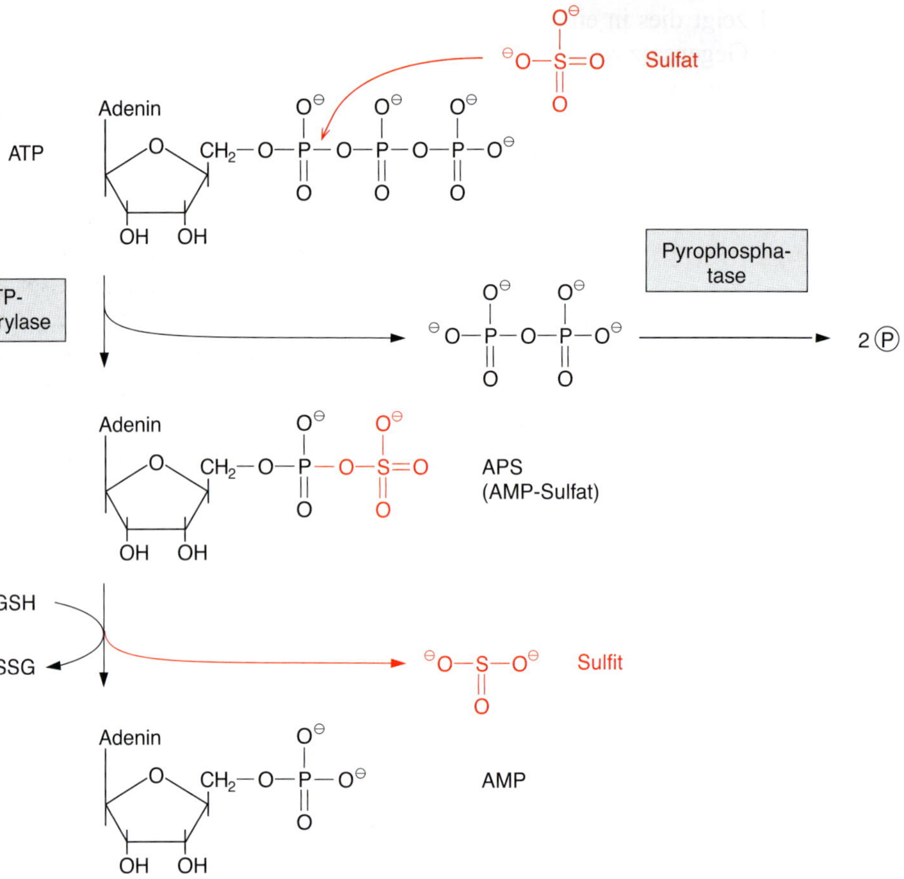

Abb. 12.2A Reduktion des Sulfats zum Sulfit.

Abb. 12.2B Synthese von PAPS, dem „aktiven Sulfat“.

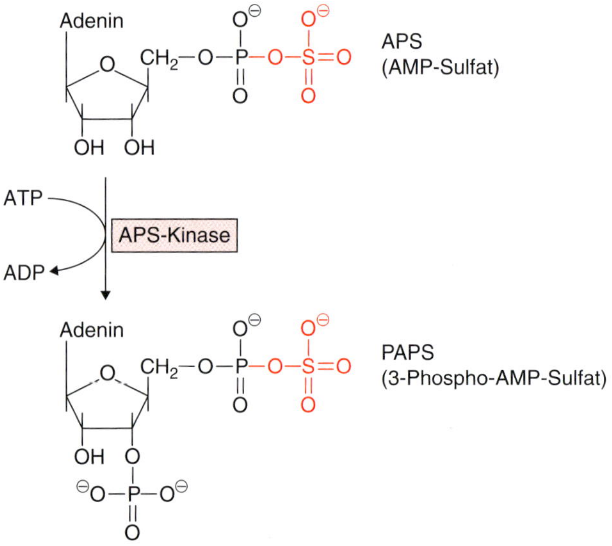

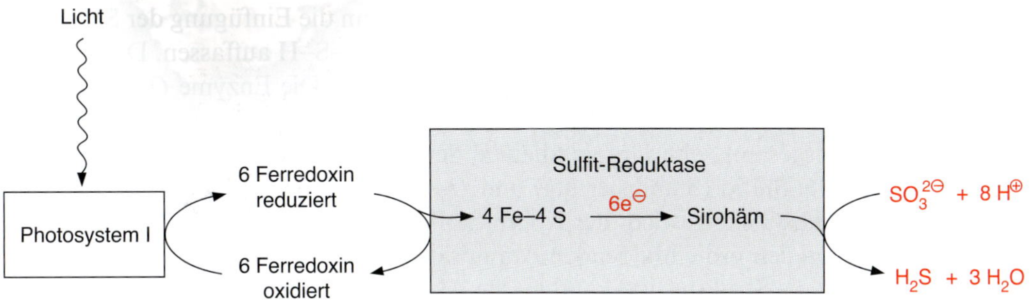

Abb. 12.3 Reduktion des Sulfits zu Schwefelwasserstoff durch die Sulfit-Reduktase in den Chloroplasten. Die Reduktionsäquivalente werden über Ferredoxin vom Photosystem I geliefert.

im Bereich von 10^{-6} mol/L und kann daher das gebildete Sulfit sehr effizient reduzieren. Als Produkt entsteht Schwefelwasserstoff. Wie für die Nitrit-Reduktase gezeigt (Abb. 10.8), kann das für die Sulfit-Reduktase erforderliche Ferredoxin auch durch NADPH reduziert werden. Dies ermöglicht eine Sulfitreduktion auch in heterotrophen Geweben.

H_2S wird in Form von Cystein fixiert

Für die Fixierung des gebildeten H_2S muss Serin zunächst aktiviert werden. Dazu wird seine Hydroxygruppe durch die **Serin-Acetyltransferase** acetyliert (Abb. 12.4). Überträger des Acetylrestes ist **Acetyl-CoA**, dieses entsteht aus Acetat und CoA unter Verbrauch von ATP (das dabei zu AMP umgesetzt wird) durch das Enzym **Acetyl-CoA-Synthetase**. Das dabei gebildete Pyrophosphat wird durch die chloroplastidäre Pyrophosphatase gespalten. Die Aktivierung des Serins kostet also den Chloroplasten zwei energiereiche Phosphate.

Die Fixierung des H_2S erfolgt durch die ***O*-Acetylserin-(thiol)-Lyase**. Das Enzym enthält Pyridoxalphosphat als prosthetische Gruppe und hat eine ho-

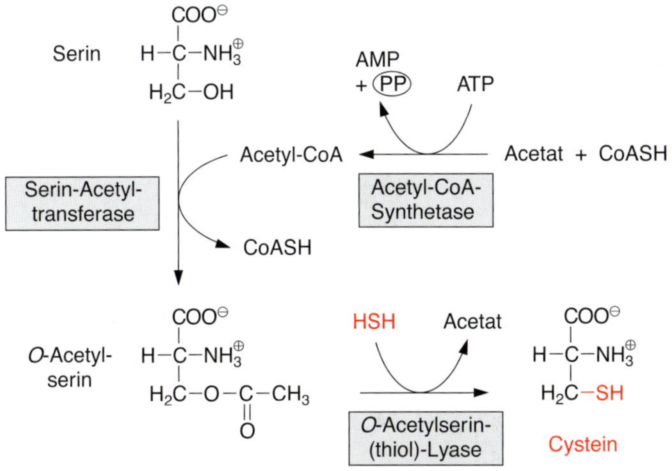

Abb. 12.4 Der bei der Sulfitreduktion gebildete Schwefelwasserstoff wird in Cystein eingebaut.

he Affinität zu H_2S und Acetylserin. Man kann die Einfügung der SH-Gruppe als eine Spaltung der Esterbindung durch H–S–H auffassen. Damit bildet Cystein das Endprodukt der Sulfatassimilation. Die Enzyme *O*-Acetylserin-(thiol)-Lyase und Serin-Acetyltransferase bilden einen reversiblen Komplex aus insgesamt zehn Untereinheiten, den Cystein-Synthasekomplex. Die Metabolite Sulfid (Stabilisierung) und *O*-Acetylserin (Destabilisierung) bestimmen das Gleichgewicht der Komplexbildung.

Von den proteinbildenden Aminosäuren bestimmt Cystein in besonderem Maße die Struktur und katalytische Aktivität von Enzymen und kann in dieser Funktion durch keine andere Aminosäure ersetzt werden. Außerdem können Cysteinreste in Proteinen Eisen-Schwefel-Zentren bilden (Abb. 3.26). Als Bestandteil des Thioredoxins sind Cysteinreste an der Lichtregulation von chloroplastidären Enzymen beteiligt (siehe Abb. 6.25). Zudem ist Cystein ein Ausgangsstoff für die Synthese der Schwefel-haltigen Phytoalexine Camalexin und Brassinin (Kap.16) und für die Co-Faktoren Biotin, Thiamin, CoA und Liponsäure (Abb. 15.10).

12.2 Glutathion dient der Zelle als Antioxidans und zur Entgiftung von Schadstoffen

Ein relativ hoher Anteil des in der Pflanze produzierten Cysteins wird zur Synthese von **Glutathion** verwendet, einem Tripeptid (Abb. 12.5). Die Synthese verläuft in zwei enzymatischen Schritten: Durch eine **γ-Glutamyl-Cystein-Synthetase** wird unter Verbrauch von ATP eine Amidbindung zwischen der γ-Carboxygruppe von Glutamat mit der Aminogruppe des Cystein hergestellt und durch die **Glutathion-Synthetase,** wiederum unter Verbrauch von ATP, eine Peptidbindung zwischen der Carboxygruppe des Cysteins und der Aminogruppe eines Glycins. Glutathion, abgekürzt GSH, liegt in Pflanzenzellen in relativ hohen Konzentrationen vor und erfüllt dort mehrere Funktionen. GSH dient als Reduktionsmittel bei Synthesen, wie im letzten Abschnitt behandelt. Als Antioxidans schützt es Zellbestandteile gegen Oxidationen. So entsorgt Glutathion im Zusammenspiel mit Ascorbat die bei

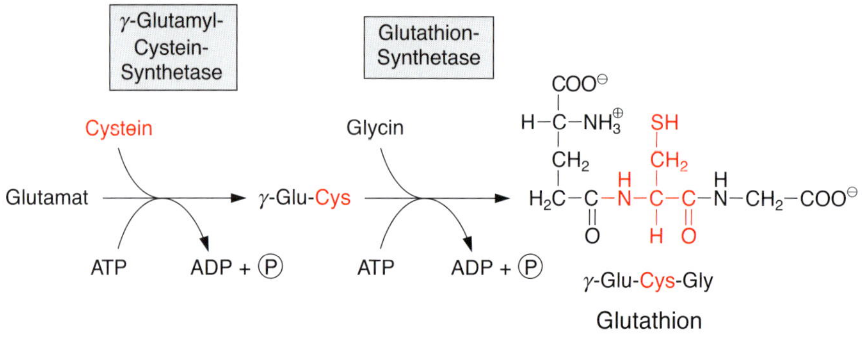

Abb. 12.5 Biosynthese von Glutathion.

der Photosynthese als Nebenprodukt auftretenden Sauerstoffradikale (Abschn. 3.9). Weitere wichtige Schutzfunktionen erfüllt Glutathion bei der Konjugation von Fremdstoffen und als Ausgangsstoff für Phytochelatine zur Entgiftung von Schwermetallen. Außerdem wirkt Glutathion als Reserve für organischen Schwefel. Durch enzymatischen Abbau kann daraus im Bedarfsfall Cystein zurückgewonnen werden. Darüberhinaus übt Glutathion wichtige Funktionen bei der Redox-Regulation unter Stress aus, vor allem durch die Glutathionylierung von Proteinen und die Bildung der Signalsubstanz Glutathion-Stickoxid (GSNO).

Xenobiotika werden durch Konjugation unschädlich gemacht

Durch Reaktion mit Glutathion werden giftige Substanzen, die von der Pflanze gebildet oder von ihr aufgenommen wurden (Xenobiotika, darunter die vielfach erwähnten Herbizide), unschädlich gemacht. Katalysiert durch **Glutathion-*S*-Transferasen** kann die stark reaktive SH-Gruppe des Glutathions mit elektrophilen Kohlenstoffdoppelbindungen, Carbonylgruppen sowie anderen reaktiven Gruppen Thioether bilden. Auf diese Weise im Cytosol entstandene **Glutathionkonjugate** (Abb. 12.6) werden durch einen spezifischen **Glutathion-Translokator** unter Verbrauch von ATP gegen einen Konzentrationsgradienten in die Vakuole gepumpt. Im Gegensatz zu den bislang bekannten Transportprozessen, in denen Metabolite durch sekundär-aktiven Transport gegen einen Gradienten transportiert werden (Abb. 1.20), erfolgt die Aufnahme der Glutathionkonjugate in die Vakuole durch einen ATP-getriebenen primär-aktiven Transport. Dieser Translokator gehört zu der in Bakterien, Pflanzen und Tieren weit verbreiteten Superfamilie der **ABC-Transporter** (ATP *binding cassette*). Es gibt in der Vakuolenmembran ver-

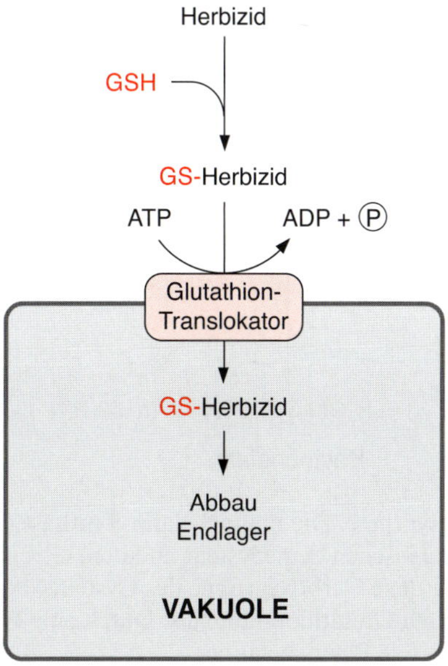

Abb. 12.6 Entgiftung eines Herbizids. Glutathion (GSH) bildet mit dem Herbizid ein Konjugat, das durch einen spezifischen Glutathion-Translokator in die Vakuole gepumpt und dort nach Abbau endgültig deponiert wird. Alternativ werden GS-Konjugate auch schon im Cytosol abgebaut.

schiedene ABC-Transporter, mit unterschiedlicher Spezifität. Die importierten Konjugate werden häufig modifiziert, zum Beispiel durch den Abbau zum Cysteinkonjugat, und in dieser Form endgelagert. Auf diese Weise können Pflanzen auch Herbizide entgiften. Eine Herbizidresistenz, zum Beispiel von Mais gegen Atrazin, kann durch die Aktivität einer spezifischen Glutathion-*S*-Transferase bedingt sein. Die Pflanzenschutzforschung zielt darauf, Herbizide zu entwickeln, die möglichst nur Unkräuter, nicht aber Kulturpflanzen angreifen. Dabei entdeckte man sehr unterschiedliche chemische Substanzen, welche die Toleranz von Kulturpflanzen gegen bestimmte Herbizide erhöhen, und die daher als **Safener** bezeichnet werden. Die Wirkung dieser Safener beruht darauf, dass sie als Xenobiotika eine verstärkte Expression der Glutathion-*S*-Transferase und des vakuolären Glutathion-Translokators auslösen, wodurch in die Pflanze aufgenommene Herbizide schneller entgiftet werden. Die Bildung von Glutathionkonjugaten und deren Transport in die Vakuole dient auch der Ablagerung von Blütenfarbstoffen (Abschn. 18.6).

Phytochelatine schützen die Pflanze vor Schwermetallen

Glutathion ist darüber hinaus Ausgangssubstanz für die Bildung von **Phytochelatinen** (Abb. 12.7). Die **Phytochelatin-Synthase**, eine Transpeptidase, überträgt ein Glutamyl-Cysteinyl-Dipeptid auf die Aminogruppe des Gluta-

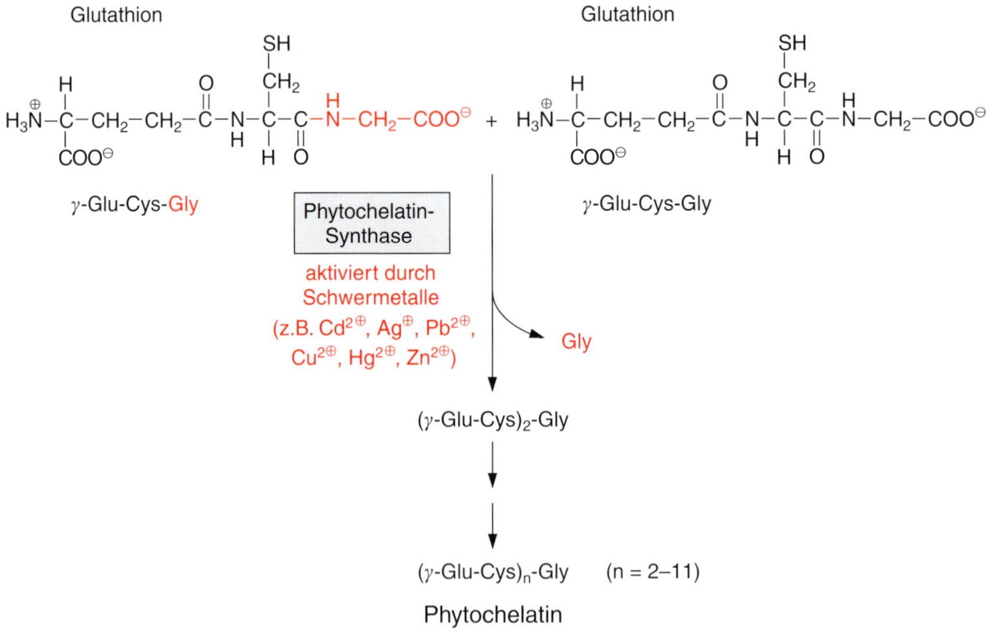

Abb. 12.7 Phytochelatinsynthese. Die Phytochelatin-Synthase (eine Transpeptidase) spaltet die Peptidbindung zwischen dem Cystein und dem Glycin eines Glutathions und überträgt auf die freigewordene Carboxygruppe des Cysteins die α-Aminogruppe des Glutamatrestes eines zweiten Glutathionmoleküls. Durch eine Wiederholung dieser Reaktion entstehen langkettige Phytochelatine.

mats eines weiteren Glutathion-Moleküls, unter Abspaltung von Glycin. Die Wiederholung dieses Vorganges führt zur Bildung von Ketten aus bis zu elf (Glu-Cys)-Resten mit einem carboxy-terminalem Glycin. Man hat Phytochelatine in allen bislang untersuchten Pflanzen gefunden, manchmal allerdings in abgewandelter Form als *iso*-Phytochelatine, bei denen Glycin durch Serin, Glutamat oder β-Alanin ersetzt ist.

Phytochelatine schützen die Pflanze vor Vergiftung mit **Schwermetallen**. Sie bilden über die Thiolgruppen der Cysteinreste feste Komplexe mit Metall-Ionen wie Cd^{2+}, Ag^{+}, Pb^{2+}, Cu^{2+}, Hg^{2+} und Zn^{2+} sowie auch das Semimetall As^{3+} (Abb. 12.8). Die im Cytosol vorhandene Phytochelatin-Synthase wird durch die Anwesenheit von mindestens einem der genannten Schwermetall-Ionen aktiviert. Dadurch kann bei einer Schwermetallbelastung die Pflanze in sehr kurzer Zeit die zur Entgiftung erforderlichen Phytochelatine aus Glutathion neu synthetisieren. Eine akute Schwermetallbelastung kann zu einem drastischen Abfall der Glutathionreserve der Zellen führen. Die mit Schwermetallen beladenen Phytochelatine werden unter Verbrauch von ATP in die Vakuolen gepumpt. Wegen des sauren Milieus in der Vakuole werden dort die Schwermetall-Ionen von den Phytochelatinen abgespalten und häufig als mikrokristalline Sulfid-Komplexe, umhüllt von Phytochelatinen, endgelagert. Dazu wirken Phytochelatine auch als Speichersubstanzen für Cu^{2+} und Zn^{2+}.

Für einen Schutz von Pflanzen gegen Schwermetallvergiftungen sind Phytochelatine essenziell. Man hat Mutanten von *Arabidopsis* mit einem De-

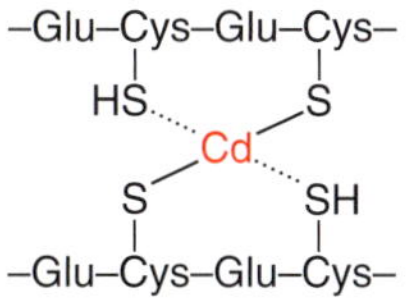

Abb. 12.8 Entgiftung von Schwermetallen durch Phytochelatine: Sie werden durch Thiolgruppen des Cysteins komplexiert und so unschädlich gemacht.

fekt der Phytochelatin-Synthase gefunden, die eine extreme Empfindlichkeit gegenüber Cd^{2+} zeigten.

Die Fähigkeit von Pflanzen, mithilfe der Phytochelatine Schwermetalle zu binden, wird neuerdings genutzt, um schwermetallverseuchte Böden zu entgiften. Man lässt auf diesen Böden Pflanzen wachsen, die durch Züchtung oder durch molekulargenetische Veränderungen eine besondere Kapazität der Aufnahme von Schwermetallen durch die Wurzeln und der Phytochelatinbiosynthese haben, und so dem Boden Schwermetalle zu entziehen vermögen. Dieses als **Phytoremedation** bezeichnete Verfahren dürfte eine große Zukunft haben, da es gegenüber anderen Methoden zur Entseuchung schwermetallbelasteter Böden sehr kostengünstig ist.

Abb. 12.9 Biosynthese des Methionins aus Cystein.

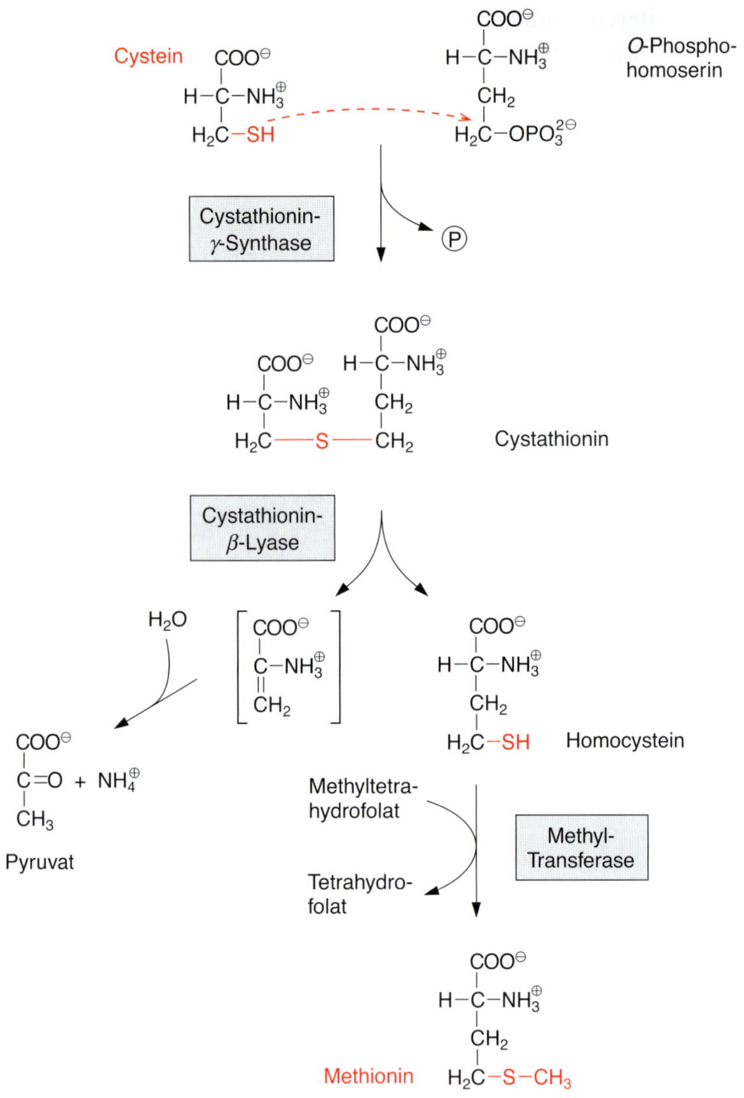

12.3 Aus Cystein wird Methionin synthetisiert

Cystein ist der Ausgangsstoff für **Methionin,** eine weitere *S*-haltige Aminosäure. *O*-Phosphohomoserin, das bereits als Zwischenprodukt der Threoninsynthese (Abb. 10.14) besprochen wurde, bildet mit Cystein unter Abspaltung der Phosphatgruppe **Cystathionin** (Abb. 12.9). Durch die **Cystathionin-β-Lyase** wird der Thioether gespalten, und es entstehen dabei **Homocystein** und ein instabiles Enamin, das spontan in Pyruvat und NH_4^+ zerfällt. Durch Methyltetrahydrofolat (**Methyl-THF**), ein Methylgruppenüberträger (siehe Abb. 7.6 und Abb. 7.7), wird die Sulfhydrylgruppe des Homocysteins methyliert, und es entsteht das Endprodukt Methionin.

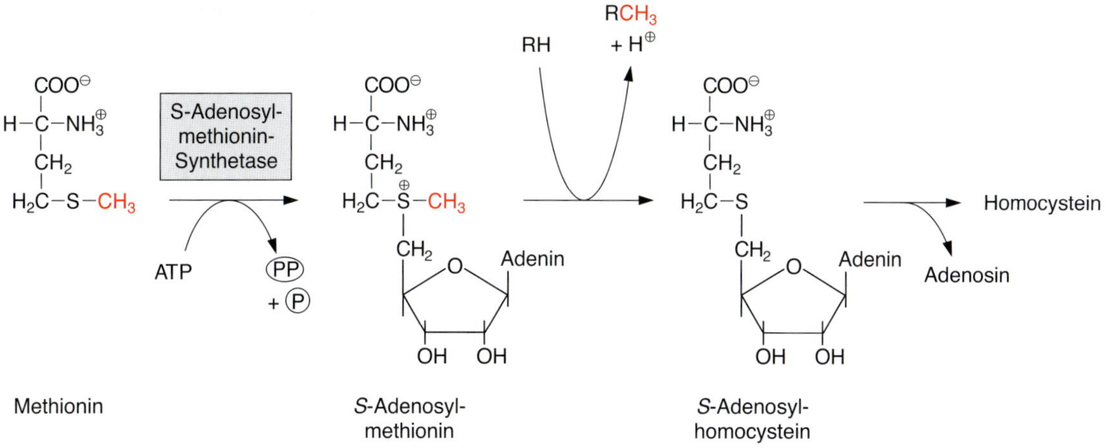

Abb. 12.10 *S*-Adenosylmethionin, das aus Methionin und ATP gebildet wird, ist ein Methylierungsmittel.

S-Adenosylmethionin ist ein universelles Methylierungsreagens

Die als Methyl-THF gelieferte Methylgruppe stammt aus einem Formiat-Molekül, welches unter Verbrauch von ATP an THF gebunden wird und durch zwei NADPH-Moleküle von Formyl-THF zu Methyl-THF reduziert wird. Methyl-THF hat nur ein geringes Methylübertragungspotenzial. Eine allgemeine Bedeutung als Methyldonor hat dagegen ***S*-Adenosylmethionin**. Dieses ist an der Methylierung von Nukleinsäuren, Proteinen, Kohlenhydraten, Membranlipiden und vielen anderen Substanzen wie z.B. Chlorophylle, Plastochinone, Biotin und Polyamine, beteiligt und kann daher als universelles Methylierungsmittel der Zelle angesehen werden. Auch ist es Ausgangssubstanz für die Synthese des Phytohormons Ethylen (Abschn. 19.7).

S-Adenosylmethionin wird durch die Übertragung eines Adenosylrestes vom ATP auf das Schwefelatom des Methionins unter Freisetzung von Phosphat und Pyrophosphat gebildet (Abb. 12.10). Die Methylgruppe, die an dem positiv geladenen *S*-Atom gebunden ist, ist aktiviert, sie kann so durch entsprechende Methyl-Transferasen auf andere Akzeptoren übertragen werden. Das verbleibende *S*-Adenosylhomocystein wird zu Adenosin und Homocystein hydrolysiert, und aus Letzterem wird durch Reaktion mit Methyltetrahydrofolat (Abb. 12.9) Methionin zurückgewonnen.

12.4 Im Überschuss ist Schwefeldioxid für Pflanzen ein Schadstoff

SO_2 in der Luft, das in besonders hohem Maße bei der Verhüttung schwefelhaltiger Erze, aber auch bei der Verbrennung fossiler Brennstoffe entsteht, kann den Schwefelbedarf von Pflanzen vollständig decken. In höheren Konzentrationen führt es jedoch bei Pflanzen zu drastischen Schädigungen. Das gasförmige SO_2 wird durch die Stomata in die Blätter aufgenommen und bildet dort Sulfit:

$$SO_2 + OH^- \rightarrow SO_3^{2-} + H^+ \qquad (12.3)$$

Pflanzen besitzen Schutzmechanismen, durch die das in den Blättern gebildete Sulfit entfernt wird: Zum einen wird Sulfit durch die in Abschnitt 12.1 besprochene Sulfit-Reduktase zu H_2S und dann weiter zu Cystein umgewandelt. Vermehrt gebildetes Cystein kann zu Glutathion umgesetzt werden. Man findet in Blättern SO_2-belasteter Pflanzen oft eine Anhäufung von Glutathion. Das vermehrt gebildete H_2S kann, wenn auch nur in geringem Umfang, aus den Blättern durch die Stomata entweichen. Zum andern kann Sulfit durch die Sulfit-Oxidase im Blatt zu Sulfat oxidiert werden. Da dieses Sulfat aus den Blättern nicht abtransportiert werden kann, wird es in den Vakuolen der Blattzellen als K^+- oder Mg^{2+}-Sulfat endgelagert. Wird die Speicherkapazität überschritten, werden die Blätter abgeworfen. Dies erklärt zu einem Teil die Schadwirkung des SO_2 auf Nadelbäume: Der frühe Verlust der Nadeln SO_2-geschädigter Bäume beruht in hohem Maße darauf, dass die Kapazität der Vakuolen für die Endlagerung von Sulfat erschöpft ist. Der hohe Kationenbedarf für die Endlagerung des Sulfats kann bei kationenarmen Böden zu einem empfindlichen K^+- oder Mg^{2+}-Mangel in den Blättern oder Nadeln führen. Das bei SO_2-Belastung häufig beobachtete Vergilben der Fichtennadeln wird teilweise auf eine verminderte Mg^{2+}-Verfügbarkeit zurückgeführt.

Literatur

Blum, R., Beck, A., Korte, A., Stengel, A., Letzel, T., Lendzian, K., Grill, E. Function of phytochelatin synthase in catabolism of glutathion-conjugates. The Plant Journal 49, 740-749 (2007)

Clemens, S. Evolution and function of phytochelatin synthases. Journal Plant Physiology 163, 319-332 (2006)

Cao, M.J., Wang, Z., Wirtz, M., Hell, R., Oliver, D.J., Xiang, C.-B. SULTR3;1 is a chloroplast-localized sulfate transporter in *Arabidopsis thaliana*. The Plant Journal 73, 607–616 (2013)

Hansch, R., Lang, C., Rennenberg, H., Mendel, R. Significance of plant sulfite oxidase. Plant Biology Sep 9, 589–595 (2007)

Hell, R., Wirtz, M. Molecular biology, biochemistry and cellular physiology of cysteine metabolism in *Arabidopsis thaliana*. The Arabidopsis Book 9:e0154, (2011)

Martin, M.N., Tarczynski, M.C., Shen, B., Leustek, T. The role of 5'-adenylsulfate reductase in controlling sulfate reduction in plants. Photosynthesis Research 83, 309-323 (2005)

Pilon-Smits, E. Phytoremedation. Annual Review of Plant Biology 56, 15-39 (2005)

Randewig, D., Hamisch, D., Herschbach, C., Eiblmeier, M., Gehl, C., Jurgeleit, J., Skerra, J., Mendel, R., Rennenberg, H., Hansch R. Sulfite oxidase controls sulfur metabolism under SO_2 exposure in *Arabidopsis thaliana*. Plant Cell Environment 35, 100–115 (2012)

Rausch, T., Wachter, A. Sulfur metabolism: a versatile platform for launching defence operations. Trends in Plant Science 10, 503-509 (2005)

Rea,P.A., Vatamaniuk, O.K., Ridgen, D.J. Update on phytochelatin synthase; Weeds, worms, and more. Papains long-lost cousin, phytochelatin synthase. Plant Physiology 136, 2463-2474 (2004)

Rea, P.A. Plant ATP-binding cassette transporters. Annual Reviews of Plant Biology 58, 347-375 (2007)

Sauter, M., Moffat, B., Saechao, M.C., Hell, R., Wirtz, M. Methionine salvage and S-adenosylmethionine: essential links between sulfur, ethylene and polyamine biosynthesis. Biochemical Journal 451, 145–154 (2013)

Tong, Y.-P., Kneer, R., Zhu, Y.-G. Vacuolar compartmentation: a second-generation approach to engineering plants for phytoremediation. Trends in Plant Science 9, 7-9 (2004)

13 Durch den Phloemtransport erreichen die Photoassimilate ihre Verbrauchsorte

In diesem Kapitel wird behandelt, wie die Photoassimilate aus den Blättern zu den anderen Teilen der Pflanze exportiert werden. Neben dem Xylem, dem Leitungssystem für den Transport von der Wurzel zu den Blättern, besitzen Pflanzen ein zweites „Ferntransportsystem", das Phloem, durch das die im Blatt gebildeten Photoassimilate zu den Verbrauchsorten geliefert werden. Das Xylem und das Phloem sind eng benachbart und bilden zusammen mit Parenchymzellen die **Leitbündel** (Abbildung 13.1). Das **Xylem** (griech. *xylon* „Holz") besteht aus verholzten Röhren, durch welche Wasser und die darin gelösten Nährstoffe aus der Wurzel in die Blätter gelangen. Das **Phloem** (griech. *phloios* „Rinde, Borke") besteht aus meist an der Außenseite der Leitbündel angeordneten Leitgefäßen, durch die Photoassimilate vom Ort der Bildung (**Source**), zum Beispiel einem Blatt, zu den Verbrauchsorten oder den Speicherorten (**Sink**), wie Wurzel, Knolle, Frucht oder wachsendem Spross, transportiert werden. Sink- und Source-Gewebe stehen so über das Phloem miteinander in Verbindung.

Das Phloem enthält langgestreckte Zellen, die durch siebartig durchbrochene Quer- und Schrägwände, so genannte **Siebplatten**, miteinander verbunden sind. Diese Zellen werden als **Siebelemente** und ihre Aneinanderreihung als **Siebröhre** bezeichnet (Abb. 13.2). Die Poren der Siebplatten sind erweiterte Plasmodesmen, die mit **Callose** (siehe Abschn. 9.6) ausgekleidet sind. Die Siebelemente sind als lebende Zellen zu betrachten, die allerdings Zellkern, Golgi-Apparat und Vakuolen verloren haben und nur noch wenige Mitochondrien, Plastiden und etwas endoplasmatisches Reticulum enthalten. Das Fehlen vieler Zellstrukturen, die normalerweise in Zellen vorhanden sind, spezialisiert die Siebröhren für den Ferntransport von Kohlenstoff- und Stickstoffverbindungen, sowie eine Reihe anderer anorganischer und organischer Verbindungen. Die Haupttransportform für Kohlenstoff ist bei den meisten Pflanzen Saccharose. Einige Pflanzen transportieren auch Oligosaccharide der Raffinosefamilie (Abschn. 9.4), oder Zuckeralkohole (Polyole) wie Sorbit oder Mannit (Abb. 9.19). Stickstoff wird fast ausschließlich in organischer Form als Aminosäuren transportiert. In geringeren Konzentrationen sind zusätzlich auch noch organische Säuren, Nukleotide, Proteine, Signalsubstanzen und Phytohormone im Phloemsaft vorhanden. Neben diesen organischen Substanzen werden auch anorganische Ionen, hauptsächlich Kalium, transportiert.

Den Siebelementen der Angiospermen sind **Geleitzellen** benachbart. Diese enthalten alle Bestandteile einer normalen lebenden Pflanzenzelle, einschließlich des Zellkerns, und sind besonders reich an Mitochondrien und Ribosomen. Geleitzellen versorgen die benachbarten Siebelemente mit Energie

Abb. 13.1 Querschnitt durch ein Leitbündel von *Ranunculus* (Hahnenfuß), einer kräutigen dikotylen Pflanze. Das Phloem und das Xylem sind von Bündelscheidenzellen umgeben. (Aus Raven, Evert und Curtis, Biologie der Pflanzen. de Gruyter, Berlin. Mit freundlicher Genehmigung.)

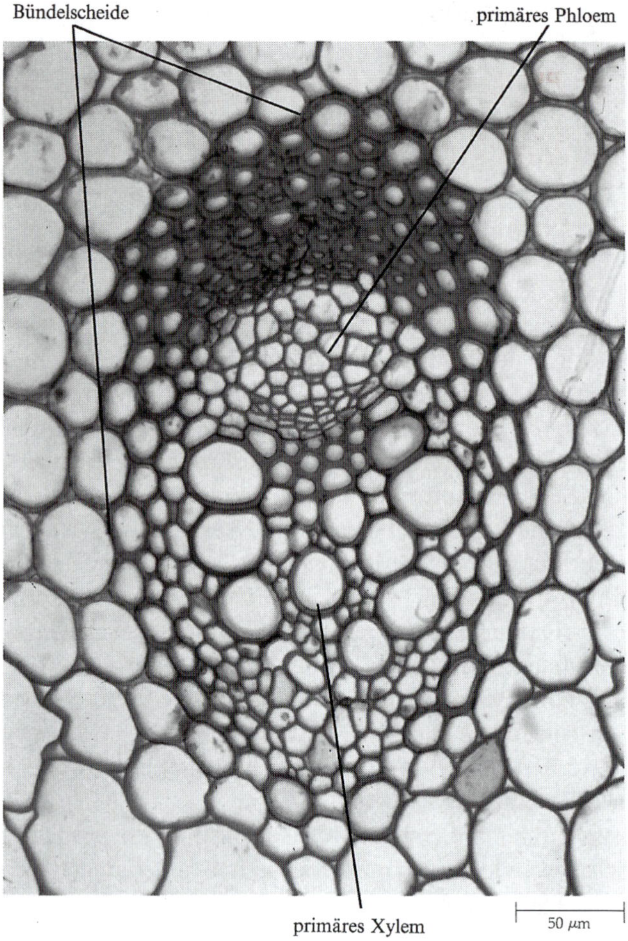

und synthetisierten Proteinen. Siebelemente und Geleitzellen gehen zumeist aus einer gemeinsamen Zelle hervor und sind über sehr viele **Plasmodesmen** (Abschn. 1.1) miteinander verbunden. Sie bilden daher bei der Phloembeladung eine funktionelle Einheit. Je nach Phloembeladung werden die Geleitzellen als ordinäre Geleitzellen, Transferzellen oder als Intermediärzellen bezeichnet.

13.1 Es gibt zwei Wege der Phloembeladung

Die in den Mesophyllzellen gebildeten Photoassimilate Saccharose und verschiedene Oligosaccharide, Polyole sowie Aminosäuren als Produkte der Nitrat- und Sulfatassimilation diffundieren durch Plasmodesmen zu den **Bündelscheidenzellen**. Für den Weitertransport von den Phloemparenchymzellen zu den Siebröhren gibt es zwei prinzipielle Möglichkeiten, die in unterschiedlichem Ausmaß in Kombination in einer Pflanzenart vorkommen können.

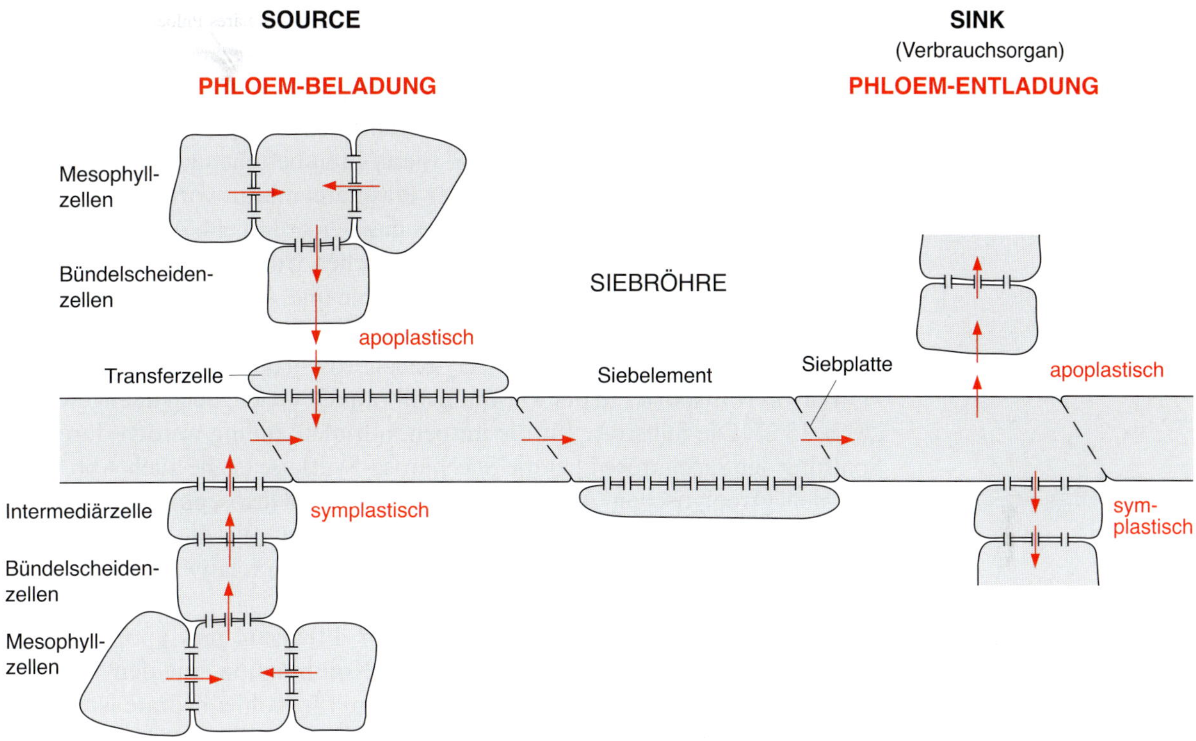

Abb. 13.2 Schematische Darstellung der Siebröhren und deren Be- und Entladung über den apoplastischen und den symplastischen Weg. Die durch einen Doppelstrich markierten Plasmodesmen erlauben eine ungehinderte Diffusion von Zuckern und Aminosäuren. Die dargestellten Strukturen entsprechen nicht den natürlichen Größenverhältnissen. Die am apoplastischen Transport beteiligten Geleitzellen werden auch als Transferzellen bezeichnet. Intermediärzellen sind spezielle Geleitzellen, die an der symplastischen Beladung beteiligt sind.

1. Insbesondere in Pflanzen, bei denen der Ferntransport der CO_2-Assimilate zumindest teilweise in Form von Oligosacchariden der Raffinosefamilie (Abschn. 9.4) erfolgt (dazu gehören beispielsweise die Kürbisgewächse), sind die Bündelscheidenzellen mit speziellen **Geleitzellen**, die als Intermediärzellen bezeichnet werden, im weiteren mit den Siebelementen durch eine große Zahl von Plasmodesmen verbunden. Daher kann der Transfer der Photoassimilate in die Siebröhren weiterhin **symplastisch** über die vorhandenen Plasmodesmen erfolgen.

2. Im Gegensatz dazu werden bei der **apoplastischen** Phloembeladung, die beispielsweise in Getreiden, Zuckerrüben, Kartoffeln und Raps nachgewiesen wurde, Photoassimilate aus den Source-Zellen über die Bündelscheidenzellen zunächst in den extrazellulären Raum, den **Apoplasten**, exportiert (Abb. 13.3). Da die Konzentration der Saccharose, der Polyole und der Aminosäuren in den Source Zellen höher ist als im Apoplasten, erfordert dieser Transport wahrscheinlich keinen Energieaufwand. Die Translokatoren, die diesen Export bewirken, konnten bislang noch nicht charakterisiert werden.

Die an der apoplastischen Phloembeladung beteiligten Geleitzellen werden als Transferzellen bezeichnet. Der Transport der Saccharose und der Aminosäuren aus dem Apoplasten in das Phloem erfolgt durch Protonensymport (Abbildung 13.3). Dieser wird durch einen zwischen dem Apoplasten und dem Inneren der Geleitzellen und Siebröhren bestehenden Protonengradienten getrieben, der durch eine in der Plasmamembran vorhandene **H^+-P-ATPase** (Abschn. 8.2) gebildet wird. Das dazu erforderliche ATP wird durch mitochondriale Oxidation produziert. Inzwischen wurden in einer Reihe von Pflanzen H^+-Symporter für Saccharose, Polyole und Aminosäuren charakterisiert: In Leitbündeln von Wegerich wurde durch den Einsatz spezifischer Antikörper die Lokalisation eines H^+-Saccharose-Translokators und zweier H^+-Polyol-Transporter in der Plasmamembran der Geleitzellen nachgewiesen (Abb. 13.2). Die Substrate für die mitochondriale Atmung werden durch die Spaltung der Saccharose über die Saccharose-Synthase (siehe auch Abb. 13.5) und den glycolytischen Abbau der so gebildeten Hexosephosphate bereitgestellt. Auch Glutamat ist ein mögliches Substrat für die Atmung (Abschn. 5.3). Diese Aminosäure ist in vielen Pflanzen in relativ hohen Konzentrationen im Phloemsaft vorhanden.

Während bei den bislang untersuchten Pflanzen mit apoplastischer Phloembeladung Saccharose, z. T. auch in Kombination mit den Polyolen Sorbit oder Mannit, die einzige Transportform für Kohlenhydrate ist (Hexosen werden nicht transportiert), gibt es für den Aminostickstoff keine spezielle Transportform. Es werden grundsätzlich alle proteinogenen Aminosäuren transportiert, das Verhältnis der Aminosäuren im Phloemsaft zueinander entspricht dabei dem entsprechenden Verhältnis in den Source-Zellen. Die häufigsten Aminosäuren im Phloemsaft sind in der Regel Glutamat, Glutamin und Aspartat, in manchen Pflanzen auch Alanin oder Asparagin. Es wurden verschiedene Aminosäuretranslokatoren identifiziert, die an der Phloemladung beteiligt sein könnten. Wahrscheinlich erfolgt der Transport aller Ami-

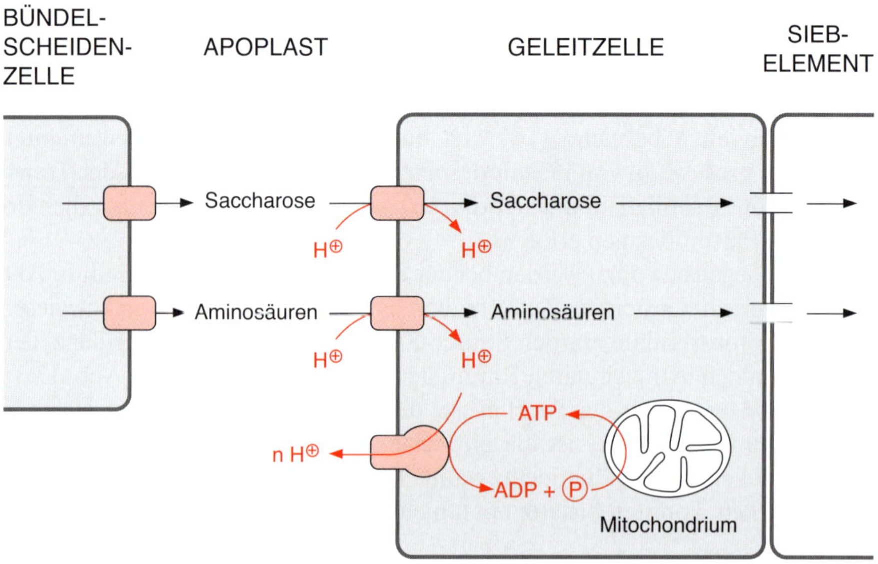

Abb. 13.3 Apoplastische Phloembeladung: Transfer der Photoassimilate aus den Bündelscheidenzellen in die Siebröhren. Viele Beobachtungen sprechen dafür, dass die aktive Beladung in der Plasmamembran der Transferzellen (Geleitzellen) stattfindet und der nachfolgende Transfer in die Siebelemente über eine Diffusion durch Plasmodesmen erfolgt.

nosäuren durch Translokatoren die eine sehr breite Substratspezifität besitzen.

13.2 Der Phloemtransport erfolgt durch einen Massenstrom

Durch den Protonen-Substrat-Cotransport werden in den Siebröhren sehr hohe Konzentrationen erreicht. Je nach Pflanze und Wachstumsbedingungen betragen die Konzentrationen der Saccharose im Phloemsaft 0,6 bis 1,5 mol/L, die der Polyole 0,5 mol/L und die der Summe der Aminosäuren 0,05 bis 0,5 mol/L. Bei der Gewinnung von Phloemsaft für derartige Analysen lassen sich **Blattläuse** einsetzen. Blattläuse können (nach einigem Probieren) ihre Stechborsten genau in eine Siebröhre stechen. Der unter Überdruck stehende Phloemsaft läuft durch den Stechborstenkanal und dient der Blattlaus als Nahrung (Abb. 13.4). Da sie mehr Saccharose aufnimmt, als sie gebrauchen kann, scheidet sie den unverbrauchten Rest als Honigtau aus. Daher sind verlauste Zimmerpflanzen mit einer klebrigen Zuckerschicht bedeckt. Durchtrennt man die Stechborste einer sich ernährenden Blattlaus durch einen Laserstrahl, tritt aus dem in den Siebröhren steckenden Stechborstenstumpf Phloemsaft aus. Auch wenn die Menge des so gewonnenen Phloemsaftes sehr gering ist (0,05 bis $0{,}1 \cdot 10^{-6}$ L/h), ist so mithilfe moderner Techniken eine quantitative Analyse des Phloemsaftinhalts möglich.

Mit Pflanzen, die bei der Photosynthese radioaktiv markiertes CO_2 erhielten, wurden Phloemtransportgeschwindigkeiten von 30 bis 150 cm/h gemessen. Dieser rasche Transport verläuft im **Massenstrom**, er wird einerseits durch das sehr effiziente Pumpen der Saccharose, der Polyole und der

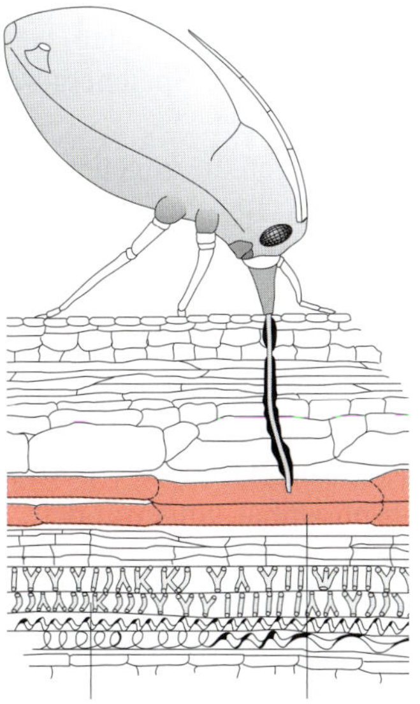

Abb. 13.4 Blattläuse (Aphiden) können ihre Stechborste in die Siebröhren plazieren und ernähren sich auf diese Weise von dem austretenden Phloemsaft. (Abbildung nach A. F. G. Dixon, Encyclopedia of Plant Physiology, Vol. 1, S. 154. Springer Verlag, Heidelberg. Mit freundlicher Genehmigung.)

Aminosäuren in die Siebröhren getrieben und andererseits durch die Entnahme an den Verbrauchsorten. Triebkraft dabei sind sehr viele transversale osmotische Gradienten. In dem Massenstrom werden niedrig konzentrierte Substanzen, beispielsweise Phytohormone, mitgerissen. Die Richtung des Massenstroms wird allein durch den Verbrauch bestimmt: Je nach Bedarf kann daher ein Transport in aufsteigender Richtung, zum Beispiel vom ausgewachsenen Blatt zu dem wachsenden Spross oder der Blüte, oder absteigend in die Wurzeln oder Speicherknollen erfolgen. Da der Phloemsaft unter Überdruck steht und das Phloem stark vernetzt ist, könnte eine Gewebsverletzung zu einem Ausbluten führen. Dies wird jedoch durch Schutzmechanismen verhindert: Durch die Anwesenheit von Substraten im Phloemsaft sowie den Enzymen Saccharose-Synthase und Callose-Synthase – die wahrscheinlich membrangebunden sind – werden die Siebporen beschädigter Siebröhren durch Callosebildung (Abschn. 9.6) versiegelt und die Siebröhren auf diese Weise stillgelegt. Zum anderen kann eine schnelle Versiegelung der Siebplatten durch sogenannte P-Proteine erfolgen.

13.3 Durch Phloementladung werden Sink-Gewebe versorgt

Für die Phloementladung bestehen wiederum zwei Möglichkeiten (Abb. 13.2). Bei der **symplastischen Entladung** gelangen Saccharose und Aminosäuren über Plasmodesmen direkt von den Siebelementen in die Zellen der Verbrauchsorgane. Bei der **apoplastischen Entladung** erfolgt zunächst ein Export in den extrazellulären Raum und dann eine Aufnahme in die Zellen der Verbrauchsorgane. Elektronenmikroskopische Untersuchungen der Plasmodesmendichte sprechen dafür, dass die Phloementladung in vegetativen Geweben, wie zum Beispiel Wurzeln oder wachsendem Spross, vor allem symplastisch erfolgt, während in Speichergeweben die Entladung häufig auf apoplastischem Wege stattfindet.

In Speicherorganen werden die angelieferten Kohlenhydrate meist zu Stärke umgesetzt und deponiert. Bei apoplastischer Phloementladung sind hierfür zwei Wege möglich: In dem in Abbildung 13.5 rot gezeichnetem Weg wird Saccharose aus dem Apoplasten in die Speicherzellen aufgenommen und über die **Saccharose-Synthase** und die **UDP-Glucose-Pyrophosphorylase** in Fructose und Glucose-1-phosphat umgewandelt. Dabei wird Pyrophosphat verbraucht und UTP gebildet. Bei diesem Weg ist nicht eindeutig geklärt, wie das Pyrophosphat gebildet wird. Glucose-1-phosphat wird durch Phosphoglucomutase in Glucose-6-phosphat umgewandelt. Alternativ wird die Saccharose zunächst im Apoplasten durch das Enzym **Invertase** in Glucose und Fructose gespalten. Diese beiden Hexosen werden dann in die Zelle transportiert. Durch eine **Hexokinase** (sie phosphoryliert neben Glucose auch Mannose) und durch eine **Fructokinase** werden die entsprechenden Hexosephosphate gebildet. Glucose-6-phosphat wird über einen Glucosephosphat-Phosphat-

Translokator (siehe Abschn. 8.2) im Gegentausch mit Phosphat in den Amyloplasten transportiert; dort wird über die Synthese von ADP-Glucose (Abschn. 9.1) Stärke gebildet. Manche Leukoplasten transportieren im Gegen-

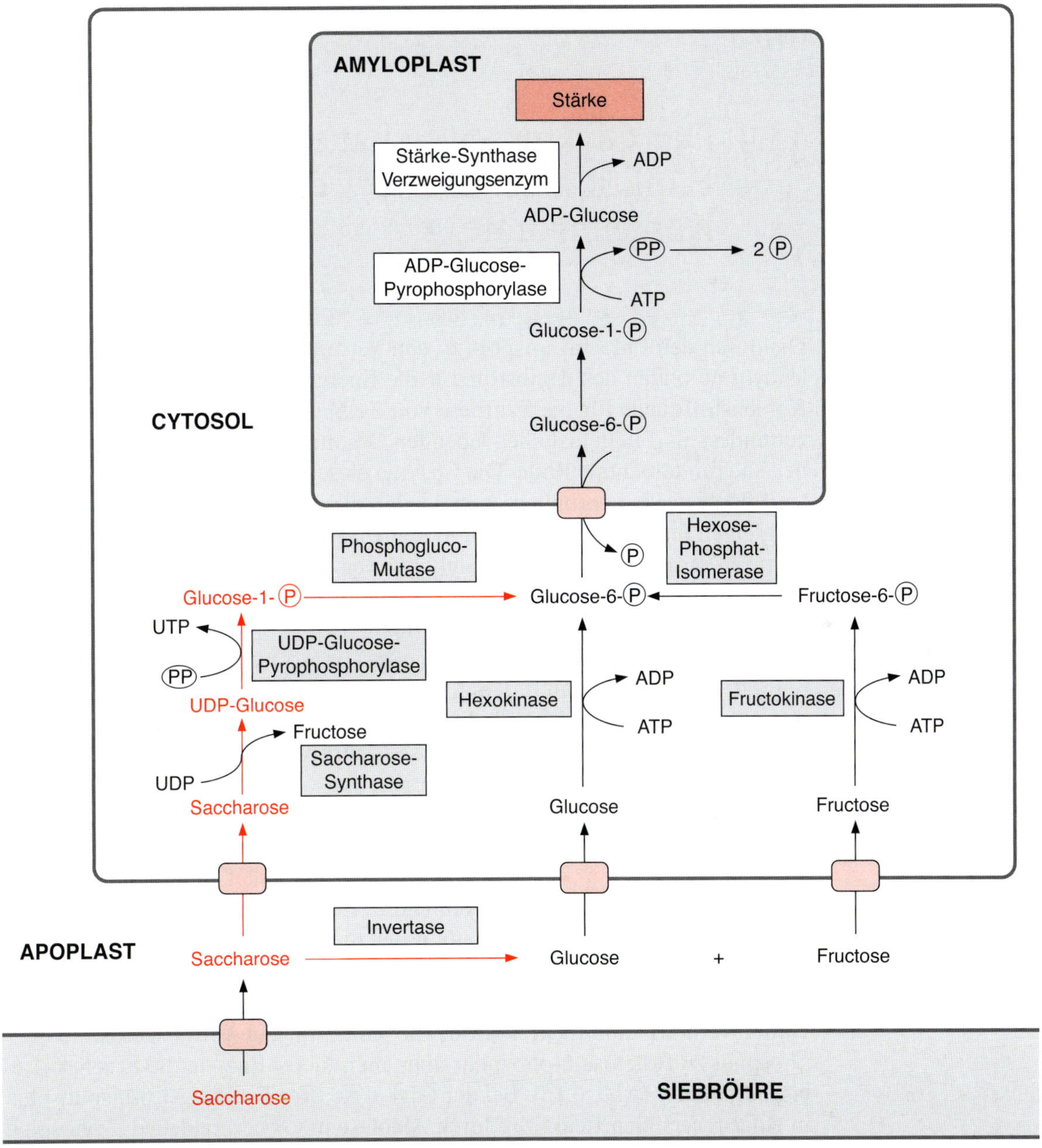

Abb. 13.5 Apoplastische Phloementladung und Synthese von Stärke. Manche Speicherzellen nehmen Saccharose auf, andere Glucose und Fructose, die aus der durch Invertase katalysierten Saccharosespaltung gebildet werden. Ob Glucose und Fructose über den gleichen oder verschiedene Translokatoren transportiert werden, ist nicht klar. Für Details siehe Abbildungen 9.6, 9.7 und Abschnitt 9.1. Manche Amyloplasten transportieren Glucose-1-phosphat im Gegentausch mit Phosphat.

tausch mit Phosphat auch Glucose-1-phosphat. Die Stärkespeicherung in der Kartoffelknolle verläuft wahrscheinlich in erster Linie über die Saccharose-Synthase. In den Speicherwurzeln der Zuckerrübe werden Kohlenhydrate als Saccharose in den Vakuolen gespeichert. In manchen Früchten, zum Beispiel der Weintraube, werden Kohlenhydrate als Glucose in den Vakuolen gespeichert.

13.4 Der Glykolyseweg hat eine zentrale Funktion bei der Verwertung der Kohlenhydrate

Die durch den Phloemtransport zu den Verbrauchszellen angelieferten Kohlenhydrate bilden den Treibstoff für die Energieversorgung und zugleich die Kohlenstoffquelle für die Synthese von Zellmaterial. Der **Glykolyseweg,** der zumindest als Teil in fast allen lebenden Organismen vorhanden ist, spielt dabei eine fundamentale Rolle. Die Enzyme dieses Stoffwechselweges sind in allen Pflanzenzellen enthalten, wobei jede Zelle zwei Sätze dieser Enzyme enthält, einen im **Cytosol** und einen in den **Plastiden.** Allerdings ist in manchen Pflanzen in den Plastiden der Glykolyseweg unvollständig, da ein oder zwei Enzyme fehlen. Eine Reihe der plastidischen Enzyme ist am Calvin Cyclus beteiligt, wie in Kap. 6 beschrieben.

Abb. 13.6 zeigt den Glykolyseweg im Cytosol. Glucose-6-phosphat, bereitgestellt entweder durch den Abbau von Saccharose (Abb.13.5) oder den Abbau von Stärke (Abb. 9.12) wird in einer reversiblen Reaktion durch die **Hexosephosphat-Isomerase** in Fructose-6-phosphat überführt. Diese Reaktion erfolgt in Analogie zu der Isomerisierung von Ribose-5-phosphat (Abb. 6.18). Katalysiert durch die **ATP-Phosphofructokinase** wird Fructose-6-phosphat durch ATP zu Fructose-1,6-bisphosphat phosphoryliert. Alternativ kann diese Phosphorylierung über die **Pyrophosphat-Phosphofructokinase** auch durch Pyrophosphat erfolgen. Dieses Enzym ist allerdings nicht in Plastiden enthalten. Da bei beiden Reaktionen die Freie Energie für die Hydrolyse des Anhydridphosphat-Donors viel höher ist als die des gebildeten Phosphatesters, ist die Bildung des Fructose-1,6-bisphosphats ein irreversibler Schritt. Daher verläuft die Rückreaktion, die Überführung von Fructose-1,6-bisphosphat zu Fructose-6-phosphat über ein anderes Enzym, die **Fructose-1,6-bisphosphatase** (Abb. 6.15). Bei der Glykolyse wird Fructose-1,6-bisphosphat in einer reversiblen Reaktion durch **Aldolase** in Glycerinaldehyd-3-phosphat und Dihydroxyacetonphosphat gespalten (Abb. 6.14). Durch die **Triosephosphat-Isomerase** wird Dihydroxyacetonphosphat zu Glycerinaldehyd-3-phosphat isomerisiert.

Durch die bis hier beschriebenen Teilschritte des Glykolyseweges werden das ursprünglich eingesetzte Hexosephosphat für die Gewinnung von Reduktionsäquivalenten (NADH) und ATP vorbereitet. Durch die anschließende reversible Oxidation des Glycerinaldehydphosphats durch die **Glycerinaldehydphosphat-Dehydrogenase** zu 1,3-Bisphosphoglycerat wird NADH gebildet. In umgekehrter Richtung und unter Verbrauch von NADPH ist diese Reaktion Teil des Calvin-Cyclus (Abb. 6.9, 6.10). Die Änderung der Freien Ener-

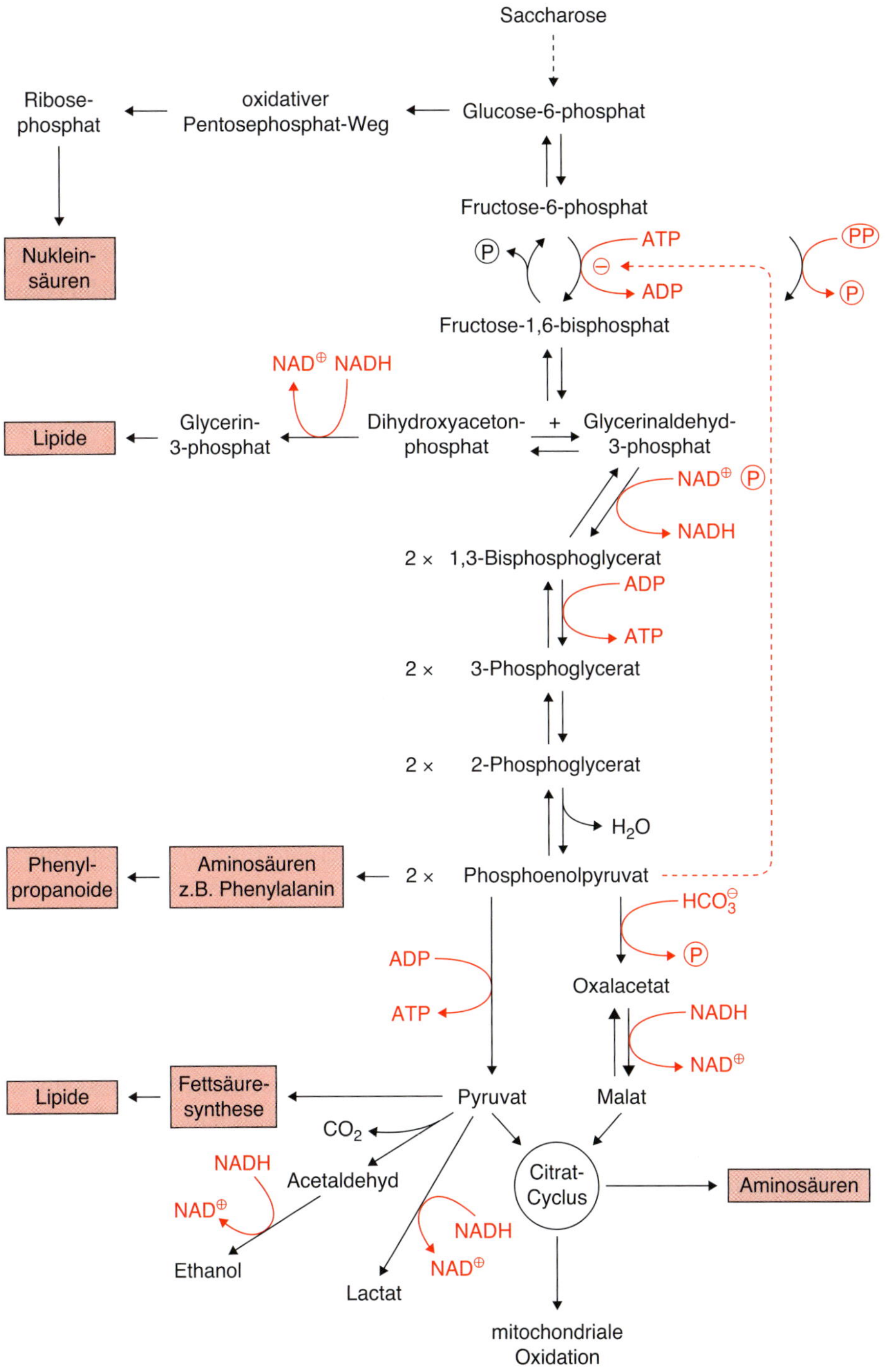

Abb. 13.6 Der cytosolische Glykolyseweg in Pflanzen.

gie während der Oxidation des Aldehyds zu einem Carboxylat wird durch die Bildung eines Phosphat-Carboxylat-Anhydrids konserviert, wobei letzteres in einer anschließenden Reaktion, katalysiert durch die **Phosphoglycerat-Kinase,** in reversibler Reaktion zur ATP-Synthese genutzt wird, unter Bildung von 3-Phosphoglycerat. Auch diese Reaktion ist in umgekehrter Richtung Teil des Calvin-Cyclus (Abb. 6.9). Um auch den verbleibenden Phosphatrest für die Gewinnung von ATP zu nutzen, wird 3-Phosphoglycerat in Analogie zu der Phosphoglucomutase-Reaktion (Abb.9.6) durch die **Phosphoglycerat-Mutase** in 2-Phosphoglycerat umgewandelt. Das Enzym **Enolase** katalysiert die Abspaltung von Wasser, wobei Phosphoenolpyruvat (PEP) entsteht. Durch diesen Schritt entsteht aus einem Phosphatester ein **Enolester**, dessen Freie Energie der Hydrolyse höher ist als die der Anhydridbindung des ATP. Daher ist die nachfolgende Umwandlung des Phosphoenolpyruvats zu Pyruvat unter Bildung von ATP durch die **Pyruvat-Kinase** ein irreversibler Schritt. Alternativ kann Phosphoenolpyruvat im Cytosol durch die **PEP-Carboxylase** (Abb.8.5) in Oxalacetat überführt werden, wobei letzteres durch die **Malat-Dehydrogenase** (Abb. 5.9) zu Malat reduziert werden kann. Das **Malat-Enzym** (Abb.8.10) katalysiert die Umwandlung von Malat in Pyruvat. Sowohl Pyruvat als auch Malat können in den mitochondrialen Citratcyclus (Abb. 5.3) eingefüttert werden, zur Gewinnung von ATP und auch von Vorstufen für die Synthese vieler Aminosäuren (Abschn. 10.4).

Unter aeroben Bedingungen hat der eigentliche Glykolyseweg nur einen geringen Anteil an der Energieversorgung der Pflanze. Die Überführung von einem Molekül Glucose-6-phosphat in 2 Moleküle Pyruvat liefert nur 3 Moleküle ATP. Hingegen liefert die Oxidation dieser 2 Moleküle Pyruvat und der bei der Oxidation des Glycerinaldehydphosphats gebildeten 2 Moleküle NADH durch die Mitochondrien insgesamt 25 ATP (Abschn. 5.6). Jedoch in Abwesenheit von Sauerstoff, beispielsweise bei Überflutung oder Staunässe der Wurzeln, oder auch bei der Imbibition während der Samenkeimung, ist die ATP-Bereitstellung durch den Glykolyseweg entscheidend, um einen minimalen Stoffwechsel aufrecht zu erhalten. In einer derartigen Situation kann das bei der Glykolyse gebildete NADH wie bei der Ethanol-Gärung durch Hefen oxidiert werden. Bei diesem Weg wird Pyruvat zunächst durch die **Pyruvat-Decarboxylase** mit Thiaminpyrophosphat als Co-Faktor (Siehe Abb. 5.4) zu Acetaldehyd decarboxyliert, und letzteres durch die **Alkohol-Dehydrogenase** unter Oxidation von NADH zu Ethanol reduziert. Das Ethanol wird ausgeschieden. In Pflanzenzellen ist bei Sauerstoffmangel ein hoher Anstieg der Aktivität der Alkohol-Dehydrogenase zu beobachten. Alternativ kann das bei der Glykolyse gebildete NADH über die **Lactat-Dehydrogenase** durch Reduktion von Pyruvat zu Lactat reoxidiert werden. Das dabei gebildete Lactat wird als Milchsäure ausgeschieden. Die Lactat-Dehydrogenase wird in Wurzeln und keimenden Samen bei Sauerstoffmangel ebenfalls vermehrt gebildet. In den meisten Pflanzen ist aber Ethanol das Hauptprodukt eines anaeroben Stoffwechsels.

Neben der Bereitstellung von ATP liefert die Glykolyse Ausgangsprodukte für eine Vielfalt von Zellbestandteilen. So ist Pyruvat Ausgangsprodukt für die Synthese von Fettsäuren; die Reduktion von Dihydroxyacetonphosphat durch die **Glycerinphosphat-Dehydrogenase** liefert Glycerin-3-phosphat, beides Grundbausteine für die Synthese von Lipiden. Phosphoenolpyruvat ist Ausgangsprodukt für eine Anzahl von Aminosäuren, wie z.B. Phenylalanin, einem Intermediat für die Synthese von Phenylpropanoiden wie Lignin (Abb.18.9), Tannine (Abb. 18.6) und Anthocyanidine (Abb. 18.15).

Der Glykolyseweg unterliegt einer strengen Regulation, insbesondere da die meisten der Enzyme sowohl in den Plastiden wie auch im Cytosol vorkommen. In beiden Kompartimenten wird die Phosphorylierung des Fructose-6-phosphats durch die ATP-Phosphofructokinase durch Phosphoenolpyruvat gehemmt, wodurch der Substratfluss durch den Glykolyseweg dem Bedarf angepasst werden kann. Die Phosphorylierung des Fructose-6-phosphats durch die im Cytosol lokalisierte Pyrophosphat-Phosphofructokinase wird durch Fructose-2,6-bisphosphat aktiviert, während die Rückreaktion, die Hydrolyse des Fructose-1,6- bisphosphats durch Fructose-2,6-bisphosphat gehemmt wird. Die Bedeutung dieser Regulation für die Saccharose Synthese wird in Abschn. 9.3 besprochen.

Literatur

Ayre, B.G. Membrane-transport systems for sucrose in relation to whole plant carbon partitioning. Molecular Plant 4, 377–394 (2011)

Britto, D.T., Kronzucker, H.J. Cellular mechanisms of potassium transport in plants. Physiologia Plantarum, Online Early Articles (2008)

Godt, D., Roitsch, T. The developmental and organ specific expression of sucrose cleaving enzymes in sugar beet suggests a transition between apoplasmic and symplasmic phloem unloading in the tap roots. Plant Physiology Biochemistry 44, 656-665 (2006)

Kehr, J., Buhtz, A. Long distance transport and movement of RNA through the phloem. Journal Experimental Botany 59, 85-92 (2008)

Lalonde, S., Wipf, D., Frommer, W.B. Transport mechanisms for organic forms of carbon and nitrogen between source and sink. Annual Review Plant Biology 55, 341-372 (2004)

Ludewig, F., Flügge U.I. Role of metabolite transporters in source sink carbon allocation. Frontiers in Plant Science 4, 231, 1–16 (2013)

Minchin, P.E., Lacointe, A. New understanding of phloem physiology and possible consequences for modelling long-distance carbon transport. New Phytologist 166, 771-779 (2005)

Sauer, N. Molecular physiology of higher plant sucrose transporters. FEBS Letters 581, 2309-2317 (2007)

Slewinski, T.L., Zhang, C., Turgeon, R. Structural and functional heterogeneity in phloem loading and transport. Frontiers in Plant Science 4, 244, 1–11 (2013)

Thompson, M.V. Phloem: the long and the short of it. Trends in Plant Science 11, 26-32 (2006)

Voitsekhovskaja, O.V., Koroleva, O.A., Bantashev, D.R., Tomos, A.D., Gamalei Y.V., Heldt, H.W., Lohaus G. Phloem loading models for two Scrophulariaceae species: what drives symplastic flow via plasmodesmata. Plant Physiology 140, 383-395 (2006)

14 Produkte der Nitratassimilation werden in der Pflanze in Form von Proteinen gespeichert

Wie in Kapitel 9 besprochen, werden Produkte der CO_2-Assimilation in der Pflanze in Form von Polysacchariden gespeichert. Für die als Produkt der Nitratassimilation gebildeten Aminosäuren bilden Proteine die Reserveform. Es handelt sich dabei in erster Linie um spezielle **Speicherproteine**, die keine enzymatische Funktion besitzen und die in der Zelle in **Proteinkörpern** gelagert werden. Proteinkörper sind von einer einfachen Membran umgeben und leiten sich von den Vakuolen beziehungsweise dem Endomembransystem des endoplasmatischen Reticulums und des Golgi-Apparates ab. In Kartoffelknollen werden Speicherproteine auch in der Vakuole gelagert.

Speicherproteine können je nach Aminosäureangebot in verschiedenen Pflanzenorganen, wie Blättern, Stängeln und Wurzeln, deponiert werden. Sie werden jedoch insbesondere in Samen und Knollen, aber auch im Kambium von Baumstämmen während der Winterzeit gelagert, um eine schnelle Blattbildung bei der Samenkeimung oder beim Austreiben zu ermöglichen.

In Samen von Getreiden werden die Speicherproteine im Endosperm gespeichert, in den Samen der meisten Leguminosen (Hülsenfrüchten) in den Kotyledonen. Während in Getreidekörnern der Proteingehalt 10 bis 15 % des Trockengewichtes ausmacht, beträgt er in manchen Leguminosen (z. B. Sojabohne) 40 bis 50 %. Von diesen Proteinen sind etwa 85 % Speicherproteine.

Weltweit bezieht die Menschheit etwa 70 % ihres Proteinbedarfs aus dem Verzehr von Pflanzensamen, entweder direkt oder nach Verfütterung an Tiere (Fleischproduktion). Dadurch sind die pflanzlichen Speicherproteine Grundlage für die menschliche Ernährung. Jedoch ist ihre Aminosäurezusammensetzung für die Ernährung von Mensch und Tier oft nicht ausgeglichen. So sind in Getreiden die Speicherproteine arm an **Threonin**, **Tryptophan** und vor allem an **Lysin**, während in Leguminosen ein Mangel an **Methionin** besteht. Da die genannten Aminosäuren vom menschlichen Stoffwechsel nicht gebildet werden können, ist der Mensch auf ihre Zufuhr mit der Nahrung angewiesen (essentielle Aminosäuren). Für Menschen, die sich ausschließlich vegetarisch ernähren, kann dieser Mangel vor allem bei Kindern zu irreparablen physischen und mentalen Schäden führen. Auch bei der Mast von Schweinen und Geflügeln fällt dieser Aminosäuremangel stark ins Gewicht. Bei der Züchtung und gentechnischen Entwicklung von Getreide und Leguminosen wird daher besonders auf eine verbesserte Aminosäurezusammensetzung der Speicherproteine Wert gelegt.

Pflanzliche Proteine werden seit langem intensiv beforscht. Bereits 1745 isolierte der Italiener J. Beccari die Proteine aus Weizen. Eine Einteilung pflanzlicher Proteine aufgrund ihrer Löslichkeitseigenschaften wurde 1924

Tabelle 14.1: Einige Beispiele für pflanzliche Speicherproteine

	Globulin	Prolamin (inkl. Glutelin)	2 S-Protein
Raps			Napin*
Erbse, Bohne	Legumin, Vicilin		
Weizen, Roggen		Gliadin, Glutenin	
Mais		Zein	
Kartoffel	Patatin		

* strukturell verwandt mit Prolaminen, die nach den Löslichkeitseigenschaften zu den Globulinen zählen.

von T. B. Osborne an der Connecticut Agricultural Experimental Station vorgenommen. Er fraktionierte pflanzliche Proteine in **Albumine** (löslich in reinem Wasser), **Globuline** (löslich in verdünnten Salzlösungen), **Gluteline** (löslich in verdünnten Alkali- und Säurelösungen) und **Prolamine** (löslich in wässrigem Ethanol). Als später die Strukturen dieser Proteine ermittelt wurden, zeigte sich jedoch, dass Gluteline und Prolamine strukturell sehr verwandt sind. In der neueren Literatur werden Gluteline der Gruppe der Prolamine zugerechnet. Tabelle 14.1 zeigt einige Beispiele für verschiedene pflanzliche Speicherproteine.

14.1 Globuline sind die am weitesten verbreiteten Speicherproteine

Speicherglobuline kommen, wenn auch in unterschiedlichem Ausmaß, in praktisch allen Pflanzen vor. Die wichtigsten Globuline gehören zur Gruppe der **Legumine** und **Viciline**. Beide Globuline werden jeweils von einer Multigenfamilie codiert, wobei beide Familien auf einen gemeinsamen Ursprung zurückgehen. Legumin ist das Hauptspeicherprotein von Hülsenfrüchten. So liegt in der Ackerbohne 75 % des gesamten Speicherproteins als Legumin vor. Legumin ist ein Hexamer mit einer Molekularmasse von 300 bis 400 kDa. Die Monomere enthalten zwei verschiedene Peptidketten (α, β), die durch eine Disulfidbrücke miteinander verbunden sind. Die große Kette (α) hat meist eine Molekularmasse von etwa 35 bis 40 kDa, die kleine (β) von etwa 20 kDa. Hexamere können aus unterschiedlichen ($\alpha\beta$)-Monomeren aufgebaut sein. In dem Hexamer liegt das Proteinmolekül in einer sehr regelmäßigen Packung vor und kann so in den Proteinkörpern gestapelt werden. Falschgepackte Proteinmoleküle, bei denen zum Beispiel die Faltung einzelner Ketten fehlerhaft ist, werden durch Peptidasen wieder gespalten. Auch wenn es heute recht einfach ist, in einem Protein Aminosäuren durch gentechnische Methoden auszutauschen, so hat sich dies bei Speicherproteinen als sehr schwierig erwiesen, da meist auch die Faltungsweise und damit die räumliche Struktur der Moleküle verändert wird. Eine erfolgreiche Verbesserung der Aminosäurezusammensetzung von Speicherproteinen setzt detaillierte Kenntnisse der dreidimensionalen Proteinstruktur voraus. Solche Untersuchungen können jetzt durchgeführt werden, da in den letzten Jahren die Kristallisierung und damit auch die Aufklärung der Proteinstruktur sowohl reifer, prozessierter Speicherproteine als auch eines Vorstufentrimers gelungen ist. Diese Strukturuntersuchungen zeigen, dass die Stabilität der Speicherproteine gegenüber den in den Speichervakuolen vorhandenen Proteasen darauf beruht, dass mögliche Schnittstellen in der Quartärstruktur des Proteins verborgen und so geschützt sind.

Vicilin zeigt in seiner Aminosäuresequenz Ähnlichkeiten zum Legumin. Es liegt meist als Trimer vor, wobei die Monomere nur aus einer Peptidkette bestehen, sie enthalten kein Cystein und damit keine Disulfid-Brücken (S–S-Brücken). Im Gegensatz zu den Leguminen sind die Viciline häufig glycosyliert; sie enthalten Kohlenhydratreste wie Mannose, Glucose und *N*-Acetylglucosamin.

14.2 Prolamine werden als Speicherproteine in Gräsern gebildet

Prolamine sind nur in Gräsern, und damit auch in Getreiden, enthalten. Sie liegen als polymorphes Gemisch vieler verschiedener Untereinheiten von je 30 bis 90 kDa vor. Manche dieser Untereinheiten enthalten Cysteinreste und werden durch S–S-Brücken verknüpft. Auch in **Glutenin**, das in Weizen- und Roggenkörnern vorkommt, sind die Monomere durch S–S-Brücken verknüpft. Diese Gluteninmoleküle haben unterschiedliche Größen. Hochmolekulare Glutenine verleihen dem Mehl die Backfähigkeit. Gerste, Hafer oder Mais enthalten kein Glutenin, ihr Mehl ist daher zum Brotbacken nicht geeignet. Da der Gluteningehalt ein entscheidendes Qualitätsmerkmal für Brotgetreide ist, wird versucht, durch gentechnische Ansätze den Gluteningehalt des Brotgetreides zu erhöhen.

14.3 2S-Proteine kommen in Samen dikotyler Pflanzen vor

Auch die so genannten **2S-Proteine** sind als Speicherproteine weit verbreitet. Es handelt sich dabei um eine heterogene Proteingruppe, die allein dadurch definiert ist, dass die Proteine einen Sedimentationskoeffizient von etwa 2 besitzen. Strukturuntersuchungen zeigten, dass viele der 2S-Proteine verwandte

Strukturen aufweisen und möglicherweise zusammen mit den Prolaminen von einem gemeinsamen Vorstufenprotein abstammen. Ein Beispiel hierfür ist **Napin**, das dominierende Speicherprotein in Rapskörnern. Die Speicherproteine im Raps sind wirtschaftlich von Bedeutung, da nach der Ölgewinnung die Rückstände der Samen als Viehfutter genutzt werden. Napin und andere verwandte 2S-Proteine bestehen aus zwei relativ kleinen Polypeptidketten von 9 kDa und 12 kDa, die wiederum durch S–S-Brücken miteinander verknüpft sind. Über die Packung sowohl der Prolamine wie auch der 2S-Proteine in den Proteinkörpern weiß man bisher erst wenig.

14.4 Proteine schützen den Samen davor, von Tieren gefressen zu werden

Neben den bisher genannten Speicherproteinen enthalten die Proteinkörper mancher Samen Proteine, die zugleich die Samen vor Fraß schützen. So hat das Speicherprotein **Vicilin** Abwehrfunktionen, indem es an die Chitinmatrix von Pilzen und Insekten bindet. Bei manchen Insekten stört Vicilin die Larvenbildung. Die Samen von manchen Leguminosen enthalten **Lectine**. Lectine binden an Zuckerreste, unabhängig davon, ob diese frei oder als Bestandteil von Glycolipiden oder Glycoproteinen vorliegen. Lectine haben eine allgemeine Bedeutung bei der Zell-Zell-Erkennung. Als Bestandteil der Samen wirken sie bei Verzehr verdauungsstörend, da sie an glycoproteinhaltige Rezeptoren im Dünndarm binden und dadurch die Nahrungsresorption stören. Bei manchen Leguminosen, aber auch bei anderen Pflanzen, enthalten die Samen außerdem **Proteinase-Inhibitor**, die die Proteinasen im Verdauungstrakt von Tieren hemmen. Wegen der Lectine und Proteinase-Inhibitoren sind viele Bohnen erst nach Denaturierung durch Kochen genießbar. Rizinuskerne enthalten das toxische Protein **Ricin**. Wenige Milligramm davon können einen Mensch töten. Bohnen enthalten **Amylase-Inhibitoren**, die spezifisch die Amylasen im Verdauungstrakt bestimmter Insekten hemmen. Es ist gelungen, durch Transformation das Gen des α-Amylase-Inhibitors aus Bohnen in den Samen von Erbsen zu exprimieren. Bei Erbsen traten durch den Fraß der Erbsenkäferlarven hohe Lagerverluste auf, die nun mit den transgenen Erbsenpflanzen deutlich verringert werden konnten.

14.5 Die Proteinsynthese der Speicherproteine erfolgt am rauhen endoplasmatischen Reticulum

Die Samen-Speicherproteine werden durch Ribosomen auf dem rauhen endoplasmatischen Reticulum (ER) (Abb. 14.1) gebildet. Die synthetisierten

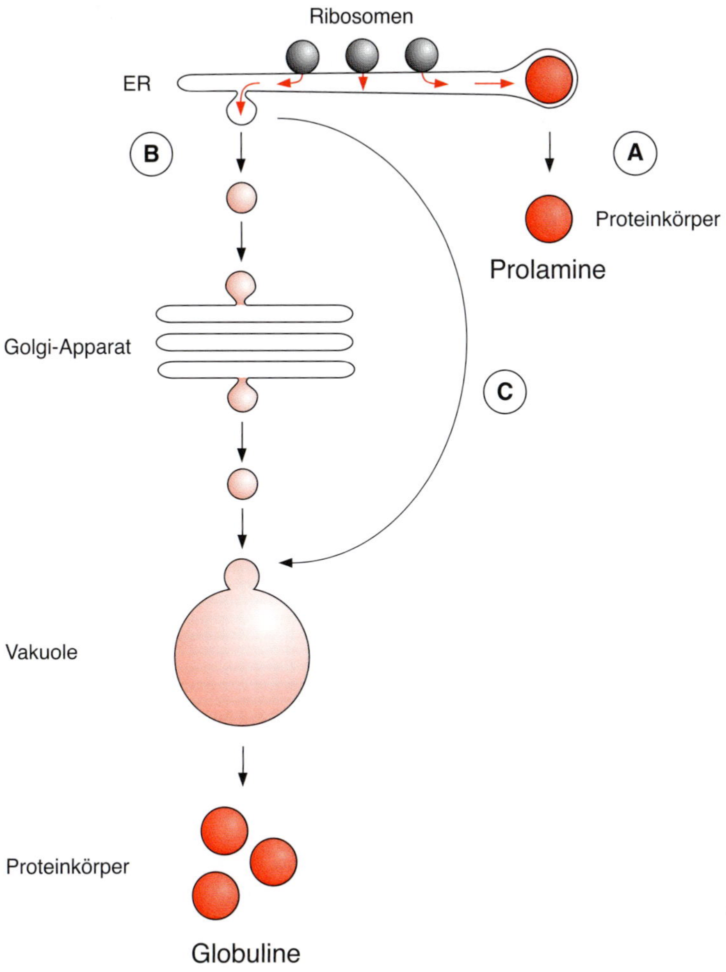

Abb. 14.1 Es sind zwei Wege für die Lagerung der Speicherproteine in Proteinkörpern in verschiedenen Pflanzen-Spezies bekannt.
A. Bei der Prolaminbildung in Getreiden aggregiert das Prolamin im Lumen des ER, die Proteinkörper entstehen durch Abschnürungen der ER-Membran.
B. Die im Lumen des ER anfallenden Proteine werden über den Golgi-Apparat in die Vakuole transferiert; die Proteinkörper entstehen durch Fragmentierung der Vakuole. Dies ist wahrscheinlich der allgemeine Weg.
C. Die Proteine werden aus dem ER am Golgi-Apparat vorbei direkt in die Vakuole transferiert.

Proteine befinden sich im Lumen des ER. Die Ablagerung der Speicherproteine erfolgt in **Proteinkörpern**. Im Falle der 2S-Proteine und Prolamine bilden sich die Proteinkörper durch Abschnürungen der ER-Membran. Die Globuline werden meist aus dem ER durch Vesikeltransfer über den Golgi-Apparat (Abschn. 1.6) zunächst in die Vakuole geschleust, aus der sich dann durch Fragmentierung Proteinkörper bilden. Es gibt aber auch einen Weg, durch den bestimmte Proteine (z. B. Globuline im Weizen-Endosperm) durch Abschnürungen der ER-Membran am Golgi-Apparat vorbei direkt in die Vakuole transferiert werden.

Abbildung 14.2 zeigt die Bildung des Legumins im Detail. Das im Ribosom gebildete Protein besitzt am Anfang einen hydrophoben Abschnitt, eine so genannte **Signalsequenz**. Nach Synthese dieser Signalsequenz geht die Translation zunächst nicht weiter. Die Signalsequenz bildet einen Komplex mit drei Komponenten: einem **Signalerkennungspartikel**, einem an der ER-Membran vorhandenen **Bindungsprotein** sowie einem dort ebenfalls lokalisierten **Porenprotein**. Die Bildung des Komplexes induziert die Öffnung einer Pore in der ER-Membran, die Translation geht weiter, und die neu gebildete Proteinkette

(z. B. Prä-Prolegumin) gelangt in das Lumen des ER. Dadurch ist für die Dauer der Proteinsynthese das Ribosom auf der ER-Membran verankert. Durch eine an der Innenseite der ER-Membran vorhandene **Signalpeptidase** wird unmittelbar nach dem Eintritt der Peptidkette in das Lumen die Signalsequenz abgeschnitten. Das verbleibende **Prolegumin** enthält die spätere α- und die β-Kette des Legumins auf einem Polypeptid. Im ER-Lumen bildet sich innerhalb des Prolegumins eine S–S-Brücke. Drei Proleguminmoleküle bilden unter der Mitwirkung von Chaperonen (Abschn. 21.2) ein **Trimer**. Dabei erfolgt gleich-

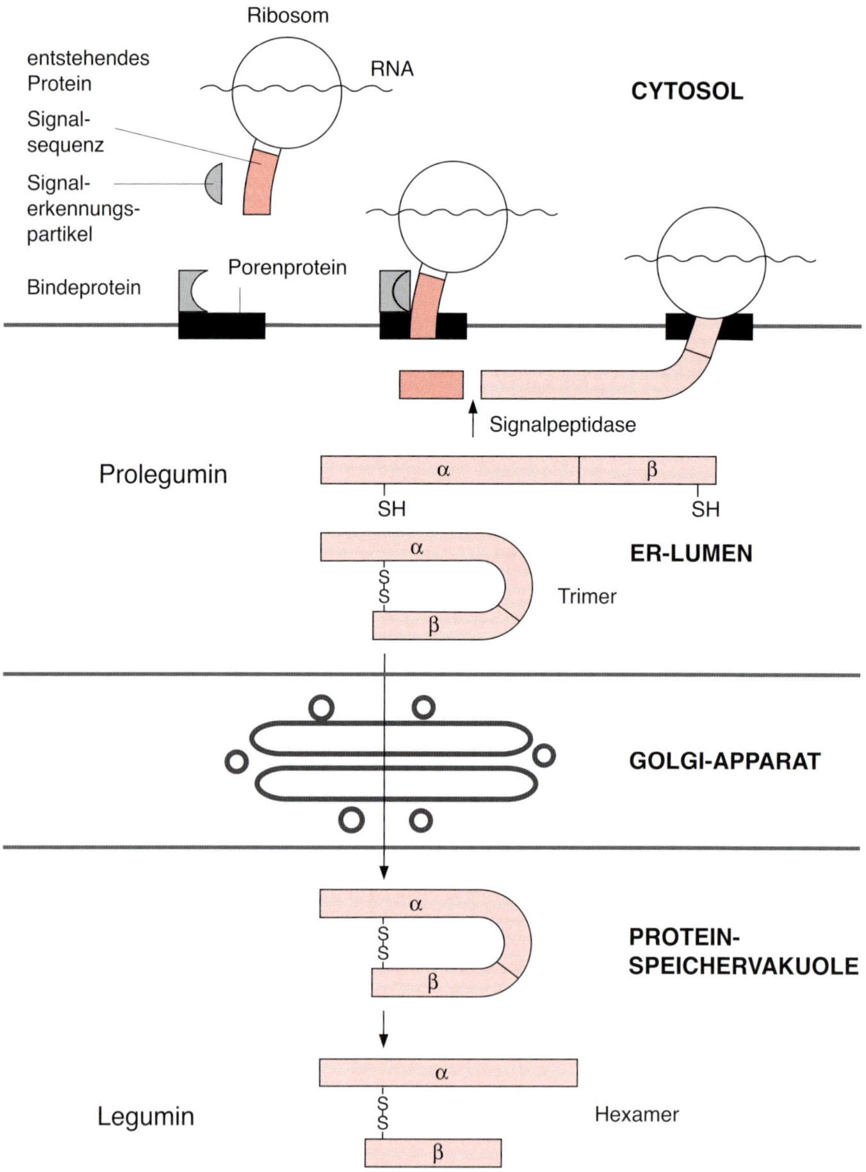

Abb. 14.2 Leguminsynthese. An den Ribosomen entsteht eine Vorstufe des Legumins (Prä-Prolegumin), die im Lumen des ER und in der Vakuole zum Endprodukt prozessiert wird.

zeitig eine Qualitätskontrolle: Trimere, die nicht die korrekte Konformation aufweisen, werden wieder abgebaut. Der Ort dieses proteolytischen Abbaues ist unbekannt: Entweder findet der Abbau im ER selbst, oder nach Export im Cytosol, oder in den Vakuolen statt. Die Trimeren werden dann über den Golgi-Apparat in die Vakuole geschleust, in denen eine Peptidase die α- und β-Kette voneinander trennt. Die so gebildeten Untereinheiten des Legumins lagern sich zu **Hexameren** zusammen und werden in dieser Form gespeichert. Die Proteinkörper als endgültiger Speicherort des Legumins entstehen durch Fragmentierung der Vakuole. Die Zuckerketten der glykosylierten Viciline (z. B. des Phaseolins aus der Gartenbohne *Phaseolus vulgaris*) werden im Golgi-Apparat prozessiert.

Auch bei der Synthese der 2S-Proteine und Prolamine enthalten die im Lumen des ER anfallenden Prä-Pro-Formen eine Signalsequenz. Die Fertigstellung und Aggregation der Proteine erfolgt bereits im Lumen des ER, von dem sich dann die Proteinkörper abschnüren.

14.6 Proteinasen mobilisieren die in den Speicherproteinen deponierten Aminosäuren

Unsere Kenntnisse über die Mobilisierung der Aminosäuren aus den Speicherproteinen beruhen hauptsächlich auf den Untersuchungen der Vorgänge bei der Samenkeimung. Meist wird die Keimung durch die Aufnahme von Wasser ausgelöst, dabei fusionieren die Proteinkörper. Die Spaltung der Speicherproteine erfolgt durch Proteinasen, die zum Teil als inaktive Proform zusammen mit den Speicherproteinen in den Proteinkörpern deponiert werden. Proteinasen können aber auch neu synthetisiert werden und über das Lumen des ER und den Golgi-Apparat in die Vakuole eingeschleust werden (Abb. 14.2). Auch hier erfolgt die Anlieferung als inaktive Proform. Die Aktivierung dieser Pro-Proteinasen erfolgt durch limitierte Proteolyse, bei der durch eine spezielle Peptidase ein Sequenzabschnitt abgespalten wird. Der verbleibende Rest ist die aktive Proteinase.

Der Abbau der Speicherproteine wird wiederum durch eine limitierte Proteolyse ausgelöst. Eine spezifische Proteinase spaltet erst einen kleinen Sequenzabschnitt ab. Dies hat zur Folge, dass sich die Konformation der Speicherproteine ändert. In Getreiden werden S–S-Brücken in Speicherproteinen durch reduziertes Thioredoxin (Abschn. 6.6) geöffnet und die ungefalteten Proteine können jetzt von verschiedenen Proteinasen angegriffen werden: durch Exopeptidasen, die nacheinander von außen her Aminosäuren abtrennen, und durch Endopeptidasen, die das Molekül im Innern spalten. So werden die Speicherproteine in der Vakuole vollständig abgebaut, und die freigesetzten Aminosäuren stehen der keimenden Pflanze als Bausteine zur Verfügung.

Literatur

Anjum, F.M., Khan, M.R., Din, A., Saeed, M., Pasha, I., Arshad, M.U. Wheat gluten: high molecular weight glutenin subunits-structure, genetics, and relation to dough elasticity. Journal Food Science 72, 56-63 (2007)

Bellini, C., Castelain, M., Gutierrez, L., Van Wuytswinkel, O. Combined networks regulating seed maturation. Trends in Plant Science 12, 294–300 (2007)

Hinz, G., Vitale, A. Sorting of proteins to storage vacuoles: how many mechanisms? Trends in Plant Science 10, 316–323 (2005)

Jiang, L., Robinson, D.G., Stierhof, Y.D., Wang, J., Wang, J., Ding, Y. Unconventional protein secretion. Trends in Plant Science 17, 606–615 (2012)

Jolliffe, N.A., Craddock, C.P., Frigerio, L. Pathways for protein transport to seed storage vacuoles. Biochemical Society Transactions 33, 1016-1018 (2005)

Müntz, K. Protein dynamics and proteolysis in plant vacuoles. Journal Experimental Botany 58, 2391-2407 (2007)

Van Damme, E.J.M., Barre, A., Rouge, P., Peumans, W.J. Cytoplasmic/nuclear plant lectins: a new story. Trends in Plant Science 9, 484-489 (2004)

Vitale, A., Hinz, G. Sorting of proteins to storage vacuoles: how many mechanisms? Trends in Plant Science 10, 316-323 (2005)

Zhou, S.R., Xue, H.W., Yin, L.L. Functional genomics based understanding of rice endosperm development. Current Opinion in Plant Biology 16, 236–246 (2013)

15 Lipide wirken als Membranbausteine und als Kohlenstoffspeicher

Lipide untergliedern sich in **Glycerolipide, Sphingolipide** und **Isoprenoide** (Abschn. 17), von denen hier nur die **Steroide** relevant sind. **Glycerolipide** sind Fettsäureester von **Glycerin** (Abb. 15.1). **Triacylglycerine** (die auch als Triglyceride bezeichnet werden) bestehen aus einem Glycerinmolekül, das mit drei Fettsäuren verestert ist. Während Triglyceride in Tieren in erster Linie Energiespeichers sind, haben sie in Pflanzen vor allem die Funktion eines *Kohlenstoffspeichers in Samen* und werden vom Menschen als Pflanzenfette genutzt. **Polare Glycerolipide** sind dagegen nur mit zwei Fettsäuren verestert, an die dritte OH-Gruppe des Diacylglycerins ist eine hydrophile Gruppe geknüpft (Abb. 15.5A). Sphingolipide bestehen aus einem Sphingosin-Rückgrat (langkettiger Aminoalkohol), an das eine Fettsäure über die Aminogruppe (Säureamidbindung) gebunden ist. An die Hydroxylgruppe ist wie im Diacylglycerid ebenfalls eine hydrophile Gruppe gebunden (Abb. 15.1). Steroide (siehe Abb. 15.3) tragen eine hydrophile OH-Gruppe. Polare Lipide bilden den Hauptbestandteil der Membranen.

15.1 Polare Lipide sind wichtige Membranbausteine

Die polaren **Glycerolipide**, **Sphingolipide** und **Steroide** sind amphiphile Moleküle, das heißt, sie besitzen einen hydrophilen Kopf und einen hydrophoben Schwanz. Daher können sie **Lipiddoppelschichten** bilden, in denen sich die Kohlenwasserstoffschwänze durch hydrophobe Wechselwirkungen aneinander lagern und die hydrophilen Köpfe in die wässrige Phase herausragen. Sie bilden die Grundstruktur einer Membran (Abb. 15.2). Da in einem polaren Glycerolipid das mittlere C-Atom des Glycerins asymmetrisch ist, kann man zwischen den zwei veresterten Gruppen des Glycerins am C-1 und C-2 unterscheiden.

Auch die in Abbildung 15.3 gezeigten Steroide haben amphiphilen Charakter, die OH-Gruppe bildet den hydrophilen Kopf und das Sterangerüst mit der Seitenkette den hydrophoben Schwanz. Neben den hier gezeigten Steroiden gibt es in den Pflanzen eine Vielfalt ähnlicher Steroide (Sterole) als Membranbestandteile. Sie sind vor allem in der äußeren Membran der Mitochondrien, den ER-Membranen und in der Plasmamembran enthalten und bestimmen weitgehend deren Eigenschaften (siehe unten).

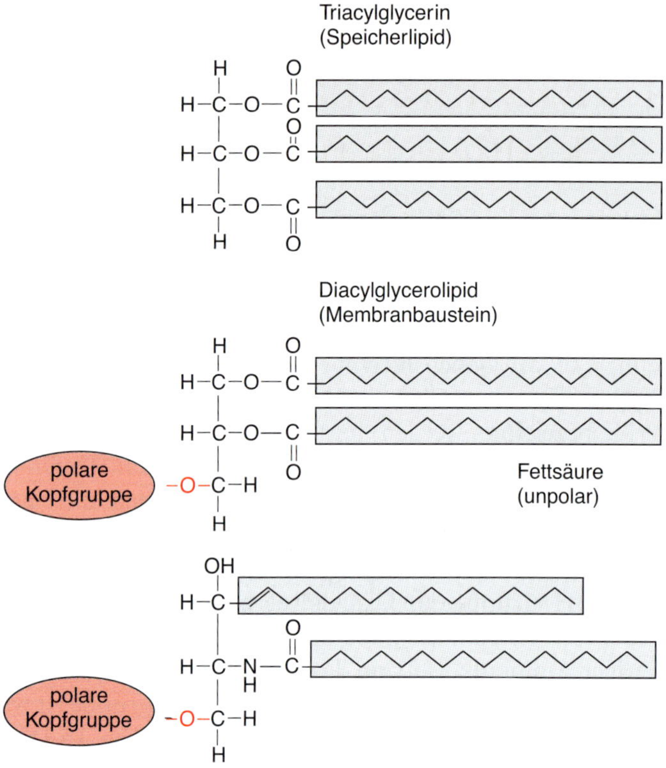

Abb. 15.1 Aufgrund der drei Fettsäuren haben Triacylglycerine unpolare Eigenschaften. Dagegen sind polare Lipide amphiphil, da sie neben dem hydrophoben Schwanz aus den zwei Fettsäuren einen hydrophilen Kopf besitzen. Die Sphingolipide sehen den Diacyl-Glycerolipiden ähnlich, bestehen jedoch aus einem langkettigen Aminoalkohol, der mit einer Fettsäure verestert und mit einer hydrophilen Kopfgruppe versehen ist.

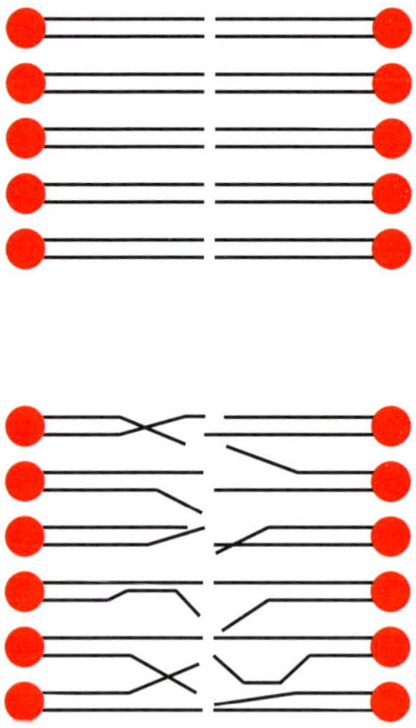

Abb. 15.2 Membranlipide mit gesättigten Fettsäuren bilden eine sehr regelmäßige Lipiddoppelschicht. Die in ungesättigten Fettsäuren meist durch *cis*-Doppelbindungen verursachten Knicke in den Kohlenwasserstoffketten führen zu Störungen in der Lipiddoppelschicht, dadurch steigt deren Fluidität.

Die polaren Glycerolipide enthalten vorwiegend Fettsäuren mit 16 oder 18 C-Atomen (Abb. 15.4). Der weitaus überwiegende Teil dieser Fettsäuren ist ungesättigt und enthält ein bis drei Kohlenstoffdoppelbindungen. Diese Doppelbindungen liegen fast immer in ***cis*-Stellung** und nur in seltenen Fällen auch in *trans*-Stellung vor. Die Doppelbindungen sind in der Regel nicht konju-

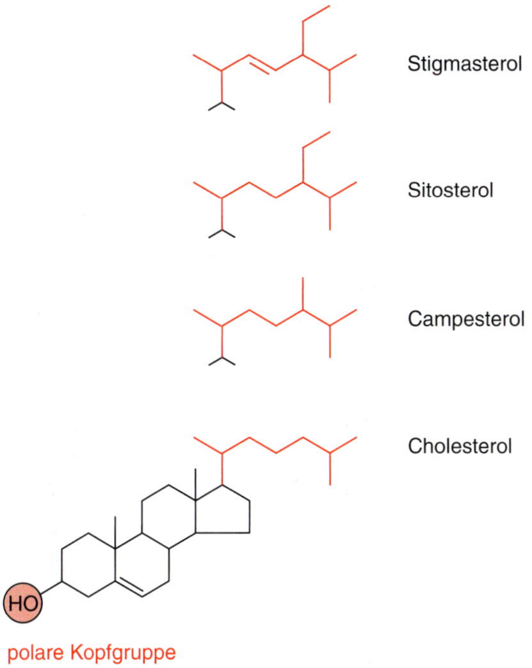

Abb. 15.3 Cholesterol und davon abgeleitete Steroide sind Membranbausteine (gezeigt sind nur Seitenketten).

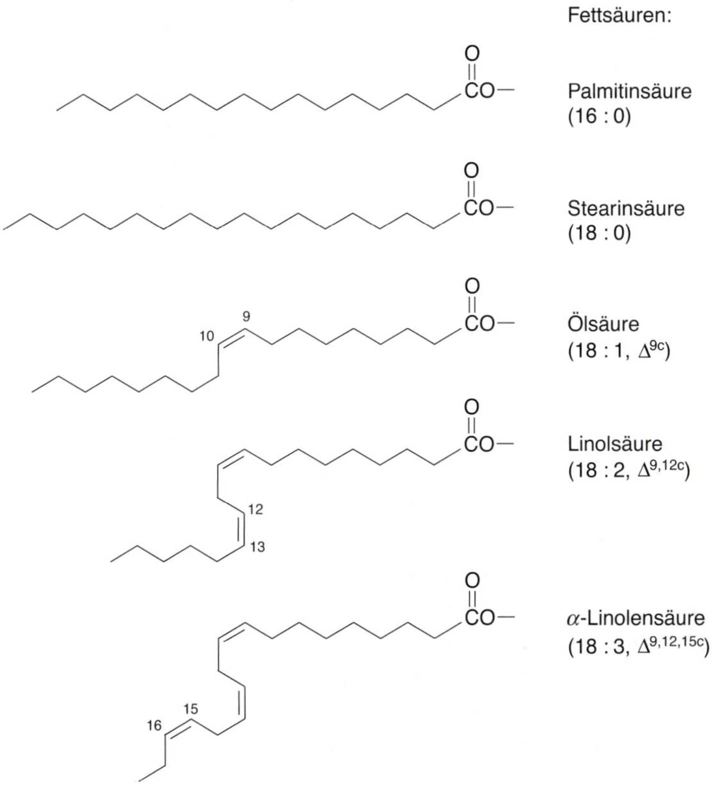

Abb. 15.4 Fettsäuren als hydrophobe Bausteine von Membranlipiden.

giert. Abbildung 15.4 zeigt auch den Zahlencode für die Struktur der Fettsäuren: Anzahl der C-Atome: Zahl der Doppelbindungen, Δ Anfangsposition der Doppelbindungen, c = *cis*-Stellung, (t = *trans*). In Sphingolipiden befinden sich charakteristische Fettsäuren, die sich durch alpha-Hydroxylierung und oft lange Kettenlängen auszeichnen.

Pflanzen enthalten in ihren Speicherlipiden oft ungewöhnliche Fettsäuren, zum Beispiel mit konjugierten Doppelbindungen, Kohlenstoffdreifachbindungen sowie Hydroxy-, Keto- und Epoxygruppen. Inzwischen sind mehr als 500 dieser ungewöhnlichen Fettsäuren bekannt. Auch gibt es Glycerolipide, bei denen eine Kohlenstoffkette mit dem Glycerin über eine Ethergruppe verknüpft ist.

Die Fluidität der Membran wird durch den Anteil ungesättigter Fettsäuren und den Gehalt an Steroiden geprägt

Die langgestreckten Ketten der gesättigten Fettsäuren können sich zu einer regelmäßigen Packung zusammenlagern (Abb. 15.2), während bei den ungesättigten Fettsäuren die Packung bei den *cis*-ständigen Kohlenstoffdoppelbindungen durch die Knicke gestört ist. Man sieht dies deutlich, wenn man die Schmelzpunkte der einzelnen Fettsäuren vergleicht (Tab. 15.1). Mit steigender Kettenlänge erhöht sich der Schmelzpunkt, die Packung wird fester, während mit steigender Zahl der Doppelbindungen der Schmelzpunkt stark absinkt. Das gleiche gilt für die entsprechenden Neutrallipide. So ist Kokosfett, das vorwiegend gesättigte Fettsäuren enthält, bei Raumtemperatur fest; Pflanzenöle mit einem hohen, natürlichen Anteil ungesättigter Fettsäuren sind dagegen bei gleicher Temperatur flüssig.

Tabelle 15.1: Einfluss der Kettenlänge und der Zahl der Doppelbindungen auf den Schmelzpunkt von Fettsäuren.

	Kettenlänge:Doppelbindungen	Schmelzpunkt
Laurinsäure	12:0	40 °C
Stearinsäure	18:0	70 °C
Ölsäure	18:1	13 °C
Linolsäure	18:2	–5 °C
Linolensäure	18:3	–11 °C

Entsprechendes gilt auch für die Fluidität der Membranen, die durch den Anteil ungesättigter Fettsäuren in den Membranlipiden geprägt wird. Bei manchen Pflanzen werden während des Wachstums bei tiefen Temperaturen vermehrt hochungesättigte Fettsäuren in die Membranen eingebaut, um so einer durch Kälte bedingten Verminderung der Membranfluidität entgegenzuwirken. **Steroide** und **Sphingolipide** (Abb. 15.3) erniedrigen die Fluidität von Membranen. Möglicherweise spielen sie auch eine Rolle bei der Temperatur-

Adaptation der Membranen. Durch eine gentechnische Erhöhung des Anteils der ungesättigten Fettsäuren in den Membranlipiden konnte die Kältetoleranz von Tabak erhöht werden. Umgekehrt wurde durch eine gentechnisch erzeugte Erniedrigung des Anteils ungesättigter Fettsäuren in den Lipiden von Thylakoidmembranen von Tabak eine höhere Hitzetoleranz der Pflanzen erreicht.

Membranlipide enthalten eine Vielfalt hydrophiler Kopfgruppen

Die Kopfgruppen der polaren Glycerolipide in Pflanzen bestehen aus sehr unterschiedlichen Verbindungen, die aber letztlich alle die gleiche Funktion erfüllen: Sie verleihen dem Lipidmolekül polare Eigenschaften (Abb. 15.5). In

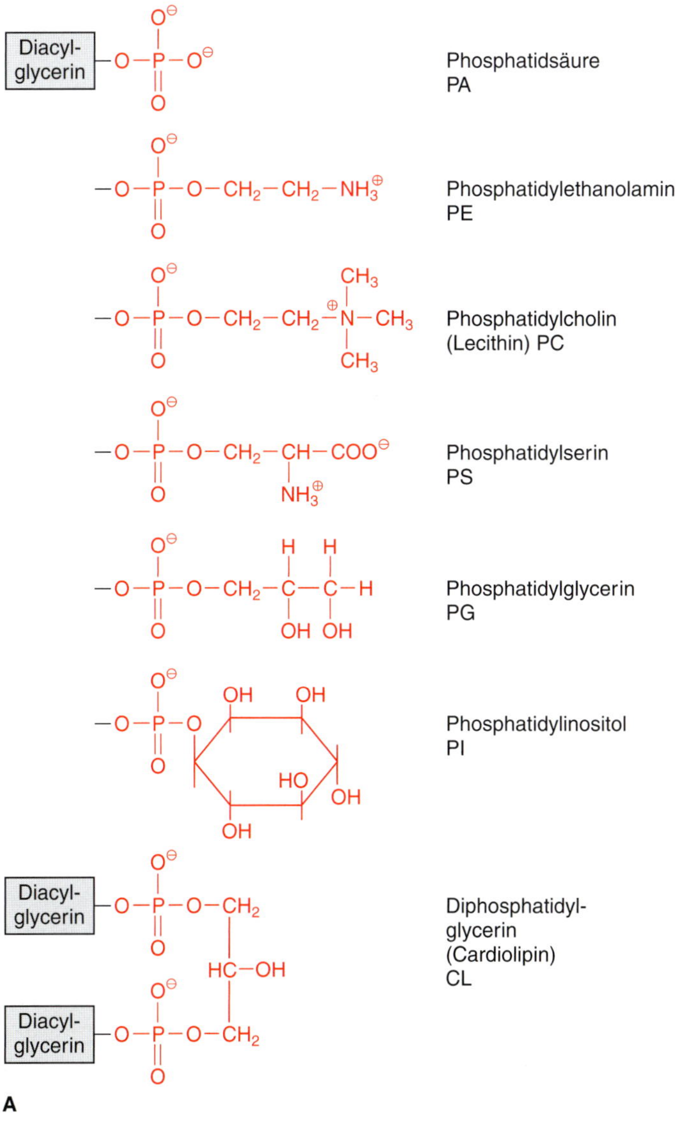

Abb. 15.5A Hydrophile Gruppen von Membranlipiden: Phosphat und Phosphatester in Diacylglyceriden.

den **Phospholipiden** besteht die Kopfgruppe aus einem Phosphatrest, der mit der OH-Gruppe des Glycerins und zusätzlich mit einem weiteren Alkohol (Ethanolamin, Cholin, Serin, Glycerin oder Inosit) verestert ist. Die Phosphatidsäure hat als Membranbaustein eine nur geringe Bedeutung, sie wirkt hingegen als Signalsubstanz (Abschn. 19.1). Ebenfalls nicht Struktur- sondern Signalfunktion haben bei allen Eukaryoten die phosphorylierten Derivate des Phosphatidylinositol (PI), die Phosphoinositide genannt werden. Schlüsselenzyme der Phosphoinositidbildung sind Lipidkinasen, die spezifisch verschiedene Positionen des Inositol-Ringes phosphorylieren können. Phosphoinositide haben wichtige Funktionen bei der Steuerung des zellulären Membranverkehrs, der Etablierung der Zellpolarität, beim polaren Spitzenwachstum und bei der Stressadaptation von Pflanzen.

Die oben genannten Phospholipide findet man als Membranbausteine sowohl in Bakterien als auch in Tieren und Pflanzen. Als eine Besonderheit ent-

Abb. 15.5B Hydrophile Gruppen von Membranlipiden: Hexosen in Diacylglyceriden und Steroiden.

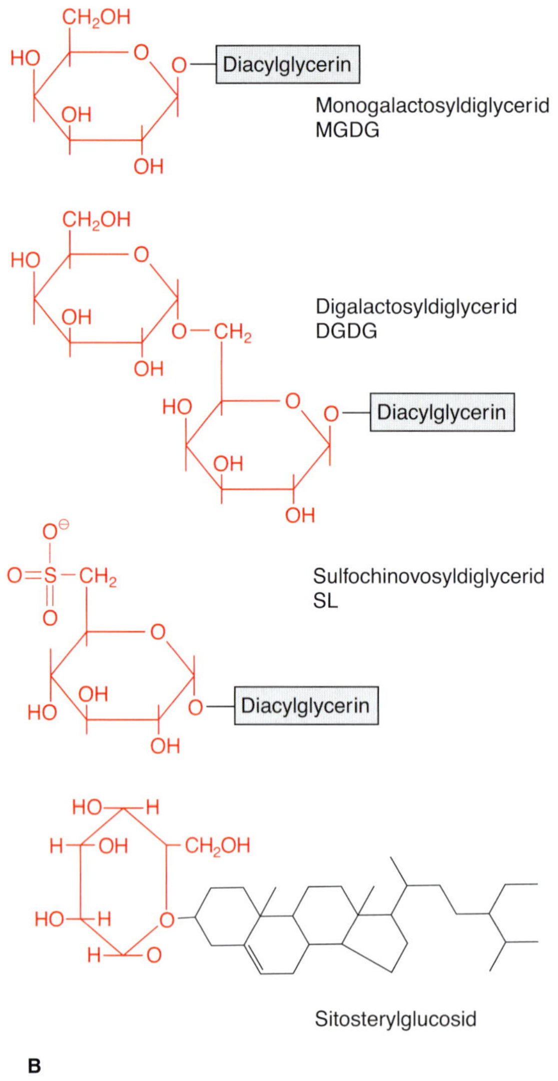

halten Pflanzen und Cyanobakterien zudem als Membranbausteine die Galactolipide **Monogalactosyldiglycerid** (MGDG), **Digalactosyldiglycerid** (DGDG) und das Sulfolipid **Sulfochinovosyldiglycerid** (SL). Letzteres enthält als Kopfgruppe einen Glucoserest, bei dem am C-6 ein Sulfonsäurerest geknüpft ist (Abb. 15.5B).

In einer Pflanze haben die verschiedenen Membranen eine sehr unterschiedliche Lipidzusammensetzung (Tabelle 15.2). So enthalten die Chloroplasten in erster Linie Galactolipide. Sie sind dort Hauptbestandteil der Thylakoidmembranen und auch in den Hüllmembranen enthalten. In den Membranen der Mitochondrien und in der Plasmamembran sind diese Lipide nicht vertreten, dort wird die Membran aus Phospholipiden gebildet. Cardiolipin ist in Tieren und Pflanzen ein spezifischer Bestandteil der inneren Mitochondrienmembran.

In einer grünen Pflanzenzelle entfallen 70 bis 80 % der gesamten Membranlipide auf die Thylakoidmembranen. Pflanzen machen den größten Teil der Biosphäre aus; deshalb sind die Galactolipide MGDG und DGDG die häufigsten Membranlipide auf der Erde. Da der Phosphatgehalt im Boden oder in Gewässern an vielen Standorten das Pflanzenwachstum begrenzt, war es sicherlich für die Evolution der Pflanzen ein Vorteil, dass diese bei der Synthese des überwiegenden Teiles ihrer Membranlipide von der Phosphatversorgung aus der Umgebung unabhängig waren.

Tabelle 15.2: Die Zusammensetzung der Membranlipide verschiedener Organellenmembranen

	Chloroplasten Thylakoidmembran	ER-Membran	Plasmamembran
Membranlipide		Mol %	
Monogalactosyldiglycerid	42	1	2
Digalactosyldiglycerid	33	2	3
Sulfolipid	5	0	0
Phosphatidylcholin	5	45	19
Phosphatidylethanolamin	1	15	17
Phosphatidylserin	0	1	3
Phosphatidylglycerin	11	6	12
Phosphatidylinositol	0	8	2
Sphingolipide	0	10	7
Sterole	0	5	31

Blätter von Roggen, nach Lochnit et al. (2001)

Sphingolipide sind wichtige Bausteine der Plasmamembranen

Sphingolipide (Abb. 15.5C) kommen in Plasmamembranen und in ER-Membranen vor. Die Sphingolipide bestehen aus einer so genannten **Sphingolipid-**

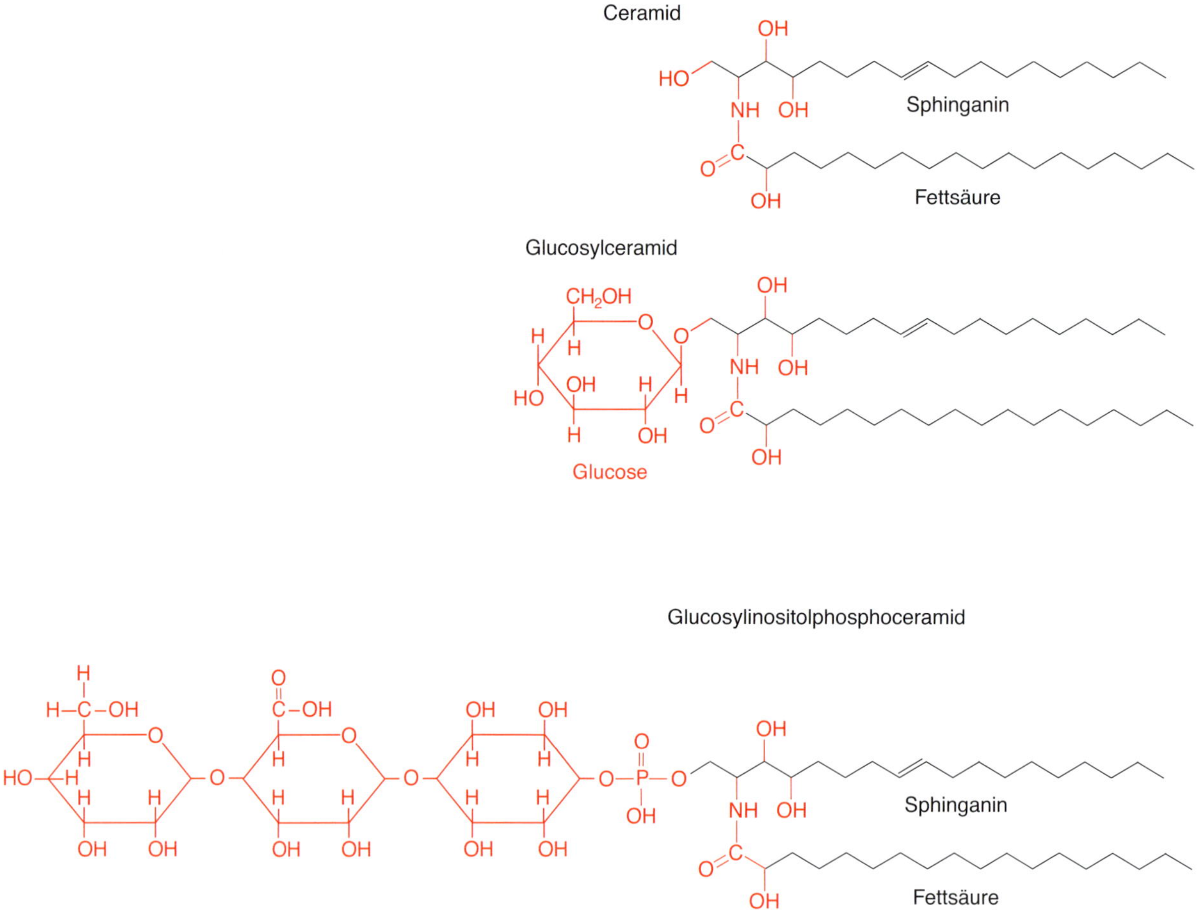

C

Abb. 15.5C Hydrophile Gruppen von Membranlipiden: Sphingolipide.

Base. Dies ist eine Kohlenwasserstoffkette, welche Doppelbindungen aufweisen kann und in Position 2 eine Aminogruppe sowie in den Positionen 1, 3 und 4 zwei bis drei Hydroxylgruppen enthält. Diese Base ist durch Amidbindung mit einer Fettsäure (C16-C26) verknüpft, die eine Doppelbindung enthalten und alpha-hydroxyliert sein kann. Aus der Vielzahl der in der Natur vorkommenden Sphingolipide wird in Abb. 15.5C das **Ceramid** mit der Base Sphinganin gezeigt. Bei den **Glucosylsphingolipiden** ist die endständige Hydroxylgruppe mit einem oder mehreren Glucosederivaten verknüpft, bei den Inositolphosphorylceramiden (Abb. 15.5C) mit Phosphoinositol verestert.

Sphingolipide haben eine wichtige Signalfunktion in Tieren und Hefen. Bisherige Ergebnisse weisen darauf hin, dass Sphinganin-1-phosphat in Schließzellen als Botensubstanz an der durch Abscisinsäure (ABA) ausgelösten Ca^{++}-Mobilisierung beteiligt ist (siehe Abschn. 8.2 und 19.6). Auch gibt es Hinweise für eine Beteiligung von Sphingolipid-Metaboliten als Signale beim programmierten Zelltod.

15.2 Triacylglycerine sind Reservesubstanzen

Triacylglycerine sind vor allem in Samen, aber auch in einigen Früchten, zum Beispiel in Oliven oder Avocados enthalten. In Früchten locken sie Tiere zum Verzehr an, um so die darin enthaltenen Samen zu verbreiten. In **Samen** haben sie die Funktion eines **Kohlenstoffspeichers**, um für die Biosyntheseprozesse bei der Samenkeimung den erforderlichen Kohlenstoff zu liefern. Als Speichersubstanz haben Triacylglycerine gegenüber Kohlenhydraten den Vorteil, dass Triacylglycerine – bezogen auf den Kohlenstoff – ein viel geringeres Gewicht haben: Bei der Stärke hat der Glucoserest aus sechs C-Atomen eine Molekularmasse von 162 Dalton. Die Masse von einem gespeicherten C-Atom wäre demnach rein rechnerisch 27 Dalton. Tatsächlich ist dieser Wert höher, da Stärke Wassermoleküle enthält; sie ist hydratisiert. Ein Triacylglycerin mit drei Palmitatresten enthält insgesamt 51 C-Atome und hat eine Molekularmasse von 807 Dalton. Die Masse von einem gespeicherten C-Atom beträgt hier nur 16 Dalton. Da die Triacylglycerine im Gegensatz zur Stärke nicht hydratisiert sind, erfordert daher die Speicherung des Kohlenstoffs im Samen in Form von Fett weniger als die Hälfte an Gewicht.

Triacylglycerine werden in **Ölkörpern** gelagert (Abb. 15.6). Diese bestehen aus Öltröpfchen, die von einer Phospholipidmonoschicht umgeben sind. Im Endosperm und im Embryonalgewebe von Samen sind in der Lipidmono-

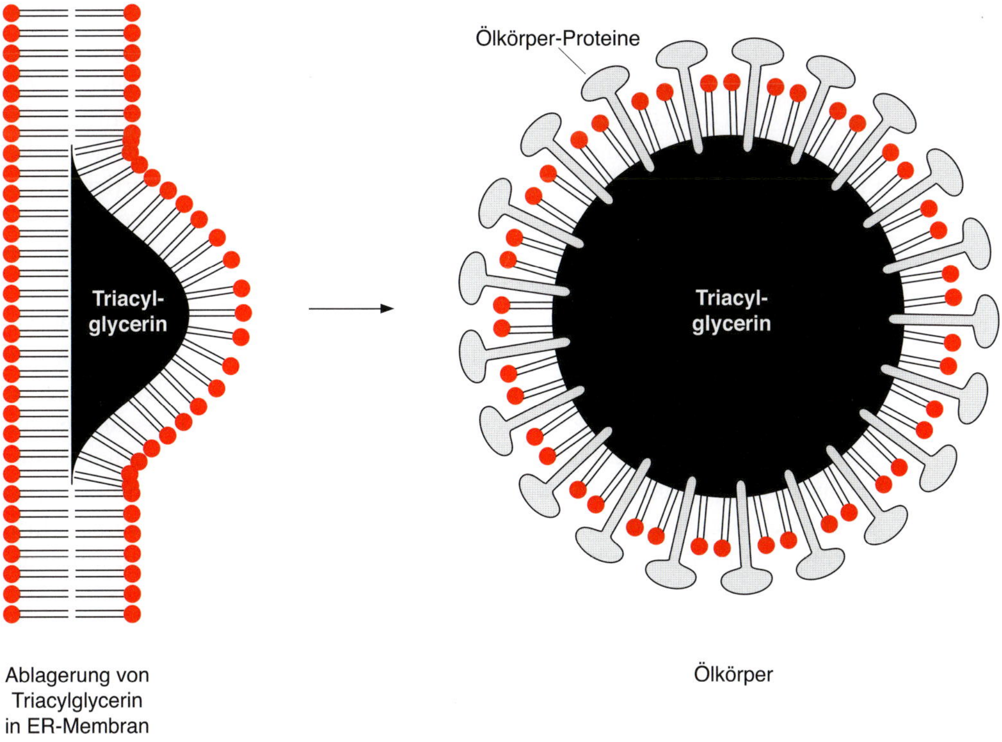

Abb. 15.6 Der von einer Lipideinfachschicht umgebene Ölkörper entsteht durch Einlagerung von Triacylglycerin in eine ER-Membran. In der Lipideinfachschicht sind Ölkörper-Proteine, bestehend aus Oleosinen, Caloleosinen und Steroleosinen, verankert.

schicht der Ölkörper eine Vielfalt von Proteinen (Oleosine, Caloleosine, Steroleosine) verankert. Diese haben eine Funktion bei der Mobilisierung der Fettsäuren aus dem Triacylglycerinspeicher bei der Samenkeimung (Abschn. 15.6). Die Ölkörper im Fruchtfleisch von Oliven oder Avocados, deren Triacylglycerine keinen für die Pflanze verwertbaren Speicher darstellen, sondern lediglich als Lockmittel für Tiere dienen, enthalten keine Oleosine, und sie sind mit einem Durchmesser von 10 bis 20 µm um ein Vielfaches größer als die Ölkörper von Speichergeweben (Durchmesser 0,5 bis 2 µm). Wie in Abschnitt 15.5 behandelt, erfolgt die Synthese der Triacylglycerine in der Membran des endoplasmatischen Reticulums. Man nimmt an, dass das gebildete Triacylglycerin zwischen der Lipiddoppelschicht der ER-Membran akkumuliert, bis die Größe des Ölkörpers erreicht wird (Abb. 15.6). Wenn sich dann dieser Ölkörper von der ER-Membran abtrennt, ist er von einer einfachen Phospholipidschicht umgeben.

15.3 Die Neusynthese von Fettsäuren erfolgt in Plastiden

Der bei der CO_2-Assimilation in den Chloroplasten fixierte Kohlenstoff ist nicht nur Ausgangsmaterial für die Synthese von Kohlenhydraten und Aminosäuren, sondern auch für die Synthese der Fettsäuren sowie der in Kap. 16–18 behandelten Spezialmetabolite. Während jedoch die Produktion von Kohlenhydraten und Aminosäuren durch die Mesophyllzellen vorwiegend für den Export in andere Teile der Pflanze bestimmt ist, erfolgt die Synthese der Fettsäuren außer in Samen und Früchten nur für den Eigenbedarf der Zelle. Pflanzen können Fettsäuren nicht über weite Strecken transportieren. Da Fettsäuren als Bestandteil der Membranlipide in jeder Zelle vorkommen, ist in jeder Zelle der Enzymapparat zur Synthese der Membranlipide und damit auch der Fettsäuren erforderlich.

In Pflanzen erfolgt die Neusynthese der Fettsäuren grundsätzlich in den Plastiden – in den Chloroplasten der grünen Zellen und den Leukoplasten und Chromoplasten der nicht-grünen Zellen. In Pflanzenzellen sind zwar auch Enzyme der Fettsäuresynthese in der Membran des endoplasmatischen Reticulums vorhanden, diese sind nach den heutigen Vorstellungen aber nur an einer Modifizierung bereits vorhandener Fettsäuren beteiligt, zum Beispiel durch Kettenverlängerung durch **Elongasen**, oder durch die weitere Einführung von Doppelbindungen und anderer funktioneller Gruppen durch die **Desaturasen** (siehe Abb. 15.15B).

Ausgangsprodukt für die Synthese der Fettsäuren ist Acetyl-CoA

Ausgangsprodukt für die Fettsäuresynthese ist Acetyl-CoA. Plastiden enthalten, wie die Mitochondrien (siehe Abb. 5.4), einen **Pyruvat-Dehydrogenase-**

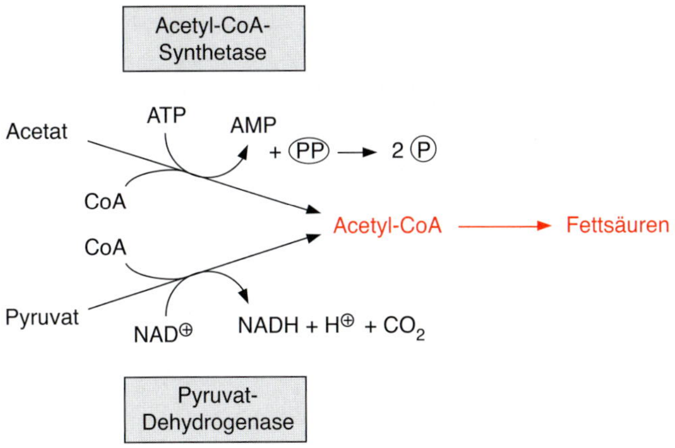

Abb. 15.7 Acetyl-CoA kann auf zwei Wegen gebildet werden.

Komplex, durch den Pyruvat unter Reduktion von NAD^+ zu Acetyl-CoA oxidiert wird (Abb. 15.7).

In Chloroplasten wird das für die Synthese der Fettsäuren erforderliche NADPH durch die Photosynthese bereitgestellt. Es ist jedoch immer noch unklar, wie in den Chloroplasten der Weg des Kohlenstoffs von der CO_2-Fixierung im Calvin-Cyclus bis zur Bildung des Acetyl-CoA verläuft. In Chloroplasten ist – abhängig vom Entwicklungsstadium der Zellen – die Aktivität der Pyruvat-Dehydrogenase oft gering. Hingegen enthalten Chloroplasten sehr hohe Aktivitäten der **Acetyl-CoA-Synthetase**, durch die Acetat unter Verbrauch von ATP zu Acetyl-CoA umgesetzt wird. Gibt man radioaktiv markiertes Acetat zu Chloroplasten, so beobachtet man einen sehr schnellen Einbau der Radioaktivität in Fettsäuren. Man nimmt an, dass vielfach **Acetat** das Ausgangsprodukt für die Acetyl-CoA-Bildung in den Chloroplasten und auch Leukoplasten ist. Woher das Acetat stammt, ist aber noch unklar. Es könnte in den Mitochondrien durch Hydrolyse von Acetyl-CoA, das mittels der mitochondrialen Pyruvat-Dehydrogenase synthetisiert wurde, gebildet werden.

In Leukoplasten werden die für die Fettsäuresynthese erforderlichen Reduktionsäquivalente (NADPH) durch die Oxidation von **Glucose-6-phosphat** bereitgestellt (Abb. 6.21). Dieses wird über den Glucosephosphat-Phosphat-Translokator in die Plastiden transportiert (siehe Abb. 13.5).

Bei der Fettsäuresynthese wird im ersten Schritt Acetyl-CoA durch die Acetyl-CoA-Carboxylase unter Verbrauch von ATP zu **Malonyl-CoA** carboxyliert (Abb. 15.8). In einer danach folgenden Reaktion wird CoA durch **Acylcarrierprotein (ACP)** ausgetauscht. ACP (Abb. 15.9) enthält einen Serinrest, an den über eine Phosphatgruppe ein **Pantetheinrest** geknüpft ist. Da der Pantetheinrest auch der funktionelle Bestandteil des CoA ist, kann ACP als ein an ein Protein fixiertes CoA angesehen werden. Die **β-Ketoacyl-ACP-Synthase III** (KAS III) katalysiert die Kondensation von Acetyl-CoA mit dem Malonyl-ACP. Durch die Freisetzung von CO_2 ist diese Reaktion irreversibel. Die Funktion der Enzyme KAS I und KAS II wird in Zusammenhang mit Abb. 15.14 behandelt. Das gebildete Acetoacetat bleibt als Thioester an ACP

Abb. 15.8 Reaktionssequenz für die Synthese von Fettsäuren: Aktivierung, Kondensation, Reduktion, Abspaltung von Wasser und abermalige Reduktion verlängern die Fettsäure um zwei C-Atome.

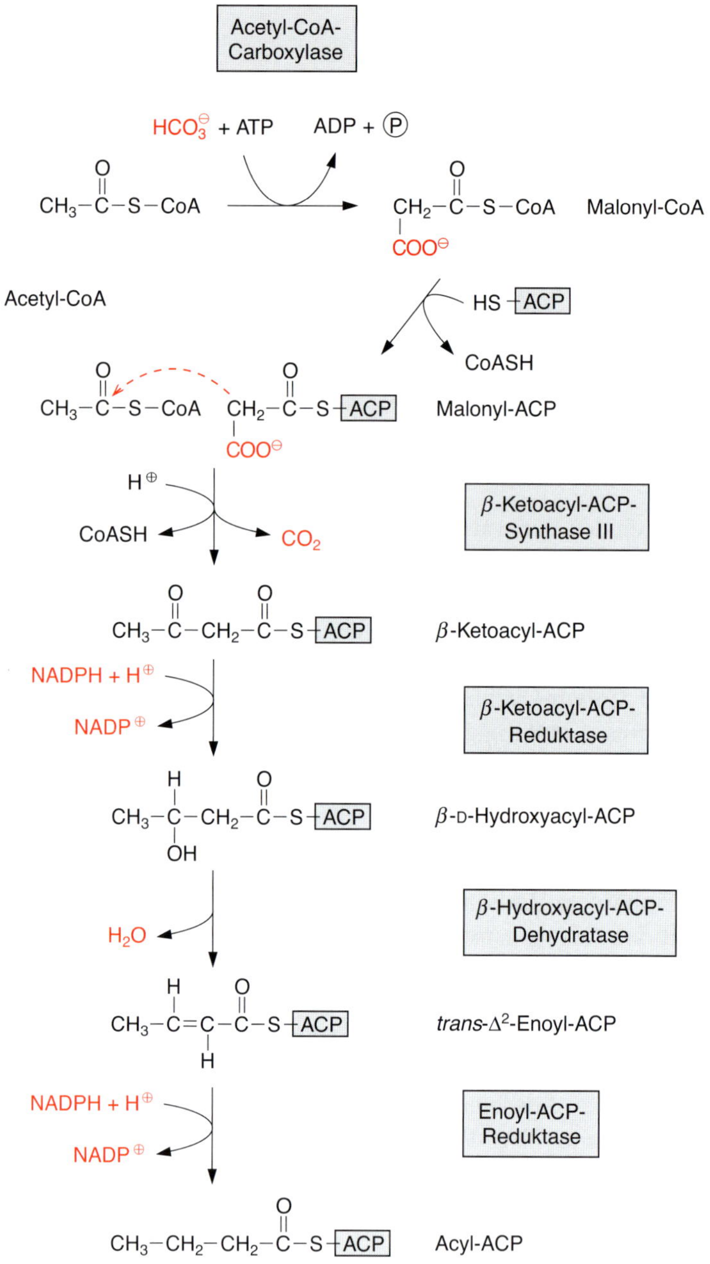

gebunden und wird unter Verbrauch von NADPH zu β-D-Hydroxyacyl-ACP reduziert. Nach einer Wasserabspaltung wird die entstandene Kohlenstoffdoppelbindung durch NADPH zu Acyl-ACP reduziert. Das Produkt ist eine um zwei Kohlenstoffatome verlängerte Fettsäure (Abb. 15.8), mit der der Prozess dann zyklisch erneut durchlaufen werden kann.

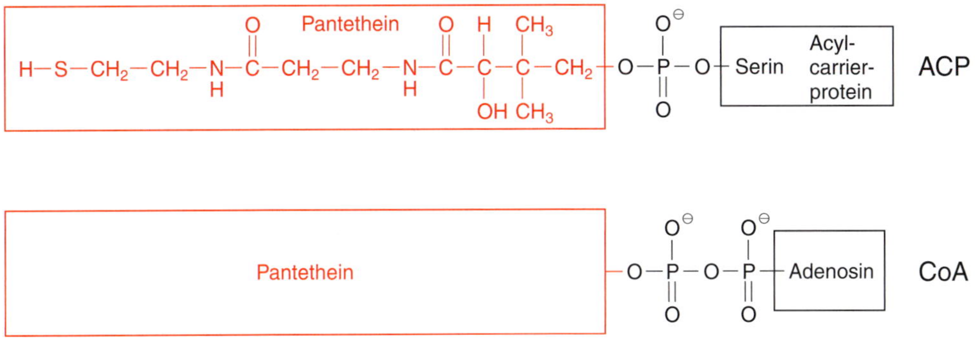

Abb. 15.9 Das Acylcarrierprotein (ACP) besitzt mit Pantethein die gleiche funktionelle Gruppe wie Coenzym-A.

Die Acetyl-CoA-Carboxylase ist das Startenzym der Fettsäuresynthese

Die Carboxylierung des Acetyl-CoA erfolgt durch **Biotin**, einen Überträger von „aktiviertem CO_2" (Abbildung 15.10). Biotin ist durch eine Carboxylseitenkette mit der ε-Aminogruppe eines Lysinrestes des **Biotin-Carboxyl-Carrierproteins** kovalent verknüpft. Biotin enthält eine NH-Gruppe, die unter Verbrauch von ATP mit HCO_3^- ein Kohlensäureamid bildet. Die Carboxylierung des Acetyl-CoA erfordert zwei Schritte: Zunächst carboxyliert die **Biotin-Carboxylase** unter ATP-Spaltung das Biotin; dann überträgt die **Carboxyl-Transferase** die Kohlensäuregruppe auf das Acetyl-CoA. Alle drei Enzyme – Biotin-Carboxyl-Carrierprotein, Biotin-Carboxylase und Carboxyl-Transferase – bilden einen Multienzymkomplex. Da das Biotin an das Carrierprotein mit einer langen, flexiblen Kette befestigt ist, kann es in dem Multienzymkomplex abwechselnd mit der Carboxylase und der Carboxyl-Transferase reagieren (Abb. 15.11).

Da der aus den verschiedenen Untereinheiten aufgebaute Acetyl-CoA-Carboxylase-Multienzymkomplex im Stroma der Plastiden eine große Ähnlichkeit zu den Acetyl-CoA-Carboxylasen in Bakterien aufweist, hat man ihn

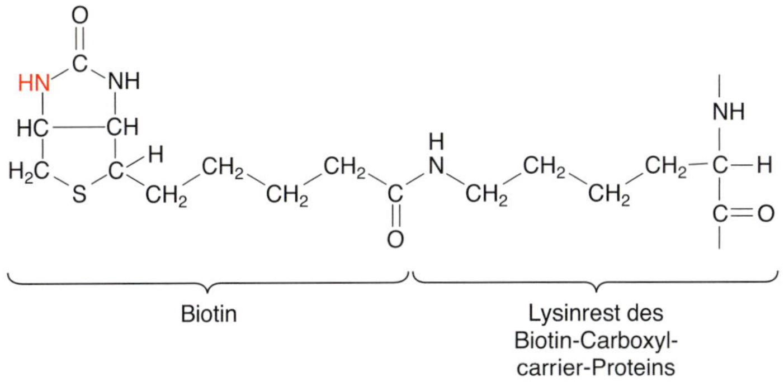

Abb. 15.10 Biotin ist über einen Lysinrest mit dem Biotin-Carboxyl-Carrierprotein verknüpft.

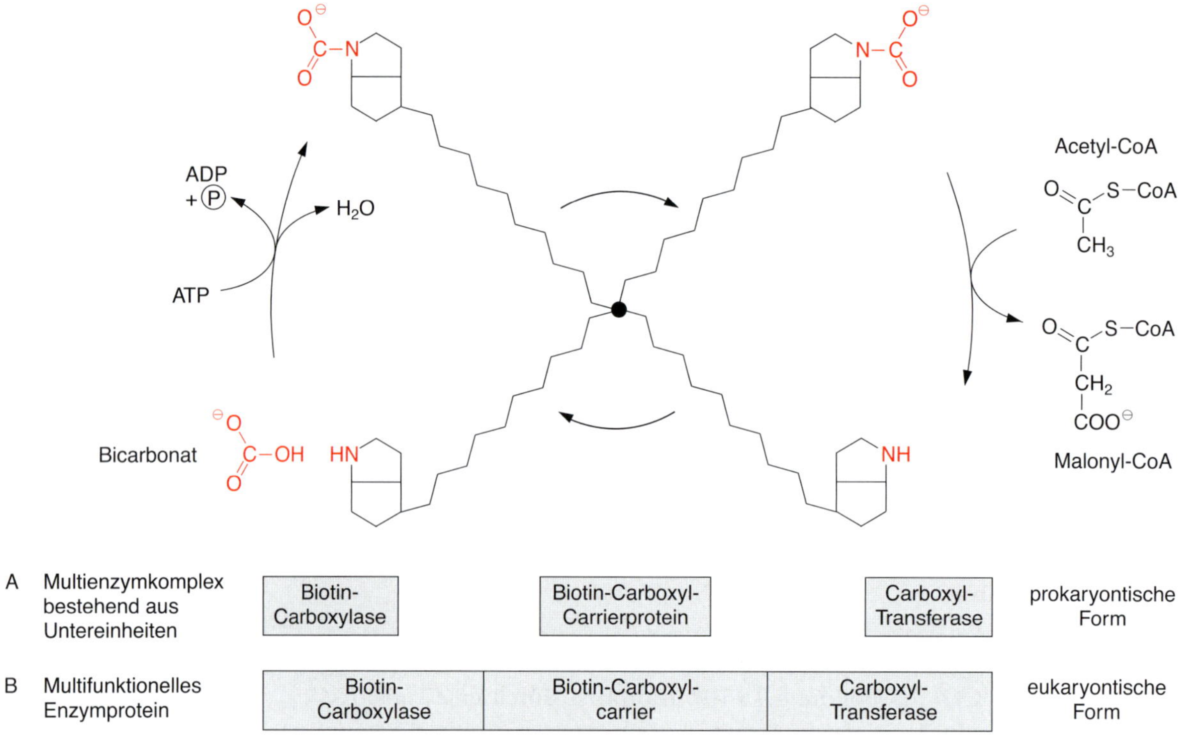

Abb. 15.11 Acetyl-CoA-Carboxylase: Schematische Darstellung der Reaktion. Das mit dem Biotin-Carboxyl-Carrierprotein verknüpfte Biotin reagiert abwechselnd mit der Biotin-Carboxylase und der Carboxyl-Transferase. Die Kreisbewegung wurde aus Gründen der Übersichtlichkeit gewählt, in der Realität ist eine Pendelbewegung anzunehmen. Die eukaryontische Form der Acetyl-CoA-Carboxylase liegt als multifunktionelles Protein vor.

auch als **prokaryontische Form** der Acetyl-CoA-Carboxylase bezeichnet. Acetyl-CoA-Carboxylase kommt aber auch außerhalb der Plastiden vor, wahrscheinlich im Cytosol. Das außerhalb der Plastiden gebildete Malonyl-CoA dient der Kettenverlängerung von Fettsäuren und als Ausgangsprodukt für die Bildung von Flavonoiden (siehe Abschn. 18.5). Die extraplastidäre Acetyl-CoA-Carboxylase besteht jedoch im Gegensatz zu dem Prokaryontentyp aus einem großen **multifunktionellen Protein**, bei dem die Funktionen des Biotincarriers, der Carboxylase und der Carboxyl-Transferase auf verschiedenen Abschnitten der gleichen Polypeptidkette lokalisiert sind. Da dieses multifunktionelle Protein in sehr ähnlicher Form auch im Cytosol von Hefen und Tieren vorkommt, hat man es als **eukaryontische Form** bezeichnet. Es sei aber betont, dass sowohl die eukaryontische wie auch die prokaryontische Form der Acetyl-CoA-Carboxylase im Kern codiert wird. Lediglich ein Protein des prokaryontischen Enzyms wird möglicherweise von den Plastiden codiert.

In Gramineen (Gräsern) – dazu gehören die verschiedenen Getreidearten – gibt es die prokaryontische Form nicht; dort ist auch innerhalb der Chloro-

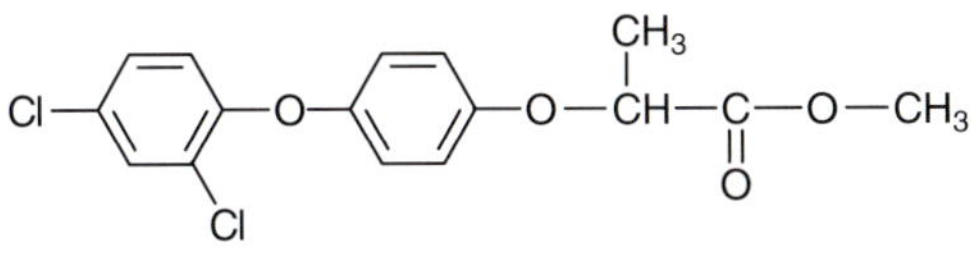
Diclofopmethyl

Abb. 15.12 Diclofopmethyl, ein Herbizid (Hoe-Grass®, Bayer), hemmt die eukaryontische multifunktionelle Acetyl-CoA-Carboxylase.

plasten die multifunktionelle eukaryontische Acetyl-CoA-Carboxylase vorhanden. Die eukaryontische Acetyl-CoA-Carboxylase wird durch verschiedene **Arylphenoxypropionsäurederivate**, wie zum Beispiel **Diclofopmethyl** (Abb. 15.12), gehemmt. Da in den Gramineen die eukaryontische Acetyl-CoA-Carboxylase auch an der *de-novo*-Fettsäuresynthese der Plastiden beteiligt ist, wird die Lipidsynthese von Gramineen durch diesen Hemmer besonders stark beeinträchtigt. Man verwendet daher Diclofopmethyl (Handelsname Hoe-Grass®, Aventis) und ähnliche Substanzen als selektive Herbizide beim Anbau krautiger Nutzpflanzen wie Tomate oder Kartoffel (Abschn. 3.6), um gezielt Gräser als Unkraut zu bekämpfen.

Die Acetyl-CoA-Carboxylase ist als Startenzym der Fettsäuresynthese eine wichtige Regulationsstelle, und ihre Reaktion wird als geschwindigkeitsbestimmender Schritt der Fettsäuresynthese angesehen. In Chloroplasten hat das Enzym nur im Licht seine volle Aktivität und ist im Dunkeln stark gehemmt. Daher läuft die Fettsäuresynthese hauptsächlich tagsüber ab, wenn das dafür erforderliche NADPH durch die Photosynthese angeliefert wird. Der Mechanismus der Lichtaktivierung entspricht dem der Lichtaktivierung von Enzymen des Calvin-Cyclus (Abschn. 6.6): Die Acetyl-CoA-Carboxylase wird durch Thioredoxin reduktiv aktiviert, und die Aktivität durch Steigerung des pH und der Mg^{2+}-Konzentration im Stroma weiter erhöht.

Weitere Schritte der Fettsäuresynthese erfolgen ebenfalls an einem Multienzymkomplex

Das durch die Kondensation von Acetyl-CoA und Malonyl-ACP gebildete **β-Ketoacyl-ACP** (Abb. 15.8) wird durch NADPH zu **β–D-Hydroxyacyl-ACP** reduziert, und nach Wasserabspaltung wird die Kohlenstoffdoppelbindung des entstandenen **Enoyl-ACP** wiederum durch NADPH zum Acyl-ACP reduziert. Diese Reaktionssequenz hat Ähnlichkeit mit der Umkehr der Bildung von Oxalacetat aus Succinat im Citratcyclus (Abb. 5.3). Die hier gezeigten Reaktionsschritte werden ebenfalls durch einen Multienzymkomplex katalysiert, in dem die beteiligten Enzyme im Plastidenstroma wahrscheinlich in regelmäßiger Form angeordnet sind. Abbildung 15.13 zeigt schematisch das Zusammenspiel der verschiedenen Reaktionen. Das ACP, das den Acylrest als Thioester gebunden enthält, ist im Zentrum lokalisiert. Der Acylrest hängt an einer flexiblen Kette und kann so von Enzym zu Enzym weitergereicht werden.

Um die gebildete Fettsäure zu verlängern, wird sie vermutlich zunächst auf ein anderes ACP übertragen. Die Kondensation dieses Acyl-ACP mit einem

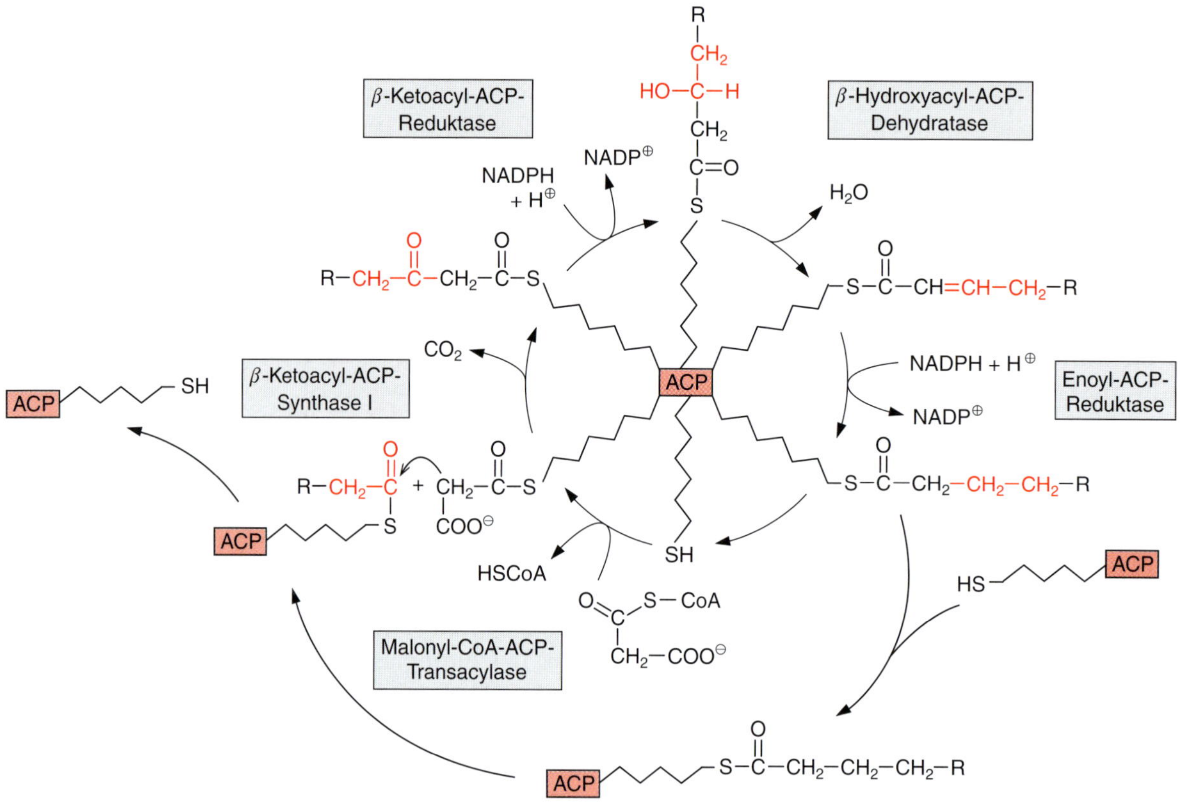

Abb. 15.13 Das Zusammenspiel der verschiedenen Enzyme bei der Fettsäuresynthese. Das im Zentrum vorhandene Acylcarrierprotein (ACP) reicht den als Thioester gebundenen Fettsäurerest von Enzym zu Enzym. Die Darstellung als Kreisbewegung wurde aus Gründen der Übersichtlichkeit gewählt.

neu gebildeten Malonyl-ACP wird durch **β-Ketoacyl-ACP-Synthase I** (KAS I) katalysiert. Dieses Enzym ermöglicht die Bildung von Fettsäuren mit einer Kettenlänge bis C_{16}, eine weitere Kettenverlängerung bis C_{18} erfolgt durch die **β-Ketoacyl-ACP-Synthase II** (KAS II) (Abb. 15.14).

Es sei erwähnt, dass in Tieren und Pilzen die in Abbildung 15.13 gezeigten Enzyme der Fettsäuresynthese in nur ein bis zwei multifunktionellen Proteinen enthalten sind, die ihrerseits einen Komplex bilden (eukaryontischer Fettsäure-Synthase-Komplex). Da der Fettsäuresyntheseapparat der Plastiden dem von vielen Bakterien ähnlich ist, bezeichnet man ihn auch als **prokaryontischen Fettsäure-Synthase-Komplex**.

In der neugebildeten Fettsäure wird die erste Doppelbindung durch eine lösliche Desaturase eingefügt

Das im Plastidenstroma gebildete Stearoyl-ACP (18:0) wird im Stroma zu Oleoyl-ACP (18:1) desaturiert (Abb. 15.15A). Diese Reaktion kann als eine

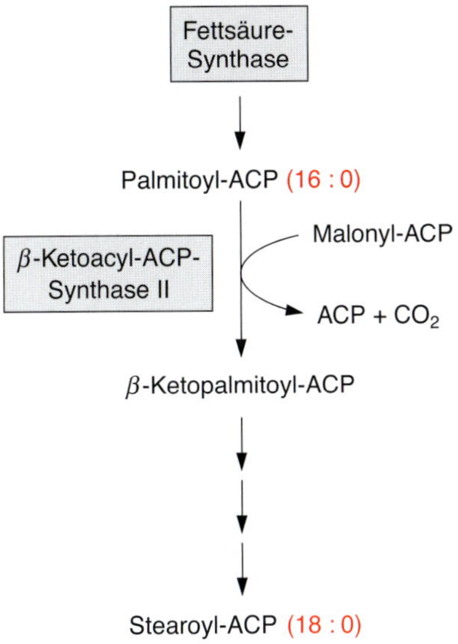

Abb. 15.14 Fettsäuresynthese in den Plastiden.

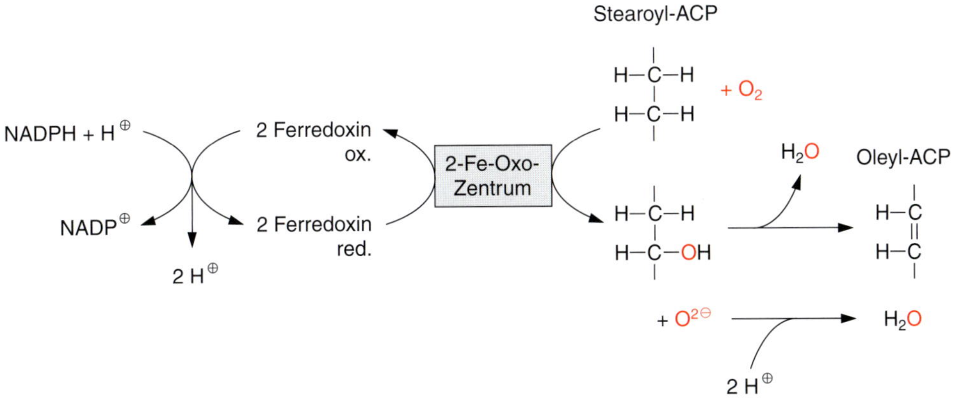

Abb. 15.15A Die in den Plastiden lokalisierte Stearoyl-ACP-Desaturase katalysiert die Desaturierung von Stearoyl-ACP zu Oleyl-ACP. Die Reaktion ist eine Monooxygenierung mit nachfolgender Wasserabspaltung.

Monooxygenierung aufgefasst werden, bei der von einem O_2-Molekül ein O-Atom zu Wasser reduziert wird und das andere in der Fettsäurekette als Hydroxygruppe eingebaut wird (Abschn. 18.2). Durch nachfolgende Abspaltung von H_2O von dem Kohlenwasserstoff (analog der β-Hydroxyacyl-ACP-Dehydratasereaktion, Abb. 15.8) entsteht eine Kohlenstoffdoppelbindung, im Gegensatz zur Fettsäuresynthese allerdings in *cis*-Konfiguration. Die Monooxygenierung erfordert zwei Elektronen, die im Plastiden durch NADPH über reduziertes Ferredoxin geliefert werden. Monooxygenasen sind bei Bakterien, Pflanzen und Tieren weit verbreitet. In den meisten Fällen erfolgt die Aktivierung des O_2 durch ein spezielles Cytochrom, das so genannte „Cytochrom P_{450}“. Bei der **Stearoyl-ACP-Desaturase** dagegen reagiert das O_2-Molekül mit einem **Di-Eisen-Oxo-Zentrum** (Abb. 15.16). Als Redox-

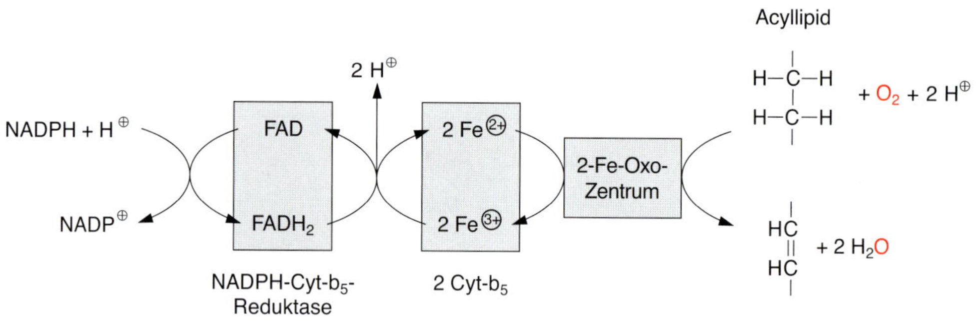

Abb. 15.15B Acyllipid-Desaturasen, integrale Bestandteile der ER-Membran, katalysieren die Desaturierung von Fettsäuren, welche Bestandteil von Phospholipiden sind. Die Reaktion ist eine Monooxigenierung mit nachfolgender Wasserabspaltung (in Abb. nicht gezeigt). Der Elektronentransport von NADPH auf die Desaturase erfordert zwei weitere Proteine, eine NADPH-Cyt-*b* Reduktase sowie Cytochrom-b_5. Die in Plastiden lokalisierten Acyllipid-Desaturasen verwenden das gleiche Elektronentransportsystem wie in Abb. 15.15A, d. h. mit Ferredoxin und nicht mit Cyt-b_5 wie die am ER lokalisierten Enzyme.

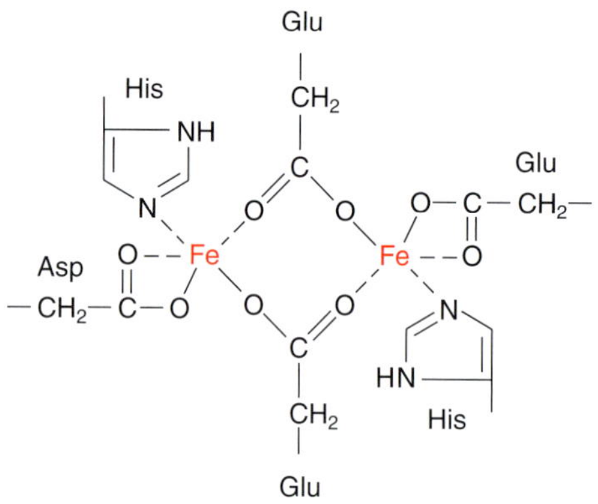

Abb. 15.16 In einem Di-Eisen-Oxozentrum, wie es unter anderem in der Acyl-ACP-Desaturase enthalten ist, werden zwei Fe-Atome durch Glutamat-, Aspartat- und Histidinseitenketten des Proteins gebunden.

überträger haben wir bisher Eisen-Schwefel-Zentren kennengelernt, bei denen die Fe-Atome über Cysteinreste an Proteine gebunden werden (Abb. 3.26). Bei dem 2Fe-Oxo-Zentrum der Desaturase sind zwei Eisenatome über Carboxygruppen von Glutamat und Aspartat an das Enzym gebunden. Die beiden Fe-Atome wechseln zwischen den Oxidationsstufen +IV, +III und +II. Die Aktivierung von O_2 erfolgt durch eine Anlagerung zwischen den beiden Fe-Atomen.

Die Stearoyl-ACP-Desaturase ist ein lösliches Protein, welches in Chloroplasten und anderen Plastiden lokalisiert ist. Das Enzym ist so aktiv, dass neu gebildetes Stearoyl-ACP in der Regel fast vollständig zu Oleoyl-ACP (18:1) umgesetzt wird (Abb. 15.17). Allerdings ist diese Desaturase nur zur Einführung einer Doppelbindung geeignet. Die Einführung weiterer Doppelbindungen erfolgt über Desaturasen, welche integrale Membranproteine des endoplasmatischen Reticulum (ER) und der plastidären inneren Hüllmembran sind. Diese Desaturasen reagieren nur mit Fettsäuren, die veresterte Bestandteile von Membranlipiden sind. Man bezeichnet sie daher als **Acyllipid-Desaturasen**. Acyllipid-Desaturasen benötigen O_2 als Reaktionspartner, ähn-

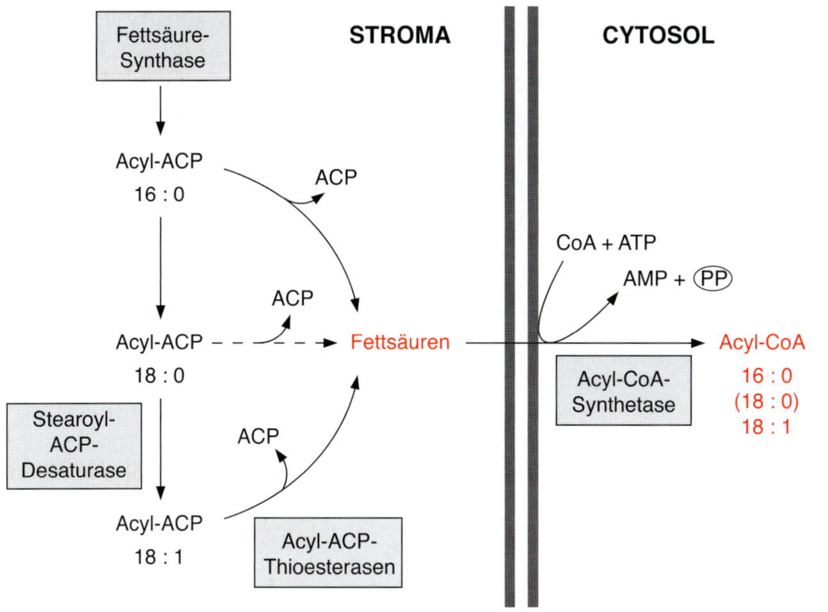

Abb. 15.17 Durch Acyl-ACP-Thioesterasen werden im Stroma hauptsächlich 16:0- und 18:1-Fettsäuren freigesetzt, sowie in geringem Maße 18:0-Fettsäuren. Nach Austritt der Fettsäuren in das Cytosol werden sie sofort zu Acyl-CoA umgesetzt.

lich wie die im Vorangehenden besprochene ACP-Desaturase. Während die plastidären Acyllipid-Desaturasen das NADPH- und Ferredoxin-abhängige Elektronentransportsystem nutzen, verwenden die extraplastidären, ER-ständigen Acyllipid-Desaturasen eine andere Elektronentransportkette (Abb. 15.15 B). Die erforderlichen Reduktionsäquivalente werden von NADPH über eine FAD enthaltende **NADPH-Cytochrom b_5-Reduktase** auf Cytochrome-b_5 und von dort weiter auf die eigentliche Desaturase übertragen. Acyllipid-Desaturasen enthalten zwei Fe-Atome, die wahrscheinlich durch Histidin-Reste des Proteins gebunden sind. In Plastiden wirkt Ferredoxin als Reduktionsmittel. Die Acyllipid-Desaturasen gehören zu einer großen Familie von Enzymen. Mitglieder dieser Enzymfamilie katalysieren die Einführung von Hydroxylgruppen (Hydroxylasen), von Epoxygruppen (Epoxygenasen) und Kohlenstoff-Dreifach-Bindungen (Acetylenasen) in Fettsäuren von Acyllipiden.

Das in den Plastiden als Produkt der Fettsäuresynthese gebildete Acyl-ACP hat zwei Verwendungszwecke

Das in den Plastiden gebildete Acyl-ACP hat zwei wichtige Funktionen:

1. Für die Verwendung innerhalb der Plastiden wirkt es als Acyldonor für die Synthese plastidärer Membranlipide. Enzyme der Glycerolipidsynthese sind teilweise sowohl in der inneren als auch in der äußeren Hüllmembran vorhanden. Bei der Lipidsynthese findet zwischen diesen beiden Membranen mitunter auch eine Arbeitsteilung statt. Wir werden im Folgenden aber nicht zwischen der Lipidsynthese der inneren und äußeren Hüllmembran unterscheiden, um den Rahmen dieses Buches nicht zu sprengen.

2. Für die Umsetzung außerhalb der Plastiden wird das Acyl-ACP durch Acyl-ACP-Thioesterasen hydrolytisch in Fettsäuren und ACP gespalten (Abb. 15.17). Die so freigesetzten Fettsäuren verlassen die Plastiden, wobei nicht bekannt ist, ob dies über unspezifische Diffusion oder einen spezifischen Transport erfolgt. An der äußeren Hüllmembran werden diese freien Fettsäuren bereits wieder abgefangen, indem sie durch eine Acyl-CoA-Synthetase unter Verbrauch von ATP zu Acyl-CoA umgesetzt werden. Da durch die Thioesterasen in den Plastiden in erster Linie 16:0- und 18:1-Acyl-ACP und nur in geringem Maße 18:0-Acyl-ACP gespalten wird, werden durch die Plastiden hauptsächlich CoA-Ester mit den Acylresten 18:1 und 16:0 (in geringen Mengen auch 18:0) für den extraplastidären Lipidmetabolismus synthetisiert.

15.4 Glycerin-3-phosphat ist Ausgangssubstrat für die Synthese von Glycerolipiden

Glycerin-3-phosphat ist das Ausgangssubstrat für die Synthese der Glycerolipide; es wird durch die Reduktion von Dihydroxyacetonphosphat mit NADH als Reduktionsmittel gebildet (Abb. 15.18). Entsprechende Dihydroxyacetonphosphat-Reduktasen gibt es sowohl im Plastidenstroma als auch im Cytosol. Bei der plastidären Lipidsynthese werden die Acylreste direkt vom Acyl-ACP auf Glycerin-3-phosphat übertragen. Bei der ersten Acylierung in Position 1 wird meist ein 18:1-, seltener ein 16:0- und in wenigen Fällen auch ein 18:0-Acylrest übertragen. In die C-2-Position wird hingegen stets ein 16:0-Acylrest übertragen. Da man diese Spezifität auch bei Cyanobakterien beobachtet, bezeichnet man die Glycerolipidsynthese der Plastiden auch als **prokaryontischen Weg**.

Bei der Glycerolipidsynthese an der ER-Membran wird der Acylrest von Acyl-CoA übertragen. Auch hier wird in C-1-Position ein 18:1-, 16:0- oder 18:0-Acylrest verestert, in C-2-Position jedoch stets ein C_{18}-Acylrest unterschiedlichen Desaturierungsgrades. Man spricht von einem **eukaryontischen Weg**.

Die Bindung der polaren Kopfgruppen an die Membranlipide erfolgt meist über eine Aktivierung der Kopfgruppen, kann aber auch über eine Aktivierung des Diacylglycerins erfolgen. Für die Aktivierung von Cholin und Ethanolamin werden diese zunächst durch ATP über spezifische Kinasen phosphoryliert und dann über Cytidyltransferasen durch Reaktion mit CTP zu **CDP-Cholin** und **CDP-Ethanolamin** umgesetzt (Abb. 15.19). Galactose als Kopfgruppe wird als **UDP-Galactose** aktiviert (Abb. 15.20). Letztere wird aus Glucose-1-phosphat und UTP über die UDP-Glucose-Pyrophosphorylase (Abschn. 9.2) und die UDP-Glucose-Epimerase (Abb. 9.21) gebildet. Bei der Synthese von Digalactosyldiglycerid (DGDG) aus Monogalactosyldiglycerid (MGDG) wird ein Galactoserest wiederum von UDP-Galactose übertragen. Auch Sulfochinovose wird als UDP-Verbindung aktiviert, wobei auf Details der Synthese dieses Restes hier nicht eingegangen wird. Akzeptor für die ak-

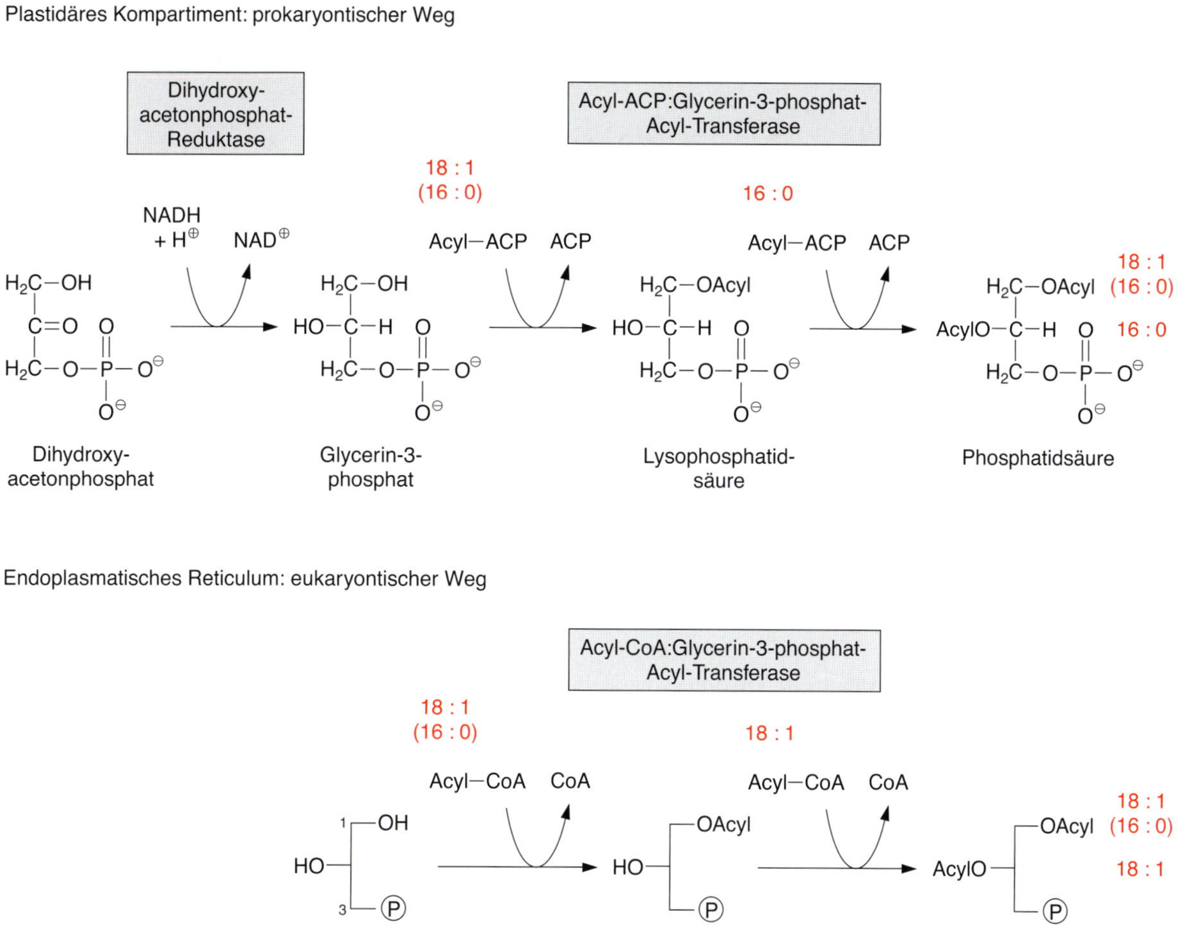

Abb. 15.18 Die in den Plastiden und am endoplasmatischen Reticulum synthetisierten Membranlipide unterscheiden sich in ihrer Fettsäurezusammensetzung.

tivierten Kopfgruppen ist Diacylglycerin, das durch Abspaltung des Phosphatrestes von der Phosphatidsäure gebildet wird.

An der ER-Membran werden Fettsäuren verlängert und in der ER-Membran desaturiert

Wie in Abbildung 15.17 gezeigt ist, werden durch die Plastiden 16:0-, 18:1- und auch in geringem Maße 18:0-Acylreste angeliefert. Manche Speicherfette enthalten jedoch längerkettige Fettsäuren. Dies trifft auch für Wachse zu, die Ester einer sehr langkettigen Fettsäure (C_{20} bis C_{24}) mit einem sehr langkettigen Alkylalkohol (C_{24} bis C_{32}) sind. Die Verlängerung der Fettsäuren über C-18 hinaus erfolgt durch so genannte **Elongasen**, die am endoplasmatischen Reticulum lokalisiert sind (Abb. 15.21). Die Elongation erfolgt wiederum über C_2-Stufen; Intermediate und Produkte der Elongation sind Acyl-CoA-Thioester.

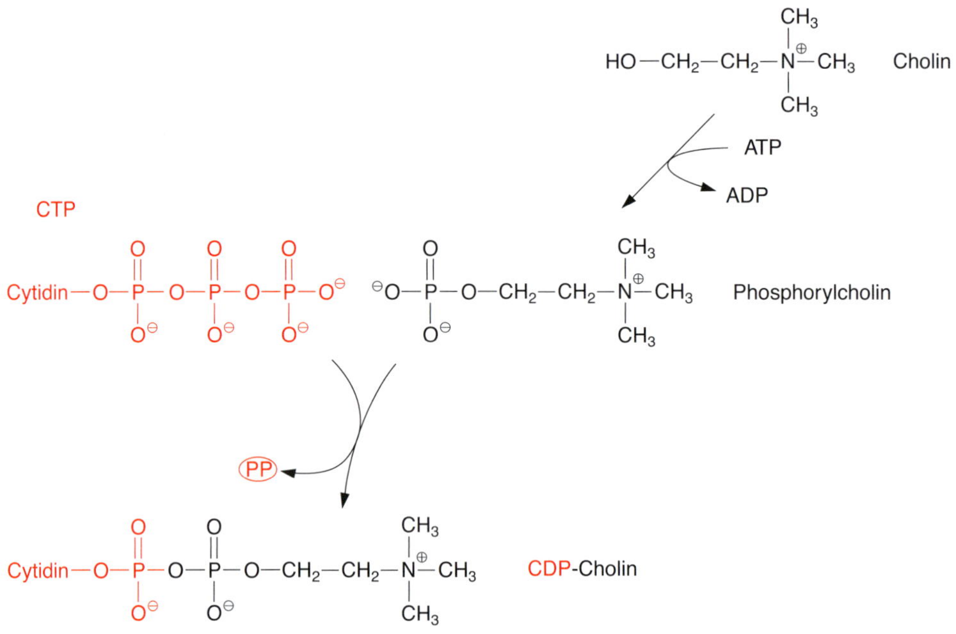

Abb. 15.19 Bildung von CDP-Cholin.

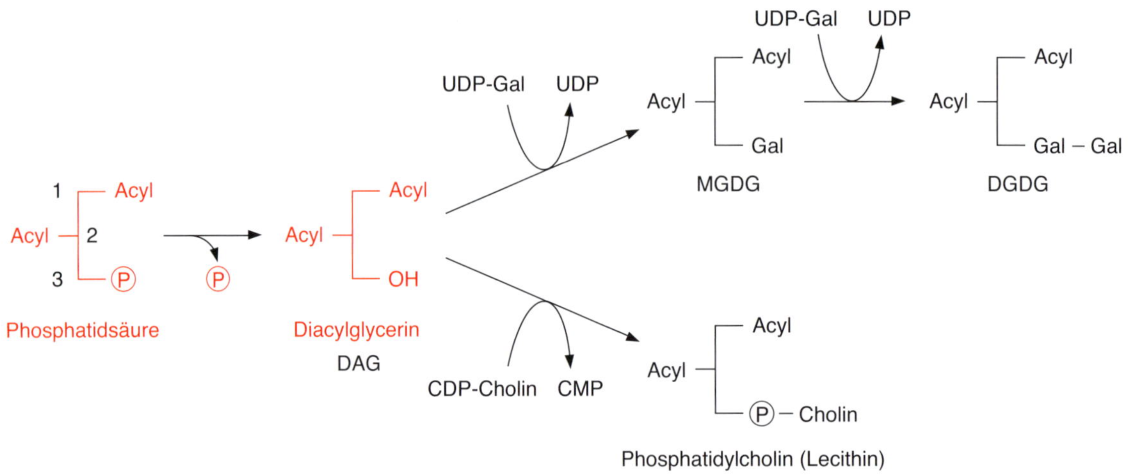

Abb. 15.20 Übersicht der Synthese von Membranlipiden.

In der ER-Membran kann auch eine weitere Desaturierung der Acylreste erfolgen. Dazu müssen sie zunächst in Phospholipide, zum Beispiel Phosphatidylcholin, eingebaut werden (Abb. 15.21). Durch Desaturasen in der Membran des endoplasmatischen Reticulums kann eine Desaturierung von Oleat (18:1) über Linoleat (18:2) bis zum Linolenat (18:3) erfolgen. Durch Acylaustausch kann der 18:2- oder 18:3-Acylrest in C-2-Position des Glycerins gegen einen 18:1-Acylrest ausgetauscht werden, letzteres wird dann gegebenenfalls wieder desaturiert.

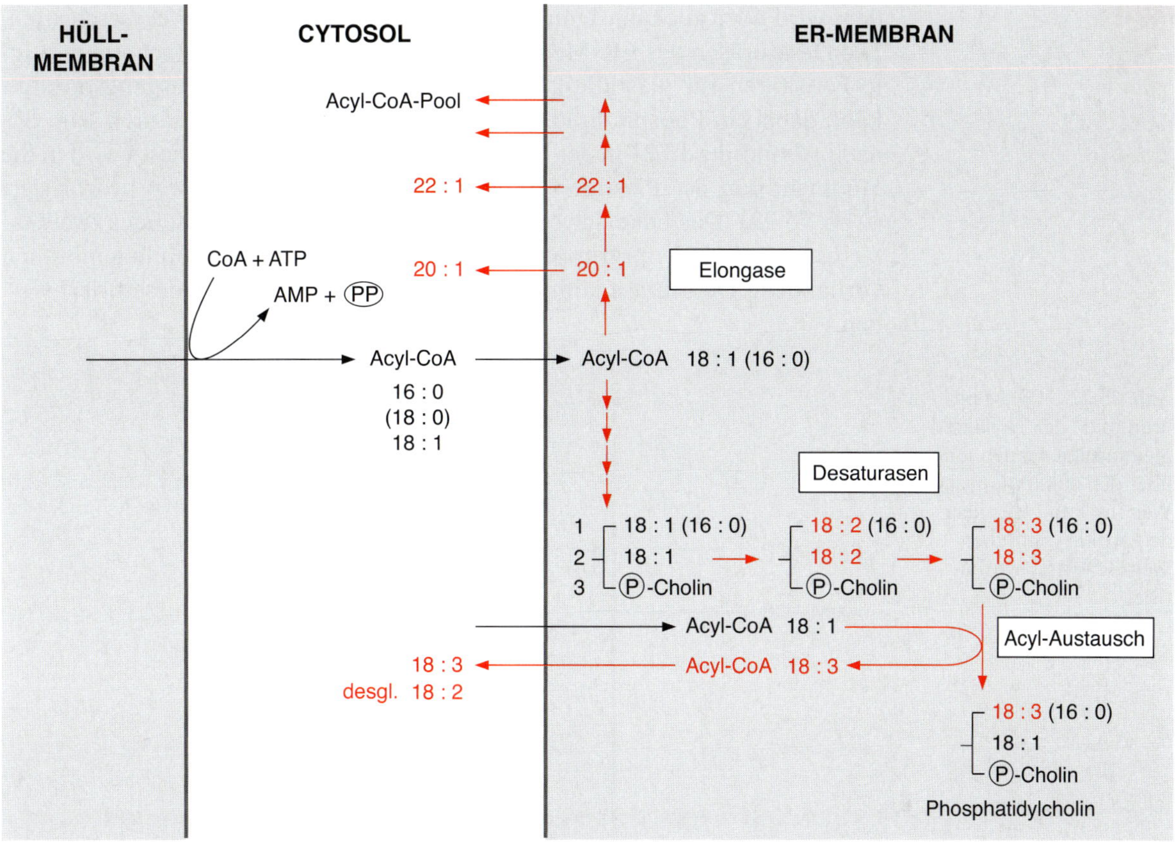

Abb. 15.21 Im Cytosol besteht ein Pool von Acyl-CoA verschiedener Kettenlänge und Desaturierung. Die von den Plastiden angelieferten Acylreste werden als Acyl-CoA durch am ER lokalisierte Elongasen verlängert. Nach Einbau in Phosphatidylcholin werden 18:1-Acylreste durch in der ER-Membran vorhandene Desaturasen zu 18:2 und 18:3 desaturiert. Die höher desaturierten Fettsäuren in Position 2 können gegen 18:1-Acyl-CoA ausgetauscht werden. Auf diese Weise werden dem cytosolischen Pool 18:2- und 18:3-Acyl-CoA bereitgestellt.

Durch das Zusammenspiel von Plastiden und ER steht der Zelle für die verschiedenen Bedürfnisse im Cytosol ein **Acyl-CoA-Pool** zur Verfügung, für den die 16:0-, 18:0- und 18:1-Acylreste von den Plastiden bereitgestellt und die längerkettigen und höher ungesättigten Acylreste durch Modifikation am ER und in der ER-Membran gebildet werden.

Ein Teil der plastidären Membranlipide wird über den eukaryontischen Weg gebildet

Wie bereits besprochen, erfolgt die Synthese der für die Plastidenmembranen bestimmten Glycerolipide in den Hüllmembranen der Plastiden. Neben dem prokaryontischen Weg, bei dem die Acylreste vom Acyl-ACP übertragen werden, wird aber auch ein Umweg über den eukaryontischen Weg beschritten. Die Desaturasen der ER-Membran werden benutzt, um zweifach ungesättigte Fettsäuren für plastidäre Membranlipide herzustellen. Ausgangsprodukt kann dabei ein Phospholipid mit zweifach ungesättigten Fettsäuren sein, das nach Abbildung 15.21 in der ER-Membran gebildet wurde. Dieses wird in die Hüllmembran der Plastiden transferiert und zu Diacylglycerin hydrolysiert (Abb. 15.22). Das Diacylglycerin wird vorzugsweise mit einem oder zwei Galactoseresten als Kopfgruppe versehen. Durch eine in den Hüllmembranen vorhandene Desaturase können die Acylreste weiter zu 18:3 desaturiert werden.

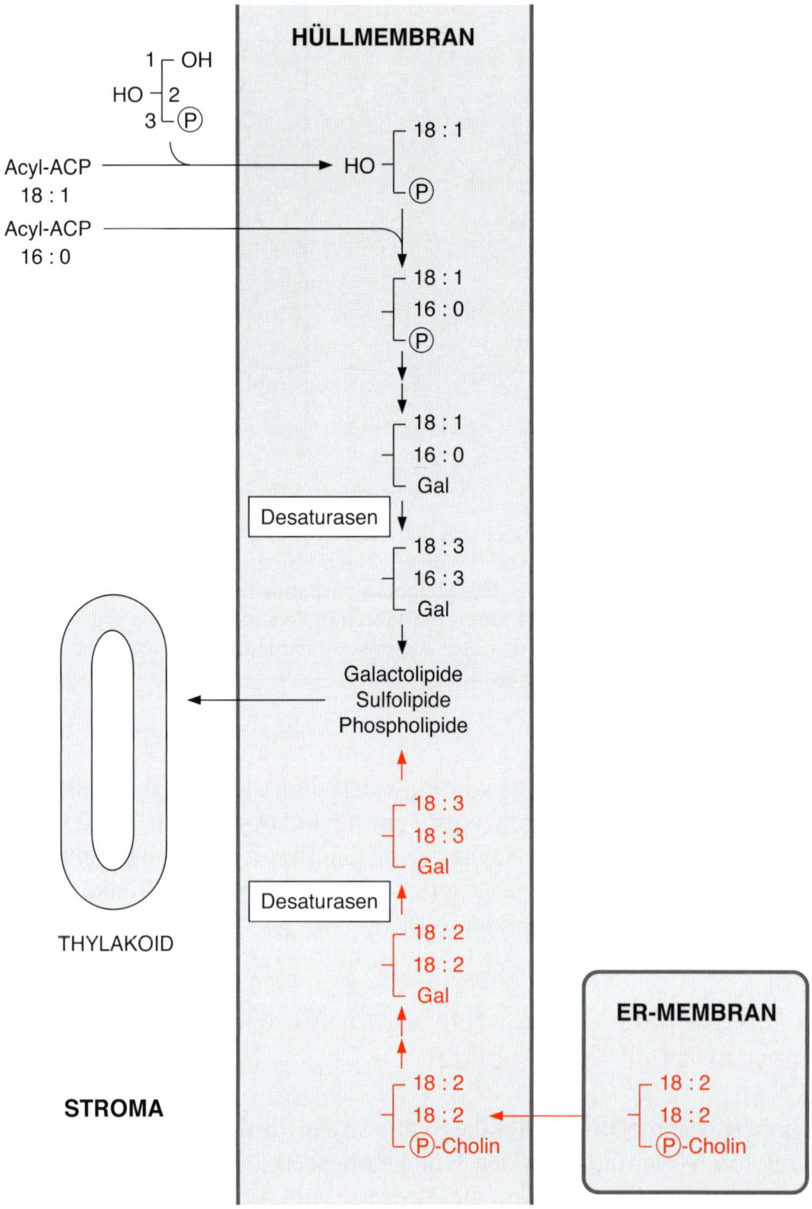

Abb. 15.22 Die Membranlipide der Thylakoidmembranen werden teils über den eukaryontischen Weg (rot) und teils über den prokaryontischen Weg (schwarz) synthetisiert.

Es gibt aber auch in den Plastidenhüllmembranen Desaturasen, die lipidgebundene 18:1- und 16:0-Acylreste desaturieren können. Ein Vergleich der Acylreste in der C2-Position (beim prokaryontischen Weg 16:0, beim eukaryontischen Weg 18:n) zeigt jedoch, dass ein großer Teil der hochungesättigten Galactolipide der Plastiden über den eukaryontischen Umweg gebildet werden. Die in den Hüllmembranen gebildeten Membranlipide werden möglicherweise über ein Transferprotein in die Thylakoidmembran übertragen.

15.5 Triacylglycerine werden in den Membranen des endoplasmatischen Reticulums gebildet

In reifen Samen beträgt der Lipidgehalt meist 45% des Trockengewichts, kann aber in einzelnen Fällen, beispielsweise bei Ricinus, 85% des Trockengewichts ausmachen. Ausgangssubstanz für die Triacylglycerinsynthese ist wiederum Glycerin-3-phosphat. Für die Synthese gibt es mindestens vier Wege, von denen hier nur die zwei wichtigsten gezeigt werden (Abb. 15.23). Durch zweifache Acylierung des Glycerin-3-phosphats entsteht Phosphatidsäure, nach Hydrolyse des Phosphatrestes wird dann auch Position 3 acyliert. Für die Acylierung steht der gesamte Acyl-CoA-Pool (Abb. 15.21) zur Verfügung. Allerdings wird die C-2-Position meist über den eukaryontischen Weg mit einem C_{18}-Rest acyliert. Bei dem zweiten Weg wird zunächst Phosphatidylcholin gebildet, die darin enthaltenden Fettsäuren werden weiter desaturiert, der Cholinphosphatrest abgespalten und das entsprechende Diacylglycerin acyliert. Dieser Weg wird oft für die Synthese von hochungesättigten Triacylglycerinen beschritten. Zwischen den beiden gezeigten Wegen bestehen Querverbindungen, auf die in Abbildung 15.23 jedoch nicht eingegangen wird.

Pflanzliche Fette werden nicht nur als Nahrungsmittel, sondern auch als Rohstoffe für die Industrie genutzt

Der menschliche Stoffwechsel benötigt zwei- und mehrfach ungesättigte Fettsäuren, kann aber keine Doppelbindungen in den Positionen 12 und 15 einfügen. Daher sind **Linol-** und **Linolensäure** (Abb. 15.4) für den Menschen essenzielle Fettsäuren, die mit der Nahrung aufgenommen werden müssen. Pflanzliche Fette zeichnen sich gegenüber tierischen Fetten dadurch aus, dass sie einen viel höheren Gehalt an ungesättigten Fettsäuren aufweisen. Pflanzliche Fette haben einen großen Anteil an der menschlichen Ernährung. In Industrieländern werden etwa 20 % des calorischen Nahrungsbedarfs durch Pflanzenfette gedeckt. Pflanzliche Fette sind aber auch ein wichtiger Industrierohstoff. Die nach Hydrolyse von Triacylglycerinen (**Verseifung**) gewonnenen Fettsäuren werden in Form der Alkalisalze als Seife genutzt. Auch Fettsäurealkohole und sulfonierte Fettsäuremethylester finden Verwendung als **Detergenzien**. In letzter Zeit werden erhebliche Erntemengen pflanzlicher

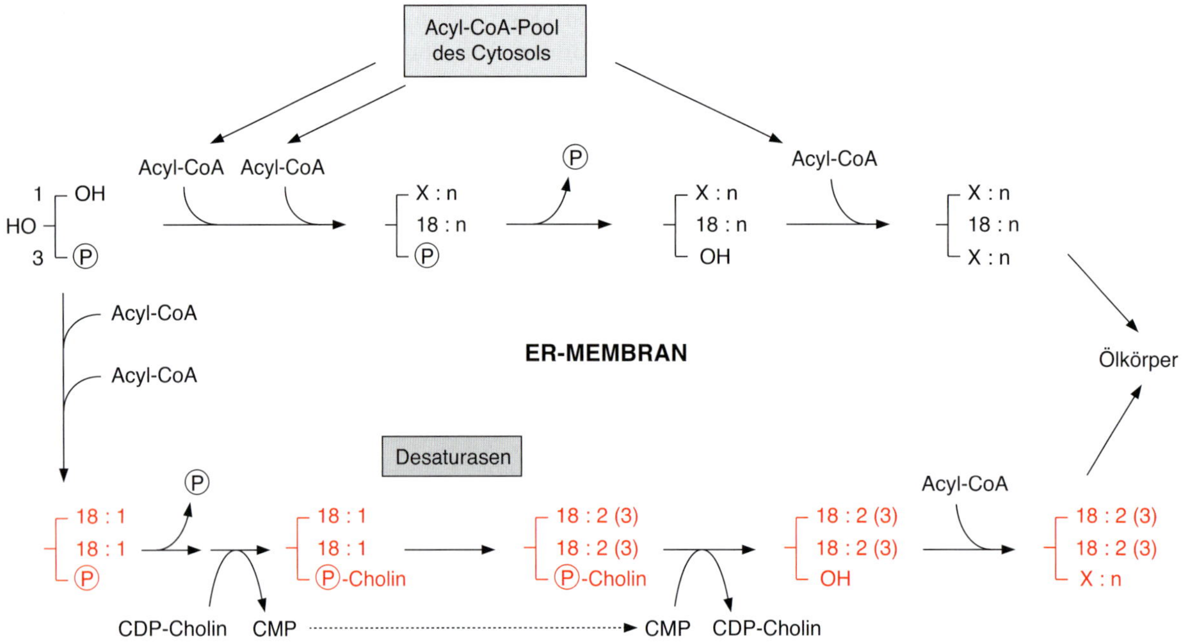

Abb. 15.23 Übersicht der Triacylglycerinsynthese in der ER-Membran. Die Synthese erfolgt entweder über die Acylierung von Glycerinphosphat (schwarz) oder über eine intermediäre Synthese eines Phospholipids, dessen Fettsäuren durch Desaturasen in der ER-Membran desaturiert werden (rot).

Öle zu Fettsäuremethylester verarbeitet, um als „**Biodiesel**" als Autotreibstoff genutzt zu werden. Das dabei in großen Mengen anfallende Glycerin ist eine wichtige Ausgangssubstanz für die chemische Industrie.

Tabelle 15.3 zeigt, dass die Fettsäurezusammensetzung verschiedener Pflanzenöle sehr unterschiedlich ist. Manche pflanzlichen Triacylglycerine enthalten in großen Mengen seltenere Fettsäuren, die industriell verwendet werden (Tab. 15.4). So hat Öl aus Palmkernen einen hohen Gehalt an der kurzkettigen **Laurinsäure** (12:0), die als Ausgangssubstanz für die Produktion von Waschmitteln, Kosmetika und Detergenzien benutzt wird. Große Plantagen von Kokos- und Ölpalmen in Südostasien sichern die Versorgung der oleochemischen Industrie. Linolensäure aus europäischen Leinsamen dient zur Herstellung von Anstrichmitteln. **Ricinolsäure** (Abb. 15.24), eine seltene Fettsäure, die in C-12-Position eine Hydroxygruppe enthält und etwa 90 % der Fettsäuren im Ricinusöl ausmacht, wird als Schmiermittel und auch als Oberflächenschutz industriell genutzt. Ähnliche oleochemisch-technische Verwendungen findet auch die **Erucasäure** (Abb. 15.24). Erucasäure war ein ernährungsphysiologisch als minderwertig eingestufter Bestandteil des Rapsöls, bis es vor 35 Jahren durch Kreuzungen gelang, erucasäurefreien Raps (sog. Null-Raps) zu züchten. Die Angaben in Tabelle 15.3 beziehen sich auf diese jetzt weltweit angebaute Sorte. Inzwischen werden für die Bedürfnisse der Industrie auch wieder erucasäurehaltige Rapssorten angebaut.

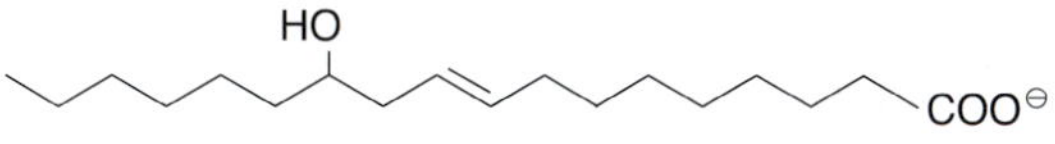

Ricinolsäure (18:1, Δ^9,12-OH)

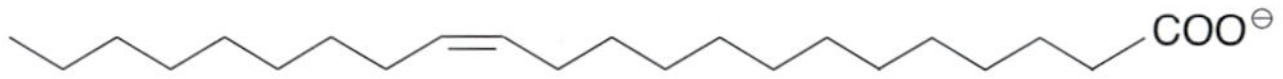

Erucasäure (22 : 1, Δ^{13}-*cis*)

Abb. 15.24 Ricinolsäure und Erucasäure, Rohstoffe für die Industrie.

Tabelle 15.3: Weltproduktion und Fettsäurezusammensetzung wichtiger Pflanzenfette

	Weltproduktion 2005 10^6 t	% des Fettsäuregehalts C 12:0	C 14:0	C 16:0	C18:0	C 18:1	C 18:2	andere
Soja-Öl	30	0	0	8	4	28	53	7
Palm-Öl	25	0	2	42	5	41	10	0
Raps-Öl	13	0	0	4	1	60	20	15
Sonnenbl.-Öl	9	0	0	6	4	28	61	1
Erdnuss-Öl	5	0	0	10	3	50	30	3
Cocos-Öl	3	48	17	9	2	7	1	16
Palmkern-Öl	3	50	15	7	2	15	1	10
Gesamt-Produktion Pflanzenfette	**98**							

Tabelle 15.4: Industrielle Nutzung von pflanzlichen Ölen und Fettsäuren

	Hauptquelle	Nutzung für
Laurinsäure (12:0)	Palmkern, Kokosnuss	Seifen, Detergenzien, Kosmetika
Linolensäure (18:3)	Leinsamen	Farben, Lacke
Ricinolsäure (18:1, Δ^9, 12-OH)	Ricinusfrüchte	Oberflächenschutz, Schmiermittel
Erucasäure (22:1, Δ^{13})	Raps	Schaumbremser für Waschmittel, Schmiermittel, Synthese von Kunstfasern

Durch *molecular engineering* werden Pflanzenfette maßgeschneidert

Die Fortschritte der Molekularbiologie machen es heute möglich, durch eine molekulargenetische Beeinflussung der Enzymausstattung die Qualität der pflanzlichen Fette gezielt zu verändern. Die Verfahren zur Einführung eines neuen Enzyms oder zur Ausschaltung eines in der Pflanze vorhandenen Enzyms werden in Kapitel 22 eingehend besprochen. Die Möglichkeiten zur molekulargenetischen Veränderung von Ölfrüchten sollen bereits hier an drei Beispielen illustriert werden: Die im Palmkern- und Kokosnussöl vorhandene Laurinsäure (12:0) ist ein wichtiger Rohstoff für die Herstellung von Seifen, Detergenzien und Kosmetika. Durch genetische Transformation konnte man Rapspflanzen erzeugen, deren Öl zu 66 % Laurinsäure enthält. Wie in Abbildung 15.17 gezeigt ist, wird die Synthese der Fettsäuren durch die Hydrolyse des Acyl-ACP beendet. Aus den Samen des *California bay tree* (*Umbellularia californica*), die in ihren Speicherlipiden einen sehr hohen Laurinsäureanteil besitzen, wurde eine Acyl-ACP-Thioesterase isoliert, die spezifisch Lauroyl-ACP spaltet und die kodierende cDNA kloniert. Durch die Einführung des Gens dieser Acyl-ACP-Thioesterase in sich entwickelnde Rapssamen wird auch dort die Fettsäuresynthese auf der Stufe 12:0 abgebrochen; die freigesetzte Laurinsäure wird sogar in das Samenöl eingebaut. Bisherige Freilandversuche zeigten, dass diese Pflanzen normal wachsen und normale Erträge liefern können.

Zur Erhöhung der Hitzebeständigkeit von Frittierfetten oder für die Herstellung von Margarine sind Fette erwünscht, die einen relativ hohen Anteil an Stearat (18:0) haben. Durch eine drastische Verminderung der Stearoyl-ACP-Desaturase mittels Antisense-Technik ist es gelungen, die Bildung von Oleat (18:1) zu unterdrücken und den Stearatgehalt im Rapsöl von 1 bis 2 % auf 40 % zu erhöhen. Es wird aber auch daran gearbeitet, durch gentechnische Methoden den Anteil hochungesättigter Fettsäuren in Ölsaaten zu erhöhen, um so dem Öl eine höhere Qualität für die menschliche Ernährung zu verleihen. Bei Sojabohnen konnte so der Anteil zweifach ungesättigter Fettsäuren auf 30 % erhöht werden.

Ernährungsphysiologen haben herausgefunden, dass hochungesättigte Fettsäuren (20:4, 20:5, 22:6), die nur in Ölen von Fischen vorkommen, für die menschliche Gesundheit besonders förderlich sind. Dabei sind relativ kleine Mengen in der Nahrung ausreichend. Inzwischen wurden transgene Rapssorten erzeugt, die in ihrem Öl die genannten hochungesättigten C20 und C22 Fettsäuren enthalten. Dies ist ein Beitrag der Gentechnik, um *health food* zu erzeugen.

Erucasäure (Abb. 15.24) ist ein wichtiger Industrierohstoff, beispielsweise für die Synthese von Kunstfasern und von Schaumbremsern bei Waschmitteln. Die Verwendung von Erucasäure wird aber derzeit dadurch begrenzt, dass selbst bei dem erucasäurehaltigen Raps die Erucasäure nur etwa 50 % der Fettsäuren im Samenöl ausmacht. Die Kosten für die Abtrennung der Erucasäure und die Entsorgung der anderen Fettsäuren sind so hoch, dass sich für viele Zwecke eine industrielle Verwendung von Rapsöl nicht rechnet. Durch eine Überexpression von Genen für Elongasen und den gentechnischen Transfer von Enzymen, die den spezifischen Einbau von Erucasäure in die C2-Position der Triacylglycerine bewirken, wird derzeit versucht, den Erucasäuregehalt im Raps wesentlich zu erhöhen. Dies wäre ein Beitrag, um bisherige petrochemische Syntheseverfahren durch die Verwendung nachwachsender Rohstoffe zu ersetzen.

15.6 Die Mobilisierung des Kohlenstoffs aus den Speicherlipiden während der Samenkeimung erfolgt in den Glyoxisomen

Zu Beginn der Samenkeimung werden Speicherproteine (Kap. 14) in Aminosäuren zerlegt und aus diesen dann die zur Mobilisierung der Speicherlipide erforderlichen Enzyme synthetisiert. Zu diesen Enzymen gehören **Lipasen**, welche die Hydrolyse von Triacylglycerinen zu Glycerin und Fettsäuren katalysieren. Lipasen binden an die Oleosine der Ölkörper (Abschn. 15.2). Das bei der Fettspaltung gebildete **Glycerin** kann durch Phosphorylierung in Glycerin-3-phosphat und nachfolgende Oxidation zu Dihydroxyacetonphosphat in den Gluconeogeneseweg eingespeist werden (Kapitel 9). Die freigesetzten **Fettsäuren** werden zunächst als CoA-Thioester aktiviert und dann durch die **β-Oxidation** in Acetyl-CoA-Moleküle zerlegt (Abb. 15.25). Dieser Prozess erfolgt in dafür spezialisierten **Peroxisomen**, die als **Glyoxisomen** bezeichnet werden. Man hat beobachtet, dass sich Ölkörper und Glyoxisomen zusammenlagern, wahrscheinlich damit der Transfer von Fettsäuren von den Ölkörpern in die Glyoxisomen stattfinden kann.

Die β-Oxidation stellt zwar im Prinzip eine Umkehr der im Abbildung 15.8 gezeigten Fettsäuresynthese dar; es bestehen jedoch wesentliche Unterschiede, welche die jeweiligen hohen Flussraten dieser beiden in entgegengesetzter Richtung ablaufenden Stoffwechselwege ermöglichen. Die β-Oxidation unterscheidet sich von der unmittelbaren Umkehr der Fettsäuresynthese unter anderem durch folgende Punkte:

- Bei der Dehydrogenierung des Acyl-CoA wird der Wasserstoff über eine **FAD-abhängige Oxidase** in irreversibler Reaktion auf $\mathbf{O_2}$ übertragen. Das toxische H_2O_2 wird am Ort der Entstehung von einer Katalase durch Spaltung in Wasser und Sauerstoff eliminiert (vgl. Abschn. 7.1). Allerdings kann es bei der Samenkeimung auch geschehen, dass durch eine sehr hohe Rate der β-Oxidation so viel H_2O_2 gebildet wird, dass es aus den Glyoxisomen entweicht und zu Zellschädigungen führt.
- Bei der Hydratisierung des Enoyl-CoA wird **β-L-Hydroxyacyl-CoA** gebildet, im Gegensatz zu dem entsprechenden D-Enantiomer bei der Synthese.
- Beim zweiten Dehydrogenierungsschritt wird der Wasserstoff auf $\mathbf{NAD^+}$ übertragen. In der Regel ist das NAD-System in der Zelle weitgehend oxidiert (Abschn. 7.3), so dass dadurch die Reaktion in Richtung Hydroxyacyl-CoA-Oxidation getrieben wird. Es ist nicht bekannt, durch welche Reaktionen das so in den Peroxisomen gebildete NADH wieder verbraucht wird.
- Das gebildete β-Ketoacyl-CoA wird durch CoA-SH vermittelte **Thiolyse** in irreversibler Reaktion in ein Molekül Acetyl-CoA und ein um zwei C-Atome verkürztes Acyl-CoA gespalten.

Beim Abbau der ungesättigten Fettsäuren entstehen Zwischenprodukte, die durch die Reaktion der β-Oxidation nicht metabolisiert werden können. So entsteht beim Abbau von Ölsäure Δ^3-*cis*-Enoyl-CoA (Abb. 15.26). Durch

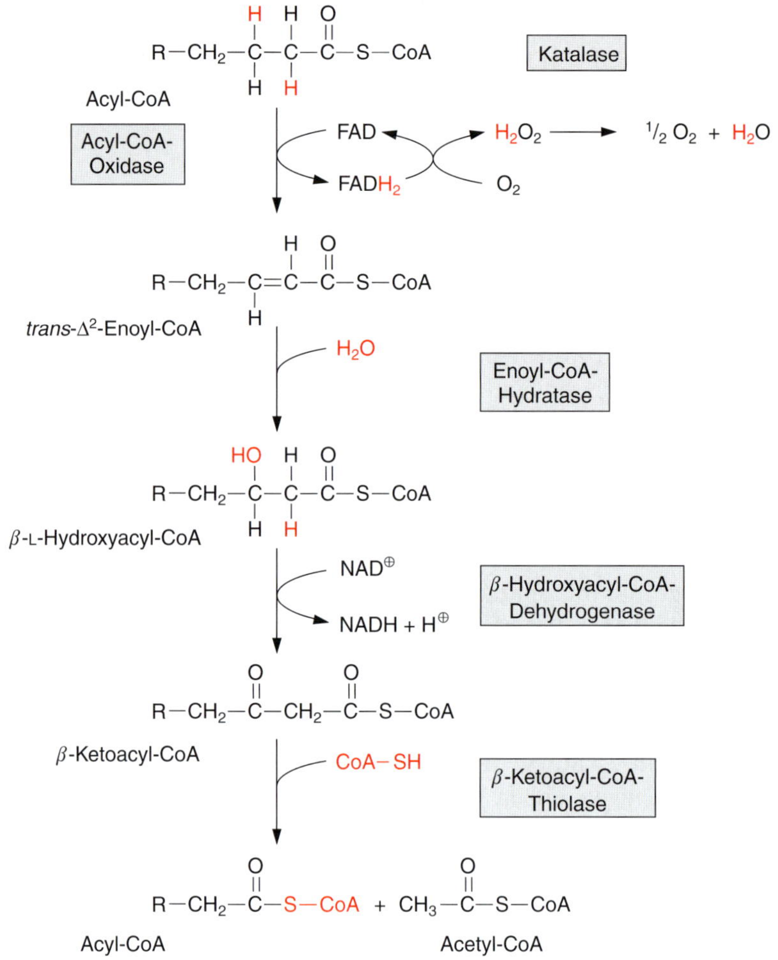

Abb. 15.25 β-Oxidation der Fettsäuren in den Glyoxisomen. Die als CoA-Thioester aktivierte Fettsäure wird durch Dehydrogenierung durch eine FAD-abhängige Oxidase, durch Wasseraddition und nochmalige Dehydrogenierung (durch NAD) und Thiolyse durch CoASH in Acetyl-CoA und in eine um zwei C-Atome verkürzte Fettsäure umgewandelt.

eine **Isomerase** wird unter Verschiebung der Doppelbindung Δ^2-*trans*-Enoyl-CoA gebildet, das ein Intermediat bei der β-Oxidation ist. Bei der β-Oxidation der Linol- oder Linolensäure ist die zweite Doppelbindung in dem entsprechenden Zwischenprodukt zwar an der richtigen Position, aber in *cis*-Konfiguration. Dies hat zur Folge, dass die Hydratisierung durch die Enoyl-CoA-Hydratase zur Bildung von **β-D-Hydroxyacyl-CoA** führt. Letzteres wird durch eine **Dehydratase** zu Δ^2-trans-Enoyl-CoA, einem Intermediat der β-Oxidation, umgesetzt.

Über den Glyoxylatcyclus können Pflanzen aus Acetyl-CoA Hexosen synthetisieren

Tiere können aus Acetyl-CoA keine Glucose synthetisieren. Pflanzen sind dazu in der Lage, da sie den Enzymapparat des **Glyoxylatcyclus** besitzen (Abb. 15.27). Dieser ist ebenso wie die β-Oxidation in den Glyoxisomen

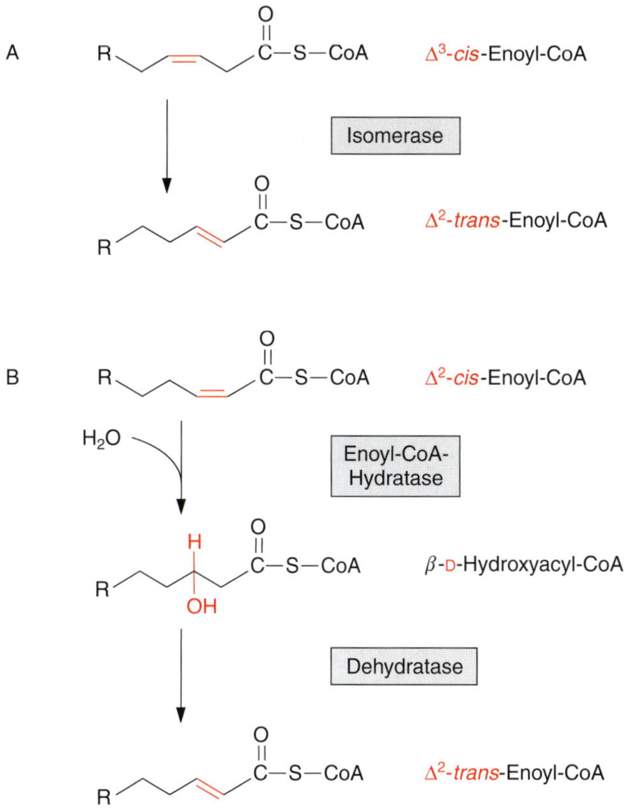

Abb. 15.26 Zwischenprodukte, die bei der β-Oxidation ungesättigter Fettsäuren entstehen, werden isomerisiert, um den weiteren Abbau durch die β-Oxidation zu ermöglichen.

lokalisiert, die nach diesem Cyclus benannt sind. Die beiden ersten Reaktionen des Cyclus gleichen denen des Citratcyclus (siehe Abb. 5.3). Acetyl-CoA kondensiert mit Oxalacetat durch die Citrat-Synthase zu Citrat und letzteres wird im Cytosol durch die Aconitase zu Isocitrat umgesetzt. Die weitere Reaktion des Isocitrats ist jedoch eine Besonderheit des Glyoxylatcyclus: Durch eine **Isocitrat-Lyase** wird Isocitrat in Succinat und Glyoxylat gespalten (Abb. 15.28).

Die **Malat-Synthase**, das zweite spezielle Enzym des Glyoxylatcyclus, bewirkt, dass das gebildete Glyoxylat durch Kondensation mit Acetyl-CoA sofort weiter zu Malat reagiert. Diese Reaktion ist wegen der Spaltung des CoA-Thioesters irreversibel. Malat wird wie im Citratcyclus durch eine Malat-Dehydrogenase zu Oxalacetat oxidiert, und damit schließt sich der Glyoxylatcyclus. Insgesamt wird so unter Verbrauch von zwei Molekülen Acetyl-CoA ein Molekül **Succinat** erzeugt. Das Succinat gelangt in die Mitochondrien und wird dort durch einen Teilabschnitt des Citratcyclus zu Oxalacetat umgesetzt. Das Oxalacetat wird durch den Oxalacetat-Translokator aus den Mitochondrien exportiert und im Cytosol durch die dort vorhandene Phosphoenolpyruvat-Carboxykinase (Abb. 8.10) in **Phosphoenolpyruvat** umgewandelt. Phosphoenolpyruvat ist Ausgangsprodukt für die Synthese von Hexosen durch den **Gluconeogeneseweg** und für andere Biosynthesen.

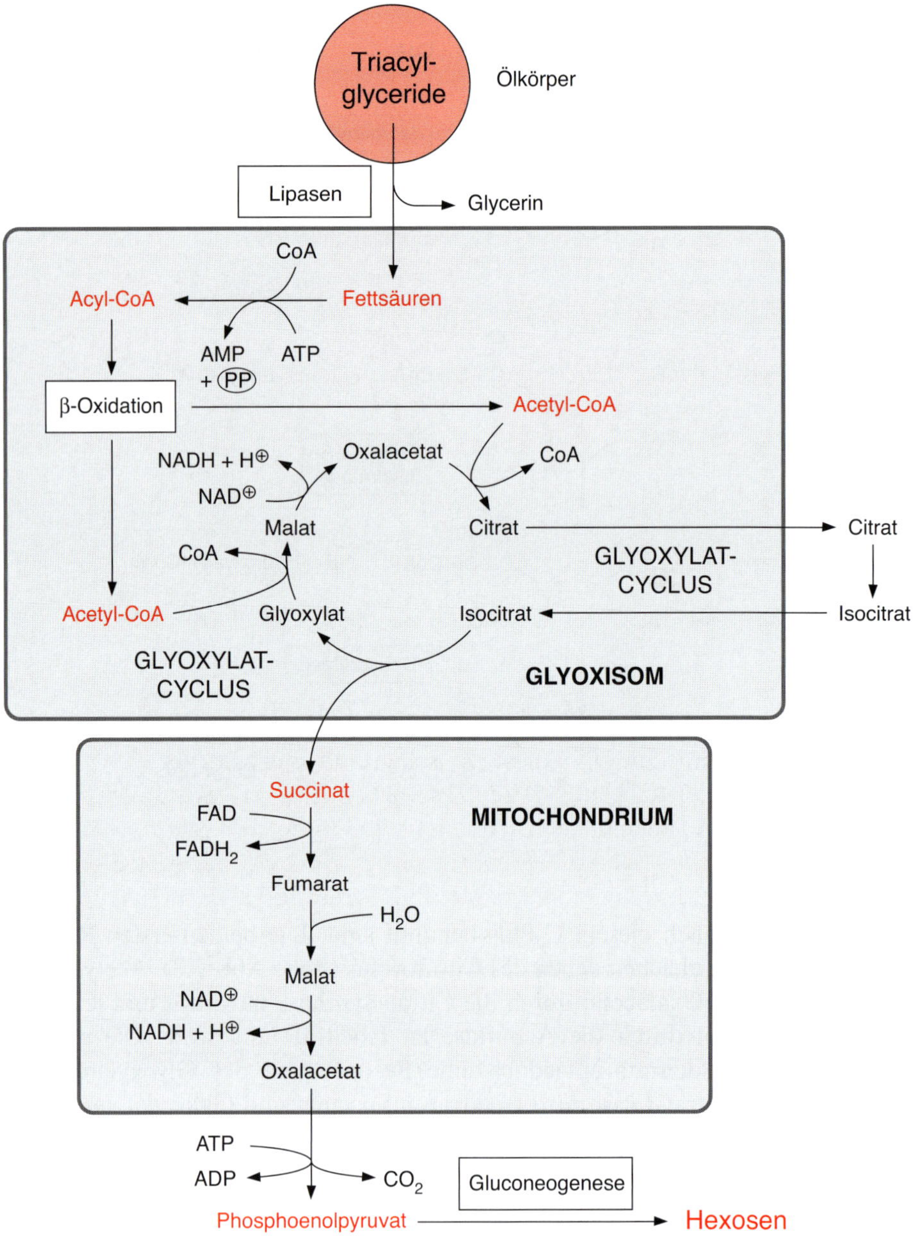

Abb. 15.27 Mobilisierung der Speicherlipide zur Synthese von Hexosen während der Samenkeimung. Die Hydrolyse der in den Ölkörpern vorhandenen Triacylglycerine durch oleosingebundene Lipasen liefert Fettsäuren, die in den Glyoxisomen als CoA-Thioester aktiviert und durch β-Oxidation in Acetyl-CoA zerlegt werden. Durch den Glyoxylatcyclus werden aus zwei Molekülen Acetyl-CoA ein Molekül Succinat gebildet; dieses wird durch den Citratcyclus in den Mitochondrien zu Oxalacetat umgesetzt. Das im Cytosol aus Oxalacetat gebildete Phosphoenolpyruvat ist Ausgangssubstrat für die Synthese von Hexosen über den Gluconeogeneseweg.

Reaktionen mit toxischen Zwischenprodukten laufen in den Peroxisomen ab

Die β-Oxidation und der eng damit verbundene Glyoxylatcyclus finden in den Pflanzen in dafür spezialisierten Peroxisomen, den Glyoxisomen, statt. Dafür gibt es eine einfache Erklärung: Wie bei der Photorespiration, an der ebenfalls Peroxisomen beteiligt sind (Abschn. 7.1), entstehen auch bei der Umwandlung der Fettsäuren in Succinat die toxischen Substanzen **H_2O_2** und **Glyoxy-**

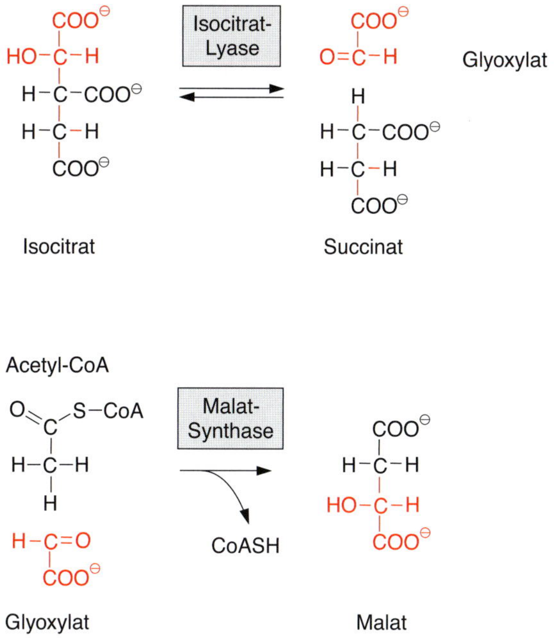

Abb. 15.28 Schlüsselreaktionen des Glyoxylatcyclus.

lat als Zwischenprodukte. Durch eine Kompartimentierung in den Peroxisomen wird vermieden, dass diese toxischen Substanzen in das Cytosol gelangen (Abschn. 7.4). Eine β-Oxidation von Fettsäuren findet, allerdings in geringerem Maße, auch in den Blattperoxisomen statt. Die β-Oxidation dient hier dem „Recycling" von nicht mehr benötigten oder geschädigten Fettsäuren. Dieses Recycling hat eine besondere Bedeutung bei der Seneszenz von Blättern; aus den Membranlipiden der seneszierenden Blätter werden Kohlenhydrate gewonnen, die dann durch das Phloem abgeleitet werden (Abschn. 19.7). Tatsächlich ist während der Seneszenz eine Differenzierung von Blatt-Peroxisomen zu Gerontosomen zu beobachten. Auch werden in den Peroxisomen die hydrophoben Aminosäuren Leucin und Valin abgebaut.

Glyoxisomen enthalten wie Blatt-Peroxisomen (Abschn. 7.1) in ihren Grenzmembranen **Porine** (Abschn. 1.11), welche den Austausch von Metaboliten zwischen dem glyoxisomalen und cytosolischen Kompartiment ermöglichen.

15.7 Lipoxygenasen sind an der Synthese von Aroma-, Abwehr- und Signalstoffen beteiligt sowie auch an der Mobilisierung von Speicherlipiden

Oxylipine, gebildet durch die Oxygenierung ungesättigter Fettsäuren, umfassen eine Vielfalt verschiedener Signalsubstanzen im Tier- und Pflanzenreich. In Tieren gehören dazu Prostaglandine, Leucotriene und Thromboxane, deren spezifische Funktion zu einem großen Teil aufgeklärt ist. Die Oxylipine in Pflanzen, meist unterschiedlich von denen in Tieren, sind u.a. als Bestandteile an Signalkaskaden von Abwehrreaktionen beteiligt, wirken aber auch als Fungizide, Bakterizide und Insektizide. Als volatile Signale locken sie Predatoren an, d.h. räuberische Insekten, welche sich von pflanzlichen Fraßfeinden ernähren. Darüber hinaus haben Oxylipine eine Rolle bei der Wundheilung, der Wachstumsregulation und der Seneszenz. Es gibt über die Funktion der Oxylipine noch viele ungelöste Fragen.

In Pflanzen werden Oxylipine in erster Linie durch **Lipoxygenasen** gebildet. Es handelt sich dabei um **Dioxygenasen**, welche den Einbau beider Atome des Sauerstoffmoleküls in ein Fettsäuremolekül katalysieren, im Gegensatz zu den Monooxigenasen (Abschn. 15.3) die nur ein O-Atom in das Substrat einbauen. Lipoxygenasen bilden eine Familie von Enzymen, welche die Dioxygenierung mehrfach ungesättigter Fettsäuren wie Linol- und Linolensäure, die eine ***cis, cis*-1,4-Pentadiensequenz** (in Abb. 15.29 rot markiert) besitzen, katalysieren. Durch die Reaktion mit O_2 wird am Ende dieser Sequenz eine Hydroperoxidgruppe eingefügt; dabei wird die benachbarte Doppelbindung um eine Position gegen die zweite Doppelbindung verschoben und nimmt eine *trans*-Konfiguration ein. Die **Hydroperoxid-Lyase** katalysiert die Spaltung der Hydroperoxylinolensäure in eine **12-Oxosäure** und **3-*cis*-Hexenal**. Durch Verschiebung der Doppelbindung werden weitere Hexenale gebildet und durch deren Reduktion **Hexenole** (Abb. 15.29). In analoger Weise reagiert auch Hydroperoxylinolsäure, dabei entsteht **Hexanal** und durch dessen Reduktion **Hexanol**.

Hexanale, Hexenale, Hexanole und Hexenole sind flüchtige **Aromastoffe**; sie sind wichtige Komponenten des charakteristischen Geruchs und Geschmacks vieler Früchte und Gemüse. Ihr Aroma reicht von fruchtig, süßlich, würzig bis grasartig. Beispielsweise sind Hexenole eine wichtige Geschmackskomponente bei Tomaten. Um den Geschmack von Tomaten zu verbessern, wird daran gearbeitet, den Hexenolgehalt von Tomaten auf gentechnischem Wege zu erhöhen. Auch die Qualität des Olivenöls beruht auf dem Gehalt an Hexenalen und Hexenolen. Hexenale sind auch für das Aroma des schwarzen Tees verantwortlich. Bei der Prozessierung des grünen Tees zu schwarzem Tee durch Erhitzung kondensieren Hexenale zu aromatischen Verbindungen, die dem schwarzen Tee seinen typischen Geschmack verleihen. Hexenale und Hexenole werden in beträchtlichen Mengen industriell als Aromastoffe für die Nahrungsmittelindustrie und als Duftstoffe hergestellt.

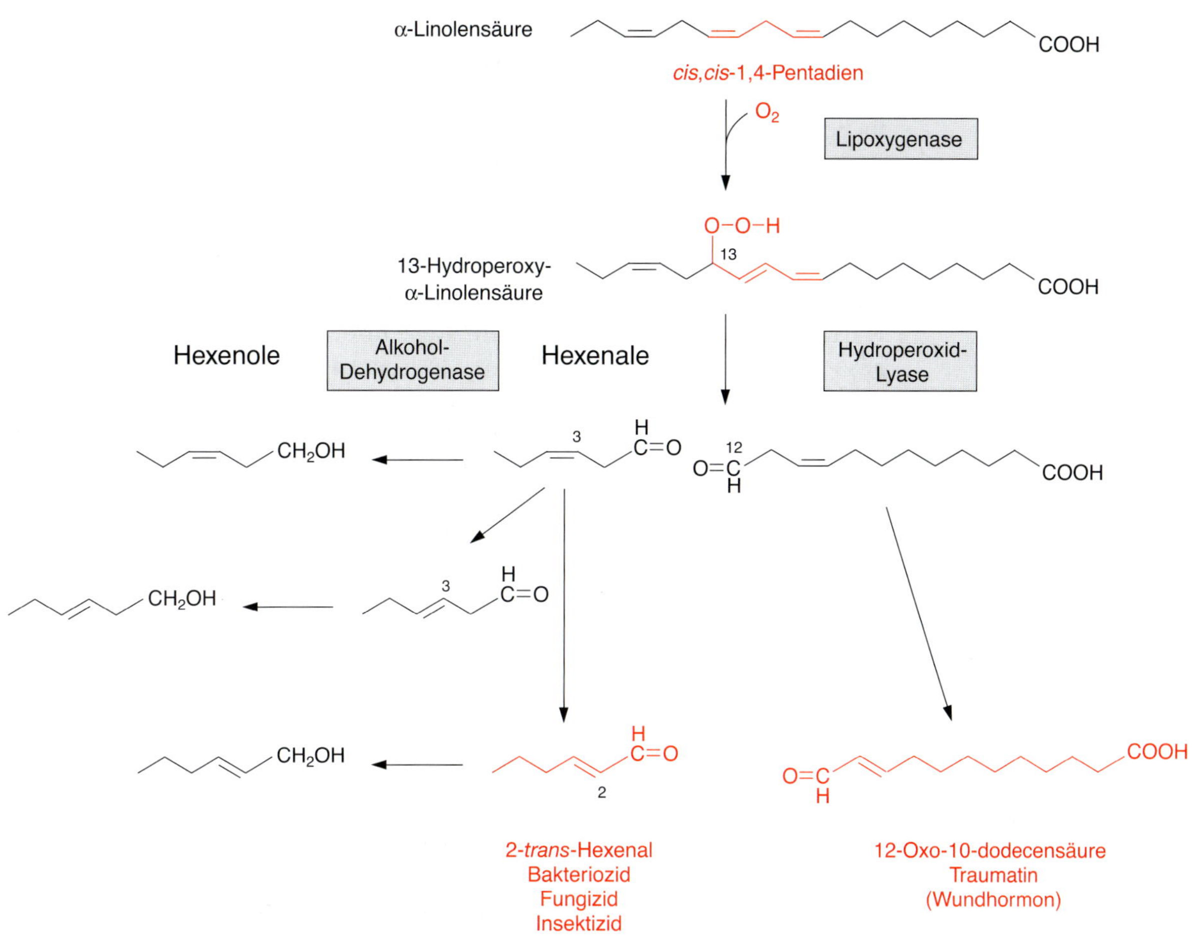

Abb. 15.29 Die Lipoxygenase katalysiert die Einführung einer Peroxidgruppe am Ende einer *cis,cis*-1,4-Pentadiensequenz (rot) durch Reaktion mit O_2. Die Hydroperoxid-Lyase trennt die C–C-Bindung zwischen den C-Atomen 12 und 13. Das so gebildete Hexenal kann durch Verschiebung der Doppelbindung isomerisieren, wahrscheinlich durch Enzymkatalyse. Durch eine Alkohol-Dehydrogenase werden die Hexenale zu den entsprechenden Hexenolen reduziert. Die als zweites Produkt entstandene 12-Oxosäure wird zu Traumatin isomerisiert. Es gibt auch Lipoxygenasen, welche die Peroxygruppe in Pos. 9 einfügen.

Der starke Geruch von frisch geschnittenem Gras wird vor allem durch freigesetzte Hexenale und Hexenole verursacht. Man kann daraus erkennen, dass die Aktivitäten der Lipoxygenase und der Hydroperoxid-Lyase bei Verletzung einer Zelle sehr stark erhöht sind. Dies ist Teil von Abwehrreaktionen: Durch die Emission der oben genannten flüchtigen Substanzen nach Verletzung der Pflanze durch Insekten werden deren natürliche Feinde herbeigerufen. So werden nach der Verletzung von Mais- und auch von Baumwollpflanzen parasitische Wespen angelockt, die in die auf den Blättern befindliche Schmetterlingsraupen ihre Eier ablegen und sie so abtöten. Zudem ist **2-*trans*-Hexenal** (in Abb. 15.29 rot markiert) ein starkes Bakterizid, Fungizid und

Insektizid. **12-Oxo-10-dodecensäure,** das durch Verschiebung einer Doppelbindung aus dem Spaltungsprodukt der Hydroperoxy-Linolensäure gebildet wird, hat die Eigenschaften eines Wundhormons und wird daher als **Traumatin** bezeichnet. Traumatin löst in angrenzenden Zellen Zellteilungen aus. Eine dadurch verursachte Kallusbildung führt zum Wundverschluss. Unsere Kenntnisse über diese Abwehrvorgänge sind jedoch noch sehr lückenhaft.

Hydroperoxy-α-linolensäure wird durch eine Divinylether-Synthase in einen Divinylether (Abb. 15.30) überführt. Divinylether werden in Kartoffeln nach Infektion durch den Oomyceten *Phytophtera infestans*, den Erreger der Kartoffelfäule, als Fungizid in hoher Konzentration gebildet. Allenoxid-Synthase und -Cyclase katalysieren eine Cyclisierung der 13-Hydroperoxy-α-Linolensäure (Abb. 15.30). Kettenverkürzung des gebildeten Produkts durch β-Oxidation (Abb. 15.25) führt zur Bildung der **Jasmonsäure**. Jasmonsäure und ihr Methylester sind hormonähnliche Signalsubstanzen, die an vielen unterschiedlichen Reaktionen beteiligt sind. Jasmonsäure spielt auch eine Rolle bei der Abwehr gegen Pathogene und Insekten, bei der Bildung von Blüten, Früchten und Samen sowie bei Prozessen während der Seneszenz (Abschn.

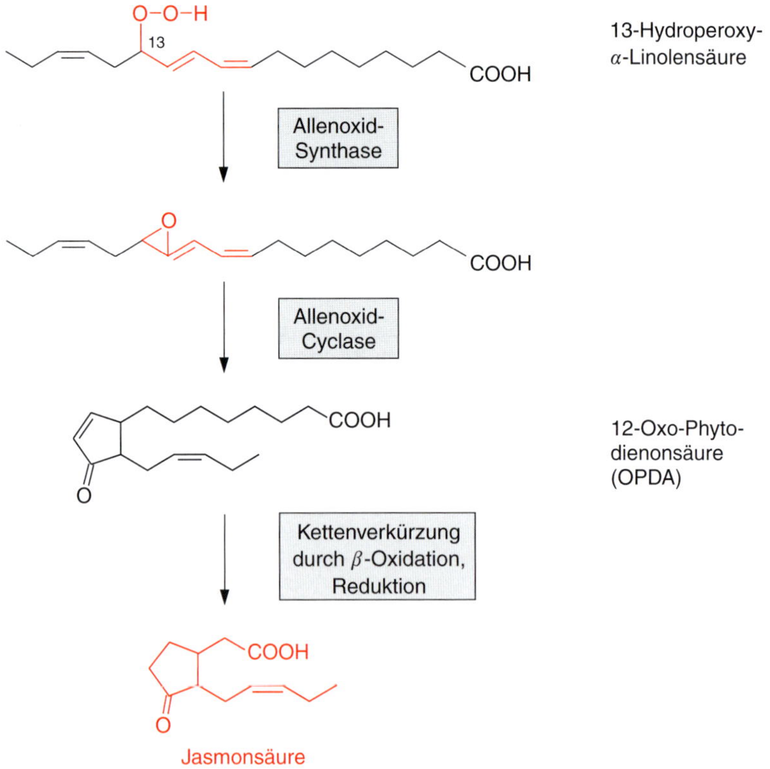

Abb. 15.30 Eine Allenoxid-Synthase und Allenoxid-Cyclase (beide gehören zur Familie der P_{450}-Enzyme; Abschn. 18.2) katalysieren die Cyclisierung der Hydroperoxy-Linolensäure bei Verschiebung des Sauerstoffs. Diese Reaktionen sind in den Chloroplasten lokalisiert. Die Verkürzung der Fettsäureketten um sechs C-Atome durch β-Oxidation führt zur Bildung von Jasmonsäure, einem Phytohormon und Signalstoff. Ort der β-Oxidation sind die Peroxisomen.

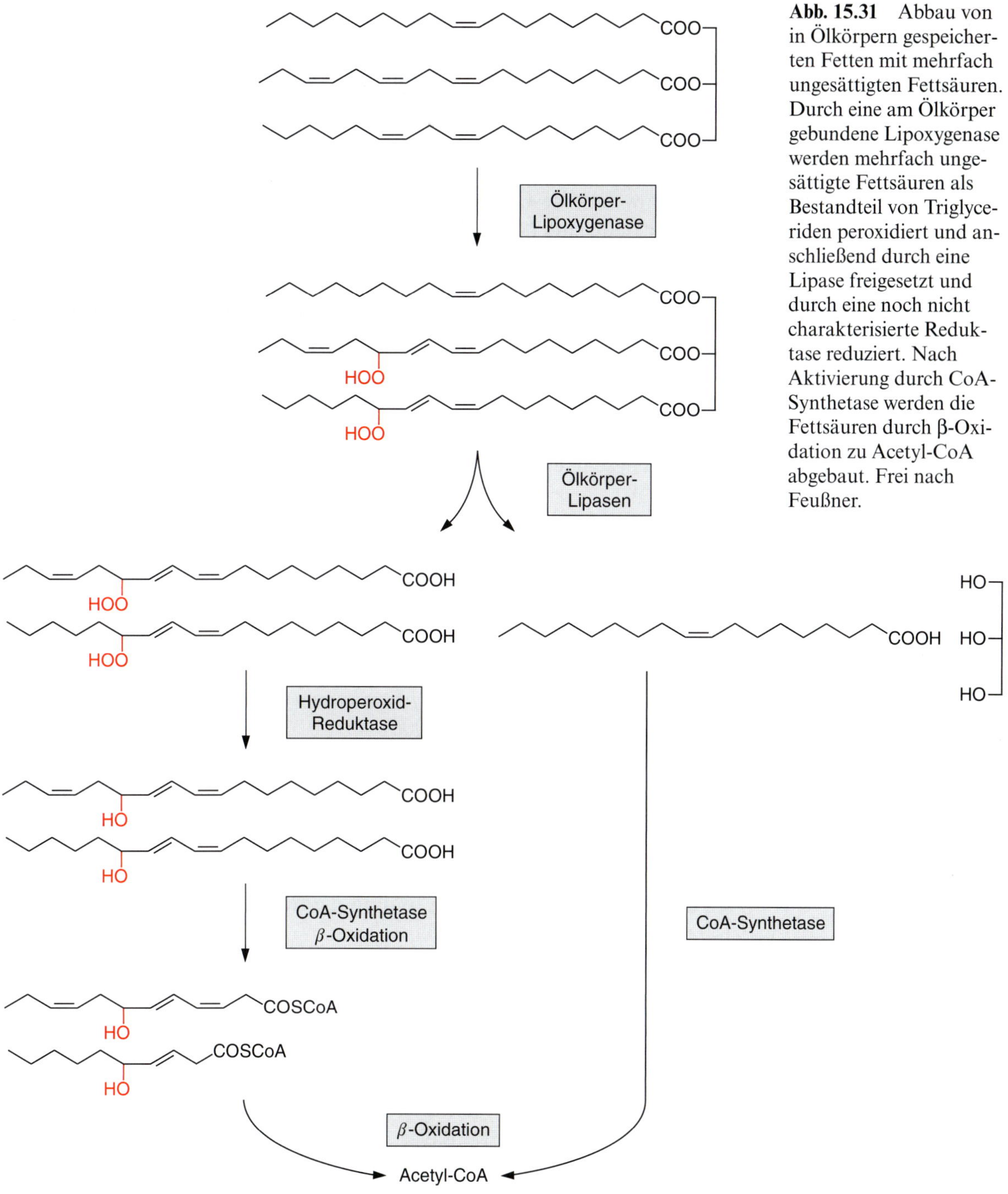

Abb. 15.31 Abbau von in Ölkörpern gespeicherten Fetten mit mehrfach ungesättigten Fettsäuren. Durch eine am Ölkörper gebundene Lipoxygenase werden mehrfach ungesättigte Fettsäuren als Bestandteil von Triglyceriden peroxidiert und anschließend durch eine Lipase freigesetzt und durch eine noch nicht charakterisierte Reduktase reduziert. Nach Aktivierung durch CoA-Synthetase werden die Fettsäuren durch β-Oxidation zu Acetyl-CoA abgebaut. Frei nach Feußner.

19.9). Nach Abschätzungen regulieren Jasmonate die Expression mehrerer hundert Gene.

Es wurde gezeigt, dass Lipoxygenasen auch an der Mobilisierung von in Ölkörpern (Abb. 15.6) gelagerten Speicherlipiden beteiligt sind. Die die Ölkörper umgebende Lipideinfachschicht enthält auch Lipoxygenasen. Diese bewirken die Einfügung von Peroxidgruppen in mehrfach ungesättigte Fettsäuren, welche Bestandteil der Triglyceride einiger Ölsaaten, wie Sonnenblume oder Lein, sind (Abb. 15.31). Erst danach erfolgt eine Hydrolyse dieser Triglyceride durch eine an die Ölkörper gebundene Lipase. Nach anschließender Reduktion werden die gebildeten Hydroxyfettsäuren in den Glyoxysomen über β-Oxidation (Abb. 15.25) zu Acetyl-CoA abgebaut. Dieser Abbauweg der Speicherlipide erfolgt parallel zu dem „klassischen" Weg, bei dem der Abbau mit der Spaltung der Triglyceride durch Lipasen beginnt. Der Anteil beider Wege an der Mobilisierung von Speicherlipiden ist offenbar Spezies-abhängig. Das gebildete Acetyl-CoA dient als Ausgangssubstrat für die Gluconeogenese über den Glyoxylatcyclus (Abb. 15.27).

Literatur

Capuano, F., Beaudoin, F., Napier, J.A, Shewry, P.R. Properties and exploitation of oleosins. Biotechnology Advances 25, 203-206 (2007)

Delker, C., Stenzel, I., Hause, B., Miersch, O., Feussner I., Wasternack, C. Jasmonate biosynthesis in *Arabidopsis thaliana* –enzymes, products, regulation. Plant Biology 8, 297-306 (2006)

Goepfert, S., Poirier, Y. β-Oxidation in fatty acid degradation and beyond. Current Opinion in Plant Biology 10, 245-251 (2007)

Halim,V.A., Vess, A., Scheel, D., Rosahl, S. The role of salicylic acid and jasmonic acid in pathogene defence. Plant Biology 8, 307-313 (2006)

Heilmann, M., Heilmann, I. Arranged marriage in lipid signalling? The limited choices of PtdIns(4,5)P_2 in finding the right partner. Plant Biology 15, 1–9 (2013)

Hsieh, K., Huang, A.H.C. Endoplasmatic reticulum, oleosins, and oils in seeds and tapetum cells. Plant Physiology 136, 3427-3434 (2004)

Kunst, L., Samuels, L. Plant cuticles shine: advances in wax biosynthesis and export. Current Opinion in Plant Biology 12, 721–727 (2009)

Liavonchanka, A., Feußner, I. Lipoxygenases: occurrence, functions and catalysis. Journal Plant Physiology 163, 348-357 (2006)

Mongrand, S., Stanislas, T., Bayer, E.M.F., Lherminier, J., Simon-Plas, F. Membrane rafts in plant cells. Trends in Plant Science 15, 656–663 (2010)

Munnik, T., Nielsen, E. Green light for polyphosphoinositide signals in plants. Current Opinion in Plant Biology 14, 489–498 (2011)

Napier, J.A., The production of unusual fatty acids in transgenic plants. Annual Review Plant Biology, 58, 295-319 (2007)

Scherer, G.F.E., Ryu, S.B., Wang, X., Matos, A.R., Heitz, T. Patatin-related phospholipase A: nomenclature, subfamilies and functions in plants. Trends in Plant Science 15, 693–700 (2010)

Warude, D., Joshi, K., Harsulkar, A. Polyunsaturated fatty acids: biotechnology. Critical Reviews Biotechnology 26, 83-93 (2006)

Wasternack, C. Jasmonates: an update on biosynthesis, signal transduction and action in plant stress response, growth and development. Annals Botany (London) 100, 681-697 (2007)

Worrall, D., Ng, C.K.-J., Hetherington, A.M. Sphingolipids, new players in plant signalling. Trends in Plant Science 8, 317–320 (2003)

16 Spezialmetabolite erfüllen in Pflanzen spezielle ökologische Funktionen

Im Gegensatz zu den so genannten *primären* Metaboliten, wie beispielsweise Aminosäuren, Fettsäuren, Cytochromen und Chlorophyllen, die in allen Pflanzen vorkommen und dort überall die gleichen Funktionen, zum Beispiel in Photosynthese, Atmung oder Lipidsynthese, haben, gibt es in Pflanzen eine sehr große Anzahl von Substanzen, die offenbar keine direkte Funktion im Primärstoffwechsel besitzen und daher **Spezialmetabolite** (Sekundärmetabolite) genannt werden. Das Vorkommen bestimmter Spezialmetabolite ist oft nur auf wenige Pflanzenspezies beschränkt und hat dort in den meisten Fällen spezifische **ökologische Funktionen**: beispielsweise die Anlockung von Insekten zur Übertragung von Pollen, oder von Tieren zum Verzehr von Früchten für die Ausbreitung der Samen oder zur Abwehr von Herbivoren und Pathogenen, so dass sie als **natürliche Pestizide** fungieren. Für einige Metabolite wurden inzwischen auch Funktionen in der pflanzlichen Entwicklung, sowohl im Wachstum als auch der Reproduktion (Pollenbildung), gefunden.

16.1 Spezialmetabolite dienen oft dem Schutz gegen pathogene Mikroorganismen und Herbivoren

Pflanzen sind für viele Tiere, beispielsweise Insekten, Schnecken und Wirbeltiere, wegen ihres Protein- und Kohlenhydratgehaltes eine gute Nahrungsquelle. Da Pflanzen vor Tieren nicht weglaufen können, können sie sich nur dadurch schützen, dass sie für Tiere ungenießbar oder giftig sind. Eine Reihe toxischer Pflanzenproteine, zum Beispiel Amylasehemmer, Ricin und Lectine, haben wir bereits in Abschnitt 14.4 kennengelernt. Im Folgenden werden wir eine Vielfalt von Spezialmetaboliten wie Alkaloide (dieses Kapitel), Isoprenoide (Kapitel 17) und Phenylpropanoide (Kapitel 18) diskutieren, die als natürliche Pestizide vor pflanzenfressenden Tieren (Herbivoren) schützen oder auch vor pathogenen Mikroorganismen. In manchen Pflanzen machen diese natürlichen Pestizide 10 % der Trockenmasse aus.

Abwehrsubstanzen gegen Herbivoren gehören oft zur ständigen Ausrüstung der Pflanzen, d. h. sie sind konstitutiv vorhanden. In einigen Fällen müssen die Spezialmetabolite erst zu aktiven Substanzen umgewandelt werden, z.B. entstehen aus Glucosinolaten Isothiocyanatderivat (16.4), oder die Blausäure wird aus cyanogenen Glycosiden freigesetzt (16.3). Eine weitere

Möglichkeit existiert, dass Substanzen erst nach tierischem Fraß gebildet werden (**induzierte Abwehr**), z.B. werden in Akazien nach tierischem Fraß vermehrt Tannine gebildet, welche die Blätter ungenießbar machen (Abschnitt 18.7), oder Pflanzen senden nach Verletzung durch Fraßfeinde oder deren Eiablage Geruchsstoffe aus, die Raubinsekten (Predatoren), wie z.B. Schlupfwespen, anlocken, um die Fraßfeinde oder deren Eier abzutöten (**indirekte Abwehr**). Letzteres Beipiel zeigt, dass nicht nur feste oder gelöste sondern auch flüchtige Spezialmetabolite in diesem Zusammenhang betrachtet werden müssen.

Mikroben als Krankheitserreger

Bestimmte Pilze und Bakterien infizieren Pflanzen, um deren Ressourcen für die eigene Nahrungsversorgung zu nutzen. Da sie dadurch oft Krankheiten bei Pflanzen auslösen, bezeichnet man sie als **Pathogene**. Um Pflanzen wirksam zu infizieren, produzieren pathogene Mikroben Angriffssubstanzen wie zum Beispiel Enzyme, welche die pflanzlichen Zellwände angreifen, oder Toxine, welche Pflanzen schädigen. Ein Beispiel hierfür ist das durch den Pilz *Fusicoccum amygdalis* gebildete Fusicoccin (Abschn. 10.3). Die Bildung der Angriffssubstanzen setzt das Vorhandensein spezifischer **Angriffsgene (Virulenzgene)** bei den Pathogenen voraus.

Pflanzen wehren sich gegen Pathogene durch die Bildung von Abwehrsubstanzen. Hierzu benötigen sie spezifische **Verteidigungsgene**, die für Rezeptoren kodieren, die Angriffssubstanzen oder Elicitoren erkennen und daraufhin die Transkription der eigentlichen Abwehrgene (codieren z.B. für Biosyntheseenzyme von Abwehrsubstanzen) einschalten können. Das Wechselspiel dieser Gene entscheidet über den Erfolg von Angriff und Verteidigung.

Ist eine Pflanze suszeptibel und das Pathogen aggressiv, bezeichnet man das Pathogen als **virulent**. Man spricht dann von einer **kompatiblen Reaktion**. Wenn hingegen das zunächst infizierende Pathogen abgetötet oder zumindest in seinem Wachstum stark gehemmt wird, bezeichnet man dies als **inkompatible Interaktion**, die Pflanze ist resistent.

Phytoalexine werden von der Pflanze als Antwort auf eine Mikrobeninfektion gebildet

Abwehrsubstanzen gegen Mikroorganismen, insbesondere Pilze, werden oft erst als Antwort auf eine Infektion gebildet **(induzierte Abwehr)**, ihre Synthese erfolgt dann innerhalb weniger Stunden. Man bezeichnet diese induzierbaren Abwehrsubstanzen als **Phytoalexine** (griech. *alekein* „abwehren"). Phytoalexine umfassen eine große Anzahl von Substanzen sehr unterschiedlicher Stoffklassen, vor allem Isoprenoide, Flavonoide und Stilbene, die eine antibiotische Wirkung gegen ein breites Spektrum pathogener Pilze und Bakterien besitzen. Im Gegensatz dazu werden Abwehrstoffe, die bereits vor der

Infektion in der Pflanze vorhanden sind als präformierte Abwehrstoffe, oder Phytoantizipine bezeichnet. Zu diesen Substanzen gehören viele Sekundärmetabolite, die nach Befall durch Pathogene erst enzymatisch aktiviert werden müssen, z.B. die cyanogenen Glucoside und die Glucosinolate (siehe 16.3 und 16.4). Auch pflanzliche Wurzelexsudate enthalten bakteriostatisch wirkende Metabolite, wie z.B. Cumarinsäuren, 3-Indolpropansäure, und Methyl-p-hydroxybenzoat, die Pathogenresistenz hervorrufen können. Als Abwehrsubstanzen werden von der Pflanze auch Enzyme gebildet, welche die Zellwand von Bakterien und Pilzen schädigen, wie β-Glucanasen, Chitinasen und Proteinasen, sowie auch reaktive Sauerstoffverbindungen wie Superoxidradikal $\bullet O_2^-$ und H_2O_2 sowie Stickstoffmonoxid (NO) (Abschn. 19.9). Auch die Emission flüchtiger Metabolite wird als Antwort nach Pathogenbefall induziert, die wiederum direkt oder indirekt Abwehrmechanismen in anderen Blättern der eigenen Pflanze oder anderer Pflanzen in Nachbarschaft induzieren. Auslöser für die Synthese dieser verschiedenen Abwehrsubstanzen sind jeweils sehr unterschiedliche Signalmoleküle, die man als **Elicitoren** bezeichnet. Als Elicitoren wirken Proteine, die von den Pathogenen sezerniert werden. Es wirken aber auch Polysaccharidfragmente der eigenen Zellwand, die durch die Infektion entstanden sind, als Elicitoren oder auch Fragmente aus der Zellwand der Angreifer, die durch pflanzliche Abwehrenzyme freigesetzt wurden. Diese verschiedenen Elicitoren werden an jeweils spezifische Rezeptoren an der Außenseite der Plasmamembran der Pflanzenzellen gebunden. Die Bindung führt zur Auslösung von Signalkaskaden, an denen Proteinkinasen (Abschn. 19.1) und Signalsubstanzen wie Salicylsäure (Abschn. 18.2) und Jasmonsäure (Abschn. 15.7) beteiligt sind und die schließlich im Zellkern die Transkription von Genen für die Synthese von Phytoalexinen, reaktiven Sauerstoffverbindungen und Abwehrenzymen auslösen (Abschn. 19.9).

Elicitoren können auch eine infizierte Zelle dazu veranlassen, abzusterben, wobei die umliegenden Zellen ebenfalls absterben. In anderen Worten: Die Zelle begeht Selbstmord und reißt benachbarte Zellen mit in den Tod. Dies geschieht, indem die befallene Zelle Phenole produziert, um sich und ihre Umgebung zu vergiften. Dieser als **hypersensitive Reaktion** bezeichnete Zelltod dient dem Schutz der Pflanze, denn um das nekrotische Gewebe werden durch vermehrte Ligninsynthese die Zellwände verstärkt und die Pflanze schottet sich so gegen eine weitere Ausbreitung der Infektion ab. Diese Abwehrstrategie funktioniert bei biotrophen Pathogenen, also solchen, die lebendes Pflanzengewebe zur Ernährung benötigen.

Pflanzliche Abwehrstoffe können auch für den Menschen ein Risiko darstellen

Was für Tiere giftig ist, ist zumeist für den Menschen auch gesundheitsschädlich. Bei unseren Kulturpflanzen sind die giftigen Spezialmetabolite meist durch Züchtung vermindert oder entfernt worden. Aus diesem Grund sind Kulturpflanzen aber in der Regel anfälliger gegen Schädlinge als Wildpflanzen; ihr Anbau erfordert deshalb oft eine externe Schädlingsbekämpfung. Deshalb werden durch Einkreuzen von Wildpflanzen resistente Kulturpflanzen gezüchtet. Dies kann jedoch zu Problemen führen: Eine neu eingeführte Sorte einer insektenresistenten Kartoffel musste wieder vom Markt genommen werden, da die hohen Gehalte an toxischem Solanin (einem Alkaloid, siehe folgender Abschnitt) diese Kartoffeln für den menschlichen Verzehr ungeeignet machten. In einer in den USA verbreiteten Neuzüchtung von insektenresistentem Sellerie verursachte die zehnfache Erhöhung von Psoralen (Abschn. 18.2) schwere Hautschäden bei Gartenarbeitern. Man erkennt hieraus, dass auch eine natürliche Schädlingsbekämpfung Risiken in sich birgt. Eine Reihe der für den Menschen schädlichen pflanzlichen Inhaltsstoffe, zum Beispiel Proteine oder die im Folgenden behandelten cyanogenen Glucoside und Glucosinolate, werden durch Kochen zerstört. Letzteres läßt sich auch dadurch erklären, dass durch das Kochen die Thioglucosidase (Myrosinase), die die toxischen Isothiocyanate bildet, inaktiviert wird. Ein großer Teil der pflanzlichen Spezialmetabolite sind jedoch stabil und haben in höheren Konzentrationen eine cancerogene (krebserregende) Wirkung. Es gibt Schätzungen, dass mehr als 99 % aller cancerogenen Substanzen, welche die Menschen in Industrieländern normalerweise mit der Nahrung aufnehmen, als pflanzliche Spezialmetabolite natürliche Bestandteile der Nahrung sind. Die Erfahrung zeigt aber auch, dass sich der Mensch gegen diese Schadstoffe recht gut schützen kann. Wie im Folgenden gezeigt, enthalten Pflanzen aber auch viele Wirkstoffe, die als Pharmazeutika zur Bekämpfung von Krankheiten eingesetzt werden können, oder einige Isothiocyanate, z.B. aus Kohlsorten, sind auch für die menschliche Gesundheit von Vorteil, da sie gegen bestimmte Krebsarten wirken.

16.2 Die Stoffklasse der Alkaloide umfasst eine Vielfalt heterocyclischer Spezialmetabolite

Als **Alkaloide** bezeichnet man alkalische Spezialmetabolite, die ein oder mehrere N-Atome als Bestandteil von **Heterocyclen** enthalten und häufig eine ausgeprägte pharmakologische Wirkung haben. Sie werden aus **Aminosäuren** gebildet. Sehr viele dieser Alkaloide dienen der Abwehr gegen Tiere und Mikroorganismen. Sie werden zumeist in der Vakuole gespeichert. Wegen des dort vorherrschenden sauren Milieus liegen sie in protonierter Form vor. Alkaloide werden seit alters her von den Menschen als Gifte, Genuss- und Rauschmittel und, vor allem auch in Form von Pflanzenauszügen, als Arzneien genutzt. Bereits 1806 isolierte der Apothekergehilfe Friedrich Wilhelm Sertürner aus dem Schlafmohn Morphin. Die Struktur des Morphins konnte aber erst 1952 endgültig aufgeklärt werden. Inzwischen sind mehr als 10 000 Alkaloide bekannt, die sehr unterschiedliche Strukturen besitzen. Auf die Synthesewege, die ohnehin zum größten Teil noch unbekannt sind, kann hier nicht eingegangen werden.

Abbildung 16.1 zeigt eine kleine Auswahl wichtiger Alkaloide. Es ist üblich, Alkaloide nach den in ihnen enthaltenen Heterocyclen einzuteilen. **Coniin**, ein **Piperidinalkaloid**, ist als sehr starkes Gift im Schierling enthalten. Sokrates starb an diesem Gift, nachdem er den Schierlingsbecher trinken

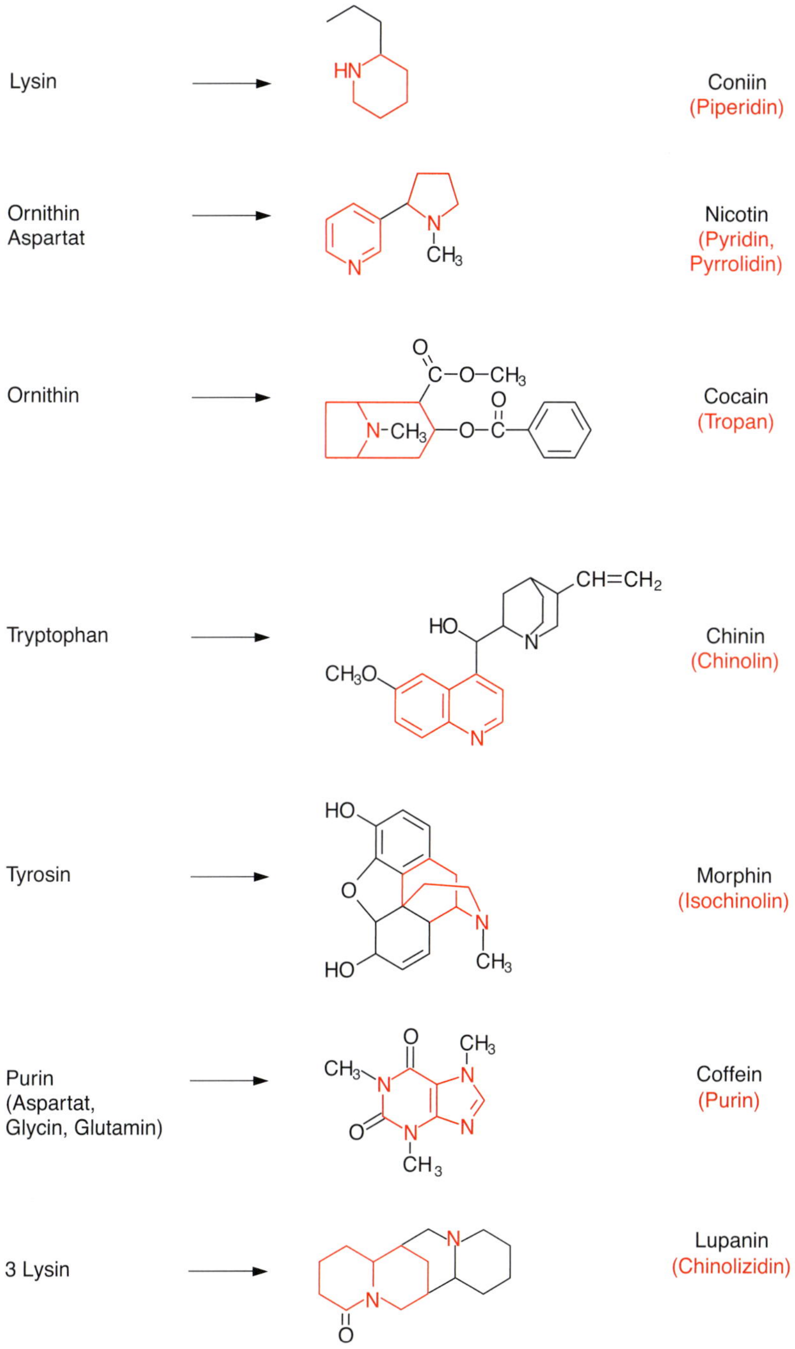

Abb. 16.1 Einige Alkaloide mit den Aminosäuren, aus denen sie gebildet werden. Für Coniin wird auch eine Synthese aus Acetyl-CoA beschrieben. Die Synthese von Purin erfolgt aus Aspartat, Glycin und Glutamin. Die Grundgerüste, nach denen die Alkaloide eingeteilt werden, sind rot markiert. Die entsprechenden Bezeichnungen stehen in Klammern.

musste. **Nicotin**, ebenfalls sehr toxisch, enthält sowohl einen **Pyridin-** als auch einen **Pyrrolidinring**. Es wird in den Wurzeln von Tabakpflanzen gebildet und mit dem Xylemsaft in die Stängel und Blätter transportiert. Nicotinsulfat, ein Nebenprodukt der Tabakindustrie, wird als sehr effektives Insektizid, zum Beispiel zum Ausräuchern von Gewächshäusern benutzt. Man kennt kaum Insekten, die gegen Nicotin resistent wären. Tabakpflanzen, die durch genetische Manipulation nur noch 3–4 % des normalen Nicotingehaltes enthalten, weil dessen Enzyme Nicotin abbauen können, werden deutlich bevorzugt durch die Raupe *Manduca sexta* befallen. Das Rauschgift **Cocain** enthält als Heterocyclus **Tropan**, bei dem das N-Atom gleichzeitig der Bestandteil zweier Ringe ist. Ein weiteres bekanntes Tropanalkaloid ist Atropin (Formel nicht gezeigt), das unter anderem als Gift in der Tollkirsche (*Atropa belladonna*) vorkommt. In kleinen Dosen führt es zur Erweiterung der Pupillen und wird aus diesem Grund in der Medizin für Untersuchungen am Auge verwendet. Angeblich soll auch Kleopatra atropinhaltige Extrakte zu sich genommen haben, um schöne Augen zu bekommen. Der Konsum von höheren Dosen hingegen führt zu übermäßiger Heiterkeit bis hin zur Raserei und Tobsuchtsanfällen; daher der Name Tollkirsche. Die Substanz **Chinin**, ein **Chinolinalkaloid** aus dem in Südamerika vorkommenden Chinarindenbaum, war bereits den spanischen Eroberern als Anti-Malariamittel bekannt. Das Isochinolinalkaloid **Morphin** ist ein wichtiges Schmerzmittel und zugleich auch Ausgangssubstanz für die Synthese von Heroin. **Coffein**, das Stimulans des Kaffees, enthält als Heterocyclus ein **Purin**. Aus drei Lysinmolekülen werden **Chinolizidin-Alkaloide** gebildet, z.B. **Lupinin** und **Lupanin**, die vornehmlich in Lupinenarten vorkommen. Die Toxizität zeigt sich darin, dass im Herbst immer wieder Schafe sterben, die zu viel Lupinensaat gefressen haben. **Pyrrolizidin-Alkaloide** wie z.B. das **Senecionin** (Formel nicht gezeigt), von Pflanzen als Abwehrsubstanz gegen Herbivoren gebildet, sind jedoch für speziell adaptierte Herbivoren unschädlich und werden von diesen sogar akkumuliert. So nutzen diese Herbivoren pflanzliche Gifte als eigene Schutzmaßnahme gegen Predatoren, Parasitoide und Pathogene. Jedoch sind Pyrrolizidin-Alkaloide für den Menschen toxisch, weil sie in der Leber zu giftigen Metaboliten umgewandelt werden.

Auf der Suche nach neuen Heilmitteln werden Pflanzen in großem Maße auf ihre Inhaltsstoffe hin untersucht. Als Ergebnis systematischer Suche wird das aus der Eibe isolierte Alkaloid Paclitaxel (Handelsname **Taxol**) zur Krebstherapie genutzt. Derivate des Alkaloids **Camptothezin** aus dem Chinesischen „Happy Tree" *Camptotheca acuminata* sind derzeit als Krebstherapeutikum in der klinischen Erprobung. Man sucht nach neuen Mitteln gegen die Bekämpfung von Malaria und gegen Viren. Da pharmakologisch interessante Wirkstoffe oft nicht in großen Mengen aus Pflanzen gewonnen werden können, versucht man mit gentechnischen Methoden, entweder die Produktion in den betreffenden Pflanzen zu erhöhen oder die Pflanzengene in Mikroorganismen einzuschleusen, um die Synthese von diesen durchführen zu lassen.

16.3 Pflanzen setzen Blausäure frei, wenn sie von Tieren verletzt werden

Blausäure (HCN) hemmt die Cytochrom-Oxidase und ist daher ein sehr starkes Atmungsgift. Man schätzt, dass etwa 10 % aller Pflanzen sich mit diesem Gift gegen tierischen Fraß verteidigen. Daher kann beispielsweise der Verzehr der Kerne von Pfirsichen und anderem Steinobst oder von bitteren Mandeln für den Menschen tödlich sein. Damit Pflanzen, die ja ebenfalls eine mitochondriale Atmungskette besitzen, sich nicht selbst vergiften, enthalten sie die Blausäure in gebundener Form als so genanntes **cyanogenes Glucosid**. Ein Beispiel hierfür ist das unter anderem in den Kernen und Wurzeln des Pfirsich vorkommende **Amygdalin** (Abb. 16.2). Die cyanogenen Glucoside werden als stabile Verbindung in den Vakuolen gelagert. Die für die Spaltung des Glucosids erforderliche **Glucosidase** ist in einem anderen Kompartiment vorhanden. Wenn bei einer Verletzung der Zelle durch Fraß die Kompartimentierung aufgehoben wird, kommt die Glucosidase mit dem cyanogenen Glucosid in Kontakt. Das nach Abspalten des Zuckerrestes verbleibende Cyanhydrin ist sehr instabil und zerfällt spontan in Blausäure und einen Aldehyd. Eine **Hydroxynitril-Lyase** beschleunigt diese Reaktion. Zur Entgiftung in den cyanogenen Pflanzen kann das HCN auf die Aminosäure Cystein übertragen werden, dadurch entsteht Cyanoalanin. Letzeres kann entweder durch eine Nitrilase oder eine Hydratase zu einem unschädlichen Metaboliten (Asparaginsäure oder Asparagin) umgewandelt werden. Auch die entstehenden Aldehyde sind oft sehr toxisch. Häufig ist für ein fressendes Tier die Entgiftung dieser Aldehyde schwieriger als die Entgiftung der Blausäure. Die Bildung zweier ver-

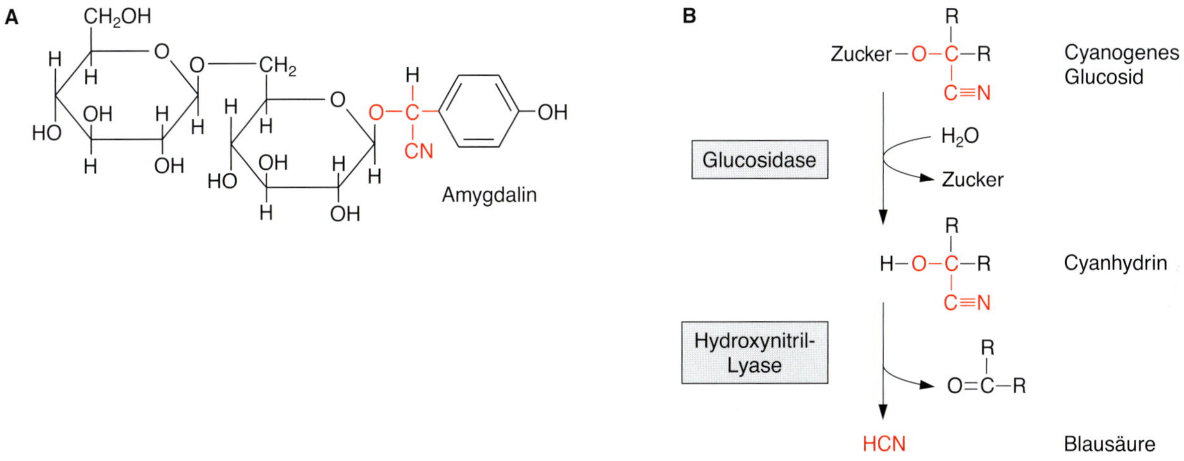

Abb. 16.2 **A**) Amygdalin, ein cyanogenes Glucosid ist unter anderem in Steinobstkernen enthalten. Dort dient es zum Schutz vor Fraßfeinden, aber auch als Keimungsinhibitor. **B**) Das nach Abspaltung des Zuckerrestes aus dem cyanogenen Glucosid entstandene Cyanhydrin zerfällt spontan unter Freisetzung von Blausäure.

schiedener toxischer Substanzen macht die cyanogenen Glucoside zu einem besonders wirksamen Abwehrsystem.

16.4 Einige Pflanzen setzen bei Verletzung flüchtige Senföle frei

Eine ähnliche Schutzfunktion gegen Fraß bieten **Glucosinolate**, die auch als **Senfölglucoside** bezeichnet werden. Man findet Glucosinolate zum Beispiel im Rettich, verschiedenen Kohlarten, Kapuzinerkresse und im Senf. Abbildung 16.3 zeigt als Beispiel das im Kohl enthaltene **Glucobrassicin,** das aus Tryptophan gebildet wird. Nach Abspaltung des Glucoserestes durch eine Thioglucosidase entsteht ein sehr instabiles Produkt, aus dem nach Abspaltung des Sulfatrestes und Umlagerung spontan ein **Isothiocyanat**, das **Senföl**, entsteht. Andere Senfölprodukte wie Nitrile, Thiocyanat und Oxazolidin-2-thion werden bei unterschiedlichen zellulären pH-Werten und durch spezifische Proteine (engl. specifier proteins) gebildet. Bei Anwesenheit eines Nitril-spezifizierenden Proteins wird vor allem das entsprechende Nitril gebildet. Ist ein thiocyanatbildendes Protein vorhanden, entstehen bevorzugt Thiocyanate. Schließlich ist für die Entstehung von Epithionitrilen ein epithiospezifizierendes Protein notwendig. Es ist interessant, dass diese Strategie auch von einigen angepassten Insekten genutzt wird, da sie selbst solche spezifizierenden Proteine besitzen um die Konzentration der giftigen Isothiocyanate zu reduzieren. In einigen wurde auch eine Thioglucosidase zur Metabolisierung der Glucosinolate gefunden. Senföle sind in höheren Konzentrationen Gifte. Auch hier sind Glucosinolat und Thioglucosidase im Pflanzengewebe räumlich voneinander getrennt. Das Enzym kann erst nach Verletzung mit seinem

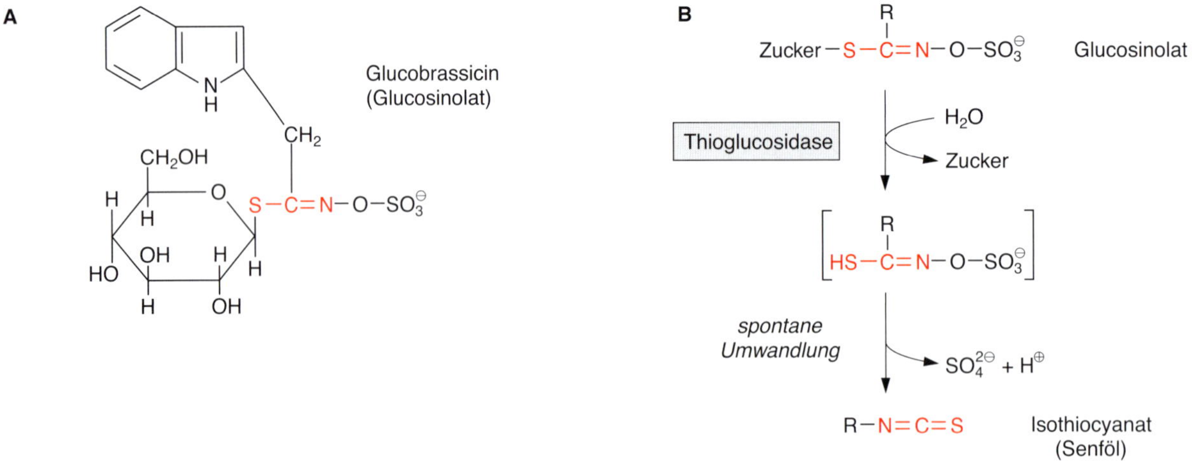

Abb. 16.3 **A)** Glucobrassicin, ein Glucosinolat, das u. a. im Kohl vorkommt. **B)** Bei der Abspaltung der Glucose aus dem Glucosinolat durch eine Thioglucosidase entsteht ein instabiles Produkt, das spontan in Sulfat und Isothiocyanat zerfällt.

Substrat in Kontakt treten. Die Bildung von Senföl ist nach der Zerstörung der Pflanzenzellen am scharfen Geruch zu erkennen. Ein Beispiel hierfür ist frisch geschnittener Rettich. Bei früheren Rapssorten minderte ein hoher Glucosinolatanteil die Verwendung der ausgepressten Rapskörner als Viehfutter. Durch Züchtung ist es gelungen, glucosinolatfreie Rapssorten zu erzeugen, die heute angebaut werden.

Die Biosynthese der Glucosinolate ist aufgeklärt. Der wichtigste Baustein der Glucosinolate sind Aminosäuren, bevorzugt Tryptophan, Tyrosin, Phenylalanin, Isoleucin, Leucin, Valin und Methionin. Die Seitenketten (R) der Aminosäuren, insbesondere von Methionin, können verlängert werden, bevor die Aminogruppe sulfatiert wird und die Carboxylgruppe nach Einführung einer Thioalkoholgruppe mit einer Hydroxylgruppe eines Zuckers reagiert.

16.5 Pflanzen schützen sich vor Herbivoren durch ungewöhnliche Aminosäuren

Viele Pflanzen enthalten ungewöhnliche Aminosäuren, die in ihrer Struktur den proteinogenen Aminosäuren sehr ähnlich sind. Als ein Beispiel zeigt Abbildung 16.4 **Canavanin**, ein Strukturanalogon des **Arginins** aus *Canavalia ensiformis* (Schwertbohne). Herbivoren nehmen Canavanin mit der Nahrung auf. Die Arginin-Transfer-RNA von Tieren kann bei der Proteinbiosynthese nicht zwischen Arginin und Canavanin unterscheiden: Sie baut Canavanin statt Arginin in Proteine ein. Durch diesen Austausch ändert sich die räumliche Struktur des neu synthetisierten Proteins; das fehlerhafte Protein besitzt keine oder nur verringerte biologische Funktion. Canavanin ist daher für Herbivoren toxisch. Für Pflanzen, deren Arginin-Transfer-RNA Canavanin nicht bindet, ist Canavanin daher ungiftig. Einige Insekten, die sich von canavaninhaltigen Pflanzen ernähren, sind in gleicher Weise gegen Canavanin resistent.

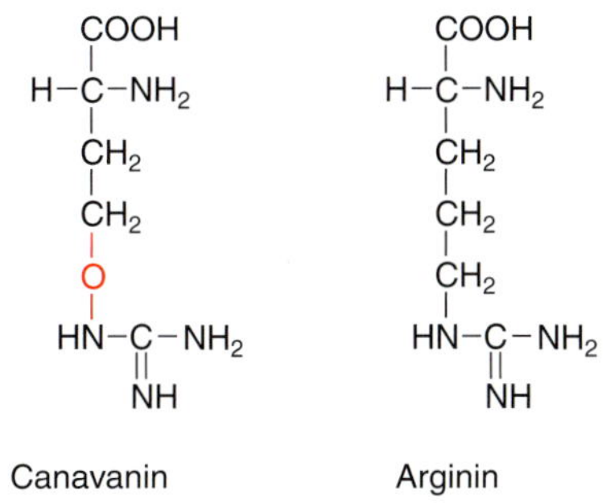

Abb. 16.4 Canavanin ist ein Strukturanalogon von Arginin.

Literatur

Abel, S., Grubb, C.D. Glucosinolate metabolism and its control. Trends in Plant Science 11, 89–100 (2006)

Ahuja, I., Bones, A.M., Kissen, R., Phytoalexins in defense against pathogens, Trends in Plant Science 17, 73–90 (2012)

Anarat-Cappillino, G., Sattely, E.S. The chemical logic of plant natural product biosynthesis. Current Opinion in Plant Biology 19, 51–58 (2014)

Baetz, U., Martinoia, E. Root exudates: the hidden part of plant defense. Trends in Plant Science 19, 90–98 (2014)

Bais, H.P., Weir, T.L., Perry, L.G., Gilroy, S., Vivanco, J.M. The role of root exudates in rhizophere interactions with plants and other organisms. Annual Review Plant Biology 57, 233-266 (2006)

Baldwin, I.T., Halitschke, R., Paschold, A., von Dahl, C.C. Volatile signaling in plant-plant interactions: „Talking tress" in the genomics era. Science 311, 812-815 (2006)

Chandra, R., Chandra, S. Engineering secondary metabolite production in hairy roots. Phytochemistry Reviews 10, 371–395 (2011)

Facchini P.J. Regulation of alkaloid biosynthesis in plants. Alkaloids Chemistry Biology 63, 1-44 (2006)

Facchini, P.J., Hagel, J.M., Yeung, E.C. Got milk? The secret life of laticifers. Trends in Plant Science 13, 631–639 (2008)

Gigolashvili, T., Yatusevich, R., Rollwitz, I., Humphry, M., Gershenzon, J., Flügge, U.I. The plastidic bile acid transporter 5 is required for the biosynthesis of methionine-derived glucosinolates in *Arabidopsis thaliana*. Plant Cell 21, 1813–1829 (2009)

Goodger, J.Q.D., Neilson, E.H., Woodrow, I.E., Lindberg-Møller, B. Plant chemical defense: at what cost? Trends in Plant Science 18, 250–258 (2013)

Grubb, D.C., Abel, S. Glucosinolate metabolism and its control. Trends in Plant Science 11, 89-100 (2006)

Halkier, B.A., Gershenzon, J. Biology and biochemistry of glucosinolates. Annual Reviews Plant Biology 57, 303-333 (2006)

Heil, M., Bueno, J..CS. Within-plant signaling by volatiles leads to induction and priming of an indirect plant defense in nature. Proceedings of National Academic Society USA 104, 5467-5472 (2007)

Shitan, N., Yazaki, K. Accumulation and membrane transport of plant alkaloids. Current Pharmacology Biotechnology 8, 244-252 (2007)

Stahl, E.A., Bishop, J.G. Plant pathogen arms races at the molecular level. Current Opinion in Plant Biology 3, 299-304 (2000)

Yan, X., Chen S. Regulation of plant glucosinolate metabolism. Planta 226, 1343-1352 (2007)

Zagrobelny, M., Bak, S., Rasmussen, A.V., Jørgensen, B., Naumann, C.M., Møller, B.L. Cyanogenic glucosides and plant-insect interactions. Phytochemistry 65, 293-306 (2004)

17 Eine große Vielfalt von Isoprenoiden erfüllt sehr unterschiedliche Funktionen im Pflanzenstoffwechsel

Isoprenoide kommen zwar in allen lebenden Organismen vor, sind aber insbesondere in Pflanzen in einer ungewöhnlichen Vielfalt enthalten. Mehr als 40 000 verschiedene pflanzliche Isoprenoide sind bekannt und es werden ständig neue Substanzen identifiziert. Diese Isoprenoide haben sehr viele verschiedene Funktionen (Tab. 17.1). Im primären Stoffwechsel fungieren sie als Bausteine von Membranen, als Photosynthesepigmente, Elektronentransportüberträger, Wuchsstoffe und Pflanzenhormone. Sie wirken als Glycosylüberträger bei Glycosylierungsreaktionen und sind an der Regulation des Zellwachstums beteiligt. Dazu haben sie als Spezialmetabolite ökologische Funktionen: Die Mehrzahl der verschiedenen Pflanzenisoprenoide dient als Bestandteil von Harzen, Milchsaft, Wachsen und Ölen, durch die Pflanzen giftig oder ungenießbar gemacht werden, der Abwehr gegen tierischen Fraß. Sie wirken als Antibiotika bei der Abwehr gegen pathogene Mikroorganismen. Viele Isoprenoide werden erst als Antwort auf eine Bakterien- oder Pilzinfektion gebildet (induzierte Abwehr). Manche Pflanzen bilden Isoprenoide, welche die Keimung und Entwicklung konkurrierender Pflanzen hemmen. Andere Isoprenoide locken als Pigment- oder Duftstoffe von Blüten oder Früchten Insekten zur Pollenübertragung oder zur Ausbreitung der Samen an.

Pflanzliche Isoprenoide (auch **Terpenoide** genannt) haben eine große wirtschaftliche Bedeutung, beispielsweise als Aromastoffe für Nahrungsmittel, Getränke und Kosmetika, als Vitamine (A, D, E), als natürliche Insektizide (z. B. Pyrethrin), als Lösungsmittel (z. B. Terpentin), als Kautschuk und Guttapercha. Zu den pflanzlichen Isoprenoiden zählen auch wichtige Naturstoffe, die als Pharmaka oder Vorstufen von Pharmaka genutzt werden. Man bemüht sich daher, die Fähigkeit der Pflanzen zur Synthese dieser Isoprenoide für biotechnische Verfahren zu nutzen.

Pflanzliche etherische Öle haben früh das Interesse der Naturstoffchemiker erregt. Man hatte aus Terpentinöl eine Reihe verschiedener Substanzen isoliert, die größtenteils cyclisch sind und 10, 15, 20 oder entsprechend mehr C-Atome besitzen. Man fand in vielen Pflanzen ähnliche Substanzen von gleicher Größe und bezeichnete sie als **Terpene**. Als Beispiel für ein Terpen wird in Abbildung 17.1 **Limonen**, ein Duftstoff aus dem Zitronenöl, gezeigt. Als Terpen mit 10 C-Atomen wird es als Monoterpen bezeichnet, und mit 40 C-Atomen als Tetraterpen. **Kautschuk** zum Beispiel, ist ein Polyterpen mit über 1500 C-Atomen. Es wird aus dem Latex des Gummibaums (*Hevea brasiliensis*) gewonnen. Otto Wallach (Bonn, Göttingen), der für seine grundlegenden Untersuchungen der Terpene 1910 mit dem Nobelpreis für Chemie ausge-

Tabelle 17.1: Isoprenoide höherer Pflanzen

Vorstufe	Klasse	Beispiele	Funktion
C_5: Dimethylallyl-PP Isopentenyl-PP	Hemiterpen	Isopren Seitenkette des Cytokinins	Schutz des Photosyntheseapparats vor Hitze Wachstumsregulator
C_{10}: Geranyl-PP	Monoterpen	Pinen	Abwehrstoff
		Linalool	Lockstoff
C_{15}: Farnesyl-PP	Sesquiterpen	Capsidiol	Phytoalexin
C_{20}: Geranylgeranyl-PP	Diterpen	Gibberelline	Pflanzenhormone
		Phorbol	Abwehrstoff
		Casben	Phytoalexin
C_{30}: 2 Farnesyl-PP	Triterpen	Cholesterin	Membranbausteine
		Sitosterin	
C_{40}: 2 Geranylgeranyl-PP	Tetraterpene	Carotinoide	Photosynthesepigmente
Geranylgeranyl-PP oder Farnesyl-PP	Polyprenole	prenylierte Proteine	Regulation des Zellwachstums
		Prenylierung von Plastochinon, Ubichinon, Chlorophyll, Cyt-*a*	Membranlöslichkeit von Photosynthesepigmenten und Elektronentransportüberträgern
		Dolichole	Glycosylüberträger
		Kautschuk	

zeichnet wurde, erkannte, dass Isopren der Grundbaustein der Terpene ist (Abb. 17.1). Aufbauend auf den Arbeiten von Wallach fand Leopold Ruzicka (Zürich), dass Isopren ein universeller Baustein für die Synthese sehr vieler Naturstoffe ist, darunter auch der Steroide. Er erhielt dafür 1939 den Nobelpreis für Chemie. Er postulierte eine biogenetische Isoprenregel nach der alle Terpenoide aus einer hypothetischen Vorstufe, die er „aktives Isopren" nannte, synthetisiert werden. Tatsächlich konnte Feodor Lynen in München (Nobelpreis für Medizin 1964) **Isopentenylpyrophosphat** als das gesuchte „aktive Isopren" identifizieren.

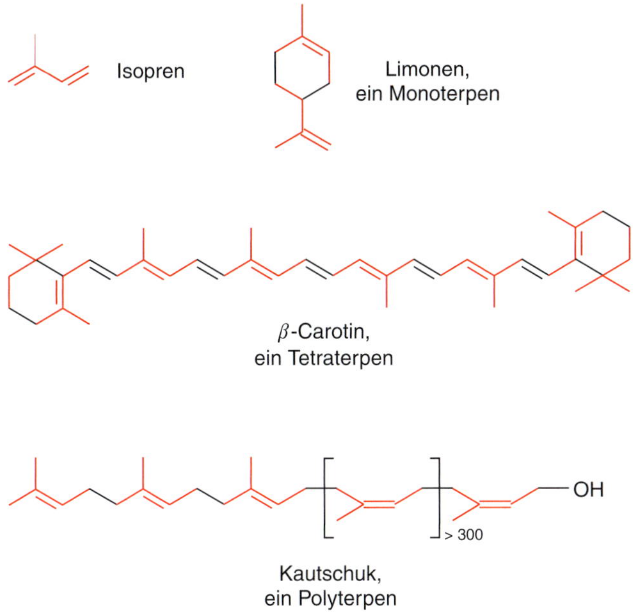

Abb. 17.1 Verschiedene Isoprenoide.

17.1 Für die Bildung von Isoprenoiden gibt es in höheren Pflanzen zwei verschiedene Synthesewege

Vorstufe für die Isoprenoidsynthese ist **Isopentenylpyrophosphat**. Die Synthese von Isopentenylpyrophosphat erfolgt in höheren Pflanzen und einigen Algengruppen im Cytosol und in den Plastiden auf jeweils unterschiedlichen Wegen.

Ausgangssubstanz für die Synthese von Isopentenylpyrophosphat im Cytosol ist Acetyl-CoA

Die Grundlage für die Aufklärung dieses Biosyntheseweges der Isoprenoide war die Entdeckung von Konrad Bloch (USA, der ebenfalls 1964 den Nobelpreis für Medizin erhielt), dass **Acetyl-CoA** Ausgangssubstanz für die Biosynthese von Steroiden ist. Abbildung 17.2 zeigt die Synthese des Zwischenproduktes Isopentenylpyrophosphat: Zwei Moleküle Acetyl-CoA reagieren zu **Acetoacetyl-CoA** und dann mit einem weiteren Acetyl-CoA zu **β-Hydroxy-β-methylglutaryl-CoA** (HMG-CoA). In Hefen und in Tieren werden die beiden Reaktionen durch zwei verschiedene Enzyme katalysiert, in Pflanzen dagegen nur durch ein einziges Enzym, die **HMG-CoA-Synthase**. Die veresterte Carboxygruppe des HMG-CoA wird durch zwei Moleküle NADPH zur Hydroxygruppe reduziert. Durch die gleichzeitige Spaltung der energiereichen

Thioesterbindung entsteht so in irreversibler Reaktion **Mevalonat**. Bei Tieren ist die Bildung von Mevalonat aus HMG-CoA eine wichtige Regulationsstelle der Isoprenoidsynthese. Ob dies auch für Pflanzen zutrifft, ist noch nicht geklärt. Durch zwei aufeinanderfolgende Phosphorylierungsschritte, die durch zwei verschiedene Kinasen katalysiert werden, entsteht ein Pyrophosphatester. Unter Verbrauch von einem dritten Molekül ATP wird nach einer intermediären Bildung eines Phosphatesters und nachfolgender Abspaltung dieses Phosphats eine Kohlenstoffdoppelbindung geknüpft und gleichzeitig die verbliebene Carboxygruppe decarboxyliert. Das so gebildete Isopentenylpyrophosphat ist der Grundbaustein für die Bildung von Isoprenoidketten.

Ausgangssubstanzen für die Synthese von Isopentenylpyrophosphat in den Plastiden sind Pyruvat und D-Glycerinaldehyd-3-phosphat

Die in Abbildung 17.2 gezeigte Synthese von Isopentenylpyrophosphat aus Acetat über Mevalonat als Zwischenprodukt, auch als **Acetat-Mevalonat-Weg** bezeichnet, wird durch **Mevilonin**, einem hoch spezifischen Inhibitor der HMG-CoA-Reduktase, geblockt. Untersuchungen an Pflanzen ergaben, dass durch Mevilonin zwar die Isoprenoidsynthese im Cytosol, nicht aber die in den Plastiden gehemmt wird. Es wurde gezeigt, dass die Synthese von Isopentenylpyrophosphat in den Plastiden auf einem anderen Wege verläuft als im Cytosol (Abb. 17.3). Ausgangsprodukte für den plastidären Syntheseweg sind **Pyruvat** und **D-Glycerinaldehyd-3-phosphat**.

Unter Beteiligung von Thiaminpyrophosphat (TPP) wird wie bei der Pyruvatdehydrogenase-Reaktion (Abb. 5.4) das Pyruvat decarboxyliert und dann wie bei der Transketolase-Reaktion (Abb. 6.17) auf D-Glycerinaldehyd-3-phosphat übertragen; dabei wird **1-Deoxy-D-Xylulose-5-Phosphat** (DOXP) gebildet. Über eine Folge von Reaktionen, wird durch Umlagerung und Reduktion zu **2-Methyl-D-Erythriol-4-Phosphat (MEP)**, und durch sich daran anschließende zwei weitere Reduktionsschritte sowie Wasserabspaltung und einem Phosphorylierungsschritt Isopentenylpyrophosphat gebildet. Bei dieser Reaktionsfolge wird MEP durch Reaktion mit CTP in CDP-Methylerythriol überführt und dadurch aktiviert. Den MEP-Weg für Isoprenoide gibt es in einigen Bakterien, Algen und Pflanzen, nicht jedoch in tierischen Organismen. Über den in den Plastiden lokalisierten MEP-Weg wird ein sehr großer Teil der pflanzlichen Isoprenoide, darunter das Hemiterpen Isopren, Monoterpene wie beispielsweise Pinen und Limonen, Diterpene (z. B. Phytolketten, Gibbereline, Harzsäuren) sowie Tetraterpene (Carotinoide), synthetisiert. Hingegen werden nach heutiger Kenntnis Sesquiterpene und Triterpene im Cytosol über den Mevalonat-Weg gebildet (Abb. 17.2).

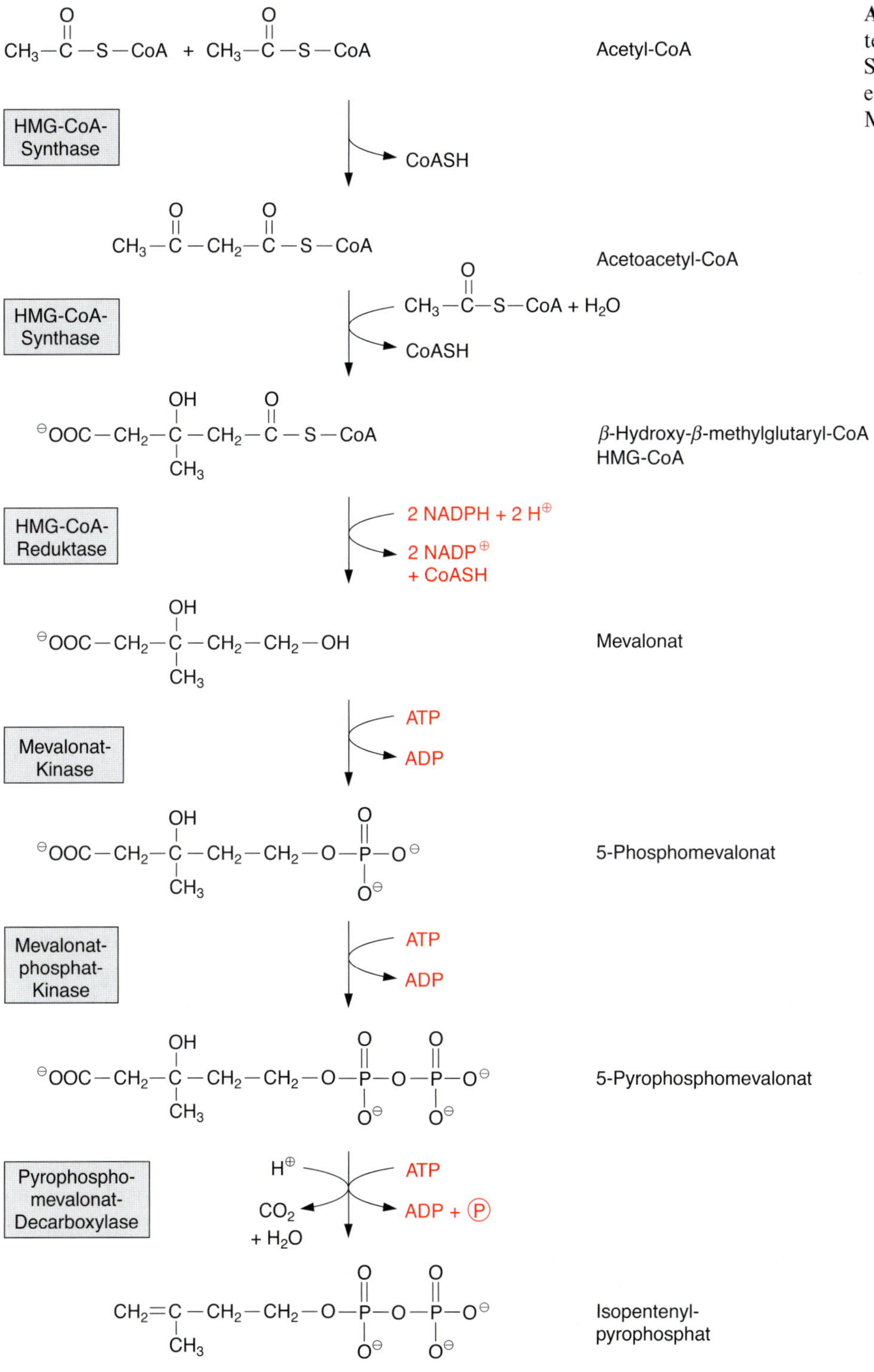

Abb. 17.2 Die Isopentenylpyrophosphat-Synthese im Cytosol erfolgt über den Acetat-Mevalonat-Weg.

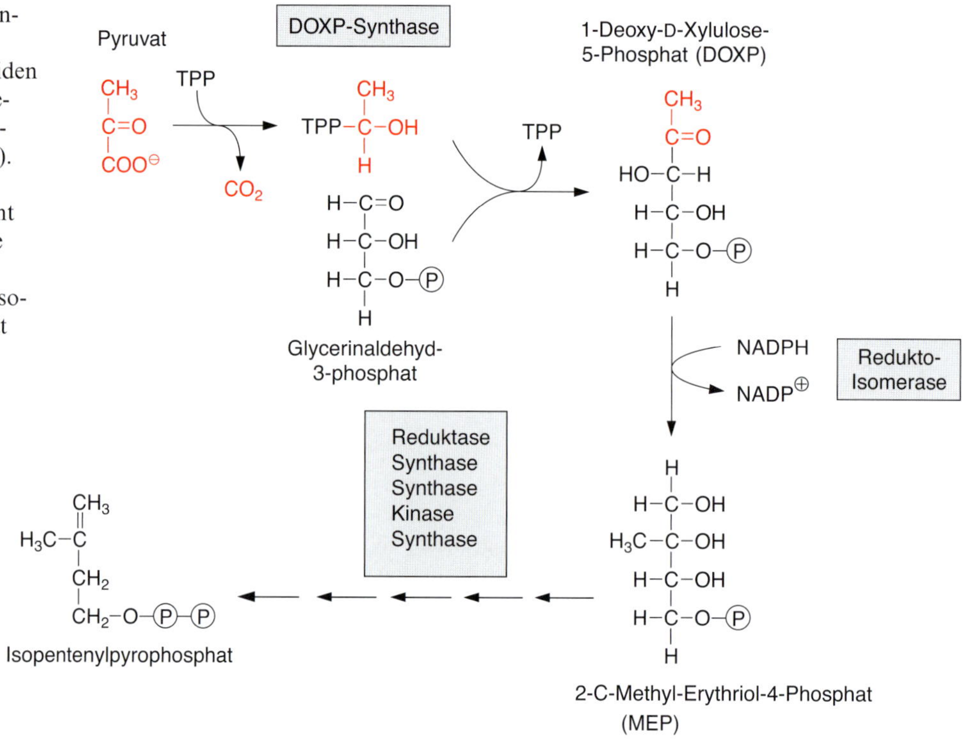

Abb. 17.3 Die Isopentenylpyrophosphat-Synthese in den Plastiden erfolgt über den 2-Methyl-Erythriol-4-Phosphat-Weg (MEP-Weg). Intermediate, die auf MEP folgen, sind nicht angegeben, jedoch die Enzyme, die die fünf Reaktionen bis zum Isopentenylpyrophosphat katalysieren.

Prenyltransferasen katalysieren die Verknüpfung der Isopreneinheiten

Der Akzeptor für eine sukzessive Übertragung von Isopentenylresten ist **Dimethylallylpyrophosphat** (Abb. 17.4). Dieses entsteht durch eine Isomerisierung des Isopentenylpyrophosphats, dabei wird eine Doppelbindung verschoben. Unter Abspaltung des Pyrophosphatrestes (PP) kondensiert Dimethylallyl-PP mit Isopentenyl-PP zu **Geranyl-PP**. Auf analoge Weise findet durch weitere Kopf-an-Schwanz-Kondensation mit Isopentenyl-PP eine Kettenverlängerung statt. Nacheinander werden so **Farnesyl-PP** und **Geranylgeranyl-PP** gebildet. Die Übertragung des Isopentenylrestes wird durch **Prenyltransferasen** katalysiert. Man bezeichnet Isopren- oder Polyisoprenreste als Prenylreste. Für die Bildung jedes der genannten Prenylpyrophosphate ist eine spezielle Prenyltransferase erforderlich. Eine als **Geranyl-PP-Synthase** bezeichnete Prenyltransferase katalysiert lediglich die Synthese von Geranyl-PP. Eine **Farnesyl-PP-Synthase** bildet Farnesyl-PP in zwei diskreten Schritten: Aus Dimethylallyl-PP und Isopentenyl-PP wird zunächst Geranyl-PP gebildet, dieses Zwischenprodukt bleibt jedoch am Enzym gebunden und reagiert mit Isopentenyl-PP weiter zu Farnesyl-PP. Analog katalysiert eine **Geranylgeranyl-PP-Synthase** alle drei Schritte zur Bildung des Geranylgeranyl-PP. Tabelle 17.1 zeigt, dass jedes der Prenylpyrophosphate Ausgangssubstanz für die Synthese jeweils in Struktur und Funktion bestimmter Isoprenoide ist, die in

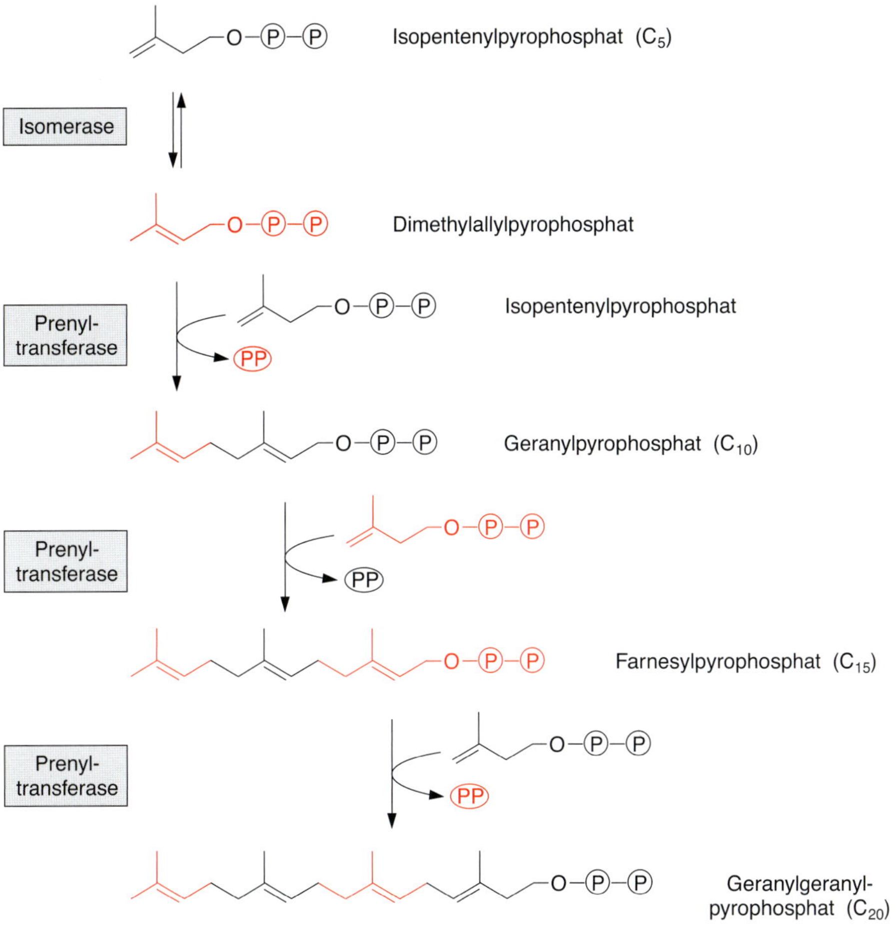

Abb. 17.4 Durch Kopf-Schwanz-Addition entstehen aus den aktiven Isopreneinheiten höhermolekulare Prenylpyrophosphate.

Hemiterpene, Monoterpene, Sesquiterpene u.s.w. eingeteilt werden. Da diese Prenylpyrophosphate durch verschiedene Enzyme synthetisiert werden, ermöglicht eine Induktion oder Repression eines jeweiligen Enzyms die Regulation der Synthese eines bestimmten Prenylpyrophosphats. Nach bisherigen Ergebnissen gibt es einen Syntheseweg vom Isopentenylpyrophosphat zum Geranylgeranylpyrophosphat sowohl im Cytosol wie auch in den Plastiden, wobei bestehende Unterschiede zwischen den beiden Wegen im Detail noch nicht geklärt sind.

Die C–C-Verknüpfung zwischen zwei Isoprenen wird durch nucleophile Substitution gebildet (Abb. 17.5): Ein an die Prenyltransferase gebundenes Mg^{2+}-Ion fördert die Abspaltung des Pyrophosphatrestes vom Akzeptormolekül, wobei am endständigen C-Atom (C-1) eine positive Ladung entsteht, die durch die benachbarte Doppelbindung stabilisiert wird. Es entsteht also ein Allyl-Kation, daran greift die endständige Doppelbindung des Donormoleküls an, und die neue C–C-Bindung wird geknüpft. Die Abspaltung eines Protons vervollständigt die Reaktion. Nach dem selben Reaktionsmechanismus werden nicht nur Isoprenketten, sondern auch Ringschlüsse erzeugt, sodass dadurch am Ende die ungewöhnliche Vielfalt der Isoprenoide entsteht.

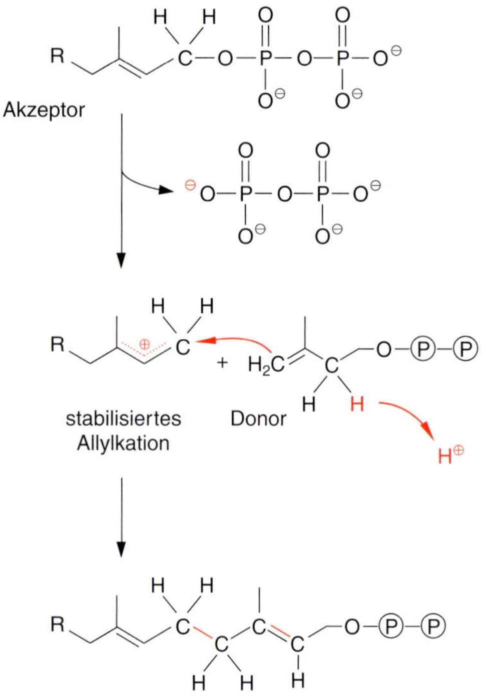

Abb. 17.5 Die Kopf-Schwanz-Addition zweier Prenylpyrophosphate durch die Prenyltransferase ist eine nucleophile Substitution nach dem S_N1-Mechanismus: Zunächst wird von dem Akzeptormolekül Pyrophosphat abgespalten. Es entsteht ein Allyl-Kation, das mit der Doppelbindung des Donormoleküls reagiert. Es wird so eine neue C–C-Bindung geknüpft. Durch Abspaltung eines Protons wird letztlich die Doppelbindung, um eine Position verschoben, wieder hergestellt. (Der Mechanismus ist nur vereinfacht dargestellt.)

Manche Pflanzen emittieren Isopren in die Luft

Das **Hemiterpen** Isopren wird durch eine in zahlreichen Pflanzen vorhandene **Isopren-Synthase** nach Abspaltung von Pyrophosphat aus Dimethylallyl-PP gebildet (Abb. 17.6). Isopren hat einen Siedepunkt von 33 °C und entweicht aus der Pflanze als Gas. Man beobachtet eine Isoprenemission insbesondere bei Eichen, Weiden, Platanen und Pappeln. Diese Pflanzen bilden Isopren nur im Licht und bei Temperaturen von 30–40 °C. Bei diesen hohen Temperaturen kann in Eichenblättern von dem durch Photosynthese fixierten Kohlenstoff bis zu 5 % als Isopren emittiert werden. Beim Kudzu-Wein, einer rankenden Pflanze, die in Asien als Futterpflanze genutzt wird, hat man sogar Isoprenemissionen von 20 % des Photoassimilats beobachtet. Zusammen mit Monoterpenen und anderen Substraten ist die Isoprenemission für den blauen Dunstschleier verantwortlich, der bei Hitze über Wäldern beobachtet werden kann.

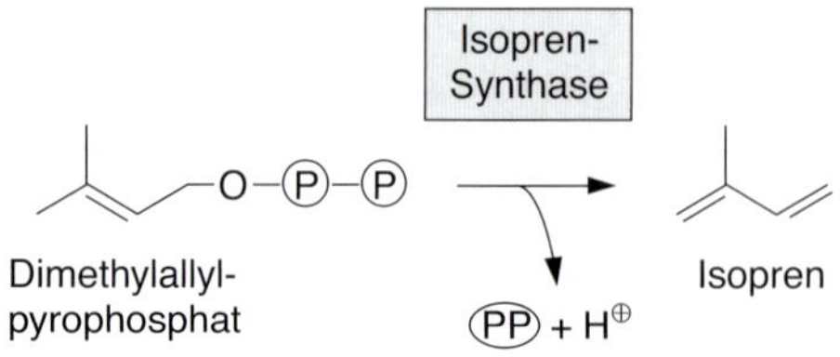

Abb. 17.6 Durch die Isopren-Synthase wird in den Blättern einiger Pflanzen Isopren gebildet, das gasförmig entweicht.

Die Isoprensynthese erfolgt in den Chloroplasten aus Dimethylallylpyrophosphat, welches über den MEP-Weg gebildet wird (Abb. 17.3). Die Isopren-Synthase wird bei hohen Temperaturen induziert. Die physiologische Funktion der Isoprenbildung ist bis heute nicht geklärt. Es gibt Hinweise darauf, dass durch Einlagerung geringer Isoprenmengen Photosynthesemembranen gegenüber dem Einfluss hoher Temperaturen stabilisiert werden. Global gesehen ist die Isoprenemission durch Pflanzen beträchtlich, sie liegt um mehrere Größenordnungen über der anthropogenen Kohlenwasserstoffemission und wird als etwa gleich hoch wie die globale Methanemission eingeschätzt. Allerdings wird Isopren in der Atmosphäre sehr viel schneller abgebaut als Methan.

17.2 Vom Geranylpyrophosphat leiten sich viele Geruchsstoffe ab

Die Klasse der Monoterpene umfasst eine große Anzahl von offenkettigen und cyclischen Isoprenoiden, von denen viele wegen ihrer hohen Flüchtigkeit und ihres Lipidcharakters zu den etherischen Ölen gezählt werden. Sie haben in der Regel einen charakteristischen, oft angenehmen Geruch und sind beispielsweise für den typischen Geruch von Fichtennadeln, Thymian, Lavendel, Rosen und Maiglöckchen verantwortlich. Als Blütenduftstoff dienen sie zur Anlockung von Bestäubern. Ihre Funktion liegt jedoch auch darin, Insekten und andere Tiere fernzuhalten, um Pflanzenteile vor Fraß zu schützen.

Die Hydrolyse des Geranyl-PP führt zur Bildung des Alkohols **Geraniol** (Abb. 17.7), dieser ist Hauptbestandteil des Rosenöls. Geraniol riecht nach frischgeschnittenen Geranien.

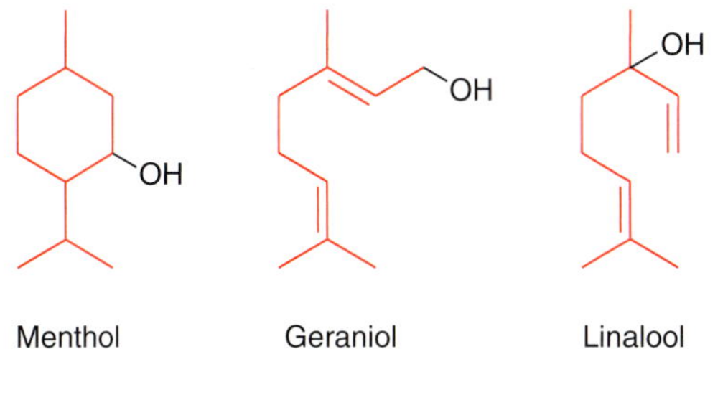

Abb. 17.7 Menthol: Bestandteil von Pfefferminzöl; Geraniol: Bestandteil des Rosenöls, Duftstoff in Geranien; Linalool: Duftstoff von Korbblütlern.

Geranylpyrophosphat ist die Ausgangssubstanz für die Bildung der Monoterpene, die durch **Monoterpen-Synthasen** gebildet werden. Diese Enzyme, die alle ein sehr ähnliches aktives Zentrum besitzen und zu einer gemeinsamen Enzymfamilie gehören, bilden sehr unterschiedliche Produkte. In Abb. 17.8 sind die Produkte von zwei sehr eng verwandten Monoterpen-Synthasen gezeigt. Während die Linalool-Synthase aus *Nicotiana alata* als einziges Produkt Linalool liefert, führt die Katalyse der Cineol-Synthase aus *Nicotiana suaveolens* zur Bildung von acht verschiedenen Produkten (Multiproduktenzym) (60 % Cineol, je 10 % Myrcen, Limonen und Sabinen und je 2 % β-Ocimen und Terpineol sowie α- und β-Pinen) (Abb.17.8). Der prozentuale Anteil der Produkte variiert bei Enzymen nahverwandter Pflanzenspezies und lässt sich auf wenige Aminosäureunterschiede in den Proteinsequenzen zurückführen.

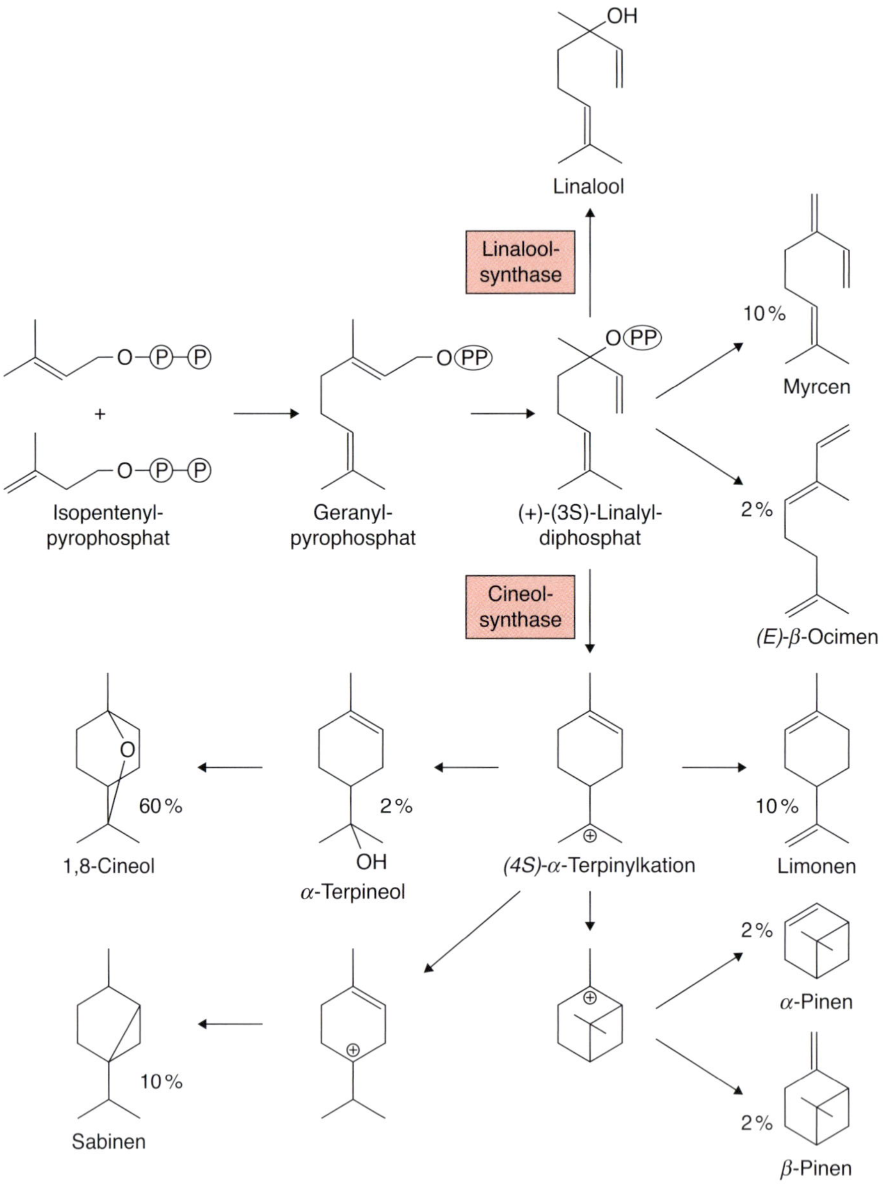

Abb. 17.8 Beispiel für Reaktionsprodukte von zwei Monoterpen-Synthasen. Die Umsetzung des aus Geranylpyrophosphat gebildeten Linalyldiphosphats durch die Linalool-Synthase aus *Nicotiana alata* ergibt als einziges Produkt Linalool, während die Umsetzung durch das sequenzähnliche Enzym Cineol-Synthase aus *Nicotiana suaveolens* zu acht verschiedenen Produkten führt (prozentuale Ausbeuten in der Abbildung angegeben).

So kann bereits durch ein Enzym eine Vielfalt von Substanzen erzeugt werden. Neben den anlockenden Monoterpenen der Blüten werden in vielen Pflanzen Monoterpene mit abstoßenden Eigenschaften gebildet. So sind Limonen, Myrcen, α- und β-Pinen Hauptbestandteile des Harzes **(Oleoresin)** von Nadelbäumen. Sie sind für viele Insekten toxisch und verhindern den Fraß durch Tiere. Nadelbäume reagieren auf den Befall durch Borkenkäfer mit einer starken Erhöhung der Cyclaseaktivität und eine dadurch bewirkte vermehrte Harzbildung. Limonen kommt auch in den Blättern und Schalen von Zitronen vor. Ein weiteres Monoterpen ist **Menthol**, der Hauptbestandteil des Pfefferminzöls (Abb. 17.7). Es dient der Pflanze als Insektenrepellent. Es gibt zudem viele Monoterpene, die Carbonylgruppen und Carboxylgruppen enthalten, auf die hier aber nicht eingegangen werden kann.

17.3 Farnesylpyrophosphat ist Ausgangsverbindung für die Bildung von Sesquiterpenen

Die Produktbildung aus Farnesylpyrophosphat, die wiederum nach gleichen Mechnismus verläuft wie bei den Monoterpensynthasen, ist noch umfangreicher. Dies illustriert Abbildung 17.9. Bereits die Reaktion des intermediär ge-

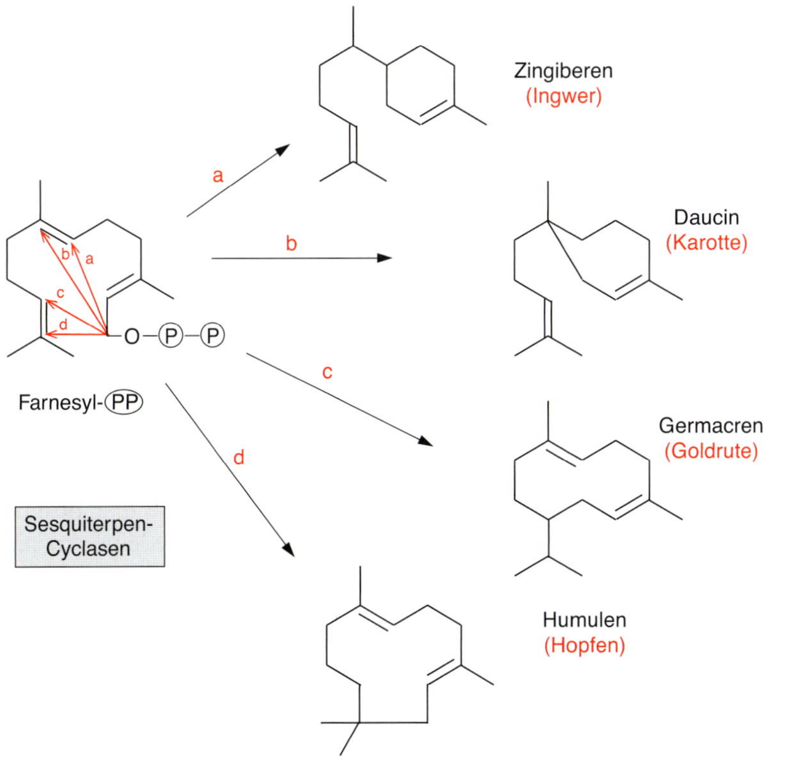

Abb. 17.9 Ohne Umlagerung der Doppelbindungen gibt es für die Cyclisierung von Farnesylpyrophosphat vier verschiede Möglichkeiten.

bildeten Carbenium-Ions mit den beiden Doppelbindungen des Moleküls kann zu vier verschiedenen Produkten führen. Durch gleichzeitige Umlagerung wird die Zahl der möglichen Produkte vervielfacht. Sesquiterpene bilden die größte Gruppe der Isoprenoide, sie umfasst allein über 200 verschiedene Kohlenstoffgerüste. Zu den Sesquiterpenen zählen viele Geruchsstoffe, zum Beispiel das Valencen der Orangen, das Caryophyllen der Nelken sowie mehrere Inhaltsstoffe des Hopfens und des Eukalyptusöls. Zu den Sesquiterpenen gehört aber auch **Capsidiol** (Abb. 17.10), ein in Pfeffer und Tabak gebildetes **Phytoalexin** (Abschn. 16.1).

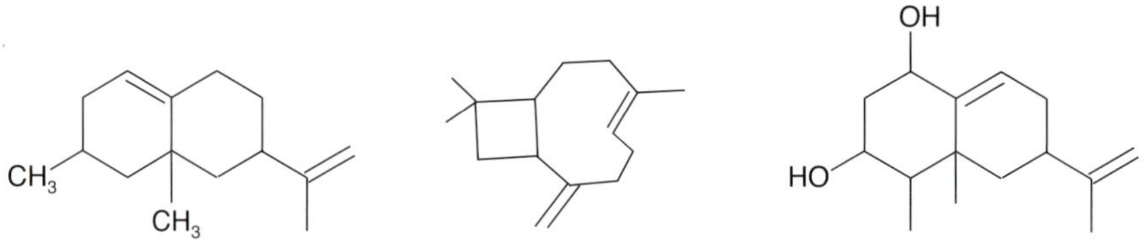

Abb. 17.10 Strukturformeln einiger Sesquiterpene.

Aus Farnesylpyrophosphat werden Steroide gebildet

Aus zwei Molekülen Farnesyl-PP wird durch eine reduktive Kopf-Kopf-Kondensation unter Verbrauch von NADPH das Triterpen **Squalen** gebildet (Abb. 17.11). Squalen ist Ausgangsprodukt für Membranbausteine wie **Cholesterol** und **Sitosterol**, deren Funktionen in Abschnitt 15.1 besprochen wurden, sowie für die als Phytohormon wirkenden **Brassinosteroide** (Abschn. 19.8).

Eine Klasse glycosylierter Steroide, die wegen ihres Seifencharakters als **Saponine** bezeichnet werden, wirkt in der Pflanze als Fraßgift und Abwehrsubstanz gegen Pilze (Abb. 17.12). Der Glycosylrest der Saponine besteht aus einem verzweigten Oligosaccharid, das aus Glucose, Galactose, Xylose und anderen Hexosen aufgebaut ist. Die hydrophile Polysaccharidkette und das hydrophobe Steroid machen die Saponine zu einem **Detergens**, einer grenzflächenaktiven Substanz. Die Toxizität der Saponine beruht auf ihrer membranschädigenden Wirkung, bei Pilzen lösen sie die Plasmamembran auf, bei Tieren führen sie zur Hämolyse der roten Blutkörperchen. Einige Gräser enthalten Saponine und sind daher für das Weidevieh giftig. **Yamonin**, ein Saponin aus der Yampflanze, diente in der pharmazeutischen Industrie als Ausgangssubstrat für die Synthese von Progesteronen, die u.a. Bestandteile von Antibabypillen sind. Zu den Saponinen gehören auch eine Anzahl sehr toxischer glycolisierter Steroide, die als **Cardenolide** bezeichnet werden, welche die in Tieren vorkommende Na^+/K^+-Pumpe hemmen. Ein bekannter Vertreter dieser Stoffklasse ist das **Digitoxigenin**, ein Gift aus dem Fingerhut. Es gibt Raupen, die Cardenolide fressen können, ohne dass sie dadurch vergiftet werden: Sie speichern diese Substanzen und sind dadurch ihrerseits für Vögel giftig. In geringen Dosen werden Cardenolide als Medikament gegen Herzin-

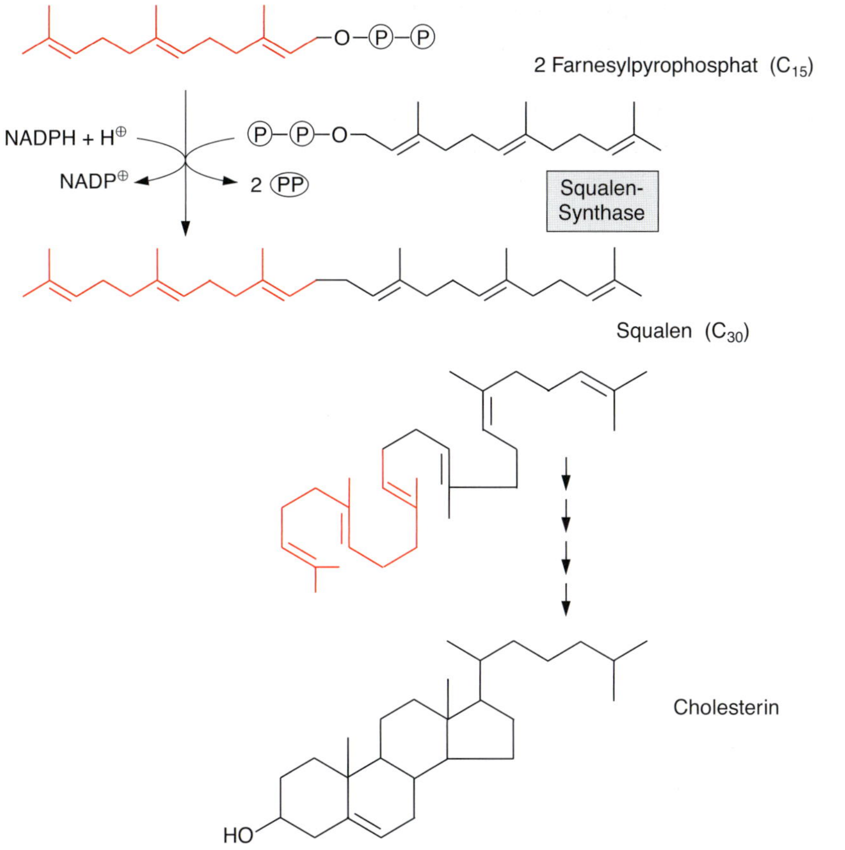

Abb. 17.11 Durch Kopf-Kopf-Addition bei gleichzeitiger Reduktion wird aus 2 Molekülen Farnesyl-PP Squalen gebildet. Nach Einführung einer OH-Gruppe durch eine Monooxygenase und Cyclisierung entsteht in mehreren Schritten Cholesterol.

suffizienz benutzt. Abwehrstoffe sind auch die **Phytoecdysone**, eine Gruppe von Steroiden mit einer ähnlichen Struktur wie das Insektenhormon Ecdyson. Ecdyson reguliert die Häutung der Larven. Wenn Insekten diese Phytoecdysone mit der Nahrung aufnehmen, wird der Häutungsprozess gestört, und die Insektenlarven sterben.

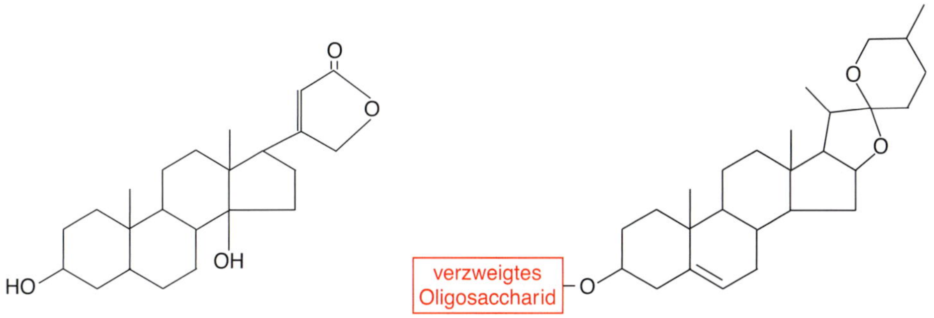

Digitoxigenin Yamonin

Abb. 17.12 Digitoxigenin, ein Cardenolid und Yamonin, ein Saponin.

17.4 Geranylgeranylpyrophosphat ist Ausgangssubstanz für Abwehrsubstanzen, Phytohormone und Carotinoide

Die Cyclisierung von Geranylgeranyl-PP führt unter anderem zur Bildung des Diterpens **Casben** (Abb. 17.13). Casben wird als Phytoalexin (Abschn. 16.1) in *Ricinus communis* gebildet. Das Diterpen **Phorbol** ist als Ester im Milchsaft von Wolfsmilchgewächsen enthalten. Bei Verzehr der Pflanzen wirkt Phorbol als Gift, bereits der Kontakt mit der Haut löst schwere Entzündungen aus. Wir sehen hier ein weiteres Beispiel dafür, wie sich die Pflanze vor Fraß schützt. Die Phorbolester haben in der medizinischen Forschung wegen ihrer tumorauslösenden Wirkung Bedeutung erlangt. Ebenfalls vom Geranylgeranyl-PP leiten sich die **Gibberelline** ab, eine Gruppe von Phytohormonen (Abschn. 19.4).

Oleoresine schützen Bäume vor Schädlingsbefall

Coniferen (Nadelhölzer) haben in gemäßigten Zonen eine weite Verbreitung als Waldbäume und erreichen zudem oft ein hohes Alter, manche Spezies können weit über 1000 Jahre alt werden. Dies wird möglich, weil sich Coniferen sehr wirksam gegen Fraßfeinde schützen können. Die größte Bedrohung stellen Borkenkäfer dar, die nicht nur selbst Schäden anrichten, sondern auch Pilzinfektion an den Verletzungsstellen der Rinde nach sich ziehen. Gegen diese Feinde schützen sich die Bäume an den Verletzungsstellen durch das

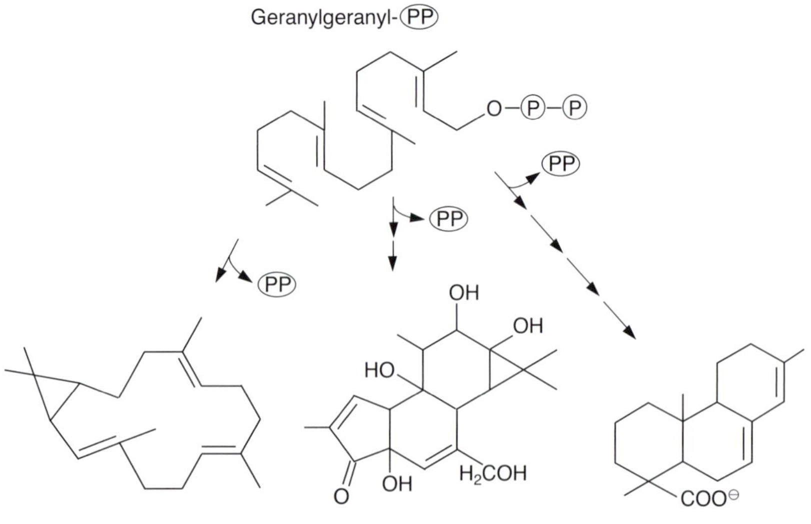

Abb. 17.13 Aus Geranylgeranylpyrophosphat wird durch Cyclisierung in einem Schritt das Phytoalexin Casben gebildet. Die Synthese der Abwehrsubstanz Phorbol erfordert mehrere Schritte, darunter Hydroxylierungen, die teilweise durch Monooxygenasen katalysiert werden. Abietinsäure, ebenfalls gebildet aus Geranylgeranylpyrophosphat, ist eine Hauptkomponente der Oleoresine.

Ausscheiden von Oleoresinen (Baumharzen), wodurch Insekten und Pilze getötet und die Verletzungsstellen versiegelt werden. Oleoresine der Coniferen bestehen aus einer sehr komplexen Mischung von Terpenoiden, etwa zu der Hälfte aus einer flüchtigen **Terpentinfraktion** (Monoterpene und z.T. auch Sesquiterpene) und zur anderen Hälfte aus einer nichtflüchtigen **Rosin-Fraktion** (Diterpene). Die Terpentin-Fraktion enthält eine Reihe von Substanzen, die für Insekten und Pilze toxisch sind, wie beispielsweise **Limonen** (Abb. 17.5). Die Rosin-Fraktion enthält Harzsäuren, wobei **Abietinsäure** (Abb. 17.13) der Hauptvertreter ist. Bei Verletzung wird das in den Harzkanälen gespeicherte Oleoresin ausgeschüttet oder auch am Ort des Befalles synthetisiert. Die toxischen Eigenschaften der einzelnen Komponenten der Oleoresine auf bestimmte Insekten und Pilze werden derzeit intensiv untersucht und man hofft aus diesen Kenntnissen durch gentechnische Methoden die Schädlingsresistenz von in großflächigen Forsten angebauten Bäumen zu erhöhen.

Die Carotinsynthese liefert Pigmente für die Pflanze und ein wichtiges Vitamin für den Menschen

Die Funktion der **Carotinoide** bei der Photosynthese wurde in den Kapiteln 2 und 3 ausführlich behandelt. Außerdem haben Carotinoide auch eine Bedeutung als Farbstoff, zum Beispiel in Blüten und Früchten. Die Synthese von Carotin erfordert zwei Moleküle Geranylgeranyl-PP, die ähnlich wie bei der Bildung von Squalen durch Kopf-Kopf-Kondensation verknüpft werden (Abb. 17.14). Durch Abspaltung des ersten Pyrophosphats entsteht zunächst das Zwischenprodukt Prä-Phytoenpyrophosphat, die Abspaltung des zweiten Pyrophosphats führt dann zur Bildung des Phytoens. Hier sind die beiden Prenylreste durch eine Kohlenstoffdoppelbindung miteinander verknüpft. Durch zwei verschiedene Desaturasen erfolgt die Umwandlung zum **Lycopin**. Nach neueren Ergebnissen verlaufen diese Desaturierungen über Dehydrogenierungen, wobei der abgespaltene Wasserstoff über FAD auf O_2 übertragen wird. Zwei endständige Cyclisierungen des Lycopins führen dann zur Bildung von **β-Carotin**, eine andere Cyclase erzeugt **α-Carotin**. Die Hydroxylierung von β-Carotin führt zum Xanthophyll **Zeaxanthin**. Die Bildung des Xanthophylls **Violaxanthin** aus Zeaxanthin ist in Abbildung 3.41 gezeigt.

β-Carotin ist die Ausgangssubstanz für die Synthese des Sehpigments **Rhodopsin** und daher als **Provitamin A** ein essenzieller Bestandteil der menschlichen Ernährung. Hunderte von Millionen Menschen, vor allem in Asien, die sich hauptsächlich von Reis ernähren, welcher kein β-Carotin enthält, leiden unter gravierendem Provitamin A-Mangel; viele Kinder erblinden dadurch. Es ist kürzlich gelungen, in transgenen Reispflanzen alle Enzyme des Synthesewegs vom Geranylgeranylpyrophosphat zum β-Carotin in das Endosperm der Reiskörner einzubringen. Diese Reislinien liefern β-Carotin-haltigen Reis, der dadurch eine gelbliche Farbe hat. Daher rührt auch die Bezeichnung „**Golden Rice**". Die durch Non-Profit-Organisationen bereitgestellten transgenen Reislinien werden derzeit von Züchtungsinstituten in einer Reihe von asiatischen Ländern in lokale Reissorten eingekreuzt. Man hofft, dass es

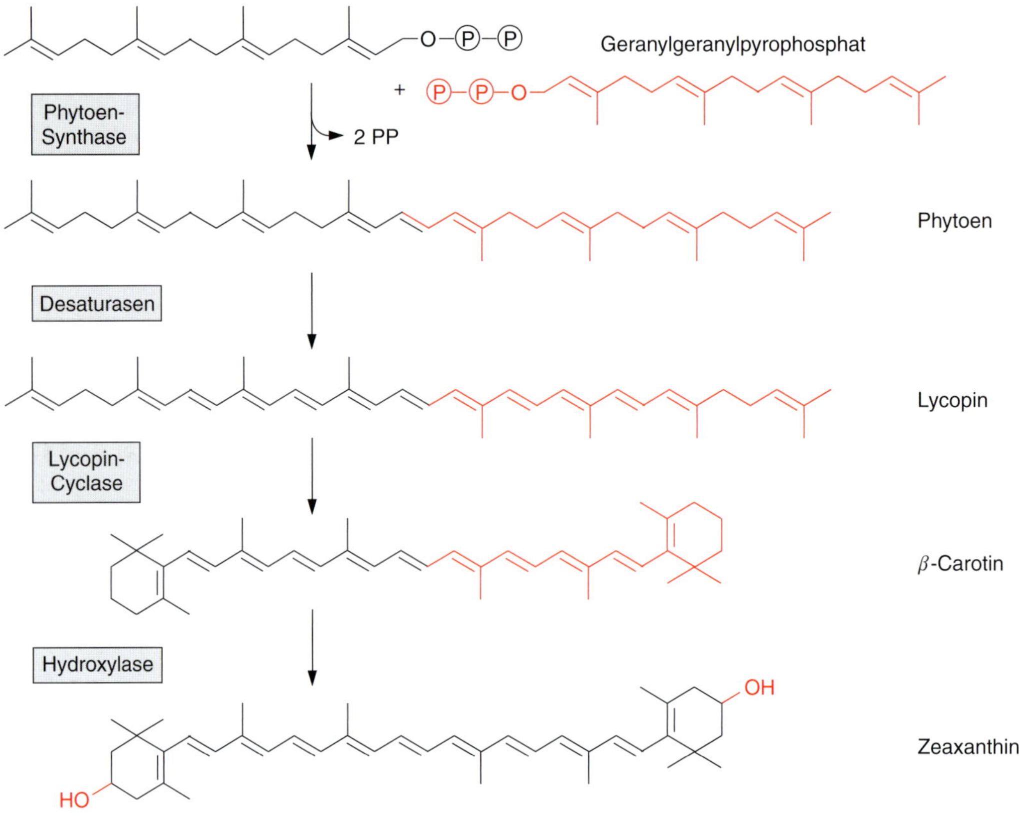

Abb. 17.14A Carotinoidbiosynthese. Die Phytoen-Synthase katalysiert die Kopf-Kopf-Addition von zwei Molekülen Geranylgeranyl-PP. Das gebildete Phytoen wird durch Desaturasen unter Bildung des nicht aufgeführten Neurosporins als Zwischenprodukt in Lycopin umgewandelt. Durch Cyclisierung entsteht entweder a) β-Carotin und durch zusätzliche Hydroxylierung Zeaxanthin, oder b) α-Carotin und durch zusätzliche Hydroxylierung Lutein (nicht eingezeichnet).

durch den Anbau von „Golden Rice" gelingt, dem gravierenden Provitamin A-Mangel weiter Bevölkerungskreise abzuhelfen.

β-Carotin ist auch Ausgangssubstanz für **Strigolactone**. Diese Naturstoffe wurden bereits 1966 aus Wurzeln der Baumwolle isoliert und die chemische Struktur von 5-Deoxystrigol ist seit 1972 bekannt. 5-Deoxystrigol ist ein wichtiges Intermediat wovon sich viele verschiedene natürlich vorkommende Derivate ableiten lassen (Abb. 17.14B). Striga-Spezies (Sommerwurzgewächse) sind parasitische Pflanzen (‚Witchweed'), die für enorme Mais- und Reis-Ernteeinbußen in Afrika verantwortlich sind. Strigolactone werden von den Wurzeln der Wirtspflanzen gebildet und in den Boden abgegeben und führen zu unterschiedlichen Phänomenen, z. B. zur Verringerung der Sprossverzweigung der Wirtspflanze, Förderung der Keimung des Striga-Parasiten und Erhöhung der symbiotischen Assoziation mit arbuskulären Mycorrhiza-Pilzen.

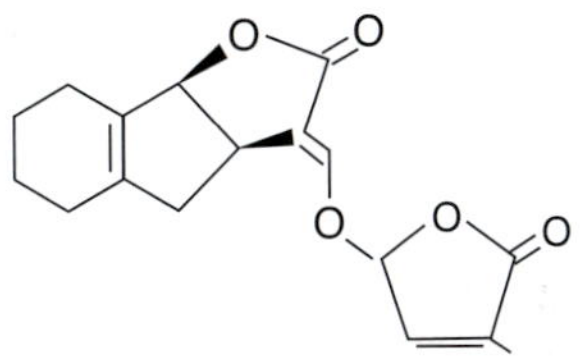

Abb. 17.14B Struktur des 5-Deoxystrigols.

17.5 Viele Substanzen sind aufgrund einer Prenylkette in Membranen löslich

Ubichinon (Abb. 3.5), Plastochinon (Abb. 3.19) und Cytochrom-*a* (Abb. 3.24) werden durch Isoprenoidketten unterschiedlicher Länge in Membranen verankert. Bei der Biosynthese dieser Elektronenüberträger erfolgt der Einbau der Prenylkette durch eine Prenyltransferase über ein Prenylpyrophosphat als Zwischenstufe. Chlorophyll (Abb. 2.4), Tocopherole und Phyllochinon (Abb. 3.32) besitzen hingegen Phytolseitenketten. Diese werden über eine Reduktion durch NADPH (Abb. 17.15) aus Geranylgeranyl-PP gebildet und entsprechend eingebaut.

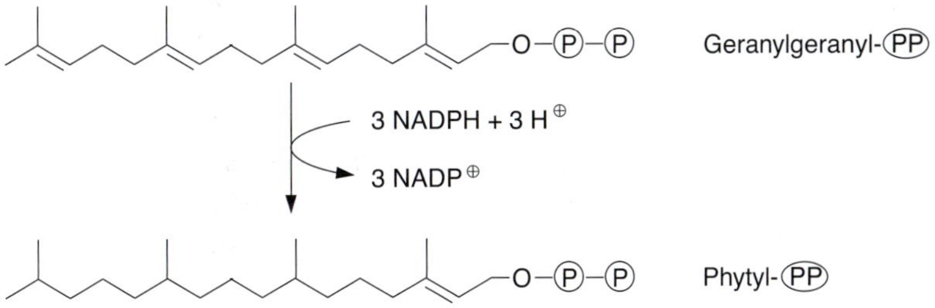

Abb. 17.15 Bildung von Phytyl-PP aus Geranylgeranyl-PP.

Durch Prenylierung können Proteine in einer Membran verankert werden

In Hefen und Tieren kommen eine große Anzahl von Proteinen vor, die durch spezifische Prenyltransferasen an einen Cysteinrest nahe am *C*-Terminus über eine Thioetherbindung mit einem Farnesyl- oder Geranylrest verknüpft werden (Abb. 17.16). In vielen Fällen werden nach der Prenylierung die endständigen Aminosäuren von dem Cysteinrest durch eine Peptidase abgespalten, und die Carboxygruppe des Cysteins wird methyliert. Durch diese Modifikationen wird das Protein lipidlöslich und kann in einer Membran verankert werden. Diese Prenylierung von Proteinen spielt auch in Pflanzen eine wichtige Rolle.

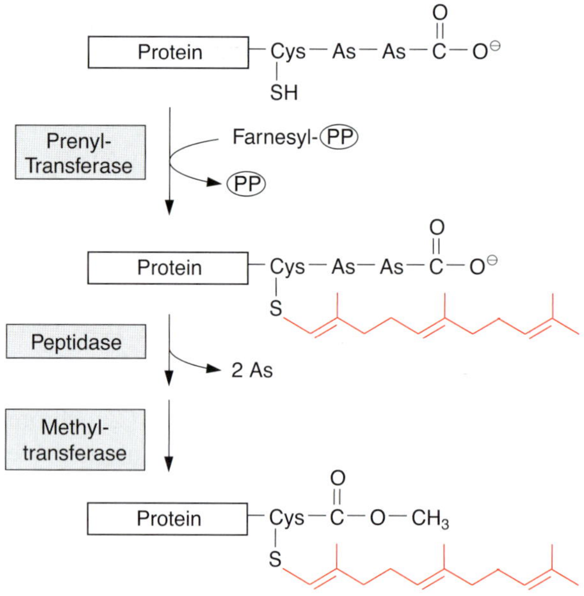

Abb. 17.16 Prenylierung eines Proteins. Über eine Prenyltransferase wird ein Farnesylrest auf die SH-Gruppe eines Cysteinrestes übertragen. Nach hydrolytischer Abspaltung der endständigen Aminosäuren (AS) wird die Carboxygruppe des Cysteins methyliert. Durch den Prenylrest wird das Protein in der Membran verankert.

Dolichol vermittelt die Glycosylierung von Proteinen

Dolichole (Abb. 17.17) sind sehr langkettige Isoprenoide, die in den Membranen des endoplasmatischen Reticulums und des Golgi-Apparates vorkommen. Sie haben als membranlösliche Überträger von **Oligosacchariden** eine wichtige Funktion. Viele Membranproteine und sekretorische Proteine sind durch verzweigte Oligosaccharidketten *N*-glycosyliert. Diese Glycosylierung erfolgt im endoplasmatischen Reticulum unter Vermittlung des membrangebundenen Dolichols (Abb. 17.18). Dabei wird das gesamte Oligosaccharidgerüst zunächst am Dolichol zusammengesetzt und erst nach der Fertigstellung auf einen Asparaginrest des zu glycosylierenden Proteins übertragen. Durch eine nachfolgende Modifizierung im Golgi-Apparat, bei der einzelne Zuckerreste abgespalten und dafür andere gebunden werden, wird eine sehr große Vielfalt von Oligosaccharidgerüsten erzeugt.

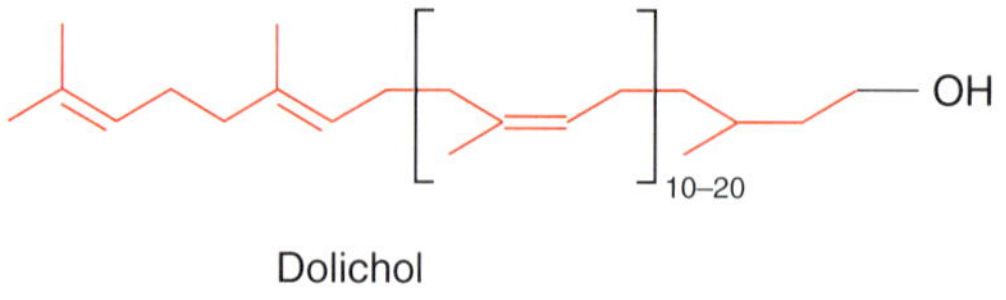

Abb. 17.17 Dolichol, ein Polyprenol.

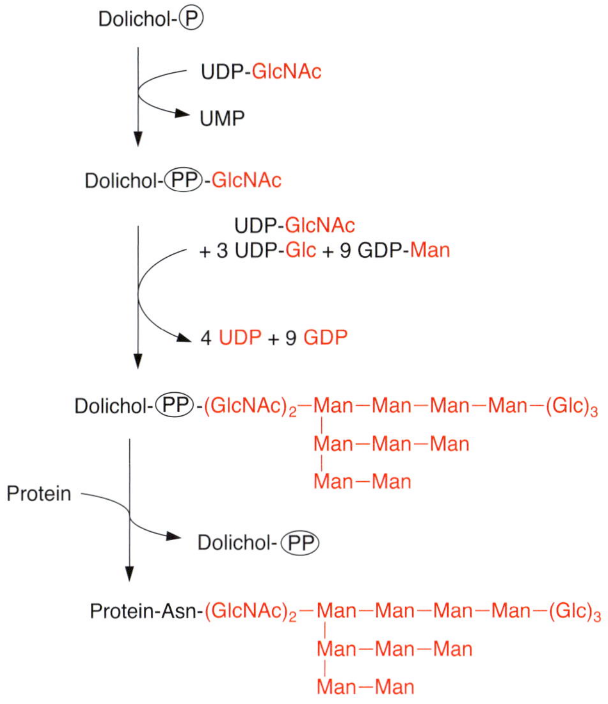

Abb. 17.18 Dolichol als Glycosylüberträger. Zur Bildung eines verzweigten Oligosaccharidgerüstes werden aus den entsprechenden UDP- und GDP-Verbindungen Glucose-*N*-acetylamid (GlcNAc), Mannose (Man) und Glucose (Glc) auf Dolichol übertragen. Der erste *N*-Acetylglucose-Rest ist mit der OH-Gruppe des Dolichols über eine Pyrophosphatgruppe verknüpft. Das fertige Oligosaccharid wird dann auf den Asparaginrest des Proteins transferiert.

17.6 Die Regulation der Isoprenoidsynthese

In einer Pflanze werden die Isoprenoide je nach Bedarf an verschiedenen Orten synthetisiert. Wenn größere Mengen an hydrophoben Isoprenoiden synthetisiert werden, erfolgt dies meist in spezialisierten Geweben, wie den Drüsenzellen von Blättern, den Osmophoren der Blütenblätter oder in Epidermiszellen. Der Enzymapparat zur Synthese der Isoprenoide in einer Zelle ist in den Plastiden, dem Cytosol, und auch den Mitochondrien vorhanden. Dadurch kann jedes dieser subzellulären Kompartimente seinen Isoprenoidbedarf größtenteils selbst decken. Manche Isoprenoide werden auch von den Plastiden synthetisiert und dann der Zelle zur Verfügung gestellt, wie z.B. das Phytohormon Gibberellinsäure. Die Prenylpyrophosphate, von denen sich die anderen Isoprenoide ableiten, werden zudem durch unterschiedliche Enzyme gebildet (Abschn. 17.2).

Diese räumliche Trennung der Synthesewege ermöglicht es, dass trotz der sehr großen Vielfalt der Substanzen, die über einen gemeinsamen Syntheseweg gebildet werden, eine effiziente individuelle Kontrolle der Syntheseraten über eine Regulation der Enzymmenge an den verschiedenen Orten durch unterschiedliche Genexpression möglich ist. Bisherige Ergebnisse sprechen dafür, dass die Synthese der verschiedenen Isoprenoide in erster Linie auf der Ebene der Genexpression reguliert wird. Dies ist besonders auffällig bei Infektionen oder Verwundungen, bei denen durch elicitorgesteuerte Genexpression ein sehr schnelles Umschalten des Isoprenstoffwechsels erfolgt (Abschn. 16.1). Dabei können Konkurrenzsituationen auftreten: So führt die durch einen Pilzelicitor in Tabakzellen ausgelöste Phytoalexinsynthese dort zu einem Stillstand der Steroidsynthese. Die Zelle konzentriert dann ihre Isoprenoidsynthesekapazität auf die Abwehr.

Isoprenoide sind sehr stabile Substanzen

Über einen Katabolismus der Isoprenoide in Pflanzen ist wenig bekannt. Biologisch aktive Derivate wie Phytohormone werden durch die Einführung weiterer Hydroxygruppen und vor allem durch Glycosylierungen in inaktive Substanzen umgewandelt und zumeist in der Vakuole endgelagert. Es ist fraglich, ob Isoprenoide in der Pflanze durch Abbau wieder verwertet werden können. Manche Isoprenoide sind bemerkenswert lange haltbar. Fossile Isoprenoide findet man in größeren Mengen in praktisch allen Sedimentgesteinen sowie auch im Erdöl. In Archaebakterien enthalten die Plasmamembranen anstatt Fettsäureglycerinestern Glycerinether mit Isoprenoidketten. Es ist deshalb zu vermuten, dass Isoprenoide zu den Bausteinen sehr früher Lebensformen gehörten.

Literatur

Aaron, J.A., Christianson, D.W. Trinuclear metal clusters in catalysis by terpenoid synthases. Pure Applied Chemistry 82, 1585–1597 (2010)

Bohlmann, J., Keeling, C.I. Terpenoid biomaterials. The Plant Journal 54, 656–669 (2008)

Greenhagen, B.T., O'Maille, P.E., Noel, J.P., Chappell, J. Identifying and manipulating structural determinates linking catalytic specificities in terpene synthases. Proceedings National Academy Science USA 103, 9826–9831 (2006)

Hunter, W.N. The non-mevalonate pathway of isoprenoid precursor biosynthesis. Journal Biological Chemistry 282, 21573-21577 (2007)

Knudsen, J.T., Eriksson, R., Gershenzon, J., Stahl, B. Diversity and distribution of floral scent. The Botanical Review 72, 1-120 (2006)

Lichtenthaler, H.K. Biosynthesis, accumulation and emission of carotenoids, alpha-tocopherol, plastoquinone, and isoprene in leaves under high photosynthetic irradiance. Photosynthesis Research 92, 163-179 (2007)

Peñueales, J., Munné-Bosch, S. Isoprenoids: an evolutionary pool for photoprotection. Trends in Plant Science 10, 166-169 (2005)

Robert, C.A.M., Erb, M., Hiltpold, I., Hibbard, B.E., Gaillard, M.D..P., Bilat, J., Degenhardt, J., Cambet-Petit-Jean, X., Turlings, T.C.J., Zwahlen, C. Genetically engineered maize plants reveal distinct costs and benefits of constitutive volatile emissions in the field. Plant Biotechnology Journal 11, 628–639 (2013)

Roeder, S., Hartmann, A.M., Effmert, U., Piechulla, B. Regulation of simultaneous synthesis of floral scent terpenoids by the 1.8 cineole synthase of *Nicotiana suaveolens*. Plant Molecular Biology 65, 107-124 (2007)

Sharkey, T.D., Wiberley, A.E., Donohue, A.R. Isoprene emission from plants: why and how. Annals Botany (London) 101, 5-18 (2008)

Strack, D., Fester, T. Isoprenoid metabolism and plastid reorganization in arbuscular mycorrhizal roots. New Phytologist 172, 22-34 (2006)

Tholl, D. Terpene synthases and the regulation, diversity and biological roles of terpene metabolism. Current Opinion Plant Biology 9, 297-304 (2006)

Vranova, E., Coman, D., Gruissem, W. Structure and dynamics of the isoprenoid pathway network. Molecular Plant 5, 318–333 (2012)

Vriet, C., Russinova, E., Reuzeau, C. From squalene to brassinolide: the steroid metabolic and signaling pathways across the plant kingdom. Molecular Plant 6, 1738–1757 (2013)

18 Die Phenylpropanoide umfassen eine Vielfalt pflanzlicher Spezialmetabolite und Zellwandbestandteile

Pflanzen enthalten eine sehr große Anzahl phenolischer Substanzen. Neben einfachen **Phenolen** gehören dazu unter anderem die **Flavonoide**, **Stilbene**, **Tannine**, **Lignane** und **Lignin** (Abb. 18.1). Zusammen mit langkettigen Carbonsäuren sind Phenole außerdem im **Suberin** und **Cutin** enthalten. Diese recht unterschiedlichen Substanzen erfüllen wichtige Funktionen: als Antibiotika, natürliche Pestizide, Signalsubstanzen zur Bildung von Symbiosen mit Bakterien und Pilzen, Lockmittel für Bestäuber, Schutz gegen ultraviolettes Licht, Isoliermaterial, um Zellwände gas- und wasserundurchlässig zu machen, und als Gerüstmaterial, um Pflanzen Stabilität zu verleihen (Tab. 18.1). Alle diese Substanzen werden aus **Phenylalanin** (in manchen Pflanzen auch aus Tyrosin) synthetisiert. Phenylalanin und Tyrosin werden durch den in Abschnitt 10.4 besprochenen **Shikimatweg** gebildet. Da die aus beiden Aminosäuren abgeleiteten Phenole einen Benzolring mit einer C_3-Seitenkette enthalten, fasst man sie unter der Sammelbezeichnung **Phenylpropanoide** zusammen. Die Flavonoide, zu denen beispielsweise Flavone, Isoflavone und Anthocyanidine zählen, enthalten neben dem Phenylpropangerüst einen zweiten aromatischen Ring, der aus drei Molekülen Malonyl-CoA gebildet wird (Abb. 18.1). Dies trifft auch für die Synthese der Stilbene zu. Hier wird allerdings bei der Einfügung des zweiten aromatischen Ringes ein C-Atom des Phenylpropans abgespalten.

Tabelle 18.1: Einige Funktionen von Phenylpropanoiden

Cumarine	Antibiotika, Fraßgifte
Lignane	Antibiotika, Fraßgifte
Lignin	Zellwandbestandteile
Suberin und Cutin	Bildung von Isolierschichten
Stilbene	Antibiotika, insbesondere Fungizide
Flavonoide	Antibiotika, Signale für Wechselbeziehung mit Symbionten, Blütenfarbstoffe, Lichtschutzsubstanzen, pflanzliche Entwicklung
Tannin	Gerbstoffe, Fungizid, Fraßschutz

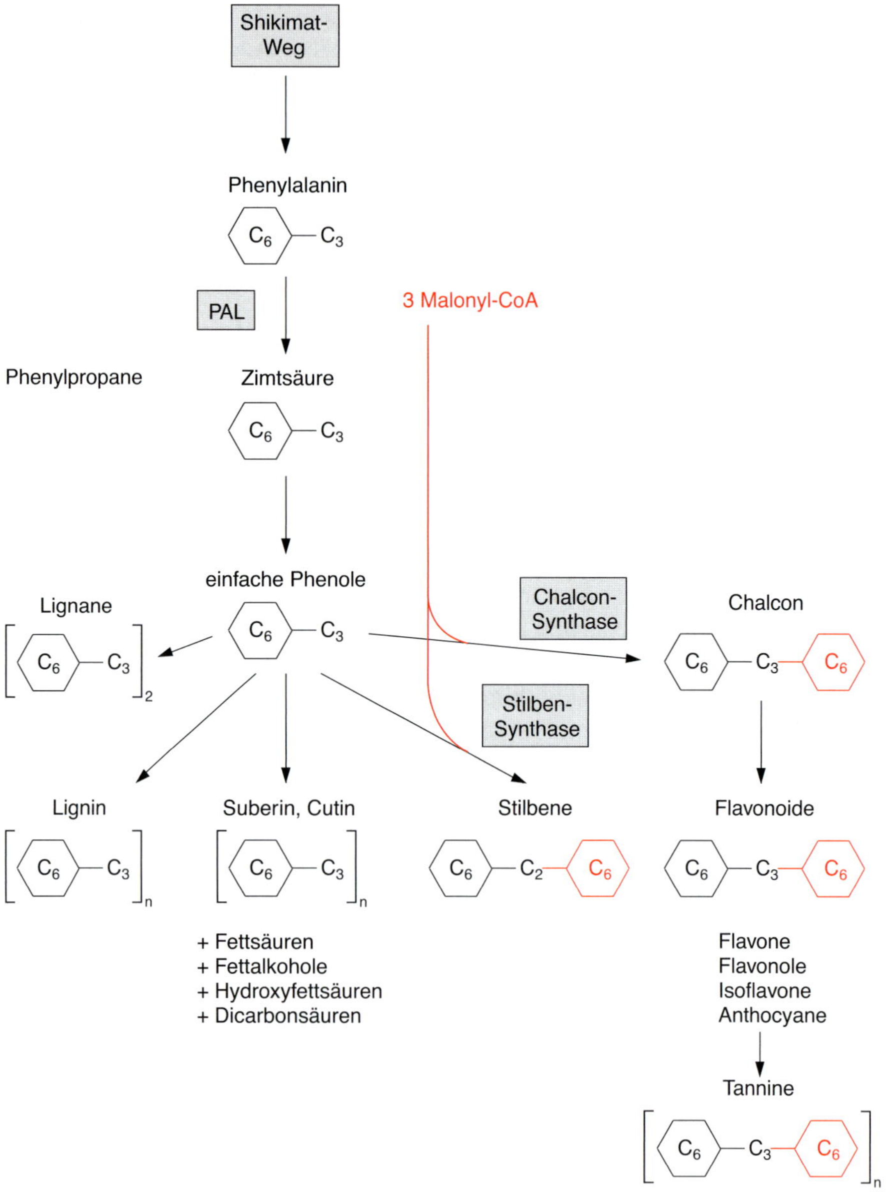

Abb. 18.1 Übersicht der Produkte des Phenylpropanoidstoffwechsels. Die aus Phenylalanin durch die Phenylalanin-Ammoniak-Lyase (PAL) gebildete Zimtsäure ist Ausgangssubstanz für die verschiedenen Phenylpropane. In manchen Pflanzen wird in analoger Weise aus Tyrosin 4-Hydroxyzimtsäure gebildet (in Abbildung nicht gezeigt). Durch die Chalcon- und die Stilben-Synthase wird aus drei Malonyl-CoA ein weiterer aromatischer Ring gebildet.

18.1 Die Phenylalanin-Ammoniak-Lyase und Monooxygenasen sind wichtige Enzyme des Phenylpropanstoffwechsels

Die **Phenylalanin-Ammoniak-Lyase**, abgekürzt **PAL**, katalysiert eine Desaminierung des Phenylalanins (Abb. 18.2): Durch Abspaltung von NH_3 wird eine Kohlenstoffdoppelbindung gebildet, es entsteht *trans*-Zimtsäure. In einigen Gräsern wird in analoger Weise durch die **Tyrosin-Ammoniak-Lyase** Tyrosin zu

4-Hydroxyzimtsäure umgesetzt. Das freigesetzte NH_3 wird wahrscheinlich durch die Glutamin-Synthetase (Abschn. 10.1) wieder fixiert.

PAL ist eines der bestuntersuchten Enzyme des pflanzlichen Sekundärstoffwechsels. Das Enzym besteht aus einem Tetramer mit Untereinheiten von 77 bis 83 kDa. Die Bildung von Phenylpropanoidphytoalexinen nach einer Pilzinfektion beinhaltet eine sehr schnelle Induktion der PAL. PAL wird durch ihr Produkt *trans*-Zimtsäure gehemmt. Ein sehr starker Hemmer ist auch das Phenylalaninanalogon Aminoxyphenylpropionsäure (Abb. 18.3); es hemmt die PAL bereits in mikromolaren Konzentrationen.

Die Einführung der Hydroxygruppen in den Phenylring der Zimtsäure (Hydroxylierung) (Abb. 18.4) erfolgt durch eine **Monooxygenase** mit Cytochrom-P_{450} als O_2-Bindungsstelle nach dem Reaktionstyp:

$$\begin{aligned} &NADPH + H^+ + R\text{-}CH_3 + O_2 \longrightarrow \\ &NADP^+ + RCH_2\text{-}OH + H_2O \end{aligned} \qquad (18.1)$$

Bei dieser Reaktion werden Elektronen von NADPH über FAD (Abb. 5.16) auf **Cytochrom-P_{450}** (Pigment mit Absorptionsmaximum von 450 nm) übertragen, und von dort weiter auf Sauerstoff. Von dem O_2-Molekül erscheint nur ein O-Atom in der Hydroxylgruppe, das andere wird zu Wasser reduziert. Daher die Bezeichnung **Monooxigenase**. Ebenso wie Cytochrom-a_3, welches O_2 bindet, (Abschn. 5.5) wird auch Cytochrom-P_{450} durch Bindung von CO blockiert. Daher werden P_{450}-Monooxigenasen durch CO gehemmt.
P_{450}-Monooxigenasen sind in der Tier-und Pflanzenwelt sehr weit verbreitet. Genomanalysen zeigen, dass es in der Modellpflanze *Arabidopsis thaliana* etwa 300 verschiedene Gene gibt, die P_{450}-Proteine kodieren. Möglicherweise handelt es sich dabei um die größte Genfamilie in Pflanzen überhaupt. Die Mehrzahl dieser Proteine dürfte an Hydroxylierungsreaktionen bei der Syn-

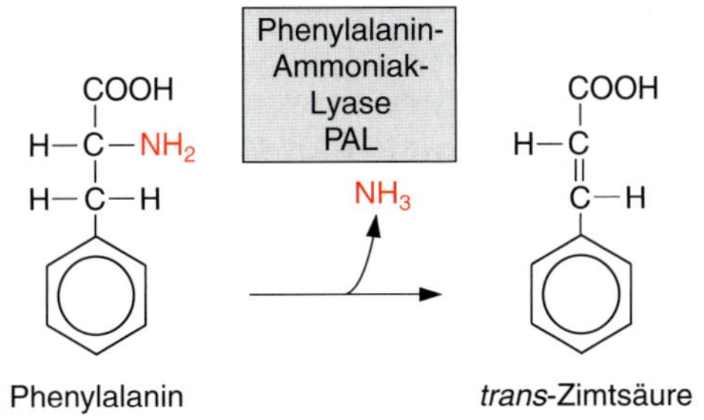

Abb. 18.2 Bildung von *trans*-Zimtsäure.

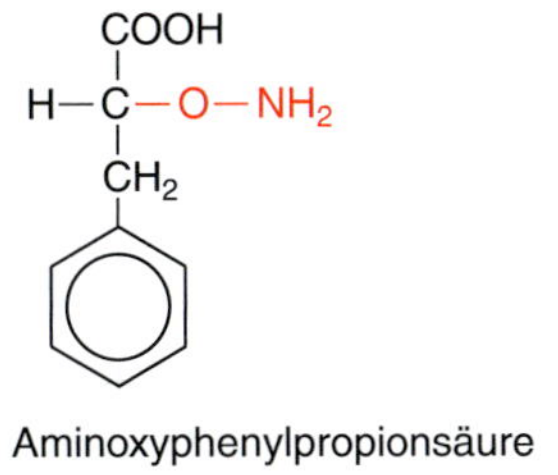

Abb. 18.3 Aminoxyphenylpropionsäure, ein Strukturanalogon des Phenylalanins, hemmt die PAL.

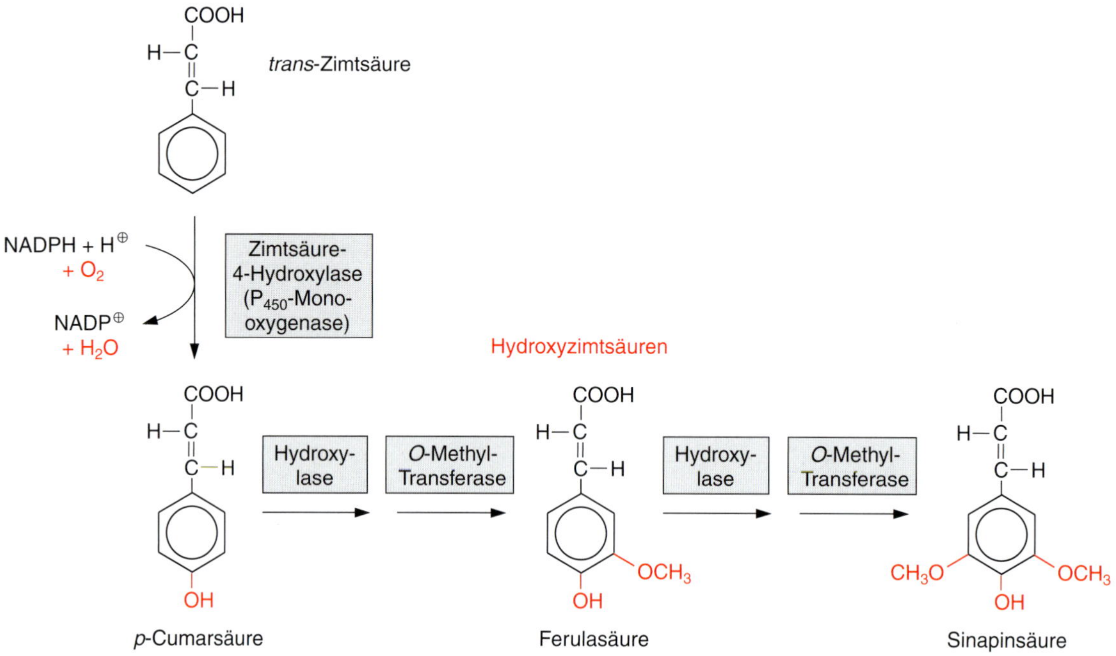

Abb. 18.4 Synthese der verschiedenen Hydroxyzimtsäuren aus *trans*-Zimtsäure.

these von Spezialmetaboliten und Pflanzenhormonen beteiligt sein, sie spielen zudem auch eine wichtige Rolle bei Entgiftungsreaktionen, zum Beispiel der Detoxifizierung von Herbiziden (Abschn. 3.6). Wie alle P_{450}-Monooxigenasen ist auch die Zimtsäurehydroxylase membrangebunden, und zwar an die Membranen des endoplasmatischen Reticulums. Unter Verbrauch von NADPH wird ein O-Atom des O_2-Moleküls zu H_2O reduziert und das andere auf den Phenylring übertragen. Die gebildete *p*-Cumarsäure wird über Hydroxylasen, ebenfalls vom P_{450}-Monooxigenase Typ, vorzugsweise in Position 3 und 5 weiter hydroxyliert; die so gebildeten OH-Gruppen werden zumeist durch *O*-Methyl-Transferasen unter Verwendung von *S*-Adenosylmethionin als Methyldonor methyliert. Es werden so **Ferula-** und **Sinapinsäure** gebildet, die zusammen mit *p*-Cumarsäure Ausgangssubstanzen für die Synthese von Lignin sind (Abschn. 18.3).

Durch Abspaltung eines C_2-Fragments werden aus Phenylpropanen Benzoesäurederivate gebildet, darunter die **Salizylsäure,** und auch der sich von der Benzoesäure ableitende Benzaldehyd **Vanillin**, der Aromastoff der Vanille (Abb. 18.5). Ein alternativer Biosyntheseweg für Salizylsäure zweigt schon früher im Shikimat-Weg bei der Chorisminsäure ab. Diese wird durch Isochorismat-Synthase zu Isochorisminsäure umgewandelt, woraus dann in einem weiteren enzymatischen Schritt die Salizylsäure entsteht.

Die Bezeichnung Salizylsäure leitet sich von *Salix* (lat. für „Weide“) ab, da sie in der Rinde dieses Baumes in besonders großen Mengen vorkommt und daraus erstmalig isoliert wurde. Wegen des Salizylsäuregehaltes ist Weidenrinde und ihre Extrakte seit alters her sowohl in der alten als auch der neuen Welt als Arzneimittel benutzt worden. Es ist bekannt, dass Hippokrates im 4. Jahrhundert vor Christi Frauen als schmerzlinderndes Mittel beim Gebären Weidenrinde kauen ließ. Auch nordamerikanische Indianer benutzten Extrakte aus Weidenrinde als Schmerzstiller.

Der Acetylester der **Salizylsäure** ist seit 100 Jahren unter dem Namen Aspirin als Medikament gegen Schmerz und Fieber im Handel. Dieses bislang weltweit meistproduzierte Medikament wirkt aber auch auf Pflanzen. So wurde in Tabakpflanzen nach Gabe von Aspirin oder Salizylsäure eine erhöhte Resistenz gegen Pathogene, wie das Tabakmosaik-Virus, beobachtet. Tatsächlich findet man in vielen Pflanzen nach Pilz-, Bakterien- oder Virusinfektion, aber auch nach UV-Bestrahlung oder Ozonbelastung einen hohen Anstieg des Salizylsäure-Gehalts. Salizylsäure ist eine wichtige Signalsubstanz zur Auslösung von Abwehrreaktionen. Mutanten von *Arabidopsis* (Abb. 20.1), die die Fähigkeit zur Salizylsäure-Bildung verloren haben, zeigen eine hohe Anfälligkeit gegen Infektionen. Die Wirkung der Salizylsäure beruht auf der Aktivierung der Expression vieler Proteine, die an **Abwehrreaktionen** gegen Viren, Bakterien und Pilzen beteiligt sind, wobei Salizylsäure über die Auslösung einer Signalkette wirkt (Abschn. 16.1, 19.9). Wie anfangs schon besprochen, kann auch die Gabe von Salizylsäure einer Pflanze einen höheren Schutz gegen Pathogene verleihen. Dieses Prinzip wird neuerdings kommerziell genutzt. Ein Salizylsäure-Analog mit dem Handelsnamen Bion

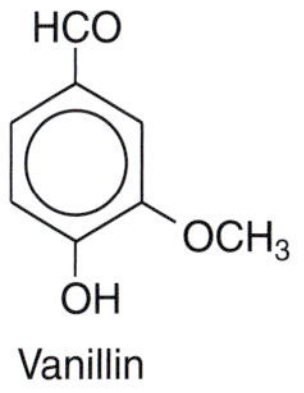

Abb. 18.5A Salizylsäure und Vanillin werden aus Phenylpropanen gebildet.

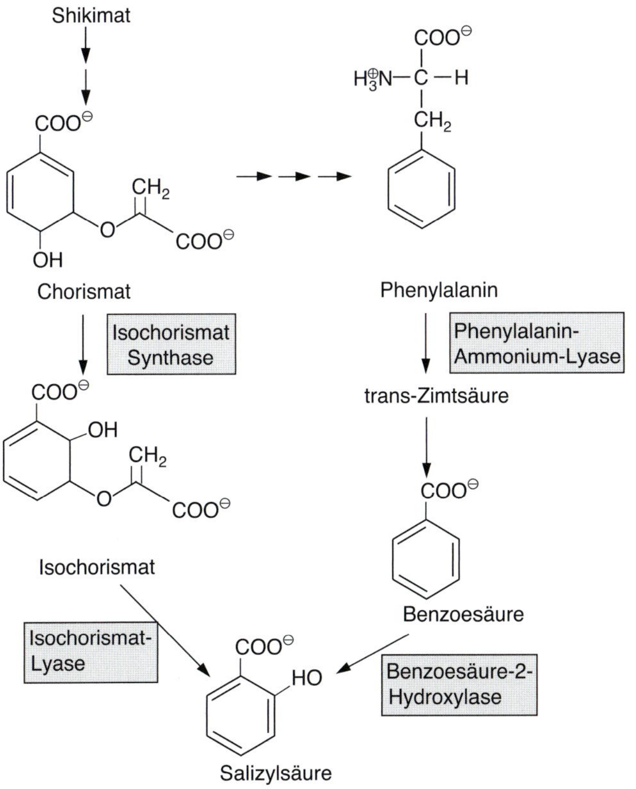

Abb. 18.5B Zwei Synthesewege zur Salizylsäure.

(Syngenta) ist als Sprühmittel für eine vorbeugende Bekämpfung von Mehltau-Infektionen bei Weizen im Handel.

Jedoch beschränkt sich die Wirkung von Salizylsäure nicht nur auf Abwehrreaktionen. Salizylsäure ist bei manchen Pflanzen an der **Blühinduktion** beteiligt, und löst auch die Wärmeproduktion im Blütenkolben der nach Aas riechenden Vodoo-Lilie durch Stimulierung der mitochondrialen alternativen Oxidase (Abschn. 5.7) aus. In diesem Fall wird die Salizylsäure auch als Calorigen bezeichnet.

Durch Hydroxylierung und die Bildung eines inneren Esters (eines Lactons) entsteht aus *p*-Cumarsäure **7-Hydroxycumarin**, als **Umbelliferon** bezeichnet (Abb. 18.6). Durch Einführung einer C_2-Gruppe wird aus Umbelliferon **Psoralen**, ein **Furanocumarin**, gebildet. Psoralen wird erst durch Belichtung zu einer toxischen Substanz. Es geht durch die UV-Strahlung des Sonnenlichtes in den angeregten Zustand über und reagiert dann mit den Pyrimidinbasen der DNA. Dies führt über eine Blockierung der Transkription und der DNA-Reparaturmechanismen schließlich zum Zelltod. Wie bereits in Abschnitt 16.1 erwähnt, ist Psoralen in manchen Selleriesorten in besonders hohen Konzentrationen enthalten und hat bei Gartenarbeitern zu schweren Hautentzündungen geführt. Es gibt viele Furanocumarine mit antibiotischen Eigenschaften. Sie bilden in manchen Fällen als Phytoantizipin einen konstitutiven Bestandteil der Pflanzen; in anderen Fällen werden sie erst nach Infektion oder Verwundung als Phytoalexin gebildet.

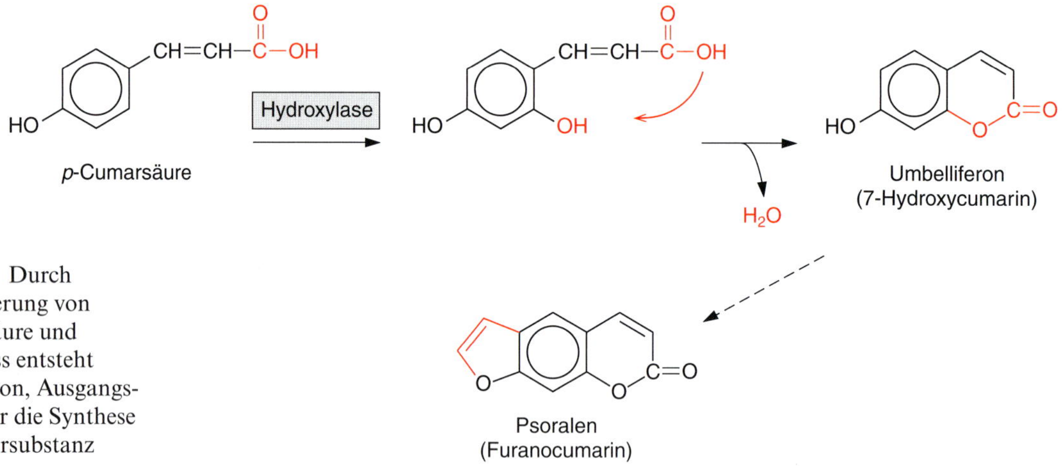

Abb. 18.6 Durch Hydroxylierung von *p*-Cumarsäure und Ringschluss entsteht Umbelliferon, Ausgangsprodukt für die Synthese der Abwehrsubstanz Psoralen.

18.2 Phenylpropane polymerisieren zu Makromolekülen

Es wurde bereits im Abschnitt 1.1 erwähnt, dass **Lignin** nach Cellulose der zweithäufigste Naturstoff auf der Erde ist. Bausteine für die Ligninsynthese sind *p*-**Cumaryl-, Sinapyl-** und **Coniferylalkohol**; diese haben die Sammelbezeichnung **Monolignole** (Abb. 18.7). Die Synthese der Monolignole erfordert eine Reduktion der Carboxygruppe zum Alkohol. Diese erfolgt in zwei Schritten: Wir haben bei der Besprechung der Glycerinaldehydphosphat-Dehydrogenase (Abschn. 6.3) gesehen, dass eine Carboxygruppe erst dann durch NADPH zur Aldehydgruppe reduziert werden kann, wenn sie zuvor durch die Bildung eines Thioesters aktiviert wird. Für die Reduktion der *p*-Cumarsäure (Abb. 18.7) wird der erforderliche Thioester aus CoA gebildet. Dabei wird entsprechend der Fettsäureaktivierung ATP verbraucht (Abschn. 15.6). Die Spaltung der energiereichen Thioesterbindung treibt die Reduktion zum Aldehyd. Dessen weitere Reduktion zum Alkohol erfolgt ebenfalls durch NADPH. Die Bildung von Sinapyl- und Coniferylalkohol aus Sinapin- und Ferulasäure erfolgt nach dem gleichen Prinzip, jedoch sind in Pflanzen spezifische Enzyme dafür verantwortlich. Alternativ können Coni-

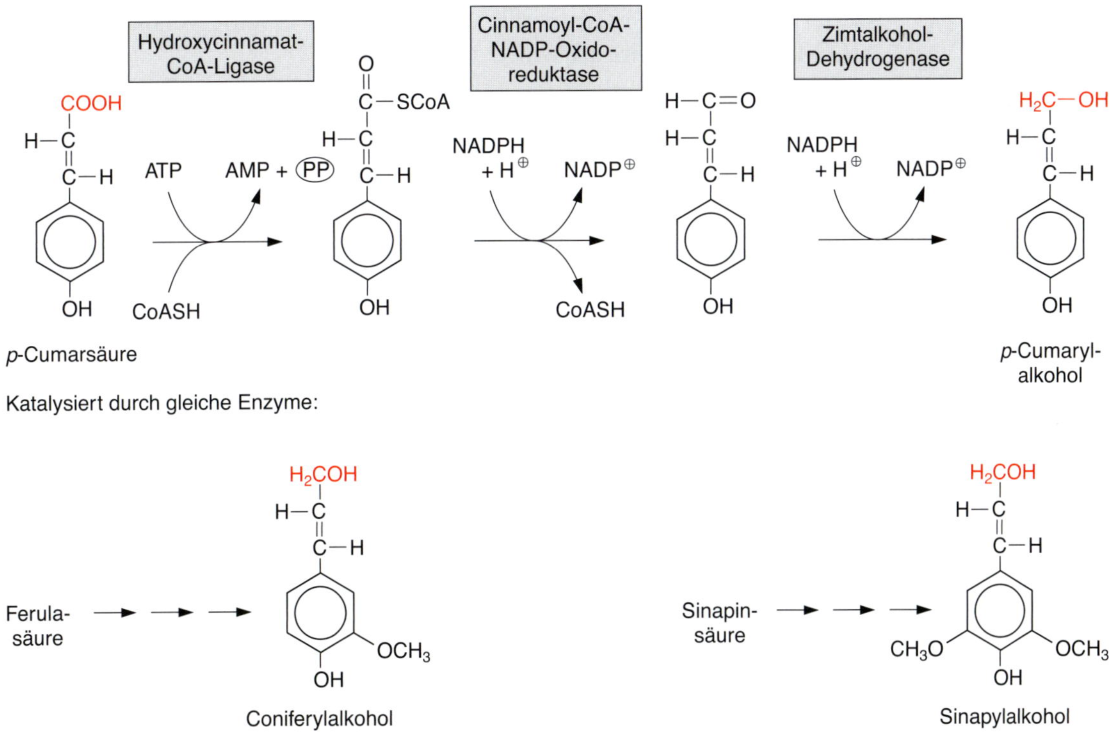

Abb. 18.7 Reduktion der Hydroxyzimtsäuren zu den entsprechenden Alkoholen (Monolignolen).

feryl- und Sinapylalkohol aber auch durch Hydroxylierung und anschließende Methylierung (Abb. 18.4) aus p-Cumarylalkohol gebildet werden.

Lignane wirken als Abwehrsubstanzen

Die Dimerisierung von Monolignolen führt zur Bildung von **Lignanen** (Abb. 18.8). Zumeist erfolgt dies durch eine reduktive Verknüpfung der Seitenketten zu einer 8′-8′-Verbindung, mitunter aber auch durch eine Kondensation der beiden Phenolringe. Der Mechanismus der Lignanbildung verläuft möglicherweise über Radikalbildung und wird durch eine Laccase katalysiert (Abb. 18.9). Neben Dimeren gibt es bei den Lignanen auch höhere Oligomere. Lignane sind im Pflanzenreich als Abwehrsubstanzen weit verbreitet. **Pinoresinol** ist ein Bestandteil des Harzes, der in Forsythien bei Verwundung gebildet wird. Seine Toxizität beruht auf einer Hemmung der cAMP-Phosphodiesterase. Pinoresinol hebt damit die Regulationswirkung von cAMP auf, welches in den meisten Organismen, (ob auch in Pflanzen ist noch nicht eindeutig geklärt (Abschn.19.1)) als Botenstoff wirkt. **Malognol** hemmt ebenfalls das Wachstum von Bakterien und Pilzen.

Manche Lignane haben interessante pharmakologische Wirkungen: **Podophyllotoxin**, aus *Podophyllum*, einer in Amerika vorkommenden Berberidaceae, ist ein Mitosegift. Derivate des Podophyllotoxins werden zur Krebsbekämpfung eingesetzt. **Arctigenin** und **Tracheologin** (aus tropischen Kletterpflanzen) haben antivirale Eigenschaften; es gibt Versuche, sie zur AIDS-Bekämpfung einzusetzen.

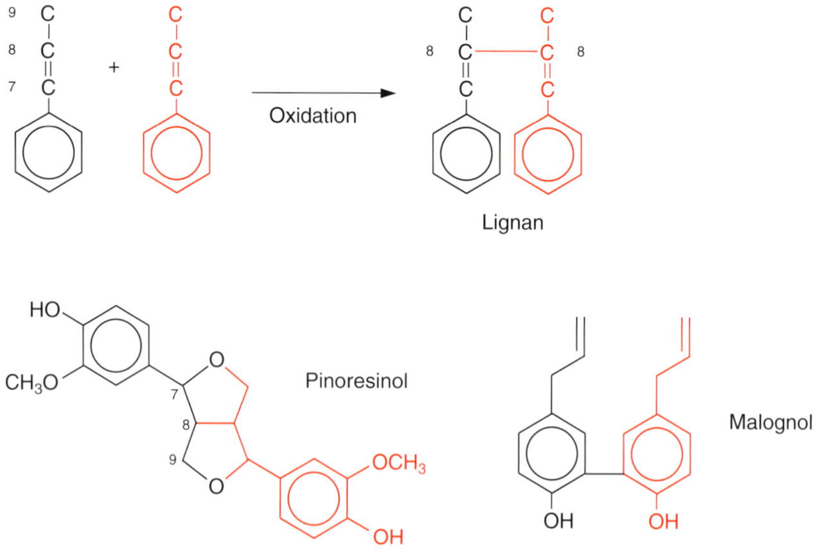

Abb. 18.8 Durch Dimerisierung von Monolignolen entstehen Lignane. Zwei Beispiele.

Durch radikalische Polymerisation von Phenylpropanen entsteht Lignin

Lignin entsteht durch Polymerisation der Monolignole. Dabei kommen in Angiospermen hauptsächlich Sinapyl- und Coniferylalkohol, in Gymnospermen hauptsächlich Coniferylalkohol und in Gräsern alle drei Monolignole vor. Die Synthese der Lignine erfolgt außerhalb der Zellen. Dazu werden die Monolignole aus der Zelle exportiert, wobei der Mechanismus des Exports noch nicht bekannt ist. Es gibt Befunde, dass die Monolignole als Glucoside ausgeschleust werden und dann außerhalb der Zelle durch Glucosidasen wieder freigesetzt werden. Dies ist jedoch umstritten. Auch der Mechanismus der Ligninbildung ist in vielem noch unklar. An der Verknüpfung sind sowohl **Laccase** als auch **Peroxidasen** beteiligt. Die Laccase ist eine Monophenoloxidase, welche eine Phenolgruppe zu einem Radikal oxidiert und dabei den Wasserstoff unter Vermittlung von einem enzymgebundenen Cu^{++}-Ion auf molekularen Sauerstoff überträgt. Der Name rührt daher, dass das Enzym erstmalig aus dem in Japan beheimateten Lac-Baum (*Rhus vernicifera*) isoliert wurde. Bei den Peroxidasen wirkt H_2O_2 als Oxidationsmittel. H_2O_2 könnte im Zellwandraum durch die Plasmamembran-lokalisierte NADPH-Oxidase gebildet werden. Dieses Enzym spielt auch beim Zelltod nach Pathogenbefall (siehe 16.1) eine wichtige Rolle. Wie in Abbildung 18.9A gezeigt, entsteht vermutlich durch Oxidation eines Phenols durch H_2O_2 ein resonanzstabilisiertes Phenolradikal. Diese Phenolradikale können nichtenzymatisch dimerisieren und schließlich polymerisieren (Abb. 18.9B); dabei gibt es – ausgehend von verschiedenen Resonanzstrukturen – sehr viele Kombinationsmöglichkeiten. Meist geht ein Phenylpropan mehrere C–C- oder C–O–C-Verknüpfungen ein. Es bildet sich so ein stark vernetztes Phenylpropanpolymer. Nur in wenigen Seitenketten des Lignins gibt es freie Hydroxygruppen. Mitunter sind diese zu Aldehyd- und Carboxygruppen oxidiert.

Heute ist die Synthese der Primärstruktur von Ligninen, d.h. die Verknüpfungsmöglichkeiten noch nicht in allen Einzelheiten aufgeklärt, jedoch ist erkennbar, dass selbst in diskreten Bereichen der Zellwand einer Zelle Lignine unterschiedlicher Struktur gebildet werden. Es wurde postuliert, dass an der Polymerisation der Monolignol-Radikale extrazelluläre Glykoproteine, als **Dirigenten-Proteine** bezeichnet, die Polymerisation so lenken, dass definierte Vernetzungen erfolgen und so spezifische Lignine gebildet werden. Es ist jedoch noch umstritten, in welchem Maße die Ligninbildung nach dem Zufallsprinzip und in spezifischer Weise durch Dirigenten-Proteine gelenkt wird.

Die Zusammensetzung des Lignins ist in verschiedenen Pflanzen sehr unterschiedlich. So hat beispielsweise das Lignin der Nadelhölzer einen hohen Coniferylanteil, während im Stroh von Getreiden der Cumarylanteil überwiegt. In den Zellwänden ist Lignin kovalent mit Cellulose verknüpft. Man hat lignifizierte Zellwände mit Stahlbeton verglichen, wobei die Cellulosefibrillen den Stahl und das Lignin den Beton darstellen. Neben dieser Funktion zum Aufbau mechanisch robuster Pflanzenteile, wie Stängel und Zweige oder als Festigkeitselemente für die Leitgefäße des Xylems, hat Lignin noch ei-

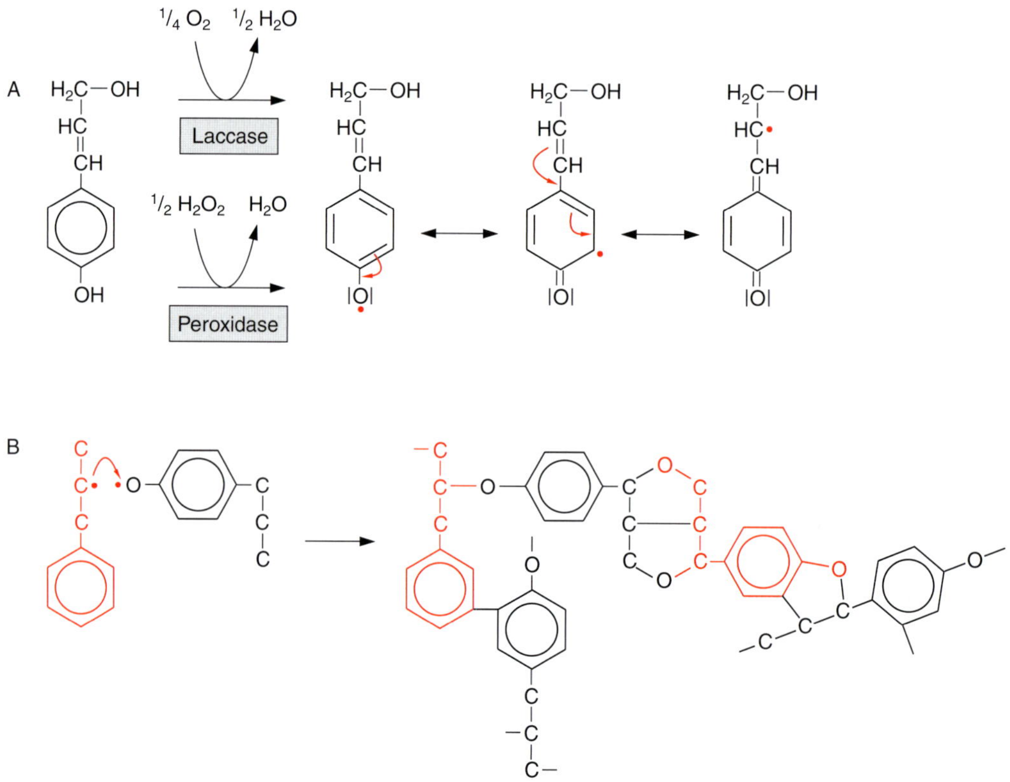

Abb. 18.9 A. Die Oxidation eines Monolignols durch durch Laccase oder durch eine Peroxidase führt zur Bildung eines Phenol-Radikals. Das ungepaarte Elektron ist delokalisiert und kann mit verschiedenen Resonanzstrukturen des Monolignols reagieren. B. Zwei Monolignole können dimerisieren und weiter polymerisieren. Es entsteht am Ende ein stark vernetztes Lignin.

ne weitere Schutzfunktion: Durch seine Festigkeit macht es Pflanzengewebe für Herbivoren, Bakterien und Pilze schwer verdaulich. Bei Verrottung von Bäumen erfolgt der Ligninabbau in erster Linie durch Waldfäulepilze. Lignin hemmt das Eindringen pathogener Mikroorganismen. In vielen Pflanzen wird Lignin als Antwort auf eine Verwundung gebildet.

Trockenes Holz besteht oft zu einem Drittel aus Lignin. Bei der Zellstoff- und Papierherstellung verursacht die Abtrennung des Lignins hohe Kosten und erhebliche Umweltbelastungen. Es wird daher mit gentechnischen Methoden versucht, die Ligninbildung im Holzgewebe von Bäumen zu reduzieren. Mit Antisense-Konstrukten (Abschn. 22.5) von Enzymen der Ligninbiosynthese konnte der zugängliche Zuckeranteil erhöht werden, was die Möglichkeiten der Verwendung von Holz zur Gewinnung von Biotreibstoffen verbessert.

Suberine bilden eine gas- und wasserundurchlässige Isolierschicht

Suberin ist ein Polymer aus Phenylpropanen, langkettigen **Fettsäuren** und **Fettalkoholen** (C_{18}-C_{30}) sowie **Hydroxyfettsäuren** und **Dicarbonsäuren** (C_{14}-C_{20}) (Abb. 18.10). Im Suberin sind die Phenylpropane teils wie im Lignin direkt miteinander verbunden. Die 9′-OH-Gruppen sind jedoch meist an dieser Verknüpfung nicht beteiligt und bilden statt dessen mit den genannten Fettsäuren Ester. Oft sind zwei Phenylpropane durch Esterbildung mit einer Dicarbonsäure miteinander verknüpft, auch bilden Fettsäuren und Hydroxyfettsäuren miteinander Ester. Wenngleich der Mechanismus der Suberinpolymerisation zu dem dreidimensionalen Netzwerk noch weitgehend unbekannt ist, so gibt es doch Hinweise, dass auch hier Peroxidasen beteiligt sind.

Suberin ist ein Zellwandbestandteil und bildet gas- und wasserundurchlässige Schichten. Es ist wahrscheinlich im Caspary-Streifen der Wurzel-Endodermis enthalten und wirkt dort als eine Diffusionsbarriere zwischen dem Apoplasten der Wurzelrinde und dem Zentralzylinder. In vielen C_4-Pflanzen befindet sich zwischen den Bündelscheiden- und den Mesophyllzellen Suberin als Isolationsschicht. Einen besonders hohen Gehalt an Suberin hat **Kork-**

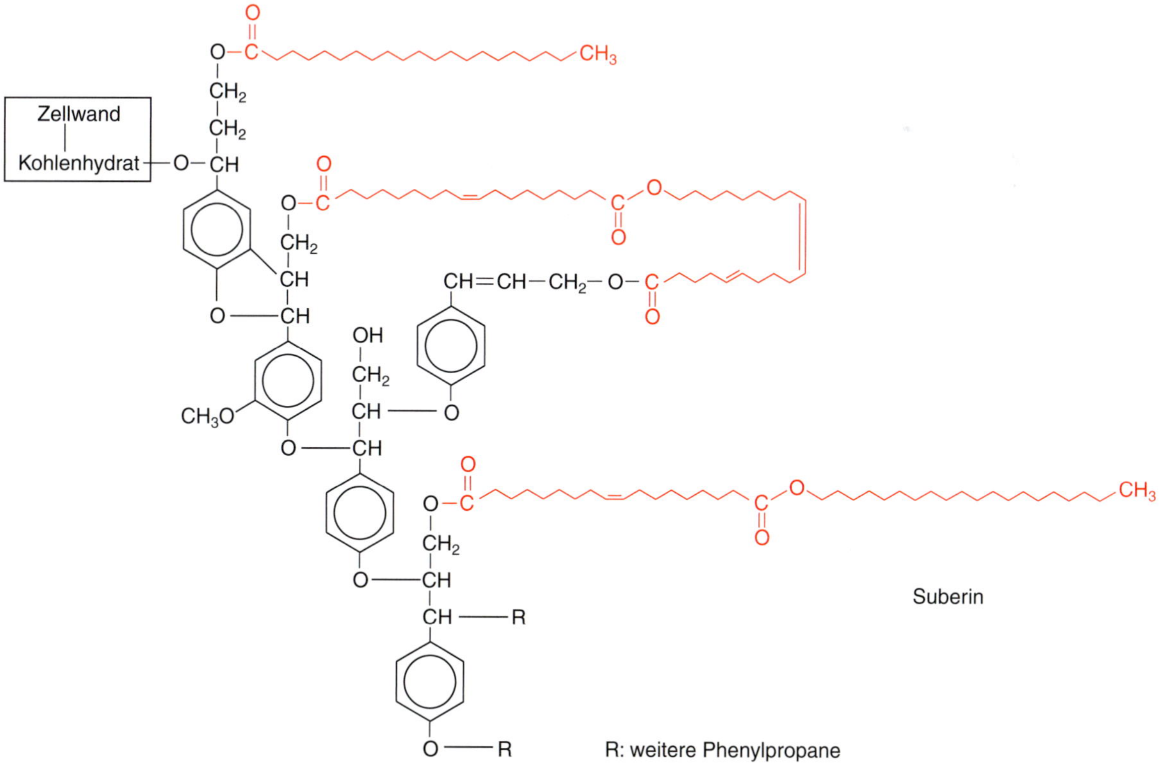

Abb. 18.10 Im Suberin sind Monolignole in ähnlicher Weise verknüpft wie im Lignin. Allerdings sind die 9′-OH-Gruppen daran meist nicht beteiligt. Sie bilden stattdessen Ester mit langkettigen Fettsäuren und Hydroxyfettsäuren. Dicarbonsäureester stellen Verknüpfungen zwischen zwei Monolignolen her.

gewebe. Dieses besteht aus abgestorbenen Zellen, die abwechselnd von Schichten aus Suberin und Wachs (Kapitel 15) umgeben sind. Verkorkte Zellen findet man im sekundären Abschlussgewebe und auch in der Borke. Die suberinhaltigen Korkschichten bieten Schutz vor Wasserverlust, gegen die Infektion durch Mikroorganismen und wirken als Wärmeschutz, wodurch manche Pflanzen sogar kurzfristige Feuereinwirkungen bei Waldbränden überleben können, um danach wieder auszutreiben.

Cutin ist isolierender Bestandteil der Cuticula

Die Epidermis von Blättern und anderen Sprossorganen ist von einer gas- und wasserundurchlässigen **Cuticula** umgeben (Kapitel 8). Die Cuticula besteht aus einer durch **Cutin** imprägnierten Zellwand, die von außen zusätzlich von einer Wachsschicht bedeckt ist. Cutin ist ein dem Suberin ähnliches Polymer, das allerdings einen vergleichsweise geringen Anteil an Phenylpropanen und Dicarbonsäuren besitzt und hauptsächlich aus veresterten Hydroxyfettsäuren (C_{16}-C_{18}) zusammengesetzt ist. Die Biosynthese der Cutin-Monomere ist, insbesondere auch durch Untersuchungen an der Modellpflanze *Arabidopsis thaliana*, bereits recht gut verstanden.

18.3 Für die Bildung von Flavonoiden und Stilbenen wird ein zweiter aromatischer Ring aus Acetatresten gebildet

Die wohl umfangreichste Gruppe der Phenylpropanoide sind die **Flavonoide**, bei denen ein weiterer aromatischer Ring mit dem 9′C-Atom des Phenylpropans verknüpft ist. Ausgangsprodukt für die Synthese der Flavonoide ist **Chalcon** (Abb. 18.11). Seine Bildung erfolgt durch die **Chalcon-Synthase (CHS)** aus *p*-Cumaroyl-CoA sowie drei Molekülen Malonyl-CoA, die unter CO_2-Abspaltung ein dreiwertiges Phenol bilden. Man bezeichnet diese Reaktion auch als **Malonatweg**. Durch die Abspaltung der drei CO_2- und der vier CoA-Moleküle ist die Synthese des Chalcons ein irreversibler Prozess. Letztlich wird der neue aromatische Ring aus Acetatresten gebildet. Als Startenzym der Flavonoidbiosynthese ist die CHS besonders intensiv untersucht worden. In manchen Pflanzen wurden nur ein bis zwei verschiedene Isoenzyme gefunden, in anderen neun. Mengenmäßig ist die CHS das häufigste Enzym des Phenylpropanoidstoffwechsels. Dies ist wahrscheinlich auf die niedrige katalytische Aktivität dieses Enzyms zurückzuführen. Ähnlich wie die Phenylalanin-Ammoniak-Lyase (Abschn. 18.1) unterliegt die *de novo*-Synthese der CHS einer vielfältigen Kontrolle der Genexpression durch interne und externe Faktoren, darunter auch durch Elicitoren.

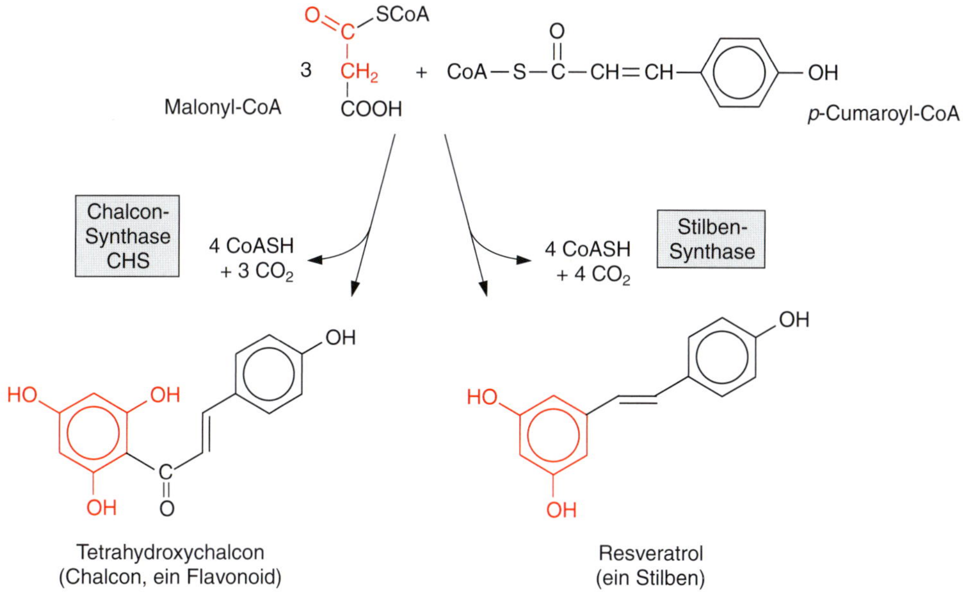

Abb. 18.11 Durch die Chalcon- und Stilben-Synthase wird ein weiterer aromatischer Ring gebildet.

Zu den Stilbenen zählen sehr wirksame natürliche Fungizide

Manche Pflanzen, dazu gehören z. B. Kiefer, Weinrebe und Erdnuss, besitzen eine **Stilben-Synthase**, durch die ebenfalls *p*-Cumaroyl-CoA mit drei Molekülen Malonyl-CoA reagiert, wobei im Gegensatz zur CHS zusätzlich das 9′C-Atom des Phenylpropans als CO_2 abgespalten wird (Abb. 18.11). Das so gebildete **Resveratrol** ist ein Phytoalexin und gehört zur Stoffklasse der Stilbene. Zur Gruppe der Stilbene gehören eine Reihe sehr wirksamer pflanzlicher Fungizide, darunter das von der Weinrebe gebildete **Viniferin** (Abb. 18.12). Die Erforschung der Stilbensynthese eröffnet neue Möglichkeiten der Pilzbekämpfung. So wurde ein Gen zur Bildung von Resveratrol aus der Weinrebe durch molekulargenetische Transformation in Tabak exprimiert; die daraus entstandenen, transgenen Tabakpflanzen sind gegen den pathogenen Pilz *Botrytis cinerea* geschützt.

Flavonoide haben in der Pflanze vielfältige Funktionen

Durch die **Chalcon-Isomerase** wird Chalcon in Flavanon umgewandelt (Abb. 18.13). Der Ringschluss erfolgt durch die Addition einer phenolischen Hydroxygruppe an die Doppelbindung der C-Kette, welche die beiden Phenole verbindet. Flavanon ist Ausgangssubstanz für eine Vielfalt von Flavonoiden, auf deren Synthesewege hier nicht eingegangen werden kann. Als Schlüsselenzym der Flavonoidsynthese unterliegt die Synthese der Chalcon-

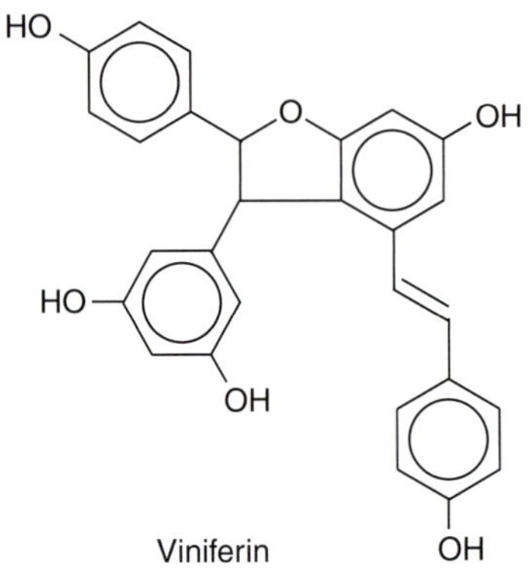

Abb. 18.12 Ein natürliches Fungizid aus Weinreben.

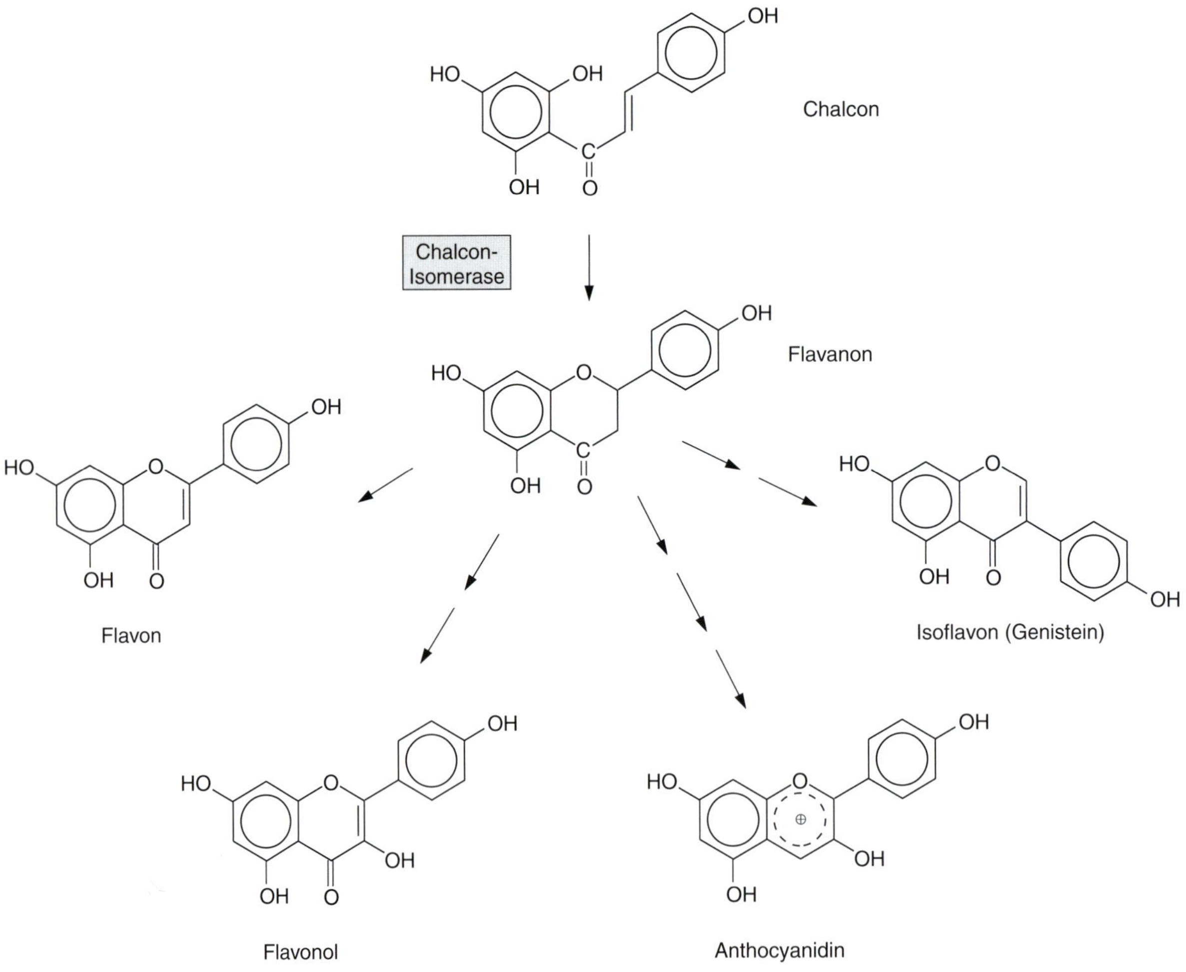

Abb. 18.13 Chalcon ist Ausgangssubstanz für die Synthese verschiedener Flavonoide.

Isomerase einer strengen Kontrolle. Sie wird wie PAL und CHS durch Elicitoren induziert.

Zu den Flavonoiden gehören viele Phytoalexine und Fraßgifte. Beispiele hierfür sind das Fraßgift **Rotenon** (Abschn. 5.5), ein Isoflavon-Dimer, sowie das Phytoalexin **Medicarpin**, ein Isoflavon aus der Luzerne (Abb. 18.14). Flavonoide dienen auch als Signale der Pflanze für Wechselbeziehungen mit Symbionten. So werden Flavone und Flavonole als Signalsubstanzen von Leguminosenwurzeln ausgesendet, um Rhizobien chemotaktisch anzulocken und in diesen die Genexpression der Nod-Faktoren auszulösen (Abschn. 11.1). Es mehren sich auch Befunde, dass Flavonoide direkt oder indirekt in die pflanzliche Entwicklung eingebunden sein könnten. So zeigen einige Pflanzenarten mit verändertem Flavonoidmuster eine abnorme Pollenentwicklung. Indirekt können einige Flavonoide über die Beeinflussung des Transportes des Wachstumshormons Auxin in die pflanzliche Entwicklung eingreifen.

Flavone und Flavonole haben ihr Absorptionsmaximum im ultravioletten Bereich. Sie schützen als **Schirmpigmente** Pflanzen vor den schädigenden Auswirkungen ultravioletter Strahlung. Die Bestrahlung von Blättern mit UV-Licht löst eine stark vermehrte Flavonoidsynthese aus. Mutanten von *Arabidopsis thaliana* (siehe Abschn. 20.1), die wegen eines Defektes der Chalcon-Synthase oder der Chalcon-Isomerase kein Flavon synthetisieren können, zeigen eine hohe Überempfindlichkeit gegenüber der Bestrahlung mit UV-Licht. In manchen Pflanzen wirken auch Fettsäureester der Sinapinsäure (Abschn. 18.2) als Schirmpigmente gegen UV-Licht.

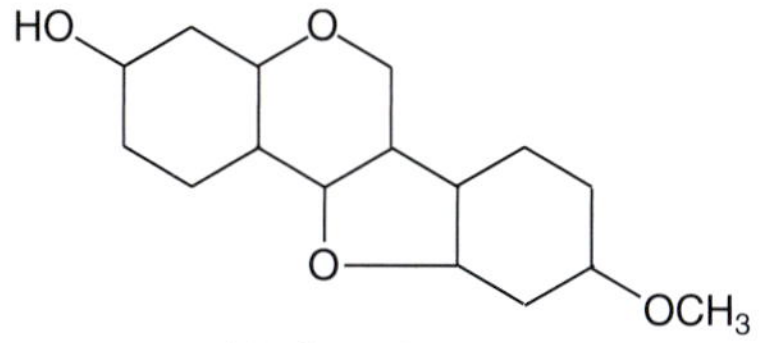

Medicarpin

Abb. 18.14 Ein Phytoalexin aus der Luzerne.

Viele Flavonoide wirken als Antioxidantien, indem sie als Radikalfänger für reaktive Sauerstoffspezies (ROS) fungieren, und damit z. B. die Peroxidation von Lipiden verhindern. Bei der menschlichen Ernährung wird einigen Flavonoiden, z. B. Quercetin, eine krebshemmende Wirkung zugeschrieben. Daraus wird abgeleitet, dass Flavonoid-haltige Nahrungsmittel, wie grüner Tee und Rotwein, eine positiven Einfluss auf die Gesundheit haben.

Eine besondere Beachtung haben Isoflavone gefunden, die in erster Linie von Leguminosen gebildet werden. Man hatte beobachtet, dass Schafe, die auf bestimmten Kleesorten grasten, unfruchtbar wurden. Bei näherer Untersuchung zeigte sich, dass die betreffendem Futterpflanzen Isoflavonoide enthalten, die in Tieren ähnlich wie das Hormon Östrogen wirken. Eine starke Östrogenwirkung hat das in Abbildung 18.13 gezeigte Isoflavon Genistein. Einige Isoflavonoide werden als „**Phytoöstrogene**“ für therapeutische Zwecke eingesetzt.

Anthocyane sind Blütenfarbstoffe und dienen dem Lichtschutz von Pflanzen

Als gelbe und orangefarbene Blütenpigmente wurden bereits Carotinoide beschrieben (Abschn. 17.6). Weitverbreitete gelbe Blütenpigmente sind Chalcone; hellgelbe Blütenpigmente sind Flavone. Anthocyane bilden eine große Anzahl roter und blauer Blütenpigmente. Anthocyane sind Glucoside von **Anthocyanidinen** (Abb. 18.15), wobei die Zuckerkomponente, die aus einem oder mehreren Hexosen besteht, zumeist mit einer OH-Gruppe des Pyrryliumringes verknüpft ist. Anthocyane werden als Glutathionkonjugat über den Glutathion-Translokator (Abschn.12.2) in die Vakuole aufgenommen und dort gelagert. Das in der Abbildung gezeigte Anthocyan **Pelargonin** besitzt als farbgebende Komponente **Pelargonidin**. Die Einführung von zwei OH-Gruppen in 3′- und 5′-Position des Phenylrestes durch Cytochrom-P_{450}-abhängige Monooxygenasen (Abschn. 18.2) und anschließende Methylierung ergibt fünf weitere Blütenpigmente jeweils unterschiedlicher Färbung. Hydroxylierungen an anderen Positionen führen zu zusätzlichen Pigmenten. Änderungen des pH-Wertes in der Vakuole führen zu Farbverschiebungen, was zum Teil die Farbänderungen beim Verblühen erklärt. Dazu wird die Farbe der Pigmente durch eine Komplexbildung mit Metall-Ionen verändert. So wechselt bei einer Komplexierung mit Al^{3+} oder Fe^{3+} die Farbe von Pelargonin von orangerot nach blau. Diese vielen Pigmente und deren Mischung ergeben die Farbnuancen der Blüten. Mit Ausnahme von Pelargonidin findet man die in Abbildung 18.15 aufgelisteten Pigmente alle in der Petunie. Es wurden in Petunien bislang insgesamt 35 Gene charakterisiert, die an der Ausprägung der Blütenfarben beteiligt sind.

Anthocyane umfassen nicht nur Blütenfarbstoffe zur Anlockung von pollenübertragenden Insekten, sie wirken auch als Schirmpigmente zur

A

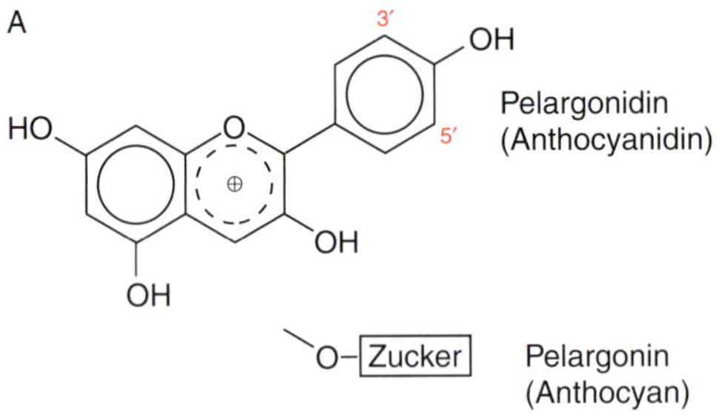

B

Anthocyanidin	Substituent	Farbe
Pelargonidin	—	orangerot
Cyanidin	3′-OH	rot
Päonidin	3′-OCH_3	rosarot
Delphinidin	3′-OH, 5′-OH	purpur
Petunidin	3′-OCH_3, 5′-OH	hellviolett
Malvidin	3′-OCH_3, 5′-OCH_3	rotviolett

Abb. 18.15 A. Pelargonidin, ein Anthocyanidin, ist ein Blütenfarbstoff. Er liegt in den Blütenblättern als Glucosid vor und wird in dieser Form als Pelargonin bezeichnet. B. Durch zusätzliche OH-Gruppen in 3′- und 5′-Stellung und deren Methylierung entstehen weitere Blütenfarbstoffe.

Beschattung von Mesophyllzellen. Daher zeigen Pflanzen, bei denen das Wachstum durch **Stressfaktoren** verringert ist – beispielsweise durch Mangel an Phosphat, Kälte, Hitze oder Versalzung des Bodens – oft eine rote Blattfärbung, die in erster Linie auf die Akkumulation von Anthocyanen zurückzuführen ist. Stressbedingungen reduzieren in der Regel den Verbrauch des durch die Lichtreaktion der Photosynthese bereitgestellten NADPH und ATP. Eine Beschattung der Mesophyllzellen durch Anthocyane drosselt die Lichtreaktion und vermindert so eine Über-Energetisierung und Über-Reduktion des photosynthetischen Elektronentransports (siehe Abschn. 3.10).

18.4 Tannine binden fest an Proteine und haben dadurch Abwehrfunktionen

Als **Tannine** (engl. *to tan* „gerben") bezeichnet man pflanzliche Polyphenole, die als Gerbstoffe verwendet werden. Tannine sind in Pflanzen weit verbreitet, sie kommen in besonders hohen Konzentrationen in den Borken bestimmter Bäume (z. B. Eichen) und in Gallen vor. Man unterscheidet dabei zwischen den kondensierten und den hydrolysierbaren Tanninen (Abb. 18.16). Die **kondensierten Tannine** (A) sind Flavonoidpolymerisate und daher Produkte des Phenylpropanoidstoffwechsels. Über den genauen Syntheseweg ist jedoch wenig bekannt. Wahrscheinlich ist eine Dihydroflavonol-Reduktase an der Polymerisation beteiligt, die über Radikalbildung verläuft. Die **hydrolysierbaren Tannine** bestehen aus glycosylierten **Gallussäuren** (B), wobei meist viele Gallussäuren an ein Hexosemolekül gebunden sind. Die Gallussäure wird in Pflanzen hauptsächlich aus **Shikimat** (Abb. 10.19) gebildet.

Über Wasserstoffbrücken zwischen den Phenolgruppen und -NH-Gruppen sind Phenole an Proteine so fest gebunden, dass die Bindung durch Verdauungsenzyme nicht gespalten werden kann. Beim Gerben bindet Tannin an das Kollagen der Tierhäute und erzeugt so Leder, das von Mikroorganismen nicht angegriffen werden kann. Tannine haben einen scharfen, unangenehmen Geschmack. Die Bindung der Tannine an die Proteine der Schleimhäute und des Speichels „zieht den Mund zusammen". Auf diese Weise wird Tieren der Genuss tanninhaltiger Pflanzen im wahrsten Sinne des Wortes vergällt. Aber es ist nicht nur der schlechte Geschmack, der Herbivoren abschreckt. Beim Verzehr von Pflanzenteilen kommt es zu einer Bindung des Tannins an die pflanzlichen Proteine. Diese werden dadurch unverdaulich und so als Nahrung unbrauchbar. Auch reagieren Tannine möglicherweise mit den Verdauungsenzymen des Magen-Darm-Traktes der Herbivoren. Tannine sind auf diese Weise ein wirksamer Fraßschutz. Ein Beispiel soll dies erläutern: In der südafrikanischen Savanne bilden Akazienblätter die Hauptnahrung der Kudu, einer Antilopenart. Diese Blätter enthalten Tannin, aber in so geringen Mengen, dass es sich auf die Nahrungsqualität nicht auswirkt. Durch Fraß verletzte Bäume emittieren das gasförmige Ethylen (Abschn. 19.5), das auch in den benachbarten Akazien innerhalb von 30 Minuten die Synthese von Tannin in den Blättern auslöst. Nach stärkerem Fraß steigt der Tanningehalt

Abb. 18.16 A. Allgemeine Zusammensetzung eines kondensierten Tannins ($n = 1–10$). Der endständige Phenylrest kann auch drei OH-Gruppen enthalten. B. Beispiel für ein hydrolysierbares Tannin. Die Hydroxygruppen einer Hexose sind mit Gallussäuren verestert (aus Anarcadien-Gewächs).

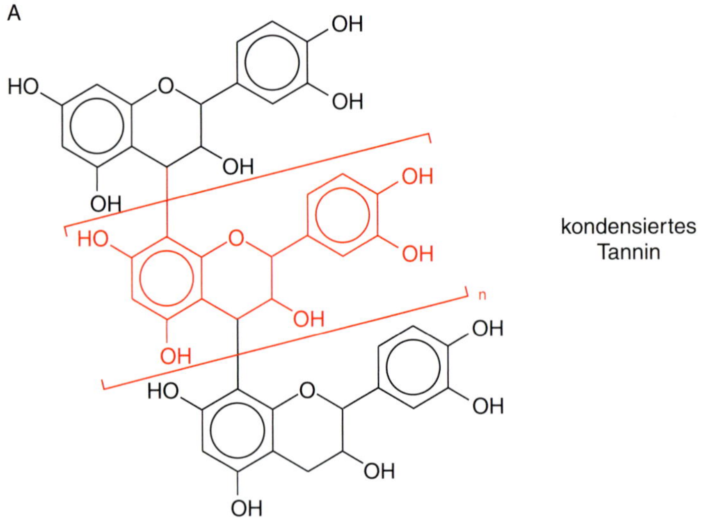

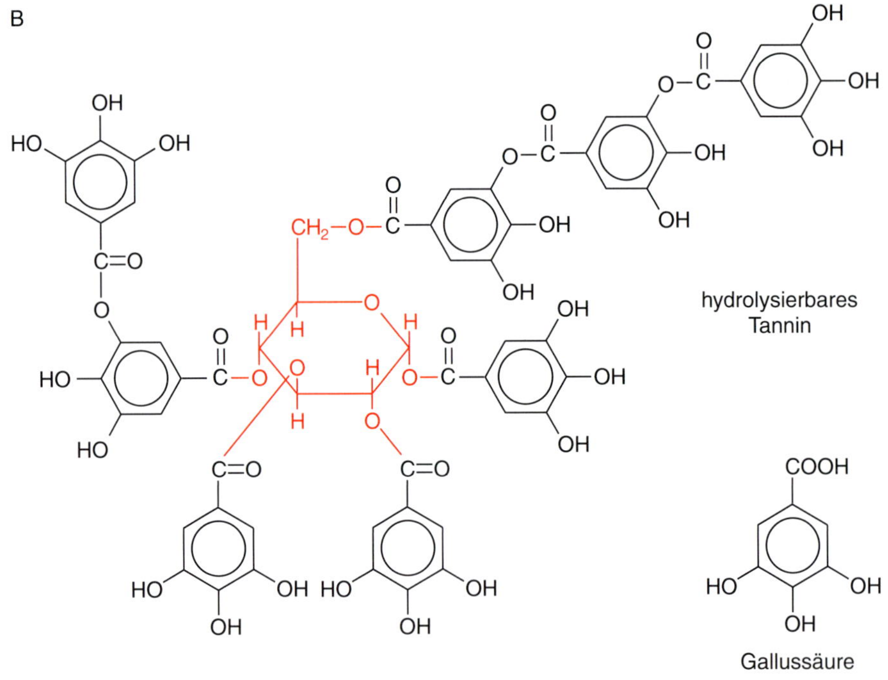

in den Blättern der Akazien so stark an, dass die Kudu an ihrem Verzehr zugrunde gehen können. Über ein gemeinsames Warnsystem schützen sich so die Akazien durch Tannin vor Kahlfraß.

Tannine schützen Pflanzen auch gegen den Befall durch Mikroorganismen. Der Angriff von Mikroorganismen auf Pflanzenzellen wird oft durch eine Sezernierung hydrolytischer Enzyme zum Aufbrechen der pflanzlichen Zellwände eingeleitet. Durch Bindung an Tannin werden diese Enzyme inaktiv. Tannin ist somit für die Pflanze ein wirksames Verteidigungsmittel gegen mikrobielle Angriffe.

Literatur

Chen, F., Dixon, R.A. Lignin modification improves fermentable sugar yields for biofuel production. Nature Biotechnology 25, 759-761 (2007)

Davin, L.B., Lewis, N.G. Dirigent phenoxy radical coupling: advances and challenges. Current Opinion Biotechnology 16, 398-406 (2005)

Dembitsky, V.M. Astonishing diversity of natural surfactants: 5. Biologically active glycosides of aromatic metabolites. Lipids 40, 869-900 (2005)

Franke, R., Briesen, I., Wojciechowski, T., Faust, A., Yephremov, A., Nawrath, C., Schreiber, L. Apoplastic polyesters in Arabidopsis surface tissues – A typical suberin and a particular cutin. Phytochemistry 66, 2643–2658 (2005)

Grotewold, E. The genetics and biochemistry of floral pigments. Annual Review Plant Biology 57, 761-780 (2006)

Koes, R., Verweig, W., Quattrocio, T. Flavonoids: a colorful model for the regulation and evolution of biochemical pathways. Trends in Plant Science 10, 236-242 (2005)

Treutter, D. Significance of flavonoids in plant resistance and enhancement of their biosynthesis. Plant Biology 7, 581-591 (2005)

Vanholme, R., Morreel, K., Ralph, J., Boerjan, W. Lignin engineering. Current Opinion in Plant Biology 11, 278–285 (2008)

Wildermuth, M.C., Dewdney, J., Wu, G., Ausubel, F.M. Isochorismate synthase is required to synthesize salicylic acid for plant defence. Nature 414, 562–565 (2001)

19 Vielfältige Signale koordinieren Wachstum und Entwicklung verschiedener Pflanzenorgane und bewirken deren Anpassung an unterschiedliche Umweltbedingungen

In komplexen Vielzellern, wie höheren Pflanzen und Tieren, werden Metabolismus, Wachstum und Entwicklung der verschiedenen Organe durch die Aussendung von Signalsubstanzen aufeinander abgestimmt. In Tieren erfolgt dies durch **Hormone**, die von bestimmten Zellen sezerniert werden. Man unterscheidet dabei parakrine Hormone, welche eine Signalwirkung auf benachbarte Zellen ausüben, und endokrine Hormone, die zu entfernten Zellen gesendet werden, beispielsweise über den Blutkreislauf. Auch in Pflanzen werden in bestimmten Organen Signalsubstanzen gebildet, die oft Signale auf benachbarte Zellen übertragen, aber auch durch Xylem oder Phloem auf entfernte Organe verteilt werden, um dort ihre Signale zu übermitteln. Alle diese pflanzlichen Signalsubstanzen werden als **Phytohormone** bezeichnet. Es gibt Phytohormone, die in ihrer Struktur den tierischen Hormonen ähneln, wie zum Beispiel die Brassinosteroide, aber auch viele, die gänzlich andere Strukturen besitzen. Ebenso wie die tierischen Hormone haben auch die Phytohormone sehr viele unterschiedliche Signalfunktionen. So bewirken sie eine Anpassung des Pflanzenstoffwechsels an Umweltbedingungen, wie Wasserversorgung, Temperatur und Tageslänge, und steuern die Entwicklung. Die Steuerfunktion der Lichtqualität auf den Pflanzenstoffwechsel erfolgt über **spezifische Lichtsensoren**. Bekannte Sensoren für die Erkennung von rotem und dunkelrotem Licht sind **Phytochrome**, und von blauem Licht **Cryptochrome** sowie **Phototropin** und **UVR8 (Ultraviolet-Resistance-8)** und **UV-B (280–315 nm)**.

Während für tierische Hormone die Signalketten zwischen der Bindung des Hormons an den betreffenden Rezeptor und der Wirkung auf spezifische Parameter, wie die Transkription von Genen oder die Aktivität von Enzymen, in sehr vielen Fällen als aufgeklärt betrachtet werden können, sind die Kenntnisse über die Signalketten für Phytohormone und pflanzliche Lichtsensoren bislang lückenhaft. Wie auch im tierischen Stoffwechsel wirken in der Pflanze die Phytohormone und Sensoren offenbar als **Multikomponenten-System**, in dem die Abfolge der Reaktionen in einzelnen Signalketten zu einem **Netzwerk** verwoben sind. Diese grundsätzliche Ähnlichkeit der Signal-Netzwerke der Pflanzen und Tiere ist das beste Argument dafür, dass Phytohormone ebenfalls als Hormone bezeichnet werden können, was lange Zeit als fraglich erschien.

19.1 Signalketten und Netzwerke starten mit Rezeptoren

Moleküle mit Signalcharakter müssen von solchen, die kein Signal darstellen, unterschieden werden können. Dies kann ein **Rezeptor**, indem er ein Signalmolekül besonders stark bzw. spezifisch bindet und so von anderen Molekülen unterscheiden kann. Die Bindung des Signalstoffes löst dann z.B. eine Konformations-Änderung im Rezeptor aus. Dies konnte für Phytochrom und Phototropin nachgewiesen werden. Der Rezeptor führt anschließend eine Reaktion aus, die z.B. die Aktivität eines oder mehrerer Enzyme ändert. Auch dieses Enzym kann dann einen oder mehrere Vorgänge oder Enzyme beeinflussen, so dass nach wenigen Schritten ein verzweigtes Netzwerk von Signalreaktionen entsteht, was auch zu einer Signalverstärkung führt. Die Bindung des Signalmoleküls an den Rezeptor verbraucht keine Energie, jedoch sind die Folgereaktionen oft energieverbrauchend. Gegen-Reaktionen sind unbedingt notwendig, um auf diese Weise schwache oder vorrübergehende Signale zu unterdrücken bzw. nach Wegfall des Signalmoleküls die Reaktionen wieder auszuschalten.

Aufgrund der vielen bekannten Pflanzen-Genome wissen wir, dass in höheren Pflanzen ganz andere Genfamilien für Rezeptoren häufig sind als in Tieren und dass sie auch einige Genfamilien für Rezeptoren besitzen, die in Tieren nicht vorkommen (Tab. 19.1). Dies sind z.B. die Lichtsensoren (Phytochrome, Phototropine, Cryptochrome und UVR8) oder die sogenannten

Tabelle 19.1: Rezeptoren in Pflanzen

Rezeptoren für	Abkürzungen	Lokalisation
Rezeptorkinasen (leucin-rich receptor kinase: LRRK oder receptor-like kinase: RLK)	BRI1, BAK1 u.a.	Plasmamembran (PM)
ABA	PYR1, PM	Cytosol
Auxin	ABP1	PM
Auxin, Kern	TIR1, SKP2A	Cytosol
Brassinolid	BRI1	PM
Cytokinin	AHK1-4	PM
Ethylen	ETR1, ETR2, ERS1, ERS2	ER
Salicylsäure (SA)	NP3/NP4	Kern
Jasmonat (JA)	COI1	Kern
Gibberellin (GA)	GID1	Kern
Strigolacton	MAX2(?), D14(?)	Kern (?)
Rotlicht	Phytochrom A, B, C, D, E	Cytosol/Kern
Blaulicht	PHOT1, PHOT2	Cytosol
Blaulicht	CRY1, CRY2	Cytosol/Kern
UV-A & UV-B	UVR-8	Cytosol/Kern

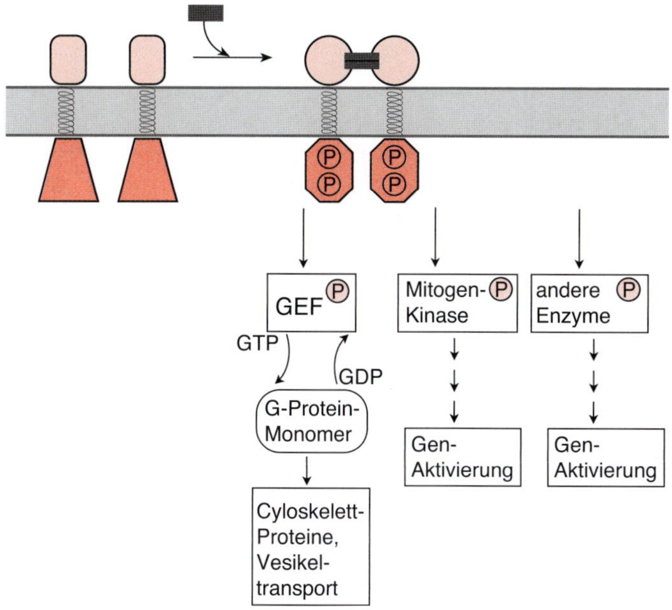

Abb. 19.1 Signalperzeption und -weiterleitung in Pflanzen. Rezeptorkinasen bilden nach Bindung von Liganden Dimere. Als Folge werden die cytosolischen Domänen autophosphoriliert, die wiederum entweder G-Protein-abhängige, mitogenabhängige-Kinasen oder andere Enzyme/Proteine durch Phosphorylierung aktivieren.

Zwei-Komponenten-Rezeptoren. Aber auch die Anzahl der Gene der Rezeptor-Genfamilien ist ganz unterschiedlich bei Pflanzen und Tieren. Mit 500–1200 Genen sind die Rezeptorkinasen (RLK = receptor-like kinase) die häufigsten Rezeptoren in Pflanzengenomen (Abb. 19.1). Sie bestehen aus drei Domänen, der extracytoplasmatischen Rezeptordomäne, einer Transmembran-Helix und einer cytoplasmatischen Proteinkinase. Nur von wenigen wissen wir die zugehörigen Liganden. Beispiele sind das Steroid-Hormon Brassinolid und etliche verschiedene Peptide mit sehr unterschiedlichen Funktionen. In Tieren ist der Insulin-Rezeptor die bekannteste Rezeptorkinase.

Es gibt cytosolische (lösliche) Rezeptoren und Membranprotein-Rezeptoren. Die Lichtsensoren, aber auch die Hormon-Rezeptoren TIR1/AFB und SKP2A für Auxin, COI1 für Isoleucin-Jasmonat, GID1 für GA und die PYR-Rezeptoren für ABA sind cytosolische Rezeptoren. Auxin besitzt einen zweiten Rezeptor, ABP1, der außen an der Plasmamembran und vermutlich an eine RLK bindet, das das Signal in das Cytoplasma übermitteln kann. Die Zwei-Komponenten-Rezeptoren für Cytokinin in der Plasmamembran und Ethylen im ER sind oberflächlich den receptor-like Kinasen (RLKs) ähnlich und haben auf der extracytoplasmatischen Seite der Membran eine Liganden-Bindungsdomäne, eine Transmembrandomäne und eine Histidin/Aspartat-Kinase auf der cytosolischen Seite. Die zweite Komponente ist beim Cytokinin-Rezeptor ein separates Histidin-Transferprotein, das das Phosphat vom Rezeptor erhält und an Transkriptionsfaktoren weitergibt und diese dadurch aktiviert. Auch die Bindung des Hormons an den Ethylen-Rezeptor führt über wenige Schritte ohne sekundäre Botenstoffe zu Transkriptionsfaktoren.

Allen Rezeptoren ist gemeinsam, dass sie nach der Aktivierung durch Liganden oder bei Lichtsensoren durch Photonen Enzymreaktionen aktivieren oder inaktivieren, damit nach einigen oder vielen Stationen Transkriptions-

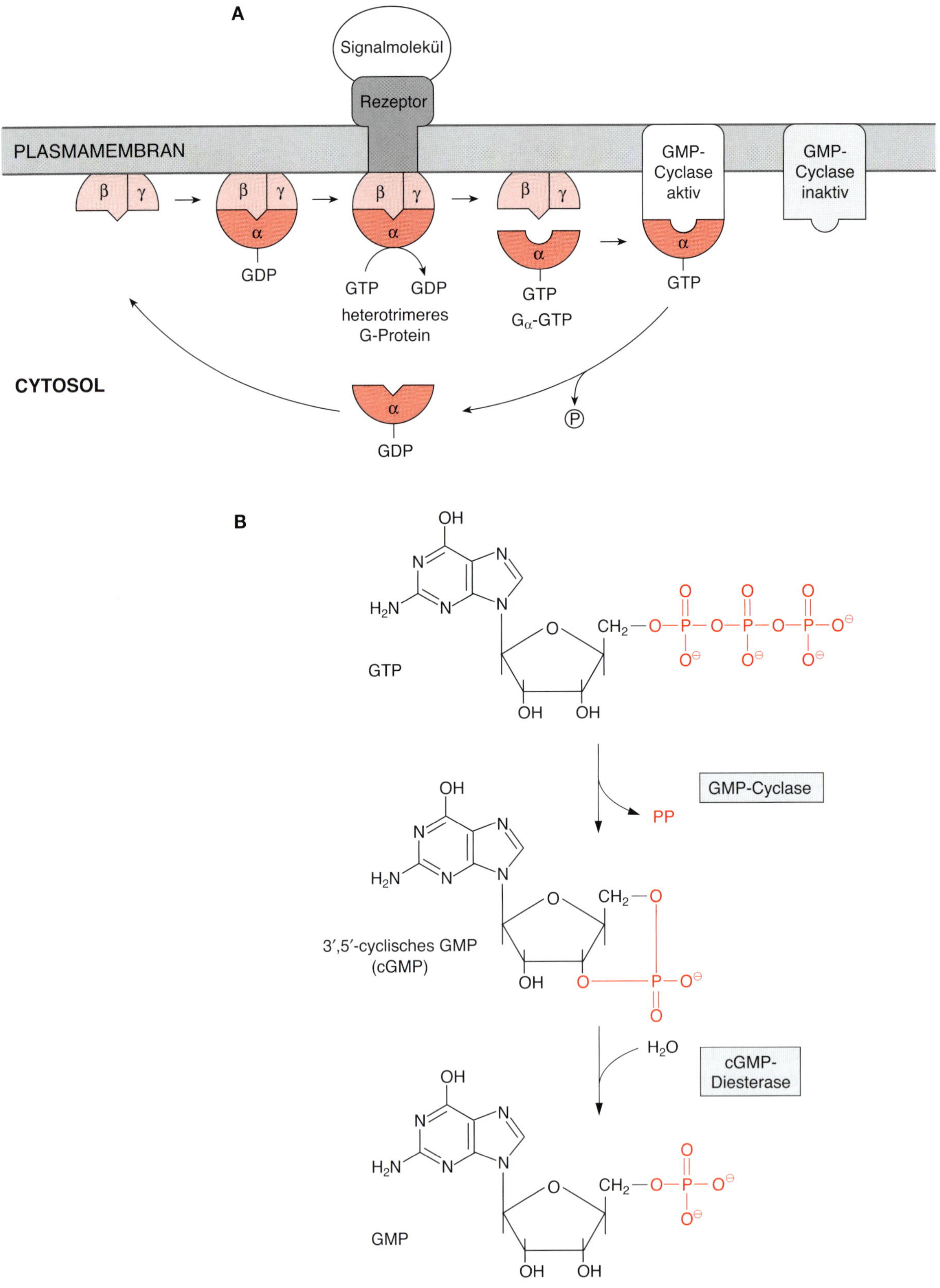
A
Signalmolekül
Rezeptor
PLASMAMEMBRAN
GMP-Cyclase aktiv
GMP-Cyclase inaktiv
β γ
α
GDP
GTP GDP
heterotrimeres G-Protein
GTP
Gα-GTP
GTP
CYTOSOL
P
B
GTP
GMP-Cyclase
PP
3′,5′-cyclisches GMP (cGMP)
H2O
cGMP-Diesterase
GMP

faktoren aktiviert oder inaktiviert werden, die die Genexpression steuern. Letztendlich benötigt die Ausführung einer physiologischen Änderung der Zelle oder des Organismus nach einiger Zeit praktisch immer eine geänderte Protein- bzw. Enzym-Zusammensetzung. Dabei werden oft (aber nicht immer) niedermolekulare Stoffe im Cytosol (z.B. cGMP, cAMP) entweder durch Enzyme gebildet oder auch Ionen-Konzentrationen im Cytosol durch Ionen-Kanal-Steuerung erhöht (Ca^{2+}, H^+), die man als sekundäre Botenstoffe bezeichnet. Der primäre Botenstoff ist das Hormon oder ein anderer Ligand, die sekundären Botenstoffe der Pflanzen sind meist die gleichen wie bei den Tieren (Tab. 19.2). Primäre und sekundäre Botenstoffe werden wieder abgebaut oder die ursprünglichen Ionenkonzentrationen wiederhergestellt. Nicht alle Enzyme, die die sekundären Botenstoffe der Pflanzen herstellen, sind molekular identifiziert. Ebenso unbekannt sind häufig die exakten Mechanismen der Aktivierung dieser Enzyme.

Die Rezeptorkinasen liegen als Monomere in der Membran vor. Die Liganden befinden sich im Kompartiment der Zellwand (Abb 19.1). Durch die Ligandenbindung auf dieser extracytoplasmatischen Seite der Membran bilden sich Rezeptor-Dimere, die nahezu gleichzeitig damit auch eine Konformationsänderung eingehen. Das aktiviert die Proteinkinase-Domäne im Cytosol und diese Kinase-Domänen phosphorylieren sich unter ATP-Verbrauch gegenseitig. Danach können die Kinase-Domänen auch andere Proteine phosphorylieren. In Pflanzen werden mehr als 500 Kinasen vermutet. Für die Mehrheit der Rezeptoren sind die Substrat-Proteine und die dann folgenden weiter ausgelösten Reaktionen nicht bekannt.

Tabelle 19.2: Sekundäre Botenstoffe der Pflanzen

Botenstoff	Enzym	Lokalisation
Cytosolisches Calcium		Kanäle PM, ER
Cytosolischer pH		Na^+/H^+-Austausch
Inositol-1',2',3',4',5',6'-hexa-Phosphat	Phospholipase C	Cytosol
Phosphatidylsäure (PA)	Phospholipase D	Cytosol
	oder Phospholipase C + Diacylglycerin-Kinase)	Cytosol
Lysophosphatidylcholin (LPC)	Phospholipase A	Cytosol
Freie Fettsäuren	Phospholipase A	Cytosol
Reaktive Sauerstoffspecies (ROS)	NADH Oxidase	PM
Stickstoffmonooxid (NO)	Nitratreduktase + weitere	multiple
cAMP (?), cGMP	GMP-Cyclase	
Phosphorylierung/ Dephosphorylierung	Proteinkinasen, Proteinphosphatasen	multiple

◄ **Abb. 19.2** **A)** Schematische Darstellung der Wirkungsweise eines G-Proteins bei der Regulation der GMP-Cyclase. **B)** cGMP wird durch die GMP-Cyclase aus GTP gebildet und durch eine Diesterase zu GMP abgebaut.

Kleine G-Proteine haben verschiedene regulative Funktionen.

Alle Eukaryoten besitzen **kleine G-Proteine,** welche nur aus einer Untereinheit bestehen, und größere **trimere G-Proteine** bestehen aus α-, β- und γ-Untereinheiten, deren α-Untereinheit verwandt mit den kleinen G-Proteinen sind. Der häufigste Rezeptortyp der Tiere ist der sogenannte G-Protein-gekoppelte Rezeptor, der sieben Transmembran-Helices besitzt und sehr verschiedene Hormone binden kann und mit mehr als 2000 Genen in Säugetieren vertreten ist (Abb. 19.2). Der cytosolische Bindungspartner für diesen Rezeptortyp, das trimere G-Protein, ist in Säugetieren mit ca. 20 Genen für die α-Untereinheit vertreten. In Pflanzen ist nur ein trimeres G-Protein und bisher kein zugehöriger Transmembran-Rezeptor gefunden worden. Man vermutet, dass das trimere G-Protein in der Sensorik des Status des Zuckerstoffwechsels eine wichtige Rolle spielt, also eine sehr allgemeine Funktion hat. Bei Pflanzen ist Zucker ein Signalstoff mit hormonähnlichem Charakter, der mit anderen Hormonen interagiert und auch die Genexpression steuert. Ein Rezeptor für Zucker in Pflanzen ist noch nicht eindeutig gefunden worden. Wenn ein Ligand am Rezeptor bindet, erfolgt ein GDP-GTP-Austausch und der trimere Komplex dissoziert. Daraufhin bindet die α-Untereinheit an ein Enzym, z.B. GMP-Cyclase (Abb. 19.2B) und aktiviert dieses.

Alle G-Proteine gehören zu einer Superfamilie, die als **ras-Superfamilie** bezeichnet wird. Kleine G-Proteine haben sehr unterschiedliche Funktionen, sie sind u. a. beteiligt an der Regulation von Abwehrreaktionen, dem Vesikeltransport, der Zellpolarität und dem polaren Wachstum von Pollenschläuchen und Haaren. Die Kenntnisse über die kleinen G-Proteine in Pflanzen sind noch lückenhaft. In Abb. 19.1 ist dargestellt, dass zunächst die Rezeptorkinase z.B. einen Austauschfaktor (G-Protein-Exchange-Factor, GEF) phosphoryliert und aktiviert, der den Austausch von GDP zu GTP an einem kleinen (monomeren) G-Protein (ca. 80 im Pflanzengenom) katalysiert, so dass das G-Protein in den aktiven Zustand versetzt wird. Das aktivierte G-Protein bindet an weitere Proteine, die durch diese Bindung aktiviert werden, z.B. an Cytoskelett-Proteine. Gleichzeitig ist jedes G-Protein eine langsame GTPase, die GTP zu GDP und Phosphat hydrolysiert, dazu aber Minuten braucht. Das bedeutet, dass das einzelne G-Protein über diesen Zeitraum aktiv bleibt und danach automatisch wieder abgeschaltet wird. Das System ist typisch für Signaltransduktion, weil Energie verbraucht wird und so durch mehrere G-Proteine Signalverstärkung auch möglich wird. Gleichzeitig ist das Abschalten vorgesehen, wenn das Signal wegfällt.

Ca^{2+} wirkt als Botenstoff bei der Signaltransduktion

Sowohl in tierischen als auch in pflanzlichen Zellen ist normalerweise die cytosolische Konzentration des freien Ca^{2+} kleiner als 10^{-6} M. Für diese niedrigen Ca^{2+}-Konzentrationen sind ATP-abhängige Pumpen (Ca^{2+}-P-ATPasen, Abschn. 8.2) verantwortlich, die Ca^{2+} im Lumen des endoplasmatischen Reticulums und in Pflanzen auch in der Vakuole akkumulieren oder Ca^{2+} über

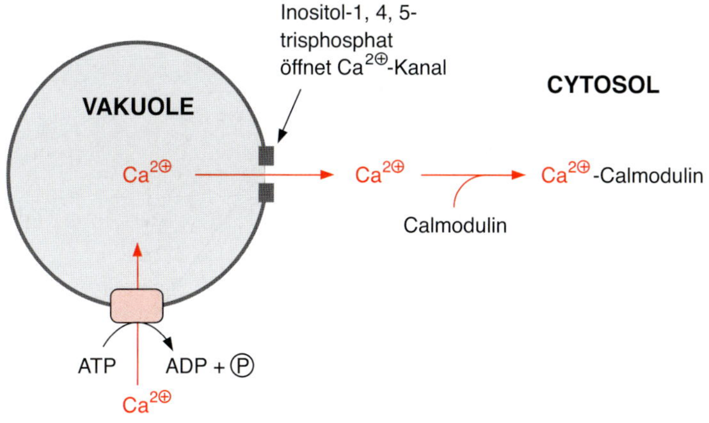

Abb. 19.3 Das endoplasmatische Reticulum von Tieren und Pflanzen sowie auch die pflanzlichen Vakuolen (hier gezeigt) enthalten in ihrer Membran eine Ca^{2+}-P-ATPase (Abschn. 8.2), die Ca^{2+} in die Vakuole bzw. in das Lumen des ER pumpt. Durch einen Inositoltrisphosphat-abhängigen Ca^{2+}-Kanal kann Ca^{2+} in das Cytosol freigesetzt werden.

die Plasmamembran exportieren (Abb. 19.3). Alternativ können Ca^{2+}-Ionen in die Mitochondrien über einen H^+/ Ca^{2+}-Antiporter aufgenommen werden. Eine kurzzeitige Öffnung von Ca^{2+}-Kanälen der Plasmamembran, der Vakuole oder des ER, die durch Signale (z.B. Salz, ABA, Trockenheit und Kälte) ausgelöst wird, führt zu einem raschen Anstieg der cytosolischen Konzentration an freiem Ca^{2+}. Dies führt in fast allen Zelltypen zu einer Stimulierung bestimmter Enzyme, darunter auch regulatorischer Enzyme wie Proteinkinasen, die somit für die Umsetzung des Ca^{2+}-Signals in der Zelle verantwortlich sind. Je nach den durch ein Signal angesteuerten Kanälen unterscheidet man externe Ca^{2+}-Quellen (Plasmamembran-Kanäle) oder interne Ca^{2+}-Quellen (Vakuole, ER). Außerdem kann Ca^{2+} auch in Mitochondrien und Chloroplasten gespeichert werden und ins Cytosol entlassen werden. Die molekulare Identität der pflanzlichen Ca^{2+}-Kanäle ist noch unklar, da ihre Sequenzen offensichtlich nicht homolog zu den tierischen Kanälen sind.

Der Phosphoinositolweg steuert die Öffnung von Ca^{2+}-Kanälen

Eine Möglichkeit zur Steuerung von Ca^{2+}-Kanälen bietet die bei Tieren entdeckte Phosphoinositol-Signaltransduktions-Kaskade (Abb. 19.4), die grundsätzlich auch bei Pflanzen nachgewiesen wurde. **Phosphatidylinositol** ist Bestandteil von Zellmembranen. Durch eine Kinase wird der Inositolrest in den 4′- und 5′-Positionen phosphoryliert. Eine in Pflanzen durch Ca^{2+} stimulierte **Phospholipase C** spaltet dann das Lipid zu **Inositol-1′,4′,5′-triphosphat** (IP3) und **Diacylglycerin** (DAG). Die tierische Phospholipase C wird durch die α-Untereinheit eines G-Proteins stimuliert. IP_3 in Tieren oder bei Pflanzen und das höher phosphorylierte IP_6 bewirken einen Anstieg der cytosolischen Ca^{2+}-Konzentration aus dem ER oder der Vakuole, und Diacylglycerin stimuliert in Tieren eine Ca^{2+}-abhängige Proteinkinase. Wahrscheinlich hat im pflanzlichen Stoffwechsel Diacylglycerin als solches keine Signalfunktion, wohl aber die durch dessen Phosphorylierung gebildete Phosphatidsäure

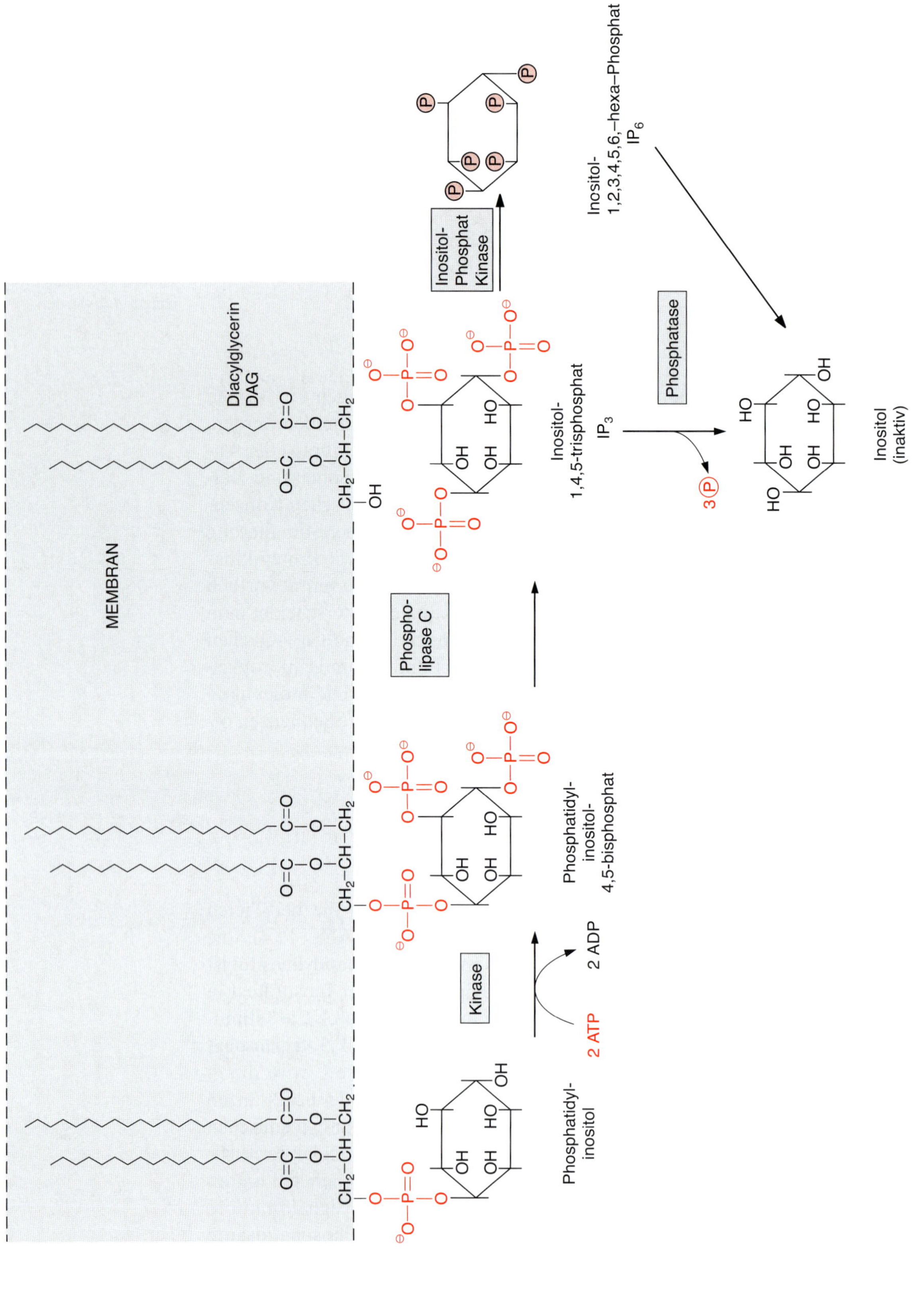
MEMBRAN
Phosphatidyl-
inositol
Kinase
2 ATP
2 ADP
Phosphatidyl-
inositol-
4,5-bisphosphat
Phospho-
lipase C
Diacylglycerin
DAG
Inositol-
1,4,5-trisphosphat
IP3
Inositol-
Phosphat
Kinase
Inositol-
1,2,3,4,5,6,–hexa–Phosphat
IP6
Phosphatase
3P
Inositol
(inaktiv)

(Abb. 15.5). Diese wirkt auch auf Proteinkinasen und Ionenkanäle. In tierischen Zellen führt die Bindung von drei IP3-Molekülen an einen Ca^{2+}-Kanal der ER-Membran zu dessen Öffnung. Die Ausschüttung des Ca^{2+} in das Cytosol wird durch die kurze Lebensdauer von IP_3 (in Tieren z.T. weniger als 1 s) begrenzt. Der Abbau von IP_3 erfolgt entweder über eine weitere Phosphorylierung des Inositols oder eine hydrolytische Abspaltung der Phosphatgruppen durch eine Phosphatase und dürfte für IP_6 analog verlaufen. Die kurze Lebenszeit ermöglicht eine zeitliche Begrenzung des Signals. In Pflanzen spielt die Phosphoinositol-Kaskade eine wichtige Rolle bei der Übermittlung von Signalen durch Stressoren auf das Zellgeschehen, wie bei der Regulation der Öffnung der Schließzellen oder bei Pathogenbefall. Die Signalperzeption beginnt häufig an der Plasmamembran und der Ca^{2+}-Influx stimuliert die Phospholipase C, die über IP_3/IP_6 den Ca^{2+}-Efflux aus dem ER oder der Vakuole auslöst. Durch *patch clamp*-Untersuchungen (siehe Abschn. 1.10) wurde an Pflanzenvakuolen eine Öffnung von Ca^{2+}-Kanälen durch IP_3 oder IP_6 gezeigt. Insgesamt ist die Regulation des cytosolischen Calciums hochkomplex und Calcium scheint viele Signalwege beeinflussen zu können. Calcium wirkt sehr schnell am Entstehungsort in der Zelle und wird von Proteinen gebunden um dort ganz lokal Aktivierungen/Inaktivierungen in Gang zu setzen. Vermutlich wirkt Calcium von externen und internen Quellen unterschiedlich auf die Zelle.

Calmodulin vermittelt die Botenstoffwirkung von Ca^{2+}-Ionen

Ca^{2+} wirkt als Botenstoff oft nicht direkt, sondern über die Bindung an Calmodulin. Calmodulin ist ein in Tieren und Pflanzen vorkommendes hochkonserviertes Protein: Die Identität der Aminosäuresequenzen zwischen dem Calmodulin in Weizen und in Rindern beträgt 91 %. Calmodulin ist ein lösliches Protein (Molekularmasse 17 kDa), das in erster Linie im Cytosol vorkommt. Es besteht aus einer flexiblen Helix, die zu beiden Seiten je zwei Schleifen hat, wobei jede dieser Schleifen eine Bindungsstelle für ein Ca^{2+}-Ion besitzt. Da diese Schleifen auch Glutamat (E) und Phenylalanin (F) enthalten, nennt man sie **EF-Hände** (Abb. 19.5). Die Besetzung aller vier EF-Hände mit Ca^{2+} führt zu einer Konformationsänderung des Calmodulins, dadurch wird eine hydrophobe Domäne exponiert. Diese Domäne aktiviert bestimmte Proteinkinasen **(Calmodulin-bindende Kinasen (CBK)).** Bei der Proteinkinase-CaM II wird dabei zunächst die Kinase durch sich selbst phosphoryliert (Autophosphorylierung) und erreicht erst damit die volle Aktivität, und behält sie auch noch nach Ablösung des Calmodulins solange, bis der Phosphatrest wie-

◄ **Abb. 19.4** Inositolphosphate (IP_3 und IP_6) als Teile einer Signalkette. Der Inositolrest eines Membranphospholipids wird durch eine Kinase zweifach phosphoryliert und durch eine Calcium-aktivierte Phospholipase C abgespalten. Der so gebildete Botenstoff IP_3 wird entweder zu IP_6 weiter phosphoryliert und/oder durch Phosphatasen zu Inositol abgebaut. Diese Stoffwechselkette wurde im tierischen und z.T. im pflanzlichen Stoffwechsel nachgewiesen.

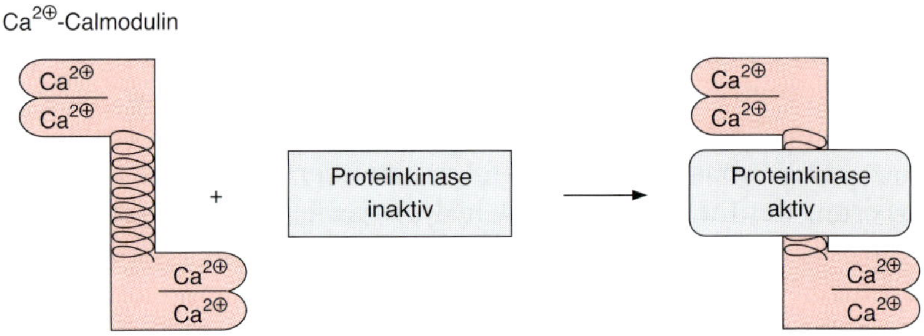

Abb. 19.5 Das Protein Calmodulin enthält zwei Ca^{2+}-bindende Domänen, die durch eine flexible α-Helix miteinanderverbunden sind. Ca^{2+}-Calmodulin kann bestimmte Proteinkinasen (z.B. CBK) und andere Enzyme aktivieren/deaktivieren.

der hydrolytisch abgespalten wird. Calmodulin bindet auch an andere Proteine und verändert so deren Aktivität. Es ist dadurch ein wichtiges Glied in Signalketten. Es gibt in Pflanzen eine Familie von Proteinkinasen, die wie Calmodulin, Ca^{2+}-bindende EF-Hände in ihrer Proteinkette enthalten. Man bezeichnet sie als Calmodulin-Domäne-ähnliche-Proteinkinasen (**CDPK**). Es handelt sich hierbei um Proteinkinasen sehr unterschiedlicher Funktion, die direkt durch Bindung von Ca^{2+} reguliert werden. In *Arabidopsis* hat man inzwischen mehr als 40 verschiedene Gene der CDPK-Familie gefunden, wobei man von den meisten dieser Kinasen die Funktion noch nicht kennt. Möglicherweise ist eine CDP-Kinase für die Phosphorylierung der Saccharosephosphat-Synthase (Abb. 9.18) und der Nitratreduktase (Abb. 10.9) verantwortlich. Daneben gibt es noch andere Proteine mit Calmodulin-Domänen, so genannte *Calmodulin-related-proteins*, deren Funktionen meist noch nicht bekannt sind.

Phosphorylierte Proteine bilden Elemente der Signaltransduktion

Proteinkinasen, von denen einige schon im vorigen Abschnitt erwähnt wurden, und **Protein-Phosphatasen**, von denen wir bereits mehrere Beispiele kennengelernt haben, sind wichtige Elemente für die Regulation intrazellulärer Prozesse. Da Proteine durch Phosphorylierung und Dephosphorylierung zwischen zwei Zuständen unterschiedlicher Aktivität wechseln und auch viele Proteinkinasen durch Phosphorylierung ein- beziehungsweise ausgeschaltet werden, bilden Proteinkinasen in der Zelle ein Netzwerk von Ein/Aus-Schaltelementen – vergleichbar mit denen eines Computer-Chips – durch die Wachstum, Differenzierung, Metabolismus, Abwehr gegen Feinde und andere Zellprozesse gesteuert werden. Man schätzt, dass in Eukaryonten 1 bis 3 % der funktionellen Gene für Proteinkinasen codieren, in Pflanzen kommen ca. 2000 Proteinkinase-Gene einschließlich der Rezeptor-Kinasen vor. Proteinkinasen wurden zunächst hauptsächlich in Hefen und Tieren untersucht.

Jedoch ist bislang erst von einem kleinen Teil die physiologischen Funktionen bekannt. Wir stehen noch ganz am Anfang eines gewiss sehr wichtigen Forschungsgebietes. Der weitaus überwiegende Anteil der Proteinkinasen in Eukaryonten, ob in Pilzen, Tieren oder Pflanzen, enthält 12 konservierte Regionen. Diese Proteinkinasen phosphorylieren zumeist die OH-Gruppe von Serin und/oder Threonin und in manchen Fällen auch von Tyrosin. Da alle diese Proteinkinasen zueinander homolog sind, spricht man hier von einer **Superfamilie eukaryontischer Proteinkinasen** zu denen auch die Kinase-Domäne der Rezeptorkinasen gehört. Nicht zu dieser Superfamilie gehören Proteinkinasen der Zwei-Komponenten-Rezeptoren, die Histidin- oder Aspartatreste von Proteinen phosphorylieren, wie z.B. der Cytokinin-Rezeptor oder der Ethylen-Rezeptor. Tabelle 19.3. zeigt einige Verteter der Proteinkinase-Superfamilie. Die **Proteinkinasen-A, -G**, und **-C** der Tiere werden durch die Modulatoren cAMP, cGMP beziehungsweise Ca^{2+} aktiviert. Es gibt Hinweise, dass cAMP und cGMP auch in höheren Pflanzen eine Rolle spielen, aber eindeutig nachgewiesen worden ist nur, dass sie Ionenkanäle regulieren. Mitglieder der Proteinkinase-Superfamilie sind auch die schon besprochenen **Calmodulin bindende Kinase (CBK)** und die Calmodulin-Domäne-ähnlichen-Proteinkinasen (**CDPK**). Eine weitere Klasse der Superfamilie sind die *receptor like* Proteinkinasen (**RLK**), eine weitere die **Cyclin-abhängigen Proteinkinasen** (CDK) (*cyclin-dependent protein kinase*). Cyclin ist ein in allen Eukaryontenzellen vorhandenes Protein, das eine wichtige Funktion bei der Kontrolle der Mitose und damit des Zellzyklus ausübt. Cyclin-abhängige Proteinkinasen aktivieren eine große Anzahl von Proteinen, welche an der Mitose beteiligt sind. Teil der Proteinkinase-Superfamilie sind zudem die Mitogenaktivierten-Proteinkinasen **(MAPK).** Mitogen ist ein Sammelbegriff für eine Vielzahl unterschiedlicher Substanzen, welche die Mitose und damit die Zellteilung stimulieren und deren Struktur zum großen Teil noch nicht bekannt ist. Als Mitogene können beispielsweise G-Proteine und Phytohormone wirken. Man kennt inzwischen bei *Arabidopsis* über 20 verschiedene MAPK-Gene. Ein über das ganze Eukaryontenreich hochkonserviertes System von Proteinkinasen ist die Kaskade zur Aktivierung der Mitogen-aktivierten Proteinkinase (die **MAP-Kinase-Kaskade**) (Abb. 19.1). In dieser Signalkaskade wird – etwa durch eine Rezeptorkinase – eine MAP-Kinase-Kinase-Kinase (**MAPKKK**) aktiviert, die durch Phosphorylierung eine MAP-Kinase-Kinase (**MAPKK**) aktiviert, und letztere eine MAP-Kinase (**MAPK**). Die MAP-Kinase ihrerseits phosphoryliert eine Reihe von Transkriptionsfaktoren (Ab-

Tabelle 19.3: Einige Vertreter der eukaryontischen Proteinkinase-Superfamilie

	Modulator
Proteinkinase-A	cAMP
Proteinkinase-G	cGMP
Proteinkinase-C	Ca^{2+}
Proteinkinase-CaM	Ca^{2+}-Calmodulin
Calmodulin-Domäne-ähnliche-Proteinkinase (CDPK)	Ca^{2+}
Rezeptor-ähnliche-Proteinkinase (RLK)	z. B. Phytohormon
Cyclin-abhängige Proteinkinase (CDK)	Cyclin
Mitogen-aktivierte Proteinkinase (MAPK)	Mitogen
MAPK-aktivierte Proteinkinase (MAPKK)	MAPK
MAPKK-aktivierte Proteinkinase (MAPKKK)	MAPKK

schn. 20.2) und reguliert so die Expression verschiedener Gene. MAPK-Signalkaskaden haben eine Schlüsselfunktion bei Hormon-Antworten, der Zellentwicklung und Zelldifferenzierung. Darüber hinaus sind MAP-Kinasen Bestandteil der Signalkaskaden bei durch Elicitoren ausgelösten Pathogenabwehrreaktionen (Abschn. 16.1) und bei Antworten auf abiotischen Stress (z.B. Schwermetall, Kälte, Salz, Trockenheit, Verwundung, (heftige) Berührung). In einer Pflanze können mehrere MAPK-Signalkaskaden mit unterschiedlichen Zielproteinen nebeneinander ablaufen, oder Teile verschiedener MAP-Kinase-Wege überlappen, da diese Kinasen Komplexe bilden, so dass die Interaktionen in einem Netzwerk verlaufen. Für diese vielfältige Ausprägung des MAP-Kinase-Systems enthält das *Arabidopsis*-Genom Gene für 20 MAPKs, 10 MAPKKS und 60 MAPKKKs zur Verfügung. Auch für Proteinphosphatasen gibt es in Eukaryonten eine Superfamilie, die sich aufgliedert in die **Serin-** und **Threonin-Phosphatasen** und die **Tyrosin-Phosphatasen**. Viele dieser Phosphatasen werden ähnlich wie Proteinkinasen reguliert, zum Beispiel durch die Bindung von Ca^{2+}-Calmodulin, und spielen dadurch eine aktive Rolle in Signaltransduktions-Kaskaden. Die Untersuchung der Funktionen der einzelnen Proteinphosphatasen für den Stoffwechsel und das Wachstum von Pflanzen befindet sich noch in den Anfängen.

19.2 Phytohormone umfassen eine Vielfalt unterschiedlicher Substanzen

Die Phytohormone (Abb. 19.6) umfassen organische Substanzen von sehr unterschiedlicher Struktur und Wirkung, die in geringen Konzentrationen wirksam sind ($< 10^{-6}$ M). Die „klassischen“ Hormone sind **Indolessigsäure (**engl. **IAA)**, **Auxin**, **Gibberelline**, **Cytokinine**, **Abscisinsäure** (**ABA**), **Ethylen**, **Jasmonäure** und die Derivate **Methyl-Jasmonat und Isoleucin-Jasmonat. Brassinosteroide und Strigolactone** (Abschn. 17.6), sowie **Salizylsäure** sind als Hormone in der letzten Zeit dazugekommen. Hinzu kommen **Peptidhormone**, von denen eine große Vielfalt in Pflanzen eine wichtige Rollen spielen. Sie regulieren die Pflanzenentwicklung durch Meristem-Differenzierung und sind zusätzlich zu der Wirkung von Salizylsäure und Jasmonsäure an der Pathogenabwehr beteiligt. In vielen Fällen haben Phytohormone antagonistische Wirkungen. So induziert Abscisinsäure die Samen-Dormanz, während Gibberellinsäure diese beendet. Auxin induziert (Seiten)-Wurzelbildung, Cytokinin unterdrückt sie und fördert Spross-Entwicklung.

Auxin stimuliert das Streckungswachstum im Spross

Die Krümmung wachsender Pflanzenkeimlinge nach dem Sonnenlicht hat schon Charles Darwin zusammen mit seinem Sohn Francis 1880 beschäftigt. Sie fanden, dass die Krümmung eines im Dunkeln gewachsenen Graskeim-

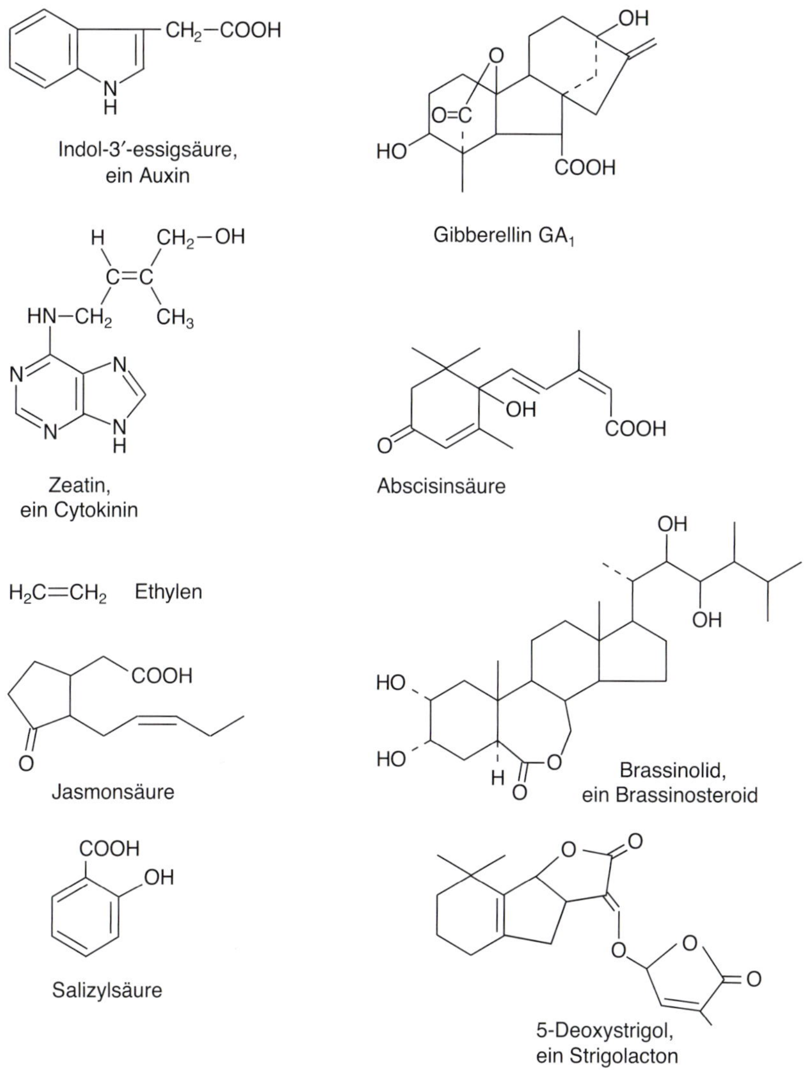

Abb. 19.6 Wichtige Phytohormone

lings durch die Belichtung der Spitze ausgelöst wurde. Da die Wachstumszone von der Spitze einige Millimeter entfernt ist, forderten sie, dass von der Spitze ein Signal in die Wachstumszone ausgesendet wird. Der holländische Forscher Frits Went isolierte 1926 aus Sprossspitzen von Haferkeimlingen eine wachstumsfördernde Substanz, die er **Auxin** nannte, und die später als **Indolessigsäure** (IAA, engl. *Indole acetic acid*) identifiziert wurde. Neben IAA haben noch andere Substanzen wie z.B. Phenylessigsäure (Abb.19.8) Auxinwirkung oder Indolylbuttersäure (IBA), die eine um 2 C-Atome verlängerte Seitenkette hat. Die Synthese der IAA erfolgt nicht nur in jungen, oberirdischen Pflanzenorganen, sondern auch in der Wurzel. Unterschiedliche Biosynthesewege werden in verschiedenen Pflanzen genutzt, Abb. 19.7 zeigt drei dieser Wege.

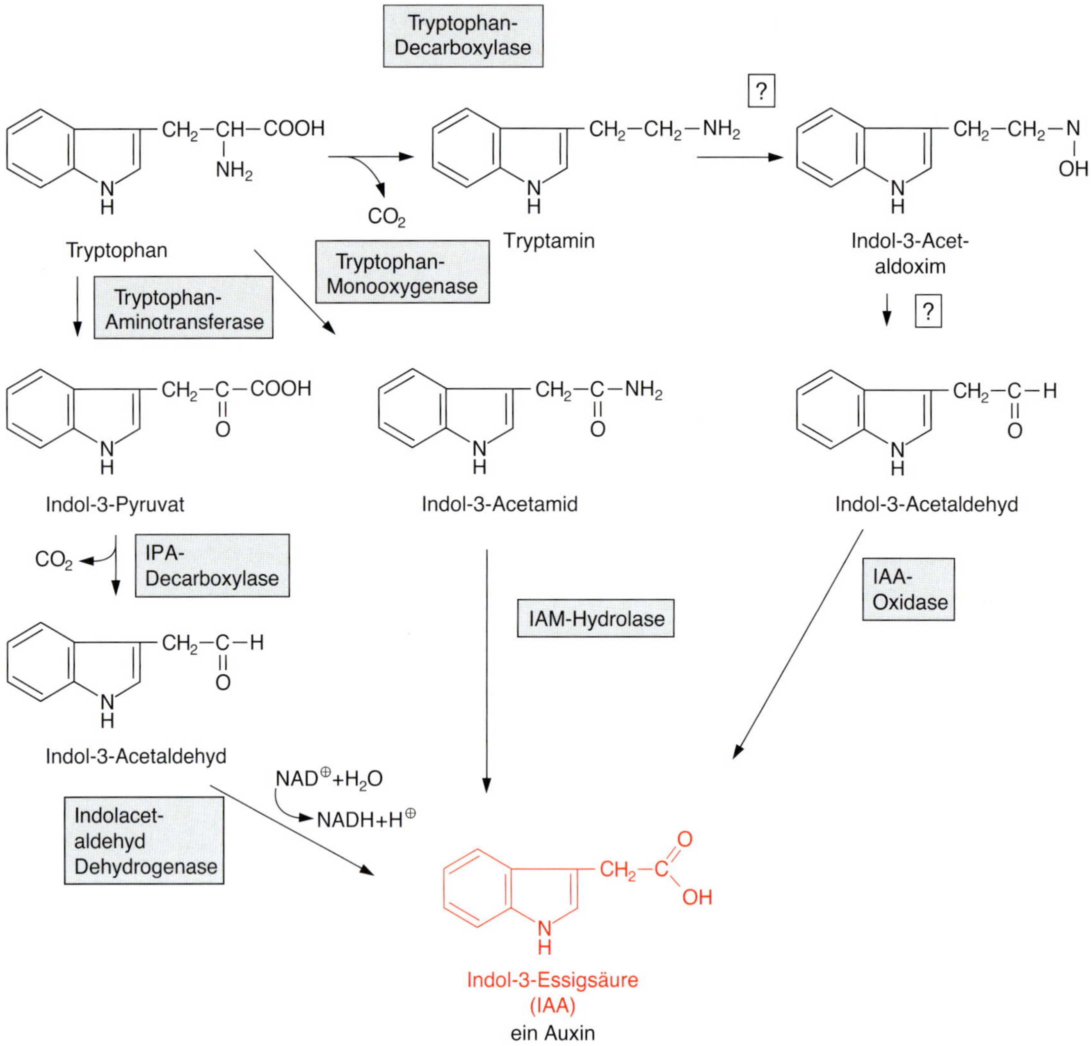

Abb. 19.7 Synthesewege zur Bildung von Indol-3-Essigsäure aus Tryptophan.

Es gibt sehr viele, nicht natürliche Chemikalien, die Auxinwirkung haben. Das synthetische Auxin 2,4-Dichlorphenoxyessigsäure (2,4-D) (Abb. 19.8) wird als Herbizid verwendet. Seine Wirkung beruht nicht auf einer unmittelbaren Toxizität, sondern darauf, dass es sich um ein zu starkes Auxin handelt, das zu einer ungeordneten Morphogenese und einer erhöhten Synthese von Ethylen führt und dadurch eine verfrühte Seneszenz auslöst. Als **„Agent Orange"** wurde es im Vietnamkrieg zur Entlaubung der Wälder eingesetzt. 2,4-D ist ein selektives Herbizid, es wirkt sehr stark gegen Dikotyledonen. Hingegen sind Monokotyledonen unempfindlich, da diese das Herbizid durch Abbau unschädlich machen. Man verwendet daher 2,4-D, um Unkräuter in Getreidefeldern zu bekämpfen.

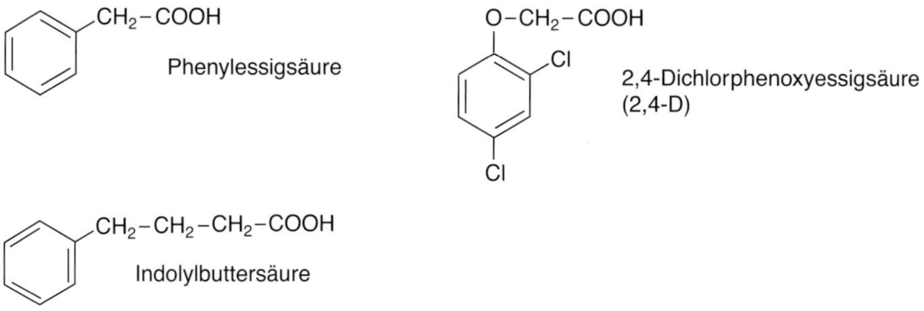

Abb. 19.8 Phenylessigsäure, ein weiteres schwaches natürliches Auxin und 2,4-D, ein künstliches Strukturanalogon, das als Herbizid wirkt. Indolylbuttersäure (IBA) hat eine verlängerte Seitenkette.

Auxin hat ein weites Wirkungsspektrum, es beeinflusst die Embryogenese, alle Typen der Organogenese (Blattinduktion, Seitenwurzelinduktion), Differenzierung von vaskulärem Gewebe, Spross- und Wurzelstreckenwachstum, Streckung des Hypokotyl-Hakens, apikale Dominanz, Fruchtbildung sowie Wachstumsantworten wie Phototropismus und Gravitropismus. Über viele Jahrzehnte war unklar, wie Auxin alle diese z.T. sehr unterschiedlichen Veränderungen in der Pflanze hervorrufen kann. Eine Schlüsselantwort liegt im speziellen polaren Transport des Auxins zwischen verschiedenen Zellen. Dieser führt zu lokalen oder asymmetrischen Akkumulationen des Auxins in Geweben und Zellen. Auxin wird vor allem in den Sprossspitzen und jungen Blättern gebildet und durch die Pflanze über das Phloem oder durch einen Carrier-gesteuerten Prozess von Zelle zu Zelle transportiert. Die transportaktiven Zellen liegen hauptsächlich um die Bündelscheiden, in der Epidermis und in Meristemen.

Durch einen Konzentrations- oder pH-Gradienten energetisierten Influx-Carrier (AUX1) wird die protonierte Form der IAA (IAAH) in die Zellen transportiert und dort deprotoniert. IAA wird so in der Zelle gefangen. Der Efflux von IAA erfolgt über spezielle Carrier (PIN) und ABC-Transportproteine, die kooperativ wirken. Die PIN-Proteine sind meist polar, z.B. am unteren Ende der Zelle angeordnet, wodurch die Richtung des polaren Transports nach unten zustande kommt. Durch eine rasche und reversible Umlagerung z.B. zu einer seitlichen Zellmembran der Zelle kann es zu einer asymmetrischen Verteilung des Auxins kommen. Das ist z.B. bei Tropismen der Fall.

Auxin besitzt zwei wichtige und einen spezialisierten dritten Rezeptor SKP2A, der als einzige bisher bekannte Funktion hat, die Zellteilung zu aktivieren. Der erste isolierte Rezeptor ist das AUXIN-BINDING-PROTEIN1 (ABP1), der für schnelle Wirkungen zuständig ist. ABP1 ist ein kleines Glykoprotein ohne erkennbare enzymatische Aktivität, das außen an der Plasmamembran an einen Rezeptor des Typs RLK bindet. Die Wirkung des Auxins in der Zelle beginnt im Experiment schon wenige Minuten nach IAA-Zugabe, so dass das Signal über die Membran übermittelt werden muss. Man beobachtet u.a. eine Hyperpolarisierung der Zelle und eine Erhöhung der Aktivität einer Phospholipase A, die vorübergehende Öffnung von Ca^{2+}-Kanälen, die Phosphorylierung und Aktivierung der H^+-ATPase und weitere Reaktionen (Abschn. 19.1). Die Aktivierung von H^+-P-ATPasen (Abschn.

8.2) führt zu einer Ansäuerung der Zellwandregion und dadurch zur Lockerung der Zellwand. Nach 10 min beginnt die Elongation und nach 15–30 min erfolgt auch die Synthese von Proteinen und Xyloglucanen, so dass unterstützt durch Zellwandsynthese das Elongationswachstum beginnt.

Der zweite Auxin-Rezeptor ist TIR1 (TRANSPORT-INSENSITIVE-RESPONSE1). TIR1 bindet ein Auxinmolekül zusammen mit einem AUX/IAA-Transkriptionsfaktor (Abschn. 20.2) und katalysiert dabei den Transfer eines kleinen Proteins (Ubiquitin), an IAA-Proteine. Somit ist TIR1 eine hormonaktivierte E3-Ligase-Untereinheit in einem Komplex mit weiteren Untereinheiten. Die **AUX/IAA-Transkriptionsfaktoren** hemmen durch ihre Bindung aktivierende Transkriptionsfaktoren (ARF). Nach der Ubiquitinylierung werden die AUX/IAA Transkriptionsfaktoren im Proteasom abgebaut (Abschn. 21.4) woraufhin die **ARF-Transkriptionsfaktoren** nun die Expression von Auxin-induzierten Genen steuern. Erhöhte Auxinkonzentrationen führen zu stärkerer Derepression und zur vermehrten Bildung von Auxin-induzierten Proteinen. AUX/IAA-Transkriptionsfaktoren sind sehr labile Proteine eignen sich deshalb besonders gut als **‚Schalterproteine'.** Sowohl TIR1- als auch AUX/IAA-und ARF-Gene kommen als Genfamilien in der Pflanze vor, so dass mit dieser Vielfalt auch das große Repertoir an Auxineffekten erklärbar ist. Eine noch zu lösende Frage ist die Koordination der beiden wichtigsten Auxin-Rezeptoren ABP1 und TIR1.

In verschiedenen Geweben hat IAA recht unterschiedliche Wirkungen. So stimuliert IAA auch die Zellteilung im Kambium, fördert die **apikale Dominanz** durch Unterdrückung des Wachstums der Seitenknospen und steuert die Embryonalentwicklung. Dazu verhindert IAA die Bildung von Trennungsgewebe zum Abwerfen von Blättern oder Früchten und ist damit ein Gegenspieler zum Ethylen (Abschn. 19.7). Andererseits können erhöhte IAA-Konzentrationen die Synthese von Ethylen auslösen. Auxin regt zudem die Bildung von Früchten an. Normalerweise produzieren erst die reifenden Samen IAA. Von Auberginen wurden auf gentechnischem Wege Transformanten erzeugt, welche ein bakterielles Enzym der IAA-Synthese in den Samenanlagen exprimieren. Durch das so gebildete IAA beginnen die Auberginenfrüchte ihr Wachstum, ehe es zu einer Befruchtung und damit zu einer Samenbildung kommt. Als Ergebnis wurden kernlose Auberginen von normaler Konsistenz erhalten, die zudem viermal größer waren als üblich. Dieses Beispiel demonstriert in eindrucksvoller Weise die Bedeutung des Auxins für das Wachstum von Früchten und die Möglichkeiten einer gentechnischen Veränderung einer Gemüsepflanze.

Gibberelline regulieren das Längenwachstum von Stängeln

Die Entdeckung der Gibberelline geht auf eine Pflanzenkrankheit zurück. Der Befall von Reis durch den Pilz *Gibberella fujikuroi* führt zu einem extremen Längenwachstum; die so gebildeten „verrückten Reispflanzen“ kippen um und tragen keine Früchte. Eiichi Kurozawa und Mitarbeiter isolierten in Japan 1926 aus diesem Pilz eine Substanz, welche dieses unnatürliche Wachstum auslöst. Sie wurde als **Gibberellin** bezeichnet. Erst nach dem zweiten Weltkrieg wurden diese Ergebnisse in der westlichen Welt bekannt. Strukturaufklärungen zeigten, dass Gibberellin ein Gemisch verschiedener ähnlicher Substanzen ist, die auch in Pflanzen vorkommen und dort als Phytohormone wirken.

Gibberelline leiten sich von dem Grundkörper **ent-Gibberellan** (Abb. 19.9) ab. Man kennt inzwischen in Pflanzen mehr als 150 Gibberelline, die nach der Reihenfolge ihrer Identifizierung numeriert wurden. Bei vielen dieser Gibberelline handelt es sich um Zwischen- und Nebenprodukte der Biosynthese, nur einige zeigen bekannte Phytohormonwirkungen. Nur 4–5 Gibberelline haben eine physiologische Wirkung. Wichtigste Gibberelline sind GA1 (Abb. 19.10A) und GA4 (nicht gezeigt). Gibberelline leiten sich von den in Kapitel 17 behandelten **Isoprenoiden** ab. Die Synthese erfolgt in drei Kompartimenten. Im ersten Synthese-Abschnitt, der in den Plastiden abläuft, wird aus Geranylgeranylpyrophosphat ent-Kauren als Zwischenprodukt gebildet. Der zweite Abschnitt, katalysiert durch Cyt-P450-Monooxygenasen erfolgt am Endoplasmatischen Reticulum (Abschn. 18.2) und führt zu der Vorstufe GA12-Aldehyd. Der 3. Abschnitt der Synthese wird durch 2-Oxoglutarat-abhängige Dioxygenasen (GA-Oxidasen) im Cytosol katalysiert. Eine unterschiedliche Expression der GA-Oxidasen in verschiedenen Geweben und Entwicklungsstadien führt dort zu einer differenzierten GA-Biosynthese. Ähnlich wie IAA stimulieren Gibberelline das Streckungswachstum, insbesondere in den Internodien. Ein markanter Gibberellin-Effekt ist das Auslösen des Schossens bei Rosettenpflanzen (z.B. Spinat oder Salat) zur Bildung von Blütenständen. Dazu haben Gibberelline eine Fülle weiterer Funktionen, wie die Anlage von Früchten und die Förderung von deren Wachstum. Gibberellin beendet die Samenruhe (**Dormanz**), wahrscheinlich durch die Aufweichung der Samenhülle. Auch die Auslösung der Samenkeimung durch die Expression von Genen für daran beteiligte Enzyme, zum Beispiel Amylasen, wird durch Gibberelline angestoßen.

Wirtschaftliche Bedeutung hat die Verwendung von Gibberellinen bei der Produktion von länglichen, kernlosen Weintrauben. In diesen Trauben bewirkt GA nicht nur eine Streckung der Zellen, sondern auch Parthenokarpie (Fruchtbildung als Folge von Jungfernzeugung). Gibberelline werden auch bei der Mälzung von Brauereigerste (Induktion der α-Amylase) verwendet. Allerdings ist dies nicht mit dem deutschen Reinheitsgebot der Bierherstellung vereinbar. Für die genannten Zwecke wird zumeist das von dem bereits erwähnten Pilz *Gibberella fujikuroi* produzierte GA3 verwendet. Hemmstoffe der Gibberellinsynthese werden als **Retardantien** (Wachstumsverzögerer) kommerziell genutzt. Eine Reihe von Substanzen, welche die Synthese der Gibberellinvorstufe ent-Kauren hemmen, wie Chlorethyltrimethylammoniumchlorid (Handelsname Cycocel, BASF) (Abb. 19.10B), wurden auf Getreidefeldern versprüht, um das Wachstum der Halme zu verringern. Dadurch wird die Standfestigkeit des Getreides und zugleich auch der Anteil der Körnersubstanz an der Gesamttrockensubstanz der Sprosse (Ernteindex) erhöht. Dieses Verfahren wurde inzwischen durch neue Züchtungen von Pflanzen, die weniger sensitiv auf Gibberellin reagieren und deswegen kürzer bleiben, er-

Abb. 19.9 Grundkörper der Gibberelline.

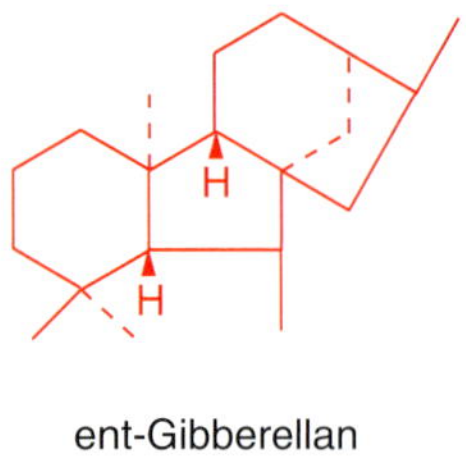

setzt. Gibberellinsynthese-Hemmstoffe werden nur noch im Gartenbau verwendet, um Topfpflanzen klein zu halten.

Die Wirkung der Gibberelline liegt in einer Beeinflussung der Genexpression. An der Aufklärung der Signalkette der Gibberellin-Wirkung wird derzeit weltweit mit großer Intensität geforscht. Als GA-Rezeptor wurde ein lösliches Protein (GID1), das entfernte Ähnlichkeit zu einer Hormon-sensitiven Lipase hat, identifiziert. *Arabidopsis* besitzt 3 Gene für GID1-Proteine. GA bindet an den Rezeptor und induziert die Interaktion mit negativ wirkenden, sogenannten **DELLA-Transkriptionsfaktoren**, die das Pflanzenwachstum unterdrücken. Der bei höherer GA-Konzentration gebildete Triple-Komplex GID1-GA-DELLA bindet an die E3-Ligase SLY, so dass DELLAs nach Ubi-

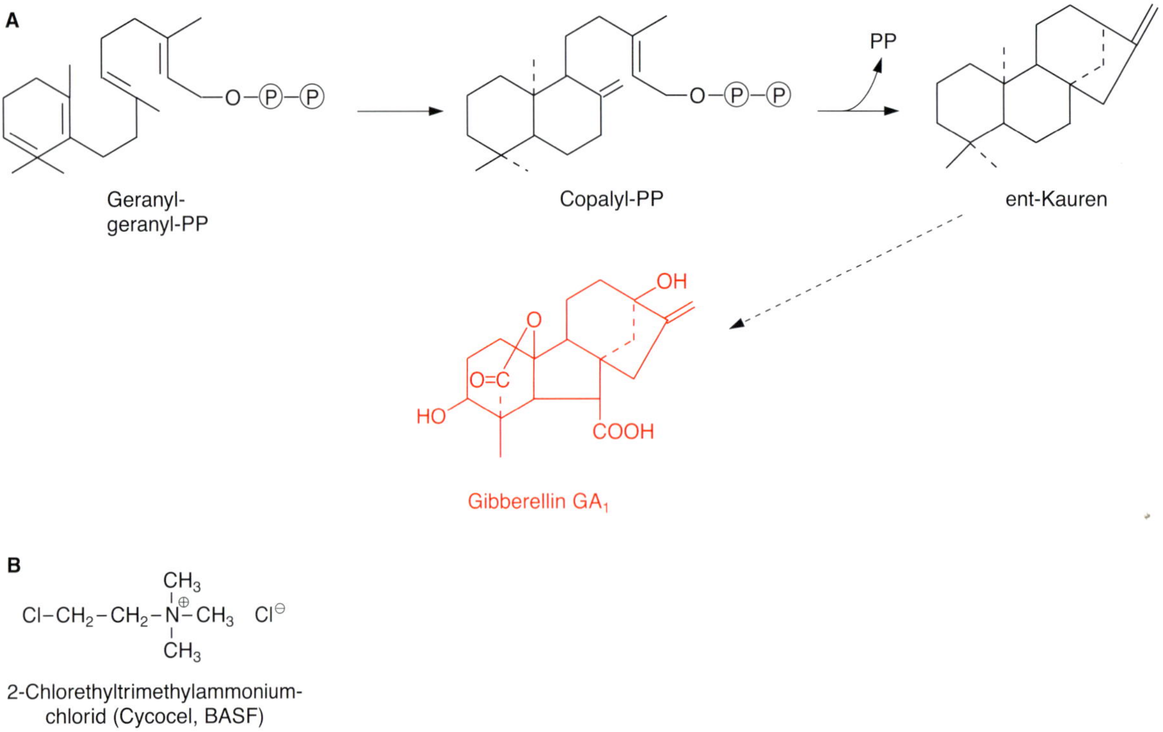

19.10 **A**) Synthese von Gibberellin GA1. **B**) Cycocel verlangsamt die Halmbildung bei Weizen und anderen Getreiden und hemmt die Kauren-Synthese und damit auch die Synthese von Gibberellinen.

quitinylierung durch SLY durch das 26S-Proteasom (Abschn. 23.4) hydrolysiert werden, wodurch die Repression der GA-Antwort aufgehoben wird. Über diese **Aufhebung einer Beschränkung** fördert GA das Streckenwachstum der Pflanze. An dem molekularen Wirkungsmechanismus der Gibberelline sind auch Transkriptionsfaktoren beteiligt, die sich als sehr bedeutsam für die Landwirtschaft erwiesen haben. Die große Ertragsteigerung beim Getreideanbau nach 1950 – man spricht hier oft von einer **grünen Revolution** – beruht zu einem erheblichen Teil darauf, dass es gelang, Weizensorten zu züchten, bei denen das **Halmwachstum stark verkürzt** ist. Dadurch gelangt ein höherer Anteil der gebildeten Biomasse in das Korn, der Ernte-Index ist somit erhöht. Es stellte sich später heraus, dass das verringerte Halmwachstum auf die Mutation von Genen zurückzuführen ist, welche Transkriptionsfaktoren der Gibberellin-Signalkette kodieren. In Weizen wurden die mutierten Gene mit **RHT** (*reduced height*) bezeichnet.

Cytokinine stimulieren die Zellteilung

Cytokinine sind prenylierte Derivate des Adenins. Bei dem Hauptvertreter **Zeatin**, ist die Aminogruppe des Adenins mit einem hydroxylierten Isoprenrest in *trans*-Stellung verknüpft (Abb. 19.11). Neben der Prenylierung des Adenins können z.B. Benzylderivate an die Aminogruppe, oder Zucker und Zuckerphosphate an den Adeninring gekoppelt sein. Cytokinine fördern das Pflanzenwachstum über eine Stimulierung der Zellteilung. Sie stimulieren z.B. das Austreiben von Seitenknospen und sind in dieser Hinsicht beim Brechen der apikalen Dominanz Gegenspieler des Auxins IAA. Außerdem verzögern sie die Seneszenz (Abschn. 19.7) und wirken so dem später behandelten Phytohormon Ethylen entgegen. Die Raupen mancher Schmetterlinge (z.B. die Buchen befallenden *Stigmella*) nutzen dieses Prinzip für ihre Ernährung. Sie sondern aus ihren Speicheldrüsen Cytokinin ab, wodurch in den von ihnen befallenen Blattteilen die Seneszenz verhindert wird. Es verbleiben so in vergilbenden Herbstblättern grüne Inseln von intaktem Blattgewebe, die den Raupen über die eigentliche Vegetationsperiode hinaus so viel Futter bieten, wie sie zum Verpuppen benötigen. Ausgewachsene, differenzierte Pflanzenzellen teilen sich in der Regel nicht mehr.

Durch den Zusatz von Cytokininen zusammen mit Auxin können diese ausdifferenzierten Zellen dazu stimuliert werden, sich wieder zu teilen. Gibt man ein Blattstück auf einen Nährboden, der – neben den erforderlichen Nährstoffen – Auxin und Cytokinin enthält, so werden einzelne Pflanzenzellen zu unkontrolliertem Wachstum stimuliert; es bildet sich so ein Kallus, der durch Teilung in Zellkultur vermehrt werden kann. Bei einem bestimmten relativ hohen Cytokinin/Auxin-Verhältnis kann aus einzelnen Zellen dieses Kallus ein neuer vollständiger Spross entstehen. In einem zweiten Schritt werden mit einem niedrigen Verhältnis (d.h. mit hohen Auxin-Konzentrationen) Wurzeln induziert, um eine komplette Pflanze zu regenerieren (siehe Abschn. 22.16). Viele Gehölze und Monokotyledonen z.B. Gräser sind aber noch immer schwierig zu regenerieren. Die Verwendung derartiger Zellkulturen für

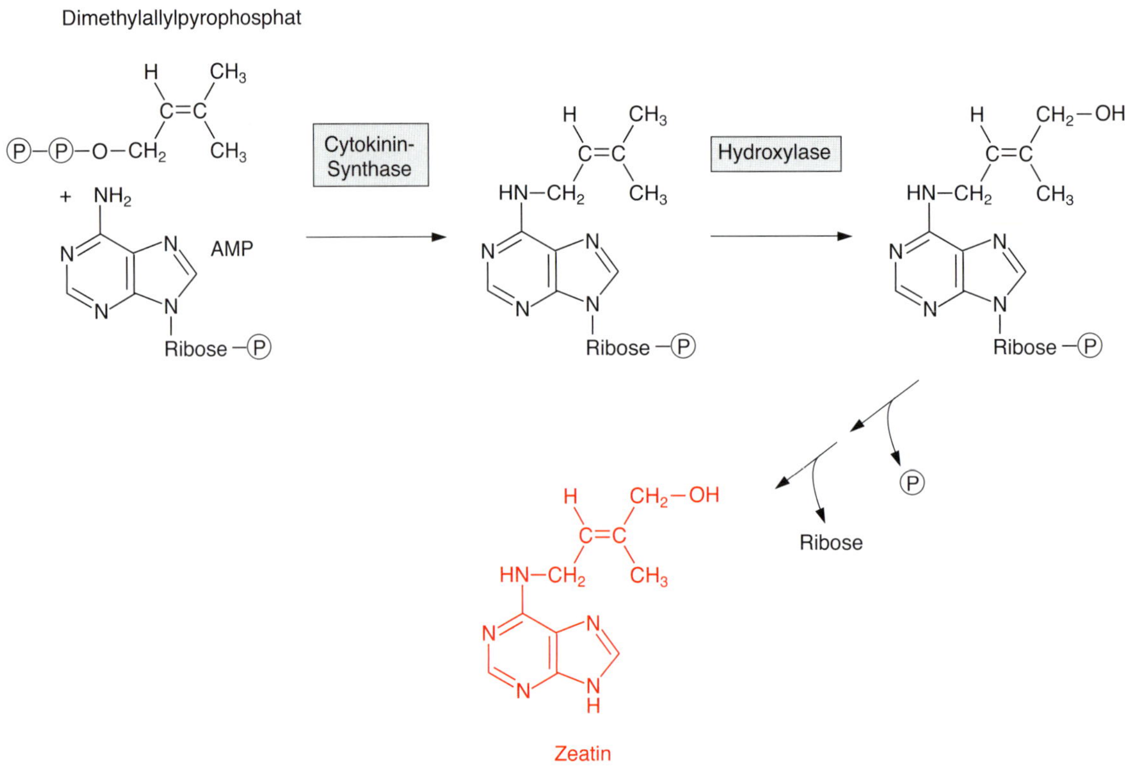

Abb. 19.11 Synthese von Zeatin, einem Cytokinin

die Herstellung transgener Pflanzen wird in Abschnitt 22.3 beschrieben. Manche Bakterien und Pilze produzieren selbst Auxin und Cytokinin, um dadurch Pflanzenzellen zum Teilungswachstum anzuregen. Die durch *Agrobacterium tumefaciens* ausgelöste Bildung der Wurzelhalsgalle (siehe Abschn. 22.2) wird durch die Produktion von Cytokinin und Auxin stimuliert. Das Bakterium produziert diese Phytohormone nicht selbst, sondern überträgt die Gene für die Biosynthese von Cytokinin und Auxin vom Ti-Plasmid des Bakteriums in das pflanzliche Genom. Zeatin wird aus AMP und Dimethylallylpyrophosphat gebildet (Abb. 19.11). Durch die **Cytokinin-Synthase**, eine Prenyltransferase (siehe Abschn. 17.2), wird der Isoprenrest auf die Aminogruppe des AMP übertragen und anschließend hydroxyliert. Die Cytokininsynthese erfolgt vor allem im Meristemgewebe. Man hat transgene Tabakpflanzen erzeugt, in deren Blättern die Aktivität der Cytokinin-Synthase erhöht ist und die dadurch mehr Cytokinin synthetisieren. Diese Blätter haben eine viel längere Lebensdauer als normale Blätter, da durch das gebildete Cytokinin die Seneszenz unterdrückt wird.

Auch Cytokinin übt seine Wirkung hauptsächlich durch eine Beeinflussung der Genexpression über nur wenige Zwischenglieder aus. Cytokinin Rezeptoren, ebenso wie die Rezeptoren für Ethylen, sind dimere **Histidinkinasen**. Sie sind in der Plasmamembran lokalisiert, wobei der Rezeptor für das Cytokinin zum extrazellulären Kompartiment gerichtet ist, und die Kinase zum

Cytosol. Die Kinase-Domänen des Dimers enthalten zwei Histidin- und zwei Aspartyl-Reste. Die Bindung des Cytokinins an den Rezeptor bewirkt, dass an beiden Histidinkinasen die beiden Histidinreste reziprok phosphoryliert werden **(Autophosphorylierung)**. Anschließend werden die beiden Phosphatgruppen auf Histidin- oder Aspartyl-Reste von **Transmitter-Proteinen** übertragen. Die Transmitter-Proteine gelangen in den Kern, wo sie Transkriptionsfaktoren phosphorylieren und so die Expression vieler Gene regulieren.

Abscisinsäure kontrolliert den Wasserhaushalt der Pflanze

Bei der Suche nach Substanzen, die das Abwerfen von Blättern und Früchten bewirken, wurde **Abscisinsäure** (ABA, Abb. 19.12) als ein auslösender Faktor nachgewiesen und entsprechend bezeichnet. Später zeigte sich dann allerdings, dass die Bildung der Trennschicht für die Abstoßung von Blättern und Früchten weniger durch Abscisinsäure, sondern in erster Linie durch das im folgenden Abschnitt besprochene Ethylen ausgelöst wird. Eine wichtige Wirkung des Phytohormons Abscisinsäure ist die Auslösung der **Dormanz** (endogene Ruhe) von Samen und Knospen. Dazu hat Abscisinsäure eine wichtige Funktion im Wasserhaushalt der Pflanzen, da es, wie in Abschnitt 8.2 beschrieben wurde, das Schließen der Spaltöffnungen bei Wassermangel auslöst. ABA ist auch wichtig für reifende Samen, um ein Auskeimen des Embryos vor der Samenreife (Viviparie) zu verhindern. Man hat bei Tomaten Mutanten gefunden, die einen ABA-Mangel aufweisen und wegen der daraus resultierenden Störung des Wasserhaushalts durch offene Stomata welke Blätter und Früchte tragen. In diesen so genannten *wilty*-Mutanten keimen die unreifen Samen bereits auf der Mutterpflanze in den Tomatenfrüchten.

ABA ist ein Derivat des Isoprenoidstoffwechsels. Die Synthese der Abscisinsäure verläuft auf zwei verschiedenen Wegen über die Oxidation des Violaxanthins, eines Xanthophylls (Abb. 19.12, siehe auch Abb. 17.13). Sie erfolgt in Blättern und auch in den Wurzeln, dort wo sich ein Wassermangel unmittelbar bemerkbar macht. Über den Transpirationsstrom durch die Xylemge-

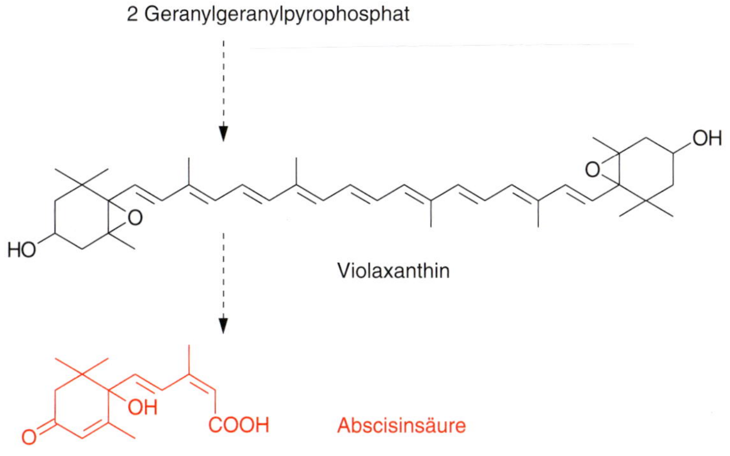

Abb. 19.12 Abscisinsäure wird durch einen mehrstufigen oxidativen Abbau des Violaxanthins gebildet.

fäße kann Abscisinsäure in die Blätter transportiert werden und löst dort ein Schließen der Spaltöffnungen aus. Als einziges Hormon neben Auxin ist für ABA ein spezifisches Transportprotein vom ABC-Typ identifiziert worden. Wenn es fehlt, können die Stomata nicht so schnell geschlossen werden, so dass sich daraus Wachstumsminderungen bei Stress ergeben. ABA bewirkt somit einen schnellen Stomaschluß durch Steuerung von Ionenkanälen und damit des Turgors.

Als Rezeptoren für ABA sind die Mitglieder einer Genfamilie identifiziert worden, die die cytosolischen PYR-Proteine (auch PYL, PCAR genannt) codieren. Ist die Hormonbindung an PYR1 erfolgt, bindet der Rezeptor an die Proteinphosphatase PP2C und hemmt so die Aktivität der Proteinkinase SnRK2 (Abb. 19.13). Wenn sie nicht gehemmt wird, phosphoryliert SnRK2 die AREB/AFB-Proteine, eine ABA-spezifischen Transkriptionsfaktorengruppe. Sekundäre Botenstoffe, die im Zuge der Wirkung von ABA eingesetzt werden sind Calcium, H_2O_2 und NO. Die Abfolge oder Verknüpfung dieser sekundären Botenstoffe ist nicht vollständig geklärt. ABA bewirkt auch Änderungen des Stoffwechsels durch Beeinflussung der Genexpression, so dass Abhärtung bei Trockenheit und Kälte erfolgen kann.

Ethylen lässt Früchte reifen

Ethylen ist an der Auslösung der **Seneszenz** beteiligt, welche in Blättern einen Abbau der Blattsubstanz bewirkt. So werden beispielsweise Proteine zu Aminosäuren abgebaut und diese zusammen mit bestimmten Ionen, wie Mg^{2+}, durch das Phloem zur Wiederverwertung abtransportiert. Bei mehrjährigen Pflanzen erfolgt die Lagerung im Stamm oder in den Wurzeln und bei einjährigen Pflanzen hauptsächlich in den Samen. Ethylen bewirkt auch die Abtrennung von Früchten, aber dies ist nur ein Teil seiner allgemeinen Wirkung auf die Fruchtreife. Der Einfluss des Ethylens lässt sich eindrucksvoll zeigen, wenn sich ein reifer Apfel und eine grüne Tomate zusammen in einer Plas-

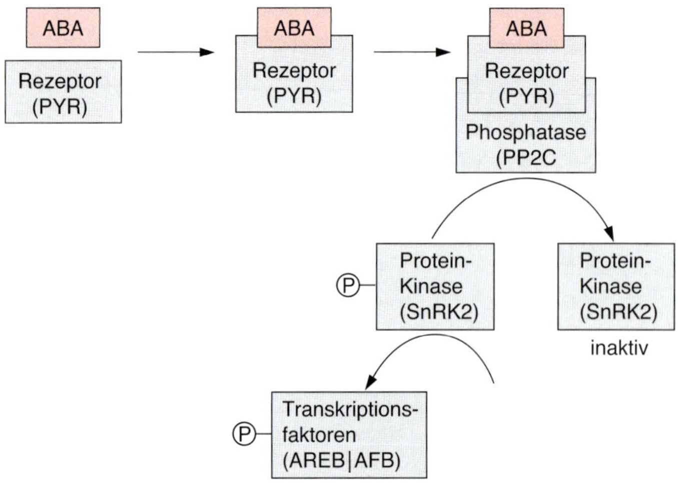

Abb. 19.13 ABA-abhängige Signaltransduktionskette. PYR: ABA-Rezeptor, PP2C: Proteinphosphatase, SnRK2: Proteinkinase, AREB/AFB: ABA-spezifische Transkriptionsfaktoren.

tiktüte befinden. Das durch den Apfel produzierte gasförmige Ethylen lässt die Tomate schneller reifen. Dieser reifungsfördernde Effekt wird zum Beispiel bei der Lagerung von Bananen ausgenützt: Bananen werden grün gepflückt und unter Bedingungen, die die endogene Ethylensynthese unterdrücken (tiefe Temperatur, CO_2-Atmosphäre) rund um die halbe Welt transportiert. Sie werden erst kurz vor dem Verkauf durch Begasung mit Ethylen gereift. Auch Tomaten werden häufig entsprechend behandelt. Ethylen löst auch Abwehrreaktionen nach Pilzbefall oder Fraßschäden aus. Als ein Beispiel hierfür wurde in Abschnitt 18.7 die Wirkung von Ethylen bei der Induktion der Synthese von Tanninen nach Fraß von Akazienblättern durch Antilopen besprochen.

Ausgangssubstanz für die Synthese von Ethylen (Abb. 19.14) ist das in Kapitel 12 behandelte *S*-Adenosylmethionin (Abb. 12.10). Aktiviert durch die positive Ladung des Schwefelatoms, wird das Molekül gespalten, und es bildet sich ein Cyclopropan. Das Enzym, das diese Reaktion katalysiert, ist die **Aminocyclopropan-Carboxylat-Synthase**, abgekürzt **ACC-Synthase**. Es ist das geschwindigkeitsbestimmende Enzym dieses Biosyntheseweges. Seine Bedeutung wird dadurch illustriert, dass es im *Arabidopsis*-Genom acht Gene für dieses Enzym gibt. Die Enzymmenge und -stabilität (20 min -2 h Halbwertzeit) wird durch MAPK- und CDPK-Phosphorylierung (Abschnitt 19.1) reguliert. Durch eine **ACC-Oxidase** wird das Cyclopropan oxidativ zu Ethylen, CO_2, Blausäure und Wasser gespalten. Die gebildete Blausäure wird sofort im Anschluss durch Weiterreaktion zu β-Cyanoalanin (Reaktion nicht gezeigt) entgiftet.

Durch gentechnische Methoden ist es gelungen, die Ethylensynthese in etlichen Nutzarten und *Arabidopsis* gezielt zu unterdrücken. So wurden in Tomaten entweder durch Antisense-Technik (Abschn. 22.5) die Aktivitäten der ACC-Synthase und ACC-Oxidase vermindert, oder es wurde durch Einführung des bakteriellen Gens für die ACC-Desaminase, welches das gebildete ACC in Tomatenfrüchten zu α-Ketoglutarat und NH_3 so schnell umwandelt, dass ACC nicht mehr zu Ethylen weiterreagieren kann. Bei einer derartigen Verminderung der Ethylenbildung reifen die Früchte am Stock, während bei geernteten Früchten die Reifung so verlangsamt ist, dass reife Tomaten über mehrere Tage transportiert werden können, ohne dass sie dabei verderben. Ziel dieser gentechnischen Veränderung sind Tomaten, die am Stock natürlich gereift sind und dabei ihren typischen Geschmack entwickeln können und nicht künstlich durch Ethylenbegasung nachgereift werden müssen. Es sei hier der Vollständigkeit halber erwähnt, dass auch transgene Tomatenpflanzen erzeugt wurden, bei denen die Haltbarkeit der reifen Früchte durch eine Antisense-Unterdrückung des zellwandauflösenden Enzyms Polygalacturonidase verlängert ist. Diese Früchte gab es in den USA unter einer speziellen Handelsmarke (Flav'r Sav'r, Calgene) zu kaufen. An diesem Beispiel wird deutlich, was technisch machbar ist, jedoch setzten sich diese transgenen Tomaten wegen geringer ausgeprägtem Aroma nicht am Markt durch. Alternativ wird ein neuer Ethylen-Inhibitor, das Methyl-Cyclo-Propen (MCP) eingesetzt. MCP ist in den geringen Dosen, in denen es verwendet wird, ungiftig. Es bindet sehr fest über Stunden an den Rezeptor und blockiert ihn so. Es

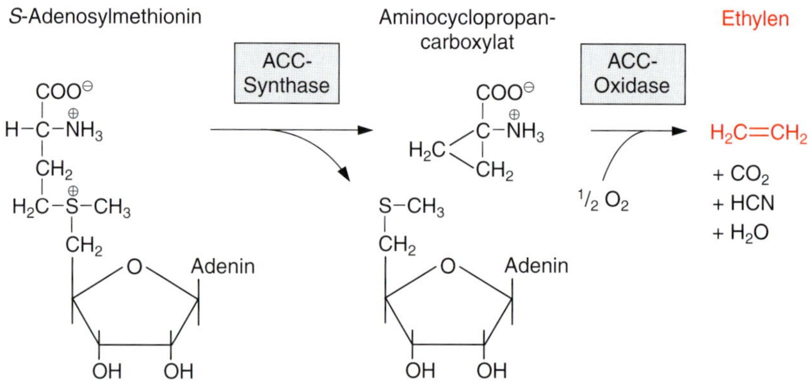

Abb. 19.14 Synthese von Ethylen.

kann erfolgreich für die Reifeverzögerung von Tomaten und Schnittblumen eingesetzt werden. Verlängerte Lagerung von Gemüse und Obst hat eine große wirtschaftliche Bedeutung.

Die Wirkung des Ethylens beruht auf einer Änderung der Genexpression. Da Ethylen in sehr geringen Konzentrationen (10^{-9} M) wirkt, muss der **Ethylenrezeptor** eine sehr hohe Affinität aufweisen. Der Ethylenrezeptor besteht aus einem Dimer von Proteinkinasen, die Histidin- und Aspartatreste phosphorylieren. Diese so genannten **Histidinkinasen** besitzen aber auch selbst einen Histidinrest. Ohne Ethylen phosphorylieren die beiden Histidinkinasen gegenseitig ihre Histidinreste. Durch die Bindung des Ethylens über einen Kupfer-Cofaktor an den Rezeptor wird diese Autophosphorylierung unterbunden. Die folgende Komponente (CTR1) ist eine Serin-Kinase, die das EIN2-Protein phosphoryliert, wodurch dieses inaktiv bleibt. Bei Ethylenbindung am Rezeptor wird von dem nicht phosphorylierten EIN2 ein N-terminales Peptide durch Hydrolyse frei, das in den Kern wandert, wo es durch Bindung an die Transkriptionsfaktoren EIN3/EIL1 diese gegen proteolytischen Abbau stabilisiert und so die Ethylen-abhängige Genexpression stimuliert. Diese Schritte werden noch an mehreren Stellen durch Proteasom-abhängige Hydrolyse von Schlüsselproteinen fein-reguliert. Insgesamt ist ähnlich wie beim Histidin-Rezeptor ein sehr schneller und direkter Weg zur Steuerung der Genexpression kennzeichnend. Die hydrolytische Abspaltung des N-terminalen Peptids von EIN2 und seine Funktion als eine Art „Botenstoff" ist bisher einzigartig.

In Abhängigkeit vom Phosphorylierungszustand des dimeren Ethylenrezeptors werden über eine MAPKKK-Kaskade (Abschn. 19.1), Transkriptionsfaktoren beeinflusst, die die Expression bestimmter Gene kontrollieren. Es sei in diesem Zusammenhang erwähnt, dass es Histidinkinasen in Pflanzen, Hefen und Bakterien, nicht aber in Tieren gibt.

Jasmonat ist nicht nur ein Duftstoff, sondern auch ein Hormon

Pflanzen, wie auch andere Organismen nutzen Membranen nicht nur zur Abtrennung von Kompartimenten, sondern die Fettsäuren der Phospholipide sind auch Vorstufen für die Biosynthese eines Pflanzenhormons. Über mehrere enzymatische Schritte wird aus Linolensäure die Jasmonsäure gebildet (Abschn. 15.7, Abb 15.30). Methyljasmonat und *cis*-Jasmon sind wichtige Komponenten des Blütendufts von Jasmin (*Jasminum grandiflorum*) und essentiell für die Parfümindustrie. 1971 wurde Jasmonsäure als Pflanzenwachstumsinhibitor aus dem Kulturfiltrat eines Pilzes isoliert. Beide Stereoisomere, (–)-Jasmonat und (+)-7- Isojasmonat als auch ihre methylierten Derivate sind biologisch aktive Substanzen, jedoch ist das (+)-Isomer relativ instabil, sodass (–)-Jasmonat vorherrscht und für Untersuchungen verwendet wurde. Die Effekte der Jasmonsäure sind vielfältig, sie inhibiert Saat- und Pollenkeimung, verhindert das Wurzelwachstum, reguliert die Akkumulation von Speicherproteinen, induziert Fruchtreifung und Pigmentbildung, spielt eine wichtige Rolle in der Resistenz gegenüber Insekten und anderen Pathogenen und bei Verwundung, und regelt die Genexpression vieler Gene über Aktivierung von Signalketten und Transkriptionsfaktoren.

Strigolactone sind eine neue Hormongruppe bei Pflanzen

Strigolactone sind aufgrund von ganz verschiedenen Eigenschaften isoliert worden. Die Bildung von Strigolactonen in der Wurzel führt zu einer besseren Besiedlung mit Mycorrhiza-Pilzen, so dass dann als sekundärer Effekt die Pflanze besser mit Phosphat versorgt wird. Außerdem führt die Abgabe der Strigolactone in den Boden dazu, dass sie von den winzigen Samen der parasitischen ohne Blattgrün lebende Striga-Pflanzen (heimische Spezies: *Orobranche*) wahrgenommen werden. Dies wirkt als Keimungsreiz und die Wurzeln dieser Parasiten finden so den Wirt und bohren dessen Xylem und Phloem an, um sich so auf dem Wirt anzusiedeln. Als Lockstoff wurde Strigolacton isoliert. Mit einem chemischen Analogon, GR34, kann man die Parasiten veranlassen zu keimen, ohne dass ein Wirt vorhanden ist. Unabhängig von diesen Befunden hat man erkannt, dass es ein Anti-Verzweigungs-Hormon geben muss, das aus der Wurzel nach oben steigt und das Austreiben von Seitentrieben hemmt. Dies Funktion wird auch durch Strigolacton vermittelt. Im Zuge der Aufklärung dieses Phänomens wurden Mutanten isoliert, die es ermöglichten, den Biosyntheseweg aufzuklären (Abb. 19.15) und β-Carotin wurde als Vorstufe für die Synthese von Strigolactonen erkannt (Abschn. 17.6).

Brassinosteroide sind pflanzliche Steroidhormone und kontrollieren das Zellwachstum

Im Tierreich ist seit langem eine sehr große Anzahl von Steroidhormonen mit einer Vielfalt von Wirkungen bekannt. Erst später zeigte sich, dass Steroidhormone auch in Pflanzen vorkommen. Eine Klasse von Steroiden, die **Brassinosteroide,** haben in Pflanzen essenzielle Funktionen als Phytohormone. Der bekannteste Vertreter dieser Phytohormonklasse ist **Brassinolid** (Abb. 19.16), aber inzwischen sind in Pflanzen 40 weitere polyhydroxylierte Steroide identifiziert worden, von denen 2–3 als Hormone wirksam sind. Brassinosteroide werden über die Isoprenoidbiosynthese mit dem Membranlipid Campesterol (Abb. 15.3) als Zwischenprodukt synthetisiert.

Brassinosteroide wurden zuerst aus Pollen isoliert. Es war seit den 1930er Jahren bekannt, dass Pollen pflanzliche Wachstumsfaktoren enthalten. John

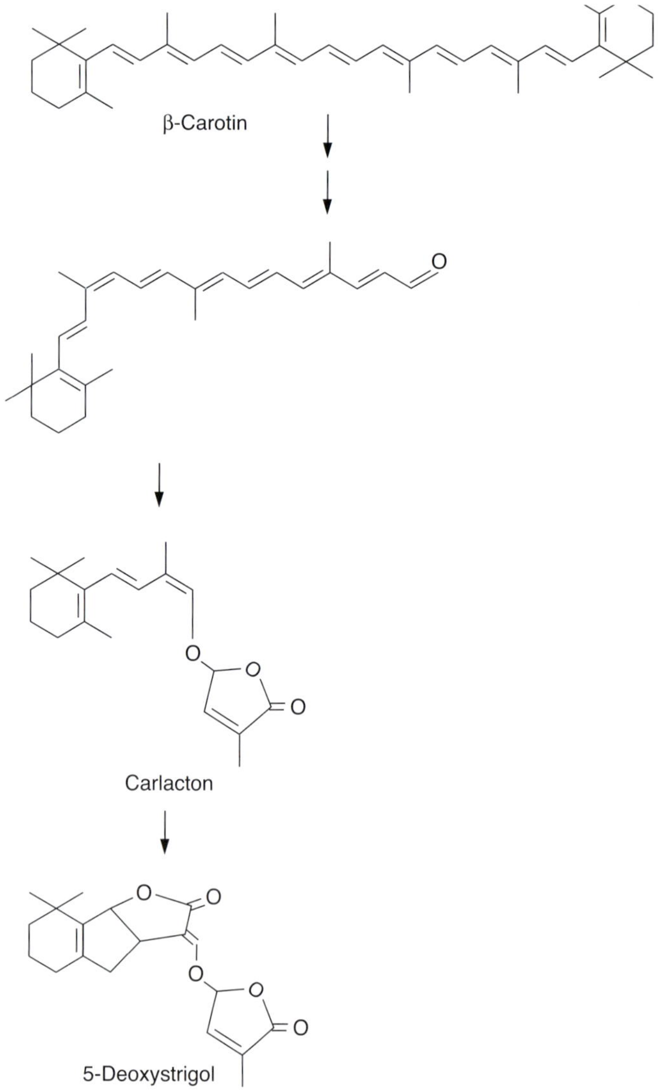

Abb. 19.15 Die Biosynthese von Strigolactonen beginnt mit β-Carotin: Deoxystrigol ist das erste gebildete aktive Strigolacton von den derzeit ca. 15 bekannten ähnlichen Verbindungen.

Mitchell und Mitarbeiter vom U.S. Department of Agriculture isolierten 1979 aus 230 kg von Bienen gesammelten Raps-Pollen 10 mg einer Substanz, die sie als Brassinolid identifizierten. Mit Hilfe sehr empfindlicher Analysentechniken wurden später Brassinolid und andere Brassinosteroide in den meisten untersuchten Pflanzen nachgewiesen. Die Funktion der Brassinosteroide als essenzielle Phytohormone wurde durch das Studium von Mangelmutanten von *Arabidopsis* aufgeklärt. Diese Mutanten zeigten erkennbare Entwicklungsstörungen wie Zwergwuchs, reduzierte apikale Dominanz und verringerte Fertilität. Die Suche nach den entsprechenden defekten Genen ergab, dass derartige Mutationen Enzyme des Brassinolid-Syntheseweges – der sehr große Ähnlichkeit mit dem Syntheseweg tierischer Steroidhormone aufweist – betrafen. Diese Entwicklungsdefekte ließen sich nicht durch die Zugabe von „klassischen" Phytohormonen beheben, wohl aber durch eine Injektion einer nanomolaren Menge von Brassinolid, wie sie auch in Pflanzen enthalten ist. Diese Ergebnisse belegen eindeutig die essenzielle Funktion der Brassinosteroide für die Steuerung des Zellwachstums einer Pflanze.

Brassinosteroide kommen in allen Pflanzenorganen vor und regulieren die Pflanzenentwicklung auf vielfältige Weise: Sie stimulieren unter anderem das Sprosswachstum, den Gravitropismus, die Differenzierung des Xylems und hemmen Phloementwicklung und das Wurzelwachstum; auch hemmen sie die

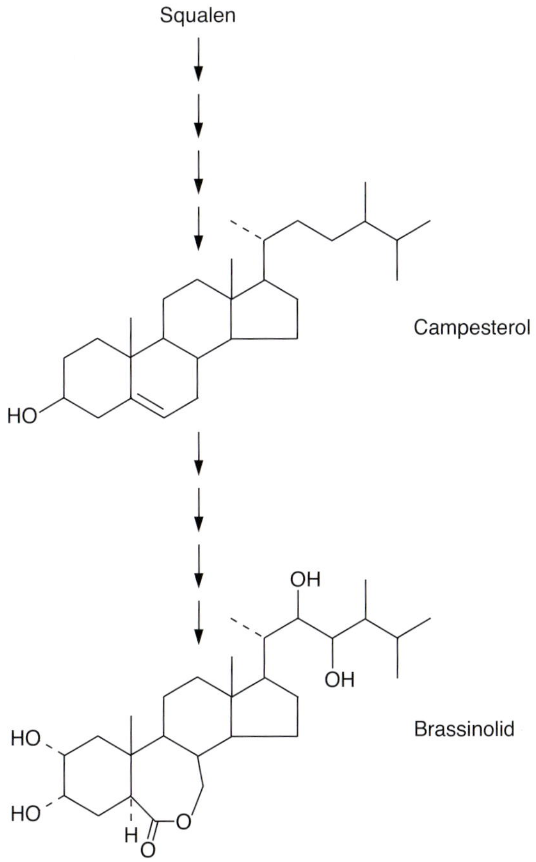

Abb. 19.16 Brassinolid wird aus dem Membranlipid Campesterol über eine Synthesekette, an der Cyt-P450-abhängige Hydroxylasen und eine Reduktase beteiligt sind, gebildet. Der Syntheseweg hat große Ähnlichkeit mit Teilen der Steroidsynthese in Tieren.

Anthocyanbildung. Interessant ist, dass Brassinolid eine positive Wirkung auf Wachstum unter abiotischem Stress, vor allem bei Trockenheit, hat. Brassinolid ist ein Hormon mit einem gut erforschten Rezeptor in der Plasmamembran, einer LRR-RLK (leucin-rich repeat receptor-like kinase) BRI1, die mit einer zweiten receptor-like kinase, BAK1, einen heterodimeren aktiven Rezeptor bildet. Hormonbindung führt zur gegenseitigen Phosphorylierung von BRI1 und BAK1 und zu weiteren Phosphorylierungen an einem hemmenden Protein BSK (analog wie in Abb. 19.1). Durch den Wegfall der Hemmung von BRI1 kann über Phosphorylierungen weiterer Proteine (BIN2, BSU1) die Transkriptionsfaktoren BZR1 und BZR2 phosphoryliert werden, die dann in den Kern wandern, um Brassinolid-abhängige Genexpression zu regulieren. Somit ist über eine Phosphorylierungskaskade der Weg vom Rezeptor zum Kern klar erkennbar. Da BIN2 mit ARF2 zusätzlich einen für Auxin-typischen Transkriptionsfaktor phosphoryliert, ergibt sich so eine Querverbindung zu den Auxinwirkungen, die als physiologische Reaktionen schon viel früher bekannt war (Abschn. 19.3).

19.3 Peptide beeinflussen das Wachstum von Pflanzen

In Tieren werden interzelluläre Kommunikationen vor allem durch kleine biologisch aktive Substanzen, Steroidhormone und Peptide bewerkstelligt. Bekannte tierische Peptidhormone sind Insulin und Glucagon. Aber auch in Pflanzen mehren sich die Hinweise über das Vorkommen von sekretorischen und nicht-sekretorischen Peptiden, die in verschiedene Aspekte der Regulation des Pflanzenwachstums (Kallus-Wachstum, Meristem-Organisation, Wurzel-Wachstum, Regulation der Blattform, Knöllchenbildung, Selbst-Inkompatibilität und Abwehrmechanismen) involviert sind. Da noch ca. 500 Gene für Rezeptorkinasen mit unbekannten Signalsubstanzen als Liganden auf die Aufklärung ihrer Funktion warten, liegt der Verdacht nahe, dass viele Peptide unter diesen Liganden sein werden.

Systemin löst die Verteidigung gegen den Fraß von Herbivoren aus

Viele Pflanzen antworten auf den Angriff von Insekten als Fraßfeinde durch die Akkumulation von Proteinase-Inhibitoren, die den Verdau von Proteinen hemmen und dadurch toxisch für Insekten sind. In Tomatenpflanzen wurde gezeigt, dass das Polypeptid **Systemin**, bestehend aus 18 Aminosäuren, an diesen Abwehrreaktionen beteiligt ist. Als Antwort auf die Verletzung von Pflanzengewebe durch Insektenfraß wird ein 200 Aminosäure langes **Systemin-Vorläufer-Protein** im Phloem-Parenchym produziert, welches durch eine Endoprotease das aktive Peptid herstellt. Es ist unbekannt, wie es in das vaskuläre Gewebe gelangt, wird jedoch dort von einem Membranrezeptor mit sehr hoher Affinität erkannt, die Halbsättigung beträgt 10^{-10} M. Bei dem Rezeptor handelt es sich um die receptor-like kinase BAK1, die mit der receptor-like kinase BRI1 als Heterodimer auch Brassenolid-Steroide bindet (Abschn.19.10). Die Bindung von Systemin löst eine Signalkette aus, die die Änderung der Ionenflüsse, eine Ca^{2+}- und Calmodulin-Akkumulation, die Inaktivierung der H^{+}-P-ATPase sowie die Aktivierung der MAPK und der Phospholipase A bewirkt (Abb. 19.4). Letztere katalysiert die Freisetzung der Linolensäure von Membranlipiden, als Ausgangsprodukt für die über mehrere Schritte erfolgende Synthese von **Jasmonsäure** (Abschn. 15.7 und Abschn. 19.8). Jasmonsäure bewirkt die Aktivierung von Transkriptionsfaktoren von Abwehr-Genen, darunter auch die für die Synthese von **Proteinase-Inhibitoren,** die den Insektendarm vergiften und so das Insektenwachstum stark eindämmen. Der Effekt von Systemin ist Spezies-spezifisch. Systemin aus Tomaten wirkt auch auf Paprika, hat aber keine Wirkung auf die eng verwandten Tabakpflanzen. Tabak produziert ein 18 Aminosäure langes Hydroxyprolinreiches Glycopeptid (aus einer Vorstufe von 165 Aminosäuren) mit analoger Wirkung.

Phytosulfokine regulieren die Zellproliferation

In den Medien von Zell-Suspensionskulturen wurde ein als Phytosulfokin **(PSK)** bezeichnetes Peptid isoliert, welches aus fünf Aminosäuren besteht und eine zellproliferierende Wirkung besitzen. Es enthält 2 Tyrosinreste, deren Hydroxylgruppen mit Sulfat verestert sind, die zur Namensgebung beitrugen.

PSKα: Tyr (SO_3H)-Ile-Tyr-(SO_3H)-Thr-Gln.

Das *Arabidopsis*-Genom enthält fünf Gene, die für ca. 80 Aminosäure lange Vorstufen-Proteine mit einem N-terminalen Sekretions-Signal kodieren. Phytosulfokine mit ähnlichen Strukturen kommen in sehr vielen Pflanzen und in vielen Pflanzenorganen und -geweben vor und modulieren u.a. die Adventiv-Knospenbildung, die Adventivwurzelbildung und Pollenreifung. Sie lösen wie Auxin und Cytokinin die Dedifferenzierung von Zellen aus. Da Pflanzenzellen die Fähigkeit zur **Totipotenz** bewahrt haben, können sie dadurch nach einer Phase als Kalluszellen zur Differenzierung zurückkehren, um alle Organe einer neuen Pflanze zu bilden. Als Rezeptor für die Phytosulfokine ist ebenso wie für die Brassinolid-Steroide und für Systemin eine receptor-like Proteinkinase (**RLK**) identifiziert worden (siehe weiter oben im Abschn. 19.8).

Alkalisierung des Zellkulturmediums wird durch ein kleines Protein hervorgerufen

Während der Isolierung des Systemins stieß man auf ein Protein von 49 Aminosäuren (Vorstufen-Proteine 115 Aminosäuren), dass für eine starke Alkalisierung des Mediums sorgt (**RALF**, rapid alkalisation factor), aber dabei keine typischen Abwehrmechanismen auslöst. Applikation von RALF in nanomolaren Konzentrationen führt zu einer schnellen Aktivierung der MAPK, zu einem Stopp des Wurzelwachstums und einer geringen Vergrößerung der Meristemzellen. Man findet Homologe für RALF in vielen Pflanzenspezies. In Arabidopsis wurden neun verschiedene RALF-Gene identifiziert, die in unterschiedlichen Organen der Pflanzen exprimiert werden. Die weite Verbreitung der RALF-Peptide legt nahe, dass diese eine generelle Funktion in Pflanzen haben, die jedoch noch weitgehend unbekannt ist.

Kleine Cystein-reiche-Proteine regulieren die Selbstinkompatibilität

Selbstinkompatibilität ist ein Mechanismus, der sicherstellt, dass weder eigener Pollen noch der von nah verwandten Pflanzen die Pflanze erfolgreich befruchtet. Hierfür sind in unterschiedlichen Pflanzen unterschiedliche Mechanismen ausgeprägt. In *Brassica*-Spezies sind daran **S-Locus-Proteine** beteiligt, **SL-Glykoproteine (SLG)** und **SL-Rezeptor-Kinasen (SRK)** sowie kleine Proteine **(SCR)** von 74–81 Aminosäuren Länge. Charakteristisch für diese kleinen Proteine sind 4 Disulfidbrücken zwischen C1 und C8, C2 und C5, C3 und C6, und C4 und C7, die für die korrekte Strukturausbildung notwendig sind. Die Applikation von nur 50 x 10–12 mol des synthetischen oder rekombinanten SCR-Proteins pro Stigma führt zur Inhibition der Hydratation des Pollens. Es konnte auch gezeigt werden, dass SCR-Proteine mit der Rezeptorkinase SLK (einer typischen RLK) interagiert und dies zur Autophosphorilierung führt. Die nachfolgenden Elemente der Signalkaskade sind derzeit noch unbekannt.

19.4 Abwehrreaktionen werden durch das Zusammenspiel vieler Signalsubstanzen ausgelöst

Die hauptsächlichen Gruppen von Phytopathogenen sind Viren, Bakterien, Pilze und Fressfeinde wie beißende Insekten und andere Tiere und stechende Insekten und Nematoden. Das Wissen über die pflanzliche Pathogenabwehr ist in den vergangenen Jahren enorm angestiegen und viele Mechanismen wurden aufgeklärt und sind ausgesprochen vielfältig. Jedoch verfügt jede Pflanzengruppe oder einzelne Pflanzenspezies jeweils (nur) über ein bestimmtes Repertoir von Abwehrmechanismen.

Man ordnet die Pathogene nicht nur nach deren Stellung im System der Lebewesen, sondern auch nach der Art ihrer Angriffs- und Lebensweise. Biotrophe Organismen benötigen lebendes Pflanzengewebe (z.B. Viren, viele

Pilze, Nematoden). Nekrotrophe Pathogene befallen absterbendes Gewebe oder zerstören Zellen, um sich davon zu ernähren. Außerdem gibt es symbiontische Formen wie z.B. die in Wurzelzellen lebenden Mycorrhiza-Pilze, die den Wurzeln durch ihre Hyphen z.B. Phosphat verschaffen und ihrerseits Kohlenhydrate vom Wirt erhalten. Hier ist die Anpassung eine Symbiose zum Nutzen beider. Die Besiedlung der verschiedenen Organismen verläuft immer ähnlich: Rezeptoren dienen zur Erkennung, es erfolgt eine Modulation sekundärer Botenstoffe und Interaktion mit Pflanzenhormonen.

Die Grundstrategie der Pflanze ist es, ein Repertoire an Abwehrstoffen, den **Phytoalexinen**, die im Allgemeinen auch sekundäre Pflanzenstoffe sind, zu synthetisieren. Oft werden aber auch regelrechte Barrieren gebildet, z.B. Zellwandverstärkungen oder Nekrosen aus totem Gewebe, die aus dem programmierten Zelltod entstehen.

Am Anfang steht also die Erkennung der Eindringlinge an ihren typischen Merkmalen. Das Paradebeispiel ist das Flagellin, das ein Abbauprodukt des Proteins der Bakteriengeißel ist. Es dient der Pflanze als Erkennungssignal für Bakterien. Eine receptor-like Kinase (RLK) erkennt speziell das bakterielle Flagellin. Erkennung findet auch durch die ersten Abwehrreaktionen statt, die spezifische Moleküle produzieren wie z.B. Zellwandabbauprodukte der Pflanzenzellwand und der Bakterien- oder Pilz-Zellwand. Alle diese Moleküle, die zu Beginn des Befalls entstehen können, werden **Elicitoren** genannt und zumindest für viele gibt es Rezeptoren in der Pflanze. Die Rezeptoren können in der Plasmamembran lokalisiert sein oder kommen intrazellulär vor. Letztere sind wichtig, wenn von Pathogenen hergestellte Moleküle in die Zellen injiziert werden, wie es z.B. einige Nematoden oder Bakterien machen.

Nach Pathogenbefall (biotischem Stress), aber auch bei abiotischem Stress werden einige typische Stress-bezogene, sekundäre Botenstoffe hochreguliert, cytosolisches Calcium, reaktive Sauerstoff-Spezies (reactive oxygen species = ROS (Abschn. 3.9)) und das Stickstoffmonooxid NO. Durch eine Erhöhung der Ca^{2+}-Konzentration im Cytosol der Zelle werden Ca^{2+}-abhängige Proteinkinasen (Proteinkinasen-C) aktiviert, die ihrerseits eine Kaskade von Proteinkinasen aktivieren, durch die schließlich die Genexpression über die Modulation von Transkriptionsfaktoren beeinflusst wird. Weiterhin werden nach einem Pathogenbefall in einer sehr frühen Reaktion in der Plasmamembran lokalisierte NADPH-Oxidasen und verwandte Oxidasen (z.B. *respiratory burst* Oxidasen, Rboh), was die Bildung von $^{\bullet}O_2^-$ (Superoxid-Radikal), HO• Radikal und H_2O_2 zur Folge hat. Die Bildung von ROS durch Lichtstress und deren Eliminierung wird in Abschnitt 3.9 ausführlich behandelt. Diese ROS sind zum einen chemische Waffe, um Pathogene direkt zu bekämpfen, zum anderen dienen sie als Botensubstanz, um Signalkaskaden zur Bildung von Abwehrsubstanzen auszulösen, vor allem H_2O_2, das z.B. eine MAP-Kinase direkt aktiviert. Außerdem wird als frühe Reaktion auf einen Pathogenbefall Stickstoffmonooxid, **NO** gebildet. Die Bildung kann in der Pflanze durch mehrere Reaktionen erfolgen. Wichtig ist hier die Nitratreduktase (Abschn. 10.1), die aus ihrem Zwischenprodukt Nitrit in einer Nebenreaktion NO herstellt.

$$NO_2^- + NAD(P)H + H^+ \rightarrow NO + H_2O + NAD(P) + NO$$

Aus Nitrit kann NO in Mitochondrien und Plastiden durch die terminalen Enzyme der Elektronentransportketten dieser Organellen hergestellt werden. Zusätzlich gibt es einen oxidativen Weg der NO-Biosynthese, der noch nicht näher bekannt ist. Möglicherweise sind Polyamine die Vorstufe. Diese Synthesewege sind ganz anders als in Tieren, in denen die Synthese von NO durch Oxidation von Arginin durch O_2, katalysiert durch die NO-Synthase erfolgt.

$$\text{Arginin} + O_2 + NADPH + H^+ \rightarrow \text{Citrullin} + NADP + NO$$

Diese Reaktion ähnelt der P450-Monooxigenase-Reaktion (Abschn. 18.2).

NO ist eine wichtige Botensubstanz für hormonale Antworten und an Abwehrreaktionen gegen biotischen und abiotischen Stress beteiligt. Es löst in Verbindung mit MAPK-Kaskaden Abwehrreaktionen, wie den **programmierten Zelltod** oder die Synthese von **Phytoalexinen** aus, und moduliert auch so verschiedene Entwicklungsprozesse wie z.B. den Eisen-Transport und induziert mit ABA die **Stomaöffnung**. NO ist eine wichtige Botensubstanz und steuert über cGMP und ADP-Ribose Ca^{2+}-Kanäle zur Regulation der cytosolischen Ca^{2+}- Konzentration.

Damit NO als Signalsubstanz wirken kann, muss seine Konzentration in der Zelle kontrolliert werden. Die Regulation der Synthese und des Abbaus ist noch in vielem unklar. An der Kontrolle der zellulären NO-Konzentration ist die Glutathionabhängige Formaldehyd-Dehydrogenase (FALDH) beteiligt, durch die NO reversibel an Glutathion gebunden wird. Die Eliminierung von NO kann durch Reaktion mit Wasser zu Nitrit und Oxidation zu Nitrat erfolgen.

Neben der Aktivierung von sekundären Botenstoffen nach Elicitorbindung an pflanzliche Rezeptoren, wird auch die Biosynthese von einigen Hormonen als Abwehrwaffe benützt, andere Hormone wirken der Abwehr entgegen. **Jasmonsäure (JA)** und **Ethylen (ET)** einerseits und **Salizylsäure (SA)** andererseits sind wichtige Signalmoleküle für die Abwehr von Pathogenen und Herbivoren. Die Biosynthese von Ethylen ist in Abschn. 19.7, die der Jasmonsäure in Abschnitt 15.7 und die der Salizylsäure in Abschn. 18.2 beschrieben.

Jasmonsäure und Salizylsäure und wahrscheinlich auch ihre methylierten Abkömmlinge (Methylsalizylat und Methyljasmonat) spielen eine wichtige Rolle in den Signalkaskaden bei Abwehrreaktionen der Pflanzen, z.B. bei der Bildung von β–1,3-Glucanasen als Antwort auf Pilzinfektionen. Die Signaltransduktionswege, in denen Salizylsäure oder Jasmonsäure/Ethylen von der Pflanze eingesetzt werden, werden von unterschiedlichen Organismen ausgelöst, Salizylsäure tritt häufig nach Befall durch biotrophe Pathogene auf, während Jasmonsäure meist durch nekrotrophe Organismen induziert wird. Die Signalkaskaden an denen Salizylsäure und Jasmonsäure/Ethylen beteiligt sind, sind eng vernetzt und antagonistisch. Weiterhin wirkt Auxin Jasmonsäure unterstützend und Cytokinin und Gibberellin unterstützen die Salizylsäure in ihrer Wirkung.

Darüber hinaus regulieren all diese Hormone auch bereits genannte physiologische Prozesse andere Entwicklungsprozesse der Pflanze, wie Blüten- und Fruchtentwicklung, Photosynthese, Seneszenz, Wurzelwachstum und Pollenreifung. *Arabidopsis*-Mutanten, die unfähig zur Jasmonsäure-Synthese sind, können keine funktionellen Pollen bilden und sind deshalb männlichsteril.

19.5 Lichtsensoren steuern die Entwicklung von Pflanzen

Die Entwicklung der Pflanzen vom Keimling bis zur Blütenbildung wird vielfältig durch Licht gesteuert. So wird Keimung und Ergrünung durch Licht ausgelöst. Lichtsensor hierfür sind in erster Linie **Phytochrome**, welche rotes Licht absorbieren. Sie wurden 1959 entdeckt. Auch an der Anpassung des Photosyntheseapparates der Blätter an volles Sonnenlicht oder Schatten sind Phytochrome als Lichtsensoren beteiligt. In der besonders gut untersuchten Modellpflanze *Arabidopsis thaliana* (siehe Abschn. 20.1) wurden fünf verschiedene Phytochrome (A-E) nachgewiesen. Zur Anpassung an das gesamte Spektrum des Sonnenlichtes besitzen Pflanzen dazu Photorezeptoren für blaues und ultraviolettes Licht. Als **Blaulicht-Sensoren** wurden bislang drei Gruppen von Proteinen identifiziert: **Cryptochrom1** und **2**, mit jeweils einem Flavin (Abb. 5.16) und einem Pterin (Abb. 10.3), **Phototropin1** und **2** mit zwei Flavinen als lichtabsorbierende Pigmente in der sogenannten LOV-Domäne und dem Blaulicht-Rezeptor **ZTL (ZEITLUPE)** mit einer LOV-Domäne. ZTL hat nur eine spezialisierte Funktion in der Blütenentwicklung. Der UV-B-Rezeptor **UVR8** ist erst vor kurzem gefunden worden und absorbiert die Photonen mit einem Tryptophanrest.

Phytochrome sind Rotlichtsensoren

Da Phytochrome und deren Wirkung in der Vergangenheit besonders intensiv untersucht wurden, bieten sie ein gutes Beispiel, um Probleme der Signaltransduktion ausführlicher zu besprechen. Phytochrome sind lösliche dimere Proteine, die wahrscheinlich zeitweise an eine Membran gebunden sind. Die Monomere bestehen aus einem Apoprotein (Molekularmasse 120–130 kD) mit 6 Domänen (Abb. 19.17A). Die ersten 3 Domänen machen den photosensorischen Teil des Proteins aus, die auch in bakteriellen und pilzlichen Phytochromen vorkommen. Domäne 4, 5 und 6 machen den regulatorischen Teil aus. Am N-Terminalen Ende des Apoproteins befindet sich in pflanzlichen Phytochromen noch ein Sequenzabschnitt, der die Pfr → Pr Umwandlung beeinflusst. Die Domäne 6 beinhaltet eine Kinase, die ATP bindet und Phytochrom autophosphoryliert. Diese Phosphorylierung hat wahrscheinlich zwei Funktionen, sie ist bei der Umsetzung des Lichtsignals beteiligt und phosphoryliert einen Membran-Anker, der dann Phytochrom freisetzt, damit es in den Kern wandern kann. An die Domäne 2 ist an die Thioalkoholgruppe des Cysteinrestes ein offenkettiges Tetrapyrrol als Chromophor gebunden (Abb.19.17B). Die autokatalytische Bindung des Tetrapyrrols an das Apoprotein führt zur Bildung eines Phytochroms **Pr** (r: rot), das ein Absorptionsmaximum bei circa 660 nm (hellrotes Licht) besitzt (Abb. 19.17). Die Absorption dieses Lichtes führt zu einer Veränderung des Chromophors: Eine Doppelbindung zwischen zwei Pyrrolringen klappt von der *trans*- in die *cis*-Konfiguration um (in Abbildung 19.17B rot markiert), und als Folge davon ändert sich auch die Konformation des Proteins. In dieser geänderten Konformation hat Phytochrom ein Absorptionsmaximum bei circa 730 nm (dunkelrotes Licht), man bezeichnet es daher in diesem Zustand mit **Pfr** (fr: *far red*). Pfr stellt die aktive Form des Phytochroms dar, es ist Signal für „Belichtung". Durch die Absorption des dunkelroten Lichtes wird Pfr wieder in Pr umgewandelt. Da sich die Lichtabsorption von Pr und Pfr überlappt (Abb. 19.17), stellt sich je nach Farbe des eingestrahlten Lichtes ein reversibles Gleichgewicht zwischen Pr und Pfr ein. So liegen bei einem Licht von 660 nm 88% des gesamten Phytochroms als Pfr vor und bei 720 nm nur 3 %. Da bei hellem Sonnenlicht die hellrote Komponente stärker ist als die dunkelrote, liegt Phytochrom dann vorwiegend als Pfr vor. Dies signalisiert der Pflanze den Zustand „Belichtung". Während die inaktive Form des Phytochrom (Pr) eine Lebensdauer von 100 h hat, hat die aktive Form (Pfr) nur eine Halbwertzeit von 30–60 Min. Pfr kann reversibel zu Pr zurückgebildet werden (Abb. 19.18). In Falle des Phytochrom A erfolgt jedoch in erster Linie ein Abbau des Pfr über eine irreversible Proteolyse, indem **Ubiquitin**, ein in allen eukaryontischen Zellen vorkommendes, hochkonserviertes kleines Protein (Molekularmasse 8,5 Da) unter Verbrauch von ATP an Phytochrom A gebunden wird und dieses dadurch zum proteolytischen Abbau markiert. Die Signalwirkung des Pfr A wird so beendet. Wie im Vorhergehenden besprochen, unterliegen die Phytochrome einer durch rotes und dunkelrotes Licht hervorgerufenen Photokonversion. Aktivierte Phytochrome werden vom Cytosol in den Kern transferiert. In der C-terminalen Domäne 5 (Abb. 19.16A) befindet sich ein **Kernlokalisationssignal** (**NLS**, nuclear localization signal), das für den Transport in den Kern verantwortlich ist. Die am C-terminalen Ende befindliche Proteinkinase (Domäne 6) bewirkt unter Lichteinfluss eine Autophosphorylierung an der endständigen Domäne des Phytochroms. Durch diese Phosphorylierung löst sich der Photorezeptor von einem cytosolischen Anker und die NLS-Domäne wird freigelegt. Dies ermöglicht, dass die Pfr-Form in den Kern wandern kann, um mit Transkriptionsfaktoren, wie den Phytochrom Interacting Faktoren (PIFs) und anderen Transkriptionsfaktoren, zu interagieren. Auf diese Weise steuern die aktivierten Phytochrome die Genexpression sehr direkt (Abb. 19.18). Wie eingangs erwähnt, umfasst die Phytochrom-Genfamilie fünf Gene (A–E). Phytochrom A und Phytochrom B sind am besten untersucht und haben ein Absorptionsmaximum im roten Licht bei 650 nm. Phytochrom A ist Licht-labil, aber die Balance zwischen dem durch 650 nm ausgelösten schnellen Abbau und der relativ höheren Stabilität in 720 nm bewirkt, dass im Dunkelrot bei 720 nm

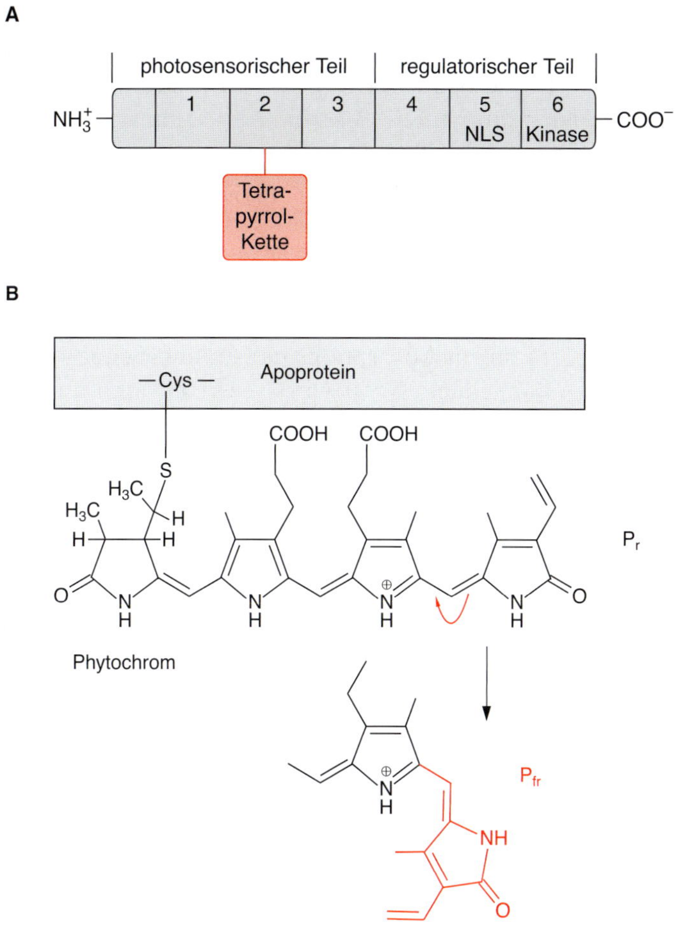

Abb. 19.17 **A)** Struktur eines Phytochroms. Das Apoprotein ist aus 6 Domänen aufgebaut, wobei Domäne 1–3 den photosensorischen Teil und Domäne 4 bis 6 den regulatorischen Teil. An Domäne 2 ist das Chromophor gebunden, ein offfenkettiger Tetrapyrrolring, die Domäne 6 beinhaltet eine Ser/Thr-Kinase und Domäne 5 trägt ein Kernerkennungssignal (nuclear localization signal: NLS). **B)** Das Chromophor des Phytochroms besteht aus einem offenkettigen Tetrapyrrol, das über eine Thioetherbrücke an das Apoprotein gebunden ist. Die Absorption von rotem Licht führt zur *cis-trans*- Isomerisierung einer Doppelbindung und damit zu dem Umklappen eines Pyrrolringes (rot markiert).

Phytochrom A per Saldo am stabilsten ist und somit auch die meisten aktiven Moleküle vorhanden sind. Auf diese Weise wirkt Phytochrom A physiologisch oft wie ein Rezeptor für dunkelrotes Licht, während Phytochrom B und die anderen Licht-stabilen Phytochrome (C–E) als Sensoren für Hellrot wirken. Phytochrome A bildet oft Homodimere, während die anderen zu Heterodimeren aggregieren.

Die Phytochrome steuern eine Fülle von Differenzierungen und das gesamte Wachstum der Pflanzen. Dies erfolgt in enger Verzahnung mit den Wirkungen der Phytohormone. Dieses Zusammenwirken von Licht und Hormonen (Auxin, Giberelline, Cytokinin, Ethylen) muss noch in vielen Einzelheiten erforscht werden. Grundsätzlich staucht Hellrot und Blau das Wachstum der Pflanzen, die dadurch aber stabiler sind. Dunkelrotes Licht ist ein wichtiges Signal für Pflanzen, da es durch die Beschattung mit grünen Blättern von Nachbarpflanzen entsteht, die das hellrote Licht mit dem Chlorophyll absorbieren. So bleibt dunkelrotes Licht „übrig“ bzw. wird angereichert. Durch eine Vielfalt von Reaktionen reagiert die beschattete Pflanze z.B. mit Elongation, Ausbildung von dünnen Schattenblättern, frühem Blühen und mehr, was

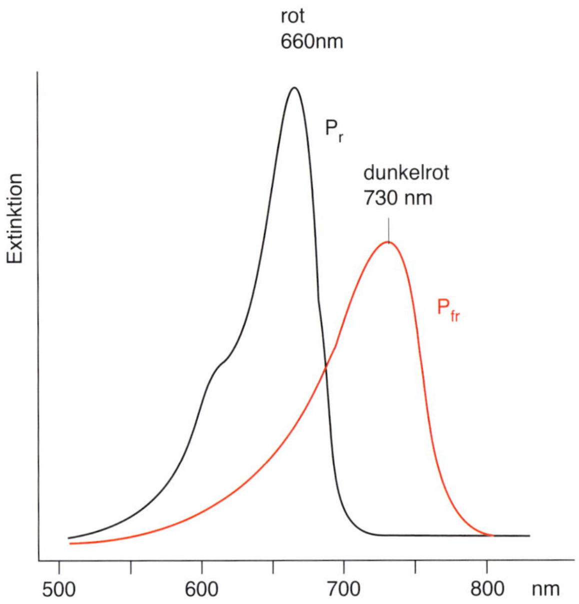

Abb. 19.18 Absorptionsspektren von Phytochrom in der Pr- und der Pfr-Form.

zusammen das Syndrom der Schatten-Vermeidung genannt wird. Die Schatten-Vermeidung wird durch aktives Phytochrom B gehemmt, das aber durch Dunkelrot inaktiviert wird und so im inaktiven Zustand die Schatten-Vermeidung fördert. Fehlt in Mutanten Phytochrom B ganz, entwickelt sich diese Pflanze mit einem Phänotyp, der an den von vergeilten Pflanzen erinnert. In Experimenten in Dunkelrot bewirkt Phytochrom A Stauchung des nur im Dunkeln gewachsenen Keimling-Hypokotyls, Anthocyan-Bildung, Stimulierung der Blüte im Langtag oder in Langtag-Pflanzen. Diese Reaktionen haben ihr Wirkungsspektrum in einem Dunkelrotgifel (720 nm).

Phytochrom B steuert Reaktionen, die sich mit denen von Phytochrom A überlappen. Sein Absorptionsspektrum hat einen Gipfel in Hellrot (660 nm). Es bewirkt ebenfalls Hypokotylstauchung und Anthocyanbildung, und hemmt die Blütenbildung, speziell bei Kurztagpflanzen, was experimentell als Nachtunterbrechung durch rotes Licht gezeigt werden kann. Weitere Funktionen von Phytochrom A und B sind: Deetiolierung d.h. die Reaktionen beim Übergang vom Wachstum im Dunkeln zum Licht (Hypokotyl-Stauchung, Haken-Öffnung, Wurzelwachstums-Hemmung), Photoperiodik (Wahrnehmung der Länge der Tage im Jahr), Keimungsförderung, Hemmung der Internodien-Spross-Streckung. Die Licht-Instabilität von Phytochrom A bewirkt die verstärkte Wirkung von Phytochrom A in dunkelrotem Licht. Die restlichen Phytochrome (Phytochrom C, D, E) sind funktionell weniger bedeutend, aber auch weniger erforscht, und in der Funktion Phytochrom B ähnlich.

Cryptochrome und Phototropin sind Blaulicht-Sensoren

Blaues Licht aktiviert nur Phytochrom A schwach, so dass Blaulicht-Rezeptoren für eine Pflanze, die Photonen als Engergiequelle interpretieren muss, als Indikator für „Belichtung" ebenso wichtig sind wie Rotlicht-Rezeptoren. Zur effizienten Nutzung der blauen Lichtanteile (320–500 nm) sind **Cryptochrome** und **Phototropin** befähigt. Die Identifizierung des Cryptochrom1-Gens gelang 1993 durch Untersuchung einer sogenannten Knockout-Pflanze, die im Blaulicht nicht in der Elongation gehemmt wurde. Da dies vor der Isolierung des Blaulichtrezeptors aus Wirbeltieren gelang, werden diese wie z.B. die tierischen Rezeptoren der Hypophyse auch Cryptochrome genannt. Die menschlichen Cryptochrome sind für die Wahrnehmung der Photoperiode zuständig, die bei Jetlag mit diesem Sensor erneut auf „Null" gesetzt werden müssen. Die Isolierung von Phototropin gelang erstmalig 1997 aus Blaulicht bestrahlten Erbsen-Kotyledonen. Phototropine sind ubiquitär in höheren Pflanzen zu finden. Blaulicht induziert durch Phototropine die Stoma-Öffnung, Hypokotyl-Verlängerung und Chloroplasten-Bewegung. Bei niedrigen Blaulicht-Intensitäten wandern Chloroplasten zur Zelloberseite, um die Lichtsammlung zu optimieren, bei höheren Lichtintensitäten wandern sie von der Lichtquelle weg, um Zerstörung durch Licht zu mindern, was zusammen großen Einfluss auf den Ertrag der Phytosynthese hat. Die Struktur der **Phototropine** hat eine gewisse Ähnlichkeit mit denen der Phytochrome, es gibt ein photosensorisches N-terminales Ende, das den Co-Faktor Flavinmononukleotid (FMN) trägt und für die Blaulichtrezeption verantwortlich ist, sowie eine Serin/Threoninkinase am C-Terminus, die die Autophosphorylierung katalysiert. In Dunkelheit ist FMN nicht kovalent gebunden (Abb.19.19), nach Bestrahlung mit Licht wird FMN in kürzester Zeit (Microsekunden) über einen Cysteinrest an die Domänen des Proteins kovalent gebunden und verändert das Absorptionsmaximum auf 390 nm. Gleichzeitig sorgt die C-terminale Kinase für die Autophosphorylierung von insgesamt 8 Serinresten im photosensorischen Teil und überführt damit das Phototropin in einen aktiven Zustand. In Dunkelheit wird der Co-Faktor FMN wieder freigegeben und Phototropin kehrt innerhalb von 10–100 Sekunden in den Grundzustand zurück. Bei der Umkehrung dieses Prozesses wirkt wahrscheinlich eine Phosphatase bei der Dephosphorylierung mit, die aber derzeit noch nicht isoliert wurde. Phototropin wandert nicht in den Kern, sondern wirkt über sekundäre Botenstoffe wie cytosolisches Calcium und auf das Cytoskelett.

Cryptochrome, die auch Blaulicht absorbieren, sind strukturell nicht mit den Phototropinen verwandt, sondern mit mikrobiellen DNA-Reparaturenzymen, sogenannten Photolyasen. Es sind Flavoproteine, die viele Prozesse in der Pflanze beeinflussen, z.B. Inhibition der Hypokotylverlängerung, Anthocyan-Akkumulation, Regulation des Blühzeitpunktes und Stängel-Elongation. Nach Belichtung phosphoryliert Cryptochrom sich über einen reduktiven Mechanismus mit einem als Cofaktor gebundenen ATP und dimerisiert. Cryptochrom wandert ähnlich wie Phytochrom in den Kern und bindet den Transkriptionsfaktor SPA1, was die Stabilität des zentralen Transkriptionsfaktors HY5 für lichtabhängige Genexpression gegen Proteolyse durch das

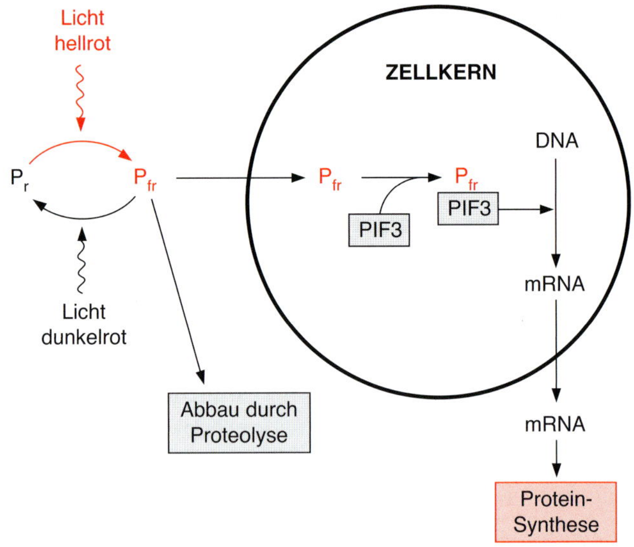

Abb. 19.19 Direkte Wirkung der Phytochrome A und B auf die Genexpression. Phytochrom wird durch Belichtung mit hellrotem Licht in die aktive Form Pfr umgewandelt. Durch dunkelrotes Licht wird wieder die inaktive Form Pr zurückgewonnen. Pfr gelangt in den Zellkern, bindet dort an einen Faktor PIF 3 und beeinflusst in diesem Verbund die Genexpression. Im Falle von Phytochrom A wird Pfr durch Proteolyse im Cytosol irreversibel abgebaut.

26S-Proteasom bewahrt. Cryptochrom wirkt also sehr direkt ohne sekundäre Botenstoffe auf zentrale Transkriptionsfaktoren. Die Frage, warum Pflanzen zwei Blaulichtrezeptoren besitzen, ist nicht in Gänze geklärt, es ist aber eine klare Aufgabenverteilung zu erkennen. Phototropine sind für den Phototropismus zuständig, aber auch für die Regelung der Chloroplasten-Position in den Blattzellen. Das hat große Bedeutung für die Produktivität der Photo-

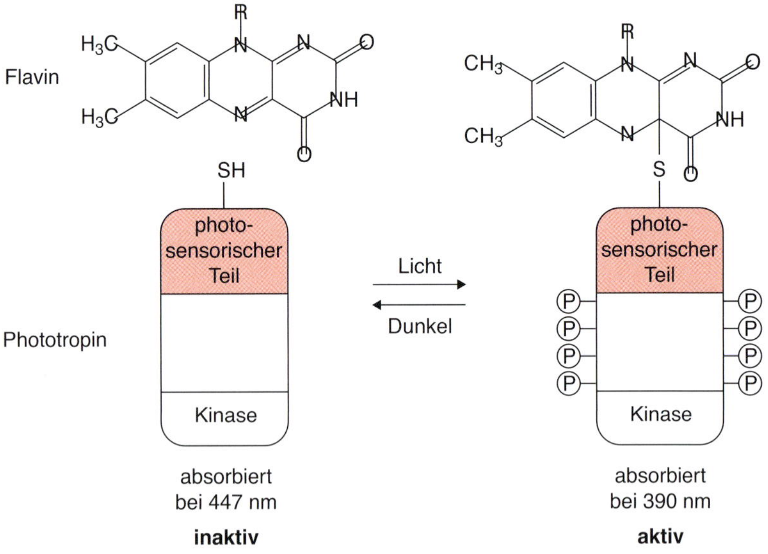

Abb 19.20 Funktion von Phototropin. FMN ist das Chromophor des Phototropins. In Dunkelheit ist FMN nicht kovalent gebunden und absorbiert Licht der Wellenlänge 447nm. Durch Licht wird FMN aktiviert und geht daraufhin eine kovalente Bindung mit einem Cysteinrest im photosensorischen Teil des Phototropins ein. Durch eine nachfolgende Autophosphorylierung wird Phototropin in einen aktiven Zustand versetzt.

synthese. Cryptochrom hemmt das Längenwachstum und fördert Farbpigment-Synthesen (Anthocyan, Chlorophyll, Carotinoide), was ein gesundes und stabiles Wachstum bedeutet. Cryptochrom wie Phytochrom tragen zur Messung der Photoperiodik bei.

Literatur

An C., Mou Z. Salicylic acid and its function in plant immunity. Journal Integrative Plant Biology 53, 412–428 (2011)

Bailly A., Yang, H., Martinoia, E., Geisler, M., Murphy, A.S. Plant Lessons: Exploring ABCB Functionality Through Structural Modeling. Front of Plant Sciences 108 (2012)

Bothwell, J.H.F., Ng, C.K.Y. The evolution of Ca^{2+} signalling in photosynthetic eukaryotes. New Phytologist 166, 1–38 (2005)

Boudsocq, M., Lauriere, C. Osmotic signalling in plants. Multiple pathways mediated by emerging kinase families. Plant Physiology 138, 1185–1194 (2005)

Christie, J.M. Phototropin blue-light receptors. Annual Review Plant Biology 58, 21–45 (2007)

Claeys, H., De Bodt, S., Inze, D. Gibberellins and DELLAs: central nodes in growth regulatory networks. Trends in Plant Science 19, 231–239 (2014)

Colombet J., Hirt, H. Arabidopsis MAPKs: a complex signalling network involved in multiple biological processes. Biochemistry Journal 413, 217–226 (2008)

Davière J.M., Achard, P. Gibberellin signaling in plants. Development. 140, 1147–1151 (2013)

Casal JJ. Photoreceptor signaling networks in plant responses to shade. Annual Review Plant Biology 64, 403–427 (2013)

Delker, C., Raschke, A., Quint, M. Auxin dynamics. The dazzling complexity of a small molecules's message. Planta 227, 929–941 (2008)

Dodd ,A.N., Kudla, J., Sanders, D. The language of calcium signaling. Annual Review Plant Biology 61, 593–620 (2010)

Effendi, Y., Jones, A.M., Scherer, G.F.E. AUXIN-BINDING-PROTEIN1 (ABP1) in Phytochrome-B-Controlled Responses. Journal Experimental Botany, 64, 5065–5074 (2013)

Freschi, L. Nitric oxide and phytohormone interactions: current status and perspectives. Frontiers of Plant Science 4, 398, eCollection (2013)

Fu, Z.Q., Yan, S., Saleh, A., Wang, W., Ruble, J., Oka, N., Mohan, R., Spoel, S.H., Tada, Y., Zheng, N., Dong, X. NPR3 and NPR4 are receptors for the immune signal salicylic acid in plants. Nature 486, 228–32 (2012)

Hao, J., Yin, Y., Fei, S.Z. Brassinosteroid signaling network: implications on yield and stress tolerance. Plant Cell Report 32,1017–1030 (2013)

Hauvermale, A.L., Ariizumi, T., Steber, C.M. Gibberellin signaling: a theme and variations on DELLA repression. Plant Physiology 160, 83–92 (2012)

Heijde, M., Ulm, R. UV-B photoreceptor-mediated signalling in plants. Trends Plant Science 17, 230–237 (2012)

Hirano, K., Ueguchi-Tanaka, M., Matsuoka, M. GID1-mediated gibberellin signaling in plants. Trends in Plant Science 13, 193–199 (2008)

Hughes, J. Phytochrome cytoplasmic signaling. Annual Review Plant Biology 64, 377–402 (2013)

Hwang, I., Sheen, J., Müller, B. Cytokinin signaling networks. Annual Review Plant Biology 63, 353–380 (2012)

Leivar, P., Quail, P.H. PIFs: pivotal components in a cellular signaling hub. Trends Plant Science 16, 19–28 (2011)

Liu, H., Liu, B., Zhao, C., Pepper, M., Lin, C. The action mechanisms of plant cryptochromes. Trends in Plant Science 16, 684–691 (2011)

Mathews, S. Evolutionary studies illuminate the structural-functional model of plant phytochromes. The Plant Cell 22, 4–16 (2010)

Mano, Y., Nemoto, K. The pathway of auxin biosynthesis in plants. Journal Experimental Botany 2853–2872 (2012)

Merchante, C., Alonso, J.M., Stepanova, A.N. Ethylene signaling: simple ligand, complex regulation. Current Opinion Plant Biology 16, 554–60 (2013)

Miyakawa. T., Fujita, Y., Yamaguchi-Shinozaki, K., Tanokura, M. Structure and function of abscisic acid receptors. Trends in Plant Science 18, 259–266 (2013)

Moreau, M., Tian, M., Klessig, D.F. Salicylic acid binds NPR3 and NPR4 to regulate NPR1-dependent defense responses. Cell Research 22, 1631–1633 (2012)

Robert-Seilaniantz, A., Grant, M., Jones, J.D. Hormone crosstalk in plant disease and defense: more than just jasmonate-salicylate antagonism. Annual Review Phytopathology 49, 317–343 (2011)

Ruberti, I., Sessa, G., Ciolfi, A., Possenti, M., Carabelli, M., Morelli, G. Plant adaptation to dynamically changing environment: the shade avoidance response. Biotechnology Advances 30, 1047–1058 (2012)

Ruyter-Spira, C., Al-Babili, S., van der Krol, S., Bouwmeester, H. The biology of strigolactones. Trends in Plant Science 18, 72–83 (2013)

Scherer, G.F.E. AUXIN-BINDING-PROTEIN1, the second auxin receptor: what is the significance of a two-receptor concept in plant signal transduction? Journal Experimental Botany 62, 3339–3357 (2011)

Scherer, G.F.E., Ryu, S.B., Wang, X., Matos, A.R., Heitz, T. Patatin-related phospholipase A: nomenclature, subfamilies, and functions in plants. Trends in Plant Sciences 15, 693–700 (2010)

Tun, N.N., Livaja, M., Kieber, J.J., Scherer, G.F.E. Zeatin-induced nitric oxide (NO) biosynthesis in *Arabidopsis thaliana* mutants of NO biosynthesis and of two-component signalling genes. New Phytologist 178, 515–531 (2008)

Vaid, N., Makovei, A., Tuteja, N. Knights in action: Receptor-like kinases in plant development and stress responses. Molecular Plant 6, 1405–1418 (2013)

Verret,F., Wheeler, G., Taylor, A.R., et al. Calcium channels in photosynthetic eukaryotes: implications for evolution of calcium-based signalling. New Phytologist 187, 23–43 (2010)

Wang, Z.Y., Bai, M.Y., Oh, E., Zhu, J.Y. Brassinosteroid signaling network and regulation of photomorphogenesis. Annual Review Genetics 46, 701–724 (2012)

Yang, R., Nishiyama, K., Kamiya, A., Ukaji, Y., Inomata, K., Lamparter, T. Assembly of synthetic locked phycocyanobilin derivatives with phytochrome in vitro and in vivo in *Ceratodon purpureus* and *Arabidopsis*. Plant Cell 24, 1936–1951 (2012)

20 Eine Pflanzenzelle besitzt drei verschiedene Genome

Pflanzenzellen enthalten drei Genome: je ein Genom im **Zellkern**, in den **Mitochondrien** und in den **Plastiden**. Die Größe der Genome wird in Basenpaaren (bp) angegeben. In Tabelle 20.1 sind die Größe der drei Genome in drei Pflanzenspezies und im Vergleich dazu die der zwei Genome des Menschen aufgeführt. Aus den Plastiden der Landpflanzen und der meisten Algengruppen (Chlorophyta, Rhodophyta, Phaeophyta, Bacillariophyceae) lassen sich zirkuläre DNA-Moleküle, die das ganze Plastom umfassen, isolieren, während die DNA der Dinoflagellaten in der Regel subgenomische Zirkel (Minizirkel) sind. Für Pflanzen und Algen gilt aber auch, dass ein großer Teil der Plastiden-DNA als lineare Moleküle – mit mehr als einer Genomgröße – existieren kann, sodass eine Mischung aus zirkulären Molekülen mit einer Genomgröße und lineare Molekülen unterschiedlichen Komplexitätsgrades vorkommen. Für die Mitochondrien der Pflanzen scheinen dagegen zirkuläre Moleküle einer Genomgröße selten zu sein und lineare Moleküle unterschiedlichen Komplexitätsgrades eher zu überwiegen. Somit kommen in Plastiden und Mitochondrien häufig mehrere Kopien von Genen vor. Diese Kopien werden bei der Vermehrung der Organellen durch Teilung auf die Tochterorganellen statistisch verteilt. Die Plastiden und Mitochondrien, die in einer Zelle in jeweils größerer Anzahl vertreten sind, werden bei der Zellteilung wiederum statistisch auf die beiden Tochterzellen verteilt. Auf diese Weise wird in einem zumeist **mütterlichen Erbgang** die genetische Information der Mitochondrien und Plastiden durch die Weitergabe einer sehr großen Anzahl von Genkopien von Generation zu Generation vererbt. Die große Anzahl der vererbten Genkopien bietet auch bei dem asexuellen Erbgang einen Schutz vor Mutationen. Der Aufbau der Plastiden- und Mitochondriengenome wird in den Abschnitten 20.6 und 20.7 näher behandelt.

Tabelle 20.1: Genomgrößen bei Pflanzen und beim Menschen

	Arabidopsis thaliana (Ackerschmalwand)	*Zea mays* (Mais)	*Vicia faba* (Ackerbohne)	*Homo sapiens* (Mensch)
	Anzahl Basenpaare in einzelnem Genom			
Kern (haploider Chromosomensatz)	$12{,}5 \cdot 10^7$	$390 \cdot 10^7$	$1450 \cdot 10^7$	$280 \cdot 10^7$
Plastid	$156 \cdot 10^3$	$136 \cdot 10^3$	$120 \cdot 10^3$	
Mitochondrium	$370 \cdot 10^3$	$570 \cdot 10^3$	$290 \cdot 10^3$	$17 \cdot 10^3$

20.1 Im Kern sind die Gene auf mehrere Chromosomen verteilt

Im **Kern** ist die genetische Information auf mehrere DNA-Doppelstränge, den Chromosomen, verteilt. In der Regel enthalten Zellen während des größten Teils ihres Entwicklungscyclus zwei Chromosomensätze, sie sind **diploid**. Ein Satz stammt von der Mutter und einer vom Vater. Nur die generativen Zellen (Ei, Pollen) besitzen lediglich einen Chromosomensatz, sie sind **haploid**. Während der Interphase der Mitose wird die DNA des Genoms repliziert. Der dadurch erzeugte vierfache Chromosomensatz wird während der Anaphase durch den Spindelapparat auf zwei entgegengesetzte Pole der Zelle verteilt. Dadurch erhalten die aus der Abschnürung der Mutterzelle resultierenden beiden Tochterzellen jeweils einen doppelten Chromosomensatz, sie sind damit wieder diploid. Durch **Colchizin**, ein Alkaloid der Herbstzeitlosen, wird über die Hemmung des Spindelapparats die Aufteilung der Chromosomen während der Anaphase gestört. Es können so alle Chromosomen der Mutterzelle in nur eine Tochterzelle gelangen; diese besitzt dann vier Chromosomensätze, sie ist **tetraploid**. Diese Tetraploidie kann in seltenen Fällen auch spontan durch einen Fehler der Mitose auftreten. Tetraploidie ist oft stabil und wird dann über somatische Zellen auf nachfolgende Generationen vererbt. Durch Kreuzungen von tetraploiden mit diploiden Pflanzen können in seltenen Fällen auch hexaploide Pflanzen erzeugt werden. Tetraploide und hexaploide (polyploide) Pflanzen zeigen oft ein besseres Wachstum; viele Kulturpflanzen sind aus diesem Grund polyploid. Polyploide Pflanzen können auch durch Protoplastenfusion erzeugt werden. Mit dieser Methode lassen sich Hybride zwischen zwei verschiedenen Züchtungslinien herstellen. Bei Kreuzungen sehr verschiedener Spezies sind durch die Unterschiede der Chromosomen diploide Hybride oft steril. Dagegen sind polyploide Hybride in der Regel fertil.

Die Chromosomenausstattung verschiedener Pflanzen ist in Tabelle 20.2 aufgelistet. Der Kreuzblütler *Arabidopsis thaliana* (Ackerschmalwand) (Abb. 20.1), ein an Straßenrändern wachsendes, unscheinbares Unkraut, hat lediglich $2 \cdot 5$ Chromosomen mit insgesamt nur $12{,}5 \cdot 10^7$ Basenpaaren (Tab. 20.1). Diese Pflanze entspricht in allen ihren Eigenschaften und in ihrer Ausstattung einer typischen dikotylen Pflanze und hat bei einer Anzucht in der Klimakammer einen Lebenscyclus von nur 6 Wochen. *Arabidopsis thaliana* wurde durch den Frankfurter Botaniker Friedrich Laibach 1943 in Reinkultur gezüchtet und ist seitdem weltweit die bestuntersuchte Modellpflanze, mit der verschiedenste pflanzliche Funktionen aufgeklärt wurden. Das Genom von *Arabidopsis thaliana* ist vollständig sequenziert.

Die größeren Chromosomenzahlen anderer Pflanzen lassen sich teilweise auf eine Genomkombination zurückführen. So ist Raps (*Brassica napus*) mit $2 \cdot 19$ Chromosomen eine Kreuzung von *Brassica rapa* (Rübsen) ($2 \cdot 10$ Chromosomen) und *Brassica oleracea* (Gemüsekohl) mit $2 \cdot 9$ Chromosomen (Tabelle 20.2). In diesem Fall entspricht das Ergebnis der Kreuzung einem diploiden Genom. Hingegen hat beim Weizen eine aufeinanderfolgende Kreuzung dreier Wildformen zur Hexaploidie geführt: Aus dem wilden Einkorn und dem

Tabelle 20.2: Anzahl der Chromosomen

	n: Ploidie m: Anzahl der Chromosomen in haploidem Genom	n · m
A	Dikotyle Pflanzen	
	Arabidopsis thaliana (Ackerschmalwand)	2 · 5
	Vicia faba (Ackerbohne)	2 · 6
	Glycine maximum (Sojabohne)	2 · 20
	Brassica napus (Raps)	2 · 19
	Beta vulgaris (Zuckerrübe)	6 · 19
	Solanum tuberosum (Kartoffel)	4 · 12
	Nicotiana tabacum (Tabak)	4 · 12
B	Monokotyle Pflanzen	
	Zea mays (Mais)	2 · 10
	Hordeum vulgare (Gerste)	2 · 7
	Triticum aestivum (Weizen)	6 · 7
	Oryza sativa (Reis)	2 · 12

Abb. 20.1 *Arabidopsis thaliana* (Ackerschmalwand), ein in Deutschland beheimatetes kleines Unkraut aus der Familie der Brassicaceae (Kreuzblüter) ist wegen seines kleinen Genoms weltweit zu der wichtigsten Modellpflanze geworden. Im Gewächshaus bei kontinuierlicher Belichtung beträgt die Zeit von der Keimung bis zur Bildung des reifen Samen nur sechs Wochen. Die Pflanze erreicht eine Höhe von 30–40 cm. Jede Frucht enthält etwa 20 Samenkörner. Mit freundl. Genehmigung von M. A. Estelle und C. R. Somerville.

Spelzweizen (jeweils 2 · 7 Chromosomen) entstand der wilde Emmer (4 · 7 Chromosomen) und durch Kreuzung mit einem weiteren Wildweizen der heute angebaute Weizen (*Triticum aestivum*) mit 6 · 7 Chromosomen. Auch der Tabak (*Nicotiana tabacum*) ist eine Kreuzung zweier Spezies (*Nicotiana tomentosiformis* und *N. sylvestris*) mit jeweils 2 · 12 Chromosomen.

Das Kerngenom der Ackerbohne enthält $14{,}5 \cdot 10^9$ Basenpaare und hat damit gegenüber *Arabidopsis* einen 200fach höheren DNA-Gehalt. Dies bedeutet aber keineswegs, dass im Ackerbohnengenom die Anzahl der proteincodierenden Gene (Strukturgene) 200fach höher ist als in *Arabidopsis*. Man kann davon ausgehen, dass die Zahl der Strukturgene in beiden Pflanzen sich um nicht mehr als einen Faktor von zwei bis drei unterscheidet. Die Differenz in der Genomgröße beruht vielmehr auf einer unterschiedlichen Anzahl aneinandergereihter gleicher DNA-Sequenzen von sehr variierender Größe, so genannter **repetitiver DNA**, die codierende oder nichtcodierende Funktion besitzen. Ein großer Teil der repetitiven Sequenzen bestehen aus Transposons, insbesondere Retrotransposons. Beispielsweise sind im Genom der Ackerbohne 85 % der DNA repetitive Sequenzen. Dazu gehören auch die ***tandem repeats***. Es handelt sich dabei um eine sehr große Zahl (manchmal Tausende) identischer, sich wiederholender DNA-Sequenzen (von einer Länge von 170–180 bp, mitunter auch von etwa 350 bp) die über das ganze Chromosom verstreut angeordnet sind – insbesondere am Anfang und am Ende, aber auch als Blöcke innerhalb der Chromosomen. Man bezeichnet diese hochrepetitive DNA auch als **Satelliten-DNA**. Dazu zählt auch die in Abschnitt 20.3 besprochene Mikrosatelliten-DNA. Ihre Sequenz ist gattungs- oder sogar artspezifisch. In manchen Pflanzen bestehen mehr als 15 % des gesamten Kerngenoms aus Satelliten-DNA. Möglicherweise spielt sie eine Rolle bei der Abgrenzung der Arten. Die Sequenz der Satelliten-DNA wird als artspezifischen Marker genutzt, um bei der Erzeugung von Hybriden durch Protoplastenfusion den Erfolg schon in der Zellkultur zu kontrollieren.

Als repetitive Sequenzen treten auch die Gene für ribosomale RNAs auf. Diese und auch die Gene für einige Transfer-RNAs sind in mehreren tausend Kopien vorhanden.

Hingegen kommen Strukturgene in wesentlich weniger oder sogar oft nur in einer einzigen Kopie (***single copy gene***) vor. Strukturgene mit hoher Nukleotid- oder Aminosäure-Identität, die für strukturell und funktionell sehr ähnliche Proteine codieren, werden häufig zu einer Genfamilie zusammengefasst. Eine Genfamilie bildet zum Beispiel die im Tomaten-Genom fünfmal vorkommenden Gene für die kleine Untereinheit der Ribulosebisphosphat-Carboxylase und die 14 Mitglieder der Genfamilie des Lichtsammelkomplexes LHC (Abschn. 2.4). Das in Maiskörnern vorhandene Zein (Kap. 14) wird durch eine etwa hundert Gene umfassende Genfamilie codiert. In *Arabidopsis* gehören fast 40 % der aus den Genomsequenzen vorausgesagten Proteine Genfamilien mit mehr als 5 Mitgliedern an.

Von einer dikotylen und einer monokotylen Pflanze ist die DNA-Sequenz des Kerngenoms bekannt.

Im Jahre 2000 ist es gelungen, das Genom von ***Arabidopsis thaliana*** vollständig zu sequenzieren. Aus den Sequenzdaten wurde ermittelt, dass das Kerngenom etwa **25 000 Strukturgene** enthält. Damit verfügt *Arabidopsis* über fast doppelt soviel Gene wie die Fruchtfliege *Drosophila*.

Ein Vergleich mit bekannten DNA Sequenzen aus tierischen Organismen zeigt, dass etwa ein Drittel der *Arabidopsis*-Gene pflanzenspezifisch sind. Von einem sehr großen Teil der Gene ist die Funktion bislang unbekannt. Auch ist inzwischen das **Reis-Genom** sequenziert worden. Jedoch sind auch beim Reis sehr viele der schätzungsweise **50 000 Strukturgene** noch nicht bekannt.

Die große Herausforderung liegt jetzt darin, die Funktionen der genomischen DNA-Sequenz-Gene in *Arabidopsis thaliana* und Reis zu ermitteln. Die geschieht zum einen durch bioinformatische Untersuchungen, indem Ähnlichkeiten der Sequenzdaten einzelner Gene mit in Datenbanken vorhandenen Sequenzen bekannter Proteine aller Organismen gesucht werden. Ein anderer Ansatz besteht darin, die Folgen der Ausschaltung bestimmter Gene für Wachstum, Stressanfälligkeit oder Stoffwechsel zu untersuchen. Die Ausschaltung der Gene kann durch Zufallsmutationen, z. B. durch Ti-Plasmide (Abschn. 22.5) erfolgen (T-DNA-Insertionsmutanten), wobei dann zunächst das mutierte Gen ermittelt werden muss. Gezieltes Ausschalten eines definierten Gens durch RNAi-Technik ist eine häufig angewendete Methode (Abschn. 22.5). Alle diese Untersuchungen erfordern eine automatisierte Auswertung und sind daher technisch sehr aufwendig.

20.2 Die DNA des Kerngenoms wird durch drei spezialisierte RNA-Polymerasen transkribiert

Bei der Transkription der DNA erfolgt die Synthese von RNA nur an einem der beiden DNA-Doppelstränge, dem **Matrizenstrang** (Abb. 20.2). Der dem Matrizenstrang komplementäre DNA-Strang wird als **codierender Strang** bezeichnet. Er hat die gleiche Sequenz wie die neu synthetisierte RNA, mit der Ausnahme, dass er Thymin anstatt Uracil enthält. Die DNA des Kerngenoms wird durch drei spezialisierte RNA-Polymerasen (I, II, III) transkribiert

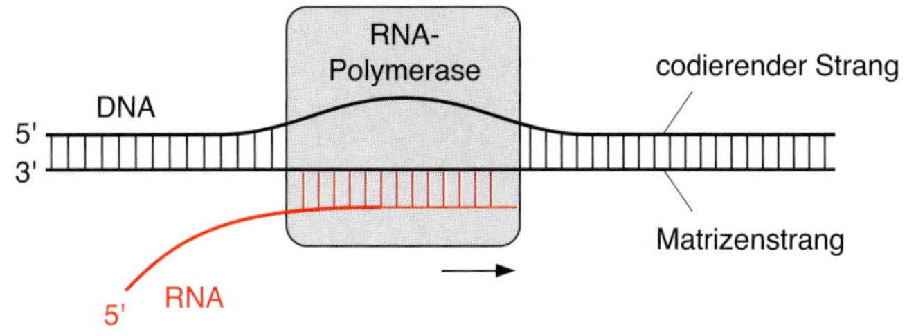

Abb. 20.2 Die RNA wird am Matrizenstrang der DNA abgelesen.

(Tab. 20.3). Pflanzen besitzen zusätzlich noch die RNA-Polymerasen IV und V, die evolutionär gesehen sich aus der RNA-Polymerase II ableiten. Diese RNA-Polymerasen sind an der Transkription nicht-codierender RNA beteiligt und insbesondere an der RNAi-vermittelten Gen-Silencing (Methylierung von DNA). Die Aufgabenverteilung zwischen den drei RNA-Polymerasen, wie auch viele Details der Genstruktur und Prinzipien der Genregulation gelten für alle eukaryontischen Zellen. Die RNA-Polymerase II, welche die Transkription der Strukturgene bewirkt, wird durch α-Amanitin in einer Konzentration von nur 10^{-8} mol/L stark gehemmt. α-Amanitin ist ein tödliches Gift des Knollenblätterpilzes, an dem immer noch jedes Jahr Pilzsammler sterben.

Tabelle 20.3: Die pflanzlichen RNA-Polymerasen

RNA-Polymerase	Transkript	Hemmung durch α-Amanitin
Typ I	ribosomale RNA (5,8S-, 18S-, 25S-rRNA)	keine
Typ II	messenger-RNA-Vorläufer kleine RNA (snRNA)	in geringen Konzentrationen von ca. 10^{-8} mol/L
Typ III	Transfer-RNA, ribosomale RNA (5S-rRNA)	nur durch höhere Konzentrationen (10^{-6} mol/L)
Typ IV, V	nicht-codierende RNA (miRNA)	

Die Transkription von Strukturgenen ist reguliert

In einer Pflanze sind von der sehr großen Anzahl der vorhandenen Strukturgene die meisten dieser Gene abgeschaltet und werden nur in ganz bestimmten Organen und dort oft auch nur in bestimmten Zellen aktiviert. Außerdem werden viele Gene nur zu einem bestimmten Zeitpunkt eingeschaltet, wie zum Beispiel die Gene für die Bildung von Phytoalexinen nach Pathogenbefall (Kapitel 16). Daher unterliegt die Transkription der meisten Strukturgene einer sehr komplexen und spezifischen Regulation. Die Gene für die Enzyme von Stoffwechselreaktionen, die in allen Zellen ablaufen, wie der Energiestoffwechsel oder die Proteinbiosynthese, werden häufiger transkribiert. Man bezeichnet Gene für Grundfunktionen, die alle Zellen unabhängig von ihrer Spezialisierung brauchen, auch als **Haushaltsgene** (*housekeeping genes*).

Einem Gen sind Nukleotidsequenzen mit Promotor- und Regulatorfunktion vorgeschaltet

Der Aufbau eines typischen Strukturgens ist in Abbildung 20.3 schematisch gezeigt. Die DNA auf der linken Seite vom Transkriptionsstartpunkt wird als

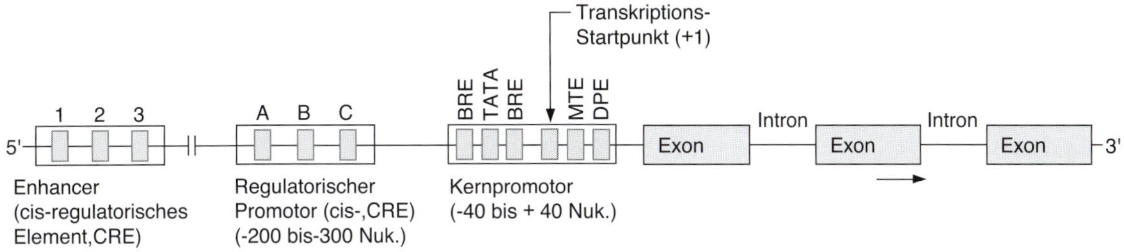

Abb. 20.3 Sequenzelemente eines eukaryontischen Gens. Die Zahlen beziehen sich auf die Nukleotidabstände vom Transkriptstartpunkt. +1 entspricht dem ersten Nukleotid der neu gebildeten mRNA, rRNA oder tRNA. Der Pfeil gibt die Transkriptionsrichtung an. Verschiedene DNA-Sequenzen befinden sich in konservierten Regionen. DPE: Downstream Promoter Element, MTE: Motif Ten Element, INR: Initiatorelement, BRE: TFIIB-Recognition Element, TATA: TATA-Box

5′-stromaufwärts und nach rechts 3′-stromabwärts bezeichnet. Der codierende Bereich des Gens ist zumeist auf mehrere Exons verteilt, die durch Introns unterbrochen werden.

DNA-Sequenzen, die die Transkription beeinflussen, werden in drei wesentliche Bereiche unterteilt. Der Kernpromotor befindet sich stromaufwärts und stromabwärts um den Transkriptionsstartpunkt und beinhaltet verschiedene konservierte Sequenzen wie das ‚Downstream Promoter Element', das ‚Motif Ten Element', das Initiatorelement und die Transktiptionsfaktor-Bindestellen (BRE und TATA-Box). Als regulatorisch wirksame DNA-Sequenzen (auch **cis–Elemente**) fungieren der regulatorische Promotorteil, der 200–300 Nukleotide vor dem Transkriptionsstartpunkt lokalisiert ist, und die **Enhancer** Regionen, die mehrere tausend Nukleotide stromaufwärts vom Transkriptionsstartpunkt liegen können.

Transkriptionsfaktoren regulieren die Ablesung eines Gens

Die Regulationselemente sind Bindungsort von **Transkriptionsfaktoren** (trans-Regulationselemente). Dies sind Proteine, die die Transkription beeinflussen. Bei sehr unterschiedlichen Transkriptionsfaktoren finden sich häufig wiederkehrende Strukturen. So enthalten viele Transkriptionsfaktoren Peptidketten, die zwei Cysteinreste, und davon weitere 12 Aminosäuren entfernt, zwei Histidinreste enthalten (Abb. 20.4). Durch die kovalente Bindung der beiden Cysteinreste mit einem Zinkatom und dessen koordinativer Bindung an die beiden Imidazolringe des Histidins entsteht ein **Zinkfinger**. Ein solcher Finger bindet drei Basen einer DNA-Sequenz. Zinkfinger-Transkriptionsfaktoren enthalten in der Regel mehrere (bis zu neun) Finger und können sich so an bestimmten DNA-Sequenzen „festkrallen".

Eine andere Sorte von Transkriptionsfaktoren besteht aus einem Dimer aus DNA-Bindeproteinen, die jeweils eine DNA-Bindungsdomäne und eine α-Helix mit drei bis neun Leucinresten besitzen (Abb. 20.5). Die Leucinreste der beiden α-Helices sind so im Dimer angeordnet, dass sie sich genau ge-

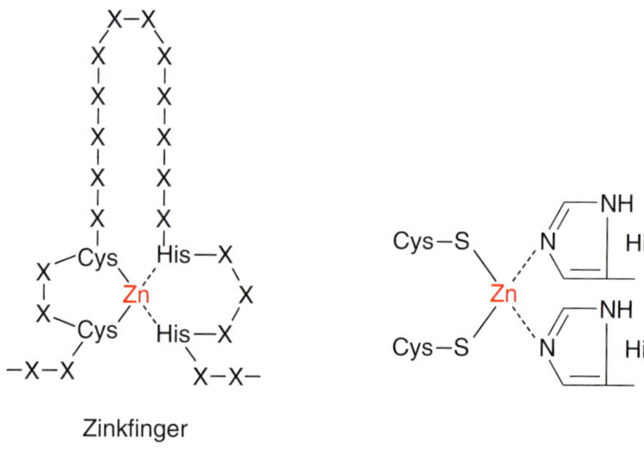

Abb. 20.4 Eine Klasse von Transkriptionsfaktoren besitzt die Struktur eines Zinkfingers. Eine Aminosäuresequenz (X = Aminosäure) enthält zwei durch zwei bis vier Aminosäuren getrennte Cysteinreste und nach weiteren 12 Aminosäuren zwei Histidinreste, die durch drei bis vier Aminosäuren getrennt sind. Zwischen den Cystein- und Histidinresten wird ein Zinkatom gebunden. Ein Transkriptionsfaktor enthält drei bis neun derartige Zinkfinger, jeder dieser Finger kann an eine Sequenz von drei Basen auf der DNA binden.

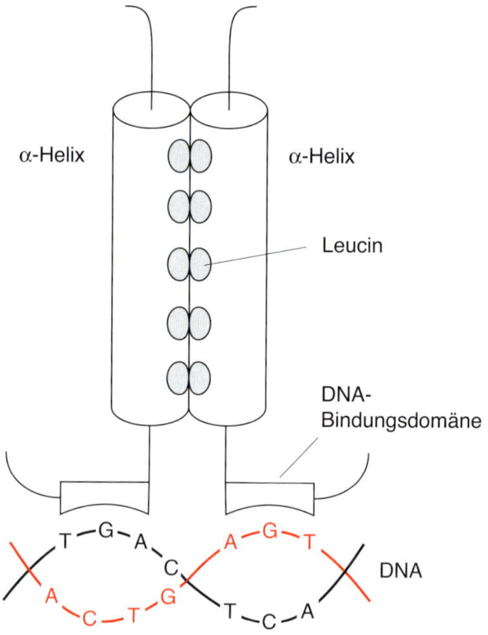

Abb. 20.5 Ein häufiges Strukturmotiv von Transkriptionsfaktoren ist auch der Leucin-Zipper (Leucin-Reißverschluss). Der Faktor besteht aus zwei Peptidketten mit jeweils einer α-Helix, auf der in zumeist jeder siebten Position ein Leucinrest enthalten ist. Die Leucinreste der beiden α-Helices, die sich jeweils an einer Seite befinden, gehen hydrophobe Wechselwirkungen ein und halten so die beiden α-Helices nach Art eines Reißverschlusses zusammen. Die beiden DNA-Bindungsdomänen enthalten basische Aminosäuren, die eine Bindung an die DNA ermöglichen. Vereinfachte Darstellung.

genüberstehen und die stark hydrophoben Leucinreste miteinander wechselwirken. Wie ein Reißverschluss (engl. *zipper*) halten so die Leucinreste die beiden Monomere zusammen. Man bezeichnet daher diese Struktur als **Leucin-Zipper**.

Kleine (sm) RNAs hemmen die Genexpression durch Inaktivierung von mRNAs

smRNAs, bestehend aus 21-24 Nukleotiden, regulieren die Genexpression verschiedener Proteine, die bei Entwicklungsprozessen abiotischer Stressbewältigung und Nahrungsmangel beteiligt sind. Sie werden mit Hilfe eines RNAse III-ähnlichen Enzyms (**DICER**) aus doppelsträngigen RNA-Vorläufermolekülen (dsRNA) herausgeschnitten und dann mit so genannten ARGONAUTE-Proteinen zu dem **RISC-Komplex** zusammengebaut. Die verschiedenen sm-RNA-Typen (miRNA, siRNA) binden an komplementäre Sequenzen der Ziel-mRNAs und spalten entweder die mRNAs oder hemmen deren Translation. Die dsRNA ist das Schlüsselintermediat dieses Prozesses und wird bei der **RNAi**-(RNA-Interferenz)-Technik eingesetzt, um Genfunktionen zu drosseln bzw. ausschalten zu können. Für grundlegende Arbeiten zur RNAi-Technik wurden Andy Fire und Craig Mello 2006 mit dem Nobelpreis ausgezeichnet.

Die Transkription von Strukturgenen erfordert einen komplexen Transkriptionsapparat

Die RNA-Polymerase II besteht aus 8 bis 14 Untereinheiten. Sie ist allein nicht in der Lage, die Transkription zu beginnen. Es sind Transkriptionsfaktoren erforderlich, um das Enzym an die Startposition des Gens zu dirigieren. Eine zentrale Rolle spielt dabei das **TATA-bindende Protein**, das die TATA-Box erkennt und dort bindet (Abb. 20.6). Für die Interaktion des TATA-bindenden Proteins mit der RNA-Polymerase sind eine Anzahl weiterer Transkriptionsfaktoren (in der Abbildung als A, B, F, E, H bezeichnet) erforderlich. Diese bilden zusammen die Voraussetzung für den Ablauf der Transkription, man bezeichnet sie daher als Basalfaktoren.

Der Transkriptionsapparat kann als Komplex aus sehr vielen Proteinkomponenten aufgefasst werden, um den sich die DNA in Schleifen herumwickelt. Auf diese Weise können weit stromaufwärts (und auch stromabwärts) gelegene cis-Regulationselemente des Gens eine Wirkung auf die RNA-Polymerase haben. Die Rate der Transkription wird durch Transkriptionsfaktoren, **Aktivatoren** oder **Repressoren** bestimmt, die an die stromaufwärts vorhandenen cis-Regulationselemente (Enhancer, Silencer; Abb. 20.3) binden. Diese Bindung kann beispielsweise über die besprochenen Zinkfinger oder Leucin-Zipper erfolgen. Die Aktivatoren interagieren über eine Reihe von **Coaktivatoren** mit dem TATA-bindenden Protein und modulieren dessen Wirkung auf die RNA-Polymerase. Verschiedene Kombinationen von Aktivatoren und Repressoren bewirken so ein Ein- und Ausschalten der Transkription einzelner Gene. Das in Abbildung 20.6 gezeigte Bild des Transkriptionsapparats stammt aus Untersuchungen am tierischen Organismus. Bisherige Untersuchungen sprechen dafür, dass in Pflanzen die Regulation der Transkription in prinzipiell gleicher Weise erfolgt.

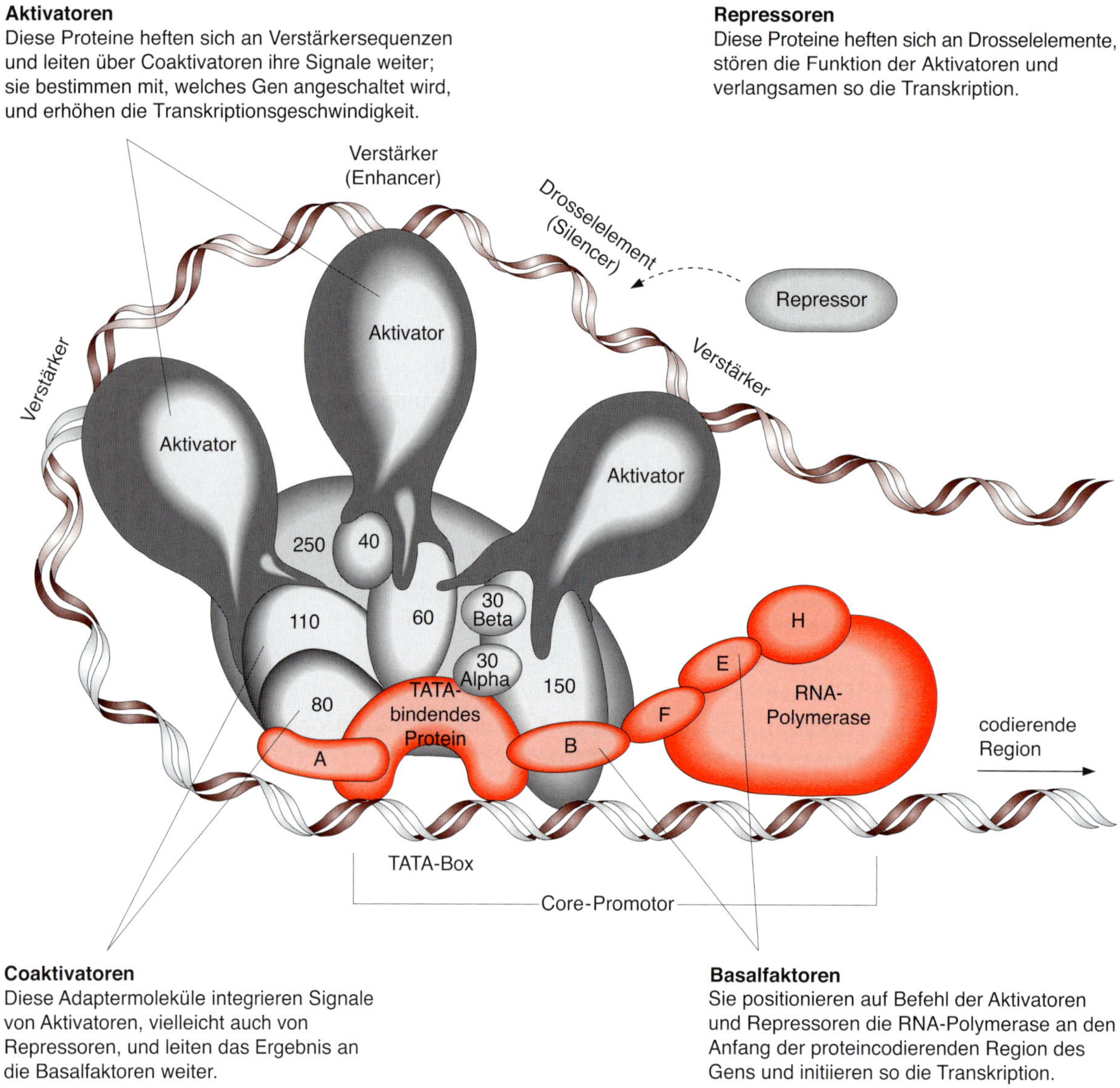

Abb. 20.6 Aufbau des eukaryontischen Transkriptionsapparates von Säugetieren, wobei nach bisherigen Erkenntnissen der noch nicht derartig im Detail aufgeklärte Transkriptionsapparat der Pflanzen einen prinzipiell gleichen Aufbau besitzt. Die Basalfaktoren (TATA-bindendes Protein, Proteine A–H, rot markiert) sind für die Transkription zwar unentbehrlich, können aber den Vorgang weder beschleunigen noch verlangsamen. Diese Aufgaben erfüllen die Regulatormoleküle (*trans*-Elemente), Aktivatoren und Repressoren, deren Kombination für jedes Gen anders ist. Sie heften sich an weit vom Gen entfernte regulatorische Abschnitte der DNA, die als Verstärker- oder Drosselelemente (Enhancer und Silencer) *cis*-Elemente bezeichnet werden. Aktivatoren und möglicherweise auch Repressoren kommunizieren mit den Basalfaktoren über Coaktivatoren, die einen festen Komplex mit dem TATA-bindenden Protein bilden. Dieser Komplex dockt am Core-Promotor an, einer Kontrollregion dicht am Proteingen. Die Coaktivatoren werden jeweils nach ihrem Molekulargewicht (angegeben in kDa) unterschieden. (Nach Tijan, R., Spektrum der Wissenschaft 4, 1995.)

Wie in Kapitel 22 besprochen wird, ist für die pflanzliche Gentechnik die Kenntnis von Promotorsequenzen von großer Bedeutung. Dabei muss man nicht unbedingt die besprochenen Boxen und Regulationselemente im Detail kennen. Für den praktischen Gebrauch kann es ausreichen, wenn man empirisch die stromaufwärts vor dem Strukturgen liegende DNA-Sequenz bestimmt, die die Transkription eines Gens in spezifischer Weise beeinflusst. Bei eukaryontischen Zellen wird oft der gesamte regulatorische Sequenzabschnitt vereinfachend als Promotor bezeichnet. So gibt es zum Beispiel Promotoren, die bewirken, dass ein Gen nur im Blatt und dort speziell in den Mesophyllzellen oder nur in den Schließzellen oder nur in Kartoffelknollen und dort nur in den Speicherzellen transkribiert wird. Die Spezifität der Genexpression erklärt sich dabei jeweils durch die Wirkung zellspezifischer Transkriptionsfaktoren auf die entsprechenden Promotoren.

Für die Bildung der reifen Messenger-RNA ist eine Prozessierung erforderlich

Die Transkription der DNA im Kern durch die RNA-Polymerase II liefert ein **Primärtranskript** (Prä-mRNA, Abbildung 20.7), das im Kern zur reifen

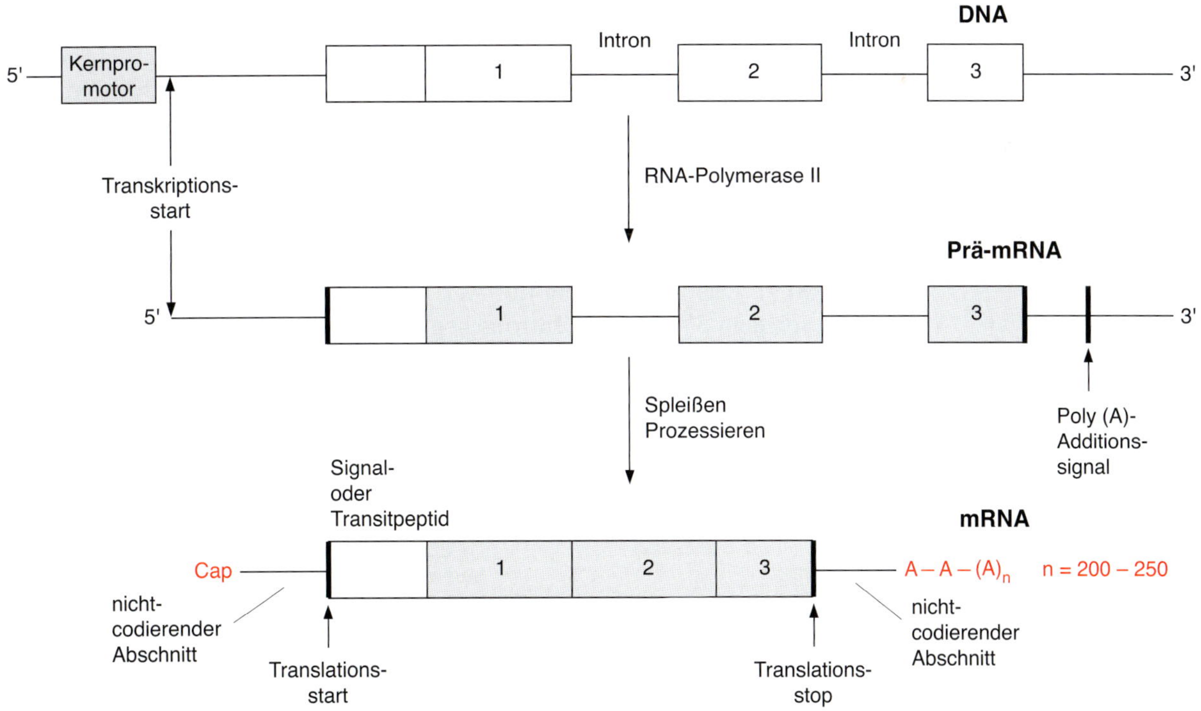

Abb. 20.7 Transkription und posttranskriptionelle Prozessierung eines eukaryontischen Strukturgens. Aus dem durch die RNA-Polymerase II gebildeten Primärtranskript werden durch Spleißen (Abb. 20.9, 20.10) die Introns entfernt. Durch die Anknüpfung einer Cap-Sequenz (Abb. 20.8) an das 5′-Ende und einer Poly(A)-Sequenz an das 3′-Ende einer durch ein Poly(A)-Additionssignal markierten Spaltstelle entsteht die reife mRNA.

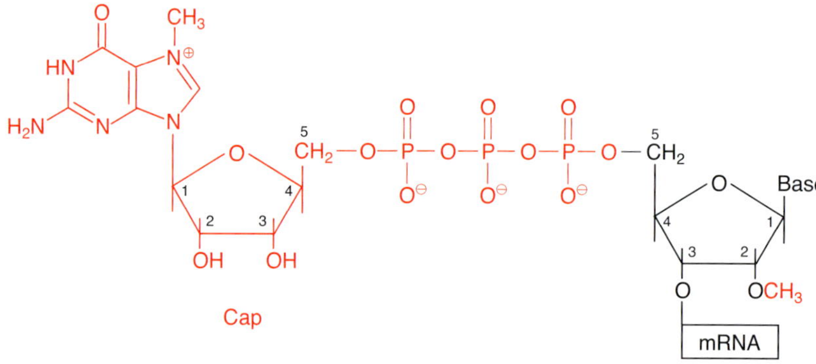

Abb. 20.8 Die Cap-Sequenz besteht aus 7′-Methylguanosintriphosphat, das mit dem 5′-Ende der mRNA verknüpft ist. Die Ribosereste der letzten beiden Nukleotide der mRNA sind oft in 2′-Position methyliert.

mRNA prozessiert wird. Noch während der Transkription wird ein GDP-Molekül an die 5′-Phosphat Gruppe des RNA-Anfangs geknüpft, so dass eine Brücke aus drei Phosphatgruppen gebildet wird (Abb. 20.8). Außerdem wird das Guanosin und die zweite Ribose (manchmal auch die dritte, im Bild nicht gezeigt) durch *S*-Adenosylmethionin-abhängige Methyltransferasen methyliert. Dieses modifizierte GTP am Anfang der RNA wird als **5′-Cap** (Kappe) bezeichnet. Diese Kappe, mit der nur mRNA, nicht aber rRNA oder tRNA versehen wird, dient als Bindungsstelle bei der Bildung des Initiationskomplexes beim Start der Proteinbiosynthese an den Ribosomen (Abschn. 21.1) und bietet wahrscheinlich auch Schutz gegen den Abbau durch Ribonukleasen.

Zur weiteren Prozessierung der Prä-mRNA müssen die Introns entfernt werden (Spleißen). Die Länge dieser Introns kann sehr unterschiedlich sein. Es wurden Intronsequenzen von 50 bis 10.000 Nukleotiden beschrieben. 4 Intron-Typen werden unterschieden. Bei Introns der Gruppe 1 sind die Exon/Intron Grenzsequenzen hoch konserviert. Die letzten beiden Nukleotide auf dem Exon sind meist AG und die ersten Nukleotide des Introns GU (Abb. 20.9). Das Intron endet mit AG. Etwa 20 bis 50 Nukleotide stromaufwärts vor dem 3′-Ende des Introns liegt ein sog. Verzweigungsnukleotid mit Adenin als Base, das beim Spleißprozess eine wesentliche Rolle spielt. Bei den anderen Intron-Typen sind die Grenzsequenzen weniger konserviert.

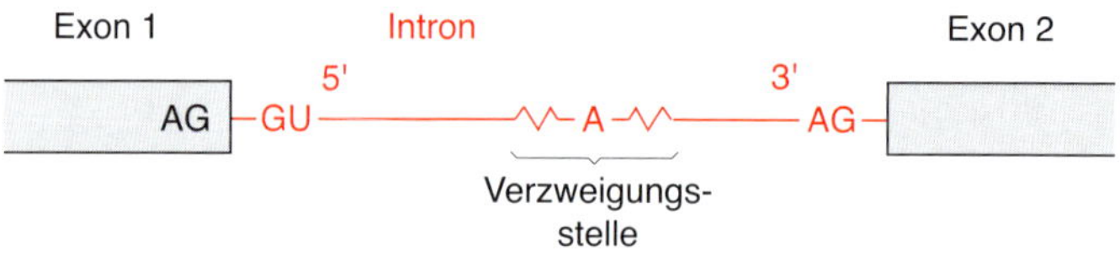

Abb. 20.9 Die Exon-Intron-Grenzsequenz wird bei Gruppe1-Introns durch die Sequenz AGGU markiert und das Ende des Introns durch die Sequenz AG. 20–50 Nukleotide vom 3′-Ende des Introns entfernt liegt eine Consensus-Sequenz aus sieben Nukleotiden, die unter anderem ein Adenin-Nukleotid enthält, an dem bei dem Herausschneiden des Introns über eine 2′-5′-Phosphodiester-Bindung eine Verzweigung gebildet wird.

Das Herausschneiden der Introns (**Spleißen**) erfolgt durch **Riboproteinkomplexe**, die aus RNA und Proteinen zusammengesetzt sind. Am Spleißvorgang sind fünf verschiedene RNAs mit Kettenlängen zwischen 100 und 190 Basen beteiligt, die als **snRNAs** (sn = *small nuclear*) bezeichnet werden. Diese snRNAs bilden zusammen mit Proteinen und der zu spleißenden mRNA, das so genannte **Spleißosom**. Abbildung 20.10 zeigt den Ablauf des Spleißvor-

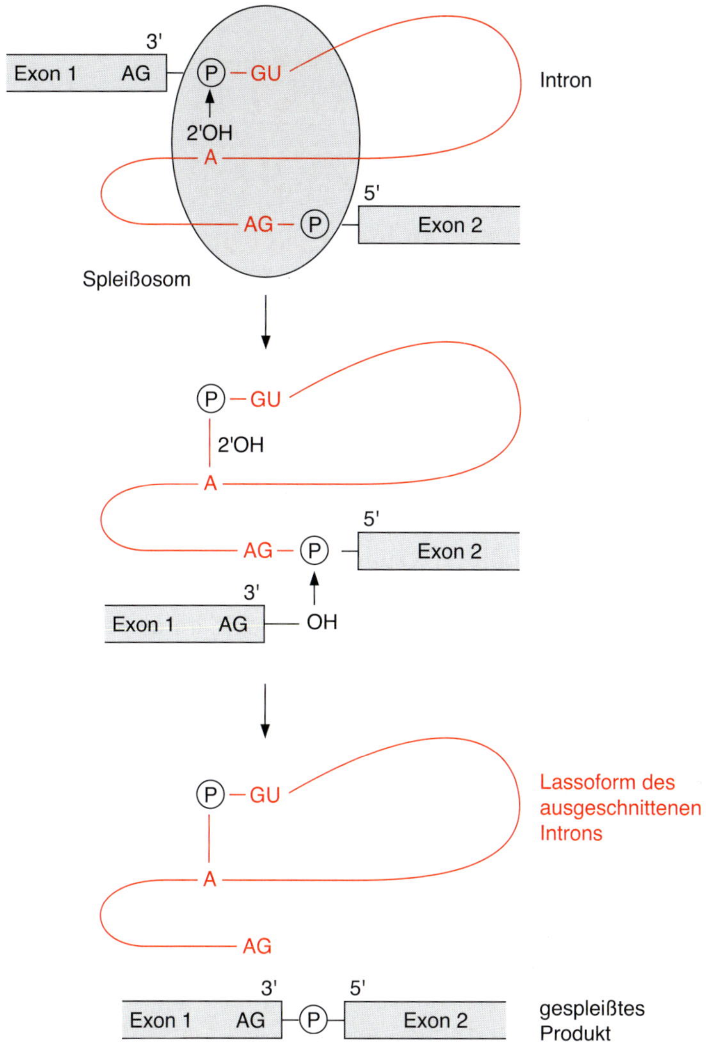

Abb. 20.10 Beim Spleißvorgang lagern sich mehrere RNA-Moleküle und snProteine an der Spleißstelle der RNA zu einem Spleißosom zusammen. Nach Ausbildung einer Esterbindung mit der 2′-OH-Gruppe des Adenin-Nukleotids der Verzweigungsstelle und dem Phosphat des Exon-Intron-Überganges entsteht ein freies 3′-OH-Ende des Exons 1. Dieses 3′-Ende knüpft eine neue Esterbindung mit dem Phosphatrest am 5′-Ende des Exons 2, wobei das Intron in der Form eines Lassos abgespalten wird.

ganges. Zunächst bildet die 2′-OH-Gruppe der Ribose des Verzweigungsnukleotids mit dem Phosphatrest des Exon-Intron-Überganges, einen Phosphatester. Dabei wird die Esterbindung zu Exon 1 gelöst. Es folgt nun eine zweite Umesterung: Zwischen der 3′-OH-Gruppe des Exons I und dem 5′Phosphatrest des Exons 2 wird ein Ester gebildet und dabei der Phosphatester zwischen Intron und Exon 2 aufgespalten. Damit sind beide Exons verknüpft und der Spleißvorgang abgeschlossen. Es bleibt das Intron in Form eines Lassos übrig, das später durch Ribonukleasen abgebaut wird.
Als weiterer Schritt der RNA-Prozessierung wird hinter einem Poly(A)-Additionssignal (Abb. 20.11) durch eine Endonuklease das 3′-Ende der Prä-mRNA abgespalten, und an der Spaltstelle wird durch eine Poly(A)- Polymerase eine **Poly(A)-Sequenz** von bis zu 250 Basen angefügt. Die so fertiggestellte, reife mRNA verlässt gebunden an spezielle Proteine den Zellkern.

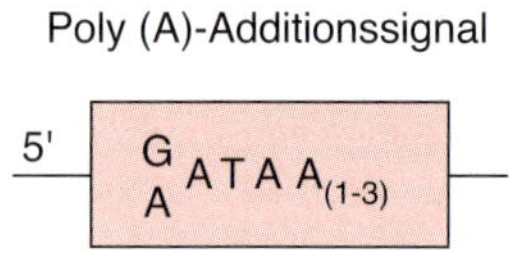

Abb. 20.11 Consensus-Sequenz für das Poly(A)-Additionssignal.

rRNA wird durch RNA-Polymerase I und III synthetisiert

Eukaryontische Ribosomen von Pflanzen enthalten vier verschiedene rRNA-Moleküle, die nach ihren Sedimentationskonstanten als 5S-, 5,8S-, 18S- und 25S-rRNAs bezeichnet werden. Die in sehr vielen Kopien vorhandenen Gene für die 5S-rRNA sind tandemartig auf bestimmten Abschnitten der Chromosomen angeordnet. Die Ablesung dieser Gene erfolgt durch die RNA-Polymerase III. Die drei restlichen ribosomalen RNAs sind auf einem zusammenhängenden Genomabschnitt codiert, wiederum tandemartig in sehr vielen Kopien. Auf die Ablesung dieser Genomabschnitte ist die RNA-Polymerase I spezialisiert. Die Transkription führt zu einem Primärtranskript, das dann nach Methylierung insbesondere an den OH-Gruppen der Ribosereste in die reifen 18S-, 5,8S- und 25S-rRNA prozessiert wird (Abb. 20.12). Die herausgeschnittenen RNA-Abschnitte zwischen den genannten rRNAs werden als **intergenetische Spacer** bezeichnet. Vergleichende Sequenzanalysen dieser Spacer-Regionen werden für die Ermittlung der phylogenetischen Zuordnung verschiedener Pflanzenarten innerhalb einer Gattung benutzt.

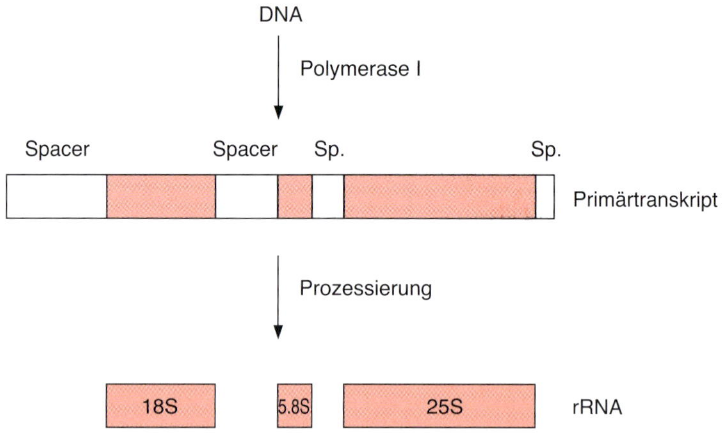

Abb. 20.12 Drei der vier rRNA-Moleküle werden polycistronisch (d. h. als Einheit) transkribiert, beim Prozessieren werden die Spacer entfernt.

20.3 Der DNA-Polymorphismus liefert genetische Marker für die Pflanzenzüchtung

Ein Organismus ist durch die DNA-Nukleotidsequenz seines Genoms charakterisiert. Unterschiede in den DNA-Sequenzen (DNA-Polymorphismus) bestehen nicht nur zwischen verschiedenen Arten, sondern in einzelnen Bereichen auch zwischen Individuen der gleichen Art. So sind zwischen zwei Sorten einer Kulturpflanze in einem Strukturgen häufig 0,1–1 % der Nukleotide ausgetauscht, wobei dieser Austausch vorwiegend in den Introns zu finden ist.

Die Selektion von Pflanzen für eine Züchtung erfolgt üblicherweise nach äußeren Merkmalen, wie beispielsweise der Ertragsleistung oder der Resistenz gegen bestimmte Schädlinge. Diese Merkmale sind letztlich alle durch Unterschiede der Nukleotidsequenzen in den Strukturgenen bedingt. Es wäre daher bei Züchtungen viel einfacher, wenn für eine Selektion der zu vermehrenden Pflanzen nicht eine Generation abgewartet werden müsste, bis die genannten äußeren Merkmale erkennbar sind, sondern statt dessen die entsprechenden DNA-Sequenzen analysiert würden. Nun ist eine direkte vergleichende Analyse der Gene nicht praktikabel, da zum einen die an der Ausbildung der Merkmale beteiligten Gene nicht alle bekannt sind und zum anderen die geringe Änderung von 0,1–1 % der Nukleotidsequenzen dieser Gene nur mit sehr großem Aufwand nachweisbar wäre.

Durch Restriktionsfragmentlängen-Polymorphismus lassen sich Individuen der gleichen Art unterscheiden

Aber auch ohne einen detaillierten Sequenzvergleich ist es möglich, Unterschiede in den Genen verschiedener Individuen einer Art sichtbar zu machen und diese empirisch bestimmten äußeren Merkmalen zuzuordnen. Eine Methode hierfür ist die Analyse des Restriktionsfragmentlängen-Polymorphismus (**RFLP**). Dabei werden bakterielle **Restriktionsendonukleasen** eingesetzt, die eine DNA an einer als **Restriktionsschnittstelle** bezeichneten, oft palindromischen Erkennungssequenz spalten (Abb. 20.11). Die verschiedenen Restriktionsendonukleasen erkennen jeweils eine spezifische Nukleotidsequenz von 4–8 bp. Da auf jeder DNA diese Restriktionsschnittstellen zufällig vor-

Abb. 20.13 Restriktionsendonukleasen des Typ II schneiden die DNA an Restriktionsstellen, die aus einer palindromischen Erkennungssequenz bestehen. Als Beispiel werden die Restriktionsstellen für zwei Enzyme aus *Escherichia coli* gezeigt. Die Restriktionsendonuklease EcoRI (Abb. 20.13A) spaltet den DNA-Doppelstrang an versetzten Stellen, dadurch enthalten die Fragmente an ihren Enden kurze, überstehende Einzelstrangabschnitte. Man nennt sie klebrige Enden (*sticky ends*), weil durch die Bildung von Basenpaaren zwischen ihnen der DNA-Doppelstrang wieder zusammenkleben kann. Dagegen erzeugt EcoRV glatte Enden (*blunt ends*).

handen sind – die mit nur 4 bp sehr viel häufiger als die mit 8 bp –, kann man durch eine bestimmte Restriktionsendonuklease (zumeist verwendet man Enzyme mit Restriktionsstellen von 6 bp) genomische DNA einer Pflanze in definierte DNA-Fragmente spalten. Durch Austausch von nur einem Nukleotid in der DNA, wenn sie in der Erkennungssequenz liegt, können Restriktionsschnittstellen aufgehoben oder neu gebildet werden. Dadurch führt eine geringfügige Änderung der Nukleotidsequenz der DNA zu einem Polymorphismus der Restriktionsfragmentlängen.

Der Restriktionsverdau genomischer DNA führt zu einer unüberschaubar großen Zahl von Spaltfragmenten. Zur Hervorhebung der Fragmente eines bestimmten Genomabschnitts werden markierte **DNA-Sonden** benötigt. Zur Herstellung einer Sonde wird ein bestimmter DNA-Abschnitt eines Chromosoms von etwa 10–20 kbp, der das Gen des gesuchten Merkmals trägt, durch Plasmide oder Bakteriophagen als Vektor in Bakterien (meist *Escherichia coli*) eingebaut und dort vermehrt. Aus den Bakterien werden die Plasmide oder Bakteriophagen isoliert und die vermehrten DNA-Stücke wieder herausgeschnitten, isoliert und anschließend radioaktiv markiert oder auch mit einer Fluoreszenzmarkierung versehen. Für den RFLP benutzte Sonden werden als **RFLP-Marker** bezeichnet.

Die Analyse der durch die genannten Sonden markierten DNA-Restriktionsfragmente erfolgt durch den von E. M. Southern 1975 entwickelten **Southern Blot** (*blot*, englisch für „Fleck"). Dazu werden die Restriktionsfragmente zunächst durch Elektrophorese in einem Agarose-Gel nach ihrer Länge aufgetrennt (die kürzesten Fragmente wandern am weitesten). Die aufgetrennten DNA-Fragmente aus dem Gel werden dann auf eine Membran aus Nitrocellulose oder Nylon übertragen. Dazu legt man die Membran auf das Gel und saugt durch das Auflegen von Papiertüchern eine Pufferlösung durch das Gel und die Membran, wobei die diffundierenden DNA-Fragmente an der Membran gebunden werden (Abb. 20.14). Der Puffer bewirkt zudem eine Auftrennung in Einzelstränge (Denaturierung). Nach Zugabe der markierten Sonde wird diese durch Hybridisierung überall dort auf der Membran gebunden, wo sich ein DNA-Fragment befindet, dessen Nukleotidsequenz völlig oder teilweise zu der Nukleotidsequenz der Sonde komplementär ist. Dadurch werden nur die der Sonde zumindest teilweise komplementären DNA-Fragmente markiert, und durch Messung der Radioaktivität (z. B. Auflage auf einen Röntgenfilm), beziehungsweise durch Fluoreszenzmessung nachgewiesen.

Abbildung 20.15 erklärt das Prinzip der Entstehung des RFLP. Abbildung 20.15A zeigt in (a) einen Genabschnitt mit drei Restriktionsschnittstellen (R_1, R_2, R_3). Da die Sonde nur an den DNA-Bereich zwischen R_1 und R_3 bindet, entstehen durch Behandlung mit der Restriktionsendonuklease maximal zwei nachweisbare Restriktionsfragmente, die aufgrund ihrer unterschiedlichen Länge in der Gelelektrophorese aufgetrennt werden (Abb. 20.15B, Spur a). Bei dem Austausch eines Nukleotids, einer Punktmutation, wird die Restriktionsschnittstelle R_2 aufgehohen, es ist daher nur noch ein markiertes Restriktionsfragment nachweisbar (Spur b), das wegen seiner Größe in der Gelelektrophorese weniger weit wandert als die Fragmente von (a). Bei der Insertion eines DNA-Abschnittes zwischen die Restriktionsstellen

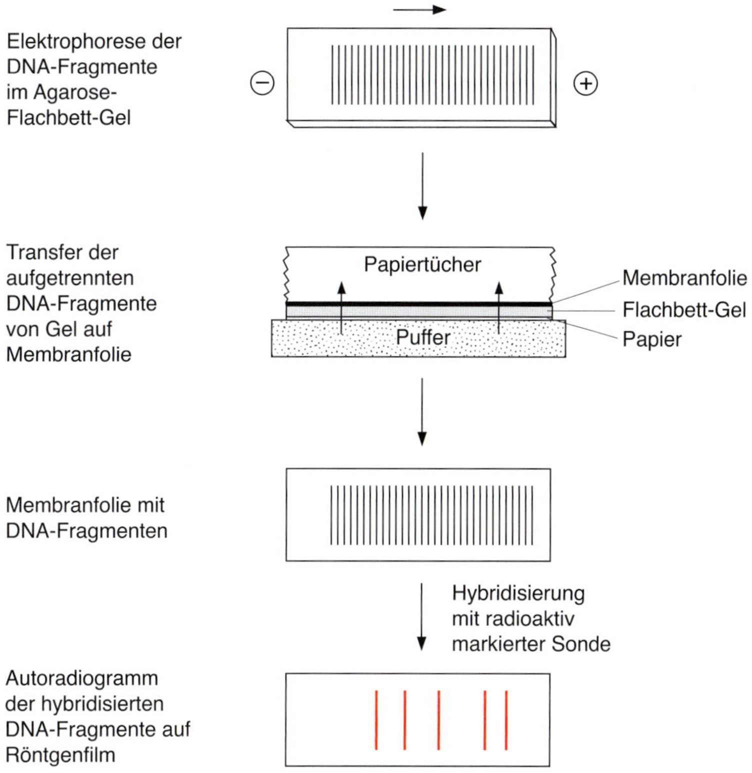

Abb. 20.14 Das Southern-Blot-Verfahren.

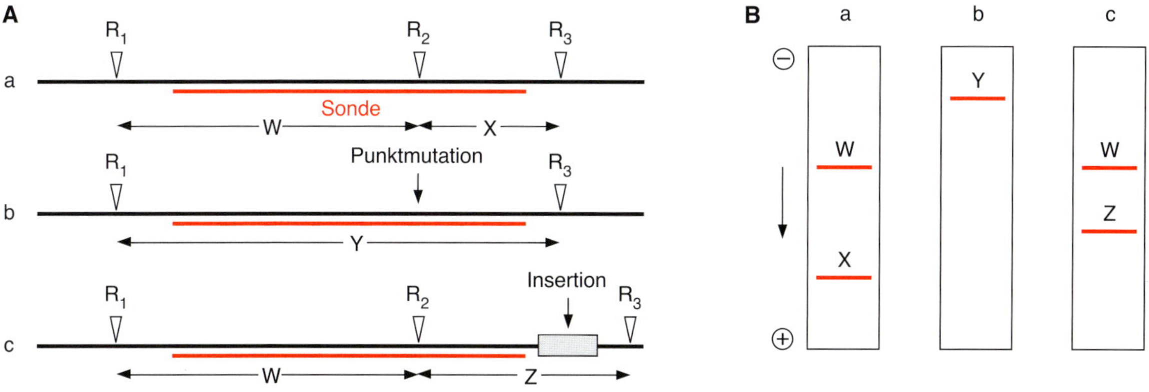

Abb. 20.15 Die molekulare Entstehung eines Restriktionsfragmentlängen-Polymorphismus. **A**) Die Restriktionsstellen der Restriktionsendonuklease in den Genotypen a, b und c sind mit R_1, R_2 und R_3 bezeichnet. Die Sonde, mit der die Fragmente nachgewiesen werden, ist rot eingezeichnet. **B**) a zeigt die elektrophoretische Wanderung der Fragmente (W, X), die durch die Hybridisierung mit der Sonde markiert wurden. b) Durch Punktmutation wird eine Restriktionsstelle aufgehoben, es wird nur ein Fragment (Y) gebildet, das wegen seiner größeren Länge in der Elektrophorese weniger weit läuft. c) Nach Insertion ist das Fragment X vergrößert (Z).

R_2 und R_3 (c) hat das entsprechende Fragment eine größere Länge. Die RFLP bilden **genetische Marker**, die nach den Mendelschen Gesetzen vererbt werden und zur Charakterisierung einer Sorte herangezogen werden können, wobei man in der Regel parallel mit mehreren verschiedenen Sonden arbeitet. Man nutzt die RFLP auch in der pflanzlichen Systematik für die Aufstellung phylogenetischer Stammbäume.

Definierte Restriktionsfragmente lassen sich außerdem als markierte Sonden benutzen, um die Lokalisierung von Genen auf den Chromosomen zu bestimmen. Man hat auf diese Weise Chromosomenkarten von verschiedenen Pflanzen (z. B. *Arabidopsis,* Kartoffel, Tomate und Mais) erstellt.

Die RAPD-Technik ist eine besonders einfache Methode zur Untersuchung des DNA-Polymorphismus

Eine alternative Methode zur Analyse von Unterschieden der DNA-Sequenzen zwischen verschiedenen Individuen oder Sorten einer Art besteht in der Amplifikation (Vervielfältigung) zufällig erhaltener DNA-Fragmente (*random amplified polymorphic DNA*, **RAPD**). Diese Methode, die seit 1990 angewandt wird, ist im Vergleich zur besprochenen RFLP-Technik wesentlich einfacher durchzuführen und hat daher in kurzer Zeit eine große Bedeutung erlangt.

Grundlage für die RAPD-Technik ist die **Polymerase-Kettenreaktion** (*polymerase chain reaction*, **PCR**), die hier zunächst besprochen werden soll. Diese Methode ermöglicht es, ausgewählte DNA-Fragmente von einer Länge bis zu 2–3 kbp mithilfe einer speziellen DNA-Polymerase sehr wirksam zu amplifizieren. Hierfür sind **Oligonukleotid-Primer** erforderlich, die an eine komplementäre Sequenz der zu vervielfältigenden DNA binden und so den Startpunkt für die Synthese eines DNA-Tochterstranges an der Matrize des DNA-Mutterstranges bilden. Bei der Polymerase-Kettenreaktion sind zwei Primer (A, B) erforderlich, um das zu vermehrende DNA-Stück nach beiden Seiten zu begrenzen. Durch die Auswahl der Primer lassen sich Anfang und Ende des amplifizierten DNA-Stranges definieren. Abbildung 20.16 zeigt das Prinzip der Reaktion. Als erster Schritt werden durch Erhitzen auf 95 °C die DNA-Doppelstränge in Einzelstränge getrennt. Bei einem anschließenden Abkühlen hybridisieren die im Überschuss vorhandenen Primer mit den DNA-Einzelsträngen und ermöglichen so bei einem dritten Schritt bei mittlerer Temperatur eine durch DNA-Polymerase katalysierte Synthese von DNA aus Desoxynukleosidtriphosphaten. Man verwendet hierfür unter anderem eine DNA-Polymerase aus dem in heißen Quellen lebenden, thermophilen Bakterium *Thermus aquaticus* (**Taq-Polymerase**), die durch die vorangehende Hitzebehandlung nicht beeinträchtigt wird. Anschließend werden durch erneutes Erhitzen auf 95 °C die gebildeten DNA-Doppelstränge aufgetrennt, bei einem anschließenden Abkühlen erfolgt wiederum eine Bindung der Primer und eine erneute DNA-Synthese durch die Taq-Polymerase. Durch fortgesetztes abwechselndes Erhitzen und Abkühlen kann diese Reaktion 30 bis 40 Cyclen lang fortgesetzt werden, wobei sich bei jedem Cyclus die DNA-

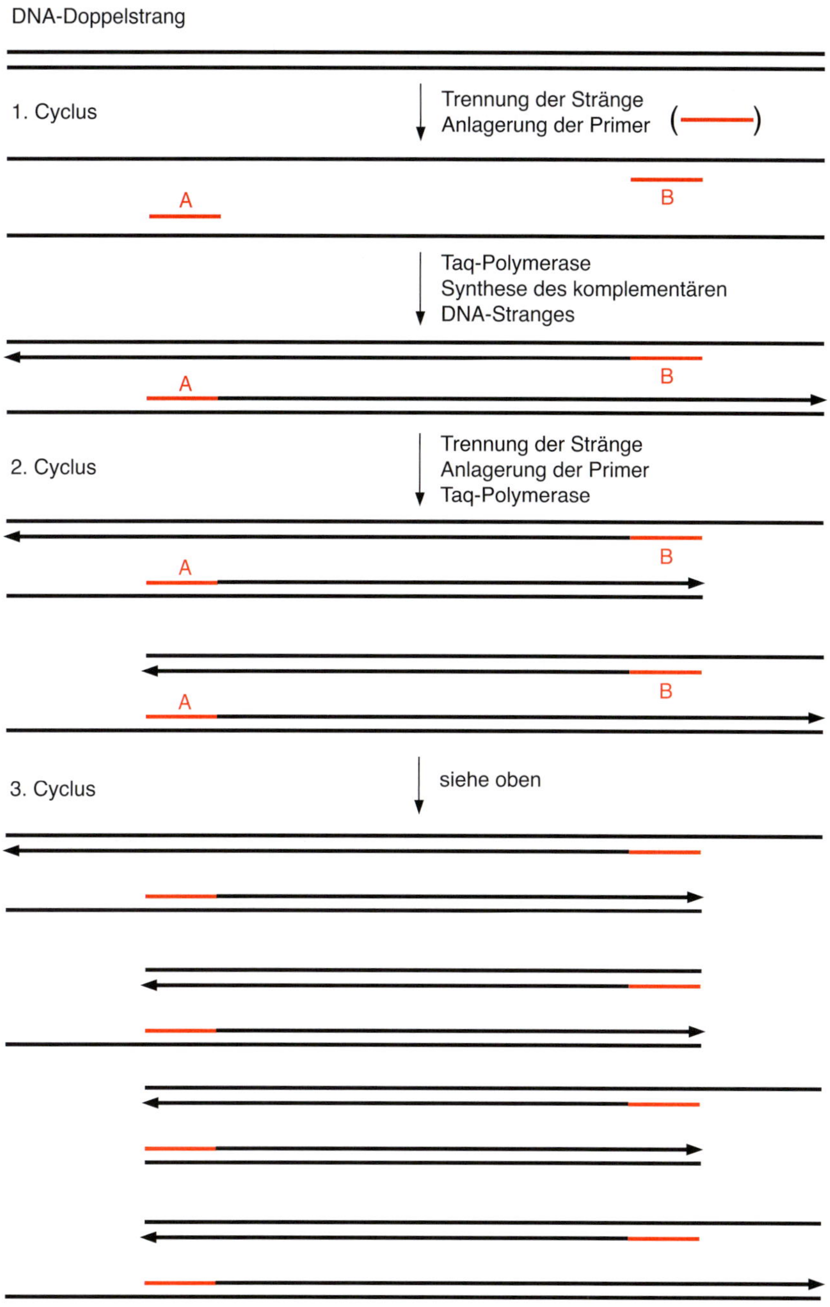

Abb. 20.16 Prinzip der Polymerase-Kettenreaktion.

Menge verdoppelt. Beim ersten Cyclus ist die Länge der neugebildeten DNA nach der einen Seite noch nicht begrenzt. Durch die Bindung des Primers an die komplementäre Basensequenz des neu gebildeten DNA-Stranges entsteht bei erneuter DNA-Synthese ein Produkt, das in seiner Länge durch beide Primer begrenzt ist. Mit zunehmender Zahl der Cyclen werden so DNA-Fragmente von einheitlicher Länge amplifiziert. Da bei der Polymerase-Kettenreaktion die Zahl der gebildeten DNA-Moleküle sich mit der Anzahl der

Cyclen exponenziell vermehrt (z. B. nach 25 Cyclen um den Faktor $34 \cdot 10^6$), lassen sich so kleinste DNA-Mengen (im Extremfall ein einziges Molekül) beliebig vermehren.

Bei der oben genannten **RAPD-Technik** werden für die Polymerase-Kettenreaktion genomische DNA und nur ein Oligonukleotid-Primer, der meistens aus zehn Nukleotiden besteht eingesetzt. Da die Wahrscheinlichkeit, dass eine identische Zehner-Nukleotidsequenz auf der genomischen DNA mehrfach auftritt, gering ist, bindet der Primer nur an wenigen Stellen der genomischen DNA. Eine weitere Beschränkung besteht darin, dass wegen der Eigenschaften der eingesetzten DNA-Polymerasen bei der Amplifikation der Abstand zwischen zwei gebundenen Primern nicht größer als 2–3 kbp sein darf. Dadurch werden nur sehr wenige Abschnitte des Genoms durch die Polymerase-Kettenreaktion amplifiziert. Eine weitere Auswahl der Fragmente durch eine Sonde ist daher nicht erforderlich. Durch die Amplifikation werden die einzelnen DNA-Fragmente in so großen Mengen produziert, dass sie nach der Auftrennung durch Gelelektrophorese und einer daran anschließenden Anfärbung mit Ethidiumbromid durch Bestrahlung mit UV-Licht als fluoreszierende Banden sichtbar gemacht werden können. Punktmutationen, die die Primer-Bindungsstellen aufheben oder neu erzeugen oder Deletionen beziehungsweise Insertionen, welche die Größe und Menge der PCR-Produkte beeinflussen, verändern das Muster der DNA-Fragmente in analoger Weise wie bei der RFLP-Technik (Abb. 20.15). Durch Änderung der Primer-Sequenzen können sehr leicht unterschiedliche DNA-Fragmente erzeugt werden. Definierte Primer mit zehn Basen sind in tausendfacher Variation im Handel erhältlich. Bei der RAPD-Technik werden Primer so lange variiert, bis zufällig Banden von DNA-Fragmenten erhalten werden, die mit einem bestimmten Merkmal korrelieren. Da die RAPD-Technik weder die Herstellung von Sonden noch einen Southern-Blot erfordert, ist sie mit einem viel geringeren Arbeitsaufwand als die RFLP-Technik verbunden und hat zudem den Vorteil, dass sehr geringe DNA-Mengen, wie man sie zum Beispiel aus dem Embryo einer Pflanze isoliert, für eine Untersuchung bereits ausreichen. Auch wenn die Gene auf den auftretenden Fragmenten in der Regel nicht bekannt sind, lassen sich durch die RAPD-Technik Unterschiede zwischen einzelnen Sorten einer Art reproduzierbar nachweisen. Damit ist auch die RAPD-Technik zu einem wichtigen Hilfsmittel der Züchtungsforschung geworden.

Der Polymorphismus der Mikrosatelliten-DNA wird als genetischer Marker verwendet

In jüngster Zeit haben **Mikrosatelliten-DNA** (Abschnitt. 20.1) Bedeutung als molekulare Marker zur Identifizierung bestimmter Pflanzenlinien gewonnen. Die Mikrosatelliten-DNAs enthalten eine Sequenz von 1–2, seltener auch 3–6 Basenpaare, die in 10–50 facher Wiederholung an bestimmten Stellen des Genoms – im Intronbereich oder direkt vor oder hinter einem Gen – vorkommen; wobei die Zahl der Wiederholung hochpolymorph ist. Der experimentelle Nachweis erfolgt wiederum durch PCR-Analyse. Der Mikrosatelliten-

Polymorphismus wird nicht nur zur Identifizierung menschlicher Individuen, beispielsweise bei Kriminalfällen, sondern auch als genetischer Marker für die Pflanzenzucht herangezogen.

20.4 Springende Gene vagabundieren durch das Genom

Bei Maiskolben treten in manchen Linien häufig einzelne anders gefärbte Körner auf, was darauf hindeutet, dass dort die Pigmentbildung durch Mutationen gestört ist. Auch unter der Nachkommenschaft eines Löwenmäulchens, das normalerweise rote Blüten trägt, findet man gelegentlich mutierte Pflanzen, bei denen in Teilen der Blüte die rote Farbe nicht mehr gebildet wird und die dadurch weiß gestreift sind. Nachkommen dieser „defekten" Zellen können manchmal das rote Pigment wieder synthetisieren, es entstehen so Blüten, in denen neben den weißen Streifen rote Flecken auftreten.

Barbara McClintock (USA) hat dieses Phänomen Ende der vierziger Jahre am Mais mit Methoden der klassischen Genetik untersucht. Sie fand, dass es im Maisgenom bewegliche DNA-Elemente gibt, die in ein Strukturgen springen und dieses dadurch ausschalten können. Das bewegliche Element bleibt dort aber meist nicht auf Dauer, sondern springt früher oder später weiter in ein anderes Gen, wodurch die Funktion des ersten Strukturgens meist wiederhergestellt wird. Für diese wichtigen Erkenntnisse wurde Barbara McClintock 1983 mit dem Nobelpreis für Medizin ausgezeichnet. Es zeigte sich, dass diese springenden (transponierbaren) Elemente – die später als **Transposons** bezeichnet wurden – nicht eine Besonderheit von Pflanzen sind, sondern auch in Bakterien, Pilzen und Tieren auftreten.

Als Beispiel zeigt Abbildung 20.17 die Struktur des Transposons AC (*activator*) aus Mais. Es handelt sich um eine doppelsträngige DNA mit 4600

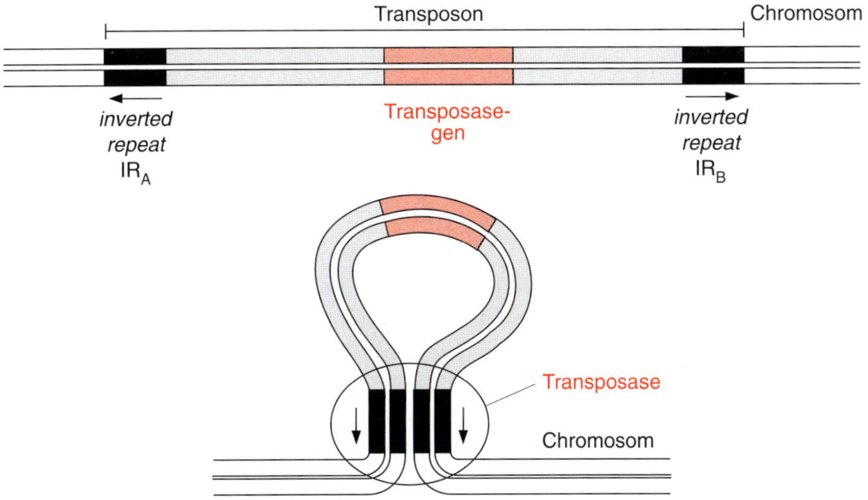

Abb. 20.17 Ein Transposon wird durch umgekehrte Sequenzwiederholungen (*inverted repeats*) zu beiden Seiten begrenzt. Im Innern befindet sich unter anderem das Strukturgen für die Transposase. Bei dem Herausspringen eines Transposons aus einem Chromosom lagern sich die beiden inverted repeats aneinander, das Chromosom wird an der Trennstelle geschlossen. In analoger Weise springt das Transposon in eine andere Stelle des Chromosoms.

Basenpaaren. Die beiden Enden enthalten jeweils eine 15 bp lange, umgekehrte Sequenzwiederholung (*inverted repeat*, IR_A, IR_B). Zwischen diesen flankierenden Sequenzen liegt unter anderem ein Strukturgen, das die **Transposase** – ein Enzym, welches das Springen des Gens bewirkt – codiert. Dieses Enzym bindet an die flankierenden umgekehrten Sequenzwiederholungen und katalysiert die Übertragung des Transposons an einen anderen Ort und dort die Integration und später auch die Eliminierung. Das Ausschneiden erfolgt jedoch oft ungenau, sodass beim Verlassen des Transposons aus einem Gen eine veränderte Sequenz zurückbleiben kann, dies führt dann zu einer dauerhaften Mutation.

Neben dem Transposon AC hat man im Mais ein defektes Transposon gefunden, das als DS bezeichnet wird. In diesem ist das Strukturgen für die Transposase durch eine Mutation ausgeschaltet. Daher ist das Transposon DS nur dann beweglich, wenn gleichzeitig das Transposon AC vorhanden ist, um die für das Springen des DS erforderliche Transposase zu codieren.

Ein Transposon ist somit im Allgemeinen eine autonome Einheit, die den Apparat für das Springen codiert. Bezüglich der Herkunft und des Sinns der Transposons gibt es unterschiedliche Meinungen. Manche sehen in den Transposons parasitäre DNA, in manchem vergleichbar mit den Viren, die sich als „Trittbrettfahrer" mit den Zellen vermehren. Es ist aber auch denkbar, dass Transposons den Zellen einen Selektionsvorteil bieten, indem sie die Mutationsrate erhöhen und so eine bessere Anpassung an veränderte Umweltbedingungen ermöglichen.

In der Biotechnologie haben die Transposons eine praktische Bedeutung erlangt, da sie zur Markierung von Genen (*gene tagging*) eingesetzt werden. Wie bereits besprochen, kann die Insertion eines Transposons in ein Strukturgen zum Verlust der codierenden Funktion führen. Springt beispielsweise im Löwenmäulchen ein Transposon in ein Gen für die Anthocyansynthese, so kann die rote Blütenfarbe nicht mehr gebildet werden. Das im ausgeschalteten Gen integrierte Transposon kann als Markierung genutzt werden, um ein Gen des Anthocyan-Biosyntheseweges zu isolieren und zu charakterisieren. Die entsprechenden Arbeitsweisen hierfür werden in Abschnitt 22.1 besprochen.

20.5 Die meisten Pflanzenzellen enthalten Viren

Mit Ausnahme von meristematischen Zellen, die in der Regel virusfrei sind, sind alle anderen Pflanzenzellen zumeist mehr oder weniger von Viren befallen. Normalerweise töten Viren ihren Wirt nicht, da sie auf dessen Stoffwechsel bei ihrer Vermehrung angewiesen sind. Sie codieren selbst nur einige wenige spezielle Virusproteine und nutzen für ihre Zwecke den Energiestoffwechsel und die Biosynthesekapazität der Wirtszelle aus. Dadurch schwächen sie oft die Wirtspflanze und erniedrigen so den Ernteertrag. Es gibt aber auch viele Viren, die durch ihren Befall ganze Ernten vernichten können. Beispielsweise können Gurken-Mosaik-Viren den Anbau von Zucchini und Melonen ernsthaft gefährden. Der Tristeza-Virus vernichtete in einigen Provinzen von Brasilien innerhalb von 12 Jahren 75 % aller Orangenbäume.

Auf Ähnlichkeiten zwischen Viren und Transposons wurde im vorigen Abschnitt bereits hingewiesen. Beide sind Nukleinsäuren, die sich in ein Genom einfügen und dieses auch wieder verlassen können, und beide enthalten die dafür erforderlichen Enzyme. Der Hauptunterschied zwischen Transposons und Viren besteht jedoch darin, dass letztere in einem bestimmten Stadium ihres Lebenscyclus von einer Proteinhülle, einem **Capsid**, umgeben sind.

Virale Genome können aus RNA oder aus DNA bestehen. Bei der Mehrzahl der Pflanzenviren ist das Genom eine einzelsträngige RNA, die als plus-RNA-Strang bezeichnet wird. Diese RNA kann bei manchen Viren, zum Beispiel dem Brome-Mosaik-Virus, der verschiedene Getreide befällt, vom Wirt wie mRNA translatiert werden. In anderen Viren, wie dem **Tabak-Mosaik-Virus** (TMV), wird der plus-RNA-Strang in der Regel zunächst zu einem komplementären minus-RNA-Strang transkribiert, letzterer dient als Matrize für die Bildung von mRNAs (Abb. 20.18). Die Translationsprodukte dieser mRNAs umfassen **Replikasen**, die die Replikation der plus-RNA und der minus-RNA katalysieren, **Virusbewegungsproteine**, welche die Ausbreitung der Viren von Zelle zu Zelle bewirken (Abschn. 1.1), sowie ein **Hüllprotein** zur Verpackung der Viren. Normalerweise gelangen Viren durch Verwundungen, wie sie beispielsweise durch Insekten hervorgerufen werden, in eine Zelle. Virusüberträger bei Pflanzen sind insbesondere **Blattläuse** (siehe Abschn. 13.2). Sind Viren einmal in eine Zelle eingedrungen, können sie mithilfe ihres Bewegungsproteins die **Plasmodesmen** zwischen den einzelnen Zellen (Abschn. 1.1) so stark aufweiten, dass sie hindurchpassen und sich auf diese Weise über den ganzen Symplasten ausbreiten können.

Auch bei Retroviren besteht das Genom aus einsträngiger RNA. Allerdings wird bei diesen nach Infektion der Zelle die RNA durch eine **Reverse Transkriptase** in DNA umgeschrieben, die dann zum Teil in das Kerngenom

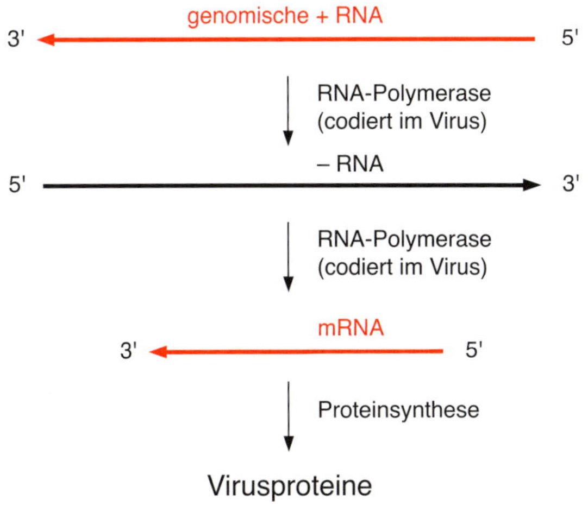

Abb. 20.18 In vielen Viren mit einzelsträngiger, genomischer RNA wird diese zunächst in – RNA umgeschrieben und letztere dann für die Proteinbiosynthese zu mRNA.

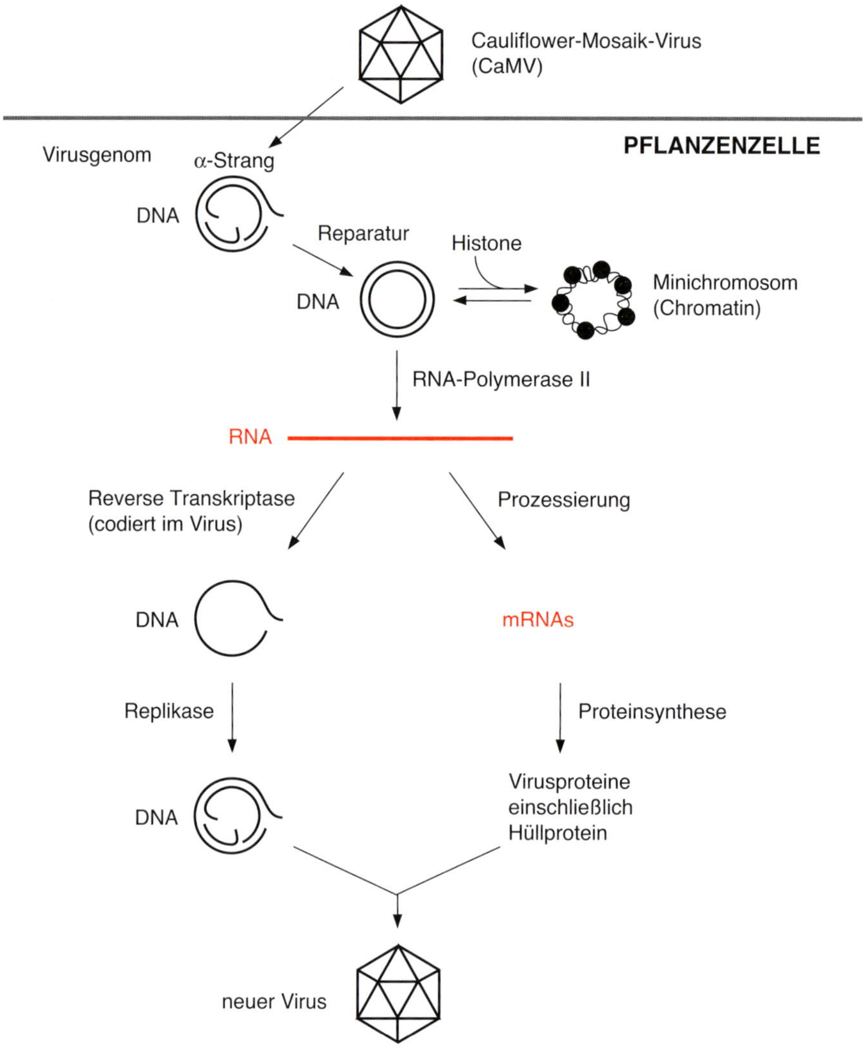

Abb. 20.19 Infektion einer Pflanzenzelle durch den Cauliflower-Mosaik-Virus (CaMV).

integriert wird. Bisher sind Infektionen durch Retroviren nur bei Tieren, nicht bei Pflanzen bekannt.

Eine gewisse Ähnlichkeit mit einem Retrovirus besitzt jedoch der **Cauliflower** (Blumenkohl)-**Mosaik-Virus** (CaMV), der zu krankhaften Veränderungen an Blättern von Blumenkohl und verwandten Pflanzen führt. Das Genom dieses Virus besteht aus einer doppelsträngigen DNA von etwa 8 kbp, die Lücken enthält (Abb. 20.19). Bei Infektion einer Pflanzenzelle verliert der Virus seine Proteinhülle, die fehlerhaften DNA-Stränge werden durch Reparaturenzyme der Wirtszelle repariert, wodurch das Virusgenom eine doppelhelicale Struktur annimmt und im Kern mit den Histonen ein chromatinähnliches Aggregat bildet. Dadurch kann sich jetzt das Virusgenom als **Minichromosom** im Kern aufhalten. Das Virusgenom besitzt Promotorstellen, die denen der Kerngene sehr ähnlich sind. Sie besitzen z. B. eine TATA- und eine CAAT-Box, sowie ein Enhancer-Element zwischen 80 und 300 bp stromaufwärts. Dadurch wird das Virusgenom von der Polymerase II der Wirtszelle wie eine eigene DNA erkannt und mit hoher Rate transkribiert. Bei dem Virusgenom erfolgt die Transkription polycistronisch, d. h. aus dem Transkript werden insgesamt sechs Virusproteine gebildet, darunter auch das Hüllprotein und eine Reverse Transkriptase. Der starke CaMV-Promotor wird häufig als Promotor für Fremdgene in transgenen Pflanzen (siehe Kapitel 22) genutzt.

Zu einem Teil wird die durch die Polymerase II gebildete RNA durch die bereits erwähnte viruscodierte Reverse Transkriptase in genomische DNA umgeschrieben und nach Bildung des komplementären Stranges als Doppelstrang in eine Proteinhülle verpackt. Das fertige Virus kann nun weitere Zellen infizieren.

Retrotransposons sind degenerierte Retroviren

Neben den bereits behandelten Transposons gibt es eine weitere Klasse von mobilen Elementen, die sich von Retroviren ableiten. Sie springen nicht aus einem Gen heraus wie die Transposons, sondern vermehren sich. Diese Retrotransposons enthalten an beiden Enden Sequenzen, welche die Signale für die Transkription der Retrotransposon-DNA durch die RNA-Polymerase der Wirtszelle enthalten. Diese Retrotransposon-RNA codiert einige Proteine, allerdings kein Hüllprotein. Es wird aber eine Reverse Transkriptase codiert, die zu dem Retrovirus-Enzym homolog ist, und die die Retrotransposon-RNA in DNA umschreibt (Abb. 20.20). Diese DNA wird dann an anderer Stelle des Genoms eingebaut. Man nimmt an, dass diese Retrotransposons Retroviren

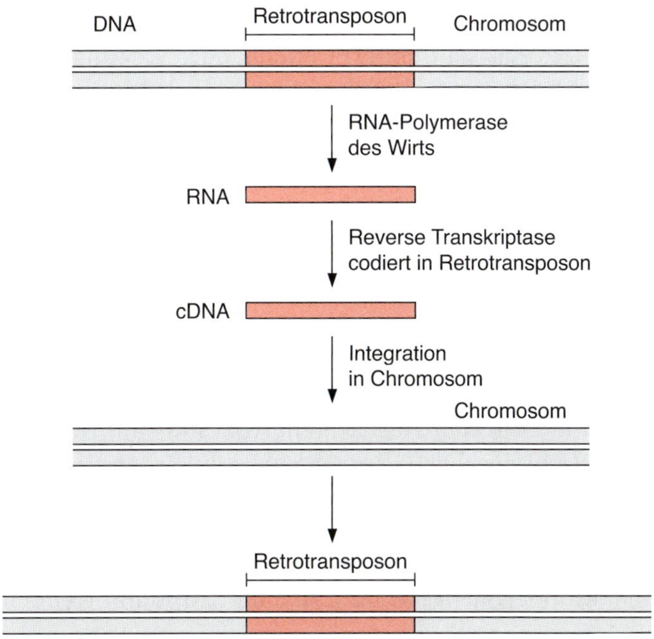

Abb. 20.20 Retrotransposons bestehen aus einem DNA-Abschnitt, der in das Chromosom integriert ist. Flankierende Sequenzen enthalten die Erkennungssignale für eine Transkription durch eine RNA-Polymerase der Wirtszelle. Durch eine in dem Retrotransposon codierte Reverse Transkriptase wird die RNA in cDNA umgeschrieben und in einen anderen Abschnitt des Chromosoms integriert.

sind, die die Fähigkeit zur Bildung von Hüllproteinen verloren haben. Man hat in *Arabidopsis* mehrere verschiedene Retrotransposons gefunden, die alle Eigenschaften für eine Vermehrung besitzen. Man hat allerdings noch nie die Insertion eines Retrotransposons in *Arabidopsis* beobachtet. Dass diese, wenn auch selten, tatsächlich stattfindet, ersieht man daraus, dass etwa 0,1 % des Genoms von *Arabidopsis* aus Retrotransposons besteht.

20.6 Plastiden besitzen ein zirkuläres Genom

Wie bereits in Abschnitt 1.3 besprochen, sprechen viele Argumente dafür, dass Plastiden von prokaryontischen Endosymbionten abstammen. Das zirkuläre Genom der Plastiden ist dem Genom von Prokaryonten, beispielsweise dem von Cyanobakterien, ähnlich, wenn auch sehr viel kleiner. Man kürzt die DNA des Plastidengenoms auch mit ctDNA (Chloroplast) oder ptDNA (Plastid) ab. In der Mehrzahl der bislang untersuchten Pflanzen ist das zirkuläre Genom 120–160 kbp groß. Das sind je nach Pflanze nur 0,001–0,1 % des Kerngenoms (Tab. 20.1). Allerdings ist das Plastidengenom in einer Zelle in sehr vielen Kopien enthalten. Dies liegt zum einen daran, dass ein Plastid viele Genome enthält. So beträgt in jungen Blättern die Zahl der ctDNA-Moleküle pro Chloroplast etwa 100, in älteren Blättern zwischen 15–20. Außerdem enthält eine Zelle eine große Anzahl an Plastiden, Mesophyllzellen zum Beispiel 20–50. Dadurch kann trotz der geringen Genomgröße die plastidäre DNA 5–10 % der Gesamt-Zell-DNA ausmachen.

Die vollständige Sequenzbestimmung von Chloroplasten-Genomen gelang erstmals 1986, einerseits von der Arbeitsgruppe von Katzuo Shinozaki (Nagoya) mit Tabakblättern und von der Arbeitsgruppe von Kanji Ohyama (Kyoto) mit dem Lebermoos *Marchantia polymorpha*. Obwohl die beiden untersuchten Pflanzen nur sehr entfernt miteinander verwandt sind, sind ihre Plastidengenome doch recht ähnlich. Offensichtlich hat sich das plastidäre Genom während der Evolution nur relativ wenig verändert. Die inzwischen erfolgte Nukleotidsequenzanalyse von Plastidengenomen weiterer Pflanzen hat dies bestätigt.

Eine vollständige Genkarte des Chloroplastengenoms von Tabak ist in Abbildung 20.21A gezeigt. In Abbildungen 20.22B und C sind die Plastidengenome verschiedener Pflanzen schematisch dargestellt. Ein ungewöhnliches Merkmal des Plastidengenoms vom Tabak wie auch vom Lebermoos ist das Auftreten von ***inverted repeats*** (IR, umgekehrte Sequenzwiederholungen, vgl. Abschn. 20.5). Ein bestimmter Genabschnitt, der je nach Pflanze 20–50 kbp groß ist, kommt in doppelter Ausfertigung vor, und zwar in zueinander entgegengesetzter Richtung. Diese inverted repeats IR_A und IR_B enthalten jeweils die Gene für die vier ribosomalen RNAs sowie Gene für einige Transfer-RNAs. Man findet die inverted repeats jedoch nicht in den Plastidengenomen der Erbse und der Ackerbohne (Abb. 20.21C). In diesen und anderen Leguminosen sind sie möglicherweise im Laufe der Evolution verlorengegangen.

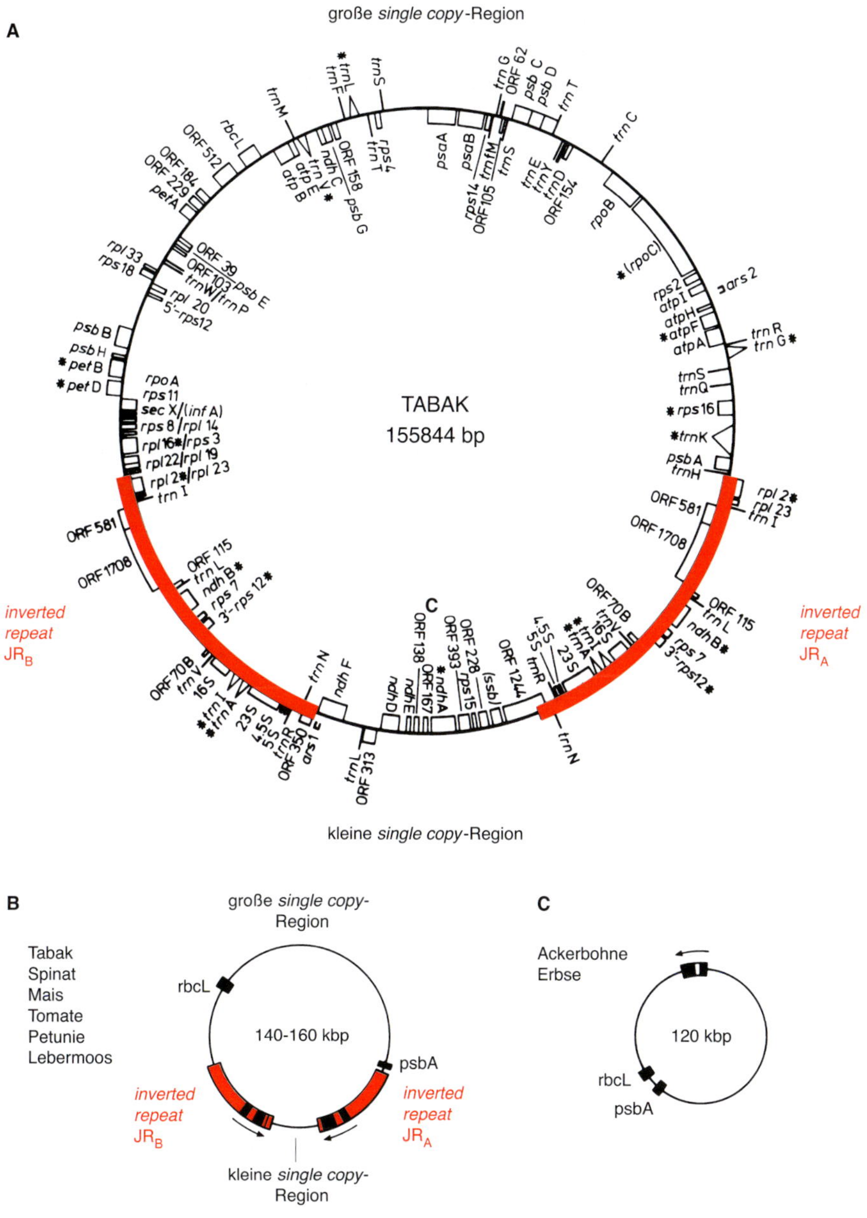

Abb. 20.21 A. Genkarte des Chloroplastengenoms von Tabak aufgrund der Analyse der vollständigen DNA-Sequenz von Shinozaki und Mitarbeitern. Die einzelnen Gene sind in Tabelle 20.4 aufgelistet, dort werden auch die Abkürzungen erklärt.
B. Prinzipieller Aufbau chloroplastidärer Gene anderer Pflanzen.
C. Ackerbohne und Erbse besitzen keine *inverted repeats*. Zur Orientierung: *rbc*L: große Untereinheit der RubisCO, *psb*A: 32 kDa-Protein des Photosystems II.

Auf dem restlichen Genom (*single copy*-Bereiche) liegen Gene, die in der Regel nur in einer einzigen Kopie vorhanden sind.

Bei der Auswertung der ctDNA-Sequenz von Tabak wurden auf dem Plastidengenom insgesamt 122 Gene lokalisiert (146, wenn man die Gene der *inverted repeat*-Region doppelt rechnet) (Tab. 20.4). In den *single copy*-Bereichen befindet sich unter anderem das Gen für die große Untereinheit der Ribulosebisphosphat-Carboxylase/Oxygenase (RubisCO, Abschn. 6.2), während das Gen für die kleine Untereinheit auf dem Kerngenom lokalisiert ist. Auch codiert der *single copy*-Bereich des Plastidengenoms sechs Untereinheiten der F-ATP-Synthase, die restlichen werden im Kern codiert. Gleich-

Tabelle 20.4: Auswahl identifizierter Gene des Tabak-Chloroplasten-Genoms (Shinozaki *et al.*)

Bezeichnung des Gens	Gen-Produkt (Protein oder RNA)
Photosyntheseapparat	
*rbc*L	RubisCO: große Untereinheit
*atp*A, -B, -E	F-ATP-Synthase: Untereinheiten α, β, ε
*atp*F, -H, -I	F-ATP-Synthase: Untereinheiten I, III, IV
*psa*A, -B, -C	Photosystem I: Untereinheit A1, A2, 9-kDa Protein
*psb*A, -B, -C, -D,	Photosystem II: Untereinheit D1, 51 kDa, 44 kDa, D2,
*psb*E, -F, -G, -H, -I	Photosystem II: Untereinheit Cyt-b_{559}-9kDa,-4kDa, G, 10Pi, I-Protein
*pet*A, -B, -D	Cyt-b_6/*f*-Komplex: Cyt-*f*, Cyt-b_6, Untereinheit IV
*ndh*A, -B, -C, -D	NADH-Dehydrogenase Untereinheiten 1, 2, 3, 4
*ndh*E, -F	NADH-Dehydrogenase: 4.5
Proteinsynthese	
rDNA	Ribosomale RNAs (16S, 23S, 4,5S, 5S)
trn	Transfer-RNAs (30 Spezies)
*rps*2, -3, -4, -7, -8, -11	30S-ribosomale Proteine 2, 3, 4, 7, 8, 11
*rps*12, -14, -15, -16, -18, -19	30S-ribosomale Proteine 12, 14, 16, 18, 19
*rpl*2, -14, -16, -20, -22	50S-ribosomale Proteine 2, 14, 16, 20, 22
*rpl*23, -33, -36	50S-ribosomale Proteine 23, 33, 36
*inf*A	Initiationsfaktor 1
Transkription	
*rpo*A, -B, -C	RNA-Polymerase-α, -β, -β'
ssb	ssDNA-Bindungsprotein

falls werden im Plastidengenom ein Teil der Untereinheiten der Photosysteme I und II, des Cytochrom-b_6/*f*-Komplexes sowie einer NADH-Dehydrogenase, wie sie auch in Mitochondrien vorkommt (siehe Abschn. 3.8), codiert, ferner Proteine der plastidären Proteinsynthese und der Transkription. Einige dieser plastidären Strukturgene enthalten Introns. Zusätzlich gibt es Genbereiche, in denen lediglich offene Leseraster (***open reading frames***, ORF) bestimmt wurden. Dieses sind DNA-Sequenzen, die von einem Start- und einem Stopcodon begrenzt werden und deren Proteine bislang unbekannt sind. Das Plastidengenom codiert insgesamt nur einen kleinen Teil der plastidären Proteine, die Mehrzahl wird im Kerngenom codiert. Während der Evolution sind viele Gene des ursprünglichen Endosymbionten in den Kern verlagert worden. Es gibt auch Hinweise auf einen Gentransfer zwischen den Plastiden und den Mitochondrien (siehe folgenden Abschnitt).

Alle vier rRNAs, die Bestandteile der plastidären Ribosomen sind (4,5S-, 5S-, 16S- und 23S-rRNA), werden im Plastidengenom codiert. Die plastidären Ribosomen (Sedimentationskonstante 70S) sind kleiner als die im Cytosol vorhandenen eukaryontischen Ribosomen (80S) und ähneln den Ribosomen von Bakterien. Wie bei Bakterien liegen auch in den Plastiden diese vier rRNAs auf einer Transkriptionseinheit (Abb. 20.22). Zwischen der

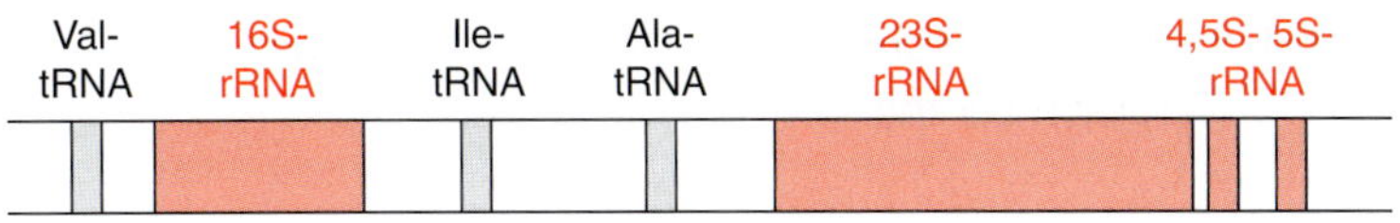

Abb. 20.22 In den Plastiden von Tabak werden alle vier ribosomalen rRNAs und dazu noch zwei tRNAs als eine Transkriptionseinheit transkribiert.

16S- und 23S-rRNA befindet sich ein großer Spacer, welcher die codierenden Sequenzen für zwei, in manchen Pflanzen auch nur für eine tRNA enthält. Insgesamt werden im Plastidengenom etwa 30 tRNAs codiert. Weitere plastidäre tRNAs werden vom Kern codiert.

Der Transkriptionsapparat der Plastiden besitzt Ähnlichkeiten mit dem der Bakterien

In den Plastiden sind zwei Typen von RNA-Polymerasen aktiv, von denen eine auf der Plastiden-DNA codiert ist. Diese plastidäre RNA-Polymerase ist ein Multienzymkomplex, der dem bakteriellen Enzym ähnelt. Im Gegensatz zur RNA-Polymerase der Bakterien ist das plastidäre Enzym gegen **Rifampicin**, ein synthetisches Derivat eines Antibiotikums aus *Streptomyces*, unempfindlich. Die in den Plastiden kodierte RNA-Polymerase bewirkt die Transkribierung plastidärer Gene von Untereinheiten der Photosynthese-Komplexe.

Der zweite Typ der in den Plastiden aktiven RNA-Polymerasen ist im Zellkern kodiert und durch Duplikation aus der mitochondrialen RNA- Polymerase hervorgegangen. Interessanterweise zeigt diese „importierte" RNA-Polymerase eine Homologie zu RNA-Polymerasen aus Bakteriophagen. Die kernkodierte RNA-Polymerase transkribiert in den Plastiden *housekeeping*-Gene, das sind Gene, die für allgemeine Stoffwechselfunktionen gebraucht werden, beispielsweise für die Bildung von rRNA oder tRNA.

Viele plastidäre Gene enthalten wie bei Bakterien 10 bp stromaufwärts vom Transkriptionsstart eine **TATA-Box** mit der Consensus-Sequenz TATAAT und bei –35 bp eine weitere Promotorstelle mit der Consensus- Sequenz TTGACA. Manche der Strukturgene sind polycistronisch, das heißt, mehrere Gene sind zu einer Transkriptionseinheit zusammengefasst und werden gemeinsam in einem großen Primärtranskript abgelesen, wie es auch häufig bei bakteriellen Genen geschieht. Die sich daran anschließende Bildung der einzelnen reifen mRNA erfordert eine komplizierte Prozessierung, von der viele Details noch unbekannt sind (siehe Abb. 20.12).

20.7 Das mitochondriale Genom von Pflanzen variiert stark in seiner Größe

Im Vergleich zu Tieren besitzen Pflanzen ein sehr großes mitochondriales (mt)-Genom. Es ist in *Arabidopsis* 20mal und in der Melone sogar 140mal größer als beim Menschen (Tabelle 20.5). Allerdings enthalten die pflanz-

Tabelle 20.5: Größe der Mitochondrien-DNA (mtDNA) von Pflanzen im Vergleich zur mtDNA vom Menschen

Organismus	Größe der mtDNA (kbp)
Brassica rapa (Rübsen)	218
Arabidopsis thaliana (Ackerschmalwand)	367
Vicia faba (Ackerbohne)	290
Zea mays (Mais)	570
Oryza sativa (Reis)	492
Citrullus Lanatus (Wassermelone)	330
Curcubita pepo (Kürbis)	850
Cucumis melo (Honigmelone)	2400
Marchantia polymorpha (Lebermoos)	170
Populus trichocarpa (Pappel)	803
Chlamydomonas reinhardtii (Grünalge)	15
Homo sapiens (Mensch)	17

lichen mt-Genome auch mehr genetische Information: Die Anzahl der codierenden Gene in einem pflanzlichen mt-Genom ist etwa siebenmal größer als beim Menschen.

Die Größe des mt-Genoms variiert in höheren Pflanzen sehr, selbst innerhalb einer Familie. Die in Tabelle 20.5 aufgeführten *Citrullus lanatus* (330 kbp), *Curcubita pepo* (850 kbp) und *Cucumis melo* (2400 kbp) gehören alle zur Familie der Curcubitaceae – Kürbisgewächse. Dagegen ist die Größe des Plastidengenoms in den meisten Pflanzen mit 120–160 kbp relativ einheitlich. Hinzu kommt, dass in Pflanzen das mitochondriale Genom oft aus mehreren DNA-Molekülen besteht, zumeist einem großen Molekül und mehreren kleinen. In manchen mitochondrialen Genomen mag diese Aufteilung permanent sein, in sehr vielen Fällen lässt sich die Fragmentierung des mt-Genoms jedoch durch **homologe Rekombination** an repetitiven Elementen (z. B. enthält Mais sechs derartiger Wiederholungen) erklären. Abbildung 20.23 zeigt in einer schematischen Darstellung, wie durch die benachbarte Anordnung zweier Wiederholungen eine homologe Rekombination zur Spaltung eines DNA-Moleküls in zwei Fragmente führen kann. Das 570 kbp große mt-Genom des Mais liegt in den Mitochondrien sowohl in Form eines **Master-Zirkels** als auch in Form von bis zu vier **Sub-Zirkeln** vor (Abb. 20.24). Es können durch homologe Rekombination aus DNA-Molekülen auch größere Einheiten gebildet werden. Dies bietet eine Erklärung dafür, dass in Pflanzen die Genomgrößen so sehr variieren.

Die Zahl der Mitochondrien in einer Pflanzenzelle kann zwischen 50 und 2000 betragen, wobei jedes Mitochondrium zumeist eine größere Anzahl (1–100) von Genomen besitzt. Dadurch wird bei jeder Zellteilung das mitochondriale Genom in vielen Kopien von Generation zu Generation weitergegeben.

In Tieren und in Hefen ist die mtDNA in der Regel zirkulär, wie auch die DNA in Bakterien. Man nimmt an, dass auch pflanzliche mtDNA eine

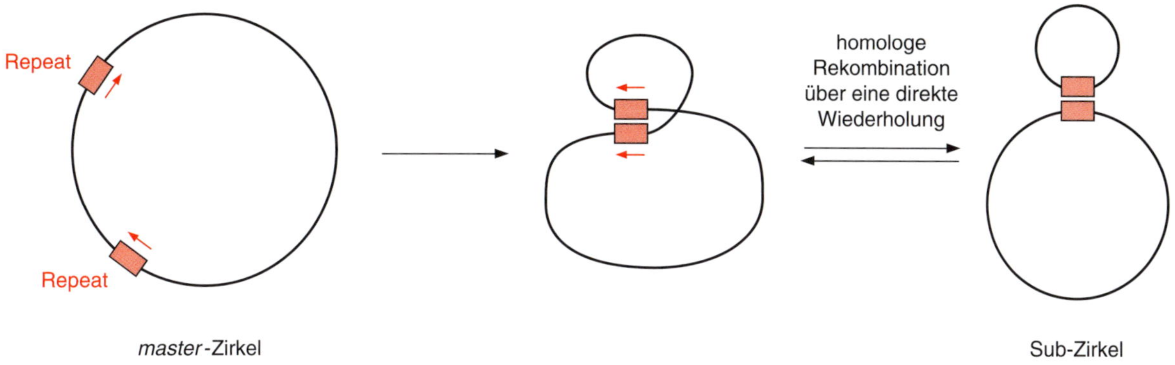

Abb. 20.23 An zwei repetitiven Sequenzen können durch reversible homologe Rekombination aus einem mitochondrialen Genom (*master*-Zirkel) zwei Sub-Zirkel gebildet werden.

zirkuläre Struktur hat. Für die kleinen mtDNA-Moleküle (Sub-Zirkel, Abbildung 20.24) ist dies unbestritten. Ob diese zirkuläre Struktur auch generell für die *master*-mtDNA zutrifft, ist jedoch zur Zeit noch unklar. Es gibt Hinweise, dass die *master*-Genome innerhalb der Mitochondrien auch als offene Stränge vorkommen können.

Die Basensequenz der mtDNA vom Menschen und der Bierhefe (*Saccharomyces cerevisiae*) ist vollständig bekannt. Für Pflanzen wurden u. a. die Nukleotidsequenzen der mt-Genome von *Arabidopsis thaliana* und des Lebermooses *Marchantia polymorpha* ermittelt. Abb. 20.25 zeigt die vollständige Genkarte des mt-Genoms von *Arabidopsis thaliana* und Tabelle 20.6 eine durchschnittliche Genausstattung eines mt-Genoms einer höheren Pflanze. Ein Vergleich mit der Genausstattung des plastidären Genoms (Tabelle 20.4) zeigt, dass das mt-Genom der Pflanzen – obwohl meist sehr viel größer als das plastidäre Genom – erheblich weniger genetische Information als das Plastidengenom enthält. Der im Verhältnis zur Größe relativ geringe Informationsgehalt des mt-Genoms ist auf einen hohen Gehalt von repetitiven Sequenzen, die durch Duplikationen entstanden sind, zurückzuführen. Ein mt-Genom enthält viel DNA, die keine erkennbare Funktion hat. Man spricht hier von

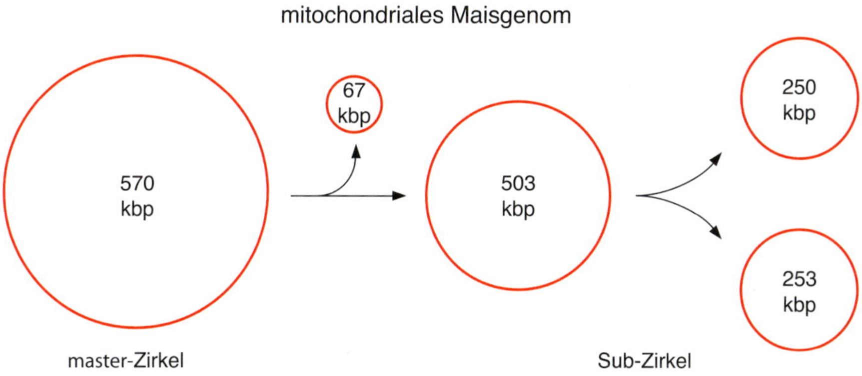

Abb. 20.24 Durch homologe Rekombination kann das mitochondriale Maisgenom anstatt als ein zusammenhängendes großes Genom auch in Form von mehreren Sub-Zirkeln vorliegen. Bei vielen pflanzlichen mt-Genomen sind nur Sub-Zirkel zu beobachten.

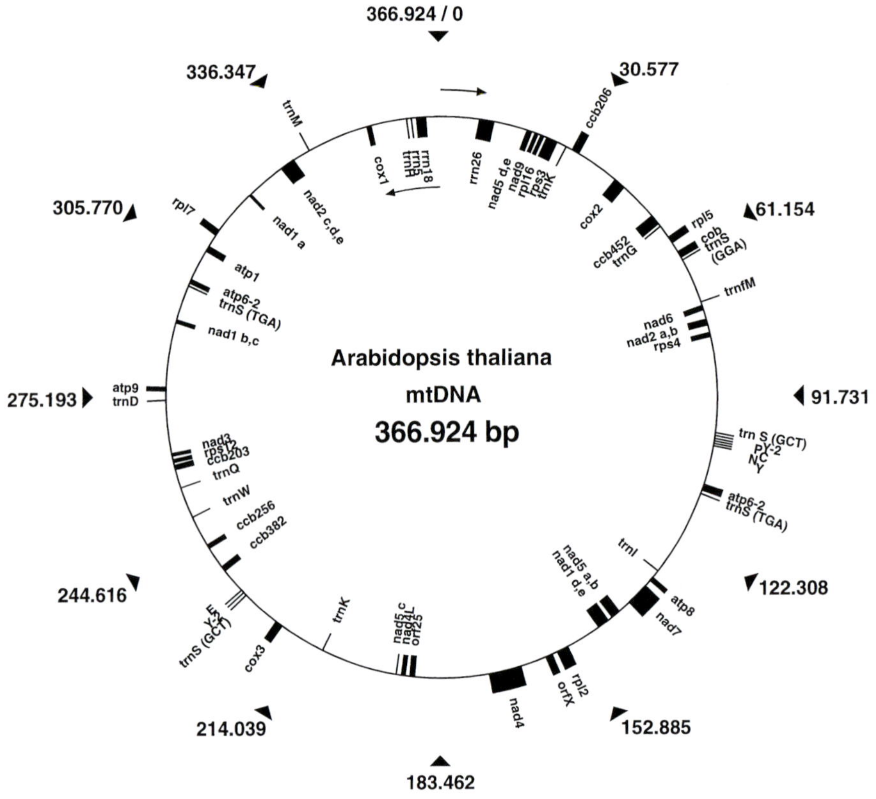

Abb. 20.25 Genkarte vom mitochondrialen Genom von *Arabidopsis thaliana* aufgrund der DNA-Analyse von Unseld *et al.* (1997). Mit freundl. Genehmigung von A. Brennecke.

***junk*-DNA** (Schrott), die sich in dem mt-Genom angehäuft hat. Ein Teil dieser *junk*-DNA wurde aus der Plastiden-DNA, ein anderer Teil aus der Kern-DNA rekrutiert. Das mitochondriale Genom – wie auch das Kerngenom – toleriert einen großen Anteil an sinnlosen Sequenzen und vererbt diese weiter. Bemerkenswerterweise wird ein großer Teil der mtDNA transkribiert. Sowohl

Tabelle 20.6: Identifizierte Gene im Genom von Pflanzenmitochondrien

Translationsapparat	5S-, 18S-, 26S-rRNA
	10 ribosomale Proteine
	16 Transfer-RNA
NADH-Dehydrogenase	9 Untereinheiten
Succinat-Dehydrogenase	1–3 "
Cytochrom-*b*/c_1-Komplex	1 "
Cytochrom-*a*/a_3-Komplex	3 "
F-ATP-Synthase	4 "
Cytochrom-*c*-Biogenese	> 3 Gene
konservierte offene Leseraster unbekannter Codierung	> 10 Gene

Nach Schuster und Brennicke

von dem mt-Genom von *Brassica rapa* mit 218 kbp als auch dem sechsmal größeren Genom von *Cucumis melo* mit 2400 kpb werden jeweils etwa 30 % transkribiert. Es ist äußerst rätselhaft, zu welchem Zweck diese vielen Transkripte gebildet werden, wenn man bedenkt, dass bei beiden mt-Genomen die Gesamtzahl der codierten Proteine, tRNAs und rRNAs nur etwa 60 beträgt.

Durch das mitochondriale Genom werden Teile des Translationsapparats codiert, neben drei rRNAs etwa 16 tRNAs und etwa 10 ribosomale Proteine. Diese dienen dazu, im mt-Genom codierte hydrophobe Membranproteine herzustellen, zum Beispiel einige Untereinheiten der Atmungskette (Abschn. 5.5) und der damit verbundenen F-ATP-Synthase (Abschn. 4.3), sowie mindestens drei Enzyme der Cytochromsynthese (Abschn. 10.5). Über 95 % der mitochondrialen Proteine, darunter auch die meisten Untereinheiten für die Atmungskette und die F-ATP-Synthase sowie auch einige tRNAs, werden jedoch im Kern codiert. Da die Mitochondrien von Endosymbionten abstammen, ist anzunehmen, dass der größte Teil der genetischen Information aus dem Endosymbionten-Genom in den Kern abgewandert ist. Solche Gentransfers finden bei Pflanzen relativ häufig statt, sodass der Gengehalt in den Mitochondrien zwischen einzelnen Spezies variieren kann. Umgekehrt gab es offenbar auch einen Gentransfer von den Plastiden in die Mitochondrien. Mehrere tRNA-Gene des mt-Genoms stammen nach ihrer Nukleotidsequenz wahrscheinlich von dem Plastidengenom ab.

Die Promotoren mitochondrialer Gene in Pflanzen sind nach bisherigem Kenntnisstand recht uneinheitlich. Die Consensus-Sequenzen für Anfang und Ende der Transkription sind sehr variabel, sogar für verschiedene Gene eines bestimmten Mitochondriums. Vielleicht gibt es in pflanzlichen Mitochondrien wie in Plastiden mehrere mtRNA-Polymerasen. Auch die entsprechenden Transkriptionsfaktoren sind bislang noch nicht eindeutig charakterisiert worden. Die meisten mitochondrialen Gene werden monocistronisch transkribiert.

Die mitochondriale DNA enthält fehlerhafte Informationen, die nach der Transkription korrigiert werden

Ein Vergleich der Aminosäuresequenzen von Proteinen, die im mitochondrialen Genom codiert werden, mit den Nukleotidsequenzen der entsprechenden Gene ergab seltsame Diskrepanzen: Nach den Regeln des genetischen Codes stimmten DNA-Sequenzen und Aminosäuresequenzen nicht überein. An vielen Stellen der DNA, an denen nach der Proteinsequenz ein T zu erwarten war, befand sich ein C und manchmal auch umgekehrt. Es zeigte sich, dass durch die Transkription der mtDNA zunächst eine entsprechende RNA gebildet wird, die nicht die korrekte Information für das zu bildende Protein enthält und auch nicht translatiert wird. Das Erstaunliche war die Entdeckung, dass diese fehlerhafte RNA in den Mitochondrien anschließend bearbeitet wird; durch mehrere Austausche von C gegen U, manchmal aber auch von U gegen C, wird die korrekte mRNA rekonstruiert und so das richtige Protein synthetisiert. Man bezeichnet diesen Prozess als **RNA-Editing**.

Diese nachträgliche Bearbeitung der zunächst fehlerhaften RNA zur richtigen, translatierbaren RNA ist nicht etwa ein Sonderfall bei einigen exotischen Genen, sondern bei Genen von Mitochondrien höherer Pflanzen eher die Regel. In einigen mRNAs der Mitochondrien werden beim Bearbeiten 40 % der C durch U ausgewechselt. Eine nachträgliche Bearbeitung findet auch bei der Bildung von tRNA statt. Dieses RNA-Editing wurde in den Mitochondrien aller bislang untersuchten höheren Pflanzen beobachtet, auch in Bryophyten, mit nur wenigen Ausnahmen wie zum Beispiel dem Lebermoos. Es stellt sich die Frage, ob durch unterschiedliches Editing ein Strukturgen in verschiedene Proteine übersetzt werden kann. Man hat tatsächlich gelegentlich in Mitochondrien Proteine gefunden, die aus nur teilweise editierter mRNA translatiert wurden. Da jedoch diese Proteine in der Regel keine Funktion haben, werden sie sehr schnell wieder abgebaut.

Das RNA-Editing wurde erstmalig für Mitochondrien von Trypanosomen, einzelligen Erregern der Schlafkrankheit, beschrieben, aber auch bei Mitochondrien von Tieren und auch für Plastiden nachgewiesen.

Das RNA-Editing in Pflanzenmitochondrien ist seit 1989 allgemein bekannt. Die C-U-Umwandlung erfolgt durch eine Desaminierung, während andere Nukleotid-Austausche derzeit mechanistisch noch unvollständig aufgeklärt sind. Auch gibt es viele Insertionen von Nukleotiden, deren gezielte Einführung in die Sequenz ebenfalls derzeit noch unverstanden ist. Guide RNAs (Führungs-RNAs) scheinen für die Aufspürung der Insertionsstelle verantwortlich zu sein. Viele Fragen zum RNA-Editing sind bis heute jedoch unbeantwortet. Wird durch das Editing eine erhöhte Mutationsrate des mütterlich vererbten mt-Genoms korrigiert? Woher stammt die Information für die richtige Basensequenz der mRNA? Wird diese Information aus dem Kern geliefert, oder stammt sie ebenfalls aus dem Mitochondriengenom? Es wäre denkbar, dass das ohnehin sehr große mitochondriale Genom zusätzlich zu den Strukturgenen auch noch einzelne Abschnitte enthält, deren Transkripte dann zum Korrekturlesen der mRNA verwendet werden, wie es in Mitochondrien von Trypanosomen tatsächlich beobachtet wurde.

Eine durch Mitochondrien verursachte männliche Sterilität bei Pflanzen ist ein wichtiges Hilfsmittel bei der Hybridzüchtung

Bei der Kreuzung von zwei ausgewählten Inzuchtlinien sind die in der ersten Generation gebildeten so genannten **F_1-Hybride** in der Regel größer, robuster und auch ertragreicher als die Eltern. Dieser Effekt, der als **Heterosis** bezeichnet wird, wurde bereits lange vor der Wiederentdeckung der Mendelschen Vererbungsregeln beobachtet, aber erstmalig von George Schull 1906 im Cold Spring Harbour Laboratory, USA, zur Züchtung von Hybridmais ausgenutzt. Der Erfolg dieser Arbeiten bedeutete eine Revolution für die Landwirtschaft: Aufbauend auf den Forschungsergebnissen von Schull wurden durch private Saatzuchtunternehmen Mais-F_1-Hybride gezüchtet, die weitaus höhere Erträge als herkömmliche Sorten lieferten. 1965 betrug der Anteil von

Hybridmais am Maisanbau im Maisgürtel der USA 95 %. Der Einsatz von F_1-Hybriden hat einen wesentlichen Anteil daran, dass in den USA die Maiserträge pro Fläche zwischen 1940 und 1980 um den Faktor von 3,5 gesteigert wurden. Auch beim Reis hat die Hybridtechnik zu dramatischen Ertragssteigerungen geführt. In China konnte im Zeitraum von 1975 bis 2000 durch diese Technologie der Ertrag von 3,5 auf 6,2 Tonnen/ha erhöht werden.

F_1-Hybride können vom Landwirt nicht weiter vermehrt werden, da in der F_2-Generation eine Aufspaltung der positiven Eigenschaften erfolgt. Pflanzen, die aus dem Samen von F_1-Hybriden entstehen, zeigen eine viel geringere Vitalität und Ertragsleistung als die F_1-Hybride. Der Landwirt muss daher für jede Aussaat neues Saatgut kaufen, wodurch die Saatzuchtindustrie eine große kommerzielle Bedeutung erlangt hat. Die Hybridzüchtung wird inzwischen für viele Kulturpflanzen angewandt. Modellhaft sollen hier Verfahrensweisen und Probleme der Hybriderzeugung am Beispiel der Maispflanze weiter behandelt werden.

Zur Herstellung von F_1-Hybridsaatgut (Abb. 20.26) wird Pollen von einer Vaterlinie A auf die Stempel einer Mutterlinie B übertragen, und nur die Kolben von B werden als Saatgut geerntet. Diese Kreuzungen werden meist im Feld durchgeführt. Man pflanzt dazu Pflanzen von A und B in getrennten Reihen und lässt durch den Wind die Pollen von A auf B übertragen. Um zu verhindern, dass die Stempel der Linie B von Pollen der gleichen Linie befruchtet werden, müssen durch Entfernung der Staubgefäße die Pflanzen der Linie B kastriert werden. Da beim Mais die pollenproduzierenden männlichen Blüten getrennt von den weiblichen Blüten in einer Rispe vorkommen, ist es möglich, nur die männlichen Blüten durch Abschneiden zu entfernen. Für die Herstellung von Saatgut in kommerziellem Maßstab bedeutet dies jedoch einen sehr großen manuellen Aufwand. In Pflanzen, die männliche und weibliche Teile in einer Blüte enthalten, wie zum Beispiel Roggen, ist dieser Weg in praktischem Maßstab überhaupt nicht gangbar.

Es war daher für die Züchtungsforschung ein großer Fortschritt, als Maismutanten gefunden wurden, die keine funktionsfähigen Pollen produzierten. Diese männliche Sterilität hatte keinen Einfluss auf die Fertilität der eigenen Stempel, wenn diese durch Pollen anderer Linien befruchtet wurden. Die männliche Sterilität wird mütterlich vererbt, und zwar durch das Genom der Mitochondrien. Man kennt inzwischen verschiedene männlich sterile Mutanten von Mais und auch anderer Pflanzen, die auf veränderte mitochondriale Gene zurückzuführen sind.

Modellhaft untersucht wurde die Maismutante T (Texas), die sich dadurch auszeichnet, dass ihre Mitochondrien ein als **T-*urf*13** bezeichnetes Gen besitzen, welches ein **13 kDa-Protein** codiert. Dieses Gen ist möglicherweise Produkt einer komplexen Rekombination. Das 13 kDa-Protein hat auf den Stoffwechsel der Mitochondrien unter den Bedingungen des vegetativen Wachstums offenbar keinen merklichen Effekt, die Mutanten zeigen einen normalen Phänotyp. Lediglich die Bildung der Pollen wird durch dieses Protein gestört. Die Gründe hierfür sind bisher nicht bekannt. Eine mögliche Erklärung wäre, dass die an der Pollenproduktion beteiligten **Tapetumzellen** der Pollensäcke außergewöhnlich viele Mitochondrien enthalten. Sie sind offen-

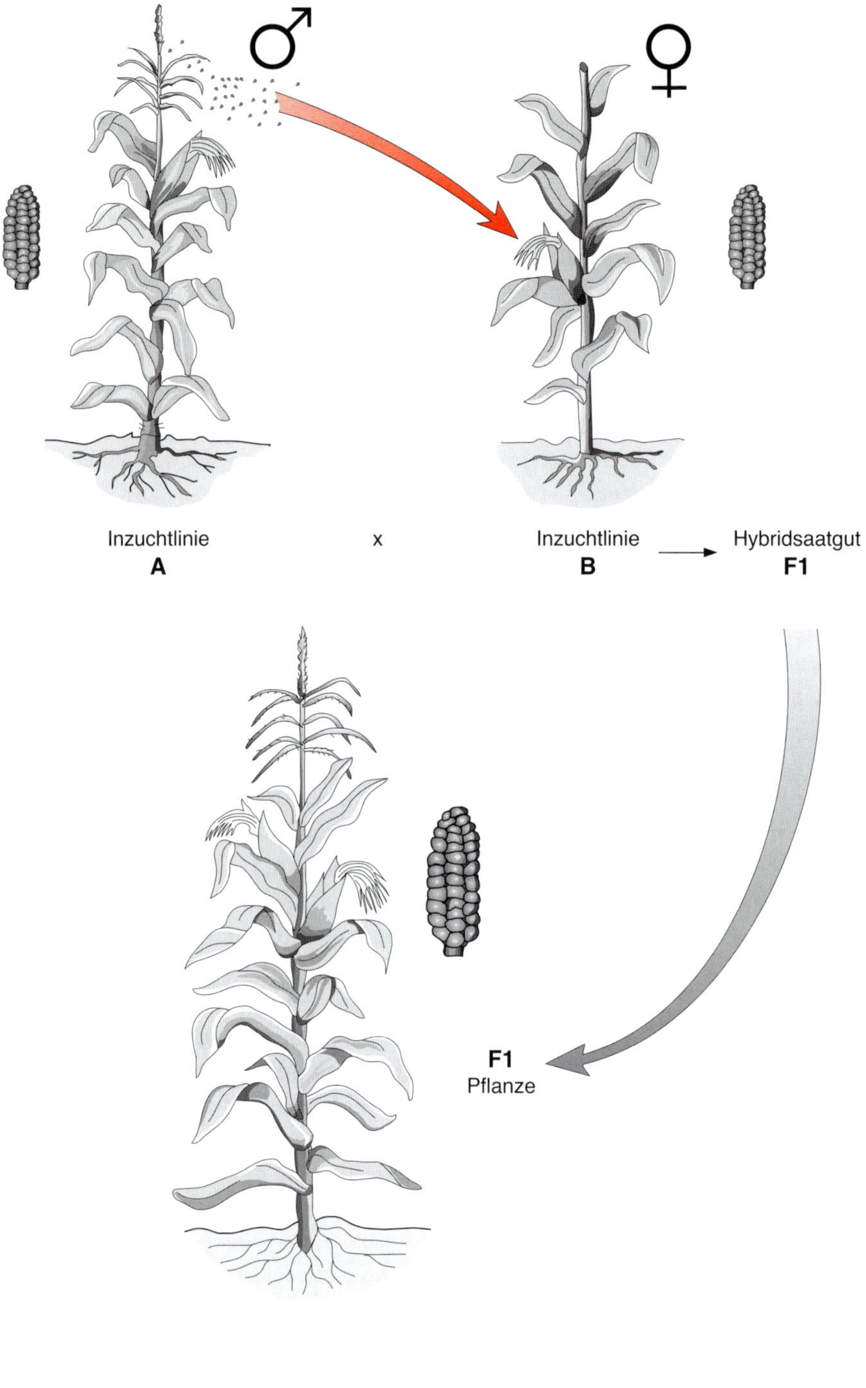

Abb. 20.26 Prinzip der Hybridzüchtung am Beispiel von Mais. Die Ausgangslinien A und B sind Inzuchtlinien, die selbst nur schwache und wenig ertragreiche Pflanzen hervorbringen. Werden solche Linien miteinander gekreuzt, entsteht eine F_1-Nachfolgegeneration, die bedeutend robuster und ertragsreicher ist. Aus Linie B, die mit A bestäubt wird, wird das Saatgut gewonnen. Damit B nicht durch die eigenen Pollen bestäubt wird, werden von B die männlichen Blüten durch Abschneiden entfernt. Mit freundlicher Genehmigung aus: Patricia Nevers, Pflanzenzüchtung aus der Nähe gesehen, Max-Planck-Institut für Züchtungsforschung, Köln.

sichtlich in besonderem Maße vom mitochondrialen Stoffwechsel abhängig. Daher könnte hier ein Defekt der Mitochondrien, der normalerweise nicht zum Tragen kommt, die Pollenproduktion stören.

Die erfolgreiche Verwendung dieser männlich sterilen Mutante für die Saatgutproduktion beruht auf einer zweiten Entdeckung: Es wurden Mais-

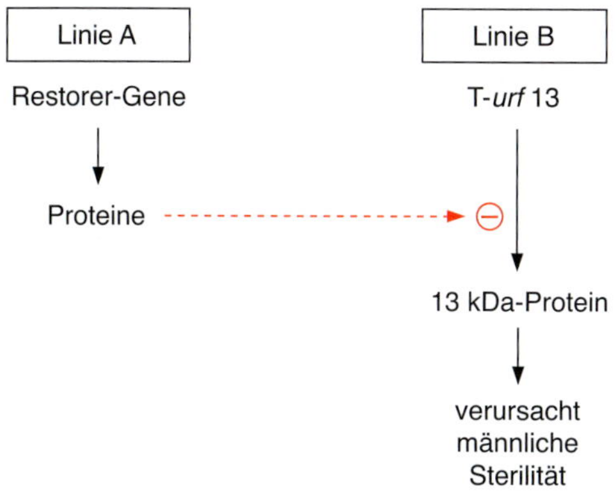

Abb. 20.27 Eine Maismutante T (hier als Linie B bezeichnet) enthält im mitochondrialen Genom ein als T-*urf*13 bezeichnetes Gen. Das Produkt dieses Gens, ein 13 kDa-Protein, verhindert die Bildung funktionsfähiger Pollen und bewirkt so bei dieser Mutante eine männliche Sterilität. Eine andere Maislinie (A) enthält im Kern ein oder mehrere so genannte Restorer-Gene, welche Proteine codieren, die in den Mitochondrien die Expression des T-*urf*13-Gens unterdrücken. Dadurch sind nach einer Kreuzung von A mit B die Pollen wieder fruchtbar, die männliche Sterilität ist aufgehoben.

linien gefunden, die im Kern so genannte **Restorer-Gene** besitzen, die Pentatricopeptid-Repeat Proteine (PRR) kodieren. Es handelt sich um eine insbesondere in Pflanzen vorkommende Proteinfamilie, deren Mitglieder laut Strukturvorhersagen in die Organellen importiert werden. Diese PRR-Proteine binden RNA-Moleküle und greifen so in die Genexpression ein. Zum Beispiel wird die dicistronische *atp6*/*orf*79 mRNA oder die des T-*urf*13 Gens endonukleolytisch gespalten und degradiert, wodurch die Expression in den Mitochondrien blockiert wird (Abb 20.27). Eine Kreuzung einer Vaterpflanze A, die diese Restorer-Gene enthält, mit einer männlich sterilen Mutterpflanze B führt zu einer F_1-Generation, bei der die Fertilität der Pollen wieder hergestellt ist und damit die Bildung von Fruchtkolben ermöglicht wird.

Die Kreuzung von männlich sterilen T-Maislinien mit Linien, die Restorer-Gene enthalten, ermöglichte eine sehr effiziente Herstellung von F_1-Hybriden. Unglücklicherweise vermittelt aber das durch das T-*urf*13 codierte 13 kDa-Protein auch eine gesteigerte Empfindlichkeit der Maispflanzen gegen das Toxin des Pilzes *Bipolaris maydis T*, des Erregers der gefürchteten Pilzkrankheit „Southern corn blight", der 1971 ein großer Teil der amerikanischen Maisernte zum Opfer fiel. Zusammen mit dem Toxin bildet das 13 kDa-Protein eine Pore in der inneren Mitochondrienmembran und bringt dadurch die Funktion der Mitochondrien zum Erliegen. Man musste damals kurzfristig bei der Hybriderzeugung wieder zu einer manuellen Entfernung der männlichen Blüten zurückkehren. Inzwischen kennt man aber nicht nur bei Mais, sondern auch bei vielen anderen Pflanzen verschiedene männlich sterile Linien, bei denen die Sterilität durch mt-Genom- codierte Proteine verursacht wird, und Linien, die durch kerncodierte Proteine die Bildung der hemmenden Proteine unterdrücken, und verwendet diese zur Erzeugung von fertilen F_1-Hybriden. Wahrscheinlich ist die Wirkung kerncodierter Proteine auf die Expression mitochondrialer Gene nach Art des T-*urf*13 eine normale Reaktion des mitochondrialen Stoffwechsels in Pflanzen, und kann daher nach entsprechenden Mutationen zur Erzeugung männlicher Sterilität vielfältig eingesetzt werden.

Es wird weltweit intensiv daran gearbeitet, bei Pflanzen männliche Sterilität gentechnisch zu erzeugen. Es gibt schon erste Erfolge: Durch den Einsatz eines spezifischen Promotors gelang es in Tabak und Raps eine Ribonuklease aus dem Bakterium *Bacillus amyloliquefaciens* auf gentechnischem Wege ausschließlich in den Tapetumzellen der Pollensäcke zu exprimieren. Durch diese Ribonuklease wird in den Tapetumzellen gebildete mRNA gespalten und dadurch die Pollenbildung gestört. Andere Teile der Pflanzen waren nicht betroffen, die Pflanzen wuchsen normal. Es wurde so in Tabak und auch im Raps tatsächlich eine männliche Sterilität erzeugt. Zur Bildung einer Restorer-Linie wurde analog das Gen eines Ribonuklease-Inhibitors (ebenfalls aus oben genanntem Bakterium) auf gentechnischem Wege eingeführt. Der große Vorteil eines synthetischen Systems wäre seine Vielfältigkeit: Es könnte in Arten eingefügt werden, bei denen eine männliche Sterilität durch Entfernen der Staubgefäße nicht praktikabel und eine männliche Sterilität aus Mutanten nicht verfügbar ist. Es ist zu erwarten, dass die gentechnische Erzeugung männlich steriler Pflanzen für die Hybridzüchtung große wirtschaftliche Bedeutung erlangen wird und zu einer Steigerung landwirtschaftlicher Erträge führt.

Literatur

Aharoni, A., Bocobza, S.E. Switching the light on plant riboswitches. Trends in Plant Science 13, 526–533 (2008)

Arabidopsis Genome: A milestone in plant biology. Special Issue Plant Physiology 124, 1449–1865 (2002)

Arabidopsis functional genomics. Special Issue Plant Physiology 129, 389–925 (2002)

Bendich, A.J. Circular chloroplast chromosomes: The grand illusion. Plant Cell 16, 1661–1666 (2004)

Benito, M.I., Nierman, W., *et al.* Analysis of the genome sequence of the flowering plant *Arabidopsis thaliana*. Nature 408, 796–815 (2000)

Diez, C.M., Roessler, K., Gaut, B.S. Epigenetics and plant genome evolution. Current Opinion in Plant Biology 18, 1–8 (2014)

Eckhardt, N. Cytoplasmic male sterility and fertility restoration. Plant Cell 18, 515-517 (2006)

Eversole, K., Feuillet, C., Leach, J.E., Rogers, J., Schnable, P.S. Crop genome sequencing: lessons and rationales. Trends in Plant Science 16, 77–88 (2011)

Haag, J.R., Pikaard, C.S. Multisubunit RNA polymerases IV and V: purveyors of non-coding RNA for plant gene silencing. Nature Review Molecular Cell Biology 12, 483–492 (2011)

Hochholdinger, F., Hoecker, N. Towards the molecular basis of heterosis. Trends in Plant Science 12, 427–432 (2007)

Ichihashi, Y., Sinha, N.R. From genome to phenome and back in tomato. Current Opinion in Plant Biology 18, 9–15 (2014)

Lang, D., Rensing, S.A., Reski, R., Zimmer, A.D. Exploring plant biodiversity: the Physcomitrella genome and beyond. Trends in Plant Science 13, 542–549 (2008)

Lenser, T., Theißen, G. Molecular mechanisms involved in convergent crop domestication. Trends in Plant Science 18, 704–714 (2013)

Lozano-Juste, J., Cutler, S.R. Plant genome engineering in full bloom. Trends in Plant Science 19, 284–287 (2014)

Maida, Y., Masutomi, K., RNA-dependent RNA polymerases in RNA silencing. Biological Chemistry 392, 299–304 (2011)

Takenata, M., van der Merwe, J.A., Verbitskij, D., Neuwirt, J., Zehrmann, A., Brennicke, A. RNA editing in plant mitochondria. In: Göringer U. (ed.) RNA editing. Springer Verlag, Leiden (2007)

The Rice Annotation Project. Curated genome annotation of *Oryza sativa* ssp. Japonica and comparative genome analysis with *Arabidopsis thaliana*. Genome Research 17, 175-183 (2007)

Vazquez, F. *Arabidopsis* endogenous small RNAs: highways and byways. Trends in Plant Science 11, 460-468 (2006)

Willmann, M.R., Poethig, R.S. Conservation and evolution of mRNA regulation programs in plant development. Current Opinion in Plant Biology 10, 503-511 (2007)

21 Synthese, Prozessierung und Abbau von Proteinen in Pflanzen

Während der Proteinbiosynthese wird die Nukleotidsequenz der mRNA in eine Aminosäuresequenz übersetzt (translatiert). Als Übersetzer wirken dabei die **Transfer-Ribonukleinsäuren** (tRNAs). Sie sind aus 75–85 Ribonukleotiden aufgebaut, welche durch die Bildung von Haarnadelsträngen drei Schleifen (Kleeblatt-Struktur) enthalten. Die mittlere Schleife enthält das **Anticodon**, das zu dem **Codon** auf der mRNA komplementär ist. Für jede Aminosäure gibt es eine, mitunter auch mehrere tRNAs. Die Beladung der tRNAs mit den entsprechenden Aminosäuren erfolgt durch die jeweils spezifische **Aminoacyl-tRNA-Synthetase** unter Verbrauch von ATP, dabei wird als Zwischenprodukt das gemischte Anhydrid Aminoacyl-AMP gebildet (Abb. 21.1).

In einer Pflanzenzelle findet die Proteinbiosynthese an drei verschiedenen Orten statt: Die Translation der kerncodierten mRNA erfolgt im Cytosol, während die Translation von plastidären beziehungsweise mitochondrialen Genom codierten mRNAs im Plastidenstroma beziehungsweise der Mitochondrienmatrix abläuft.

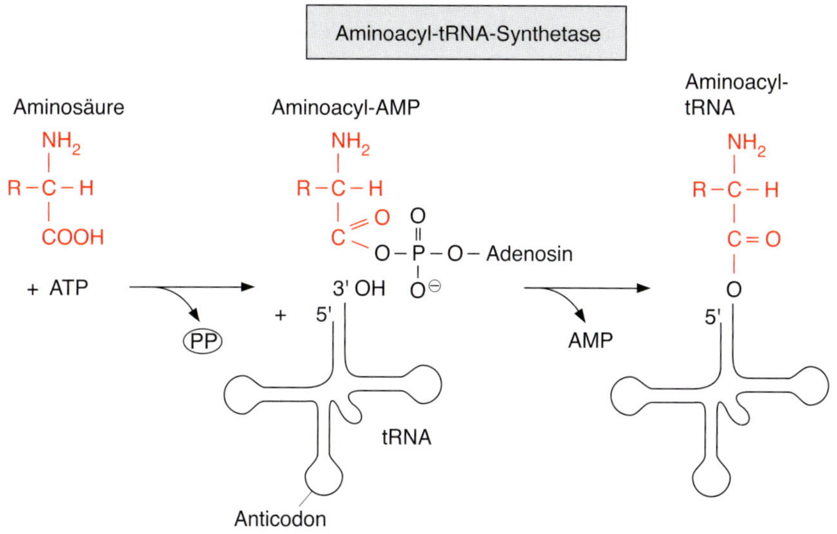

Abb. 21.1 Durch die Aminoacyl-tRNA-Synthetase werden tRNAs unter Verbrauch von ATP mit ihren jeweiligen Aminosäuren beladen. Dabei entsteht Aminoacyl-AMP als Intermediat.

21.1 Die Proteinsynthese erfolgt durch Ribosomen

Die Proteinsynthese wird durch Ribosomen katalysiert. Diese sind große Riboproteinkomplexe, die jeweils drei bis vier verschiedene rRNA-Moleküle und eine große Anzahl von Proteinen enthalten. In den Intervallen zwischen dem Ende der Translation einer mRNA und dem Beginn der Translation einer weiteren mRNA zerfallen die Ribosomen in zwei Untereinheiten. Die Ribosomen des Cytosols, der Plastiden und der Mitochondrien unterscheiden sich in ihrer Größe und Zusammensetzung (Tabelle 21.1). Die cytosolischen Ribosomen mit einer Sedimentationskonstante von 80S zerfallen in eine kleine Untereinheit von 40S und eine große Untereinheit von 60S. Man bezeichnet diese im Cytosol befindlichen Ribosomen als **eukaryontische Ribosomen**. Dagegen sind die mitochondrialen Ribosomen mit einer Spezies-abhängigen variablen Größe von etwa 78S und die plastidären Ribosomen mit 70S kleiner. Wegen ihrer Verwandtschaft mit den bakteriellen Ribosomen werden die mitochondrialen und plastidären Ribosomen den **prokaryontischen Ribosomen** zugeordnet. Ribosomen des Bakteriums *Escherichia coli* haben eine Sedimentationskonstante von 70S.

Es soll hier die cytosolische (eukaryontische) Translation besprochen werden. Zu Beginn der Translation bildet die messenger-RNA mit dem Ribosom einen **Initiationskomplex** (Abb. 21.2). Eine Reihe von **Initiationsfaktoren** sind an diesem Prozess beteiligt. Zunächst bilden der eukaryontische Initiationsfaktor 2 (eIF2) mit GTP und einer mit Methionin beladenen Transfer-RNA eine **Initiations-Transfer-RNA-Komplex.** Diese wird unter Beteiligung weiterer Initiationsfaktoren an die kleine 40S-Untereinheit gebunden. Unter der Vermittlung des aus mehreren Proteinkomponenten bestehenden Initiationsfaktors eIF4F (auch als Cap-Bindungsproteine bezeichnet) und unter Verbrauch von ATP wird die mit der Initiations-Transfer-RNA beladene kleine 40S-Untereinheit an die am 5′-Ende der mRNA vorhandene **Cap-Sequenz** (siehe Abb. 20.9) gebunden. Unter Verbrauch von ATP wandert nun die 40S-Untereinheit die mRNA stromabwärts (5′→3′), bis sie ein AUG-Startcodon erreicht. Normalerweise wird das erste AUG-Triplett auf der mRNA erkannt, dies ist aber nicht immer der Fall. Bei manchen mRNAs startet die Translation an einem späteren AUG-Triplett. Die umgebenden Sequenzen auf der mRNA entscheiden darüber, welches AUG-Triplett als Startcodon erkannt wird. Unter Abspaltung von mehreren Initiationsfaktoren und von GDP wird nun die große 60S-Untereinheit gebunden. Damit ist die Bildung des Initiationskomplexes abgeschlossen und das Ribosom vollständig und funktionsfähig.

Die mitochondrialen und die plastidären mRNAs tragen keine Cap-Sequenz. Für die anfängliche Bindung an die kleine Untereinheit des Ribosoms in den Plastiden besitzt die mRNA meist eine spezielle Ribosomenbindungsstelle, die aus einer purinreichen Sequenz aus etwa zehn Basen besteht, die auch in der bakteriellen mRNA enthalten ist und als **Shine-Dalgarno-Sequenz** bezeichnet wird. Diese Sequenz bindet an die 16S-rRNA der kleinen Riboso-

Tabelle 21.1: Aufbau der Ribosomen im Cytosol, dem Chloroplastenstroma und der Mitochondrienmatrix in Pflanzen

	komplettes Ribosom	ribosomale Untereinheiten	rRNA-Komponenten	Proteine
Cytosol (eukaryontisches Ribosom)	80S	kleine UE 40S	18S-rRNA	ca. 30
		große UE 60S	5S-rRNA 5,8S-rRNA 25S-rRNA	ca. 50
Chloroplast (prokaryontisches Ribosom)	70S	kleine UE 30S	16S-rRNA	ca. 24
		große UE 50S	4,5S-rRNA 5S-rRNA 23S-rRNA	ca. 35
Mitochondrium (prokaryontisches Ribosom)	78S	kleine UE $\approx$ 30S	18S-rRNA	ca. 33
		große UE $\approx$ 50S	5S-rRNA 26S-rRNA	ca. 35

menuntereinheit. Ob Shine-Dalgarno-Sequenzen auch in den Mitochondrien eine Rolle spielen, ist umstritten. In Mitochondrien und in Plastiden ist, wie auch in Bakterien, die Initiations-tRNA mit *N*-Formylmethionin (anstelle von Methionin im Cytosol) beladen. Der Formylrest wird nach der Peptidbildung abgespalten.

Eine Peptidkette wird geknüpft

Das durch die Initiation komplettierte Ribosom enthält zwei abgetrennte Bereiche, an die tRNAs binden können. Der erste wird als **P-Stelle** (P für Peptidyl) bezeichnet und ist am Anfang mit der Initiations-tRNA besetzt (Abb. 21.3). Die **A-Stelle** (A für Aminoacyl) liegt über dem zweiten Codon des Gens und ist anfangs unbesetzt. In der Abbildung ist links von der P-Stelle die **E-Stelle** (E für Exit) gezeigt. Eine dort befindliche tRNA wird abgelöst. Die **Elongation** beginnt, wenn sich eine entsprechende Aminoacyl-tRNA an die A-Stelle anlagert und mit dem zweiten Codon der mRNA eine Basenpaarung eingeht. Daran sind zwei **Elongationsfaktoren** beteiligt. Der Faktor eEF1α bindet zunächst GTP und bildet zusammen mit einer Aminoacyl-tRNA den ternären Komplex der an die A-Stelle bindet, dabei wird das GTP in GDP und P gespalten. Die Spaltung der energiereichen Anhydridbindung im GTP treibt so die Anlagerung der Aminoacyl-tRNA an das Codon in der A-Stelle.

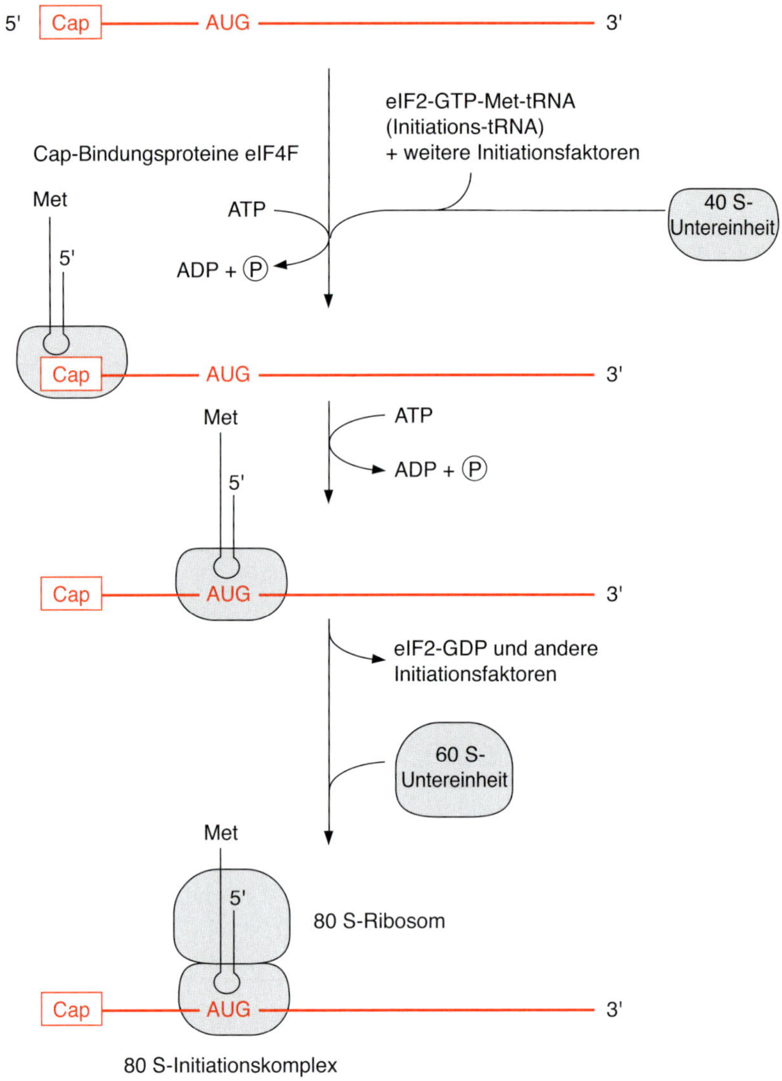

Abb. 21.2 Bildung des Initiationskomplexes bei eukaryontischen (80S) Ribosomen.

Anschließend wird durch den Faktor eEF1βγ das am eEF1α noch gebundene GDP gegen GTP ausgetauscht. eEF1α-GTP steht so für die nächste Runde bereit.

Es folgt nun die Bildung einer Peptidbindung zwischen der Carboxygruppe des Methionins und der Aminogruppe der Aminosäure auf der tRNA, die an der A-Stelle gebunden ist. Die **Peptidyl-Transferase**, welche als Bestandteil des Ribosoms diese Reaktion katalysiert, ist ein kompliziert aufgebautes Enzym, das aus mehreren ribosomalen Proteinen besteht. Eine entscheidende Funktion bei der Katalyse hat die 25S-rRNA. Das Enzym bewirkt den *N*-nucleophilen Angriff auf die Carboxygruppe, wodurch die Peptidbindung geknüpft wird. Es entsteht so zunächst ein Dipeptid, das an die tRNA auf der A-Stelle gebunden ist (Abb. 21.4A).

Durch Hydrolyse eines weiteren GTP in GDP und P sowie unter Mitwirkung des Elongationsfaktors eEF2 findet nun eine **Translokation** statt

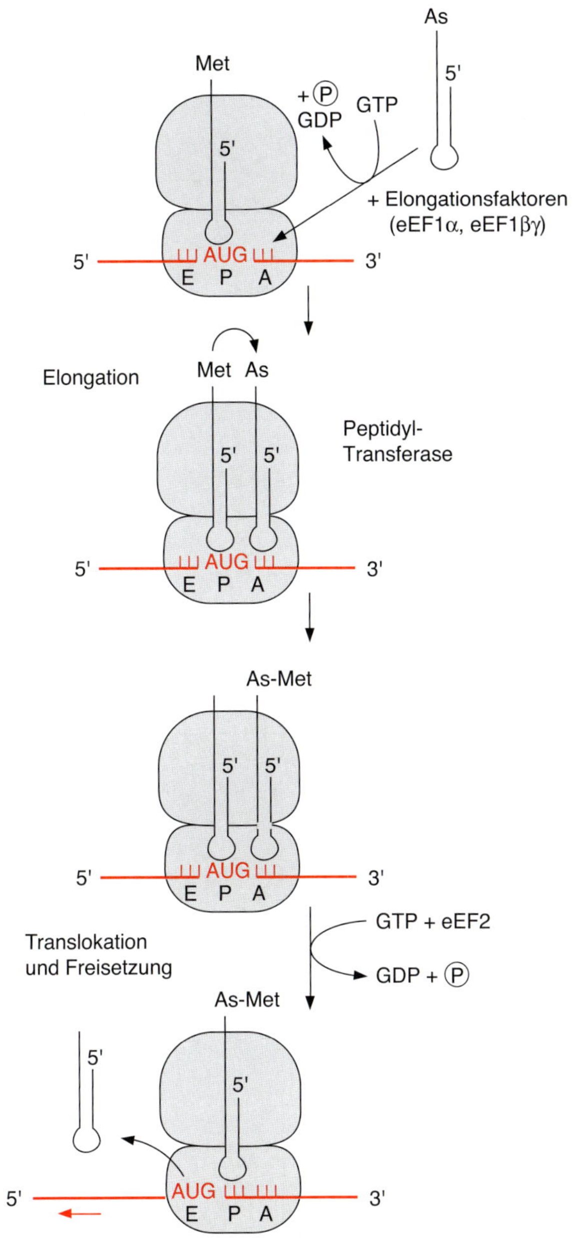

Abb. 21.3 Elongationscyclus der Proteinbiosynthese. Nach der Bindung einer entsprechenden Aminoacyl-tRNA an die A-Stelle wird durch die Peptidyl-Transferase eine Peptidbindung geknüpft (Elongation). Bei der anschließenden Translokation gelangt die jetzt unbeladene tRNA an die E-Stelle und wird abgelöst, und die mit der Peptidkette beladene tRNA kommt an die P-Stelle. Ribosomen und mRNA verschieben sich gegeneinander (Translokation), so dass die A-Stelle wieder frei zugänglich wird.
As = Aminosäure.

(Abb. 21.3). Das Ribosom wandert auf der mRNA drei Basen stromabwärts. Dadurch gelangt die freie tRNA an die E-Stelle, von der sie abgelöst wird, und die mit dem Peptid beladene tRNA rückt an die P-Stelle. Die dritte Aminoacyl-tRNA bindet an die freigewordene A-Stelle, und ein weiterer Elongationscyclus kann beginnen.

Nach mehreren Elongationscyclen ist das AUG-Startcodon der mRNA wieder frei und ein neuer Initiationskomplex kann ausgebildet werden. Eine solche mRNA, die gleichzeitig von mehreren Ribosomen translatiert wird, bezeichnet man als **Polysom** (Abb. 21.5).

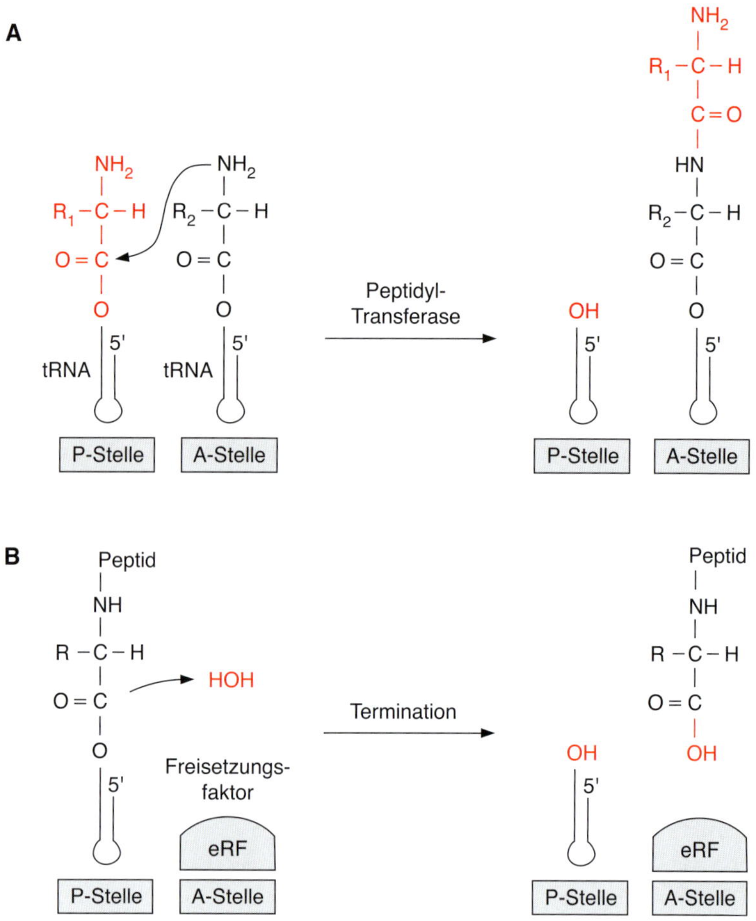

Abb. 21.4 **A**) Knüpfung einer Peptidbindung durch die Peptidyl-Transferase. **B**) Termination der Peptidsynthese durch die Bindung eines Freisetzungsfaktors (eRF) an das Stopcodon in der A-Stelle. Das Peptid wird von der tRNA auf ein Wassermolekül übertragen.

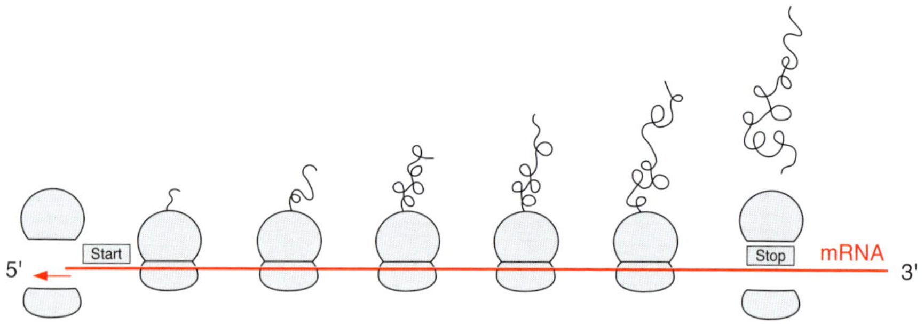

Abb. 21.5 Mehrere Ribosomen, die nacheinander gleichzeitig eine mRNA übersetzen, werden als Polysom bezeichnet.

Wenn ein **Stopcodon** (UGA, UAG oder UAA) an die A-Stelle gelangt, kommt es zur Termination der Translation (Abb. 21.4B). Diese Stopcodons binden den **Freisetzungsfaktor** eRF (*Releasing Factor*) unter Spaltung von GTP in GDP und Ⓟ. Durch die Bindung von eRF an das Stopcodon wird die Spezifität der Peptidyltransferase verändert: Der Akzeptor für die Peptidkette ist nun statt einer Aminosäure ein Wassermolekül. Auf diese Weise wird das gebildete Protein von der tRNA abgelöst.

Durch den Einsatz spezifischer Hemmstoffe der Translation lässt sich entscheiden, ob ein Protein entweder im Kern oder im Genom der Plastiden oder Mitochondrien codiert wird

Mit nur geringen Unterschieden erfolgen Elongation, Translokation und Termination bei den prokaryontischen Ribosomen in analoger Weise, z. B. wird bei der prokaryontischen Termination kein GTP verbraucht und eukaryontische und prokaryontische Translation werden durch einige Antibiotika in unterschiedlicher Weise gehemmt (Abb. 21.6, Tabelle 21.2). Während **Puromycin** als Analogon einer tRNA ein allgemeiner Inhibitor der Proteinsynthese ist, wirkt **Cycloheximid** nur auf eukaryontische Ribosomen, **Chloramphenicol**, **Tetracyclin** und **Streptomycin** hauptsächlich oder ausschließlich auf prokaryontische. Durch den Einsatz dieser Hemmstoffe lässt sich leicht feststellen, ob ein bestimmtes Protein im Zellkern oder dem Genom von Plastiden oder Mitochondrien codiert wird. Eine relativ einfache Methode zum Nachweis der Proteinsynthese besteht in der Messung des Einbaus einer radioaktiv

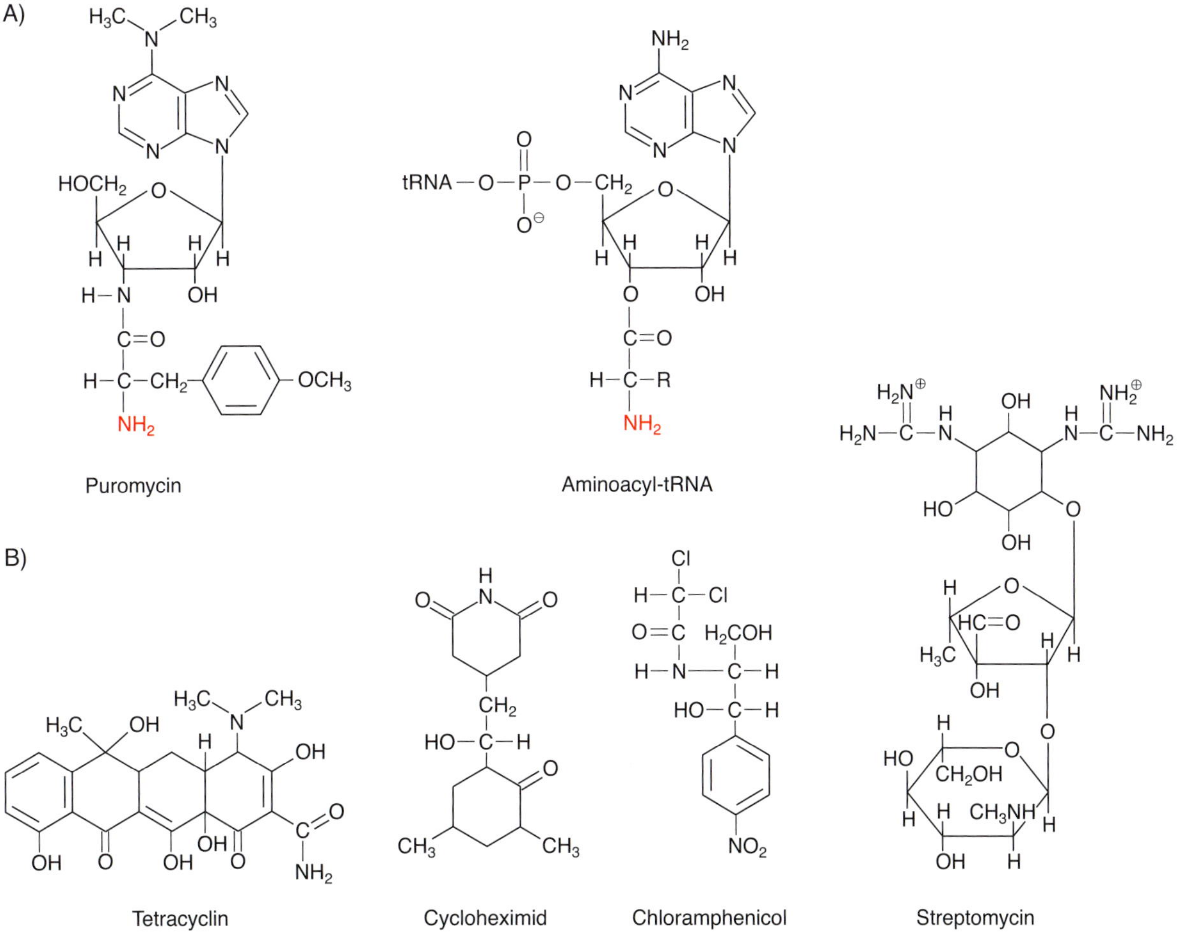

Abb. 21.6 Antibiotika sind Inhibitoren der Proteinsynthese. Ihre Wirkungsweise ist in Tabelle 21.2 beschrieben. A) Strukturanalogie zwischen Puromycin und Aminoacyl-tRNA. B) Strukturformeln einiger Antibiotika.

Tabelle 21.2: Antibiotika als Inhibitoren der Proteinsynthese. Die aufgeführten Antibiotika entstammen alle aus Streptomyceten.

Antibiotikum	Hemmwirkung
Puromycin	Bindet als Analogon einer Aminoacyl-tRNA an der A-Stelle und nimmt an allen Elongationsschritten teil bis zur Bildung einer Peptidbindung; damit wird die Proteinsynthese abgebrochen. Wirkt bei prokaryontischen und eukaryontischen Ribosomen
Cycloheximid	Hemmt die Peptidyl-Transferase in eukaryontischen Ribosomen
Chloramphenicol	Hemmt die Peptidyl-Transferase in prokaryontischen Ribosomen
Tetracyclin	Bindet an die 30S-Untereinheit und hemmt die Bindung von Aminoacyl-tRNA an prokaryontische Ribosomen viel stärker als bei eukaryontischen
Streptomycin	Hemmt die Initiation bei prokaryontischen Ribosomen. Es interferiert durch Bildung von fMet-tRNA und Bindung an die 30S Untereinheit.

markierten Aminosäure in ein Protein. Man verwendet hierfür häufig ^{35}S-markiertes Methionin. Wird dieser Einbau durch Cycloheximid gehemmt, so zeigt dies, dass das betreffende Protein im Kern codiert ist. Eine Hemmung durch Chloramphenicol bedeutet dagegen, dass das betreffende Protein in dem Genom der Plastiden oder Mitochondrien codiert ist.

Die Translation wird reguliert

Die Synthese vieler Proteine wird auf der Ebene der Translation spezifisch reguliert. Die Regulation erfolgt in erster Linie über Protein-Kinasen, durch die an der Translation beteiligte Proteine phosphoryliert werden. Da in der Regel bei der Translation die Initiation der geschwindigkeitsbestimmende Schritt ist, ist die Initiation ein besonders geeigneter Angriffspunkt für eine Regulation der Translation. In tierischen Organismen wurde gezeigt, dass der Initiationsfaktor eIF2 durch Phosphorylierung inaktiviert und so die Initiation gehemmt wird. Über die Regulation der Translation in Pflanzen ist bislang erst wenig bekannt.

Eine weitere Regulation der Translation findet auf der Ebene des Einbaus der einzelnen Aminosäuren statt. Während der Translation bewegen sich die Ribosomen nicht mit gleichbleibender Geschwindigkeit über die mRNA. Die den einzelnen Codonen zugehörigen tRNAs finden sich in unterschiedlicher Häufigkeit in Zellen. Daher spricht man auch von optimalen und nicht-optimalen Codonen. Durch die unterschiedliche Verfügbarkeit der tRNAs verlangsamt sich die Translation beim Einbau seltener tRNAs und beschleunigt beim Einbau häufiger tRNAs. Neueste Erkenntnisse lassen vermuten, dass die Regulation der Translationsgeschwindigkeit eine wichtige Bedeutung für die Genauigkeit der Proteinbiogenese hat.

21.2 Proteine erreichen durch kontrollierte Faltung ihre dreidimensionale Struktur

Die Proteinbiosynthese der Ribosomen liefert zunächst ein ungefaltetes Polypeptid. Dieses wird anschließend, gegebenenfalls nach Abtrennung von Sequenzabschnitten, durch spezifische Faltung in die biologisch aktive Form, das **native Protein**, überführt. Die dreidimensionale Struktur des nativen Proteins stellt in der Regel den energieärmsten Zustand des Moleküls dar und ist durch dessen Aminosäuresequenz vorgegeben.

Die Faltung der Proteine erfolgt in einem mehrstufigen Prozess

Für ein Polypeptid aus 100 Aminosäuren, also einem relativ kleinen Protein von etwa 11 kDa, gibt es theoretisch etwa 10^{100} mögliche Konformationen. Wenn man berücksichtigt, dass die Reorientierung einer Einfachbindung 10^{-13} s erfordert, würde ein nacheinander erfolgendes Ausprobieren aller möglichen Faltungszustände 10^{87} s dauern. Dies ist eine unvorstellbar lange Zeit! Zum Vergleich: Das Alter der Erde beträgt etwa $1{,}6 \cdot 10^{17}$ s. Tatsächlich erreicht ein Protein die native Form innerhalb von Sekunden oder Minuten. Die Faltung erfolgt in einem mehrstufigen Prozess. Zunächst werden kurze Abschnitte von Sekundärstrukturen gebildet, wie **α-Helices** oder **β-Faltblätter.** Diese bestehen aus 8–15 Aminosäureresten, die innerhalb von Millisekunden entstehen oder auch wieder aufgelöst werden (Abb. 21.7). Diese Sekundärstrukturen assoziieren dann stufenweise zu immer größeren Assoziaten und stabilisieren damit auch die Bereiche des Proteinmoleküls, die keine Sekundärstruktur aufweisen. Bei löslichen Proteinen ist die treibende Kraft bei diesen Faltungsprozessen die Bildung hydrophober Wechselwirkungen zwischen den genannten Sekundärstrukturen, die die Exposition der hydrophoben Regionen gegenüber der wässrigen Phase vermindern. Nach weiteren konformationellen Umwandlungen wird durch diesen kooperativen Faltungsvorgang die richtige Tertiärstruktur des Proteinmoleküls schnell erreicht. Bei Proteinen mit mehreren Untereinheiten schließt sich daran eine Assoziation zu einer Quartärstruktur an.

Proteine werden während der Faltung beschützt

Der Faltungsprozess kann empfindlich gestört werden, wenn innerhalb eines Moleküls Sekundärstrukturen in falscher Weise assoziieren, vor allem aber, wenn Sekundärstrukturen verschiedener Moleküle assoziieren und es so zu einer ungewollten Aggregation von Proteinen kommt (hydrophober Kollaps). Diese Gefahr ist besonders groß während der Proteinsynthese, wenn das am Ribosom befindliche Polypeptid noch nicht fertiggestellt ist (Abb. 21.5) oder

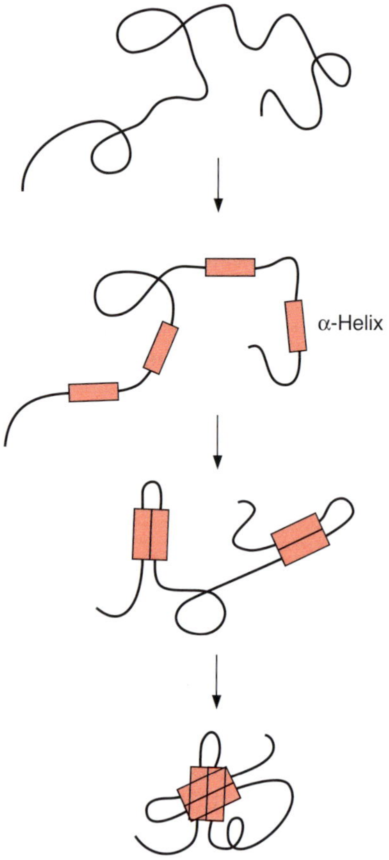

Abb. 21.7 Die Faltung von Proteinen ist ein stufenweiser hierarchischer Prozess. Es bilden sich zunächst vereinzelte Sekundärstrukturen, die sich dann weiter zusammenlagern, bis schließlich nach geringen Korrekturen der Faltung die native Konformation des Proteins erreicht ist.

während des Transports eines ungefalteten Proteins durch eine Membranpore, wenn erst ein Teil der Polypeptidkette die andere Seite erreicht hat. Außerdem werden fehlerhafte intermolekulare Assoziationen begünstigt, wenn die Konzentration der neu synthetisierten Proteine hoch ist, wie es zum Beispiel im Lumen des rauhen endoplasmatischen Reticulums der Fall sein kann (siehe Kapitel 14).

Damit solche fehlerhaften Faltungen vermieden werden, gibt es in den verschiedenen Zellkompartimenten eine Familie von Proteinen, die fehlerhafte Assoziationen verhindern bzw. die fehlerhafte Proteine unter ATP-Verbrauch wieder entfalten, um ihnen eine weitere Möglichkeit zu geben den nativen, energieärmsten Zustand zu erreichen (Abb. 21.8). Man bezeichnet diese unterstützenden Proteine daher als **Chaperone** (englisch für „Anstandsdame").

Hitzeschockproteine schützen vor Hitzeeinwirkung

Die Chaperone haben nicht nur eine Funktion bei der Proteinbiosynthese, sondern sie bewirken auch, dass durch Stresseinwirkung denaturierte Zellproteine vor Aggregationen geschützt werden und gegebenenfalls wieder ihre native Konformation einnehmen können. Bakterien wie auch tierische und pflanzliche Zellen reagieren auf eine Erhöhung der Temperatur von etwa 10 °C über dem Temperaturoptimum mit einer sehr raschen Synthese von so genannten **Hitzeschockproteinen**, von denen sehr viele den Chaperonen zuzuordnen sind. Pflanzen, die kurzzeitig einer Temperaturerhöhung ausgesetzt waren, die zur Synthese von Hitzeschockproteinen führt, können im Anschluss normalerweise letale Temperaturen überleben. Man bezeichnet dieses Phänomen als **erworbene Thermotoleranz**. Die meisten dieser Hitzeschockproteine sind aber konstitutiv vorhanden, das heißt sie kommen, wenn auch in geringeren Mengen als bei der erworbenen Thermotoleranz, auch unter normalen Bedingungen in Zellen vor, wo sie eine wichtige Rolle bei der Faltung von Proteinen spielen.

Chaperone binden ungefaltete Proteine

Da die Chaperone meist zuerst als Hitzeschockproteine identifiziert wurden, verwendet man für Chaperone und an ihrer Wirkung beteiligte weitere Proteinfaktoren oft die Abkürzung Hsp (für Hitzeschockproteine), danach gibt man ihre Molekularmasse in kDa an.

Chaperone der **Hsp70-Familie** wurden in Bakterien, Mitochondrien und Chloroplasten, dem Cytosol von Eukaryonten sowie im endoplasmatischen Reticulum nachgewiesen. Es handelt sich um hoch konservierte Proteine. Hsp70 besitzt eine Bindungsstelle für Adeninnukleotide; diese kann entweder mit ATP oder ADP besetzt sein.

Hsp70 besitzt außerdem eine Substrat-Bindedomäne, die offen ist wenn die Nukleotid-Bindedomäne mit ATP, bzw. geschlossen ist, wenn sie mit ADP

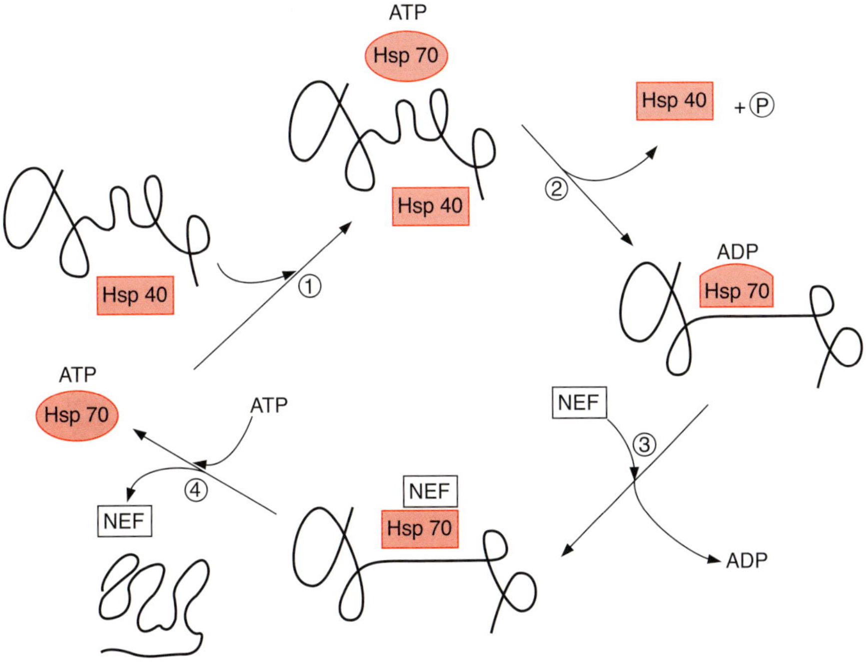

Abb. 21.8 (1) Hsp40 interagiert mit Proteinsegmenten, die hydrophobe Aminosäuren exponieren und übergibt gebundene Substratproteine an Hsp70, dessen Nukleotid-Bindedomäne mit ATP besetzt ist. (2) Die Interaktion mit Hsp40 und Substrat induziert die Hydrolyse von ATP durch Hsp70, wodurch sich die Substrat-Bindedomäne schließt und das Substrat fest gebunden wird. (3) Der ternäre Komplex aus Hsp70, ADP und Substrat wird durch einen Nukleotid-Austauschfaktor (NEF) erkannt, der an Hsp70 bindet und ADP aus der Nukleotid-Bindedomäne verdrängt. (4) ATP kann nun die freie Nukleotid-Bindedomäne von Hsp70 besetzen, was wiederum eine Konformationsänderung auslöst und die Substrat-Bindedomäne öffnet und gebundenes Substrat entlässt. Dieser Zyklus induziert die lokale Entfaltung eines größeren Segments in der Substrat-Polypeptidkette, wodurch diese die Chance erhält, spontan in den nativen Zustand zu falten.

besetzt ist. Proteine, die Segmente mit hydrophoben Aminosäuren exponieren (ein typisches Merkmal denaturierter Proteine), werden von Hsp40 gebunden (Abb. 21.8). Über seine sogenannte J-Domäne interagiert Hsp40 mit Hsp70 im ATP-zustand und übergibt das gebundene Proteinsegment. Dies induziert in Hsp70 die Hydrolyse von ATP, was zu einer Konformationsänderung führt und die Substrat-Bindedomäne des Chaperons schließt. Der ternäre Komplex aus Hsp70, ADP und Proteinsubstrat wird nun von einem Nukleotid-Austauschfaktor (NEF) erkannt, der an Hsp70 bindet und den Austausch von ADP durch ATP vermittelt. Mit ATP in der Nukleotid-Bindedomäne öffnet sich die Substrat-Bindedomäne von Hsp70 und das gebundene Substrat sowie Nukleotid-Austauschfaktor werden frei. Das Chaperon steht nun wieder für weitere Zyklen zur Verfügung. Die Bindung und Freilassung durch Hsp70 führt zur lokalen Entfaltung eines größeren Segments in der Substrat-Polypeptidkette, wodurch diese die Chance erhält, spontan in den nativen Zustand zu falten. Dies kann mehrere Zyklen von Hsp70-Bindung und Freilassung unter Verbrauch von ATP erfordern. Hsp70-Chaperone kooperieren auch mit anderen Chaperonen, wie Hsp60, Hsp90 und Hsp100.

Dieser Mechanismus der ATP-abhängigen lokalen Entfaltung von Substraten der Hsp70-Chaperone unter Vermittlung von Hsp40 ist im Laufe der Evolution konserviert geblieben. Die Aminosäuresequenzen des Hsp70-Proteins in *E. coli* und im Menschen stimmen zu 50 % überein.

Proteine der **Hsp60-Familie** hat man zunächst als **GroEL** bzw. **Cpn60** in *E. coli* und als RubisCO-Bindungsprotein in Chloroplasten entdeckt. Es hat sich aber herausgestellt, dass beide Proteine homolog sind und als Chaperone wirken. Hsp60-Chaperone findet man auch in Mitochondrien. Die Hsp60-Chaperone binden ebenfalls ungefaltete Proteine. An der Bindung ist zusätzlich noch **GroES** (in Mitochondrien und Chloroplasten als **Hsp10** bzw. **Cpn10** bezeichnet) beteiligt. In Bakterien sind 14 GroEL- und 7 GroES-Moleküle zu einen **Superchaperon-Komplex** zusammengelagert (Abb. 21.10). Jeweils 7 GroEL-Untereinheiten bilden einen großen Hohlraum, in den ungefaltete Proteinmoleküle mit Massen von bis zu 60 kDa hineinpassen (Abb. 21.9). Durch die Bindung von Sequenzabschnitten an Hsp60–Moleküle wird das ungefaltete Protein zunächst an den Wänden der Höhle über hydrophobe Wechsel-

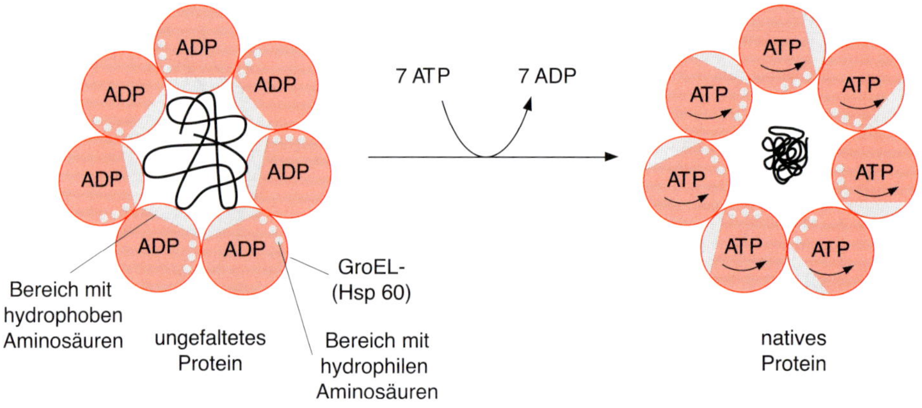

Abb. 21.9 Querschnitt durch den Superchaperon-Komplex, der aus 14 Molekülen GroEL (Hsp60/Cpn60) und 7 Molekülen GroES (Hsp10/Cpn10) besteht. Die mit ADP beladenen Chaperonmoleküle binden ungefaltete Bereiche des Proteins über hydrophobe Wechselwirkungen. Hohlraumvergrößerung und Wechselwirkung mit hydrophilen Aminosäuren erlauben dem Protein in den nativen Zustand zu falten. Da ein natives Protein an Chaperone nicht mehr bindet, wird es letztendlich abgelöst.

wirkungen analog der bereits besprochenen Bindung an Hsp70 kurzzeitig fixiert. Die Bindung von ATP und GroES/Cpn10 induziert Konformationsänderungen, durch die sich hydrophobe Aminosäuren an der Innenseite der Höhle wegdrehen und hydrophile Aminosäuren exponiert werden. Außerdem vergrößert sich der Hohlraum und gebundenes Protein wird gestreckt. Die gleichzeitig erfolgende Entfaltung des Proteins und der Wechsel zu einer hydrophilen Umgebung erlauben dem Protein in den nativen Zustand zu falten, ohne dass es durch Assoziation mit anderen Proteinen daran gehindert wird.

Auch im eukaryontischen Cytosol findet sich ein dem GroEL/Hsp60 ähnlicher Superkomplex, der als CCT (cytosolic complex T) bezeichnet wird. Im Unterschied zu GroEL/Hsp60 der Organellen besteht dieser aus zwei Ringen mit je acht unterschiedlichen Untereinheiten. Die Aufgabe von GroES wird durch hervorstehende, alpha-helikale Strukturen übernommen, welche den Hohlraum wie bei einer Irisblende verschließen können.

Man nimmt an, dass an der Proteinfaltung bei Plastiden und Mitochondrien sowohl Hsp70 als auch Hsp60 und Hsp10 beteiligt sind (Abb. 21.10). Hsp70 schützt einzelne Segmente der wachsenden Polypeptidkette während der Proteinsynthese, und der Superchaperon-Komplex aus Hsp60 und Hsp10 ermöglicht dann eine ungestörte Faltung des ganzen Proteins.

Im Cytosol von Eukaryonten, im ER und in Chloroplasten ist das Chaperon **Hsp90** in sehr hohen Konzentrationen vorhanden. Nach dem bisherigen Wissensstand spielt Hsp90, sowie ein Co-Chaperon (HOP) eine zentrale Rolle beim Falten und der Assemblierung von Proteinen. Hierbei arbeiten Hsp70 und Hsp90 oft Hand in Hand, wobei frühe Faltungsschritte von Hsp70 übernommen werden und die spätere, finale Reifung durch Hsp90 erfolgt.

Darüber hinaus gibt es Chaperone, die die Faltung von Polypeptiden unterstützen, indem sie andere bei der Faltung limitierende Vorgänge erleichtern. Dazu gehört die Bildung von Disulfidbindungen sowie die *cis–trans*-Isomerisierung der normalerweise nicht drehbaren Polypeptidbindungen. In den letzten Jahren wurde deutlich, welche zentrale Bedeutung Chaperone für die Aufrechterhaltung der zellulären Protein-Homöostase haben.

21.3 Kerncodierte Proteine werden auf verschiedene Zellkompartimente verteilt

Die im Cytosol vorhandenen Ribosomen synthetisieren auch Proteine von Zellorganellen, wie Plastiden, Mitochondrien, Peroxisomen und Vakuolen sowie Proteine, die aus der Zelle ausgeschleust werden. Damit diese Proteine an ihren entsprechenden Wirkungsort gelangen, ist ein spezifischer Transport über Membranen erforderlich.

Für die Vakuole oder den Export aus der Zelle bestimmte Proteine werden, wie in Abschnitt 14.5 bereits besprochen, schon während der Synthese in das Lumen des ER transportiert. Hierzu bindet eine Signalsequenz am Anfang des synthetisierten Proteins zusammen mit einem Signalerkennungspartikel an ein an der ER-Membran befindliches Porenprotein und dirigiert so,

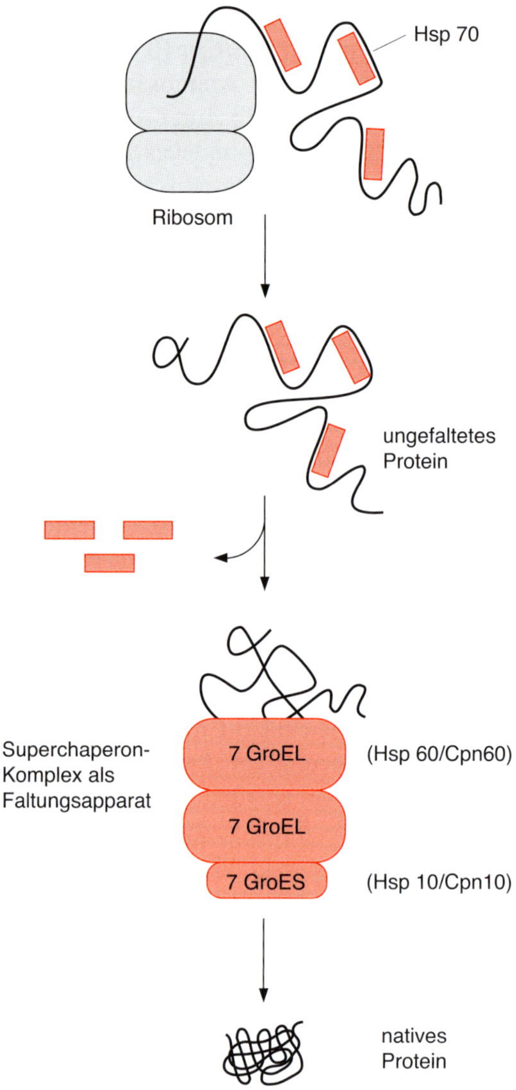

Abb. 21.10 Proteinfaltung in Prokaryonten sowie in Plastiden und Mitochondrien. Das ungefaltete Protein wird durch die Anlagerung von mit ADP beladenen Hsp70-Chaperonen geschützt und in dem Hohlraum des Superchaperon-Komplexes, der aus GroEL (Hsp60/Cpn60) und GroES (Hsp10/Cpn10) besteht, unter Verbrauch von ATP zum nativen Protein gefaltet.

dass die Weitersynthese des Proteins ins Lumen des ER. Dadurch ist das Ribosom auf der Außenseite der ER-Membran angeheftet, und das gebildete Protein erscheint unmittelbar im Lumen des ER (Abb. 14.2). Man spricht hierbei von einem **cotranslationalen Proteintransport**. Aus dem ER-Lumen werden diese Proteine meist nach erfolgten Modifikationen durch einen Vesikeltransfer über den Golgi-Apparat in die Vakuole geleitet oder gegebenenfalls auch durch sekretorische Vesikel aus der Zelle exportiert.

Dagegen erfolgt der Proteintransport in Plastiden, Mitochondrien und Peroxisomen überwiegend, wenn nicht ausschließlich, **posttranslational**, das heißt, die Proteine werden erst nach dem Abschluss der Proteinsynthese und nach Freisetzung von den Ribosomen durch die Membranen transportiert.

Die meisten in die Mitochondrien importierten Proteine müssen zwei Membranen passieren

In Pflanzen werden mehr als 95 % der mitochondrialen Proteine im Kern codiert und im Cytosol translatiert. Unsere bisherigen Kenntnisse über den Import der im Cytosol gebildeten Proteine in die Mitochondrien stammen hauptsächlich aus Untersuchungen an Hefen. Um die im Cytosol synthetisierten Proteine in die Mitochondrien zu dirigieren, müssen sie mit einer **mitochondrialen Präsequenz** als Adressierungssignal (Signalsequenz) versehen sein. Einige Proteine, die für die mitochondriale Innenmembran oder den Intermembranraum bestimmt sind, sowie alle Proteine für die mitochondriale Außenmembran, enthalten interne Adressierungssignale. Proteine der mitochondrialen Innenmembran und der Großteil der Proteine der mitochondrialen Matrix tragen an ihrem Aminoterminus als Adressierungssignal jeweils eine 12–70 Aminosäuren lange **Präsequenz** tragen. Diese Präsequenzen werden nach dem Import entfernt. Sie besitzen einen hohen Anteil positiv geladener Aminosäuren und können **α-Helices** bilden, bei denen eine Seite positiv geladen ist und die andere einen hydrophoben Charakter aufweist. Nicht die eigentlichen Aminosäuresequenzen, sondern die gesamte Struktur dieser amphiphilen α-Helices bildet das Adressierungssignal. Die dirigierende Wirkung dieser Präsequenzen lässt sich im Experiment zeigen: Versieht man ein Fremdprotein, zum Beispiel die Dihydrofolat-Reduktase der Maus, mit einer Präsequenz für die mitochondriale Matrix, so wird dieses Fusionsprotein auch tatsächlich in die mitochondriale Matrix aufgenommen.

Für den Import von Proteinen in die mitochondriale Matrix müssen die Außenmembran und die Innenmembran passiert werden (Abb. 1.12). Dieser Transport erfolgt zumeist an so genannten **Translokationsstellen**, bei denen Außen- und Innenmembran eng beieinander liegen (Abb. 21.11). Jede der beiden Membranen besitzt einen eigenständigen Translokationsapparat, der die Proteine in jeweils *ungefalteter Form* durch die Membranen transportiert.

Die durch die Ribosomen gebildeten Vorstufenproteine assoziieren im Cytosol mit Chaperonen (z. B. Hsp70), um eine vorzeitige Faltung oder Aggregation der oftmals hydrophoben Vorstufenproteine zu vermeiden. Die Assoziation mit Hsp70 ist mit ATP-Verbrauch verbunden (Abb. 21.8). Der Transport durch die Außenmembran wird durch den so genannten **TOM-Komplex** (*Translocase of the Outer Mitochondrial Membrane*) katalysiert, der aus mindestens 8 verschiedenen Proteinen besteht. Die Untereinheiten TOM20 und TOM22 wirken als Rezeptor für die Präsequenz. An der spezifischen Erkennung des Adressierungssignals ist wahrscheinlich eine elektrostatische Wechselwirkung zwischen der positiv geladenen Seite der α-Helix der Präsequenz und den negativen Ladungen auf der Oberfläche von TOM22 beteiligt. TOM22 und 20 vermitteln dann das Einfädeln der Polypeptidkette in die Translokationspore. Ein weiterer Rezeptor für zu transportierende Proteine ist TOM70. Dieser Rezeptor vermittelt gemeinsam mit TOM37 den Import des ATP/ADP-Translokators und weiterer Translokatoren der Innenmembran, die statt einer Präsequenz ein internes Adressierungssignal in ihrer Proteinsequenz aufweisen. Die Translokationspore wird aus TOM40 und drei weiteren kleinen Untereinheiten gebildet. Proteine für die mitochondriale Außenmembran können nach der Bindung an die Rezeptoren des TOM-Komplexes direkt in die Membran eingebaut werden.

Der Transport über die Innenmembran wird durch die Proteine **TIM** (*Translocase of the Inner Mitochondrial Membrane*) 17, 23, 44 und weitere Proteine katalysiert. Voraussetzung für einen Proteintransport durch die Innenmembran ist das Vorhandensein eines Membranpotenzials ΔΨ (siehe Abschnitt 5.6). Es wird angenommen, dass durch die negative Ladung an der Matrixseite der Innenmembran die positiv geladene Präsequenz durch die Translokationspore gezogen wird. Die in der Matrix erscheinende Peptidket-

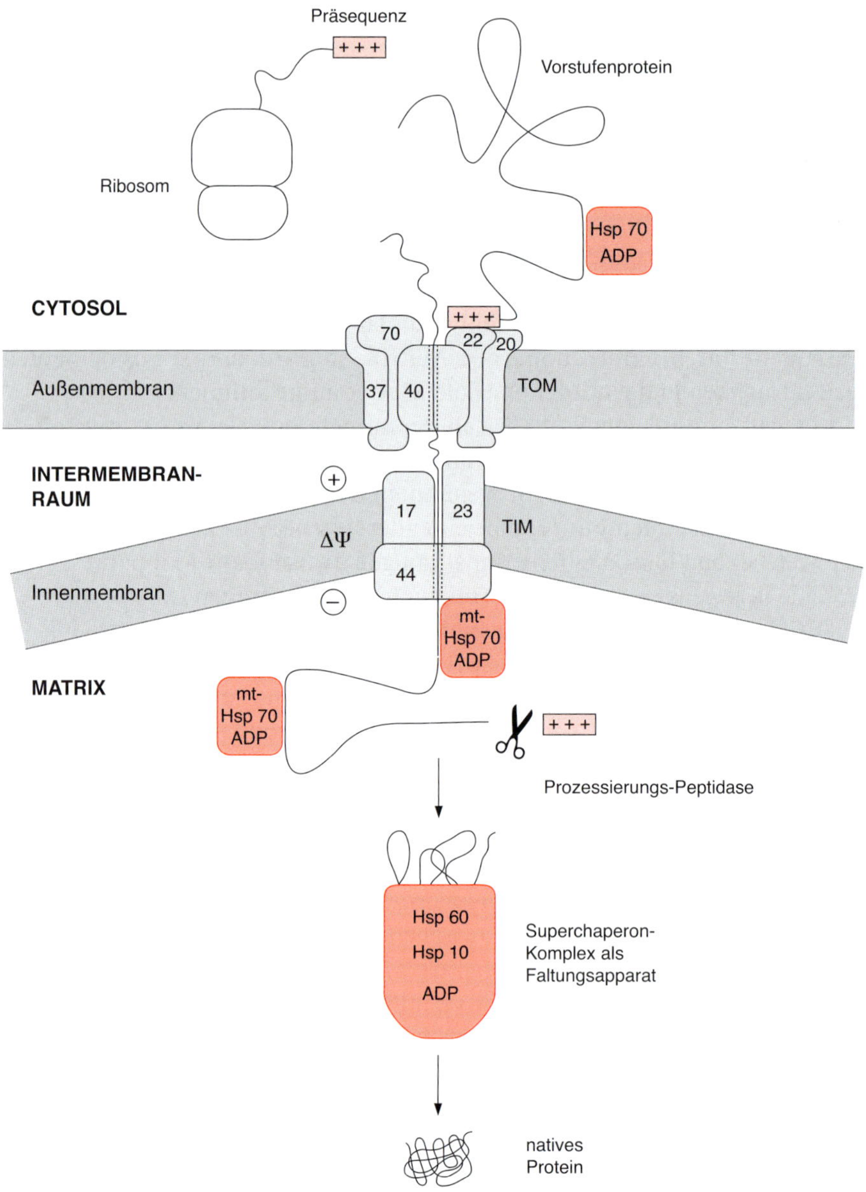

Abb. 21.11 Proteinimport in Mitochondrien. Das durch die Ribosomen im Cytosol gebildete Vorstufenprotein wird durch cytosolische Hsp70-Chaperone in seiner aufgefalteten Konformation stabilisiert. Eine positiv geladene Präsequenz bindet an die Rezeptoren TOM20 und TOM22. Mit der Präsequenz wird das Vorstufenprotein in die Translokationspore der Außenmembran und der Innenmenbran eingefädelt. An die in der Matrix erscheinende Peptidkette binden mitochondriale Hsp70-Chaperone und bewirken ein Gleiten der Kette durch die Translokationsporen. Durch eine Matrix-Prozessierungs-Peptidase wird die Präsequenz abgespalten, anschließend nimmt das Protein in einem Faltungsapparat seine native Konformation ein.

te wird zunächst an TIM44 gebunden und dann unter Verbrauch von ATP (Abb. 21.8) an ein mtHsp70-Chaperon sowie an weitere, hier nicht aufgeführte Chaperone. Bei einem durch Braunsche Molekularbewegung ausgelösten „Durchrutschen" der Peptidkette durch die Translokationspore wird ein weiteres mtHsp70 gebunden und so ein „Zurückrutschen" verhindert. Es wird postuliert, dass die wiederholte Bindung von Hsp70 das spontane Gleiten der Polypeptidkette durch den Translokationskanal in eine gerichtete Bewegung umsetzt. Nach diesem Modell wird das für die reversible Bindung des mtHsp70 erforderliche ATP nicht für ein Ziehen der Polypeptidkette verwendet, sondern benutzt, um deren freie Diffusion in den beiden Translokationsporen in eine unidirektionale Bewegung umzusetzen – wie eine molekulare Ratsche (Sperrklinke). Es gibt aber auch die alternative Hypothese, dass das in die Matrix eintretende Protein durch ATP-abhängige Konformationsänderungen des gebundenen mtHsp70 in die Matrix hineingezogen wird. Erreicht die Polypeptidkette die Matrix, wird die Präsequenz sofort durch eine **Prozessierungs-Peptidase** abgespalten (Abb. 21.11). Die Faltung zum nativen Matrixprotein erfolgt wahrscheinlich durch einen aus den Chaperonen Hsp60 und Hsp10 bestehenden Superchaperon-Komplex (siehe Abbildungen 21.9, 21.10).

Proteine für die **mitochondriale Außenmembran** können nach der Bindung an die Rezeptoren des TOM-Komplexes direkt in die Membran eingebaut werden. Die für die **mitochondriale Innenmembran** bestimmten Proteine werden zumeist nach dem Transport durch die Außenmembran über interne Adressierungssequenzen direkt vom Intermembranraum in die Innenmembran eingefügt. In einigen Fällen besitzen für die Innenmembran bestimmte Proteine eine Präsequenz, die sie zunächst in den Matrixraum dirigieren. Nach einer anschließenden Entfernung dieser Präsequenz durch Prozessierungs-Peptidasen werden sie dann über eine weitere Adressierungssequenz von der Matrixseite in die Innenmembran eingebaut.

Der Import von Proteinen in Chloroplasten erfordert mehrere Translokationsapparate

Der Proteintransport in die Chloroplasten weist Parallelen wie auch Unterschiede zu dem Transport in die Mitochondrien auf. Die meisten Proteine der Chloroplasten werden im Kern codiert und müssen in die Chloroplasten transferiert werden. Der Transport erfolgt post-translational, d.h. die im Cytosol gebildeten Verläuferproteine enthalten am *N*-Terminus als **Adressierungssignal** ein **Transitpeptid** bestehend aus bis zu 100 Aminosäureresten. Dieses Adressierungssignal ist keine konservierte Aminosäuresequenz, sondern bildet eine besondere Sekundärstruktur aus. Die Vorläuferproteine der Chloroplasten werden im Cytosol durch Hsp70- und Hsp90-Chaperone stabilisiert.

Für den Import in das Stroma ist ein Transport durch zwei Membranen erforderlich (Abb. 21.12). Der Translokationsapparat der äußeren Chloroplastenhüllmembran enthält mindestens 10 Proteine, die nach ihrer Molekular-

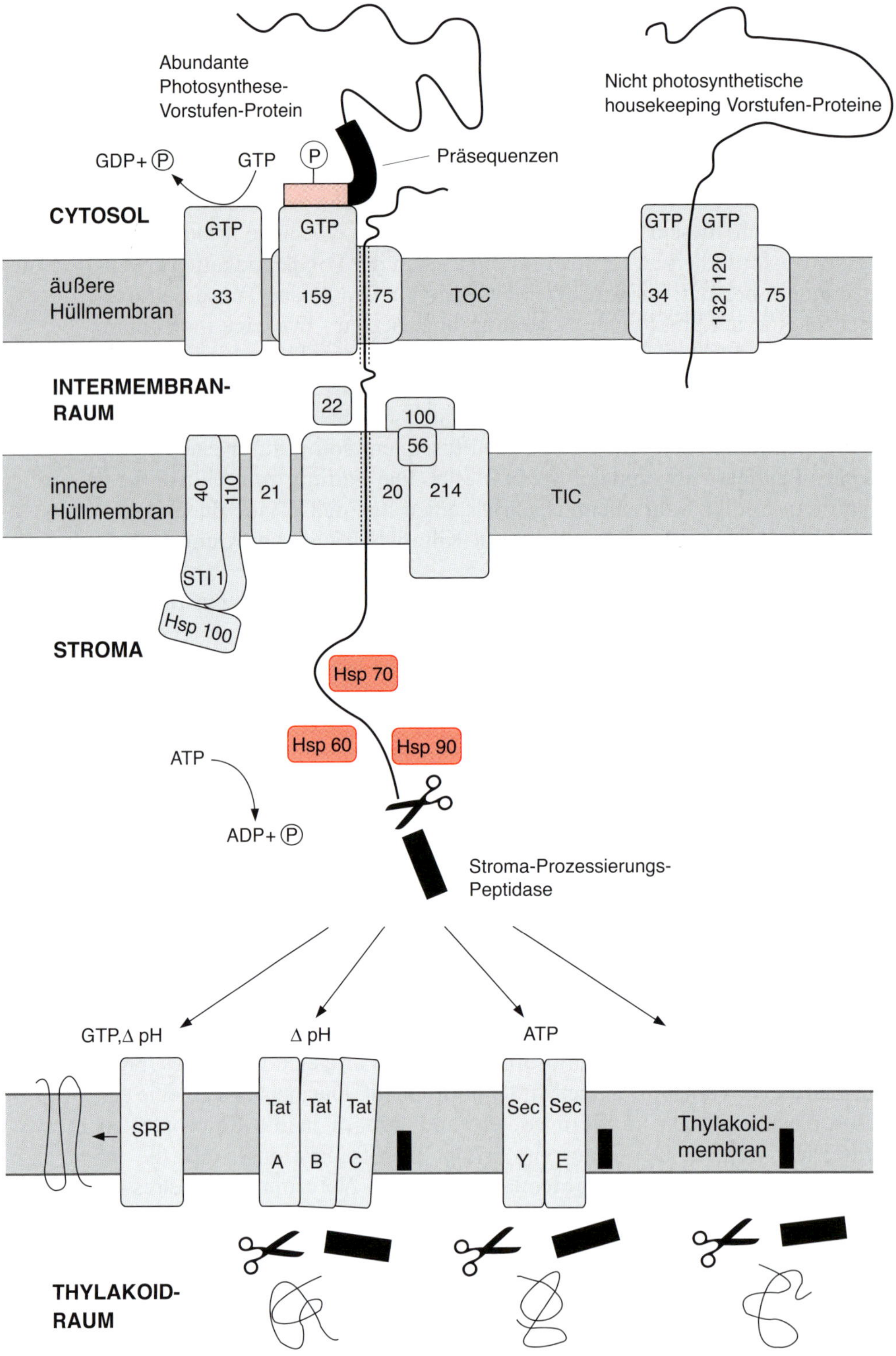
Abundante
Photosynthese-
Vorstufen-Protein
Nicht photosynthetische
housekeeping Vorstufen-Proteine
GDP+ Ⓟ
GTP
P
Präsequenzen
CYTOSOL
GTP
GTP
GTP
GTP
äußere
Hüllmembran
33
159
75
TOC
34
132|120
75
INTERMEMBRAN-
RAUM
22
100
56
innere
Hüllmembran
40
110
21
20
214
TIC
STI 1
Hsp 100
STROMA
Hsp 70
Hsp 60
Hsp 90
ATP
ADP+ Ⓟ
Stroma-Prozessierungs-
Peptidase
GTP,Δ pH
Δ pH
ATP
SRP
Tat
Tat
Tat
A
B
C
Sec
Sec
Y
E
Thylakoid-
membran
THYLAKOID-
RAUM

masse (in kDa) als **TOC** (*Translocase of the Outer Chloroplast Membrane*) bezeichnet werden und in ihrer Summe etwa 30% der gesamten Membranproteine der äußeren Hüllmembran ausmachen. TOC 159 wirkt als Rezeptor und bildet zusammen mit TOC 75 die Translokationspore für den Durchtritt der ungefalteten Polypeptidkette photosynthetischer Proteine. An dem Transportprozess sind weitere TOC-Proteine, u.a. auch welche die GTP binden und hydrolisieren, beteiligt. Nicht photosynthetisches Vorstufenprotein wird von einem GTP-TOC34-Komplex erkannt und stimuliert deren GTPase-Aktivität. Der GDP-TOC34-Komplex hat nun geringere Affinität zum Chloroplastenprotein. Die freigewordene Energie wird offenbar genutzt, um das Vorläuferprotein auf die Innenseite zu schleusen. Der Prozess kann von neuem beginnen, wenn ein GDP/GTP-Austausch die TOC-Proteine regeneriert. An dem nachfolgenden Transport über die innere Hüllmembran sind mindestens 7 **TIC**-(*Translocase of the Inner Chloroplast Membrane*)-Proteine beteiligt, die ebenfalls entsprechend der Molekularmasse benannt werden. Bei den Chloroplasten ist im Gegensatz zu Mitochondrien für den Proteintransport in das Stroma kein Membranpotenzial erforderlich. Aktive Hilfe beim Import unter Verbrauch von ATP leistet ein Chaperon der Hsp100-Klasse (ClpC) und vermutlich auch stromales Hsp70.

Den Proteinen, die auf der Stromaseite angekommen sind, werden zunächst durch eine Prozessierungs-Peptidase die Präsequenzen entfernt. Das resultierende Protein wird dann unter Beteiligung von verschiedenen Chaperonen (Hsp60, Hsp70) in eine native Konformation gefaltet und in das Stroma freigesetzt. Auf diese Weise erreicht die kleine Untereinheit der RubisCO (Abschnitt 6.2) das Stroma und wird mit der in den Chloroplasten codierten großen Untereinheit assembliert. In das Stroma transportierte Proteine mit der Zieladresse Thylakoidmembran oder Lumen werden über vier bekannte Mechanismen an den korrekten Ort dirigiert und prozessiert (Abb. 21.12). Der SRP-Weg hat Ähnlichkeit mit der **SRP** (*secretion recognition particle*)-abhängigen Translokation von Proteinen ins ER (Abschnitt 21.3) und nutzt für die Inserierung von Thylakoidmembranproteinen (z.B. Lichtsammelkomplexproteine, vgl. Abschn. 2.4) GTP und den Protonengradienten (ΔpH). Der **Tat** (*twin arginine translocation*)-Weg transloziert Lumenproteine mit Hilfe von 3 Tat-Proteinen und Nutzung des ΔpHs. Ähnlich dazu, ist der **Sec** (*secretion*)-Weg, der Proteine des Sekretionsweges (Abschn.1.6) und ATP nutzt. Zu-

◄ **Abb. 21.12** Vereinfachtes Schema des Proteinimports in Chloroplasten (nach Javis und Lopez-Luez). Ein im Cytosol gebildetes Protein mit dem Zielort Thylakoidraum besitzt zwei Präsequenzen als Adressierungssignal. Die erste rot gezeichnete und phosphorylierte Präsequenz bindet an den Rezeptor TOC159 des Protein-Translokationsapparate der äußeren Hüllmembran. Der Transport des Proteins durch die Translokationspore (TOC 75) wird durch die Hydrolyse von GTP ermöglicht. Weitere TOC-Proteine sind an einem GDP/ GTP-Austausch und damit der Regenerierung des Systems beteiligt. Der Translokationsapparat der inneren Hüllmembran besteht aus 7 Proteinen (TIC). Der Eintransport erfordert ATP. Die im Stroma erscheinende Peptidkette wird an mehrere chloroplastidäre Hsp70-Chaperone gebunden und dadurch das Gleiten der Kette durch die Translokationspore gefördert. Nach Abtrennung der ersten Präsequenz (rot) dient die zweite Präsequenz (schwarz) als Adressierungssignal für den Transport durch die Thylakoidmembran. 4 Transportprozesse sind bekannt, sie unterscheiden sich durch die an der Translokation beteiligten Proteine in der Thylakoidmembran und durch die Nutzung verschiedener Energiequellen für den Translokationsprozess. Durch eine membrangebundene Thylakoid-Prozessierungs-Peptidase wird auch die zweite Präsequenz entfernt.

sätzlich werden Proteine auch über einen spontanen Mechanismus in die Thylakoidmembran gebracht. Außer beim spontanen und beim SRP-Weg sorgen Peptidasen bei der Translokation für die Eliminierung der Thylakoid-Adressierungssignale.

In die Peroxisomen werden zumeist bereits gefaltete Proteine importiert

Im Gegensatz zu Mitochondrien und Chloroplasten enthalten Peroxisomen kein eigenes Genom. Alle peroxisomalen Proteine sind **kerncodiert**. Peroxisomen werden wie Mitochondrien und Chlororoplasten durch Teilung vermehrt. Andererseits kann eine Neusynthese von Peroxisomenmembranen durch das Endoplasmatische Reticulum erfolgen. Dies erklärt auch warum Peroxisomen immer nur von einer Membran umgeben sind. Signalsequenzen bewirken, dass einige peroxisomale Membranproteine in Bezirke der ER-Membran eingebaut werden, wobei diese Membranabschnitte dann vom ER als Vesikel (Präperoxisomen) abgenabelt werden. Es wird postuliert, dass diese Vesikel mit schon vorhandenen Peroxisomen durch Fusion neue Peroxisomen bilden können.

Unabhängig davon, wie die Bildung der Peroxisomen erfolgt, durch Teilung oder Neubildung, besteht die Notwendigkeit, dass die im Kern codierten und im Cytosol synthetisierten peroxisomalen Proteine in die Peroxisomen importiert werden (Abb. 21.13). Für die Adressierung kennt man zwei unterschiedliche Signalsequenzen (***p**eroxisomal **t**argeting **s**ignals*) PTS1 und PTS2.

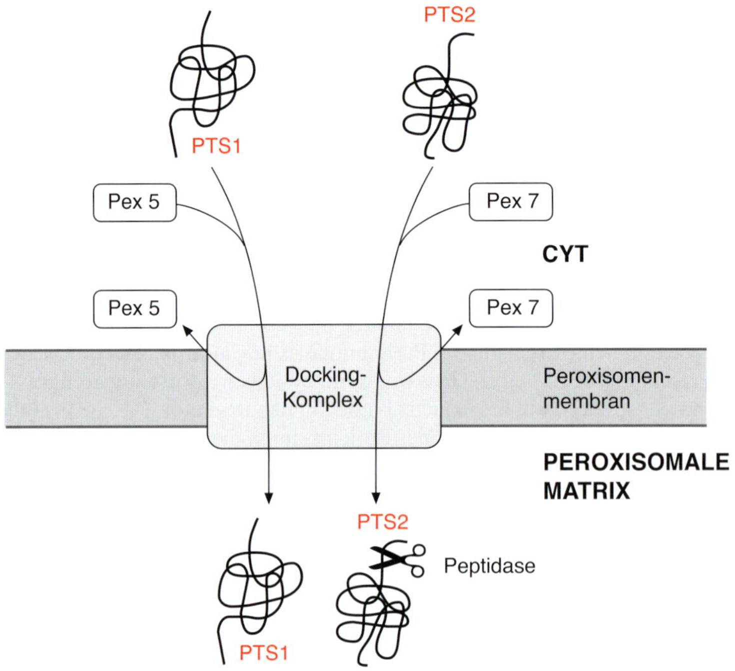

Abb. 21.13 Proteinimport in Peroxisomen.

Das PTS1 enthält am C-Terminus die Consensus-Sequenz Serin-Lysin-Leucin (SKL), die nach Aufnahme in die Peroxisomen nicht abgetrennt wird. PTS2 ist eine Sequenz von etwa 9 Aminosäuren in der Nähe des N-Terminus bestimmter Proteine, diese wird nach dem Import durch Proteolyse entfernt. Die mit einem der beiden Signale adressierten Proteine binden an entsprechende **lösliche Rezeptorproteine** (Pex 5 und Pex 7 (*peroxisomal biogenesis factor*)) und werden durch diese an den Translokationsapparat (**Docking-Komplex**), welcher aus mehreren Membranproteinen besteht, angelagert. Unter Ablösung der Rezeptorproteine und Verbrauch von ATP werden die Proteine in einem noch nicht im Detail aufgeklärten Vorgang durch die Membran in die peroxisomale Matrix befördert. Während bei den bislang besprochenen Proteintransporten in das endoplasmatische Reticulum, in die Mitochondrien und die Plastiden die Proteine über die Membranen stets in ungefalteter Form transportiert werden, erfolgt nach bisherigen Erkenntnissen der Import von Proteinen in die Peroxisomen zumeist in gefalteter Form. Damit unterscheidet sich der Proteintransport in die Peroxisomen grundlegend von den Proteintransportsystemen des ER, der Mitochondrien und der Plastiden.

21.4 Proteine werden in streng kontrollierter Weise durch Proteasomen abgebaut

In einer eukaryotischen Zelle wird die Proteinausstattung nicht nur durch die Synthese sondern auch durch den Abbau reguliert. Eukaryoten besitzen im Cytosol einen hoch konservierten Multienzymkomplex für einen kontrollierten Proteinabbau, das **Proteasom**. Die für einen proteolytischen Abbau vorgesehenen Proteine werden zunächst durch kovalente Bindung von Ubiquitin-Molekülen markiert. **Ubiquitin** kommt als hoch konserviertes Protein in allen Eukaryonten vor. Es hat in allen Pflanzen eine hoch konservierte Sequenz von 76 Aminosäuren. Das Carboxyl-Ende des Ubiquitins enthält einen Glycin-Rest, von dem die Carboxylgruppe nach außen gerichtet ist. Proteine die für den Abbau bestimmt sind, knüpfen eine sog. Isopeptidbindung zwischen der Carboxylgruppe des Glycins und einer ε-Aminogruppe eines Lysinrestes des Zielproteins.

Die Bindung des Ubiquitins an das Zielprotein erfordert die Interaktion von drei verschiedenen Enzymen (Abb. 21.14A). Zunächst wird Ubiquitin unter ATP-Verbrauch über eine Säureanhydridbindung mit AMP verknüpft und dadurch aktiviert. Das **Ubiquitin-aktivierende Enzym** (E_1) spaltet das AMP ab und nutzt die dabei freiwerdende Energie zur Bildung eines Thioesters mit einer SH-Gruppe des Enzyms. Danach wird das Ubiquitin auf ein **Ubiquitin-konjugierendes Enzym** (E_2) übertragen und über eine spezifische **Ubiquitin-Protein-Ligase** (E_3) mit dem Zielprotein durch eine Isopeptidbindung verknüpft. An das Zielprotein können mehrere Ubiquitin-Moleküle gebunden werden, entweder an Lysinreste des bereits gebundenen Ubiquitins oder durch die Bindung mehrerer Ubiquitin-Moleküle an andere Lysin-Reste des

Zielproteins. Genomanalysen haben ergeben, dass das *Arabidopsis*-Genom 2 Gene für E_1, 24 Gene für E_2 und 1200 Gene für E_3 besitzt. Offensichtlich wird die Spezifität des Proteinabbaus durch die verschiedenen E_3-Proteine bewirkt.

Die Proteolyse der markierten Zielproteine wird durch das **Proteasom** katalysiert. Dieser Multienzymkomplex besteht aus zwei Teilen, der **Core-Protease** (CP), bestehend aus 28 Untereinheiten und dem **regulatorischen Partikel** (RP) aus 20 Untereinheiten. Die Core-Protease hat eine Rohr-ähnliche Struktur, bei der sich die katalytischen Gruppen im Inneren befinden. Die Öffnun-

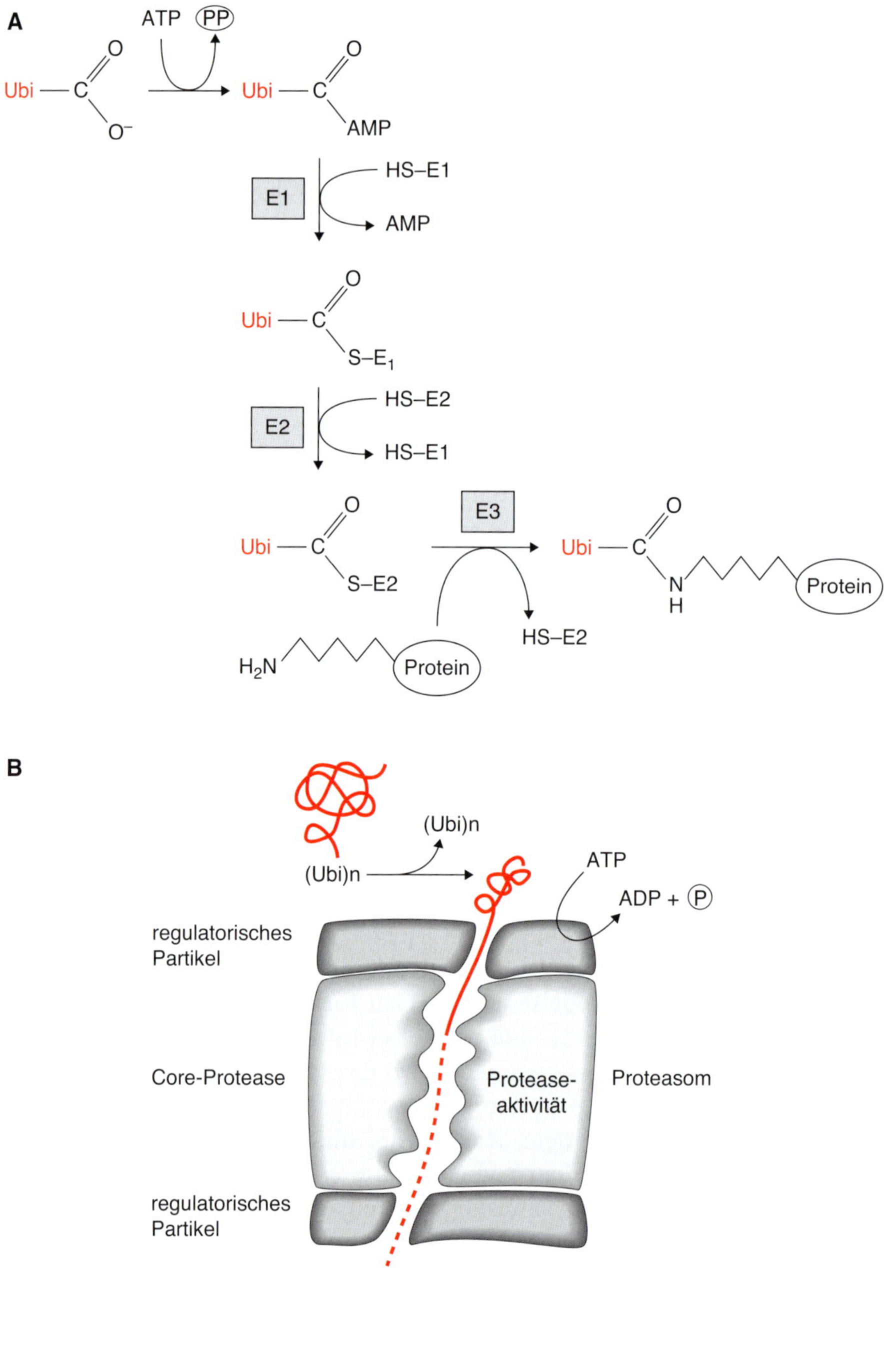

Abb. 21.14 Protein Abbau durch den Proteasom-Weg. **A**) Ein für den Abbau bestimmtes Protein (Zielprotein) wird durch Konjugation mit Ubiquitin (Ubi) markiert. Durch das Ubiquitin-aktivierende Enzym (E_1) wird Ubiquitin unter Verbrauch von ATP zunächst am Glycin-Rest des Enzyms adenyliert, anschließend an einen Lysin-Rest des E_1 gebunden und danach auf das Ubiquitin-konjugierende Enzym (E_2) übertragen. Ubiquitin-Protein-Ligase (E_3) katalysiert den Transfer des Ubiquitin auf einen Lysin-Rest des Zielproteins, unter Ausbildung einer Isopeptidbindung. Durch eine Wiederholung dieses Vorganges können weitere Ubiquitin-Moleküle an das Zielprotein geknüpft werden. **B**) Funktion des Proteasoms. Der Multienzym-Komplex, bestehend aus einer Core-Protease (CP, 28 Untereinheiten) bildet ein Rohr, welches zu beiden Seiten durch ein regulatorisches Partikel (RP, 20 Untereinheiten) verschlossen ist. Die durch Ubiquitin markierten Proteine werden an RP gebunden, die Ubiquitin-Moleküle hydrolytisch abgespalten, das verbleibende Protein unter ATP-Verbrauch entfaltet und in das Innere des Rohres geleitet, wo es in kleine Peptide gespalten wird.

gen des Rohrs werden an beiden Seiten durch das RP verschlossen (Abb. 21.14B). Das RP erkennt die durch Ubiquitin markierten Proteine und katalysiert die Abspaltung der Ubiquitin-Moleküle, die dann für weitere Markierungen von Zielproteinen zur Verfügung stehen. Das an RP gebundene Zielprotein wird unter Verbrauch von ATP entfaltet und in das Rohr der Core-Protease eingefüttert, wo die betreffenden Proteine in Peptide von 7–9 Aminosäuren gespalten werden, die dann entlassen und durch cytosolische Peptidasen vollständig hydrolisiert werden. Auch in den Organellen unterliegen die Proteine einer Qualitätskontrolle: defekte oder nicht gebrauchte Proteine werden dort ebenfalls unter Verbrauch von ATP durch Multienzymkomplexe abgebaut, von denen manche dem cytosolischen Proteasom sehr ähnlich sind.

Der Ubiquitin-abhängige Weg ist jedoch nicht der einzige Weg, um zelluläre Proteine zu degradieren. Während der Seneszens werden Proteine des Cytosols und von Organellen mit einer Membran umgeben. Sie werden so in autophagische Vesikel eingeschlossen, die mit der lytischen Vakuole fusionieren, in der dann die Proteine proteolytisch gespalten werden.

Literatur

Baker, A., Sparkes, I.A. Peroxisome protein import: some answers, more questions. Current Opinion in Plant Biology 8, 640-647 (2005)

Becker, T., Qbadou, S., Jelic, M., Schleiff, E. Let's talk about.....Chloroplast import. Plant Biology 7, 1–14 (2005)

Bösl, B., Grimminger, V., Walter, S. The molecular chaperone Hsp104-a molecular machine for protein disaggregation. Journal Structural Biology 156, 139-148 (2006)

Bolender, N., Sickmann, A., Wagner, R., Meisinger, C., Pfanner, N. Multiple pathways for sorting mitochondrial precursor proteins. EMBO Reports 9, 42-49 (2008)

Cech, T.R. The ribosome is a ribozyme. Science 289, 878-879 (2000)

Drechsel, O., Bock, R. Selection of Shine-Dalgarno sequences in plastids. Nucleic Acid Research 39, 1427–2438 (2011)

Guthensohn, M., Fan, E., Frielingsdorf, S., Hanner, P., Hou, B., Hust, B., Klösgen, R.B. Toc, Tic, Tat et al.: structure and function of transport machineries in chloroplasts. Journal of Plant Physiology 163, 333–347 (2006)

Jarvis, P., Lopez-Luez, E. Biogenesis and homeostasis of chloroplasts and other plastids. Nature Reviews. Molecular Cell Biology 14, 787–802 (2013)

Kotak, S., Larkindale, J., Lee, U., von Koskull-Döring, P., Vierling, E., Scharf, K.D. Complexity of the heat stress response in plants. Current Opinion Plant Biology 10, 310-316 (2007)

Léon, S., Goodman, J.M., Subramani, S. Uniqueness of the mechanism of protein import into the peroxisome matrix: transport of folded, co-factor-bound and oligomeric proteins by shuttling receptors. Biochimica Biophysica Acta 1763, 1552-1564 (2006)

López-Juez, E. Plastid biogenesis, between light and shadows. Journal Experimental Botany 58, 11-26 (2007).

Millar, A.H., Whelan, J., Small, I. Recent surprises in protein targeting to mitochondria and plastids. Current Opinion Plant Biology 9, 610-615 (2006)

Mullen, R.T., Trelease, R.N. The ER-peroxisome connection in plants: development of the „ER-semi-autonomous peroxisome maturation and replication" model for plant peroxisome biogenesis. Biochimica Biophysica Acta 1763, 1655-1668 (2006)

Perry, A.J., Rimmer, K.A., Mertens, H.D., Waller, R.F., Mulhern, T.D., Lithgow, T., Gooley, P.R. Structure, topology and function of the translocase of the outer membrane of mitochondria. Plant Physiology Biochemistry 46, 265–274 (2008)

Schünemann, D. Mechanisms of protein import into thylakoids of chloroplasts. Biological Chemistry 388, 907-915 (2007)

Sharma, S., De los Prios, P., Christen, P., Lustig, A., Golubinoff, P. The kinetic parameters and energy cost of Hsp70 chaperone as a peptide unfoldase. Nat. Chem. Biol. 6, 914–920 (2010)

Tiller, N., Bock, R. The translational apparatus of plastids and its role in plant development. Molecular Plant 7, 1105–1120 (2014)

Vabillas, R.M., Raychandhuri, S., Hayer-Hartl, M., Hartl, F.U. Proteine folding in the cytoplasm and the heat shock response. Cold spring Harbor Perspect. Biol. 2, a004390 (2010)

22 Durch Gentechnik können Pflanzen den Bedürfnissen von Landwirtschaft, Ernährung und Industrie angepasst werden

Die pflanzliche Gentechnik hat sich in den letzten Jahren mit atemberaubender Geschwindigkeit entwickelt. 1984 wurde gleichzeitig von der Arbeitsgruppe von Marc van Montagu und Jeff Schell in Gent und Köln und der von Robert Horsch und Mitarbeitern von der Firma Monsanto in St. Louis (USA) eine Arbeitsmethode publiziert, die es erlaubt, mithilfe der Ti-Plasmide von *Agrobacterium tumefaciens* (neue Nomenklatur: *Rhizobium radiobacter*) fremde DNA in das Genom von Pflanzen zu transferieren, um auf diese Weise die Proteinausstattung einer Pflanze gezielt zu verändern. Diese Methode eröffnet die Möglichkeit, zum Beispiel Pflanzen gegen Schädlinge und gegen Herbizide resistent zu machen, die Produktivität von Agrarpflanzen quantitativ zu verbessern und die Qualität der Ernteprodukte den Bedürfnissen der Verwendung als Nahrungsmittel oder als Industrierohstoff anzupassen.

Wohl kaum eine Entdeckung in der Botanik hat, noch dazu in so kurzer Zeit, so weitgehende Folgen gehabt, wenn man bedenkt, dass 2012 weltweit die Anbaufläche für gentechnisch veränderte Kultivare auf 170 Millionen Hektar (ca. 9 % der globalen landwirtschaftlichen Nutzfläche) angewachsen ist, wobei der Hauptanteil auf Sojabohne, Mais, Raps und Baumwolle entfällt. Diese Zahlen zeigen, dass als Ergebnis der Grundlagenforschung an einer exotischen Thematik, nämlich der speziellen Gallenbildung bei Pflanzen, eine die Landwirtschaft wahrhaft revolutionierende Technik entwickelt wurde.

Im Nachfolgenden wird beschrieben, wie eine Pflanze auf gentechnischem Wege verändert wird. Aus der Fülle der inzwischen etablierten Verfahren wird hier nur das Prinzip einiger wichtiger Methoden behandelt, wobei auf Einzelheiten und Komplikationen nicht eingegangen werden kann. Schließlich sollen anhand von Beispielen praktische Anwendungen für den Einsatz der Gentechnik zur Veränderung von Agrarpflanzen besprochen werden.

22.1 Ein Gen wird isoliert

Betrachten wir den Fall, dass eine transgene Pflanze (A) erzeugt werden soll, die ein Fremdprotein, zum Beispiel ein Enzym aus einer anderen Pflanze (B) synthetisiert. Dazu muss zunächst aus der Pflanze B das Gen isoliert werden, welches das betreffende Protein codiert. Geht man davon aus, dass eine Pflanze wahrscheinlich zwischen 25 000–50 000 Strukturgene enthält, so ist es naturgemäß schwer, aus dieser großen Zahl ein bestimmtes Gen zu isolieren.

Zur Isolierung von Genen wird eine Genbibliothek benötigt

Um aus der Gesamtheit der Gene eines auswählen zu können, ist es von Vorteil, diese in Form einer Genbibliothek (auch Genbank genannt) einer Auswahl zugänglich zu machen. Es gibt zwei verschiedene Wege zur Herstellung einer Genbibliothek. Für die Herstellung einer **genomischen Bibliothek** wird das gesamte Genom des Organismus durch Restriktions-Endonukleasen (Abschn. 20.3) in Fragmente von durchschnittlich etwa 15 bis mehreren 100 kbp zerlegt, in bestimmte Vektoren eingebaut und durch Klonierung in zumeist Bakterien vermehrt. Die Fragmentierung des Genoms lässt eine sehr große Anzahl von Fragmenten entstehen, die unter Umständen auch nur Bruchstücke einzelner Gene enthalten können.

Für die Herstellung einer **cDNA-Bibliothek** wird die in einem bestimmten Gewebe vorhandene mRNA isoliert, darauf durch **Reverse Transkriptase** (siehe Abschn. 20.5) in komplementäre DNA (cDNA) umgeschrieben und anschließend durch Klonierung vermehrt. Für die Isolierung der mRNA sucht man ein Gewebe aus, in dem das entsprechende Gen besonders stark exprimiert wird. Ein Vorteil besteht darin, dass die cDNA keine Introns enthält. Daher kann nach Transformation von Prokaryonten eine cDNA auch dort exprimiert werden. Dagegen können Promotorsequenzen nur aus einer genomischen Bibliothek ermittelt werden.

Zur Herstellung einer cDNA-Bank wird zunächst aus einem Gewebe, zum Beispiel den Blättern, die gesamte RNA isoliert, von der die mRNA aber nur etwa 2 % ausmacht. Um die mRNA von den anderen RNA-Spezies abzutrennen, nutzt man die Tatsache, dass eukaryontische mRNA am 3′-Ende einen **Poly(A)-Schwanz** besitzt (siehe Abb. 20.8). Die Abtrennung der mRNA erfolgt über Affinitätschromatographie. Das Säulenmaterial besteht aus Cellulose-Partikeln oder anderem Material, an die ein Polythymin-Oligonukleotid (Poly-dT) geknüpft ist. Gibt man das aus zum Beispiel Blättern extrahierte RNA-Gemisch auf die Säule, so werden die mRNA-Moleküle durch Hybridisierung ihres Poly-A-Schwanzes an das Poly-dT des Säulenmaterials gebunden, während die anderen RNAs durch die Säule hindurchlaufen (Abb. 22.1). Nach Waschen mit geeigneten Puffern oder sogar Wasser wird die gebundene mRNA von der Säule eluiert.

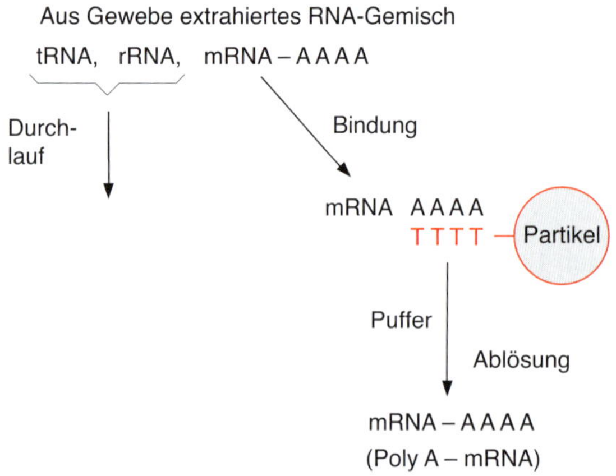

Abb. 22.1 Abtrennung der mRNA aus einem RNA-Gemisch durch Bindung an Poly-dT-Sequenzen, die an Feststoffpartikel geknüpft sind.

Für die Synthese eines der mRNA komplementären cDNA-Stranges durch Reverse Transkriptase wird als Primer ebenfalls ein Poly-dT-Oligonukleotid benutzt (Abb. 22.2). Anschließend wird die RNA durch eine Ribonuklease gespalten, entweder völlig, oder, wie in der Abbildung gezeigt, nur teilweise. Letzterer Weg hat den Vorteil, dass die mRNA-Bruchstücke als Primer für die Synthese des zweiten cDNA-Stranges durch die DNA-Polymerase dienen. Durch Einsatz von DNA-Polymerase I werden diese RNA-Bruchstücke sukzessive durch cDNA-Fragmente ersetzt und diese werden durch eine DNA-Ligase verbunden. Lediglich am Anfang des zweiten cDNA-Stranges verbleibt ein kurzer RNA-Abschnitt, der nicht erfasst wird. Dieser stört aber in den meisten Fällen nicht, da die mRNA am 5′-Anfang zumeist einen nicht-codierenden Abschnitt enthält (siehe Abb. 20.8).

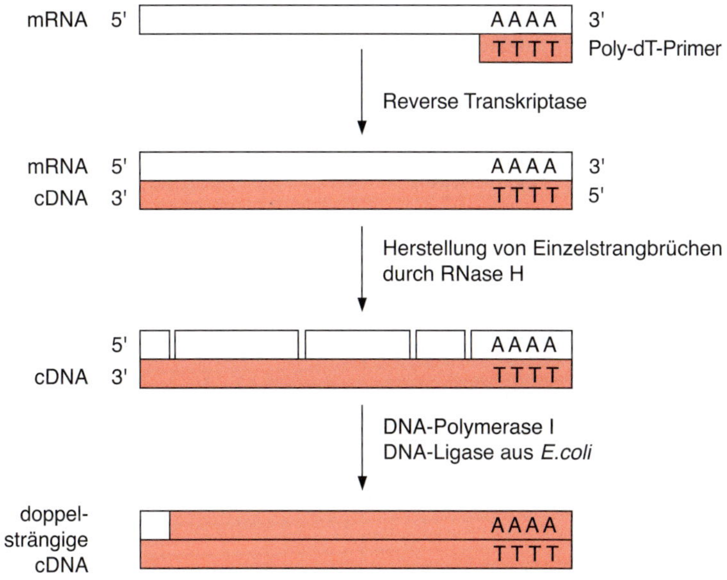

Abb. 22.2 Umschreiben der mRNA in eine doppelsträngige cDNA.

Die aus den mRNA-Molekülen gebildeten cDNA-Doppelstränge werden durch Klonierung vermehrt. Als Klonierungsvektoren können **Plasmide** oder **Bakteriophagen** verwendet werden. Sowohl Phagen als auch Plasmide werden für viele spezielle Anwendungen maßgeschneidert in großer Vielfalt im Handel angeboten. Man unterscheidet dabei Vektoren, die nur die DNA vermehren und so genannte **Expressionsvektoren**, die es erlauben, auch die entsprechenden Proteine als Genprodukte zu synthetisieren.

Eine Genbibliothek kann in Phagen aufbewahrt werden

Abbildung 22.3 zeigt den Einbau von cDNA in die DNA eines **λ-Phagen**. In dem gezeigten Beispiel besitzt die Phagen-DNA eine Schnittstelle für die Restriktions-Endonuklease EcoRI (Abschn. 20.3). Um die cDNA in diese Schnittstelle einzufügen, muss sie ebenfalls mit den entsprechenden Schnittstellen versehen werden. Dazu wird zunächst der cDNA-Doppelstrang mit einer EcoRI-Methylase an den eigenen EcoRI-Erkennungssequenzen methyliert, um so diese Restriktionsschnittstellen innerhalb der cDNA zu schützen. Es werden dann durch DNA-Ligasen an beide Enden des cDNA-Doppelstranges chemisch synthetisierte, doppelsträngige Oligonukleotide geknüpft, die die Sequenz einer Restriktionsschnittstelle, in diesem Fall für EcoRI, besitzen. Man bezeichnet diese Oligonukleotide als **Linker**. Durch Verdau der DNA mit der Restriktions-Endonuklease EcoRI werden in den Linkern **klebrige Enden** (*sticky ends*) erzeugt, an denen sich die komplementären Nukleotide der verlängerten cDNA und der Phagen-DNA aneinanderlagern können. Durch eine DNA-Ligase werden die DNA-Stränge miteinander verknüpft und so die cDNA in den Vektor eingefügt.

Diese Phagen-DNA mit der inserierten cDNA wird *in vitro* in eine **Phagenproteinhülle** verpackt (Abb. 22.4). Dazu wird ein Verpackungsextrakt verwendet, der aus phageninfizierten Bakterien gewonnen wird. Man erhält auf diese Weise eine Genbibliothek, bei der die aus den vielen verschiedenen mRNAs des Blattgewebes gebildeten cDNAs in Phagen verpackt sind, die nach Infektion von Bakterien beliebig vermehrt werden können, wobei jede verpackte cDNA einen Klon bildet.

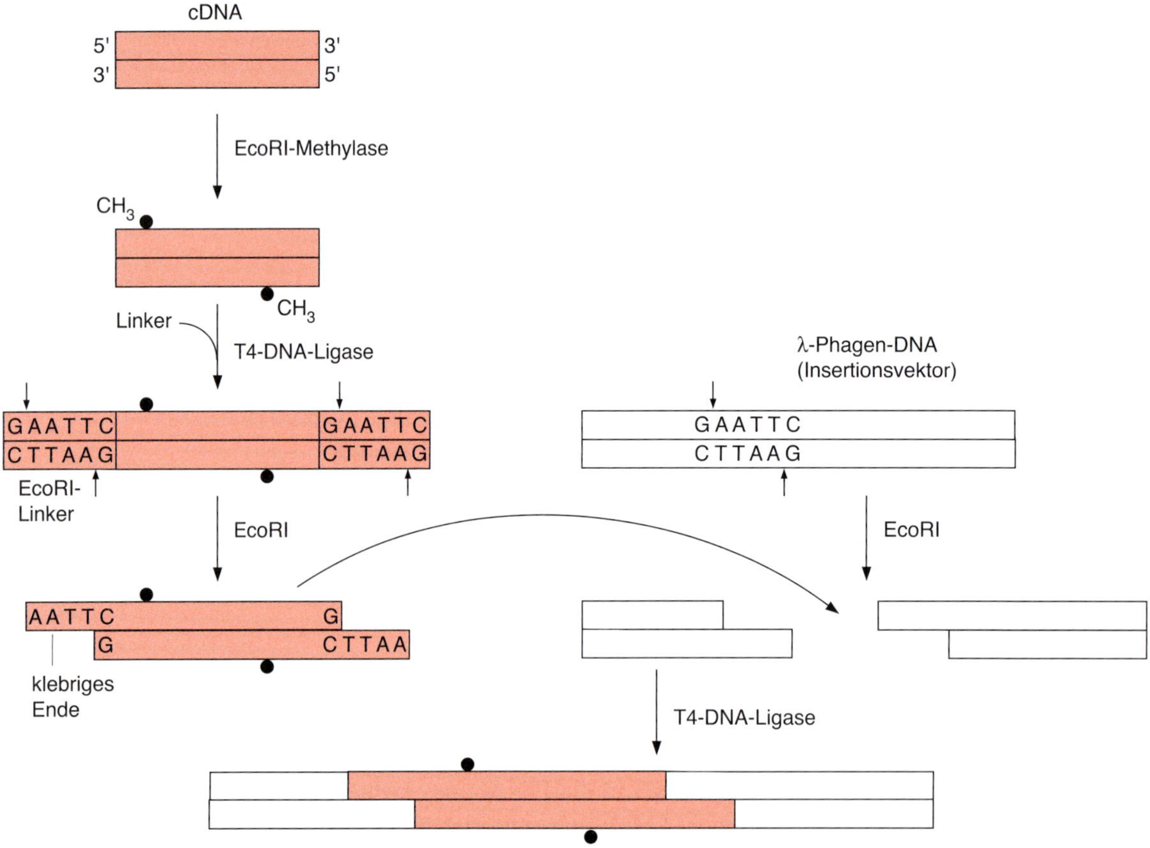

Abb. 22.3 Einfügen einer cDNA in einen Insertionsvektor des λ-Phagen.

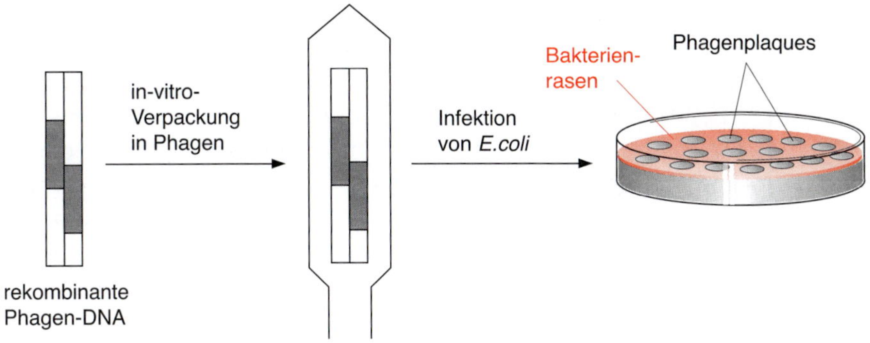

Abb. 22.4 Eine rekombinante Phagen-DNA wird verpackt. Mit den so gebildeten Phagen werden *E. coli*-Zellen infiziert und auf Agarplatten ausgebreitet (plattiert). Die Zellen der infizierten Kolonien werden durch die von ihnen vermehrten Phagen lysiert, und der Bakterienrasen löst sich auf. Es entstehen so durchsichtige Stellen (Plaques).

Für eine Infektion der Bakterien werden diese mit den Phagen vermischt und auf nährmediumhaltigen Agarplatten aufgetragen (plattiert). Es bildet sich auf der Agarplatte ein Bakterienrasen. Die infizierten Bakterien wachsen anfangs, werden dann aber durch die gebildeten Phagen abgetötet (lysiert). Die abgestorbenen lysierten Bakterien bilden in dem Bakterienrasen glasige Flecke, die als **Plaques** bezeichnet werden. Diese Plaques enthalten neu gebildete Phagen, die weiter vermehrt werden können. In der Praxis breitet man eine cDNA-Genbibliothek auf etwa 10–20 Agarplatten (ca. 20 cm Durchmesser) aus. Jeder dieser Plaques enthält im Idealfall nur einen Phagen-Klon. Es gilt nun, aus diesen Plaques den Klon für die cDNA des gesuchten Gens auszuwählen.

Auch Plasmide eignen sich für die Aufbewahrung einer Genbibliothek

Für die Klonierung einer Genbibliothek in Plasmiden erfolgt der Einbau der cDNA in die Plasmide über Restriktionsschnittstellen in prinzipiell gleicher Weise wie beim Einbau in die Phagen-DNA (Abb. 22.5). Das Plasmid wird dann in eine *E. coli*-Zelle eingeschleust. Ein Verfahren hierzu ist, Zellen durch Zugabe von $CaCl_2$ durchlässig (kompetent) zu machen, sie dann mit Plasmid-DNA zu mischen und einem kurzen Hitzeschock auszusetzen. Um die mit einem Plasmid transformierten Zellen aus der Vielzahl der Bakterienzellen zu selektionieren, enthalten Plasmidvektoren **Antibiotikaresistenzgene**, die Bakterien zum Beispiel gegenüber Ampicillin oder Tetracyclin resistent machen. Bei der Zugabe des entsprechenden Antibiotikums zum Nährmedium überleben nur die Zellen, die das Plasmid enthalten, während die nicht transformierten Zellen abgetötet werden. Nach Ausplattieren auf Agarnährböden bilden sich Bakterienkolonien, die als Flecken zu erkennen sind.

Zur Kontrolle, ob in das Plasmid auch tatsächlich ein DNA-Abschnitt, ein so genanntes **Insert**, eingefügt wurde, sind Plasmide konstruiert worden, bei denen sich die Restriktionsschnittstelle für die Einfügung der DNA innerhalb

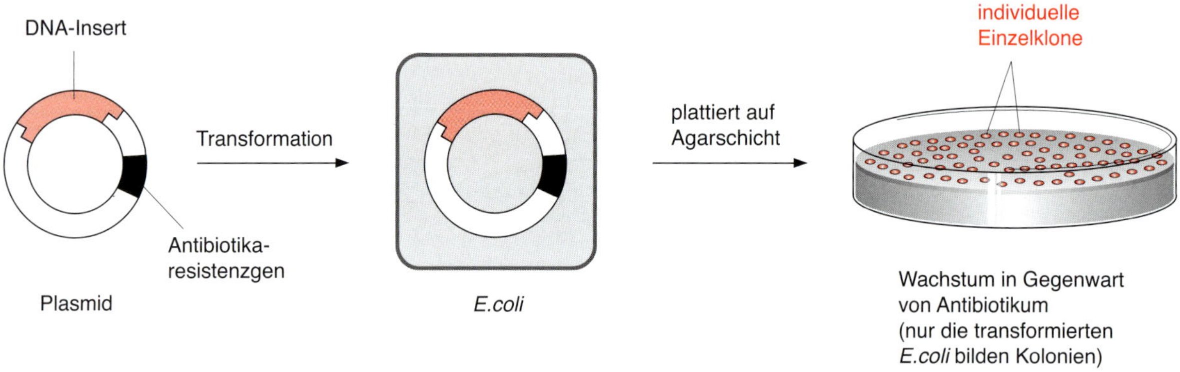

Abb. 22.5 cDNA kann über einen Plasmidvektor in *E. coli* vermehrt werden. Ein Antibiotikaresistenzgen auf dem Plasmid ermöglicht die Selektion der transformierten Zellen.

eines Gens befindet, welches das Enzym **β-Galactosidase** codiert (Abb. 22.6). Durch dieses Enzym wird die farblose Verbindung X-Gal in ein unlösliches blaues Produkt gespalten. Bei Zugabe von X-Gal zum Nährboden bilden alle Klone, bei denen keine DNA in die Schnittstelle des Plasmids eingebaut wurde und die daher ein intaktes β-Galactosidase-Gen besitzen, eine blaue Kolonie. Durch das Einfügen eines DNA-Abschnitts in die Restriktionsschnittstelle (*multicloning site*, mcs) wird das β-Galactosidase-Gen unterbrochen und kein funktionsfähiges Enzym synthetisiert; die entsprechenden Kolonien sind daher weiß gefärbt (**blau/weiß-Selektion**).

Die Genbibliothek wird nach einem Gen durchsucht

Zur **Durchmusterung** (*screening*) der Bakterienkolonien oder Phagenplaques wird von den verschiedenen Agarplatten durch Auflegen einer Nylon- oder Nitrocellulosemembran zunächst ein **Abklatsch** (*blot*) erzeugt (Abb. 22.7). Dabei wird ein kleiner Teil der in den Plaques befindlichen Phagen beziehungsweise der in den Kolonien enthaltenen Bakterien an die Membran gebunden, der Rest auf den Agarplatten bleibt so erhalten.

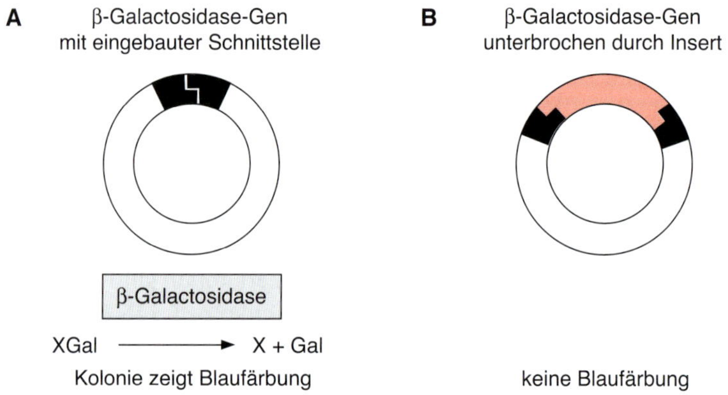

Abb. 22.6 Zur Überprüfung, ob das Plasmid einer Bakterienkolonie ein DNA-Insert enthält, enthält, wird eine blau/weiß Selektion durchgeführt. In Kolonien mit dem intakten Gen wird durch das Genprodukt die farblose Chemikalie X-Gal (5-Brom-4-chlor 3-indolyl-β-D-galactopyranosid) in Galactose und ein Indoxylderivat gespalten, das an der Luft ein blau gefärbtes Dimer bildet. Dies führt zu einer Blaufärbung der Kolonie. Bei Unterbrechung des β-Galactosidase-Gens durch ein DNA-Insert kann das Genprodukt nicht mehr gebildet werden, die betreffenden Kolonien werden durch X-Gal nicht gefärbt.

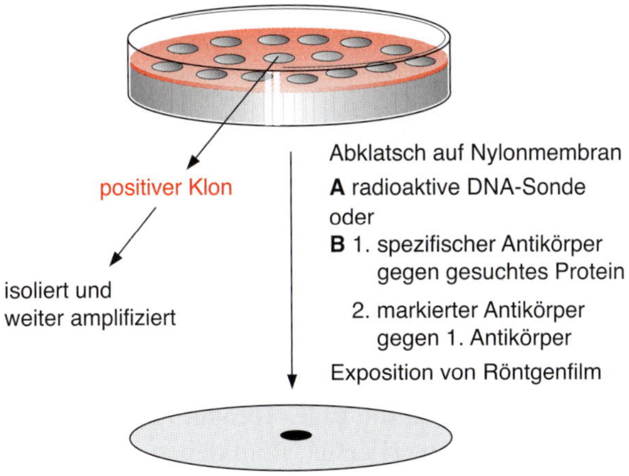

Abb. 22.7 Für eine Durchmusterung der Genbibliothek wird durch Auflegen einer Nylon- oder Nitrocellulosemembran auf die Agarplatte ein Abklatsch hergestellt. Mit Hilfe von markierten Sonden (A. DNA-Sonde oder B. Antikörper) wird die gesuchte DNA oder deren Genprodukt (Protein) durch radioaktive Strahlung oder durch Lumineszenzlicht als Schwärzung auf einem Röntgenfilm sichtbar gemacht. Durch Positionsvergleich wird der entsprechende Klon auf der Agarplatte identifiziert und kann dann gegebenenfalls mit einem Zahnstocher entnommen und weiter vermehrt werden. Antikörper können auch durch Farb- oder Fluoreszenzmarkierung nachgewiesen werden.

Die Durchmusterung der auf den Membranen vorhandenen Phagen- oder Bakterienklone nach dem gesuchten Gen erfolgt durch spezifische Sonden. Hierfür gibt es zwei grundsätzlich verschiedene Wege:
1. Die cDNA des gesuchten Klons wird durch Hybridisierung mit einer spezifischen DNA-Sonde markiert und somit identifiziert **(Southern Blot)**.
2. Das als Genprodukt des gesuchten Klons gebildete Protein wird durch die Bindung spezifischer Antikörper erkannt **(Western Blot)**.

Ein Klon wird durch Antikörper identifiziert

Die Identifizierung des Gens für ein bestimmtes Protein mithilfe von Antikörpern durch den **Western Blot** ist oft die Methode der Wahl. Dieses setzt voraus, dass das betreffende Protein vorher in gereinigter Form vorliegt – und zwar in genügend großen Mengen – um damit über eine Immunisierung von Tieren entsprechende **polyklonale Antikörper** zu gewinnen. Um dann ein Genprodukt über Antikörper zu identifizieren, muss die cDNA-Bibliothek in einem Expressionsvektor angelegt werden. Dies ist ein Klonierungsvektor, der so aufgebaut ist, dass sich die codierende Sequenz eines eingebauten DNA-Abschnitts korrekt transkribieren und die mRNA effizient translatieren lässt. Der Vektor enthält eine Promotorsequenz, die die Initiation der Transkription des klonierten Gens kontrolliert, und am Ende auch eine Sequenz zur Termination der Transkription.

Die auf der Abklatschmembran befindlichen Bakterien werden durch eine Alkali-Behandlung aufgebrochen und die Bakterienproteine auf der Membran fixiert. Bei der Verwendung von Phagen als Vektoren ist ein Aufbrechen der Zellen nicht erforderlich, da die Phagen die Zellen selbst lysieren und so die Proteine freisetzen. Zugegebene Antikörper binden spezifisch dort, wo sich die gesuchten Proteine befinden. Von allen anderen Stellen der Membran werden sie wieder abgewaschen. Zum Nachweis der gebundenen Antikörper benutzt man meist einen zweiten Antikörper, der den ersten Antikörper erkennt (Abb. 22.8). Früher hatte man diesen zweiten Antikörper mit radioaktivem

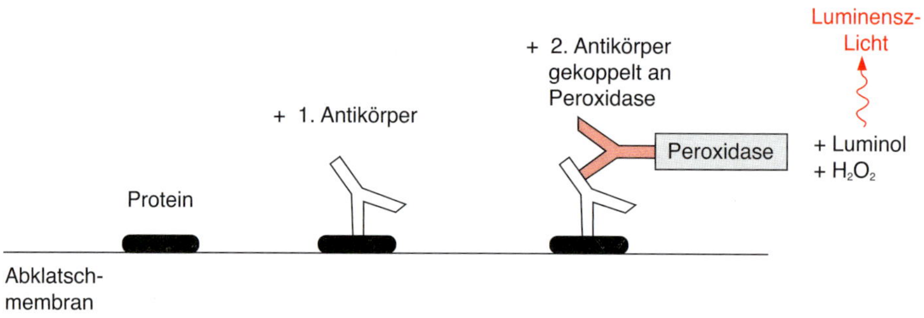

Abb. 22.8 Ein an ein Protein gebundener Antikörper wird durch einen zweiten Antikörper erkannt, an welchen zum Nachweis eine Peroxidase gekoppelt ist. Die Peroxidase katalysiert die Oxidation von Luminol durch H_2O_2 unter Emission von Lumineszenzlicht, welches durch Exposition eines Röntgenfilms nachgewiesen wird.

^{125}Jod markiert. Heute wird meist die **ECL-Technik** (*enhanced chemiluminescence*) für den Nachweis benutzt. Hierfür ist an den zweiten Antikörper eine Peroxidase aus Rettich gekoppelt. Durch diese Peroxidase wird nach Zugabe von H_2O_2 Luminol (3-Aminophthalsäurehydrazid) oxidiert, verbunden mit der Emission von blauem Lumineszenzlicht. Durch Lumineszenzverstärker kann die Intensität dieser **Chemilumineszenz** noch auf das tausendfache erhöht werden. Nach Inkubation mit dem zweiten Antikörper wird die Abklatschmembran mit den darauf enthaltenen Proteinen gewaschen, mit H_2O_2 und Luminol und Lumineszenzverstärker versetzt und für angemessene Zeit auf einen Röntgenfilm gelegt. Eine positive Kolonie ergibt in der Autoradiographie einen dunklen Fleck (Abb. 22.7). Aus der Lage des Flecks auf dem Abklatsch lässt sich der positive Klon auf der Agarplatte identifizieren. Bedingt durch die hohe Dichte der Phagen beziehungsweise der Bakterien während der ersten Durchmusterungsrunde enthält dieser Bereich oft mehrere Klone. Daher plattiert man die aus einem positiven Bereich gewonnenen Phagen nach Amplifikation in Bakterien nochmals auf einer Agarplatte, um durch eine Wiederholung der geschilderten Prozedur einzelne reine Phagenklone zu erhalten (***re-screening***). Auch positive Bakterienkolonien werden nach Amplifizierung nochmals plattiert, um Reinkulturen zu erhalten.

Ein Klon wird durch DNA-Sonden identifiziert

Bei diesem Verfahren werden die auf der Abklatschmembran befindlichen Phagen oder Bakterien zunächst lysiert und die Proteine entfernt. Die verbleibende DNA wird dann in Einzelstränge zerlegt, die fest an die Membran gebunden sind. Als Sonden werden komplementäre DNA-Sequenzen verwendet, die durch den Einbau von radioaktiven Desoxynukleotiden mit ^{32}P-Phosphat radioaktiv markiert sind. Bewährt hat sich auch der Einbau von Digoxigenin-markiertem dUTP (Dig11α dUTP). Diese Sonden binden durch Hybridisierung dort, wo sich die gesuchte cDNA-Sequenz befindet. Die Identifizierung der positiven Klone erfolgt durch Autoradiographie oder mit Digoxigenin-Antikörpern, die mit einem Chemilumineszenz-Farbstoff konjugiert sind.

Als DNA-Sonden lassen sich auch **chemisch erzeugte Oligonukleotide** von etwa 20 Basen verwenden, die am 5′-Ende durch ^{32}P-Phosphat radioaktiv markiert sind. Man verwendet die DNA-Sonden insbesondere, wenn ein gereinigtes Protein in so geringen Mengen vorliegt, dass eine Herstellung von Antikörpern nicht möglich ist. Für die Herstellung der Oligonukleotide ist die Information über eine Teilsequenz des gesuchten Gens bzw. des betreffenden Proteins notwendig. Mit geringen Proteinmengen kann oft eine Mikrosequenzierung durchgeführt werden, wodurch zumindest ein Teil der Aminosäuresequenz des Proteins bestimmt wird (Teilsequenzierung). Nach dem genetischen Code lassen sich diese Aminosäureteilsequenzen in DNA-Sequenzen übersetzen. Durch chemische Synthese mithilfe von Syntheseautomaten können so entsprechende Oligonukleotide hergestellt werden. Die Degeneration des genetischen Codes bedingt jedoch, dass Aminosäuren meist durch mehrere Nukleotidtripletts codiert werden (Abb. 22.9). Man berücksichtigt dieses bei der Synthese der Oligonukleotide, indem man zum Beispiel entsprechend der möglichen Triplett-Kodierungen des Lysins beim dritten Nukleotid dem Syntheseautomaten ein Gemisch von A und G gibt und beim Alanin ein Gemisch aller vier Nukleotide. Das in Abbildung 22.9 entsprechend gebildete **„degenerierte" Oligonukleotid** ist so tatsächlich ein Gemisch von 48 verschiedenen Oligonukleotiden, wobei nur eines der Oligonukleotide die komplementäre Nukleotidsequenz des gesuchten Gens enthält.

```
Trp    Lys    Ala    Met    Asn    Ile
UGG . AAA . GCU . AUG . AAU . AUU
          G      C             C      C
                 A                    A
                 G
```

Abb. 22.9 Ein degeneriertes Oligonukleotid-Gemisch enthält alle möglichen Sequenzen für eine Codierung der gegebenen Aminosäuresequenz.

Wenn das Protein des gesuchten Gens nicht gereinigt vorliegt, kann auch die Verwendung von entsprechenden Genen oder Genabschnitten aus verwandten Organismen als Sonde zum Ziel führen. Oft sind in Enzymen oder Translokatoren selbst von entfernt verwandten Pflanzen **Domänen** mit spezifischen Aminosäuresequenzen konserviert und entsprechend auch ähnliche Genabschnitte.

Nach erfolgreicher Isolierung einer DNA eines gesuchten Gens oder Proteins wird von dieser gewöhnlich zunächst die Nukleotidsequenz bestimmt. Diese DNA-Sequenzierungen erfolgen durch automatisierte Sequenzierverfahren, auf deren Arbeitsweise hier aber nicht eingegangen wird.

Durch Komplementierung lassen sich Gene für bislang unbekannte Proteine isolieren

In manchen Fällen gelingt es, die cDNA für ein bislang molekular unbekanntes Protein, das nur durch seine Funktion definiert ist, zu isolieren. Ein Weg zur Identifizierung der Funktion dieses Proteins ist die **Komplementierung** von **Mangelmutanten** von Bakterien oder Hefen durch Transformation mit Plasmiden aus einer cDNA-Bibliothek (Abb. 22.10). Es sind Plasmide als Klonierungsvektoren erhältlich, die sowohl in *E. coli* als auch in Hefen amplifiziert werden können, und die in Hefen auch exprimiert werden. Durch Komple-

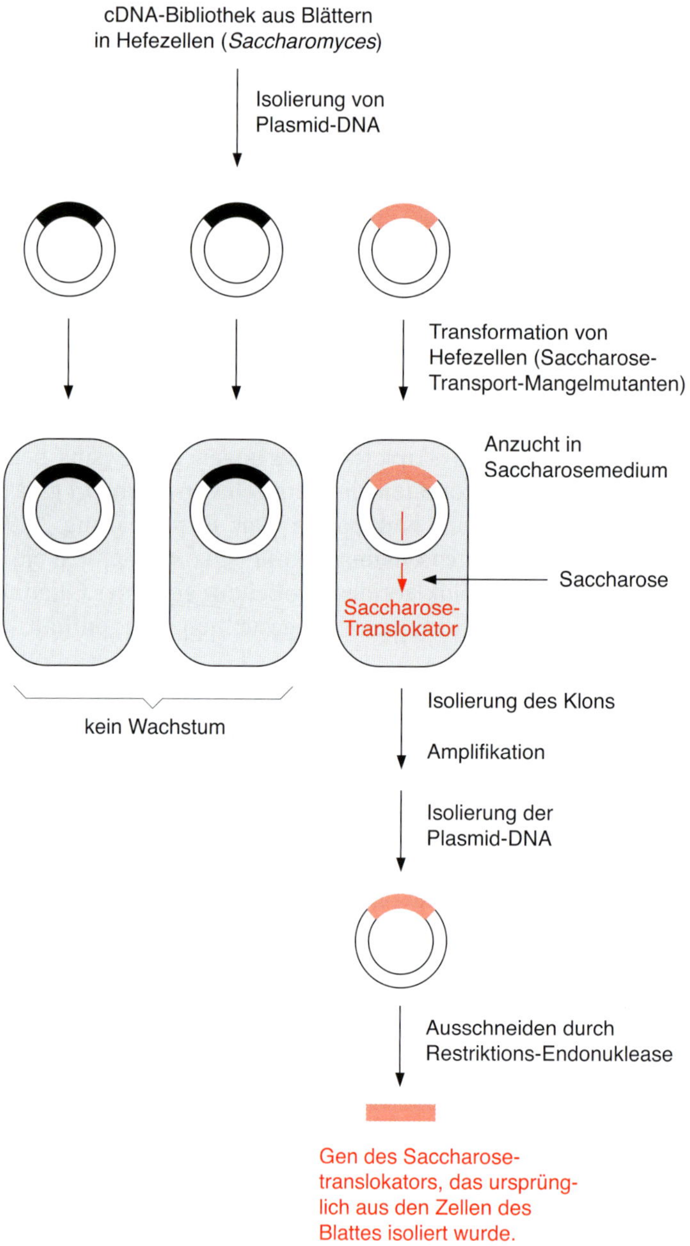

Abb. 22.10 Identifizierung eines Pflanzengens durch Komplementierung einer Hefemangelmutante.

mentierung wurden unter anderem mehrere pflanzliche Translokatoren, darunter auch der an der Phloembeladung beteiligte Saccharosetranslokator (Abschn. 13.1), entdeckt. In diesem Beispiel wurde eine Hefemangelmutante, die die Fähigkeit zur Aufnahme von Saccharose verloren hatte und daher Saccharose nicht als Nahrungsquelle nutzen konnte, mit Plasmiden transformiert, die eine pflanzliche cDNA-Bibliothek unter Kontrolle eines Hefepromotors in Hefemutanten exprimieren. Nach Ausplattieren der transformierten Hefezellen auf einem Nährboden mit Saccharose als einziger Kohlenstoffquelle wurde ein Hefeklon gefunden, der auf dem Saccharosenährboden wuchs. Dies zeigte, dass die Transformation mit dem entsprechenden Plasmid aus der pflanzlichen cDNA-Bibliothek Hefezellen hervorbrachte, die den pflanzlichen Saccharosetranslokator produzierten und ihn in ihre Zellmembran einbauten. Nach Amplifizierung dieses positiven Hefeklons wurde daraus die Plasmid-cDNA isoliert und sequenziert. Die cDNA-Sequenz ergab die Aminosäuresequenz des bis dato unbekannten Saccharosetranslokators.

Gene können mithilfe von Transposons oder T-DNA aufgespürt werden

Eine weitere Möglichkeit, unbekannte Gene und deren Genprodukt allein aufgrund der Funktion des Genproduktes aufzuspüren, besteht in der Verwendung von **Transposons** (Abschn. 20.4). Man überträgt Transposons in das Genom einer Pflanze und hofft, dass durch das Springen des Transposons ein erkennbarer Ausfall einer Genfunktion erfolgt, beispielsweise der Ausfall der Bildung eines Blütenfarbstoffs. Man benutzt dann eine Gensonde für das Transposon, um durch Hybridisierung den Genort zu bestimmen, in dem sich das Transposon befindet. Unter Verwendung der im Vorangehenden behandelten Klonierungs- und Suchverfahren kann es so gelingen, ein Gen – in unserem Beispiel ein Gen für ein Enzym der Blütenfarbstoffsynthese – zu identifizieren und über eine DNA-Sequenzanalyse die Aminosäuresequenz des betreffenden Enzyms zu ermitteln. Die Markierung eines Gens durch ein hineingesprungenes Transposon wird auch als **gene tagging** bezeichnet.

Eine alternative Methode zum Aufspüren von Genen, welche inzwischen die Transposon-Technik weitgehend verdrängt hat, ist die im nächsten Abschnitt besprochene T-DNA-Technik. Es werden Zufallsmutationen durch die Insertion von T-DNA (**T-DNA-Insertionsmutanten**) erzeugt. Danach wird zunächst der Genabschnitt, in dem die T-DNA hineingesprungen ist, durch eine Gensonde identifiziert und anschließend sequenziert. Die vollständige Sequenz des mutierten Gens wird dann zumeist durch einen Vergleich des betreffenden Genabschnitts mit Datenbanken bekannter Sequenzen von T-DNA-Insertionsmutanten ermittelt. So gibt es derzeit von der Fa. Syngenta eine Datenbank mit den Sequenzen von etwa 100 000 T-DNA-Insertionsmutanten von *Arabidopsis.*

22.2 Agrobakterien können Pflanzenzellen transformieren

Die Gram-negativen Bodenbakterien der Art ***Agrobacterium tumefaciens*** (neue Nomenklatur: *Rhizobium radiobacter*) aus der Familie der Rhizobien lösen an Verwundungsstellen verschiedener Pflanzen ein Tumorwachstum aus, das unter anderem zu Wucherungen am Wurzelhals, den so genannten **Wurzelhalsgallen** (engl. *crown galls*) führt. Tumorgewebe aus den Gallen wächst auch in einer Zellkultur in Form eines Kallus weiter. Wie in Abschnitt 19.5 besprochen, können ausgewachsene differenzierte Pflanzenzellen, die sich in der Regel nicht mehr teilen, durch Zugabe der Phytohormone **Auxin** und **Cytokinin** zu einem ungezügelten Wachstum stimuliert werden. Es kann so aus einer differenzierten Pflanzenzelle ein Tumor in Gestalt eines Kallus gebildet werden. Die Bildung der Galle durch Agrobakterien erfolgt in prinzipiell gleicher Weise. Die befallenen Pflanzenzellen werden dazu veranlasst, hohe Konzentrationen von Auxin und Cytokinin zu produzieren, die dann das Tumorwachstum auslösen. Da nach Zellteilung die Fähigkeit zur erhöhten Cytokinin- und Auxinsynthese auf alle nachfolgenden Zellen weitergegeben wird, kann sich eine Kalluskultur von Wurzelhalsgallengewebe ohne Zusatz von Phytohormonen weiter vermehren.

Die Tumorzellen aus der Wurzelhalsgalle haben eine weitere Fähigkeit erworben: Sie produzieren aus Aminosäuren und α-Ketosäuren oder Aminosäuren und Zuckern eine Vielfalt von Kondensationsprodukten, die als **Opine** bezeichnet werden. Diese Opine werden in so großen Mengen gebildet, dass sie von den Wurzelhalsgallen ausgeschieden werden. Abbildung 22.11 zeigt als Beispiele die Opine **Octopin**, **Lysopin**, **Nopalin** und **Agropin**. Jeder Agrobakterienstamm induziert die Synthese nur eines bestimmten Opins. Die Synthese der drei zuerst genannten Opine verläuft über eine Kondensation zu einer Schiffschen Base und eine nachfolgende Reduktion durch NADPH. Die Opine sind so stabil, dass sie von den meisten Bodenbakterien nicht verwertet werden können. *A. tumefaciens*-Stämme haben sich darauf spezialisiert, diese Opine zu verwerten – und zwar jeweils nur dasjenige, dessen Synthese sie ausgelöst haben. Auf diese Weise werden die befallenen Pflanzen dazu ausgenutzt, eine spezielle Nahrung zu produzieren, die nur das betreffende Agrobakterium verwerten kann.

Der Übergang von differenzierten Pflanzenzellen in opinproduzierende Tumorzellen erfolgt, ohne dass die Agrobakterien in die betreffenden Zellen

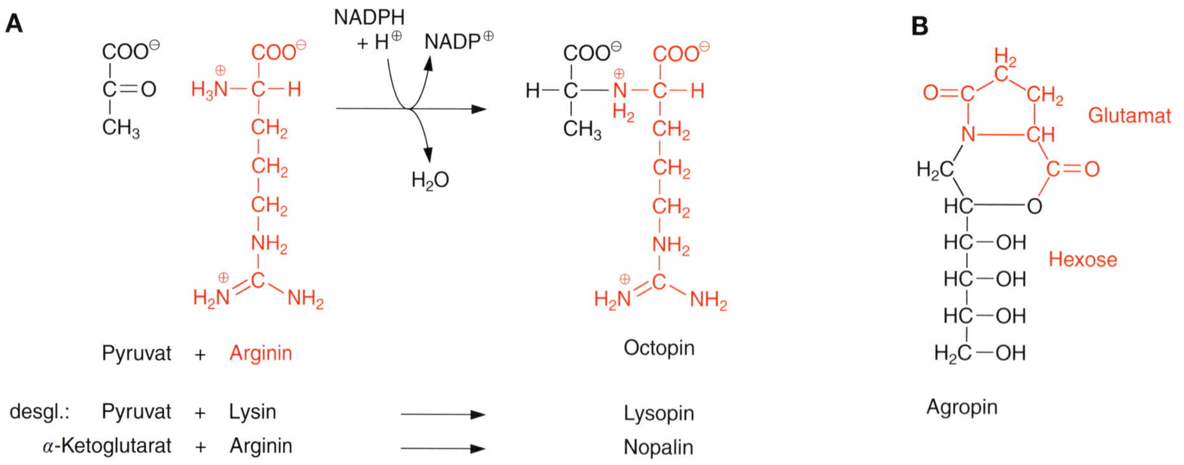

Abb. 22.11 Opine werden aus Aminosäuren und Ketosäuren (**A**) oder einer Hexose gebildet (**B**).

eindringen. Sie verursachen diese Umprogrammierung der Pflanzenzellen durch eine Übertragung ihrer funktionellen Gene in das Genom der befallenen Pflanzenzellen. *Diese Agrobakterien haben es gelernt, Pflanzen zu transformieren, um sie als Produktionsstätten für ihre Nahrung zu nutzen.* Jeff Schell hat 1979 für diesen neuartigen Parasitismus den Begriff der **genetischen Kolonialisierung** geprägt.

Das Ti-Plasmid enthält die genetische Information für die Tumorbildung

Die phytopathogene Wirkung von *A. tumefaciens* ist in einem *T*umor-*i*nduzierenden **Ti-Plasmid** codiert (Abb. 22.12). Die Ti-Plasmide verschiedener *A. tumefaciens*-Stämme haben eine Größe von etwa 200 kbp. Stämme von *A. tumefaciens*, die kein Ti-Plasmid besitzen, können auch keine Wurzelhalsgallen bilden.

Die Infektion von Pflanzen erfolgt durch die Bindung der bodenbürtigen Bakterien an Verwundungsstellen, wie sie häufig an der Stängelbasis auftreten. Phenolische Substanzen, die von der Pflanze bei Verwundungen zur Abwehr von Pathogenen abgesondert werden (Kap. 18), werden von den Agrobakterien zur chemotaktischen Lokalisation der verwundeten Pflanzenzellen und im Folgenden zur Auslösung einer Infektion genutzt. Diese Phenole stimulieren die Expression von etwa 11 **vir-Genen**, die sich auf einem Abschnitt des Ti-Plasmids befinden. Diese vir-Gene codieren Virulenzproteine, die den Transfer der bakteriellen Gene für die Tumorbildung in das Pflanzengenom bewirken. Von einem als **T-DNA** (T für Transfer) bezeichneten 12–25 kbp langen Abschnitt des Ti-Plasmids wird durch eine Vir-Nuklease ein Einzelstrang

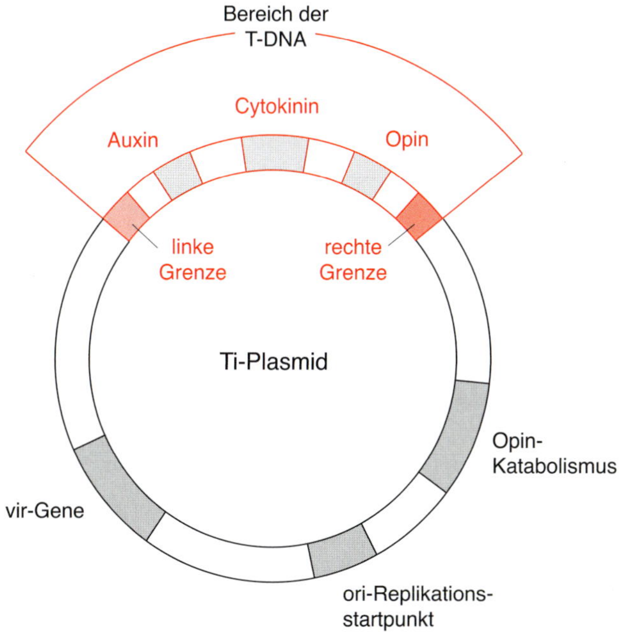

Abb. 22.12 Schematische Darstellung eines Ti-Plasmids (nicht maßstabsgetreu). Die in das Genom der Pflanze übertragene T-DNA, die 7–13 % des Ti-Plasmids umfasst, ist durch ihre linke und rechte Grenze definiert. Die T-DNA enthält Gene für die Synthese der Phytohormone, Cytokinin und Auxin sowie eines spezifischen Opins. Die T-DNA wird nur in der Pflanzenzelle transkribiert und translatiert. Der restliche Teil des Plasmids wird in den Bakterien transkribiert und translatiert und enthält mehrere vir-Gene sowie ein oder mehrere Gene für den Opinkatabolismus. Die ori-Region bildet den Replikationsstartpunkt.

herausgeschnitten. Die Schnittstellen sind durch die zu beiden Seiten der T-DNA befindlichen **Grenzabschnitte** (*right and left border sequences*) definiert. Der Transfer des T-DNA-Einzelstranges vom Bakterium in die Pflanzenzelle (Abb. 22.13) verläuft in analoger Weise wie bei der Konjugation, einer Form der sexuellen Fortpflanzung von Bakterien. Vir-Proteine bilden als Verbindung zwischen dem Bakterium und der Pflanzenzelle einen **Pilus** aus, eine fadenförmige Struktur, durch welche die T-DNA geleitet wird. Der so in die Pflanzenzelle transferierte DNA-Strang wandert weiter in den Kern. Dabei schützen vir-codierte Proteine die T-DNA bei ihrem Weg in den Kern vor dem Angriff pflanzeneigener DNA-abbauender Enzyme und ermöglichen den Transport durch die Kernporen. Bei der Integration in das Kerngenom hat die rechte Grenzregion der T-DNA eine wichtige Funktion. Die T-DNA wird an einer zufälligen Stelle eines Chromosoms integriert. Im Falle, dass die T-DNA in ein Gen inseriert wird, kann dies zur Ausschaltung der Funktion des betreffenden Gens führen.

Die so in das Kerngenom integrierte T-DNA hat die Eigenschaften eines eukaryontischen Gens. Sie wird von der Pflanzenzelle wie die eigene DNA

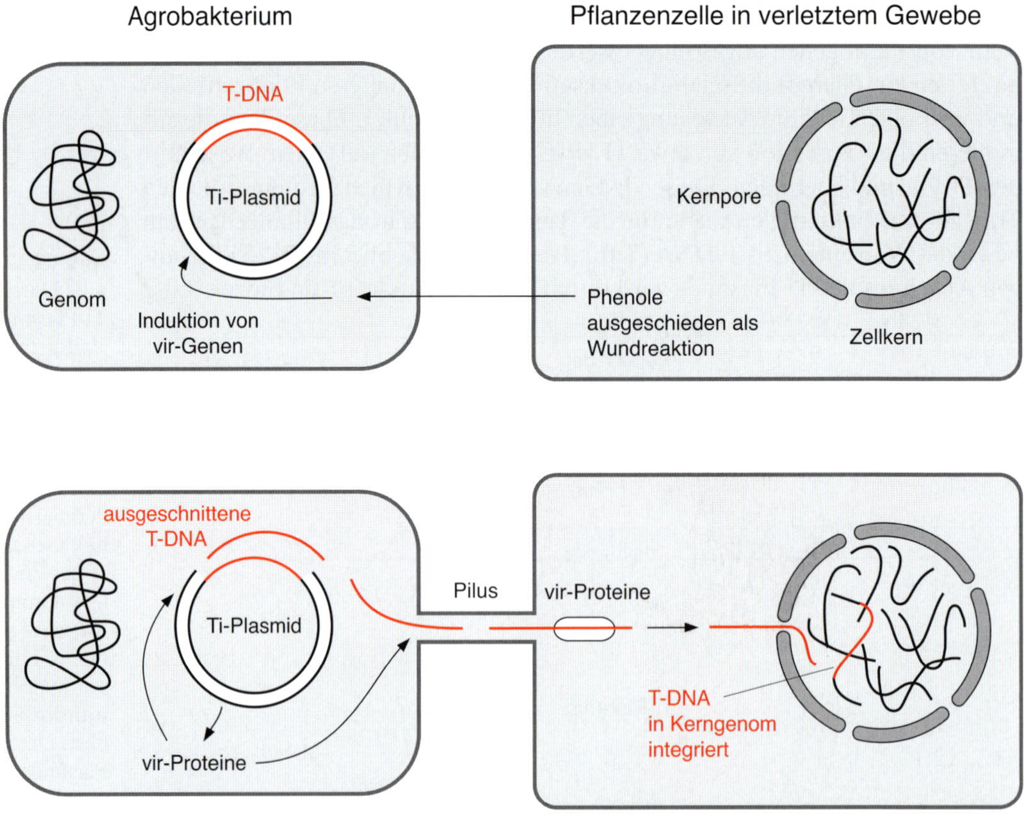

Abb. 22.13 Agrobakterien transformieren Pflanzenzellen, um sie als Produktionsstätten für ihre Nahrung zu nutzen. Verletzte Pflanzengewebe induzieren Virulenzgene auf dem Ti-Plasmid des Agrobakteriums; durch so gebildete Virulenzproteine wird ein als T-DNA bezeichneter DNA-Abschnitt aus dem Plasmid ausgeschnitten, in die Pflanzenzelle transferiert und dort in das Kerngenom integriert.

repliziert, und da sie eukaryontische Promotoren enthält, auch transkribiert. Die mRNA entspricht einer eukaryontischen mRNA und wird entsprechend translatiert. Die T-DNA codiert die Cytokinin-Synthase, das Schlüsselenzym für die Synthese des Cytokinins **Zeatin** (Abb. 19.11) sowie zwei Enzyme für die Synthese des Auxins **Indolessigsäure** (IAA) aus Tryptophan. Diese bakterielle IAA-Synthese verläuft jedoch über einen anderen Weg als die pflanzliche IAA-Biosynthese (Abb. 19.7) (auf diese Unterschiede wird hier aber nicht eingegangen). Ferner codiert die T-DNA, je nach Stamm verschieden, ein oder mehrere Enzyme für die Synthese eines speziellen Opins. Die in das pflanzliche Genom integrierte T-DNA trägt somit die genetische Information für die Synthese von Cytokinin und Auxin zur Auslösung des Tumorwachstums und für die Synthese eines Opins durch die Pflanze.

Das oder die Enzyme für den Katabolismus des betreffenden Opins werden im nichttransferierten Teil des Ti-Plasmids codiert. Es werden so parallel zur Transformation der Pflanzenzellen die für den Abbau des Opins benötigten Enzyme in den Bakterien synthetisiert.

Ti-Plasmide werden als Transformationsvektoren benutzt

Durch seine Fähigkeit, Pflanzen zu transformieren, hat sich *A. tumefaciens* als ein hervorragendes Hilfsmittel erwiesen, um fremde Gene in funktionsfähigem Zustand in ein pflanzliches Genom zu integrieren. Um die Ti-Plasmide als Genüberträger (Vektor) zu benutzen, war es jedoch notwendig, sie zu entschärfen (Abb. 22.14). Um ein Tumorwachstum der transformierten Pflanze zu vermeiden, wurden die Gene für die Auxin- und Cytokininsynthese entfernt. Da die Synthese von Opin für eine transgene Pflanze überflüssig ist und zudem den Stoffwechsel belastet, wurde auch das Gen für die Opinsynthese entfernt. Die T-DNA ist so nur noch durch die beiden Grenzbereiche definiert. Um zwischen diesen beiden Grenzbereichen ein Gen einbauen zu können, fügte man eine längere Sequenz ein, die Schnittstellen für mehrere Restriktions-Endonukleasen enthält. Diese Sequenz wird als ***multicloning site*** (mcs) bezeichnet. Das Ti-Plasmid muss so beschaffen sein, dass diese Schnittstellen außerhalb des T-DNA-Bereiches nicht vorkommen. Durch eine bestimmte Restriktions-Endonuclease kann das Ti-Plasmid im T-DNA-Bereich aufgeschnitten und in diese Schnittstelle ein durch die gleiche Restriktions-Endonuklease erzeugtes DNA-Molekül fremder Herkunft eingefügt werden (siehe Abb. 22.3). Da die multicloning-Schnittstellen für mehrere Restriktions-Endonukleasen enthält, können so mehrere DNA-Moleküle hintereinander in die T-DNA eingefügt werden. Links von der Schnittstelle (in Abb. 22.14) befindet sich ein Promotor, der die Expression der eingebauten DNA ermöglicht.

In modernen Transformationssystemen enthalten die vom Ti-Plasmid abstammenden Vektoren auch keine vir-Gene und können daher allein keine Transformation von Pflanzenzellen auslösen. Sie benötigen für die Transformation die Mithilfe eines zweiten Plasmids, eines **Helferplasmids**, das die vir-Gene enthält, aber keine T-DNA und daher selbst keine Transformation ver-

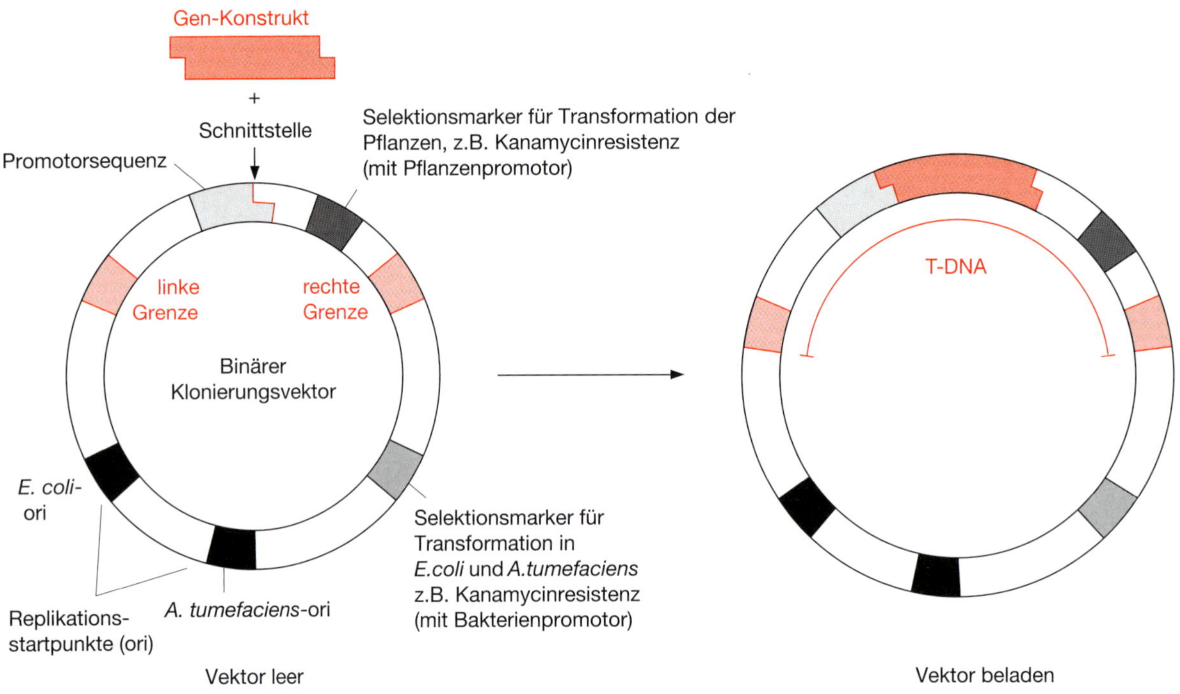

Abb. 22.14 Ein für die Transformation von Pflanzenzellen konstruierter T-DNA-Klonierungsvektor.

ursachen kann. Aus diesem Grund werden die genannten Vektoren als **binäre Vektoren** bezeichnet. Für spezielle Anwendungen ist eine große Vielfalt dieser Vektoren im Handel erhältlich.

Für eine Transformation von Pflanzen müssen die mit dem zu transferierenden Gen beladenen Vektoren in ausreichender Menge vorhanden sein. Es hat sich als praktisch erwiesen, die beladenen Vektoren zunächst durch Klonierung in *E. coli* zu vermehren (Abb. 22.15). Da *E. coli* den Replikationsstartpunkt des natürlichen Ti-Plasmids (*A. tumefaciens*-ori) nicht erkennt, ist ein zweiter Replikationsstartpunkt (*E. coli*-ori) eingeführt worden.

Um die mit dem Ti-Plasmid transformierten *E. coli*-Bakterien zu selektionieren, wird das Ti-Plasmid mit einem selektierbaren Marker ausgestattet. Hierfür verwendet man häufig ein **Neomycin-Phosphotransferase-Gen**, das eine Resistenz gegen das Antibiotikum Kanamycin verleiht. Es sei erwähnt, dass dieses Antibiotikum in der Medizin nur in seltenen Fällen verwendet wird. Dies ist wichtig im Hinblick auf transgene Pflanzen, die dieses Gen enthalten. Das Kanamycin-Resistenzgen ist mit einem Bakterienpromotor versehen und wird nach Transformation der Vektoren in die *E. coli*-Zellen dort auch exprimiert. Beim Zusatz von Kanamycin zum Kulturmedium der Bakterien überleben nur die transformierten Bakterien, die durch das Resistenzgen auf dem Vektor gegen das Antibiotikum geschützt sind. Es kann so durch Klonierung in *E. coli* das Ti-Plasmid gezielt vermehrt werden. Ebenso wird nach der Transformation von *A. tumefaciens*-Bakterien mit dem amplifizierten Vektor wiederum nach der Kanamycinresistenz selektiert. Der auf dem Vektor zusätzlich vorhandene Marker für die Selektion von Pflanzen soll uns später beschäftigen.

Man verwendet als Empfänger für die binären Vektoren *A. tumefaciens*-Stämme, die keine vollständigen Ti-Plasmide, sondern nur die oben bespro-

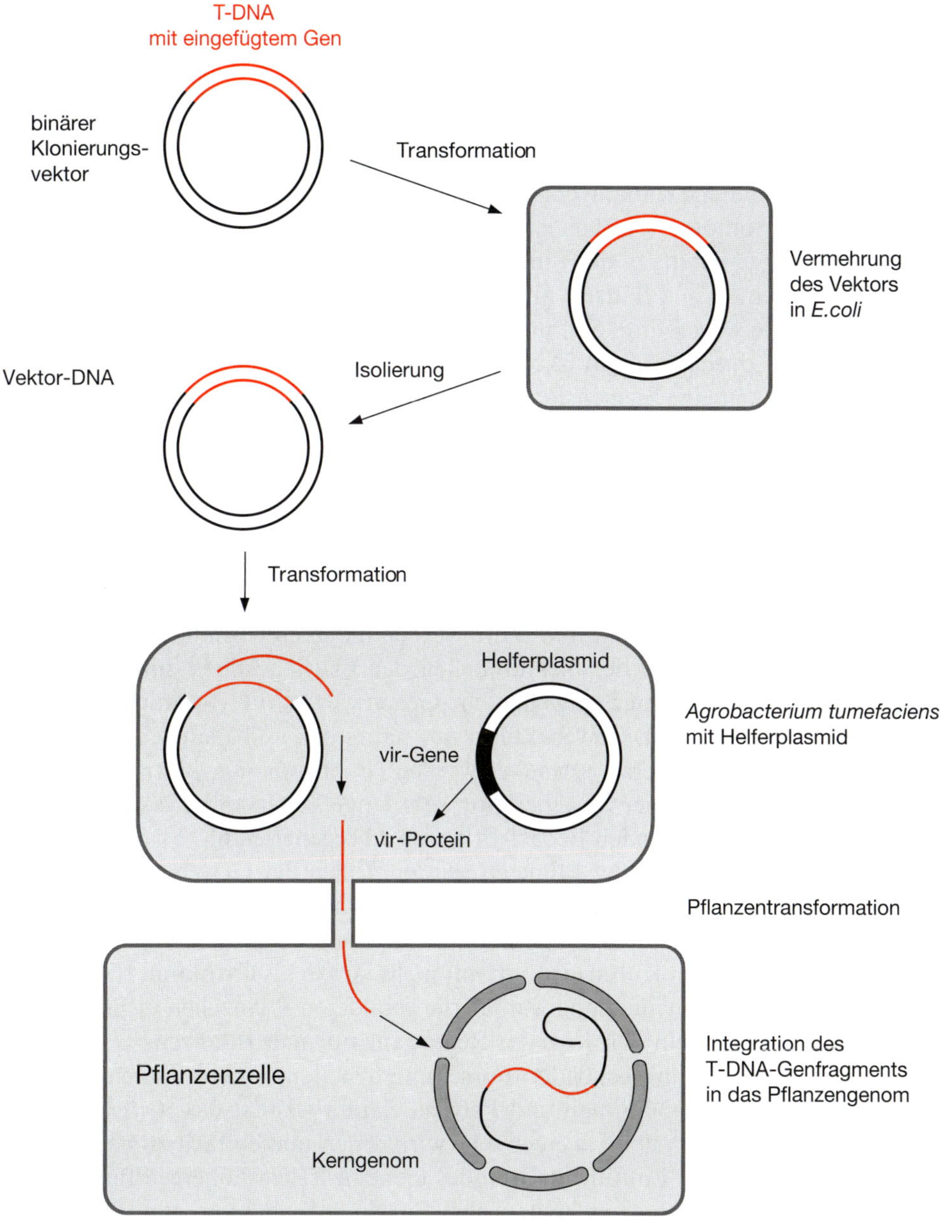

Abb. 22.15 Transformation einer Pflanzenzelle mit Hilfe eines binären Klonierungssystems. Der beladene Vektor wird zunächst über eine Transformation in *E. coli* vermehrt, dann isoliert und in Agrobakterien überführt. Bereits in den Agrobakterien vorhandene Helferplasmide codieren die für die Transformation der Pflanzenzellen erforderlichen Virulenzproteine.

chenen Helferplasmide enthalten, die die für den Transfer der T-DNA aus dem binären Vektor in das Pflanzengenom erforderlichen vir-Proteine codieren (Abb. 22.15).

Durch die Transformation einer Zelle aus einem Blatt wird eine neue Pflanze erzeugt

Um bei einer Transformation von Pflanzenzellen die wenigen transformierten Zellen von der Masse der nichttransformierten Zellen zu selektionieren, enthält auch der T-DNA-Vektor einen Selektionsmarker, meist ebenfalls das bereits besprochene Kanamycin-Resistenzgen, das in diesem Fall aber mit einem Pflanzenpromotor versehen ist.

Es wurde bereits in der Einleitung dieses Kapitels erwähnt, dass *A. tumefaciens*-Bakterien Pflanzen an Verwundungsstellen befallen. Deshalb sind Blattstücke wegen ihrer Schnittflächen ein sehr gutes Objekt, um eine Transformation durchzuführen (Abb. 22.16). Für die Transformation werden die Blattstücke in eine Suspension der mit dem Vektor transformierten *A. tumefaciens*-Zellen getaucht und nach kurzer Zeit in ein agarosehaltiges Kulturmedium überführt, das neben Nährstoffen die Phytohormone Cytokinin und Auxin enthält, wodurch die Zellen des Blattstückchens zu einem Tumorwachstum angeregt werden. Durch Zusatz des Antibiotikums Kanamycin werden alle Pflanzenzellen abgetötet bis auf die transformierten, die durch das Resistenzgen gegen das Antibiotikum geschützt sind. Durch ein weiteres bakterienspezifisches Antibiotikum werden die noch vorhandenen Agrobakterien abgetötet. An den Schnittstellen der Blattstückchen entwickeln sich Kalli von transformierten Zellen. In Gegenwart von Cytokinin und Auxin können diese Kalli in Gewebekultur auf nährstoff- und agarosehaltigen Kulturmedien fast beliebig vermehrt werden. Es lassen sich so transformierte Pflanzenzellen in einer Gewebekultur sehr lange Zeiten aufbewahren und vermehren, um daraus nach Bedarf Pflanzen zu regenerieren.

Zur Erzeugung neuer Pflanzen werden Zellen der Gewebekultur auf ein Kulturmedium umgesetzt, das relativ gesehen mehr Cytokinin als Auxin enthält. Es kommt dadurch zur Bildung von Sprossen. Zur Bewurzelung werden diese dann auf ein Kulturmedium mit mehr Auxin als Cytokinin transferiert. Nach erfolgter Bewurzelung werden die gebildeten Pflänzchen in Erde umgesetzt. Es entwickeln sich so in der Regel ganz normale Pflanzen.

Durch die bahnbrechenden Forschungsarbeiten, unter anderem von Jeff Schell, Marc van Montagu und Patricia Zambryski, ist das *A. tumefaciens*-Transformationssystem zu einer sehr wirksamen und einfach zu handhabenden Methode zur Einführung fremder Gene in Zellen höherer Pflanzen entwickelt worden. So ist es heute selbst für einen Studenten, zum Beispiel im Rahmen einer Diplomarbeit, oftmals ohne größere Probleme möglich, mehr als hundert unabhängig erhaltene transgene Tabakpflanzen herzustellen. Es sollte dabei aber nicht verschwiegen werden, dass sich Tabak besonders leicht transformieren lässt.

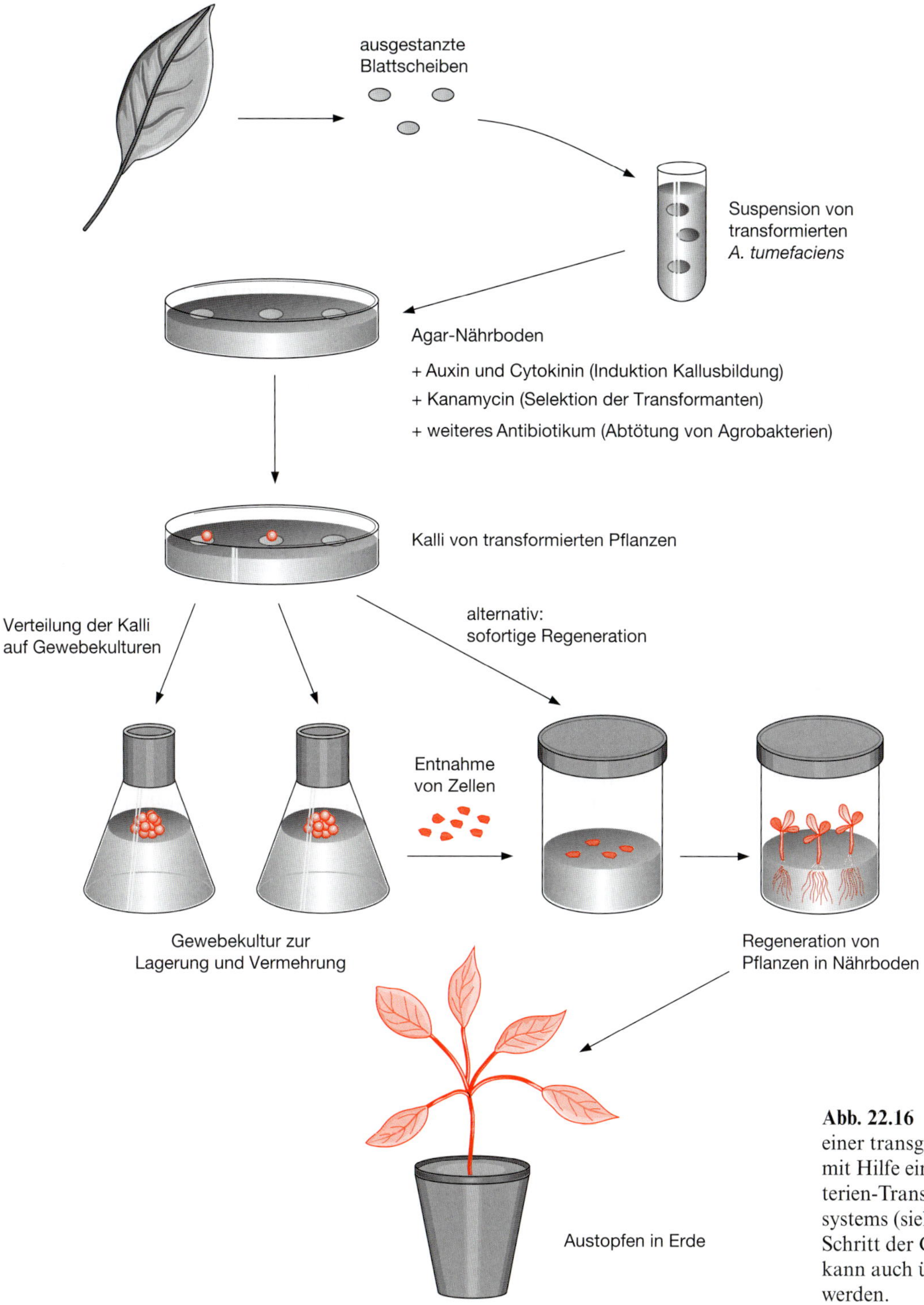

Abb. 22.16 Herstellung einer transgenen Pflanze mit Hilfe eines Agrobakterien-Transformationssystems (siehe Text). Der Schritt der Gewebekultur kann auch übergangen werden.

Mit dieser Methode sind inzwischen mehr als hundert verschiedene Pflanzenspezies erfolgreich transformiert worden. Es gibt jedoch viele Pflanzen, die sich auf diesem Weg nicht oder nur schwer transformieren lassen. Anfangs war es schwierig, monokotyle Pflanzen mit dem Agrobakterien-System zu transformieren. In letzter Zeit ist die Methode jedoch so weit verbessert worden, dass mit ihr routinemäßig Reis transformiert wird. Neu und recht erfolgreich ist die Methode der Agroinjektion, bei der eine Agrobakterien-Suspension direkt in die Narbe der Blüte gespritzt wird und zur Genexpression in Tomatenfrüchten führte. Ein weiterer alternativer Weg, um Pflanzen zu transformieren ist, der physikalische Gentransfer. Als erfolgreichste Methode hierfür hat sich ein Beschuss von Pflanzenzellen durch **Mikroprojektile** erwiesen.

Pflanzen können durch ein abgewandeltes Schrotgewehr transformiert werden

Bei dieser 1985 ausgearbeiteten Technik werden als Mikroprojektile kleine Kügelchen aus Wolfram oder Gold mit einem Durchmesser von 1–4 µm mit DNA überzogen und mit einer **Genkanone** (engl. particle gun) nach Art eines Schrotgewehrs in die Pflanzenzellen geschossen (Abb. 22.17). Als Treibsatz wurde zunächst Schießpulver benutzt, heute benutzt man oft komprimierte Luft oder Helium als Antriebsmittel. Als Zielobjekte werden unter anderem Kalli, embryonales Gewebe und Blätter verwendet. Damit die Projektile die Zellwände von Epidermiszellen und Mesophyllzellen durchdringen, ist eine sehr hohe Geschwindigkeit der Projektile erforderlich. Durch einen Beschuss mit einer Genkanone in einer Vakuumkammer werden Geschwindigkeiten von etwa 1500 km/h erreicht. Dabei können zwar die im Zentrum der Schusslinie befindlichen Zellen zerstört werden, die mehr in der Peripherie befindlichen Zellen überstehen hingegen wegen der Kleinheit der Projektile den Beschuss. Die auf diese Weise durch die Projektile in die Zellen transportieren DNA-Moleküle können nicht nur in das Kerngenom, sondern auch in das Genom von Mitochondrien und Chloroplasten integriert werden. Es ist so möglich, auch Mitochondrien und Chloroplasten zu transformieren. Bei manchen Pflanzen ist eine Transformation durch die Genkanone besonders wirksam. So können bei einem einmaligen Beschuss von embryonalen Zellen aus Zuckerrohr routinemäßig 10–20 verschiedene transformierte Pflanzen erzeugt werden.

Protoplasten können durch die Aufnahme von DNA transformiert werden

Ein alternativer Weg zur Übertragung fremder genetischer Information in eine Pflanzenzelle besteht in der Transformation von Protoplasten. Protoplasten, die aus Pflanzengewebe durch Verdau der Zellwand gewonnen werden (Abschn. 1.1), können in Gegenwart von $CaCl_2$ und Polyethylenglycol Fremd-DNA aufnehmen und fügen diese häufig auch in die eigenen Chromosomen ein. Diese Transformation ähnelt der Transformation von Bakterien durch Plasmide. Auch bei der Transformation von Protoplasten versieht man das in die Protoplasten zu übertragende Gen mit einem weiteren Gen, das als Selektionsmarker eine Antibiotikaresistenz codiert. Dadurch überleben nach Zugabe eines Antibiotikums wiederum nur die transformierten Protoplasten. Diese Methode ist prinzipiell universell einsetzbar, denn eine Wirtsspezifität wie im Fall von *A. tumefaciens* ist nicht gegeben. Eine wesentliche Beschränkung besteht jedoch darin, dass es bislang nur bei einem Teil der Pflanzen, z. B. Mais und Reis, gelingt, aus Protoplasten intakte und vermehrungsfähige Pflanzen zu regenerieren.

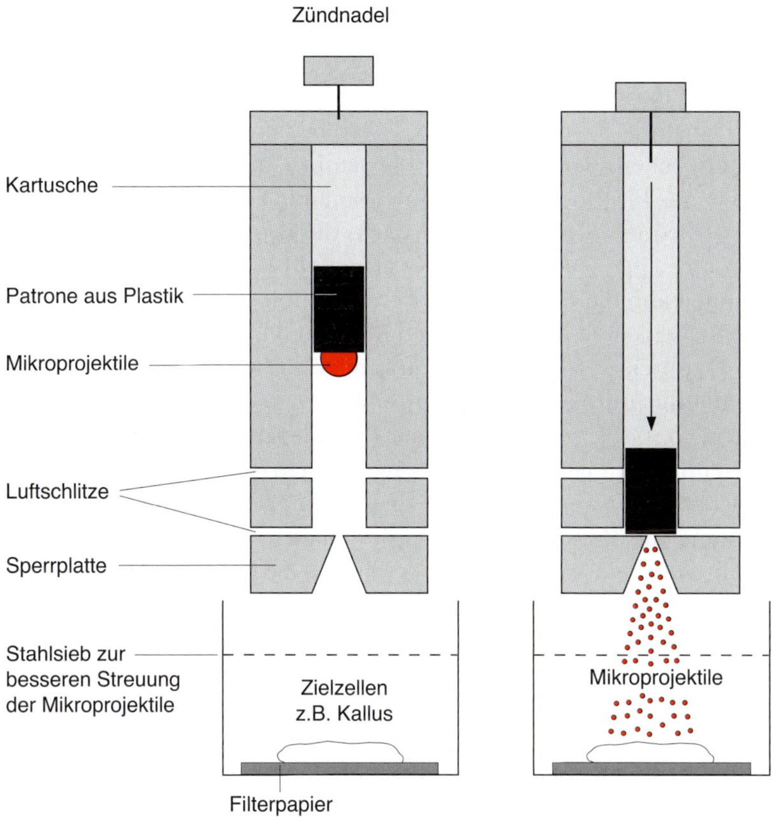

Abb. 22.17 Transformation einer Pflanze mit Hilfe einer Genkanone. Man beschichtet mit Hilfe eines $CaCl_2$-Niederschlages Gold- oder Wolframkügelchen mit einer dünnen DNA-Schicht. Die Kügelchen werden vor einem Plastikgeschoss in den Lauf der Kanone gefüllt. Die Kanone steht mit der Probe in einer evakuierten Kammer. Beim Abfeuern der Kanone wird das Plastikgeschoss bis auf die gesicherte Halteplatte getrieben und dadurch die Kügelchen mit hoher Geschwindigkeit durch eine Lochblende in die Zellen des Pflanzengewebes geschossen. Die auf diese Weise in die Pflanzenzellen beförderte DNA enthält neben dem zu transferierenden Gen zusätzlich ein Antibiotikumresistenz-Gen (z. B. für Kanamycinresistenz). Dadurch können die transformierten Zellen in gleicher Weise selektiert werden wie bei den durch *A. tumefaciens* transformierten Zellen. Ebenso können die transformierten Zellen durch Kallusgewebekultur vermehrt und daraus Pflanzen regeneriert werden.

Die Plastidentransformation als Methode zur gentechnischen Veränderung von Pflanzen bietet Vorteile für die Umwelt

In letzter Zeit hat die Transformation von Chloroplasten Bedeutung gewonnen. Bei der bislang besprochenen gentechnischen Veränderung des Kerngenoms, vor allen durch das Ti-Plasmid, kann die so veränderte genetischen Information transgener Kulturpflanzen durch Pollenflug auf entsprechende nicht-transgene Kulturpflanzen in benachbarten Feldern oder in manchen Fällen auch auf verwandte Wildpflanzen übertragen werden. Letzteres kann zu unerwünschten Kreuzungen führen, wodurch in der Umgebung herbizidresistenter Kulturpflanzen herbizidresistente Unkräuter entstehen könnten. Dieses Problem ist jedoch vermeidbar, wenn die gentechnische Veränderung der Pflanze im Plastidengenom vorgenommen wird. Da das Plastidengenom in der Regel mütterlich vererbt wird, ist eine Ausbreitung einer Genveränderung des Plastidengenoms durch Pollenflug nicht möglich.

Zur Transformation von Chloroplasten bedient man sich zumeist der zuvor beschriebenen Genkanone, mit der embryonale Zellen beschossen werden. Die in das Plastidengenom zu integrierende Fremd-DNA wird an beiden Enden mit Sequenzabschnitten versehen, die Sequenzabschnitten im Plastidengenom gleichen (Abb. 22.18). Nach Eintritt in den Plastiden mithilfe der Genkanone kann die Fremd-DNA durch homologe Rekombination an einer durch seine beiden Enden definierten Stelle in das Plastidengenom integriert werden. Dadurch werden Zufallsmutationen im Kerngenom, wie sie bei der Transformation durch Ti-Plasmide auftreten, vermieden. Ein Problem besteht darin, dass Pflanzenzellen viele Plastiden besitzt, wobei jedes 10–100 Genome enthält. Es ist aber inzwischen möglich, durch wiederholte Selektion und Regeneration transgene Linien zu erhalten, bei denen praktisch alle Plastidengenome die Fremd-DNA integriert haben (Transplastome Pflanzen). Man kann auf diese Weise Pflanzen erhalten, die pro Zelle viele hundert Kopien eines Fremdgens enthalten. Dies hat den Vorteil, dass die so transformierten Pflanzen besonders hohe Mengen an Fremdproteinen (bis zu 46 % des löslichen Proteins) erzeugen können. Dies ist besonders relevant für die pflanzliche Synthese von Abwehrsubstanzen und auch von Pharmazeutika. Ein weiterer Vorteil der Plastiden-Transformation liegt darin, dass Plastidengene polycistronisch abgelesen werden können. Während die im Kerngenom vorhandene DNA zumeist in monocistronische mRNAs transkribiert wird, die dann in jeweils nur ein Protein übersetzt werden, werden die meisten plastidären Gene in polycistronische mRNAs umgeschrieben, welche mehrere Proteine codieren und erst nachträglich zu einzeln übersetzbaren mRNAs prozessiert werden. Durch diese Eigenschaften des Plastidengenoms ist es relativ einfach, mehrere Fremdgene in einem Stück in das Plastidengenom zu integrieren. Dies erleichtert die Einfügung mehrerer Enzyme einer Synthesekette. Allerdings sei erwähnt, dass dies in bestimmten Fällen aber auch bei der Transformation des Kerngenoms erreicht werden kann. Ein weiterer Vorteil der Plastiden-Transformation besteht jedoch darin, dass in den Plastiden Proteine mit Disulfidbrücken gebildet werden können, was im Cytosol nicht möglich ist. Es wurde in Kapitel 6 besprochen, dass in Chloroplasten durch die

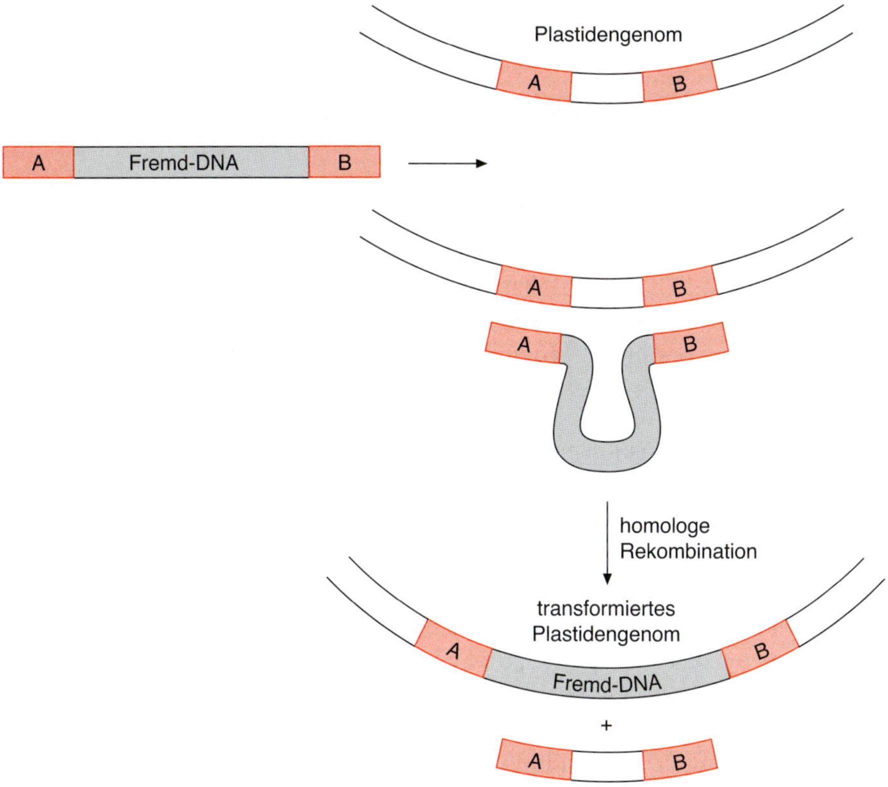

Abb.22.18 Transformation des Plastidengenoms. Fremd-DNA wurde mit Hilfe der Genkanone in den Plastiden befördert. Die DNA wurde zuvor an beiden Seiten mit Sequenzabschnitten (A,B) versehen, die Sequenzabschnitten im Plastidengenom gleichen. Die Fremd-DNA wird in das Plastidengenom integriert, indem sie durch homologe Rekombination gegen den durch die Sequenzen A und B begrenzten Abschnitt der Plastiden-DNA ausgetauscht wird.

Oxidation benachbarter SH-Gruppen Enzyme reguliert werden (Abb. 6.25). Durch diese Fähigkeit können nach entsprechender Transformation in Chloroplasten tierische Proteine wie Antikörper oder essbare (orale) Impfstoffe mit Disulfibrücken in einer korrekten Faltung gebildet werden. Die Expression von Genen bakteriellen Ursprungs, z. B. Bt-Toxin (Abschnitt 22.6) ist wegen der gleichen Triplett-Codon-Nutzung in Chloroplasten erleichtert. Transplastome Tabakpflanzen zu erzeugen ist nicht mehr problematisch, mit anderen Nutzpflanzen ist Plastiden-Transformation eine Herausforderung für die Zukunft.

Wegen der Umweltverträglichkeit durch die Verhinderung des Ausbreitens veränderter Gene auf andere Pflanzen durch Pollen, und wegen der Möglichkeit, sehr große Mengen an Fremdproteinen in Pflanzen zu erzeugen, dürfte eine Anwendung der Plastidentransformation in der Pflanzenbiotechnologie – jetzt noch in den Anfängen – eine große Zukunft haben.

22.3 Die Auswahl von Promotoren erlaubt eine gezielte Expression eines eingeschleusten Gens

Die Expression eines Gens erfordert, dass dem Gen in 5′-Position Nukleotidsequenzen vorgeschaltet sind, die als Promotor eine organ- und stoffwechselspezifische Kontrolle der Expression bewirken (Abschn. 20.2). Ein auf gentechnischem Weg in eine Pflanze eingeschleustes Fremdgen muss daher mit einer Promotorsequenz versehen sein, um exprimiert zu werden. Die Auswahl des Promotors bestimmt, wo und unter welchen Bedingungen eine Genexpression erfolgt. Diese Promotoren sind in den häufig verwendeten Vektoren bereits enthalten (siehe Abb. 22.14).

Um eine uneingeschränkte Expression eines eingeschleusten Gens in allen Teilen der Pflanze zu erreichen, wird oft der aus dem Cauliflower (Blumenkohl)-Mosaik-Virus (Abschn. 20.5) stammende **CaMV-35S-Promotor** verwendet. Dieser Promotor enthält Transkriptionsverstärker, die in vielen Geweben eine besonders hohe Transkriptionsrate ermöglichen. Als unspezifischer Promotor wird auch der ***nos*-Promotor** aus dem Ti-Plasmid von *A. tumefaciens* benutzt, der dort das Gen für die Nopalinsynthase reguliert.

Die DNA-Sequenzen spezifischer Pflanzenpromotoren werden durch eine Analyse pflanzlicher Gene, die zum Beispiel in bestimmten Organen exprimiert werden, unter Verwendung einer genomischen Bibliothek ermittelt. So wurde beispielsweise ein Promotor für die Genexpression in der Kartoffelknolle durch die Analyse der Promotorsequenz des Gens für das Patatin, dem Speicherprotein der Kartoffel (Kapitel 14), identifiziert.

Die Wirkung einer isolierten Promotorsequenz lässt sich mithilfe von **Reportergenen** überprüfen. Diese codieren Proteine, die sich in einer Pflanze besonders gut nachweisen lassen. Ein viel verwendetes Reportergen ist das Gen für das **grün fluoreszierende Protein** (GFP) der Qualle *Aequorea victoria*, welches sich in Pflanzengewebe lichtmikroskopisch nachweisen lässt. Häufig wird als Reportergen auch das Gen für das Enzym **β-Glucuronidase** (GUS) aus *E. coli* verwendet (Abb. 22.19). Dieses Enzym ähnelt der bereits erwähnten β-Galactosidase (Abschn. 22.1) und kommt in Pflanzen nicht vor. Es hydrolysiert X-Glucuronid zu einem blau gefärbten Hydrolyseprodukt, das sich histochemisch nachweisen lässt. Transformiert man eine Kartoffelpflanze mit dem GUS-Reportergen, dem der genannte Patatinpromotor vorgeschaltet ist, so zeigt sich an Schnitten der von diesen Pflanzen gebildeten Knollen nach Zugabe von X-Glucuronid eine tiefblaue Färbung. Andere Gewebe der Kartoffelpflanze werden nicht gefärbt. Man erkennt hieraus, dass der Patatinpromotor ein spezifischer Promotor für die Genexpression in den Knollen ist. Es wurden inzwischen viele Promotoren isoliert, die nur in bestimmten Organen

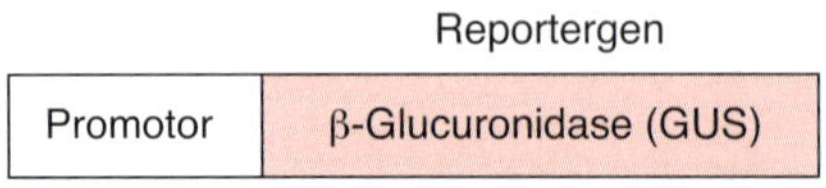

Abb. 22.19 Zur Überprüfung der Wirkung eines Promotors wird dieser mit einem Reportergen gekoppelt. In dem gezeigten Fall codiert das Reportergen das Enzym β-Glucuronidase aus *E. coli*. Durch das Enzym wird X-Glucuronid gespalten, dabei bildet sich ein blau gefärbtes Produkt (siehe Legende zu Abb. 22.6).

oder Geweben wie Blättern, Wurzeln, Phloem, Blüten oder Samen aktiv sind. Des Weiteren wurden Promotoren isoliert, die lediglich bei bestimmten äußeren Bedingungen, wie Licht, hohen Temperaturen, Trockenheit oder Pathogenbefall Gene kontrollieren. Häufig sind Promotoren auch in heterologen Pflanzen funktionsfähig, wobei allerdings die Stärke der Expression in verschiedenen Pflanzen-Spezies recht unterschiedlich sein kann.

Durch Adressierungssequenzen werden Genprodukte in ein bestimmtes subzelluläres Kompartiment dirigiert

Durch die Verwendung definierter Promotoren lässt sich in transgenen Pflanzen die Expression des Fremdgens auf bestimmte Gewebe- oder Zelltypen einengen. Um das durch ein Fremdgen codierte Protein zu einem subzellulären Bestimmungsort, wie zum Beispiel dem Chloroplastenstroma oder dem Vakuolenraum, zu leiten, muss das Protein mit **Präsequenzen** ausgestattet sein, die als **Adressierungssignal** für den Transport über die verschiedenen subzellulären Membranen dienen (siehe Abschn. 14.5, 21.3). Es steht inzwischen ein großes Arsenal von Adressierungssequenzen zur Verfügung, die es erlauben, ein durch ein Fremdgen codiertes Protein in ein definiertes subzelluläres Kompartiment zu dirigieren.

22.4 Durch Antisense und RNAi Technik können Gene ausgeschaltet werden

Neben der Möglichkeit, in transgene Pflanzen neue Eigenschaften durch den Transfer und die Expression fremder Gene zu erzeugen, ist es von annähernd ebenso großem Interesse, die Ausprägung bestimmter Merkmale in Pflanzen zu verhindern, indem zum Beispiel Enzyme oder Translokatoren einer Pflanze durch eine Unterdrückung der Expression eigener Gene gezielt in ihrer Aktivität vermindert oder sogar ausgeschaltet werden. Das Ausschalten von Genen ist zudem eine wichtige Methode, um durch Untersuchung der entsprechenden Folgen für den Pflanzenstoffwechsel die Funktion des betreffenden Gens zu ermitteln.

Im Gegensatz zum Kerngenom von Tieren und zum prokaryotischen Genom (darunter auch dem Plastidengenom der Pflanzen), bei denen homologe Rekombinationen sehr häufig sind, erfolgen im Kerngenom von Pflanzen homologe Rekombinationen nur äußerst selten. Daher gelingt es in Pflanzen in der Regel nicht, wie in Tieren so genannte *knock-out*-Mutanten zu erzeugen, indem Gene des Kerngenoms durch homologe Rekombination mit mutierten Abschnitten des betreffenden Gens ausgeschaltet werden.

Eine Methode, in Pflanzen Genfunktionen auszuschalten, besteht in der **Antisense-Technik.** Die Unterdrückung der Genexpression erfolgt durch eine gezielte Inaktivierung der gebildeten mRNA durch Synthese einer komplementären RNA, die als **Antisense-RNA** bezeichnet wird (Abb. 22.20). mRNA, die normalerweise nur als Einzelstrang vorkommt, kann in Gegenwart des komplementären RNA-Stranges einen RNA-Doppelstrang bilden, der in der Regel sehr instabil ist und durch Ribonuklease schnell degradiert wird. Möglicherweise ist dies der Grund dafür, dass die mRNA die Fähigkeit zur Codierung der Proteinsynthese verliert.

Zur Synthese der Antisense-RNA wird das betreffende Gen zuvor nach den besprochenen Methoden isoliert, als cDNA in umgekehrter Orientierung in einen Vektor eingebaut und die Pflanzen dann damit transformiert. Da sich in diesem eingeschleusten Gen der Promotor an der falschen Seite befindet,

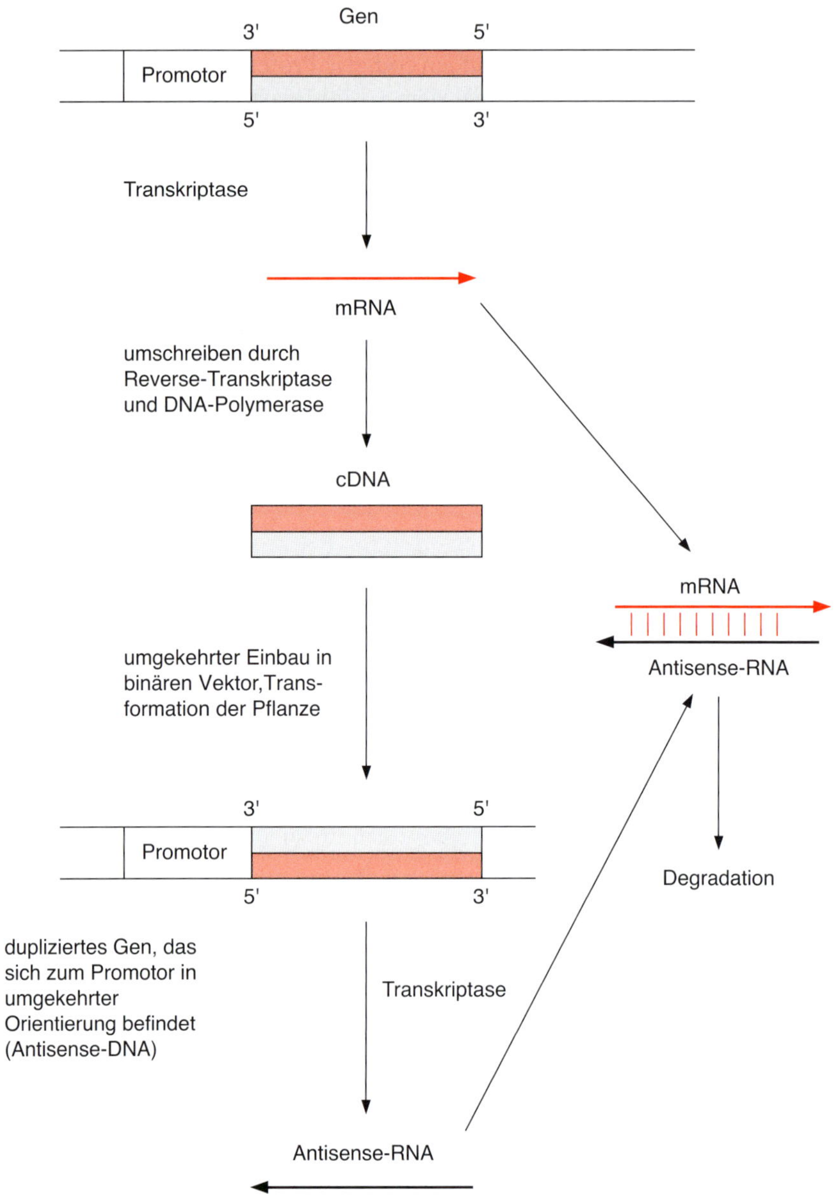

Abb. 22.20 Drosselung der Expression eines Gens durch Antisense-Technik. Die durch Transkription eines Gens gebildete mRNA wird in eine doppelsträngige cDNA umgeschrieben (siehe Abb. 22.2), in umgekehrter Orientierung in einen Vektor (Abb. 22.14) eingebaut und damit die betreffende Pflanze transformiert. Die transformierte Pflanze enthält jetzt in ihrem Genom neben dem normalen Gen ein Duplikat, die Antisense-DNA, bei welcher der Promotor die Transkription des ursprünglich nicht-codogenen Stranges bewirkt. Es wird so eine RNA gebildet, die der mRNA komplementär ist. Vermutlich durch die Bildung eines RNA-Doppelstranges, der schnell abgebaut wird, wird die mRNA in ihrer Funktion gestört.

führt die Transkription zur Bildung der Antisense-RNA. Diese erst seit 1985 bekannte **Antisense-Technik** hat in der pflanzlichen Gentechnik eine sehr wichtige Bedeutung erlangt, um Genfunktionen gezielt zu vermindern. Allerdings gelingt es durch die Antisense-Technik in der Regel nicht, die Synthese eines Proteins um mehr als 90% zu drosseln. Dies ist insbesondere dann kaum zu erreichen, wenn das betreffende Gen in einer Multigenfamilie vorkommt. Außerdem kann durch Enzymregulation das verbleibende Protein in seiner Aktivität gesteigert sein. Dadurch führt die Antisense-Technik nicht immer zu dem gewünschten Ziel, die Funktion eines Proteins zum Beispiel als Enzym oder Translokator wirksam auszuschalten.

Eine neue sehr wirksame Methode zur Ausschaltung von Genen ist die **RNAi-Technik** (*RNA-mediated-interference*) (Abschn. 20.2). Man hat gefunden, dass durch die Anwesenheit eines doppelsträngigen RNA-Abschnitt (**dsRNA**) von bis zu 30 Basenpaaren, die Translation einer mRNA, die zu der dsRNA komplementär ist, ausgeschaltet und die betreffende mRNA von zelleigenen Nukleasen abgebaut wird. Man kann daher durch die Transformation eine Pflanze mit einer DNA, welche die beiden Doppelstränge der dsRNA codiert, ein entsprechendes Gen wirksam ausschalten.

Um Gene durch Zufallsmutationen auszuschalten, ist für viele Pflanzen die Transformation durch *Agrobakterium tumefaciens* eine einfache Methode. Pflanzen nehmen die T-DNA der Ti-Plasmiden auf und integrieren sie zufällig im Genom. Erfolgt dieser Einbau in ein Gen, verliert dieses seine Funktion, es tritt eine Mutation (**T-DNA-Insertationsmutante**) auf (Abschn. 22.1). Durch eine Sonde für die T-DNA kann das mutierte Gen identifiziert werden.

22.5 Für die pflanzliche Gentechnik bestehen vielfältige Anwendungsmöglichkeiten

Die im Vorangehenden beschriebenen gentechnischen Methoden haben in den vergangenen 20 Jahren sowohl für die Grundlagenwissenschaft als auch für praktische Anwendungen revolutionierende Ergebnisse geliefert. In der Grundlagenforschung sind auf diese Weise in sehr kurzer Zeit viele neue Enzyme und Translokatoren des Stoffwechsels identifiziert und charakterisiert worden. Um die Funktion eines Proteins einer Pflanze zu untersuchen, ist es inzwischen gebräuchlich, in einer Pflanze durch gentechnische Transformation eine erhöhte oder auch eine verminderte Expression des betreffenden Proteins zu erreichen, um aus den Folgen dieser Veränderungen Rückschlüsse auf die Rolle des betreffenden Proteins im Stoffwechsel zu ziehen.

Zusätzlich gibt es vielfältige industrielle Ansätze, um mithilfe der Gentechnik den Schutz gegen Schädlinge und den qualitativen und quantitativen Ertrag von Agrarpflanzen zu erhöhen. Inzwischen gibt es eine sehr große Zahl gentechnisch veränderter (transgener) Kulturpflanzen, die weltweit angebaut werden, vor allem in Nord- und Südamerika und in China. Ein Ausnahme ist Europa, wo wegen mangelnder Akzeptanz der Öffentlichkeit bislang erst eine einzige transgene Sorte einer Agrarpflanze (ein Bt-Mais, siehe unten) und zudem in nur sehr beschränktem Umfang, angebaut wird. Der bei weitem größte Teil der bislang weltweit angebauten Kulturpflanzen wurde zur Erzielung eines verbesserten Pflanzenschutzes entwickelt, mit Resistenzen gegen Insekten (siehe unten) sowie gegen Herbizide (siehe Abschn. 10.4). Daneben wurden Transformanten zur Qualitätsverbesserung des Ernteguts (z. B. verbesserte Lagerungsfähigkeit bei Tomaten (Abschn. 19.5) oder die Bildung maßgeschneiderter Fette in Raps (Abschn. 20.7) erzeugt. Auch die gentechnische Herstellung männlich-steriler Pflanzen für die Erzeugung von Hybriden (Abschn. 20.7) ist beim Raps bereits zur kommerziellen Anwendung gereift.

Durch das Bt-Protein werden Pflanzen gegen Insektenfraß geschützt

Insektenfraß kann für pflanzliche Kulturen eine große Bedrohung sein. Dazu einige Beispiele:
1. Der aus Nordamerika eingeschleppte Kartoffelkäfer (auch Colorado-Käfer genannt) kann einen Kahlfraß von Kartoffelfeldern verursachen.
2. Die Raupen des Mais-Zünslers, einer Motte, dringen in die Sprossen der Pflanzen ein und verursachen große Ernteausfälle durch Fraßschäden im Innern des Sprosses.
3. In ähnlicher Weise verhindert die als Baumwollkapselwurm bezeichnete Larve des Eulenspinners durch Fraß im Innern des Sprosses die Bildung der Baumwollblüten.

Nach Abschätzungen gehen etwa ein Sechstel der globalen Ernteproduktion durch Insektenfraß verloren. Zur Vermeidung derartiger Ernteverluste ist daher in sehr vielen Fällen eine chemische Schädlingsbekämpfung erforderlich. Als sehr wirksame Mittel zur Insektenbekämpfung wurden früher chlorierte Kohlenwasserstoffe, wie DDT oder Aldrin, benutzt. Da diese Substanzen jedoch nur sehr langsam abgebaut werden und sich dadurch in der Nahrungskette anreichern, hat sich ihre Verwendung als sehr umweltschädlich erwiesen. Ihr Einsatz ist inzwischen in vielen Ländern gesetzlich eingeschränkt oder sogar verboten. Als Insektizide werden heute daher hauptsächlich organische Phosphorverbindungen benutzt, die als Phosphoesterase-Hemmer die Nervenleitung in den Synapsen hemmen. Diese Verbindungen werden zwar schnell abgebaut, durch ihre Anwendung werden aber neben den Schadinsekten auch nützliche Insekten, zum Beispiel Bienen, getötet. Außerdem sind sie für Tiere und Menschen gleichermaßen giftig. Die Gefährdung für den Menschen geht dabei weniger von Rückständen in der Nahrung aus, sondern betrifft insbesondere die Personen, die das Insektizid anwenden.

Als Alternative werden seit mehr als 30 Jahren Präparate aus *Bacillus thuringensis* als biologische Insektizide eingesetzt. Diese Bakterien bilden Peptide, die so genannten **Bt-Proteine**, die für bestimmte Insekten toxisch sind. Ihre Toxizität beruht darauf, dass sie an Rezeptoren im Insektendarm binden und dadurch die Resorption der Nahrung stören. Das Insekt verhungert so durch Darmversagen. Durch verschiedene Stämme werden unterschiedliche Bt-Proteine gebildet – inzwischen sind mehr als hundert bekannt –, die eine relativ spezifische Toxizität gegenüber bestimmten Insekten aufweisen. Umfangreiche toxikologische Untersuchungen haben die Ungefährlichkeit der Bt-Proteine für den Menschen erwiesen. Die Benutzung von Bt-Proteinsuspensionen als biologisches Spritzmittel gegen Raupenbefall – seit vielen Jahren praktiziert – hat jedoch den Nachteil, dass die Präparate relativ teuer sind und vom Regen leicht von den Blättern abgewaschen werden. Auch werden so Larven, die sich im Innern von Pflanzen befinden, wie die Larven des Mais-Zünslers oder der Baumwollkapselwurm, nur schlecht erreicht.

Man hat die Gene für verschiedene Bt-Proteine kloniert und damit eine Reihe von Pflanzen transformiert. Die transgenen Pflanzen bilden nur sehr geringe Mengen des für die Insekten toxischen Bt-Proteins (0,1 % des Gesamtproteins), welches aber dennoch einen wirksamen Schutz gegen Insektenfraß bietet. Im Boden zersetzt es sich wie alle anderen Proteine, und auch sein Abbau im menschlichen Verdauungstrakt unterscheidet sich nicht von dem anderer Proteine.

Auf dieser Grundlage werden heute insektenresistente Bt-Transformanten insbesondere von Mais und Baumwolle weltweit in sehr großem Stil angebaut. Bei Baumwolle überwiegt inzwischen in vielen Ländern der Anbau der transgenen Sorten, da herkömmliche Sorten wegen des hohen Schädlingsdruckes zwischen 2 und 12, in Einzelfällen bis zu 30 mal mit Pestiziden gespritzt werden müssen, was für die gesamte Insektenpopulation gravierende Folgen hat. Wenn auch bei diesen Transformanten auf herkömmliche Insektizide nicht völlig verzichtet werden kann, konnte dadurch der Einsatz der die gesamte Fauna bedrohenden Insektizide sehr stark reduziert werden. Der Einsatz der genannten transgenen Pflanzen ist so als ein Beitrag zur Erhaltung der Umwelt zu betrachten.

Ein alternativer Weg, um Pflanzen gentechnisch vor Insektenfraß zu schützen, besteht in der Einbringung von Fremdgenen, die **Proteinase-Inhibitor** codieren. In vielen Pflanzen wird nach Verwundungen, zum Beispiel durch Insektenbefall, aber auch durch Pilzinfektion, die Bildung von Proteinase-Inhibitor induziert, die spezifisch Proteinasen von Tieren und Mikroorganismen hemmen. Die betreffenden Schadorganismen nehmen die Hemmer mit der Nahrung auf, können dann die Nahrung nicht ausreichend verdauen und verhungern. Die Synthese des Hemmers beschränkt sich nicht auf die verletzten Stellen, sondern wird auch oft in anderen Teilen der Pflanze induziert, um diese vor einem weiteren Angriff zu schützen. Es ist inzwischen gelungen, durch die Einbringung entsprechender Fremdgene in transgene Kartoffel-, Luzerne- und Tabakpflanzen eine hohe Expression von Proteinase-Inhibitor zu erzielen, welche die entsprechenden Pflanzen wirksam gegen Insektenfraß schützen. Diese Strategie hat den Vorteil, dass Proteinase-Inhibitor nicht auf bestimmte Insektengruppen fixiert sind. Diese Hemmer sind schon von Natur aus in unseren Nahrungsmitteln, zum Teil in relativ hohen Konzentrationen, enthalten und werden beim Kochen zerstört.

Als ein weiteres Beispiel für einen gentechnisch erzeugten Fraßschutz wurde bereits in Abschnitt 14.4 die Expression eines **Amylase-Inhibitors** in Erbsensamen zur Vermeidung von Lagerverlusten durch die Larven des Erbsenkäfers erwähnt.

Durch Gentechnik können Pflanzen vor Viren geschützt werden

Viruskrankheiten können zu Ernteverlusten von katastrophalem Ausmaß führen. Viele Kulturpflanzenarten sind von einem Virusbefall bedroht. So kann der Befall mit Gurken-Mosaik-Viren zu einer vollständigen Vernichtung der Kulturen von Kürbissen, Gurken, Melonen und Zucchini führen. Im Gegensatz zu pilzlichen oder tierischen Schädlingen lassen sich Viren durch einen Einsatz von Chemikalien nicht wirkungsvoll direkt bekämpfen. Traditionelle Maßnahmen wie Fruchtwechsel und die Beseitigung von Pflanzenabfällen dienen dazu, die Verbreitung der Viren einzudämmen. Dies gelingt jedoch nicht immer. Es wird auch versucht, durch den Einsatz von Pestiziden die virusübertragenden Insekten, insbesondere die Blattläuse, zu bekämpfen.

Es ist seit langem bekannt, dass eine Pflanze nach einer Infektion mit einem schwach krankheitserregenden Stamm eines bestimmten Virus gegen einen aggressiveren Stamm geschützt ist. Dieses Phänomen wird seit Jahren im biologischen Pflanzenschutz von Gurkenkulturen erfolgreich eingesetzt. Es wurde vermutet, dass ein einzelner molekularer Bestandteil der Viren diese Schutzwirkung verursachte. Dies wurde durch gentechnische Versuche bestätigt: Die Einschleusung des Gens für das **Hüllprotein** des Tabak-Mosaik-Virus in das Genom von Tabakpflanzen macht den Tabak gegen das genannte Virus resistent. Offenbar verleiht das im Tabak exprimierte Virushüllprotein einen Schutz gegen eine zweite Virusinfektion. Dies wurde inzwischen für viele andere Viren bestätigt: Wird das Gen für ein Hüllprotein von einem beliebigen Pflanzenvirus genügend stark exprimiert, ist die Pflanze meist gegen eine Infektion mit diesem Erreger immun. Dieses Prinzip wird inzwischen mehrfach mit Erfolg für die gentechnische Erzeugung virusresistenter Kulturpflanzen angewandt. Auf diese Weise hergestellte virusresistente Kürbissorten sind in den USA für den Anbau zugelassen. In Hawaii, wo der Anbau von Papayas wegen Virusbefall zusammen gebrochen war, wurde erst durch den Einsatz gentechnisch erzeugter virusresistenter Sorten der Papaya-Anbau wieder möglich.

Die Erzeugung pilzresistenter Pflanzen ist noch in der Anfangsphase

Bemühungen, auf gentechnischem Wege in Pflanzen eine Resistenz gegen Pilzinfektionen zu erzeugen, sind noch in einer frühen Phase. Es wird versucht, natürliche Abwehrmechanismen der Pflanzen zu nutzen. Manche Pflanzen schützen sich gegenüber Pilzen, indem sie die Zellwand der Pilze angreifen. Die meisten Pilze enthalten in ihrer Zellwand Chitin, ein Poly-*N*-

acetyl-D-glucosamin, das in Pflanzen nicht enthalten ist. Einige Pflanzen oder deren Samen enthalten **Chitinasen**, welche die Zellwand von Pilzen lysieren. Diese Abwehrreaktion wurde auf andere Pflanzen übertragen. So sind durch die Transformation mit einem Chitinase-Gen der Bohne Kulturpflanzen erzeugt worden, die gegenüber bestimmten Pilzen eine erhöhte Resistenz aufweisen. Ein anderer Ansatz besteht in der Expression von Enzymen zur Synthese fungizider Phytoalexine, zum Beispiel Stilbene (siehe Abschn. 18.4), wobei allerdings auch die Gefahr besteht, dass eine Erhöhung der Gehalte an derartigen Spezialmetaboliten negative Folgen für die Qualität dieser Pflanzen als Nahrungsmittel haben kann. Es wird noch umfangreicher Versuche bedürfen, bis pilzresistente Pflanzen für den Anbau zur Verfügung stehen.

Durch die Herstellung herbizidresistenter Pflanzen können Totalherbizide als selektive Herbizide eingesetzt werden

Auf die Bedeutung von Herbiziden für den Pflanzenschutz wurde bereits in Abschnitt 3.6 eingegangen. Beispiele für die Wirkung verschiedener Herbizide wurden etwa in den Abschnitten 3.6 und 10.4 besprochen. Das weltweit wirtschaftlich erfolgreichste Herbizid ist Glyphosat (Handelsname Round up®, Monsanto), welches die Synthese aromatischer Aminosäuren durch den Shikimatweg auf der Stufe der EPSP-Synthase (Abb. 10.19) spezifisch hemmt. Da es den Shikimatweg in Tieren nicht gibt, ist der tierische Stoffwechsel gegenüber Glyphosat unempfindlich. Wegen seiner einfachen Struktur (Abb. 10.18) wird es im Boden durch Bodenbakterien relativ schnell abgebaut. Als Totalherbizid (Abschn. 3.6) tötet Glyphosat auch die meisten hartnäckigsten Unkräuter ab. Es wird von der Deutschen Bahn zur Unkrautbekämpfung von Gleiskörpern benutzt, bei Obst- und Weinkulturen zur Bekämpfung der Unkräuter auf dem Boden und in der Landwirtschaft vor oder nach der Kultur. Um dieses relativ umweltverträgliche und zugleich sehr wirksame Mittel als selektives Herbizid in wachsenden Kulturen anzuwenden, wurden für eine Reihe von Agrarpflanzen mithilfe der Gentechnik glyphosatresistente Transformanten erzeugt. Zur Erzeugung einer Glyphosatresistenz wurden aus Bakterien Gene isoliert, die EPSP-Synthasen codieren, die eine geringere Empfindlichkeit gegenüber Glyphosat aufweisen. Durch eine Transformation mit diesem Bakterien-Gen wurden Pflanzen erzeugt, die EPSP-Synthase überproduzieren, wobei das zusätzlich gebildete Enzym gegenüber einer Hemmung durch Glyphosat weniger empfindlich ist. Dadurch sind diese Transformanten gegen das Herbizid resistent.

Auf ähnliche Weise wurden durch die Expression eines bakteriellen Enzyms transgene Sorten von Raps, Mais, Sojabohnen und Zuckerrüben erzeugt, die gegen das relativ umweltverträgliche Herbizid Glufosinat (Handelsnamen Liberty®, Bayer, Abb. 10.7) resistent sind. Herbizid-resistente Kultivare wie Sojabohnen, Mais, Raps und Baumwolle, oft auch in Kombination mit Insektenresistenz durch Bt-Protein, bilden den Hauptteil der weltweit angebauten transgenen Nutzpflanzen.

Einsatz der Gentechnik zur Verbesserung des Ertrages oder der Qualität von Ernteprodukten

Während in den bislang besprochenen gentechnischen Verfahren zur Erzeugung von Resistenzen gegen Herbizide, Insekten, Viren oder Pilze meist nur ein zusätzliches Gen in die Pflanze eingeschleust wurde, ist für eine Änderung der Qualität und des Ertrages von Ernteprodukten oft eine Veränderung mehrerer Gene erforderlich und daher naturgemäß auch meist wesentlich schwieriger.

Ein erfolgversprechender Ansatz zur Ertragssteigerung besteht in der Erzeugung von **Hybriden** unter Einsatz gentechnischer Methoden (Abschn. 20.7). Ein anderer Ansatz zur Ertragssteigerung besteht in einer gentechnischen Veränderung der Verteilung der Biomasse zwischen zu erntenden und nicht zu erntenden Organen der Pflanzen. So konnte bei transgenen Kartoffelpflanzen der Knollenertrag erhöht werden (Abschn. 13.3); diese Ergebnisse bedürfen allerdings einer Überprüfung im Freiland.

Auf vielfältige Weise wird in letzter Zeit versucht durch den Einsatz der Gentechnik die Qualität, insbesondere auch den Gesundheitswert von Nahrungs- und Futtermitteln zu verbessern. Beispiele hierfür, die auch schon früher besprochen wurden, sind die Bildung von hochungesättigten Fettsäuren im Rapsöl (Abschn. 15.5), die Erzeugung eines ProvitaminA-haltigen Reis (Golden Rice, Abschn. 17.6), oder die Erhöhung des Methioningehalts in Sojabohnen (Abschn. 14.3).

Einsatz der Gentechnik zur Erzeugung von Rohstoffen für die Industrie und von Pharmazeutika

Es gibt sehr erfolgversprechende Ansätze, mithilfe der Gentechnik Pflanzen als Erzeuger von Industrierohstoffen heranzuziehen. Transgene Pflanzen, die maßgeschneiderte Fette produzieren – mit kurzkettigen Fettsäuren für die Waschmittel- und Kosmetikindustrie oder mit hohem Erucasäuregehalt für die Kunststoffindustrie – wurden in Abschnitt 15.5 behandelt. Kartoffeltransformanten, die Stärke produzieren, die nur aus der langkettigen α-Amylose besteht (Abschn. 9.1) wären ein interessanter Rohstofflieferant für die Kunststoffindustrie. Amyloseether haben ähnliche Polymereingenschaften wie Polyethylen, aber den Vorteil, dass sie biodegradabel (d.h. durch Mikroorganismen abbaubar) sind.

Transgene Pflanzen, insbesondere plastidäre Transformanten, sind gut geeignet, Peptide und Proteine, wie Eukephaline, Humanserumalbumin oder Interferon herzustellen. Relativ weit gediehen sind Versuche, durch Pflanzen menschliche monoklonale Antikörper, z. B. gegen bestimmte Carcinome, wie den Darmkrebs, herzustellen. Auch hat man Antikörper gegen Karies-auslösende Bakterien in Pflanzen hergestellt, und es wäre denkbar, diese einer Zahnpaste beizumengen. Für derartige Anwendungen müsste man sehr große Mengen an Antikörper-Proteinen bei geringen Produktionskosten gewinnen. Pflanzen wären hierfür sehr gut geeignet. Es ist auch gelungen, Pflanzen für die Produktion oraler (essbarer) Impfstoffe zu nutzen. Es ist im Experiment gelungen, einen oralen Impfstoff gegen die Maul-und Klauenseuche in der Futterpflanze Luzerne zu exprimieren. In Kartoffeln und Lupinen wurden orale Impfstoffe gegen den Hepatitis B-Virus und in Tomaten ein oraler Impfstoff gegen Tollwut erzeugt. Wenngleich diese Untersuchungen noch in einem Anfangsstadium sind, eröffnet sich damit die Möglichkeit, einen Impfschutz durch den Verzehr von pflanzlicher Materie, etwa Futterpflanzen für Tiere, oder Früchte für Menschen, zu erreichen.

Die Gentechnik eröffnet Möglichkeiten, den Schutz von Agrarpflanzen gegen abiotischen Stress zu erhöhen

In den vorangehenden Kapiteln wurde eine Vielzahl von Mechanismen behandelt, durch die sich eine Pflanze gegen Stressfaktoren wie Hitze (Abschn. 21.2), Kälte (Abschn. 3.10, 15.1), Wassermangel und Versalzung des Bodens (Kapitel 8, Abschn. 10.4), Belastung durch Xenobiotika und Schwermetalle (Abschn. 12.2) sowie Sauerstoffradikale (Abschn. 3.9, 3.10) schützt. Die Gentechnik eröffnet die Möglichkeit, durch eine Überexpression der an der Stressantwort beteiligten Enzyme die Widerstandsfähigkeit von Kulturpflanzen gegenüber den genannten Stressfaktoren zu erhöhen. So ist es im Laborexperiment bereits gelungen, durch eine gentechnisch erzeugte Vermehrung der Doppelbindungen in den Fettsäuren von Membranlipiden die Kältetoleranz von Tabak zu erhöhen (Abschn. 15.1). Es gibt Ansätze, Kulturpflanzen durch eine gentechnische Erhöhung der Synthese osmotisch kompatibler Substanzen, beispielsweise von Mannit, Betainen oder Prolin (Abschn. 10.4), aber auch die erhöhte Expression von Enzymen, die an der Eliminierung von Reaktiven Sauerstoff-Spezies (**ROS**) (Abschn. 3.9, 3.10) beteiligt sind, eine Salztoleranz zu verleihen. ROS sind ein wichtiger Schadensfaktor bei Trockenheit und Salzstress. Bisherige Ergebnisse sind vielversprechend. Bei dem Anwachsen der Weltbevölkerung wird die Verfügbarkeit landwirtschaftlicher Nutzfläche zu einem zunehmenden Problem. Große Flächen der Erde können wegen Versalzung – oft erst durch falsche Bewässerungsmethoden verursacht – für die Landwirtschaft nicht oder nicht mehr genutzt werden. Schon 1990 wurden 20 % der weltweit landwirtschaftlich genutzten Flächen, darunter 50 % der künstlich bewässerten, als salzbelastet eingestuft. Wenn es der Gentechnik gelingen sollte, salzresistente Agrarpflanzen zu erzeugen, könnte dies ein sehr wichtiger Beitrag für die Welternährung sein.

Die pflanzliche Gentechnik befindet sich derzeit im Spannungsfeld zwischen übersteigerten Erwartungen an ihre Leistungsfähigkeit und Ängsten vor ihren negativen Folgen, die sie bei großen Teilen der Bevölkerung auslöst. Eine verantwortungsvolle Anwendung der pflanzlichen Gentechnik setzt für jede zum praktischen Anbau zugelassene Pflanze eine Risikoanalyse nach strengen wissenschaftlichen Kriterien voraus, bei der geprüft wird, ob die betreffende Pflanze eine Gefahr für die Umwelt darstellt. So muss unter anderem geprüft werden, ob durch Kreuzungen ein Gentransfer zwischen den freigesetzten Transformanten und Wildpflanzen stattfinden kann und welche Folgen daraus für die Umwelt erwachsen. Beispielsweise sind zwischen transgenem Raps und anderen Brassicaceen, wie dem Ackersenf, Kreuzungen möglich. Dies könnte durch die Verwendung von Chloroplasten-Transformanten (Abschn. 22.5) verhindert werden. Transgene Pflanzen können auch verwildern. Es können so aus herbizidresistenten Kulturpflanzen herbizidresistente Unkräuter entstehen. Allerdings sind auch bei konventioneller Anwendung von Herbiziden durch natürliche Selektion herbizidresistente Unkräuter entstanden (siehe Abschn. 10.4). Für entsprechende Prüfungen sind sowohl Laborversuche als auch kontrollierte Freilandversuche erforderlich. Es würde den Rahmen dieses Buches sprengen, auf die Kriterien einer Unbedenklichkeit einzugehen, die durch den Gesetzgeber geregelt sind. Erst wenn die Pflanze ihre Unbedenklichkeit erwiesen hat, ist ihre Freigabe für den praktischen Anbau, das so genannte Inverkehrbringen, möglich. Darüber hinaus erfordert die Verwendung transgener Pflanzen als Nahrungsmittel umfangreiche Untersuchungen, um Schaden für den Verbraucher auszuschließen. Es ist zu erwarten, dass bei einem verantwortlichen Umgang mit der pflanzlichen Gentechnik diese einen Beitrag zu einer Verbesserung der Agrarproduktion und der Bereitstellung von nachwachsenden Rohstoffen liefern wird. Wenn auf Gentechnik beruhender Pflanzenschutz dazu führte, dass „weniger Chemie auf den Acker gelangt", wäre auch dies ein Gewinn für die Umwelt.

Literatur

Araus, J.L., Cairns, J.E. Field high-throughput phenotyping: the new crop breeding frontier. Trends in Plant Science 19, 52–61 (2014)

Bates, S.I., Zhao, J.-Z., Roush, R.T., Shelton, A.M. Insect resistance management in GM crops: past, present and future. Nature Biotechnology 23, 57–62 (2005)

Beeckman, T., De Smet, I., Den Herder, G.,Van Isterdael, G. The roots of a new green revolution. Trends in Plant Science 15, 600–607 (2010)

Bock, R. Plastid biotechnology: prospects for herbicide and insect resistance, metabolic engineering and molecular farming. Current Opinion Biotechnology 18, 100-106 (2007)

Borland, A.M., Cushman, J.C., Hartwell, J., Schlauch, K.A., Tschaplinski, T.J., Tuskan G.A., Weston, D.J., Yang, X. Engineering crassulacean acid metabolism to improve water-use efficiency. Trends in Plant Science 19, 327–338 (2014)

Cutler, S.R., Lozano-Juste, J. Plant genome engineering in full bloom. Trends in Plant Science 19, 284–287 (2014)

Daniell, H. Production of biopharmaceuticals and vaccines in plants via the chloroplast genome. Biotechnology Journal 1, 1071–1079 (2006)

Fernie, A.R., Obata, T., Sweetlove, L.J. Systems analysis of metabolic phenotypes: what have we learnt? Trends in Plant Science 19, 222–230 (2014)

Gibt es Risiken für den Verbraucher beim Verzehr von Nahrungsprodukten aus gentechnisch veränderten Pflanzen? Report InterAcademy Panel Ini-

tiative on Genetically Modified Organisms, Berlin 2006. http://www.akademienunion.de/publikationen/
Genetically modified insect resistant crops with regard to developing countries. Report InterAcademy Panel Initiative on Genetically Modified Organisms, Berlin 2007. http://www.akademienunion.de/publikationen/
GM Science Review: An open review of the science relevant to GM crops and food based on the interest and concern of the public. The Royal Society (London) First Report July 2003, Second Report 2004. http://royalsociety.org/
High, S.M., Cohen, M.B., Shu, Q.Y., Altosar, I. Achieving successful employment of *Bt* rice. Trends in Plant Science 9, 286-292 (2004)
Global review of commercialised transgenic crops. International Service for the Acquisition of Agri-Biotech Applications (ISAAA) 37 (2007). *http://www.isaaa.org/*
Li, Z.-K., Zhang, F., Rice breeding in the post-genomics era: from concept to practice. Current Opinion in Plant Biology 16, 261–269 (2013)
Lu, X.M., Yin, W.B., Hu, Z.M. Chloroplast transformation. Methods Molecular Biology 318, 285–303 (2006)
Mansoor, S., Amin, I., Hussain, M., Zafar, Y., Briddon, R.W. Engineering novel traits in plants through RNA interference. Trends in Plant Science 11, 559–565 (2006)
Orzaez, D., Mirbel, S., Wieland, W.H., Granell, A. Agroinjection of Tomato fruits. A Tool for rapid functional analysis of transgenes directly in fruit. Plant Physiology 140, 3–11 (2006)
Renneberg, R. Biotechnologie für Einsteiger. 2.Auflage. Elsevier-Spektrum-Akademischer Verlag, München 2007
Sandermann, H. Plant biotechnology: ecological case studies on herbicide resistance. Trends in Plant Science 11, 324–328 (2006)
Vinocur, B., Altmann, A. Recent advances in engineering plant tolerance to abiotic stress: achievements and limitations. Current Opinion Biotechnology 16, 123–132 (2005)

Index

H

S

Printing and Binding: Stürtz GmbH, Würzburg